Religiöse Gewalt in historischer Dimension

HISTORISCHES
KOLLEG

Schriften des Historischen Kollegs

Herausgegeben von Hartmut Leppin

Kolloquien
109

Religiöse Gewalt in historischer Dimension

Herausgegeben von
Dorothea Weltecke

DE GRUYTER
OLDENBOURG

Das Historische Kolleg fördert im Bereich der historisch orientierten Wissenschaften Gelehrte, die sich durch herausragende Leistungen in Forschung und Lehre ausgewiesen haben. Es vergibt zu diesem Zweck jährlich bis zu drei Advanced Fellowships und bis zu drei Consolidator Fellowships sowie alle drei Jahre den „Preis des Historischen Kollegs".

Die Advanced Fellowships, deren Verleihung zugleich eine Auszeichnung für die bisherigen Leistungen darstellt, sollen den berufenen Wissenschaftlerinnen und Wissenschaftlern während eines Kollegjahres die Möglichkeit bieten, frei von anderen Verpflichtungen eine größere Arbeit abzuschließen. Professor Dr. Dorothea Weltecke (Berlin) war – zusammen mit Dr. Pascal Firges (DHI Paris), Dr. Fabian Krämer (München), Juniorprofessor Dr. Patrick Merziger (Leipzig), Professor Dr. Ute Schneider (Duisburg-Essen), Professor Dr. Martin Zimmermann (München) – Fellow des Historischen Kollegs im Kollegjahr 2019/2020. Dorothea Weltecke hat aus ihrem Arbeitsbereich ein Kolloquium zum Thema „Historical Dimensions of Religious Violence" vom 29.–31. Januar 2020 im Historischen Kolleg gehalten. Die Ergebnisse des Kolloquiums werden in diesem Band veröffentlicht.

Das Historische Kolleg wird seit dem Kollegjahr 2000/2001 – im Sinne einer Public-private-Partnership – in seiner Grundausstattung vom Freistaat Bayern finanziert, die Mittel für die Stipendien kamen bislang unter anderem von der Fritz Thyssen Stiftung, dem Stiftungsfonds Deutsche Bank, der Gerda Henkel Stiftung, der C.H.Beck Kulturstiftung und dem Stifterverband für die Deutsche Wissenschaft. Träger des Historischen Kollegs, das vom Stiftungsfonds Deutsche Bank und vom Stifterverband errichtet und zunächst allein finanziert wurde, ist die „Stiftung zur Förderung der Historischen Kommission bei der Bayerischen Akademie der Wissenschaften und des Historischen Kollegs". Dorothea Weltecke hatte im Kollegjahr 2019/2020 das Stipendium der C.H.Beck Kulturstiftung inne.

www.historischeskolleg.de
Kaulbachstraße 15, 80539 München
Tel.: +49 (0) 89 2866 380 Fax: +49 (0) 89 2866 3863
E-Mail: elisabeth.huels@historischeskolleg.de

ISBN 978-3-11-077349-1
ISBN (PDF) 978-3-11-077378-1
ISBN (EPUB) 978-3-11-077398-9

Library of Congress Control Number: 2024943616

Bibliografische Information der Deutschen Nationalbibliothek
Die Deutsche Nationalbibliothek verzeichnet diese Publikation in der Deutschen Nationalbibliografie; detaillierte bibliografische Daten sind im Internet über http://dnb.dnb.de abrufbar.

Satz: bsix information exchange GmbH, Braunschweig
Druck und Bindung: CPI books GmbH, Leck

www.degruyter.com

Fragen zur allgemeinen Produktsicherheit:
productsafety@degruyterbrill.com

MIX
Papier | Fördert gute Waldnutzung
FSC® C083411

In Erinnerung an Boris Barth

Inhalt

Verzeichnis der Abkürzungen

AA	Acta Archaeologica
ABPO	Annales de Bretagne et des Pays de l’Ouest
Abt.	Abteilung
ACA	Archivo de la Corona de Aragón
AD	Archiv für Diplomatik
AEA	Anaquel de estudios árabes
AEEM	Aragón en la edad media
AELK	Allgemeine Evangelisch-Lutherische Kirchenzeitung
AESC	Annales. Économies-Sociétés-Civilisations
AGS	Archivo General de Simancas
AHC	Annuarium Historiae Conciliorum
AHN, OM	Archivo Histórico Nacional, Órdenes Militares
AHR	The American Historical Review
AHSS	Annales. Histoire, Sciences Sociales
AHVN	Annalen des Historischen Vereins für den Niederrhein
AJ	Antiquitates Judaicae
AKG	Archiv für Kulturgeschichte
AnTard	Antiquité Tardive
ANTT	Arquivo Nacional da Torre do Tombo
ARCG	Archivo de la Real Chancillería de Granada
Art.	Artikel
Arys	Arys. Antigüedad, religiones y sociedades
ASQ	Arab Studies Quarterly
BAIAS	Bulletin of the Anglo-Israel Archaeological Society
BaltStud	Baltische Studien. Pommersche Jahrbücher für Landesgeschichte (Neue Folge)
BArch	Bundesarchiv
BDLG	Blätter für deutsche Landesgeschichte
BECh	Bibliothèque de l’École des Chartes
bes.	besonders
BICS	Bulletin of the Institute of Classical Studies
BJ	Bellum Judaicum
Bl.	Blatt

https://doi.org/10.1515/9783110773781-202

BLHA	Brandenburgisches Landeshauptarchiv, Potsdam
BMGS	Byzantine and Modern Greek Studies
BNE	Biblioteca Nacional de España
BSAL	Boletín de la Sociedad Arqueológica Luliana
BSCEH	Butlletí de la Societat Catalana d'Estudis Històrics
BZ	Byzantinische Zeitschrift
cap.	Capitulum
CCSL	Corpus Christianorum Series Latina
CDB	Codex Diplomaticus Brandenburgensis. Sammlung der Urkunden, Chroniken und sonstigen Quellenschriften für die Mark Brandenburg und ihrer Regenten.
CEA	Cahiers d'Extrême-Asie
CH	Church History
CHF	Schweizer Franken
Cl Ant	Classical Antiquity
CM	Collegium medievale
Cod.	Codex
CUL	Cambridge University Library
DA	Deutsches Archiv für Erforschung des Mittelalters
DFG	Deutsche Forschungsgemeinschaft
DOP	Dumbarton Oaks Papers
Dtn	Deuteronomium
EA	Erstauflage
EEM	En la España medieval
EEMCA	Estudios de edad media de la Corona de Aragón
Edad Media	Edad Media. Revista de Historia
EHR	The English Historical Review
EJ	Encyclopaedia Judaica
EME	Early Medieval Europe
Ex	Exodus
FGrHist	Die Fragmente der griechischen Historiker
FMSt	Frühmittelalterliche Studien
fol.	folio
FOR	Forschungsgruppe
FrRu	Freiburger Rundbrief. Beiträge zur christlich-jüdischen Begegnung
GAO	Germanische Altertumskunde Online
HA	Historische Anthropologie
Hamsa	Hamsa. Journal of Judaic and Islamic Studies

HEI	History of European Ideas
HJb	Historisches Jahrbuch
HTR	Harvard Theological Review
HUCA	Hebrew Union College Annual
HZ	Historische Zeitschrift
i. e.	id est (= das heißt)
IEJ	Israel Exploration Journal
IJCV	International Journal of Conflict and Violence
INJ	Israel Numismatic Journal
JBBKG	Jahrbuch für Berlin-Brandenburgische Kirchengeschichte
JbGMOD	Jahrbuch für die Geschichte Mittel- und Ostdeutschlands
JBLG	Jahrbuch für brandenburgische Landesgeschichte
JEH	Journal of Ecclesiastical History
JEtS	Journal of Ethiopian Studies
JH	Jewish History
JHK	Jahrbuch des Historischen Kollegs
JJS	Journal of Japanese Studies
JJRS	Japanese Journal of Religious Studies
JKG	Journal für Konflikt- und Gewaltforschung
JLA	Journal of Late Antiquity
JMH	Journal of Medieval History
JMIS	Journal of Medieval Iberian Studies
JÖB	Jahrbuch der Österreichischen Byzantinistik
JOFR	Journal of Folklore Research
Jos	Josua
JRA	Journal of Roman Archaeology
JRAS	Journal of the Royal Asiatic Society
JRS	The Journal of Roman Studies
JSJ	Journal for the Study of Judaism
Jub	Jubiläenbuch
JWCI	Journal of the Warburg and Courtauld Institutes
Kap.	Kapitel
Kön	Buch der Könige
Lev	Levitikus
LHCMA	Liddell Hart Centre for Military Archives, King's College London
LThK	Lexikon für Theologie und Kirche
LXX	Septuaginta
MA	Le Moyen Âge

Makk	Makkabäerbuch
MGH	Monumenta Germaniae Historica
MGH Capit.	Monumenta Germaniae Historica. Capitularia regum Francorum
MGH Capit. N. S.	Monumenta Germaniae Historica. Capitularia regum Francorum, Nova series
MGH Conc.	Monumenta Germaniae Historica. Concilia
MGH DD Karol.	Monumenta Germaniae Historica. Diplomatum Karolinorum
MGH Epp.	Monumenta Germaniae Historica. Epistolae (in Quart)
MGH Epp. sel.	Monumenta Germaniae Historica. Epistolae selectae
MGH Formulae	Monumenta Germaniae Historica. Formulae Merowingici et Karolini aevi
MGH Poetae	Monumenta Germaniae Historica. Poetae Latini medii aevi
MGH SS	Monumenta Germaniae Historica. Scriptores (in Folio)
MGH SS rer. Germ.	Monumenta Germaniae Historica. Scriptores rerum Germanicarum in usum scholarum separatim editi
MGH SS rer. Germ. N. S.	Monumenta Germaniae Historica. Scriptores rerum Germanicarum. Nova series
MGH SS rer. Merov.	Monumenta Germaniae Historica. Scriptores rerum Merovingicarum
MLJb	Mittellateinisches Jahrbuch
MPH	Monumenta Poloniae Historica
Ms.	Manuskript[um]
MTSR	Method & Theory in the Study of Religion
MyC	Memoria y civilización. Anuario de historia
ND	Nachdruck
NDB	Neue Deutsche Biographie
NS	Neue Serie
Num	Numeri
OFM	Ordo fratrum minorum (Orden der Minderen Brüder)
ÖJH	Jahreshefte des Österreichischen Archäologischen Institutes in Wien
P & P	Past & Present
r	recto (Vorderseite)
RA	Revue Africaine
RAC	Reallexikon für Antike und Christentum

RBPhH	Revue belge de philologie et d'histoire
REB	Revue des études byzantines
REMMM	Revue des mondes musulmans et de la Méditerranée
Rep.	Repositur
RGG	Religion in Geschichte und Gegenwart
RH	Revue hispanique
RHE	Revue d'histoire ecclésiastique
RHGF	Recueil des Historiens des Gaules et de la France
RHLF	Revue d'histoire littéraire de la France
RHM	Revista d'historia medieval
RHPR	Revue d'histoire et de philosophie religieuses
RHT	Revue d'histoire des textes
Ri	Buch der Richter
RJKG	Rottenburger Jahrbuch für Kirchengeschichte
RMS	Reading Medieval Studies
RPAH	Brill Research Perspectives in Ancient History
RPh	Revue de Philologie
RS	Rolls Series (Rerum Britannicarum medii aevi scriptores)
SA	Sturmabteilung
Saeculum	Saeculum. Jahrbuch für Universalgeschichte
SAJ	The Saint Anselm Journal
SCH	Studies in Church History
SI	Studia Islamica
The Historian	The Historian. A Journal of History
TRE	Theologische Realenzyklopädie
TRHS	Transactions of the Royal Historical Society
v	verso (Rückseite)
V.	Vers
WDGB	Würzburger Diözesangeschichtsblätter
WVLG	Württembergische Vierteljahrshefte für Landesgeschichte
Y.M.C.A.	Young Men's Christian Association
ZAC	Zeitschrift für Antikes Christentum
ZAW	Zeitschrift für die alttestamentliche Wissenschaft
ZfdA	Zeitschrift für deutsches Altertum
ZfG	Zeitschrift für Geschichtswissenschaft
ZfR	Zeitschrift für Religionswissenschaft
ZGJD	Zeitschrift für die Geschichte der Juden in Deutschland (Neue Folge)
ZHF	Zeitschrift für historische Forschung

ZKG	Zeitschrift für Kirchengeschichte
ZRG KA	Zeitschrift der Savigny-Stiftung für Rechtsgeschichte. Kanonistische Abteilung
ZRGG	Zeitschrift für Religions- und Geistesgeschichte
ZRGP	Zeitschrift für Religion, Gesellschaft und Politik

Dorothea Weltecke

Einleitung

Wie kann religiöse Gewalt mit den Mitteln der Geschichtswissenschaft adäquat analysiert werden? Diese Frage, der sich dieser Band stellt, ist eine methodische und eine empirische. Er versammelt Beiträge, die im Rahmen einer vom Historischen Kolleg im Jahr 2020 organisierten Tagung unter dem Titel „Historical Dimensions of Violence" vorgestellt wurden. Hinzu kommen einige weitere, deren Verfasserinnen und Verfasser der Einladung gefolgt waren, sich diesem Unterfangen anzuschließen. Ihr voraus gingen Veranstaltungen und Arbeitsgruppen der Autorinnen und Autoren dieses Bandes, in unterschiedlicher Zusammensetzung mit Boris Barth, Jörn Christophersen, Jörg Feuchter, Nikolas Jaspert, David Cook, Hartmut Leppin, Sabine Schmolinsky, Hermann Kamp und Johannes Süßmann. Viele der Autorinnen und Autoren des vorliegenden Bandes befassen sich seit vielen Jahren mit den Komplexen „Religion", „Gewalt" und „religiöse Gewalt". Sie haben programmatische Anliegen und methodische Erfahrungen, die hier gesammelt wurden. Jeder Beitrag spricht ein eigenes Untersuchungsfeld und auch eine spezifische historische Landschaft an, die als Anknüpfungspunkt für weitere Forschung dienen kann und soll.

Dagegen will der vorliegende Band nicht den Anspruch erheben, einen Überblick über gesichertes Wissen und eine systematische Darstellung methodischer Zugänge zu bieten. Dafür ist es womöglich zu früh.[1] Die Ansätze sind sehr divers; es bestehen Kontroversen zu den basalsten Fragen: Jede Diskussionsrunde der genannten Arbeitskreise stand vor dem Problem, geschichtswissenschaftlich triftige Antworten darauf zu geben, was „Religion" oder was „Gewalt" denn genau sein soll. Bei der weitergehenden Frage, was unter diesen Umständen „religiöse Gewalt" sei, stellte sich regelmäßig Ratlosigkeit ein. Begriffsgeschichtliche Zugänge, die Frage nach dem Stellenwert der Termini in den Quellen, die unterschiedlichen Prakti-

[1] Vgl. zur Literatur Dorothea Weltecke: Bemerkungen zur Geschichte der religiösen Gewalt im Mittelalter. In: HZ 305 (2017), S. 621–656; Matthew Gordon/Richard Kaeuper/Harriet Zurndorfer (Hg.): The Cambridge World History of Violence. Bd. II: 500–1500 CE. Cambridge 2020. Dazu Jörg Feuchter: Rezension von Gordon/Kaeuper/Zurndorfer (Hg.): World History of Violence (diese Anm.). In: HZ 313 (2021), S. 754–756.

https://doi.org/10.1515/9783110773781-001

ken und Bewertungen in den Quellen führen zu einem maximal widersprüchlichen Komplex, dem sich die historische Forschung stellen muss. Für die Geschichtswissenschaften sind dabei Ansätze aus Theologie, Religions- und Sozialwissenschaften unmittelbar relevant. Allerdings besteht kein Konsens zwischen diesen Theorien, und auch über die Definitionen der grundlegenden Begriffe ist keine Übereinkunft hergestellt.

Überdies gehen die Positionen zur Frage des Verhältnisses zwischen Ursache und Folge ebenfalls weit auseinander. Ist es der sogenannte absolute Wahrheitsanspruch der „Religionen", genauer, der „monotheistischen Religionen", der Gewalt verursacht, sogar notwendig verursacht? War es die Erinnerung an den Moment am Sinai, der zwischen wahr und falsch unterschied und nichts anderes mehr zuließ? Ist daher die religiöse Differenz bereits eine hinreichende und notwendige Ursache? Oder hat kultisch gerahmte Gewalt dieselben Ursachen wie andere Formen von Gewalt? Muss und kann Gewalt als kommunikatives Geschehen für sich betrachtet werden, dessen ideologische Rahmung austauschbar ist?

Außerdem stellt sich bei näherer Betrachtung heraus, dass Betroffene und Täter kollektives Gewalthandeln unterschiedlich bewerten konnten: Es mag sein, dass nur die Ausübenden ihre Gewalt als Gottesdienst verstanden, die Erleidenden sie dagegen als Akt der materiellen Bereicherung. Es mag sein, dass nur die Ausübenden ihre Gewalt als materielle Bereicherung verstanden, die Erleidenden sie dagegen als Hass gegen ihren Glauben und ihre Schmerzen als Gottesdienst interpretierten. Hinzu kommt für die historische Forschung die irritierende Erfahrung der fehlenden Sicherheit, empirisch entscheiden zu können, ob ein Gewaltereignis tatsächlich religiös motiviert gewesen sei oder nicht. Denn kollektive Gewalt führt radikale Veränderungen herbei. Deshalb sind Zeugnisse davon schwer zu interpretieren, die den Zustand danach abbilden. Mehrere Beiträge dieses Bandes zeigen, wie Topoi und theoretische Vorannahmen die Quelleninterpretation beeinflussen (zum Beispiel der Beitrag von Luise Marion Frenkel). Jörn Roland Christophersen und Katharina Ulrike Mersch stellen in ihren Fallanalysen dar, dass schon die zeitgenössischen Bewertungen und Erklärungen für ein Geschehen auseinandergingen. Am Wandel historischer Berichterstattung wird hier von Hermann Kamp und Lukas-Daniel Barwitzki nachgewiesen, wie eine religiöse Begründung erst allmählich ausgebaut werden konnte.

Wie kommt es aber zu Gewalttheologien und zu Gewalthandlungen? Die Frage nach den Mechanismen von Radikalisierung wird in der Geschichtswissenschaft im Bereich der Neueren Geschichte insbesondere in der Faschismus- und Genozidforschung untersucht.[2] Wie kommt es dazu, dass Gewalt nicht stattfindet? Diese

[2] Ich beziehe mich hier auf die Definitionen von Mihran Dabag/Kristin Platt (Hg.): Genozid und Moderne. Bd. I: Strukturen kollektiver Gewalt im 20. Jahrhundert. Opladen 1998 sowie auf Boris

von Boris Barth immer wieder in die Diskussionen eingebrachte Frage erzwingt ebenfalls, das Verhältnis von Ursache und Wirkung theoretisch und empirisch weiter zu untersuchen. Im Prozess der Radikalisierung ist in der sozialwissenschaftlichen Gewaltforschung die Rolle der „Beobachter" als besonders wichtig benannt worden.[3] Die Beobachter können sich in einer Spirale der Gewalt einfinden, eigene Interessen einbringen und die Eskalation anheizen; sie können den Ort des Geschehens demonstrativ verlassen und die Gewaltakteure stören. Akteure und Beobachter bilden neue hierarchische Konstellationen und Zugehörigkeiten aus. Dieser Analyseansatz ist in der Geschichtswissenschaft bereits aufgegriffen worden.[4] Das bedeutet jedoch, dass der Hass zwischen Angehörigen unterschiedlicher Religionen oder der Hass auf Minderheiten oder Abweichler sich als Teil eines Prozesses zeigt. Dieser Hass mag ursprünglich auch weniger relevant gewesen sein als die Absicht, die Konstellationen zwischen Akteuren derselben Glaubensgemeinschaft zu den eigenen Gunsten zu verändern. In diesem Band demonstrieren die Fallstudien von Jörn Roland Christophersen und Katharina Ulrike Mersch, in welchem komplexen Feld politischer und sozialer Kommunikation religiöse Argumentationen eingesetzt werden konnten, um Gewalt im Aufstand oder Gewalt von Seiten der Herrschaft zu legitimieren.

Angesichts der ungeklärten Aspekte kann man sich fragen, ob „religiöse Gewalt" überhaupt ein sinnvoller analytischer Begriff ist. Diesen Punkt hat etwa Boris Barth immer wieder angesprochen. Das ist umso erstaunlicher, als es für die Epoche der Moderne nun wirklich nicht an Quellen mangelt, die religiöse Rahmung von Kriegsgeschehen und Kriegspropaganda belegen, wie dies in diesem Band er selbst und Adam Knobler für das späte 19. Jahrhundert und die Zeit des Ersten Weltkrieges vorführen. Diese grundsätzliche Frage nach dem Nutzen einer analytischen Konzeption „religiöse Gewalt" zieht sich tatsächlich durch viele Beiträge des vorliegenden Bandes. Viele Autorinnen und Autoren können sich damit zwar als

Barth: Genozid. Völkermord im 20. Jahrhundert. Geschichte, Theorien, Kontroversen. München 2006.

3 Vahakn Dadrian: Some Determinants of Genocidal Violence in Intergroup Conflicts – with Particular Reference to the Armenian and Jewish Cases. In: Sociologus 26 (1976), S. 129–149; Jaques Sémelin: Säubern und Vernichten. Die politische Dimension von Massakern und Völkermorden (Original: 2005). Hamburg 2007; Teresa Koloma Beck: The Eye of the Beholder. Violence as a Social Process. In: IJCV 5 (2011) 2, S. 345–356.

4 Zum Beispiel Manuel Braun/Cornelia Herberichs (Hg.): Gewalt im Mittelalter. Realitäten – Imaginationen. München 2005; Peter Imbusch: Die Rolle von ‚Dritten'. Eine unterbelichtete Dimension von Gewalt. In: Philipp Batelka/Michael Weise/Stephanie Zehnle (Hg.): Zwischen Tätern und Opfern. Gewaltbeziehungen und Gewaltgemeinschaften. Göttingen 2017, S. 47–74; Teresa Shawcross: Ethnic and Religious Violence in Byzantium. In: Gordon/Kaeuper/Zurndorfer (Hg.): World History of Violence (wie Anm. 1), S. 287–312.

einer pragmatischen Übereinkunft abfinden. Ihre Fragwürdigkeit scheint aber im Zug der Analyse eher zu- als abzunehmen. Johannes Süßmann entscheidet sich für die Ablehnung, da für ihn mit gutem Grund bereits „Religion" ein viel zu irreführender Begriff ist, um mit der Konzeption „religiöse Gewalt" Gewaltgeschehen der Frühen Neuzeit sinnvoll zu analysieren. Doch scheint die Frage nach der religiösen Gewalt zu aktuell und zu brennend, als dass sich Historikerinnen und Historiker mit dem Einwand davonstehlen wollen, dass es sie in Wirklichkeit gar nicht gibt.

Wie also kann eine Kooperation zwischen Spezialistinnen und Spezialisten unterschiedlicher Epochen und historischer Disziplinen aussehen, wenn sich die grundsätzlichen Kontroversen um die Begriffe und den Gegenstand selbst nicht ausräumen lassen? Dies geschieht zum einen über den Austausch über gemeinsame empirische Probleme und über vergleichbare Phänomene. Bei der Betrachtung der Phänomene zeigen sich zugleich die unterschiedliche Verbreitung, die Persistenz und der Wandel bestimmter Gewaltformen, der sogenannten *scripts*.[5] Dazu gehören die Kreuzzüge und der Dschihad, die geradezu emblematisch für die Geschichte der religiösen Gewalt stehen und ein lange etabliertes Forschungsfeld der Mittelalterforschung sind. Über diese Kriegsformen arbeiten Hermann Kamp, Nikolas Jaspert, Kurt Villads Jensen und David Cook in diesem Band in überraschender Weise neue methodische Ansätze heraus. Dass sich weder Kriegstheologien noch -formen gleichbleiben, sondern sich unter dem Eindruck neuer politischer Bedingungen und Technologien ändern, wird hier eindrucksvoll ausgeführt. David Cook und Nikolas Jaspert demonstrieren zugleich, wie verflochten die Geschichte von Christen und Muslimen auch durch ihre Kämpfe und ihre Erfahrungen mit Gewalt und Verfolgung ist. Religiöse Praktiken und Gewaltformen entstanden in der Konfrontation und überwanden zugleich religiöse Grenzen.

Auch die Frage nach der Kriegerethik und der kultischen Rahmung von Kriegen lässt sich vergleichend über die Epochen und Kulturen hinweg bis zum Ersten Weltkrieg und darüber hinaus untersuchen. In den Beiträgen dieses Bandes ist zu sehen, wie veränderlich sie sind, und dass synchron sehr unterschiedliche Werte nebeneinander Gültigkeit hatten, wie Daniel Föller, David Cook, Hermann Kamp und Daniel Schley darlegen.

Die religiöse Devianz ist ebenfalls ein Gegenstand, über den vergleichender Austausch fruchtbar ist. Dieser Komplex wird hier von Jörn Roland Christophersen, Jörg Feuchter und Katharina Ulrike Mersch beleuchtet. Eine bleibende Herausforderung ist ferner die Erforschung der Verfolgung und Ermordung von dominierten und rechtlich benachteiligten Glaubensgemeinschaften, die hier mit methodisch

5 Vgl. Trutz von Trotha (Hg.): Soziologie der Gewalt. Opladen 1997; Jörg Hüttermann: Review Essay. Dichte Beschreibung oder Ursachenforschung der Gewalt? Anmerkungen zu einer falschen Alternative im Lichte der Problematik funktionaler Erklärungen. In: JKG 2 (2000) 1, S. 54–69.

differenziert argumentierenden Fallstudien vorangetrieben wird (Clara Almagro Vidal, Rainer Barzen, Nikolas Jaspert). Mehr vergleichende Beiträge etwa zwischen der lateinischen, der oströmisch-byzantinischen und der islamischen Welt wären für die Erhellung dieses Problems wünschenswert gewesen, denn die Verfolgungsgeschichte von Juden etwa im Byzantinischen Reich ist eine andere und erheblich weniger blutige als die in der westlichen lateinischen Welt. Erklärungen dafür stehen noch aus. Auch Gender als Kategorie ist ein Ansatzpunkt für vergleichende religiöse Gewaltforschung, wie es in diesem Band von Sabine Schmolinsky angemahnt wird, und die in der Tat bisher unterbeleuchtet ist.

Chronologisch behandeln die meisten Beiträge die Epoche von 500 bis 1500. Das lässt sich mit der Prominenz kultisch und theologisch gerahmter Gewalt in diesen Jahrhunderten rechtfertigen, ergab sich aber vor allem aus pragmatischen Gründen. Die diachrone Spanne der Beiträge reicht jedoch vom 3. vorchristlichen bis zum 20. Jahrhundert. Die Untersuchungen setzen also einmal nicht mit dem Sinai ein, sondern mit den Kriegen der Hasmonäer (Kai Trampedach). Gleich drei Beiträge haben einen Schwerpunkt in der Frühen Neuzeit (Lukas-Daniel Barwitzki, Bénédicte Sère, Johannes Süßmann).

Der geografische Schwerpunkt der Fallstudien liegt im traditionellen Feld der europäischen Geschichtswissenschaften, im Römischen Reich und in der postimperialen Welt – ihre muslimischen Nachfolger eingeschlossen. Doch sind das alte Israel (Kai Trampedach) und das mittelalterliche Japan (Daniel Schley) mit jeweils einem Beitrag als Forschungsfeld angedeutet. Traditionelle Unterscheidungen (Ost–West; Monotheismus–Polytheismus) erscheinen hier im Vergleich zu den Gemeinsamkeiten eher unwichtig.

Von den Phänomenen auszugehen und diese detailliert auf Formen und Funktionen von Gewalt, deren Normen und Legitimierung zu befragen, ist der Zugang, der geschichtswissenschaftlicher Forschung besonders angemessen ist. Diesen Weg hat auch das neue Handbuch zur Geschichte der Gewalt im mittleren Jahrtausend verfolgt, das unter verschiedenen Überschriften zahlreiche Beiträge zu ritualisierter oder kultisch gerahmter Gewalt enthält.[6] Zugleich scheint es darüber hinaus an der Zeit, die theoretische und methodische Uneinigkeit der Geschichtswissenschaften auf diesem Gebiet einmal direkt anzugehen. Diese unterschiedlichen Konzeptionen, Methoden und Theorien sind das intendierte *Tertium* dieser Aufsatzsammlung, die an den Fallstudien expliziert wurden. Die grundsätzlichen Kontroversen liegen hier offener zutage als sonst und werden so der weitergehenden Analyse zugänglich.[7]

6 Gordon/Kaeuper/Zurndorfer (Hg.): World History of Violence (wie Anm. 1).

7 Als Bezugspunkt vgl. Weltecke: Bemerkungen (wie Anm. 1).

Die unterschiedlichen Definitionen von religiöser Gewalt nähren weiterhin die vieldiskutierte Kontroverse, ob religiöse Differenz die Ursache für religiöse Gewalt ist oder nicht. Jörg Feuchter weist am Beispiel der mittelalterlichen Häresiegeschichte nach, dass es zu methodischen Fehlern kommen kann, wenn man die kultischen und theologischen Differenzen nur für vorgeschoben hält. Mit dem Beispiel der Gewalt gegen sich selbst und der Selbstopferung werden in diesem Band jedoch auch religiöse Gewaltformen diskutiert, bei denen eine Differenz im Glauben gar nicht unmittelbar beteiligt ist (Sabine Schmolinsky, Bénédicte Sère). Zudem sieht man Akte kultisch gerahmter Gewalt bei Menschenopfern, die eine wichtige Funktion zur Erhaltung der sozialen Ordnung und der politischen Herrschaft besitzen konnten.[8] Religiöse Differenz ist hier nicht zu sehen, doch leiten Kategorien sozialer Differenz die Auswahl derjenigen, an denen solche Gewalt verübt werden sollte. Zu den Funktionen solcher kultischen Gewalt und ihrer Bewertung im Römischen Reich durch Nichtchristen und Christen ist hier ein Beitrag von Hartmut Leppin über die Gladiatur ein anregendes Beispiel, der sie aber gerade nicht als „religiöse Gewalt" definieren mag.

Kurt Villads Jensen und Bénédicte Sère drehen die Fragerichtung um. Sie untersuchen, wie sich Theologie und Kirche durch Gewalt verändern, ja, recht eigentlich „gemacht" werden. Damit eröffnet sich eine neue Beobachtungsebene für historische Forschung, die die Frage nach Ursache und Wirkung auf eine neue Basis stellt. Das gilt auch für die Erforschung der jüdischen Tradition. Rainer Barzen demonstriert, wie die jüdischen Gemeinden in Aschkenas durch das Erleiden von und das Erinnern an Verfolgung und Mord theologisch und rituell verändert wurden.

Die Herausgabe des Bandes hat sich sehr verzögert, nicht zuletzt durch die Übersetzung der fremdsprachigen Beiträge. Den Kolleginnen und Kollegen sei für ihre Geduld gedankt. Boris Barth betrachtete dieses Unternehmen als Durchgang zu weiteren Diskussionen und Projekten. Aus seiner Sicht war es nur der erste Versuch, sich aus geschichtswissenschaftlicher Sicht zur Frage zu äußern. Er hatte viele Pläne, wie man die Geschichte der religiösen Gewalt interdisziplinär und überepochal weiter gemeinsam erforschen könnte. Seinem Andenken sei dieser Band gewidmet.

8 Zuletzt Ute Schüren/Wolfgang Gabbert: Human Sacrifice and Ritualised Violence in the Americas before the European Conquest. In: Gordon/Kaeuper/Zurndorfer (Hg.): World History of Violence (wie Anm. 1), S. 390–410.

Hartmut Leppin

Gewalt und religiöse Feste in der römischen Arena

Einleitung

Kaum ein Thema der Römischen Geschichte ist in der Öffentlichkeit, bis weit hinein in sogenannte bildungsferne Schichten, so präsent wie die Gladiatorenkämpfe. Zahlreiche Filme, auch Serien, halten das Phänomen im kollektiven historischen Bewusstsein. Man weidet sich an den muskulösen „Bodys" der Kämpfer beziehungsweise der Schauspieler und an gekonnt dargestellter Grausamkeit; gerne bekundet man seine Abscheu darüber, dass ein so zivilisiertes Volk wie das römische so blutige Rituale pflegte. Da selbst Kinderbücher und Videospiele sich des Themas annehmen, weiß sogar manch ein aufgeweckter Fünftklässler die verschiedenen Typen von Gladiatoren vom *murmillo* bis zum *retiarius* aufzuzählen. Frömmere Gemüter erinnern an den Tod von Christen, die in der Arena allerdings nicht als professionelle Kämpfer, sondern – aus der Sicht römischer Autoritäten und Zuschauer – als verurteilte Verbrecher starben.

Schon dieses Beispiel zeigt, wie facettenreich der Einsatz von Gewalt in der römischen Arena war. Er ging weit über die Gladiatur hinaus. Bei den professionellen *venationes*, den Jagdspektakeln, setzten die Akteure ebenfalls ihr Leben aufs Spiel, wenn sie – mal bewaffnet, mal waffenlos – mit Tieren kämpften. Hinzu kamen die verschiedenen Inszenierungen der Tötung von Verbrechern in der Arena: Teils wurden diese *ad bestias* verurteilt und standen dann den Tieren hilflos gegenüber, teils erhielten sie das Urteil *ad ludum* (*gladiatorium*) – zum Kampf gegen professionelle Gladiatoren –, teils wurden sie einfach niedergemetzelt, teils in nachgespielten mythologischen Szenen getötet, teils hatten sie den Auftrag, sich gegenseitig umzubringen. Anders als die Gladiatoren und *venatores* hatten die Verurteilten kaum eine Überlebenschance.

Dass ich solch unterschiedliche Typen von Kämpfern in den Blick nehme, ergibt sich zum einen aus der Fragestellung dieses Bandes: Es geht um Gewalt, die mit reli-

https://doi.org/10.1515/9783110773781-002

giösen Praktiken verbunden war,[1] nicht um Einzelheiten des römischen Spielwesens. Zum anderen unterscheiden viele Quellen, die über Gewalt in der Arena handeln, nicht zwischen den verschiedenen Formen der dort ausgeübten Gewalt. Oft fehlen zudem klare Hinweise darauf, ob die Beteiligten professionelle Kämpfer waren oder Verbrecher.

Trotz vielfältiger literarischer, epigrafischer und archäologischer Quellen bleiben beachtliche Kenntnislücken, wie oft bei Phänomenen der römischen Welt, in Bereichen, die zu selbstverständlich schienen, als dass sie in den Quellen umfassend und systematisch geschildert worden wären. In vielen Fällen beruht das, was sich in den Handbüchern findet, lediglich auf verstreuten Zeugnissen, deren Repräsentativität keineswegs gesichert ist, da die Quellen oft selektiv und überspitzt berichten. Nicht einmal, ob der berühmte Daumen nach oben oder nach unten oder noch woandershin ging, wenn *pollice verso*[2] über Leben und Tod eines Kämpfers entschieden wurde, ist bekannt. Heutzutage wird mit dem Daumen nach oben gezeigt, wenn ein positives Signal gesetzt werden soll. Aber was war aus der Sicht römischer Zeitgenossen eher positiv – die Rettung eines Menschen oder das eindringliche Spektakel seiner Tötung? Der Hinweis auf solche Unsicherheiten sei vorausgeschickt, wenn zunächst ein kurzer Abriss zur herrschenden Meinung über den Gegenstand gegeben wird.[3]

[1] Religion ist für die Antike ein strittiger Begriff. In diesem Beitrag wird das Wort in einem ganz allgemeinen Sinne dann verwendet, wenn es um einen Bezug zu transzendenten Mächten geht; zur Begriffsdiskussion grundlegend Brent Nongbri: Before Religion. A History of a Modern Concept. New Haven/London 2013; Ilinca Tanaseanu-Döbler: Religion. In: RAC. Bd. 28. Stuttgart 2018, S. 1014–1082. Für Hinweise danke ich den Diskutantinnen und Diskutanten des Kolloquiums von Dorothea Weltecke am Historischen Kolleg in München, Ben Böhne, René Gebhardt, Anne Schaefer (beide Frankfurt am Main) sowie den Bearbeitern des Manuskripts.

[2] Iuvenalis, Saturae 3,36.

[3] Die Anführung der Belege für antiquarische Einzelheiten würde den Rahmen sprengen, angesichts der Fülle des Materials seien hier nur solche Titel genannt, die für die Frage nach der religiösen Gewalt von Belang sind; besonders reichhaltig: Werner Weismann: Gladiator. In: RAC. Bd. 11. Stuttgart 1981, S. 23–45; Georges Ville: La Gladiature en Occident des origines à la mort de Domitien. Rom 1981; materialreiche Einzelbeiträge liefert Gian Luca Gregori: Ludi e munera. 25 anni di ricerche sugli spettacoli d'età romana. Mailand 2011. Zu den Hinrichtungen vgl. Katherine M. Coleman: Fatal Charades. Roman Executions Staged as Mythological Enactments. In: JRS 80 (1990), S. 44–73; Jesper Carlsen: Exemplary Deaths in the Arena. Gladiatorial Fights and the Execution of Criminals. In: Jakob Engberg/Uffe Holmsgaard Eriksen/Anders Klostergaard Petersen (Hg.): Contextualising Early Christian Martyrdom. Frankfurt a. M. 2011, S. 75–91 (zur Normalität der Kämpfe in der Arena). Einen sozialpsychologischen Versuch unternimmt Keith Hopkins: Murderous Games. In: ders. (Hg.): Death and Renewal. Cambridge 1983, S. 1–30. Donald G. Kyle: Spectacles of Death in Ancient Rome. London/New York 2000 betont die religiöse und ritualisierte Dimension; dazu weiterführend vgl. David S. Potter: Death as Spectacle, and Subsequent Disposal. In: JRA 14 (2001), S. 478–484. Garrett G. Fagan: The Lure of the Arena. Social Psychology and the

Ein zweiter Teil, der potenziell religiöse Aspekte besonders betont, wird einige antike Texte intensiver behandeln, die den Gewaltgebrauch in der Arena schildern – sowohl solche, in denen die Begeisterung für das blutige Spektakel nachklingt, als auch welche, die die Spiele kritisieren. Dabei soll deutlich werden, wie ein Streben nach einer ethisierten Lebensführung, das durch Philosophie und jüdisch-christliche Religion gefördert wurde, zu einer hörbareren Kritik führte, die dem Phänomen als solchem aber wohl keinen Abbruch tat. Ferner wird versucht, die spezifisch christliche Wahrnehmung herauszuarbeiten.

Grundzüge des Gladiatorenwesens

Ob die Gladiatur Vorbilder im alten Italien hatte, steht dahin. Das früheste einigermaßen gesicherte Datum für Rom ist das Jahr 264 vor Christus, als der Erste Römisch-Karthagische Krieg begann. Zum Gedenken an Decimus Iunius Brutus Pera veranstalteten dessen Söhne auf dem Forum Boarium, einem öffentlichen Platz in Rom, einen Kampf zwischen drei Sklavenpaaren.[4] Angesichts des Anlasses ist anzunehmen, dass die Kämpfe in religiöse Rituale eingebunden waren.

Derartige Kämpfe fanden später häufiger und in einem größeren Rahmen statt, zunehmend unabhängig vom Totengedenken. Die übliche Bezeichnung war *munus*, im Unterschied zu den *ludi*, die auf der Bühne oder im Zirkus stattfanden. Solche Veranstaltungen durchzuführen wurde zu einem wichtigen Element der Selbstdarstellung römischer Eliten; die Abhaltung von Spielen bildete einen Bestandteil des Euergetismus, jenes sozialen Mechanismus, bei dem Eliten großzügige Gaben an die Bürger verteilten, von denen wiederum eine entsprechende Loyalität verlangt wurde. Dem Unterhaltungsprogramm kam dabei eine wesentliche Bedeutung zu.

Im Prinzipat veranstalteten der Kaiser, seine Angehörigen und Magistrate *munera*, wobei die kaiserlichen an Pracht alle anderen weit übertrafen. Gladiatorenkämpfe fanden indes nicht nur in Rom statt, sondern ebenso in den Städten Italiens und der Provinzen, durchaus auch im Osten des Reichs. Obgleich manche traditionsbewusste Angehörige der Eliten sie als ungriechisch verdammten, sind Gladiatorenkämpfe auch für den griechischsprachigen Teil des Reichs ziemlich gut dokumentiert.[5] Die Gesetze über die Ordnung römischer Städte, die seit Caesar bezeugt

Crowd at the Roman Games. Cambridge 2011 meint, dass es hilfreich sei, sich bei der Deutung auf menschliche Universalien zu beziehen; Roger Dunkle: Gladiators. Violence and Spectacle in Ancient Rome. Harlow 2008 markiert den Übergang zur unüberschaubaren Menge populärwissenschaftlicher Darstellungen. Zur einschlägigen spätantiken Gesetzgebung vgl. Marius Kalfelis: *Munera* und Agone in der Gesetzgebung der Spätantike. Berlin/Boston 2024.

4 Vgl. Valerius Maximus 2,4,7; Livius, Periochae 16.

sind, zeigen, dass lokale Magistrate zur Veranstaltung von Gladiatorenkämpfen verpflichtet waren.[6] Die *venationes* sowie die Hinrichtung von Verurteilten bildeten dabei oft das Vor- oder Zwischenprogramm.

Vielerorts errichtete man eigene – große Investitionen verlangende – Gebäude für die Gladiatorenkämpfe: die allbekannten Amphitheater. Das älteste bezeugte wurde um 70 vor Christus in der kampanischen, durch den Vulkanausbruch 79 nach Christus berühmt gewordenen Stadt Pompeji gebaut; in Rom errichtete Statilius Taurus das erste (teils) steinerne Amphitheater 30 vor Christus, nachdem Octavian, der nachmalige Augustus, zum Alleinherrscher geworden war. Das höchst prominente Kolosseum, das Flavische Amphitheater, wurde im Jahr 80 nach Christus eingeweiht. Viele Städte des Westens errichteten Amphitheater, in den Poleis des Ostens hingegen wurden oft normale Theater für Gladiatorenkämpfe genutzt, doch gelegentlich entstanden auch dort Amphitheater.[7]

Religiöse Wahrnehmungen der Kämpfe in der Arena

Die Kämpfe fanden nicht aus einem rein sportlichen Interesse statt, sondern erfolgten gewöhnlich im Rahmen von religiösen Festen, in die sie integriert wurden: Eine Prozession stand am Beginn; man brachte Opfer dar. Mythologische Bezüge erschienen an verschiedenen Stellen. Die Hinrichtung von Verurteilten nahm oft die Form von mythologischen Scharaden an. So wird berichtet, dass eine als Merkur verkleidete Gestalt mit einem Brenneisen prüfte, ob ein Kämpfer tatsächlich tot war, und ein als Charon oder Dis Pater firmierender Helfer die Leichname aus der Arena trug.[8]

Dass ein solcher ritueller Rahmen nicht als reine Dekoration abgetan und das religiöse Potenzial dieser Vorführungen ernst genommen werden sollte, zeigt ein Beleg aus einem christlichen Bericht über das Martyrium der Perpetua und der Fe-

[5] Vgl. Christian Mann: „Um keinen Kranz, um das Leben kämpfen wir!“ Gladiatoren im Osten des Römischen Reiches und die Frage der Romanisierung. Berlin 2011.

[6] Vgl. etwa Lex colonia Genetiva Iulia vel Colonia Ursonensis 70 f. Zu den Entwicklungen vgl. Ernst Baltrusch: Die Verstaatlichung der Gladiatorenspiele. In: Hermes 116 (1988), S. 324–337, der auch das angebliche Schlüsseldatum 105 vor Christus, das bei Ennodius, Panegyricus 85 (Corpus Scriptorum Ecclesiasticorum Latinorum 6, S. 284), belegt ist, dekonstruiert.

[7] Katherine E. Welch: The Roman Amphitheatre. From its Origins to the Colosseum. Cambridge 2007.

[8] Vgl. Tertullianus, Apologeticum 15,5; Tertullianus, Ad nationes 1,10,47; Coleman: Charades (wie Anm. 3). Die These von Ville: Gladiature (wie Anm. 3), S. 15, dass zwei wesentliche Entwicklungen in der Geschichte der Gladiatur Professionalisierung und Laisierung beziehungsweise Desakralisierung gewesen seien, scheint mir eindimensional; die sakrale Ausdeutung war offenbar stets vorhanden oder zumindest aktualisierbar.

licitas: „Als man sie [die Märtyrer] zum Tor [des Amphitheaters] geführt hatte, wollte man die Gefangenen zwingen, andere Gewänder anzulegen. Die Männer sollten als Priester des Saturn, die Frauen aber als Ceresmysten bekleidet werden. Da wehrte sich die edle Standhaftigkeit bis zuletzt. Perpetua sagte nämlich: ‚Gerade deshalb sind wir freiwillig hergekommen, damit unsere Freiheit nicht geschmälert werde; wir haben unser Leben preisgegeben, damit wir so etwas nicht zu tun brauchen; in dieser Sache sind wir doch mit euch übereingekommen.' Die Ungerechtigkeit erwies der Gerechtigkeit Respekt, und der Tribun erlaubte, dass sie einfach so, wie sie waren, in die Arena geführt wurden."[9]

Zumindest die christlichen Akteure nahmen die offenbar gewohnheitsmäßig erfolgende mythologische Einkleidung der Opfer religiös wahr, und ihre Ablehnung der Einkleidung wurde akzeptiert. Das Verhältnis von Mythologie und Religion in der von Christen als heidnisch definierten römischen Welt ist schwer zu bestimmen; es gab gewiss breite Deutungsspielräume und sehr unterschiedliche Wahrnehmungen. Auf jeden Fall erlaubten solche Szenerien eine religiöse Interpretation, wie es der zitierte Bericht verdeutlicht, demzufolge die Märtyrerinnen ihre Freiheit darin sahen, sich heidnischen Ansprüchen nicht zu fügen.

Die Abhaltung der Kämpfe verband sich zunehmend mit der Verehrung für den Kaiser; die Möglichkeiten der Senatoren, durch großzügige Spiele zu glänzen, verminderten sich. Gerade in der Provinz bildeten die *munera* gewöhnlich einen Teil von Festen im Rahmen des Kaiserkults. Zu den Aufgaben der provinzialen Oberpriester, die auch den Kaiserkult verantworteten, gehörte etwa die Abhaltung von Gladiatorenkämpfen. Die Kaiser präsentierten sich den Untertanen gerne in ihrer Sieghaftigkeit, Fürsorge und Gerechtigkeit; ihre Macht galt als Ausdruck ihrer Göttlichkeit. Daher liegt es nahe, die Gladiatorenkämpfe der Kaiserzeit als Veranstaltungen zu interpretieren, die dazu dienten, diese Eigenschaften des Kaisers zur Schau zu stellen, wobei, wie stets in der Welt vorchristlicher antiker Staatlichkeit, die religiöse und die politische Dimension nicht voneinander zu trennen waren.[10]

9 Martyrium Perpetuae et Felicitatis 18,4–6: „Et cum ducti essent in portam et cogerentur habitum induere, viri quidem sacerdotum Saturni, feminae vero sacratarum Cereri, generosa illa in finem usque constantia repugnavit. dicebat enim: Ideo ad hoc sponte pervenimus ne libertas nostra obduceretur; ideo animam nostram addiximus, ne tale aliquid faceremus; hoc vobiscum pacti sumus. agnovit iniustitia iustitiam: concessit tribunus. quomodo erant, simpliciter inducerentur"; Übersetzung nach Oda Hagemeyer/Basilissa Hürtgen: Ich bin Christ. Frühchristliche Märtyrerakten. Düsseldorf 1961. Vgl. Jan N. Bremmer: Perpetua und Felicitas. In: RAC. Bd. 27. Stuttgart 2015, S. 178–190; Barbara K. Gold: Perpetua. Athlete of God. Oxford 2018.

10 Zur politischen Dimension nach wie vor aktuell: Thomas Wiedemann: Emperors and Gladiators. London 1992; Eric Gunderson: The Ideology of the Arena. In: Cl Ant 15 (1996), S. 113–151, hier: S. 126–133.

Die *munera* blieben indes außergewöhnliche Veranstaltungen. Sie fanden weitaus seltener als etwa Theateraufführungen statt. Überraschen muss die geringe Zahl von *munera* nicht, denn die Abhaltung der Spiele war teuer. Gladiatoren erhielten eine komplexe Ausbildung in speziellen Schulen, den sogenannten *ludi*, die zunehmend vom Kaiser monopolisiert worden zu sein scheinen. Die dort trainierten Kämpfer folgten einer speziellen Diät und wurden von den besten Ärzten versorgt; der wohl bekannteste ist Galen, der in Pergamon Gladiatoren betreute. Starb ein Gladiator im Kampf, so bedeutete das mithin einen erheblichen ökonomischen Verlust. Wenn Augustus erklärt, er habe etwa 10.000 Männer kämpfen lassen,[11] so beweist dies seine beachtliche Bereitschaft, ein hohes finanzielles Risiko einzugehen, ohne dass damit übrigens etwas über die Zahl der tatsächlich Getöteten ausgesagt worden wäre. In vielen Fällen endeten Kämpfe offenbar unentschieden, was eine Schonung von Ressourcen erlaubte. Tapfer kämpfende unterlegene Gladiatoren hatten eine gute Chance, begnadigt zu werden; oft verlangte dies das Volk, das sich auf den nächsten kunstvollen Kampf des Begnadigten freuen mochte. Die Gladiatorenkämpfe lassen sich mithin in einem hohen Maße als Inszenierungen von Tapferkeit deuten.[12]

Billiger war es natürlich, verurteilte Personen vom Schlage der Perpetua in die Arena zu führen. Solche Spiele garantierten zudem eine große Zahl von Tötungen, denn sie zielten darauf ab, das Leben der beteiligten Menschen zu beenden. Wer gegen alle Wahrscheinlichkeit die Attacken der wilden Tiere überlebte, konnte indes auf Straferlass hoffen.

Generell entspringt jedoch die Vorstellung eines exzessiven Tötens in der Arena der neuzeitlichen Fantasie: Die Gladiatorenkämpfe, aber auch die *venationes*, waren eine ritualisierte, streng durch Konventionen eingehegte Form der Gewalt und wer sie ausübte, war keineswegs frei, dies bis zum Letzten zu tun. Vielmehr unterlag er einer klaren Befehlsstruktur. Ein erfolgreicher Gladiator durfte einen Gegner, der seine Aufgabe signalisierte, nicht einfach massakrieren, sondern musste auf die Erlaubnis des Spielgebers warten, eben den gedrehten Daumen, und er durfte auch nicht einfach den Nächsten attackieren. Die Tötung von Verbrechern mochte hohe Zahlen erreichen und extrem blutig ablaufen, doch war die Gruppe der zu Tötenden klar bestimmt. Das alles blieb weit entfernt von Exzessen, wie man sie von kollektiven religiösen Gewaltausbrüchen anderer Epochen kennt.

Die Gladiatoren waren auf Gedeih und Verderb mit ihrer Tätigkeit verbunden: Die einen mussten sie als Sklaven oder Kriegsgefangene erlernen, andere wurden *ad ludum* verurteilt, wieder andere ergriffen sie freiwillig. Mindestens die Letzte-

[11] Vgl. Res Gestae divi Augusti 22.

[12] Prägnant hierzu Mann: Gladiatoren (wie Anm. 5), S. 37–45.

ren gelobten, „sich brandmarken, schlagen und mit dem Eisen töten zu lassen“.[13] Sie gaben mithin basale Rechte eines Freien auf und nahmen einen sklavenartigen Status an.

Der soziale Status vieler Akteure des Spielwesens war inkonsistent: Sie unterlagen in verschiedener Hinsicht juristisch einer Infamie, erlangten aber bisweilen Starqualitäten, genossen große Popularität, erzielten nicht selten hohe Einnahmen und galten als sexuell attraktiv.[14]

Dem Körper der toten Gladiatoren wurde eine besondere Bedeutung zugesprochen. Ihrem Blut schrieb man Heilkraft zu; darüber handelten auch medizinische Fachtexte. So berichtet Celsus, wenngleich mit Widerwillen, dass das Trinken des warmen Blutes eines getöteten Gladiators manche von Epilepsie befreit habe.[15] Selbst bei Liebeszauber fand das Blut von Gladiatoren Verwendung.[16] Solche Belege zeigen, dass die Vorstellung, die Gladiatur sei lediglich ein Vergnügen oder ein Machterweis römischer Herrscher mit einem religiösen Firnis gewesen, zu kurz greift. Der gewaltsame Tod, das Opfer des Lebens, verlieh Gladiatoren eine übernatürliche Bedeutung, allerdings nicht als Personen, sondern in dem Sinne, dass zumindest ihr Blut eine außeralltägliche Wirkkraft erhielt. Teils wurden Gladiatoren auf speziellen Friedhöfen bestattet;[17] das war aber keineswegs zwingend. Eine Sakralisierung, wie man sie etwa von christlichen Heiligen kennt, ist nicht bezeugt.

Beim feierlichen Töten in der Arena ergab sich mithin unter verschiedenen Aspekten eine Verbindung von Religion und Gewalt: Kultische Handlungen bildeten den Rahmen für den gewaltsamen Tod der Gladiatoren, mythologische Reminiszenzen überhöhten die Kämpfenden, deren Körpern ein übernatürlicher Charakter zugeschrieben werden konnte. Gewalt war durch die religiösen Rituale in der Arena eingehegt und unterschiedlich ausdeutbar. Anders war der Zusammenhang beim christlichen Martyrium, das an diesem Ort oft erfolgte. So ließ sich die Tötung von

13 „Uri, vinciri, verberari, ferroque necari“ (Petronius, Satyricon 117; ähnlich: Seneca, Ad Lucilium epistulae morales 37,1); vgl. Horatius, Saturae 2,7,58.

14 Hartmut Leppin: Between Marginality and Celebrity. Entertainers in Roman Society. In: Michael Peachin (Hg.): The Oxford Handbook of Social Relations in the Roman World. Oxford 2010, S. 660–678.

15 Vgl. Celsus, Medicina 3,23,7; Plinius maior, Naturalis historia 28,2,4. Scribonius Largus (Compositiones 17) berichtet, dass Epileptiker von der Leber eines erstochenen Gladiators neunmal ein kleines Stück zu sich nähmen; das entspreche zwar nicht der professionellen Medizin, werde aber von manchen als wirkungsvoll betrachtet. Tertullian (Apologeticum 9,11) geißelt dies als heidnischen Aberglauben. Hierzu grundlegend Franz J. Dölger: Gladiatorenblut und Märtyrerblut. Eine Szene der Passio Perpetuae in kultur- und religionsgeschichtlicher Beleuchtung. In: Vorträge der Bibliothek Warburg (1923/24), S. 196–214, hier: S. 206.

16 Vgl. Papyri Graecae Magicae 4,1390–1397.

17 Das berühmteste Beispiel dafür ist Ephesos; vgl. etwa Karl Großschmidt/Fabian Kanz: Stand der anthropologischen Forschungen zum Gladiatorenfriedhof in Ephesos. In: ÖJH 74 (2005), S. 103–124.

Christen, die ihrem Glauben nicht abschworen, als ein Akt der Bestrafung dafür interpretieren, dass diese sich trotz eines Verbots als *Christiani* bezeichneten. Dies war aus christlicher Sicht durchaus religiöse Gewalt. Da das Gebaren der Christen eine Verweigerung der Darbringung von Opfern einschloss, besaß es auch aus nicht christlicher Sicht eine religiöse Dimension, doch stand diese nicht im Zentrum. Es geht mithin nicht allein um die Frage, ob die Gewalt in der Arena mit religiösen Argumenten gebilligt oder verurteilt wurde, sondern auch darum, inwiefern und von wem sie als religiös interpretiert wurde. Religiöse Gewalt erweist sich (nicht nur) hierbei als perspektivisch.

Akzeptanz und Kritik der Gewalt in der Arena bei antiken Beobachtern

Wie gingen antike Beobachter mit der Gewalt in der Arena um? Anscheinend löste sie keine leidenschaftlichen Debatten aus. Gladiatorenkämpfe waren ein unangefochtenes Element des Lebens in der Kaiserzeit; regelmäßig fanden sie vor Tausenden von Zuschauern statt. Auf zahlreichen Inschriften rühmten sich Spielgeber ihrer großzügigen *munera* und bisweilen auch der *munera sine missione*, bei denen keine Begnadigung vorgesehen war, obgleich letztgenannte Veranstaltungen zeitgenössisch durchaus umstritten waren.[18]

Die besondere Fundsituation in Pompeji liefert Belege dafür, dass Veranstalter Gladiatorenkämpfe durch sogenannte *programmata*, die man als Dipinti mit Farbe auf Hauswände auftrug, ankündigten.[19] Darüber hinaus bezeugen zahlreiche Kunstwerke, sowohl erschwingliche Kleinkunst wie Statuetten als auch kostspielige große Mosaiken, die Freude an Gladiatorenkämpfen. Man hatte keine Scheu, repräsentative Räume mit Darstellungen der tödlichen Kämpfe auszugestalten und das Können der Gladiatoren auf Reliefs im privaten und öffentlichen Raum zu feiern; bisweilen finden sich Verbindungen mit Fruchtbarkeitssymbolen. Ferner konnten Gladiatorenreliefs den Ruhm der Spielgeber mehren.[20] Die Spiele bildeten trotz des zweifelhaften Rufs der Gladiatoren nicht eine Halbwelt, sondern fanden in der Mitte einer Gesellschaft statt, deren Einstellung zum Kampf in der Arena nicht von der Abscheu vor den Gewaltakten geprägt war.

[18] Vgl. etwa Suetonius, Augustus 45,3; vgl. Titus Livius 41,20 (zu einem Fest des Antiochos IV. Epiphanes).

[19] Vgl. Patrizia Sabbatini-Tumolesi: Gladiatorum Paria. Annunci di spettacoli gladiatorii a Pompei. Rom 1980.

[20] Im interpretativen Ansatz über die erwähnten Darstellungen hinausgehend: Manuel Flecker: Römische Gladiatorenbilder. Studien zu den Gladiatorenreliefs der späten Republik und der Kaiserzeit aus Italien. Wiesbaden 2015.

Zahlreich müssen die Texte gewesen sein, die derartige blutige Spiele feierten. Einen Eindruck davon vermittelt Martial, der anlässlich der Eröffnung des Kolosseums in Rom unter Kaiser Titus (79–81) mit seinem „Liber spectaculorum" die Spiele und den Bau selbst rühmte. Mehrere elegante Verse ergehen sich in der Beschreibung des Todes von Verbrechern. So schreibt er kurz und – nach heutigen Begriffen – zynisch über einen Mann namens Daedalus, der den Tieren vorgeworfen wurde: „Daedalus, da dich nunmehr ein lukanischer Bär zerreißt, / ach, wie gern hättest du jetzt deine Flügel zur Hand."[21]

Ausführlicher widmet sich Martial dem als Verbrecher verurteilten Laureolus. Dieser hängt – ähnlich wie Prometheus am Felsen – an einem Kreuz und wird von einem Bären zerrissen. Der Dichter beschreibt das mit einem drastischen Paradox: „Im ganzen Körper war nirgendwo (mehr) ein Körper." Unabhängig davon, ob er Elternmörder, Tempelräuber oder Brandstifter gewesen sei, erhalte er jetzt die angemessene Vergeltung. In der dichterischen Beschreibung des Schicksals des Laureolus wird der Prometheus-Mythos überboten: „Bei ihm war Strafe, was ein Mythos gewesen war."[22] In eleganten Versen zelebrierte Martial mithin das grausame Sterben als Akt der Gerechtigkeit.

Im „Liber spectaculorum" wird zudem die Großzügigkeit und Sieghaftigkeit des Kaisers gepriesen: Als ein Gladiatorenpaar bis zur Erschöpfung weitermacht, spricht Titus schließlich beiden den Sieg zu und wird dafür verherrlicht. Nur unter seiner Herrschaft sei es geschehen, dass zwei Gladiatoren gegeneinander gekämpft hätten und beide Sieger geworden seien.[23]

[21] Martialis, Liber Spectaculorum 8: „Daedale, Lucano cum sic lacereris ab urso, / quam cuperes pinnas nunc habuisse tuas!"; Übersetzung nach Martial: Epigramme. Bearb. von Harry C. Schnur. Stuttgart 1984. Grundlegend der Kommentar von Kathleen M. Coleman: M. Valerii Martialis Liber spectaculorum. Oxford 2006; speziell hierzu dies.: Charades (wie Anm. 3), S. 63. Vgl. dazu Stefan Rudolf Beck: „Ferrum est quod amant" – Das Amphitheater in der lateinischen Literatur des ersten und zweiten Jahrhunderts unter politischen und gesellschaftskritischen Aspekten. Regensburg 2016, online zugänglich unter: https://epub.uni-regensburg.de/33718 (letzter Zugriff am 15.4.2021), S. 120–173; zu Daedalus vgl. ebd., S. 35; zu Laureolus vgl. ebd., S. 124–128.

[22] Martialis, Liber Spectaculorum 7: „Qualiter in Scythica religatus rupe Prometheus / Adsiduam nimio pectore pavit avem, / Nuda Caledonio sic viscera praebuit urso / Non falsa pendens in cruce Laureolus. / Vivebant laceri membris stillantibus artus / *Inque omni nusquam corpore corpus erat.* / Denique supplicium dignum tulit: ille parentis / Vel domini iugulum foderat ense nocens, / Templa vel arcano demens spoliaverat auro, / Subdiderat saevas vel tibi, Roma, faces. / Vicerat antiquae sceleratus crimina famae, / *In quo, quae fuerat fabula, poena fuit*"; Übersetzung nach Martial: Epigramme (wie Anm. 21).

[23] Martialis, Liber Spectaculorum 29,11 f.: „Contigit hoc nullo nisi te sub principe, Caesar: cum duo pugnarent, victor uterque fuit"; zu dem Epigramm vgl. Coleman: Charades (wie Anm. 3), S. 64 f.; Beck: Ferrum (wie Anm. 21), S. 141–149, doch sehe ich darin nicht den Aspekt der *clementia* (ebd., S. 146); vielmehr zeigt sich der Kaiser hier als jemand, der *virtus* fördert.

Die Bedeutung des Kaiserkults ist in Martials Werk allenthalben spürbar: Als ein frommer (*pius*) Elefant dem Kaiser Verehrung bezeugt, nachdem er sich gegen einen Stier durchgesetzt hat, tut er dies, ohne dass ein Tierpfleger ihn dazu anhält, denn er erkennt den Kaiser als Gott.[24] Entsprechend stellt Martial die Ausübung von Gewalt in der Arena nicht als Gegenstand einer moralisch oder religiös motivierten Abscheu, sondern als Ausdruck einer gerechten Ordnung der Welt dar.[25] Diese war Teil einer religiös begründeten Ordnung, für die der Kaiser in seiner göttlichen Dimension einstand.

Die Faszination der Spiele für Zuschauer beschreibt, wenn auch Jahrhunderte später, eindringlich Augustinus (356–430) am Beispiel seines Freundes Alypius, der in seiner manichäischen Lebensphase ein möglichst enthaltsames Leben führen möchte, jedoch von Freunden mit der Gewalt der Vertrautheit (*familiaris violentia*) zu Gladiatorenkämpfen geschleppt wird und sich der Intensität der Spiele nicht entziehen kann: „Kaum hat nämlich er das Blut gesehen, verinnerlicht er auch die Bestialität [*immanitas*].“[26] Augustinus’ Schilderung ist intensiv und bleibt ohne direkte religiöse Polemik, ist allerdings in die Schilderung eines sündhaften Lebens eingebunden. Es geht ihm um ein persönliches Versagen, das nur mithilfe Gottes zu überwinden ist.

Wiewohl die Gladiatorenkämpfe anerkannter Bestandteil der Festkultur waren und die Tapferkeit der Beteiligten hohen Ruhm fand,[27] äußerten manche nicht christliche Autoren ihre Abneigung gegen sie. Diese ist indes nicht mit einer grundsätzlichen Ablehnung gleichzusetzen. Ein Grund für die negative Beurteilung der Kämpfe konnte das Gefühl aristokratischer Überlegenheit gegenüber dem pöbelhaften Spektakel sein. Als sein Freund Marcus Marius im Jahr 55 vor Christus aus gesundheitlichen Gründen die Spiele, die Pompeius zur Einweihung seines Theaters gab, nicht besuchen konnte, beschreibt Cicero diese Veranstaltungen als ein langweiliges Event für das Volk und stellt schließlich die rhetorische Frage: „Soll ich mir etwa vorstellen, dass du die Athleten vermisst, der du doch schon von Gla-

[24] Martialis, Liber Spectaculorum 17.

[25] Vgl. Johannes Hahn: Rituals of Killing. Public Punishment, Munera and the Dissemination of Roman Values and Ideology in the Imperium Romanum. In: Wouter Vanacker/Arjan Zuiderhoek (Hg.): Imperial Identities in the Roman World. London/New York 2017, S. 36–60.

[26] „Ut enim vidit illum sanguinem, immanitatem simul ebibit“ (Confessiones 6,8,13); Übersetzung durch den Verfasser. Sarkastisch: Prudentius, Contra Symmachum 2,1091–1101; zum Bericht Augustinus’ vgl. Maria Backhaus: Mord(s)bilder – Aufzählungen von Gewalt bei Seneca und Lucan. Berlin/Boston 2019, S. 48–50.

[27] Vgl. etwa Cicero, Tusculanae disputationes 2,41; Seneca, De Beneficiis 2,34,3; Plinius minor, Panegyricus 33,1.

diatoren nichts hältst?"[28] Cicero setzt die Verachtung des populären Spektakels der Gladiatorenkämpfe voraus. Zwar handelt es sich um eine kurz hingeworfene Briefpassage aus konkretem Anlass, der man nicht zu viel Bedeutung beimessen sollte, doch ist darin ein vornehmes Überlegenheitsgefühl gegenüber dieser Form der Unterhaltung unverkennbar.

Allerdings gibt es durchaus Hinweise auf Römer, die das Spektakel der Gladiatorenkämpfe insgesamt als *crudele et inhumanum*, grausam und unmenschlich, empfanden. Cicero erwähnt dies in seinen „Gesprächen in Tusculum", nachdem er selbst den Todesmut der Gladiatoren gerühmt hatte – offenbar divergierten die Auffassungen in den Eliten.[29] Die Gewaltausübung selbst konnte mithin durchaus ambivalente Gefühle auslösen. So erklärt der spätantike, auf älteres Material zurückgreifende Vergil-Kommentator Servius: „Es war Tradition, bei Gräbern tapferer Männer Gefangene zu töten. Seitdem man das als (zu) grausam ansah, beschloss man, Gladiatoren vor den Gräbern kämpfen zu lassen."[30] Bemerkenswert ist die dahinterstehende Vorstellung von Grausamkeit: Eine beliebige Tötungshandlung gilt als grausam, nicht aber ein tödlicher Kampf. Es geht bei diesem Konzept von Gewalt nicht um das Los des einzelnen Opfers, sondern um die Form des Tötens und um die Chance, dem Getötet-Werden durch tapferen Kampf zu entkommen.

Im griechischsprachigen Osten des Römischen Reichs wurden mehr kritische Stimmen laut, die bewusst den Eindruck erwecken, Minderheitenmeinungen zu äußern.[31] Als die Athener im Dionysostheater am Hang der Akropolis Gladiatorenkämpfe gaben, machte der Sophist Philostrat deutlich, dass das für ihn im Widerspruch zum Kult von Athene und Dionysos stand; Athen stellte er als befleckt hin. Sein Biograf erklärt, die Athener hätten es hier schlimmer getrieben als die Korinther, die in der Kaiserzeit für einen ungezügelten Lebenswandel standen und de-

28 „Nam quid ego te athletas putem desiderare, qui gladiatores contempseris?"; Cicero, Epistulae ad familiares 7,1,3; Übersetzung durch den Verfasser.

29 Cicero, Tusculanae disputationes 2,41; zur Abneigung gegen Gladiatorenkämpfe und Ähnliches vgl. Seneca, Epistulae 90,45; ebd. 95,33; Firmicus Maternus, Mathesis 3,4,23; zu den ambivalenten Beurteilungen vgl. Ville: Gladiature (wie Anm. 3), S. 447–472, der hervorhebt, dass derselbe Autor Kritik an der Munifizenz und Lob für sie äußern konnte (ebd., S. 448 f.). Das überrascht nicht, weil die Kontexte der Äußerung in Hinblick auf die Gattung und den Anlass unterschiedlich waren. Das macht aber auch deutlich, dass es sich nicht um eine weltanschauliche Grundsatzfrage handelte.

30 Kommentar zu Vergilius, Aeneis 10,519 („inferias quos immolet umbris"): „(Sane) mos erat in sepulcris virorum fortium captivos necari. Postquam crudele visum est, placuit gladiatores ante sepulcra dimicare" (Übersetzung durch den Verfasser); der gleiche Gedanke polemisch gewendet bei Tertullianus, De spectaculis 12.

31 Exemplarisch Dio Chrysostomus, Oratio 31,121 f.; vgl. Plutarch, De esu carnium 2,2 (997C); zu dieser Frage vgl. Mann: Gladiatoren (wie Anm. 5), S. 111–134, der wenig antirömische Akzente sieht.

ren Stadt besonders stark von römischen Traditionen geprägt war. Dieses Beispiel zeigt, wie sich die Ablehnung der Gladiatur mit der Beschwörung klassischer Traditionen und damit auch der klassischen Götter verbinden konnte. Dabei stand allerdings nicht der römische Ursprung in der Kritik; vielmehr galt die Abhaltung der Spiele als Ausdruck des Niedergangs der eigenen Zeit. Eine humanitär begründete Ablehnung ist hingegen nicht dokumentiert.[32]

Aus dem lateinischen Bereich stammt ein viel zitierter Bericht in Senecas 7. Brief an Lucilius über seinen Besuch im Amphitheater: „Zufällig geriet ich in eine mittägliche Darbietung und erwartete Unterhaltung, Witz und ein bisschen Entspannung, bei der die Augen der Menschen sich vom Menschenblut ausruhen können. Weit gefehlt! Alles, was vorher an Kämpfen ausgetragen wurde, war (im Vergleich dazu) Barmherzigkeit. Kein Schnickschnack mehr – nun gibt's nichts weiter als das Abschlachten von Menschen. Nichts haben sie, womit sie sich schützen könnten. Da sie mit dem ganzen Leib den Hieben ausgesetzt sind, stoßen sie auch nie vergeblich zu. So etwas ziehen die meisten den normalen und entsprechend den Publikumswünschen zustande gekommenen Paaren vor. Und warum auch nicht? Nicht Helm, nicht Schild wehrt das Schwert ab. Wozu Schutzwaffen? Wozu Technik? All das hält den Tod nur auf. Am Morgen wirft man Menschen den Löwen und Bären, am Mittag ihrem Publikum vor. Mörder lassen sie ihren Mördern entgegentreiben und bestimmen den Sieger für ein weiteres Gemetzel. Das Ende für alle Kämpfenden ist der Tod: Mit Feuer und Schwert geht man zu Werke. So geht's in der Arena während der Mittagspause zu."[33]

In der angeführten Passage geht es nicht um reguläre Gladiatorenkämpfe oder um *venationes*, sondern um eine unmittelbare Tötung von Menschen, die teils wechselseitig erfolgte. Es handelte sich um Hinrichtungen, wie Senecas folgende Bemerkungen zeigen, in denen er Rechtfertigungen für das grausige Töten imaginiert: „‚Aber einer von denen hat einen Raub begangen, hat einen Menschen ermordet.' Na und? Weil er gemordet hat, hat er es verdient, das zu erleiden. Wieso

[32] Vita Apollonii 4,22. Laut Plutarch, Non posse suaviter vivi secundum Epicurum 17 (1099B), waren griechische Gladiatoren weniger „animalisch" als andere.

[33] Seneca, Epistulae morales ad Lucilium 7,3–4: „Casu in meridianum spectaculum incidi, lusus expectans et sales et aliquid laxamenti, quo hominum oculi ab humano cruore adquiescant. Contra est: quidquid ante pugnatum est misericordia fuit; nunc omissis nugis mera homicidia sunt. Nihil habent, quo tegantur; ad ictum totis corporibus expositi numquam frustra manum mittunt. Hoc plerique ordinariis paribus et postulaticiis praeferunt. Quidni praeferant? non galea, non scuto repellitur ferrum. Quo munimenta? quo artes? omnia ista mortis morae sunt. Mane leonibus et ursis homines, meridie spectatoribus suis obiciuntur. Interfectores interfecturis iubent obici et victorem in aliam detinent caedem; exitus pugnantium mors est. Ferro et igne res geritur. Haec fiunt, dum vacat harena."; Übersetzung nach Gerhard Fink: Briefe an Lucilius lateinisch - deutsch 1. Düsseldorf 2007. Zu dieser Passage vgl. auch Backhaus: Mord(s)bilder (wie Anm. 26), S. 50–57.

hast du elender Mensch verdient, das anzuschauen? – ‚Schlage, peitsche, brenne ihn! Warum rennt er so zaghaft ins Messer? Warum haut er nicht beherzt genug zu? Warum stirbt er so lustlos? Man soll sie den Hieben entgegenprügeln! Wenn sie aufeinander einschlagen, sollen sie gefälligst die Brust hinhalten!' Es ist Kampfpause. ‚Zwischendurch soll man ein paar Kerle abstechen, damit nicht nichts passiert.' Versteht ihr denn nicht einmal dies, dass üble Vorbilder auf die zurückwirken, die sie geben?“[34]

Seneca kritisiert hier die Grausamkeit, vor allem aber die Erregung niederer Gefühle bei den Zuschauern. Es geht ihm nicht um eine fundamentale, ethisch begründete Ablehnung der Gladiatorenkämpfe, sondern um eine Abstufung der Gewalt. Schon dem blutigen Spektakel der Gladiatorenkämpfe kann Seneca nichts abgewinnen, und doch wirkt dieses im Vergleich zu dem, was sich zur Mittagszeit in der Arena abspielt, barmherzig und erscheint als legitim. Die Hinrichtung von Verbrechern wird nicht kunstvoll vollzogen, wie es Martial schildert, sondern Menschen werden hingeschlachtet. Genauso wie bei Augustinus erscheint die Anstachelung zur Gewalt als eine negative Emotion neben anderen, die durch die Spiele ausgelöst werden.[35] Seneca kritisiert die Gewaltausübung mithin nicht unter dem Aspekt der Würde und des Werts des Einzelnen, sondern weil sie die Zuschauer zum Schlechteren beeinflusse.

Nicht zur Sprache kommt bei Seneca zudem die Vorstellung, dass ein Gott – oder die Götter überhaupt – Gewalt grundsätzlich ablehnten. Das Argument, das er gegen die Grausamkeit der Gladiatorenkämpfe vorbringt, bezieht sich nicht auf die Religion, sondern ist individualethisch: Der Zuschauer werde durch deren Abhaltung nicht gebessert, sondern zum Schlechteren beeinflusst. Entsprechend verweisen jene antiken Autoren, die die Spiele rechtfertigen, auch nicht auf deren religiöse Bedeutung.

Christliche Beobachtungen zur religiösen Gewalt

Dass Christen die Tötung ihrer Glaubensbrüder in der Arena als Zeichen der religiösen Verstocktheit der zuständigen Beamten interpretierten, überrascht nicht.

[34] Seneca, Epistulae morales ad Lucilium 7,3 f.: „Sed latrocinium fecit aliquis, occidit hominem. Quid ergo? quia occidit, ille meruit, ut hoc pateretur: tu quid meruisti miser, ut hoc spectes? ‚Occide, verbera, ure! Quare tam timide incurrit in ferrum? quare parum audacter occidit? quare parum libenter moritur? Plagis agatur in vulnera, mutuos ictus nudis et obviis pectoribus excipiant.' Intermissum est spectaculum. ‚interim iugulentur homines, ne nihil agatur'. Age, ne hoc quidem intellegitis, mala exempla in eos redundare, qui faciunt?“; Übersetzung nach Fink: Briefe (wie Anm. 33). Zu der ganzen Passage vgl. auch Backhaus: Mord(s)bilder (wie Anm. 26), S. 50–57.

[35] Seneca, Epistulae morales ad Lucilium 7,2.

Bemerkenswerter sind die von Christen aufgestellten Lehren über den Besuch der Gladiatorenkämpfe, wie sie besonders eingehend Tertullian vermittelt. Er wirkte um 200 in Karthago und gehörte zu jenen, die eine konsequente Absonderung der Gläubigen vom Alltagsleben ihrer Umgebung propagierten, da diese heidnisch-religiös durchdrungen sei.[36] Ein Streitgegenstand hierbei waren die Spiele. Diese behandelt Tertullian im Rahmen seiner Schrift „De spectaculis". Darin tadelt er Christen, die unter Verweis darauf, dass die Spiele Teil der Schöpfung und in der Bibel nicht verboten seien, laut seiner Beschreibung munter Theater und Arena frequentierten.

Zentraler Gegenstand der Kritik Tertullians ist die Einbettung der Spiele in religiöse Rituale, die er ausführlich beschreibt. Zwar unterstellt er keine religiöse Anteilnahme seitens der Zuschauer oder auch nur der Christen unter ihnen, doch hält er allein schon die Anwesenheit von Christen bei heidnisch-religiösen Handlungen für inakzeptabel.

Nachdrücklich betont er den Ursprung der Spiele im Kult. Ähnlich wie Servius berichtet Tertullian davon, dass man ursprünglich bei Begräbnissen Sklaven niedergemetzelt habe: „Früher opferte man bei den Leichenbegängnissen Gefangene oder schlechte Sklaven, die man kaufte, weil man glaubte, die Geister der Toten durch Menschenblut zu versöhnen. Späterhin zog man es vor, diese Ruchlosigkeit (*impietas*) in ein Vergnügen zu kleiden."[37] Wichtig ist dem Autor die religiöse Dimension: „Und so wurden Leute, welche man beschafft hatte, bloß um zu lernen, wie man sich müsse totschlagen lassen, in dem Gebrauch der Waffen unterrichtet, so gut wie es damals ging, und dann alsbald am festgesetzten Tage der Totenopfer bei den Grabhügeln verwendet. So tröstete man sich über den Tod durch Morde hinweg. Dies ist der Ursprung der *munera*. Nach und nach jedoch nahmen diese an Beliebtheit in dem Grade zu, als sie unmenschlicher wurden, weil nämlich dem Vergnügen an den Bestien nicht eher genug getan war, als nicht auch Menschenleiber durch die Bestien zerrissen wurden. Was also den Verstorbenen geopfert wurde, das sah man als einen Totendienst an. Dies ist auch deswegen Götzendienst, weil der ganze Götzendienst nur eine Art von Totendienst ist. Sowohl der eine als

[36] Vgl. Georg Schöllgen: Ecclesia sordida? Zur Frage der sozialen Schichtung frühchristlicher Gemeinden am Beispiel Karthagos zur Zeit Tertullians. Münster 1985; David E. Wilhite: Tertullian the African. An Anthropological Reading of Tertullian's Context and Identities. Berlin/Boston 2007.

[37] Tertullianus, De spectaculis 12,2–3: „nam olim, quoniam animas defunctorum humano sanguine propitiari creditum erat, captivos vel mali status servos mercati in exequiis immolabant. postea placuit impietatem voluptate adumbrare"; Übersetzung nach Heinrich Kellner: Tertullians ausgewählte Schriften. München 1912.

der andere ist an verstorbene Personen gerichtet. In den Bildern der Verstorbenen aber halten sich die Dämonen auf."[38]

Anschließend schildert Tertullian die heidnische Einkleidung der Spiele, die etwa mit einer festlichen *pompa*, bei der Götterbilder mitgeführt wurden, begannen,[39] und verwendet dabei drastische Ausdrücke wie *pompa diaboli* für die Prozession und *omnium daemonum templum* für das Amphitheater. Der Nachdruck, den Tertullian in seinen Ausführungen zeigt, wäre wohl nicht erforderlich gewesen, wenn alle Christen so fest wie er davon überzeugt gewesen wären, dass es sich bei den Gladiatorenkämpfen um ein heidnisches Ritual handele. Gerade die Haltung der Christen, die den Spielen beiwohnten, adressiert er ja in seiner Schrift.

In seiner Polemik beschränkt sich Tertullian indes nicht auf den religiösen Kontext, sondern behandelt auch die Gewaltfrage. Als besonders anstößig gilt ihm – erneut in Auseinandersetzung mit Christen, die ihren Besuch in der Arena für legitim halten – die Grausamkeit der Gladiatorenkämpfe: „Sollen wir nun eine Verwerfung auch des Amphitheaters seitens der Heiligen Schrift erwarten? Wenn wir die Auffassung vertreten, Grausamkeit, Ruchlosigkeit, tierische Wildheit sei etwas Erlaubtes für uns, können wir ja ins Amphitheater gehen! Wenn wir wirklich solche Leute wären, wie man von uns sagt, so würden wir am Vergießen von Menschenblut unsere Freude haben." Die darauffolgende Passage Tertullians erinnert an Seneca, ohne dass sie von dessen Äußerungen abhängig sein muss: „‚Es ist aber etwas Gutes, da es Verbrecher sind, die ihre Strafe finden.' – Wer wird das leugnen außer einem Verbrecher? Und dennoch kann sich ein Unschuldiger unmöglich über die Hinrichtung eines Nebenmenschen freuen. Es würde dem Unbescholtenen besser anstehen, betrübt zu sein, weil ein Mitmensch, seinesgleichen, ein solcher Verbrecher geworden ist, dass er auf so grausame Weise verwendet wird. Wer bietet mir aber denn Gewähr dafür, dass es immer nur Schuldige sind, die zu den wilden Tieren oder zu Todesstrafen irgendwelcher Art bestimmt werden, und dass dies nicht auch der Unschuld widerfährt, aus Rachsucht des Richters, durch Schwäche der Verteidigung oder wegen Heftigkeit der Folter? Es ist viel besser also, es nicht mitzubekommen, wenn Schuldige bestraft werden, um nicht dabei zu sein, wenn auch Gute zugrunde gehen, wenn sie denn wissen, was gut ist! Sicher ist we-

[38] Ebd. 12,3–5: „itaque quos paraverant, armis quibus tunc et qualiter poterant eruditos, tantum ut occidi discerent, mox edicto die inferiarum apud tumulos erogabant. ita mortem homicidiis consolabantur. haec muneri origo. sed paulatim provecti ad tantam gratiam, ad quantam et crudelitatem, quia ferarum voluptati satis non fiebat nisi et feris humana corpora dissiparentur. quod ergo mortuis litabatur, utique parentationi deputabatur; quae species proinde idololatria est, quoniam et idololatria parentationis est species: tam haec quam illa mortuis ministrat. in mortuorum autem idolis daemonia consistunt"; Übersetzung nach Kellner: Schriften (wie Anm. 37).

[39] Vgl. Ville: Gladiature (wie Anm. 3), S. 400.

nigstens, dass Unschuldige als Gladiatoren zu den Spielen gemietet werden, um dem Amüsement des Publikums zum Opfer zu dienen. Was die betrifft, die zu den Spielen verurteilt werden – was bedeutet das denn, dass man sie anlässlich ihrer Bestrafung wegen eines geringeren Vergehens nun gar noch zum Mord treibt. Das wäre unsere Antwort gegenüber den Heiden. Im Übrigen aber verhüte Gott, dass ein Christ in betreff der Verabscheuungswürdigkeit der Schauspiele noch weiterer Belehrung bedürfe! Indessen, es vermag niemand alle diese Gründe vollständiger zum Ausdruck zu bringen, als wer weiterhin zuschaut. Ich will aber lieber nicht ganz vollständig sein, als weiter an dergleichen Dinge denken."[40]

Im zitierten Abschnitt geht es um den einzelnen Menschen als Opfer. Im Kapitel zuvor, das über Athletik handelt, hatte Tertullian sich schon darüber empört, dass bei den Kämpfen das Gesicht des Menschen, des Ebenbildes Gottes, verunstaltet werde. Einmal mehr betrachtet Tertullian die an den Gladiatorenkämpfen Mitwirkenden als Opfer. Genauso wenig wie Seneca lässt er das Argument gelten, dass in der Arena Verbrecher stürben, verweist aber anders als der Philosoph darauf, dass auch diese Mitleid verdienten und es verkehrt sei, die Hinzurichtenden im Rahmen des Spektakels noch einmal zu Tätern zu machen. Darüber hinaus bezieht sich Tertullian auf diejenigen, die professionell als Gladiatoren arbeiteten und die genauso zu Opfern würden. Damit formuliert er einen christlich-schöpfungstheologischen Einwand, der nicht die Wirkung auf den Betrachter, sondern das Leid des Getöteten ins Zentrum rückt. Die Gewalt wird mithin unter religiösen Gesichtspunkten kritisiert, wobei Tertullian davon ausgeht, dass diese Argumente im Kern auch die überzeugen könnten, die er als Heiden abqualifiziert. Er unterstellt also eine gemeinsame – gewissermaßen humanistische – Basis der Ablehnung beliebiger Tötungen. Damit hatte er sicherlich Recht. Denn Teile der Eliten des Prinzipats suchten nach philosophisch-ethisch begründeten Regeln der Lebensführung. Gera-

[40] Tertullianus, De spectaculis 19,1–5: „exspectabimus nunc ut et amphitheatri repudium de scripturis petamus? si saevitiam, si impietatem, si feritatem permissam nobis contendere possumus, eamus in amphitheatrum. si tales sumus quales dicimur, delectemur sanguine humano. ‚bonum est, cum puniuntur nocentes.' quis hoc nisi nocens negabit? et tamen innocentes de supplicio alterius laetari non oportet, cum magis competat innocenti dolere, quod homo, par eius, tam nocens factus est, ut tam crudeliter impendatur. quis autem mihi sponsor est, nocentes semper vel ad bestias vel ad quodcumque supplicium decerni, ut non innocentiae quoque inferatur aut ultione iudicantis aut infirmitate defensionis aut instantia quaestionis? quam melius ergo est nescire cum mali puniuntur, ne sciam et cum boni pereunt, si tamen bonum sapiunt. certe quidem gladiatores innocentes in ludum veneunt, ut publicae voluptatis hostiae fiant. etiam qui damnantur in ludum, quale est ut de leviore delicto in homicidas emendatione proficiant? sed haec ethnicis respondi. ceterum absit ut de istius spectaculi aversione diutius discat Christianus. quamquam nemo haec omnia plenius exprimere potest nisi qui adhuc spectat. malo non implere quam meminisse"; Übersetzung nach Kellner: Schriften (wie Anm. 37). Zur Brutalität vgl. Tertullianus, Ad nationes 1,10,46–9; Pseudo-Cyprianus (Novatianus), De spectaculis 5.

de wenn sie in der stoischen Tradition standen, schätzen sie den Wert des Einzelnen und konnten Tötungen zum Vergnügen nicht gutheißen.[41]

Stärker noch als in „De spectaculis“ betont Tertullian das religiöse Element seiner Kritik am Gladiatorenkampf in einem anderen Werk – dem „Apologeticum“ aus dem Jahr 197. In diesem verteidigt er das Christentum gegen zahlreiche Vorwürfe von Heiden – der angegebene Adressatenkreis ist hier also ein anderer als in „De spectaculis“ – und ergeht sich seinerseits in antiheidnischer Polemik: „Noch mehr als Fromme (*religiosiores*) zeigt ihr [die Heiden] euch fürwahr im Amphitheater, wo über Menschenblut, über dem von Vollziehung von Leibesstrafen herrührenden Unflat eure Götter Tänze aufführen, indem sie Verbrechern Themen und Mythen bieten; freilich werden auch die Rollen eurer Götter öfters durch Verbrecher gegeben. Wir haben einmal gesehen, wie Attis, jener Gott aus Pessinus, kastriert wurde und wie einer, der lebendig brannte, den Herkules verkörperte. Wir haben dazu gelacht, wenn zwischen den spaßhaften Grausamkeiten zur Mittagszeit Merkur die Toten mit dem Brenneisen untersuchte; wir haben gesehen, wie der Bruder des Jupiters mit seinem Hammer die Leichname der Gladiatoren wegschaffte. Wenn diese Dinge und, was man noch dazu ausfindig machen könnte, die Ehre der Gottheiten in Verruf bringen, wenn sie ihre erhabene Majestät in den Schmutz ziehen, so sind durchaus verächtlich sowohl die, welche dergleichen ausüben, als auch die, an welchen es ausgeübt wird.“[42]

In dieser Passage kritisiert Tertullian die *munera* unter religiösen Gesichtspunkten, wobei das Wort *religiosus* offenbar die enge Bindung an die Götter meint. Die Götter, die zu verehren die Heiden doch beanspruchten, würden durch die Szenerien im Amphitheater verächtlich gemacht. Eine ethisierte Vorstellung von göttlichem Verhalten, wie sie durchaus auch viele Heiden der Kaiserzeit pflegten, bringt Tertullian gegen Verhaltensweisen in Stellung, die er als heidnisch brandmarkt. Die Ablehnung der Grausamkeit gegen Menschen schwingt mit, ist aber

41 Nach wie vor fundamental Paul Veyne: La famille et l'amour dans le Haut Empire romain. In: AESC 33 (1978), S. 35–63; ferner Hartmut Leppin: Early Christians and the Transformation of Recognition. In: Maijastina Kahlos/Heikki J. Koskinen/Ritva Palmén (Hg.): Recognition and Religion. Contemporary and Historical Perspectives. London 2019, S. 71–89.

42 Tertullianus, Apologeticum 15,4–6: „Plane religiosiores estis in cavea, ubi super sanguinem humanum, super inquinamenta poenarum proinde saltant dei vestri, argumenta et historias noxiis ministrantes, nisi quod et ipsos deos vestros saepe noxii induunt. Vidimus aliquando castratum Attin, illum deum ex Pessinunta, et qui vivus ardebat, Herculem induerat. Risimus et inter ludicras meridianorum crudelitates Mercurium mortuos cauterio examinantem; vidimus et Iovis fratrem gladiatorum cadavera cum malleo deducentem. Singula ista quaeque adhuc investigare quis posset, si honorem inquietant divinitatis, si maiestatis vestigia obsoletant, de contemptu utique censentur tam eorum, qui eiusmodi factitant, quam eorum, quibus factitant“; Übersetzung nach Kellner: Schriften (wie Anm. 37); fast wortgleich ders., Ad nationes 1,10,46–49.

nicht der zentrale Kritikpunkt; es wird jedoch deutlich, dass Tertullian auch bei Heiden eine Ablehnung einer solchen Brutalität voraussetzt.

Die Absage an die Gladiatorenkämpfe, die zuvor offenbar nicht selbstverständlich war, verbreitete sich unter den Christen,[43] sicherlich begünstigt durch die eindringlichen Berichte über Glaubensgenossen, die in der Arena starben. Der christliche Kaiser Valentinian I. (364–375) untersagte die Verurteilung von Christen *ad ludum*.[44] Allerdings führte die Hinwendung der römischen Kaiser zum Christentum keineswegs zu einem sofortigen Ende der Gladiatorenkämpfe. Die oben erwähnte Episode mit Augustinus und Alypius trug sich in einem seit Jahrzehnten christlichen Reich zu und ist ein Beleg dafür, dass Gladiatorenkämpfe weiterhin stattfanden.

Das Ende der Gladiatorenkämpfe, das er auf die Regierungszeit des Honorius (395–423) datiert, schildert der in Syrien wirkende, auf Griechisch schreibende Kirchenhistoriker Theodoret (circa 393–460/466) in dramatischer Weise: „Honorius nämlich, der die Herrschaft über Europa [gemeint ist der Westen des Römischen Reichs; Anmerkung des Verfassers] erlangt hatte, hob die zu Rom seit alters stattfindenden Gladiatorenspiele auf. Dies hatte folgenden Anlass: Ein gewisser Telemachios, der ein asketisches Leben führte, verließ den Osten und reiste deswegen nach Rom, begab sich, als dieses abscheuliche Schauspiel dort wieder einmal aufgeführt wurde, ebenfalls in das Amphitheater, stieg hinunter und versuchte die gegeneinander mit Waffengewalt Kämpfenden davon abzubringen. Die Zuschauer bei dem mörderischen Spiel hingegen empörten sich darüber, und erfüllt von der Wut des Dämons [oder: des heidnischen Gottes], der an jenem Blutvergießen seine Freude hatte, steinigten sie den Vorkämpfer des Friedens. Als er dies erfuhr, reihte der ruhmwürdige Kaiser den Mönch unter die siegreichen Märtyrer ein, jenes verwerfliche Schauspiel aber untersagte er für immer.“[45]

[43] Das Material hierzu ist überreich; einen Eindruck vermittelt Weismann: Gladiator (wie Anm. 3), S. 40–43.

[44] Codex Theodosianus 9,40,8.

[45] Ὀνώριος μὲν γὰρ ὁ τῆς Εὐρώπης τὴν βασιλείαν δεξάμενος τὰς ἐν Ῥώμῃ πάλαι γιγνομένας μονομαχίας κατέλυσεν, ἀφορμὴν τοιάνδε λαβών. Τηλεμάχιός τις ἦν τὸν ἀσκητικὸν ἀσπαζόμενος βίον. οὗτος ἀπὸ τῆς Ἑῴας ἀπάρας καὶ τούτου χάριν τὴν Ῥώμην καταλαβών, τῆς μυσαρᾶς ἐκείνης ἐπιτελουμένης θέας εἰσελήλυθε καὶ αὐτὸς εἰς τὸ στάδιον, καὶ καταβὰς παύειν ἐπειρᾶτο τοὺς κατ’ ἀλλήλων κεχρημένους τοῖς ὅπλοις. τῆς δὲ μιαιφονίας οἱ θεαταὶ χαλεπήναντες καὶ τοῦ τοῖς αἵμασιν ἐκείνοις ἐπιτερπομένου δαίμονος εἰσδεξάμενοι τὴν βακχείαν, κατέλευσαν τῆς εἰρήνης τὸν πρύτανιν. τοῦτο μαθὼν ὁ θαυμαστὸς βασιλεὺς τὸν μὲν τοῖς νικηφόροις συνηρίθμησε μάρτυσι, τὴν δὲ πονηρὰν ἐκείνην ἔπαυσε θεωρίαν; Theodoret, Historia ecclesiastica 5,26[27]; Übersetzung nach Andreas Seider: Des Bischofs Theodoret von Cyrus Kirchengeschichte. München 1926. Eine Parallelgeschichte mit einem gewissen Alamachius findet sich in Acta Sanctorum, November 2,2, S. 19; vgl. zu dem Problem Alexander Puk: Das römische Spielewesen in der Spätantike. Berlin/Boston 2014, S. 245–247.

In dieser Passage wird unterstellt, dass Gladiatorenkämpfe zwar nicht mehr reichsweit veranstaltet worden seien, aber in Rom zunächst weiterexistiert hätten. Die ganze Geschichte ist sicherlich Legende und Telemachios anderweitig nicht gut bezeugt, doch scheint in der Zeit um 400 tatsächlich die Tradition der Gladiatorenkämpfe ausgelaufen zu sein, auch wenn für 434/435 noch ein letzter Gladiatorenkampf im Kolosseum belegt ist.[46] Die weitaus weniger anstößigen Wagenrennen überdauerten noch Jahrhunderte und auch Tierhatzen scheinen weiter stattgefunden zu haben. Offenbleiben muss, welche Rolle bei der Abschaffung der Gladiatorenkämpfe die Ablehnung der Gewalt spielte, die bei der christlich geprägten Telemachios-Episode im Zentrum steht, und welche Bedeutung die Schrumpfung der logistischen und finanziellen Grundlagen für die überaus teure Ausbildung und Unterhaltung der Gladiatoren hatte, deren Last schon im ausgehenden 2. Jahrhundert zu kaiserlichen Maßnahmen der Kostenreduktion geführt hatte.[47]

Fazit

Religiöse Gewalt war im Falle der Gladiatoren zunächst eine religiös gerahmte, nach klaren Regeln erfolgende, von Höherrangigen gesteuerte und begrenzte Gewaltanwendung vor euphorisierten Zuschauern. Die antike Tradition über die Gladiatur legt nahe, dass am Anfang Menschenopfer standen.[48] Auch wenn dies nur eine Meinung späterer Generationen gewesen sein mag, ist dieser Bezug relevant für die Bedeutung, die man diesem Phänomen zuschrieb. Allerdings lassen sich auf festliche Tötungen in der Arena sehr unterschiedliche Verständnisse von religiöser Gewalt gehaltvoll anwenden:

Der religiöse Aspekt des Gewaltgebrauchs in der Arena zeigte sich im kultischen und mythologischen Rahmen sowie in der Überhöhung des Leibes, vor allem aber des Blutes der Gladiatoren. Jedoch handelte es sich hierbei nicht um Gewalt, die sich gegen einen religiösen Gegner richtete. Sie hatte zunächst nichts mit reli-

46 Vgl. Mann: Gladiatoren (wie Anm. 5), S. 111.

47 Vgl. das Edikt zur Reduzierung der Gladiatorenpreise aus dem Jahr 177: Corpus Inscriptionum Latinarum II, 6278 = Inscriptiones Latinae Selectae 5163. Gerade die jüngere Forschung hat bei der Diskussion des Endes der Spiele stärker finanzielle Fragen betont, die zu einer Konzentration geführt hätten; vgl. etwa Mischa Meier: Die Abschaffung der „venationes" durch Anastasios im Jahr 499 und die „kosmische" Bedeutung des Hippodroms. In: Hans Beck/Hans-Ulrich Wiemer (Hg.): Feiern und Erinnern. Geschichtsbilder im Spiegel antiker Feste. Berlin 2009, S. 203–232; Sofie Remijsen: The End of the Greek Athletics in Late Antiquity. Cambridge 2015.

48 Ville: Gladiature (wie Anm. 3), S. 9–19, betont, dass die Kämpfe später unter dem Aspekt des Agons von Individuen gesehen wurden.

giöser Diversität zu tun, vielmehr war Gewalt gegen Menschen Teil des religiösen Festes.

Die römischen Götter wurden dabei selten als Wesen gedacht, an die sich die Forderung richtete, dass sie jegliche Gewalt gegen Menschen verhindern sollten, wie das Christen gerne gegenüber ihrem Gott taten. Daher widersprachen die religiös gerahmten Kämpfe auch nicht dem vorherrschenden Götterbild.[49]

Die Verurteilung von Gladiatorenkämpfen durch Christen konnte grundsätzlich aus zweierlei religiösen Gründen erfolgen: Zum einen lehnten Christen vom Schlage Tertullians derartige Veranstaltungen prinzipiell ab, weil es sich dabei um heidnische Rituale handele. Zum anderen verdammten Christen jegliche blutige Gewalt gegen Menschen unabhängig vom Kontext. Die daraus folgende empathische Einstellung gegenüber den Opfern muss, dafür sprechen auch Tertullians Ausführungen, für manche Nichtchristen mindestens plausibel gewesen sein.[50]

Zudem trug gewiss die spezifisch christliche Erfahrung des Märtyrertums in der Arena zur Ablehnung der Gladiatorenkämpfe bei. Während die Märtyrer aus der Perspektive römischer Autoritäten verurteilte Verbrecher waren, starben sie aus Sicht der Christen für ihren Glauben. Die Märtyrer erscheinen unter Christen mithin als Opfer religiöser Gewalt in einer Situation, die sie als religiös antagonistisch ansahen. Hier ergibt sich ein ganz anderes Konzept der religiösen Gewalt als bei der Kritik an dem heidnischen Fest, eines, das stärker an mittelalterliche Verhältnisse erinnerte.[51] Die Unterschiede in der Abgrenzung des religiösen Feldes führten somit dazu, dass Gewalt in der Arena auch von Christen unter unterschiedlichen Gesichtspunkten religiös kontextualisiert werden konnte; zugleich zeigt

[49] Zu jüdischen Positionen vgl. Haim Hillel Ben-Sasson: Gladiator. In: EJ 7 (2007), S. 624; Loren R. Spielman: Jews and Entertainment in the Ancient World. Tübingen 2020; vgl. z. B. Babylonischer Talmud, Traktat Gittin 46b/47a, wo die Frage diskutiert wird, ob jemand, der sich als Gladiator verdingt hatte, freigekauft werden solle. Dies wird nicht wegen der Gewaltausübung abgelehnt, sondern da die betreffende Person sich als Gladiator nicht an die jüdischen Speisegesetze gehalten habe; ebenso wenig wird Resch Lakisch wegen seiner Gewalttätigkeit unter Gladiatoren kritisiert (ebd. 47a). Die Gladiatorenkämpfe, die Herodes der Große und sein Enkel Agrippa I. in Caesarea Maritima beziehungsweise Berytos (nicht aber in Jerusalem) veranstalteten (vgl. Mann: Gladiatoren [wie Anm. 5], S. 51–54), und die relativ große Zahl von Amphitheatern in Palästina (ebd., S. 56) erlauben keinen Rückschluss auf die Haltung der jüdischen Bevölkerung insgesamt. Zum einen gab es unter Juden ein weites Spektrum an Auffassungen im Hinblick auf den Umgang mit Praktiken, die als heidnisch galten; zum anderen war die Bevölkerung der Region weder ethnisch noch religiös homogen.

[50] Seneca, Ad Lucilium epistulae morales 95,33, betont die Heiligkeit des Menschen, der zum Vergnügen anderer hingemetzelt werde.

[51] Vgl. Dorothea Weltecke: Bemerkungen zur Geschichte der religiösen Gewalt im Mittelalter. In: HZ 305 (2017), S. 621–656, die allerdings die religiösen Unterschiede nur als ein Element sozialer Ungleichheit neben anderen namhaft macht.

sich, dass neue Facetten des Begriffs der religiösen Gewalt sichtbar werden, wenn man auch die Religionen betrachtet, die aus jüdisch-christlicher Sicht heidnisch waren.

Abstract

Roman gladiator fights were embedded in religious festivals and accompanied by mythological charades. This suggests that they can be considered a form of religious violence, even though they took place within a religious system rather than between rivalling religious groups. However, it remains unclear to which extent pagan spectators appreciated this religious dimension. Although gladiator fights were extremely popular, they were criticised by some pagan intellectuals, mainly for ethical reasons: they highlighted the fact that human beings were killed for amusement and feared that the cruelty of the games would harm the spectators' moral character.

The Christian condemnation of gladiator fights was based on a different reasoning: they denounced the pagan religious festivals because of their pagan character. They also pointed to the cruel rituals as proof of the immoral nature of paganism. Some Christians famously died in the arena and saw themselves as victims of religious violence; in their opinion, they were suffering for their beliefs, even if from the perspective of the Roman magistrates, they were punished for their disobedience to the political authorities. The gladiatorial games thus offer various opportunities to discuss the concept of religious violence in a context that is not restricted to Abrahamitic religions.

Kai Trampedach

Tempelzerstörungen und Zwangsbeschneidungen

Sakrale Gewalt als Mittel der hasmonäischen Expansion in Palästina (168–62 v. Chr.)

Mit dem Makkabäeraufstand und der hasmonäischen Expansion in Palästina betritt sozusagen „der Monotheismus“ die welthistorische Bühne.[1] Verbunden mit diesem Auftritt ist eine ganz neue und zukunftsweisende Art, Gewalt religiös zu begründen. Das Töten und Sterben für Gott, der Eifer im Namen des wahren Gottes und seiner Gesetze erscheinen hier zum ersten Mal in der Geschichte als handlungsleitender Faktor; auch richtet sich die Gewalt erstmals gegen „Apostaten“ und „Heiden“, die als solche einer intensivierten Feindschaft ausgesetzt werden; und schließlich, eine weitere Neuheit, beanspruchten die Makkabäer zumindest anfangs, ihre Kriege nach biblischen Rezepten, das heißt in den rituellen Formen des Deuteronomiums, zu führen.[2]

1 Für Jan Assmann: Martyrdom, Violence, and Immortality. The Origins of a Religious Complex. In: Gabriela Signori (Hg.): Dying for the Faith, Killing for the Faith. Old-Testament Faith-Warriors (Maccabees 1 and 2) in Cultural Perspective. Leiden/Boston 2012, S. 39–59, hier: S. 39 f., zählt der Makkabäeraufstand zu den wahrhaft epochalen Ereignissen in der Weltgeschichte, dessen Dynamik aus fünf neuen religiösen Phänomenen resultiere: Töten für Gott, Märtyrertum, der Unsterblichkeitshoffnung, dem religiösen Krieg und der Ausführung göttlicher Gesetze in der Geschichte; vgl. auch ebd., S. 48: „Through the fusion of religious and political identity, religion itself became for the first time a question of social association and dissociation; this new type of religion then became the model, over time, for the new world religions such as Christianity and Islam.“

2 Dieser Beitrag weist Überschneidungen mit meinem Aufsatz „The War of the Hasmoneans“. In: Signori (Hg.): Dying (wie Anm. 1), S. 61–78, auf. Für die Einladung, an der Publikation der Münchner Tagung teilzunehmen, danke ich Dorothea Weltecke. Unter „Makkabäern“ verstehe ich im Folgenden die Aufstandsbewegung gegen die seleukische Herrschaft 168–160 v. Chr., während der Begriff „Hasmonäer“ die auf Judas Makkabaios zurückgehende Dynastie bezeichnen soll, die die Geschicke von Judäa in dem folgenden Jahrhundert bestimmt hat. Mit „Bibel“ oder „biblisch“ ist hier kein fester und unveränderlicher Kanon verbindlicher Schriften gemeint, sondern nur die Existenz von Schriften, deren normative Geltung im Judentum des 2. und 1. vorchristlichen Jahrhunderts unwidersprochen und selbstverständlich akzeptiert ist; dazu gehören aus dem späteren Kanon neben der Torah oder dem Pentateuch die Bücher Josua, Richter, Samuel und Könige.

https://doi.org/10.1515/9783110773781-003

Gleichzeitig ist das Verhältnis von Diskurs und Praxis bei diesen Vorgängen schwierig zu bestimmen: Handelt es sich überhaupt um sakrale oder eher um sakralisierte Gewalt, das heißt um Gewalt, die nachträglich sakral überhöht wurde? War religiöser Eifer die Ursache von Gewalthandlungen oder gab es andere Ursachen, die als religiöser Eifer getarnt wurden? Die der Frage zugrunde liegende Unterscheidung ist problematisch, denn grundsätzlich können Gewalttaten natürlich nur dann sinnvoll als religiöser Eifer getarnt werden, wenn der religiöse Eifer, der sich in Gewalttaten gegen Anders- oder Ungläubige manifestiert, Teil der religiösen Norm ist oder wenn theologische Interpretationen „einen Handlungs- und Legitimationsrahmen“ bereitstellen, „in dem Gewalt kommuniziert und gestaltet wird“.[3] Außerdem können Gewalthandlungen, auch wenn sie eigentlich einer politischen oder strategischen Logik folgen, schon mit Blick auf die religiöse Rechtfertigung begangen werden, etwa indem die Tötung oder Unterwerfung auf eine bestimmte religionsgesetzlich vorgeschriebene Art und Weise vollzogen wird. In diesem Fall dient die religiöse Gewalt der politischen Legitimation und geht von Akteuren aus, „die in konkreten Kämpfen um Deutungshoheit und Macht stehen“.[4]

Die Antwort auf die „historische Frage, was ‚religiös‘ an Gewalt jeweils bedeutet und ob und wie ‚Gewalt‘ religiös gerahmt, symbolisch und liturgisch gestaltet, motiviert oder gerechtfertigt wurde“ und wie sich die sich zeigende „Gemengelage“ je nach Umständen veränderte, sollte am Selbstverständnis der Akteure ansetzen.[5] In diesem Sinne möchte ich untersuchen, wie die Hasmonäer selbst und ihre Anhänger die Gewalttaten, die sie zur Errichtung, Aufrechterhaltung und Erweiterung ihrer Herrschaft begingen, interpretiert, inszeniert und legitimiert haben. Dazu skizziere ich zunächst den historischen Hintergrund, diskutiere dann die verschiedenen Gewaltmaßnahmen und ihre religiösen Begründungen im Rahmen der hasmonäischen Selbstbehauptungs- und Expansionskriege aus der Perspektive der wichtigsten literarischen Quellen; darauf versuche ich mithilfe archäologischer Zeugnisse, den Zusammenhang von Reinheit und Gewalt aufzuzeigen, bevor ich abschließend die religiöse Gewalt als Mittel der Herrschaftslegitimation erörtere.

[3] Dorothea Weltecke in der Einleitung zur Konferenz (nach dem mir vorliegenden Manuskript auf S. 5).

[4] Dorothea Weltecke: Bemerkungen zur Geschichte der religiösen Gewalt im Mittelalter. In: HZ 305 (2017), S. 621–656, hier: S. 653.

[5] Ebd., S. 652. Dazu, dass der Primat der emischen Perspektive für das hier behandelte Thema keineswegs selbstverständlich ist, siehe Anm. 14.

Die hasmonäische Expansion in Palästina

Dem Geschlecht der Hasmonäer ist zu verdanken, dass das jüdische Volk im gelobten Land nach Jahrhunderten der Fremdherrschaft eine eindrucksvolle politische Wiedergeburt erfuhr. Dabei leistete die erste Generation, die Brüder Judas, Jonathan und Simon, erfolgreich Widerstand gegen die Religionsverfolgung, die durch den Seleukidenkönig Antiochos IV. auf Betreiben jüdischer Hellenisten begonnen wurde. Die Selbstbehauptung im Makkabäeraufstand (168–164 v. Chr.) gegen die Seleukiden, die umwohnenden Völker und die jüdischen Hellenisten, in dem nichts Geringeres als die besondere jüdische Lebensweise auf dem Spiel stand, genügte den Hasmonäern nicht; sie traten nach der Wiedergewinnung des Tempels nicht zurück ins Glied, sondern nutzten mit militärischem und diplomatischem Geschick die seleukidischen Bruderkriege aus, um ihre eigene Stellung zu konsolidieren, wobei sie sich auch durch Rückschläge nicht entmutigen ließen. 152 v. Chr. rissen sie das Hohepriestertum und damit die Ethnarchie an sich, zehn Jahre später erklärten sie Judäa für unabhängig und begannen mit einer eigenen Zeitrechnung; erste Schritte über das Gebiet des Tempelstaats hinaus, nach Transjordanien, Galiläa und ans Mittelmeer (Joppa), folgten.[6] Johannes Hyrkanos, der Protagonist der zweiten Generation, musste nach der Ermordung seines Vaters und seiner Brüder 135 v. Chr. zunächst um sein Erbe kämpfen und sich dann gegen erneute Interventionen der Seleukiden verteidigen. Er behauptete zunächst die Unabhängigkeit Judäas und ging ab 112 v. Chr. in die Offensive, indem er Samaria und Idumäa eroberte. In der dritten Generation, unter Aristobulos (104–103 v. Chr.), der den Königstitel annahm, Alexander Jannaios (103–76 v. Chr.) und beider Ehefrau Alexandra Salome (76–67 v. Chr.), erreichte die Expansion in zahlreichen, immer wieder auch von schweren Rückschlägen begleiteten Kriegen ihren Höhepunkt: Weite Gebiete von Galiläa, Transjordanien (Gaulanitis, Galaaditis, Moabitis) und an der Mittel-

[6] Unter den zahlreichen Studien über die Ursachen und Hintergründe dieser Vorgänge ragt immer noch die klassische Monografie von Elias Bickermann: Der Gott der Makkabäer. Untersuchungen über Sinn und Ursprung der makkabäischen Erhebung. Berlin 1937, heraus; vgl. jetzt auch die umfassende Erörterung von Johannes Christian Bernhardt: Die jüdische Revolution. Untersuchungen zu Ursachen, Verlauf und Folgen der hasmonäischen Erhebung. Berlin 2017. Mit „jüdischen Hellenisten" werden diejenigen Judäer bezeichnet, vorwiegend aus der priesterlichen Elite, die eine Polis „Antiochia in Jerusalem" gründen und sich auch kulturell, zum Beispiel durch die Einrichtung eines Gymnasiums und die Teilnahme an „internationalen" Festen und Wettkämpfen, dem Hellenismus öffnen wollten. Durch neuere archäologische Forschungen lässt sich die judäische Expansion seit der Herrschaft des Hohepriesters Simon (143–135 v. Chr.) auch im materiellen Befund eindrucksvoll nachweisen: Andrea M. Berlin/Paul J. Kosmin (Hg.): The Middle Maccabees. Archaeology, History, and the Rise of the Hasmonean Kingdom. Atlanta 2021, siehe besonders die Zusammenfassung der Herausgeber, S. 391–407.

meerküste (Dora, Stratonsturm, Gaza) wurden dem judäischen Staat einverleibt.[7] Die vierte Generation, Hyrkanos II. und Aristobulos II., verspielte durch Bruderkrieg in wenigen Jahren sowohl die Früchte der Expansion als auch die Unabhängigkeit und zog in Gestalt des Pompeius die Römer ins Land – doch das ist eine andere Geschichte, die hier außer Betracht bleiben muss.[8]

Durch das Wirken der Hasmonäer entstand also aus einem nahezu unbekannten und zwar autonomen, aber politisch und militärisch bedeutungslosen Tempelterritorium ein unabhängiger judäischer Staat mit einer schlagkräftigen Armee, der sich in Süd-Syrien ausbreitete und zu einem wichtigen Machtfaktor der späthellenistischen Staatenwelt wurde. Vor diesem Hintergrund sollte man glauben, dass die Leistungen der Hasmonäer, die die Glanzzeit der jüdischen Geschichte evozierten und Eretz Israel etwa in dem angeblich unter den Königen David und Salomon bestehenden Ausmaß wiederherstellten, bei den zeitgenössischen Juden uneingeschränkte Anerkennung fanden.

Doch anders als im hellenistischen Kontext sprach im jüdischen Milieu der kriegerische Erfolg noch keineswegs für sich. Es erscheint symptomatisch, dass israelitische und judäische Könige der Zeit des ersten Tempels, die militärisch besonders fähig und erfolgreich waren, wie zum Beispiel Ahab oder Manasse, in der biblischen Überlieferung nicht nur keinen Bonus erhielten, sondern sogar verlästert wurden. Frömmigkeit galt hier als eine sehr viel wichtigere Herrschertugend als militärische Tüchtigkeit.[9] Demgemäß bezweifelten von Anfang an wohl nicht sehr große, aber stets relevante Gruppen unter den jüdischen Schriftgelehrten die Frömmigkeit der Hasmonäer. Quietisten wollten schon den Kampf gegen die Religionsverfolgung lieber allein Gott überlassen; sie störten sich besonders an der militärisch unvermeidbaren Relativierung der Sabbatheiligung und zogen es vor, das Martyrium zu erleiden. Andere Gruppen sahen nach der Rückeroberung, Reinigung und Wiederweihung des Tempels und besonders nach der Rücknahme der Verfolgungsedikte durch Antiochos V. 163 v. Chr. keinen Grund mehr, den Kampf

7 Eine prägnante und thesenfreudige, im Einzelnen umstrittene Skizze der hasmonäischen Expansion hat Seth Schwartz: Imperialism and Jewish Society. 200 B. C. E. to 640 C. E. Princeton 2001, S. 36–42, verfasst. Einen guten Überblick über die Geschichte Judäas unter den Hasmonäern gibt Tessa Rajak: The Jews under Hasmonean Rule. In: J. A. Crook/Andrew Lintott/Elizabeth Rawson (Hg.): Cambridge Ancient History. Bd. 9. Cambridge ²1994, S. 274–309.

8 Vgl. Kai Trampedach: Zwischen Alexander und Augustus. Pompeius' Neuordnung des Ostens. In: Hans-Joachim Gehrke/Attilio Mastrocinque (Hg.): Roma e l'Oriente nel I secolo a. C. Cosenza 2009, S. 393–416, hier: S. 395 f., S. 402–404.

9 Das politische Scheitern der Königreiche Israel und Juda mag ein Grund für diese Haltung gewesen sein; weitere Gründe können in diesem Zusammenhang auf sich beruhen; vgl. Reinhard Müller: Königtum und Gottesherrschaft. Untersuchungen zur alttestamentlichen Monarchiekritik. Tübingen 2004, bes. S. 248.

gegen die Seleukiden fortzusetzen. Wieder andere „Fromme“ störten sich daran, dass die Hasmonäer das Hohepriesteramt übernahmen, obwohl sie trotz priesterlicher Herkunft nicht aus dem Geschlecht des ersten Hohepriesters Zadok stammten; auch gab es verbreitete Einwände gegen ein militantes Hohepriestertum, das heißt gegen die – vor dem Hintergrund der jüdischen Ritualgesetze sehr problematische – Verbindung von militärischen und sakralen Funktionen. Die Beschäftigung fremder Söldner seit Johannes Hyrkanos, die Übernahme des hellenistischen Königstitels durch Aristobulos I., der „unjüdische“ Lebensstil, die Bereicherung durch Kriegsbeute, die Unterdrückung der eigenen Leute sowie die mörderischen Familienfehden, die in der dritten Generation begannen, sind weitere Handlungen, die den Hasmonäern vorgeworfen wurden und an denen sich zum Teil sogar gewaltsamer Widerstand entzündete.[10]

Die Rezeption spiegelt diese Vorbehalte: Nach den Aufständen gegen Rom galten die Hasmonäer viele Jahrhunderte lang wenig in der jüdischen Erinnerung. Selbst beim Chanukka-Fest, das an die Wiedereinweihung des Tempels in Jerusalem 165 v. Chr. erinnert, steht ein Wunder Gottes im Zentrum des rituellen Geschehens, während die Leistung des Judas Makkabaios ganz in den Hintergrund tritt. Dementsprechend wurden die Schriften, die die Taten der Hasmonäer beschreiben, fast ausschließlich im christlichen Kontext überliefert; im Talmud finden sich nur wenige, meist negative Erwähnungen.[11] Eine grundsätzliche jüdische Neubewertung erfuhren die Hasmonäer erst durch den Zionismus: Jetzt wurden sie zu (säkular verstandenen) Helden des Freiheits- und Unabhängigkeitskampfs.[12] In der Rezeptionsgeschichte symbolisieren die Hasmonäer also eine bestimmte aktivistische und militante Interpretation des Judentums. Vor den Zionisten haben sich schon die Träger der jüdischen Aufstände gegen die römische Herrschaft auf die Hasmonäer berufen und deren Erfolg als Präzedenzfall gedeutet. Dieser frühe Rückgriff warnt freilich gleichzeitig davor, die Hasmonäer am Maßstab einer offenbar irgendwie als präexistent vorgestellten Frömmigkeit zu messen. Selbstverständlich haben sich auch die Hasmonäer oder die Zeloten als „fromm“, das heißt als torah-

10 Eine ausführlichere Erörterung der skizzierten Problematik habe ich in dem Aufsatz Kai Trampedach: Die Hasmonäer und das Problem der Theokratie. In: Andreas Pečar/Kai Trampedach (Hg.): Die Bibel als politisches Argument. Voraussetzungen und Folgen biblizistischer Herrschaftslegitimation in der Vormoderne. München 2007, S. 37–65, unternommen. Vgl. auch Anm. 7.

11 Vgl. Gedalyah Alon: Jews, Judaism and the Classical World. Studies in Jewish History in the Times of the Second Temple and Talmud. Jerusalem 1977, hier: S. 1–17.

12 Vgl. David Berger: Maccabees, Zealots and Josephus. The Impact of Zionism on Joseph Klausner's „History of the Second Temple“. In: Shaye J. D. Cohen/Joshua J. Schwartz (Hg.): Studies in Josephus and the Varieties of Ancient Judaism. Louis H. Feldman Jubilee Volume. Leiden 2007, S. 15–27, hier: S. 17–23.

treu, verstanden.[13] Wenn also einzelne Gelehrte den Hasmonäern „a dramatic departure from the spirit of Biblical tradition“ bescheinigen oder „political ambition“ gegen „religious concern“ ausspielen[14] – um typische Formulierungen herauszugreifen –, dann legen sie nicht nur anachronistische oder im besten Fall parteiliche Kriterien an, sondern ignorieren auch, dass die Bibel viele verschiedene und zum Teil widersprüchliche Anknüpfungspunkte bietet.

Vernichtung, Vertreibung, Zerstörung

Hauptquelle für das hasmonäische Selbstverständnis ist das ursprünglich auf Hebräisch verfasste, in einer griechischen Übersetzung vorliegende 1. Makkabäerbuch, dessen Darstellung sich auf die Vorgänge während der ersten Generation bezieht, das aber im offiziellen Auftrag (oder zumindest mit einem offiziösen Gestus) zur Zeit der zweiten oder sogar dritten Generation geschrieben wurde.[15] Es ist also nicht nur und nicht einmal in erster Linie eine Quelle für die Taten der Brüder Judas, Jonathan und Simon, sondern zeigt vielmehr, wie die Hasmonäer der zweiten oder dritten Generation die Leistungen ihrer Vorgänger in der jüdischen Öffentlichkeit verstanden wissen wollten. Dass die Koinzidenz der Abfassung des Werkes mit der intensivierten Expansion auf die Darstellung abgefärbt hat und dass die

[13] Zu den Zeloten, die später die Aufstände gegen Rom anstachelten, vgl. jetzt Kai Trampedach: Terrorism and Theocracy. The Radical Resistance Movement against Roman Rule in Judea. In: Carola Dietze/Claudia Verhoeven (Hg.): The Oxford Handbook of the History of Terrorism. Oxford 2021.

[14] Edward Dabrowa: Religion and Politics under the Hasmoneans. In: Robert Rollinger/Brigitte Truschnegg (Hg.): Altertum und Mittelmeerraum. Die antike Welt diesseits und jenseits der Levante. Festschrift für Peter W. Haider zum 60. Geburtstag. Stuttgart 2006, S. 113–120, hier: S. 118; vgl. auch ebd., S. 115.

[15] Zu Intentionen und Kontext des 1. Makkabäerbuchs vgl. Carl Ludwig W. Grimm: Kurzgefasstes exegetisches Handbuch zu den Apokryphen des Alten Testamentes. Dritte Lieferung. Das erste Buch der Maccabäer. Leipzig 1853, hier: S. XV–XXVI; Bickermann: Gott (wie Anm. 6), hier: S. 27–32, S. 145 f.; Jonathan A. Goldstein: I Maccabees. A New Translation with Introduction and Commentary. Garden City 1976, hier: S. 4–26; Klaus-Dietrich Schunck: 1. Makkabäerbuch. In: Werner Georg Kümmel (Hg.): Jüdische Schriften aus hellenistisch-römischer Zeit. Bd. 1. Gütersloh 1980, hier: S. 291 f.; Otto Kaiser: Die alttestamentlichen Apokryphen. Eine Einleitung in Grundzügen. Gütersloh 2000, S. 17–20; Stephanie von Dobbeler: Die Bücher 1/2 Makkabäer. Stuttgart 1997, S. 37–46; Israel Shatzman: Jews and Gentiles from Judas Maccabaeus to John Hyrcanus According to Contemporary Jewish Sources. In: Cohen/Schwartz (Hg.): Studies (wie Anm. 12), S. 237–270, hier: S. 238 f.; Bernhardt: Revolution (wie Anm. 6), S. 41–47. Die Datierung schwankt in der Forschung zwischen circa 130 und 90: vgl. *exempli gratias* Betsalel Bar-Kochva: Judas Maccabaeus. The Jewish Struggle Against the Seleucids. Cambridge 1989, hier: S. 151–168 (Frühdatierung) und Goldstein: I Maccabees (diese Anm.), S. 62–89 (Spätdatierung).

Handlungsmaximen, die der erfolgreichen ersten Generation zugeschrieben werden, auch von den Auftraggebern oder Hintermännern des Verfassers aus der zweiten oder dritten Generation reklamiert wurden, liegt unter diesen Umständen auf der Hand.

Durch die Art der Darstellung und durch zahlreiche sowohl explizite als auch implizite Bezüge stellt der Autor das Geschehen grundsätzlich in einen biblischen Rahmen. Der typologische Rückgriff auf den „Ur-Zeloten" Pinchas (Num 25,6–15), der das erste Auftreten der Hasmonäer und den Beginn des Makkabäeraufstands markiert, soll die spätere Übernahme des Hohepriesteramtes durch Jonathan rechtfertigen und konterkariert zweifellos weitverbreitete Vorwürfe gegen die Verbindung von (hohe-)priesterlichen und militärischen Funktionen. Weitere Analogien akzentuieren den Anspruch der Hasmonäer, die Reihe der biblischen Helden fortzusetzen und auf Gottes Hilfe, gerade auch in der Schlacht, zählen zu können. Kriege gegen die „umliegenden Völker", die Israel wie einst bedrängen, lassen die ruhmreiche Epoche der Landnahme, der Richter und des frühen Königtums wieder aufleben. Bezeichnenderweise benutzt der Autor die (damals längst anachronistisch gewordenen) Begriffe der biblischen Geo- und Ethnografie, um die Umwelt Judäas zu beschreiben; er spricht vom „Land der Philister" oder von „Kanaan" oder von den „Söhnen Esaus und Ammons". Auch die unversöhnliche Feindschaft, mit der im 1. Makkabäerbuch die nichtjüdischen Ethnien im südsyrischen Raum charakterisiert werden, ist bis in einzelne Formulierungen hinein den deuteronomistischen Vorlagen entlehnt.[16]

Ist der Biblizismus des 1. Makkabäerbuchs nur eine Frage des historiografischen Stils beziehungsweise „bloße Rhetorik", wie nicht wenige Gelehrte seit eh und je behaupten?[17] Dagegen sprechen neben dem offiziösen Charakter des Werkes vor allem die konkreten Sakralisierungen des Kriegs, die der Verfasser beschreibt; sie sind auf verschiedenen Ebenen angesiedelt: in der rituellen Inszenierung, in

[16] Vgl. Diego Arenhoevel: Die Theokratie nach dem 1. und 2. Makkabäerbuch. Mainz 1967, S. 51–57; Seth Schwartz: Israel and the Nations Roundabout. I Maccabees and the Hasmonean Expansion. In: Journal of Jewish Studies 42 (1991), S. 16–38, hier: S. 21–29; von Dobbeler: Bücher (wie Anm. 15), S. 61 f.; Trampedach: Hasmonäer (wie Anm. 10), S. 42–44.

[17] Schon Benedikt Niese: Kritik der beiden Makkabäerbücher. Berlin 1900, S. 47–52, schrieb dem Autor des 1. Makkabäerbuchs „eine starke rhetorische Ader", eine „alttestamentliche Färbung" der Darstellung und „bewußte Alterthümelei" zu; ganz ähnlich behauptet Schwartz: Israel (wie Anm. 16), S. 33: „1 Macc.s rhetoric is just rhetoric". Vgl. dagegen auch Tessa Rajak: Hasmonean Kingship and the Invention of Tradition. In: Per Bilde u. a. (Hg.): Aspects of Hellenistic Kingship. Aarhus 1996, S. 99–115, hier: S. 108.

der Kriegführung selbst und hinsichtlich der Zielsetzungen. Anders gesagt: Die archaisierende Rhetorik ist Programm und legitimiert Handeln.[18]

Die Erwähnung ritueller Handlungen, die die Feldzüge und Schlachten von Judas, Jonathan und Simon einrahmten, zieht sich wie ein roter Faden durch das 1. Makkabäerbuch. Opfer, Gebete, die Sühne- und Dankrituale sowie das Blasen der Trompeten und das Geschrei vor wichtigen Kämpfen führen vor, dass die Hasmonäer die ständige Kommunikation mit Gott suchten und seine Hilfe sicht- und hörbar sicherstellten.[19] Von der rituellen Rahmung des Kriegs in anderen Kulturen unterscheidet sich die jüdische Variante durch die Intensität, mit der die direkte Intervention Gottes evoziert wird. Dementsprechend beschließt Christophe Batsch seine 2005 erschienene Monografie über den Krieg und die Kriegsriten im Judentum zur Zeit des zweiten Tempels mit dem prägnanten Satz: „Der jüdische Krieg ist eine Theophanie."[20]

Über das *ritual framing* geht der Autor des 1. Makkabäerbuchs hinaus, indem er die militärische Praxis zumindest des Judas Makkabaios mit den Kriegsregeln der Torah in Verbindung bringt. Auf Feldzügen gegen die umliegenden Heiden ließ Judas demnach mehrfach den Bann (*herem*) an feindlichen Städten vollstrecken. Von den „Söhnen Bajans" – offenbar einer nomadisierenden Gruppe an der Südgrenze des jüdischen Siedlungsgebiets – heißt es, dass sie „dem Volk zur Schlinge und zum Fallstrick geworden waren, indem sie ihnen auf den Wegen auflauerten. Sie wurden", fährt der Autor fort, „von Judas in die Türme eingeschlossen, und er belagerte sie, dann vollstreckte er den Bann an ihnen und verbrannte ihre Türme mit allen, die darin waren" (1 Makk 5,4–5). Menschen, Tiere oder Sachen zu „bannen" oder zu „anathematisieren" bedeutet, sie Gott zu übereignen, das heißt sie zu tabuieren und der Vernichtung zu weihen – ein Vorgehen, das im Buch Deuterono-

[18] Vgl. Brent Nongbri: The Motivations of the Maccabees and Judean Rhetoric of Ancestral Tradition. In: Carol Bakhos (Hg.): Ancient Judaism in its Hellenistic Context. Leiden 2005, S. 85–111, hier: S. 110, Anm. 84: „I. e. rather than saying the Maccabees' position was to defend whatever the ancestral traditions were, instead we should say the ancestral traditions were whatever the Maccabees' position was." Siehe auch Paul J. Kosmin: Time and its Adversaries in the Seleucid Empire. Cambridge, MA 2018, S. 222–228. Eine grundsätzliche Gegenposition, die sich mit großem Aufwand bemüht, den Biblizismus der Hasmonäer zu entschärfen, vertritt Katell Berthelot: In Search of the Promised Land? The Hasmonean Dynasty between Biblical Models and Hellenistic Diplomacy. Göttingen 2018.

[19] Vgl. Trampedach: Hasmonäer (wie Anm. 10), S. 43 mit Anm. 17–19; Christophe Batsch: La guerre et les rites dans le judaïsme du deuxième Temple. Leiden/Boston 2005, hier: S. 210–215.

[20] Vgl. Batsch: Guerre (wie Anm. 19), S. 461: „Dans les écrits juifs de l'époque du deuxième Temple, la guerre apparaît essentiellement comme le moment où s'éprouve la bonne compréhension, qu'ont les hommes, de la volonté divine dans l'Histoire. La divinité intervient dans l'Histoire des Juifs, donc dans l'Histoire des hommes, par le moyen des guerres des Juifs. La guerre juive est une théophanie."

mium sowohl gegenüber heidnischen Städten und Stämmen im gelobten Land als auch gegenüber abtrünnigen jüdischen Städten verlangt wird (Dtn 7,1–26; 13,13–19; 20,16–18).[21] Der ausdrückliche Rückgriff auf den „Bann" bleibt im 1. Makkabäerbuch ein Einzelfall, doch implizit steht das Konzept hinter der Beschreibung der Kriegszüge, die Judas und Jonathan in Idumäa, in Galiläa, im Ostjordanland und entlang der Küste unternahmen. Beispielsweise heißt es über Judas' Handeln in Bosra lakonisch: „Er eroberte die Stadt, tötete alles, was männlich war, mit dem Schwert, nahm alle Beute von ihnen und steckte die Stadt in Brand" (1 Makk 5,28). In diesem wie in anderen Fällen entspricht die Art der Anathematisierung der biblischen Vorschrift, die für lebende Beute das Schwert als Vernichtungsmittel fordert, für die Sachen das Feuer.[22]

Eng verbunden mit *herem* ist der Kampf gegen die Idolatrie. Von Judas und Jonathan wird sowohl im 1. als auch im 2. Makkabäerbuch überliefert, dass sie in das „Philisterland" zogen, um Altäre und Götterbilder zu zerstören sowie die Dörfer zu plündern und in Brand zu setzen (1 Makk 5,43–44; 5,68; 10,83–85; 2 Makk 12,9; 12,26). Beide Hasmonäerführer haben angeblich auch Heiligtümer mit Flüchtlingen in Brand gesteckt und damit signalisiert, dass sie die Stätten des Götzenkults nicht als Schutzräume anerkennen. Dem Deuteronomium entsprechend (Dtn 20,10–12) wurde der Bann angeblich auch gegen Städte vollstreckt, die den judäischen Truppen einen friedlichen Durchzug verweigerten (1 Makk 5,46–51; 2 Makk 12,27–28).[23] Wohlgemerkt: Unser Autor rühmt diese Art der Kriegführung und hat das Ausmaß ihrer Brutalität vielleicht sogar übertrieben, um die Hasmonäer in der jüdischen Öffentlichkeit zu verherrlichen. Die frühen Hasmonäer sollen hier als kompromisslose Verteidiger und Vorkämpfer des jüdischen Gesetzes erscheinen, die eine glorreiche Vergangenheit wiederbeleben und die Reinheit des Landes durchsetzen.[24]

[21] Vgl. Norbert Lohfink: heræm. In: Gerhard Johannes Botterweck (Hg.): Theologisches Wörterbuch zum Alten Testament. Bd. III. Stuttgart 1982, S. 192–213; Richard D. Nelson: *Herem* and the Deuteronomic Social Conscience. In: Marc Vervenne/Richard D. Nelson (Hg.): Deuteronomy and Deuteronomic Literature. Festschrift C. H. W. Brekelmans. Louvain 1997, S. 39–54; zum *herem* des Kriegs speziell in den Schriften des zweiten Tempel-Judentums vgl. Batsch: Guerre (wie Anm. 19), S. 417–429.

[22] Vgl. Friedrich Schwally: Semitische Kriegsaltertümer. Der heilige Krieg im alten Israel. Leipzig 1901, hier: S. 36; Lohfink: heræm (wie Anm. 21), S. 196; Batsch: Guerre (wie Anm. 19), S. 421.

[23] Dies alles entsprechend dem Vorbild der Torah und der deuteronomischen Geschichtsschreibung: Ex 23,24; 34,13; Num 33,52; Dtn 7,5; 25; Ri 2,2; 2 Kön 10,24–27 (Zerstörung heidnischer Kultstätten); Dtn 20,10–12 (Verweigerung friedlichen Durchzugs). Vgl. Batsch: Guerre (wie Anm. 19), S. 438–446; Shatzman: Jews (wie Anm. 15), S. 241–248.

[24] Benedikt Eckhardt: Ethnos und Herrschaft. Politische Figurationen judäischer Identität von Antiochos III. bis Herodes I. Berlin 2013, S. 72, beschreibt die zugrunde liegende Ideologie treffend: „In Israel kann nicht leben, wer nach Art der ἔθνη einen nichtjudäischen Kult vollzieht. Eine solche Idee der ‚Reinheit' des Landes begegnet etwa auch im Jubiläenbuch. Aus der Heiligkeit des von

In dem Maße, in dem die Hasmonäer ihren Outlaw-Status ablegten und sich in die hellenistische Staatenwelt integrierten, zunächst als Statthalter der Seleukiden, dann als unabhängige Dynasten, verlor die Zuschreibung von deuteronomistischer Kompromisslosigkeit an Plausibilität. Eine Rechtfertigung musste nun an der neu gewonnenen Unabhängigkeit des judäischen Staates und der Ausweitung seines Herrschaftsbereichs ansetzen. In Beth-Zur, in Joppe, in Jerusalem (wo die Akra genannte Festung von der seleukidischen Besatzungstruppe gegen freien Abzug übergeben wird) und in Geser folgt die Eroberung einem bestimmten Muster, das sich im Fall von Geser, einer strategisch überaus wichtigen Stadt auf dem Weg von Jerusalem zum Hafen Joppe, am deutlichsten ausprägt. Als die Einwohner dieser Stadt nach langer Belagerung aufgeben mussten und um Schonung baten (wir befinden uns im Jahr 142 v. Chr.), da – so schreibt der Autor des 1. Makkabäerbuchs – „empfand Simon Mitleid mit ihnen und bekämpfte sie nicht [weiterhin]; aber er vertrieb sie aus der Stadt und reinigte die Häuser, in denen sich Götzenbilder befanden, und so zog er singend und lobpreisend in sie ein. Er entfernte aus ihr alle Unreinigkeit und siedelte in ihr Männer an, die das Gesetz befolgten" (1 Makk 13,47–48). Die Vertreibung der eingesessenen heidnischen Bevölkerung, die rituelle Reinigung der vom Götzenkult „besudelten" Städte sowie ihre Wiederbesiedlung mit Juden waren Instrumente einer Kriegführung, die sich trotz *herem*-Verzichts weiter auf die Torah berief. Auch das Ergebnis, die Ausdehnung eines geschlossenen jüdischen Siedlungsraumes im gelobten Land, musste gesetzestreuen Juden gefallen. Durch diese besondere Art der Expansion stellte Simon, der darüber hinaus die strategischen und ökonomischen Vorteile nicht außer Acht ließ, die Rechtmäßigkeit seines Hohepriestertums unter Beweis.[25] Er versuchte vor der judäischen Öffentlichkeit die Kompromisse, zu denen er sich (wie schon sein Bruder Jonathan) bereitfinden musste, um seine politische Stellung im regionalen Mächtekonzert zu konsolidieren, durch die demonstrative Vertreibung der paganen Bevölkerung zu kompensieren.

Das Ziel, das im 1. Makkabäerbuch hinter der unter Simon beginnenden hasmonäischen Expansionspolitik hervorscheint, ist die „Wiederherstellung" von Eretz Israel. Dabei sollte die gewaltsame Durchsetzung des jüdischen Ritualgesetzes, besonders im Hinblick auf die Komplexe „Beschneidung", „Sabbat" und „Speisevorschriften", dafür sorgen, die Grenzen des Ethnos scharf zu markieren.[26] Als

Gott bestimmten Landes ergibt sich die Notwendigkeit der Reinigung – das ist zumindest die Assoziation, auf die die Darstellung des 1 Makk berechnet ist."

25 Vgl. von Dobbeler: Bücher (wie Anm. 15), S. 129 f. Dass ein Krieg führender Hohepriester zahlreichen „Frommen" ein Gräuel war, steht auf einem anderen Blatt: vgl. Trampedach: Hasmonäer (wie Anm. 10), S. 52–54; Batsch: Guerre (wie Anm. 19), S. 203 f.

26 Vgl. Eckhardt: Ethnos (wie Anm. 24), S. 87–91.

Antiochos VII. Sidetes 138 v. Chr. von dem Hohepriester Simon unter anderem die Rückgabe von Geser und Joppe forderte – also von Städten, die außerhalb des Gebiets von Judäa lagen – antwortete dieser nach Aussage des 1. Makkabäerbuchs: „Wir haben weder fremdes Land uns angeeignet noch fremden Eigentums uns bemächtigt, sondern des Erbes unserer Väter, das von unseren Feinden zu einer gewissen Zeit willkürlich in Besitz genommen worden war. Wir aber halten, da wir eine Gelegenheit haben, an dem Erbe unserer Väter fest" (1 Makk 15,33–34). Der Plural des Simon ist kein dynastisches, sondern ein ethnisches „Wir".[27] Im Namen des Volkes, so behauptet der Verfasser des 1. Makkabäerbuchs, beanspruchen die Hasmonäer, die bereits die Torah und den Tempel restituiert und die staatliche Unabhängigkeit wiedergestellt haben, nunmehr das gelobte Land. Die „gewisse Zeit", als das Vätererbe angeblich verloren ging, liegt zwar bereits Jahrhunderte zurück, wird aber durch die heiligen Schriften stets präsent gehalten.

Obwohl sich das 2. Makkabäerbuch im Hinblick auf Inhalt, Stil, Glaubensvorstellungen und Adressaten erheblich vom 1. Makkabäerbuch unterscheidet, rechtfertigen beide Werke den heiligen Krieg gegen die Heiden, wie Israel Shatzman resümierend festhält: „The authors readily reported the annihilation of the armies of the enemies, the capture and destruction of cities of the Gentiles and the killing of their civilian population. By these deeds Judas, as well as Jonathan according to 1 Maccabees, served well the Lord and the people of Israel."[28] Dass diese Art der Rechtfertigung seinerzeit in Judäa auf große Resonanz stieß, legen neben den hasmonäischen Erfolgen auch ähnliche Vorstellungen im zeitgenössischen Schrifttum nahe. In den Testamenten der zwölf Patriarchen, einem wahrscheinlich hasmonäerzeitlichen Werk, wird jede Kriegführung zur Vernichtung der Heiden und zur Zerstörung ihrer Tempel und Städte begrüßt.[29] Das Gleiche gilt für das Jubiläenbuch, das in der Mitte des 2. Jahrhunderts vor Christus entstand und in Qumran besonders populär war, wie zahlreiche dort gefundene Textzeugen beweisen. Das Jubiläenbuch besteht nicht nur auf einer scharfen Abgrenzung von den umwohnenden Heiden, die es mit Ausdrücken von Hass und Furcht bedenkt, sondern vertritt auch die Eretz Israel-Idee besonders nachdrücklich, wie Doron Mendels festgestellt hat: „The slogan of the Devine Promise of the Land is repeated again and

27 Vgl. dagegen beispielsweise die wiederholte Berufung auf dynastische Rechtstitel durch Antiochos III. bei Polybios 5,67,1–8; 18,51,3–6 oder durch Antiochos VII. in 1 Makk 15,2–9. Berthelot: Search (wie Anm. 18), S. 174–177, ignoriert diesen fundamentalen Unterschied.

28 Shatzman: Jews (wie Anm. 15), S. 251–258, hier: S. 258.

29 Ebd., S. 266.

again by the author of the Jubilees."[30] Daraus ist zu folgern, dass die Hasmonäer durch die Anknüpfung an dieses Konzept besonders viel Akzeptanz in Judäa gewinnen konnten.

Das 1. Makkabäerbuch lässt keinen Zweifel daran, dass sich die Hasmonäer – wiewohl sie zweifellos auch in der hellenistischen Öffentlichkeit etwas gelten wollten – in ihrem ganzen Handeln, besonders aber auf dem Feld der Kriegführung, an jüdischen Normen orientierten und zur Legitimation auf deuteronomistische Vorbilder und Vorschriften zurückgriffen. Gleichwohl hat man die eigentliche hasmonäische Expansion unter Johannes Hyrkanos, Aristobulos und Alexander Jannaios nicht in diesem Lichte gesehen, denn Josephus, die einzige durchgehende Quelle, lässt in seinen beiden Darstellungen (dem Bellum Judaicum [BJ] und den Antiquitates Judaicae [AJ], die sich im Hinblick auf die hier verhandelten Vorgänge kaum voneinander unterscheiden) keine religiösen Motivationen oder Begründungen erkennen. Dies wiederum ist allerdings, genau betrachtet, kein Wunder, denn zum einen beruht der Bericht des Josephus größtenteils auf der Darstellung des Nikolaos von Damaskus, eines Autors mithin, der weder die hasmonäische Expansion als solche schätzen konnte noch an einer jüdisch-religiösen Begründung Interesse gefunden haben dürfte. Zum anderen will Josephus die Hasmonäer einem nichtjüdischen Publikum in thukydideischer Manier als große politische und militärische Führer präsentieren und sie gleichzeitig so weit wie möglich von den Zeloten, die sich später auf sie beriefen, entfernen.[31] Daher ignoriert er die biblischen Rückgriffe und die religiöse Selbstdarstellung der Hasmonäer. In Anbetracht dieser Quellenlage lässt sich die Dynamik der hasmonäischen Expansion meines Erachtens besser verstehen, wenn man die bei Josephus berichteten Ereignisse durch die Brille des 1. Makkabäerbuchs betrachtet. Dieser Text steht, wie gezeigt, dem Selbstverständnis der Akteure nahe und erscheint folglich, kombiniert mit den Informationen des Josephus, als beste Grundlage, um die Motive der Expansion zu erklären.

[30] Doron Mendels: The Land of Israel as a Political Concept in Hasmonean Literature. Tübingen 1987, hier: S. 66; vgl. auch bes. ebd., S. 47–56; Shatzman: Jews (wie Anm. 15), S. 249–251, S. 258–265, S. 270.

[31] Vgl. Louis H. Feldman: Josephus' Portrayal of the Hasmoneans Compared with 1 Maccabees. In: Fausto Parente/Joseph Sievers (Hg.): Josephus and the History of the Greco-Roman Period. Essays in Memory of Morton Smith. Leiden u. a. 1994, S. 41–68, hier: bes. S. 41–44 (zu Quellen und literarischen Vorbildern), S. 66–68 (zur Darstellungstendenz); Bernhardt: Revolution (wie Anm. 6), S. 58–67 und bes. Eyal Regev: The Hasmoneans. Ideology, Archaeology, Identity. Göttingen 2013, S. 28–31. Zu den Quellen des Josephus siehe schon Gustav Hölscher: Die Quellen des Josephus für die Zeit vom Exil bis zum Jüdischen Kriege. Leipzig 1904, hier: S. 11–19.

Die zunehmende Übernahme hellenistischer Konventionen veränderte das Selbstverständnis der Hasmonäer nicht grundsätzlich.[32] Das Ziel, Eretz Israel zu erobern, griffen Johannes Hyrkanos und seine Söhne wieder auf, sobald sie ihre Herrschaft gegen die Seleukiden und gegen innere Gegner konsolidiert hatten (BJ 1,62–66; AJ 13,254–258; 13,275–283). Zu diesem Zweck bedienten sie sich einerseits alter, bereits von der ersten Generation praktizierter Methoden; andererseits mussten sie auch neue Wege beschreiten, um den Herausforderungen der forcierten Expansion gerecht zu werden. Zu den traditionellen Mitteln zählte der Krieg gegen die nichtjüdischen Heiligtümer und Widerstandszentren. Dementsprechend verknüpfte Johannes Hyrkanos die Eroberung der Landschaft Samaria im Jahre 111 v. Chr. mit der Zerstörung der Stadt Sichem und des samaritanischen Tempels auf dem Berg Garizim (AJ 13,255–256).[33] Damit verfolgte Hyrkanos nach Eyal Regev zwei Ziele: „(1) He sought to establish the Jerusalem sanctuary as the sole monotheistic Temple in his kingdom, thus increasing its importance. (2) Since worship in a competing holy place was the main (and possibly the sole) difference between Samaritans and Jews, it seems that Hyrcanus also attempted to impose integration into Judaism upon Samaritans."[34]

Zwei Jahre später, im Jahre 109 v. Chr., schickte Johannes Hyrkanos noch einmal ein judäisches Heer in das Land Samaria. Diesmal war zunächst die gleichnamige heidnische Stadt, eine makedonische Kolonie, das Ziel des Angriffs. Die Söhne Aristobulos und Antigonos nahmen die Stadt nach einjähriger verlustreicher Belagerung schließlich ein und zerstörten sie so gründlich, dass danach angeblich alle Anzeichen einer Besiedlung des Platzes verschwunden waren (AJ 13,275–283).[35] Da die Bevölkerung in die Sklaverei verkauft wurde, haben die Hasmonäer ihr Vorgehen gegen Samaria offenbar nicht als Vollzug eines „Bannes" ausgegeben. Hyrkanos' Söhne begnügten sich nicht mit der Zerstörung von Samaria, sondern eroberten außerdem Skythopolis und die Jesreël-Ebene und vertrieben die heidnische Bevölkerung (BJ 1,65–66).[36] Was sich unter Johannes Hyrkanos in Samaria und Skythopo-

[32] Regev: Hasmoneans (wie Anm. 31), S. 24: „The adoption of Greek ways by the later Hasmoneans does not represent a reversal of Maccabean ideals."

[33] Vgl. Aryeh Kasher: Jews and Hellenistic Cities in Eretz-Israel. Tübingen 1990, S. 122 f., S. 131.

[34] Regev: Hasmoneans (wie Anm. 31), S. 71, konstatiert zwar den mangelnden Erfolg der Tempelzerstörung im Hinblick auf die Integration der Samaritaner: „Nonetheless, Hyrcanus's demolition of the Samaritan temple gained Jewish support, and may possibly have increased his popularity."

[35] Vgl. Seth Schwartz: John Hyrcanus I's Destruction of the Gerizim Temple and the Judean-Samaritan Relations. In: JH 7 (1993), S. 9–25; Kasher: Jews (wie Anm. 33), S. 125; Dan Barag: New Evidence on the Foreign Policy of John Hyrcanus I. In: INJ 12 (1992/93), S. 1–12, hier: S. 7 f.

[36] Die sogenannte Fastenrolle (*megillat taanit*), die vermutlich aus der Mitte des 1. Jahrhunderts n. Chr. stammt, listet unter anderem vier Feiertage auf, die sich auf historische Ereignisse der Zeit von Johannes Hyrkanos und Alexander Jannaios beziehen: die Exilierung der Bewohner

lis ereignete, wiederholte sich auf ähnliche Weise unter Alexander Jannaios: In Dora und Stratonsturm folgte auf eine handstreichartige Einnahme die Vertreibung der Bewohner und die jüdische Neubesiedlung, während die lange und verlustreiche Belagerung von Gaza mit einem Massaker und der Zerstörung der Stadt endete. Josephus überliefert das sprechende Detail, dass Alexander 500 Ratsherren im Apollon-Heiligtum von Gaza, wo sie sich versammelt hatten, verbrennen ließ (AJ 13,356–364).[37]

Zwangsbeschneidungen

Ein neues und effektiveres Instrument der Einverleibung entwickelten die Hasmonäer mit der Zwangsbeschneidung.[38] Als Erster machte sich Johannes Hyrkanos auf diese Weise die Idumäer gefügig. „Er erlaubte ihnen", schreibt Josephus, „nachdem er die idumäischen Städte Adora und Marisa erobert und alle Idumäer unterworfen hatte, in ihrem Land zu bleiben, wenn sie sich beschneiden ließen und bereit

von Skythopolis und der Ebene (15. und 16. Sivan), die Eroberung von Samaria (25. Marcheschwan), die Zerstörung des samaritanischen Tempels auf dem Garizim (21. Kislew) sowie die Einnahme von Stratonsturm (14. Sivan; vgl. Josephus AJ 13,324–335); vgl. Hans Lichtenstein: Die Fastenrolle. Eine Untersuchung zur jüdisch-hellenistischen Geschichte. In: HUCA 8/9 (1931/32), S. 257–351, hier: S. 287–289; Vered Noam: Megillat Taanit. The Scroll of Fasting. In: Shmuel Safrai (Hg.): The Literature of the Sages. Second Part. Amsterdam 2006, S. 339–362.

37 Vgl. Kasher: Jews (wie Anm. 33), S. 142: „Jannaeus' policy of Judaization was not as totally extreme as hostile propaganda attempted to depict it; rather, he apparently contended himself with the following measures: (1) massive Jewish settlement, in order to effect a significant change in the local demographic map; (2) enforcement of Jewish law in the occupied areas; (3) revocation of the laws of the Seleucid Kingdom and the constitutions of the Hellenistic cities; (4) abolition of idolatry and prevention of its recurrence." Mit der Annahme, dass eine pagane Restbevölkerung in den von Jannaios eroberten Gebieten verblieb, hat Kasher sicher recht; andernfalls hätten Pompeius und seine Nachfolger die hellenistischen Städte zwischen 63 und 55 v. Chr. nicht so schnell wiederherstellen können. Dass Berichte über Vernichtungsmaßnahmen notwendigerweise auf feindliche Propaganda zurückgehen, glaube ich dagegen nicht. Vielmehr musste gerade Jannaios ein Interesse daran haben, sein Vorgehen gegen die „Götzendiener" und ihre Kultstätten „im Lande Kanaan" so radikal wie möglich erscheinen zu lassen.

38 Steven Weitzman: Forced Circumcision and the Shifting Role of Gentiles in Hasmonean Ideology. In: HTR 92 (1999), S. 37–59, hier: bes. S. 58 f., argumentiert überzeugend, dass die Quellenberichte über Zwangsbeschneidungen, die eine einflussreiche Forschungsmeinung (vgl. z. B. Schwartz: Israel [wie Anm. 16], S. 19–21) als antihasmonäische Propaganda verstehen will, im Gegenteil die hasmonäische Sichtweise wiedergeben. Nach Weitzman sollte das Faktum der Integration großer nichtjüdischer Bevölkerungsgruppen in den hasmonäischen Staat durch den antipaganen Eifer der Zwangsbeschneidungen kompensiert und damit der jüdischen Öffentlichkeit plausibel gemacht werden, „disguising the absorption of local non-Jews as a continuation of the Maccabean drive to retake the land for Judaism".

wären, die Gesetze der Juden anzunehmen. Und diese unterzogen sich aus Sehnsucht nach dem Land ihrer Väter der Beschneidung und glichen die übrige Lebensweise den Juden an" (AJ 13,257–258).[39] Allerdings akzeptierten nicht alle Idumäer die Bedingung.[40] Viele gingen nach Ägypten: Inschriften vom Ende des 2. und dem Beginn des 1. Jahrhunderts v. Chr. belegen die Gründung idumäischer Kolonien in Memphis und Hermopolis Magna.[41] Dem Vorbild seines Vaters folgte der König und Hohepriester Aristobulos, als er 104 bis 103 v. Chr. im nördlichen Galiläa gegen die Ituräer Krieg führte und einen großen Teil ihres Landes für Judäa gewann. Josephus zufolge „zwang er die Bewohner, wenn sie im Land wohnen bleiben wollten, sich zu beschneiden und gemäß den Gesetzen der Juden zu leben" (AJ 13,318–319). Schließlich versuchte auch Alexander Jannaios mit unterschiedlichem Erfolg, die Einwohner der Städte der Gaulanitis und Moabitis durch Zwangsbeschneidung an sich zu binden (AJ 13,397).[42] Der Bereich einer Erfolg versprechenden Anwendung dieses Mittels hing offenbar vom sozialen Kontext ab. Eine dauerhafte Bindung konnte die Zwangsbeschneidung nur dann stiften, wenn bereits eine gewisse Affinität der Unterworfenen zu jüdischen Gebräuchen bestand. Andernfalls hätte ein Nachlassen des politischen Drucks sofort die Rückkehr zu den alten Kulten und eine Aufgabe der Beschneidungspraxis nach sich gezogen. Bei den Idumäern, deren Anschluss an das Judentum sich als endgültig erweisen sollte, existierte zweifellos eine solche Affinität.[43]

Klassische biblische Vorbilder im engeren Sinne gab es für die Zwangsbeschneidungen nicht. Doch finden sich zwei Fälle einer kaum noch freiwillig zu nennenden Beschneidung von Heiden in den spätbiblischen Büchern Esther und Judith. Beide Passagen, die während der Hasmonäerzeit verfasst wurden, zeigen, dass die Vorstellung einer Beschneidung von Nichtjuden jetzt durchaus naheliegen konnte. Bei Esther heißt es etwa: „Und viele aus den Völkern ließen sich beschneiden und wurden zu Juden aus Furcht vor den Juden" (LXX 8,17). Von der „freiwilli-

[39] Vgl. Strabon 16,2,34; Ptolemaios (FGrHist 199) F 1; Shaye J. D. Cohen: The Beginnings of Jewishness. Boundaries, Varieties, Uncertainties. Berkeley 1999, S. 110–119.

[40] In Marisa endete die Besiedlung 112/11 oder bald danach; Barag: Evidence (wie Anm. 35), S. 5.

[41] Uriel Rappaport: Les Iduméens en Egypte. In: RPh 43 (1969), S. 73–82; Dorothy J. Thompson Crawford: The Idumaeans of Memphis and the Ptolemaic *Politeumata*. In: Atti des XVII. congresso internationale di papirologia. Neapel 1984, S. 1069–1075, hier: S. 1070–1074; Gérald Finkielsztejn: More Evidence on John Hyrcanus I's Conquests. Lead Weights and Rhodian Amphora Stamps. In: BAIAS 16 (1998), S. 33–63, hier: S. 42 f.; Cohen: Beginnings (wie Anm. 39), S. 115.

[42] Vgl. Kasher: Jews (wie Anm. 33), S. 156–159; Weitzman: Circumcision (wie Anm. 38), S. 38 mit Anm. 6.

[43] Vgl. Shaye J. D. Cohen: Religion, Ethnicity, and „Hellenism" in the Emergence of Jewish Identity in Maccabean Palestine. In: Per Bilde (Hg.): Religion and Religious Practice in the Seleucid Kingdom. Aarhus 1990, S. 204–223, hier: S. 215 f.

gen" Beschneidung aus Furcht hin zur Zwangsbeschneidung ist es nur noch ein kleiner Schritt. Das Buch Judith beschreibt die Reaktion des Ammoniterführers Achior auf die Ermordung des Holophernes durch die titelgebende Heldin: „Als Achior aber alles sah, was der Gott Israels getan hatte, glaubte er fest an Gott, und er ließ sein unbeschnittenes Fleisch beschneiden und wurde dem Haus Israel hinzugefügt bis zu diesem Tage" (LXX 14,10).[44] Die Bedeutung der Beschneidung als Kriterium für die Zugehörigkeit zum Hause Israel betont auch der Autor des 1. Makkabäerbuchs; über die Aktivitäten der ersten Aufständischen berichtet er Folgendes: „Und Mattathias und seine Freunde zogen umher und rissen die Altäre nieder, und mit Gewalt beschnitten sie die Knaben, die noch unbeschnitten waren, so viele sie innerhalb der Grenzen Israels fanden" (1 Makk 2,45–46). Weil hier wohl hauptsächlich von judäischen Knaben die Rede ist, deren Beschneidung von ihren Vätern während der hellenistischen Reform und der Religionsverfolgung absichtlich oder unabsichtlich versäumt wurde, unterscheidet sich diese Zwangsbeschneidung von denjenigen Beschneidungen, die Hyrkanos, Aristobulos und Alexander von den im Lande bleibenden Heiden verlangten. Dennoch ist im ersten Kapitel des 1. Makkabäerbuchs, wie Benedikt Eckhardt feststellt, für die Beschneidung „ein Deutungsschema angelegt, das die Inkorporation beschnittener Idumäer und Ituräer durchaus ermöglichte".[45]

Wie die Zwangsbeschneidungen von den zeitgenössischen Priestern und Schriftgelehrten beurteilt wurden, wissen wir dagegen nicht. Zwar könnte man sich vorstellen, dass Leute wie die Verfasser des Jubiläenbuchs oder des Qumrantraktates 4QMMT, die auf die genealogische „Reinheit" des Volkes Israel großen Wert legten, die mit dieser Maßnahme verbundene Integration von Fremden ablehnten.[46] Gleichwohl wurde fortan die Zugehörigkeit der zwangsbeschnittenen Idumäer und Ituräer zum Judentum von keinem Gelehrten oder keiner Gruppe mehr ausdrücklich infrage gestellt.

Warum die Hasmonäer das Mittel der Zwangsbeschneidung wählten, ist offensichtlich: Die Größe der hinzugewonnenen Gebiete erlaubte weder eine flächendeckende Vertreibung der Heiden noch eine umfassende jüdische Neubesiedlung. Wollte man trotzdem weiter das Konzept von Eretz Israel verwirklichen, kam man um Innovationen nicht herum – oder anders formuliert: Um das biblische Ziel zu erreichen, musste man Wege beschreiten, die der Überlieferung fremd waren, Wege, die zu Integration statt zu weiterer Abgrenzung führten. Freilich galt es un-

[44] Vgl. Martin Hengel: Judentum und Hellenismus. Studien zu ihrer Begegnung unter besonderer Berücksichtigung Palästinas bis zur Mitte des 2. Jahrhunderts v. Chr. Tübingen ^{3}1988, S. 560; Weitzman: Circumcision (wie Anm. 38), S. 43, Anm. 26 (zu Esther 8,17), S. 57 f. (zu Judith 14,6–10).

[45] Eckhardt: Ethnos (wie Anm. 24), S. 321–325, hier: S. 325.

[46] Vgl. Bernhardt: Revolution (wie Anm. 6), S. 480 mit Anm. 53.

ter diesen Umständen, die Neuerung sozusagen möglichst alt aussehen zu lassen. Daher versuchten die Hasmonäer die Integration paradoxerweise als Abgrenzung zu inszenieren. Die Tatsache der Eingliederung großer nichtjüdischer Bevölkerungsgruppen in den judäischen Staat sollte durch den Gestus des antipaganen Eifers gleichzeitig verschleiert und kompensiert werden sowie außerdem als Fortsetzung der gewaltsamen *reconquista*-Politik erscheinen. Ich verstehe die Berichte über die Zwangsbeschneidung also zunächst einmal als Versuch der Hasmonäer, ihrer Politik die Akzeptanz der jüdischen Öffentlichkeit zu verschaffen.[47] Was in Idumäa und in (Ober-)Galiläa nach der hasmonäischen Eroberung tatsächlich geschah, steht auf einem anderen Blatt.[48]

Reinheit und Gewalt

Die im modernen Israel besonders intensiv betriebene Archäologie liefert viele Daten und Befunde, die das Verständnis der hasmonäischen Expansion vertiefen. Zum einen bestätigen Zerstörungshorizonte in zahlreichen Siedlungen Idumäas, Samarias und Galiläas die Tatsache der gewaltsamen Eroberung. Zum anderen widerlegen vor allem Münzen, Bleigewichte und Keramik, die in diesen Zerstörungshorizonten, etwa in Marisa, Tel Beer Sheba, dem Berg Garizim, Sichem und Samaria ans Licht kamen, die von Josephus (AJ 13,254–255 und BJ 1,62–63) behauptete Datierung von Hyrkanos' Eroberungen in die 20er-Jahre des 2. Jahrhunderts v. Chr. und zeigen, dass die forcierte Expansion erst im Jahre 112 v. Chr. begann.[49] Außer-

[47] Vgl. Joshua Efron: Studies on the Hasmonean Period. Leiden 1987, S. 50: „Uprooting idolatry from hallowed land, according to biblical precepts […] involves also the removal of pagan Gentiles or their conversion to Judaism"; Rajak: Kingship (wie Anm. 17), S. 114: „The absence of exact biblical precedent was no bar to a claim of biblical authority. These measures were, it may be suggested, a new way of re-invigorating an old and fundamental conception, that of the sanctity of the Land." Beide Aussagen beschreiben meines Erachtens das hasmonäische Kalkül zutreffend. Vgl. auch Weitzman: Circumcision (wie Anm. 38); Shatzman: Jews (wie Anm. 15), S. 250; Edouard Will/Claude Orieux: Ioudaïsmos – Hellènismos. Essai sur le judaïsme judéen à l'èpoque hellénistique. Nancy 1986, S. 194–197.

[48] Nach Strabon 16,2,34 und Josephus AJ 13,319 geschahen die Konversionen der Idumäer und Ituräer freiwillig; nach Cohen: Religion (wie Anm. 43), S. 212–216, suchten insbesondere die idumäischen Landbewohner, beeindruckt von der wachsenden Macht des hasmonäischen Staates, ein Bündnis mit den Judäern, während sich die hellenisierteren Stadtbewohner, etwa von Adora und Marisa, gegen diese Vereinnahmung wehrten.

[49] Vgl. Barag: Evidence (wie Anm. 35); Finkielsztejn: Evidence (wie Anm. 41); Shatzman: Jews (wie Anm. 15), S. 267–269; Uzi Leibner: Settlement and History in Hellenistic, Roman, and Byzantine Galilee. Tübingen 2009, bes. S. 323–331. Siehe jetzt auch Berlin/Kosmin (Hg.): Middle Maccabees (wie Anm. 6), S. 11–239, insbesondere die Beiträge von Uzi 'Ad, Yehiel Zelinger, Uri Leibner, Andrea Berlin und Gerald Finkielsztejn.

dem deuten archäologische Untersuchungen auf Tempelzerstörungen in Lachisch und Beersheba hin, die ziemlich genau in diese Zeit der Eroberung Idumäas durch Johannes Hyrkanos datiert werden können und von Josephus nicht erwähnt werden.[50] Damit bestätigen sie die schon a priori naheliegende Annahme, dass die Zwangsbeschneidung überall, wo sie durchgesetzt wurde, mit der Demontage von paganen Heiligtümern einhergegangen sein muss.

Auch die Analyse von Kleinfunden weist darauf hin, dass mit der hasmonäischen Eroberung ein fundamentaler Wandel verbunden war. Wie Gerald Finkielsztejn in einem Aufsatz von 1998 nachgewiesen hat, endet nach dem Zeugnis der unabhängig datierten Amphorenstempel mit dem Beginn der hasmonäischen Herrschaft schlagartig der Import rhodischen Weines in den eroberten Gebieten; so datieren die letzten rhodischen Amphorenstempel in Marisa 112 v. Chr., in Beersheba 112 v. Chr., in Samaria 110 v. Chr. und in Skythopolis 108 v. Chr., obwohl diese Städte – mit Ausnahme von Samaria – weiter bewohnt waren. Besonders eindrucksvoll zeichnet sich der Vorgang in Geser ab, denn hier wiederholt sich das Phänomen: 142, mit der bereits erwähnten Eroberung der Stadt durch Simon, endet die Reihe der Amphorenstempel vorläufig, um 137, nach der erzwungenen Rückgabe der Stadt an Antiochos VII., wieder in großer Dichte einzusetzen (was eventuell auf eine Militärgarnison hindeutet), bis 127 v. Chr. der endgültige Bruch erfolgt.[51] Was für Wein galt, traf in ähnlicher Weise auch für Öl zu: Der Bau zahlreicher „industrieller" Pressanlagen, besonders in Galiläa, beginnt in hasmonäischer Zeit; die massive Steigerung der eigenen Produktion sollte offenbar die verstärkte Nachfrage nach koscherem Öl und Wein befriedigen.[52] Nicht nur diese Lebensmittel, sondern auch die Gefäße, in denen sie transportiert und aufbewahrt wurden, kamen in den hinzugewonnenen Regionen fortan (ebenso wie im Kernland) fast ausschließlich aus eigener jüdischer Produktion. Ab etwa 100 v. Chr. sehen, wie Andrea Berlin in einer detailierten Untersuchung 2005 vorgeführt hat, fast alle großen Gefäße, die in den Dörfern und Städten von Judäa, Samaria, Galiläa und der Gaulanitis gefunden wurden, gleich aus. Fundkontexte in der Nähe großer Pressanlagen zeigen, dass diese „square rim jars" zur Speicherung von Öl und Wein dienten; die Fundorte decken sich im Wesentlichen mit den unter Alexander Jannaios zum Hasmonäerreich gehörenden Gebieten.[53]

[50] Barag: Evidence (wie Anm. 35), S. 6; Finkielsztejn: Evidence (wie Anm. 41), S. 48, S. 55, Anm. 6.
[51] Finkielsztejn: Evidence (wie Anm. 41).
[52] Vgl. Mordekhai Aviam: Jews, Pagans and Christians in the Galilee. Rochester 2004, S. 51–58, bes. S. 54–56.
[53] Andrea M. Berlin: Jewish Life before the Revolt. The Archaeological Evidence. In: JSJ 36 (2005), S. 417–470; vgl. Roland Deines: Jüdische Steingefäße und pharisäische Frömmigkeit. Ein archäologisch-historischer Beitrag zum Verständnis von Joh. 2,6 und der jüdischen Reinheitshalacha zur

In den gleichen Zusammenhang ist meines Erachtens das Aufkommen der Ritualbäder (*mikve'ot*) in Palästina seit der zweiten Hälfte des 2. oder der ersten Hälfte des 1. vorchristlichen Jahrhunderts einzuordnen. Die gestuften Becken sind meist in den Fels gehauen, müssen tief genug sein, um ein vollständiges Eintauchen zu erlauben, und werden durch Kanäle mit Regen- oder Quellwasser gefüllt. Diese Eigenheiten heben sich markant aus dem jeweiligen archäologischen Befund ab und weisen die einstigen Bewohner der Ruinen unzweifelhaft als Anhänger des jüdischen Ritualgesetzes aus. Wieder lässt sich punktuell (zum Beispiel in Geser, Yodefat, Sepphoris) nachweisen, dass sich die hasmonäische Inbesitznahme von Städten im anschließenden Bau von *mikve'ot* niedergeschlagen hat.[54] In Geser hat man sogar ein vorhasmonäisches Haus ausgegraben, in das nachträglich ein Ritualbad eingebaut wurde[55] – ein Befund, der sich ebenso wie die Amphorenstempel sehr gut mit dem zitierten Bericht der Übernahme von Geser im 1. Makkabäerbuch vereinbaren lässt. Nach Eyal Regev gingen die Hasmonäer in ihren Palästen in Jericho mit gutem Beispiel voran: Sie achteten sorgfältig auf rituelle Reinheit, wie die zahlreichen Ritualbäder und das vollständige Fehlen von importierter Keramik zeigen.[56]

Die beschriebenen archäologischen Befunde verweisen allesamt auf Reinheitsgebote. Seit der Mitte des 2. Jahrhunderts wurde die Heiligung des Alltags durch Reinheitsrituale für einen großen Teil der judäischen Bevölkerung immer wichtiger.[57] Die Hasmonäer machten sich diese Tendenz zunutze. An vielen Orten waren sie höchstwahrscheinlich Urheber der Entwicklung, denn die ungewöhnliche Plötzlichkeit und Gleichzeitigkeit der sich im archäologischen Befund abzeichnenden Veränderungen legt nahe, dass es sich um koordinierte und gesteuerte Maßnahmen gehandelt hat. Da in fast jedem einzelnen Fall ein zeitlicher Zusammenhang mit der hasmonäischen Expansion hergestellt werden kann, ist meines Erachtens klar, dass die Hasmonäer in den eroberten Gebieten nicht nur die Idolatrie ausrotteten, sondern auch den Import von Lebensmitteln und Gefäßen paganer Proveni-

Zeit Jesu. Tübingen 1993; Sean Freyne: Galileans, Pheinicians, and Itureans. A Study of Regional Contrasts in the Hellenistic Age. In: John J. Collins/Gregory E. Sterling (Hg.): Hellenism in the Land of Israel. Notre Dame 2001, S. 182–215, hier: S. 202–205; Weitzman: Circumcision (wie Anm. 38), S. 49.

[54] Vgl. David Adan-Bayewitz/Mordekhai Aviam: Jotapata, Josephus, and the Siege of 67. Preliminary Report on the 1992–94 seasons. In: JRA 10 (1997), S. 131–165, hier: S. 160 f., S. 164 f.; Aviam: Jews (wie Anm. 52), S. 41–50, bes. S. 48 f.; Berlin: Life (wie Anm. 53), S. 451–453.

[55] Ronny Reich: Archaeological Evidence of the Jewish Population at Hasmonean Gezer. In: IEJ 31 (1981), S. 48–52.

[56] Regev: Hasmoneans (wie Anm. 31), S. 224–265, hier: S. 264.

[57] Vgl. Hannah K. Harrington: The Purity and Sanctuary of the Body in Second Temple Judaism. Göttingen 2019, S. 36 f., S. 178–180; siehe auch unten Anm. 64.

enz behinderten. Sie verfolgten damit das Ziel, das jüdische Reinheitsgesetz in den eroberten Gebieten durchzusetzen und damit einen reinen jüdischen Lebensraum zu schaffen.[58]

In diesen Zusammenhang gehört meines Erachtens auch die angebliche Zwangsbeschneidung. Nach Genesis 17,10–14 ist die Beschneidung das Abraham von Gott befohlene „Zeichen des Bundes", weshalb hellenistische Schriftgelehrte Israel auch als *berit mila* („Beschneidungsbund") charakterisierten und den Akt als ein Zeichen der Treue zum Gottesbund und Gesetz verstanden. Allerdings wurde die Beschneidung auch von außen zunehmend als ein distinktives Merkmal der Juden betrachtet, obwohl bekanntlich auch andere Ethnien diesen Brauch kannten und praktizierten.[59] Außerdem konnte die Beschneidung aus folgenden Gründen als Reinheitsritual betrachtet werden:[60]

1. Die Massenbeschneidung, der sich die Israeliten durch Josua auf Befehl Gottes nach der vierzigjährigen Wüstenwanderung am Jordan beim Einzug ins gelobte Land unterziehen müssen, verbindet die Reinigung mit der Landverheißung und der Landnahme (Jos 5,2–9; insbesondere Jos 5,4 LXX).[61]
2. Auch die in der Bibel und in der jüdischen Literatur der hellenistischen Zeit weitverbreitete metaphorische Rede von der Beschneidung des Herzens beziehungsweise vom unbeschnittenen Ohr und den unbeschnittenen Lippen deutet auf einen Akt der Reinigung und Weihe, desgleichen ihre Verbindung mit dem Passahfest (Ex 12,44; 12,48) und schließlich die „Beschneidung der Bäume" (Lev 19,23–24).
3. Die Eheschließung mit Unbeschnittenen galt als Entweihung des Volkes und als Befleckung des Landes (Jub 30,12–13); bei einer Heirat von Heiden mit jüdischen Frauen wurde deshalb die Beschneidung verlangt (AJ 20,145).
4. Sklaven, gleich ob von einem Sklavenhändler gekauft oder in einem jüdischen Haushalt geboren, mussten, wie Gen 17,12–13 und Ex 12,43–44 anordnen und spätere rabbinische Quellen (Tosefta A. Z. 3,11) bekräftigen, beschnitten werden. Unbeschnittene Sklaven hätten alles, was sie berührten, unrein gemacht, und von ihnen zubereitete Nahrungsmittel hätten von Juden nicht konsumiert werden können.[62] Die Beschneidung reinigte die Sklaven von ihrem früheren

[58] Vgl. Will/Orrieux: Ioudaïsmos (wie Anm. 47), S. 191–193, hier: S. 191: „Le premier principe que nous trouvions à l'œuvre dans la politique hasmonéenne est celui de la pureté rituelle."

[59] Weitzman: Circumcision (wie Anm. 38), S. 37; Andreas Blaschke: Beschneidung. Zeugnisse der Bibel und verwandter Texte. Tübingen 1998, S. 323–360, bes. S. 360.

[60] Die folgenden Überlegungen habe ich in den Punkten 2, 3 und 4 dem Eintrag von Otto Betz: Beschneidung II. In: TRE. Bd. 5: Autokephalie–Biandrata. Berlin/New York 1980, S. 716–722, bes. S. 717, entnommen.

[61] Vgl. Blaschke: Beschneidung (wie Anm. 59), S. 114–116.

[62] Catherine Hezser: Jewish Slavery in Antiquity. Oxford 2005, hier: S. 30 f., S. 35–41.

> Kontakt mit der Idolatrie und neutralisierte gleichsam ihre gentile Herkunft. Sie machte sie aber selbstverständlich nicht zu vollgültigen Israeliten. Joachim Jeremias spricht treffend von „der eigentümlichen Zwitterstellung, in der sich der heidnische Sklave befand. Er war zwar durch seine Beschneidung ‚Sohn des Bundes' und doch nicht (solange er nicht freigelassen war) Glied der Gemeinde Israels".[63]

Die Beschneidung bewirkte also zum einen, dass der Beschnittene in den äußeren Kreis des Bundes eintrat, und zum anderen, dass er der Idolatrie entfremdet wurde und keine Quelle der Verunreinigung mehr darstellte.

Fazit

Zurück zu den Hasmonäern: Die angebliche Reinigung des Landes sollte zur Heiligung des Kriegs beitragen. Durch die Zerstörung der heidnischen Kultstätten und Kultobjekte, die Vertreibung der Unbeschnittenen, die Beschneidung der paganen Restbevölkerung und die Einführung des Reinheitsgesetzes beanspruchten die Hasmonäer, die Sphäre der Unreinheit weiter von Judäa zu entfernen und die Eretz Israel-Idee weitgehend zu verwirklichen. Die Rede von einer Zwangsbeschneidung setzte die besiegten Ethnien auf einer symbolischen Ebene mit den „Sklaven Israels" gleich. Faktisch jedoch blieben die Idumäer und Ituräer – ungeachtet der Frage, ob die Hasmonäer tatsächlich Zwang ausübten – frei. Die Beschneidung nahm ihnen ihren für die Juden feindlichen Charakter und erlaubte ihnen, den Tempel in Jerusalem zu betreten und an den öffentlichen Kultfeiern des jüdischen Gottes teilzunehmen.[64] Damit wurden sie, obwohl noch nicht Juden im eigentlichen Sinne, Teil der jüdischen Solidargemeinschaft. Auch von jüdischer Seite wurde ihre grundsätzliche Zugehörigkeit fortan nicht mehr (weder in Worten noch in Taten) bestritten, auch nicht von jenen, die die Hasmonäerherrschaft ablehnten. Mit der Förderung des Reinheitsgesetzes trafen die Hasmonäer den Nerv der zeitgenössischen judäischen Gesellschaft. Sich bis ins 2. Jahrhundert n. Chr. hinein ständig verschärfende Reinheitspraktiken spiegelten ein weitverbreitetes Bedürfnis nach Heiligung des Alltags unter der judäischen Bevölkerung, besonders auf dem Land.[65] Die Hasmonäer haben diese Entwicklung durch ihre gewaltsamen Maßnahmen zur

[63] Joachim Jeremias: Jerusalem zur Zeit Jesu. Eine kulturgeschichtliche Untersuchung zur neutestamentlichen Zeitgeschichte. Göttingen ^{3}1962, hier: S. 385.

[64] Vgl. Cohen: Beginnings (wie Anm. 39), S. 123–125.

[65] Andrea Berlin bezeichnet das von ihr besonders intensiv studierte Phänomen treffend als „Household Judaism"; Berlin: Life (wie Anm. 53), bes. S. 417–425, S. 466–470. Vgl. Jodi Magness: Stone and Dung, Oil and Spit. Jewish Daily Life in the Time of Jesus. Grand Rapids/Cambridge 2011.

Herstellung politisch-religiöser Einheit in Eretz Israel beschleunigt, wenn nicht sogar angestoßen.[66]

„Eine Analyse der Gewalt, die nicht auch vom Raum und von der Kultur spricht, in denen sie sich entfaltet, wird keine Antwort auf die Frage finden, welche Handlungsmöglichkeiten sich Menschen in Gewalträumen bieten."[67] Diese Aussage Jörg Barberowskis, die er mit Blick auf moderne Erfahrungen traf, gilt auch im vorliegenden Fall. Vom Raum und von der Kultur zu sprechen, heißt hier, den Biblizismus als exklusive politische Sprache und die damit verbundenen Raumvorstellungen ernst zu nehmen.[68] Ich habe gezeigt, dass die Hasmonäer auf historisch neuartige Weise Gewalttaten im Namen des einen und wahren Gottes begingen. Diese religiöse Gewalt hatte eine kommunikative Funktion und diente der Herrschaftslegitimation; sie trug dazu bei, die prekäre „Gehorsamsbereitschaft" der Judäer zu erhöhen und die Einheit des Ethnos zu festigen.[69] Die genealogischen, rituellen und moralischen Vorwürfe, denen sich die Hasmonäer vonseiten der „Frommen" ausgesetzt sahen und die bis zu handfestem Widerstand gegen ihre Herrschaft führten, habe ich oben erwähnt; der Krieg gegen die Heiden, die ethnischen Säuberungen, Tempelzerstörungen und Zwangsbeschneidungen wurden von diesen Leuten dagegen, soweit wir wissen, nicht kritisiert. Diese Gewaltmaßnahmen waren vielmehr populär, und daher könnte es sein, dass die Hasmonäer ihr Ausmaß zum eigenen Vorteil übertrieben haben, dass sie sich also gewalttätiger darstellen ließen als sie in Wirklichkeit waren.

66 Nach Regev: Hasmoneans (wie Anm. 31), S. 102, präsentierten sich die Hasmonäer nicht in erster Linie als Politiker oder Militärs, die den kultischen Bereich erobert hatten, sondern als Priester und religiöse Führer „that had been pushed by the hand of God to rule the Jewish people and protect the temple and the Torah". Auf Münzen bevorzugten sie demnach, wie die vorherrschende althebräische Beschriftung zeige, den Titel „Hohepriester" vor Ethnarch oder König: „This clear preference attests to the Hasmoneans' religious self-image – that is, their claim to be religious rather than merely political leaders" (ebd., S. 221).

67 Jörg Barberowski: Räume der Gewalt. Frankfurt a. M. 2015, S. 43.

68 Zum Biblizismus als politischer Sprache vgl. Pečar/Trampedach: „Biblizismus" – eine politische Sprache der Vormoderne? In: dies. (Hg.): Bibel (wie Anm. 10), S. 1–18; Trampedach: Hasmonäer (wie Anm. 10), S. 61–65.

69 Ich verstehe Herrschaftslegitimation mit Max Weber als einen Begriff, der mehr von den Beherrschten als den Herrschenden her bestimmt werden sollte; vgl. Kai Trampedach/Alexander Meeus: Introduction. In: dies. (Hg.): The Legitimation of Conquest. Monarchical Representation and the Art of Government in the Empire of Alexander the Great. Stuttgart 2020, S. 9–18, hier: S. 9–13.

Abstract

With the Maccabean revolt and the Hasmonean expansion in Palestine "monotheism" entered, as it were, the stage of world history. Its entrance was accompanied by a completely novel and trend-setting way of justifying violence on religious grounds. Killing and dying for God, zeal in the name of the true God and his laws, appeared for the first time in history as an explicit motivating factor. For the first time ever, violence was directed against "apostates" and "heathens", who as such became subjected to intensifying hostility. Finally – and this was another innovation – the Maccabees claimed, at least initially, to wage their wars according to biblical norms and following the ritual prescriptions of Deuteronomy.

Answering the question of religious violence, its motivations, forms, functions and meanings should start from exploration of the self-conception of the historical protagonists. To this effect my paper analyzes how the Hasmoneans themselves and their followers interpreted, staged and legitimized acts of violence, which they committed for the sake of establishing, maintaining and extending their dominion.

In my findings, I emphasize the correlation between violence and concepts of purity. The supposed purification of the land was to contribute to the sanctification of war. By destroying pagan places of worship and cult objects, expelling the uncircumcised, forcing circumcision on the pagan population that refused to leave their homes and introducing the law of purity, the Hasmoneans claimed to push back the sphere of impurity from Jerusalem and Judea and to realize the idea of Eretz-Israel. That this was the most popular aspect of their (otherwise very contested) rule among the Judean population finds its reflection even in the archeological evidence.

Luise Marion Frenkel

Narrative über religiöse Gewalt im 6. und 7. Jahrhundert im Osten des römischen Reichs und die römische Friedensrhetorik

„Deus adiuta Romanis“ lautet die Inschrift auf einer 6,82 Gramm schweren Silbermünze, die im Zeitraum von 615 bis um 680 geprägt wurde.[1] Das Hexagramma ist nicht nur wegen seines Materials und seines Gewichts eine Besonderheit. Auch aufgrund seiner Inschrift hat es bei Historikern, die über das Verhältnis von Regierung und Religion unter der Herrschaft des Herakleios (610–641) in der ausgehenden Spätantike und im frühen Byzanz forschen, viel Aufmerksamkeit auf sich gezogen.[2] So gilt dieser oströmische Kaiser doch den einen als Usurpator und Häretiker, während andere ihn als Retter des Byzantinischen Reichs und Verbündeten der Orthodoxie betrachten.

[1] Jüngste Studien mit umfangreichen Bibliografien sind: Douglas C. Whalin: A Note Reconsidering the Message of Heraclius' Silver Hexagram, circa AD 615. In: BZ 112 (2019), S. 221–232; Panayotis A. Yannopoulos: L'Hexagramme. Un monnayage byzantin en argent du VIIe siècle. Louvain-la-Neuve 1978; Philip Rance: Maurice's „Strategicon“ and „the Ancients“. The Late Antique Reception of Aelian and Arrian. In: Philip Rance/Nicholas V. Sekunda (Hg.): Greek Taktika. Ancient Military Writing and its Heritage. Proceedings of the International Conference on Greek Taktika Held at the University of Toruń, 7–11 April 2005. Gdańsk 2017, S. 217–255. Einzelne – häufig zeremonielle – Prägungen der Münze sind bis ins Jahr 717 belegt. An dieser Stelle sei allen Teilnehmern und Organisatoren der Konferenz gedankt. Dieser Beitrag entstand im Kontext der DFG-KFG 2496 „Migration und Mobilität in Spätantike und Frühmittelalter“. Die Erarbeitung der Quellen wurde ermöglicht im Rahmen der „Visiting Scholarship“ am St Edmund's College, Cambridge. Geoffrey Greatrex danke ich für weiterführende Kritik. Die vorliegende Studie wurde von Klaus-Dieter Schmidt, dem ein ganz herzlicher Dank gebührt, aus dem Englischen ins Deutsche übersetzt.

[2] Dieser Aufsatz hat den Schwerpunkt auf der Spätantike, weil es – wie auf den folgenden Seiten ausgeführt wird – im Wesentlichen darauf ankommt, zu untersuchen, wie die damaligen Akteure und Autoren zur griechischen und römischen Kultur und zur imperialen römischen Identität standen. Nachträgliche Interpretationen laufen dagegen stets Gefahr, spätere Konflikte zurückzuprojizieren und in die „Übertragungsfalle“ zu tappen. Zur Problematik der Einbeziehung einer Periode der Spätantike vgl. Andrea Giardina: Tardoantico. Appunti sul dibattito attuale. In: Studi Storici 45 (2004), S. 41–46.

https://doi.org/10.1515/9783110773781-004

Wenngleich einige Historiker unter Verweis auf Texte wie das „Chronicon Paschale“, Theophanes’ „Chronographia“ sowie andere Hagiografien, Historiografien und Abhandlungen behaupten, dass sich die Münze rasch im alltäglichen privaten Gebrauch verbreitet habe, sprechen doch gute Gründe dafür, anzunehmen, dass sich das Hexagramma in Wahrheit wohl kaum im Umlauf befand.[3] Dies mag auch daran liegen, dass die Silbermünze für ihren nominellen Wert eher schwer war. Innerhalb des damaligen Römischen Reiches sind nur wenige Exemplare gefunden worden. Fast alle Funde – entweder einzelner Stücke oder beachtlicher Horte – stammen aus Gebieten außerhalb der Grenzen: vom Balkan, aus der Eurasischen Steppe oder aus Transkaukasien. Überwiegend scheint das Hexagramma also in die Hände römischer Verbündeter gelangt zu sein, wohl als Bezahlung für Kämpfe gegen die Perser.

Die Inschrift der Münze bleibt in den antiken Texten, die Herakleios’ Währungsreform behandeln, ungenannt – selbst in denen, die sich mehr oder weniger explizit mit ihr beschäftigen. Dies hat Historiker nicht davon abgehalten, heftig über die soziale und politische Bedeutung der Münzinschrift sowie deren Wirkung zu diskutieren, wobei sie unhinterfragt davon ausgegangen sind, dass die Ikonografie und der – im Übrigen häufig mit Abweichungen geschriebene – lateinische Text auf der Münze den Zeitgenossen eine Botschaft übermittelt habe.[4]

Die Münzinschrift steht im Zusammenhang mit den zunehmenden religiösen Assoziationen im Ausdruck der imperialen Identität, die insbesondere in der militärischen Rhetorik, nachdem die Sassaniden im Jahr 614 Jerusalem erobert hatten, zu finden waren.[5] Was bedeutete der Text „Deus adiuta Romanis“ auf dem Hexagramma aber genau? Aufgrund der fehlenden Zeichensetzung und je nachdem, ob man die Morphologie des klassischen Lateins anwendet, ergeben sich sehr unterschiedliche Deutungen der Kombination aus „Gott“ im Vokativ, dem aktiven Impe-

[3] Vgl. Whalin: Note (wie Anm. 1), S. 225 f.

[4] Vgl. jedoch die vorsichtige Darstellung bei Corey Ellithorpe (Corey Ellithorpe: Circulating Imperial Ideology. Coins as Propaganda in the Roman World. Chapel Hill 2017, S. 193) und Fleur Kemmers (Fleur Kemmers: The Functions and Use of Roman Coinage. An Overview of 21st Century Scholarship. In: RPAH 2 [2019], S. 1–83, hier: S. 16 f.), die daran erinnern, dass Münzen der politischen Kommunikation dienten, wenn sie Teil eines kohärenten semantischen Systems waren. Herakleios versuchte zwar sich vielfältig darzustellen, blieb dabei aber, wie James Howard-Johnston gezeigt hat, weitgehend erfolglos (vgl. James Howard-Johnston: Pride and Fall. Khusro II and his Regime, 626–628. In: Antonio Carile u. a. [Hg.]: La Persia e Bisanzio. Convegno internazionale, Roma, 14–18 ottobre 2002. Rom 2004, S. 93–113, hier: S. 102–104).

[5] Vgl. z. B. Lutz Greisiger: Messias – Endkaiser – Antichrist. Politische Apokalyptik unter Juden und Christen des Nahen Ostens am Vorabend der arabischen Eroberung. Wiesbaden 2014, hier: S. 32–46; Stephen J. Shoemaker: The Apocalypse of Empire. Imperial Eschatology in Late Antiquity and Early Islam. Philadelphia 2018, hier: S. 66–72.

rativ des Verbs „helfen“ und dem Dativ von „Römer“. Die Übersetzungen reichen von der verzweifelten Anrufung „Gott, hilf den Römern“ bis hin zur Wiedergabe eines trotzigen Schlachtrufs, der laut dem „Strategikon“ des Maurikios in Herakleios' Herrschaftszeit in Mode war: Danach wurden einzelne „Hilf uns“-Rufe von donnernden „Des“-Rufen [sic!] beantwortet.[6] Folgt man dieser Interpretation, dann wurde überwiegend nichtchristlichen Ausländern die Anrufung von Gott „in Mund und Hände gelegt“, damit diese gegen die Perser, die Feinde der Christenheit, kämpften.[7]

Was, so könnte man zugespitzt fragen, hätte man auch von spätrömischen Kaisern erwarten sollen, die von der Religion besessen waren, unnötige, zerstörerische Kriege führten und dabei daran scheiterten, das Erbe der klassischen Antike zu sichern?[8] Gegen eine derartige Deutung der Geschichte soll im Folgenden dargelegt werden, dass das Ausmaß der Gewalt und die religiösen Bezüge in historiografischen Narrativen, wie den oben erwähnten, eher die *Romanitas* des Reichs widerspiegeln, statt sie zu bestreiten oder zu verringern.[9] In den nachstehenden Ausfüh-

6 George T. Dennis/Ernst Gamillscheg (Hg.): Das „Strategikon“ des Maurikios. Wien 1981, hier: S. 442. Nach weithin anerkannter Meinung wurde das „Strategikon“ zwischen 580 und 610 geschrieben; vgl. Beate Dignas/Engelbert Winter: Rome and Persia in Late Antiquity. Neighbours and Rivals. Cambridge 2007, hier: S. 66. Die Inschrift deute – so jüngst Theresia Raum – auf einen Überlebenskampf des römischen Reiches; vgl. Theresia Raum: Deus Adiuta Romanis. Threat and Threat Communication in the Eastern Roman Empire. In: Eberhard Crailsheim/María Dolores Elizalde (Hg.): The Representation of External Threats. From the Middle Ages to the Modern World. Leiden 2019, S. 69–87, hier: S. 73.

7 Vgl. Anm. 57–60; vgl. auch Irene Huber: Ansichten eines Zivilisierten über die unzivilisierte Welt. Das Sāsāniden-Bild des Georgios Pisides und sein historischer Wert für den spätantiken Iran. In: Klio 90 (2008), S. 162–192.

8 Zum Ruf Justinians und anderer römischer Kaiser in der westlichen Zivilisation vgl. Averil Cameron: Thinking with Byzantium. In: TRHS 21 (2011), S. 39–57, hier: S. 42; Anthony Kaldellis: Political Freedom in Byzantium. The Rhetoric of Liberty and the Periodization of Roman History. In: HEI 44 (2018), S. 795–811, hier: S. 799, S. 805–808; Hartmut Leppin: (K)ein Zeitalter Justinians. Bemerkungen aus althistorischer Sicht zu Justinian in der jüngeren Forschung. In: HZ 284 (2007), S. 659–830, hier: S. 680; Clifford Ando: Decline, Fall, and Transformation. In: JLA 1 (2008), S. 31–60, hier: S. 32.

9 Mit „historiografischen Narrativen“ sind hier nicht nur historiografische Schriften gemeint, sondern auch andere Texte, wie Briefe, Hagiografien, Predigten und Abhandlungen, die die Vergangenheit konstruierten oder dazu beitrugen. Vgl. z. B. Arietta Papaconstantinou: Historiography, Hagiography, and the Making of the Coptic „Church of the Martyrs“ in Early Islamic Egypt. In: DOP 60 (2006), S. 65–86; Gesa Schenke: Creating Local History. Coptic Encomia Celebrating Past Events. In: Arietta Papaconstantinou/Muriel Debié/Hugh Kennedy (Hg.): Writing „True Stories“. Historians and Hagiographers in the Late Antique and Medieval Near East. Turnhout 2010, S. 21–30; Adam M. Schor: The Letter Collection of Theodoret of Cyrrhus. In: Cristiana Sogno/Bradley K. Storin/Edward J. Watts (Hg.): Late Antique Letter Collections. A Critical Introduction and Reference Guide. Berkeley 2017, S. 269–285.

rungen finden ausschließlich vorislamische Texte Berücksichtigung. Denn christliche Autoren, die im Schatten der islamischen Welt lebten, haben, wenn sie über die Vergangenheit schrieben, (absichtlich oder nicht) hervorgehoben, wie der Glaube oder Unglaube mancher christlicher Führer die arabische Herrschaft ermöglicht beziehungsweise begünstigt habe.[10] Nicht zuletzt durch ihre Vorstellungen von Reichsidentität und den *res sacrae* unterscheiden sich diese Verfasser von den früheren kirchlichen und klassisch orientierten spätantiken Geschichtsschreibern. So steht Theophanes' Porträt des Herakleios aus dem frühen 9. Jahrhundert, das insbesondere auf dessen religiös motivierte Ansprachen an die Truppen, die sich den Persern entgegenstellen sollten, zurückgreift, beispielhaft für die Auswahl und Bearbeitung von Quellen und Berichten in einem intellektuellen und politischen Kontext, in dem sich seit dem 8. Jahrhundert auch die *futuh*-Literatur herausbildete.[11] Obwohl sich der vorliegende Beitrag also auf vorislamische Texte beschränkt, kann er auf eine beachtliche Anzahl an Schriften wie Briefe, Predigten, panegyrische Lyriktexte und Hagiografien zurückgreifen, in denen Gewalt häufig mit Religion verbunden wird. In diesen wird beispielsweise die gewaltsame Durchsetzung von Gesetzen über Religionsfragen, Zwangskonversionen, religiös begründete Volksaufstände und die religiösen Einstellungen von Führern, die Gewalt anwandten, behandelt.

In den folgenden Absätzen geht es um die Historizität spätantiker religiöser Gewalt und die voreingenommene Rezeption von Personen und Ereignissen. Diese

[10] Zu den daraus folgenden Anachronismen, die in jüngsten Fallstudien und Gesamtdarstellungen im Einzelnen aufgezeigt werden, vgl. z. B. Michael Philip Penn: When Christians First Met Muslims. A Sourcebook of the Earliest Syriac Writings on Islam. Oakland 2015, S. 9–17. Solche Schriften beschreiben die Interpretationen der Vergangenheit wissentlich oder unwissentlich als Werk der Autoren. Es sollte vielleicht häufiger darauf hingewiesen werden, dass ein großer Teil des qualitativen und faktischen Inhalts ihrer Darstellungen nicht von ihnen stammt, sondern einem Verständnis der Vergangenheit und früherer Texte entspricht, das sie aus ihrem kulturellen und intellektuellen Kontext aufgenommen haben.

[11] Theophanes' Schriften werden häufig unterschätzt, wie beispielsweise in Constantin Zuckerman: Theophanes the Confessor and Theophanes the Chronicler, or a Story of Square Brackets. In: Marek Jankowiak/Federico Montinaro (Hg.): Studies in Theophanes. Paris 2015, S. 31–52, hier: S. 41. Vgl. dagegen Tommaso Tesei: „The Romans Will Win!" Q 30:2–7 in Light of 7th c. Political Eschatology. In: Der Islam 95 (2018), S. 1–29, hier: S. 11; ders.: Heraclius' War Propaganda and the Qur'ān's Promise of Reward for Dying in Battle. In: SI 114 (2019), S. 219–247; Yuri Stoyanov: Apocalypticizing Warfare. From Political Theology to Imperial Eschatology in Seventh- to Early Eighth-Century Byzantium. In: Kevork Bardakjian/Sergio La Porta (Hg.): The Armenian Apocalyptic Tradition. A Comparative Perspective. Leiden 2014, S. 379–433; zur islamischen historiografischen Tradition des *futuh*, Berichten über die Expansion des frühislamischen Staates, vgl. Fred Donner: Arabic „Fatḥ" as „Conquest" and its Origin in Islamic Tradition. In: Al-'Uṣūr al-Wusṭā 24 (2016), S. 1–14, hier: S. 8–10.

hat ihre Ursache in der verminderten Schreibtätigkeit während der Spätantike und im damaligen Umgang mit der Vergangenheit, der nicht auf Vollständigkeit oder Kontinuität abzielte. Unter den überlieferten Texten können diejenigen, die in polemischer Absicht verfasst wurden, in ihrer Bedeutung für spätere christliche Polemiken und Debatten über die Beziehung zwischen Herrschern und Religionsführern betrachtet werden. Zwar konzentriert sich die Forschungsdebatte über „Intoleranz" in der spätantiken Gesellschaft zumeist auf die Niederschlagung von oppositionellen Kräften und die Unterdrückung von abweichenden Meinungen durch den Staat, doch wurde, wie Geoffrey Greatrex erörtert, ein Großteil der Gewalttaten nicht vom Staat, sondern von Einzelnen oder von Gruppen initiiert.[12] Abschließend werden einige rhetorische Schlüsselelemente herausgearbeitet, durch die in der spätantiken Historiografie Gewalt als religiös charakterisiert wird.

Diskrepanzen und Realität

Die Zeiten, in denen Historiker die Spätantike als eine friedliche Zeit beschrieben haben, in der Konflikte und Übergriffe seltene Ereignisse waren, sind vorbei.[13] Folgt man den spätantiken Texten, dann scheint es vielmehr so gewesen zu sein, dass das gesamte Leben in dieser Zeit von gewalttätigen Konfrontationen geprägt war. In klassizistischen und kirchlichen Historiografien, Hagiografien, Predigten, Briefen, Apophthegmata, Katenen, Kephalaia, Gedichten und Hymnen werden zumeist übernatürliche Ereignisse und religiöse Identitäten als Ursachen und Folgen gewaltsamer Taten, Gedanken und Absichten benannt. Existieren jedoch mehrere Narrative, insbesondere solche, die außerhalb des Kanons der veröffentlichten griechischen und lateinischen Manuskripte stehen, stimmen die in ihnen aufgeführten religiösen Bezüge selten überein. Beispielhaft dafür sind die bemerkenswerten Diskrepanzen zwischen den Texten von Eusebius und Philostorgios für das 4. Jahrhundert,[14] zwischen Johannes Malalas und Marcellinus Comes für das 5. Jahrhundert,[15] zwischen den panegyrischen Versdichtungen Georg von Pisidiens und

[12] Geoffrey Greatrex: The Emperor, the People and Urban Violence in the Fifth and Sixth Centuries. In: Jitse H. F. Dijkstra/Christian R. Raschle (Hg.): Religious Violence in the Ancient World. From Classical Athens to Late Antiquity. Cambridge 2020, S. 389–405, hier: S. 403.

[13] Vgl. z. B. Jens-Uwe Krause: Gewalt und Kriminalität in der Spätantike. München 2014, hier: S. 290. Krause zufolge habe in der Spätantike das hohe Maß an sozialer Kontrolle Ordnungskräfte überflüssig gemacht.

[14] Vgl. z. B. Philostorgios: Kirchengeschichte. Hg. von Bruno Bleckmann und Markus Stein. Paderborn 2015, S. 2, S. 36.

[15] Philip Wood: Multiple Voices in Chronicle Sources. The Reign of Leo I (457–474) in Book Fourteen of Malalas. In: JLA 4 (2011), S. 298–314, hier: S. 307.

dem „Strategikon" des Maurikios für die Kaiser des späten 6. und des 7. Jahrhunderts, insbesondere Herakleios,[16] sowie eine Reihe von Geschichtswerken und Chroniken, die zumeist in westasiatischen Sprachen überliefert sind.[17]

Spätantike historiografische Narrative sind keine „Dokumente", die wörtlich verstanden werden können. Wie Hartmut Leppin herausgestellt hat, beruhen jedoch viele Angaben in geschichtswissenschaftlichen Handbüchern nur auf einzelnen Quellenbelegen. Selbst wenn Letztere in der Manuskripttradition prominent sind und sich in modernen Editionen abgedruckt finden, bedeutet dies nicht, dass sie repräsentativ wären.

Die Bedeutung von „Religion" und „religiöser Gewalt" ist zentral für die Gültigkeit vieler darin vertretener Ideen, doch machen bereits zahlreiche Belege deutlich, dass zum Beispiel Glaubensaussagen und Liturgien keine Homogenität oder Autorität aufweisen.[18] Schon die Wortwahl prägt unsere Auffassung von der Vergangenheit, nicht zuletzt in archäologischen Berichten. Die vielfältigen Bedeutungen von *res publica* sind hinlänglich bekannt – und auch die unterschiedlichen Mittel und Wege, mit und auf denen sie ausgehandelt wurden.[19] Entsprechend sollte auch der Terminus „Christentum" für den Zeitraum bis mindestens zum 7. Jahrhun-

[16] Zu Georg von Pisidien vgl. Mischa Meier: Herakles – Herakleios – Christus. Georgios Pisides und der *kosmorhýstes*. In: Hartmut Leppin (Hg.): Antike Mythologie in christlichen Kontexten der Spätantike. Berlin 2015, S. 167–192; Hartmut Leppin: George Pisides' „Expeditio Persica" and Discourses on Warfare in Late Antiquity. In: Fotini Hadjittofi/Anna Lefteratou (Hg.): The Genres of Late Antique Christian Poetry. Between Modulations and Transpositions. Berlin 2020, S. 293–310. Georgs Gedichte werden manchmal immer noch als offizielle Berichte verstanden, zum Beispiel in Muriel Debié: Theophanes' „Oriental Source". What Can We Learn from Syriac Historiography? In: Jankowiak/Montinaro (Hg.): Studies (wie Anm. 11), S. 365–382, hier: S. 372.

[17] Vgl. die Beiträge in Jankowiak/Montinaro (Hg.): Studies (wie Anm. 11); Mischa Meier: Kaiser Phokas (602–610) als Erinnerungsproblem. In: BZ 107 (2014), S. 139–174, hier: S. 151; David Michael Olster: The Politics of Usurpation in the Seventh Century. Rhetoric and Revolution in Byzantium. Amsterdam 1993; Phil Booth: „Liturgification" and Dissent in the Crisis of the East Roman Empire (6th–8th Centuries). In: Ewald Frie/Thomas Kohl/Mischa Meier (Hg.): Dynamics of Social Change and Perceptions of Threat. Tübingen 2018, S. 139–153. Weitere Vergleiche finden sich in Phil Booth: The Ghost of Maurice at the Court of Heraclius. In: BZ 112 (2019), S. 781–826; Brian Croke: Ariadne *Augusta*. Shaping the Identity of the Early Byzantine Empress. In: Geoffrey Dunn/Wendy Mayer (Hg.): Christians Shaping Identity from the Roman Empire to Byzantium. Studies Inspired by Pauline Allen. Leiden 2015, S. 291–320; ders.: Justinian under Justin. Reconfiguring a Reign. In: BZ 100 (2007), S. 13–56; Gianluca Ventrella: Sur la datation du „De laude Anastasii imperatoris" de Priscien de Césarée. In: Phoenix 71 (2017), S. 157–173.

[18] Vgl. Wolfram Kinzig (Hg.): Faith in Formulae. A Collection of Early Christian Creeds and Creed-Related Texts. Oxford 2017; Ágnes T. Mihálykó: The Christian Liturgical Papyri. An Introduction. Tübingen 2019, S. 11.

[19] Karl-Joachim Hölkeskamp: What's in a Text? Reconstructing the Roman Republic – Approaches and Aims Once Again. In: BICS 54 (2011), S. 115–124; Claude Moatti: *Res publica*. Histoire romaine de

dert – im Gebiet des Oströmischen Reichs vielleicht sogar bis in das 9. Jahrhundert hinein – mit größter Vorsicht behandelt werden. Beim Verständnis des Begriffs sollte man sich nicht von den traditionellen Darstellungen vom Aufstieg einer „Reichskirche“ und der Herausbildung des Cäsaropapismus leiten lassen, die das statische Bild einer monolithischen, homogenen Religion vermitteln.

Es ist weithin anerkannt, dass in Geschichtsdarstellungen seit dem 6. Jahrhundert Gewalt zumeist als religiös begründet geschildert wird, was darauf schließen lässt, dass dies das zeitgenössisch vorherrschende Verständnis der Vergangenheit gewesen wäre. So begrüßenswert das Interesse der Altertumswissenschaften an spätantiker Literatur ist, so bedauerlich ist es jedoch, dass deren literarische Eigenschaften meistens nur in den Fußnoten thematisiert und analysiert wurden. Dadurch wird leicht übersehen, dass die religiösen Bezüge, die etwa in den Gedichten Georg von Pisidiens eine herausragende Rolle spielen, und die Charakterisierung der *Romanitas* der öffentlichen Prüfung durch seine Leserschaft ausgesetzt waren.[20] Obwohl in Epen Siege häufig ruhmvoller und Feinde tyrannischer dargestellt werden, als sie in Wirklichkeit waren, folgt für die Forschung daraus oft nicht,[21] dass der Panegyriker die Gewalt übertrieben hat. Wie die Öffentlichkeit auf den Gegensatz zwischen der grotesken Darstellung der Brutalität des Herakleios und der religiösen Konnotation der Gewaltanlässe einerseits sowie dem Bild, das von früheren Kaisern vermittelt wurde, andererseits reagierte, ist nicht bekannt. Man kann nur konstatieren, dass Georg von Pisidien in seinen Werken zwar von der konventionellen Darstellung spätantiker Kaiser – die ihrerseits in der Beschreibung früherer Kaiser, insbesondere der Flavier, wurzelte – abwich, Herakleios aber gleichwohl vor allem für seine geistigen Fähigkeiten und, soweit möglich, seine Frömmigkeit pries.[22] Dazu diente auch die Bezugnahme auf Herakles, der seit Plutarch, auf den sich Georg berief, als mustergültig im Umgang mit seinen Soldaten und in seiner Standhaftigkeit in schwierigen Situationen galt.[23]

la chose publique. Paris 2018; Anthony Kaldellis: The Byzantine Republic. People and Power in New Rome. Cambridge, MA 2015.

20 Vgl. Andrew Gillett: Epic Panegyric and Political Communication in the Fifth-Century West. In: Lucy Grig/Gavin Kelly (Hg.): Two Romes. Rome and Constantinople in Late Antiquity. Oxford 2012, S. 265–290, hier: S. 362–365; Catherine Ware: Claudian and the Roman Epic Tradition. Cambridge 2012, S. 31.

21 Ware: Claudian (wie Anm. 20), S. 30.

22 Leppin: Expeditio (wie Anm. 16), S. 299–301.

23 Vgl. José Luis Calvo Martínez: „The Heraclean“ and „The Dionysian“ as Structural Traits in Plutarch's Biography of Antony. In: Delfim Ferreira Leão/Lautaro Roig Lanzillotta (Hg.): A Man of Many Interests. Plutarch on Religion, Myth, and Magic. Essays in Honor of Aurelio Pérez Jiménez. Leiden 2019, S. 28–40, hier: S. 32 f.

Die gegensätzlichen Darstellungen legen nahe, dass keine Gewalt als an sich religiös wahrgenommen wurde und es vielmehr dem historiografischen Blick überlassen blieb, sie so zu verstehen.[24] Damit wird keinesfalls bestritten, dass es in der Spätantike religiöse Gewalt gegeben hat, sondern lediglich darauf hingewiesen, dass die Verbindung von Gewalt und Religion benutzt wurde, um Personen in ein besseres oder schlechteres Licht zu rücken.[25] Gewaltanwendung zum Nutzen der richtigen Religion, das heißt der jeweils vertretenen Orthodoxie, galt als akzeptabel. Zumeist jedoch wurde Gewalt, besonders dann, wenn ihre Brutalität in allen Einzelheiten beschrieben wurde, vorgeführt, um die Schlechtigkeit des Täters oder des Opfers zu kennzeichnen. Indem man Gewalt mit religiösen Zwecken verknüpfte, rückte man den Aggressor – mit Anklängen an stoische Texte und Senecas Schriften[26] – in noch größeren Gegensatz zum Bild des idealen Menschen und insbesondere des guten Herrschers, zumal in Fällen, in denen es um Glaubensirrtümer ging.

Brutalität

In der historiografischen Literatur der Spätantike wurde Gewalt nicht nur häufiger als zuvor mit der Religion verknüpft, sondern nahm in den Schriften auch quantitativ und qualitativ zu. Kann man also sagen, dass „im 7. Jahrhundert eine tiefgreifende ‚Brutalisierung' der byzantinischen Gesellschaft“ stattgefunden habe, „die sich in den Quellen in extremen Gewaltexzessen manifestierte“?[27] Dies ist vor dem Hintergrund der politischen Ereignisse in Herakleios' Herrschaftszeit, insbesondere im Bezug auf die Behandlung von Phokas, Herakleios' Vorgänger auf dem Thron, und dessen Sturz, behauptet worden.[28] Einige Autoren führen aus, Phokas sei ge-

[24] Jüngste Studien deuten darauf hin, dass in so gut wie allen Fällen von Gewalt soziale, ökonomische, ethnische und kulturelle Aspekte weit wichtiger waren und Religion, wenn erwähnt, eine geringfügigere Rolle hatte; vgl. z. B. Kaldellis: Freedom (wie Anm. 8).

[25] Zudem wurde Gewalt nur in manchen Genres auf Religion zurückgeführt; vgl. Wood: Voices (wie Anm. 15), S. 309.

[26] Vgl. hierzu den Beitrag von Hartmut Leppin in diesem Band.

[27] Mischa Meier: Liturgification and Hyper-Sacralization. The Declining Importance of Imperial Piety in Constantinople between the 6th and 7th Centuries A. D. In: Giovanni-Battista Lanfranchi/ Robert Rollinger (Hg.): The Body of the King. The Staging of the Body of the Institutional Leader from Antiquity to Middle Ages in East and West. Padua 2016, S. 227–246, hier: S. 227 f.

[28] Die Herrschaftszeiten von Phokas and Herakleios werden häufig als Wasserscheide in der Geschichte angesehen; vgl. z. B. Rita Lizzi Testa: Introduction. In: dies. (Hg.): Late Antiquity in Contemporary Debate. Newcastle upon Tyne 2017, S. VII–XLIX, hier: S. XXIII. Die Belege für religiöse Gewalt, wie die Verfolgung von Juden und Häretikern während der Herrschaft Herakleios', sind umstritten. Zum Beispiel wird in Bezug auf Zwangskonversionen von Juden selbst die Annahme,

köpft worden, man habe ihm den rechten Arm, die Hand und die Genitalien abgeschnitten, seinen Leichnam durch Konstantinopel getragen und ihn schließlich öffentlich verbrannt – Berichte, die mit Hinweisen auf seine mangelnde Frömmigkeit gewürzt sind.[29] Auch könnte der Umgang mit Kriegsgefangenen und gefangen genommenen Boten, die laut „Chronicon Paschale“ zum Teil in Sichtweite des Feindes enthauptet oder verstümmelt wurden, brutaler als in vorangegangenen Jahrhunderten gewesen sein.[30]

Um seine Ansicht über das 7. Jahrhundert zu untermauern, verweist Mischa Meier in einer Fußnote des oben zitierten Aufsatzes auf das Schicksal, das Usurpatoren in früheren Jahrhunderten erlitten haben, wobei er sich auf die Öffentlichkeit der Gerichtsverfahren und Bestrafungen konzentriert. Außerdem erwähnt er, ohne weiter auf die Textzusammenhänge einzugehen, dass der Charakter von Herrschern, die exzessive Gewalt anwendeten, in längeren Szenen negativ beschrieben worden sei. Bei näherer Betrachtung erweisen sich die Unterschiede als geringer als zunächst angenommen. Sie ergeben sich meistens weniger aus den zugefügten Verletzungen und Schmerzen selbst als vielmehr aus dem sozialen Status der Betroffenen, für die unterschiedliche Bestrafungsmethoden angemessen waren. Die heutige Beurteilung beruht wahrscheinlich eher auf modernen Maßstäben und Empfindlichkeiten als auf einer tatsächlichen Brutalisierung. Die Behandlung des Phokas' zeigt die strukturelle Gewalt, die der römischen Welt – insbesondere bei der Durchsetzung ihrer Gesetze – von Anfang an innewohnte, wie in einer Momentaufnahme.[31] Unzählige Belege aus dem 1. Jahrhundert des Römischen Reichs beweisen, wie und in welchem Ausmaß bei der Umsetzung von Gerichtsurteilen

dass solche durchgeführt wurden, infrage gestellt; vgl. z. B. Günter Stemberger: Zwangstaufen von Juden im 4. bis 7. Jahrhundert. Mythos oder Wirklichkeit. In: Clemens Thoma/ders./Johann Maier (Hg.): Judentum – Ausblicke und Einsichten. Festgabe für Kurt Schubert zum siebzigsten Geburtstag. Frankfurt a. M. 1993, S. 81–114. Zur gegenteiligen Auffassung, der zufolge es entsprechende Zwangskonversionen gegeben habe, vgl. Stefan Esders: Herakleios, Dagobert und die „beschnittenen Völker“. Die Umwälzungen des Mittelmeerraums im 7. Jahrhundert in der fränkischen Chronik des sog. Fredegar. In: Andreas Goltz/Hartmut Leppin/Heinrich Schlange-Schöningen (Hg.): Jenseits der Grenzen. Beiträge zur spätantiken und frühmittelalterlichen Geschichtsschreibung. Berlin/New York 2009, S. 239–311.

[29] Eine abweichende Darstellung stammt von Johannes von Nikiu, bei dem nicht hohe Höflinge die Akteure sind, sondern lynchende Senatoren und Offiziere; vgl. Walter Emil Kaegi: Heraclius Emperor of Byzantium. Cambridge 2003, S. 50 f.

[30] Laut James Howard-Johnston enthält der Bericht über die Belagerung Konstantinopels erkennbar auktoriale Eingriffe; vgl. James Howard-Johnston: The Chronicle and Other Forms of Historical Writing in Byzantium. In: Ilya Afanasyev/Juliana Dresvina/Erik S. Kooper (Hg.): The Medieval Chronicle X. Leiden 2015, S. 1–22, hier: S. 5 f. Vgl. auch Michael Whitby/Mary Whitby (Hg.): Chronicon Paschale, 284–628 AD. Liverpool 1989, hier: S. 176 f.

[31] Vgl. Nathalie Barrandon: Les massacres de la République romaine. Paris 2018, S. 115–121.

Gewalt angewandt wurde. Verurteilte Verbrecher wurden systematisch übermäßig bestraft und geradezu ausgelöscht. Bereits bei der Planung von Städten achtete man darauf, dass geeignete Plätze vorhanden waren, auf denen in Anwesenheit großer Zuschauermengen Körperstrafen vollzogen werden konnten. Selbst wenn die Privilegien der Bürgerelite (*honestiores*) gewahrt blieben, wurden auch ihre Angehörigen in aller Öffentlichkeit bestraft. Bestrafungen und Hinrichtungen waren Aspekte des Alltagslebens. Jedoch berichteten die antiken Autoren vor dem 4. Jahrhundert nur selten von ihnen.[32] Denn selbst die hämischste Bemerkung würde die Erinnerung an die Bestraften sichern, und das war für die Geschichtsschreibung unangemessen. Wie das Leiden in christlichen Märtyrergeschichten und Hagiografien wurden Gerichtsurteile und Bestrafungen von der antiken Historiografie in der Regel allenfalls formelartig und verallgemeinert erwähnt.

Es steht fest, dass spätantike Narrative detaillierter und lebendiger sind als frühere Schilderungen. Die Berichte wurden länger und gingen stärker ins Detail, weshalb es so wirkt, als würden sie grausamere Gewalttaten schildern. Im folgenden Abschnitt wird dieser breite literarische Wandel der damaligen Zeit thematisiert, wobei zu beachten ist, dass die häufigere und immer genauere Darstellung von Gewalt keineswegs mit einer Zunahme in der Realität gleichzusetzen ist.

Im Kontext

Beispielhaft für die bewusste Schilderung von Brutalität in Werken der spätantiken griechischen Literatur stehen zwei Passagen über den Tod von Aktaion und Pentheus in Nonnos' „Dionysiaka".[33] Sie sind geprägt von einer Ästhetik der Gewalt, die

[32] Vgl. Margherita Carucci: The Spectacle of Justice in the Roman Empire. In: Olivier Hekster/Koenraad Verboven (Hg.): The Impact of Justice on the Roman Empire. Proceedings of the Thirteenth Workshop of the International Network Impact of Empire (Gent, June 21–24, 2017). Leiden 2018, S. 212–233, hier: S. 215 f.

[33] Der Bericht des Erzählers über die Hunde in V. 328–335 („in rasender Wut, und vor Blutgier / lechzend schlugen sie ihre ans Reißen von Hirschen gewohnten Zähne / ins Fleisch ihm, ließen sich täuschen vom Aussehen ihres / Meisters, verschlangen in sinnlosem Rausch die vermeintliche Beute. / Schlimmeres plante die Göttin, ließ recht langsam die Meute, / Glied für Glied, den Armen zerstückeln, der immer noch lebte, / mächtig der Sinne, bei vollem Bewusstsein: Er sollte die bitteren / Qualen noch härter empfinden") wird als „unverständliches Lallen" (V. 369) von Aktaion selbst erweitert in V. 360–365 („Hätte ein Löwe der Berge mich doch überwältigt, ein Panther, / bunt gesprenkelt den Rücken, geschleift und zerrissen mich, hätten / Bärinnen mich voll Wut umkrallt mit schneidenden Tatzen, / schonungslos mich, den vermeintlichen Hirsch, zermalmt mit den Kiefern – / nur nicht die eignen, vertrauten Hunde! Nicht länger erkennen / sie mich, verstehen auch nicht mehr die anders klingende Stimme!"). Seine folgenden Gedanken sind ganz auf die Gedenkfeier gerichtet, die seinen Tod sichtbar und damit öffentlich machen würde.

einen Aspekt der *poikilia* der spätantiken und byzantinischen Literatur darstellt. Durch ihren Detailreichtum wirkt die Geschichte besonders lebendig. Zwar hat keine der beiden Passagen in Nonnos' „Dionysiaka" einen direkten Bezug zur Expedition des Dionysos, aber beide sind wichtig für das Verständnis von Personen der Haupterzählung. Ihr Inhalt wurzelt tief in der klassischen Literatur, ist verschiedenen Genres entlehnt und nutzt Themen aus früheren Epen – nicht zuletzt denjenigen Homers.

Die detaillierteren Gewaltnarrative wirken sehr grausam. Man könnte meinen, die literarische Schilderung habe mit einem tatsächlichen Anstieg der Gewalt Schritt gehalten. Doch dies ist unwahrscheinlich, da der Eindruck mit denselben literarischen Techniken erzeugt wird, die in den langen Passagen über den Geschmack von Essen, den Klang von Musik, die Farben der Natur und in anderen Beschreibungen verwendet werden, deren Referenz sich nicht verändert hatte.[34]

Tatsächlich ist die Sichtbarkeit von Gewalt in den Quellen dem historischen und insbesondere dem literarischen Kontext zu verdanken. Besonders Herakles, der in den Texten über Herakleios regelmäßig auftaucht, war eine besonders beliebte Figur für die poetische Vergrößerung, nicht zuletzt, weil seine Arbeiten sich geradezu für die aufzählenden Narrative anboten, wie sie in rhetorischen Handbüchern empfohlen wurde.[35] Wenn man die Texte kritisch liest, erkennt man, dass Ereignisse und Handlungen aus rhetorischen Gründen mit dem Aspekt der Gewalt verbunden sind. Zugleich legen sie aufgrund der von historiografischen und hagiografischen Werken erforderten Plausibilität nahe, dass alle Gewalt der Vergangenheit als religiös begründet verstanden werden könne.[36] Folgt daraus, dass die Gewalt als religiös motiviert wahrgenommen wurde? Welche Relevanz besaß die religiöse Komponente bei der vom späten Römischen und frühen Byzantinischen Reich verübten und von deren Bewohnern erlittenen Gewalt?

Obwohl von keinem Menschen beobachtet, wird er in historiografischen Narrativen, wie z. B. dem Traum in V. 415–532, für das Publikum verwirklicht. Die hier zitierte Übersetzung von Dietrich Ebener erschien als Nomos: Werke in zwei Bänden. Berlin/Weimar 1985, hier: Bd. 1, S. 85–93 und Bd. 2, S. 186 f. Dazu siehe Alessandro Schiesaro: Nonnus' Actaeon: Destiny in a Name. Nonnus, Actaeon, Ovid, Nomina significantia, Acontius. In: Philologus 163 (2019), S. 177–183.

[34] Vgl. z. B. Fran Middleton: The Poetics of Later Greek Ecphrasis. Christodorus Coptus, the „Palatine Anthology" and the „Periochae" of Nonnus' Dionysiaca. In: Ramus 47 (2018), S. 216–238.

[35] Vgl. Michael Roberts: The Jeweled Style. Poetry and Poetics in Late Antiquity. Ithaca/London 1989, S. 43.

[36] Vgl. z. B. Mischa Meier: Prokop, Agathias, die Pest und das „Ende" der antiken Historiographie. Naturkatastrophen und Geschichtsschreibung in der ausgehenden Spätantike. In: HZ 278 (2004), S. 281–310, hier: S. 294 f.; Georgios Deligiannakis: Religious Viewing of Sculptural Images of Gods in the World of Late Antiquity. From Dio Chrysostom to Damaskios. In: JLA 8 (2015), S. 168–194, hier: S. 186.

Textuelle Motivation

Im Römischen Reich diente das Neue Testament dazu, biografisch – also anhand der Schilderung der Lebensweise dargestellter Menschen – die Kompatibilität der christlichen Bewegung mit dem Römischen Reich sowie dessen *res sacrae* darzulegen – und seine Rezeption bestätigt, dass es dieses Ziel erreichte. Es ähnelte in vielem den in der späten Republik und den ersten beiden Jahrhunderten des Kaiserreichs geschriebenen Narrativen über Philosophen (oder konnte gar zu diesen gezählt werden). Anders als akademische Texte zeigten solche literarischen Narrative, dass die Philosophen gute Staatsbürger waren, die zur Einheit und zum Frieden des *Senatus populusque romanus*, zur *maiestas* von Rom und damit zur imperialen Identität, beitrugen und diese stärkten.[37]

Die Schilderungen von Gewalt in den hier betrachteten Texten des 6. und insbesondere des 7. Jahrhunderts standen dagegen überwiegend im literarischen Kontext von klassischen Werken, die mit narrativen Techniken, die seit dem 4. Jahrhundert zunehmend Verwendung fanden, umgestaltet wurden. Die Darstellungen der Vergangenheit waren insofern propädeutisch, als sie nicht nur die kollektive Ausführung oder Befürwortung von Gewalttaten beschrieben, sondern auch über die in der jeweiligen Gruppe vermutlich vorhandene und von ihr geteilte Religion informierten. Sie gehörten zu den Diskursen über *res sacrae*, die aus vielfältigen Quellen schöpften, die teilweise in vorangehenden Glaubensüberzeugungen und der Lebenspraxis wurzelten.[38] Die Christianisierung des Kaiserkults, der in seiner

[37] Zur biografischen Charakterisierung von Philosophien und deren Vertretern in Bezug auf das Wohlergehen der römischen Welt vgl. Heidi Marx-Wolf/Kristi Upson-Saia: The State of the Question. Religion, Medicine, Disability, and Health in Late Antiquity. In: JLA 8 (2015), S. 257–272, hier: S. 269; Matthias Perkams: Einheit und Vielfalt der Philosophie von der Kaiserzeit zur ausgehenden Antike. In: Christoph Riedweg (Hg.): Philosophia in der Konkurrenz von Schulen, Wissenschaften und Religionen. Zur Pluralisierung des Philosophiebegriffs in Kaiserzeit und Spätantike. Akten der 17. Tagung der Karl und Gertrud Abel-Stiftung vom 16.–17. Oktober 2014 in Zürich. Boston/Berlin 2017, S. 3–31, hier: S. 15–17.

[38] Vgl. Jörg Rüpke: Construing „Religion" by Doing Historiography: The Historicisation of Religion in the Roman Republic. In: Bernd-Christian Otto/Susanne Rau/Jörg Rüpke (Hg.): History and Religion. Narrating a Religious Past. Berlin 2015, S. 45–62; Shane Bjornlie: What Have Elephants to Do with Sixth-Century Politics? A Reappraisal of the „Official" Governmental Dossier of Cassiodorus. In: JLA 2 (2009), S. 143–171, hier: S. 153 (über Justinians Anstrengungen, einen weiteren Nika-Aufstand zu verhindern, in dem theologische Ansichten benutzt wurden, um die Zugehörigkeit zu einer Gruppe zu bestimmen). Zur Vielfalt der Glaubensüberzeugungen in der Elite vgl. Anthony Kaldellis: The Making of Hagia Sophia and the Last Pagans of New Rome. In: JLA 6 (2013), S. 347–366, hier: S. 354; Ágnes T. Mihálykó: The Persistence of Greek and the Rise of Coptic in the Early Christian Liturgy in Egypt. In: Alberto Nodar/Sofía Torallas Tovar (Hg.): Proceedings of the 28th Congress of Papyrology, Barcelona, 2016 August 1–6. Barcelona 2019, S. 698–705.

monotheistischen Form die Gleichsetzung von Kaiser und Christus implizierte, wie sie in den Versen Georg von Pisidiens zu finden ist, besitzt Vorläufer in der panegyrischen Poesie und Prosa seit Eusebius' Werken über Konstantin. Ihre Entwicklung lässt sich in der Ikonografie von Denkmälern und Münzen gut nachvollziehen.[39] Wenn sie in der spärlich überlieferten griechischen Literatur des 5. und 6. Jahrhunderts nicht auffällt, liegt es in erster Linie daran, dass dieses Genre im Wesentlichen performativer Art war. Dass Georg von Pisidiens Gedichte redigiert und verbreitet wurden, dürfte darauf zurückzuführen sein, dass Herakleios sowie seine Anhänger und Gegner Propagandabilder in Umlauf bringen wollten, die den Usurpator in günstigem beziehungsweise ungünstigem Licht zeigen und die zeitgenössische beziehungsweise spätere Erinnerung an seinen Vorgänger, Phokas, auslöschen oder wachhalten sollten.

Der Umstand, dass die hagiografischen Narrative in Griechisch oder Latein verfasst wurden, zeigt, dass sie eine politische Konnotation besaßen. Denn die Autoren und ihr Publikum lebten in der Spätantike in multikulturellen Gesellschaften, in denen im Alltag kein klassisches Griechisch oder Latein benutzt wurde und die meisten Texte – ob nun liturgischer, literarischer oder dokumentarischer Art – mündlich weitergegeben wurden. Griechisch oder Latein zu schreiben, war eine Anstrengung, die man nur selten auf sich nahm, etwa dann, wenn es um Angelegenheiten des Römischen Reichs ging.[40] Wenn ein Autor oder Kopist einen Text verschriftlichte, tat er dies im Bewusstsein, einen materiellen Beweis für dessen Inhalt und das Handeln des Autors zugleich herzustellen. Geschriebene Texte waren Objekte, die in realen oder fiktionalen Tribunalen, aber auch in Bildungseinrichtungen überall im Reich verwendet wurden. Viele Werke schildern, wie die in ihnen vermittelten Beschreibungen religiöser Gewalt in Gerichtsverfahren benutzt wurden, um jemanden zu verteidigen, anzuklagen oder zu bestrafen.

Seit Konstantin sicherten kaiserliche Gesetze den Bischöfen einen Platz im Gefüge der Reichsverwaltung.[41] In den Texten über Gewalt, die Bischöfe erwähnen,

39 Vgl. Karl-Heinz Uthemann: Christ's Image versus Christology. Thoughts on the Justinianic Era as Threshold of an Epoch. In: Elizabeth Jeffreys/Pauline Allen (Hg.): The Sixth Century. End or Beginning? Brisbane 1996, S. 197–223, hier: S. 207–210; zu Georg von Pisidien vgl. Meier: Herakles (wie Anm. 16), S. 179–181.

40 Vgl. Robin Whelan: Mirrors for Bureaucrats. Expectations of Christian Officials in the Theodosian Empire. In: JRS 108 (2018), S. 74–98, hier: S. 94 f.; Fergus Millar: Religion, Language and Community in the Roman Near East. Constantine to Muhammad. Oxford 2013.

41 Ihre soziale Stellung blieb jedoch – insbesondere im Verhältnis zu den oberen Gesellschaftsschichten – marginal, außer in ihrer auktorialen Präsenz und durch ihre Einschätzung anderer christlicher Führer, durch die sie die klassische Prominenz und Bedeutung von Ratgebern und Religionsagenten aktualisierten, die ebenso selten (wenn überhaupt jemals) der Realität entsprochen hatten. Vgl. beispielsweise die Analyse von Ambrosius' Handlungsspielraum in Neil B. Mc-

wird klar, dass die Darstellung ihrer Beziehung zur Gewalt ihre Kompetenz als Angehörige des Römischen Reichs, die ihre soziale Rolle erfüllen können, demonstriert. Wie Gouverneure und Heeresoffiziere waren sie für eine Region verantwortlich, in der sie gewisse Rechte und Befugnisse besaßen. Wie diese mussten sie mit der Diversität der Gesellschaft und mit dem Durchsetzen kaiserlicher Entscheidungen pragmatisch umgehen. Taten Amtsträger dies nicht, liefen sie Gefahr, der Pflichtverletzung beschuldigt zu werden. Historiografen schätzten Kaiser und Gesetzgebung unterschiedlich ein, und demzufolge auch die, die sich auf sie gestützt hatten. Im Allgemeinen löste die Ausübung, Verursachung oder Billigung von Gewalt, besonders in der *oikumene*, im Römischen Reich Bedenken aus, obwohl die Rhetorik von Stärke und Sieg der Römischen Republik immer noch verbreitet war. Gewalt war angebracht dort, wo es um den Schutz Roms, seiner *maiestas* und seines Imperiums ging. Diese Vorstellungen kamen auch in einer Vielzahl von Konzepten, wie „Zusammenhalt", „Konsens", „Harmonie" und „Ruhe", sowie in einer Vielzahl von Praktiken und Ideen zum Ausdruck, die überall im Territorium gleich sein sollten.[42] Im Schatten der Bürgerkriege in der Anfangszeit des Kaiserreichs wurden die zu pflegenden Werte unter den Schirm von „Einheit" und „Frieden" gestellt, wobei sich diese beiden Konzepte letztlich auf dasselbe bezogen. Wenn das Reich nicht vor inneren Bedrohungen geschützt wurde, wofür der jeweilige Amtsträger verantwortlich war, war es ihnen ausgesetzt.

Dies traf auch auf die Sorge römischer Führer um die religiöse Orthodoxie zu, die für die Zeit, bevor das Christentum zu politischer Bedeutung gelangte, von der Forschung weithin unterschätzt wird. Letzteres hat zwei Gründe: Zum einen ist sie wenig belegt, was der Neigung der römischen Literatur entspricht, Religion als etwas Selbstverständliches vorauszusetzen; zum anderen werden die entsprechenden Bezüge bei der Interpretation der Texte häufig als rhetorische Topoi abgetan. Die magische Kraft gesungener oder gesprochener Worte wurde auf das archaische Rom begrenzt, weil sie in einigen wenigen – in Wirkung und Repräsentativität

Lynn: Ambrose of Milan. Church and Court in a Christian Capital. Berkeley 1994; zum Vergleich die Nutzlosigkeit des moralischen Diskurses über exzessive Gewalt vgl. z. B. Barrandon: Massacres (wie Anm. 31), S. 285–309.

[42] Vgl. Uwe Walter: Gewalteruption in der späten Republik. Unfall, stete Option oder Agens einer Dehnung von Regeln und Normen? In: Karl-Joachim Hölkeskamp u. a. (Hg.): Die Grenzen des Prinzips. Die Infragestellung von Werten durch Regelverstöße in antiken Gesellschaften. Stuttgart 2019, S. 179–192; zur byzantinischen Rezeption dieses Ideals vgl. z. B. Paroma Chatterjee: Sculpted Eloquence and Nicetas Choniates's „De Signis". In: Word & Image 27 (2011), S. 396–406; Luise Marion Frenkel: Peace and Harmony at Church Councils and in the Roman Empire under Theodosius II. In: AHC 48 (2018), S. 70–86. In letzterem Aufsatz wird die These vertreten, dass sich in der Rhetorik von Frieden und Harmonie im religiösen und politischen Diskurs des 5. Jahrhunderts die auktoriale Verantwortlichkeit gegenüber Reich und religiösem Eifer widergespiegelt habe.

überschätzten – Texten als überwunden beschrieben wird.[43] Inzwischen hat sich herausgestellt, dass Römer fromm sein sollten und es auch waren.[44] Darüber hinaus hatten Kaiser religiöse Pflichten, von denen, wie man glaubte, das Imperium abhing.[45] Einige Kaiser, wie etwa Augustus, versuchten, die religiöse Romanisierung des Reichs voranzubringen und den religiösen Ausdruck Roms zu vereinheitlichen.[46] Bei der Untersuchung darf man sich nicht nur auf öffentlich verbindliche religiöse Praktiken oder allgemein auf *religio* konzentrieren.[47] Welche Bedeutung die „religiöse" Orthodoxie im Reich hatte, lässt sich an der Entwicklung der Gesetzgebung zur *res sacrae* ablesen, die zeigt, dass große Teile der religiösen Bestimmungen in Justinians Kodex auf römische Rechtsvorschriften zurückgehen, die einem christlichen Kontext angepasst wurden.[48]

[43] Ein Beispiel hierfür bildet Horaz Geringschätzung des religiösen Werts der *carmina* in seinem „Carmen saeculare"; vgl. Michael C. J. Putnam: Horace's „Carmen Saeculare". Ritual Magic and the Poet's Art. New Haven 2000, S. 132–138.

[44] Vgl. Maik Patzelt: Über das Beten der Römer. Gebete im spätrepublikanischen und frühkaiserzeitlichen Rom als Ausdruck gelebter Religion. Berlin/Boston 2018; Kelly E. Shannon-Henderson: Religion and Memory in Tacitus' „Annals". Oxford 2019; John Bodel: Cicero's Minerva, *Penates*, and the Mother of the *Lares*. An Outline of Roman Domestic Religion. In: ders./Saul M. Olyan (Hg.): Household and Family Religion in Antiquity. Malden 2008; Mattias Gassman: Debating Traditional Religion in Late Fourth-Century Roman Africa. In: JLA 11 (2018), S. 83–110; Claudia Moser: The Altars of Republican Rome and Latium. Sacrifice and the Materiality of Roman Religion. Cambridge 2019.

[45] Caillan Davenport: Rome and the Rhythms of Imperial Life from the Antonines to Constantine. In: AnTard 25 (2017), S. 23–39, hier: S. 30. Dies spiegelt sich auch in der Rezeption und Verbreitung von Erzählungen über Führer wie Alexander den Großen wider, in denen deren Erfolg und Frömmigkeit miteinander in Verbindung gesetzt wird. Die historiografische Darstellung von Alexanders zunehmender Vernachlässigung der religiösen Harmonie und Einheitlichkeit, die sie mit seiner Niederlage, Rückkehr und Tod verknüpfte, wurde im Römischen Reich geprägt, sodass er exemplarisch angesehen werden konnte; vgl. Fred S. Naiden: Soldier, Priest, and God. A Life of Alexander the Great. Oxford 2018.

[46] Clifford Ando: Religion et gouvernement dans l'empire romain. Turnhout 2016, S. 40.

[47] Zu verbindlichen religiösen Praktiken vgl. Jörg Rüpke: Establishing Self-World-Relations in Socio-Religious Practices. Looking at Roman Religious Communication. In: Arys 18 (2020), S. 19–50, hier: S. 35; zu methodologischen Problemen, die aus modernen Erwartungen der menschlichen Einstellung zum Heiligen erwachsen, vgl. Brent Nongbri: Dislodging „Embedded" Religion. A Brief Note on a Scholarly Trope. In: Numen 55 (2008), S. 440–460; Carlin A. Barton/Daniel Boyarin: Imagine No Religion. How Modern Abstractions Hide Ancient Realities. New York 2016; zur Bedeutung von *basileos* und der Rolle von Kaisern vgl. Alexander Angelov: In Search of God's Only Emperor. „Basileus" in Byzantine and Modern Historiography. In: JMH 40 (2014), S. 123–141.

[48] Vgl. Karen Piepenbrink: Christliche Explikationen in der Gesetzgebung Justinians I. In: ZAC 21 (2017), S. 361–382, hier: S. 371–375. Eine Fallstudie bietet Zachary Chitwood: The Proprietary Church and Monastery in Byzantium and the Eastern Christian World. In: Viator 47 (2016), S. 27–46, hier: S. 36.

Imperiale Maßstäbe

Dem biografischen Charakter der klassizistischen Historiografien entsprechend, den Polemiken und den editorischen Techniken, wie sie im Text und Aufbau von Briefen, Predigten, Gedichten und anderen Werken erkennbar sind, wurde einzelnen Kaisern beachtliche Wirkung und Verantwortung beigemessen. Das Genre der historiografischen Darstellung bot den Autoren die Gelegenheit, sich auf das zu fokussieren, was Schwächen und Tugenden einer Person, insbesondere deren moralische Qualitäten, waren, und ermöglichte darüber hinaus allgemeine Überlegungen über Werte und Verhaltensgrundsätze, insbesondere von Führungspersönlichkeiten, anzustellen.[49] In ihrer Selbstdarstellung neigten Amtsträger, einschließlich der Kaiser, dazu, den Schwerpunkt auf die Zustimmung grundlegender Körperschaften der römischen Welt, wie des Senats oder des Volkes, zu legen.[50] Ihre religiösen Praktiken waren jedoch weder homogener als diejenigen anderer Bürger, noch wurden sie für die korrekte Einhaltung des *lex sacrae* stärker zur Verantwortung gezogen. Die Unschärfe erklärt sich aus der Art der Zeugnisse. Statt über Gegenwärtiges zu berichten, projizierten diese Texte ihre eigenen Auffassungen darüber, was Religion sein sollte und was nicht, auf die Idee des Kaisertums oder des „Römerseins" beziehungsweise auf einen bestimmten Kaiser oder römischen Bürger.[51] Daher ist die in den Texten präsentierte Religion mit dem Römischen Reich,

[49] Vgl. Roger Rees: Form and Function of Narrative in Roman Panegyrical Oratory. In: Dominic H. Berry/Andrew Erskine (Hg.): Form and Function in Roman Oratory. Cambridge 2010, S. 105–121, hier: S. 107.

[50] Die Literatur über die Repräsentanz des Senats und den *populus/démos* als Träger von Tradition und öffentlicher Meinung sowie die Relevanz und Ausübung ihrer Legitimation ist riesig. Vgl. z. B. Martin Jehne: Der römische Senat als Hüter des Gemeinsinns. In: ders./Christoph Lundgreen (Hg.): Gemeinsinn und Gemeinwohl in der römischen Antike. Stuttgart 2013, S. 23–50; Karl-Joachim Hölkeskamp/Henry Heitmann-Gordon: Reconstructing the Roman Republic. An Ancient Political Culture and Modern Research. Princeton 2010; Egon Flaig: Die Mehrheitsentscheidung. Entstehung und kulturelle Dynamik. Paderborn 2013; Karl-Joachim Hölkeskamp: „Cultural Turn" oder gar Paradigmenwechsel in der Althistorie? Die politische Kultur der römischen Republik in der neueren Forschung. In: HZ 309 (2019), S. 1–35; Amy Russell: The „populus Romanus" as the Source of Public Opinion. In: Cristina Rosillo-López (Hg.): Communicating Public Opinion in the Roman Republic. Stuttgart 2019, S. 41–56. Es ist jedoch anzumerken, dass Phokas weithin beliebt war und sogar im Westen Legitimation erlangt hatte, dies aber Herakleios' Aufstieg und Phokas' schrittweisen Verlust seiner Akzeptanz nicht verhinderte; vgl. Gregor Kalas: The Divisive Politics of Phocas (602–610) and the Last Imperial Monument of Rome. In: AnTard 25 (2017), S. 173–190, hier: S. 175; Meier: Kaiser (wie Anm. 17).

[51] Die Feinheiten des rhetorischen Wesens der spätantiken Geschichtsschreibung werden behandelt in Peter van Nuffelen: Introduction. Historiography as a Cultural Practice. In: Philippe Blaudeau/Peter van Nuffelen (Hg.): L'historiographie tardo-antique et la transmission des savoirs. Berlin 2015, S. 11–20, hier: S. 17.

wie es in ihnen dargestellt wird, kompatibel, konnte aber, wie auch die politischen Auffassungen in ihnen, weit von der Realität entfernt sein.

Der Glaube des Kaisers war nur für einen kleinen Teil der Bevölkerung, ob nun Laien oder Kirchenleute, bestimmend. Tatsächlich war in der Spätantike, insbesondere im 6. und 7. Jahrhundert, der Einfluss der zentralen Orthodoxie auf Lehre und Ritus der institutionalisierten Christenheit zumindest in den Provinzen gering, und ihre Bedeutung, vor allem in ländlichen Gebieten, wechselhaft. Dabei darf nicht unterschätzt werden, in welch großem Maße die Riten der lokalen Kirchen sich unterschieden und in welchem Umfang synkretistische und nichtchristliche Glaubensbekenntnisse und Praktiken fortbestanden. Die ländliche Bevölkerung konnte dem Sog der Zentren auch dadurch widerstehen, dass sie sich die sie umgebenden hegemonialen Kulturen aneignete und diese erneuerte.[52] Religiöse Menschen, sowohl Christen wie auch Nichtchristen, deren Glaubenspraktiken sich nur schwer mit den doktrinären und disziplinarischen Erwartungen des imperialen Christentums vereinbaren ließen, wurden oft bei unterschiedlichen spirituellen Anliegen und körperlichen Beschwerden bevorzugt aufgesucht. Aufgrund dieser Fragmentierung ist es eigentlich fast immer unmöglich, die kollektive Gewalt in der Spätantike als religiös zu bezeichnen, weil die Menschen in Lehre und Ritus zu verschieden waren, um einheitliche Fronten zu bilden. Gleichwohl waren Glaubensfragen eines der Hauptkennzeichen von Gruppenidentitäten, weil schon seit dem Ende des 4. Jahrhunderts die Orthodoxie in die imperiale Identität einfloss und daher den einzigen Weg zu Erkenntnis und Akzeptanz darstellte.[53]

Das imperiale Christentum war nicht monolithisch. Thronwechsel wirkten sich in der Regel auch auf die kaiserlich gebilligte Religion aus, auch wenn nicht alle Veränderungen so drastisch waren wie diejenigen zwischen den nicänischen, arianischen und eunomianischen Kaisern im 4. Jahrhundert oder zwischen den Kai-

[52] Vgl. Bernhard Palme: Political Identity versus Religious Distinction? The Case of Egypt in the Later Roman Empire. In: Walter Pohl/Clemens Gantner/Richard E. Payne (Hg.): Visions of Community in the Post-Roman World. London 2016, S. 81–98, hier: S. 88–92; Efthymios Rizos: Sixth-Century Asia Minor through the Lens of Hagiography: Ecclesiastical Power and Institutions in City and Countryside. In: Ine Jacobs/Hugh Elton (Hg.): Asia Minor in the Long Sixth Century. Current Research and Future Directions. Havertown 2019, S. 45–62, hier: S. 57; Corisande Fenwick/Andy Merrills: Authority beyond Tribe and State in the „Middle Maghrib". In: Al-Masaq 33 (2021), S. 1–13, hier: S. 5–7.

[53] Geoffrey Greatrex (Greatrex: Emperor [wie Anm. 12]) untersucht dies im Einzelnen und vergleicht außerdem die in früheren Studien vertretenen Auffassungen, in diesem Fall unter anderem diejenigen von Thomas Sizgorich: Violence and Belief in Late Antiquity. Militant Devotion in Christianity and Islam. Philadelphia 2009, S. 111; William Hugh Clifford Frend: The Rise of the Monophysite Movement. Chapters in the History of the Church in the Fifth and Sixth Centuries. Cambridge 1979, S. 93; Ramsay MacMullen: Cultural and Political Changes in the 4th and 5th Centuries. In: Historia 52 (2003), S. 465–495, hier: S. 484–495.

sern, deren Bekenntnis – ob nun zu den Ergebnissen des Konzils von Chalcedon oder zu einer der vielen, zumeist alexandrinischen Alternativen – ebenso stark variierte wie ihre Anstrengungen, es zu fördern. Amtsträger der imperialen Kirche des jeweiligen Vorgängers auf dem Kaiserthron liefen Gefahr, als Häretiker angeklagt zu werden. Historiografische Narrative lieferten Laien wie Kirchenleuten Argumente, mit denen sie Veränderungen entgegentreten oder aber zeigen konnten, wie diese in die imperiale religiöse Agenda passten. Christliche Führer wie Eusebius von Cesarea, Athanasius, Johannes Chrysostomos oder Ambrosius, die zugleich produktive Autoren waren, erprobten die bereits vorhandene imperiale Verantwortlichkeit für die richtige Religion und die Relevanz der Frömmigkeit für die imperiale Identität, denn Religionen waren bedeutsam für die Römer gewesen und spielten stets eine Rolle für einen erheblichen Teil der Bevölkerung im 2. und 3. Jahrhundert.[54]

Die Überlieferung ihrer Werke zeigt, wie groß der Spielraum für Veränderungen in einer von einem Kaiser unterstützten Religion sein konnte, und dass historiografische Narrative genutzt wurden, um diesen Spielraum zu begrenzen. Die kaiserliche Orthodoxie spielte vor allem für diejenigen wenigen eine Rolle, die in den *linguae francae* schrieben und diese lasen. Wenn sie von antihäretischen Gesetzen betroffen wurden, beraubte ihre Durchsetzung sie ihres Eigentums und ihrer Stellung, trieb sie ins Exil, schloss ihre Lehren von der öffentlichen Verbreitung aus und führte zum Verbot ihrer Schriften. Gruppen von Schülern und Anhängern sollten sich auflösen und umwandeln. Obwohl dies wahrscheinlich nicht sehr oft geschah, sind mehrere Fälle insofern von Bedeutung, als sie zur Schaffung einiger der umfang- und einflussreichsten Œuvres führten. Die Anhänger von Johannes Chrysostomos, Maximus Confessor, Theodor von Mopsuestia, Origenes, Theodoret von Kyrrhos, Eusebius von Caesarea, Gregor von Nazianz, Severus von Antiochia und anderen verfassten die „Quellen", auf die sich die Geschichtsschreibung heute verlässt.

Wurde die Gewalt um der Religion willen angewandt? Wenn damit Gewalt gemeint ist, die wegen einer religiösen Gruppenidentität gegen andere ausgeübt wird, so ist zu beachten, dass es hier keine solche gemeinsame Religion gibt.[55] Das

[54] Vgl. Christopher Fuhrmann: Policing the Roman Empire. Soldiers, Administration, and Public Order. New York/Oxford 2011; Elke Hartmann: Ordnung in Unordnung. Kommunikation, Konsum und Konkurrenz in der stadtrömischen Gesellschaft der frühen Kaiserzeit. Stuttgart 2016.

[55] Die Darstellungen von Gewalt, die aufgrund einzelner „religiöser" Maßstäbe begangen wurde, die als Glaubensätze eingestuft werden können, funktionieren ähnlich, aber es bleibt dem Leser überlassen, das hier Ausgeführte *mutatis mutandis* auf sie anzuwenden. Die vermutlich einflussreicheren Bücher über „religiöse Gewalt" haben ein erkennbares individuelles Handeln angenommen, sodass auch bei kollektiven Taten von der religiösen Motivation der Akteure gesprochen werden kann. Vgl. jedoch Whelan: Mirrors (wie Anm. 40), S. 94 (über Peter Brown: Authority

wäre eine gemeinsame Anschauung darüber, was angemessenes Handeln, Sprechen und Denken über das Göttliche ausmacht, sodass beispielsweise die *res sacrae* zur römischen Identität gehören. Die Definition von Religion als Narrativ durch Michael Bergunder hat allerdings ihre Grenzen,[56] wie einige Fälle aus dem 7. Jahrhundert deutlich machen. So ist zu fragen, ob in Bezug auf die Auseinandersetzungen zwischen den Anhängern des Monophysitismus und des Konzils von Chalcedon, bei der Verfolgung des Maximus oder bei der Verbannung des heiligen Martin aus Rom wirklich von religiöser Gewalt gesprochen werden kann. Im breiteren literarischen Kontext stechen die Narrative über diese Vorgänge kaum heraus. So wurde beispielsweise Maximus der Bekenner im Jahr 662 öffentlich ausgepeitscht und seine Zunge sowie seine rechte Hand abgeschnitten. Verstümmelt und entstellt, verstarb er noch im selben Jahr im Exil. Zwar erwecken Hagiografie, Historiografie und Wissenschaft zusammengenommen den Eindruck, dass er wegen seiner Religion gestorben sei, doch liegen trotz der lückenhaften Überlieferung genügend Belege dafür vor, dass er wegen Gefährdung des Reichs – genauer: weil er dessen Einheit und inneren Frieden bedrohte – zum Tode verurteilt worden war.[57]

and the Sacred. Aspects of the Christianisation of the Roman World. Cambridge 1997; Brent D. Shaw: Sacred Violence. African Christians and Sectarian Hatred in the Age of Augustine. Cambridge 2011 und Julio Cesar Magalhães de Oliveira: *Potestas populi.* Participation populaire et action collective dans les villes de l'Afrique romaine tardive [vers 300–430 apr. J.-C.]. Turnhout 2012); zu alternativen Ansätzen vgl. Peter van Nuffelen: Playing the Ritual Game in Constantinople (379–457). In: Grig/Kelly (Hg.): Romes (wie Anm. 20), S. 183–202; Daniëlle Slootjes: Crowd Behavior in Late Antique Rome. In: Michele Renee Salzman/Marianne Sághy/Rita Lizzi Testa (Hg.): Pagans and Christians in Late Antique Rome. Conflict, Competition and Coexistence in the Fourth Century. Cambridge 2015, S. 178–194; Greatrex: Emperor (wie Anm. 12).

56 Zu dem Aufsatz von Michael Bergunder: What is Religion? In: MTSR 26 (2014), S. 246–286, vgl. Detlef Pollack: Probleme der Definition von Religion. In: ZRGP 1 (2017), S. 7–35, der auf S. 30 bemerkt: „Inwieweit damit das Problem der trennscharfen Bestimmung des Religionsbegriffes gelöst ist, lässt sich mit guten Gründen bezweifeln. Auch der diskursanalytische Ansatz vermag die Grenze sprachlicher Zeichensysteme und Bezeichnungsprozesse nicht zu überschreiten und bewegt sich daher im Medium des Diskurses. Es verschiebt die Dualität zwischen Erkenntnis und Erkenntnisgegenstand lediglich auf die Differenz zwischen Diskursanalyse und Diskurs. Außerdem ist der Diskurs über Religion natürlich noch nicht der Vollzug von Religion in ihrer lebenspraktischen, rituellen, emotionalen, ideellen und gemeinschaftlichen Wirklichkeit."

57 Vgl. Ryan W. Strickler: Dream Portents in Early Byzantine and Early Islamic Chronicles. In: Bronwen Neil (Hg.): Dreams, Memory and Imagination in Byzantium. Leiden 2018, S. 208–226; Hein Ohme: Die griechische Vita Papst Martins (BHG 2259), Maximus Confessor und das Concilium Quinisextum (691/2). In: Byzantion 86 (2016), S. 317–336; Bronwen Neil: Narrating the Trials and Death in Exile of Pope Martin I and Maximus the Confessor. In: John Burke (Hg.): Byzantine Narrative. Papers in Honour of Roger Scott. Leiden/Boston 2006, S. 71–83; Daniel J. Sahas: The Demonizing Force of the Arab Conquests. The Case of Maximus (ca 580–662) as a Political „Confessor". In: JÖB 53 (2003), S. 97–116; Wolfram Brandes: „Juristische" Krisenbewältigung im 7. Jahrhundert? Die

Verschleierte die römische Rechtsterminologie, was in Wirklichkeit ein religiös bedingter gewaltsamer Tod war, oder war die „religiöse“ Komponente untrennbarer Bestandteil der imperialen Identität und daher politisch und staatsbürgerlich? In den überlieferten Texten werden Personen häufig aufgrund ihrer Beteiligung an Gewalttaten bewertet. Wenn sie Gewalt ausübten, konnte dies entweder positiv als Eifer für die Durchsetzung eines vom Kaiser gutgeheißenen Zwecks oder aber negativ als Rückgriff auf ein Mittel im Dienst strafbarer Ansichten dargestellt werden.[58] Wenn Personen Gewalt erlitten, konnten sie entweder positiv als Opfer von Feinden des Reichs präsentiert werden oder aber negativ, verurteilt vom gemeinsamen Urteil der Römer, so wie es beispielsweise vom Volk oder den Senatoren ausgesprochen wurde, die als Stellvertreter der Orthodoxie galten. In dieser Hinsicht war die in den Texten als religiös motiviert beschriebene Gewalt in Wirklichkeit ein Element der Staatsräson. So werden in Beschreibungen von Gewalttaten mit vermeintlich religiöser Motivation für gewöhnlich noch andere Beweggründe für die Vorkommnisse genannt, die in ähnlicher Weise imperiale Werte, wie die – etwa in der Anklage gegen Ibas von Edessa beziehungsweise gegen die Nonnen in Karthago zur Zeit von Maximus angeführte – Heiligkeit von Kircheneigentum oder die angebrachten Sitten, untermauern oder bekämpfen.[59] Neben einer offensichtlichen Sorge um Eigentum steht der Einsatz für soziales Verhalten und Emotionen, und erst danach kommen Liturgie und Theologie, die so weit in den Hintergrund treten können, dass religiöse Motive kaum der Auslöser gewesen sein mochten.

War Gewalt im 7. Jahrhundert im Römischen Reich wirklich außergewöhnlich ausgeprägt, und wenn ja, lag es an ihrem religiösen Charakter? Herakleios war – wie auch sein Vorgänger Phokas – mithilfe eines Netzwerks von Unterstützern in Konstantinopel und den Provinzen, das teilweise mit den Zirkusparteien übereinstimmte, an die Macht gekommen. Zwar spielten religiöse Formeln eine Rolle in den Akklamationen des Kaisers, die im Bericht des Prokop mit dem Nika-Aufstand verbunden wurden, aber die Netzwerke der Unterstützer waren weder religiös geprägt, noch besaßen sie eine einheitliche religiöse Politik beziehungsweise Agen-

Prozesse gegen Papst Martin I. und Maximos Homologetes. In: Ludwig Burgmann (Hg.): Fontes Minores X. Frankfurt a. M. 1998, S. 141–212.

58 Vorzugsweise versuchte man allerdings, Gewalt zu vermeiden, indem man andere Mittel, wie Vermittlung, anwandte oder Zugeständnisse machte, um eine Rebellion zu beschwichtigen. Ein Beispiel dafür ist der Konflikt zwischen Malakes und Kaiser Manuel (vgl. Hannah Ewing: Occupying and Transcending a Provincial See. The Career of Euthymios Malakes. In: BMGS 42 [2018], S. 58–78, hier: S. 65). Zu Georg von Pisidiens Schweigen über Herakleios' Gewaltanwendung vgl. Leppin: Expeditio (wie Anm. 16), S. 302.

59 Vgl. Claudia Rammelt: Christologische Positionierung als religiöses Alltagsgeschäft in Edessa? In: Peter Eich/Eike Faber (Hg.): Religiöser Alltag in der Spätantike. Stuttgart 2013, S. 127–144; Sahas: Force (wie Anm. 57), S. 105.

da.[60] Die verbitterte Rhetorik einiger dieser Gruppen mag Projekte einer religiösen Normativität befördert haben, aber in Wahrheit besaßen ihre Mitglieder unterschiedliche christliche und nichtchristliche Identitäten. Die Teilnahme an größeren Bewegungen ließ Unterscheidungen durch soziale Mechanismen jenseits der religiösen unkennbar werden. Dies spiegelt sich in den historischen Narrativen wider, wenn mehr als eine Version vorhanden ist oder wenn mehr als ein Vorfall untersucht wird, da die Unterschiede in religiösen Konzepten und Vorschriften zwischen ihnen tatsächlich verschwimmen.[61] Wenn religiöse Unterschiede suspendiert wurden, lässt sich dies nicht religiös erklären, erst recht nicht, wenn dadurch Bestimmungen und Rechtsverfahren betroffen waren, die institutionelle Gewalt sanktionierten. Gleichwohl ist der Rückgang von Berichten über urbane Gewalt im 6. Jahrhundert mit Herakleios' Religionspolitik in einer Debatte über Theologie und Disziplin, die viele formelhafte Aussagen aller Seiten infrage stellte, verknüpft worden. Jede Störung der politischen Ordnung und jedes Aufbegehren gegen die Autorität des Kaisers konnte unter diesen Schirm gestellt werden, wodurch der Angeklagte allerlei gesetzlich vorgeschriebener Gewalt ausgesetzt wurde. Herakleios' religiöse Kontroverse war eine, deren Frontlinie quer durch die sozialen und religiösen Gruppierungen verlief.[62]

Schlussbemerkungen

Die spätantiken in *linguae francae* verfassten historiografischen Narrative setzten die griechische und insbesondere die römische Tradition fort, Geschichtsschreibung für die Reflexion über die richtige Ordnung des politischen Gemeinwesens der Gegenwart zu nutzen. In ihrem Fall war es ein Reich mit römisch-imperialer Identität. Die Korrektheit der Religion und der religiösen Praktiken war daher ein

[60] Vgl. Greatrex: Emperor (wie Anm. 12); zu einer Gegenüberstellung der Auffassungen der bahnbrechenden Analysen von Patricia Karlin-Hayter, Averil Cameron, Michael Maas und Geoffrey Greatrex vgl. Barry Baldwin: The Date of a Circus Dialogue. In: REB 39 (1981), S. 301–306, und Hans-Ulrich Wiemer: Voces populi. Akklamationen als Surrogat politischer Partizipation im spätrömischen Reich. In: Egon Flaig (Hg.): Genesis und Dynamiken der Mehrheitsentscheidung. München 2013, S. 173–202, hier: S. 188 f.; zur byzantinischen Rezeption der spätantiken Literatur über die Parteien, etwa der Schriften von Prokop und Theophanes, vgl. Dimitris Krallis: „Democratic" Action in Eleventh-Century Byzantium. Michael Attaleiates's „Republicanism" in Context. In: Viator 40 (2009), S. 35–53, hier: S. 36 f.

[61] Vgl. Peter van Nuffelen: What Happened after Eusebius? Chronicles and Narrative Identities in the Fourth Century. In: Richard Flower/Morwenna Ludlow (Hg.): Rhetoric and Religious Identity in Late Antiquity. Oxford 2020, S. 160–179, hier: S. 168.

[62] Vgl. Jack Tannous: In Search of Monotheletism. In: DOP 68 (2014), S. 29–67; Phil Booth: Crisis of Empire. Doctrine and Dissent at the End of Late Antiquity. Berkeley 2014, S. 194–198.

relevantes Thema. Werden religiöse Motive oder Konnotationen verwendet, um Gewaltdarstellungen zu charakterisieren, modulierte dies die Angemessenheit der Religion oder der Gewalttäter. Spätere Texte führten die literarischen Konstrukte weiter aus und unterstrichen den römischen Charakter der im Reich bedeutenden Religionen, insbesondere des Christentums. Dass programmatisch auf Tradition hingewiesen wurde, verlieh erzählten Religionen, insbesondere nach der Festlegung kanonischer oder autoritativer Texte, Wahrhaftigkeit und Historizität.

Die literarische Produktion der Spätantike blieb nicht ohne Folgen. Ähnlich wie Ciceros Werke für die Gestaltung des Römischen Reichs entscheidend waren (nicht zuletzt der imperialen Identität), trugen die politischen Vorstellungen eines Eusebius von Caesarea, wie sie am klarsten in den Narrativen über Kaiser Konstantin vertreten werden, zur Konstruktion der Figur des christlichen Herrschers bei. Einfluss hatten auch die vielen Äußerungen über das richtige Verhalten sowie über Gerechtigkeit und Herrschaft, die die verschiedensten Autoren, angefangen bei Johannes Chrysostomos bis hin zu Maximus dem Bekenner, erörterten. Zu der Pflicht und dem Recht des Herrschers, die Reichsreligion zu schützen, gehörten der Einsatz und die Anordnung von Gewalt. Handelten deren Anwender um der Religion willen, war ihre Gewalt auch dann religiös, wenn sie etwas anderem als der Religion selbst zum Vorteil gereichte? Wie dem auch sein mag, zumindest für die Spätantike und ihre Christenheit sollte der größte Teil der Gewalt, von der man sagt, sie sei religiöser Art gewesen, besser „römisch“ genannt werden.

Abstract

Religious violence in the Roman Empire is often said to have increased during the sixth and seventh century. In particular, a number of emperors have been described as being obsessed by religion, waging unnecessary and destructive wars and failing to secure the classical legacy. By also exploring works which were long marginalised or have only recently come to light, scholars have shown that such descriptions rely on selective approaches to the sources which, when more than one version is extant, do not agree on the relevance of religious factors. Moreover, the accounts which give religious factors the upper hand can be shown to be deploying classicising characterisations of imperial rule and Roman society, which cannot be taken at face-value. In particular, they do not accurately reflect the diversity of beliefs and rites in crowds and social classes. Nor do more detailed and vivid descriptions reflect an increase in violence, since they are part of a literary trend. Building on this research, this chapter focuses on the imperial responsibility for correct religion and the relevance of piety in imperial identity, showing ist ongoing importance since the early Empire. Thus, it shows on the one hand that characterisations of disruptions of peace and quiet as religious were presenting them as challenges to imperial authority, and on the other that the specific view of Christianity that embraced violence was being scrutinised according to the values expressed by these works.

Sabine Schmolinsky

Martyrium und Geschlecht

Eine mediävistische Perspektive auf religiöse Gewalt

„Martyrium" als Diskurs führt in seinem Namen die Bezeichnung von Menschen mit sich, von denen gesagt wird, dass sie als μάρτυς mit der Gesamtheit ihrer Person und ihres Lebens für eine Sache, eine Auffassung und dabei insbesondere für ihre religiösen Anschauungen eingestanden hätten oder einstünden.[1] Jenseits dieser allgemeinen Bestimmung beginnt die breite Varianz von Konzepten und Narrativen über große historische Zeiträume hinweg, wie sie sich im Rahmen der drei monotheistischen Religionen Judentum, Christentum und Islam entfaltet hat. Für Konfigurationen von Martyrium in lateineuropäischen Kontexten sind die Narrationen der Spätantike bis ins 4. Jahrhundert von grundlegender Bedeutung, denn ihre Protagonistinnen und Protagonisten füllen einen Gutteil des christlichen Heiligenhimmels. Dieser war und ist jedoch nie abgeschlossen, und ein Martyrium, das nach christlichem Verständnis Heiligkeit anzeigt,[2] bietet einen direkten Weg in ihn.

Zuschreibungen von Vorbildhaftigkeit und Befähigung zur Mittlerschaft gegenüber göttlichen Mächten vereinen christliche Heilige mit narrativ bezeugter Martyriumserfahrung wie diejenigen ohne eine solche. Zudem steht außer Frage, dass sie nicht mit religiösen Meinungen in Verbindung zu bringen sind, die von den majoritären Glaubensauffassungen abweichen. Als Martyria sind jedoch auch die gewaltsamen Tode jener Menschen anzusehen, die auf der Basis als dissident qualifizierter Glaubenssätze zu Tode gebracht worden sind. Dass der Verwendung des Begriffs „Martyrium" eine Tendenz inhärent ist, nur auf majoritär glaubenskonforme Personen zu verweisen, mag den Blick auf die Martyria Verketzerter bis in den wissenschaftlichen Sprachgebrauch hinein verstellt haben; dennoch gilt für sie, in strukturell analoger Weise ihr Leben eingesetzt zu haben.[3]

[1] Einführend in religionswissenschaftlicher Perspektive vgl. Holger Preißler: Märtyrer. In: Metzler Lexikon Religion. Gegenwart – Alltag – Medien. Bd. 2. Stuttgart/Weimar 1999, S. 382–385.

[2] Vgl. Hans J. Limburg: Heilige. IV. Typologie. In: LThK. Bd. 4. Freiburg i. Br./Basel/Wien [3]2009, Sp. 1275 f.

[3] Dass das Wahre nur innerhalb der Kirche geglaubt werden kann, beschäftigte bereits die Patristik. Für Cyprian (gestorben 258) folgte daraus, dass ein Märtyrer nicht sein konnte, wer nicht der

https://doi.org/10.1515/9783110773781-005

Unabhängig davon, wie weitreichend der zugrunde gelegte Begriff von physischer und gegebenenfalls auch psychischer Gewalt ist, scheint „Martyrium“ die Kriterien für „religiöse Gewalt“[4] zu erfüllen, haben doch kapazitär sich aus verschiedensten Kapitalien speisende Anwender von Gewalt die Macht, gewalttätig handelnd auf ihnen als abweichend erscheinende religiöse Überzeugungen zu reagieren. Eine derart konfigurierte Perspektive trifft vornehmlich auf Martyria christlichen Verständnisses zu, die hier im Mittelpunkt stehen sollen. Dabei sei nur darauf hingewiesen, dass die Fragen von Gewalt und Martyrium in der Geschichte der mittelalterlichen Judenheit sowie im mittelalterlichen Islam sich in der Verflechtung von Narrativen und historischen Lebenswelten auf eigene Arten komplex gestalten.[5]

Modelle und Muster von Martyrien

Mit Hans Reinhard Seeliger und Wolfgang Wischmeyer sei aus dem Martyriumsbericht über ein Geschwisterpaar, Paese aus Bousiris und seine Schwester Thekla, zitiert,[6] um die Konstruktion eines Martyriums durch Handlungen von Akteurinnen und Akteuren sowohl vor als auch nach dem Tod der Betreffenden zu zeigen. Außerhalb des Textes, der aus dem 4. oder 5. Jahrhundert stammen dürfte, aber das Geschehen in die Zeit des Kaisers Diokletian verlegt, ist nichts über die Geschwister bekannt. Berichtet wird, wie die beiden im Gefängnis von Alexandria eine Vision des Jesus Christus als Himmelsherrscher, der von Engeln begleitet wird, hatten.[7] Darin sagt Jesus Christus auf Bitten Theklas zu, ihrer beider Körper vor Handlungen der „Unfrommen“ – den wilden Tieren die Körper vorzuwerfen und die Knochen zu finden – zu schützen. Dergestalt bleiben die Leiber für den künftigen Kult erhalten, denn er sagt ferner zu, den Bau eines Martyrions zu veranlassen, das überdies mit Privilegien verbunden sein wird: Der Erbauer wird in Christi Reich

Kirche angehörte. Vgl. Cyprien de Carthage: L'unité de l'Église (De ecclesiae catholicae unitate). Bearb. von Michel Poirier und Paul Mattei. Paris 2006, Kap. 14, S. 214: „Esse martyr non potest qui in ecclesia non est; ad regnum peruenire non poterit qui eam quae regnatura est derelinquit.“

4 Vgl. Dorothea Weltecke: Bemerkungen zur Geschichte der religiösen Gewalt im Mittelalter. In: HZ 305 (2017), S. 621–656, hier: S. 622 f.

5 Simha Goldin: The Ways of Jewish Martyrdom. Turnhout 2008. Vgl. Weltecke: Bemerkungen (wie Anm. 4), S. 638 mit Anm. 55. Grundlegend zu den Narrativen des Martyriums im Islam vgl. David Cook: Martyrdom in Islam. Cambridge u. a. 2007; zu Grundlagen sowie Ausprägungen im Judentum und im frühen Christentum vgl. ebd., S. 1–11.

6 Hans Reinhard Seeliger/Wolfgang Wischmeyer (Hg.): Märtyrerliteratur. Berlin u. a. 2015, S. 6–9, Zitate: S. 6 f.

7 Nach Ernst Benz: Die Vision. Erfahrungsformen und Bilderwelt. Stuttgart 1969, S. 518, ist dies die in der alten Kirche einzige Form einer Christusvision.

den beiden als Sohn geschenkt werden; wer der Kultstätte spendet, dessen Haus wird mit allen irdischen „Wohltaten“ gefüllt werden; die Leiber und Seelen – offensichtlich der dem Haus Angehörenden – werden von Christi Engeln geschützt werden. Die Erzählung vom Martyrium ist in der Perspektive des Jesus Christus der Vision – wohl als bereits bekannte Praktik – vorgesehen und mit Lohn verbunden: „Wer auch immer das Buch über euer Martyrium schreiben wird, dessen Namen werde ich in das Buch des Lebens schreiben“ – eine Anspielung auf die Apokalypse des Johannes, insbesondere auf Kapitel 20, Vers 12–15, die auf das auch im künftigen Endzeitgeschehen gültig bleibende Verdienst des Verfassers oder der Verfasserin verweist. Der Ort, an dem die Körper der beiden liegen werden, wird Christi Segen und Frieden genießen; der Erzengel Raphael wird der Kultstätte dienen. Wunder werden sich an ihr ereignen, indem kranke Menschen – als Pilgernde – dort Heilung und Frieden erfahren werden. Wer am Tag des Gedächtnisses der beiden einem Armen, einem Fremden oder einer Witwe ein Almosen gibt, wird nie „Gutes“ entbehren müssen. Dieses Versprechen Christi in der Vision impliziert, dass ein als liturgisch einzuschätzendes Gedächtnis für die beiden – erschließen lässt sich: an der Kultstätte, dem Ort ihrer Körper – gefeiert werden wird.

Zur Vision im Text gehört auch, dass Jesus Christus den bevorstehenden gewaltsamen Tod von Paese und Thekla vorhersagt. Dieser wird überdies mit dem direkten Aufstieg in den Himmel und mit ewiger Erlösung von Leiden verbunden: „Fürchtet euch nicht, seid stark und findet Kraft, denn ich bin bei euch! Denn ihr habt noch einen ganzen Monat auf Erden, bevor ihr zu mir kommt und von euren Leiden ruht und eure Ruhe findet für immer.“[8]

Nicht immer kommt jedoch ein zum Tode führendes Martyrium in Texten vor, die unter entsprechenden Bezeichnungen überliefert sind. Seeliger und Wischmeyer entnehmen beispielsweise der handschriftlichen Überlieferung die Termini „Apologie“, *passio* und „Martyrium“ für ein und denselben Text, in dem zudem nicht von einer Hinrichtung berichtet wird, und sie verweisen auf eine Epitome der „Vita Abercii“, die den Titel „μαρτύριον“ trägt, obwohl der Protagonist im Text ohne Anwendung von Gewalt sterben wird.[9] Die Vielfalt möglicher Bezeichnungen verdeutlicht, dass in der jeweils zeitgenössischen Wahrnehmung von Texten Flexibilität über die Einschätzung des Bezeugens, das in ihnen berichtet wurde, herrschte. Meistenteils hatte es im gewaltsamen Tod kulminiert, aber auch der Einsatz des gesamten Lebens für den Glauben und für die mit ihm verbundenen Werte konnte zählen.

[8] Seeliger/Wischmeyer (Hg.): Märtyrerliteratur (wie Anm. 6), S. 7.

[9] Ebd., S. 13 f., S. 464.

Für ein Konzept „Martyrium“ gilt in diesen beiden Hinsichten, dass Diskurse angesprochen sind.[10] Gemeint seien damit Sinnformationen, die aus sozialen Konstruktionsprozessen hervorgegangen sind und sich in Praktiken verschiedenerlei Gestalt manifestiert haben. Zu Letzteren gehören Texte, die, um mit Weltecke zu sprechen, „Berichte und Erzählungen“[11] transportieren und ihrerseits im Rahmen ihrer handschriftlichen und später gedruckten Tradierung Veränderungen unterliegen können.

Personale Modelle des Märtyrer-Werdens verbinden sich im Judentum etwa mit dem Aufstand der Makkabäer sowie mit Jesus aus Nazareth, dessen *passio* grundlegend für die Entwicklung des Christentums werden sollte. Als erster christlicher Märtyrer gilt Stephanus (Apostelgeschichte, Kapitel 6 und 7); als ein weiteres mustergebendes Martyrium wird das des Bischofs von Smyrna, Polycarp, angesehen, dessen Lebenszeit nicht näher als um 155 datiert werden kann.[12] Diese sowie die zahlreichen anderen spätantiken Martyria enden im Tod zur Hinrichtung verurteilter Männer und Frauen. Tod bestimmt daher wesentlich den Diskurs vom christlichen Martyrium.

Die Verfolgungen von Christusanhängerinnen und -anhängern nahmen mit der Tolerierung und schrittweisen Förderung des Christentums durch Konstantin den Großen ein Ende. Christliche Martyriumsdiskurse vergingen jedoch nicht, zumal die Gedenktage prominenter Märtyrerinnen und Märtyrer gefeiert wurden. Für den Diskurs einflussreich sollte Papst Gregors des Großen Unterteilung des Martyriums mithilfe der Kategorien „offenkundig“ und „verborgen“ werden. Gregor (um 540–604) zeigte sie am Beispiel eines Mannes auf, der im Italien des 6. Jahrhunderts für einige Jahrzehnte ein Zeitgenosse von ihm gewesen war, dem Eremiten Menas von Samnium, der um 580 gestorben sein könnte. Gregor hat ihm ein

[10] Angesichts des völlig unspezifisch gewordenen Gebrauchs des Wortes „Diskurs“ sei hier auf den jüngsten diskurshistorischen Überblick von Achim Landwehr verwiesen; vgl. Achim Landwehr: Diskurs und Diskursgeschichte. In: Docupedia-Zeitgeschichte, 1.3.2018, online zugänglich unter: http://zeitgeschichte-digital.de/doks/files/1126/docupedia_landwehr_diskursgeschichte_v2_de_2018.pdf (letzter Zugriff am 9.12.2021), S. 5, S. 8. Die von Landwehr angesprochene Verknüpfung von Diskurs und Macht wird für Martyria hier nicht entfaltet.

[11] Weltecke: Bemerkungen (wie Anm. 4), S. 654.

[12] Vgl. Cook: Martyrdom (wie Anm. 5), S. 5–11; Felix Prautzsch: Heilige und Heiden im legendarischen Erzählen des 13. Jahrhunderts. Formen und Funktionen der Aushandlung des religiösen Gegensatzes zum Heidentum. Berlin/Boston 2021, S. 91 f.; Das Martyrium Polycarps von Smyrna. Martyrium Polykarps 1–21. In: Peter Guyot/Richard Klein (Hg.): Das frühe Christentum bis zum Ende der Verfolgungen. Eine Dokumentation. Bd. 1: Die Christen im heidnischen Staat. Darmstadt 1997, S. 48–65, S. 328–335.

Kapitel in seinen „Dialogi“ gewidmet[13] und 591 eine Predigt zu seinem Festtag am 11. November gehalten, die er in seine „Homiliae in Evangelia“ aufgenommen hat.[14]

Die Perikope des 11. November, Jesu Vorhersagen der notwendig auftretenden Schrecken der Endzeit verbunden mit Christenverfolgungen in der Fassung des Lukasevangeliums (Kapitel 21, Vers 9–19), mündet in den Hinweis Jesu auf die Fähigkeit zu erdulden, auf die Ausdauer der ihn Bezeugenden: „in patientia vestra possidebitis animas vestras“ (Kapitel 21,Vers 19).[15] In seiner Predigt stellt Gregor fest, dass die Tugend des Erduldens aufrechtzuerhalten sich jetzt mit Gottes Hilfe im Rahmen von Frieden für die Kirche ereigne, aber dennoch die Palme des Martyriums erreichbar sei, denn zweierlei Typen von Martyrien gebe es: eines im Geist und ein anderes im Geist und zugleich im Handeln. Daher könnten auch diejenigen Märtyrer sein, die nicht durch das Schwert von Mördern getötet worden seien. Denn Sterben durch einen Verfolger sei ein Martyrium in offenkundiger Ausführung; Beschimpfungen zu ertragen, den Hasser zu lieben, sei ein Martyrium im verborgenen Denken. Dass es zwei Arten des Martyriums gebe, eines in verborgener, ein anderes in öffentlicher Ausführung, wird am Beispiel der Jünger Jesu Jakobus und Johannes erläutert. Diesem Beispiel zufolge könnten auch sie, die Zeitgenossen – Gregor spricht im gesamten Kapitel 7 von „wir“ – ohne Schwert Märtyrer sein, wenn sie wahrhaftig das Erdulden im Geist hüteten.[16] In den „Dialogi“ hebt Gregor an Menas die Kraft seines Tadels und seine wundersame Intuition hervor, mit der er in einer Menge übersandter Gaben diejenigen eines nicht anwesenden Übeltäters erspürt, um sie zu verwerfen. Im Anschluss ist dem Kapitel eine allgemeinere Feststellung von Gregors erzähltem Gesprächspartner Petrus zugeordnet:

[13] Grégoire le Grand: Dialogues. Texte critique et notes par Adalbert de Vogüé. Bd. 2. Bearb. von Paul Antin. Paris 1979, Kap. 3,26, S. 366–373.

[14] Ders.: Homélies sur l'Évangile. Bd. 2: Homélies XXI–XL. Bearb. von Raymond Étaix, Georges Blanc und Bruno Judic. Paris 2008, Nr. XXXV, S. 365–389. Zu beiden Texten vgl. Niklaus Largier: Medialität der Gewalt. Das Martyrium als Exempel agonaler Theatralisierung. In: Manuel Braun/ Cornelia Herberichs (Hg.): Gewalt im Mittelalter. Realitäten – Imaginationen. München 2005, S. 273–291, hier: S. 278 f.; wegen Ungenauigkeiten, einem Fehler und teils tendenzbildender Wortwahl werden die Übersetzungen ins Deutsche auf S. 278 hier nicht geteilt.

[15] Biblia sacra iuxta Vulgatam versionem. Editio minor. Stuttgart [3]1984, S. 1649.

[16] Grégoire le Grand: Homélies (wie Anm. 14), Nr. XXXV.7, S. 380, S. 382: „Sed quia natalem martyris hodierna die colimus, fratres mei, nequaquam nos a uirtute eius patientiae aestimare extraneos debemus. Si enim adiuuante nos Domino uirtutem patientiae seruare contendimus, et in pace ecclesiae uiuimus, et tamen martyrii palmam tenemus. Duo quippe sunt martyrii genera, unum in mente, aliud in mente simul et actione. Itaque esse martyres possumus, etiamsi nullo ferro percutientium trucidemur. Mori quippe a persequente martyrium in aperto opere est; ferre uero contumelias, odientem diligere, martyrium est in occulta cogitatione. Nam quia duo sunt martyrii genera, unum in occulto opere, aliud in publico, [...] Et nos ergo hoc exemplo sine ferro esse martyres possumus, si patientiam ueraciter in animo custodimus.“

„Ich denke, viele von diesen Männern hätten das Martyrium bestehen können, wenn sie gerade zur Zeit einer Verfolgung gelebt hätten.“[17] Diese Annahme erlaubt es Gregor, Martyria auch ohne Bezug auf die Standfestigkeit der Christusgläubigen in den Verfolgungen der Endzeit zu erläutern, indem er die Unterscheidung zwischen verborgenem und öffentlichem Martyrium einführt: „Denn wenn auch äußerlich keine Verfolgung vorhanden ist, so ist doch das Verdienst des Martyriums im Verborgenen da, wenn die Seele zu leiden verlangt.“[18] Dass dabei die höchste Form der Christusnachfolge in Rede steht, verdeutlicht der Bezug auf die beiden Jünger Jakobus und Johannes, die den Kelch des Leidens mit zu leeren bereit sind, aber dennoch nicht beide den Märtyrertod sterben werden. Daher muss es auch noch eine andere Form des Martyriums geben: „Wozu aber sollen wir sagen, diese früher erwähnten großen, heiligen Männer hätten Märtyrer werden können, wenn sie in einer Zeit der Verfolgung gelebt hätten, da sie doch im Verborgenen die Nachstellungen des bösen Feindes erduldeten, ihre Widersacher auf dieser Welt liebten, allen fleischlichen Begierden widersagten, und dadurch, dass sie sich innerlich dem allmächtigen Gott als Opfer darbrachten, Märtyrer auch zur Friedenszeit wurden, während es zu unserer Zeit sogar gewöhnlichen Leuten und solchen, die ein weltliches Leben führten, bei denen man sich scheinbar bezüglich der himmlischen Glorie keiner allzugroßen Hoffnung hingeben konnte, geglückt ist, bei gebotener Gelegenheit die Märtyrerkrone zu erlangen?“[19]

So klar Gregor die Merkmale eines verborgenen, innerlichen Martyriums vor Augen stehen, so deutlich äußert er sich auch über Praktiken eines unredlichen Erwerbs der Anerkennung als Märtyrer oder Märtyrerin. Notwendig stellt sich die Frage, warum diese Anerkennung – offensichtlich auch für Menschen unterschiedlicher Lebensformen – als erstrebenswert gegolten zu haben scheint; sie kann hier nicht weiterverfolgt werden.

Martyriumssehnsucht I

Ein Martyrium kann – verborgen – entstehen, „wenn die Seele zu leiden verlangt“, so ist gerade Gregor der Große zitiert worden. „Desiring Martyrs“ konnten sterben

17 Des heiligen Papstes und Kirchenlehrers Gregor des Grossen vier Bücher Dialoge. Aus dem Lateinischen übersetzt von Joseph Funk. München 1933, S. 157; Grégoire le Grand: Dialogues (wie Anm. 13), S. 370 f.

18 Gregor des Grossen Dialoge (wie Anm. 17); Grégoire le Grand: Dialogues (wie Anm. 13).

19 Gregor des Grossen Dialoge (wie Anm. 17), S. 157 f.; Grégoire le Grand: Dialogues (wie Anm. 13), S. 372 f.

wollen,[20] aber etwa bei der Ausbreitung des Christentums in europäischen Regionen seit dem Frühmittelalter mussten missionierende Prediger nicht zwangsläufig zu Tode kommen.[21] Die Sehnsucht nach einem blutigen Martyrium[22] konnte sie jedoch durch ihr Leben tragen, wie das Beispiel Ansgars von Hamburg-Bremen (gestorben 865)[23] zeigt.

Ansgars Bewertung als Heiliger entstammt wesentlich der Modellierung, die sein Nachfolger im Hamburg-Bremer Bischofsamt, Rimbert, ihm in der „Vita Anskarii" gegeben hat.[24] In ihrer A-Version enthält sie eine Rahmung, in der Ansgar als Märtyrer diskursiviert wird. Als junger Mönch erlebt er an einem Pfingsttag nach dem Tod Karls des Großen (28. Januar 814) eine Vision, in der ihm nach der Erfahrung eines Aufenthalts im Fegefeuer die „maiestas omnipotentis Dei" in einem der Apokalypse des Johannes ähnelnden Szenario die künftige Krönung durch das Martyrium ankündigt.[25] Für Ansgar bedeutet das Versprechen des Martyriums, dass er sich eifriger in der Furcht des Herrn übt und sich von Tag zu Tag brennender um gute Werke bemüht sowie auf Gottes Erbarmen hofft, ihn wie auch immer „ad martyrii palmam" gelangen zu lassen. Dass dieses, so fügt Rimbert hinzu, sich nicht

20 Harry O. Maier/Katharina Waldner: Introduction. In: dies. (Hg.): Desiring Martyrs. Locating Martyrs in Space and Time. Berlin 2021, S. 1–13, hier: S. 4.

21 Vgl. Lutz E. von Padberg: Die Inszenierung religiöser Konfrontationen. Theorie und Praxis der Missionspredigt im frühen Mittelalter. Stuttgart 2003, S. 130–134.

22 Der Begriff „Martyriumssehnsucht" ist aus den im Folgenden untersuchten Quellen hervorgehend gebildet worden. Er findet sich auch bei Silke-Petra Bergjan/Beat Näf: Märtyrerverehrung im frühen Christentum. Zeugnisse und kulturelle Wirkungsweisen. Stuttgart 2014, S. 135. Zusammenhänge können hier nicht genauer thematisiert werden.

23 Vgl. Thomas Klapheck: Der heilige Ansgar und die karolingische Nordmission. Hannover 2008, S. 86: Die Erzbischofswürde war Ansgar für die Mission persönlich verliehen worden; Bremen und Hamburg waren Bischofssitze, die zur Diözese Hamburg-Bremen unter seiner Leitung vereinigt wurden. Zu der von Eric Knibbs: Ansgar, Rimbert and the Forged Foundations of Hamburg-Bremen. London/New York 2016 vertretenen These, dass Ansgar 831 nur zum päpstlichen Legaten ernannt wurde, vgl. Paul Gazzoli: Monk and Bishop, Missionary and Martyr: Different Approaches to the Sanctity of St Ansgar. In: Andreas Bihrer/Fiona Fritz (Hg.): Heiligkeiten. Konstruktionen, Funktionen und Transfer von Heiligkeitskonzepten im europäischen Früh- und Hochmittelalter. Stuttgart 2019, S. 31–44, hier: S. 33 f., Anm. 7. Gazzoli bereitet eine Neuedition der „Vita Anskarii Rimberts" vor; vgl. ebd., S. 32 sowie Laura Gazzoli. In: Österreichische Akademie der Wissenschaften. Institut für Mittelalterforschung, online zugänglich unter: https://www.oeaw.ac.at/imafo/forschung/historische-identitaetsforschung/mitarbeiterinnen/laura-gazzoli (letzter Zugriff am 9.12.2021).

24 Zum Autor Rimbert vgl. Klapheck: Ansgar (wie Anm. 23), S. 16–21; Gazzoli: Monk (wie Anm. 23), S. 34 mit Anm. 10.

25 Vita Anskarii auctore Rimberto. In: Georg Waitz (Hg.): Vita Anskarii auctore Rimberto. Accedit vita Rimberti (MGH SS rer. Germ. 55). Hannover 1884, S. 13–79, hier: Kap. 3, S. 21–24, Zitat: S. 23; ebd.: „dicens: ‚Vade et martyrio coronatus ad me reverteris'."

körperlich durch ein Schwert ereignet habe, und wie es sich in der Abtötung durch das Kreuz, das er mit seinem Körper zur Ehre des Namens Christi beständig getragen habe, erfüllt habe, werde beim Bericht über Ansgars Tod genauer erklärt werden.[26] Die Pointierung des nicht tödlichen Martyriums entlehnt Rimbert der Vita der beiden Märtyrer des 3. Jahrhunderts Sixtus und Sinicius, die die Bischofssitze von Reims und Soissons gegründet haben sollen und deren Vita wahrscheinlich bei der Translation ihrer Reliquien 835 nach Bremen gelangt war.[27]

Rimbert unterstreicht zudem die Ebenbürtigkeit diverser Martyrien mit einer kleinen Geschichte, die ebenfalls mit einer Vision Ansgars unterlegt ist. Während ein Junge, der in der Schule im Kloster Corbie von einem Mitschüler zu Tode verletzt worden ist, stirbt, hat Ansgar eine Traumvision, in der er sieht, wie die Seele des Jungen von Engeln in den Himmel getragen und in die Schar der Märtyrer eingereiht wird. Dies geschehe, so erfährt er, weil der Junge geduldig seine Verwundung ertragen habe und bis zu seinem Tod fürbittend für seinen Mörder eingetreten sei. Dafür werde er mittels der Versetzung in die Chöre der Märtyrer belohnt. Für wie blutig Rimbert ein solches Martyrium gehalten haben mag, ist offensichtlich unerheblich im Verhältnis dazu, dass Erdulden und Nächstenliebe unter extremen Bedingungen, die nicht missionarische Konnotationen haben, den Märtyrerstatus erreichen lassen konnten. *Patientia* (Erdulden) und *benignitas* (Güte und Wohltun-Wollen) hebt Rimbert hervor.[28]

Das Gebet für die Feinde zeichnet Ansgar in Rimberts Erzählung bereits aus, wenn – in dessen Diktion – heidnische Seeräuber ständig Ansgars Pfarrsprengel verwüsteten und die bischöfliche „familia" plünderten.[29] Unter den Heiligen ahmt er insbesondere Martin von Tours nach.[30] Wiewohl ihm unzählige Krankenheilungen gelingen, leidet Ansgar selbst fast ständig. Dessen Leben erscheint Rimbert als meist martyriumsartig: „Omnis quippe vita eius fere martyrium fuit."[31] Er begründet dies mit körperlicher Krankheit, zahlreichen Mühen in auswärtigen Gegenden und innerhalb der Diözese infolge von Einfällen und Plünderungen seitens der *bar-*

[26] Ebd., S. 24: „Quod tamen, quia corporaliter gladio imminente non contigit, qualiter in mortificatione crucis, quam iugiter in suo corpore pro Christi nominis honore portavit, Deo miserante completum sit, cum de obitu illius narrare coeperimus, latius explicabimus."

[27] Vgl. James T. Palmer: Rimbert's Vita Anskarii and Scandinavian Mission in the Ninth Century. In: JEH 55 (2004), S. 235–256, hier: S. 253–255.

[28] Vita Anskarii (wie Anm. 25), Kap. 5, S. 25: „Ibique ei datum est agnovisse, quod, quia ipse puer vulnus sibi illatum satis patienter tulit et animam fratris usque ad mortem diligens pro percussore suo nimium benigne intercessit, patientiam et benignitatem eius divina remunerante pietate, inter martyrum choros deputatus sit."

[29] Ebd., Kap. 34, S. 66.

[30] Ebd., Kap. 35, S. 66.

[31] Ebd., Kap. 40, S. 74.

bari sowie Auflehnung seitens Böswilliger und darüber hinaus mit Ansgars Praxis, sich unablässig um der Liebe zu Christus willen selbst Körperqualen zuzufügen. Rimbert lässt diese Aufzählung in den Bericht der monatelang währenden letzten Krankheit Ansgars münden.[32] Hier beginnt er die diskursive Rahmung des Lebens Ansgars als Märtyrer zu schließen, indem er ausführlich über Ansgars Trauer angesichts des Ausbleibens des einst in einer Vision zugesagten Martyriums spricht. Ansgar habe seinen Sünden zugeschrieben, um seine sicherste Hoffnung betrogen worden zu sein, und habe nur seinem vertrautesten Schüler auf dessen Fragen hin seinen Kummer enthüllt. Dieser habe sich um Trost bemüht: Nicht die Art des Martyriums, durch Schwert, Feuer oder Wasser, sondern nur die Rückkehr zum Herrn mit der Krone des Martyriums sei ihm versprochen worden. Den Untröstlichen erinnert sein Schüler daran, wie viel Ansgar um des Dienstes für Gott willen ausgehalten und wie große körperliche Beschwer er auf sich genommen habe; auch seine jüngste schwere und langanhaltende Krankheit könne mit Gottes Gnade als ein Martyrium gezählt werden. Erst die sich in einer Entrückung im Geist während einer Messe ereignende Zusage, dass die einst visionär erhaltenen Versprechen erfüllt werden würden, habe Ansgar beruhigt und getröstet.[33] Die Überführung seiner Leiche in die Kirche habe diejenige des heiligen Martin wiederholt.[34]

Im letzten (42.) Kapitel der Vita führt Rimbert alle Elemente zusammen, die Ansgar nicht nur als Heiligen, sondern vor allem auch als Märtyrer erscheinen lassen. Bezugspunkt sind zunächst die alten Heiligen als Muster, die Rimbert mit Christus beginnen und über die Apostel, Johannes den Täufer, Paulus als Apostel, bis zum Apostel Petrus und zu dem – in der Vorstellung seiner Zeit – Apostel sowie Evangelisten Johannes reichen lässt.[35] Wie der erste, der Protomärtyrer Stephanus habe auch Ansgar für seine Feinde gebetet. Ein Bekenner werde er sein, mit den Aposteln werde er beim Jüngsten Gericht die einst verachtete Welt richten und mit den Märtyrern werde er die Krone der Gerechtigkeit und die Palme des Martyriums wie verheißen erhalten.[36] Denn zu beiden Arten des Martyriums, des verborgenen in für die Kirche friedlichen Zeiten oder des offenkundigen in Zeiten der Verfolgung, habe Ansgar den Willen besessen, aber nur zu Ersterem sei er gelangt. Beide Formen unterlegt Rimbert mit Praktiken und Handlungen Ansgars: Tränen,

32 Ebd.

33 Ebd., Kap. 40, S. 74 f.

34 Ebd., Kap. 41, S. 76 f.

35 Ebd., Kap. 42, S. 77: „in quo [=Ansgar] solo pene omnium antiquorum vigebant exempla sanctorum?"

36 Ebd.: „qui semper in confessione Christi perseverans, gloriosum admodum inter confessores locum habebit, qui in sublimi illa cum apostolis iudicum sede in regeneratione sessurus, mundum est, quem contempserat, iudicaturus et cum martyribus iustitiae coronam et palmam martyrii sibi divinitus repromissam percepturus!"

Nachtwachen, Fasten, Abtötung des Fleisches und Abtötung fleischlicher Begierden für das Martyrium in Friedenszeiten sowie Leiden nach eigenem Willen für den Bereich der – allerdings eines Verfolgers ermangelnden – Verfolgung, für die Rimbert an Ansgars apostelgemäße Mühen erinnert, als die er Gefahren auf den Wegen durch Flüsse, durch Räuber, von Menschen der eigenen Art, von nichtchristlichen Völkerschaften, in der Stadt, in der Einsamkeit, auf dem Meer, durch falsche Brüder aufzählt. Die Sorge für die Kirchen und andere Menschen hinzugenommen und alles für den Herrn erlittene körperliche und seelische Leid einbezogen, könne niemand Ansgar rechtens absprechen, ein Märtyrer zu sein.[37] Märtyrer, so Rimbert, war Ansgar, da er allen Versuchungen und Hindernissen zum Trotz immer unerschrocken, unbewegt und unbesieglich bis zu seinem Lebensende im Bekenntnis zu Christus – „in Christi confessione" – verblieb. Daher sei er Märtyrer auch im Wortsinn des „Zeuge-Seins", wie „martyr" es bedeute.[38]

Es ließe sich argumentieren, dass Rimbert mit dieser Annäherung von „confessor" und „testis" im „Märtyrer" einen Umkehrschluss ermöglicht, der verdeutlicht, warum diese Zusammenführung, wiewohl nicht rhetorisch hervorgehoben, als ein argumentativer Höhepunkt kurz vor Ende seiner Argumentationskette zu lesen ist: Ein „confessor" kann auch ein Märtyrer sein, denn er bezeugt seinen Glauben durch sein Bekenntnis zu Christus und Martyrium ist und bedeutet ja schon im Wort Zeugenschaft. Vor allem jedoch bezieht Rimberts Beweisführung die Ergebnisse begrifflicher Entwicklungen in Texten der Zeit nach dem Sterben des Proto-

[37] Ebd., Kap. 42, S. 77 f.: „Nam cum duo martyrii esse genera constet, unum in pace ecclesiae occultum, alterum persecutionis articulo ingruente manifestum, utrumque voluntate tenuit, ad alterum effectu pervenit. Quia enim cotidie se per lacrimas, vigilias, ieiunia, carnis macerationem et desideriorum carnalium mortificationem in ara cordis Deo mactabat, martyrium profecto, quod pacis tempore (non) potuit, consecutus est. Quia vero ad apertum corporis martyrium persecutor sibi, non animus, defuit, quod opere minus potuit, voluntate indeptus est. Quamvis hoc quoque martyrium opere eum habuisse omnino negare nequeamus, si tantos eius pro Domino labores iuxta apostolum attendamus. In itineribus saepe periculis fluminum, periculis latronum, periculis ex genere, periculis ex gentibus, periculis in civitate, periculis in solitudine, periculis in mari, periculis in falsis fratribus; in labore et erumna, in vigiliis multis, in fame et siti, in ieiuniis multis, in frigore et nuditate. Praeter illa quae extrinsecus sunt instantia eius cotidiana sollicitudo omnium ecclesiarum. Quis infirmabatur, et ipse non est infirmatus? Quis scandalizabatur, et ipse non urebatur? Qui ergo tot ac tantis est pro Domino et corporis adversitatibus et animi aestibus excoctus, quomodo martyr esse iure negabitur?" Vgl. Klapheck: Ansgar (wie Anm. 23), S. 133.

[38] Vita Anskarii (wie Anm. 25), Kap. 42, S. 78: „Martyr fuit, quia inter diaboli temptamenta, inter carnis illecebras, inter persequentes paganos, inter obsistentes christianos semper imperterritus, semper immobilis, semper invictus in Christi confessione usque ad exitum vitae permansit. Martyr fuit, quia, dum martyr testis dicatur, ipse divini semper verbi et christifici nominis extitit testis." Das gesamte Kapitel 42 sowie das Ende von Kapitel 25 sind in der B-Version der „Vita Anskarii" nicht enthalten; vgl. Gazzoli: Monk (wie Anm. 23), S. 36 f.

märtyrers Stephanus mit ein. In den ersten beiden Jahrhunderten waren „Bekenntnis“ und „Martyrium“ als Begriffe und Sachverhalte nicht wesentlich voneinander geschieden, aber eine begriffsgeschichtlich beschreibbare Verschiebung hin zum tödlich endenden Glaubenszeugnis von Christinnen und Christen lässt sich erkennen. Allerdings sollte sich im weiteren Verlauf der Ausbreitung christlicher Gemeinden zeigen, dass nicht jedes öffentliche Bekenntnis zum Christentum zu einer Hinrichtung führte. Christusgläubige, die Verfolgungen überlebt hatten, wurden in den Gemeinden mit dem gegen Ende des 2. Jahrhunderts von Tertullian geprägten Begriff „confessor“ bezeichnet und konnten eine besondere Autorität entfalten.[39]

Diese Entfaltung und Diversifikation des Martyriumsdiskurses leistet Rimbert in einer kirchen- wie allgemeinpolitisch beschreibbaren Situation,[40] in der die religiöse Legitimierung eines der führenden Handlungsträger als sinnvoll erscheinen kann. Offenbleibt jedoch, warum Martyrium als krönendes Interpretament benötigt wird. Rimberts Antwort dürfte in einer beiläufigen Äußerung innerhalb seines Arguments über Ansgars Martyrium liegen: Ansgar habe sich Letzteres mit höchster Sehnsucht gewünscht. In der biografischen Erzählung begründet er Ansgars Martyriumssehnsucht, wie erwähnt, mit einem visionär empfangenen göttlichen Versprechen, das den Wortsinn eines blutigen Martyriums zu implizieren Rimbert für nicht erwiesen hält, um dann Ansgars Erwartung als vielleicht ein Zeichen einer gewissen Selbstüberhebung, die sich sicherlich in dessen Geist eingeschlichen haben könne, zu deuten.[41] Rimberts abschließende Empfehlung zur Nachfolge gilt dem Mann so großer Heiligkeit und so zahlreicher Verdienste bei Gott.[42]

Für den Diskurs des Martyriums ist, ähnlich wie bei Gregor dem Großen, die Ausfächerung der Kriterien für Martyrien ohne tödlichen Ausgang von Bedeutung. Leiden und Praktiken kommen dabei zur Sprache, die sich auch in den Erzählungen über als heilig verehrte Menschen finden. Nur ein Teil dieser Heiligen ist jedoch zum Märtyrer oder zur Märtyrerin erhoben worden, obwohl auch Heiligkeit ein andauerndes Bekenntnis zu Christus voraussetzt. Es fragt sich also, nach welchen Kriterien in nachantiken, vornehmlich mittelalterlichen Jahrhunderten unblutige Martyrien oder der Status als „confessor“ zugeschrieben worden sind und

39 Eva Baumkamp: Kommunikation in der Kirche des 3. Jahrhunderts. Bischöfe und Gemeinden zwischen Konflikt und Konsens im Imperium Romanum. Tübingen 2014, S. 132–135. Zur Terminologie von *martyr* und *confessor* bei Tertullian vgl. auch Wiebke Bähnk: Von der Notwendigkeit des Leidens. Die Theologie des Martyriums bei Tertullian. Göttingen 2001, S. 110–123.

40 Vgl. Klapheck: Ansgar (wie Anm. 23).

41 Vita Anskarii (wie Anm. 25), Kap. 42, S. 78 f.: „Qua in re nemo miretur, eum ad hoc quod summo ipse desiderio optabat et sibi repromissum putabat martyrium non pertinxisse, quia nec hoc sibi pollicitum iuxta huius nominis interpretationem probatur. Et certe poterat in aperto corporis martyrio aliqua forte suae menti elatio subrepere.“

42 Ebd., Kap. 42, S. 79: „quantae vir iste sanctitatis, quanti apud Deum meriti fuerit“.

warum nicht alle Heiligen zugleich Märtyrer und Märtyrerinnen im Sinn eines verborgenen Martyriums sind. Dieser Frage kann hier nicht weiter nachgegangen werden.

Martyriumssehnsucht II

Es ließe sich annehmen, dass in Zeiten einer missionsähnlichen Ausbreitung des Christentums, bei der Lebensgefahr für Prediger bestehen konnte, Martyrien auf Männer beschränkt gewesen sein könnten, zumal nur sie es waren, die zum Priester geweiht werden konnten. Entsprechend fällt es schwer, unter den Märtyrerinnen, die in mittelalterlichen Jahrhunderten verehrt wurden, Frauen zu finden, die in nachantiken Zeiträumen gelebt haben. Sobald jedoch ein Konzept eines Martyriums im Verborgenen einbezogen werden kann, rücken auch sie in den Blick. Daher erfordert die Öffnung hin zum nicht tödlichen Martyrium Re-Lektüren weiblicher Heiligkeit in mittelalterlichen Jahrhunderten, denn als heilig angesehenen Frauen dieser Zeiten sind Viten gewidmet worden. Die Suche lässt sich bei der Zuschreibung von Martyriumssehnsucht an Frauen beginnen, wie hier an einem Beispiel gezeigt werden soll.

Die thüringische Königstochter Radegundis (gestorben 587),[43] die 531 im Alter von etwa zehn Jahren als Kriegsbeute in das Reich des merowingischen Königs Chlothars I. gelangt und um 540 zu seiner Frau gemacht worden war, gründete etwa 560 (?) ein Kloster in Poitiers, das durch die Ausstattung mit von ihr in Konstantinopel erworbenen Heiligkreuzreliquien zu einem Heiligkreuzkloster, „Sainte-Croix", wurde. Das Leben der Nonnen unterstellte sie der „Regula virginum" des Caesarius von Arles, die auch für sie galt, aber in der Form, in der sie diese lebte, ihr weiterhin Kontakte zu einflussreichen geistlichen und weltlichen Personen ermöglichte.[44] Zwei der Quellen über Radegundis thematisieren sie über ihre Lebensspanne: zum einen die Vita des ihr eng verbundenen Venantius Fortunatus (530/540–nach 600), zum anderen die der Nonne Baudonivia (um 600).[45]

[43] Für den Hinweis, dass Radegundis in der Vita des Venantius Fortunatus ein Beispiel für weibliche Martyriumssehnsucht ist, danke ich Julia Seeberger (Universität Erfurt).

[44] Vgl. Gerlinde Huber-Rebenich: Nachwort. In: Venantius Fortunatus: Vita sanctae Radegundis. Das Leben der heiligen Radegunde. Lateinisch/Deutsch. Bearb. von Gerlinde Huber-Rebenich. Stuttgart 2008, S. 77–93, hier: S. 77 f.; Sabine Gäbe: Radegundis: sancta, regina, ancilla. Zum Heiligkeitsideal der Radegundisviten von Fortunat und Baudonivia. In: Francia 16 (1989) 1, S. 1–30, hier: S. 1, S. 14.

[45] Zu Datierungs- und biografischen Fragen in Bezug auf Venantius Fortunatus und Radegundis vgl. Wolfgang Fels: Studien zu Venantius Fortunatus mit einer deutschen Übersetzung seiner metrischen Dichtungen [Diss. Phil.] Ruprecht-Karls-Universität Heidelberg 2006, online zugänglich

In der Darstellung des Venantius Fortunatus erweist sich Radegundis bereits in ihrer Jugend, die sie im königlichen Athies in Nordfrankreich verbringt, als besonders auf geistliche Handlungsweisen hin ausgerichtet. Dieser Lebensphase, die in ihre Eheschließung mündet, widmet Venantius Fortunatus das auf den Prolog folgende Kapitel der Vita, in dem er die Schilderung des glaubensbezogenen Verhaltens der jungen Radegundis unter das Signum einer Martyriumssehnsucht stellt. Sogleich nach der Erwähnung ihrer Erziehung und insbesondere ihrer Ausbildung im Lesen und Schreiben stellt er fest: „Häufig sprach sie vor Kindern den Wunsch aus, Märtyrerin zu werden, wenn das Schicksal es erlaube. Schon damals, als Heranwachsende, zeigte sie Verdienste des reifen Alters, und sie erreichte zum Teil, was sie erstrebte. Denn in der Tat musste sie, während die Kirche in Frieden aufblühte, die Verfolgung durch Bedienstete erdulden.“[46] Ähnlich wie bei Sulpicius Severus in der Vita des Heiligen Martin von Tours[47] steht der Widerspruch zwischen individuellem Wunsch nach einem Martyrium und dem des Märtyrertums nicht bedürfenden politischen Zustand der Kirche im Mittelpunkt der Aussage. Venantius verweist toposartig[48] auf Radegundis' ihr Alter übersteigende Verdienste, die sie teilweise das Angestrebte hätten erreichen lassen, und er benennt eine Verfolgung, die in ihrer königlichen Lebenswelt stattgefunden haben soll. Impliziert sein könnte, dass die karitativen und geistlichen Handlungsweisen, die er ihr im Folgenden beilegt, in jenem Umfeld unerwünscht waren: den versammelten Kindern („collectis parvulis“) Essensreste geben, ihnen die Haare waschen, ihnen Stühlchen und Handwaschwasser sowie selbstbereitete Getränke reichen, mit ihnen eine Prozession vollführen und in der Kapelle den Boden putzen.[49]

Als verheiratete Frau, so Venantius, verteilte Radegundis sowohl vor als auch nach ihrer Weihe zur Diakonin[50] Gaben an geistliche Orte und versorgte mildtätig bedürftige Frauen und Männer, ohne dass er dies argumentativ mit Verfolgung

unter: http://archiv.ub.uni-heidelberg.de/volltextserver/7023/1/Studien_zu_VFT.pdf (letzter Zugriff am 9.12.2021), S. 8–49. Zu den beiden Viten über Radegundis vgl. Gäbe: Radegundis (wie Anm. 44), S. 4–30; Thomas Schilp: Die Vita Hathumodae, der ersten Äbtissin der Frauenkommunität Gandersheim (852–874): Lebensform im Spannungsfeld von Norm und Wirklichkeit. In: Edeltraud Klueting (Hg.): Fromme Frauen – unbequeme Frauen? Weibliches Religiosentum im Mittelalter. Hildesheim/Zürich/New York 2006, S. 1–25, hier: S. 7.

46 Venantius Fortunatus: Vita (wie Anm. 44), S. 9 mit S. 8: „Quae puella inter alia opera, quae sexui eius congruebant, litteris est erudita, frequenter loquens cum parvulis, si conferret sors temporis, martyra fieri cupiens. Indicabat adolescens iam tunc merita senectutis, obtinens pro parte quae petiit. Denique, dum esset in pace florens ecclesia, ipsa est a domesticis persecutionem perpessa.“

47 Vgl. ebd., S. 50 f., Anm. 13.

48 Vgl. ebd., S. 50, Anm. 14: „*puer-senex*-Topos“ (Hervorhebung im Original).

49 Ebd., S. 8 f.

50 Ebd., S. 10–13, S. 18–27.

oder Martyrium in Verbindung brächte. Erst anlässlich ihres Einzugs in die klösterliche Klausur, den er als ein öffentliches Ereignis schildert,[51] führt Venantius zusammen, was – von nun an so genannt – „die Heilige“,[52] „die Hochheilige“ ausmacht: „Wenn aber jemand all das durchginge, was die Hochheilige an Fasten, Gehorsam, Demut, Nächstenliebe, Mühe und Qual mit glühendem Eifer erreichte, dann priese er sie ebenso als Bekennerin wie als Märtyrerin. Demnach galt der Hochheiligen außer dem verehrungswürdigen Sonntag jeder Tag als Fasten[tag].“[53] Venantius zufolge macht die Bekennerin und Märtyrerin nicht nur aus, dass sie Höchstleistungen im Fasten, in diversen Bußübungen und in der Erfüllung der klösterlichen Aufgaben erbringt, sondern dass sie im Sinn einer Überbietungslogik Übererfüllung leistet und sich selbst straft, wenn sie bei einer dieser Leistungen nicht die Spitze bildet: „Denn von den klösterlichen Pflichten gefiel ihr nichts, wenn sie nicht als Erste diente. Und sie züchtigte sich selbst, wenn sie das Gute nach einer anderen [tat].“[54]

Diese Feststellung dient Venantius als Ausgangspunkt für Exemplifizierungen, in denen er detailreich schildert, wie Radegundis eine über die üblichen Maße hinausreichende Erfüllung der Dienste und Aufgaben im klösterlichen Alltag gestaltete.[55] Als Steigerungsform solcher *labores* präsentiert er Bußen, *poenas*, die sie sich selbst auferlegt habe: ins Fleisch einwachsende Eisenketten, die nach der Fastenzeit herauszuschneiden ihr einen großen Blutverlust bereitet habe, das Einbrennen eines glühend heißen, aus Kupfer gefertigten Christuszeichens an zwei Stellen ihres Körpers oder tiefe Selbstverbrennungen mithilfe eines Metallbeckens voll glühender Kohlen.[56] Bei der Schilderung dieser, in einer Fastenzeit zu den üblichen, körperlich sich auswirkenden Praktiken hinzukommenden Prozedur, die eigenen Glieder brennen zu lassen, benutzt Venantius den Begriff einer *tortrix*, einer Folterin, ihrer selbst, die sich in Abwesenheit anderer Menschen einer auf ein Martyrium verweisenden, mit einem vertrauten Argument versehenen Buße unterzieht: „und sie betrieb von sich aus, da die Zeit der Verfolgungen vorüber war, ihr

[51] Ebd., S. 29, lateinisch S. 28: „Quanta vero congressio popularis extitit die, qua se sancta deliberavit recludere, ut, quos plateae non caperent, ascendentes tecta conplerent?“
[52] Vgl. ebd.
[53] Im Anschluss an den in Anm. 51 zitierten Satz: „Quid autem sanctissima ieiunii, obsequii, humilitatis, karitatis, laboris et cruciatus ferventer indepta sit, si quis cuncta percurreret, ipsam praedicaret tam confessorem quam martyrem. Ergo venerabilem praeter diem dominicum fuit sacratissimae omnis dies ieiunium.“
[54] Venantius Fortunatus: Vita (wie Anm. 44), S. 31 mit S. 30: „Nam de officiis monasterialibus nihil sibi placuit, nisi prima serviret, et ipsa se castigabat, si bonum post alteram.“
[55] Ebd., S. 30–33.
[56] Ebd., S. 32–35.

Martyrium“.[57] In einer engen Argumentation lässt Venantius diese Passage direkt in den Beginn einer öffentlich wahrnehmbaren Wirksamkeit der Radegundis münden: „Schweigend bedeckte sie die offenen Stellen, aber das verwesende Blut offenbarte, was die Stimme bei der Buße nicht verriet. So nahm die Frau um des süßen Christus willen bereitwillig so viel Bitteres auf sich. Daher geschah es, dass Wunder enthüllten, was sie selbst verbergen wollte.“[58] Von hier an lässt Venantius in der Vita nur noch Wundererzählungen folgen. Den Tod der Radegundis wird er noch erwähnen, aber auch diesen eingefügt in eine Erzählung einer Traumvision, die sich mit drei Wundern verbindet.[59]

Märtyrer und Märtyrerinnen

Die *passio*-Förmigkeit der niedergeschriebenen und in dieser Form memorierten Leiden der nachantiken Märtyrer und Märtyrerinnen reiht diese in die Menge derer ein, die dem leidenden, gefolterten und schließlich hingerichteten Jesus Christus nachzufolgen als totale *imitatio* bis hin zur eigenen körperlichen Vernichtung aufgefasst haben.[60] Die von ihnen erlittene religiöse Gewalt ist als passionsartig markiert, aber sie unterscheidet sich unter anderem insofern von jener, die das Urbild erlitten hat, als sie nicht deren rechtliche Verfasstheit aufweist: Ein Bekenntnis zum Christentum zog nicht mehr Folter und Todesstrafe nach sich. Eine leidensbezogene Nachfolge bedurfte daher veränderter Orientierungen und Rahmungen, um innerhalb einer jeweils gewählten Lebensform christusförmige Leiden zu finden oder hervorbringen zu können.

Zumindest zwei Ausrichtungen lassen sich beobachten: Zum einen konnten Christinnen und Christen von Nichtchristen getötet werden, wie zum Beispiel 926 die heilige Wiborada von St. Gallen, der ihr Martyrium, ihrer Vita Ekkeharts I. zufolge, in einem visionären Traum vorangekündigt worden war. An einem Tag, der

57 Ebd., S. 33 mit S. 32: „Sic, spiritu flammante, membra faciebat ardere. Adhuc aliquid gravius in se ipsa tortrix excogitans una quadragesimarum super austerum ieiunium et sitis torridae cruciatum, adhuc lima cilicii membra tenera setis asperis dissipante, iubet portare aquamanile ardentibus plenum carbonibus. Hinc discedentibus reliquis, membris trepidantibus, animus armatur ad poenam, tractans, quia non essent persecutionis tempora, a se ut fieret martyra.“

58 Ebd., S. 35 mit S. 34: „Tacens tegit foramina, sed conputrescens sanguis manifestabat, quod vox non prodebat in poena. Sic femina pro Christi dulcedine tot amara libenter excepit. Hinc actum est, quod ipsa abdiderit, hoc miracula non tacerent.“

59 Ebd., S. 46 f.

60 Seit der Spätantike werden die Leiden von Märtyrerinnen und Märtyrern mit den Leiden Christi parallelisiert; vgl. Thomas Schill: Ikonographie und Kult der Hl. Katharina von Alexandrien im Mittelalter. Studien zu den szenischen Darstellungen aus der Katharinenlegende. München 2005, S. 248 mit Anm. 933.

sich als der 28. Juni 925 rekonstruieren lässt, wurde Wiborada während eines leichten Schlafs am frühen Nachmittag in einer Traumvision enthüllt, dass die Ungarn am 1. Mai des Folgejahres nach St. Gallen gelangen würden. „Und in derselben Offenbarung wurde ihr gezeigt, daß sie den Lohn ihrer Mühe und ihres Kampfes mit dem Ruhm des Martyriums, da diese Heiden sie verwunden würden, in der Seligkeit des himmlischen Reiches erhalten würde.“[61] Es sollte so geschehen und Wiborada wurde Märtyrerin „pro christi nomine“.[62] Zum anderen können die Leiden selbst zugefügt werden, wie dies beispielsweise Venantius' Schilderung zufolge zu Radegundis' Frömmigkeitspraktiken gehört hat. Es wird zu untersuchen sein, inwieweit körperlich peinigende und verletzende Praktiken etwa von Mystikerinnen und Mystikern oder von als heilig verehrten Personen in den Quellen als märtyrerhaft oder als zu einem Martyrium gehörig bezeichnet worden sind. Dabei wird auch einzubeziehen sein, welche Rolle der Kategorie „confessor“ noch beigelegt worden ist, wenn – zumindest schreibend – in das Leben integrierte Martyrien konfiguriert wurden.

Das Martyrium war grundsätzlich offen für alle Geschlechter und entsprechend wurden sowohl Märtyrerinnen als auch Märtyrer aus spätantiken Verfolgungen in mittelalterlichen Zeiten memoriert und verehrt. Wie Martyrien, die nach der Zeit der Verfolgungen jahrhundertelang mit einem erweiterten Repertoire an Formen körperlicher Gewalt gelebt worden sind, sich auf die Geschlechter verteilt haben, ist eine offene Frage, die nicht in der Frage nach dem Geschlecht der Heiligen aufgeht. Eine erste Hypothese könnte lauten, dass die Verschiebung von Martyrien in die Welt der individuell ersehnten – gegebenenfalls auch selbst beförderten – körperlichen Leiden die Offenheit des Martyriums für alle Geschlechter nicht reduziert haben dürfte, aber entlang der Geschlechterdifferenz zwischen Männern und Frauen modelliert haben könnte, denn die Differenz zwischen den ihnen zugebilligten Räumen von Tätigkeiten und Praktiken hat auch auf geistliche mittelalterliche Lebenswelten einen konfigurierenden Einfluss ausgeübt.

[61] Aus Ekkeharts I. Lebensbeschreibung Wiboradas: Vitae sanctae Wiboradae. Die ältesten Lebensbeschreibungen der heiligen Wiborada. Bearb. von Walter Berschin. St. Gallen 1983, Kap. XXIX, S. 74–77, hier: S. 74, S. 76: „Hoc tenui somno per uisum ei reuelatum est seuam gentem ungariorum anno futuro in kalendis maii aliis terris peruagatis et deuastatis ad monasterium sancti Galli peruenturam • et in eadem reuelatione ostensum est illi quod per martyrii gloriam ipsis paganis illam uulnerantibus sui laboris et certaminis praemia in cęlestis regni beatitudine percipere deberet •“.

[62] Vitae sanctae Wiboradae (wie Anm. 61), S. 84–87, Zitat: S. 84, S. 86.

Abstract

Martyrdom in ancient and medieval times connects to religious violence as martyrs testified to their religious faith by suffering physical pains or torture and finally their death. In early Christendom this applied to both sexes, since they were not subject to differing procedures. After the end of the persecutions, martyrdom continued to be attractive for the sake of imitating Christ in his passion. Gender mattered here, since male clerics were more likely to be able to satisfy their desire for martyrdom, for instance by preaching to non-Christians in order to convert them to Christendom. Female desire for martyrdom could be fulfilled by e. g. non-Christian violence against religious houses. If martyrdom in a literal sense failed it could be attained through a life of particularly intense and physically realised penance that was open to females and males alike. These issues are discussed by means of examples that include the Vitae of Ansgar of Bremen-Hamburg († 865) and Radegundis († 587).

Daniel Föller

Krieger ohne Ethik

Laienspiegel der Karolingerzeit und die Rechtfertigung militärischer Gewalt*

Einleitung: Eine kriegerische Theokratie

Für eine Erforschung des Verhältnisses von Religion und Gewalt, wie sie Dorothea Weltecke vorgeschlagen hat, stellen diejenigen Jahrhunderte in der Geschichte des westlichen Europas, die wir „Frühmittelalter" zu nennen gewohnt sind, eine doppelte methodische Herausforderung dar. Zum einen lassen sich nach derzeitigem Verständnis das Religiöse und das Politische in den christlichen Herrschaften jener Zeit und jener Region nicht wirklich voneinander trennen; diese Konvergenz reicht über die allgemeine Beobachtung hinaus, dass „Macht und Herrschaft [...] durch eine besondere Beziehung zwischen Herrscher und Gott legitimiert" wurden.[1] Vielmehr gab es unter dem Begriff „Kirche" (*ecclesia*) einen gemeinsamen Referenzrahmen, und die beiden Felder differenzierten sich erst im Laufe der Kirchenreformen des 11. Jahrhunderts stärker aus.[2] Welche Folgen das für eine Geschichte der religiösen Gewalt hat, wird noch zu erörtern sein. Zum anderen setzt die Quellenlage

* Für Johannes Fried zum 80. Geburtstag.

1 Vgl. Dorothea Weltecke: Bemerkungen zur Geschichte der religiösen Gewalt im Mittelalter. In: HZ 305 (2017), S. 621–652, hier: S. 629.

2 Für die fränkische Welt des 5. bis 10. Jahrhunderts vgl. pointiert Bernhard Jussen: Die Franken. Geschichte, Gesellschaft, Kultur. München 2014, S. 86–100. Zugespitzt auf das karolingische Europa, um das es hier gehen soll, vgl. Johannes Fried: Der karolingische Herrschaftsverband im 9. Jahrhundert zwischen „Kirche" und „Königshaus". In: HZ 235 (1982), S. 1–43; Mayke de Jong: The State of the Church. Ecclesia and Early Medieval State Formation. In: Walther Pohl/Veronika Wieser (Hg.): Der frühmittelalterliche Staat. Europäische Perspektiven. Wien 2009, S. 245–254; dies.: „Ecclesia" and the Early Medieval Polity. In: Stuart Airlie u. a. (Hg.): Staat im frühen Mittelalter. Wien 2006, S. 113–126; Steffen Patzold: Das theokratische Argument im Frankenreich der Karolingerzeit (8./9. Jahrhundert). In: Kai Trampedach/Andreas Pecar (Hg.): Theokratie und theokratischer Diskurs. Die Rede von der Gottesherrschaft und ihre politisch-sozialen Auswirkungen im interkulturellen Vergleich. Tübingen 2013, S. 279–300. Auch Karl Ubl: Karl der Große und die Rückkehr des Gottesstaates. In: HZ 301 (2015), S. 374–390, weist in seiner Sammelrezension von vier Büchern

https://doi.org/10.1515/9783110773781-006

dem geforderten genauen Blick auf die diskursiven Kontexte sowie auf die an Gewalthandlungen beteiligten Personen und Gruppen deutliche Grenzen. Meist ist nur die nachträgliche, oft sehr viel später entstandene erzählerische Bewältigung durch eine der Konfliktparteien erhalten. Die Perspektive der unmittelbar Beteiligten fehlt häufig, ebenso wie die Kenntnis um den genauen Ablauf der Ereignisse.[3]

Eine Möglichkeit, um der letztgenannten Herausforderung zu begegnen, führt über die Auseinandersetzung mit der ersten. Wenn sich der situative Kontext von Gewalthandlungen nicht mehr in ausreichend hoher Auflösung betrachten lässt, um deren religiöse Rahmung zu erkennen, dann kann der Blick auf die generelle Konzeptualisierung von Krieg und Gewalt in der untersuchten Gesellschaft ein Ausweg sein. Gerade vor dem 11. Jahrhundert war dieser Diskurs in Westeuropa unweigerlich eine Domäne der politischen Theologie. Diese Idee liegt dem folgenden Beitrag zugrunde. Sein Thema ist die religiöse Rahmung für die Ausübung oder plausible Androhung von Waffengewalt im karolingischen Europa, wie sie von der politischen Theologie des 8. und 9. Jahrhunderts formuliert wurde. Da es sich um ein intensiv erforschtes Feld handelt, wird das Thema im vorliegenden Aufsatz auf eine weitgehend vernachlässigte Personengruppe zugespitzt: die männlichen Laien jenseits des Herrschers, also die eigentlichen Gewaltakteure.

Ehe Frage und Vorgehen präziser formuliert werden können, sind zunächst einmal einige Grundkonstellationen dieses Diskurses vorzustellen. Die erste betrifft die Ambivalenz zwischen dem christlichen Friedensgebot und einer endemisch Krieg führenden „society organised by war", als die man die karolingischen Herrschaften ansehen muss.[4] Dass die militärischen Realitäten keineswegs die pazifisti-

namhafter deutscher Forscher über Karl „den Großen" zum Gedenkjahr 2014 auf dieses Konzept als verbindendes Element hin.

3 Werke wie Nithard: Histoire des fils de Louis le Pieux. Hg. von Philippe Lauer. Paris 2012, die aus der Feder eines Beteiligten stammen, sind ausgesprochen selten. Zum geistigen Hintergrund Nithards (gestorben 845), eines Neffen Ludwigs „des Frommen" und bedeutenden Laienabtes, vgl. allgemein Stuart Airlie: The World, the Text and the Carolingian. Royal, Aristocratic and Masculine Identities in Nithard's „Histories". In: Patrick C. Wormald/Janet L. Nelson (Hg.): Lay Intellectuals in the Carolingian World. Cambridge 2007, S. 51–76; zu seiner Rolle als „Militärschriftsteller" vgl. Bernard S. Bachrach/David S. Bachrach: Nithard as a Military Historian of the Carolingian Empire, c. 833–843. In: Francia 44 (2017), S. 29–56. Eine absolute Ausnahme stellt die Schlacht von Fontenoy am 25. Juni 841 dar, die nicht nur Nithard als Augenzeuge beschrieb, sondern noch ein Kämpfer der Gegenseite, Angilbert, in einem Gedicht verarbeitete. Für eine Konfrontation der beiden Narrative vgl. Martin Clauss: Die Schlacht als narratives Konstrukt. 841: Zweimal Fontenoy. In: Marian Füssel (Hg.): Kulturgeschichte der Schlacht. Paderborn 2014, S. 53–78. Selbst in diesem Fall ist der Ablauf der Kämpfe nicht klar zu rekonstruieren.

4 Das Zitat nach Timothy Reuter: Carolingian and Ottonian Warfare. In: Maurice Hugh Keen (Hg.): Medieval Warfare. A History. Oxford 1999, S. 13–35, hier: S. 13. Es ist eine Anlehnung an den Titel von James F. Powers: A Society Organized for War. The Iberian Municipal Militias in the Central

sche Seite der christlichen Glaubenslehre verdrängten, zeigt sich an der Buße. Konsequent wurde selbst in einem religiös gerahmten Krieg das Töten als Sünde begriffen und musste abgebüßt werden, wenn auch mit geringen Bußstrafen.[5] Zwar gab es immer wieder Ausnahmen von dieser Regel, sie blieben aber im normativen Diskurs bis ins 11./12. Jahrhundert Randphänomene.[6] Vor diesem Hintergrund ist es nur folgerichtig, dass den religiösen Spezialisten die Ausübung von Waffengewalt – sei es gegen Menschen oder Tiere – und sogar das bloße Tragen von Waffen verboten waren.[7] Aber auch hier sind Ambivalenzen festzustellen. Kleriker nahmen keineswegs nur als Seelsorger und Zelebranten an Kriegszügen teil, wie es das Kirchenrecht vorsah, sondern stellten selbst Truppen auf und führten diese teilweise sogar persönlich an, auch wenn individuelle Gewalthandlungen durch Geistliche selten gewesen zu sein scheinen.[8] Der Vorwurf der Gewalttätigkeit war spätestens seit den Kirchenreformen des Bonifatius (gestorben 754/755) in den 740er-Jahren

Middle Ages, 1000–1284. Berkeley 1988. Es sei hier statt einer uferlosen Materialschau zur Militärgeschichte der Karolingerzeit nur auf den Umstand verwiesen, dass in den königsnahen Geschichtswerken rechtfertigende Bemerkungen über Jahre auftauchen, in denen der Herrscher keinen Kriegszug unternahm; vgl. Thomas Scharff: Die Kämpfe der Herrscher und der Heiligen. Krieg und historische Erinnerung in der Karolingerzeit. Darmstadt 2002, S. 109–113.

5 Für den normativen Diskurs vgl. etwa Karl Joseph Leyser: Warfare in the Western European Middle Ages. The Moral Debate. In: ders./Timothy Reuter (Hg.): Communications and Power in the Middle Ages. Bd. 2: The Gregorian Revolution and Beyond. London 1994, S. 189–203; Raymund Kottje: Die Tötung im Krieg als rechtliches und moralisches Problem im früheren und hohen Mittelalter (7.–12. Jahrhundert). In: Hans Becker (Hg.): Krieg in Mittelalter und Renaissance. Düsseldorf 2005, S. 17–39. Die vollständigen Belege aus den karolingerzeitlichen Bußbüchern habe ich versammelt in Daniel Föller: Büßen als Bewältigungsstrategie für Kombattanten im karolingischen Europa. Kommentar zu Stefan Burmeister. In: Ferdinand Sutterlüty u. a. (Hg.): Narrative der Gewalt. Interdisziplinäre Analysen. Frankfurt a. M. 2019, S. 231–240.

6 Am Beispiel der kanonistischen Rezeption der Paenitentialien des Hrabanus Maurus (gestorben 856), der solche Vorstöße heftig bekämpfte, zeigt dies Raymund Kottje: Die Bußbücher Halitgars von Cambrai und des Hrabanus Maurus. Berlin 1980, S. 244. Allgemeiner bereits Carl Erdmann: Die Entstehung des Kreuzzugsgedankens. Stuttgart 1935 (ND: Darmstadt 1980), S. 13–16.

7 Zu dem sehr stabilen normativen Diskurs vgl. Friedrich Prinz: Klerus und Krieg im frühen Mittelalter. Untersuchungen zur Rolle der Kirche beim Aufbau der Königsherrschaft. Stuttgart 1971, S. 1–36; Hubertus Lutterbach: Die für Kleriker bestimmten Verbote des Waffentragens, des Jagens sowie der Vogel- und Hundehaltung. In: ZKG 109 (1998), S. 149–166; Boris Gübele: Deus vult, Deus vult. Der christliche heilige Krieg im Früh- und Hochmittelalter. Ostfildern 2018, S. 119–123.

8 Prinz: Klerus (wie Anm. 7) postuliert eine zunehmende Militarisierung seit der Herrschaft Karls „des Großen“ (regierte 768–814). Vgl. auch Janet L. Nelson: The Church’s Military Service in the Ninth Century. A Contemporary View? In: SCH 20 (1983), S. 15–30. Gübele: Deus (wie Anm. 7), S. 123–138, kritisiert zu Recht Prinz’ Tendenz, Quellenaussagen mehr als Tatsachenbeschreibungen denn als Diskursreste zu betrachten.

ein wirksames Mittel zur Diskreditierung klerikaler Gegner, was bei aller Widersprüchlichkeit der Praxis doch die Gültigkeit der Normen aufzeigt.[9]

Ein wesentlicher Aspekt des religiös-politischen Rahmens im karolingischen Europa war die Sakralisierung des Herrschers. Diese Tradition existierte bereits in spätantiken und poströmischen Herrschaftsgebilden. Nach der Usurpation des fränkischen Königtums durch Pippin „den Jüngeren“ (gestorben 768) 751/752 wurde sie allerdings erheblich intensiviert und fortentwickelt, wohl als Folge eines verstärkten Legitimationsbedürfnisses des neuen Herrschers. Dies schloss auch die militärische Funktion des Herrschers mit ein. Am deutlichsten wird dies in einer der wichtigsten politischen Performanzen der karolingerzeitlichen *ecclesia*-Politie: der Liturgie. Messtexte, im Rahmen des Gottesdienstes vorgetragene Preisgedichte und sogar Bildprogramme in Gebetbüchern verbanden die Sphären des Militärischen und des Göttlichen in der Person des Herrschers.[10] Dies ging so weit, dass dessen Waffen als die „Waffen Christi“ bezeichnet wurden.[11] Auch theoretische

[9] Vgl. etwa den Brief des Papstes Zacharias (gestorben 752) an Bonifatius, in dem er diesen anwies, „irgendwelche Bischöfe, Priester oder Diakone“, die „Blut von Christen oder Heiden vergossen haben […] kraft apostolischer Vollmacht“ abzusetzen. Lateinischer Text bei: Papst Zacharias beantwortet die Mitteilungen und Anfragen des Bonifatius. In: Die Briefe des heiligen Bonifatius und Lullus. Hg. von Michael Tangl (MGH Epp. sel. 1). Berlin 1916, Nr. 51, S. 86–92, hier: S. 87 f.; Übersetzung nach Reinhold Rau (Hg.): Briefe des Bonifatius, Willibalds Leben des Bonifatius nebst einigen zeitgenössischen Dokumenten. Darmstadt 1968, S. 151, S. 153. Ein jüngeres Beispiel ist Bischof Hinkmar von Laon (Bischof 858–871), bei dessen Absetzung seine Aktivität als „Warlord“ eine wesentliche Rolle spielte; vgl. Charles West: Lordship in Ninth-Century Francia. The Case of Bishop Hincmar of Laon and his Followers. In: P & P 226 (2015), S. 3–40.

[10] Vgl. Michael McCormick: The Liturgy of War in the Early Middle Ages. Crisis, Litanies and the Carolingian Monarchy. In: Viator 15 (1984), S. 1–23; ders.: Eternal Victory. Triumphal Rulership in Late Antiquity, Byzantium, and the Early Medieval West. Cambridge 1987, S. 362–383; David S. Bachrach: Religion and the Conduct of War, c. 330–1215. Woodbridge 2003, S. 33–43. Zu den Preisgedichten vgl. Scharff: Kämpfe (wie Anm. 4), S. 53–86. Zu den Herrscherbildern vgl. etwa Elizabeth Sears: Louis the Pious as „miles Christi“. The Dedicatory Image in Hrabanus Maurus's „De laudibus sanctae crucis“. In: Peter Godman/Roger Collins (Hg.): Charlemagne's Heir. New Perspectives on the Reign of Louis the Pious. Oxford 1990, S. 605–628, zu einem Bild von Kaiser Ludwig „dem Frommen“ von circa 825. Allerdings gab es vergleichbare Darstellungen schon früher, etwa um 800 auf dem Vorsatzblatt der Handschrift Wolfenbüttel, Herzog August Bibliothek, Cod. 496a Helmst.; vgl. Hubert Mordek: Frühmittelalterliche Gesetzgeber und Iustitia in Miniaturen weltlicher Rechtshandschriften. In: La giustizia nell'alto medioevo, secoli V–VIII. Spoleto 1995, S. 997–1052, hier: S. 1018–1022. Zu Herrscherbildern in späteren Handschriften vgl. Ildar H. Garipzanov: The Symbolic Language of Authority in the Carolingian World (c. 751–877). Leiden 2008, S. 235–259.

[11] So im Intext der Herrscherdarstellung Karls „des Kahlen“ (823–877) im „Codex Aureus“ von St. Emmeram (München, Bayerische Staatsbibliothek, Clm 14000, fol. 5v), einem Evangeliar aus der westfränkischen Hofschule von circa 870: „Arma tibi faveant Christi stabilitate per aevum. / Muniat et clypeus semper ab hoste suus.“

Texte wie etwa die Fürstenspiegel, in denen die Aufgaben des Herrschers aus theologischer Perspektive diskutiert wurden, befassten sich intensiv mit dessen militärischer Aktivität.[12] Verdichtet findet sich dieser Zusammenhang im abschließenden Gebet einer weitverbreiteten „Missa pro regibus" formuliert, deren Text vor 790 entstand: „Gott, [...] strecke deinen Dienern, diesen unseren Herrschern, himmlische Waffen entgegen, damit der Friede der Kirchen von keinem Sturm der Kriege gestört werde."[13]

Die Sicherung des Friedens für die *ecclesia* war aber weit mehr als nur eine Gebetsformel für die Messe. Vielmehr handelt es sich um das zentrale Rechtfertigungsnarrativ für die militärische Aktivität des Herrschers, und zwar längst nicht nur dann, wenn es sich bei den Gegnern um Nichtchristen oder „falsche" Christen handelte.[14] Wie so etwas konkret aussah, soll anhand der Begründung für den Aquitanienkrieg des schon erwähnten Frankenkönigs (und Usurpators) Pippin „des Jüngeren" in den 760er-Jahren verdeutlicht werden, über die es einen zeitgenössischen Bericht aus dem Umfeld des Königs gibt.[15] „Nachdem das Land zwei Jahre ohne Krieg gewesen war", so der Fortsetzer der „Chronik des (Pseudo-)Fredegar", schickte Pippin 760 eine Gesandtschaft zu dem aquitanischen Herrscher Waifar, die ihn unter anderem aufgefordert habe, „dass er die Güter der Kirchen seines [Pippins; Anmerkung des Verfassers] Herrschaftsbereichs, die in Aquitanien gelegen waren, zurückgebe und sie, wie es früher gewesen war, unter dem Rechtstitel der Immunität erhalte". Als Waifar diese Forderungen zurückwies, „brachte König Pippin gegen seinen Willen gezwungenermaßen von überall her ein Heer zusammen" und begann einen Krieg, der 768 mit der Ermordung Waifars und der vollständigen Eroberung Aquitaniens endete.[16] Dieses Beispiel zeigt: Selbst Angriffs-

[12] Allgemein vgl. Hans Hubert Anton: Fürstenspiegel und Herrscherethos in der Karolingerzeit. Bonn 1968; spezifischer auf den Krieg zugespitzt vgl. Scharff: Kämpfe (wie Anm. 4), S. 15–29.

[13] „Deus [...] praetende famulis tuis, illis principibus nostris, arma caelestia, ut pax aecclesiarum nulla turbetur tempestate bellorum." Text nach Garipzanov: Language (wie Anm. 10), S. 329; Überlegungen zum politischen Gehalt des Messtextes vgl. ebd., S. 58–68.

[14] Zur karolingerzeitlichen Friedensrhetorik und ihren Medien vgl. Paul J. E. Kershaw: Peaceful Kings. Peace, Power and the Early Medieval Political Imagination. Oxford 2011, S. 132–240; Rachel Stone: Morality and Masculinity in the Carolingian Empire. Cambridge 2012, S. 77–82. Zu den Begründungsmustern vgl. ebd., S. 72–77.

[15] Zu Verfasser beziehungsweise Auftraggeber und Datierung vgl. Roger Collins: Die Fredegar-Chroniken. Hannover 2007, S. 82–92.

[16] Das Zitat nach Chronicarum quae dicuntur Fredegarii Scholastici libri IV cum Continuationibus. Bearb. von Bruno Krusch. In: Fredegarii et aliorum chronica. Vitae sanctorum. Hg. von dems. (MGH SS rer. Merov. 2). Hannover 1888, S. 1–193, hier: Continuationes, Kap. 41, S. 186: „His itaque gestis, et duobus annis cum terra cessasset a preliis, praedictus rex Pippinus legationem ad Waiofario Aquitanico principe mittens, petens ei per legatos suos, ut res ecclesiarum de regno ipsius, qui in Aquitania sitas erant, redderet, et sub immunitates nomine, sicut ab antea fuerant, conser-

kriege gegen andere Christen konnten religiös gerahmt werden, und es überrascht kaum, wenn Siege in einem solchen Kontext als Gottesurteile überhöht wurden.[17] Jeder vom Herrscher angeführte, angeordnete oder auch nur genehmigte Krieg hatte in der karolingischen *ecclesia*-Politie eine solche religiöse Komponente.[18]

Die große Menge und Vielfalt an Materialien hat zur Folge, dass die geschichtswissenschaftliche Forschung zur karolingerzeitlichen Kriegskultur sich stark auf den Herrscher konzentriert. Außen vor bleiben dabei jedoch die eigentlichen Kombattanten. Sozial- wie militärgeschichtlich lassen sie sich nur schwer fassen,[19] allerdings macht die Beschränkung auf die zeitgenössische politische Theologie die Dinge einfach: Unterschieden wurden allgemein Kleriker und Laien;[20] da Klerikern die Beteiligung an Kampfhandlungen verboten war, konnten innerhalb dieser Vorstellungswelt nur Laien Kombattanten sein; und da dem Herrscher eine Sonderstel-

vatas esse deberent [...]. Haec omnia Waiofarius, quod praedictus rex per legatos suos mandaverat, hoc totum facere contempsit. Igitur Pippinus rex invitus coactatus, undique contraxit exercitum et partibus Aquitanie [...] accessit." Übersetzung (mit leichten Abweichungen) nach Herbert Haupt (Übers.): Die Fortsetzungen der Chroniken des sogenannten Fredegar. In: Andreas Kusternig/ders. (Hg.): Quellen zur Geschichte des 7. und 8. Jahrhunderts. Darmstadt 1982, Kap. 41, S. 309. Die späteren Quellen folgen diesem Narrativ, vgl. für ihre Zusammenstellung Johann Friedrich Böhmer (Hg.): Die Regesten des Kaiserreichs unter den Karolingern 751–918. Bearb. von Engelbert Mühlbacher und Johann Lechner. Innsbruck [2]1908 [im Folgenden angegeben als: RI I], Nr. 92a, S. 46. Zuletzt zum Aquitanienkrieg vgl. Adrien Bayard: „Prendre villes et places fortes, les ramener en son pouvoir selon le droit de guerre". La violence durant les campagnes d'Aquitaine (760–768). In: Hypothèses 16 (2012), S. 301–313, und Daniel Föller: Taking Fortresses in Aquitaine. The Semantics of Conflict in the Historiographical Record of the Carolingian Conquest, 760–769 CE. In: Svend Hansen/Rüdiger Krause (Hg.): Materialisierung von Konflikten. Beiträge der Dritten Internationalen LOEWE-Konferenz vom 24. bis 27. September 2018 in Fulda. Bonn 2019, S. 323–345.

17 Vgl. Rudolf Schieffer: „Iudicium Dei". Kriege als Gottesurteile. In: Klaus Schreiner (Hg.): Heilige Kriege. Religiöse Begründungen militärischer Gewaltanwendung: Judentum, Christentum und Islam im Vergleich. München 2008, S. 219–228, hier: S. 219 f., S. 223 f., S. 226–228 mit Referenzen.

18 Vgl. Stone: Morality (wie Anm. 14), S. 72–77, S. 113.

19 Vgl. die jüngsten Versuche von Rafael Wagner: Schwertträger und Gotteskrieger. Untersuchungen zur frühmittelalterlichen Kriegergesellschaft Alemanniens. Zürich 2019, S. 39–292 mit einer regionalgeschichtlichen Herangehensweise, und Christoph Haack: Die Krieger der Karolinger. Kriegsdienste als Prozesse gemeinschaftlicher Organisation um 800. Berlin/Boston 2020 aus der Perspektive der Militärorganisation. Für einen ausführlichen und kritischen Forschungsbericht vgl. Haack: Krieger (diese Anm.), S. 10–110.

20 Vgl. etwa Rachel Stone: „In What Way Can Those Who Have Left the World Be Distinguished?". Masculinity and the Difference between Carolingian Men. In: Cordelia Beattie/Kirsten A. Fenton (Hg.): Intersections of Gender, Religion and Ethnicity in the Middle Ages. Basingstoke 2010, S. 12–33; Unterschiede wie Ähnlichkeiten diskutiert Michel Sot: Concordances et discordances entre culture des élites laïques et culture des élites cléricales à l'époque carolingienne. Jonas d'Orléans et Dhuoda. In: François Bougard u. a. (Hg.): La culture du haut Moyen Âge, une question d'élites? Actes de la rencontre de Cambridge des 6, 7 et 8 septembre 2007. Turnhout 2009, S. 341–361.

lung zukam, ist er auszusparen. Welche religiöse Rahmung, so die Leitfrage des vorliegenden Aufsatzes, bot also die politische Theologie für die militärische Aktivität von Laien? Als Quellengrundlage eignet sich besonders diejenige Textgruppe, in der sich die ausführlichsten Reflexionen zur Rolle der Laien innerhalb der *ecclesia*-Politie finden: die Laienspiegel, mit denen Laien zu einem gottgefälligen Leben angeleitet werden sollten.[21] Vier von ihnen haben sich aus dem späten 8. und der ersten Hälfte des 9. Jahrhunderts erhalten.[22] Der ausführlichste von diesen wird hier exemplarisch auf die formulierte Frage hin untersucht, im breiteren Diskurs der politischen Theologie verortet und in den Kontext der politischen Kultur gestellt. In einem zweiten Schritt erfolgt die Analyse der politisch-militärischen Biografie seines Adressaten, eines Kombattanten, um das Verhältnis von politischer Theorie und politischem Handeln zu beleuchten.

Ein Bischof belehrt einen Grafen

„Kürzlich habe ich von Deiner Entschlossenheit einen Brief erhalten, in dem Du mich Geringen dazu aufgefordert hast, dass ich Dir sehr schnell und kurz schreiben solle, wie es für Dich und andere, die durch das Band der Ehe gebunden sind, mög-

[21] Zur Textgattung gibt es eine ganze Reihe von Reflexionen. Auf einer Auswertung aller Quellentexte und ausführlicher Forschungsdiskussion beruht Franz Sedlmeier: Die laienparänetischen Schriften der Karolingerzeit. Untersuchungen zu ausgewählten Texten des Paulinus von Aquileia, Alkuins, Jonas von Orléans, Dhuodas und Hinkmars von Reims. Neuried 2000, S. 10–24. Vgl. aber auch die jüngeren Beiträge Raffaele Savigni: Les laïcs dans l'ecclésiologie carolingienne. Normes statutaires et idéal de „conversion". In: Michel Lauwers (Hg.): Guerriers et moines. Conversion et sainteté aristocratiques dans l'Occident médiéval (IXe–XIIe siècle). Antibes 2002, S. 41–92; ders.: La direzione spirituale dei laici in età carolingia. In: Giovanni Filoramo/Sofia Boesch Gajano (Hg.): Storia della direzione spirituale. Bd. 2: L'età medievale. Brescia 2010, S. 235–251; Stone: Morality (wie Anm. 14), S. 36–42; Andrew Romig: Be a Perfect Man. Christian Masculinity and the Carolingian Aristocracy. Philadelphia 2017, S. 39–42. Alain Dubreucq: La littérature des specula. Délimitation du genre, contenu, destinataires et réception. In: Michel Lauwers (Hg.): Guerriers et moines. Conversion et sainteté aristocratiques dans l'Occident médiéval (IXe–XIIe siècle). Antibes 2002, S. 17–39, hier: S. 17–23, lehnt eine Differenzierung in Herrscher- und Laienspiegel ab.

[22] Im Gegensatz zu Sedlmeier: Schriften (wie Anm. 21), S. 16 f., und Stone: Morality (wie Anm. 14), S. 36, rechne ich die Schrift „De cavendis vitiis et virtutibus exercendis" Hinkmars von Reims nicht zu den eigentlichen Laienspiegeln, da ihr Adressat der westfränkische König Karl „der Kahle" ist, selbst wenn der Text von der Charakteristik anderer Herrscherspiegel abweicht und – mit Rachel Stones Worten – „discusses general moral behaviour, rather than demands specific to rulers". Zur Abgrenzung zwischen den beiden Textsorten vgl. ausführlicher Rachel Stone: Kings are Different. Carolingian Mirrors for Princes and Lay Morality. In: Frédérique Lachaud/Lydwine Scordia (Hg.): Le prince au miroir de la littérature politique de l'Antiquité aux Lumières. Mont-Saint-Aignan 2007, S. 69–86.

lich ist, ein gottgefälliges Leben zu führen.“[23] Mit diesen Worten beginnt Jonas, seit Sommer 818 Bischof von Orléans, sein umfangreiches Werk zur moralischen Anleitung von Laien. Es ist heute unter dem Titel bekannt, den es seit dem 15. Jahrhundert trägt: „De institutione laicali“.[24] Jonas scheint der Aufforderung des entschlossenen Ehemannes rasch nachgekommen zu sein – es wird allgemein angenommen, dass er das Werk kurz nach seinem Amtsantritt geschrieben und irgendwann nach 828 eine umfangreiche Bearbeitung vorgenommen habe.[25] Dass ihm eine solche Geschwindigkeit der Textproduktion möglich war, lag nach derzeitigem Forschungsstand an einem umfassenden Dossier zum Thema, das er bereits vor seinem Aufstieg ins Bischofsamt zusammengestellt hatte und auf das er noch zu verschiedenen anderen Gelegenheiten zurückgriff. Das Thema hatte für ihn also bereits in der Luft gelegen, die konkrete Anfrage war nur der Anlass zur Niederschrift.[26]

Jonas war nicht irgendein Bischof, sondern einer der führenden politischen Intellektuellen der 820er- und 830er-Jahre.[27] Das zeigt sich schon an seiner politischen Aktivität: Er nahm mehrfach federführend an wichtigen Bischofsversammlungen teil, war als Gesandter für Kaiser Ludwig „den Frommen“ unterwegs, fungierte als

[23] „Tuae nuper strenuitatis litteras suscepi, quibus meam extremitatem commonefecisti, ut tibi citissime et quam breuissime scriberem qualiter te ceterosque qui uxorio uinculo ligantur, uitam Deo placitam ducere oporteret.“ Lateinischer Text nach Jonas d’Orléans: Instruction des laïcs. Bd. 1: Livres I–II,16. Hg. von Odile Dubreucq. Paris 2012, S. 120. Übersetzung durch den Verfasser, wie auch bei allen folgenden lateinischen Zitaten, wenn nicht anders angegeben.

[24] Zum Titel vgl. Odile Dubreucq: Introduction. In: ebd., S. 33–116, hier: S. 43 f.

[25] Zu Textgeschichte und Datierung vgl. ebd., S. 88–102; ältere Arbeiten sind übersichtlich zusammengefasst bei Sedlmeier: Schriften (wie Anm. 21), S. 200–208; der jüngste Beitrag ist Francesco Veronese: Contextualizing Marriage. Conjugality and Christian Life in Jonas of Orléans’ *De institutione laicali*. In: EME 23 (2015), S. 436–456, hier: S. 438–440.

[26] Vgl. zusammenfassend Sedlmeier: Schriften (wie Anm. 21), S. 202–205, S. 208. Die Editorin des Textes, Odile Dubreucq, geht sogar von einem schon weitgehend komponierten Text aus, den sie als „Redaktion ω“ bezeichnet; vgl. Dubreucq: Introduction (wie Anm. 24), S. 101. Eine weitere Handschrift, die eine offenbar von Jonas um 830 zusammengestellte Materialsammlung kopierte, aber wohl nicht dieser Vorlage des „De institutione laicali“ entspricht, ist Paris, Bibiothèque Nationale de France, Ms. nouv. acqu. lat. 1632; zu ihr und ihren intertextuellen Bezügen vgl. Steffen Patzold: Episcopus. Wissen über Bischöfe im Frankenreich des späten 8. bis frühen 10. Jahrhunderts. Ostfildern 2008, S. 202–204 (mit zahlreichen Referenzen), sowie Bernhard Bischoff: Katalog der festländischen Handschriften des neunten Jahrhunderts (mit Ausnahme der wisigotischen). Aus dem Nachlass herausgegeben von Birgit Ebersperger. Bd. 3: Padua–Zwickau. Wiesbaden 2014, Nr. 5110, S. 244.

[27] Den jüngsten Überblick, allerdings mit großen Lücken, gibt Franceso Veronese: Jonas of Orléans. In: Philip L. Reynolds (Hg.): Great Christian Jurists and Legal Collections in the First Millennium. Cambridge 2019, S. 413–428. Vgl. zu seiner Biografie außerdem noch Dubreucq: Introduction (wie Anm. 24), S. 33–43; knapp Philippe Depreux: Prosopographie de l’entourage de Louis le Pieux (781–840). Sigmaringen 1997, Nr. 178, S. 276 f.

juristischer Vermittler für große Klöster und beteiligte sich 834 sogar an einem Feldzug.[28] Wirklich deutlich wird seine Relevanz aber an seinen Schriften, die allesamt einen politischen Hintergrund haben:[29] Eine Abhandlung über die Bilderverehrung entstand im Auftrag Ludwigs „des Frommen" und sollte als Argumentationshilfe im Konflikt mit oströmischen und italischen Theologen dienen;[30] eine Überarbeitung der Vita eines heiligen Bischofs, Hu(c)bertus von Lüttich (gestorben 727), setzte sich so grundsätzlich mit dem Bischofsamt auseinander, dass sie von der Forschung als regelrechter „Bischofsspiegel" betrachtet wird;[31] und neben dem „De institutione laicali" schrieb er einen weiteren paränetischen Text für einen hochrangigen Laien, diesmal den Kaisersohn Pippin (797–838), der König in Aquitanien war.[32] Hinzu kommen zentrale Synodalbeschlüsse aus seiner Feder, also Texte, in denen der theoretische Rahmen der *ecclesia*-Politie definiert wurde; Jonas

[28] Nach Depreux: Prosopographie (wie Anm. 27), Nr. 178, S. 276 f., und Jonas d'Orléans: Instruction 1 (wie Anm. 23), S. 35–42, nahm Jonas an folgenden Versammlungen teil: Paris 825, Paris 829, Saint-Denis 832, Thionville 835, Aachen 836, Quierzy 838. Für die Versammlungen vgl. Wilfried Hartmann: Die Synoden der Karolingerzeit im Frankenreich und in Italien. Paderborn u. a. 1989, S. 168–171, S. 179–187, S. 189–195; für Jonas' „conciliar activity" vgl. Veronese: Jonas (wie Anm. 27), S. 422–427, der allerdings nur auf die Konzilien in Paris 825 und 829 näher eingeht; für Jonas' Beteiligung an der großen Reformsynode 829 vgl. noch ausführlich Patzold: Episcopus (wie Anm. 26), S. 149–168. Zu Jonas' Beteiligung an einem Feldzug 834 vgl. im vorliegenden Beitrag, S. 125 f. mit Anm. 137.

[29] Die bislang einzige synthetische Darstellung von Jonas' Konzeption der *ecclesia* ist Raffaele Savigni: Giona di Orléans. Una ecclesiologia carolingia. Bologna 1989.

[30] Der Text: Jonae [= Jonas Aurelianensis]: De cultu imaginum. In: Jean-Paul Migne (Hg.): Patrologia Latina. Bd. 106. Paris 1864, Sp. 305–388. Zu Entstehung, Inhalt und Kontext ausführlich vgl. Thomas F. X. Noble: Images, Iconoclasm, and the Carolingians. Philadelphia 2009, S. 287–306; knapp vgl. Veronese: Jonas (wie Anm. 27), S. 423 f.

[31] Der Text: Jonas Aurelianensis: Vita secunda sancti Huberti et corporis ejus translatio ad monasterium Andaginense. Bearb. von Charles de Smedt. In: ders. u. a. (Hg.): Acta Sanctorum Novembris. Bd. 1. Paris 1887, S. 806–818. Zu Entstehung und politischer Aufladung vgl. Patzold: Episcopus (wie Anm. 26), S. 168–173; Gerda Heydemann: Text und Translation. Strategien zur Mobilisierung spiritueller Ressourcen im Frankenreich Ludwigs des Frommen. In: Richard Corradini (Hg.): Zwischen Niederschrift und Wiederschrift. Hagiographie und Historiographie im Spannungsfeld von Kompendienüberlieferung und Editionstechnik. Wien 2010, S. 301–334, hier: S. 307–322; Veronese: Jonas (wie Anm. 27), S. 418 f.

[32] Die Edition Jonas d'Orléans: Le métier de roi. De institutione regia. Introduction, texte critique, traduction, notes et index par Alain Dubreucq. Paris 1995 bietet in ihrer Einleitung (ebd., S. 43–136) die sicher besten Informationen zum Text. Vgl. für den diskursgeschichtlichen Kontext aber auch Patzold: Episcopus (wie Anm. 26), S. 199–202; Veronese: Jonas (wie Anm. 27), S. 420 f.

übernahm hierfür viele Gedanken und ganze Textpassagen direkt aus seinen anderen Werken, die somit in Teilen zu verbindlichen Normen wurden.[33]

Der Adressat von Jonas' Leitfaden für Laien war nicht weniger prominent. Die beiden ältesten Handschriften des „De institutione laicali" – wohl noch in den 820er-Jahren geschrieben – identifizieren klar den *comes* Matfrid von Orléans als diejenige Person, an die das Werk gerichtet war.[34] Bei ihm handelte es sich nicht nur um den wesentlichen militärischen wie juristischen Funktionsträger in Jonas' Diözese (und damit wohl den mächtigsten Magnaten der Region), vielmehr nahm Matfrid bis 828 – wie auch Jonas – eine zentrale Stellung im Umfeld des Kaisers ein und erfüllte in dessen Auftrag rechtliche, höfische und auch militärische Führungsaufgaben.[35] Jonas dachte aber größer: In seinem Vorwort schrieb er, er habe nicht nur „auf Deine Bitte hin dieses Werk zusammengestellt und Deiner Ergebenheit gewidmet, vielmehr durch Dich auch den anderen, deren Bemühen dahin geht, es mit Liebe aufzunehmen und mit frommer Hingabe zu durchdenken".[36] Explizit forderte er Matfrid dazu auf, den Text an andere weiterzugeben; sein Publikum sollten also alle Laien sein, wenngleich aus zahlreichen Bemerkungen deutlich wird, dass er sich in erster Linie an männliche Angehörige der Oberschicht wandte.[37]

[33] Für die wohl wichtigsten, die Akten des Konzils von Paris 829, vgl. Patzold: Episcopus (wie Anm. 26), S. 149–168. Veronese: Jonas (wie Anm. 27), S. 422–426, brachte den Prozess auf die Formel „morality becomes law".

[34] Köln, Dombibliothek, lat. 184, fol. 1v; Rom, Bibliotheca Apostolica Vaticana, Vat. lat. 990, fol. 1v. Zum Adressaten vgl. auch Dubreucq: Introduction (wie Anm. 24), S. 44–48.

[35] Die bis heute umfangreichste Arbeit zu Matfrids Biografie ist Philippe Depreux: Le comte Matfrid d'Orléans sous le règne de Louis le Pieux. In: BECh 152 (1994), S. 331–374. Seine politische Karriere wird im vorliegenden Beitrag weiter unten ausführlich besprochen.

[36] Jonas d'Orléans: Instruction 1 (wie Anm. 23), S. 124: „ad petitionem tuam hoc opus congessi et tuae deuotioni dedicaui, immo per te ceteris quibus studii fuerit, id cum caritate suscipere et pia deuotione amplecti".

[37] Zur Schlussfolgerung der Editorin vgl. ebd., S. 47 f.; für die einzelnen Stellen vgl., ebd., Kap. I.6, S. 176 f., zu den politischen Gründen für Patenschaften; Kap. I.7, S. 176 f., zur Praxis von *nobiles* bezüglich der Firmung; Kap. I.11, S. 222–225, zur Einrichtung privater Sakralräume; Kap. II.2; Kap. II.4, S. 338–341, S. 348–361, zu hierarchisch untergeordneten Frauen als Sexualpartnerinnen außerhalb der Ehe; Kap. II.5; Kap. II.11, S. 368 f., S. 406 f., zu *divitiae* und *genus* als Heiratsgrund; Kap. II.16, S. 450–461, zur spirituellen Verantwortung für die eigenen Untergebenen; ders.: Instruction des laïcs. Bd. 2: Livres II,17–III. Hg. von Odile Dubreucq. Paris 2013, Kap. II.22, S. 78 f., S. 88–91, Reflexion über irdische Ungleichheit; Kap. II.23, S. 90–105, zur Fürsorgepflicht für die Armen; Kap. II.24, S. 104–123, zum Umgang mit Besitz und eigener Richtertätigkeit; Kap. II.28 f., S. 170 f., zur Armenfürsorge und ihrem Missbrauch als „Loskauf" von Sünden; Kap. III.2, S. 196 f., zu prächtigen Kleidern als Zeichen des Hochmuts; Kap. III.5, S. 218–221, zu *honores* – also Ämter, Titel und Ländereien – und Rangfragen als Auslöser von Streitigkeiten; Kap. III.11, S. 270–279, zum Geiz der Reichen; Kap. III.14, S. 292 f., zu Krankenbesuchen bei Armen; Kap. III.15, S. 306 f., zu materiellen Unterschieden bei Bestattungen. Veronese: Marriage (wie Anm. 25), S. 447–451, identifiziert das

Obwohl der heute gebrauchte Titel von Jonas' Werk deutlich nachzeitig ist, reflektiert dieser doch dessen zentrale Konzepte und sogar den Sprachgebrauch des Autors. Wieder finden sich im Vorwort die spezifischsten Aussagen: Parallel zur „kanonischen und monastischen *institutio*", also den bereits ausformulierten christlichen Verhaltensregeln für Kleriker, sei in den heiligen Texten und deren Auslegung auch die „institutio laicalis" enthalten, allerdings „verstreut", sodass man dafür „die weiten Felder der göttlichen Schriften durchstreifen" müsse. Da dies nicht jeder leisten könne, habe Jonas die wichtigsten Aussagen zusammengestellt.[38] Der Autor zeigt so die Diskursstruktur auf, die seinem Text zugrunde liegt: die Ableitung umfassender Vorschriften aus Bibelworten und den Schriften der Kirchenväter.[39] Der Anspruch seines Werkes besteht also darin, ein allgemein verbindliches Regelwerk für die Laien zu schaffen, analog zu den Regeln für Kanoniker und Mönche, die in einem aufwändigen Reformprozess zwischen 816 und 819 auf mehreren Konzilien festgelegt worden waren.[40]

Auch wenn Jonas' Anspruch auf Allgemeingültigkeit besonders gewesen sein mag, so bewegte er sich doch innerhalb eines etablierten Genres. Bereits in den Jahren um 800 waren zwei ähnliche Werke entstanden, deren Adressaten-Autoren-Konstellation – ein bedeutender Intellektueller schrieb für einen hochrangigen Laien – identisch war.[41] 841 bis 843 sollte noch das „Handbuch" der Magnatin Dhuoda

Publikum spezifischer als die Gruppe der *comites*, was mir etwas zu eng erscheint, da auch andere männliche Mitglieder der Führungsschicht vergleichbare Aufgaben erfüllten, ohne den Titel eines *comes* zu führen. Weitgehend ausgeblendet ist der soziale Status der Adressaten in der Definition von Sedlmeier: Schriften (wie Anm. 21), S. 23 f.

38 Jonas d'Orléans: Instruction 1 (wie Anm. 23), S. 124: „e quibus [den von den Kirchenvätern aus den heiligen Texten gewonnenen *salutiferae formulae*; Anm. des Verfassers] etiam consistit Christoque deuote famulatur canonica atque monastica constitutio. Porro laicalis, licet in diuinis eloquiis sparsim sit digesta, propter eos tamen quibus aut cordi aut posse non est latos diuinarum Scripturarum campos percurrere, utile dignumque iudicatum est in hoc negotio tuae beniuolae petitioni adsensum praebere et sententias, ut dictum est, Veteris Nouique Testamentum et sanctorum Patrum dicta excerpere".

39 Zu Quellen und Arbeitsweise vgl. ebd., S. 68–82; Sedlmeier: Schriften (wie Anm. 21), S. 224–258.

40 Für diese Parallelisierung vgl. zuletzt Veronese: Jonas (wie Anm. 27), S. 419; einen genauen Bericht über die ältere Forschung zu dieser Parallele gibt Sedlmeier: Schriften (wie Anm. 21), S. 204 f., S. 207 f. Zu den „Aachener Reformen" vgl. Egon Boshof: Ludwig der Fromme. Darmstadt 1996, S. 108–128; Dieter Geuenich: Kritische Anmerkungen zur sogenannten „anianischen Reform". In: Dieter R. Bauer u. a. (Hg.): Mönchtum, Kirche, Herrschaft 750–1000. Josef Semmler zum 65. Geburtstag. Sigmaringen 1998, S. 99–112; Steffen Patzold: Ich und Karl der Große. Das Leben des Höflings Einhard. Stuttgart 2014, S. 111–117.

41 Es handelt sich um den „Liber exhortationis" des Paulinus von Aquileia (circa 796/799) und Alkuins „De virtutibus et vitiis" (circa 801/804). Zu den Entstehungskonstellationen vgl. Stone: Morality (wie Anm. 14), S. 1 f., S. 37 f.; Yves-Marie Duval: Paulin d'Aquilée et le duc Éric. Des clercs et moines aux laïcs et des laïcs aux clercs et moines. In: Mario Mirabella Roberti (Hg.): Aquileia e le

für ihren Sohn folgen.[42] Neben der Initiative, die zumindest bei den älteren drei Werken von den laikalen Adressaten ausging, deuten mehrere Handschriften im Besitz hochrangiger Laien darauf hin, dass diese Texte auch tatsächlich von den Personen rezipiert wurden, für die sie bestimmt waren.[43] Die Laienspiegel verfehlten ihr Publikum also nicht, was die These Rosamond McKittericks, dass die Laieneliten intensiv an der Schriftkultur der karolingischen Renaissance teilnahmen, stützt.[44] Hierin lag auch der Ausgangspunkt für die Forschungsarbeiten der vergangenen Jahre zu den karolingerzeitlichen Diskursen um die Moralität von männlichen Laien.[45] Historikerinnen und Historiker wie Thomas F. X. Noble, vor allem aber Rachel Stone und Andrew Romig, haben sich intensiv damit beschäftigt, wie eine spezifische Laienethik für die Oberschichten im karolingischen Europa entstand und welche Art von Männlichkeit so konstruiert wurde.[46] Sie alle sind sich

Venezie nell'alto medioevo. Udine 1988, S. 115–147; Alain Dubreucq: Autour du *De virtutibus et vitiis* d'Alcuin. In: ABPO 111 (2004), S. 269–288.

[42] Vgl. Stone: Morality (wie Anm. 14), S. 40–42. Die Forschungsliteratur zu Dhuoda ist enorm und muss hier nicht eigens aufgeführt werden. Zuletzt zum Werk: Jean Meyers: La comtesse Dhuoda et son Liber manualis (IXe siècle). In: Dhuoda, belle-fille de saint Guilhem, et autres femmes de caractère au Moyen Âge. Actes du colloque tenu le 26 mai 2012 en l'Abbaye de Gellone, dans le cadre de la commémoration du 1200e anniversaire de la mort de Guilhem. Saint-Guilhem-le-Désert 2017, S. 17–42. Zur militärischen Aktivität des Sohnes von Dhuoda, Wilhelm von Septimanien, ab 844 vgl. Cullen J. Chandler: Carolingian Catalonia. Politics, Culture and Identity in an Imperial Province, 778–987. Cambridge 2019, S. 111–121.

[43] Erwähnt ist Alkuins Text explizit im Testament des *dux* Eberhard von Friaul von 867; vgl. für den Text Ignace de Coussemaker (Hg.): Cartulaire de l'abbaye de Cysoing et de ses dépendences. Lille 1884, Nr. 1, S. 1–5, hier: S. 4; zum Hintergrund vgl. Paul J. E. Kershaw: Eberhard of Friuli, a Carolingian Lay Intellectual. In: Wormald/Nelson (Hg.): Lay Intellectuals (wie Anm. 3), S. 77–105; zum Laienspiegel vgl. ebd., S. 100 f. Paolo Chiesa/Lucia Castaldi (Hg.): La trasmissione dei testi latini del Medioevo. Bd. 1. Florenz 2004, S. 332 f., betrachten mehrere Handschriften von Paulinus' „Liber exhortationis" ebenfalls als Exemplare von Laien. Darauf könnten auch die althochdeutschen Glossen in einer davon deuten (St. Gallen, Stiftsbibliothek, Cod. 138); vgl. Rolf Bergmann/ Stefanie Stricker (Hg.): Die althochdeutsche und altsächsische Glossographie. Ein Handbuch. Bd. 2. Berlin 2009, Nr. 256p, S. 1851.

[44] Vgl. Rosamond McKitterick: The Carolingians and the Written Word. Cambridge 1995, S. 211–270. Vgl. auch die Sammelbände Wormald/Nelson (Hg.): Lay Intellectuals (wie Anm. 3) und Warren C. Brown u. a. (Hg): Documentary Culture and the Laity in the Early Middle Ages. Cambridge 2013.

[45] Noch Sedlmeier: Schriften (wie Anm. 21) betrachtet 2000 die an Laien gerichteten Texte aus primär theologischer Perspektive und ist skeptisch, was Rezeption und „Realitätsbezug" angeht (ebd., S. 538 f.).

[46] Vgl. Thomas F. X. Noble: Secular Sanctity. Forging an Ethos for the Carolingian Nobility. In: Wormald/Nelson (Hg.): Lay Intellectuals (wie Anm. 3), S. 8–36; wesentlich Stone: Morality (wie Anm. 14), wobei die Autorin neben dieser Monografie noch mehrere Aufsätze zum Thema vorlegte, deren wesentliche Inhalte aber in das Buch eingegangen sind; zuletzt Romig: Man (wie Anm. 21).

dabei einig, dass die Laienspiegel zwar die einschlägigsten Quellen für diese Frage darstellen, Themen der Laienethik aber auch in vielen anderen Texten, die dieser Personenkreis zur Kenntnis nahm, diskutiert wurden.[47] Stone hat betont, es habe trotz aller inhaltlichen wie formalen Differenzen zwischen diesen Texten „consistent broader patterns in the way Carolingian moralists discussed the conduct of warfare, the use of power and wealth, and male sexual behaviour“ gegeben.[48] Das „De institutione laicali“ ist also repräsentativ für das, was Noble kongenial als ein Ethos der „secular sanctity“ bezeichnet.[49]

Idealporträt mit Fehlstelle

Jonas gliederte sein Werk in drei Bücher. Das erste und dritte Buch befassen sich mit theologischen Grundlagen und religiöser Praxis, sie wenden sich „generell an alle Gläubigen“, während „das mittlere größtenteils speziell zu denjenigen passt, die ein Leben als Verheiratete führen“,[50] und stärker auf Alltagssituationen ausgerichtet ist. Francesco Veronese, der sich 2015 darum bemühte, das „De institutione laicali“ als Ganzes zu betrachten, sieht das zweite Buch sogar erheblich spezifischer „as a sort of handbook for counts, [...] a *speculum comitale*“, und Odile Dubreucq bezeichnete es in der Einleitung zu ihrer Edition als „portrait du comte idéal“.[51] Wenn man also nach einer Auseinandersetzung der politischen Theologie mit den ethischen Problemen von Krieg und Gewalt sucht, so müsste sie hier zu finden sein, denn militärische Aktivität zählte nach der Vorstellung der Zeitgenossen zu den Kernaufgaben eines *comes*.[52]

[47] Die systematischste und ausführlichste Diskussion hierzu findet sich bei Stone: Morality (wie Anm. 14), S. 27–68.

[48] Vgl. ebd., S. 312.

[49] Vgl. Noble: Secular Sanctity (wie Anm. 46).

[50] Vgl. Jonas d’Orléans: Instruction 1 (wie Anm. 23), S. 124: „uidelicet ut primus et ultimus omnibus generaliter fidelibus, medius autem magna sui ex parte coniugalem uitam ducentibus specialiter conueniret.“ Ein knapper Überblick ergibt sich aus dem Inhaltsverzeichnis, das Jonas seinem Vorwort folgen lässt, vgl. ebd., S. 128–141; eine sehr ausführliche Inhaltsangabe findet sich bei Sedlmeier: Schriften (wie Anm. 21), S. 259–372; eine kurze Charakterisierung gibt Veronese: Marriage (wie Anm. 25), S. 441–444.

[51] Vgl. Veronese: Marriage (wie Anm. 25), S. 447–451 (Zitat: S. 450); Dubreucq: Introduction (wie Anm. 24), S. 64–67 (Zitat: S. 64).

[52] Die vermutlich ausführlichsten jüngeren Beschreibungen zum Aufgabenspektrum karolingerzeitlicher *comites* finden sich bei Roman Deutinger: Königsherrschaft im Ostfränkischen Reich. Eine pragmatische Verfassungsgeschichte der späten Karolingerzeit. Ostfildern 2006, S. 146–165, und bei Sophie Glansdorff: Comites in regno Hludouici regis constituti. Prosopographie des détenteurs d’offices séculiers en Francie orientale, de Louis le Germanique à Charles le Gros 826–887.

Jonas' Verhältnis zur Gewalt entspricht generell dem theologischen Mainstream seiner Zeit, sie wird vor allem als Sünde betrachtet.[53] An einer zentralen Stelle, zu Beginn des dritten Buches, setzt er sich mit der christlichen Nächstenliebe auseinander, die explizit die Feindesliebe einschließe: „Weiterhin ist es die Eigenschaft der Christen, dass sie sowohl den Freund in Gott lieben als auch den Feind wegen Gott."[54] Zusammen mit der Forderung nach der Einheit von Glauben und Handeln, die Jonas in einem Kapitel des ersten Buches formuliert, ergibt sich als positives Leitbild klar die Friedfertigkeit.[55] Dies zeigt sich auch in der negativen Umkehr: Mehrfach spricht Jonas über Gewalthandeln als Folge sündhafter Einstellungen, so in einem Kapitel zu Hass und Neid oder bei seinen Ausführungen zu Habgier und Zorn in einer Aufzählung von acht Kardinalsünden.[56] In einem Kapitel über die Buße nennt er ein Tötungsdelikt als Beispielsünde, und aus den angesprochenen Bußformen wird klar, dass dieses Beispiel auf seine laikalen Adressaten abgestimmt ist.[57]

Im besagten Kapitel zur Buße erscheint auch der erste von nur zwei Hinweisen darauf, dass die Adressaten seines Laienspiegels auch militärische Funktionen erfüllten. Jonas beklagt, mittlerweile büße kaum noch jemand so, „wie es die Beispiele der Büßer der alten Väter und die kanonische Autorität gebieten". In einer langen Reihe rhetorischer Fragen schreibt er: „Denn welcher eines Verbrechens Schuldige, der mit der öffentlichen Buße bestraft werden muss, legt den Waffengürtel ab [...]?".[58] Aus der zeitgenössischen Bußliteratur wissen wir, dass bei schweren Sün-

Ostfildern 2011, S. 24–40. Beide thematisieren freilich vor allem den ostfränkischen Herrschaftsbereich nach etwa 840.

[53] Eine bemerkenswerte Ausnahme ist das Schlagen von Kindern, das er ausdrücklich empfiehlt; vgl. Jonas d'Orléans: Instruction 1 (wie Anm. 23), Kap. II.14, S. 442 f.

[54] Vgl. Jonas d'Orléans: Instruction 2 (wie Anm. 37), Kap. III.1, S. 180–187, „Porro christianorum proprium est et amicum diligere in Deo, et inimicum propter Deum" (Zitat: ebd., S. 180); Romig: Man (wie Anm. 21) sieht die *caritas* als den Kern des karolingischen Männlichkeitskonzepts, für Kleriker und Laien gleichermaßen; für die Konzeptualisierung der *caritas* in Jonas' Laienspiegel vgl. ebd., S. 63–66.

[55] Vgl. Jonas d'Orléans: Instruction 1 (wie Anm. 23), Kap. I.19, S. 280–291.

[56] Vgl. Jonas d'Orléans: Instruction 2 (wie Anm. 37), Kap. III.5, S. 218–231: De odio et inuidia; Kap. III.6, S. 236–239: De octo uitiis princibalibus.

[57] Vgl. Jonas d'Orléans: Instruction 1 (wie Anm. 23), Kap. I.10, S. 198–201.

[58] Vgl. ebd., S. 196: „Perrari namque sunt hodie in Ecclesia qui talem agant paenitentiam, qualem antiquorum patrum paenitentum exempla et auctoritas canonica sancit. Quis namque criminis reus, qui utique publica paenitentia debuit multari cingulum militiae deponit [...]?". Zur *paenitentia publica* im karolingischen Europa vgl. Mayke de Jong: What was Public about Public Penance? Paenitentia Publica and Justice in the Carolingian World. In: La giustizia nell'alto medioevo, secoli IX–XI. Spoleto 1997, S. 863–904; dies.: State (wie Anm. 2), S. 228–234; Rob Meens: Penance in Medieval Europe. 600–1200. Cambridge 2014, S. 118–130.

den für Laien das Ablegen der Waffen vorgeschrieben war und wohl auch durchgeführt wurde, womit ein Verlust an politischer Handlungsfähigkeit einherging.[59] Das prominenteste karolingerzeitliche Beispiel dafür, die öffentliche Buße Ludwigs „des Frommen" im Oktober 833 in Soissons als Teil seiner Absetzung, liegt zeitlich aber deutlich nach der Abfassung der ersten Version des „De institutione laicali".[60] Die Übereinstimmungen zwischen Jonas' hier formulierten Vorstellungen und den Ereignissen von 833 haben zu der Frage geführt, ob der Bischof von Orléans zu denjenigen gehörte, die Ludwigs Absetzung betrieben haben, oder ob 833 ohne sein Zutun die (unter anderem) von ihm formulierten Bußregeln als *state of the art* politischer Theologie zur Anwendung kamen.[61] Es ist allerdings bemerkenswert, dass in der zweiten, irgendwann nach 828 entstandenen Fassung die Bewertung der *paenitentia publica* als „unwiderruflich" (*inretractabiliter*) gestrichen und damit Ludwigs Wiedereinsetzung 834 stillschweigend legitimiert wurde.[62] Aus der zitierten Passage wird jedenfalls deutlich, dass Jonas seine Adressaten als Männer ansah, die Waffen trugen, und er diese unmittelbar mit ihrer politischen und gesellschaftlichen Stellung verband.

Der zweite Hinweis darauf, dass die Adressaten seines Laienspiegels auch militärische Funktionen erfüllten, findet sich ebenfalls in einem Kapitel zur spirituellen Praxis und ist ähnlich indirekt. In der entsprechenden Passage geht es darum, „dass man auch an anderen geeigneten Orten, wenn der Ort der Kirche weit entfernt ist, das Gebet zu Gott und das Bekenntnis der Sünden durchführen kann und sollte".[63] Als argumentativen Ausgangspunkt wählt Jonas ein langes Zitat aus dem Alten Testament (1. Buch der Könige 8, 44–49), ein Gebet König Salomos bei der Einweihung des Tempels. Zwei kriegerische Situationen werden darin beschrieben: zum einen das Gebet auf dem Feldzug, „wenn dein Volk auszieht in den Krieg ge-

[59] Vgl. Karl Joseph Leyser: Early Medieval Canon Law and the Beginnings of Knighthood. In: Lutz Fenske u. a. (Hg.): Institutionen, Kultur und Gesellschaft im Mittelalter. Festschrift für Josef Fleckenstein zu seinem 65. Geburtstag. Sigmaringen 1984, S. 549–566, hier: S. 552–556; Daniel Föller: Die unsichtbare Seite der karolingischen Welt. Umrisse einer Kriegergesellschaft im 8. und 9. Jahrhundert. In: HA 24 (2016), S. 5–26, hier: S. 13–16.

[60] Vgl. de Jong: State (wie Anm. 2), bes. S. 46–50, S. 228–249, bei der die Buße Ludwigs „des Frommen" 833 gewissermaßen der Fluchtpunkt einer Neudeutung des politischen Rahmens ist. Courtney M. Booker: Past Convictions. The Penance of Louis the Pious and the Decline of the Carolingians. Philadelphia 2009 befasst sich ausführlich mit der Erinnerung an den Bußakt.

[61] Vgl. zuletzt Jonas d'Orléans: Instruction 1 (wie Anm. 23), S. 38–42. Sedlmeier: Schriften (wie Anm. 21), S. 271–278 setzt sich zwar intensiv mit Jonas' Aussagen zur Buße auseinander, streift das Ablegen der Waffen aber nur am Rande (ebd., S. 274) und stellt keinen Bezug zu 833 her.

[62] Vgl. Jonas d'Orléans: Instruction 1 (wie Anm. 23), S. 214 f. mit Anm. 1.

[63] So der vollständige Titel des Kapitels I.14: „Quod et in aliis conpetentibus locis, si locus basilicae procul fuerit, oratio ad Deum et confessio peccatorum fieri possit et debeat." Vgl. Jonas d'Orléans: Instruction 1 (wie Anm. 23), S. 244–247.

gen seine Feinde auf dem Weg, den du sie senden wirst", zum anderen das Bereuen der Sünden nach einer Niederlage, wenn „du [ihnen] zürnst und gibst sie dahin vor ihren Feinden, dass sie sie gefangen führen in das Land der Feinde, fern oder nahe".[64] Es handelt sich hierbei um eine der Passagen, die sich wortgleich sowohl in den Konzilsakten von 829 – und zwar in dem an die Laien gerichteten Teil – als auch in Jonas' Herrscherspiegel „De institutione regia" finden.[65] Etwas später im selben Kapitel zitiert Jonas eine Homilie des (Pseudo-)Johannes Chrysostomus, bei der unter den „tausend Dingen, die dich umgeben haben" und vom Nachdenken über die eigene Sündhaftigkeit abhalten, auch der *militiae timor* erwähnt wird, was die Editorin Dubreucq mit „crainte propre au métier du soldat" übersetzt.[66] In den Kommentaren zu den von ihm zitierten Texten erwähnt Jonas allerdings den kriegerischen Kontext der hier evozierten Notsituation mit keinem Wort, er präzisiert nur, dass nicht einmal Reliquien für Gebet und Beichte notwendig seien.[67] Wiederum ergibt sich hier verdeckt ein militärischer Kontext, da die Mitführung von Reliquien auf Feldzügen bereits seit Mitte des 8. Jahrhunderts kirchenrechtlich vorgesehen war.[68]

Der eigentliche Kampf, den Christen nach Jonas' Vorstellung ausfechten sollten, war der gegen den Teufel, also gegen die eigene (und fremde) Sündhaftigkeit. Mehrfach verwendet er in diesem Kontext militärisch anmutende Sprachbilder. In einem Kapitel zum Gebet zitiert er einen Kirchenvater mit den Worten: „So wie es für den Krieger nicht angemessen ist, ohne Waffen in den Kampf zu ziehen, so ist es für einen jeden Christenmenschen nicht förderlich, ohne Gebet voranzuschreiten."[69] Sehr ähnlich ist eine Stelle aus dem schon angesprochenen Kapitel zu Gebet

[64] „Si egressus fuerit populus tuus ad bellum contra inimicos suos per uiam quacumque miseris eos"; „et iratus tradideris eos inimicis suis, et captiui ducti fuerint in terram inimicorum suorum longe uel prope". Vgl. ebd., S. 244; deutsche Übersetzung nach: Die Bibel nach Martin Luthers Übersetzung. Lutherbibel. Hg. von der Evangelischen Kirche in Deutschland. Stuttgart 2017.

[65] Hinweis nach Jonas d'Orléans: Instruction 1 (wie Anm. 23), S. 244, Anm. 1. Die anderen Belege: Concilia aevi Karolini. Bd. 1.2. Hg. von Albert Werminghoff (MGH Conc. 2.2). Hannover/Leipzig 1908, Nr. 50D, Kap. II.13, S. 666 f.; Jonas d'Orléans: Métier (wie Anm. 32), Kap. 15, S. 276–279. Zur Tragweite der politisch-theologischen Konzeption vgl. Patzold: Episcopus (wie Anm. 26), S. 149–168.

[66] Vgl. Jonas d'Orléans: Instruction 1 (wie Anm. 23), S. 248 f.

[67] Vgl. ebd., S. 244.

[68] So auf dem sogenannten *Concilium Germanicum* von 742 oder 743: Concilia aevi Karolini. Bd. 1.1. Hg. von Albert Werminghoff (MGH Conc. 2.1). Hannover/Leipzig 1906, Nr. 1, Kap. 2, S. 3. Vgl. auch Hartmann: Synoden (wie Anm. 28), S. 50–53; spezifisch zur Mitführung von Reliquien auf Kriegszügen vgl. Bachrach: Religion (wie Anm. 10), S. 39, S. 45.

[69] Vgl. Jonas d'Orléans: Instruction 1 (wie Anm. 23), Kap. I.12, S. 228: „Sicut enim militi sine armis ad bellum exire non conuenit, ita homini christiano quolibet sine oratione non expedit." Jonas schreibt das Zitat Isidor (von Sevilla, gestorben 636) zu, nach der Editorin ist es in dessen erhaltenen Schriften aber nicht aufzufinden; sie merkt an, dass es in einem anderen Text (dem „Liber

und Sündenbekenntnis außerhalb der Kirche, bei der eine Aufforderung des Kirchenvaters Hieronymus zitiert wird: „Diejenigen, die das Haus verlassen, möge das Gebet bewaffnen."[70] Noch deutlicher wird Jonas in dem Kapitel zu den acht Hauptsünden, in dem er eine Passage aus dem schon genannten Laienspiegel Alkuins wiedergibt: „‚Dies sind', wie der ehrwürdige Magister Alkuin schreibt, ‚die acht Heerführer allen Unglaubens mit ihren Heeren und die stärksten Kämpfer des teuflischen Betrugs gegen das Menschengeschlecht, die mit Gottes Hilfe leicht besiegt werden können von den Kämpfern Christi durch heilige Tugenden.'"[71] Das Bild des seelischen Kampfs und des spirituellen Kriegers ist ein Deutungsmuster, das spätestens seit der „Psychomachia" des spätantiken Dichters Prudentius aus dem frühen 5. Jahrhundert im lateinischen Christentum populär war.[72] Es bezieht sich aber keineswegs nur auf Laien, sondern auch auf Kleriker. Jonas selbst bezeichnete den Bischof in der um 825 entstandenen „Vita et Translatio sancti Hucberti", in der er sich grundsätzlich mit dem Bischofsamt auseinandersetzte, als „Anführer des kirchlichen Heeres" (*exercitus ecclesiastici dux*), womit er aber keineswegs konkrete militärische Funktionen meint, sondern pastorale Aufgaben.[73]

Angesichts des großen Umfangs von Jonas' Laienspiegel erscheint seine Auseinandersetzung mit Krieg und Gewalt dürftig. Auch die Editorin des „De institutione laicali", Odile Dubreucq, stellt dies in ihrer Inhaltsbeschreibung fest: Die militärische Funktion der Laien sei „totalement absent"; der dort porträtierte ideale *co-*

scintillarum" des Defensor von Ligugé, um 700) Hieronymus (gestorben 420) zugeschrieben wird. Unklar bleibt, ob diese Zuschreibung korrekt ist.

70 „Egredientes hospitium armet oratio." Vgl. ebd., Kap. I.14, S. 246; das Zitat entstammt einem Brief des Hieronymus an Eustochium, der auch unter dem Titel „De custodia virginitate" bekannt ist; vgl. Sancti Eusebii Hieronymi opera. Sect. 1: Epistulae. Bd. 1: Epistulae I–LXX. Hg. von Isidor Hilberg. Wien 1910, Nr. 22, S. 143–211, und den monografischen Kommentar Neil Adkin: Jerome on Virginity. A Commentary on the Libellus de virginitate servanda (Letter 22). Cambridge 2003.

71 Vgl. Jonas d'Orléans: Instruction 2 (wie Anm. 37), Kap. III.6, S. 244 f.: „‚Hi sunt', ut venerabilis magister Albinus scribit, ‚octo totius impietatis duces cum exercitibus suis, et fortissimi contra humanum genus diabolicae fraudis bellatores, qui, Deo auxiliante, facillime uicuntur a bellatoribus Christi per uirtutes sanctas.'" Albinus ist der lateinische *nom de plume* Alkuins. Die entsprechende Stelle dort vgl. B. Flacci Albini seu Alcuini De virtutibus et vitiis liber ad Widonem comitem. In: Jean-Paul Migne (Hg.): Patrologia Latina. Bd. 101. Paris 1863, Sp. 613–638, hier: Sp. 636 f., und Paul Szarmach: The Latin Tradition of Alcuin's „Liber de Virtutibus et Vitiis", cap. xxvii–xxxv, with Special Reference to Vercelli Homily xx. In: Mediaevalia 12 (1989), S. 13–41, S. 36.

72 Vgl. für die Karolingerzeit Thomas Scharff: Karolingerzeitliche Vorstellungen vom Krieg vor dem Hintergrund der romanisch-germanischen Kultursynthese. In: Claudia Giefert u. a. (Hg.): Akkulturation. Probleme einer germanisch-romanischen Kultursynthese in Spätantike und frühem Mittelalter. Berlin u. a. 2004, S. 473–490; zur „Militarisierung des Heiligen" vgl., ebd., S. 475–479. Insgesamt ist das Thema schlecht erforscht.

73 Vgl. Jonas Aurelianensis: Vita (wie Anm. 31), Kap. 14, S. 813. Den Hinweis auf die Stelle verdanke ich Patzold: Episcopus (wie Anm. 26), S. 170.

mes erscheine als Ehemann und Richter, aber niemals als Soldat, es werde ihm keinerlei Anweisung gegeben, wie er als Christ Krieg führen solle.[74] Bedenkt man, dass selbst das Töten in einem als gerecht markierten Krieg des Königs für die Theologen der Karolingerzeit ein moralisches Problem darstellte, das sie mit Bußstrafen belegten, wird das Ausmaß dieser Fehlstelle deutlich.[75] Sie liegt auch keineswegs in einer grundsätzlichen Aussparung weltlichen Verhaltens durch Jonas begründet. Sowohl die Ehe als auch die weltliche Rechtsprechung werden von ihm in ganzen Kapiteln ausführlich diskutiert.[76] Zuletzt haben Francesco Veronese für die Ehe und Michel Sot für die Rechtsprechung darauf hingewiesen, dass die verchristlichte Lebenspraxis in diesen beiden Bereichen für Jonas im Zentrum seiner Idee von der Rolle der Laien in der *ecclesia* stehe und ihnen den Weg zum Himmel aufschließe.[77] Obwohl Jonas an anderer Stelle klar formulierte, dass der *laicus ordo* „der Gerechtigkeit dienen und den Frieden der heiligen Kirche mit Waffen verteidigen soll",[78] bleibt Letzteres im „De institutione laicali" weitgehend außen vor. Das ist ein bemerkenswerter Unterschied zu seinem Herrscherspiegel für Pippin I. von Aquitanien, „De institutione regia", und vor allem zu seiner Materialsammlung für ein Schreiben zu den Pflichten des Herrschers, in der sich nach Hans Hubert Anton „ein entwickeltes christliches Kriegerethos" auf der Basis von Augustinus findet.[79]

[74] Vgl. Dubreucq: Introduction (wie Anm. 24), S. 59. Ähnlich auch Scharff: Kämpfe (wie Anm. 4), S. 19 f. mit Verweisen auf ältere Forschung. Es ist bemerkenswert, dass Veronese: Marriage (wie Anm. 25) trotz seines Anspruchs, das „De institutione laicali" in seiner Funktion als *speculum comitale* ganzheitlich zu verstehen, auf diese Lücke nicht eingeht.

[75] Vgl. Föller: Bewältigungsstrategie (wie Anm. 5) für eine systematische Analyse der karolingerzeitlichen Bußbücher zu diesem Punkt.

[76] Jonas d'Orléans: Instruction 1 (wie Anm. 23), Kap. II.1–II.13, S. 314–429, zur Ehe; ders.: Instruction 2 (wie Anm. 37), Kap. II.24–II.27, S. 104–159, zur Rechtsprechung.

[77] Zur Ehe vgl. Veronese: Marriage (wie Anm. 25), S. 444–455; Christian Lauranson-Rosaz: Quod coniugium a Deo sit institutum. Le mariage d'après Jonas d'Orléans (760–841). In: Pierre Ganivet (Hg.): Identités, marginalités et solidarités. Droits et histoire des personnes. Clermont-Ferrand 2005, S. 23–37. Zur Rechtskultur vgl. Michel Sot: Une spiritualité de la justice pour les grands laïcs carolingiens. In: Nicolas Offenstadt/Olivier Mattéoni (Hg.): Un Moyen Âge pour aujourd'hui. Pouvoir d'État, opinion publique, justice. Mélanges offertes à Claude Gauvard. Paris 2010, S. 189–198. Zum breiteren Kontext des Diskurses zur Laienethik in diesen Bereichen vgl. Stone: Morality (wie Anm. 14), S. 146–173, S. 247–278; zu ergänzen wäre eventuell noch die persönliche Gewalt männlicher Laien über ihre direkten Untergebenen (vgl. ebd., S. 174–213), die Sot in sein Konzept einer spiritualisierten Gerechtigkeit integriert.

[78] Wiederum in Jonas Aurelianensis: Vita (wie Anm. 31), Kap. 29, S. 817: „sed laicus ordo iustitiae deserviret atque armis pacem sanctae Ecclesiae defenderet". Zum Kontext vgl. Patzold: Episcopus (wie Anm. 26), S. 171.

[79] Vgl. Anton: Fürstenspiegel (wie Anm. 12), S. 221–231 (Zitat: S. 230); zu Jonas' Reflexion über die militärische Rolle des Herrschers vgl. konzise Scharff: Kämpfe (wie Anm. 4), S. 19–22. Zur Materialsammlung vgl. auch Patzold: Episcopus (wie Anm. 26), S. 202–204.

Das Zusammenspiel all dieser Faktoren macht deutlich, dass Jonas sehr wohl in der Lage und willens war, weltliche Aktivitäten zu spiritualisieren, und darüber hinaus auch über die Argumente verfügte, Gewalthandeln entsprechend religiös aufzuladen. Dass er für die Laien im „De institutione laicali“ aber keine moralische Grundlage formulierte, die eine Spiritualisierung der von ihnen ausgeübten Waffengewalt erlaubt hätte, war daher kein Zufall. Es war eine Entscheidung.

Eine politisch-militärische Karriere …

An diesen Befund muss nun die Frage anschließen, wie wichtig militärische Aktivität für das politische Handeln hochrangiger Laien im karolingischen Europa tatsächlich war, wie schwer also die Fehlstelle einer christlichen Kriegerethik in der politischen Theologie wog, für die Jonas' Werk durchaus repräsentativ ist. Sie soll exemplarisch anhand derjenigen Person diskutiert werden, für die der Bischof sein „De institutione laicali“ geschrieben hat: Matfrid von Orléans. Obwohl man über ihn und sein politisches Handeln verhältnismäßig viel weiß, sind die erhaltenen Quellen doch so dürftig, dass man eine wirkliche Laufbahn kaum nachzeichnen kann.[80] Erstmals belegt ist er in einer Urkunde Ludwigs „des Frommen“ vom 23. März 815, in der er am Kaiserhof in Aachen als Petent für einen *comes* Hartmann auftritt;[81] er dürfte also schon über einigen Einfluss verfügt haben. Im Sommer 818 empfing er den Kaiser mit großer Prachtentfaltung in der *villa* Vitry-aux-Loges bei Orléans, als dieser auf dem Weg zu einem Feldzug in die Bretagne war.[82] Das erste Mal mit dem Titel eines *comes* erscheint er in einer Urkunde Ludwigs

[80] Das könnte auch den Aufbau von Depreux: Comte (wie Anm. 35) erklären, der besten Studie zu Matfrids Biografie und Karriere, die nur grob einer Chronologie folgt und eher nach Einzelproblemen strukturiert ist. Stärker chronologisch geordnet ist der kappe prosopografische Eintrag in Depreux: Prosopographie (wie Anm. 27), Nr. 199, S. 329–331.

[81] Für das Dokument vgl. Die Urkunden der Karolinger. Die Urkunden Ludwigs des Frommen. Bd. 1. Bearb. von Theo Kölzer (MGH DD Karol 2,1). Wiesbaden 2016, Nr. 60, S. 151–153; für die Kontextualisierung vgl. Depreux: Comte (wie Anm. 35), S. 339 f., S. 369–374. Ob der Empfänger der Urkunde identisch ist mit einem anderen *comes* Hartmann im Umfeld Ludwigs „des Frommen“, ist unklar; vgl. zu diesem Depreux: Prosopographie (wie Anm. 27), Nr. 139, S. 231 f.

[82] Ermold le Noir: Poème sur Louis le Pieux et épitres au roi Pépin. Édition et traduction par Edmond Faral. Paris 1932, III, V. 1528–1539, S. 116–119, über Ludwigs Aufenthalt in Orléans, bei dem Matfrid den Kaiser beherbergte und reich beschenkte. Böhmer (Hg.): RI I (wie Anm. 16), Nr. 665c, S. 276, datieren den Besuch in die Zeit zwischen dem 5. Juni und dem 27. Juli 818. Für den ereignisgeschichtlichen Kontext vgl. Bernd Simson: Jahrbücher des fränkischen Reiches unter Ludwig dem Frommen. Bd. 1: 814–830. Leipzig 1874, S. 128–136; aktueller Julia Mary Howard Smith: Province and Empire. Brittany and the Carolingians. Cambridge/New York 1992, S. 64–66. Für Matfrids Perspektive vgl. Depreux: Comte (wie Anm. 35), S. 347–350, S. 353.

vom 21. Juni 823, allerdings meint Philippe Depreux, der den bis heute maßgeblichen Aufsatz zu Matfrid geschrieben hat, dass er diese Position schon deutlich früher innegehabt habe, „spätestens seit dem Sommer 818".[83] Bis 828 jedenfalls nahm Matfrid eine führende Stellung im Umfeld des Kaisers ein.[84]

In diesen knapp zehn Jahren ist er zweimal in Führungsfunktionen bei militärischen Expeditionen sichtbar, 824 auf einem Feldzug in die Bretagne und 827 nach Katalonien. Letzterer führte zu seinem Sturz, weswegen darauf noch ausführlicher einzugehen sein wird; an dieser Stelle soll nur Matfrids Rolle auf dem Feldzug von 824 diskutiert werden. Im Herbst des Jahres zog Ludwig „der Fromme" mit Streitkräften aus allen Teilen des karolingischen Europa in die Bretagne, um dort den Widerstand gegen seine Herrschaft zu brechen, den seine Gefolgsleute vor Ort seit 822 nicht mehr eindämmen konnten.[85] Das Heer wurde in drei Gruppen aufgeteilt, die unabhängig voneinander operierten. Eine der Abteilungen kommandierte der Kaiser selbst, die anderen beiden seine Söhne Pippin I. von Aquitanien und Ludwig „der Deutsche" (gestorben 876), denen ihr Vater jeweils zwei Vertraute an die Seite stellte; einer von ihnen war Matfrid.[86] Ludwig „der Deutsche", der ihm anvertraut wurde, war zu diesem Zeitpunkt wohl noch keine 14 Jahre alt, und der Feldzug bildete seine „initiation to warfare", wie Eric J. Goldberg schreibt.[87] Matfrid dürfte also der eigentliche Kommandeur dieser Truppen gewesen sein, die nach dem Dichter Ermoldus Nigellus, der selbst an dem Feldzug teilnahm, „viele Tausende" (*milia multa*) umfasste.[88] 40 Tage lang verwüsteten sie das Land, brachen den be-

[83] Das Dokument ist ediert in Urkunden 1 (wie Anm. 81), Nr. 222, S. 545–548. Zur Urkunde vgl. Depreux: Comte (wie Anm. 35), S. 342 f.; zur Frage, wann Matfrid *comes* wurde, vgl., ebd., S. 347 f., hier auch das Zitat: „Il ne fait cependant pas l'ombre d'un doute qu'il était depuis longtemps comte d'Orléans [im Juni 823; Anm. des Verfassers], au moins depuis l'été 818."

[84] Zusammenfassend vgl. Depreux: Comte (wie Anm. 35), S. 331–346, S. 351–357.

[85] Vgl. Simson: Jahrbücher (wie Anm. 82), S. 216 f.; Böhmer (Hg.): RI I (wie Anm. 16), Nr. 789b, S. 312; Smith: Province (wie Anm. 82), S. 66 f., S. 73 f.

[86] Vgl. Simson: Jahrbücher (wie Anm. 82), S. 217 f.; Böhmer (Hg.): RI I (wie Anm. 16), Nr. 791a, S. 312. Von der Aufteilung des Heeres berichten nur die „Annales regni Francorum": Annales regni Francorum inde ab a. 741 usque ad a. 829, qui dicuntur Annales Laurissenses maiores et Einhardi. Hg. von Friedrich Kurze (MGH SS rer. Germ. 6). Hannover 1895, a. 824, S. 165, und Ermold le Noir: Poème (wie Anm. 82), IV, V. 2001–2012, S. 152 f., wobei einzig Ermoldus die Namen der nichtköniglichen Kommandeure nennt.

[87] Vgl. Eric J. Goldberg: Struggle for Empire. Kingship and Conflict under Louis the German, 817–876. Ithaca 2006, S. 43 f. (hier auch das Zitat); Wilfried Hartmann: Ludwig der Deutsche. Darmstadt 2002, S. 27 f. Ermold le Noir: Poème (wie Anm. 82), IV, V. 2010, S. 152 f., nennt Ludwig einen *puer*, also einen minderjährigen Knaben. Zu Matfrids Rolle sehr knapp Depreux: Comte (wie Anm. 35), S. 353 f.

[88] Vgl. Ermold le Noir: Poème (wie Anm. 82), IV, V. 2005, S. 152 f., (*milia multa*), IV, V. 2016–2019, S. 154 f., für die Teilnahme des Dichters.

waffneten Widerstand, nahmen Gefangene und erzwangen die Unterwerfung der Bretonen.[89] Der Erfolg war allerdings fragil: Zwar ergab sich Wihomarc, der Anführer der bretonischen Opposition, im folgenden Jahr auf einer Versammlung in Aachen, allerdings flammten rasch wieder Kämpfe auf, die erst endeten, als der fränkische Befehlshaber der Grenzregion, Lambert von Nantes, Wihomarc ermorden ließ.[90]

Auch wenn die Kommandos auf den Feldzügen von 824 und 827 die einzigen militärischen Aktivitäten Matfrids sind, die sich ihm in den Quellen klar zuordnen lassen, ist kaum anzunehmen, dass ihm ohne Kriegserfahrung derartige Führungsaufgaben anvertraut wurden. Jedoch lassen sich zwei weitere Berührungen Matfrids mit militärischen Aktivitäten in den Quellen erkennen. Zum einen ist es durchaus wahrscheinlich, dass er sich Ludwigs schon erwähntem ersten Feldzug in die Bretagne im Sommer 818 anschloss, als der Kaiser in Orléans bei Matfrid auf dem Weg dorthin Station machte. Zum anderen ist aus einer Episode in der Beschreibung des Ermoldus Nigellus von der Taufe des Dänenkönigs Harald Klak im Juni 826 zu schließen, dass Matfrid an den militärischen Repräsentationsformen des Hofes teilnahm. Als Haralds Schiffe landeten, schickte Ludwig „der Fromme" Matfrid aus, „von einem Trupp junger Männer begleitet", um „mit Schmuck und Purpurdecken gezierte Pferde" zur Anlegestelle zu bringen, auf denen der Dänenkönig und sein Gefolge dann zum Palast ritten.[91] Sowohl die *juvenum caterva* – eine militärisch konnotierte Gruppenbezeichnung – als auch die Reitpferde geben diesem Empfang ein kriegerisches Gepräge; in der Passage ist zudem nur von Männern die Rede, obwohl Harald Klaks Ehefrau und ihr (weibliches) Gefolge ebenfalls Teil der dänischen Gruppe waren. Diese Episode gehört in einen Kontext mit den ebenfalls von Ermoldus im Umfeld der Taufe beschriebenen Waffengeschenken

[89] Vgl. die ausführliche Beschreibung der Kämpfe bei Ermold le Noir: Poème (wie Anm. 82), IV, V. 2020–2023, S. 154 f. Die übrigen Quellen berichten deutlich kürzer, aber inhaltlich vergleichbar; vgl. für eine Liste Böhmer (Hg.): RI I (wie Anm. 16), Nr. 791a, S. 312. Für die geschichtswissenschaftliche Rekonstruktion der Ereignisse vgl. Simson: Jahrbücher (wie Anm. 82), S. 217 f.; Smith: Province (wie Anm. 82), S. 66 f.; Hartmann: Ludwig der Deutsche (wie Anm. 87), S. 27 f.; Goldberg: Struggle (wie Anm. 87), S. 43 f.

[90] Vgl. Simson: Jahrbücher (wie Anm. 82), S. 235 f.; Böhmer (Hg.): RI I (wie Anm. 16), Nr. 794a, S. 314; Smith: Province (wie Anm. 82), S. 66 f.

[91] Vgl. Ermold le Noir: Poème (wie Anm. 82), IV, V. 2175–2179, S. 166 f.: „Caesar ab excelsa haec prospicit arce pius, / Matfridumque jubet, juvenum comitante caterva, / Ocius occurrat pro pietate viris. / Mittit equos faleris multos ostroque paratos, / Qui revehant homines ad sua tecta novos." Vgl. Böhmer (Hg.): RI I (wie Anm. 16), Nr. 830a, S. 326, für die Quellen zur Taufe; für ihre Einordnung vgl. Simon Coupland: From Poachers to Gamekeepers. Scandinavian Warlords and Carolingian Kings. In: EME 7 (1998), S. 85–114, hier: S. 87–90; für den politischen Kontext vgl. Volker Helten: Zwischen Kooperation und Konfrontation. Dänemark und das Frankenreich im 9. Jahrhundert. Köln 2011, S. 106–123.

und einer Jagdexpedition, deren politische Bedeutung von der neueren Forschung zu Recht betont wird.[92]

Vergleicht man diese Spuren von Matfrids militärischer Aktivität mit denen aus anderen politischen Bereichen, so zeigen sich aufschlussreiche Unterschiede und Parallelen. Seine rechtliche Tätigkeit beispielsweise ist erheblich umfangreicher dokumentiert, von 815 bis in die Mitte der 820er-Jahre: In vier Urkunden tritt er als Fürsprecher in Erscheinung,[93] in drei Urkunden scheint er den Fall im Hintergrund geprüft zu haben,[94] und einmal ist für ihn eine offizielle Ermittlung als Gesandter des Herrschers beschrieben, zuerst gemeinsam mit dessen ältestem Sohn Lothar I. (gestorben 855), dann noch einmal zum selben Sachverhalt allein.[95] Die dichteren Belege in diesem Bereich dürften sich wohl vornehmlich damit erklären lassen, dass die Produktion von Schriftstücken wesentlicher Teil dieses Aspekts der Rechtskultur war.

Matfrids soziale Rolle am Kaiserhof als eine Art Gatekeeper für den Zugang zu Ludwig „dem Frommen" ist in einem Brief und einem Gedicht belegt, beide aus der Feder von Bischöfen.[96] Zudem erscheint Matfrid in Ermoldus' poetischer Narration

[92] Vgl. für den Text Ermold le Noir: Poème (wie Anm. 82), IV, V. 2254–2265, S. 172 f.; IV, V. 2362–2447, S. 180–187. Zur Jagd vgl. Martina Giese: Kompetitive Aspekte höfischer Jagdaktivitäten im Frühmittelalter. In: Matthias Becher/Alheydis Plassmann (Hg.): Streit am Hof im frühen Mittelalter. Göttingen 2011, S. 263–284, hier: S. 270–272; Eric J. Goldberg: Louis the Pious and the Hunt. In: Speculum 88 (2012), S. 613–643, hier: bes. S. 628 f.; zum Phänomen insgesamt vgl. ders.: In the Manner of the Franks. Hunting, Kingship, and Masculinity in Early Medieval Europe. Philadelphia 2020. Zum Waffengeschenk beziehungsweise dessen möglichen rechtlichen Implikationen vgl. Oliver Salten: Vasallität und Benefizialwesen im 9. Jahrhundert. Studien zur Entwicklung personaler und dinglicher Beziehungen im frühen Mittelalter. Hildesheim 2014, S. 87–94.

[93] Vgl. Urkunden 1 (wie Anm. 81), Nr. 60, S. 151–153; Nr. 222, S. 545–548; Die Urkunden der Karolinger. Die Urkunden Ludwigs des Frommen. Bd. 2. Bearb. von Theo Kölzer (MGH DD Karol 2,2). Wiesbaden 2016, Nr. F46, S. 1202 f.; Nr. F49, S. 1204; die letzten beiden Stücke sind als *Formulae* erhalten und in der Urkundenedition nur regestiert, für die Texte vgl. Formulae Merowingici et Karolini aevi. Hg. von Karl Zeumer (MGH Formulae). Hannover 1886, Nr. 46, S. 321 f.; Nr. 49, S. 323 f. Zu Matfrids Rolle und einer breiteren Einordnung vgl. Depreux: Comte (wie Anm. 35), S. 339–343.

[94] Vgl. Urkunden 1 (wie Anm. 81), Nr. 124, S. 308–312 (nur in den tironischen Noten auf S. 311, Anm. 1); Nr. 194, S. 479–481 (nur in den tironischen Noten auf S. 481, Anm. 3); Nr. 221, S. 543–545 (nur in den tironischen Noten auf S. 545, Anm. 1). Zu Matfrids Funktion als *ambasciator* vgl. Depreux: Comte (wie Anm. 35), S. 334–339, und ders.: Bitte und Fürbitte am karolingischen Hof. Zugleich ein Beitrag zur politischen Bedeutung der Ambasciatoren- und Impetratorenvermerke (Mitte 8. bis Mitte 9. Jahrhundert). In: AD 58 (2012), S. 57–102, hier: bes. S. 87, S. 89, S. 95 f.

[95] Vgl. Urkunden 1 (wie Anm. 81), Nr. 219, S. 539 f., für das Dokument mit aktuellen Referenzen. Zu Matfrids Rolle vgl. Depreux: Comte (wie Anm. 35), S. 346 f. Zu Lothars Beteiligung vgl. Maria Schäpers: Lothar I. (795–855) und das Frankenreich. Wien 2018, S. 82.

[96] Einmal ein Brief des Erzbischofs Agobard von Lyon an Matfrid selbst – vgl. Agobardi Lugdunensis archiepiscopi Epistolae. In: Epistolae Karolini aevi. Bd. 3. Hg. von Ernst Dümmler (MGH

zur Taufe Harald Klaks in repräsentativer Funktion bei politischen Inszenierungen des Hofes: Neben dem schon beschriebenen Empfang des Dänenkönigs tritt er nochmals beim Einzug des Kaisers und dessen engsten Gefolges zu einem Festgottesdienst auf, einem zentralen politischen Akt, bei dem er die Kaiserin Judith (gestorben 843) geleitete, selbst in maximaler Prachtentfaltung: „gekrönt, hochaufgerichtet blitzend in goldverzierten Gewändern".[97] Auch hier sind die Belege also spärlich, aber ebenso wie bei seinen militärischen Funktionen lassen diese wenigen Zeugnisse keinen Zweifel daran, dass Matfrids soziale Position bei Hof in der ersten Hälfte der Regierungszeit Ludwigs „des Frommen" herausragend war. Philippe Depreux vermutet mit guten Gründen, dass Matfrid sich bei allen wichtigen politischen Wendepunkten seit 817 am Hof aufhielt.[98]

Nimmt man die Zeugnisse zu Matfrids politischer Aktivität im Dienst des Kaisers zusammen, so war seine Funktion als militärischer Anführer offenbar ebenso wichtig wie die als Höfling oder als Rechtsberater. Die poetische Darstellung seiner Rolle beim Empfang des Dänenkönigs Harald Klak im zeitgenössischen Lobgedicht des Ermoldus Nigellus impliziert zudem, dass diese Bereiche sich in den militärischen Repräsentationsformen des Hofes überschnitten. Dieser Befund von der Relevanz des Militärischen für den politischen Status hochrangiger männlicher Laien wird noch von einem weiteren Argument gestützt: den Umständen von Matfrids Sturz.

Epp. 5). Berlin 1899, S. 150–239, hier: Nr. 10, S. 201–203; für den Text und für seine Einordnung vgl. Depreux: Comte (wie Anm. 35), S. 331–334; Stuart Airlie: I, Agobard, Unworthy Bishop. In: Richard Corradini u. a. (Hg.): Ego Trouble. Authors and their Identities in the Early Middle Ages. Wien 2010, S. 175–183, hier: bes. S. 180. Das andere Dokument ist ein Briefgedicht des Bischofs Modoin von Autun an den 818 abgesetzten und verbannten Bischof von Orléans, Theodulf – Jonas' Amtsvorgänger; für den Text vgl. Rescriptum modoini episcopi ad Theodulfum episcopum. In: Poeta latini aevi Carolini. Bd. 1. Hg. von Ernst Dümmler (MGH Poetae 1). Berlin 1881, S. 569–573, hier: V. 109–112, S. 572; für seine Einordnung vgl. neben Depreux: Comte (wie Anm. 35), S. 347–351, noch Peter Godman: Louis „the Pious" and his Poets. In: FMSt 19 (1985), S. 239–289, hier: S. 249–253, und Dieter Schaller: Briefgedichte als Zeitzeugen. Theodulfs Sturz 817/818. In: Hubert Mordek (Hg.): Aus Archiven und Bibliotheken. Festschrift für Raymund Kottje zum 65. Geburtstag. Frankfurt a. M. 1992, S. 107–120. Zum Phänomen insgesamt vgl. Volker Scior: Das offene Ohr des Herrschers. Vorstellungen über den Zugang zum Herrscher in der Karolingerzeit. In: Steffen Patzold u. a. (Hg.): Geschichtsvorstellungen. Bilder, Texte und Begriffe aus dem Mittelalter. Festschrift für Hans-Werner Goetz zum 65. Geburtstag. Köln u. a. 2012, S. 299–325; zu Matfrid vgl. ebd., bes. S. 323 f., der Matfrids Verhalten als „kontraproduktiv für die Herrschaft wie für die Kommunikation" bewertet.

97 Vgl. Ermold le Noir: Poème (wie Anm. 82), IV, V. 2302–2307, S. 176 f.: „Judith interea regali munere fulta / Procedit, renitens munere mirifico, / Quam proceres gemini summon comitantur honore, / Matfridus sive Huc consociando gradum, atque coronati dominam venerantur honestam; / Vestibus auratis celsus uterque micat."

98 Vgl. Depreux: Comte (wie Anm. 35), S. 351–353.

... und ihr Ende

Die Ereignisse, die zum Ende von Matfrids politischer Karriere am Hof Ludwigs „des Frommen" führten, sind nur schwer zu rekonstruieren. In den 820er-Jahren nahmen offenbar Spannungen in der sogenannten *marca Hispanica* zu, dem Grenzgebiet zum muslimischen Spanien.[99] Die beteiligten Gruppen wie auch die konkreten Gründe für die Konflikte lassen sich im erhaltenen Quellenmaterial nicht mehr erkennen.[100] Als sicher kann gelten, dass dem Hof die Probleme bekannt waren: Im Februar 826 traf laut den beiden wichtigsten zeitnahen Quellen, den „Annales regni Francorum" und der Ludwigsbiografie des „Astronomus", Ludwigs Sohn Pippin, seines Zeichens Unterkönig in Aquitanien, gemeinsam mit den „Wächtern" (*custodes*) der Grenzregion beim Kaiser in Aachen ein. Bei dem Treffen wurden die Verhältnisse in der „hispanischen Mark" besprochen; es galt, eine Strategie zu entwickeln, um die Ordnung aufrechtzuerhalten.[101]

Für den Herbst desselben Jahres melden beide Texte, dass ein Mann namens Aizo aus dem Palast geflohen und „treulos" geworden sei; er habe in ebenjener Grenzregion die Kontrolle über die Stadt Vic übernommen (etwa 70 Kilometer nördlich von Barcelona), eine weitere Stadt in der Region zerstört, Festungen erobert und besetzt sowie schließlich Verhandlungen mit dem muslimischen Emir von Córdoba aufgenommen, 'Abd-ar-Raḥman II. (regierte 822–852), den er um militärischen Beistand bat.[102] Als einzige Quelle nennen die wohl zeitnah entstandenen „Annales Fuldenses" Aizo einen Goten, die Forschung diskutiert aber auch, ob er

[99] Den jüngsten Überblick über die Geschichte Kataloniens als Grenzregion des fränkischen Herrschaftsbereichs bietet Chandler: Catalonia (wie Anm. 42); für den hier relevanten Zeitraum vgl. ebd., bes. S. 60–110.

[100] Diskutiert werden ethnische Spannungen zwischen Goten und Franken, Machtkämpfe innerhalb der fränkischen Führungsschicht der Region und Widerstand einer schon stark islamisierten Bevölkerung gegen fränkische Besatzung. Kritisch und mit reicher Literatur vgl. ebd., S. 98–102.

[101] Für die Quellenbelege vgl. Annales regni Francorum (wie Anm. 86), a. 826, S. 169, und Astronomus: Vita Hludowici imperatoris – Astronomus: Das Leben Kaiser Ludwigs. In: Thegan: Die Taten Kaiser Ludwigs – Astronomus: Das Leben Kaiser Ludwigs. Hg. und übers. von Ernst Tremp (MGH SS rer. Germ. 64). Hannover 1995, S. 279–558, hier: Kap. 40, S. 430 f., sowie Simson: Jahrbücher (wie Anm. 82), 253 f. (der davon ausgeht, dass man am Hof die „dringende Gefahr eines Aufruhrs [...] noch nicht geahnt zu haben" scheint); Böhmer (Hg.): RI I (wie Anm. 16), Nr. 824a, S. 323. Die jüngeren Arbeiten zum Thema gehen auf das Treffen nicht ein.

[102] Vgl. für die Quellentexte Annales regni Francorum (wie Anm. 86), a. 826, S. 170 f., und Astronomus: Vita (wie Anm. 101), Kap. 40, S. 434 f. Zum Ablauf der Ereignisse vgl. Simson: Jahrbücher (wie Anm. 82), S. 267–270; Böhmer (Hg.): RI I (wie Anm. 16), Nr. 832a, S. 327; Roger Collins: Pippin I and the Kingdom of Aquitaine. In: Peter Godman/Roger Collins (Hg.): Charlemagne's Heir. New Perspectives on the Reign of Louis the Pious. Oxford 1990, S. 363–389, hier: S. 378; Patzold: Ich (wie Anm. 40), S. 159 f. (betont die Brisanz des Aufstands für das Ansehen des Kaisers); Chandler: Catalonia (wie Anm. 42), S. 97–102.

ein muslimischer Andalusier war.[103] Ludwig reagierte nicht sofort, er „glaubte, nichts ohne reifliche Überlegung tun zu dürfen, und beschloss, die Auskunft seiner Räte abzuwarten".[104] Einig sind sich die Quellen, dass er ein Heer aufstellen ließ und dieses unter Führung seines Vertrauten Helisachar, eines hochrangigen Klerikers, und zweier *comites* in die Region schickte, um den Aufstand unter Kontrolle zu bekommen. Ob eine gewaltsame Niederschlagung oder die Aufnahme von Verhandlungen beabsichtigt war, ist ungewiss.[105] Ebenso wenig lässt sich der Zeitpunkt dieser ersten militärischen Expedition genauer bestimmen. Die „Annales regni Francorum" melden sie als erstes im Jahreseintrag für 827; vorangegangen ist die Schilderung einer Reliquientranslation im Dezember 826, zwei Versammlungen im Sommer 827 folgen danach.

Offenbar waren mittlerweile auch Truppen aus dem muslimischen Córdoba in der Region eingetroffen, Teile der lokalen Eliten hatten sich Aizo angeschlossen, und das ausgeschickte Heer wie die einheimischen Parteigänger des Kaisers gerieten in schwere Kämpfe. Daraufhin ordnete Ludwig eine zweite militärische Expedition an, unter dem Kommando seines Sohnes Pippin von Aquitanien, die neben dessen Streitkräften aber noch ein großes Heer aus den fränkischen Kernregionen

103 Vgl. Annales Fuldenses. Hg. von Friedrich Kurze (MGH SS rer. Germ. 7). Hannover 1891, a. 826, S. 24, die ansonsten dem Bericht der „Annales regni Francorum" folgen, und Chandler: Catalonia (wie Anm. 42), S. 99–101 mit ausführlicher Diskussion der älteren Forschung. Tremp hält Aizo im Kommentar zur Edition des „Astronomus" für einen Magnaten aus der Grenzregion, der bei dem Treffen im Februar 826 inhaftiert worden sei; vgl. Astronomus: Vita (wie Anm. 101), S. 434 f., Anm. 567.

104 „Sed imperator licet huius rei nuntium graciter ferret, nihil tamen inconsulte gerendum iudicans consiliariorum suorum adventum statuit operiri", so die Annales regni Francorum (wie Anm. 86), a. 826, S. 170 f.; Quellen zur karolingischen Reichsgeschichte. Bd. 1: Die Reichsannalen. Einhard: Leben Karls des Großen. Zwei Leben Ludwigs. Nithard: Geschichten. Bearb. von Reinhold Rau. Darmstadt 1955, a. 826, S. 147. Nicht wortgleich, aber mit identischer Aussage (und leicht anderer chronologischer Einordnung): Astronomus: Vita (wie Anm. 101), S. 434 f.

105 Vgl. Annales regni Francorum (wie Anm. 86), a. 827, S. 172 f., und Astronomus: Vita (wie Anm. 101), Kap. 41, S. 436–441. Die Annalen verwenden das eher ausgleichende Verb *componere* („beruhigen"), um den Auftrag Helisachars und seiner *socii* zu beschreiben, der „Astronomus" hingegen *comprimere* („niederschlagen"); beide Quellen erzählen auch dazu passende Ereignisse. Zu den beteiligten Personen vgl. Depreux: Prosopographie (wie Anm. 27), Nr. 74, S. 160–162 (Donatus, *comes* von Melun); Nr. 143, S. 235–240 (Helisachar, Abt mehrerer Klöster und ehemaliger Kanzleichef Ludwigs „des Frommen"); Nr. 153, S. 248 (ein *comes* namens Hildebrand). Für die Rekonstruktion der Ereignisse vgl. Simson: Jahrbücher (wie Anm. 82), S. 273 f.; Böhmer (Hg.): RI I (wie Anm. 16), Nr. 840a, S. 329, mit einer Datierung zwischen Februar und Mai 827; Collins: Pippin I (wie Anm. 102), S. 378; Chandler: Catalonia (wie Anm. 42), S. 98.

umfassen sollte.[106] Die Anführer dieses Heeresteils waren die *comites* Matfrid und Hugo von Tours.[107] Übereinstimmend berichten die Quellen, diese Streitkräfte seien so spät im Kampfgebiet eingetroffen, dass die andalusischen Truppen bereits weite Teile des Landes außerhalb der befestigten Städte verwüstet hatten und unbehelligt abgezogen waren. Die Chronologie ist auch hier unsicher: Die „Annales regni Francorum" nennen eine Versammlung in Compiègne, bei der die „nach der spanischen Mark Bestimmten die Befehle für das Was und Wie ihrer Unternehmung" erhielten, sie dürfte im Juni oder Juli stattgefunden haben;[108] der „Astronomus" hingegen beschreibt, Ludwig habe auf dieser Versammlung bereits von der Niederlage erfahren.[109] Einen zeitlichen Rahmen implizieren zwei Urkunden Pippins: Am 24. Juni 827 urkundete er in der Charente, am 27. September in Vic, dem Zentrum von Aizos Rebellion.[110]

Die erhaltenen, durchweg kaisernahen Quellen stellen diesen Ausgang der Expedition als schmachvolle Niederlage dar. Inwiefern diese Bewertung tatsächlich die damals allgemeine Stimmung widerspiegelt oder den folgenden politischen Er-

[106] Zum Verlauf vgl. Simson: Jahrbücher (wie Anm. 82), S. 274–277; Böhmer (Hg.): RI I (wie Anm. 16), Nr. 841b, S. 330; Collins: Pippin I (wie Anm. 102), S. 378 f.; Chandler: Catalonia (wie Anm. 42), S. 98–102. Zu Matfrids Rolle vgl. Depreux: Comte (wie Anm. 35), S. 354 f.

[107] Explizit genannt nur von Astronomus: Vita (wie Anm. 101), Kap. 41, S. 440 f. Angesichts der Niederlage nennen die Annales regni Francorum (wie Anm. 86), a. 827 f., S. 173 f., nur „die Anführer, die er [Ludwig „der Fromme"; Anm. des Verfassers] dem fränkischen Heer an die Spitze gestellt hatte" („duces [...], quos Francorum exercitui praefecerat"), „diejenigen, die in die spanische Mark bestimmt waren" („his [...] qui ad marcam Hispanicam mittendi erant") beziehungsweise „die Legaten, die das Heer angeführt hatten" („legati, qui exercitui praeerant"). Die Annales Fuldenses (wie Anm. 103), a. 827, S. 25, bieten eine verkürzte Version dieses Eintrags und Thegan: Gesta Hludowici imperatoris – Thegan: Die Taten Kaiser Ludwigs. In: Thegan (wie Anm. 101), S. 167–278, hier: Kap. 34, S. 220 f., vermerkt nur, ohne irgendwelche Anführer zu nennen, dass der Kaiser ein Heer entsendet habe.

[108] Vgl. Annales regni Francorum (wie Anm. 86), a. 827, S. 173: „altero apud Compendium, in quo et annualia dona suscepit et his, qui ad marcam Hispanicam mittendi erant, quid vel qualiter agere deberent, imperavit"; Übersetzung nach Reichsannalen (wie Anm. 104), S. 149, S. 151.

[109] Vgl. Astronomus: Vita (wie Anm. 101), Kap. 41, S. 440 f. Es ist möglich, dass der „Astronomus", der hier aller Wahrscheinlichkeit nach den Annalenbericht verarbeitete (hierzu vgl. ebd., S. 81–86), seinen Quellentext missverstanden hat, da der Ablauf des Feldzugs weiter vorne beschrieben worden war.

[110] Verweis bei Böhmer (Hg.): RI I (wie Anm. 16), Nr. 841b, S. 330. Für eine danach entstandene Edition der Urkunden vgl. Recueil des actes de Pépin Ier et de Pépin II rois d'Aquitaine (814–848). Hg. von Léon Levillain. Paris 1926, Nr. 7 f., S. 21–27; Levillain identifiziert die Ortsangabe *Ausonę castro* in der jüngeren Urkunde allerdings nicht als Vic, sondern als Alzonne, das zwischen Carcassonne und Castelnaudary liegt, also etwas nördlich der Pyrenäen. Akzeptiert man dies, dann wäre Pippin am 27. September 827 zwar schon nach Süden marschiert, aber noch nicht im Kampfgebiet angekommen gewesen.

eignissen angepasst wurde, bleibt unsicher. Klar ist, dass Ludwig „der Fromme" im Februar 828 eine Versammlung in Aachen abhielt, auf der man Matfrid und Hugo den Prozess machte und sie als die Alleinverantwortlichen verurteilte.[111] Die „Annales regni Francorum" sowie der „Astronomus" beschreiben, dass sie ihre *honores* verloren – also ihre Titel, Amtsfunktionen und die damit verbundenen Rechte und Besitzungen.[112] Dass sie zum Tode verurteilt, aber begnadigt wurden, wie der „Astronomus" dunkel andeutet, scheint unwahrscheinlich.[113] Neben Matfrid und Hugo verlor auch der *dux* einer anderen Grenzregion, in der es einen militärischen Misserfolg gegeben hatte, Balderich von Friaul, seine *honores*. Ludwig „der Fromme" ging sogar noch weiter: In einem Schreiben an seine Legaten ordnete er Anfang 829 an, dass alle Personen, von denen Matfrid Land erworben hatte, diese Geschäfte auf einer angekündigten Versammlung rückgängig machen könnten.[114] Es dürfte auch eine Folge dieser Verurteilung gewesen sein, dass Jonas von Orléans den Namen seines Adressaten aus dem „De institutione laicali" tilgte. Die älteste erhaltene Handschrift des Textes, offenbar in Orléans noch in den 820er-Jahren geschrieben, weist in der Dedikationszeile eine Rasur auf, durch die Matfrids Name entfernt wurde; in einem Großteil der späteren Handschriften fehlt dieser völlig.[115]

Die an Matfrid und Hugo gerichteten Vorwürfe in der zeitgenössischen oder zeitnahen Überlieferung bewegen sich auf zwei Ebenen. Zum einen werden sie der „Trägheit" bezichtigt, die „Annales regni Francorum" verwenden in ihrer Beschreibung der Ereignisse von 827 die Termini *desidia* und *tarditas*, und dieses Verhalten wird vom Annalisten später als *culpabilis* („strafbar") bewertet.[116] Zum anderen fügt der „Astronomus" mit seiner Wortwahl noch den Vorwurf der Feigheit hinzu: Das Vorrücken des Heeres 827 beschreibt er nicht nur als *serius* („verspäteter"), sondern auch *meticulosius* („furchtsamer") als angemessen, und als Grund für die Verurteilung 828 nennt er die *ignavia*, was ebenfalls zwischen den beiden Bedeu-

111 Vgl. Simson: Jahrbücher (wie Anm. 82), S. 287–292; Böhmer (Hg.): RI I (wie Anm. 16), Nr. 844a, S. 331 f.; Depreux: Comte (wie Anm. 35), S. 355–357; Boshof: Ludwig der Fromme (wie Anm. 40), S. 173; de Jong: State (wie Anm. 2), S. 38–40, S. 148–153; Patzold: Ich (wie Anm. 40), S. 167 f.

112 Vgl. Annales regni Francorum (wie Anm. 86), a. 828, S. 174; Astronomus: Vita (wie Anm. 101), Kap. 42, S. 442–445.

113 Vgl. Astronomus: Vita (wie Anm. 101), Kap. 42, S. 444 f. Nuanciert Depreux: Comte (wie Anm. 35), S. 355 f., und de Jong: State (wie Anm. 2), S. 152 f.

114 Vgl. Capitularia regum Francorum. Bd. 2. Hg. von Alfred Boretius und Victor Krause (MGH Capit. 2). Hannover 1897, Nr. 188, Kap. 3, S. 10.

115 Köln, Erzbischöfliche Diözesan- und Dombibliothek, Cod. 184, fol. 1v; vgl. für die Nennung des Adressaten in den Handschriften Dubreucq: Introduction (wie Anm. 24), S. 44–48.

116 Vgl. Annales regni Francorum (wie Anm. 86), a. 827 f., S. 173 f.; Übersetzung nach Reichsannalen (wie Anm. 104), S. 149, S. 151.

tungen oszilliert.[117] Ähnlich formulierte auch Adrevald von Fleury, der in seinen „Miracula sancti Benedicti“ um die Mitte des 9. Jahrhunderts das ebenso ambivalente Wort *inertia* gebraucht, um Matfrids Absetzung zu begründen.[118] Wie sehr diese Beurteilungen des Gesamtbild der beteiligten Personen prägen konnten, wird aus der Ludwigsbiografie Thegans um 837 deutlich, in der Hugo bereits für 821 als so feige beschrieben wird, dass sein eigenes Gefolge Spottlieder auf ihn gemacht habe.[119] Der Kontext, in den zumindest der Hof die Ereignisse stellte, wird aus einem Schreiben an Ludwigs Gefolgsleute aus dem Winter 828/829 deutlich, in dem die erlittenen Niederlagen als Ausdruck von Gottes Zorn für sündhaftes Verhalten bewertet wurden.[120] Diese Redeweise über Matfrids militärisches Fehlverhalten erinnert an die Sündendiskurse in den Laienspiegeln, etwa zur *acedia* in Jonas' „De institutione laicali“, wenngleich der Kontext dort ein ganz anderer ist.[121]

Die Beurteilungen der Ereignisse von 827/828 durch die Geschichtswissenschaft gehen stark auseinander. Unterstellt man Matfrid und Hugo nicht einfach Inkompetenz, so lässt sich vermuten, dass sie die Ankunft des Heeres absichtsvoll verzögerten, um politische Konkurrenten zu schwächen, allen voran Bernhard von Septimanien (gestorben 844), den *comes* von Barcelona, der ab 829 dann zum neuen starken Mann am Hof Ludwigs „des Frommen“ avancierte und dessen Cousin Odo zum neuen *comes* in Orléans wurde.[122] Dagegen spricht, dass auch andere durch ein solches Verhalten geschädigt worden wären, allen voran Helisachar, der Anführer des ersten kaiserlichen Heeres, ebenso wie das nominelle Oberhaupt der zweiten Expedition, der Kaisersohn und aquitanische Unterkönig Pippin; beide koope-

117 Vgl. Astronomus: Vita (wie Anm. 101), Kap. 41 f., S. 440 f., S. 444 f.

118 Vgl. Les miracles de Saint Benoît. Miracula sancti Benedicti. Hg. und übers. von Anselme Davril. Paris 2019, Kap. I.20, S. 142 f.

119 Vgl. Thegan: Gesta (wie Anm. 107), Kap. 28, S. 216 f.; hierauf nimmt er später in seinem Text wieder Bezug, (ebd., Kap. 55, S. 250 f.), als er Hugos Unterwerfung nach einer Rebellion schildert.

120 Vgl. Capitularia 2 (wie Anm. 114), Nr. 185, S. 4 f. Für den Kontext vgl. François Louis Ganshof: Am Vorabend der ersten Krise der Regierung Ludwigs des Frommen. Die Jahre 828 und 829. In: FMSt 6 (1972), S. 39–54; de Jong: State (wie Anm. 2), S. 157–176; aus der Perspektive des Höflings und Intellektuellen Einhard vgl. Patzold: Ich (wie Anm. 40), S. 175–188; die dort zitierte Detailstudie Patzolds zur handschriftlichen Überlieferung der entsprechenden Texte ist meines Wissens bislang nicht erschienen.

121 Vgl. Jonas d'Orléans: Instruction 2 (wie Anm. 37), Kap. III.6, S. 240 f. Allenfalls wäre zu überlegen, ob die „guten Werke“ (*bona opera*), von denen hier die Rede ist und von denen man durch Trägheit abgehalten werde, auch militärisch aufgefasst werden könnten – das erscheint aber nicht unbedingt die wahrscheinlichste Interpretation.

122 Dagegen schon Simson: Jahrbücher (wie Anm. 82), S. 276 f. Kryptisch und ohne weitere Belege vermutet Boshof: Ludwig der Fromme (wie Anm. 40), S. 169, dass „wiederum Rivalitäten im Hochadel für diese blamable Vorstellung mitverantwortlich waren“. Zu Bernhard vgl. knapp, aber konzise Depreux: Prosopographie (wie Anm. 27), Nr. 50, S. 137–139; zu Odo vgl. ebd., Nr. 93, S. 191.

rierten aber in den folgenden Jahren mit Matfrid und Hugo. Die beiden sind auch als „Sündenböcke" betrachtet worden, die von Ludwig „dem Frommen" und seinem Umfeld aus Angst vor dem Zorn Gottes für die Probleme der Zeit verantwortlich gemacht wurden – sie wären dann Opfer einer Art Panikreaktion gewesen.[123] Nicht zuletzt gibt es die Annahme, dass Matfrid und Hugo ihrerseits zum Ziel einer politischen Intrige wurden. Angesichts der Zeiträume, die für die Aufstellung eines Heeres und dessen Marsch aus der *Francia* nach Katalonien notwendig waren, und der üblichen Taktik der andalusischen Truppen, sich im Spätsommer zurückzuziehen, wäre es nach dieser Überlegung für die fränkischen Befehlshaber von Anfang an unmöglich gewesen, rechtzeitig in der *marca Hispanica* einzutreffen.[124] Doch ganz gleich, welchen dieser Erklärungsansätze man bevorzugt: Matfrids und Hugos Sturz verdeutlicht, dass der Vorwurf militärischen Versagens auch die mächtigsten Laien am Hof Ludwigs „des Frommen" politisch vernichten konnte.

Staatsfeind Nummer Eins

Trotz seiner Absetzung, Verbannung und weitgehenden Enteignung war Matfrid politisch offenbar nicht vollständig ausgeschaltet. Vielmehr finden wir ihn in den heftigen innerfränkischen Konflikten der Jahre 830 bis 834 mehrfach prominent unter den Gegnern Ludwigs „des Frommen";[125] auch hier gehörte militärische Aktivität wesentlich zu seinen politischen Handlungsmustern. Als im Rahmen der „Palastrebellion" im Frühjahr 830 eine ganze Reihe enttäuschter Großer gemeinsam mit den Kaisersöhnen Pippin und Lothar gegen Ludwig „den Frommen" opponierte, zählte Matfrid offenbar zur Kerngruppe der Initiatoren.[126] Gemeinsam mit Pip-

[123] Entschieden und mit vorzüglich begründeter Einbettung in die politische Kultur vgl. de Jong: State (wie Anm. 2), S. 38 f., S. 148–157.

[124] Vgl. Collins: Pippin I (wie Anm. 102), S. 378 f., mit Verweis auf eigene Studien zur Zeitstruktur andalusischer Militärexpeditionen.

[125] Die Ereignisse sind intensiv erforscht worden, wobei der Ablauf verhältnismäßig unstrittig ist, die Interpretation der zugrunde liegenden Motivationen und Strukturen sich allerdings stark unterscheidet. Die meisten dieser Überlegungen spielen für die hier diskutierte Frage nach der Rolle militärischer Aktivität im politischen Handeln eines hochrangigen Laien aber keine Rolle. Als allgemeine Überblicke wurden herangezogen: Simson: Jahrbücher (wie Anm. 82), S. 336–366; ders.: Jahrbücher des fränkischen Reiches unter Ludwig dem Frommen. Bd. 2: 831–840. Leipzig 1876, S. 1–119 (immer noch unersetzt für den ereignisgeschichtlichen Rahmen); Böhmer (Hg.): RI I (wie Anm. 16), S. 343–379, S. 420–426, S. 563–568; Boshof: Ludwig der Fromme (wie Anm. 40), S. 182–210; de Jong: State (wie Anm. 2), S. 38–52, S. 185–259; Schäpers: Lothar I. (wie Anm. 95), S. 195–316.

[126] Vgl. neben den in der vorigen Anmerkung genannten Aufarbeitungen noch Steffen Patzold: Eine „loyale Palastrebellion" der „Reichseinheitspartei"? Zur „Divisio imperii" von 817 und zu

pin und den anderen „Rebellen" zog er „mit ihren zahlreichen Truppen" aus Aquitanien nach Norden in die *Francia*. Als sie Orléans passierten, „wurde Odo verjagt und Matfrid wiedereingesetzt", wie der „Astronomus" berichtet.[127] Als der alte Kaiser den Konflikt im Herbst dann für sich entschied, wurde offenbar auch Matfrid festgenommen; ob er zu jenen gehört hatte, die Ludwigs ältestem Sohn Lothar zum bewaffneten Kampf gegen den Vater rieten (was Lothar ablehnte), ist ungewiss.[128] Jedenfalls wurde er mit zahlreichen anderen im Februar 831 zum Tode verurteilt, dann aber von Ludwig „dem Frommen" begnadigt.

Dies jedenfalls erfährt man aus einer Bemerkung der „Annales Bertiniani" zum Jahr 832, die von einem weiteren Aufstand gegen Ludwig „den Frommen" im Frühjahr dieses Jahres berichtet.[129] Wiederum scheint Matfrid in führender Rolle dabei gewesen zu sein, was den Annalisten wegen dessen Begnadigung nur ein Jahr zuvor besonders empörte. Ludwig „der Deutsche" – mit dem Matfrid 824 ja auf dessen erstem Feldzug das Kommando geführt hatte – griff nach Alemannien aus, das außerhalb des Herrschaftsbereichs lag, der ihm von seinem Vater zugewiesen worden war. Die Unternehmung wird von mehreren Quellen explizit als militärische Expedition markiert. Um seinem Sohn Einhalt zu gebieten, versammelte der Kaiser seinerseits Truppen.[130] Als es zur Konfrontation kam, erwartete der Kaisersohn, „dass ihm alle Ostfranken und Sachsen zu Hilfe kommen würden. Und dies hatte besonders Matfrid tückischerweise ausgesonnen und betrieben", wie der An-

den Ursachen des Aufstands gegen Ludwig den Frommen im Jahre 830. In: FMSt 40 (2006), S. 43–77, mit einer kritischen Diskussion der bisherigen Forschungsnarrative. Patzold sieht Matfrid und Hugo als die treibenden Kräfte des Aufstands, die eine für sie günstige „Gemengelage von Verstimmungen und Unzufriedenheiten" genutzt hätten (ebd., S. 73 f.). Für die Perspektive Pippins vgl. Collins: Pippin I (wie Anm. 102), S. 380–384, für die Matfrids vgl. Depreux: Comte (wie Anm. 35), S. 359–364.

127 Vgl. Astronomus: Vita (wie Anm. 101), Kap. 44, S. 456 f.: „His ergo allectus incitamentis iuvenis, cum eis et suorum multis copiis per Aureliansensem urbem, sublato inte Hodone et restituto Matfrido, Uuermbriam usque venerunt."

128 Von diesem Rat berichtet ausschließlich ebd., Kap. 45, S. 462 f.

129 Vgl. Annales de Saint-Bertin. Avec une introduction et notes par Léon Levillain. Hg. und übers. von Félix Grat u. a. Paris 1964, a. 832, S. 6 f. Zum Aufstand Ludwigs „des Deutschen" vgl. neben den in Anm. 125 genannten Überblicken noch Ernst Dümmler: Geschichte des Ostfränkischen Reiches. Bd. 1: Ludwig der Deutsche bis zum Frieden von Koblenz 860. Leipzig 1887, S. 67–70 (alt, aber grundlegend); Hartmann: Ludwig der Deutsche (wie Anm. 87), S. 29 (sehr knapp); Goldberg: Struggle (wie Anm. 87), S. 63–68. Zu Matfrids Beteiligung vgl. Depreux: Comte (wie Anm. 35), S. 364 f.

130 So die Annales de Saint-Bertin (wie Anm. 129), a. 832, S. 5–7, und Thegan: Gesta (wie Anm. 107), Kap. 39, S. 224–227.

nalist schrieb.[131] Philippe Depreux vermutet, dass Matfrid nach seiner Begnadigung in die östliche *Francia* verbannt worden sei und versucht habe, über die Unterstützung für Ludwig „den Deutschen" seine Freilassung zu erreichen – dieser konnte sich allerdings nicht gegen seinen Vater durchsetzen. Depreux sieht hier ein Verhaltensmuster: „Matfrid hat sich also wirklich der dauerhaften Revolte verschrieben."[132]

Angesichts dessen verwundert es wenig, dass Matfrid auch beim großen Aufstand der drei älteren Ludwigssöhne 833/834 mit von der Partie war, bei dem der Kaiser letztlich abgesetzt und einer demütigenden öffentlichen Buße unterworfen wurde – die pikanterweise ziemlich genau den Vorstellungen entsprach, die Jonas von Orléans in seinem Laienspiegel für Matfrid formuliert hatte.[133] Matfrids genaue Rolle bei den Ereignissen ist allerdings schwer zu fassen. Nithard, der in den frühen 840er-Jahren über die Ereignisse schrieb, berichtet, dass „Wala, Helisachar, Matfrid und andere, die in die Verbannung geschickt waren, [...] aus der Haft befreit" worden seien, noch ehe es im Sommer 833 zur Konfrontation zwischen Ludwig und seinen drei älteren Söhnen bei Colmar kam.[134] Sowohl Nithard als auch die „Annales Xantenses" sehen Matfrid als einen der wichtigsten Akteure in der neuen politischen Ordnung, die Lothar nach der Absetzung seines Vaters zu etablieren versuchte.[135]

Dass Matfrids politisches wie militärisches Handeln aber nicht allein von den Herrschern abhing, zeigt eine Episode aus dem Sommer 834. Im Winter 833/834 hatte sich so starke Unterstützung für Ludwig „den Frommen" formiert, dass Lothar sich Ende Februar aus der *Francia* zurückzog und damit faktisch seinen Vater freiließ, der mit einer Festkrönung in Saint-Denis am 1. März wieder als Herrscher eingesetzt wurde. Matfrid hingegen blieb gemeinsam mit dem Militärkommandeur der Grenze zur Bretagne, Lambert von Nantes, mit dem er bereits 824 zusammen gekämpft hatte, im westlichen Gallien, und beide „versuchten, dieses Gebiet mit eigenen Kräften zu behaupten", wie der „Astronomus" schreibt.[136] Ludwig „der From-

131 Vgl. Annales de Saint-Bertin (wie Anm. 129), a. 832, S. 6 f.: „ut omnes australes Franci et Saxones ei auxilium ferre deberent. Et hoc maxime Mathfridus dolose meditatus et machinatus est."

132 Vgl. Depreux: Comte (wie Anm. 35), S. 364 f. Das Zitat S. 364: „Matfrid a décidément versé dans la révolte perpétuelle."

133 Zur Rolle Matfrids vgl. ebd., S. 365–368.

134 Vgl. Nithard: Histoire (wie Anm. 3), Kap. I.4, S. 16 f.: „Walanam, Elisachar, Mathfridum ceterosque, qui in exilium retrusi fuerant, custodi emittunt."

135 Vgl. ebd., Kap. I.4, S. 18–21; Annales qui dicuntur Xantenses. In: Annales Xantenses et Annales Vedastini. Hg. von Bernhard von Simson (MGH SS rer. Germ. 12). Hannover/Leipzig 1909, S. 1–39, hier: a. 834, S. 9. Vgl. hierzu ausführlich Schäpers: Lothar I. (wie Anm. 95), S. 259 f., S. 271–287.

136 Vgl. Astronomus: Vita (wie Anm. 101), Kap. 52, S. 492 f.: „remanserant in Neustrię partibus Lantbertus comes et Matfridus ceterique quamplurimi, qui easdem partes propria vi tenere niteban-

me" ließ Truppen versammeln. Aufgeboten wurden nach Aussage Nithards „alle, die zwischen Seine und Loire ihren Wohnsitz hatten", und auch mehrere Magnaten waren Teil des Heeres, unter ihnen sogar Bischof Jonas von Orléans.[137] Zahlenmäßig scheinen die Truppen des Kaisers klar überlegen gewesen zu sein; dennoch schlugen Matfrid und Lambert sie im Juni 834 in einem blutigen Kampf, bei dem auch mehrere wichtige Gefolgsleute Ludwigs „des Frommen" getötet wurden.[138] Der Sieg war so bemerkenswert, dass er in zahlreichen zeitgenössischen Quellen Erwähnung fand,[139] und er flößte Lothar genug Zuversicht ein, um den Kampf gegen seinen Vater erneut aufzunehmen – wenn auch letztlich ohne Erfolg.

Im Herbst 834 unterwarf Lothar sich seinem Vater mit seinen Anhängern, die amnestiert wurden und ihren Allodialbesitz behalten durften, aber mit ihm nach Italien verbannt wurden; Matfrid war einer von ihnen. In der Forschung wird wenig beachtet, dass Lothar ihn offenbar weiterhin mit militärischen Aufgaben betraute. Als Ersatz für seine verlorenen *honores* erhielt Matfrid die von Lothar eingezogenen Besitzungen des Klosters Saint-Denis im Veltlin als *beneficium* – und damit die Aufgabe, die dortigen Alpenpässe zu sichern.[140]

tur." Lambert hatte beim Feldzug von 824 zusammen mit Matfrid das Kontingent Ludwigs „des Deutschen" kommandiert und auch an der Rebellion von 830 teilgenommen; zu ihm vgl. den Überblick bei Depreux: Prosopographie (wie Anm. 27), Nr. 184, S. 288–290.

137 Für das Zitat vgl. Nithard: Histoire (wie Anm. 3), Kap. I.5, S. 24 f.: „Ad quos pellendos missus est Vodo et omnes inter Sequanam et Ligerem degentes; qui, manu valida collecta, hinc atque inde convenerunt." Die (von Odo angeblich erzwungene) Beteiligung von Jonas erwähnt Adrevald von Fleury in den „Miracula sancti Benedicti"; vgl. Miracles (wie Anm. 118), Kap. I.20, S. 144 f.

138 Über den Ablauf des Kampfs herrscht in den Quellen Uneinigkeit: Astronomus: Vita (wie Anm. 101), Kap. 45, S. 492 f., spricht von einem Überraschungsangriff; Nithard: Histoire (wie Anm. 3), Kap. I.5, S. 24 f., berichtet, dass das kaiserliche Heer nach dem Beginn des Kampfs die Flucht ergriffen habe; dagegen ist in den Miracles (wie Anm. 118), Kap. I.21, S. 146–149, die sich auf einen Augenzeugen berufen, von „drei erschöpfenden Tagen Kampf" (*tridie belli exhausti*) die Rede. Die Liste der namentlich bekannten getöteten Großen umfasst: die *comites* Odo von Orléans, Wilhelm von Blois (dessen Bruder), Wido von Le Mans und Fulbert (dessen Provenienz unklar ist, der aber in den Annales de Saint-Bertin [wie Anm. 129], a. 834, S. 13, als *comes* bezeichnet wird), außerdem Abt Theoto von Saint-Martin de Tours (den Kanzler Ludwigs „des Frommen") sowie einen gewissen Vivianus, der nicht weiter bekannt ist. Zu den meisten Personen (außer Fulbert und Vivianus) vgl. Depreux: Prosopographie (wie Anm. 27), Nr. 93, S. 191 f.; Nr. 126, Nr. 129, S. 223–226; Nr. 268, S. 387 f.

139 Vgl. die Liste in Böhmer (Hg.): RI I (wie Anm. 16), Nr. 928b, S. 376.

140 Vgl. Schäpers: Lothar I. (wie Anm. 95), S. 301, S. 458 f., mit weiteren Referenzen. Nachvollziehen lässt sich das anhand einer Urkunde vom 3. Januar 848 (Die Urkunden Lothars I. und Lothars II. Bearb. von Theodor Schieffer [MGH DD Karol. 3]. Berlin/Zürich 1966, Nr. 100, S. 238–240), in deren *narratio* berichtet wird, Matfrid habe das Veltlin während der Konflikte zwischen Lothar und Ludwig „dem Frommen" als *beneficium* erhalten; danach hatte es sein gleichnamiger Sohn innegehabt. Nun sollte es an die Abtei Saint-Denis zurückgegeben werden.

Die zeitnahen narrativen Texte, aus denen wir unser Wissen über die Konflikte jener Jahre beziehen und die Matfrid erwähnen, ergreifen allesamt Partei für Ludwig „den Frommen". Matfrid wird von ihnen daher ausgesprochen negativ beurteilt. Als er 836 mit vielen anderen Anhängern Lothars in Italien an einer Krankheit starb, bezeichnete ihn Ludwigs Biograf Thegan mit einem Bibelzitat explizit als „Hauptanstifter all jener Untaten", und der zweite Biograf, der „Astronomus", sah darin ein Urteil Gottes, der „sie [die Anhänger Lothars; Anmerkung des Verfassers] wie durch ein zweimal wütendes Schwert zugrunde richtete";[141] in den anderen Quellen gibt es keine ähnlich plakativen Zitate, die grundlegende Tendenz stimmt aber überein. Matfrid war also für die Autoren aus dem Umfeld Ludwigs „des Frommen" so etwas wie der Staatsfeind Nummer Eins jener Jahre, und diese Bewertung wird bis in aktuelle Geschichtsdarstellungen fortgesetzt.[142] Nach seiner Absetzung und durch seine „révolte perpétuelle" (Depreux) gegen Ludwig „den Frommen" scheint er im ideologischen Gefüge der *ecclesia*-Politie gründlich diskreditiert.[143]

Allerdings kann man aus den Quellen auch abweichende zeitgenössische Einschätzungen über Matfrid erschließen. Allein die Tatsache, dass alle drei älteren Söhne Ludwigs „des Frommen" ihn immer wieder in ihre politischen Vorhaben integrierten, spricht für sich. Die Verbindungen, die er in den 820er-Jahren mit ihnen knüpfte (die gemeinsame *inquisitio* mit Lothar vor 823, die militärischen Kommandos mit Ludwig „dem Deutschen" 824 und mit Pippin 827), scheinen Bestand gehabt zu haben.[144] Die Wiedereinsetzung als *comes* von Orléans im Frühjahr 830, das Vertrauen Ludwigs „des Deutschen" im Frühjahr 832 in Matfrids Fähigkeit, ihm Verbündete zu verschaffen, die rasche Befreiung 833 und seine anschließende Machtposition im Gefolge Lothars, die Reaktion auf seinen Sieg im Sommer 834 sowie schließlich seine Ausstattung mit einem reichen und geostrategisch wichtigen *beneficium* im italischen Exil nach 834 zeigen deutlich, dass die Kaisersöhne ihn und

[141] Die Zitate: Thegan: Gesta (wie Anm. 107), Kap. 55, S. 250 f.: „et statim Matfridus, qui erat maximus incentor omnium ilorum malorum, mortuus est, et cęteri nonulli"; Astronomus: Vita (wie Anm. 101), Kap. 56, S. 512–515: „Sed illis in morem bini sevi ensis subrutis ostendit Deus, quam salubre sit quamque sobrium observare, quod ex eius ore probatur procedure". Zum Tod Matfrids vgl. Depreux: Comte (wie Anm. 35), S. 368 f.

[142] Als Beispiel sei auf die 2014 publizierte Einhards-Biografie Patzold: Ich (wie Anm. 40) verwiesen, wo für die Periode zwischen Matfrids Absetzung 828 und dem Ausbruch des ersten Aufstands gegen Ludwig „den Frommen" 830 mehrfach auf seine fortwährende „Agitation" gegen den Kaiser hingewiesen wird (ebd., S. 175, S. 187 f., S. 211, S. 213, S. 217), die sich freilich aus den Quellen nur indirekt erschließen lässt (vgl. ebd., S. 338, Anm. 41; S. 341, Anm. 22).

[143] Für das Zitat vgl. Depreux: Comte (wie Anm. 35), S. 364.

[144] Zu den Heiratsverbindungen, die ihn über Hugo von Tours mit Lothar verknüpften, vgl. ebd., S. 360–362; Schäpers: Lothar I. (wie Anm. 95), S. 88–96.

sein politisch-militärisches Handeln keineswegs als diskreditiert betrachteten. Auch dass Matfrid im Sommer 834 zusammen mit Lambert von Nantes über genug bewaffnete Gefolgsleute verfügte, um ein kaiserliches Heer von beachtlicher Größe „aus eigener Kraft" (*propria vi*) zu besiegen,[145] spricht dafür, dass zumindest Teile der Laieneliten sein militärisches Vorgehen zur Erreichung seiner politischen Ziele für gerechtfertigt hielten.

Schluss: Jenseits des religiösen Rahmens

Im Ergebnis lassen sich zwei Befunde festhalten, die einzuordnen und zu interpretieren sind. Der erste Befund ergibt sich aus der Analyse des „De institutione laicali" des Jonas von Orléans: Eine christliche Kriegerethik für die Laien wurde dort nicht formuliert;[146] im Ideal der „weltlichen Heiligkeit" war dafür offenbar kein Platz. Jonas' Werk ist damit aber keineswegs ein Ausreißer, sondern vielmehr ein typisches Beispiel sowohl für sein Genre – die Laienspiegel – als auch den Diskurs um die politische *ecclesia* insgesamt. Rachel Stone, die derzeit wohl beste Kennerin des Diskurses zur Moralität männlicher Laien im karolingischen Europa, diagnostiziert in dem Kapitel ihres Buches, das sich mit „Warfare" beschäftigt: „lay mirrors do indeed say little on war".[147] Auch eine andere Textgruppe, in der sich die „Carolingian moralists" ausführlich mit den moralischen Problemen auseinandersetzten, die im Rahmen einer christlichen Friedensethik mit dem Gewalthandeln verbunden waren, oder konkrete Verhaltensregeln für christliche Kriegsteilnehmer formulierten, hat sie nicht identifizieren können. Vielmehr sammelt sie aus einer Vielzahl von Texten unterschiedlichster Provenienz und Charakteristik eine große Menge an Aussagefragmenten, mit denen sie sich einem solchen Diskurs zu nähern versucht.[148] Im Ergebnis sieht sie zwar generelle Charakteristika eines karolinger-

[145] Astronomus: Vita (wie Anm. 101), Kap. 52, S. 492 f.

[146] Auch die bisherige Forschung zum „De institutione laicali" stellte dies teilweise fest, allerdings nur en passant; für Referenzen vgl. Anm. 74 im vorliegenden Beitrag.

[147] Zu den Aussagen der Laienspiegel allgemein vgl. Stone: Morality (wie Anm. 14), S. 83–85 (Zitat: S. 83); spezifisch zur Normierung von Plünderungen, wobei sie diese nur bei Paulinus sieht, die anderen drei (Alkuin, Jonas, Dhuoda) schweigen; vgl. ebd., S. 105 f. Stones Verweis auf S. Paulini Patriarchae Aquileiensis Liber exhortationis. Cum translatione italica editus ab Angelo De Nicola. Triest 2005, Kap. 24 f., S. 24, S. 26; Kap. 49, S. 58 (Stone zitiert allerdings die alte Ausgabe der „Patrologia Latina") finde ich allerdings problematisch, weil es Paulinus bei der ersten Stelle um die Freude an irdischem Reichtum generell geht, und die zweite Stelle sich schwammig mit den materiellen Belohnungen des *miles terrenus* für seine kriegerische Aktivität beschäftigt, die dieser nicht als Beute, sondern als „Geschenk" (*donativum*) vom Herrscher empfängt.

[148] Für ihre Quellenbasis vgl. Stone: Morality (wie Anm. 14), S. 47–58; für eine Zusammenfassung ihrer Ergebnisse zum Krieg vgl. ebd., S. 111–115. Als einzige Ausnahme von dieser Regel kann man

zeitlichen Kriegsdiskurses in den Texten, sie macht zugleich aber deutlich: „they do not outline a specific code of conduct for behaviour in war“; nur implizite Erwartungen würden erkennbar.[149]

Der Befund an sich, dass die politische Theologie im karolingischen Europa kein religiös fundiertes Kriegerethos für die Laien entwickelte, ist also keineswegs neu, wenn er auch meist eher das Ergebnis von Leseimpressionen als von detaillierten Analysen war. Die Tragweite der Erkenntnis scheint mir aber unterschätzt. Zunächst muss man sich bewusst machen, wie erstaunlich diese Fehlstelle ist. Dafür sind folgende drei Faktoren mitzubedenken: *Erstens* galt das Töten im Krieg den Zeitgenossen durchaus als moralisches Problem – der Bußdiskurs, das Waffen- und Gewaltverbot für Kleriker und die Betonung des Friedensideals auch und gerade in Texten für Laien zeigen das überaus klar. *Zweitens* hätte es durchaus den Raum für die Entwicklung einer solchen Kriegerethik gegeben, denn andere Aspekte des weltlichen Lebens wie Sexualität und Ehe oder die Partizipation an der Rechtskultur wurden in den Laienspiegeln und anderen Texten der politischen Theologie sehr wohl diskutiert und in den religiös-politischen Rahmen der *ecclesia* eingeordnet.[150] *Drittens* hatten die Protagonisten des *ecclesia*-Diskurses bereits Strategien entwickelt, wie das Spannungsverhältnis von christlichem Friedensgebot und politisch notwendig erscheinendem Gewalthandeln aufgelöst werden konnte, das wird aus dem Diskurs um die militärische Rolle des Herrschers deut-

zwei Predigttexte betrachten, die sich wohl an Kombattanten richteten. Ediert sind sie in Albert Michael Koeniger: Die Militärseelsorge in der Karolingerzeit. Ihr Recht und ihre Praxis. München 1918, S. 68–74, besprochen in Bachrach: Religion (wie Anm. 10), S. 49–55. Gerade der einschlägigere der beiden Texte ist aber völlig einzigartig, seine Überlieferung zwar zeitgenössisch, doch eher randständig; vgl. Gübele: Deus (wie Anm. 7), S. 197 f.; zur Handschrift (Rom, Bibliotheca Apostolica Vaticana, Reg. lat. 846) vgl. Bischoff: Katalog (wie Anm. 26), Nr. 6736–6738, S. 435 f. Ein zentrales Dokument der politischen Theologie ist diese Predigt sicher nicht.

149 Vgl. Stone: Morality (wie Anm. 14), S. 112.

150 Zu Sexualität und Ehe vgl. allgemein ebd., S. 247–310; zu den Laienspiegeln vgl. bereits Pierre Toubert: La théorie du mariage chez les moralistes carolingiens. In: Il matrimonio nella società altomedievale. Bd. 1. Spoleto 1977, S. 233–282. Zu Jonas vgl. Lauranson-Rosaz: Coniugium (wie Anm. 77) und Veronese: Marriage (wie Anm. 25), S. 444–454. Zu Einzelproblemen, die von den Zeitgenossen intensiv debattiert wurden und über die ganze Traktate entstanden, vgl. die Monografien Karl Ubl: Inzestverbot und Gesetzgebung. Die Konstruktion eines Verbrechens (300–1100). Berlin 2008, S. 217–383; Karl Josef Heidecker: The Divorce of Lothar II. Christian Marriage and Political Power in the Carolingian World. Ithaca 2010; Sylvie Joye: La femme ravie. Le mariage par rapt dans les sociétés occidentales du haut Moyen Âge (VIe–Xe siècle). Turnhout 2012, S. 355–460; Linda Dohmen: Die Ursache allen Übels. Untersuchungen zu den Unzuchtsvorwürfen gegen die Gemahlinnen der Karolinger. Ostfildern 2017. Die Liste ließe sich deutlich verlängern, macht aber schon jetzt den Reichtum der Überlieferung und die Intensität der wissenschaftlichen Erschließung klar.

lich. Das Fehlen einer christlichen Kriegerethik für Laien hatte seinen Grund nicht im intellektuellen Scheitern der Autoren an dem genannten Widerspruch, was sich besonders gut an Jonas von Orléans erkennen lässt und seinen Aussagen zu Krieg und Gewalt in seinem Laienspiegel einerseits sowie den paränetischen Texten für Herrscher andererseits. Die politische Theologie der Karolingerzeit entwickelte also keine religiös begründete Kriegerethik für Laien, obwohl das Kriegführen ein massives moralisches Problem darstellte, es einen umfassenden Regelungsanspruch (und seine weitgehende Umsetzung) gab und die intellektuellen Werkzeuge zur Formulierung einer solchen Ethik vorhanden waren.

Der zweite Befund betrifft die Konfiguration der politischen Kultur, auf die sich der *ecclesia*-Diskurs bezog. Militärische Aktivität gehörte für hochrangige Laien – und damit für die Adressaten der paränetischen Texte – zum Kernrepertoire ihrer politischen Handlungsmöglichkeiten. Die Detailanalyse der politischen Karriere des *comes* Matfrid von Orléans, auf dessen Anfrage Jonas sein „De institutione laicali" geschrieben hat, zeigt die verschiedenen politischen Kontexte auf, in denen die Ausübung oder plausible Androhung von Waffengewalt politisch relevant war: *Erstens* zählten militärische Führungsfunktionen und kriegerische Repräsentation zu Matfrids zentralen Aufgaben im Dienst von Kaiser Ludwig „dem Frommen" und kennzeichneten seine herausragende Stellung am Hof. *Zweitens* erschien das ihm zugeschriebene Scheitern eines Feldzugs als ausreichendes Argument für seinen Sturz, also seine Entfernung aus der Führungsgruppe um den Herrscher sowie seine weitgehende Enteignung und Entehrung. *Drittens* verfolgte Matfrid auch seine persönlichen politischen Ziele unter anderem mit militärischen Mitteln, teils an der Seite königlicher Verbündeter, teils ohne sie; in den Augen seiner Gegner diskreditierte ihn dieses Verhalten zwar nachhaltig, aber das scheint längst nicht für alle Zeitgenossen gegolten zu haben.

Konfrontiert man diese beiden Befunde miteinander, gelangt man zu einer brisanten Schlussfolgerung: Ein zentraler Bereich der politischen Aktivität einer signifikanten gesellschaftlichen Gruppe (der männlichen Laien) wurde nicht innerhalb des religiös-politischen Rahmens der *ecclesia* geregelt und legitimiert – und das, obwohl politische Denker wie Jonas von Orléans es dezidiert als gesellschaftliche Aufgabe des *laicus ordo* definierten, „den Frieden der heiligen Kirche mit Waffen" zu verteidigen.[151] Die politische Theologie ließ trotz dieses Anspruchs offen, mit welchen Verhaltensweisen und auf welcher moralischen Grundlage Gewalt so ausgeübt werden konnte, dass es den beteiligten Laien dennoch möglich blieb, „ein gottgefälliges Leben zu führen", wie Jonas den ethischen Anspruch seines Adressa-

151 Jonas Aurelianensis: Vita (wie Anm. 31), Kap. 29, S. 817: „sed laicus ordo […] armis pacem sanctae Ecclesiae defenderet".

ten am Anfang seines Laienspiegels benennt.[152] Diese grundlegende Inkohärenz des religiös-politischen Ordnungsrahmens im karolingischen Europa lässt auch das vorherrschende geschichtswissenschaftliche Modell von der politischen Kultur der Franken im 8. und 9. Jahrhundert korrekturbedürftig erscheinen.

Eine erste Konsequenz wäre, den Diskurs um die politische *ecclesia* als eine, aber nicht die einzige Redeweise über Politik im karolingischen Europa zu verstehen.[153] Dass es sogar konkurrierende moralische Diskurse gab, deutet möglicherweise schon Jonas von Orléans im „De institutione laicali" an. Er schreibt über den Hochmut (*superbia*), dieser komme zustande, „weil jemand sich entweder wegen der Tugenden oder der Reichtümer der Welt für besser hält als die anderen".[154] Das Genitivattribut *mundi*, das bei *divitiae* steht, dürfte sich ebenso auf die *virtutes* beziehen lassen, womit dann die „Tugenden der Welt" (*virtutes mundi*) als Gegenstück zu den christlichen Tugenden erscheinen würden. Es ist davon auszugehen, dass Laien die moralische Begründung wie die probaten Verhaltensweisen bei ihrer militärischen Aktivität in anderen diskursiven Zusammenhängen aushandelten. In einem anderen Kontext habe ich hierfür den Begriff *guerra*-Diskurs vorgeschlagen, als Ergänzung zum *ecclesia*-Diskurs der politischen Theologie.[155] Zu betonen ist hierbei, dass damit keineswegs die alte Dichotomie getrennter laikaler und klerikaler Kulturen wiederbelebt werden soll, vielmehr partizipierten sowohl Kleriker als auch Laien an beiden Diskursen, dem zur politischen *ecclesia* und dem *guerra*-Diskurs.[156]

Wie aber kam es zu dieser Fehlstelle im *ecclesia*-Diskurs, die angesichts der oben geschilderten Ergebnisse sehr danach aussieht, als sei sie absichtsvoll zustande gekommen? Die Divergenzen zwischen dem Umgang mit der militärischen Aktivität des Herrschers und der nichtköniglicher Laien lassen vermuten, dass hier ein kategorialer Unterschied erzeugt werden sollte. Spätestens seit der Usurpation Pippins „des Jüngeren" 751/752 zeigt sich eine generelle Tendenz der karolingischen Herrscher, den eigenen „Vorrang zu stärken und sich dem adeligen Konsens zu ent-

[152] Vgl. Jonas d'Orléans: Instruction 1 (wie Anm. 23), S. 120.

[153] Ich schließe hier an das Konzept von Jan Rüdiger aus dem Jahr 2011 an, der von einer „politischen Diglossie" im Europa des frühen und hohen Mittelalters spricht; Jan Rüdiger: Did Charlemagne know Carolingian Kingship Theory? Stockholm 2011.

[154] Jonas d'Orléans: Instruction 2 (wie Anm. 37), Kap. III.2, S. 194 f.: „Fit etiam in eo superbia, quando quis aut pro virtutibus aut pro diuitiis mundi aliis meliorem se aestimat". Für eine historisch-semantische Aufarbeitung von *virtus* in der karolingerzeitlichen Herrscherparänese am Beispiel der *Via regia* des Smaragd von Saint-Mihiel vgl. Silke Schwandt: Virtus. Zur Semantik eines politischen Konzepts im Mittelalter. Frankfurt a. M. 2014, S. 85–92, S. 145–149, S. 184–187, S. 196 f.

[155] Vgl. Föller: Seite (wie Anm. 59), S. 23–26.

[156] Von einer gemeinsamen Kultur von Klerikern und Laien spricht auch Sot: Concordances (wie Anm. 20).

ziehen“, also sich von jenen Eliten abzusetzen, aus deren Kreis sie selbst hervorgegangen waren.[157] Zwei Strategien zu diesem Zweck, die für die hier verhandelte Frage besondere Relevanz haben, sind die Sakralisierung des Königtums und die Rechtspolitik.[158]

In diesem Zusammenhang scheint es nur folgerichtig, wenn die politische Theologie mit großem Aufwand die militärische Aktivität des Herrschers religiös auflud, diejenige der anderen Laien aber nicht. Mehr noch: In den Laienspiegeln wird immer wieder die unverbrüchliche Loyalität zum Herrscher angemahnt und (in Übereinstimmung mit dem Sprachgebrauch früherer wie späterer Jahrhunderte) mit dem doppeldeutigen Begriff *fides* bezeichnet, der politische Treue und religiösen Glauben integriert.[159] Jonas setzt dieses Konzept als gegeben voraus,[160] und Rachel Stones Studie bestätigt, dass es sich hier um eine allgemeine Tendenz der karolingischen Texte handelt. Sie fasst diese Vorstellung nüchtern mit den Worten zusammen: „the soldier was little more than the ruler’s instrument“.[161] Diese Struktur prägt sogar die Kriegsliturgie, in der das Heer nur unter Führung des Herrschers in Erscheinung tritt.[162]

Setzt man dieses Konstrukt in Zusammenhang mit verschiedenen Kapitularien seit den 770er-Jahren, in denen die Aufstellung militärischer Verbände jenseits des königlichen Aufgebots[163] ebenso wie das Tragen von Kriegswaffen außer auf „öffentlichen“ Feldzügen und die gewaltförmige Austragung von Rechtskonflikten (*faida*) untersagt wurden, so ergibt sich ein geschlossenes Bild.[164] Die karolingischen

[157] Vgl. Jörg W. Busch: Die Herrschaften der Karolinger 714–911. München 2011, S. 59–62, Zitat: S. 60.

[158] Zusammenfassend zur Sakralisierung vgl. Franz-Reiner Erkens: Herrschersakralität im Mittelalter. Von den Anfängen bis zum Investiturstreit. Stuttgart 2006, S. 110–155; zur Rechtspolitik vgl. Karl Ubl: Sinnstiftungen eines Rechtsbuchs. Die Lex Salica im Frankenreich. Ostfildern 2016, S. 137–244.

[159] Vgl. Weltecke: Bemerkungen (wie Anm. 1), bes. S. 629 f.

[160] Vgl. Jonas d’Orléans: Instruction 1 (wie Anm. 23), Kap. I.20, S. 308 f., hier zur Furcht vor den Bestimmungen des Herrschers; ders.: Instruction 2 (wie Anm. 37), Kap. III.5, S. 220 f., hier zum Streit um *honores* als Belohnungen für Verdienste.

[161] Vgl. Stone: Morality (wie Anm. 14), S. 113.

[162] Vgl. McCormick: Liturgy (wie Anm. 10), S. 4 f., S. 10; ders.: Victory (wie Anm. 10), S. 347–350, S. 359; Bachrach: Religion (wie Anm. 10), S. 33 f., S. 37.

[163] Vgl. hierzu Régine Le Jan-Hennebicque: Satellites et bandes armées dans le monde franc (VIIe–Xe siècles). In: Actes des congrès de la Société des historiens médiévistes de l’enseignement supérieur public 18 (1987), S. 97–105. Mein Verständnis der Kapitularien folgt Steffen Patzold: Normen im Buch. Überlegungen zu Geltungsansprüchen so genannter „Kapitularien“. In: FMSt 41 (2007), S. 331–350.

[164] Zur Regulierung des Waffentragens vgl. zwei Kapitularien Karls „des Großen“: Capitularia regum Francorum. Bd. 1. Hg. von Alfred Boretius (MGH Capit. 1). Hannover 1893, Nr. 44, Kap. 5, S. 123

Herrscher versuchten offenbar spätestens seit Karl „dem Großen“ (regierte 768–814), diskursiv ein königliches Gewaltmonopol zu etablieren. Dass die politische Theologie keine christliche Kriegerethik für nichtkönigliche Laien formulierte, ist als ein Baustein dieser Politik zu betrachten. Auch und gerade im militärischen Bereich ging es darum, den errungenen „Vorsprung vor anderen Familien“ tatsächlich als uneinholbar zu erhalten.[165]

Neben diesen auf die politische Kultur des karolingischen Europa bezogenen Schlussfolgerungen lassen sich aus der hier präsentierten Untersuchung auch drei methodische Konsequenzen für die geschichtswissenschaftliche Erforschung religiöser Gewalt ziehen.

Für die poströmische Geschichte Westeuropas bis zur Kirchenreform des 11. Jahrhunderts ist es, so die erste methodische Konsequenz, notwendig, die Entwicklung von Gewalttheologien – die erste Ebene in Welteckes Taxonomie – nicht nur in ihrer religiösen Dynamik zu betrachten, „ihre Sprecher und ihre theologischen und spirituellen Strategien“, sondern die Konvergenz des politischen Feldes mit dem religiösen mitzubedenken.[166] Der Umgang der karolingerzeitlichen Laienspiegel mit der militärischen Aktivität ihrer Adressaten hat sehr deutlich gezeigt, wie seit der Antike existierende Traditionen der Spiritualisierung von weltlicher Herrschaft einerseits und handfeste Machtinteressen einer Herrscherfamilie andererseits zusammenliefen. Das Ergebnis war eine politische Theologie, die auf den ersten Blick eine stimmige religiöse Rahmung von Waffengewalt entwirft: Um den Frieden der *ecclesia* zu schützen, zieht der sakralisierte Herrscher mit dem Segen Gottes an der Spitze seines Heeres in den Krieg.

Erst eine genaue Analyse, bei der einzelne Personengruppen in den Blick genommen wurden, hat die Fehlstellen dieser Gewalttheologie für die eigentlichen Kombattanten offenbart, die nichtköniglichen Laien. Hieraus ergibt sich die zweite

(datiert auf 805; allgemein in der *patria*); Nr. 67, Kap. 1, S. 156 (datiert zwischen 803 und 813; auf der Gerichtsversammlung). Reproduziert wurden diese Texte um 827 in der Kapitulariensammlung des Ansegis, die im 9. Jahrhundert rasch zur Standardreferenz avancierte, sie blieben also präsent; vgl. Die Kapitulariensammlung des Ansegis. Hg. von Gerhard Schmitz (MGH Capit. N. S. 1). Hannover 1996, Kap. 3.4, S. 571; Kap. 3.22, S. 581; S. 282–335 (Rezeption). Das Verbot der *faida* findet sich erstmals im Kapitular von Herstal von 779 (vgl. Capitularia 1 [diese Anm.], Nr. 20, Kap. 22, S. 51), wird aber verschiedentlich wiederholt und differenziert. Auch Ansegis hat mehrere derartiger Regelungen aufgenommen; vgl. Kapitulariensammlung (diese Anm.), Kap. 3.4, S. 571 f.; Kap. 3.89, S. 613; Kap. 4.25, S. 637; Kap. 4.53, S. 652. Für den Kontext des ersten Kapitulars vgl. Christoph Haack: Das Kapitular von Herstal. In: GAO (2014); für den kultur- wie rechtsgeschichtlichen Hintergrund des Phänomens *faida* vgl. Guy Halsall: Reflections on Early Medieval Violence. The Example of the „Blood Feud“. In: MyC 1 (1998), S. 7–29.

165 Vgl. Busch: Herrschaften (wie Anm. 157), S. 60 f.

166 Vgl. Weltecke: Bemerkungen (wie Anm. 1), S. 652 f. für die drei Betrachtungsebenen.

methodische Konsequenz: Die von Weltecke angemahnte Genauigkeit beim Blick auf die „historischen Konstellationen, Akteure und Interessen“ im Kontext von Gewalthandlungen ist nicht nur bei der Untersuchung von Einzelereignissen notwendig, sondern auch bei der Analyse religiöser Rahmungen, wie sie sich aus normativen Diskursen herausarbeiten lassen.[167] Ob und wie nämlich das Gros der Kombattanten in religiös gerahmten bewaffneten Konflikten der Karolingerzeit das eigene Gewalthandeln mit christlichem Selbstverständnis wie spiritueller Praxis in Verbindung brachte, ist weitgehend unklar, ebenso wie der Umgang der Kleriker mit ihrer ambivalenten Rolle im Krieg noch weiterer Forschungen bedarf.

Die dritte methodische Konsequenz betrifft die Identifizierung religiöser Gewalt in historischen Perioden mit einer schütteren Quellenlage. Selbst dort, wo sich aus den unmittelbar auf bestimmte Gewaltereignisse bezogenen Materialien keine religiöse Rahmung erkennen lässt, kann sie durch strukturgeschichtliche Überlegungen zumindest plausibel gemacht werden. Für den Feldzug von 827 in die *marca Hispanica* etwa, der Matfrids Karriere am Hof Ludwigs „des Frommen“ beendete, gibt es in den erhaltenen zeitnahen Texten keine explizite religiöse Rahmung, obwohl er gegen den *infidelis* Aizo und seine muslimischen Verbündeten aus al-Andalus gerichtet war – also gegen Gegner, die sich theologisch leicht als „Ungläubige“ markieren ließen. Nichtsdestoweniger ist davon auszugehen, dass für die Zeitgenossen die religiöse Rahmung eindeutig war, da der Kaiser als zentraler Gewaltfunktionär der *ecclesia* den Feldzug befohlen und sein Sohn Pippin diesen als König von Aquitanien angeführt hatte.[168]

Diese abschließenden Bemerkungen mögen zeigen, dass nicht nur das Verhältnis von Religion und Gewalt einer historischen Differenzierung bedarf, sondern auch die methodischen wie theoretischen Grundlagen seiner Erforschung fein auszutarieren sind.

Abstract

Among the many conceptual difficulties of the Carolingian *ecclesia*-polity, in which political and religious culture converged, the ambiguity between the Christian ideology of peace and the bellicose politics of the period is particularly relevant. Although many studies have discussed important issues such as justifications of war-

[167] Ebd.

[168] Deutlich wird diese Rahmung aus der nachträglichen Einordnung der Ereignisse als *iustum iudicium Dei* für die von den Franken begangenen Sünden und aus der Bezeichnung der Feinde als *inimici Christi nominis*, wie sie sich einem Rundschreiben Ludwigs „des Frommen“ und seines Sohnes Lothar aus dem Dezember 828 entnehmen lässt; vgl. Capitularia 2 (wie Anm. 114), Nr. 185, S. 4 f.

fare, the sacralisation of the military role of the ruler, or the complicated position of the clergy, one major topic is still under-researched: the religious framing offered to the bulk of the combatants, the laity. In the first part of this paper, the theoretical discourse concerning the role of laymen within Carolingian society is explored to pin down how the authors describe, regulate, or justify the military activity of this group. Surprisingly, neither the lay mirrors as the most elaborate sources nor other related texts develop a Christian warrior ethos or an explicit code of conduct in line with the moral principles of Carolingian reform. The second part of the study investigates the political and military career of the *comes* Matfrid of Orléans (d. 836), the addressee of the most extensive lay mirror, in order to find out how relevant military activity actually was for the political participation of laymen. Despite the topic being almost absent in the lay mirrors and related texts, warfare turned out to be a key factor for laymen, both when serving the ruler or pursuing more personal political goals. The combination of these results shows a serious inconsistency within the political-religious culture of the Carolingian period: An important political activity (warfare) of a major social group (the lay elites) was neither justified nor regulated by political theory (theology), although it acutely conflicted with the Christian ideal of peacefulness. The reasons and consequences of this are discussed in the final section of the paper, considering the political culture of Carolingian Europe as well as methodological questions of historical research on religious violence.

Hermann Kamp

„Religiöse Gewalt" im Kampf gegen die Barbaren?

Die Rechtfertigung der Gewalt im Rahmen der sächsisch-slawischen Auseinandersetzungen bei Widukind von Corvey, Adam von Bremen und Helmold von Bosau

Im Jahre 1163 bestätigte Heinrich der Löwe, der Herzog von Sachsen und Bayern, die Schenkung von Zehnten an die Lübecker Propstei. Gleich zu Anfang der erst zwei Jahre später verfassten Urkunde heißt es: „Während die Gnade Gottes Unseren Unternehmungen Kraft verlieh, haben Wir über die Menge der Slawen in der Weise den Triumpf davon getragen, dass Wir den Gehorsam der Unterwürfigen durch die Taufe zum ewigen Leben, die Widersetzlichkeit der Hochmütigen durch Blutvergießen zum ewigen Tod gelenkt haben."[1] Offenkundig verlieh der Herzog hier seinen zurückliegenden Kriegszügen in das Land der heidnischen Slawen eine religiöse Bedeutung. Er stellte die Bekehrung als deren Zweck hin und verknüpfte das Blutvergießen mit dem göttlichen Strafgericht, das er für diejenigen, die Widerstand geleistet hatten, schon einmal vorweggenommen habe. So gesehen deutete der sächsische Herzog seine eigenen Heerzüge als Bekehrungs- oder Glaubenskriege.[2] Das vertrug sich gut mit dem Kreuzzugsaufruf Bernhards von Clairvaux, der mit den Worten „Tod oder Taufe" 1147 auch Heinrich den Löwen zum Kampf gegen

[1] *Celesti pietate vires nostris ministrante successibus sic in multitudinem Sclauorum triumphavimus, quod obedientiam humilium per baptismum, in vitam contumatiam superborum per cruoris effusionem in mortem convertentes* (Heinrich beurkundet, dass Bischof Gerold der Propstei zu Lübeck bei der Domweihe alle städtischen Zehnten verliehen hat, und schenkt ihr ein Areal an der Ostseite des Münsters zum besonderen Gebrauch des Propstes. In: Laienfürsten- und Dynastenurkunden der Kaiserzeit. Bd. 1: Die Urkunden Heinrichs des Löwen, Herzogs von Sachsen und Bayern. Bearb. von Karl Jordan. Leipzig 1941, S. 86 f., Nr. 59). Zum Inhalt und zur erst 1165 erfolgten Niederschrift der Urkunde vgl. Hans-Otto Gaethke: Herzog Heinrich der Löwe und die Slawen nordöstlich der unteren Elbe. Frankfurt a. M. 1999, S. 226.

[2] So in Anlehnung an Hans-Werner Goetz: „Glaubenskriege?". Die Kriege der Christen gegen Andersgläubige in der früh- und hochmittelalterlichen Wahrnehmung. In: FMSt 53 (2019), S. 67–114, hier: S. 79, S. 90, S. 100.

https://doi.org/10.1515/9783110773781-007

die heidnischen Slawen jenseits der Elbe aufgefordert hatte.[3] Doch fasst man in der Deutung, die Heinrich der Löwe von seinen Kriegen gegen die Slawen gibt, das, was man meint, wenn man von religiöser Gewalt spricht?

Gewalt als religiös zu bezeichnen, wenn sie religiösen Zwecken dient, scheint plausibel. Überzeugend wirkt das allerdings vielfach nur, weil man im Zweck die Motive widergespiegelt sieht. Wenn der Krieg auf die Bekehrung der Andersgläubigen abzielte, dann erkennt man darin gerne auch den Beweggrund für die Anwendung der Gewalt. Beweggrund und Zweck können aber immer wieder auseinandertreten.[4] Das deutet auch das obige Zitat an. Die Gewalt zielte hier zunächst darauf ab, Gehorsam herzustellen, der dann die Möglichkeit zur Bekehrung schuf. Ist aber eine solche Gewalt, die Gehorsam erzwang, um die Bekehrung zu ermöglichen, schon oder noch religiös? Und wie steht es um den religiösen Charakter der Gewalt, wenn zu den frommen Absichten noch eine Reihe profaner Zwecke – wie etwa die Ausweitung der eigenen Herrschaft – trat und die Auseinandersetzungen wie ganz gewöhnliche Kriege geführt wurden?

In jedem Fall versteht sich die Äußerung Heinrichs des Löwen nicht von selbst. Sie steht am Ende eines Prozesses, in dem sich die Art und Weise, die Gewalt gegen die heidnischen Slawen zu begründen, veränderte. Zugleich tritt sie mit anderen Deutungen dieser Kriegszüge in Konflikt. Das Verhältnis von Religion und Gewalt konnte eben auch anders gedacht und mithin die Gewalt selbst anders gedeutet werden. Erst wenn man dies in Rechnung stellt, lässt sich klarer erkennen, was es für die damalige Zeit heißt, von religiöser Gewalt zu reden, und welche Bedeutung die Religion für die Gewaltakte gegen Andersgläubige besitzen konnte. Insofern bietet es sich an, genauer in den Blick zu nehmen, wie die Gewalt in den konfliktreichen Beziehungen zwischen den christlichen Herrschern und Fürsten auf der einen und den heidnischen Elb- und Ostseeslawen auf der anderen Seite von den Zeitgenossen eingeordnet, wie sie mit religiösen oder auch anderen Beweggründen und Zwecken versehen und wie sie gerechtfertigt oder abgelehnt wurde. Da die Elb- und Ostseeslawen keine Schriftzeugnisse hinterlassen haben, können dabei nur christliche Stimmen Gehör finden. Das ist bedauerlich, stellt aber für das avisierte Unterfangen kein grundsätzliches Problem dar. Denn hier soll nur ermittelt werden, was man damals von christlicher Seite über die Gewalt sagte beziehungs-

3 Vgl. dazu allgemein Hermann Kamp: Der Wendenkreuzzug. In: ders./Martin Kroker (Hg.): Schwertmission. Gewalt und Christianisierung im Mittelalter. Paderborn 2013, S. 115–138, und in diesem Beitrag, S. 160 f. Umfassend zum Wendenkreuzzug zuletzt Jan Christoph Herrmann: Der Wendenkreuzzug von 1147. Frankfurt a. M. u. a. 2011.

4 Grundsätzlich zum Problem, religiöse Gewalt zu definieren, vgl. Dorothea Weltecke: Bemerkungen zur religiösen Gewalt im Mittelalter. In: HZ 305 (2017), S. 621–656, hier: S. 624–628, S. 652 f.

weise sagen konnte.[5] Allerdings erlaubt der aktuelle Kenntnisstand nicht mehr als ein paar Probebohrungen. Und so werden im Folgenden auch nur drei Geschichtswerke näher betrachtet, nämlich die Sachsengeschichte Widukinds von Corvey aus den 960er-Jahren,[6] die bald nach 1076 entstandene Hamburger Kirchengeschichte Adams von Bremen[7] und Helmolds von Bosau etwa hundert Jahre später verfasste Chronik.[8] Ausgewählt wurden die drei Werke, weil sie sich in ihrer Zeit jeweils am ausführlichsten mit den Gewalttaten in den Konflikten mit den slawischen Nachbarn befassten.

Dass alle drei Autoren ihre Werke mit unterschiedlichen Intentionen in ihrem jeweils eigenen Milieu geschrieben haben, ist dabei nicht von Nachteil. Es ermöglicht vielmehr, Unterschiede in der Darstellung und Bewertung von Gewalt besser herauszuarbeiten und einzuordnen. Widukind, der als Mönch in Corvey gute Beziehungen zu der ottonischen Königsfamilie unterhielt,[9] ging es darum, die Größe und Stärke der ersten beiden ottonischen Könige und vor allem des sächsischen Volkes zu zelebrieren, wozu die Missionsbemühungen seiner Ansicht nach nichts Entscheidendes beitrugen.[10] Viel wichtiger waren ihm die kriegerischen Erfolge, die Heinrich I. und Otto I. gegen die benachbarten Slawen hatten verbuchen können. Dagegen bildet die Mission für Adam von Bremen und Helmold von Bosau den Dreh- und Angelpunkt ihrer historiografischen Tätigkeit. Adam von Bremen, der 1066/67 in das Bremer Domkapitel eintrat, verfasste sein Werk, um den alten An-

5 Ähnlich geht Goetz: Glaubenskriege (wie Anm. 2), S. 79–82, das Problem bei der Frage nach den mittelalterlichen Glaubenskriegen an, wobei für ihn die entsprechenden Vorstellungen selbst das Kriterium sind, um überhaupt von solchen Kriegen zu sprechen.

6 Die Sachsengeschichte des Widukind von Korvei. Bearb. von Paul Hirsch (MGH SS rer. Germ. 60). Hannover [5]1935.

7 Adam von Bremen: Hamburgische Kirchengeschichte. Hg. von Bernhard Schmeidler (MGH SS rer. Germ. 2). Hannover/Leipzig [3]1917.

8 Helmolds Slavenchronik. Bearb. von Bernhard Schmeidler (MGH SS rer. Germ. 32). Hannover 1937.

9 Vgl. Gerd Althoff: Widukind von Corvey. Ein Mönch schreibt Geschichte. In: Babette Ludowici (Hg.): Saxones. Darmstadt 2019, S. 360–363, hier: S. 360 f.; ausführlicher ders.: Widukind von Corvey. Kronzeuge und Herausforderung. In: ders.: Inszenierte Herrschaft. Geschichtsschreibung und politisches Handeln im Mittelalter. Darmstadt 2003, S. 78–104, hier: S. 87–88, sowie Matthias Springer: Widukind von Corvey. In: Reallexikon der germanischen Altertumskunde. Bd. 33: Waagen und Gewichte–Wielandlied. Berlin/New York [2]2006, Sp. 586–592, hier: Sp. 587.

10 Während Althoff: Kronzeuge (wie Anm. 9), S. 90 f., das Schweigen Widukinds bezüglich der Missionsbemühungen mit dessen Nähe zu den Gegnern der Magdeburgpläne Ottos I. erklärt, belässt es Springer: Widukind (wie Anm. 9), S. 587, bei der bloßen Feststellung. Zur zentralen Stellung des sächsischen Volkes für die Geschichtsbetrachtung Widukinds vgl. Wolfgang Eggert/Barbara Pätzold: Wir-Gefühl und Regnum Saxonum bei frühmittelalterlichen Geschichtsschreibern. Köln u. a. 1984, bes. S. 81–87.

spruch des Erzbistums Hamburg-Bremen auf die Mission der Völker im Norden und die Unterordnung der dort entstandenen Kirchen unter die Hamburger Kirche zu begründen.[11] Da die Legation auch den Auftrag zur Mission der Völker zwischen Elbe und Peene umfasste, kommt er wiederholt auf die Slawenmission zu sprechen. Was er erzählt, und das gilt auch für seine Darstellung der Beziehungen zu den benachbarten Slawen, lebt vom Gegensatz – oder konkreter formuliert: vom andauernden Kampf – zwischen Christentum und Heidentum.[12] Und diesen Kampf unterstützte Adam mit seinem Werk, das er dem 1072 neu gewählten Erzbischof Liemar um 1075 widmete.[13] Denn mit der Erinnerung an jene, „die das Christentum bei den Heidenvölkern verbreitet haben", wollte er den Erzbischof dazu bringen, den Missionsauftrag im Geiste eines Ansgars oder Rimberts fortzuführen und der Bremer Kirche wieder zu ihrem alten Rang zu verhelfen.[14] Anders als Adam schrieb Helmold von Bosau aus der Perspektive des aktiven Missionars. Er stellte vor allem den Einsatz der ihm selbst bestens bekannten Oldenburger Missionsbischöfe Vizelin und Gerold für das Bekehrungswerk heraus und lobte deren Kooperation mit dem damaligen Herzog von Sachsen, Heinrich dem Löwen.[15] Damit nahm Helmold bewusst Partei gegen deren nunmehr in Lübeck amtierenden Nachfolger, der sich im Streit zwischen dem Hamburger Erzbistum und dem Herzog auf die Seite des Metropoliten geschlagen hatte und damit für Helmold die bis dato erreichten Erfolge gefährdete.[16] Es war weniger die Vorstellung von einem Kampf zwischen Christentum und Heidentum, die Helmolds Feder führte, vielmehr bestimmten die konkreten Probleme und Widerstände, auf die die Mission in den slawischen Gebieten stieß, seine Darstellung. In den Slawen sah er nicht allein Heiden, die bekehrt wer-

[11] Vgl. dazu Hans-Werner Goetz: Constructing the Past. Religious Dimensions and Historical Consciousness in Adam of Bremen's „Gesta Hammaburgensis ecclesiae pontificum". In: Lars Boje Mortensen (Hg.): The Making of Christian Myths in the Periphery of Latin Christendom (c. 1000–1300). Kopenhagen 2006, S. 17–51, hier: S. 32; Volker Scior: Das Eigene und das Fremde. Identität und Fremdheit in den Chroniken Adams von Bremen, Helmolds von Bosau und Arnolds von Lübeck. Berlin 2002, S. 46, S. 56–58, S. 63 f.

[12] Vgl. Ildar H. Garipzanov: Christianity and Paganism in Adam of Bremen's Narrrative. In: ders. (Hg.): Historical Narratives and Christian Identity on a European Periphery Early History Writing in Northern, East-Central, and Eastern Europe (c. 1070–1200). Turnhout 2011, S. 13–29, hier: S. 16–22.

[13] Zur Entstehung und Widmung des Werkes vgl. Scior: Eigene (wie Anm. 11), S. 30.

[14] *Hac ego necessitate persuasus appuli me ad scribendum de Bremensium sive Hammaburgensium serie presulum, non alienum credens meae devotionis officio seu negotio vestrae legationis, si, cum sim filius ecclesiae, sanctissimorum patrum, per quos ecclesia exaltata et christianitas in gentibus dilatata est, gesta revolvo*; Adam von Bremen: Kirchengeschichte (wie Anm. 7), Praefatio, S. 2. Zur Einbindung Liemars vgl. Garipzanov: Christianity (wie Anm. 12), S. 21–23.

[15] Vgl. Scior: Eigene (wie Anm. 11), S. 154–158, S. 164–167.

[16] Vgl. ebd., S. 166 f., S. 180–186.

den mussten, sondern zunächst einmal diejenigen, die sich den Missionaren und Neuankömmlingen in ihrem Land widersetzten und eine Gefahr für jene darstellten, weshalb er sie auch viel häufiger als Adam negativ bewertete.[17] Insofern fasst man auch mit Helmold, obwohl er das Werk und die Gedankenwelt Adams bestens kannte, eine originelle Stimme, vor allem wenn man seinen Blick auf den Umgang mit den Slawen zu seiner Zeit analysiert.[18] Vor diesem Hintergrund stehen die verschiedenen, hier näher betrachteten Geschichtswerke nicht nur für Gewaltvorstellungen aus unterschiedlichen Jahrhunderten, sondern auch für einen jeweils anderen Referenzrahmen bei der Darstellung und Bewertung von Gewalt. Dies verleiht ihrer Untersuchung einen zusätzlichen Reiz.[19]

Die Gewalt gegen sogenannte Barbaren

Gewalt kennzeichnete seit Beginn des 10. Jahrhunderts das Verhältnis zwischen dem Reich, insbesondere den Sachsen, und den jenseits der Elbe siedelnden heidnischen Slawen.[20] Die von Heinrich I. um 930 etablierte Tributherrschaft ließ sich nur durch wiederholte Kriegszüge sichern. Gut zwanzig Jahre später leitete Otto I. eine umfassende Christianisierung ein, die jedoch zu einem Großteil dem großen Slawenaufstand von 983 zum Opfer fiel. Auch die nachfolgenden Versuche, das Christentum zwischen Elbe und Oder wieder einzuführen, erlitten 1018 und 1066 das nämliche Schicksal.[21] Sahen sich die slawischen Völker auch stets einer doppelten Bedrohung – der der Eroberung und der der Christianisierung – ausgesetzt, so gab es doch Phasen der friedlichen Koexistenz. Bekanntlich verbündete sich Heinrich II. mit den heidnischen Lutizen, als er den christlichen König der Polen, Boles-

[17] Vgl. ebd., S. 214 f. Im Unterschied zu Ilona Opelt: Slawenbeschimpfungen in Helmolds Chronik. In: MLJb 19 (1984), S. 162–169, erschöpft sich für Scior das Slawenbild Helmolds allerdings nicht in abwertenden Vorurteilen und Ressentiments, auch wenn diese dominieren.

[18] Vgl. Scior: Eigene (wie Anm. 11), S. 219–222.

[19] Zum Begriff des Referenzrahmens vgl. Martin Zimmermann: Gewalt. Die dunkle Seite der Antike. Darmstadt 2013, S. 35–39.

[20] Hierzu und zum Folgenden vgl. Hermann Kamp: Gewalt und Mission: Die Elb- und Ostseeslawen im Fadenkreuz des Reiches und der Sachsen vom 10. bis zum 12. Jahrhundert. In: Christoph Stiegemann/Martin Kroker/Wolfgang Walter (Hg.): Credo. Christianisierung Europas im Mittelalter. Bd. 1: Essays. Petersberg 2013, S. 395–404.

[21] Zu 1018 vgl. Christian Lübke: Regesten zur Geschichte der Slaven an Elbe und Oder (vom Jahr 900 an). Bd. 4: Regesten 1013–1057. Berlin 1987, Nr. 536 f., S. 89–92. Zu 1066 vgl. Erich Hoffmann: Sachsen, Abodriten und Dänen im westlichen Ostseeraum von der Mitte des 10. bis zur Mitte des 12. Jahrhunderts. In: Helge Bei der Wieden (Hg.): Schiffe und Seefahrt in der südlichen Ostsee. Köln 1986, S. 1–40, hier: S. 25–27.

ław Chrobry, bekriegte.[22] Das Bündnis empörte zwar den Geschichtsschreiber und Bischof Thietmar von Merseburg,[23] aber es offenbart zugleich, dass der religiöse Unterschied verschieden bewertet werden konnte und das Feld der Beziehungen nicht dominieren musste.

Diesen Befund erhärtet auch der Sprachgebrauch der hier untersuchten Autoren. So spielt die Andersgläubigkeit bei der Bezeichnung der Slawen im Rahmen der Gewaltdarstellungen keine hervorgehobene Rolle. Über den gesamten Zeitraum hinweg greifen Widukind, Adam und Helmold häufig auf ethnografische Begriffe zurück und sprechen entweder von den Slawen oder aber von den einzelnen Völkern, also etwa den Abodriten, Redariern oder Wilzen, sofern sie über Auseinandersetzungen mit den Elb- und Ostseeslawen schreiben.[24] Allerdings nennen sie dabei die Slawen auch immer wieder „Barbaren“ (*barbari*) oder „Heiden“ (*pagani*).

[22] Vgl. Christian Lübke: Das östliche Europa. München 2004, S. 224; Knut Görich: Eine Wende im Osten: Heinrich II. und Boleslaw Chrobry. In: Bernd Schneidmüller/Stefan Weinfurter (Hg.): Otto III. – Heinrich II. Eine Wende? Stuttgart ^{2}1997, S. 95–167, hier: S. 109–112.

[23] Während Thietmar von Merseburg (Die Chronik des Bischofs Thietmar von Merseburg und ihre Korveier Überarbeitung. Hg. von Robert Holtzmann [MGH SS rer. Germ. N. S. 9]. Berlin 1935, lib. V,32, S. 256), den Bündnisschluss mit den Lutizen unkommentiert schildert, hält er sich mit einer Bewertung nicht zurück, als er auf den Heereszug zu sprechen kommt, den der König mit den heidnischen Slawen 1005 unternahm. Nicht nur fordert er dazu auf, den Umgang mit ihnen zu meiden, er macht sie letztlich auch für die Ergebnislosigkeit des Feldzugs verantwortlich. Vgl. ebd., lib. VI,25 f., S. 304.

[24] In Bezug auf die Auseinandersetzungen mit den Elbslawen schreibt Widukind (Sachsengeschichte [wie Anm. 6], lib. I,35, S. 49–51; lib. I,36, S. 51) allgemein von den Slawen und namentlich von einzelnen Völkern: von den Abodriten und den Slawen (ebd., lib. II,20, S. 84 f.); von den Slawen (ebd., lib. III,45, S. 126; lib. III,49, S. 129); von den Slawen und den Ukrern (ebd., lib. III,53 f., S. 132–134); von Slawen und den Lusiki (ebd., lib. III,66 f., S. 141 f.); von den Slawen (ebd., lib. III,75, S. 153). Adam von Bremen schreibt mit Blick auf die Elbslawen zumeist von den Slawen, so etwa beim Aufstand von 1018 (Adam von Bremen: Kirchengeschichte [wie Anm. 7], lib. II,41–45, S. 101–106; II,48, S. 109) oder im Zusammenhang mit dem Aufstand von 1066 gegen Gottschalk (ebd., lib. III, 50 f., S. 193–196). Weitere Belege finden sich ebd., lib. II,66, S. 125; lib. II,71, S. 132 f.; lib. II,79, S. 137 f. (Wenden); ebd., lib. III,22, S. 165 f. (Wenden und einzelne Völker). Wenig verwunderlich dominiert in Helmolds Slavenchronik (wie Anm. 8) die Rede von den Slawen dort, wo er sich wie bei der Schilderung der Aufstände von 1018/1020 und 1066 auf Adam stützt (ebd., lib. I,16, S. 35 f.; lib. I,22–24, S. 44–47). Aber auch in den übrigen Teilen der Chronik nennt Helmold die Bewohner zwischen Elbe und Oder zumeist Slawen oder nach den einzelnen ethnischen Verbänden: Brizanen, Stodoranen, Abodriten etc. (ebd., lib. I,37, S. 72); Ranen, Slawen, Polaben, Abodriten (ebd., lib. I,38, S. 73 f.); Slawen, Abodriten, Lutizen (ebd., lib. I,56, S. 110; lib. I,62, S. 118); Slawen (ebd., lib. I,65, S. 122 f.; lib. I,68, S. 129; lib. I,87, S. 171); Abodriten, Kessiner, Zirzipanen (ebd., lib. I,71, S. 136–147); Land der Slawen beziehungsweise der Abodriten (ebd., lib. I,88, S. 171, S. 173); Kessiner, Zirzipanen, Slawen (ebd., lib. I,89, S. 174 f.; lib. I,93, S. 181–185; lib. II,100, S. 195). Zum Slawenbegriff Adams, der zuweilen alle Slawen bis zur Rus und dann wieder nur die Westslawen meint, und Helmolds vgl. Scior: Eigene (wie Anm. 11), S. 98–100, S. 204–218.

Dies geschieht jedoch in unterschiedlicher Weise. Römisch-antiken Traditionen folgend nutzt Widukind das Wort „Barbar“ primär, um die Slawen als eine kulturell tiefer stehende, zu Diensten oder zur Zahlung von Tributen bestimmte Spezies zu präsentieren.[25] Von „Heiden“ (*pagani*) ist bei ihm kaum und im Zusammenhang mit Angriffen auf die Slawen überhaupt nicht die Rede.[26] Etwas anders verhält es sich bei Adam von Bremen und Helmold von Bosau, bei denen der Barbar zuerst einmal ein Heide ist. Adam bezeichnet zuweilen die skandinavischen Völker und selten die Slawen als „Barbaren“, um sie vor allem als Heiden in Erscheinung treten zu lassen, die der Mission bedürfen, welche eben der Hamburger Kirche oblag.[27] Im gleichen Bestreben, den Missionsauftrag der eigenen Kirche herauszustellen, nennt Helmold von Bosau die Elb- und Ostseeslawen „Barbaren“, wobei er wesentlich häufiger als Adam auf das Wort zurückgreift.[28] Damit einhergehend verbindet sich bei ihm das Heidenbild offenkundiger, als dies bei Adam der Fall ist, mit der Vorstellung von den rohen und wilden Barbarenvölkern.[29] Bezogen auf die Slawen besitzt der Barbarenbegriff so auch bei Helmold eine ethnische Dimensi-

[25] Vgl. etwa Widukinds Sachsengeschichte (wie Anm. 6), lib. I,38, S. 55, wo König Heinrich I. davon spricht, er habe die Barbaren besiegt und der Knechtschaft unterworfen (*barbaros superatos et servituti subiectos*). Von der Knechtschaft als Ziel der Unterwerfung ist auch ebd., lib. III,67, S. 141 f., die Rede. Mehrfach werden die Elbslawen als *barbarae nationes* tituliert (ebd., lib. I,35, S. 38; lib. II,20, S. 84; lib. II,21, S. 85). Weitere Belege zum Barbarenbegriff finden sich ebd., lib. I,36, S. 51–54; lib. II,4, S. 70; lib. II,30, S. 91 f.; lib. II,52–55, S. 131–135; lib. III,66, S. 141. Zweimal erwähnt Widukind auch die Möglichkeit, freundschaftliche Beziehungen zu den Barbaren zu unterhalten, die – ganz im Sinne antiker Tradition – nicht im Widerspruch zu Abhängigkeit und Unterordnung stehen (ebd., lib. III,53 f., S. 132–135). Allerdings bedeutet das Wort *barbari* in der von Widukind geschilderten Insignienübergabe während der Königserhebung Ottos I. auch einmal die Heiden, was nicht verwundert, als er hier, wenngleich sehr frei, den Vorstellungen des Mainzer Ordo folgt, der von den Feinden des christlichen Glaubens spricht, gegen die der neue König das Schwert einsetzen soll. Vgl. Widukinds Sachsengeschichte (wie Anm. 6), lib. II,1, S. 62; Cyrille Vogel/Reinhard Elze (Hg.): Le Pontifical Romano-Germanique du dixième siècle. Bd. 1. Vatikanstadt 1963, S. 246–259, hier: S. 256.

[26] Das Wort *paganus* kommt in Widukinds Sachsengeschichte (wie Anm. 6) nur zweimal vor, und zwar als er beschreibt, wie sich Wichmann mit den Heiden gegen seine sächsischen Widersacher verbündete (ebd., lib. III,68, S. 143).

[27] Vgl. auch Scior: Eigene (wie Anm. 11), S. 101 f., mit Adam von Bremen: Kirchengeschichte (wie Anm. 7), S. 327 (Register).

[28] Vgl. Scior: Eigene (wie Anm. 11), S. 211 f., mit Helmolds Slavenchronik (wie Anm. 8), S. 248 (Index).

[29] Hervor tritt dieses Bild am deutlichsten in der Beschreibung der Ranen und ihrer Bekehrung in Helmolds Slavenchronik (wie Anm. 8), lib. I,108, S. 212: *Qui fungens vice apostoli gentem rudem et beluina rabie sevientem partim predicacione assidua, partim minis ab innata sibi feritate ad novae conversacionis religionem convertebat.* Vgl. dazu auch David Fraesdorff: Der barbarische Norden. Vorstellungen und Fremdheitskategorien bei Rimbert, Thietmar von Merseburg und Helmold von Bosau. Berlin 2005, S. 268 f., S. 280–282; zu Helmold vgl. ebd., S. 326, S. 334–338.

on.[30] Neben dem Wort *barbarus* nutzen Adam und Helmold auch unmittelbar das lateinische Wort für „Heide“ (*paganus*), und zwar dann, wenn sie auf deren Bekehrung eingehen oder die Unterschiede in der Glaubenspraxis zum Christentum akzentuieren.[31]

Die bekämpften Slawen wiederholt als „Barbaren“ zu bezeichnen, erleichterte den genannten Autoren, die eingesetzte Gewalt zu rechtfertigen. Denn Leute, die man als Barbaren bezeichnete, galten von Natur aus als wild und mussten, wenn sie an der Grenze des eigenen Reichs wohnten, bezähmt werden.[32] Aufgrund ihrer angeborenen Gewalttätigkeit luden sie von sich aus dazu ein, mit Gewalt gegen sie vorzugehen.[33] Ganz in diesem Sinne schreibt Helmold den Slawen sogar eine natürliche, „nicht zu besänftigende Grausamkeit“ zu, unter denen all ihre Nachbarn zu leiden hätten.[34] Die Rede von den Barbaren lässt so die Kriege gegen die Slawen von vornherein wie Verteidigungskriege aussehen, wobei der Angriff auch die beste Verteidigung sein konnte. Hinter diesen Vorstellungen stand ein älteres, der Antike entlehntes Konzept,[35] das bei Widukind am stärksten durchschlägt. Für ihn besitzt der König die Aufgabe, die sogenannten barbarischen Völker niederzuwerfen.[36] Darauf beruft sich der Corveyer Mönch auch, wenn er für das Jahr 929 schildert, wie Heinrich I. die Heveller, Daleminzier und Böhmen mit Krieg überzieht.[37] Der dem König zugeschriebene Vorsatz, die Barbaren zu bezwingen, reicht in diesem Verständnis völlig zur Rechtfertigung des Kriegs.

30 Vgl. Fraesdorff: Norden (wie Anm. 29), S. 333–338.

31 Vgl. Adam von Bremen: Kirchengeschichte (wie Anm. 7), lib. II,66, S. 125; lib. II,79, S. 137; lib. III,18, S. 161; lib. III,19, S. 162; lib. III,23, S. 166; lib. III,50, S. 193, und Helmolds Slavenchronik (wie Anm. 8), lib. I,2, S. 8; lib. I,20, S. 42; lib. I,22, S. 45; lib. I,24, S. 46.

32 Vgl. Widukinds Sachsengeschichte (wie Anm. 6), lib. II,4, S. 70: *Rex autem audito huiuscemodi nuntio* [von jener Niederlage gegen Boleslaw in Böhmen; Anm. des Verfassers] *minime turbatur, sed divina virtute roboratus cum omni exercitu intrat terminos barbarorum ad refrenandam illorum saevitiam.* Bei Helmold ist vom *slavicus furor* die Rede, der zu mörderischen Einfällen ins Land der Holsten geführt habe (Helmolds Slavenchronik [wie Anm. 8], lib. I,56, S. 109).

33 Vgl. Helmolds Slavenchronik (wie Anm. 8), dessen Verfasser von den selbstverständlichen Einfällen der Barbaren schreibt (ebd., lib. I,5, S. 13; lib. I,24, S. 46) und von deren Zähmung spricht (ebd., lib. I,46, S. 91).

34 Vgl. ebd., lib. I,52, S. 103: *Fuit preterea Slavorum genti crudelitas ingenita, saturari nescia, inpaciens otii, vexans regionum adiacentia terra marique.*

35 Zum Barbarenbild im Mittelalter vgl. Arno Borst: Barbaren, Geschichte eines Schlagwortes. In: ders.: Barbaren, Ketzer und Artisten. Welten des Mittelalters. München/Zürich 1988, S. 19–31, hier: S. 22–26.

36 Vgl. Widukinds Sachsengeschichte (wie Anm. 6), lib. I,35, S. 48: *Igitur a Heinricus rex,* [...], *quanta prudentia vigilaverit in munienda patria et in expugnando barbaras nationes, supra nostram est virtutem edicere, licet omnimodis non oporteat taceri.*

37 Vgl. ebd.

Ungeachtet dieser untergründigen Einstellung unterscheiden sich die Kriegszüge gegen die Barbaren in den Augen der Autoren kaum von solchen, die gegen andere äußere Gegner geführt wurden. Schon die häufig gebrauchten ethnischen Bezeichnungen für die andere Seite lassen die geschilderten Konflikte mit den Slawen wie Kriege zwischen verschiedenen Völkern ohne jeden religiösen Unterton erscheinen. Dementsprechend fasst Widukind die Auseinandersetzungen Ottos I. mit den Slawen und Ungarn auch als auswärtige Kriege zusammen.[38] Den religiösen Unterschied blendet auch Adam von Bremen aus, wenn er die kaiserlichen Heereszüge nach Ungarn, ins Slawenland, nach Italien und nach Flandern, an denen der Bremer Erzbischof beteiligt war, ohne weitere Differenzierung auflistet.[39] Und Helmold von Bosau folgt demselben Schema und spricht wiederholt vom Krieg zwischen den Sachsen und den Slawen beziehungsweise dem Herzog und den Slawen.[40] Selbst die konkreten Ziele, die die Autoren den Kriegszügen gegen die Slawen zuschreiben, lassen die Kämpfe zumeist als Ergebnis politischer Konflikte erscheinen. Entweder geht es darum, die Slawen zur Tributpflicht zu zwingen,[41] oder es heißt, einen Einfall zurückzuschlagen, eine Rebellion niederzuwerfen beziehungsweise Vergeltung für die schlechte Behandlung von Gesandten zu üben.[42] Letztlich führen die Autoren damit ganz gewöhnliche Kriegsgründe an, die sie schon allein deshalb für gerechtfertigt halten, weil sich die Slawen in den genann-

38 Vgl. Widukinds Sachsengeschichte (wie Anm. 6), lib. II,4 f., S. 70 f. (*Cessantes autem bellis externis*). Ähnlich auch ebd., lib. III,44 f., S. 123–126.

39 Vgl. Adam von Bremen: Kirchengeschichte (wie Anm. 7), lib. III,6, S. 147. Ähnliche Vorstellungen finden sich auch ebd., lib. II,32, S. 174.

40 Vgl. Helmolds Slavenchronik (wie Anm. 8), lib. I,56, S. 110; lib. I,68, S. 129; lib. I,88, S. 171.

41 Vgl. Widukinds Sachsengeschichte (wie Anm. 6), lib. I,36, S. 51 (*Cumque vicinae gentes a Heinrico factae essent tributariae*); lib. II,4, S. 71 (*Rex autem caesa hostium multitudine et caeteris tributaries factis reversus est in Saxoniam*); Adam von Bremen: Kirchengeschichte (wie Anm. 7), lib. II,48, S. 109; lib. II,56. S. 116. Bei Adam und Helmold spielt der Gedanke der Mission immer in die Darstellung des Verhältnisses zu den Elbslawen mit hinein, da beide das Streben der sächsischen Herzöge nach Tributen dem Wunsch der Kirche, die Slawen zu missionieren, als Hemmschuh entgegenstellen. Vgl. ebd., lib. II,71, S. 133; lib. III,22 f., S. 165 f.; Helmolds Slavenchronik (wie Anm. 8), lib. I,68, S. 129; lib. I,84, S. 160 f. Da Adam von Bremen die Zeit Ottos I. als die Zeit ansieht, in der die Mission der Elbslawen schon einmal erfolgreich gewesen war, gehen für ihn im Handeln dieses Königs die Erhebung von Tributen und die Missionierung eine vorbildliche Symbiose ein (Adam von Bremen: Kirchengeschichte [wie Anm. 7], II,5, S. 65).

42 Vgl. Widukinds Sachsengeschichte (wie Anm. 6), lib. II,3, S. 68 (*barbari ad novas res moliendas desaeviunt*); lib. II,4, S. 70 f. (*ad refrenandam eorum saevitiam*); Adam von Bremen: Kirchengeschichte (wie Anm. 7), lib. II,42, S. 102 (*sedicio*) mit ebd., lib. II,48, S. 109, wo die Niederschlagung des Aufstands geschildert wird. Und auch Helmolds Slavenchronik (wie Anm. 8), lib. I,89, S. 174, beschreibt, wie Albrecht der Bär die Elbslawen zwischen Elbe und Oder unterworfen und die Aufsässigen gezügelt habe (*infrenavit rebelles eorum*). Vom Krieg, der wegen der Verletzung von Gesandten geführt wurde, spricht Widukind in der Sachsengeschichte (wie Anm. 6), lib. II,4, S. 70.

ten Fällen ihrer aus der Sicht der Autoren naturgegebenen Unterordnung und den daraus erwachsenen Verpflichtungen zu entziehen gesucht hätten. Gleichzeitig sehen Widukind, Adam und Helmold, dass die von den ottonischen Königen oder sächsischen Herzögen zur knechtischen Dienstbarkeit gezwungenen Slawen, wenn sie sich erheben, für ihre Freiheit kämpfen.[43] Auch das unterstreicht den politischen Charakter, der den Konflikten zugesprochen wird.

Während Form und Ausmaß der dargestellten Gewalt, die sich in Verheerungen, der Belagerung von Burgen und zuweilen in Schlachten äußerte,[44] zumeist nur die Konventionen der zeitgenössischen Kriegsführung widerspiegelt, vermitteln einige Passagen in der Sachsengeschichte Widukinds den Eindruck, gegenüber den Elbslawen seien auch monströse Gewalttaten gerechtfertigt. Das beginnt mit seiner Schilderung des Kriegszugs, den Heinrich I. 929 gegen die Elbslawen und Böhmen unternahm. Bei der Einnahme der daleminzischen Burg Jahna, so der Geschichtsschreiber, habe der König alle angetroffenen Erwachsenen töten lassen.[45] Einen Kommentar erspart sich Widukind. Möglicherweise hielt er ein solches Vorgehen in diesem Fall für gerechtfertigt, weil die Burgbesatzung einer freiwilligen Übergabe nicht zugestimmt hatte, was im Fall der Erstürmung einem Todesurteil gleichkam.[46] Allerdings äußert er diesen Gedanken nicht, sondern setzt bei seinen Lesern ein entsprechendes Wissen voraus, das er vielleicht durch den Hinweis auf die Dauer der Belagerung und die ausbleibende Schilderung von Übergabeverhandlungen zu aktivieren glaubte. Während dieser Vorfall durch die zeitgenössisch üblichen Spielregeln der Konfliktführung gedeckt sein könnte, gilt dies nicht für drei weitere Gewaltexzesse, von denen Widukind berichtet. Der erste steht in Ver-

[43] Vgl. Widukinds Sachsengeschichte (wie Anm. 6), lib. II,20, S. 84; lib. III,53, S. 132. Adam von Bremen: Kirchengeschichte (wie Anm. 7), lib. II,42, S. 102 f. Helmolds Slavenchronik (wie Anm. 8), lib. I,16, S. 34; lib. I,21, S. 43; lib. I,25, S. 47.

[44] Gleich zwei Schlachten, nämlich die bei Lenzen (929) und die an der Raxa (955), schildert Widukinds Sachsengeschichte (wie Anm. 6), lib. I,36, S. 51–54; lib. III,54 f., S. 133–135. Ansonsten ist von Verheerungen (ebd., lib. II,20, S. 81–85) und Belagerungen (ebd., lib. I,35, S. 48–51; lib. III,45, S. 126; lib. III,51, S. 130 f.) die Rede. Während Adam von Bremen auf das Vorgehen kaum konkreter eingeht, findet man in Helmolds Slavenchronik (wie Anm. 8) Hinweise auf Verheerungen (ebd., lib. I,71, S. 136 f.; lib. I,88, S. 171 f.), Belagerungen (ebd., lib. I,56, S. 110; lib. I,93, S. 181 f.; lib. II,98, S. 191 f.) und Schlachten (ebd., lib. II,100, S. 197 f.).

[45] *Cumque illa urbe* [die Brennaburg; Anm. des Verfassers] *potitus omnem regionem* [das Gebiet der Heveller; Anm. des Verfassers] *signa vertit contra Dalamantiam, adversus quam iam olim reliquit ei pater militiam; et obsidens urbem quae dicitur Gana, vicesima tandem die cepit eam. Preda urbis militibus tradita, puberes omnes interfecti, pueri ac puellae captivitati servatae* (Widukinds Sachsengeschichte [wie Anm. 6], lib. I,35, S. 49 f.).

[46] Zu den Spielregeln bei der Übergabe von Burgen vgl. Gerd Althoff: Spielregeln der Politik im Mittelalter. Kommunikation in Frieden und Fehde. Darmstadt 1997, S. 28–30; Hans-Henning Kortüm: Kriege und Krieger. 500–1500. Stuttgart 2010, S. 180–189.

bindung mit dem Markgrafen Gero, der seinen Ausführungen zufolge in den 940er-Jahren 30 slawische Fürsten nach einem Gastmahl betrunken gemacht und umgebracht haben soll.[47] Zudem schildert der Chronist, wie Otto I. 955 nach der gewonnenen Schlacht gegen die Redarier 700 Gefangene habe hinrichten lassen.[48] Hier trat Otto I. gleichsam in die Fußstapfen seines Vaters, der 931 ebenfalls die Gefangenen nach seinem Sieg über die Redarier töten ließ.[49] In allen drei Episoden stellt Widukind die Gewaltakte im besten Fall als Reaktionen auf beabsichtigte oder seiner Ansicht nach erfolgte blutige Untaten der Slawen dar. Im Fall Geros führt er deren Plan an, Gero umzubringen.[50] In den beiden anderen Fällen werden die vorausgegangenen Kriegszüge mit einem Gemetzel gerechtfertigt, das zuvor sächsische Burgbesatzungen erlitten hatten. Mit Blick auf die Ereignisse des Jahres 955 spricht Widukind von einer misslungenen friedlichen Übergabe und wirft den Slawen ein Verbrechen vor, wofür dann Otto I. mit seinem Kriegszug Rache habe nehmen wollen.[51] Ob auch die nach der siegreichen Schlacht erfolgte Tötung von 700 slawischen Gefangenen Teil der Vergeltung war, sagt er nicht.[52] Sie gehörte in jedem Fall nicht zu den damals üblichen Kriegspraktiken.[53] Dass Widukind sie gleich-

[47] Widukinds Sachsengeschichte (wie Anm. 6), lib. II,20, S. 84. Das entsprechende Zitat siehe Anm. 50 in diesem Beitrag.

[48] *Eo die castra hostium invasa, et multi mortales interfecti vel capti, caedesque in multam noctem protrahebatur. Postera luce caput subreguli in campo positum, circaque illud septingenti captivorum capite caesi* (ebd., lib. III,55, S. 135).

[49] Ebd., lib. I,36, S. 54: *Nam fuere qui dicerent barbarorum ducenta milia caesa. Captivi omnes postera die, ut promissum habebant, obtruncati.*

[50] *Barbari autem labore nostro elati nusquam ab incendio, caede ac depopulatione vacabant, Geronemque, quem sibi rex prefecerat, cum dolo perimere cogitant. Ipse dolum dolo preoccupans, convivio claro delibutos ac vino sepultos ad triginta fere principum barbarorum una nocte extinxit* (ebd., lib. II,20, S. 19).

[51] *Faciunt tamen cives Cocarescemiorum, ut dux imperarat, pacemque eo pacto obtinent, quo liberi cum uxoribus et natis supra murum inermes ascenderent, conditione servili et omni suppellectili in medio urbis hostibus relicta. Cum intra urbem irruerent barbari, quidam illorum suum mancipium agnoscit in cuiusdam liberti uxore; quam cum rapere de manu viri niteretur, ictum pugne accipit, irritumque pactum ex parte Saxonum proclamitat. Unde fit, ut omnes ad caedem verterentur nullumque relinquerent, sed omnes perfectae aetatis neci darent, matres cum natis captivos ducerent. LIII. Quod scelus imperator ulcisci gestiens, victoria iam de Ungariis patrata, regiones barbarorum hostiliter intravit* (ebd., lib. III,52 f., S. 131 f.).

[52] Vgl. ebd., lib. III,55 f., S. 135.

[53] Dass die massenhafte Tötung von Gefangenen nicht zu den militärischen Gepflogenheiten des Mittelalters gehörte, kann man Kortüm: Kriege (wie Anm. 46), S. 246–260, bes. S. 259, entnehmen, der zwar genozidale Gewaltpraktiken in den Konflikten zwischen Sachsen und Slawen des 10. und 11. Jahrhunderts – wahrscheinlich aufgrund der Aussagen Widukinds – vermutet, aber letztlich keine weiteren Beispiele für derartige Gewalttaten angibt. Kurz und knapp berichtet der Regino-Fortsetzer Adalbert zu 955 von den Vorgängen. Er spricht von einem Blutbad, in dessen Folge

sam als eine Selbstverständlichkeit schildert, hat vor allem einen Grund: Sie dient ihm als Ausweis der Furcht einflößenden Stärke des Königs, welche er im nächsten Satz herausstellt.[54] Ganz ähnlich verhält es sich auch, wenn er die Tötung der Gefangenen nach der Schlacht von Lenzen mitteilt und damit die Größe des Sieges verdeutlichen will. Diese Stärke ist aber für Widukind zugleich ein Indikator für den Aufstieg der Sachsen selbst. Die exzessive Gewalttat demonstriert einen vernichtenden Sieg, der die Überlegenheit der Sachsen über die Barbaren sichtbar macht und damit den Anspruch der Sachsen, in der Rangordnung der Völker ganz oben zu stehen, manifestiert. Dass die massive Gewalt nur gegenüber sogenannten Barbaren geübt wird, scheint kein Zufall zu sein. Sie befanden sich für Widukind in der Rangordnung der Völker ganz unten angesiedelt, da sie ja wegen ihrer naturgegebenen Wildheit gezähmt und unterworfen werden mussten. Insofern waren in seinen Augen jedwede ihrer Erhebungen mit aller Gewalt niederzuschlagen, da andernfalls die Sachsen ihren Vorrang eingebüßt hätten. Diese Rangordnung ließ das Leben und mithin die Rechte eines Barbaren weniger wert erscheinen.[55] Von daher erweist sich die positive Darstellung der exzessiven Gewalt als eine Folge des widukindschen Gentilismus, der alles rechtfertigt und hochhält, was die Anerkennung der Vormacht der Sachsen fördert. Sie kommt dabei auch ohne jede religiöse Rechtfertigung aus. Möglich aber war das nur, weil bei Widukind das Barbarentum primär eine kulturell-ethnische Bedeutung besaß und – im Gegensatz zur Begriffsverwendung bei Adam und Helmold – nicht mit dem Heidentum gleichgesetzt wurde. Zwar berichten auch die beiden letztgenannten Geschichtsschreiber von exzessiven Gewalttaten, aber bei ihnen spielen dann doch der Gegensatz von Christen und Heiden sowie die Frage der Bekehrung für deren Bewertung eine entscheidende Rolle.

Otto I. die Slawen niedergeworfen habe. Die Tötung der Gefangenen erwähnt er nicht. Vgl. (Adalberti) continuatio Reginonis. A 907–967. In: Reginonis abbatis Prumiensis Chonicon cum continuatione Treverensi. Bearb. von Friedrich Kurze (MGH SS rer. Germ. 50). Hannover 1890, S. 154–179, hier: S. 168.

[54] Vgl. Widukind (Sachsengeschichte [wie Anm. 6], lib. III,55 f., S. 135), der zunächst vom Sieg Ottos und der Tötung der 700 Gefangenen berichtet, um dann nach einem Hinweis auf die sächsischen Verbündeten der Slawen den nächsten Absatz mit dem Satz einzuleiten: *Crebris victoriis imperator gloriosus factus famosus multorum regium ac gentium timorem partier et favorem promeruit.* Generell zur Einordnung der Darstellung Widukinds vgl. auch Thomas Scharff: Der rächende Herrscher. Über den Umgang mit besiegten Feinden in der ottonischen Historiographie. In: FMSt 36 (2002), S. 241–253.

[55] Vgl. Widukinds Sachsengeschichte (wie Anm. 6), lib. II,3, S. 69, wo Heinrich I. dafür gelobt wird, aus Liebe zu seinen Landsleuten aus Straffälligen die Merseburger Legion geschaffen zu haben, die „Räubereien" bei den Slawen begehen solle.

Bekehrung und Gewalt

Obschon Otto I. spätestens seit den 960er-Jahren mehrere Bistümer zur Christianisierung der Elb- und Ostseeslawen gründete, schildert Widukind die verschiedenen Gewalttaten gegen die Slawen, ohne die Bekehrung als Motiv oder Zweck zu erwähnen. Möglich gewesen wäre es ihm schon, denn zugleich ist er der erste, der die Sachsenkriege Karls des Großen expressis verbis als Bekehrungskriege bezeichnete.[56] Anders als Widukind stellt Adam von Bremen hundert Jahre später resümierend einen Zusammenhang zwischen der Eroberungspolitik Ottos I. und der Christianisierung der Elbslawen her. Otto habe die Slawen niedergeworfen, die ihm dann bereitwillig zur Rettung ihres Lebens und des Landes Tribute und die Bekehrung zum Christentum versprochen hätten.[57] Wiewohl auf verschiedene Herrscher bezogen, findet sich also bei beiden Autoren die Vorstellung, der zufolge man mit der Drohung, die Personen andernfalls zu töten, bekehren kann.

Neben Karl und Otto wird ein weiterer Herrscher dafür gelobt, die Bekehrung der Elbslawen mit Gewalt betrieben zu haben. Zuteilwird diese Ehre dem slawischen Fürsten Gottschalk, der, als Christ in Lüneburg erzogen, für einige Jahre seinen Unterhalt im Heer Knuds des Großen in England verdient hatte und der bei seiner Rückkehr in den 1040er-Jahren feststellen musste, dass heidnische Konkurrenten seine ererbten Herrschaften in Beschlag genommen hatten.[58] Ungeschminkt beschreibt Adam – und Helmold folgt ihm darin später –, wie Gottschalk nun den Kampf gegen seine heidnischen Landsleute aufnimmt, sie in Furcht und Schrecken versetzt und damit zum unbestrittenen Herrscher aufsteigt.[59] Und dann heißt es bei ihm: „In unserem Slawenland ist niemals ein mächtigerer und eifrigerer Förderer des christlichen Glaubens aufgestanden. Er hatte sich vorgenommen, alle Heiden zur Annahme des Christentums zu zwingen [...] und er bekehrte fast ein Drittel von denen, die unter seinem Großvater zum Heidentum zurückgekehrt sind."[60] *Ad*

[56] Vgl. ebd., lib. I,15, S. 25. Vgl. Goetz: Glaubenskrieg (wie Anm. 2), S. 99.

[57] Vgl. Adam von Bremen: Kirchengeschichte (wie Anm. 7), lib. II,5, S. 65: *Ferunt etiam ipso tempore fortissimum Ottonem regem universos populos Sclavorum imperio subiecisse. Quos pater eius uno grandi bello domuerat, ipse tanta virtute deinceps constrinxit, ut tributum et christianitatem pro vita simul et patria libenter offerrent victori, baptizatus que est totus gentilium populus, ecclesiae in Sclavania tunc primum constructae.*

[58] Zu Gottschalk vgl. Hoffmann: Sachsen (wie Anm. 21), S. 23–27; Wolfgang Seegrün: Erzbischof Adalbert von Hamburg-Bremen und Gottschalk, Großfürst der Abodriten (1043–1066/72). In: Bernhart Jähnig (Hg.): Beiträge zur mecklenburgischen Kirchengeschichte. Köln u. a. 1982, S. 1–14.

[59] *Eodem vero tempore Godescalcus* [...] *rediens ab Anglia contra Sclavaniam venit infestus omnes impugnans magnumque paganis terrorem incutiens* (Adam von Bremen: Kirchengeschichte [wie Anm. 7], lib. II,79, S. 138).

[60] *In Sclavania citeriori nemo umquam surrexit potentior et tam fervidus christianae religionis propagator. Etenim si vita ei longior concederetur, omnes paganos ad christianitatem cogere disposuit,*

christianitatem cogere disposuit, so heißt es bei Adam wörtlich. Und ebendieser Worte bedient sich auch Helmold, als er das Wirken Gottschalks schildert.[61] Offenkundig haben beide Autoren keine Skrupel, eine Zwangsmission zu akzeptieren. Wenn sie sogar die Zwangsmaßnahmen Ottos I. und Gottschalks in ein positives Licht rücken, so dürfte deren unmittelbarer Erfolg entscheidend dazu beigetragen haben. Auf diese Weise ließ sich die Hoffnung aufrechterhalten, die Slawenmission trotz aller Widerstände und Rückschläge zu einem guten Ende führen zu können.

Davon abgesehen betont Adam die Freiwilligkeit der Bekehrung, wie sie der katholischen Lehre in der Nachfolge des Augustinus entsprach.[62] In diesem Sinne zeichnet er auch ein Bild von den sächsischen Kriegszügen gegen die Slawen, bei denen es nie um Christianisierung, sondern stets um Tribute gegangen sei.[63] Die Tribute erscheinen bei Adam zugleich als wohlfeile Erklärung für die ausbleibende Christianisierung. Weil die sächsischen Fürsten allein ihre Tribute im Sinn haben, führen sie immer wieder Kriege gegen die Slawen und stärken damit deren Ungerechtigkeitsgefühl, was diese gegen die Missionare und deren Tun einnimmt. So berichtet Adam von einem Gespräch mit dem dänischen König Sven Estridsen, der ihm mitgeteilt habe, dass „die Slawenvölker zweifellos schon längst mit Leichtigkeit zum Christenglauben bekehrt hätten werden können, wenn nicht die Habsucht der Sachsen dem im Weg gestanden hätte. ‚Denen steht der Sinn mehr nach Steuereinkommen‘, meinte er, ‚als nach Heidenbekehrung [im Original: *conversionem gentilium*].‘ Die Unseligen“, so fährt Adam fort und spricht von den Sachsen „achten gar nicht auf die große Gefahr, dass sie für ihre Begehrlichkeiten büßen müssen; zuerst haben sie im Slawenlande aus Habsucht den Christenglauben beeinträchtigt, dann durch ihre Härte die Unterworfenen zum Aufruhr getrieben, und jetzt nehmen sie schon gar keine Rücksicht mehr auf das Seelenheil von Menschen, die glauben

cum fere terciam partem converteret eorum, qui prius sub avo eius [Mistiwoi; Anm. des Verfassers] *relapsi sunt ad paganitatem* (ebd., lib. III,19, S. 162). Übersetzung mit kleineren Abweichungen nach Adam von Bremen: Bischofsgeschichte der Hamburger Kirche. Neu übertragen von Werner Trillmich. In: Werner Trillmich/Rudolf Buchner (Hg.): Quellen des 9. und 11. Jahrhunderts zur Geschichte der Hamburgischen Kirche und des Reiches. Darmstadt 1990, S. 135–499, hier: S. 353.

[61] *Etenim, si vita ei* [Gottschalk; Anm. des Verfassers] *longior concederetur, omnes paganos ad Christianitatem cogere disposuit, cum fere terciam partem eorum converterit, qui prius sub avo eius Mistiwoi relapsi sunt ad paganismum* (Helmolds Slavenchronik [wie Anm. 8], lib. I,20, S. 42).

[62] Zu den kirchlichen Missionsvorstellungen vgl. Arnold Angenendt: Toleranz und Gewalt. Das Christentum zwischen Bibel und Schwert. Münster [6]2009, S. 372–377, S. 403–406.

[63] Vgl. Adam von Bremen: Kirchengeschichte (wie Anm. 7), lib. II,71, S. 133, wo den sächsischen Herzögen nachgesagt wird, ihnen ginge es im Verhältnis zu den Slawen nur um Tribute. Dies belegt Adam dann später auch mit dem Krieg gegen die Zirzipanen, an dessen Ende der sächsische Herzog mit seinen Verbündeten nur einen Tribut einforderte und von einer Christianisierung nichts wissen wollte (ebd., lib. III,22, S. 165 f.).

möchten, sondern fordern nur noch Geld.“[64] Diese Argumentation, die untergründig suggeriert, die Slawen würden sich gerne zum Christentum bekehren lassen, ermöglicht es Adam, Gewalt und Mission weithin voneinander zu trennen und damit dem kirchlichen Anspruch auf freiwillige Konversion gerecht zu werden.

Nicht anders verfährt Helmold von Bosau, wenn er die sächsischen Kriegszüge seiner Zeit betrachtet. Auch für ihn dienen sie vor allem dazu, Tribute zu erzwingen und später dann das Land zu erobern.[65] Selbst den Wendenkreuzzug von 1147, der ganz bewusst nach den Worten Bernhards von Clairvaux zur endgültigen Bekehrung der Slawen zwischen Elbe und Oder führen sollte,[66] beschreibt Helmold als eine ganz gewöhnliche Expedition, die die Slawen für die Tötung von Christen, die Versklavung von Dänen und einen Überfall auf Wagrien bestrafen sollte.[67] Das Wort „Bekehrung“ nimmt er nicht in den Mund. Er belässt es dabei, die Belagerung der Befestigung von Dobin durch Heinrich den Löwen zu schildern, bei der die Krieger gar nicht wissen, warum sie kämpfen, da das Land ja ohnehin schon ihren Herren gehört.[68] Immerhin unterschlägt Helmold nicht das abschließende Frie-

64 *Audivi etiam, cum veracissimus rex Danorum sermocinando eadem replicaret, populos Sclavorum iamdudum procul dubio facile converti posse ad christianitatem, nisi obstitisset avaricia Saxonum: „Quibus“, inquit, „mens pronior est ad pensionem vectigalium quam ad conversionem gentilium“. Nec attendunt miseri, quam magnum periculum suae cupiditatis luant, qui christianitatem in Sclavania primo per avariciam turbabant, deinde per crudelitatem subiectos ad rebellandum coegerunt et nunc salutem eorum, qui vellent credere, pecuniam solam exigendo contempnunt* (ebd., lib. III,23, S. 166). Übersetzung weithin nach Adam von Bremen: Bischofsgeschichte (wie Anm. 60), S. 357.

65 Vgl. Helmolds Slavenchronik (wie Anm. 8), lib. I,68, S. 129; lib. I,84, S. 160 f.; lib. I,37, S. 76 f., wo die Sachsen unter der Führung des christlichen Slawenfürsten Heinrich einfallen.

66 Vgl. Bernhard von Clairvaux: Epistola 457. In: ders.: Sämtliche Werke. Lateinisch/Deutsch. Hg. von Gerhard Winkler. Bd. 3. Innsbruck 1992, S. 890; vgl. dazu Kamp: Wendenkreuzzug (wie Anm. 3), S. 130, mit der älteren Literatur; zuletzt Mihai Dragnea: The Wendish Crusade, 1147. The Development of Crusading Ideology in the Twelfth Century. London/New York 2020, S. 8 f.

67 Diese Sichtweise kommt zunächst bei der allgemeinen Charakterisierung des Wendenkreuzzugs zum Ausdruck: *Tercius signatorum exercitus devotaverunt se ad gentem Slavorum, Obotritos scilicet atque Luticios nobis confines, ulturi mortes et exterminia, quae intulerunt Christicolis, precipue Danis* (Helmolds Slavenchronik [wie Anm. 8], lib. I,62, S. 118). Erneut geht Helmold auf das Ziel des Unternehmens bei er Schilderung der Belagerung von Dobin ein: *Interim volat haec fama per universam Saxoniam et Westfaliam, quia Slavi facta eruptione bellum priores adorsi fuerint; et festinavit omnis illa expedicio signo crucis insignita descendere in terram Slavorum et zelare iniquitatem ipsorum* (ebd., lib. I,65, S. 122).

68 Vgl. die anschließende Passage: *Partitoque exercitu duas munitiones obsederunt, Dubin atque Dimin, et fecerunt contra eas machinas multas.* [...] *Dixerunt autem satellites ducis nostri et marchionis Adelberti adinvicem: „Nonne terra, quam devastamus, terra nostra est, et populus, quem expugnamus, populus noster est? Quare igitur invenimur hostes nostrimet et dissipatores vectigalium nostrorum? Nonne iactura haec redundat in dominos nostros?“* (ebd., lib. I,65, S. 122).

densabkommen, in dem sich die Slawen zur Taufe bereit erklärten und versprachen, gefangene Dänen freizulassen.[69] Doch die falschen Taufen hätten nichts bewirkt, „denn gleich nachher", so merkt er unmittelbar an, „trieben es die Slawen noch ärger, da sie weder die Taufe achteten noch aufhörten, die Dänen zu berauben".[70] Und um erst gar keine Zweifel an den profanen Zielen des Kreuzzugs aufkommen zu lassen, präsentiert er ein paar Seiten später Heinrich den Löwen als geldgierigen Fürsten: „Denn so oft ihm die Slawen widerstrebten, überzog er sie mit Kriegsmacht, und sie gaben ihm, um Leben und Land zu retten, was er nur forderte. Aber auf allen Feldzügen, die der noch junge Mann ins Slawenland hinein unternahm, war keine Rede vom Christentum, sondern nur vom Geld."[71] Während hier bei Helmold noch allein das Geld oder die Tribute die sächsischen Gewaltzüge bestimmen, tritt in seinen Schilderungen der Geschehnisse ab 1160, als der sächsische Herzog Mecklenburg vollends unterwarf, das Ziel der Eroberung hinzu.[72] Dabei legitimiert der Geschichtsschreiber die Eroberungen nicht mit religiösen Motiven. Seiner Ansicht nach herrschte Heinrich nun dort, weil er und seine Vorfahren das Land mit dem Schwert erobert hatten.[73]

Von der Bekehrung der Slawen spricht Helmold zwar durchaus und erzählt die Geschichte der allmählichen Christianisierung seit dem beginnenden 12. Jahrhundert, doch haben bei ihm die Fürsten damit nichts unmittelbar zu tun. Es sind einzelne Geistliche wie Vizelin und der Lübecker Bischof Gerold, die die Slawen be-

[69] *Ad ultimum nostris iam pertesis conventio talis facta est, ut Slavi fidem Christianam reciperent et laxarent Danos, quos in captivitate habuerant* (ebd., lib. I,65, S. 123).

[70] *Multi igitur eorum falso baptizati sunt,* [...]. *Taliter illa grandis expedicio cum modico emolumento soluta est. Statim enim postmodum in deterius coaluerunt* [die Slawen; Anm. des Verfassers]; *nam neque baptisma servaverunt nec cohibuerunt manus depredacione Danorum* (ebd., lib. I,65, S. 123). Übersetzung nach Helmold von Bosau: Slawenchronik. Neu übertragen und erläutert von Heinz Stoob. Darmstadt 1963, S. 229.

[71] *Quociens enim offendissent eum Slavi, admovit eis martiam manum, dederuntque ei pro vita simul et patria quicquid exigere voluisset. In variis autem expedicionibus, quas adhuc adolescens in Slaviam profectus exercuit, nulla de Christianitate fuit mentio, sed tantum de pecunia* (Helmolds Slavenchronik [wie Anm. 8], lib. I,68, S. 129). Mit der Redewendung *pro vita simul et patria* akzentuiert Helmold die rein materiellen Ziele Heinrichs des Löwen. Er benutzt nämlich genau dieselben Worte, als er wie vor ihm schon Adam den Beweggrund nennt, der die Elbslawen nach dem Sieg Ottos I. dazu brachte, sich das Christentum auferlegen zu lassen. Vgl. ebd., lib. I,9, S. 21 f.; Adam von Bremen: Kirchengeschichte (wie Anm. 7), lib. II,5, S. 65.

[72] Dazu kurz und knapp vgl. Joachim Ehlers: Heinrich der Löwe. Eine Biographie. München 2008, S. 158 f.; ausführlich vgl. Gaethke: Herzog Heinrich (wie Anm. 1), S. 200–241, der ebenfalls festhält, dass Helmold den Feldzug von 1160 nicht als Heiden- oder Missionskrieg rechtfertigt (ebd., S. 175).

[73] *Et facta postulacione obtinuit* [Heinrich der Löwe; Anm. des Verfassers] *apud cesarem auctoritatem episcopatus suscitare, dare et confirmare in omni terra Slavorum, quam vel ipse vel progenitores sui subiugaverint in clipeo suo et iure belli* (Helmolds Slavenchronik [wie Anm. 8], lib. I,88, S. 173).

kehren.[74] Die Wiederherstellung der alten Bischofssitze in Oldenburg, Ratzeburg und Mecklenburg 1149 schreibt Helmold allein der Initiative des Erzbischofs von Hamburg-Bremen zu. Einen Zusammenhang mit dem Wendenkreuzzug, der erst die Voraussetzungen dafür geschaffen hatte, stellt er nicht her. Immerhin weist er zuvor auf die Kriegszüge Heinrichs des Löwen hin, die in den slawischen Gebieten jenen Frieden bewirkt hätten, der das Vorgehen des Erzbischofs möglich gemacht habe.[75] Im Kern ist damit auch gesagt, wie Helmold idealiter das Verhältnis von Gewalt und Mission sieht: Die Fürsten verbreiten mit dem Schwert Furcht und Schrecken, bis sich ein Frieden einstellt, der es der Kirche dann ermöglicht, die Slawen zu bekehren.[76] Diese Vorstellung führt Helmold von Bosau auch dazu, in der Zusammenarbeit mit dem Herzog die notwendige Grundlage für eine erfolgreiche Mission zu sehen. Dass ihn die Aufkündigung dieser Zusammenarbeit durch den neuen Lübecker Bischof Konrad möglicherweise erst dazu veranlasst hat, seine Slawenchronik zu schreiben, sei hier nur en passant erwähnt.[77]

Auch wenn Helmold darum bemüht ist, den Bischöfen und Geistlichen das Bekehrungswerk zuzuschreiben, offenbart sich in seiner Kritik am Wendenkreuzzug zugleich eine positive Einstellung gegenüber der Zwangsmission. Denn kann er dem ganzen Unternehmen auch nichts abgewinnen, so richtet sich seine Kritik am Verhalten der Fürsten um Heinrich den Löwen doch lediglich gegen deren mangelnden Willen, die belagerten Slawen ohne Wenn und Aber zu unterwerfen.[78] Erwartet hätte sich der Chronist davon offenbar ein besseres Ergebnis in Form eines bleibenden Bekenntnisses zum Christentum. Bestärkt wird man in dieser Ansicht, wenn man sich seine Schilderung der Eroberung Rügens anschaut. Waldemar I., so berichtet Helmold, habe die Rugianer unterworfen und ihnen dann den Befehl er-

[74] Zur Bedeutung der missionarischen Tätigkeiten der beiden Geistlichen für Helmold vgl. Scior: Eigene (wie Anm. 11), S. 154–157.

[75] Vgl. Helmolds Slavenchronik (wie Anm. 8), lib. I,69, S. 130. Das äußerst kurze vorherige Kapitel behandelt die militärischen Expeditionen Heinrichs, die nur auf materiellen Gewinn ausgerichtet gewesen seien. Vgl. ebd., lib. I,68, S. 129.

[76] Vgl. ebd., lib. II,102, S. 201 und lib. II,101, S. 200, wo er so auch den Beitrag des Grafen Adolf II. von Holstein und der Grafen Bernhard von Ratzeburg und Gunzelin von Schwerin für die Mission würdigt.

[77] Vgl. dazu auch Scior: Eigene (wie Anm. 11), S. 221 f.

[78] Vgl. Helmolds Slavenchronik (wie Anm. 8), lib. I,65, S. 122 f.: *Ceperunt igitur a die illa facere in exercitu tergiversaciones et obsidionem multiplicatis induciis alleviare. Quotiens enim in congressu vincebantur Slavi, retinebatur exercitus, ne fugitantes insequerentur et ne castro potirentur. Ad ultimum nostris iam pertesis conventio talis facta est, ut Slavi fidem Christianam reciperent et laxarent Danos, quos in captivitate habuerant. Multi igitur eorum falso baptizati sunt, et de captione hominum relaxaverunt omnes senes et inutiles ceteris retentis, quos servicio robustior aptaverat etas. Taliter illa grandis expedicio cum modico emolumento soluta est.*

teilt, sich taufen zu lassen.[79] Kritik äußert der Chronist an dem Vorgehen des dänischen Königs nicht, und das umso weniger, als es die anwesenden Bischöfe waren, die mit der Mission begannen, indem sie den Rügenfürsten vom christlichen Glauben überzeugten, der dann die Rugianer „wie ein zweiter Paulus" bekehrt habe.[80] Letztlich werden hier dieselben Vorstellungen sichtbar, die schon den Bosauer Chronisten dazu gebracht hatten, die entsprechenden Taten Karls des Großen, Ottos I. und Gottschalks zu rechtfertigen: Gewalt, die die Heiden dazu bringt, sich von den Missionaren bekehren zu lassen, ist legitim.[81] Kann man insofern auch in Helmold den Apologeten einer Schwertmission sehen,[82] so muss man doch darauf hinweisen, dass für ihn die dabei eingesetzte Gewalt nicht religiöser Natur war. Das zeigt sich sowohl mit Blick auf Heinrich den Löwen, dessen Beitrag eben darin bestand, die Slawen zu demütigen, auf dass sie nicht aufbegehrten,[83] als auch auf den dänischen König, von dem Helmold festhält, er sei gegen die Rugianer gezogen, um sie zu unterwerfen.[84] Damit aber schreibt er dessen Handeln dem Eroberungsdrang und nicht irgendwelchen missionarischen Absichten zu. Die Gewalt der christlichen Herrschaftsträger von Karl dem Großen über Otto I. bis zu Heinrich dem Löwen und Waldemar I. war für Helmold stets weltlicher Natur, auch wenn am Ende eine Bekehrung eingeleitet wurde. Das heißt aber keineswegs, dass er und die anderen Autoren religiöse Gewalt gar nicht im Kontext der Auseinandersetzung mit den andersgläubigen Slawen erwähnt hätten.

79 Vgl. ebd., lib. II,108, S. 211 f.

80 Ebd., lib. II,108, S. 211 f.

81 Vgl. ebd., lib. I,3, S. 9 f., und lib. I,9, S. 21 f., der an beiden Stellen Adam mehr oder weniger folgt.

82 So Fraesdorff: Norden (wie Anm. 29), S. 340 f. Ob allerdings der Satz in der Vorrede auch dafür ein Beleg ist, sei dahingestellt. Zwar übersetzt Heinz Stoob den Satz, in dem Helmold schreibt, er wolle denen ein Loblied singen, „die das Slawenland durch Waffen, das Wort und meistens sogar durch Vergießen ihres Blutes erleuchteten", frei. Aber wenn man den Wortgebrauch von *sanguinis* bei Helmold verfolgt, so spricht viel für diese Übersetzung, da fast immer das Blut von Christen vergossen wird und kein an den Heiden vollzogenes Blutvergießen geschildert wird, das das Slawenland hätte erleuchten können. Vgl. Helmold von Bosau: Slawenchronik (wie Anm. 70), Vorrede, S. 27, und Helmolds Slavenchronik (wie Anm. 8), Praef., S. 2 (*Ego autem in eorum laudem, qui Slavorum provinciam diversis etatibus manu, lingua, plerique etiam in sanguinis effusione illustrarunt, operis huius paginam dicandam arbitror,* [...].).

83 Vgl. Helmolds Slavenchronik (wie Anm. 8), lib. II,103, S. 201.

84 Vgl. ebd., lib. II,108, S. 211 f. Dies unterstreicht Helmold dann nochmals, indem er gleich im nächsten Satz auf die Hilfeleistungen Heinrichs des Löwen verweist, der seinen Leuten befohlen haben soll, den dänischen König zu unterstützen, wo immer er fremde Völker unterjochen wolle (*subiugandis exteris nationibus*). Damit ist zugleich gesagt, dass Helmold nicht als Kronzeuge dafür herhalten kann, die Eroberung Rügens durch Waldemar I. als Kreuzzug zu charakterisieren. Vgl. dazu zuletzt Oliver Auge: Die Eroberung Rügens 1168/69. Ein dänischer Kreuzzug? In: BaltStud 104 (2019), S. 11–22.

Religiöse Gewalt

Die Zerstörung heidnischer Kultstätten und sogenannter Götzenbilder darf als die rudimentärste Form religiöser Gewalt bezeichnet werden, von der im Laufe der Missionsgeschichte immer wieder die Rede ist und die spätestens seit Bonifatius den „guten“ Missionar im lateinischen Westen schmückte.[85] Das belegt auch Widukind, der zwar keine konkreten Zerstörungsakte nennt, aber die Großen bei der Totenrede auf Otto I. davon sprechen lässt, dass der König „die Götzentempel bei den benachbarten Völkern zerstört sowie Kirchen und geistliche Konvente eingerichtet“ habe.[86] Dass solche Aktionen in ottonischer Zeit zum „guten Ton“ gehörten, kann man in der bald nach 1000 entstandenen Chronik Thietmars von Merseburg nachlesen, der von seinem Vorgänger im Bischofsamt erzählt, dieser habe einen heiligen Hain abgeholzt.[87]

Auch Helmold weiß von derartigen Aktionen zu berichten. So soll bei einem Kriegszug, den der abodritische Fürst Niklot mit dem holsteinischen Grafen gegen die Zirzipanen und Kessiner anführte, ein nicht weiter bekanntes Heiligtum zerstört worden sein.[88] Dies geschah gleichsam en passant, da es den Kriegsherren in erster Linie darum ging, die zuvor eingestellten Tribute wieder zu erzwingen, was ihnen ohne Blutvergießen auch gelang.[89] Ganz anschaulich erzählt Helmold von Bosau überdies, wie er selbst auf einer gemeinsamen Reise mit dem Lübecker Bischof Gerold ins Slawenland mithalf, ein Heiligtum des Gottes Prove zu zerstören: „Als wir zu jenem Hain und Hort der Unheiligkeit kamen, rief uns der Bischof auf, tüchtig zuzupacken und das Heiligtum zu zerstören. Er sprang auch selbst vom Pferde und zerschlug mit seinem Stabe die prächtig verzierten Vorderseiten der Tore, wir drangen in den Hof ein, häuften alle Zäune desselben um jene heiligen

85 Vgl. Lutz E. von Padberg: Mission und Christianisierung. Formen und Folgen bei Angelsachsen und Franken im 7. und 8. Jahrhundert. Stuttgart 1995, S. 146–151; ders.: Die Christianisierung Europas im Mittelalter. Stuttgart ^{2}2009, S. 89, S. 193; Hans-Werner Goetz: Die Wahrnehmung anderer Religionen und christlich-abendländisches Selbstverständnis im frühen und hohen Mittelalter (5.–12. Jahrhundert). Berlin 2013, S. 86–92, der die enge Verquickung von Wort- und Tatmission in den mittelalterlichen Vorstellungen hervorhebt.

86 *Populus autem pro eius laude et gratiarum actione multa locutus memoravit eum* […] *delubra deorum in vicinis gentibus destruxisse, templa ministrorumque ordines constituisse; multaque alia bona invicem conferentes regali funeri insistebant* (Widukinds Sachsengeschichte [wie Anm. 6], lib. III,75, S. 153).

87 Chronik des Bischofs Thietmar von Merseburg (wie Anm. 23), lib. VI,37, S. 321; vgl. dazu Matthias Hardt: Kirchenorganisation oder Aufstand: Die Christianisierung von Sorben, Elb- und Ostseeslawen in der Ottonen- und Salierzeit. In: Kamp/Kroker (Hg.): Schwertmission (wie Anm. 3), S. 53–66, hier: S. 60 f.

88 Helmolds Slavenchronik (wie Anm. 8), lib. I,71, S. 136 f.

89 Vgl. ebd.

Bäume herum auf, warfen Feuer an den Holzstapel und machten ihn zum Scheiterhaufen, in steter Angst, von den Eingeborenen überfallen zu werden.“[90] Nach vollbrachter Tat setzten die Geistlichen ihre Reise fort und begaben sich – wie geplant – zu einem Gastmahl bei einem angesehenen, offenkundig noch nicht christianisierten Slawen. Dort habe man festlich gespeist, aber auch gefangene dänische Priester gesehen, die man „weder mit Gewalt noch mit Bitten“ habe befreien können.[91] Es war die erste Reise des Oldenburger und späteren Lübecker Bischofs, die Helmold hier wiedergibt und die ein paar Tage später in einer größeren Versammlung auf dem Lübecker Markplatz mündete, auf der der Bischof die slawische Bevölkerung des Landes zur Taufe aufrief.[92] Vor diesem Hintergrund erscheint die Zerstörung der Kultstätte vor allem als ein symbolischer Akt, der dem alten Glauben den Kampf ansagt und die Ernsthaftigkeit demonstriert, mit der der neue Bischof den Missionsanspruch in seiner Diözese verfolgen will. Diese somit religiös bestimmte Gewalt bleibt aber singulär und spielt für das Bekehrungswerk, das der Bischof dann auf dem Marktplatz in Lübeck einleitet, keine entscheidende Rolle.

Anders verhält es sich bei der schon erwähnten Unterwerfung Rügens durch den dänischen König.[93] Hier ist es, so Helmold, König Waldemar I. selbst, der die Zerstörung des wichtigsten Kultbilds auf der Insel, der Svantevit-Statue, anordnet und anschließend den Einwohnern befiehlt, sich taufen zu lassen. Der religiöse Gewaltakt ist in diesem Zusammenhang stärker mit der Bekehrung verwoben. Dabei formuliert die Gewalt weniger einen Anspruch, sondern verkündet und vollzieht gleichsam das faktische Ende des alten Kultes. Der Befehl, sich zum Christentum zu bekehren, erscheint zwar wie eine notwendige Folge des Zerstörungsaktes, doch seine Wirkungsmacht bezieht er letztlich aus dem militärischen Sieg, sprich der Er-

90 *Venientibus autem nobis ad nemus illud et profanacionis locum adhortatus est nos episcopus, ut valenter accederemus ad destruendum lucum. Ipse quoque desiliens equo contrivit de conto insignes portarum frontes, et ingressi atrium omnia septa atrii congessimus circum sacras illas arbores et de strue lignorum iniecto igne fecimus pyram, non tamen sine metu, ne forte tumultu incolarum [lapidibus] obrueremur* (ebd., lib. I,84, S. 160).

91 *Aspeximus illic sacerdotes Domini captivitatis diutina detentione maceratos, quibus episcopus nec vi nec prece subvenire poterat* (ebd.). Inwieweit das *vi* in der Redensart *nec vi nec prece* mit „Gewalt“ zu übersetzen ist (so Helmold von Bosau: Slawenchronik [wie Anm. 70], S. 291), sei dahingestellt. Es kann auch nur ein entschlossenes Handeln im Sinne einer Aufforderung, die Gefangenen freizulassen, meinen, das den Bitten um Nachsicht gegenübergestellt wird. Das entspricht eher der Situation, die den Gedanken an eine gewaltsame Befreiung eigentlich ausschließt. Und letztlich zielt die Aussage auch nur darauf ab zu sagen, dass der Bischof nichts unversucht gelassen habe, um den gefangenen Priestern ihre Freiheit zu verschaffen. Da Helmold die Formel nur einmal benutzt und sie in dieser Form in den elektronischen MGH nicht mehr als dreimal auftaucht, kann man keine weitergehenden Schlüsse ziehen.

92 Vgl. Helmolds Slavenchronik (wie Anm. 8), lib. I,84, S. 160 f.

93 Vgl. ebd., lib. II,108, S. 211 f.

oberung Rügens. Deshalb ist er im Verständnis Helmolds auch nicht das Produkt religiöser, sondern weltlicher Gewalt. Anders formuliert: Weder der Aufruf zur Taufe noch die Zerstörung der heidnischen Kultstätte verlieh dem Eroberungszug Waldemars für Helmold einen religiösen Charakter. Somit beschränkt sich bei Helmold die religiös bestimmte Gewalt, die Christen ausüben, auf die Vernichtung von heidnischen Idolen und Kultstätten. Dieser Befund gilt letztlich auch für die beiden anderen Autoren.

Zugleich spielt aber die unmittelbar gegen andere Personen wegen ihres Glaubens ausgeübte Gewalt bei Adam und Helmold eine wichtige Rolle. Diese richtet sich allerdings nicht gegen die Slawen, sondern gegen die Christen. Denn anders als bei den Kriegen gegen die Elbslawen betonen die Autoren bei einigen Gewalttaten der Slawen, dass sie sich bewusst gegen Kirchen und Klöster, Priester und Bischöfe gerichtet hätten. So beginnt Adam seine Darstellung des slawischen Aufstands von 1018 – in der er verschiedene Erhebungen seit 983 miteinander vermengt – zwar mit der Feststellung, die Slawen hätten sich aufgrund der Ungerechtigkeiten der christlichen Gerichtsbarkeit entschlossen, „das Joch ihrer Knechtschaft abzuschütteln und mit Waffen für ihre Freiheit einzutreten“,[94] doch beschreibt er den Befreiungskrieg dann letztlich als einen Glaubenskrieg, der bewusst gegen die im Slawenland neu gegründeten Kirchen und die dortigen Bischöfe und Priester geführt worden sei: So „verheerten aufständische Slawen zunächst ganz Nordelbien mit Feuer und Schwert. Dann zogen sie durch das übrige Slawenland, steckten alle Kirchen in Brand und machten sie dem Boden gleich. Priester und andere Diener der Kirche brachten sie unter allerlei Martern um, keine Spur des Christentums jenseits der Elbe blieb erhalten [...].“[95] Und auch in Hamburg, so fügt er hinzu, seien damals viele Kleriker entführt und umgebracht worden – und zwar aus Hass gegen das Christentum.[96] Damit spricht Adam an, was diese Gewalt in seinen Augen offensichtlich auszeichnete: Sie war exzessiv, zielte auf die Ver-

[94] Vgl. Adam von Bremen: Kirchengeschichte (wie Anm. 7), lib. II,42 f., S. 101–104. Seine Nachrichten entnimmt er zum Teil der Chronik des Bischofs Thietmar von Merseburg (wie Anm. 23), lib. III,17–19, S. 118–122; lib. VIII,5, S. 498. Vgl. dazu Christian Lübke: Regesten zur Geschichte der Slaven an Elbe und Oder (vom Jahr 900 an). Bd. 3: Regesten 983–1013. Berlin 1986, Nr. 220–225, S. 15–22; Nr. 256–256b, S. 66–70; ders.: Regesten. Bd. 4 (wie Anm. 21), Nr. 536 f., S. 89–92.

[95] *His ducibus Sclavi rebellantes totam primo Nortalbingiam ferro et igne depopulati sunt; deinde reliquam peragrantes Sclavoniam omnes ecclesias incenderunt et ad solum usque diruerunt; sacerdotes autem et reliquos ecclesiarum ministros variis suppliciis enecantes, nullum christianitatis vestigium trans Albiam reliquerunt*; Adam von Bremen: Kirchengeschichte (wie Anm. 7), lib. II,42, S. 102 f.

[96] *Apud Hammaburg eo tempore ac deinceps multi ex clero et civibus in captivitatem abducti sunt, plures etiam interfecti propter odium christianitatis*; ebd., lib. II,43, S. 103.

nichtung der Kirchen sowie ihrer Vertreter und lebte vom Hass auf das Christentum. So dachte auch Helmold.[97]

Bei der Darstellung der christenfeindlichen Gewaltakte bemühen sich sowohl Adam als auch Helmold, die Getöteten zu Märtyrern zu stilisieren. Über seinen Mitbruder Ottar aus Hamburg schreibt Adam: „Auch er empfing wie die anderen folgendermaßen das Martyrium: Mit eisernen Messern schnitt man ihnen kreuzförmig die Kopfhaut auf und legte ihnen einzeln die Hirnschale bloß. Dann band man den Bekennern Gottes die Hände auf den Rücken, schleppte sie durch einzelne Orte der Slawen, misshandelte sie mit Schlägen und auf andere Weise, bis sie tot waren."[98] Und auch von Gottschalk, der beim Aufstand im Jahr 1066 sein Leben verlor, heißt es, „er habe als unser Makkabäus in der Burg Lenzen das Martyrium erlitten, zusammen mit dem Priester Ippo, der am Altare den Opfertod starb".[99] Zugleich ordnet Adam das Geschehen durch den Rückgriff auf das Alte Testament ein und sieht beim Aufstand von 1066 die Worte des Propheten nach Psalm 78,1 erfüllt: „Gott, Heidenvölker sind in dein Erbe eingebrochen. Sie haben Deinen Tempel verunreinigt."[100] Dass der sächsische Herzog anschließend mehrere Kriege gegen die Slawen sieglos führte, habe ihn, so Adam, selbst in den Augen seiner Anhänger lächerlich gemacht – mehr schrieb der Chronist dazu aber nicht.[101] Ein Aufruf, an den Slawen nun im Namen Gottes Vergeltung für die Untaten zu üben, fehlt bei ihm.[102] Er würde allerdings auch nicht zu seiner Absicht passen, mit diesen Ge-

97 Vgl. Helmolds Slavenchronik (wie Anm. 8), lib. I,16, S. 35, wo er die Darstellung des Aufstands fast wörtlich von Adam übernimmt. Vom heimlichen Hass auf das Christentum spricht Helmold, als er die Einstellung des abodritischen Fürstensohnes Mstislaw schildert, der gegen den eigenen Vater rebellierte, der eine sächsische Christin zur Frau genommen hatte (*odio, licet occulto, concitatus Christianae religionis*) (ebd., lib. I,13, S. 27). Und am Ende seiner Chronik spricht er vom starken Hass der Ranen auf das Christentum und liefert damit gleichsam eine Erklärung für die zuvor geschilderte Episode, in der die Ranen einen Krieg gegen die christlichen Händler vom Zaun brechen, weil diese sich weigern, einen christlichen Priester auszuliefern, den die Ranen ihrem Gott opfern wollten (ebd., lib. II,108, S. 213 f.).

98 Adam von Bremen: Kirchengeschichte (wie Anm. 7), lib. II,43, S. 104: *Ille igitur cum ceteris tali martyrio consummatus est, ut cute capitis in modum crucis incisa ferro cerebrum singulis aperiretur. Deinde ligatis post terga manibus confessores Dei per singulas civitates Sclavorum tracti sunt [aut verbere aut alio modo vexati], usque dum deficerent.*

99 Ebd., lib. III,50, S. 193: *Passus est autem noster Machabeus in civitate Leontia VII. idus Iunii cum presbytero Yppone, qui super altare immolatus est, et aliis multis tam laicis quam clericis, qui diversa ubique pro Christo pertulerunt supplicia.*

100 Ebd., lib. III,51, S. 195.

101 Vgl. ebd.

102 Vgl. dazu Gerd Althoff: „Selig sind, die Verfolgung ausüben". Päpste und Gewalt im Hochmittelalter. Darmstadt 2013, bes. S. 130–146 zur Bedeutung des Psalms 78 für die Rhetorik der Gewalt im Rahmen des Ersten Kreuzzugs.

schichten die Mühen und Opfer, die die Bekehrer für ihr Werk auf sich genommen hatten, herauszustellen. Deshalb dominieren biblische Vorstellungen und hagiografisch geformte Bilder des Martyriums die Schilderungen der antichristlichen Gewaltakte. Das antichristliche Element in der Gewalt wird zudem selbst symbolisch sichtbar gemacht, etwa wenn den Opfern Kreuze in die Schädeldecke geschnitten werden. Inwieweit es de facto zu solchen Gewaltakten kam, ist schwer zu sagen, zumal Adam von Bremen mit Blick auf die Vorgänge von 1018 schreibt, viele würden diese Geschichten inzwischen für Fabeln halten.[103] Doch wie dem auch sei: An dieser Stelle ist nur von Belang, dass sich in den Darstellungen die Idee, nicht der Begriff, einer religiös begründeten Gewalt findet, die als solche sichtbar wird. Sie unterscheidet sich von derjenigen, die bei gewöhnlichen Empörungen und Einfällen der Slawen zutage tritt, durch den Hass, die bewusste Auswahl der Opfer aus den für die Mission verantwortlichen Vertretern der Kirche und durch das symbolische oder reale Übermaß an Gewalt. Die Geschichten, die von solchen Gewaltakten berichten, bleiben indes isoliert und haben keine Fortsetzung. Sie führen an keiner Stelle dazu, dass sich die Christen ähnlich verhalten und nun mit Hass gegen die heidnischen Slawen vorgehen. Letztendlich rufen die Gewalttaten höchstens wieder sächsische Kriegszüge hervor, die darauf abzielen, die alte Oberherrschaft wiederherzustellen. Anlass für entsprechende religiöse Gewalttaten von christlicher Seite sind sie, sowohl bei Adam als auch bei Helmold, wohl schon deshalb nicht, weil der Hass nicht das Verhältnis zu den Andersgläubigen bestimmen sollte.

Zumindest aber für Helmold hätte dies im Bereich des Möglichen gelegen. Schon 1108 wurde ein Aufruf im Namen des Magdeburger Erzbischofs, seiner Suffraganbischöfe und einiger Großer Ostsachsens verbreitet, mit dem Krieger aus dem Reich für einen Kreuzzug gegen die Heiden gewonnen werden sollten.[104] Dessen Autor rechtfertigte das Unterfangen mit dem Vorwurf, die Heiden hätten allenthalben die Kirchen mit dem Götzendienst entweiht sowie Raub und Mord an Christen begangen. Man solle zu den Waffen greifen, um einen „geheiligten Krieg“ gegen die Heiden zu führen. So könnten die Fürsten und Krieger ihre Seelen retten und das fruchtbare Land in Besitz nehmen.[105] Deutlich sind in diesen Formulierun-

[103] Vgl. Adam von Bremen: Kirchengeschichte (wie Anm. 7), lib. II,43, S. 104: *Multa in hunc modum per diversas Sclavorum provintias tunc facta* [die an Christen begangenen Gewalttaten; Anm. des Verfassers] *memorantur, quae scriptorum penuria nunc habentur pro fabulis.*

[104] Vgl. Urkundenbuch des Erzstifts Magdeburg. Bd. 1: 937–1142. Bearbeitet von Friedrich Israel. Magdeburg 1937, Nr. 193, S. 249–252. Die Neubewertung der Gewalt im 11. Jahrhundert in der Kirche und namentlich im Umfeld der Kreuzzugsbewegung, die auf die explizite Legitimierung einer christlich-religiösen Gewalt hinauslief, hat zuletzt Boris Gübele: Deus vult, Deus vult. Der christliche heilige Krieg im Früh- und Hochmittelalter. Ostfildern 2018, S. 396 f., wieder betont.

[105] *Multimodis paganorum oppressionibus et calamitatibus diutissime oppressi ad vestram suspiramus misericordiam* [...] *Insurrexerunt in nos et prevaluerunt crudelissimi gentiles, viri absque miser-*

gen die Anleihen an den Kreuzzugsgedanken zu erkennen. Man sieht, wie zu Beginn des 12. Jahrhunderts Vorstellungen in den ostsächsischen Raum vorgedrungen waren, die den Kampf gegen die Heiden mit deren vorherigen Gräueltaten rechtfertigten und mit dem Seelenheilmotiv verbanden.[106] Dabei bleiben die Hinweise auf die heidnischen Gewalttaten indes so vage, dass man gar nicht entscheiden kann, ob hier konkrete Vorkommnisse angesprochen werden.[107]

Die Vorstellung, Vergeltung für die Übergriffe der Heiden gegenüber Christen zu nehmen, wohnt auch dem Aufruf Bernhards von Clairvaux zum Wendenkreuzzug inne. So formuliert er mit Blick auf den Zweiten Kreuzzug insgesamt: „Ich zweifele nicht, dass in Eurem Land vernommen wurde und sich die Kunde durch eifrige Erzählung überall verbreitet hat, wie Gott den Geist der Könige und Fürsten entflammt hat, die Heidenvölker zu bestrafen und die Feinde des christlichen Namens von der Welt auszurotten."[108] Mit Blick auf den Kreuzzug gegen die Wenden aber trat der Strafgedanke zurück. Stattdessen forderte Bernhard die vollständige Bekehrung der Heiden gleichsam als Kriegszweck und verlangte bei deren Ausbleiben die Vernichtung der jeweiligen Völker oder Stämme: „Weil nämlich der Herr meiner Niedrigkeit anvertraut hat, dieses Wort des Kreuzes zu verkünden, erklä-

icordia, et de inhumanitatis sue gloriantes malicia ecclesias Christi ydolatria prophanerunt, altaria demoliti sunt [...] *In nostram regionem sepissime efferantur nullique parcentes rapiunt, cedunt* [...] *quosdam decollant* [...] *Itaque, fratres karissimi,* [...] *Sanctificate bellum, suscitate robustos* [...] (Urkundenbuch. Bd. 1 [wie Anm. 104], Nr. 193, S. 251). Übersetzung nach: Urkunden und erzählende Quellen zur deutschen Ostsiedlung im Mittelalter. Bd. 1: Mittel- und Norddeutschland, Ostseeküste. Hg. von Herbert Helbig und Lorenz Weinrich. Darmstadt 1968, Nr. 19, S. 97–102. Zum Charakter des Aufrufs vgl. Peter Knoch: Kreuzzug und Siedlung. Studien zum Aufruf der Magdeburger Kirche von 1108. In: JbGMOD 23 (1974), S. 1–33; zum Inhalt vgl. Friedrich Lotter: Die Konzeption des Wendenkreuzzugs. Ideengeschichtliche, kirchenrechtliche und historisch-politische Voraussetzungen der Missionierung von Elb- und Ostseeslawen um die Mitte des 12. Jahrhunderts. Sigmaringen 1977, S. 59–61.

106 Generell zur Verbreitung solcher Vorstellungen vgl. Susanna A. Throop: Crusading as an Act of Vengeance. 1095–1216. Farnham 2011.

107 Wahrscheinlich verbergen sich hinter den angesprochenen Heiden die Pommeranen. Vgl. Peter Neumeister: Die slawische Ostseeküste im Spannungsfeld der Nachbarmächte (bis 1227/1239). In: Ole Harck/Christian Lübke (Hg.): Zwischen Reric und Bornhöved. Die Beziehungen zwischen den Dänen und ihren slawischen Nachbarn vom 9. bis ins 13. Jahrhundert. Stuttgart 2001, S. 37–55, hier: S. 39–43. Dragnea: Wendish Crusade (wie Anm. 66), S. 33, vermutet, dass der Autor des Aufrufs an den Aufstand von 1066 gedacht habe, wofür es aber keinen Beleg gibt.

108 *Non dubito quin auditum sit in terra vestra, et celebri sermone vulgatum, quomodo suscitaverit spiritum regum Deus et principum ad faciendam vindictam in nationibus et exstirpandos de terra christiani nominis inimcos*; Bernhard von Clairvaux: Epistola 457 (wie Anm. 66), S. 890 (Übersetzung vgl. ebd., S. 891). Vgl. auch Angenendt: Toleranz (wie Anm. 62), S. 404, der allerdings die nachhaltige Wirkung der Gedanken Bernhards außer Acht lässt. Vgl. dazu Dragnea: Wendish Crusade (wie Anm. 66), S. 25, S. 40.

ren wir nach dem Beschluss des Herrn Königs, der Bischöfe und Fürsten, die in Frankfurt zusammengekommen waren, dass sich die Stärke der Christen gegen jene rüsten soll, dass sie das Zeichen des Heiles auf sich nehme, jene Stämme völlig zu vernichten oder auf immer zu bekehren.«[109] Dass konkrete Vergehen der Slawen zu diesem Aufruf beigetragen haben, wird man umso weniger annehmen können, als die etwas später aufgesetzte päpstliche Kreuzzugsbulle zwar von der grausamen Abschlachtung von Christen bei Edessa spricht, aber mit Blick auf die Wenden nur vom Ziel der Bekehrung, für das die Kreuzfahrer kämpfen sollen.[110]

Dass Helmold selbst die Vorstellungen Bernhards nicht übernahm, das Bekehrungsmotiv fast unter den Tisch fallen ließ und den Kriegszug ganz traditionell als Vergeltungszug für vorher begangene, nicht weiter konkretisierte Überfälle anführte, ist schon gesagt worden. Für Helmold war der Wendenkreuzzug ein regulärer Kriegszug, an dessen Ende eine Reihe von Slawen pro forma getauft wurden. Als Glaubenskrieg hätte er ihn nicht betitelt. Und so bleibt es dabei: Religiöse Gewalt üben bei ihm, wie auch bei Adam, – wenn überhaupt – nur die slawischen Heiden aus.

Was folgt aus diesem Parforceritt durch die Erklärungen, Deutungen und Vorstellungen, die Widukind, Adam und Helmold mit Gewaltakten gegen Andersgläu-

[109] [Q]*uia enim verbum hoc crucis parvitati nostrae Dominus evangelizandum commisit, consilio domini Regis et episcoporum et principum, qui convenerant Frankonovort, denuntiamus armari christianorum robur adversus illos, et ad delendas penitus, aut certe convertendas nationes illas signum salutare suscipere* […]; Bernhard von Clairvaux: Epistola 457 (wie Anm. 66), S. 892 (Übersetzung vgl. ebd., S. 893). Zur Einordung dieser Passage vgl. Kamp: Wendenkreuzzug (wie Anm. 3), S. 129–133, und zuletzt Dragnea: Wendish Crusade (wie Anm. 66), S. 9–11.

[110] *Inter alios enim principes et potentes ipsi reges* […] *ad deliberationem orientalis ecclesie preparant et crucis Christi inimicos, qui peccatis exigentibus in partibus illis fratres nostros aput Edessam et in aliis multis locis crudeliter trucidarunt, cum Dei auxilio potenter expugnare disponunt* […]. *Quidam etiam ex vobis tam sancti laboris et praemii participes fieri cupientes, contra Scalvos caeterosque paganos habitantes versus Aquilonem ire, et eos Christianae religioni subjugare, Domino auxiliante, intendunt. Quorum nos devotionem attendentes, omnibus illis qui crucem eandem Hierosolymam non acceperunt, et contra Sclavos ire, et in ipsa expeditione* […] *devotionis intuitu manere decreverunt, illam remissionem peccatorum quam* […] *papa Urbanus Hierosolymam transeuntibus instituit* […] *concedimus, eadem auctoritate sub excommunicatione prohibentes, ut nullus de paganis ipsis, quos Christianae fidei subjugare, pecuniam vel aliam redemptionem accipiat, ut eos in sua perfidia remanere permittat*; Kreuzzugsbulle Eugens III. vom 11. April 1147 (Regesta Pontificum Romanorum ab condita ecclesia ad annum post Christum natum 1198. Bearb. von Samuel Löwenfeld, Ferdinand Kaltenbrunner und Paul Ewald. Bd. 2. Leipzig 1888, Nr. 9017), zitiert nach Pommersches Urkundenbuch. Bd. 1: 786–1253. Bearb. von Klaus Conrad. Köln/Wien 1970, Nr. 32, S. 36 f. Nachgedruckt und übersetzt bei Herrmann: Wendenkreuzzug (wie Anm. 3), S. 254. Zu den Unterschieden zwischen den Vorstellungen Bernhards und der Kreuzzugsbulle Eugens III. vgl. zuletzt Iben Fonnesberg-Schmidt: Eugenius and the Northern Crusade. In: dies./Andrew Jotischky (Hg.): Pope Eugenius III. (1145–1153). The First Cistercian Pope. Amsterdam 2018, S. 147–170, hier: S. 164 f.

bige verbinden, für die Frage nach dem Stellenwert der religiösen Gewalt? Der erste Befund ist banal: Von religiöser Gewalt als solcher ist bei keinem der drei Autoren die Rede. Vereinzelt und zumeist in der Rückschau präsentiert, kennen die Chronisten Kriege, die zur Ausbreitung des Christentums geführt wurden und den Zwang zur Konversion beinhalteten. In einem umfassenden Sinn kann man hier von religiöser Gewalt sprechen, allerdings werden diese Kriege in den untersuchten Werken nur erwähnt, aber nicht in ihrem Ablauf geschildert. Die Kriegszüge, die konkret dargestellt werden, dienen hingegen immer auch der herrschaftlichen Unterwerfung oder der Tributherrschaft. Daher tritt diese religiöse Gewalt von vornherein kontaminiert auf. Zudem akzentuieren Adam und Helmold die Trennung von Krieg und Mission, indem sie die Erzwingung von Tributen als Ziel fast aller sächsischen Kriege ausgeben und die Bekehrung allein den Geistlichen zuschreiben. Und sie schildern diese Bekehrungskriege wie reguläre Kriege und geben ihnen keinen besonderen Status. Spezifische Normen erwachsen somit aus dem Zweck des Kriegs, ganz gleich ob dieser nun um der Bekehrung oder der Tribute willen geführt wird, für kriegerische Vorgehen nicht.

Zugleich haben die Autoren eine konkrete Vorstellung von religiöser Gewalt, die sich im zerstörerischen Vorgehen gegen die Kultstätten der anderen Religion und der Tötung von deren Repräsentanten zeigt. So kennen Adam und Helmold eine Form der Gewalt, die sich unmittelbar gegen andersgläubige Personen richtet und die aufgrund der Motivation, des Zwecks und der Form als religiöse Gewalt im engeren Sinn bezeichnet werden kann. Sie findet sich nur aufseiten der Heiden und ist Ausdruck für den Hass auf die christliche Religion. Dieser Hass spiegelt sich im exzessiven Gebrauch der Gewalt und erscheint als deren Proprium. Will man von religiöser Gewalt sprechen, so ist es diese Gewalt, die am ehesten das Beiwort „religiös“ verdient. Inwieweit die hassgetriebene Gewalt eine Variation der auf Vergeltung sinnenden Rache darstellt, wie sie Widukind ohne Gottesbezug schildert, und ob sie letztlich dann im blutrünstigen *furor* der Kreuzfahrer eine neue Spielart fand, wird man noch diskutieren müssen – vielleicht mit Wolfgang Sofsky im Hinterkopf, der bekanntlich im Massaker eine allein um ihrer selbst ausgeübte Gewalt um sich greifen sieht.[111] Allerdings wird – so bleibt festzuhalten – die maßlose Gewalt in den untersuchten Geschichtswerken nicht grundsätzlich verdammt, sondern nur dort, wo sie von den Andersgläubigen praktiziert wird. Widukind und

[111] Wolfgang Sofsky: Traktat über die Gewalt. Frankfurt a. M. 2005 (EA 1996), S. 173–190. Vgl. dazu auch Hermann Kamp: Exzessive Gewalt gegen Fremde. Ihre Darstellung und Bewertung in der Geschichtsschreibung um 1300. In: Claudia Garnier (Hg.): Konzepte und Funktionen der Gewalt im Mittelalter. Münster 2021, S. 65–92, hier: bes. 90–92, mit dem Hinweis auf die Autoren des 13. Jahrhunderts, die zumindest eine ähnliche Auffassung wie Sofsky vom Gewaltexzess oder vom „Blutbad“, um einen zeitgenössischen Begriff zu verwenden, besitzen.

auch Adam befürworten die exzessive Gewalt sogar, wenn sie von den eigenen, den christlichen Herrschern angewandt wird, um Vergeltung für ein Vergehen zu üben.[112]

Dass aber die Kreuzzugsgedanken Bernhards auch bei den Fürsten Resonanz fanden, offenbart schließlich das Zitat aus der Urkunde Heinrichs des Löwen von 1163, das am Beginn der Ausführungen stand. Hier stilisierte sich der Herzog als Vater der Bekehrung und ließ die eigenen Eroberungen in neuem Licht erscheinen.[113] Ob er damals und vor allem schon 1147 beim Wendenkreuzzug wirklich meinte, einen Glaubenskrieg zu führen, sei dahingestellt. Doch selbst wenn es so wäre, hätte er nur in einem sehr allgemeinen Sinn religiöse Gewalt ausgeübt. Dies ist festzuhalten, weil Heinrich der Löwe *strictu sensu*, nach allem, was man weiß, weder einen Vernichtungskrieg führte, noch Gewalt im Übermaß beging oder seinen Hass auf das Heidentum in symbolischen Gewaltakten auslebte, kurzum: keine religiöse Gewalt im Sinne von Adam und Helmold ausübte. Damit ist zugleich gezeigt, dass die Vorstellungen, die diese beiden Autoren mit der Idee religiöser Gewalt verknüpften, die Grundlage für ein Modell liefern können, das es erlaubt, religiöse Gewalt im engeren Sinne zu erkennen und von anderen Formen der Gewalt abzugrenzen. Und indem man so die vom Hass auf die andere Religion getriebene Gewalt, die sich als solche sowohl in der Vernichtung der religiösen Symbole, Repräsentanten und Anhänger des anderen Glaubens als auch im Übermaß artikuliert und manifestiert, als Maßstab nimmt, kann man auch über religiöse Gewalt reden, ohne über die Motive reden zu müssen, die man doch häufig nicht kennt. Damit hätte man ein Modell gewonnen, das auf den Vorstellungen der Zeitgenossen aufbaut. Dass es vor allem die Heiden waren, die das Anschauungsmaterial lieferten, mag man beklagen. Aber letztlich glauben wir ja auch, dass religiöse Gewalt primär eine Sache von Barbaren ist.

Abstract

This chapter examines the ways in which violence in the relations between the Roman-German kings and the Saxon princes on the one hand and the pagan Elbe Slavs on the other is presented and justified in the works of Widukind of Corvey,

[112] Über die im ersten Teil ausführlicher diskutierten Schilderungen bei Widukind hinaus sei hier noch auf Adam von Bremen: Kirchengeschichte (wie Anm. 7), lib. II,79, S. 136–138, hingewiesen, wo der Bremer Domscholaster davon berichtet, dass der dänische König Magnus „die Heiden“, ein slawisches Heer, das in Dänemark eingefallen war, um die Tötung eines Slawenfürsten zu rächen, bei Haithabu stellte und 15.000 von ihnen erschlagen haben soll, was den Christen Frieden und Freude bereitete (*facta est pax et laeticia christianis*).

[113] Vgl. Anm. 1.

Adam of Bremen and Helmold of Bosau. The first part shows how the barbarian image, albeit differently accentuated, made it easier for the authors to justify the violence used, and how their descriptions of the armed conflicts address political differences but virtually no religious differences. Religious moments are also irrelevant where, as in Widukind, the excessive use of violence against the Slavs is found to be positive. The relationship between conversion and violence is then analysed in the second step. In principle, all three authors have no problem justifying a forced mission. At the same time, however, Adam and Helmold attach great importance to separating violence and conversion, which leads to their understanding of the war campaigns leading to missionary work as secular violence. That they nevertheless have a conception of religious violence is shown in the third section. This is apparent, on the one hand, where they describe the destruction of pagan places of worship, but above all in the passages where they depict the resistance of the Elbe Slavs against the Saxon princes and their Christian allies. In sum, while the authors did not possess a fully realised concept of religiously determined violence, they were nonetheless operating with the idea that religious violence was specifically driven by hatred and characterised by deliberate action against representatives of the church and a symbolic or real excess of violence.

Kurt Villads Jensen

Den Heiligen Krieg verstehen

Die für das lateinische Christentum prägende Zeit zwischen circa 1050 und circa 1300

Einleitung

Im Zeitraum von der Mitte des 11. Jahrhunderts bis zum Ende des 13. Jahrhunderts erfuhr sowohl die Idee als auch die Praxis der mittelalterlichen Kriegführung im lateinischen Christentum eine tiefgreifende Veränderung.[1] Neue Rechtfertigungen für Kriege sowie eine theologische Anerkennung der Heils- und Erlösungswirkung von im Dienst der Religion geführten militärischen Aktionen ließen die Kreuzzugsbewegung entstehen. Zudem fanden in allen zu dieser Zeit von Westeuropäern geführten Kriegen, ob sie nun religiös oder anderweitig gerechtfertigt wurden, technologische Neuerungen, etwa aus dem Bereich der Eisenherstellung oder des Ingenieurwesens, sowie neue Kampftechniken Anwendung.

Von Wissenschaftlerinnen und Wissenschaftlern, die sich mit dem Krieg in dieser Epoche beschäftigen haben, wurde der genannte tiefgreifende Wandel herausgearbeitet und aus verschiedenen Perspektiven in den Blick genommen, von der historiografischen über die theologische und religionswissenschaftliche bis hin zur archäologischen. Doch fanden (und finden immer noch) die meisten Untersuchungen disziplinär getrennt voneinander statt und werden kaum miteinander verknüpft. Im vorliegenden Beitrag wird nach möglichen Berührungspunkten zwischen einigen der genannten Fachgebiete gesucht und der Frage nachgegangen, wo eine Verbindungsaufnahme ertragreich sein könnte. Der Aufsatz ist daher eher ein Programm als eine empirische Forschungsarbeit, in der neue Ergebnisse präsentiert werden.

Studien über den Heiligen Krieg und über die Idee des gerechten Kriegs im Mittelalter nähern sich dem Thema überwiegend aus drei unterschiedlichen Perspektiven beziehungsweise stammen aus drei verschiedenen Fachgebieten, die im Prin-

[1] Der vorliegende Beitrag wurde von Klaus-Dieter Schmidt, dem herzlich zu danken ist, aus dem Englischen ins Deutsche übersetzt.

https://doi.org/10.1515/9783110773781-008

zip miteinander kombiniert werden und einander unterstützen könnten. Grob eingeteilt handelt es sich um einen historiografischen, einen theologischen sowie einen vielleicht als ethnografisch zu bezeichnenden Ansatz. Das ist selbstverständlich eine schematische Vereinfachung, aber sie beleuchtet einige Unterschiede, die es wert sind, genauer betrachtet zu werden.

Theorien über den gerechten Krieg stehen im Fokus vieler derjenigen Wissenschaftlerinnen und Wissenschaftler, die sich mit den von mittelalterlichen Denkern formulierten Vorschriften beschäftigen und dabei untersuchen, wie sich Regeln und Begriffe von Fall zu Fall unterschieden und wie sie sich im Lauf der Zeit entwickelten. Zu Recht weisen die entsprechenden Forscherinnen und Forscher darauf hin, dass die Theorien über den gerechten Krieg innerhalb einer theologischen Tradition und Weltsicht aufgestellt wurden, und verweisen dabei häufig auf die in den untersuchten mittelalterlichen Quellen angeführten Bibelstellen. Für die dahinterstehende Theologie als solche interessieren sich allerdings nur die wenigsten.

Die lateinisch-christliche Theologie veränderte sich zwischen dem 11. und 13. Jahrhundert erheblich und entwickelte ein neues Verständnis von der göttlichen Gnade, von der Institution Kirche sowie von der individuellen Verantwortung für Taten und Absichten. Mit diesen Neuerungen haben sich im Lauf der folgenden Jahrhunderte zahllose Theologen befasst und dabei häufig hochkomplexe Fragen und Argumente analysiert, aber nur wenige von ihnen interessierten sich ernsthaft für den Krieg oder dafür, welche Rolle die Theologie in Diskussionen über ihn spielte.

Auf militärische Eroberungen in Religionskriegen folgten in der Regel die ebenso mühselige wie langwierige Bekehrung der Menschen und die religiöse Transformation ihrer Lebenswelt in den gewonnenen Gebieten. Von der Wissenschaft wurde dieses Thema lange Zeit zumeist unter dem Gesichtspunkt der formalen Umgestaltung des eroberten Landes betrachtet – der Blick war auf soziale Hierarchien, rechtliche Ungleichheiten sowie neue Besitzverhältnisse gerichtet. Erst seit einigen Jahren interessiert sich die Forschung dagegen zunehmend für die „Sakralisierung der Landschaft“ und dafür, wie sich eine militärische Eroberung auf all das auswirkte, was sinnlich wahrnehmbar war: auf Symbole, Klänge, Gerüche, Farben et cetera. Dies ist heute Gegenstand von Studien, die man als ethnografisch bezeichnen kann. Jedoch bleiben viele dieser Untersuchungen rein deskriptiv. Forschende sammeln Informationen darüber, was geschehen ist, stellen sich aber nicht die Frage, wieso man es im Mittelalter für notwendig erachtete, die beschriebenen Dinge zu tun. Die Veränderung der Landschaft wird von ihnen als zweitrangig angesehen – als etwas, was nach dem eigentlichen Krieg kam. Man könnte sie jedoch genauso gut als ein Hauptziel des Militäreinsatzes begreifen und damit als ein Hauptmotiv für Heilige Kriege. Denn die Theologie, die bei der Veränderung der realen Welt zum Tragen kam, war eng mit der zeitgenössisch neuen Gnadentheologie und Rechtfertigung des Kriegs verbunden.

Ziel des vorliegenden Beitrags ist es, einige der Hauptthesen der genannten drei Disziplinen zu skizzieren und dabei Themen, aber auch Probleme an den Schnittstellen zwischen den Fächern aufzuzeigen – diese gilt es genauer zu untersuchen, um so ein besseres Verständnis für die hinter den Heiligen Kriegen stehenden Mechanismen zu erlangen. Ein Großteil des Folgenden dürfte zwar vielen schon bekannt sein, aber die Zusammenschau mag dennoch einige neue Einsichten vermitteln.

Die Rechtfertigung von Kriegen

Krieg stellt ein theologisches Problem dar. Wie lässt es sich rechtfertigen, anderen Menschen, die ebenfalls Geschöpfe Gottes sind, das Leben zu nehmen? Diese Frage beschäftigte die europäischen Gesellschaften offenbar zu allen Zeiten – auch schon vor dem Aufkommen des Christentums. Um das Jahr 1100 konnten sich christliche Gelehrte bei der Erörterung dieses Problems somit auf eine rund tausendjährige Tradition stützen, die überwiegend aus Kommentaren zur Heiligen Schrift, aus einigen juristischen und philosophischen Texten der römischen und griechischen Antike sowie aus der Bibel selbst bestand. Zudem bildet der Krieg eines der Hauptthemen der Literatur, von Liedern und Märchen bis hin zu historischen Werken.[2]

Der Begriff „Heiliger Krieg“ war im Mittelalter nicht klar definiert. Vielmehr wurde er in uneinheitlicher Weise auf unterschiedliche Arten des Kriegs und auf verschiedene konkrete Kriege angewandt.[3] Die neuere Forschung ist sich darin einig, dass im Mittelalter der Heilige Krieg nur selten theoretisch diskutiert wurde. Man benutzte zwar Ausdrücke wie *bellum sacrum* („Heiliger Krieg“) oder *bellum domini* („Gotteskrieg“), verwendete diese aber zumeist in assoziativen oder ermahnenden Texten wie Gedichten und Predigten, kaum jedoch in argumentativen Abhandlungen. Dieser Mangel an begrifflicher Klarheit ist überraschend, zumal nach 1100 so viel geistige Kraft auf die Diskussion über den Krieg im Allgemeinen verwendet wurde.

Der Heilige Krieg muss im Zusammenhang mit zwei im späten 11. Jahrhundert neu entstandenen Interpretationen des Kriegs betrachtet werden: der Theorie vom

[2] Eine umfassende Einführung ins Studium des mittelalterlichen Heiligen Kriegs aus historischer, theologischer und soziologischer Sicht bietet Dorothea Weltecke: Bemerkungen zur Geschichte der religiösen Gewalt im Mittelalter. In: HZ 305 (2017), S. 621–656.

[3] Vgl. Klaus Schreiner (Hg.): Heilige Kriege. Religiöse Begründungen militärischer Gewaltanwendung: Judentum, Christentum und Islam im Vergleich. München 2008.

gerechten Krieg und der Theologie des Vernichtungskriegs. Trotz einiger Gemeinsamkeiten unterschieden sich beide grundlegend voneinander. Während Erstere darauf abzielte, die Kriegführung zu reglementieren und letztlich die Häufigkeit von Kriegen zu verringern, eröffnete Letztere die Möglichkeit der unbeschränkten Zerstörung und des umfassenden Tötens.

Theorien über den gerechten Krieg stützten sich auf eine lange Tradition aus antiker Gesetzgebung und Philosophie einerseits sowie Bibelexegesen und theologischen Schriften andererseits.[4] Die Aussagen aus diesen Texten waren keineswegs unbekannt oder gar neu, sie wurden aber während der Kirchenreformbewegung des späten 11. Jahrhunderts zum ersten Mal systematisch gesammelt und diskutiert. Am Anfang und in der Mitte des 12. Jahrhunderts wurden sie für gewöhnlich zu fünf plus drei Kriterien zusammengefasst, die den Krieg regeln und seine Häufigkeit verringern sollten.

Das *jus ad bellum* – die Antwort auf die Frage, ob es gerecht war, einen Krieg zu führen – wurde zumeist von fünf Aspekten abhängig gemacht: *persona, res, causa, auctoritas* und *intentio.* In einem gerechten Krieg durften nur die richtigen *personae* kämpfen, nämlich weder Frauen noch Kinder und auch keine Geistlichen, sondern ausschließlich Soldaten. Die *res*, die Sache, für die gekämpft wurde, musste dem Kriegführenden rechtmäßig gehören – durch den Krieg sollte ausschließlich der Status quo ante wiederhergestellt werden; eine Gebietserweiterung machte ihn also zu einem ungerechten Krieg. Die *causa*, der Anlass des Kriegs, hatte auf der Seite des Gegners zu liegen – gerechte Kriege waren folglich immer Verteidigungskriege. Des Weiteren konnte ein Krieg nur gerecht sein, wenn er unter der richtigen *auctoritas* geführt wurde – unter einem legitimen Fürsten oder (in besonderen Fällen) unter päpstlicher Autorität. Und schließlich sollten die Krieger mit den richtigen *intentiones* in den Kampf ziehen, das heißt, mit der Absicht, die Bösen zu zwingen, Gutes zu tun, oder Übeltäter dazu zu bringen, von ihrem Tun abzulassen. Wurden Soldaten hingegen beispielsweise von Geld oder der Freude am Töten motiviert, machte dies den ganzen Krieg zu einem ungerechten.

Für das *jus in bello* – das richtige Verhalten nach Kriegsbeginn – waren insbesondere drei Aspekte ausschlaggebend: *persona, moderamen* und *intentio.* Kriege durften nur gegen Soldaten geführt werden – nicht gegen Zivilisten, seien es nun Frauen, Kinder oder Geistliche. Man sollte mit Mäßigung kämpfen, das heißt, auf eine Aggression nur mit einer ebenbürtigen Verteidigungsmaßnahme reagieren

4 Vgl. Frederick H. Russell: The Just War in the Middle Ages. Cambridge 1975; Thomas Patrick Murphy (Hg.): The Holy War. Columbus 1976; Henrik Syse/Gregory M. Reichberg (Hg.): Ethics, Nationalism, and Just War. Medieval and Contemporary Perspectives. Washington 2007; Seth Lazar/Helen Frowe (Hg.): The Oxford Handbook of Ethics of War. Oxford 2018.

und den Konflikt nicht eskalieren. Zudem mussten die Krieger während des Kampfs die Absicht verfolgen, ihren Gegner davon abzubringen, Böses zu tun.

Die genannten Kriterien lassen sich zwar leicht anführen, sie werfen aber eine ganze Reihe an Fragen auf, die seit dem Mittelalter heftig diskutiert werden – zum Beispiel: Welche Institutionen oder welche Individuen besitzen in welchen Fällen die Autorität über welche Personen? Oder, was die *causa* betrifft: Wann hat der Gegner einen Krieg begonnen – erst, wenn seine Truppen auf das eigene Territorium vordringen, oder schon, wenn er anfängt, auf seiner Seite der Grenze Soldaten und Angriffswaffen zusammenzuziehen und sich offensichtlich auf einen Krieg vorzubereiten?

Mittelalterliche Theorien unterschieden gelegentlich zwischen verschiedenen Arten von Kriegen, die allerdings nur vage definiert wurden. Ein Angriff konnte in physischer Form aggressiv und militärisch, in einem religiösen Krieg aber auch spirituell und sogar passiv erfolgen. Dies machte eine klare Bestimmung der *personae* häufig unmöglich. Sich zum Islam zu bekennen oder häretische Ansichten zu vertreten, konnte – auch wenn dies nicht mit einem bewaffneten Akt einherging – als ein spiritueller Angriff gedeutet werden, und zwar selbst dann, wenn er passiv geschah, das heißt nicht auf die Konversion von Christen abzielte. Denn die bloße Tatsache, kein Christ zu sein, ließ sich als vorsätzliche Attacke auf das Christentum werten. Als logische Schlussfolgerung daraus konnte man es nicht nur für gerechtfertigt halten, alle Muslime oder Häretiker – einschließlich Frauen und Kinder – zur Konversion zu zwingen, sondern auch sie physisch zu töten.[5] Schließlich, so die Vorstellung, hatten sie die *causa belli* geliefert, indem sie als Erste das Christentum angegriffen hatten. Eine solche Position, die auf eine extreme Ausweitung der Rechtfertigung von Kriegen hinauslief, war allerdings eher unüblich. Die erklärte Absicht der Theorien über den gerechten Krieg war es dagegen, Kampfhandlungen zu begrenzen.

Trugen die Theorien tatsächlich zu einer Begrenzung von Kriegen bei? In der neueren Forschung über die mittelalterliche Kriegführung gibt es eine Kluft zwischen der Betrachtung von Theorie und Praxis. Viele Historikerinnen und Historiker mit militärgeschichtlichem Schwerpunkt bezweifeln, dass die Theorien vom gerechten Krieg überhaupt eine Wirkung gezeitigt hätten.[6] Zugleich beschäftigen sich die Forscherinnen und Forscher, deren Augenmerk auf den Theorien liegt, jedoch

[5] Dies war die Schlussfolgerung Thomas von Aquins.

[6] Vgl. Charles W. C. Oman: A History of the Art of War. The Middle Ages from the Fourth to the Fourteenth Century. London 1898; Raymond Charles Smail: Crusading Warfare, 1097–1193. Cambridge 1956; Philippe Contamine: La guerre au moyen age. Paris 1980; Kelly De Vries/Robert Douglas Smith: Medieval Military Technology. Toronto 2012.

kaum mit der Praxis der Kriegführung.[7] Somit wird dem Zusammenhang zwischen Theorie und Praxis im Allgemeinen erstaunlich wenig Aufmerksamkeit geschenkt. In Bezug auf ein spezifisches Thema ist dies jedoch anders. So wird diskutiert, ob religiös motivierte Kriege beziehungsweise solche, die in Gebieten ausgetragen wurden, in denen unterschiedliche Religionen aufeinanderstießen, brutaler und unbeschränkter geführt worden seien als säkulare Kriege. Viele Forschende behaupten dies,[8] aber belastbare Angaben über Verluste und Gräuel sind in mittelalterlichen Quellen kaum zu finden und verschiedene Orte und Zeiten lassen sich nur schwer miteinander vergleichen. Wenn einmal genauere Angaben vorhanden sind, stellt sich nicht selten heraus, dass die Grenzen zwischen den Religionen nicht immer so genau feststanden oder so deutlich gezogen wurden, wie manche Quellen suggerieren. Anhänger derselben Religionen oder Konfessionen kämpften nicht selten auf beiden Seiten. Und manchmal lässt sich Grausamkeit eher mit unterschiedlichen Kulturen des Kampfs als mit unterschiedlichen religiösen Überzeugungen erklären. So können viele der Schlachten während der Kreuzzüge in Palästina, wie es Steve Tibble kürzlich getan hat, als Konfrontationen zwischen sesshaften und nomadischen Gesellschaften betrachtet werden und nicht als Zusammenstöße von unterschiedlichen Religionen.[9] Ähnliches hat Sven Ekdahl in Bezug auf die Baltischen Kreuzzüge festgestellt: Sie seien ungewöhnlich blutig gewesen, weil die „Heiden“ in anarchisch-gewalttätigen Gesellschaften ohne zentrale Autorität gelebt hätten und die Kreuzfahrer, um zu überleben, sich deren grausamer Kriegführung hätten anpassen müssen.[10] Auf den Umstand, dass im Baltikum eine Konfrontation zwischen zwei völlig unterschiedlich organisierten Gesellschaften

7 Vgl. Russell: War (wie Anm. 4); Jonathan Riley-Smith: The First Crusade and the Idea of Crusading. London 1986; zum Hintergrund vgl. Carl Erdmann: Die Entstehung des Kreuzzugsgedankens. Stuttgart 1935; Jean Flori: La guerre sainte. La formation de l'idée de croisade dans l'Occident chrétien. Paris 2001; zeitlich breiter angelegt sind Philippe Buc: Heiliger Krieg. Gewalt im Namen des Christentums. Darmstadt 2015; Lazar/Frowe (Hg.): Handbook of Ethics of War (wie Anm. 4); zu einer nuancierten, beide Aspekte berücksichtigenden Darstellung vgl. Rory Cox: Asymmetric Warfare and Military Conduct in the Middle Ages. In: JMH 38 (2012) 1, S. 100–125.

8 Laut John B. Gillingham wurde die Kriegführung seit dem 12. Jahrhundert in Westeuropa im Allgemeinen zwar zunehmend reguliert, bei Kriegen, die religiös motiviert waren, sei dies allerdings weit weniger stark der Fall gewesen. Vgl. John Gillingham: Crusading Warfare, Chivalry, and the Enslavement of Women and Children. In: Gregory I. Halfond (Hg.): The Medieval Way of War. Studies in Medieval Military History in Honor of Bernard S. Bachrach. London 2015, S. 133–151; John Gillingham: A Strategy of Total War? Henry of Livonia and the Conquest of Estonia, 1208–1227. In: Journal of Medieval Military History 15 (2017), S. 187–213.

9 Vgl. Steve Tibble: The Crusader Armies. New Haven 2018.

10 Vgl. Sven Ekdahl: Die Rolle der Ritterorden bei der Christianisierung der Liven und Letten. In: Pontificio Comitato di Scienze Storiche (Hg.): Gli Inizi del Cristianesimo in Livonia-Lettonia. Vatikanstadt 1989, S. 203–243.

stattfand, ist in der Wissenschaft schon zuvor hingewiesen worden. So kam der Historiker William L. Urban zu dem Schluss, dass das exzessive Blutvergießen zwar unglückselig, aber auf lange Sicht entschuldbar gewesen sei, weil schließlich Christentum und Handel an die Stelle von Anarchie und Barbarei getreten seien.[11]

Ein weiteres Gebiet, auf dem Theorie und Praxis im Mittelalter weit auseinanderklafften, bildete die Frage nach der Teilnahme der Kirche an Kriegen.[12] Manche Vorschriften des kanonischen Rechts waren zwar eindeutig, wurden aber häufig ignoriert. Laut Gratians „Decretum" durften Bischöfe ohne Erlaubnis des Papsts keinem weltlichen Herrscher Militärdienste leisten.[13] In einem Europa, in dem Bischöfe Territorien besaßen, die frühere Könige der Kirche gestiftet hatten, war dies aber praktisch unmöglich. Denn die Bischöfe mussten den lokalen Herrschern einen Treueid, ein *homagium*, schwören, der auch das Versprechen umfasste, ihnen – wenn nötig – Truppen zur Verfügung zu stellen. Die meisten zeitgenössischen Kommentatoren des kanonischen Rechts suchten daher einen Kompromiss. Sie erlaubten es Bischöfen, Truppen anzuführen und an deren Spitze zu reiten – sobald der Kampf aber begann, sollten sie sich zurückziehen und beten.[14]

Außer Frage stand, dass geweihte Priester nicht selbst Menschen töten durften, weil dies die Heiligkeit des von ihnen gespendeten Sakraments gefährdet hätte. Hände, die Blut vergossen hatten, konnten nicht das Blut und den Leib Christi austeilen. Darüber hinaus erstreckte sich das Tötungsverbot auch auf Geistliche, die keine höheren Weihen erhalten hatten. Sie sollten bereit sein, für Christus ihr eigenes Blut zu geben, nicht fremdes vergießen. Diese Vorschrift bezweckte nicht unbedingt, die Kriegführung als solche einzuschränken; vielmehr sollte die Kraft der Priester und Bischöfe auf ein wichtigeres Ziel ausgerichtet werden. Einen gerechten Krieg zu führen, sei zwar verdienstvoll, schrieb Thomas von Aquin, aber Geistliche seien für eine noch verdienstvollere Arbeit bestimmt.[15] Auf jeden Fall dürfte die Zahl der kämpfenden Geistlichen gegenüber der Gesamtzahl der Krieg führenden Laien verschwindend gering gewesen sein. Das für sie geltende Verbot, sich

11 Vgl. William L. Urban: The Baltic Crusade. Chicago ²1994 (EA 1975).

12 Vgl. Radosław Kotecki/Jacek Maciejewski/John S. Ott (Hg.): Between Sword and Prayer. Warfare and Medieval Clergy in Cultural Perspective. Leiden 2018.

13 Vgl. Russell: War (wie Anm. 4), S. 109 f.

14 Vgl. ebd., S. 118 f.; vgl. auch Radosław Kotecki/Carsten Selch Jensen/Stephen Bennett (Hg.): Christianity and War in Medieval East Central Europe and Scandinavia. Amsterdam 2021. Eine lange Kontinuität der kirchlichen Kriegsteilnahme stellt David S. Bachrach fest; vgl. David S. Bachrach: Religion and the Conduct of War, c. 300–1215. Woodbridge 2003.

15 Vgl. Thomas Aquinas Summa theologiae. Bd. 2. Hg. von Pietro Caramello. Rom 1952, q. 40, a. 2: „licet exercere bella iusta sit meritorium, tamen illicitum redditur clericis propter hoc quod sunt ad opera magis meritoria deputati."

am Kampf zu beteiligen, wird die Anzahl der Kriege somit in der Praxis nicht merklich verringert haben.

Im Widerspruch zu den angeführten juristischen und theologischen Bestimmungen stehen die Schilderungen über kämpfende Bischöfe in Ritterepen. So wird beispielsweise in dem wahrscheinlich im späten 11. Jahrhundert verfassten „Rolandslied“ von Bischof Turpin berichtet, er sei in der Armee Karls des Großen mitgeritten und habe mit Speer und Schwert Sarazenen getötet.[16] Von Bischof Jérôme von Valencia ist überliefert, dass er in den Maurenkriegen um 1100 El Cid zur Hilfe gekommen sei. Laut dem Epos „Cantar de mio Cid“ habe er zwei Mauren seine Lanze in den Leib gerammt, bevor er vom Pferd gesprungen sei und fünf weitere mit dem Schwert zu Boden gestreckt habe.[17]

Die unterschiedlichen Bischofsbilder, die das kanonische Recht einerseits und die Ritterepen andererseits vermitteln, lassen sich keineswegs mit dem Unterschied zwischen kirchlichen und säkularen Texten erklären. So fanden etwa die blutigen Taten von Bischof Turpin auch Eingang in die Vita Karls des Großen und wurden im frühen 12. Jahrhundert Bestandteil der neuen Liturgie in Santiago de Compostela.[18]

Einige der Geschichten über tötende Bischöfe ließen sich von der Kirche möglicherweise noch als allegorische Schilderungen abtun, aber angesichts der vielen Geistlichen, die mit den Truppen in die Schlacht zogen, für die Soldaten beteten und sich um deren Seelenheil kümmerten, war eine solche Lesart kaum mehr möglich. Denn bei strenger Auslegung des kanonischen Rechts hätten sich diese nicht an Orten befinden dürfen, wo systematisch getötet wurde – oder sie hätten hinterher Buße tun müssen. Allerdings bezeugen nur wenige mittelalterliche Quellen, dass Geistliche für ihre Anwesenheit auf Schlachtfeldern um Absolution ersuchten, obwohl dies eigentlich hätte üblich gewesen sein müssen. Noch weniger Zeugnisse gibt es für den, allerdings nur selten vorkommenden Fall, dass Geistliche selbst im Krieg getötet hatten und danach die Absolution erbaten. Ein Beispiel hierfür stellt der Bericht über einen Akolyth dar, der während eines Kreuzzugs bei einem Angriff auf die Kreuzfahrerarmee Zivilkleider angelegt und in Notwehr fünf Muslime

16 Vgl. La Chanson de Roland. Hg. von Raoul Mortier. Oxford 1940, Bl. 126; vgl. auch ebd., Bl. 154 f., Bl. 166.

17 Vgl. Cantar de mio Cid, BN-Madrid MS V^{a} 7–17. Hg. von Pablo Pastrana-Pérez. Online verfügbar unter http://homepages.wmich.edu/~ppastran/etexts/Cid/CIDb.pdf (letzter Zugriff am 27.1.2022).

18 Vgl. Liber Sancti Jacobi. Codex Calixtinus. Bd. 1. Hg. von Walter Muir Whitehill. Santiago de Compostela 1944, Einleitung.

getötet hatte, um nicht selbst getötet zu werden. Dieser erhielt später von Papst Honorius III. Absolution, aber sein Fall bildet in den Quellen eine Ausnahme.[19]

Maßlosigkeit – Unbeschränkte Kriegführung im Heiligen Krieg?

Auf Grundlage der Texte antiker theologischer Autoritäten entwickelte sich im späten 11. Jahrhundert nicht nur die Theorie vom gerechten Krieg mit ihrem Bestreben, die Kriegführung zu beschränken, sondern auch eine entgegengesetzte Lehre: Es entstand eine Theologie, die eine völlige Vernichtung des Gegners und starke Leidenschaften erlaubte, – eine theologische Rechtfertigung des unbeschränkten Massakrierens der feindlichen Bevölkerung. Hauptsächlich stützte sie sich auf das *herem*-Konzept aus dem Alten Testament, demzufolge ein ganzes Volk als Opfer für den Herrn ausersehen war und getötet werden sollte.[20] So berichtet die Bibel, dass Saul von Gott aufgefordert wurde, die Amalekiter vollständig zu vernichten, woraufhin sich der Prophet Samuel darüber beklagte, dass Saul deren König Agag verschont und die besten Ziegen und Kühe zurückbehalten habe, „um sie dem Herrn zu opfern", anstatt sie auf der Stelle zu töten (1. Buch Samuel 15,11–23). Und über den Propheten Elia heißt es, er sei ein „Mann Gottes", *homo Dei*, gewesen, weil er Feuer vom Himmel fallen ließ, in dem zwei Mal fünfzig Götzendiener verbrannten (2. Buch der Könige 1,9–11).

Ein wichtiges Argument für das schrankenlose Töten war emotionaler Art: der *zelus*, der Eifer für Gott. Dieser wird zumeist mit der biblischen Schilderung des Priesters Pinhas illustriert. Als sich ein Israelit im Wüstenlager während der Flucht aus Ägypten ins gelobte Land in seinem Zelt mit einer Midianiterin vergnügte, geriet Pinhas derart in Wut, dass er in das Zelt rannte und beide *in locis genitalibus* mit seiner Lanze durchbohrte (4. Buch Mose 25). Damit habe er die Israeliten vom Fluch Gottes erlöst. Weil er vom Eifer für den Herrn getrieben worden sei, wurde er für seine Tat gepriesen. Die Makkabäer, denen die Kreuzfahrer und andere „Kämpfer für eine gerechte Sache" im 12. Jahrhundert nacheiferten, behaupteten, Nachfahren des Pinhas zu sein und seinen Bund mit Gott bewahrt zu haben, indem sie sich vom Eifer für Gott leiten ließen und alle Unbeschnittenen zwangsweise beschnitten. Sie hätten „die Frevler nicht über sich Herr" werden lassen (1. Buch der Makkabäer 2,46–54).[21]

19 Der Akolyth „malens occidere quam occidi quinque Sarracenos manu propria interfecit, ac deinde incedens in habitu laicali sagittis plurimos vulneravit" (25.9.1220, Diplomatarium Danicum. 1. Serie. Bd. 5: 1211–1223. Hg. vom Niels Skyum-Nielsen. Kopenhagen 1957, Nr. 174).
20 Vgl. Yair Hoffman: The Deuteronomistic Concept of the Herem. In: ZAW 111 (1999), S. 196–210.
21 Vgl. Gabriela Signori (Hg.): Dying for the Faith, Killing for the Faith. Old-Testament Faith-Warriors (1 and 2 Maccabees) in Historical Perspective. Leiden 2012.

Die *herem*-Theologie betonte somit starke Gefühle. Aus der Sicht ihrer Verfechter wurden Verfolgung und Blutvergießen zu etwas Positivem, das in bestimmten Fällen sogar zwingend geboten war. Sie bezogen sich dabei auf die Worte des Propheten Jeremia (Buch Jeremia 48,10): „Verflucht sei, wer des Herrn Werk lässig tut; verflucht sei, wer sein Schwert aufhält, dass es nicht Blut vergießt." Tötungen dienten der Reinigung von Sünden. Das Töten und die Gewalt allgemein erhielten dadurch eine positive Konnotation. So schrieb etwa Bischof Bonizo von Sutri: Selig zu preisen seien diejenigen, die Verfolgung ausübten um der Gerechtigkeit willen.[22]

Es wird in der Forschung angenommen, dass sich der Einfluss der *herem*-Theologie in den letzten Jahrzehnten des 11. Jahrhunderts verstärkte.[23] Die zitierten Bibelstellen waren zwar schon seit den Anfängen des Christentums bekannt, für Theologen interessant und allgemein genutzt wurden sie aber erst im Zusammenhang mit der päpstlichen Reformbewegung im 11. Jahrhundert. Die zeitgenössischen Gelehrten wandten sich von der allegorischen Sichtweise früherer Epochen ab und nahmen die Quellen jetzt wörtlicher.[24] Wie groß diese Verschiebung wirklich war, ist allerdings schwer zu ermessen.

Deutlich erkennbar ist auf jeden Fall, dass sich diese Lehre stark von der Theorie über den gerechten Krieg unterschied. Die Diskrepanz zwischen den beiden Auffassungen über den Krieg war den zeitgenössischen Theologen durchaus bewusst, und sie versuchten sie zu überbrücken, indem sie sowohl zwischen Feinden als auch zwischen Angriffsarten unterschieden.[25] Der Widerspruch war jedoch nicht leicht aufzulösen. Dies zeigt sich beispielsweise in narrativen Quellen, die Missionskriege beschreiben. In einigen dieser Texte diskutieren die geistlichen Autoren – manchmal implizit, manchmal explizit – darüber, ob der Vernichtungskrieg einen gerechten Krieg ausschloss.[26] War der Krieg zur völligen Vernichtung

[22] Vgl. Gerd Althoff: „Selig sind, die Verfolgung ausüben". Päpste und Gewalt im Hochmittelalter. Darmstadt 2013.

[23] Bonizo von Sutri behauptete in seinem „Liber ad amicum", Augustinus habe die Lehre der Bergpredigt in ihr Gegenteil verkehrt: „Idem de sermone Dei habito in monte, cum de beatudinibus loqueretur et venisset ad Beati qui persecutionem paciuntur propter iustitiam, equaliter dixit [Augustinus] beatos eos, qui persecutionem inferunt propter iustitiam, acsi qui persecutionem paciuntur propter iustitiam" (zitiert nach ebd., S. 11). Die Formulierung „Beati qui persecutionem paciuntur propter iustitiam" stammt jedoch von Bonizo und hat nichts mit Augustinus zu tun; vgl. David Crispin: „Ihr Gott kämpft jeden Tag für sie". Krieg, Gewalt und religiöse Vorstellungen in der Frühzeit der Kreuzzüge (1095–1187). Leiden 2019, S. 25–62, zu dieser Formulierung: S. 34.

[24] Vgl. Oliver Münsch: Hate Preachers and Religious Warriors. Violence in the Libelli de lite of the Late Eleventh Century. In: Signori (Hg.): Dying (wie Anm. 21), S. 161–176, hier: S. 163.

[25] Zu Beispielen vgl. Hermann Kamp/Martin Kroker (Hg.): Schwertmission. Gewalt und Christianisierung im Mittelalter. Paderborn 2013.

[26] Bischof Vincent von Krakau schrieb um 1218, Grausamkeit sei nur lobenswert, wenn sie vom Eifer für Gerechtigkeit angetrieben sei. Als Beispiel führte er Pinhas an: „Laudo animositatem,

des Feindes im Sinne eines Opfers für Gott entschuldbar oder war er es nur im Verteidigungsfall?[27] Unklar ist, wie sich die Praxis des Kriegs entwickelte. Trotz vieler Beschreibungen von „totaler Kriegführung“ und Vernichtung ganzer Bevölkerungen bildete ein „Genozid“ wahrscheinlich nicht das übliche Ergebnis eines Kriegs – wenn auch vielleicht weniger aus Altruismus oder Toleranz als aus einfachen logistischen Erwägungen, denn laut David Hay blieben „Genozide und ethnische Säuberungen [...] lange undurchführbar“.[28]

Die Kriegführung aus religiösen Gründen war eng mit Fragen der Konversion zum Christentum verknüpft. Der Krieg konnte mit der Verteidigung des Glaubens im Allgemeinen und mit dem Schutz von neu konvertierten christlichen Gemeinden im Besonderen gerechtfertigt werden. Sogar unterschiedsloses Töten wurde mitunter als Vergeltung an Feinden Gottes und letztlich als eine Art Verteidigungsmaßnahme dargestellt.[29] Die Anwendung von Krieg und Gewalt, um andere zu zwingen, Christen zu werden, war jedoch umstritten. Die meisten Theologen stimmten darin überein, dass Menschen zu allem anderen gezwungen werden könnten, aber Glauben ein Willensakt sei, der nur freiwillig geschehen könne.[30] Mitte des 12. Jahrhunderts wurde dieses Prinzip jedoch infrage gestellt. Dies zeigt sich etwa in der berühmten Feststellung Bernhard von Clairvaux', wonach die slawischen Stämme im Baltikum bekämpft werden sollten, „bis sie völlig vernichtet oder zum Christentum übergetreten“ seien. Unter „völlig vernichtet“ verstand Bernhard von Clairvaux entweder die vollständige Beseitigung ihrer Religion oder

truculentiam non laudo, nisi forte zelo iustitie factum sit, non odii animo uel typo superbie. [...] Laudatur Finees qui cum Madianitide confodit Hebreum et Mathathias idolatram et Moyses cum Leuitis per medium castrorum transiens manus consecrabat in sanguine propinquorum, quando propter uitulum cesa sunt XX tria milia“ (Magistri Vincentii dicti Kadłubek Chronica Polonorum. Hg. von Marian Plezia. Krakau 1994 [MPH NS 11], III,7,1–2).

27 Vgl. Kurt Villads Jensen: Holy War – Holy Wrath! Baltic Wars between Regulated Warfare and Total Annihilation around 1200. In: Kirsi Salonen/Sari Katajala-Peltomaa (Hg.): Church and Belief in the Middle Ages. Popes, Saints, and Crusaders. Amsterdam 2016, S. 227–250.

28 David J. Hay: „Collateral Damage?“. Civilian Casualties in the Early Ideologies of Chivalry and Crusade. In: Niall G. F. Christie/Maya Yazigi (Hg.): Noble Ideals and Bloody Realities. Warfare in the Middle Ages. Leiden 2005, S. 3–26, hier: S. 4.

29 Vgl. Susanna A. Throop: Crusading as an Act of Vengeance, 1095–1216. Farnham 2011.

30 Vgl. Augustinus: Tractatus in Ioannis Evangelium. In: ders.: Patrologia Latina. Bd. 35. Hg. von Jacques-Paul Migne. Paris 1864, Sp. 1379–1976, 26,2: „Intrare quisquam ecclesiam potest nolens, accedere ad altare potest nolens, accipere sacramentum potest nolens. Credere non potest nisi volens“. Dieses Zitat oder eine entsprechende Paraphrasierung findet sich bei zahllosen mittelalterlichen Theologen, beispielsweise bei Gratian („deus aspernetur coacta seruicia“, Corpus Iuris Canonici. Teil 1: Decretum Magistri Gratiani. Hg. von Aemilius Friedberg. Graz ^{2}1959, II, C. XXIII, q. 6, c. 4, § 1) und Raimund von Penyafort („coacta servitia non placet deo“, Summa de penitentia. Hg. von Xavier Ochoa Sanz und Aloisio Diez. Rom 1976, L IV 2).

die Auslöschung des Volkes.[31] Bernhard könnte, wie Karen Sullivan meint, ein früher Vertreter der allgemeinen Gewichtsverschiebung in der christlich-lateinischen Kirche von der Nächstenliebe hin zum Glaubenseifer – von einer offeneren, toleranteren Haltung gegenüber Abweichlern hin zu einer auf Exklusion und auf gnadenlose Verfolgung von Menschen mit anderen Überzeugungen zielenden Einstellung – gewesen sein.[32] Gleichwohl wurden Zwangskonversionen nicht allgemein befürwortet. Entsprechende Maßnahmen wurden vielfach kritisiert, wie theologische Äußerungen und sogar Berichte aus Regionen, in denen verschiedene Religionen aneinandergrenzten, belegen. Bisweilen finden sich in den Quellen gar Aussagen von „Heiden" oder Muslimen, die Christen vorwarfen, Grundsätze des kanonischen Rechts verletzt zu haben. So wies 1198 eine Gruppe heidnischer Livländer Bischof Albert von Riga und seine Kreuzfahrer darauf hin, dass nur Apostaten gezwungen werden könnten, zum Christentum zurückzukehren, nicht aber Menschen, die den christlichen Glauben nie angenommen hätten.[33] Und Muslime, die im Jahr 1147 Lissabon gegen Kreuzfahrer verteidigten, beklagten, die Christen würden nicht von Glaubenseifer getrieben, sondern ausschließlich von Ehrgeiz und Habgier, weshalb ihr gesamter Feldzug ungerecht sei.[34]

Das Wort wurde Fleisch

Für die Radikalisierung der Gewalt im späten 11. Jahrhundert lassen sich politische, ökonomische und sogar technologische Gründe anführen, aber von größter Bedeutung dürfte die neue theologische Rechtfertigung des Kriegs gewesen sein. Diese

[31] Es heißt dort: „ad delendas penitus aut certe convertendas nationes illas", „donec auxiliante Deo aut ritus ipse aut natio deleatur". S. Bernardi Opera. Bd. 8: Epistolae 1: Corpus epistolarum 181–310, 2: Epistolae extra corpus 311–547. Hg. von Jean Leclercq u. a. Rom 1972, Nr. 457.

[32] Vgl. Karen Sullivan: The Inner Lives of Medieval Inquisitors. Chicago 2011. Sullivan folgt darin Robert I. Moores bekannter These, dass Westeuropa im 12. Jahrhundert zu einer „Verfolgungsgesellschaft" geworden sei (vgl. Robert I. Moore: The Formation of a Persecuting Society. Authority and Deviance in Western Europe 950–1250. Oxford [2]2007), und modifiziert diese auf überzeugendere Weise als Moore selbst in einem späteren Buch (vgl. ders.: The War on Heresy. The Battle for Faith and Power in Medieval Europe. London 2012).

[33] Vgl. Heinrich von Livland: Henrici Chronicon Livoniae. Hg. von Leonid Arbusow und Albertus Bauer. Hannover 1955, II,5: „Tu tantum remisso exercitu cum tuis ad episcopum tuum cum pace revertaris, eos, qui fidem susceperunt, ad eam servandam compellas, alios ad suscipiendam eam verbis non verberibus allicias."

[34] Vgl. De Expugnatione Lyxbonensi. The Conquest of Lisbon. Hg. von Charles Wendell David. ND New York 2001, S. 120: „ambitionem vestram rectitudinis zelum [vos] dicentes, pro virtutibus vitia mentimini. Iam enim adeo in immensum vestra cupiditas exiit, ut non solum vobis turpis delectent sed etiam placeant."

Einschätzung wird von den meisten Historikerinnen und Historikern, die sich mit den Theorien der beschränkten wie der unbeschränkten Kriegführung beschäftigt haben, geteilt. Sie haben in ihren Studien auf die in mittelalterlichen Quellen zu findenden Bibelbezüge hingewiesen, aber nur selten genauer untersucht, wie sich die Theorien der Kriegführung in die allgemeine Entwicklung der Theologie zu dieser Zeit einfügten. Manche von ihnen tendieren dazu, das Christentum fast zu essenzialisieren, und versteigen sich beinahe zu der Behauptung, die Religion habe per se zu einer bestimmten Auffassung über Gewalt führen müssen.[35]

Generell gab es im späten 11. Jahrhundert bei mindestens drei wichtigen theologischen Fragen grundsätzliche Veränderungen: bei der Realpräsenz in der Eucharistie, bei der Nachfolge Christi sowie bei der Autorität in der lateinischen Kirche. Der Blick auf diese Entwicklungen trägt zu einem besseren Verständnis der Kriegstheorien bei.

Die Wandlung von Brot und Wein während der Feier der Eucharistie bot wohl spätestens seit der karolingischen Zeit im 9. Jahrhundert Anlass zu Diskussionen. Die meisten Theologen hielten es vermutlich für selbstverständlich, dass sich die physischen Elemente tatsächlich in das Blut und den Leib Christi verwandelten, auch wenn das Brot immer noch wie Brot und der Wein wie Wein aussah. Seit etwa 1050 wurde die Debatte über die Realpräsenz Christi in der Kommunion hitziger. Berengar von Tours vertrat in den folgenden gut dreißig Jahren die Ansicht, es würde keine völlige physische Wandlung stattfinden. Das Brot bleibe im Wesentlichen Brot und der Wein im Wesentlichen Wein, aber während der Heiligen Messe käme etwas hinzu, was die beiden Elemente *auch* zum Leib beziehungsweise *auch* zum Blut Christi mache, obwohl sie weiterhin Brot beziehungsweise Wein seien. Berengar verstand das *sacramentum* der Kommunion im Anschluss an Augustinus nicht als *sacra res*, sondern als *sacrum signum*. Brot und Wein waren für ihn also keine Dinge, sondern Zeichen. Die Wandlung ereigne sich im Verstand der Gläubigen und stehe für den Leib und das Blut Jesu, beide würden in der Kommunion aber nicht in physischer Form empfangen werden.

Das interessante und vielleicht etwas paradoxe Ergebnis von Berengars Stellungnahme war, dass sie von Theologen angegriffen wurde, die nun weit nachdrücklicher als zuvor darauf bestanden, dass bei der Feier der Heiligen Messe eine physische Wandlung geschehe. Sie beharrten darauf, dass Brot und Wein zur selben Substanz wie Gott würden und dass tatsächlich eine Transsubstantiation stattfinde. Im Brot und Wein sei Christus wirklich präsent, und in der Heiligen Messe und durch die Kommunion würden die Gläubigen am Opfertod Christi – und an

[35] Vgl. Buc: Heiliger Krieg (wie Anm. 7).

seiner Auferstehung – partizipieren. Christus werde physisch zu einem Teil der Christen – und umgekehrt.

In der neueren Forschung wird – wie schon unter den mittelalterlichen Gelehrten – über die genaue Auffassung Berengars diskutiert.[36] Zudem ist umstritten, ob es sich bei der Idee der Realpräsenz tatsächlich um eine theologische Neuerung handelte oder nur um eine Präzisierung früherer Äußerungen.[37] Die mittelalterliche Debatte um die Eucharistie, so haben viele Forscherinnen und Forscher betont, spielte jedenfalls eine erhebliche Rolle bei der Herausbildung einer öffentlichen Sphäre, an der neben Gelehrten auch – in einem stärkeren Maße als zuvor – Laien teilhatten. Zwar wurden Ideen weiterhin von einer kleinen Elite formuliert, jedoch wurden sie jetzt auch von breiteren Kreisen außerhalb der akademischen Welt rezipiert.[38] Folgt man den von Geistlichen verfassten Quellen, so wurde die Frage, was tatsächlich während der Heiligen Messe geschehe, auf Straßen und Marktplätzen von Laien wie Geistlichen gleichermaßen leidenschaftlich diskutiert. Es ist nachvollziehbar, dass sich die Menschen in einer Zeit, die zu den Kreuzzügen und zur Massenmobilisierung für Glaubenskriege führte, intensiv dafür interessierten, was das Heilige eigentlich war.

Durch die Vorstellung von der Realpräsenz wurde Christus viel stärker als zuvor allgegenwärtig – er war in allen Kirchen und zu jeder Zeit physisch anwesend. Zwar wurde das offizielle Dogma von der Transsubstantiation erst 1215 auf dem Vierten Laterankonzil formuliert, aber die Theorie war schon vorher diskutiert worden und hatte bereits im späten 11. Jahrhundert, zu der Zeit als die ersten Kreuzzüge begannen, allgemein Anerkennung gefunden. Im Mittelpunkt der Kreuzzüge stand Christus, der dadurch, dass alle seinen Leib in sich aufgenommen hatten, auch physisch ein Teil der Soldaten war.

Die Diskussion über die Realpräsenz stand im Zusammenhang mit dem sich um 1100 herausbildenden neuen Umgang mit Objekten in Theologie und Frömmigkeit. So wurden etwa vermehrt Personen auf Gegenständen abgebildet und man versuchte verstärkt, das Heilige durch menschliche Konkretisierung zu verste-

[36] Vgl. Jean de Montclos: Lanfranc et Bérenger. La controverse eucharistique du XIe siècle. Löwen 1971; Peter Ganz/Robert Burchard Constantijn Huygens/Friedrich Niewöhner (Hg.): Auctoritas und Ratio. Studien zu Berengar von Tours. Wiesbaden 1990.

[37] Vgl. Sita Steckel: Kulturen des Lehrens im Früh- und Hochmittelalter. Autorität, Wissenskonzepte und Netzwerke von Gelehrten. Köln 2011.

[38] Zur Realpräsenz vgl. Brian Stock: The Implications of Literacy. Written Language and Models of Interpretation in the Eleventh and Twelfth Centuries. Princeton 2003; allgemeiner zum 11. und 12. Jahrhundert vgl. Leidulf Melve: Inventing the Public Sphere. The Public Debate during the Investiture Contest (c. 1030–1122). 2 Bde. Leiden 2007.

hen.[39] Ein wichtiges Beispiel für diese Entwicklung ist die zwischen dem späten 11. und dem frühen 14. Jahrhundert rasch wachsende Bedeutung des realen, „weltlichen" gegenüber dem symbolischen, „himmlischen", Jerusalem.[40] Das Heilige wurde physisch und nur durch Objekte oder manchmal auch durch konkretes Handeln erfahrbar. Der Zusammenhang zwischen Heiligem Krieg, Opfer und physischem Verständnis der Kommunion zeigte sich mitunter ganz unmittelbar. So unterbrach Bischof Absalon von Lund die Feier der Eucharistie und eilte mit den anderen Geistlichen aus der Kirche hinaus, um seine Truppen gegen die angreifenden „Heiden" anzuführen. Dabei rief er: „Welches Opfer könnte den Allmächtigen mehr erfreuen als der Tod von Sündern."[41] Folgt man den Kreuzzugsschilderungen, so war Absalon nicht der einzige Geistliche, der so argumentierte.

Dadurch dass sich die Vorstellung von der Transsubstantiation von Brot und Wein während der Heiligen Messe durchsetzte, war Christus für die Gläubigen „lebendiger" als zuvor – er war förmlich anwesend: Nach dem Empfang der Kommunion trugen die Krieger Christus in sich und folgten ihm nach. Auch die Idee der „Nachfolge Christi" erhielt um 1100 Auftrieb. Sie regte dazu an, physisch zu handeln, etwa durch die Teilnahme an einem Krieg.[42] Nach 1300 wurde die Nachfolge dann im Allgemeinen stärker als eine geistig-meditative begriffen und weniger als Anreiz zum Handeln.[43]

Die Nachfolge-Christi-Bewegung ist in der Forschung ausführlich beschrieben worden, dabei wurde allerdings kaum die Frage diskutiert, warum sie um 1100 eine derartige Verbreitung erfuhr. Letzteres hängt wohl mit dem zeitgenössischen

[39] Zu Siegeln und Realpräsenz vgl. Brigitte Miriam Bedos-Rezak: When Ego was Imago. Signs of Identity in the Middle Ages. Leiden 2011; allgemeiner vgl. Caroline Walker Bynum: Jesus as Mother. Studies in the Spirituality of the High Middle Ages. Berkeley 1982; dies.: The Resurrection of the Body in Western Christianity, 200–1336. New York 1995; vgl. insbesondere – obwohl der Schwerpunkt auf dem Spätmittelalter liegt – dies.: Christian Materiality. An Essay on Religion in Late Medieval Europe. New York 2011.

[40] Vgl. Colin Morris: The Sepulchre of Christ and the Medieval West. From the Beginning to 1600. Oxford 2005; Suzanne M. Yeager: The Earthly and Heavenly Jerusalem. In: Anthony Bale (Hg.): The Cambridge Companion to the Literature of the Crusades. Cambridge 2019, S. 121–135.

[41] Saxo: Gesta Danorum. 2 Bde. Hg. von Karsten Friis-Jensen. Kopenhagen 2005, 16, 5, 1: „Igitur revocatis, qui sacra gestabant, cupide concitatam classem obviam hosti in altum direxit, armis, non precibus Deo libamenta daturus. Quod enim sacrificii genus scelestorum nece divinae potentiae iucundius existimemus?" Vgl. Kurt Villads Jensen: Bring dem Herrn ein blutiges Opfer. Gewalt und Mission in der dänischen Ostsee-Expansion des 12. und 13. Jahrhunderts. In: Kamp/Kroker (Hg.): Schwertmission (wie Anm. 25), S. 139–157.

[42] Vgl. William J. Purkis: Crusading Spirituality in the Holy Land and Iberia, c. 1095–c. 1187. Woodbridge 2008.

[43] Vgl. Dina de Rentiis: Die Zeit der Nachfolge. Zur Interdependenz von „imitatio Christi" und „imitatio auctorum" im 12.–16. Jahrhundert. Tübingen 1996.

Verständnis von Realpräsenz und Fleischwerdung zusammen. Die Diskussionen über die Wandlung ging mit theologischen Abhandlungen darüber einher, warum Gott sich entschlossen habe, Mensch zu werden. Daran schloss sich die Frage an, ob er sich hätte dagegen entscheiden können oder ob er habe Fleisch werden müssen. Es begann sich die Ansicht durchzusetzen, dass die Verkörperung alternativlos gewesen sei. Die wohl bekannteste Schrift, in der die Auffassung vertreten wurde, Gott hätte sich nicht dagegen entscheiden können, Fleisch zu werden,[44] war Anselm von Canterburys „Cur deus homo", verfasst um 1095, dem Jahr also, in dem Papst Urban II. zu dem später als Ersten Kreuzzug bezeichneten Krieg aufrief.[45] Analog zur Fleischwerdung Gottes konnte der Drang, Christus nachzufolgen und sich einem Religionskrieg anzuschließen, als Notwendigkeit angesehen worden sein.

Die Frage, wie die Vorstellung von der notwendigen Menschwerdung Gottes und die Rechtfertigung des Kriegs zusammenhängen, ist nicht ganz leicht zu beantworten. Ein Element, was beide Aspekte miteinander verbindet, könnte die Idee der Sühne sein. Anselm von Canterbury definierte Sünde als den Mangel an Willen, Gott die ihm gebührende Ehre zu erweisen – das *debitum*, das man ihm schulde.[46] Die Lehre von der Transsubstantiation und der notwendigen Menschwerdung Gottes verpflichtete die Gläubigen, persönlich etwas zu tun. Wenn man seine Seele retten wollte, erschien es notwendig, das Kreuz auf sich zu nehmen und Christi nachzufolgen. Die Kreuzzüge waren eine christo-mimetische Bewegung – für Christus und mit Christus. Ein solches Verständnis bedeutete nicht nur eine theologische Rechtfertigung für die Kreuzzüge, sondern muss auch ein starkes Interesse hervorgerufen haben, die theologischen Implikationen von Krieg und Gewalt – sei es ein gerechter, begrenzter Krieg, sei es ein unterschiedsloses Töten – zu erkunden.

Eine neue Welt in der Wüste errichten – aber warum?

Die militärische Eroberung eines Territoriums bildete in der Regel nur den Beginn der Herrschaft über dieses und der Missionierung von dessen Bewohnern. Auf die gewaltsame Bezwingung folgte die Umgestaltung der Umwelt sowie der Gewohnheiten der lokalen Bevölkerung – ein Prozess, der Jahre oder sogar Generationen

[44] Zu Anselms Verständnis der Notwendigkeit vgl. allgemein Brian Leftow: Anselm on Necessity. In: Oxford Studies in Medieval Philosophy. Bd. 5. Hg. von Robert Pasnau. Oxford 2017, S. 1–41.

[45] Vgl. Jonathan S. McIntosh: God, Creator of his own Necessity. The Logic of Divine Action in Anselm's Cur Deus Homo. In: SAJ 13 (2017), S. 68–81.

[46] Vgl. Anselm: Libri duo Cur deus homo. In: Patrologia Latina. Bd. 158. Hg. von Jacques-Paul Migne. Paris 1853, Sp. 359–432, hier: Sp. 376: „Non est itaque aliud peccare quam Deo non reddere debitum."

in Anspruch nehmen konnte. Von der Forschung ist dies am Beispiel verschiedener Gebiete und ihrer Entwicklung im Mittelalter untersucht worden, wobei man sich häufig auf die erzwungene Einführung eines neuen sozialen, ökonomischen und rechtlichen Systems und die daraus resultierenden Folgen konzentriert hat.[47] Ein Großteil dieser Studien ist deskriptiver Art und geht vielfach nicht stark ins Detail. Man begnügt sich damit, die neu errichteten Institutionen entweder als Machtinstrumente der Eroberer, mit denen diese demonstrieren wollten, wer das Sagen hatte, oder als „psychologische" Mittel zu interpretieren, mit denen eine neue, gemeinsame Identität geschaffen werden sollte. Durch die Kombination von geschichts- und naturwissenschaftlichen sowie archäologischen Methoden haben sich in jüngster Zeit neue Forschungsfelder aufgetan, auf denen viele neue Einsichten über die ökologischen Folgen von Religionskriegen zutage gefördert werden können.[48]

In Bezug auf die Frage nach der Rechtfertigung von Kriegen verspricht der Blick auf die spirituelle und religiöse Umgestaltung der Umwelt interessante Erkenntnisse. Die Einführung des Christentums brachte in den eroberten Gebieten eine Vielzahl von Veränderungen mit sich. Es gab neue visuelle Ausdrucksformen (etwa im Bereich der Symbolik, Architektur, Kleidung und Farben), neue Klänge (beispielsweise von Kirchenglocken, Musik, Liedern, liturgischen Lesungen und Gebeten), neue Gerüche und Geschmackserfahrungen, neue Speisevorschriften und Fastenzeiten, ein neues Zeitgefühl mit neuen Feiertagen et cetera. Die Landschaft der eroberten Territorien wurde christianisiert und „sakralisiert".

In den vergangenen 50 Jahren wurde die geisteswissenschaftliche Forschung vom *spatial turn* inspiriert, wobei die Historikerinnen und Historiker, die sich mit der Geschichte des Mittelalters beschäftigen, das theoretische Potenzial von Raum und Ort nicht annähernd so intensiv genutzt haben wie ihre Kolleginnen und Kollegen, die spätere Epochen in den Blick genommen haben. In der Mittelalterforschung wurden beispielsweise die Reorganisation von Infrastruktur in neuen Territorien, die zur Erschließung von Heiligtümern oder Kultorten diente,[49] die Errichtung von religiösen Markierungen im Raum[50] wie Kreuzen oder nachempfundenen

[47] Aus jüngster Zeit vgl. Torben Kjersgaard Nielsen/Kurt Villads Jensen: Legacies of the Crusades. Turnhout 2021.

[48] Vgl. Aleksander Pluskowski: The Archaeology of the Prussian Crusade. Holy War and Colonisation. London 2013.

[49] Vgl. beispielsweise Gregory Leighton: Did the Teutonic Order Create a Sacred Landscape in Thirteenth-Century Prussia? In: JMH 44 (2018), S. 457–483.

[50] Vgl. Sæbjørg Walaker Nordeide: Steinkors og korssteiner i nordvestre Europa. In: CM 24 (2011), S. 127–148; ders./Stefan Brink (Hg.): Sacred Sites and Holy Places. Exploring the Sacralization of Landscape through Time and Space. Turnhout 2013.

Gärten Eden[51] sowie die Verwendung biblischer Landschaftsmetaphern in Eroberungsnarrativen untersucht.[52]

Überall in den neu eroberten Gebieten wurden Kreuze errichtet – auf Gebäuden, auf Bergen (in Form großer Holz- oder Steinkreuze), auf Marktplätzen, an Küsten. Zudem wurden Kreuze als persönliche Amulette an Halsketten getragen. Die Macht des Kreuzes wurde durch Wundergeschichten untermauert. Diese handelten davon, dass das Kreuz Kranke geheilt und feindliche Armeen in Angst und Schrecken versetzt habe, dass es als Siegeszeichen am Himmel erschienen sei und dass Gebäude, die mit ihm versehen waren, im Gegensatz zu denen der heidnischen Nachbarn, von Feuersbrünsten verschont geblieben seien.

Ein anderes visuelles Zeichen setzten die Kirchen, deren Architektur sich je nach Tradition der Region manchmal stark von derjenigen der vorherigen religiösen Bauten unterschied. In Nordeuropa wurden Holztempel bald durch Steinkirchen ersetzt. Wenn möglich wurden Kirchen an höher liegenden Stellen errichtet, sodass sie als Symbol für Jerusalem und damit für die Verbindung zu einer Gemeinschaft, die über die örtliche weit hinausreichte, weithin zu sehen waren. Auf liturgischen Gewändern und Fresken waren Heilige und biblische Figuren sowie die Orte, an denen Jesus auf Erden geweilt hatte, dargestellt. Die frühesten romanischen Kirchen in Skandinavien hatten ein Vierpassfenster in der Apsis, durch welches der Sonnenschein fiel und das Kruzifix auf dem Altar in der ansonsten dunklen Kirche beleuchtete. Die sich in der Dunkelheit befindenden Menschen sahen somit ein helles Licht. Leuchtende und damit sehr sichtbare Symbole wurden auch bei Prozessionen mitgeführt. Diese Umzüge im Gotteshaus und aus ihm heraus verbanden das umliegende Land mit dem heiligen Raum der Kirche und mit Jerusalem.[53]

Die Klanglandschaft in den Territorien veränderte sich unmittelbar nach der Eroberung durch das Geläut der weithin hörbaren Kirchenglocken sowie auf längere Sicht durch den lateinischen Gesang der Liturgie. Dieser hatte für die Heilige Messe sowie für Ordensgemeinschaften eine herausragende Bedeutung und wurde nicht nur zu den liturgischen Zeiten, sondern während des ganzen Tages und selbst in der Nacht praktiziert. Ob nun nur wenige oder viele zuhörten – der christliche Gesang erfüllte den ganzen Raum. Sein Klang, wie auch das Kirchengebäude selbst,

[51] Vgl. Anders Andrén: Paradise Lost. Looking for Deer Parks in Medieval Denmark and Sweden. In: Hans Andersson/Peter Carelli/Lars Ersgård (Hg.): Visions of the Past. Trends and Traditions in Swedish Medieval Archaeology. Lund 1997, S. 469–490.

[52] Vgl. Carsten Selch Jensen: Theology and History Writing in the Chronicle of Henry of Livonia (ca. 1227). Turnhout 2021.

[53] Vgl. Kristin B. Aavitsland/Line M. Bonde (Hg.): Tracing the Jerusalem Code. Bd. 1: The Holy City Christian Cultures in Medieval Scandinavia (ca. 1100–1536). Berlin 2021.

stand für die irdische wie himmlische christliche Gemeinschaft. Damit symbolisierte er eine universelle Gemeinschaft, wie es sie zwar auch im Islam gab, die sich aber von den meisten lokalen heidnischen Gruppen erheblich unterschied.[54]

Des Weiteren brachte die Einführung des Christentums auch neue Gerüche und Speisevorschriften sowie einen neuen Kalender und neue Feiertage mit sich. In einer Quelle über einen der Missionare des frühen 12. Jahrhunderts heißt es: „Wir blieben dort [in Pirissa/Pyritz] aber ungefähr 20 Tage, dem Volke predigend und sie im Namen des Herrn taufend, sie die Einheit des Glaubens durch das Band des Friedens bewahren lehrend, über die Feste der vier Zeiten, das 40tägige Fasten, über die Fleischwerdung, Geburt, Beschneidung, Erscheinung, Darstellung, Taufe und Verwandlung, über das Leiden, die Wiederauferstehung und Himmelfahrt unseres Herrn Jesu Christi, über die Ausgießung des heiligen Geistes, die Vigilien und Geburtstage der Apostel und anderer Heiliger, über den Sonntag, die sechste Ferie, die Eintheilung der Monate und die Eintheilung des ganzen Jahres nach christlichem Gebrauch.“[55]

Die Bedeutung der neuen Zeiteinteilung wurde den neuen Christen durch all die Geschichten über Menschen eingeschärft, die sich am Sonntag zur Ernte oder anderer Arbeit geschlichen hatten und von Gott oder einem Heiligen dafür körperlich schwer bestraft worden waren.

Komplementär zur Schaffung der neuen christlichen materiellen Welt erfolgte die Beseitigung der alten nicht-christlichen Welt. Bei Gebäuden geschah dies durch Zerstörung oder Aneignung. Heidnische Tempel wurden abgerissen oder abgebrannt – oder man verwendete ihr Holz für den Bau christlicher Kirchen. Moscheen konnten dadurch umgewidmet werden, dass man die nach Mekka ausgerichtete Gebetsnische verdeckte und einen Altar vor der Ostwand aufstellte. Die alten heiligen Bäume der „Heiden“ wurden gefällt oder – wenn der Widerstand dagegen zu stark war – „getauft“, indem man ein Kreuz in ihren Stamm ritzte.[56] Den neuen Christen wurde erlaubt, diese Bäume weiter zu nutzen, aber nicht mehr als Objekte der Anbetung, sondern nur noch, um vor der Sonne Schatten zu suchen.[57]

All die beschriebenen Maßnahmen sind bekannt, aber warum erschien es den Christen im Mittelalter geboten, sie zu ergreifen? Welcher Zusammenhang bestand

[54] Vgl. Kurt Villads Jensen: Martyrs, Total War, and Heavenly Horses. Scandinavia as Centre and Periphery in the Expansion of Medieval Christendom. In: ders./Kirsi Salonen/Torstein Jørgensen (Hg.): Medieval Christianity in the North. New Studies. Turnhout 2013, S. 89–120.

[55] Herbord's Leben des Bischofs Otto von Bamberg. Berlin 1869, Buch 2, Nr. 17, S. 67, online verfügbar unter https://www.digitale-sammlungen.de/de/view/bsb11248165 (letzter Zugriff am 31.1.2021).

[56] Vgl. Mecklenburgisches Urkundenbuch. Bd. 1: 786–1250. Hg. vom Verein für Mecklenburgische Geschichte und Alterthumskunde. Schwerin 1863, Nr. 114.

[57] Vgl. Herbord's Leben (wie Anm. 55), Buch 3, Nr. 22 f., S. 138 f.

zwischen der realen Welt und dem Gottesverständnis? Eine Antwort auf diese Fragen ist, dass Theologen von den Anfängen des Christentums an betont hatten, wie wichtig es sei, seine Sinne für Gott zu öffnen. Ganz konkret geschah dies während der Taufe, indem der Priester das Kind – oder den besiegten „Heiden" – mit Öl salbte, ihm Leben in den Mund blies, Salz auf seine Zunge streute sowie seine Ohren und Augen mit Spucke bestrich. Dahinter stand die Vorstellung, dass das Heilige nur dann authentisch sein und wirken könne, wenn man es spüre. Um das Heilige empfangen sowie verstehen und es vom Unheiligen unterscheiden zu können, sei es daher notwendig, das Innere und den Intellekt und damit die Sinne unmittelbar anzusprechen. Zudem hielt man es für erforderlich, die Umwelt so zu verändern, dass Gott und das Heilige auf optimale Weise vergegenwärtigt werden konnten.

Wenn die Natur und die materielle Umwelt in der Lage waren, das Heilige zu offenbaren, konnten sie dann auch das Gegenteil, das Böse, enthüllen? An dieser Frage entzündete sich um 1100 eine komplizierte Debatte. Spätestens seit Augustinus war die herrschende theologische Auffassung, dass das Böse keine eigene Existenz habe, sondern ein Mangel an Gutem sei. Als Anselm von Canterbury diese Lehre aber seinen Studenten erläuterte, fragte ein kluger junger Mann ihn, ob das Gute dann ein Mangel an Bösem sei. Falls dies zutreffe, müsse das Böse aber doch auch etwas sein. Von mittelalterlichen Linguisten wurde darüber diskutiert, wie Begriffe und Dinge miteinander zusammenhingen. Manche Wörter verwiesen auf existierende Dinge, andere nicht.[58] War das Böse also ein „Ding" oder nicht? Anselms Antwort lautete, dass es „non aliquid, sed quasi aliquid" sei – „nicht etwas, sondern fast etwas".[59] Es sei, erklärte er, eine Zwischenstufe zwischen Sein und Nichtsein, zwischen mehr oder weniger von etwas.

Folgt man einer solchen Vorstellung, so konnte es geboten erscheinen, etwas physisch zu vernichten oder die Umwelt völlig zu verändern – nicht, weil etwas von Grund auf böse war, sondern weil es eine Beziehung, einen Raum, schuf, die beziehungsweise der mit Falschem, mit Sünde, gefüllt werden konnte und vom Heiligen weg, auf weniger Gutes verwies. Die heidnische materielle Welt war ihrem Wesen nach nicht böse, aber ihr fehlte das Gute. Sie war, nach Augustinus' und Thomas von Aquins Auffassung (und der vieler anderer Theologen), ein *spatium peccandi*, ein offener Raum, in dem es leicht möglich war zu sündigen. Oder, um es mit der Übersetzung der King-James-Bibel zu formulieren: Das *spatium peccandi* stellte eine „license to sin" dar – eine Erlaubnis zu sündigen.

Die dargelegte Raumvorstellung des 12. Jahrhunderts muss im Zusammenhang mit dem zeitgenössisch neu aufkommenden starken Interesse für die Welt und die materiellen Dinge betrachtet werden, wie es sich in den empirischen Wissenschaf-

[58] Vgl. Irène Rosier-Catach: La parole efficace. Signe, ritual, sacré. Paris 2004.
[59] Vgl. Anselmus: Dialogus de casu diaboli. In: Patrologia Latina (wie Anm. 46), Sp. 325–359.

ten zeigte, in denen im 12. und 13. Jahrhundert beispielsweise auf dem Gebiet der Astronomie, Chemie, Mineralogie, Biologie und Medizin riesige Datensammlungen angelegt wurden.[60] Der Mensch wurde in zunehmendem Maß als fest in der physischen Welt verwurzelt verstanden, die damit zu einem Mittel wurde, mit dem man die metaphysische Welt erreichen oder begreifen konnte.[61]

Wo zogen mittelalterliche Eroberer die Grenze zwischen akzeptablen und inakzeptablen vorchristlichen Relikten? Wie veränderte sich ihre Haltung im Lauf der Zeit? Und welche Unterschiede gab es zwischen den verschiedenen Regionen? Oftmals wird bei der Beantwortung dieser Fragen auf den Faktor „Macht" verwiesen. Wenn möglich, hätten Eroberer alles geändert, wenn nicht, wären sie langsamer und durch Verhandlungen und Kompromisse mit örtlichen Eliten ans Ziel gelangt.[62] Eine solche Antwort blendet jedoch die mittelalterlichen Diskussionen in Grenzgebieten, in denen Religionen aufeinanderstießen, völlig aus, die zum Beispiel darüber geführt wurden, was ein heidnischer und was nur ein alter, harmloser lokaler Brauch sei.

Allgemeine theologische Ansichten über den Verstand und das Heilige trafen um 1100 auf einige neue geistige Entwicklungen. Eine von ihnen war das verstärkte Interesse an Gefühlen, wie es in der Theologie der völligen Vernichtung und der starken Leidenschaften sowie im individuellen Drang, Christus und seiner Passion nachzufolgen, zum Ausdruck kam. Eine andere Entwicklung manifestierte sich im gesteigerten Interesse an der Welt, einschließlich des zunehmenden Bestrebens, sie in präziseren Kategorien als zuvor einzuteilen und zu organisieren.

Möglicherweise gelangt man zu einem besseren Verständnis des mittelalterlichen Heiligen Kriegs, wenn man die folgenden Aspekte mit allen Veränderungen, die sie zwischen circa 1050 und circa 1300 erlebt haben, miteinander kombiniert: die Theorien des gerechten Kriegs, die Theologie der Fleischwerdung und Transsubstantiation sowie das mittelalterliche Verständnis der diesseitigen Welt und ihrer Beziehung zur Wahrnehmung des Heiligen.

60 Vgl. Charles M. Radding: A World Made by Men. Cognition and Society, 400–1200. Chapel Hill 1985, Kap. 6 f.

61 Vgl. Tiziana Suarez-Nani/Olivier Ribordy/Antonio Petagine (Hg.): Lieu, espace, mouvement. Physique, métaphysique et cosmologie (XIIe–XVIe siècles). Turnhout 2017.

62 Vgl. Aleksander Pluskowski/Heiki Valk/Seweryn Szczepański: Theocratic Rule, Native Agency and Transformation. Post-Crusade Sacred Landscapes in the Eastern Baltic. In: Landscapes 19 (2018) 1, S. 4–24.

Abstract

Both the understanding and the practise of warfare in Western Europe changed fundamentally in the period from the mid-eleventh to the very late thirteenth century. Warfare became more and more encompassing and cruel than before, more closely connected to religion, and was increasingly followed by large scale physical changes of landscape.

Medieval theories of war have been studied vigorously, and all researchers working on the topic stress the importance of theological changes that made a new understanding of war possible. However, few are able to situate the development within the context of medieval theology as a whole.

A new theology of salvation and the sacraments has been studied extensively, including the individual's responsibility for helping or forcing others to do what is right. Specialists in the history of theology are, however, normally not interested in war and have not investigated how change in theology influenced both concepts and practices of war.

The sacralisation of landscape, broadly understood, is a growing area of interest within Medieval Studies and investigates, inter alia, how the perceivable environment was re-ordered after military conquest. The conquered landscape was filled with new symbols, architecture, dietary laws, colours, sounds, and calendars, but also with new agricultural techniques, new crops, and new animals. This change of landscape has been well studied, but entirely in a descriptive and non-analytical vein.

The present chapter discusses how these three areas were connected and argues that they must be studied together to get a fuller understanding of the development of sacred warfare.

Nikolas Jaspert

Ausschreitungen gegen muslimische Minderheiten in der spätmittelalterlichen Krone Aragon

Eine kontextsensible Analyse religiöser Gewalt

Dieser Aufsatz handelt von Gewalt gegen geduldete Andersgläubige. Er fokussiert sogenannte *mudéjares* beziehungsweise Mudejaren, also muslimische Untertanen christlicher Könige auf der iberischen Halbinsel.[1] Diese Muslime waren im 12. und 13. Jahrhundert infolge der militärischen Auseinandersetzungen, die oft verkürzt als „Reconquista" bezeichnet werden, unter die Herrschaft lateinischer Christen gekommen.[2] Während die meisten anderen Muslime emigrierten, blieben die Mude-

[1] Einen Einstieg in die kaum zu überblickende Forschung über die Mudejaren liefern: María Teresa Ferrer i Mallol: Els sarraïns de la corona catalano-aragonesa en el segle XIV. Segregació i discriminació. Barcelona 1987; David Nirenberg: The Current State of Mudejar Studies. In: JMH 24 (1998), S. 381–389; José Hinojosa Montalvo: Los mudéjares. La voz del Islam en la España cristiana. 2 Bde. Teruel 2002; Manuel Ruzafa (Hg.): Los mudéjares valencianos y peninsulares. Valencia 2003; Ana Echevarría Arsuaga: La minoría islámica de los reinos cristianos medievales. Moros, sarracenos, mudéjares. Málaga 2004; Ana Echevarría Arsuaga (Hg.): Biografías mudéjares o La experiencia de ser minoría. Biografías islámicas en la España cristiana. Madrid 2008; Klaus Herbers/Nikolas Jaspert (Hg.): Integration – Segregation – Vertreibung. Religiöse Minderheiten und Randgruppen auf der Iberischen Halbinsel (7.–17. Jahrhundert). Münster 2011; Ana Isabel Carrasco Manchado: De la convivencia a la exclusión. Imágenes legislativas de mudéjares y moriscos. Siglos XIII–XVII. Madrid 2012; Jean-Pierre Molénat: Douze années d'études mudéjares (2001–2013). In: Hamsa 1 (2014), S. 41–54; Brian A. Catlos: Muslims of Medieval Latin Christendom, c. 1050–1614. Cambridge 2014; Olatz Villanueva Zubizarreta (Hg.): Dossier monográfico. Islam en minoría en la Edad Media. In: Edad Media 17 (2016), S. 29–169; Nikolas Jaspert: Religious Movements in Mudéjar Communities. Identity and Relational Dynamics in the Crown of Aragon. In: Ana Echevarría/Dorothea Weltecke (Hg.): Religious Plurality and Interreligious Contacts in the Middle Ages. Wolfenbüttel 2020, S. 171–194, und die bislang zwölf Bände der „Simposios Internacionales de Mudejarismo". Herzlichen Dank an Silvia Girona Espino, Yoela Aithnard und Laurin Herberich (Heidelberg) für ihre Unterstützung.

[2] Zur sogenannten Reconquista siehe – mit Hinweisen auf weitere Literatur: Joseph F. O'Callaghan: Reconquest and Crusade in Medieval Spain. Philadelphia 2002; Eiroa Rodríguez/Jorge Alejandro (Hg.): La conquista de al-Andalus en el siglo XIII. Murcia 2012; Carlos de Ayala Martínez/Patrick Henriet/J. Santiago Palacios Ontalva (Hg.): Orígenes y desarrollo de la guerra santa en la Península

https://doi.org/10.1515/9783110773781-009

jaren und ihre Nachkommen als mit eingeschränkten Rechten versehene, geduldete Minderheit[3] im Land, wobei ihr Anteil an der Bevölkerung je nach Region stark variierte.

Der Schwerpunkt der folgenden Ausführungen wird auf dem Nordosten der Iberischen Halbinsel liegen. Vor allem zwei Regionen sollen im Zentrum der Aufmerksamkeit stehen: einerseits das obere Ebrotal im Königreich Aragon, andererseits das Königreich Valencia, welches hier ausführlicher behandelt werden soll. Diese Reiche – Aragon und Valencia – bildeten zusammen mit den katalanischen Grafschaften die sogenannte Krone Aragon.[4] In beiden Regionen existierten bis zum Ende des Mittelalters große muslimische Gemeinden, die meisten davon auf dem Land; es gab aber auch städtische Sondergemeinden, insbesondere im Königreich Valencia. Die Mudejaren sind als „Mitbewohner" der Christen im Königreich Valencia zu bezeichnen. Sie waren keine Mitbürger im rechtlichen Sinn, da sie gegenüber den Christen grundsätzlich deutlich minderberechtigt waren. Aber sie lebten mit ihnen sowohl auf dem Land als auch in den Städten, dort jedoch sozial diskriminiert und oftmals räumlich segregiert in eigenen Vierteln (*morerías*).

Nur nebenbei wird in diesem Aufsatz der Blick auch auf fremdländische Muslime geworfen. Damit sind vor allem Einwohner islamischer Herrschaftsgebiete in Nordafrika und im Emirat von Granada im Süden der Iberischen Halbinsel gemeint.[5] Bei ihnen handelte es sich aus christlicher Perspektive nicht um geduldete

Ibérica. Palabras e imágenes para una legitimación (siglos X–XIV). Madrid 2016; Nikolas Jaspert: Die Reconquista. Christen und Muslime auf der Iberischen Halbinsel (711–1492). München 2019.

3 Zur Duldung Andersgläubiger in Absetzungen von anderen Formen religiös legitimierter Segregation vgl. Dorothea Weltecke: Bemerkungen zur Geschichte der religiösen Gewalt im Mittelalter. In: HZ 305 (2017), S. 621–656, hier: S. 633–636.

4 Thomas Noel Bisson: The Medieval Crown of Aragon. A Short History. Oxford 1986; María Teresa Ferrer i Mallol/Damien Coulon (Hg.): L'Expansió catalana a la Mediterrània a la baixa edat Mitjana. Barcelona 1999; José-Luis Martín: Historia de la Corona de Aragón. Madrid 2002; Flocel Sabaté i Curull (Hg.): The Crown of Aragon. A Singular Mediterranean Empire. Boston 2017.

5 Über die Beziehungen der Krone Aragon zu den Herrschaften in Nordafrika und zum Nasridenreich von Granada siehe Ángeles Masiá de Ros: La corona de Aragón y los estados del norte de África. Política de Jaime II y Alfonso IV en Egipto, Ifriquía y Tremecén. Barcelona 1951; Charles Emmanuel Dufourcq: L'Espagne catalane et le Maghrib aux XIIIe et XIVe siècles. De la bataille de Las Navas de Tolosa (1212) à l'avènement du sultan mérinide Abou-l-Hasan (1331). Paris 1966; María Dolores López Pérez: La Corona de Aragón y el Magreb en el siglo XIV (1331–1410). Barcelona 1995; Ministerio de Cultura (Hg.): El perfume de la amistad. Correspondencia diplomática árabe en archivos españoles (siglos XIII–XVII). Madrid 2009; Henri Bresc/Yusuf Rāğib: Le sultan mérinide Abū l-Ḥasan 'Ali et Jacques III de Majorque. Du traité de paix au pacte secret. Le Caire 2011; Roser Salicrú i Lluch: Documents per a la història de Granada del regnat d'Alfons el Magnànim (1416–1458). Barcelona 1999; dies.: El sultanato nazarí de Granada, Génova y la corona de Aragón en el Siglo XV. Granada 2007; Nikolas Jaspert: The Crown of Aragon and the Mamluk Sultanate. Entanglements of Mediterranean Politics and Piety. In: Reuven Amitai/Stephan Conermann (Hg.): The

Andersgläubige, sondern um Menschen aus fremden, konkurrierenden Reichen. Die Tradition einer hochmittelalterlichen „society organized for war" lebte auch im Spätmittelalter fort und schrieb fremdländische Muslime in ein binäres, antagonistisches Grundschema ein.[6] In der Tat waren die Beziehungen der nordafrikanischen und granadinischen Muslime zur Krone Aragon prinzipiell angespannt und vom islamischen Axiom geprägt, dass nicht zum *dar al-Islam* gehörige Territorien grundsätzlich Feindesland seien. Doch gleichzeitig bestanden durchweg enge wirtschaftliche Beziehungen zwischen den muslimischen und den christlichen Reichen, zumal zwischen ihnen immer wieder längere Friedenszeiten vertraglich festgelegt wurden.

Der Untersuchungsgegenstand erscheint aus mehreren Gründen lohnenswert: Zum einen ist in der internationalen Mediävistik religiöse Gewalt[7] gegen unterworfene, geduldete Muslime im Vergleich zu den breit behandelten Übergriffen christlicher Gewalttäter gegen Juden und Jüdinnen vergleichsweise wenig erforscht.[8] Wie zu zeigen sein wird, ähnelte Gewalt gegen Muslime derjenigen gegen Juden insofern, als auch sie nicht allein auf religiöse Antagonismen reduziert werden kann, sondern in ein komplexes Gefüge kultureller, politischer, ökonomischer und sozialer Dynamiken einzuordnen ist.[9] Zum anderen wird von Christen an Muslimen verübte Gewalt in der Geschichtswissenschaft und in Sonderheit der Mittelal-

Mamluk Sultanate from the Perspective of Regional and World History. Economic, Social and Cultural Development in an Era of Increasing International Interaction and Competition. Göttingen 2019, S. 309–344.

6 Elena Lourie: A Society Organized for War. Medieval Spain. In: P & P 35 (1966), S. 54–76; James F. Powers: A Society Organized for War. The Iberian Municipal Militias in the Central Middle Ages, 1000–1284. Berkeley 1988.

7 Zum Begriff siehe die Differenzierungen von John D. Carlson: Religion and Violence. Coming to Terms with Terms. In: Andrew R. Murphy (Hg.): The Blackwell Companion to Religion and Violence. London 2011, S. 7–22; Weltecke: Bemerkungen (wie Anm. 3) und die Einführung von ders. in diesem Band.

8 Weltecke: Bemerkungen (wie Anm. 3), S. 645–651. „Umgekehrt ist aber auch das Verhalten der Christentümer ihren beherrschten Religionen gegenüber nur sehr begrenzt erforscht" (ebd., S. 636). Siehe aber Joshua C. Birk: Norman Kings of Sicily and the Rise of the Anti-Islamic Critique. Baptized Sultans. Cham 2016, S. 207–221, S. 267–269; aufschlussreich ist auch ein Sammelband, der physische Gewalt gegen besiegte Andersgläubige im Nachgang zu Kampfhandlungen fokussiert: Maribel Fierro/Francisco Garcia Fitz (Hg.): El cuerpo derrotado. Cómo trataban musulmanes y cristianos a los enemigos vencidos. Madrid 2008.

9 Mark D. Meyerson: Jews in an Iberian Frontier Kingdom. Society, Economy, and Politics in Morvedre, 1248–1391. Leiden 2004; Jonathan Stewart Ray (Hg.): The Jew in Medieval Iberia. 1100–1500. Boston 2012; Jonathan Ray: The Sephardic Frontier. The „Reconquista" and the Jewish Community in Medieval Iberia. Ithaca 2006; Paola Tartakoff: Between Christian and Jew. Conversion and Inquisition in the Medieval Crown of Aragon, 1250–1391. Philadelphia 2012; Ricardo Izquierdo/Santiago Palomero Plaza/Javier Castaño (Hg): ¿Una sefarad inventada? Los problemas de interpretación de

terforschung fast ausschließlich im Kontext der Kreuzzüge thematisiert; sie wird also in aller Regel als Gewalt gegen äußere Gegner verstanden.[10] Schließlich ist die Überlieferungslage für die beiden hier untersuchten Territorien ungewöhnlich gut. Sie erlaubt es, tief in die sozialen Konstellationen religiöser Gewaltereignisse einzutauchen und Fragen zu beantworten, die für andere Räume lediglich gestellt werden können.

Im Folgenden gilt es also, mit den Mitteln und Methoden der Geschichtswissenschaft, genauer: der Mediävistik, einen Beitrag zur Erforschung religiöser Gewalt zu leisten.[11] Ziel ist es, mithilfe empirischen, dokumentarischen Materials konkrete historische Konstellationen zu bestimmen, welche Übergriffe begünstigten oder auslösten, um auf diese Weise die jeweiligen Ereignisse zu historisieren. Von grundlegender Bedeutung ist es dabei, die sich in Gewaltereignissen ausdrückende, konstruierte Feindschaft zwischen Christen und Muslimen in der Krone Aragon als eine variable und relationale Beziehung zu verstehen, die aus ganz unterschiedlichen Formen von Kontakten hervorging, welche mal antagonistisch, mal harmonisch sein konnten. Diese Gleichzeitigkeiten sind für die religiöse Pluralität des Mittelalters kennzeichnend.

In vorliegendem Aufsatz werden aber nicht die vielfältigen Formen interreligiöser, friedvoller Konvivenz oder Verflechtung zwischen Muslimen und Christen auf der Iberischen Halbinsel fokussiert,[12] sondern deren Kehrseite. Dabei ist grund-

los restos materiales de los judíos en España. Córdoba 2014; Benjamin R. Gampel: Anti-Jewish Riots in the Crown of Aragon and the Royal Response, 1391–1392. New York 2016.

10 Jean Flori: Guerre sainte, jihad, croisade. Violence et religion dans le christianisme et l'islam. Paris 2002; Klaus Schreiner (Hg.): Heilige Kriege. Religiöse Begründungen militärischer Gewaltanwendung: Judentum, Christentum und Islam im Vergleich. München 2008; Sini Kangas: Deus Vult. Violence and Suffering as a Means of Salvation during the First Crusade. In: Tuomas M. S. Lehtonen/Kurt Villads Jensen (Hg.): Medieval History Writing and Crusading Ideology. Helsinki 2005, S. 163–175; Philippe Buc: Heiliger Krieg. Gewalt im Namen des Christentums. Darmstadt 2015; David Crispin: Ihr Gott kämpft jeden Tag für sie. Krieg, Gewalt und religiöse Vorstellungen in der Frühzeit der Kreuzzüge (1095–1187). Paderborn 2019.

11 Zu geschichtswissenschaftlichen Ansätzen zur Erforschung religiöser Gewalt und ihrem Verhältnis zu anderen Zugängen vgl. Weltecke: Bemerkungen (wie Anm. 3), S. 623–628.

12 Zur Diskussion über die „convivencia" vgl. Alejandro García Sanjuán (Hg.): Tolerancia y convivencia étnico-religiosa en la península Ibérica durante la Edad Media. Huelva 2003; Christophe Cailleaux: Chrétiens, juifs et musulmans dans l'Espagne médiévale. La convivencia et autres mythes historiographiques. In: Villes et changements de souveraineté en Méditerranée. Nizza 2013, S. 257–272; Connie Larue Scarborough (Hg.): Revisiting Convivencia in Medieval and Early Modern Iberia. Newark 2014; Flocel Sabaté i Curull: Formes de convivència a la Baixa Edat Mitjana. Lleida 2015; Hussein Anwar Fancy: The New Convivencia. In: JMIS 11 (2019) S. 295–305; Ana Echevarría Arsuaga: Does Cohabitation Produce Convivencia? Relationships between Jews and Muslims in Castilian Christian Towns. In: Clara Almagro Vidal/Jessica Tearney-Pearce/Luke Yarbrough (Hg.): Minorities in Contact in the Medieval Mediterranean. Turnhout 2020, S. 337–349.

sätzlich zwischen unterschwelligem, langzeitlichem religiösen Antagonismus einerseits und punktueller religiöser Verfeindung andererseits zu unterscheiden. Ebenso wichtig ist es, aufmerksam die Kontexte einzelner Gewaltausbrüche zu untersuchen und danach zu fragen, inwiefern in ihnen andere, nicht im engeren Sinne religiöse, sondern politische, soziale oder ökonomische Dynamiken zum Tragen kamen.

Vier zeitlich gestaffelte Tiefenbohrungen sollen daher vorgenommen werden, die ausgewählte Regionen und Phasen betreffen: erstens das Königreich Valencia im 13. Jahrhundert während der ersten drei Jahrzehnte nach seiner Eroberung durch die Christen; zweitens das Königreich Aragon zwischen den Jahren 1291 und 1310; drittens die südliche Grenze des Königreichs Valencia im Verlauf des 14. Jahrhunderts; und schließlich viertens die Stadt Valencia im Jahr 1455. Die Auswahl ist der Quellenüberlieferung und ihrer Erschließung geschuldet. Hierzu ein Beispiel: Für das zweite Untersuchungsfeld, die knapp zwei Jahrzehnte zwischen 1291 und 1310, liegen aus einem einzigen Archiv, dem Kronarchiv von Barcelona, und allein für das Königreich Aragon – also einem Teilgebiet der Krone Aragon – fast 1.500 Dokumente vor, welche aragonesische Mudejaren betreffen.[13] Die beeindruckende Quellendichte im königlichen Archiv geht darauf zurück, dass der Monarch beziehungsweise seine Richter immer wieder angerufen wurden, um Beschwerden zu hören und Streitfragen zu entscheiden, was sich in einer erstaunlichen Menge von Briefen, Verfügungen und Urteilen niederschlug.[14] Eine derartige Quellenüberlieferung ist für die Erforschung religiöser Minderheiten im Mittelalter absolut singulär. Sie erlaubt es, ein breites Spektrum unterschiedlicher Formen und Konstellationen der Gewalt zu identifizieren, die Christen im Spätmittelalter gegen muslimische Minderheiten im eigenen Land ausübten, wie schon die folgende Auswertung des erwähnten aragonesischen Materials der Jahre 1291 bis 1310 offenbart.

Skalen religiöser Gewalt

Beschwerden muslimischer Landbewohner unterrichten uns darüber, dass sich weltliche Herren, insbesondere regionale Adlige, gelegentlich am Vieh oder an

[13] María Blanca Basáñez Villaluenga: Las morerías aragonesas durante el reinado de Jaime II. Catálogo de la documentación de la Cancillería Real. Bd. 1: (1291–1310). Teruel 1999.

[14] María Teresa Ferrer i Mallol u. a.: Fuentes documentales para el estudio de los mudéjares. Teruel 2005; Manuel Ginés Ruzafa Garcia: Los documentos de las familias de la morería de Valencia, 1300–1526. In: XIII Simposio Internacional de Mudejarismo. Actas: Teruel, 4–5 de septiembre de 2014. Teruel 2017, S. 177–190.

landwirtschaftlichen Erzeugnissen von Mudejaren vergriffen.[15] Viele andere Quellen erzählen zudem von physischen Attacken gegen Personen: von Verschleppungen und Verletzungen muslimischer Männer und Frauen,[16] von Raubüberfällen und Morden.[17] So sprechend und mitunter erschütternd die Einblicke sind, die diese Quellen in das Sozialgefüge spätmittelalterlicher muslimischer Gemeinschaften unter christlicher Herrschaft eröffnen, werfen sie doch auch die Frage auf, inwieweit diese Übergriffe als religiöse Gewalt bezeichnet werden sollten. Denn auch christliche Frauen wurden Opfer sexueller Gewalt, auch christliche Bauern erlitten Überfälle, Raub und Verletzungen seitens örtlicher Herren.[18] Zu bedenken sind darüber hinaus die vielen Fälle inner-muslimischer Gewalt zwischen einzelnen Mudejaren beziehungsweise einzelnen Clans, von denen das Material Zeugnis ablegt. Diese Quellen erinnern uns eindrücklich daran, dass Religion im Mittelalter lediglich eine von vielen Kategorien sozialer Ungleichheit war – neben Geschlecht, Besitz, Ehre und so weiter.[19]

Dennoch ist in jedem Einzelfall zu überprüfen, ob Konstruktionen religiöser Ungleichheit das soziale Gefälle verstärkt und damit die Übergriffe beeinflusst, eventuell sogar begünstigt haben könnten. Die Verschleppungen von Musliminnen und Muslimen zum Beispiel erhalten einen besonderen Status, wenn man bedenkt, dass diese Opfer im Gegensatz zu verschleppten Christen in andere christliche Herrschaftsterritorien als Sklavinnen beziehungsweise Sklaven verkauft werden konnten, wenn sich niemand rechtzeitig für ihre Befreiung einsetzte.[20] Ebenso wie andere mediterrane Gesellschaften des Spätmittelalters waren auch die iberischen Reiche Sklavenhaltergesellschaften.[21] Versklavte Muslime und Musliminnen waren

[15] Basáñez Villaluenga: Morerías (wie Anm. 13), S. 81 f., Nr. 173, Nr. 175; S. 116, Nr. 275; S. 210, Nr. 564; S. 211, Nr. 569; S. 233, Nr. 631; S. 233 f., Nr. 632.

[16] Ebd., S. 159, Nr. 412; S. 233, Nr. 633; S. 238, Nr. 644.

[17] Ebd., S. 233, Nr. 631; S. 347, Nr. 964; S. 233, Nr. 632.

[18] Alberto Reche Ontillera u. a. (Hg.): Poder y Violencia durante la Edad Media Peninsular (Siglos XIV y XV). Belo Horizonte 2013.

[19] Vgl. Weltecke: Bemerkungen (wie Anm. 3), S. 655.

[20] Eine Reihe einschlägiger Fälle bei Robert Ignatius Burns: Social Riots on the Christian-Moslem Frontier. Thirteenth-Century Valencia. In: AHR 66 (1961), S. 378–400, hier: S. 389–393.

[21] Maria Teresa Ferrer i Mallol/Josefina Mutgé i Vives (Hg.): De l'esclavitud a la llibertat. Esclaus i lliberts a l'edat mitjana. Actes del Colloqui Internacional celebrat a Barcelona, del 27 al 29 de maig de 1999. Barcelona 2000; Josep Hernando i Delgado: Els esclaus islàmics a Barcelona: blancs, negres, llors i turcs. De l'esclavitud a la llibertat. Barcelona 2003; Debra Blumenthal: Enemies and Familiars. Slavery and Mastery in Fifteenth-Century Valencia. Ithaca 2009; Pierre Macaire: L'esclavage à Majorque au XVe siècle. Liouc 2012; Iván Armenteros Martínez: L'esclavitud a la Barcelona del Renaixement (1479–1516). Un port mediterrani sota la influència del primer tràfic negrer. Barcelona 2015; Fabienne P. Guillén/Roser Salicrú i Lluch (Hg.): Ser y vivir esclavo. Identidad, aculturación y agency. Mundos mediterráneos y atlánticos, siglos XIII–XVIII. Madrid 2021.

dort Teil des Alltagsbildes. Verschleppten Mudejaren drohte in der Krone Aragon langjährige Unfreiheit und sogar Versklavung – besonders dann, wenn sie in andere christliche Reiche der Iberischen Halbinsel gebracht wurden, wo ihr Status als prinzipiell Freie leichter zu übergehen war als in ihrer Heimat.[22] In diesem Kontext sei darauf hingewiesen, dass auch die Bestrafung gewisser Handlungen beziehungsweise das Ausmaß dieser Strafe in der Krone Aragon religiös gerahmt war: Geschlechtsverkehr zwischen Muslimen und Christinnen beziehungsweise Christen und Musliminnen etwa wurde mit dem Tod des Mudejaren beziehungsweise der Mudejarin oder mit deren Versklavung bestraft.[23]

Auch die mehrfach im untersuchten Quellenkonvolut von 1291 bis 1310 überlieferten Vertreibungen muslimischer Bauern weisen eine religiöse Rahmung auf, da manche Landesherren an ihrer statt ausdrücklich Christen ansiedelten.[24] Warum allerdings einige Grundbesitzer einen solchen religiös konnotierten Bevölkerungsaustausch vornahmen, während andere zeitgleich muslimische Bauern als Pächter nicht nur duldeten, sondern auch förderten, und wiederum andere sogar ausdrücklich muslimische Siedler anwarben, ist in jedem Einzelfall zu überprüfen und scheint diachron variabel.[25] Ausdrücklich ist daher zu konstatieren: Ein durchgehendes Programm zur religiösen Vereinheitlichung durch Vertreibung ist in den hier im Vordergrund stehenden Räumen des Ebrotals und Valencias nicht feststellbar. Trotz punktueller Ausweisungen lebten dort viele Mudejaren unter christlicher Herrschaft über Jahrzehnte und Jahrhunderte hinweg, bis ans Ende des Mittelalters.

Deutlicher erscheint der religiöse Hintergrund alltäglicher Gewalt in den Texten, die von Vandalismus gegen Muslime und deren Besitz berichten. Im Dezember 1291 zum Beispiel sah sich König Jakob II. veranlasst, gegen Christen in Zarago-

22 Einen aufschlussreichen Fall von 14, durch einen lokalen Adligen verschleppten Muslimen, deren Weiterverkauf König Peter II. verhinderte, liefert Robert Ignatius Burns: Muslims as Property. Slavery Episodes in the Realms of Aragon 1244–1291. In: Sharq al-Andalus 14/15 (1998), S. 61–80, hier: S. 71, S. 77, Nr. 8.

23 Ferrer i Mallol: Sarraïns (wie Anm. 1), S. 17–40. Allgemein zur Todesstrafe in der Krone Aragon vgl. Flocel Sabaté i Curull: La pena de mort a Catalunya baix medieval. Retrat d'una societat. Barcelona 2021, zu Muslimen siehe ebd., S. 399–414.

24 María Luisa Ledesma Rubio: Cartas de población del reino de Aragón en los siglos medievales. Zaragoza 1991; dies.: Marginación y violencia. Aportación al estudio de los mudéjares aragoneses. In: AEEM 9 (1991), S. 203–224, hier: S. 207 f.; Enric Guinot Rodríguez (Hg.): Cartes de poblament medievals valencianes. Valencia 1991; Manuel V. Febrer Romaguera (Hg.): Cartas pueblas de las morerías valencianas y documentación complementaria: 1234–1372. Zaragoza 1991; Josep Torró Abad: Expellere Sarracenos. Expulsions, reassentaments i emigració dels musulmans del regne de Valencia, despres de la conquesta cristiana (1233–1348). In: Flocel Sabaté i Curull (Hg.): Poblacions rebutjades, poblacions desplaçades. Lleida 2019, S. 71–104, hier: S. 88–97, S. 102 f.

25 Ferrer i Mallol: Sarraïns (wie Anm. 1), S. 117–136.

za vorzugehen, weil diese die Friedhöfe der muslimischen Gemeinde profaniert, dort Abfall entleert und Grabsteine geschändet hatten.[26] Dass hier religiöse Dynamiken als Hauptantriebskraft wirkten, ist anzunehmen – beweisen lässt es sich aber nicht. Der Vorfall ähnelt späteren Beschwerden aragonesischer Mudejaren, Christen hätten ihre Schweine auf muslimische Friedhöfe geführt, wo die Tiere sogar Leichen ausgraben, zerfleddern und auffressen würden.[27]

Wohl nicht als punktuell, sondern als regelhaft mögen hingegen solche Formen niedrigstufiger Gewalt anzusehen sein, die Muslime als Folge liturgischer und ritueller Handlungen der Christen im öffentlichen Raum zu erdulden hatten. Für Juden in der Krone Aragon sind diese Formen begrenzter ritualisierter Gewalt von David Nirenberg meisterhaft untersucht und als Mittel zur Schaffung beziehungsweise Konsolidierung von Gruppenidentitäten identifiziert worden. Sie trafen indes auch die muslimische Minderheit.[28] Eine frömmigkeitsgeschichtliche Historisierung kann dazu beitragen, das Aufkommen gewisser Übergriffe zu ganz konkreten Zeiten zu erklären: Die seit der zweiten Hälfte des 13. Jahrhunderts deutlich anwachsende Eucharistiefrömmigkeit zum Beispiel schlug sich nicht nur in öffentlichen Prozessionen der Christen nieder, sondern auch im Befehl weltlicher Autoritäten, Juden und Muslime sollten kniend Ehrerbietung erweisen, wenn die Hostie – etwa bei Fronleichnamsprozessionen – an ihnen vorbeigeführt werde.[29] Ein Schreiben König Jakobs II. vom November 1300 zeigt einerseits, dass sich Mudejaren dieser Auflage zu entziehen suchten, indem sie beim Vorbeizug der Prozession in offenstehende Häuser zu flüchten versuchten. Andererseits wird auch berichtet, dass manche Christen dies nicht zuließen, die Muslime schlugen und misshandelten.[30] Diese Übergriffe ruhten zweifellos auf einem ritualsoziologischen Fundament. Ihre Akteure sollten nicht vereinfachend dem binären Schema von Einzeltätern und Opfern zugeordnet werden. Vielmehr sind für eine angemessene Deutung dieser Formen niedrigschwelliger, im öffentlichen Raum und vor den Augen der christlichen Glaubensbrüder und -schwestern verübter Übergriffe auch die anwesenden Beob-

[26] Basáñez Villaluenga: Morerías (wie Anm. 13), S. 44, Nr. 58.
[27] Dies.: La aljama sarracena de Huesca en el siglo XIV. Barcelona 1989, S. 64; S. 175, Nr. 42; S. 201 f., Nr. 66.
[28] David Nirenberg: Communities of Violence. Persecution of Minorities in the Middle Ages. Princeton 1996, S. 200–230; in dieser Tradition stehend: Brian A. Catlos: The Victors and the Vanquished. Christians and Muslims of Catalonia and Aragon, 1050–1300. Cambridge 2004.
[29] Francisco A. Roca Traver: Un siglo de vida mudéjar en la Valencia medieval (1238–1338). In: EEMCA 5 (1952), S. 115–208, hier: S. 145.
[30] Basáñez Villaluenga: Morerías (wie Anm. 13), S. 231, Nr. 626.

achter des Geschehens zu berücksichtigen, die von den Zeitgenossen als zustimmendes Publikum verstanden worden sein dürften.[31]

Auf einer aufsteigenden Skala religiöser Gewalt wird der gerade behandelte sporadische Vandalismus und die regelmäßige, niedrigstufige Gewalt zweifellos von öffentlichen Unruhen und von Krawallen gegen Muslime übertroffen. Letztere stehen im Fokus der zweiten Tiefenbohrung dieses Beitrags. Denn als frühes Beispiel für einen regelrechten Gewaltausbruch gegen eine geduldete Minderheit lässt sich die Welle christlicher Übergriffe anführen, welche im Jahre 1275/76 über einige Monate hinweg eine Reihe von Städten in der Mitte und im Norden des Königreichs Valencia erfasste, darunter Valencia, Oropesa, Segorbe, Alcira und Sagunt.[32]

Ein Gewaltexzess in unsicherer Zeit: Die Valencianer Ausschreitungen von 1275/76

Wir wissen über die Valencianer Ausschreitungen vor allem aufgrund der Verfügungen, welche König Jakob I. und sein Nachfolger zugunsten „ihrer" geschädigten Muslime erließen.[33] Das Possessivpronomen ist aus zeitgenössischer Sicht absolut zutreffend, gehörten die Mudejaren doch zum Königsschatz.[34] Sie waren zwar keine unfreien Hörigen, unterlagen indes aber einem Rechtsstatus, welcher der Kammerknechtschaft im Reich ähnelte, und waren damit unmittelbarer Besitz des Herrschers.[35] Gegen diesen „Königsschatz" verübten christliche Einwohner 1275/76 in vielen Städten des Königreichs massive Gewalttaten.[36] Die angegriffenen Muslime hatten in aller Regel im Zuge der oftmals vertraglich ausgehandelten Übergaben ihrer Städte an die Christen Sonderrechte erhalten. Dass sie sich dabei ihrer

[31] Vgl. zur Rolle und Bedeutung der Beobachtenden religiöser Gewalt die einführenden Überlegungen von Dorothea Weltecke in diesem Band.

[32] Burns: Riots (wie Anm. 20). Eine umfassende Liste findet sich in María Teresa Ferrer i Mallol: La frontera amb l'Islam en el segle XIV cristians i sarraïns al país Valencia. Barcelona 1988, S. 22.

[33] Roca Traver: Siglo (wie Anm. 29), hier: S. 193 f., Nr. 6 f.; Burns: Riots (wie Anm. 20).

[34] John Boswell: The Royal Treasure. Muslim Communities under the Crown of Aragon in the 14th Century. New Haven 1977; David S. H. Abulafia: Servants, Slaves or Subjects? Jews, Muslims and Indians as Royal Property. In: Thomas F. Glick u. a. (Hg.): From Al-Andalus to the Americas (13th–17th c.). Destruction and Construction of Societies. Boston 2018, S. 357–382.

[35] Die Lage der sizilischen Muslime unter den Normannenkönigen war ähnlich; vgl. Birk: Kings (wie Anm. 8).

[36] Miguel Gual Camarena: Los Mudéjares valencianos en la época del Magnánimo. In: IV Congreso de la Historia de la Corona de Aragón. Bd. 1. Barcelona 1959, S. 467–494, hier: S. 472–473; Burns: Riots (wie Anm. 20); Vicent Baydal Sala: Los primeros hechos del levantamiento mudéjar de 1276 en el reino de Valencia. In: Actas XI Simposio Internacional de Mudejarismo. Teruel 2009, S. 727–738.

Lage keineswegs sicher waren und gegenüber den Schutzzusagen Skepsis hegten, zeigt nicht zuletzt die Tatsache, dass sie in Einzelfällen darum baten, das ihnen zugewiesene Stadtviertel zu ihrem Schutz durch eine Mauer von christlichen Gebieten zu trennen.[37]

Trotz dieser Vorsichtsmaßnahmen wurden die *mudéjares* 1275/76 Opfer christlicher Gewalt. Die Quellen sprechen von Verschleppungen,[38] dem Verkauf von Mudejaren in die Sklaverei,[39] von Mord und Lynchjustiz,[40] insbesondere aber von Plünderungen[41]. Die hohen Geldstrafen, welche der König über verschiedene christliche Gemeinden verhängte, sprechen eine deutliche Sprache, und die Texte erzählen von dramatischen Einzelschicksalen.

Konkrete Gründe für die Gewaltexzesse nennen diese Quellen jedoch nicht. Es scheint, als würde als entscheidende Motivation ein religiöser Antagonismus zwischen Christen und Muslimen vorausgesetzt – oder aber schiere Gier. Die Texte lassen kein klares Urteil zu. Deutlich wird aber ein historischer Kontext genannt, der bei genauerem Hinsehen für den Gewaltausbruch in Anschlag zu setzen ist. Keineswegs unwichtig ist nämlich die Tatsache, dass die königliche Herrschaft zum Ende der Lebenszeit Jakobs I. – er sollte hochbetagt im Jahre 1276 sterben – aufgrund von inneren Machtkämpfen stark geschwächt war, weshalb das Reich unter einem gewissen Machtvakuum litt.[42] Es sind aber auch spezifische Auslöser zu identifizieren: Zum einen hatten christliche Truppen in Kastilien kurz zuvor eine schwere Niederlage gegen muslimische Kräfte einstecken müssen. Zum anderen ereigneten sich zeitgleich im Süden des Königreichs Valencia verschiedene Aufstände von Mu-

[37] Burns: Riots (wie Anm. 20), S. 394.

[38] Ebd., S. 388: *Sarracenos quos* [...] *emparent et teneant emparatos*; Jaume I/Bernat Desclot/Ramon Muntaner/Pere III: Les quatre grans cròniques. Revisó del text, pròlegs i notes per Ferran Soldevilla. Barcelona 1983, S. 454; Ferran Soldevila/Jordi Bruguera/María Teresa Ferrer i Mallol (Hg.): Les quatre grans Cróniques 2: Crònica de Bernat Desclot. Barcelona 2008, S. 142, Kap. 67: *e corregeren en l'horta d'Alacant, d'Alcadre, e preseren tots los sarraïns qui hi estaven paliers per los hòmens de d'Alacant e veneren-los tots. E puis corregeren per lo regne de València, lla on los sarraïns estaven, e preseren-ne molts e els veneren.*

[39] Burns: Riots (wie Anm. 20), S. 389 f.; ebd., S. 390: *vendiderunt Sarracenos de pace.*

[40] Ebd., S. 391: *Homines* [...] *invaserunt carcerem sive domum nostrum in quo ut dicitur Simon de Bonya olim alcaidus dicti loci tenebat captum quondam Sarracenum eiusdem ville quem Sarracenum et eius uxorum ipsi homines ut intelleximus auctoritate propria interfecerunt.*

[41] Burns: Riots (wie Anm. 20), S. 386: *Mandamos vobis quatenus inquiratis super barrigio quod dicitur factum per homines de Segorbio in Castro Novo de rebus Sarracenorum*; ebd., S. 387: *inculpati de barrigio morarie Lirie* [...] *inquirat super barrigio de Oropesa*; ebd., S. 388: *de barrigio de Fortaleny.*

[42] Ernest Belenguer Cebrià: Jaume I i el seu regnat. Lleida 2007; Stefano Maria Cingolani: Historia y mito del rey Jaime I de Aragón. Barcelona 2008, bes. S. 411–440 („el dramático final").

dejaren.[43] Es ist anzunehmen, dass insbesondere diese Revolten den christlichen Gewalttätern als Legitimierung für ihr Handeln dienten. Jakobs Nachfolger sollte denn auch im Jahr 1283 als Zeichen königlicher Milde eine Generalamnestie für die Täter aussprechen.[44]

Historische Kontextualisierungen: Gewaltexzesse des 14. Jahrhunderts

Für spätere Jahrzehnte sind die Quellen noch aufschlussreicher als für die Gewaltwelle von 1275/76. Allein im Königreich Valencia zum Beispiel lassen sich im 14. Jahrhundert mindestens acht Momente identifizieren, in denen es zu kollektiven Übergriffen kam oder diese gerade noch durch Eingreifen des Königs verhindert werden konnten: in den Jahren 1309, 1316, 1331, 1340, 1369, 1386, 1391 und 1399.[45] Im Folgenden soll der Versuch unternommen werden, für jeden einzelnen dieser acht Fälle die jeweilige historische Konstellation zu bestimmen, um den Erkenntniswert einer kontextsensiblen Historisierung religiöser Gewalt vor Augen zu führen.

Einfach ist dieses Unterfangen nicht. Im Falle der Ausschreitungen des Jahres 1386 gegen die muslimische Gemeinde von Xàtiva (Játiva) zum Beispiel geben die meisten Quellen keinen Aufschluss über die Hintergründe des Geschehens.[46] Erst ein Schreiben vom 3. Juli 1387 bringt etwas Licht ins Dunkel:[47] In ihm befahl König Johann I. seinen Beamten in Xàtiva, die Güter eines Herbergsbesitzers namens Magarola zu konfiszieren. Dieser habe einem muslimischen Steuereintreiber des Königs mit der Faust einen Schlag versetzt und ihn dabei verletzt. Damit aber habe der Aufstand gegen die Muslime der Stadt seinen Anfang genommen. Das kurze Schreiben lässt erkennen, dass der auf den ersten Blick religiös motivierte Gewaltexzess durchaus anders interpretiert werden kann, nämlich als Widerstand gegen königliche Besteuerung und ihre Agenten.[48] Die Unruhen von 1387 wären dem-

43 Burns: Riots (wie Anm. 20), S. 383; Baydal Sala: Hechos (wie Anm. 36), der nun die zeitliche Abfolge der Ereignisse herausgearbeitet hat.

44 Burns: Riots (wie Anm. 20), S. 384, S. 391.

45 Einen Überblick – mit Erwähnungen einiger anderer Fälle, deren Hintergründe indes unklar bleiben – liefert Ferrer i Mallol: Frontera (wie Anm. 32), S. 21–29.

46 Ebd., S. 24, S. 360–363, Nr. 137–140.

47 Ebd., S. 371, Nr. 145.

48 Diese Interpretation christlicher Gewalt gegen schutzbefohlene Andersgläubige als eine Form der Kritik am König beziehungsweise als Widerstand gegen ihn ist mit Blick auf Ausschreitungen gegen Juden mehrfach formuliert worden: Nirenberg: Communities (wie Anm. 28), S. 69–124; ders.: Um 1300. Warum der König die Juden beschützen mußte, und warum er sie verfolgen mußte. In: Bernhard Jussen (Hg.): Die Macht des Königs. Herrschaft in Europa vom Frühmittelalter bis in die Neuzeit. München 2005, S. 225–240, hier: S. 231–234; David Nirenberg: Le dilemme du souverain.

nach als Protest gegen herrschaftliche Praktiken – beziehungsweise in den Augen des Täters gegen bestehende Missstände – zu verstehen. In diesem Fall offenbart sich damit ein Spannungsverhältnis zwischen dem Monarchen und den städtischen Einwohnern, das sich in deren Umgang mit religiösen Minderheiten niederschlug. Die chronologische Untersuchung der sieben anderen Fälle wird in ganz ähnlicher Weise offenbaren, dass den Übergriffen stets sehr konkrete, aber keineswegs gleichartige Kontexte zugrunde lagen. Nur dank der exzeptionell guten Überlieferungslage auf der Iberischen Halbinsel ist es möglich, solche spezifischen Hintergründe zu identifizieren.

Im Jahre 1309 zum Beispiel lässt sich der durch Kreuzzugsbullen religiös aufgeladene Kriegszug Jakobs II. gegen das nasridische Almería als Hintergrund für einen Angriff auf das muslimische Viertel von Valencia festmachen.[49] Die örtliche Gemeinde hatte bereits auf die Nachricht, dass der König eine Flotte zusammenzöge, Befürchtungen um ihre eigene Sicherheit geäußert, welche der König zu zerstreuen suchte – fälschlicherweise, wie sich in der Folge herausstellen sollte.[50] Die Quellen verraten wenig über den Angriff von 1309, doch sollte die dabei zutage tretende Verknüpfung zwischen Kreuzzug und Pogrom im 14. Jahrhundert kein Einzelfall bleiben.

Bei anderen Gelegenheiten waren indes nicht christliche, sondern (angebliche) muslimische Angriffe Auslöser städtischer Gewalt. Dabei war es offenbar unerheblich, ob sich diese Attacken tatsächlich zugetragen hatten oder nicht. So offenbart ein Schreiben König Jakobs II. an die Ratsherren der Stadt Elx (Elche), dass die Angriffe auf örtliche Mudejaren im Jahre 1316 allein auf das Gerücht zurückzuführen waren, muslimische Reiter hätten vom Emirat Granada kommend die südliche Grenze des Reichs überschritten. Daraufhin hätten sich einige Jugendliche unter dem Ruf „zur Vorstadt, zur Vorstadt“ (*al raval, al raval*) gegen das Viertel der Muslime gerichtet und dieses geplündert. Die Bedrohung durch einen äußeren religiösen Feind wurde also zum Anlass genommen, prinzipiell geduldete andersgläubige Mitbewohner anzugreifen. Der Vorwand lautete auf Kollaboration, warfen die Ge-

Génocide et justice à Valence, 1391. In: Nicolas Offenstadt/Olivier Matteoni: Un Moyen Âge pour aujourd'hui: pouvoir d'Ètat, opinion publique, justice. Mèlanges offert à Claude Gauvard. Paris 2010, S. 495–508.

49 Zum Kreuzzug von 1309 siehe Cynthia L. Chamberlin: Not all Martyrs or Saints. The Aragonese-Castilian Crusade against Granada, 1309–1310. In: Comitatus 23 (1992) S. 17–45; Joseph F. O'Callaghan: La cruzada de 1309 en el contexto de la Batalla del Estrecho. In: Medievalismo 19 (2009), S. 243–257; Vicent Baydal Sala: La Croada d'Almeria, 1309–1310. La host de Jaume II i el finançament de la campaña. Saarbrücken 2012; ders.: Religious Motivations or Feudal Expansionism? The Crusade of James II of Aragon against Nasrid Almeria in 1309–10. In: De Medio Aevo 11 (2017) S. 61–76.

50 Ferrer i Mallol: Frontera (wie Anm. 32), S. 22.

walttäter den Mudejaren doch vor, im Sinne einer „fünften Kolonne" insgeheim gemeinsame Sache mit äußeren Gegnern und Glaubensgenossen zu machen.[51] Schon einige Zeit zuvor, im Jahre 1304, hatte Jakob II. im aragonesischen Teruel eingreifen müssen, als die Einwohner die örtlichen Mudejaren beleidigten und verunglimpften, weil granadinische Truppen Valencia angegriffen hatten.[52]

Ähnliche Vorwürfe der Kollaboration sind auch aus anderen Kontexten außerhalb der Iberischen Halbinsel bekannt und in der Forschung mit guten Gründen als kontrafaktisch abgetan worden.[53] Doch muss diese Skepsis nicht immer berechtigt sein. Die unmittelbare Nähe einer muslimischen Herrschaft, des Nasridenreichs von Granada, stellte für die christlich beherrschten Reiche in der Tat eine potenzielle äußere, aber auch eine mögliche innere Bedrohung dar. Die südliche Grenzregion, die *frontera*, zwischen christlich und muslimisch beherrschten Gebieten schuf eigene Wirklichkeiten.[54] Zeitgleich mit der königlichen Schutzzusage des Jahres 1316 hat Jakob II. Schreiben verfasst, die von seiner Furcht zeugen, „seine" Muslime könnten dem äußeren Feind helfen.[55] Er und andere aragonesische Könige vor und nach ihm ließen aufgegebene Befestigungen schleifen, weil sie Sorge hatten, diese könnten im Kriegsfall von *mudéjares* besetzt und befestigt werden; sie ließen einzelne Muslime festnehmen und verhören (auch unter Folter), weil sie diese der Kollaboration verdächtigten; sie hielten ihre Dienstleute ausdrücklich an, nach Anzeichen für die Aktivitäten einer „fünften Kolonne" im eigenen Reich Ausschau zu halten.[56] Dass diese Befürchtungen nicht unbegründet sein mussten, zeigen Solidaritätsaktionen aragonesischer Muslime zugunsten auswärtiger Glaubensbrüder und -schwestern von jenseits des Mittelmeeres, darunter auch belegbare Fälle militärischer Kollaboration.[57]

Dass die Mudejaren genauso wenig wie christliche Einwohner der iberischen Reiche prinzipiell vor Gewalt zurückschreckten und folglich als potenzielle Gegner ernst zu nehmen waren, zeigen eindrücklich unter anderem die vielen überlieferten und in ihrer Drastik noch immer beeindruckenden Fälle inner-muslimischer

[51] Zu diesem Vorwurf siehe ebd., S. 21–29.

[52] Basáñez Villaluenga: Morerías (wie Anm. 13), S. 326, Nr. 905.

[53] Weltecke: Bemerkungen (wie Anm. 3), S. 637 f.

[54] José Enrique López de Coca Castañer: Los mudéjares valencianos y el reino nazarí de Granada. Propuestas para una investigación. In: Miguel Ángel Ladero Quesada (Hg.): Estudios en memoria del profesor D. Salvador de Moxó. Bd. 1. Madrid 1982, S. 643–666, hier: S. 644–646.

[55] Ferrer i Mallol: Frontera (wie Anm. 32), S. 22, S. 265, Nr. 44.

[56] Ebd., S. 267, Nr. 47; López de Coca Castañer: Mudéjares (wie Anm. 54), S. 647–654.

[57] Ferrer i Mallol: Frontera (wie Anm. 32), S. 276 f., Nr. 56; S. 282, Nr. 61; S. 291, Nr. 70; S. 334, Nr. 109; S. 425, Nr. 190; Catlos: Muslims (wie Anm. 1), S. 204–206; Pedro Andrés Porras Arboledas: La supuesta revuelta mudéjar preconizada por el zabazala de Deza (Ágreda, 1339). In: AEA 26 (2015), S. 213–230.

Fehden, Morde, Vergewaltigungen und Überfälle.[58] In der Tat lässt sich mit guten Gründen sagen, dass Fehden zwischen Muslimen und Erzählungen über diese Gewalttaten als „Poetiken der Männlichkeit" zur Eigenkonstruktion der unterworfenen Minderheit beitrugen; zugleich aber schürten diese Narrationen die Ängste der Christen gegen muslimische Gewalt.[59]

Ähnliche Vorwürfe und Befürchtungen kennzeichnen die Situationen der Jahre 1331 und 1340, in denen Ausschreitungen lediglich durch das Eingreifen des Königs verhindert werden konnten. 1331 führte die Einnahme der Stadt Guardamar durch nasridisch-granadinische Truppen offenbar zu Beleidigungen und Tätlichkeiten gegen Valencianer Mudejaren. König Alfons IV. wiederholte daraufhin seine Schutzzusagen gegenüber den Muslimen und verbot jeglichen Übergriff.[60] Seine Wortwahl unterstreicht eindrücklich den Konnex zwischen Loyalität und Glauben beziehungsweise Illoyalität und Unglauben, der in der jüngeren Forschung mit Recht herausgestellt worden ist.[61] Denn Loyalität erweist sich hier wie in einigen anderen in diesem Beitrag diskutierten Fällen als ein Angelpunkt für die Beurteilung christlicher Gewalt gegen muslimische Mitbewohner seitens der Könige. Die Monarchen unterstrichen in ihren Schreiben verschiedentlich, dass es sich bei den Mudejaren um loyale, also im weltlichen Sinne um zuverlässige, Untertanen handelte. Bezeichnenderweise benutzte Alfons 1331 hierfür den Terminus *fe*, der gemeinhin mit „Glauben" übersetzt wird: *com los dits moros sien e estien en sota fe e guarda nostra* – „da die erwähnten Muslime unter unserem Glauben und Schutz

[58] Beispielhaft: Basáñez Villaluenga: Morerías (wie Anm. 13), S. 111, Nr. 263, sowie ebd. die Dokumente Nr. 242, Nr. 244 f., Nr. 250, Nr. 256, Nr. 258, Nr. 285, Nr. 701. Vgl. Gil García/María del Pilar: Conflictos sociales y oposición étnica; la comunidad mudéjar de Crevillente, 1420. In: Instituto de Estudios Turolenses (Hg.): Actas del III Simposio internacional de mudejarismo. Teruel 1986, S. 305–312; Anna Domingo Grabiel: La Criminalitat entre els sarraïns de la Corona d'Aragó en el segle XIV. In: BSCEH 6 (1995) S. 161–167; Ferran García-Oliver: La vall de les sis mesquites. El treball i la vida a la Valldigna medieval. Valencia 2003, S. 155–183.

[59] Michael Herzfeld: The Poetics of Manhood. Contest and Identity in a Cretan Mountain Village. Princeton 1985; Mark D. Meyerson: Narratives of Muslim Violence in Christian Courts in the Late Medieval Kingdom of Valencia. In: Mark T. Abate (Hg.): Convivencia and Medieval Spain. Essays in Honor of Thomas F. Glick. Cham 2018, S. 277–296, passim; ähnlich vgl. Vicent Royo Pérez: Violencia contra violencia en el mundo rural valenciano. Los mudéjares del calle Pop (1419). In: Actas XI Simposio Internacional de Mudejarismo. Teruel 2009, S. 667–680, der „un sistema de valores que exalta la virilidad, el culto a la guerra y la defensa del linaje" in Anschlag bringt (ebd., S. 668).

[60] Ferrer i Mallol: Frontera (wie Anm. 32), S. 23.

[61] Nikolas Jaspert: Zur Loyalität interkultureller Makler im Mittelmeerraum. Christliche Söldnerführer (alcayts) im Dienste muslimischer Sultane. In: Jörg Sonntag/Coralie Zermatten (Hg.): Loyalty in the Middle Ages. Ideal and Practice of a Cross-Social Value. Turnhout 2016, S. 235–274; Weltecke: Bemerkungen (wie Anm. 3), S. 629.

stehen".[62] Insofern waren die *mudéjares* in den Augen des Königs eben keine *infideles*, auch wenn dies die christlichen Gewalttäter anders gesehen haben könnten.

1340 wiederum war es der massive, zum Kreuzzug deklarierte „Krieg um die Meerenge von Gibraltar" (*Guerra del Estrecho*), welcher für antimuslimische Stimmung sorgte.[63] Der Generalvogt König Peters des Zeremoniösen in Valencia ließ seinen König wissen, dass in der Stadt „großes Murren" (*gran murmur*) herrsche, weil kolportiert werde, dass viele Valencianer Muslime in das Reich der Nasriden gezogen seien, um an der Seite ihrer muslimischen Glaubensbrüder gegen den König von Kastilien zu kämpfen.[64] Einmal mehr begegnen wir hier dem Vorwurf der Kollaboration und Illoyalität. Der König reagierte mit einer Doppelstrategie: Er schickte Angehörige der Ritterorden in die muslimischen Gemeinden an der Grenze. Sie sollten dort die Vorsteher der Mudejaren der königlichen Unterstützung versichern, sie aber zugleich zur Aushändigung ihrer Waffen auffordern und zur Erklärung darauf verweisen, dass dadurch der Argwohn der Christen beruhigt werde, die von Reisen einiger Valencianer Muslime nach Nordafrika gehört hätten.[65]

Die besondere Rechtsbeziehung der Muslime zum Monarchen konnte aber auch als Argument herangezogen werden, um Muslime anzugreifen, wie die Geschehnisse von 1369 zeigen. Im Zuge des Kriegs zwischen dem Königreich Kastilien und der Krone Aragon, der als „Krieg der beiden Pedros" in die Geschichte eingegangen ist, kamen Zweifel an der Königstreue und Zuverlässigkeit der Muslime im grenznahen Xelva auf. Christliche Einwohner dreier Ortschaften nutzten diesen Argwohn für ihre eigenen Zwecke und unternahmen einen Raubzug gegen die Mudejarengemeinde, verschleppten Menschen und vergewaltigten Frauen. Zwei Jahre später erlangten sie im Ausgleich für substanzielle Geldzahlungen an den königlichen Fiskus – offenbar aber nicht an die Geschädigten – die Gunst Peters des Zeremoniösen zurück.[66]

Während wie gezeigt die Übergriffe von 1386 mit dem zunehmenden fiskalischen Druck in Verbindung gebracht werden können, der sich gegen muslimische Steuereintreiber des Königs entlud, sind die Angriffe auf die muslimische Gemein-

[62] Ferrer i Mallol: Frontera (wie Anm. 32), S. 276, Nr. 55.

[63] Francisco Martínez Canales: La batalla del Salado 1340. Hacia la reconquista del estrecho de Gibraltar. Madrid 2013; Joseph F. O'Callaghan: The Gibraltar Crusade. Castile and the Battle for the Strait. Philadelphia 2011; Carlos Ayala Martínez/José Santiago Palacios Ontalva/Martín Federico Ríos Saloma (Hg.): Guerra santa y cruzada en el estrecho. El Occidente peninsular en la primera mitad del siglo XIV. Madrid 2017.

[64] Ferrer i Mallol: Frontera (wie Anm. 32), S. 23, S. 288–290, Nr. 68 f. Über die Hintergründe dieses Gerüchts siehe López de Coca Castañer: Mudéjares (wie Anm. 54), S. 648.

[65] Ferrer i Mallol: Frontera (wie Anm. 32), S. 288 f., Nr. 68.

[66] Archivo de la Corona de Aragón, Cancillería, Reg. 1080, fol. 193v–195v; ebd., Reg. 921, fol. 76v–77v; vgl. Ferrer i Mallol: Frontera (wie Anm. 32), S. 23 f.

de von Valencia im Jahr 1391 vor einem völlig anderen Hintergrund zu sehen: dem des großen Judenpogroms jenes Jahres.[67] Offenbar gingen Christen mit dem Aufruf „Tod oder Taufe“ (*muyren o es facen christians*) in jenen Monaten der Gewalt auch gegen Muslime vor.[68] Das Eingreifen des Infanten Martin, der Kavallerie einreiten und einen Rädelsführer kurzerhand hinrichten ließ, sorgte dafür, dass das Ausmaß der Gewalt gegen die Muslime vergleichsweise gering blieb.[69] Dass sie keineswegs auf Valencia beschränkt war, zeigen allerdings zeitnahe Quellen aus der aragonesischen Stadt Huesca.[70]

Auffällig ist bei den Geschehnissen des Jahres 1391, dass ebenso wie in einigen anderen Fällen ausdrücklich von jungen Gewalttätern die Rede ist.[71] Die Quellen sprechen von *iuvenes*, *infants* oder Ähnlichem und suggerieren damit, dass es sich bei diesen Übergriffen um eine Form von Gruppen- und Jugendgewalt gehandelt haben könnte, wie wir sie auch aus modernen Gesellschaften kennen. Die grundlegende theologisch-religiöse Spannungslage zwischen Christen und Muslimen im Mittelalter dürfte das Fundament für diese Formen des Vandalismus gewesen sein, während die eigentlichen Auslöser für die Gewalt indes vorwiegend in anderen Bereichen gelegen haben dürften, zu denen sicher auch die Gruppendynamiken gewaltbereiter Jugendlicher zu zählen sind. Auffällig ist ebenfalls der ökonomische Hintergrund der Angriffe von 1391. Auch er war keineswegs singulär, im Gegenteil: Gewalt gegen Muslime ging auffällig oft mit Plünderungen einher; im Jahr 1391 ebenso wie 1275, 1316 und 1386.[72]

Unklar bleibt indes, ob die aufrührerische Gewalt jugendlicher Täter nicht vonseiten städtischer Autoritäten inszeniert worden sein könnte, ob hierdurch also Konkurrenzkämpfe ausgetragen, Änderungen bestehender Verhältnisse erreicht oder Kritik am Herrscher geäußert werden sollten, wie wir beim Angriff auf den muslimischen Steuereintreiber im Jahre 1386 beobachten konnten. Auf jeden Fall aber waren die Übergriffe keineswegs im Interesse der Könige, die folglich regelhaft eingriffen und dabei vor allem zwei Gründe für ihren Einsatz zugunsten der Muslime anführten: zum einen die bereits erwähnte Zugehörigkeit der *mudéjares* zum königlichen Schatz beziehungsweise deren unmittelbare Zuordnung zum

[67] Rafael Narbona Vizcaíno: El trienio negro: Valencia, 1389–1391. Turbolencias coetáneas al asalto de la judería. In: EEM 35 (2012), S. 177–210; Nirenberg: Dilemme (wie Anm. 48); Gampel: Riots (wie Anm. 9).
[68] Ferrer i Mallol: Frontera (wie Anm. 32), S. 25.
[69] Ebd.; Narbona Vizcaíno: Trienio (wie Anm. 67), S. 205 f.
[70] Basáñez Villaluenga: Aljama (wie Anm. 27), S. 76, S. 233, Nr. 94; S. 239 f., Nr. 99.
[71] Ferrer i Mallol: Frontera (wie Anm. 32), S. 26, S. 383 f., Nr. 155 f. Auch 1316: ebd., S. 265, Nr. 44: *aliqui homines iuvenes loci ipsius*; 1397: *gran avalot de infants* (ebd., S. 414, Nr. 179); 1399: *alguns fadrins* – Agustín Rubio Vela: Epistolari de la València medieval II. Valencia 1998, S. 239.
[72] Siehe Anm. 41; Ferrer i Mallol: Frontera (wie Anm. 32), S. 356, Nr. 357.

Herrscher, zum anderen aber die ganz konkrete, vor allem ökonomisch motivierte und durchaus berechtigte Sorge, die als Handwerker und Landarbeiter geschätzten Muslime könnten emigrieren und dadurch dem Herrscher als Arbeitskräfte verloren gehen.[73]

Die letzten noch im 14. Jahrhundert verzeichneten Angriffe wurden – wie die der Jahre 1309 und 1340 – offenbar durch die neu aufflammende Kreuzzugsbegeisterung ausgelöst. 1397/98 und 1399 rüstete die Stadt Valencia, gefördert durch die legitimierende Kraft verschiedener päpstlicher Ablassbullen, einige Kriegsschiffe aus, um eine als Kreuzzug deklarierte Expedition gegen nordafrikanische Städte durchzuführen.[74] In dieser Situation hielten Weltkleriker und Bettelordensmönche (*frares, capellans e altres persones*),[75] eine Reihe öffentlicher Kreuzzugspredigten. Nach Ausweis verschiedener königlicher Schreiben verstanden einige Zuhörer diese Aufrufe als direkte Aufforderung, gegen Muslime im eigenen Land vorzugehen, und zumindest in einem Fall rief ein Mönch im aragonesischen Daroca und Burbágena in der Tat zu Übergriffen gegen Einheimische auf.[76] In Valencia kam es unter dem Ruf „die Muslime mögen sterben“ (*muyren els moros*)[77] zu Ausschreitungen, und in Xàtiva wurden Muslime von Kreuzfahrern ermordet beziehungsweise verletzt. Mit einhundert Berittenen und einer Flut von Verfügungen versuchte der König, die Situation im Königreich Valencia zu beruhigen;[78] auch in Huesca in Aragon wurden Vorsichtsmaßnahmen gegen Übergriffe als nötig erachtet.[79] Hier dürften wir es mit den Folgen einer dezidierten Gewalttheologie seitens kirchlicher Akteure zu tun haben, die nun nicht nur gegen den äußeren Gegner, sondern gegen die ehemals geduldeten und jetzt verfeindeten Mudejaren agitierten.[80]

[73] Ebd., S. 356 f., Nr. 133 f.; S. 363, Nr. 140; zur muslimischen Emigration siehe López de Coca Castañer: Mudéjares (wie Anm. 54), S. 657 f.; Ferrer i Mallol: Sarraïns (wie Anm. 1), S. 119–136, S. 147–210.

[74] Andreu Ivars Cardona, OFM: Dos Creuades valenciano-mallorquines a les Còstes de Berbería 1397/1399. Valencia 1921; Jaume Sastre Moll: Aportación mallorquína a la Armada Santa (1398–99). In: BSAL 37 (1979/80), S. 167–199, S. 485–518; Andrés Díaz Borrás: Los orígenes de la piratería islámica en Valencia. La ofensiva musulmana trecentista y la reacción cristiana. Barcelona 1993, S. 142–201; Jaume Sastre Moll: Dos expediciones valenciano-mallorquinas al norte de Africa. La Armada Santa 1398–1399. In: BSAL 52 (1996), S. 57–94.

[75] Ferrer i Mallol: Frontera (wie Anm. 32), S. 417, Nr. 182.

[76] Ivars Cardona: Creuades (wie Anm. 74), S. 75–78, Nr. 51; Ferrer i Mallol: Frontera (wie Anm. 32), S. 27.

[77] Ivars Cardona: Creuades (wie Anm. 74), S. 149 f., Nr. 117; Ferrer i Mallol: Frontera (wie Anm. 32), S. 413 f., Nr. 179.

[78] Ferrer i Mallol: Frontera (wie Anm. 32), S. 26–29, S. 413–421, Nr. 179 f., Nr. 182–190.

[79] Basáñez Villaluenga: Aljama (wie Anm. 27), S. 242, Nr. 102.

[80] Zur Rolle religiöser Führer bei Ausbrüchen religiöser Gewalt vgl. Weltecke: Bemerkungen (wie Anm. 3), S. 652–655.

Aufschlussreich ist in diesem Zusammenhang ein Brief, den der franziskanische Theologe Francesc Eiximenis – Autor des berühmten, 1383 verfassten Traktats über die gerechte Herrschaft „Regiment de la Cosa Pública" – den Ratsherren von Valencia schrieb. Darin empfahl der Ordensangehörige den Autoritäten, in ihrem Verantwortungsbereich alle öffentlichen Manifestierungen des Islam zu verbieten und die *mudéjares* zu entwaffnen. Als Begründung führte Francesc Eiximenis zum einen Sicherheitsgründe an; zum anderen aber sollten die städtischen Autoritäten handeln, damit „Gott seinen Zorn nicht gegen die Ratsherren und das Land richte" (*per tal que Deus no sia airat contra vosaltres ni contra la terra*).[81] Eiximenis und andere Bettelordensmönche lassen sich damit nicht nur im Zusammenhang mit antijüdischen Pogromen, sondern auch hinsichtlich antimuslimischer Ausschreitungen als gewalttheologische Agitatoren identifizieren, deren Wirken durchaus Folgen zeitigen konnte.[82]

In jener stark von apokalyptischen und eschatologischen Vorstellungen geprägten Zeit wurden die Mudejaren in christliche Nahzeiterwartungen eingefügt; die Muslime würden mit Prophezeiungen gegen ihre christlichen Herren agitieren, behauptete 1451 der Valencianer Stadtrat.[83] Damit aber brachten sie ein besonderes Mittel der Verfeindung in Anschlag, das aus Muslimen grundsätzliche und sogar endzeitliche Feinde machte. In einen ähnlichen Bereich des Außerweltlichen gehören die schon zu Beginn des 14. Jahrhunderts – etwa bereits im Jahr 1301 in Zaragoza[84] – belegten Vorwürfe, einzelne Mudejaren würden sich der Zauberei bedienen. Auch im Rahmen der Ausschreitungen von 1340 und 1391 war Muslimen vorgeworfen worden, Zauberei und Nigromantie zu betreiben, um Christen zu schaden.[85]

Es dürfte kein Zufall sein, dass sich in der religiös besonders aufgeladenen Zeit zum Ende des 14. Jahrhunderts auch Hinweise darauf finden lassen, dass Christen zum Zweck der eigenen Selbstheiligung Muslime angriffen. Eine spezifische, für die Kreuzzugszeit typische Form religiöser Gewalt liegt bekanntlich dann vor, wenn Akteure nicht aufgrund politischer Verbindungen und Verpflichtungen kämpfen – etwa als Kombattanten in Heeren oder aufgrund von militärischen Lehnsverpflichtungen –, sondern freiwillig zur Sicherung des eigenen Seelenheils

[81] López de Coca Castañer: Mudéjares (wie Anm. 54), S. 652 f.

[82] Siehe auch die Verhaftung eines Valencianer Dominikanermönchs im Jahre 1457, der gegen Muslime aufgewiegelt hatte; Gual Camarena: Mudéjares (wie Anm. 36), S. 480.

[83] López de Coca Castañer: Mudéjares (wie Anm. 54), S. 653.

[84] Basáñez Villaluenga: Morerías (wie Anm. 13), S. 238, Nr. 644.

[85] 1340: Ferrer i Mallol: Frontera (wie Anm. 32), S. 291, Nr. 70; 1391: Manuel Ginés Ruzafa García: Mudéjares, conversos e Inquisición en la Valencia del siglo XV. In: José María Cruselles Gómez (Hg.): En el primer siglo de la Inquisición Española. Fuentes documentales, procedimientos de análisis, experiencias de investigación. Valencia 2013, S. 43–64, hier: S. 61.

zur Waffe gegen Andersgläubige greifen. Auf der Iberischen Halbinsel ist diese Form des freiwilligen Kriegsdiensts aus religiösen Gründen nur selten eindeutig zu belegen. Zu viele andere Beweggründe konnten dafür verantwortlich sein, gegen Muslime zu Felde zu ziehen: Vor allem das Interesse an Beute, die Gewohnheiten des Grenzkriegs mit seinen Razzien und punktuellen Raubüberfällen, aber auch Rachemotive kennzeichneten die Auseinandersetzung an der iberischen Glaubensgrenze, der *frontera*.[86] Gelegentliche Ausnahmen seien aber zumindest genannt: Zu diesen gehörten zunächst die erwähnten Valencianer Kreuzzüge von 1397 bis 1399. Neben ihnen ist auf den ungewöhnlichen Fall des Martín Yáñez de Barbosa/de la Barbuda hinzuweisen, eines Meisters des Ritterordens von Alcántara, der 1394 – den ausdrücklichen Befehl seines Königs und die Warnungen seiner Peers ignorierend – einen persönlichen, ganz offensichtlich religiös begründeten Krieg gegen die Muslime von Granada führte, bei dem er selbst den Tod fand.[87]

Ähnlich gelagert ist auf muslimischer Seite der Fall eines in den christlichen Quellen in den zwanziger Jahren des 15. Jahrhunderts aufscheinenden Seeräubers aus Granada.[88] Er ist deshalb für unser Thema relevant, weil dieser muslimische Gewaltakteur Glaubensbrüder, die unter christlicher Herrschaft lebten, zum Aufstand gegen ihre Herren zu bewegen suchte, indem er angab, seinen Auftrag direkt von Gott erhalten zu haben. In den christlichen Quellen wird er bezeichnenderweise als *el Santo Moro* („der maurische Heilige") aufgeführt. In der Tat gelang es ihm, 2.000 Kämpfer um sich zu scharen, Schiffe zu bemannen und als Korsar vor den Küsten Valencias zu patrouillieren. Doch 1426 verschwindet er spurlos aus der Überlieferung, wahrscheinlich kam er zu dieser Zeit ums Leben. Die an der Wende zum 15. Jahrhundert aufscheinende religiöse Gewalt gegen geduldete Muslime, wie die Angriffe im Valencia der Jahre 1398/99, ist damit vor einem erweiterten, frömmigkeitsgeschichtlichen Hintergrund einzuordnen. Aber er nicht allein durch ihn

[86] Nikolas Jaspert: Grenzen und Grenzräume im Mittelalter. Forschungen, Konzepte und Begriffe. In: Klaus Herbers/Nikolas Jaspert (Hg.): Grenzräume und Grenzüberschreitungen im Vergleich. Der Osten und der Westen des mittelalterlichen Lateineuropa. Berlin 2007, S. 43–70; ders.: Eroberung – Rückeroberung – Glaubenskampf – Gotteskrieg. Die Levante und die Iberische Halbinsel im Vergleich. In: Hermann Kamp (Hg.): Herrschaft über fremde Völker und Reiche. Formen, Ziele und Probleme der Eroberungspolitik im Mittelalter. Ostfildern 2022, S. 249–290. Zu den Grenzen in den mittelalterlichen iberischen Reichen siehe Sandra Schieweck-Heringer: Iberische Grenzregime. Die Herrschaftsgrenzen Kastiliens im Vergleich (1140–1400). Münster 2022.

[87] López de Coca Castañer: Mudéjares (wie Anm. 54), S. 651.

[88] Andrés Diaz Borrás: El ocaso cuatrocentista de Valencia en el tumultuoso Mediterráneo, 1400–1480. Barcelona 2002, S. 97–108; Salicrú i Lluch: Sultanato (wie Anm. 5), S. 185–188; Ana Echevarría Arsuga: El fundamentalismo islámico popular en la Península Ibérica durante los siglos XIV y XV. In: Francisco-Javier Lorenzo Pinar (Hg.): Tolerancia y fundamentalismos en la historia. XVI Jornadas de Estudios Históricos organizadas por el Departamento de Historia Medieval, Moderna y Contemporánea. Salamanca 2007, S. 35–52, hier: S. 50–52.

zu erklären, wie die Kontextanalyse aller acht Gewaltereignisse des 14. Jahrhunderts gezeigt haben dürfte.

Die Komplexität religiöser Gewalt

Kommen wir abschließend zu unserem letzten Fall, dem großen antimuslimischen Pogrom von Valencia des Jahres 1455. Er ist deshalb besonders aufschlussreich und von der Forschung gewürdigt worden,[89] weil über das Geschehen ein ausführlicher, bis in die Einzelheiten gehender Bericht in Form eines Briefs König Johanns I. von Aragon[90] vorliegt, der durch weitere zeitgenössische Quellen ergänzt wird. Die Hauptquelle wurde im Anschluss an zwei Prozesse verfasst, welche zuerst der Rat der Stadt und dann der König gegen die Täter anstrengte; im Rahmen der Verhandlungen wurden Erklärungsschreiben aufgesetzt und weitere begleitende Texte herangezogen. Mithilfe dieses im Folgenden ausführlich zitierten – wohlgemerkt nach den Ereignissen entstandenen und diese deutenden – Quellenkonvoluts lassen sich die Ereignisse rekonstruieren, interpretieren und unterschiedliche Akteure (Täter, Opfer und Beobachter) differenzieren.

Im Mai 1455 zirkulierten in Valencia Gerüchte, wonach der frisch gewählte Papst Calixtus III. – ein aragonesischer Prälat – denen, die Muslime töteten, Ablässe versprochen hätte. Unterstützung erfuhr diese unzutreffende Aussage durch eine gefälschte päpstliche Bulle.[91] Tatsächlich jedoch hatte der Papst lediglich zum Kreuzzug gegen die Osmanen beziehungsweise gegen das Königreich Granada aufgerufen, wofür ein Jahr zuvor in Valencia auch öffentliche Predigten abgehalten worden waren.[92] Am Sonntag, dem 1. Juni 1455, führte nun eine 20- bis 30-köpfige

[89] Manuel Ardit Lucas: El asalto a la morería de Valencia en el año 1455. In: Ligarzas 2 (1970), S. 127–138; Gual Camarena: Mudéjares (wie Anm. 36); Manuel Ginés Ruzafa García: „Façen-se cristians los moros o muyren!“. In: RHM 1 (1990), S. 87–110; ders.: Repercusiones en Valencia de la caída de Constantinopla: el asalto a la morería de 1455. In: Encarnación Motos Guirao (Hg.): Constantinopla, 550 años de su caída. Granada 2006, S. 185–202; Alejandro Moreno Gironés: El asalto a la Morería de València de 1455. Perspectivas de estúdio. In: André Silva u. a. (Hg.): Incipit 7. Workshop de Estudos Medievais da Universidade do Porto. Porto 2019, S. 21–30.

[90] Publiziert bei Gual Camarena: Mudéjares (wie Anm. 36), S. 484–494; Ardit Lucas: Asalto (wie Anm. 89), S. 131–138.

[91] Ruzafa García: Façen-se cristians (wie Anm. 89), S. 89; ders.: Repercusiones (wie Anm. 89), S. 201.

[92] Ders.: Repercusiones (wie Anm. 89), S. 198–200. Zum allgemeinen Hintergrund und den Kreuzzugsbemühungen jener Jahre siehe Miguel Navarro Sorní: Calixto III, el papa de la cruzada. In: Aula de Humanidades y Ciencias de la Real Academia de Cultura Valenciana. Serie Histórica 23 (2002), S. 11–32; ders.: Calixto III Borja y Alfonso el Magnánimo frente a la cruzada. Valencia 2003; John Edwards: Reconquista and Crusading in Fifteenth-Century Spain. In: Norman Housley (Hg.): Crusading in the Fifteenth Century. Message and Impact. Baskingstoke 2004, S. 163–181, S. 235–237,

Gruppe von Jugendlichen (*una companya de fadrins e minyons*) – einmal mehr sei auf das Alter der Täter verwiesen – mit Papstfähnchen und -bildern sowie mit Kreuzen ausgestattet (*ab alguns penonets grochs e banderetetes se senyals de tiaras de papa* [...] *e ab creus vermelles*) eine Prozession zu den Mauern des muslimischen Viertels durch. Dort angelangt, forderte sie eine Gruppe junger Mudejaren dazu auf, vor dem Kreuz niederzuknien. Als diese sich weigerten, schlugen die Christen auf die Muslime ein und drohten ihnen offen mit dem Tod, wenn sie sich nicht taufen lassen würden (*los dits fadrins christians començaren a batre amb les mans e encara ab canyes los dits moratells dient* [...] *que tots morrien si no's batejarien*). Die Stadtverwaltung nahm einige der jugendlichen Gewalttäter kurzerhand in Haft, und die Lage schien sich zu beruhigen. Doch einige – wie es im Bericht des Königs heißt – „Vagabunden und Fremde" (*vagabunts e strangers*) sowie einige Handwerksgesellen (*macips de menestrals*) rotteten sich in der Nacht zusammen, beleidigten die zum Schutz des muslimischen Viertels zusammengezogenen städtischen Beamten, griffen diese mit Steinen an (*no tement Deu ne la reyal senyoria, tirant grans pedres als oficials*) und stürmten schließlich die *morería*, wo „ein oder zwei Christen und zwei oder drei Muslime" zu Tode kamen, ein Haus angezündet und vor allem ausgiebig geplündert wurde (*derrobaren aquella en* [...] *forta manera*).

Das schnelle Eingreifen der städtischen Autoritäten, welche die Stadttore zu verschließen befahlen und die Täter so an einer Flucht hinderten, brachte kurzzeitige Ruhe. Aber wenige Tage später brach zur Zeit der Fronleichnamsfeier die Gewalt – nun angeblich durch Besucher aus dem Umland weiter angefacht – aufs Neue aus. Dass die Fronleichnamsfeierlichkeiten regelmäßig Anlass für niedrigstufige Gewalt gegen geduldete Andersgläubige gaben, ist bereits oben angesprochen worden, doch gingen die Ausschreitungen in diesem Fall deutlich weiter. Auslöser des Auflaufs war ein Gerücht, wonach fremdländische muslimische Truppen als Rache für die Plünderung der *morería* die Stadt angreifen würden (*gran crit que moros venien per prendre la dita ciutat*). Doch richtete sich der Aufstand nun nicht mehr vorwiegend gegen die Muslime, sondern gegen königliche Beamte (*cridaven ‚anem a casa del batle e dels officials a robar-los-hi, metam-hi fochs e matem-los'*).[93]

hier: S. 176; Paul Botley: Giannozzo Manetti, Alfonso of Aragon and Pompey the Great: A Crusading Document of 1455. In: JWCI 67 (2004), S. 129–156; Miguel Navarro Sorní: Alfonso de Borja, Papa Calixto III en la perspectiva de sus relaciones con Alfonso el Magnánimo. Valencia 2005, S. 377–570; Nikolas Jaspert: Crusades in 15th-Century Iberia and the Vexed Issue of Late Medieval Nation-Building. In: Klaus Herbers/Teresa Jiménez Calvente (Hg.): Spanien auf dem Weg zum religiösen Einheitsstaat (15. Jh.). Wolfenbüttel 2022, S. 33–57, hier: S. 44–48.

93 Ruzafa García: Façen-se cristians (wie Anm. 89), S. 95 nach einem Schreiben des Rats an den König.

Sowohl die städtische Führungsschicht als auch der König verstanden die Revolte daher mit guten Gründen als eine Infragestellung ihrer Autorität. Eine erste Phase der Repression war von vielen Festnahmen, umfassenden Konfiszierungen sowie der Hinrichtung von drei Personen seitens der städtischen Gerichtsbarkeit gekennzeichnet.[94] Das drastische Eingreifen verhinderte, dass die Gewalt im Königreich weiter um sich griff, der Stadtrat koordinierte die Rückgabe geraubten Eigentums an die Opfer der Gewalt, und der König hob einige Einschränkungen muslimischen Lebens in seinem Reich auf, um Abwanderungen der Mudejaren zu verhindern.[95] Eine zweite Phase der Repression ging drei Jahre später von dem kurz zuvor an den Thron gekommenen Autor des hier zitierten Berichts, König Johann, aus. Er veranlasste eine erneute Untersuchung der Ereignisse durch eigene Beamte, was zur Hinrichtung weiterer 13 Personen und zur Flucht einiger Christen aus der Stadt führte. Schließlich erteilte der König 1460 (wie einer seiner Vorgänger 1283) eine Generalamnestie als Gegenleistung für substanzielle Zahlungen und die förmliche Anerkennung königlicher Autorität durch den Rat – so das königliche Narrativ.[96]

Eine genauere Sichtung des komplexen Geschehens und eine zeitliche Differenzierung der Abläufe decken aber Spannungslagen und Akteure auf, die auf den ersten Blick unsichtbar bleiben.[97] Denn während die ersten, von der Stadt durchgeführten Verfolgungen die erwähnten Marginalisierten und Fremden als alleinige Urheber der Gewalt stigmatisierten und bestraften, entstammten die aufgrund der königlichen Inquisition angeklagten und verurteilten Gewalttäter einem vollkommen anderen sozialen und professionellen Spektrum, nämlich dem Handwerkerstand, der Kaufmannschaft und dem städtischen Adel.[98]

Der Hinweis auf gewalttätige Handwerksgesellen, die soziale Zuordnung einiger Verurteilter und die zeitgenössischen Beschwerden christlicher Handwerker über die Konkurrenz muslimischer Gewerbetreibender lassen darauf schließen, dass weniger religiöser Antagonismus, sondern wirtschaftliche Rivalität zwischen Handwerkern ein Motiv für den Gewaltausbruch gewesen sein dürfte. Bezeichnenderweise forderten ein Jahr vor den Ausschreitungen christliche Schuster lautstark, ihre muslimischen Kollegen sollten ausschließlich im „Maurenviertel" ihre

94 Ebd., S. 99 f.

95 Manuel V. Febrer Romaguera (Hg.): Les aljames mudèjars valencianes en el segle XV. València 2006, S. 231–238, Nr. 70–74.

96 Die Darstellung fasst den Inhalt des königlichen Schreibens zusammen, vgl. Anm. 90.

97 Vgl. hierzu vor allem Ruzafa García: Façen-se cristians (wie Anm. 89), S. 107–109; Moreno Gironés: Asalto (wie Anm. 89).

98 Ardit Lucas: Asalto (wie Anm. 89), S. 137.

Geschäfte treiben und nur dann in die Zunft aufgenommen werden, wenn sie zum Christentum konvertierten.[99]

Die Beteiligung und Verurteilung eines führenden, königsnahen Fernhändlers wiederum, der im Rahmen der Unruhen vom Juni 1455 für die Brandstiftung im Haus des örtlichen Gemeindevorstehers der Valencianer Mudejaren verantwortlich gemacht wurde, deckt weitere wirtschaftliche Rivalitäten auf, gehörte dieser Gemeindevorsteher (*Qādī*)[100] doch zu einer Gruppe einflussreicher Fernhändler, welche die Stadt aus Nordafrika mit Seide und Getreide versorgten.[101] Täter und Opfer gehörten also ein und derselben Berufsgruppe an.

Konkurrenzen einer ganz anderen Art schließlich dürften dafür verantwortlich gewesen sein, dass sich auch städtische Adlige an den Ausschreitungen beteiligten. Sie waren Grundherren auf dem Land und standen als solche ihrerseits örtlichen muslimischen Gemeinschaften vor. Darüber aber kamen sie auch mit dem König in Konflikt, „dessen" städtische Muslime sie in der Pogromnacht angriffen.[102] Darüber hinaus kennzeichnete eine weitere, keineswegs unbedeutende Spannungslage den Gerichtsprozess von 1549/60: diejenige zwischen städtischer und königlicher Gerichtsbarkeit. Der König, dessen Beamte ursprünglich einhundert Todesurteile aussprachen und diese erst abgemildert hatten, als der Rat umfangreiche Bußzahlungen leistete, nahm die Geschehnisse zum Anlass, seine Verfügungsgewalt in der Stadt massiv durchzusetzen.[103]

Eine genaue, kontextsensible Analyse des Pogroms von 1455 macht damit wahrscheinlich, dass in jenem Jahr religiöse Unruhe im Zuge der Papstwahl und anstachelnde Kreuzzugspredigten benutzt wurden, um über die Verfolgung der Muslime vielfältige und unterschiedlich gelagerte innerstädtische und institutionelle Spannungen auszutragen.[104] Das Geschehen von 1455 fasst damit viele, durchaus gegenläufige Elemente zusammen, die in diesem Beitrag zur Sprache gekommen sind. Zweifellos handelte es sich bei ihm um eine Form religiöser Gewalt, weil sie gegen geduldete Andersgläubige verübt und religiös legitimiert wurde. Sie war indes sozial weitaus komplexer, wurde offenbar von unterprivilegierten Gruppen und Auswärtigen getragen, aber ebenso von interessierten Gewerbetreibenden

99 Moreno Gironés: Asalto (wie Anm. 89), S. 27 f.

100 Ardit Lucas: Asalto (wie Anm. 89), S. 133.

101 Moreno Gironés: Asalto (wie Anm. 89), S. 28.

102 Ebd., S. 29 f.

103 Worauf besonders Moreno Gironés: Asalto (wie Anm. 89) hinweist.

104 Ardit Lucas: Asalto (wie Anm. 89), S. 128 f., weist auch auf eine zum Zeitpunkt der Unruhen feststellbare, mit Preisanstiegen einhergehende Getreideknappheit hin; Ruzafa García: Façen-se cristians (wie Anm. 89), S. 102 f., berichtet von einem Pestausbruch im Frühjahr 1456. Eine ähnliche Kontextualisierung eines Pogroms liefert für die Gewaltereignisse von 1391 gegen die Juden Valencias Narbona Vizcaíno: Trienio (wie Anm. 67).

und Kaufleuten, die sich vor den Augen einer beobachtenden Öffentlichkeit gegen Konkurrenten richteten. Die Unruhen stellten die öffentliche Gewalt städtischer und königlicher Institutionen infrage, wurden durch die Furcht vor fremden Andersgläubigen genährt und erwiesen sich schließlich als ein Austragungsort für die Konsolidierung allgemeingültiger Ordnungsfunktionen.

Ergebnisse

Die hier vorgelegten empirischen Tiefenbohrungen aus dem spätmittelalterlichen Valencia und Aragon belegen die Notwendigkeit, Gewalt gegen Andersgläubige nicht allein als Grundphänomen des mittelalterlichen Jahrtausends zu begreifen und ihr damit strukturelle Permanenz zuzuschreiben. Vielmehr ist jedes einzelne Gewaltereignis zu historisieren und zu kontextualisieren. Religion spielte in jedem der hier untersuchten Fälle als Substrat der Gewalthandlung in der Tat eine – keineswegs zu unterschätzende – Rolle. Gewalt wurde in Einzelfällen religiös gerahmt, wie der sonntägliche Gewaltausbruch von 1455 zeigt. Sie konnte auch in Valencia und Aragon symbolisch gestaltet werden: etwa durch das Umwerfen von Grabsteinen, die Schändung von Friedhöfen oder durch physische Objekte wie zum Beispiel Fähnchen und Bilder. In Einzelfällen wurde sie liturgisch oder paraliturgisch begleitet, wie einmal mehr die Gewaltexzesse von 1455 und ihre Verbindung mit religiösen Prozessionen exemplifizieren. Und noch häufiger wurde Gewalt religiös legitimiert, wie öffentliche Aufrufe zur Konversion, die Furcht vor Gottes Strafe für einen zu laxen Umgang mit Andersgläubigen und anderes mehr belegen.

Aber religiöse Gegensätze waren keine notwendige und auch keine hinreichende Bedingung für den Ausbruch religiöser Gewalt. Vielmehr lassen sich neben ihnen sehr konkrete und diachron veränderliche Faktoren bestimmen, welche das Geschehen wesentlich beeinflussten. Jugendliche Gruppendynamiken konnten in diesem Aufsatz ebenso wahrscheinlich gemacht werden wie ganz konkrete militärische Gefahrenlagen an den Grenzen des Reichs und damit die Furcht vor politischen Umbrüchen. In anderen Fällen lagen Widerstände gegen königliche Steuern oder Konkurrenzen zwischen städtischen Führungsgruppen den Angriffen zugrunde, und nicht zu unterschätzen ist schließlich die Macht des Gerüchts. Diese Faktoren konnten situativ-punktueller Natur sein oder strukturellen Charakter haben und zu den Ordnungskonfigurationen spätmittelalterlicher iberischer Gesellschaften zählen. Nur kontextsensible, historische Falluntersuchungen religiöser Gewalt können zu einer angemessenen Einordnung und Bewertung der Ereignisse, ihrer Hintergründe und ihrer Folgen führen.

Abstract

This chapter focuses on a particular form of violence perpetrated by Christians in the Middle Ages: It deals with Muslim men and women (mudéjares) who lived as a religious minority on the Iberian Peninsula in the Crown of Aragon and with the attacks they suffered in the 13th to 15th centuries by members of the dominant, i. e. Christian, society. The paper's aim is fourfold: First, it provides an overview of this relatively neglected phenomenon that has generally been overshadowed by the military conflicts between Muslims and Christians (crusades etc.) or by Christian violence towards Jews. Then, it attempts to illustrate the wide range of assaults and encroachments perpetrated in order to sketch a typology of anti-minority violence. Third, it discusses the question to which extent these actions could have been religiously motivated or religiously framed. Finally, by uncovering the concrete historical contexts of individual cases of violence, it postulates that such comprehensive historical framings can help us better understand and calibrate medieval violence against the religious Other. In terms of methodology, the paper presents four empirical case studies spanning the two centuries from the middle of the 13th to the middle of the 15th century. These studies are unusually precise thanks to the exceptionally rich documentation still extant in the archives of northeastern Spain.

Daniel Schley

Die Wahrnehmung religiöser Gewalt in Japan im 12. und 13. Jahrhundert

Einleitung

Die gemeinsame Geschichte von Buddhismus und Shintō, deren Synkretismus mit Beginn der Meiji-Regierung (1868–1912) offiziell aufgelöst wurde, prägt das religiöse Selbstverständnis vieler Menschen in Japan bis heute.[1] Auf den ersten Blick erweist sich die Verbindung der beiden traditionellen Religionsgemeinschaften als eine weitgehend harmonische, gegenseitige Ergänzung. Ein zweiter Blick vermag hingegen so manche innerreligiösen Konflikte auszumachen, deren Anzahl selbst unter Berücksichtigung der gewaltsamen Trennung von Buddhismus und Shintō doch insgesamt verhältnismäßig gering blieb. Anders liegt der Fall im Einsatz religiöser Symbole und Rituale in Kampfhandlungen, für die es von den frühsten Aufzeichnungen bis ins 20. Jahrhundert zahlreiche Belege gibt.[2] Wie im Folgenden näher ausgeführt, stellte in Japan religiöse Gewalt keine Ausnahme dar. Eine gesteigerte gesellschaftliche Relevanz erfuhr das zuvor nur in wenigen religionswissenschaftlichen und historischen Einzelstudien behandelte Thema zudem nach den Anschlägen der Aum-Sekte in Tōkyō im März 1995.[3] Im Zuge der Aufarbeitung religiöser Gewalt in der Moderne Japans rückten auch ältere Forschungsarbeiten zu deren vormodernen Varianten wieder in den Blick, worauf im Fall der buddhistischen „Mönchskrieger“ und deren kritischen Neubewertung noch zurückzukommen ist. Eine systematische Auswertung in Form einer diachronen Darstellung religiöser

[1] Alicia Matsunaga: The Buddhist Philosophy of Assimilation. The Historical Development of the Honji Suijaku Theory. Tōkyō 1969; Nelly Naumann: Die einheimische Religion Japans. Bd. 2: Synkretistische Lehren und religiöse Entwicklungen von der Kamakura- bis zum Beginn der Edo-Zeit. Leiden 1994.

[2] Allgemein vgl. Nicholas F. Gier: The Origins of Religious Violence. An Asian Perspective. Lanham 2014; zu Japan im 19. Jahrhundert vgl. ebd., Kap. 7. Für die vormodernen Epochen und speziell zum 14. Jahrhundert vgl. Thomas D. Conlan: State of War. Ann Arbor 2003, S. 165–176.

[3] Näheres vgl. Ian Reader: Religious Violence in Contemporary Japan. The Case of Aum Shinrikyō. Richmond 2000.

https://doi.org/10.1515/9783110773781-010

Gewalt steht allerdings bislang noch aus.[4] Weniger anspruchsvoll liegt das Ziel des vorliegenden Beitrags darin, anhand einer quellengestützten Analyse exemplarischer Aspekte der Gewaltkritik das zeitgenössische Verständnis religiöser Gewalt im uns gleichermaßen zeitlich wie kulturell fremden Japan herauszuarbeiten. Die zeitliche Auswahl fiel dabei aufgrund der signifikanten Steigerung gewalttätiger Konflikte und religiöser Veränderungen auf Zeugnisse aus dem 12. und 13. Jahrhundert, ohne dass damit suggeriert werden soll, dass andere Epochen vernachlässigbar wären. Der Quellenauswertung seien daher zunächst einige einleitende Bemerkungen vorangestellt.

Vorbemerkungen zum religionsgeschichtlichen Hintergrund

Die Geschichte der Übernahme des Buddhismus lässt zunächst eine konfliktvolle Entwicklung erwarten. In der „Chronik Japans" (日本書紀 „Nihon shoki", 720), dem ältesten erhaltenen Schriftzeugnis in Japan dazu, ist von der zunächst gewaltsamen Unterdrückung der buddhistischen Lehren und Praktiken zu lesen, bevor diese Verbreitung erlangen sollten. Dem offiziellen Bericht zufolge erreichte 552 eine Gesandtschaft des Königs Syongmyong von dem verbündeten Reich Paekche auf der koreanischen Halbinsel den japanischen Hof mit einer Empfehlung zur Übernahme des Buddhismus.[5] Daraufhin sei es am Hof zwischen zwei Fraktionen zum Streit gekommen, von denen die eine vor dem Zorn der eigenen Gottheiten gewarnt habe. Naturkatastrophen und Epidemien schienen den Gegnern des Buddhismus recht zu geben, bis am Ende die Befürworter den anfänglichen Widerstand auch militärisch überwunden hätten.[6]

Dieser Darstellung ist jedoch nur bedingt zu vertrauen, da in ihr die legitimierenden Absichten der nachträglichen Kompilation deutlich hervortreten.[7] Zutreffend an dem Bericht im „Nihon shoki" dürfte der Konflikt zwischen zwei Gruppen am Hof sein, von denen die später siegreiche Fraktion die Annäherung an die als

[4] Vgl. den Hinweis von Dorothea Weltecke: Bemerkungen zur Geschichte der religiösen Gewalt im Mittelalter. In: HZ 305 (2017), S. 621–656, hier: S. 652.

[5] Als historisch wahrscheinlicher für den ersten offiziellen Kontakt gilt das Jahr 538, wobei schon Ende des 5. Jahrhunderts buddhistische Geistliche den Archipel erreicht hatten. Vgl. Christoph Kleine: Der Buddhismus in Japan. Geschichte, Lehre, Praxis. Tübingen 2011, S. 3.

[6] William G. Aston: Nihongi. Chronicles of Japan from the Earliest Times to A. D. 697. Tōkyō 2011 [Neuauflage der EA von 1896], Bd. 2, S. 100–102.

[7] Vgl. Kleine: Buddhismus (wie Anm. 5), S. 2 f. Ausführlicher zum Narrativ des „Nihon shoki" vgl. William E. Deal/Brian Ruppert (Hg.): A Cultural History of Japanese Buddhism. Chichester 2015, S. 17–24.

überlegen angesehene kontinentale Kultur befürwortete.[8] Die religiöse Begründung für den Widerstand lenkt allerdings nicht nur von politischen Ursachen ab, sie ist vielmehr auch noch in weiterer Hinsicht irreführend. Denn sie lässt sich auch insofern leicht missverstehen, als hätte man bereits im 6. Jahrhundert zwischen zwei eigenständigen religiösen Traditionen differenziert. Wenngleich im „Nihon shoki" der Ausdruck „Götterweg" (神道 *shintō*) vorkommt, bezeichnet der Text damit doch noch keine einheitliche Religion. Die Bedeutung blieb zum einen allgemein auf das Wirken der Gottheiten (神 *kami*) bezogen, zum anderen verwies der Begriff auf die sakrale Dimension der Herrschaft der regierenden Sippe.[9] Historisch bildete sich erst durch den Kontakt mit dem Buddhismus ein Verständnis von Religion heraus und *shintō* begann frühestens Mitte des 15. Jahrhunderts langsam zum Inbegriff der Verehrung einheimischer Natur- und Ahnengottheiten zu werden.[10] Der Buddhismus bot hierzu nicht nur das Modell für eine systematische Glaubenslehre, Kultpraxis und institutionelle Organisation, er führte auch dazu, tradierte Gebräuche und Überzeugungen in den missionierten Gebieten religiös von sich zu unterscheiden. Und auch später noch waren buddhistische Übernahmen von Schreinen vor allem dann erfolgreich, wenn dabei den lokalen Kultpraktiken mit zum Teil weitgehend abgeschwächten religiösen Anforderungen entgegengekommen wurde. Diese Prozesse verliefen nicht gewaltfrei, wie es sich aus Erzählungen im „Nihon shoki" und aus zeitgleichen Berichten rekonstruieren lässt.[11] Dennoch wird man festhalten können, dass es bei der Aufnahme und im Zuge der landesweiten Verbreitung des Buddhismus auf dem Archipel kaum Fälle von interreligiöser Gewalt gab.

Einen plausiblen Erklärungsansatz für die religiös weitgehend konfliktfreie Rezeption des Buddhismus und die sich daraus entwickelnde Synthese mit der frühen Götterverehrung bietet Jan Assmanns Unterscheidung von Religion in zwei Typen. Wendet man Assmanns Überlegungen auf die Verhältnisse in Japan an, dann kam es dort zur Verbindung einer importierten sekundären mit einer primären Religi-

8 Joan R. Piggott: The Emergence of Japanese Kingship. Stanford 1997, S. 76–79.

9 Nelly Naumann: Die einheimische Religion Japans. Bis zum Ende der Heian-Zeit. Leiden 1988, S. 137 f. Im Folgenden seien die verschiedenen Facetten zur Vereinfachung mit dem heute vertrauten Begriff „Shintō" bezeichnet.

10 Vgl. die Beiträge in: Mark Teeuwen/John Breen (Hg.): Shinto in History. Ways of the Kami. Honolulu 2000, für einen religionsgeschichtlichen Überblick. Für die Anfänge eines eigenständigen Shintō vgl. Bernhard Scheid: Der Eine und Einzige Weg der Götter. Wien 2001, S. 127 f. Grundlegend war der Aufsatz von Kuroda Toshio: Shinto in the History of Japanese Religion. In: JJS 7 (1981) 1, S. 1–21.

11 Beispiele finden sich bei Martin Repp: Buddhism and Violence in Premodern Japan. In: Matthew S. Gordon/Richard W. Kaeuper/Harriet Thelma Zurndorfer (Hg.): The Cambridge World History of Violence. Bd. 2: 500–1500 CE. Cambridge 2020, S. 368–389, hier: S. 370 f.

on.[12] Der frühe Widerstand gegen die Übernahme buddhistischer Lehren wie er im „Nihon shoki" geschildert wird, hatte vorwiegend politische Gründe. Von einer interreligiösen Synthese lässt sich in der frühen japanischen Religionsgeschichte folglich nur im weitesten Sinne sprechen. Unabhängig von Assmann hat der japanische Religionswissenschaftler Ama Toshimaro mit seiner Trennung von (primärer) Natur- und (sekundärer) Stifterreligion eine vergleichbare Deutung vorgelegt.[13] Religiosität orientiert sich Ama zufolge in Japan am Typus der Naturreligion, was sich historisch in der Rezeption und Weiterentwicklung der buddhistischen Lehren zu vereinfachten Varianten widergespiegelt und die dauerhafte Bildung einer selbstständigen religiösen Sphäre verhindert habe. Stattdessen habe historisch die politische Beanspruchung von Religion überwogen – ein Aspekt, der noch bis in die Gegenwart fortwirke.[14]

Sieht man einmal von Amas kulturkritischen Schlussfolgerungen ab, so bietet seine Darlegung zum religionsgeschichtlichen Verständnis lohnende Vertiefungsmöglichkeiten an. Tatsächlich stand die weitere Verbreitung des Buddhismus im engen Zusammenhang mit der politischen Konsolidierung, die um die Mitte des 8. Jahrhunderts zum Abschluss kam. Neben dem am Vorbild der Tang auf der Grundlage eines umfassenden Straf- und Verwaltungsrechts (律令 *ritsuryō*) geschaffenen Zentralstaat beförderte ebenso der gemeinsame Bezug auf den universal ausgerichteten Buddhismus die Integration der vorher unabhängigen lokalen Machtgruppen in die neue Herrschaftsordnung.[15] Über China kamen sechs buddhistische Lehrtraditionen nach Japan, die in der damaligen Hauptstadt Nara mit eigenen Zentren vertreten waren. Diese sechs „Schulen" (六宗 *rokushū*) unterschieden sich in der Auswahl ihrer primären Lehrtexte, doch blieben sie dabei im gegenseitigen Austausch miteinander verbunden. Unter ihnen nahm der Kegon-Buddhismus (華厳; chinesisch: *Huáyán*) eine politische Sonderstellung ein. Sein 752 feierlich eingeweihter Hauptsitz, der „Östliche Großtempel" Tōdaiji (東大寺), erhielt vom Hof die Leitung über ein landesweites Netzwerk von Provinztempeln (国分寺 *kokubunji*).[16]

[12] Zur Anwendung auf Japan vgl. Bernhard Scheid: Memories of the Divine Age. Shintō Seen through Jan Assmann's Concepts of Religion. In: Bernard Faure/Michael Como/Iyanaga Nobumi (Hg.): Rethinking Medieval Shintō (CEA 16 [2009]), S. 327–341, hier: bes. S. 333–335.

[13] Ama Toshimaro: Warum sind Japaner areligiös? München 2004, bes. S. 22 f., S. 54–59, S. 153 f. „Naturreligion" ist dabei nicht mit religiösen Naturauffassungen gleichgesetzt, sondern meint eine Art Gemeinschaftsreligion, die in der Regel unbewusst gelebt wird.

[14] Ama Toshimaro: Nihon seishinshi. Shizen shūkyō no gyakushū. Tōkyō 2017, bes. S. 60–65, S. 174–188.

[15] Piggott: Emergence (wie Anm. 8), S. 146–149, S. 152–155.

[16] Ebd., S. 236–239, S. 255–257. Für einen kurzen Gesamtüberblick zum frühen Buddhismus vgl. auch Yoshida Kazuhiko: Revisioning Religion in Ancient Japan. In: JJRS 30 (2003) 1–2, S. 1–26.

Für den Beginn des 9. Jahrhunderts setzt die Religionsgeschichte einen Epochenschnitt an. Zum einen teilte die 806 erlassene Ordinationsverordnung den Klerus eindeutig voneinander abgegrenzten Schulen zu, was im weiteren Verlauf auch das Konkurrenzbewusstsein der buddhistischen Denominationen verschärfte.[17] Zum anderen bewirkte unter den beiden neu gegründeten Orden Kūkais 空海 (774–835) Shingon-Gemeinde eine religiöse Neuorientierung des Buddhismus in Japan.[18] Mehr noch als Saichō 最澄 (767–822), sein Gefährte auf dem Weg nach China und Begründer des japanischen Tendai, vertiefte sich Kūkai in den esoterischen Buddhismus, dessen Systematisierung er ausarbeitete.[19] Seine neue Lehre prägte einige der anderen Schulen, sodass esoterische Elemente auch Eingang in Saichōs Tendai fanden. Dabei trafen sie auf eine gestiegene Nachfrage des Hofes an esoterischen Ritualen zur Abwehr von Schaden, zum Herbeirufen von Regen oder zur Heilung von Krankheiten.[20] Politisch war der Tendai-Buddhismus bald einflussreicher als der Shingon-Buddhismus oder die buddhistischen Schulen in Nara, woran die geografische Nähe des Tendai-Hauptklosters Enryakuji (延暦寺) zum Hof und die enge Beziehung zur Fujiwara-Sippe großen Anteil hatten.

Der Hof war von Anfang an darum bemüht, die Verselbstständigungstendenzen der religiösen Institutionen zu beschränken. Hierzu hatte er Mitte des 7. Jahrhunderts ein „Amt zur Oberaufsicht über die Mönche und Nonnen" (僧綱所 *sōgōsho*) eingerichtet und Anfang des 8. Jahrhunderts „Verordnungen für Mönche und Nonnen" (僧尼令 „Sōniryō") erlassen. Die Vorschriften behandelten auch Gewalt von Geistlichen gegen andere Personen („Sōniryō", Art. 1) sowie gegen sich selbst („Sōniryō", Art. 27).[21] Konflikte zwischen dem Klerus und der kaiserlichen Regierung ergaben sich zum einen aus dem buddhistischen Selbstverständnis, eine eigengesetzliche religiöse Sphäre zu bilden, wenngleich in der Realität die Anbindung des Buddhismus an die Herrschaftseliten Japans stark blieb. Eine Schwächung der staatlichen Kontrolle ging von wandernden und zum Teil selbst ernannten Geistlichen aus, die unter der Bevölkerung großen Zuspruch fanden, aber das öffentliche Abgabensystem unterliefen. Zum anderen hatte die Zentralregierung selbst den Grundstein für die Selbstständigkeit der Klöster gelegt, indem sie diese zwecks Selbstversorgung mit steuerbefreiten Gebieten ausstattete. Ab Mit-

17 Yoshida: Religion (wie Anm. 16), S. 19.

18 Kleine: Buddhismus (wie Anm. 5), S. 103–111.

19 Näheres vgl. Abe Ryūichi: The Weaving of Mantra. Kūkai and the Construction of Esoteric Buddhist Discourse. New York 1999, S. 176–184, S. 200–204, S. 278–293; Kleine: Buddhismus (wie Anm. 5), S. 139–150.

20 Abe: Mantra (wie Anm. 19), S. 154–176.

21 Für eine Übersetzung vgl. Hans A. Dettmer: Der Yōrō-Kodex. Die Gebote. Einleitung und Übersetzung des Ryō no gige. Bd. 2: Die Gebote. Teil 2. Bochum 2010, S. 13–27.

te des 12. Jahrhunderts waren in langwierigen Veränderungsprozessen die älteren politischen und wirtschaftlichen Strukturen durch eine neue, multipolare Herrschaftsordnung ersetzt worden.[22] Die darin konkurrierenden Gruppen aus Adel, Kriegern und Klerus setzten ihre Interessen zunehmend mit Gewaltmitteln durch. Gegen die Beteiligung von Klöstern und Schreinen an den Konflikten richteten sowohl der Adel wie die Krieger als auch Teile des Klerus immer wieder Kritik, da Gewalt den buddhistischen Geboten grundsätzlich widersprach.[23]

Zusätzliche Spannungen verursachten Reformbewegungen, die im späten 12. Jahrhundert aus dem Tendai-Buddhismus hervorgingen und sich von den etablierten religiösen Institutionen zum Teil radikal distanzierten. Reformer wie Hōnen 法然 (1133–1212) und Shinran 親鸞 (1173–1262) predigten vereinfachte Erlösungspraktiken im Sinne einer spirituellen Erneuerung des Buddhismus, wohingegen Nichiren 日蓮 (1222–1282) offen die gewaltsame Unterdrückung anderer Lehren forderte. Vor allem Letzterer vertrat eine neue Qualität religiöser Gewalt.[24]

Kritik an religiöser Gewalt

Monastische Gewalt

Ein flammendes Fanal machte am 28. Tag des zwölften Monats der japanischen Ära Jishō 4 (治承), dem 15. Januar 1181 nach Christus, die Zeitgenossen auf die katastrophale Allgegenwärtigkeit von Gewalt im religiösen Bereich aufmerksam. An diesem Tag traf ein Vergeltungsschlag der Taira-Sippe die Klosterkomplexe in der ehemaligen Residenzstadt Nara, darunter den „Östlichen Großtempel" Tōdaiji (東大寺) mit seiner gewaltigen Statue des Vairocana Buddha. Die Zerstörung religiöser Stätten hatte damit beispiellose Ausmaße erreicht, wie es der Großminister zur Rechten, Kujō Kanezane 九条兼実 (1149–1207), in seinem Tagebuch mit Entsetzen notierte:

[22] Dieses sozialhistorische Modell geht zurück auf Kuroda Toshio: Nihon chūsei no kokka to shūkyō [= Staat und Religion im mittelalterlichen Japan]. Tōkyō 1975. Für eine Zusammenfassung von Kurodas „System der Machtblöcke" (権門体制 *kenmon taisei*) vgl. Mikael S. Adolphson: The Gates of Power. Monks, Courtiers, and Warriors in Premodern Japan. Honolulu 2000, S. 10–19, S. 342–344.

[23] Repp: Buddhism (wie Anm. 11), S. 375.

[24] Ausführlicher hierzu vgl. Christoph Kleine: Hōnens Buddhismus des Reinen Landes. Reform, Reformation oder Häresie? Frankfurt a. M. 1996, S. 53 f., S. 192–208; ders.: Mönche oder wohltätige Bodhisattvas? Über Formen, Gründe und Begründungen organisierter Gewalt im japanischen Buddhismus. In: ZfR 11 (2003), S. 235–258. Zu Nichirens Gewaltbereitschaft vgl. Jacqueline I. Stone: The Atsuhara Affair. The „Lotus Sutra", Persecution, and Religious Identity in the Early Nichiren Tradition. In: JJRS 41 (2014) 1, S. 153–189.

„Bedeutet nicht die Tatsache, dass die sieben Tempel und andere vollständig in Schutt und Asche verwandelt wurden, dass in Hinsicht auf das Reich und seine Bevölkerung Buddhas Gesetz und die königliche Ordnung zugrunde gegangen sind? Dafür fehlen mir die Worte und mit der Pinselspitze kann ich es nicht beschreiben. Als ich davon hörte, war meine Seele wie vernichtet."[25]

Der Gewalteinsatz hatte nicht nur wertvolle Kult- wie Kunstobjekte zerstört, sondern darüber hinaus eines der symbolischen Zentren der Herrschaftsordnung empfindlich getroffen. Mit dem Tōdaiji war keineswegs ein beliebiges Kloster das Opfer militärischer Gewalt geworden.[26] Seit der Tempelgründung durch den Monarchen Shōmu 聖武 (701–756) war der Tōdaiji nicht nur Sinnbild für den innigen Bund der politischen Elite mit dem buddhistischen Klerus, sondern auch das administrative Zentrum eines Netzwerks von Provinzklöstern (国分寺 *kokubunji*), die in der Vergangenheit wesentlich dazu beigetragen hatten, den politischen Zentralisierungsprozess nach chinesischem Vorbild bis weit in die Peripherie des Archipels auszudehnen.[27] Auch wenn der Hof und seine Monarchen längst ins nördlich gelegene Kyōto umgezogen waren, hatte Nara mit seinen Klöstern und den Ahnenschreinen der Fujiwara für den Hof auch weiterhin eine hohe politische Bedeutung. Kanezane hatte also auch persönliche Gründe, die Gewalt gegen die Klöster und Schreine in Nara zu verurteilen. „Sollte unser Tempel zerfallen, dann wird auch das Reich niedergehen", schrieb Kanezane zwei Jahre später und zitierte damit aus einem Gelübde, das er irrtümlich Shōmu zuschrieb.[28] Mitte des 12. Jahrhunderts aber hatten sich die politischen Verhältnisse durch den wachsenden Einfluss der Kriegersippen Taira und Minamoto zuungunsten des Hofadels verschoben.[29]

Die Truppen unter Führung von Taira no Shigehira 平重衡 (1157–1185) waren unter erzwungener Billigung des Hofadels gegen die Hauptklöster der alten Herrscherresidenz marschiert, um diese für deren Beteiligung an einer Erhebung zu

[25] Yamada Anei (Hg.): Gyokuyō. Bd. 2. Tōkyō 1975, S. 232 (Übersetzungen hier und im Folgenden durch den Verfasser).

[26] Im Folgenden sind mit „Tempeln" (寺 *tera*) einzelne buddhistische Anlagen im Unterschied zu Shintō-Schreinen gemeint. Das Wort „Klöster" (寺院 *jiin*) bezieht sich dagegen auf größere Verwaltungsstrukturen, die Untertempel, Quartiere und angegliederte Shintō-Schreine umfassten. Der Tōdaiji war in diesem Sinne ein Kloster.

[27] Zur Wertung der Tempelnetzwerke und Shōmus „Staatsbuddhismus" als Vollendung des japanischen Zentralstaates vgl. Piggott: Emergence (wie Anm. 8), S. 167–235.

[28] Tatsächlich war es jedoch eine spätere Fälschung. Kanezane führte das vermeintliche Gelübde an, als er zur Förderung des Wiederaufbaus 1183 Opfergaben an den Tōdaiji sandte; vgl. seinen Eintrag im „Gyokuyō" zu Juei 1/7/24, abgedruckt in Takeuchi Rizō (Hg.): Heian ibun. Bd. 8. Tōkyō 1963, S. 3094, Nr. 4089.

[29] Näher dazu vgl. Jeffrey P. Mass: Yoritomo and the Founding of the First Bakufu. The Origins of Dual Government in Japan. Stanford 1999, bes. S. 169–174, S. 185–187, S. 253–258.

strafen, durch die sich die Kriegerregierung Taira no Kiyomoris 平清盛 (1118–1181) herausgefordert sah.[30] Ein Mitglied des verfeindeten Clans der Minamoto, der gealterte Militärführer, Hofdichter und zeitweilige Parteigänger der Taira, Minamoto no Yorimasa 源頼政 (1104–1180), hatte sich gegen die Taira erhoben und den Prinzen Mochihito 以仁 (1151–1180), einen in der Thronfolge durch die Politik der Taira übergangenen Sohn des abgedankten Monarchen Goshirakawa 後白河 (1127–1192), zur Leitfigur einer bald darauf landesweiten Erhebung gemacht. Ein offizieller Erlass des Prinzen sollte der Revolte Legitimität verleihen.[31] Dem Kampfaufruf gegen die Taira schlossen sich bald weitere Unzufriedene aus dem Hofadel, den Kriegern aber auch der Geistlichkeit an. Die darauffolgenden Kämpfe führten schließlich zur Gründung einer neuen Kriegerregierung unter dem Taira-Widersacher Minamoto no Yoritomo 源頼朝 (1147–1199) im östlich von Kyōto gelegenen Fischerdorf Kamakura.[32]

Die Minamoto waren 1185 als Sieger aus den landesweiten Kämpfen gegen die mit ihnen in einer jahrzehntelangen Fehde verfeindeten Taira hervorgegangen und nun ebenso wie jene politisch hervorgetreten. Bis 1189 konsolidierte Yoritomo seinen Herrschaftsanspruch im Osten Japans und erhielt 1192 nachträglich seine offizielle Anerkennung durch den jungen Monarchen Gotoba 後鳥羽 (1180–1239), der ihn zum herrschaftlichen Oberfeldherrn (将軍 *shōgun*) ernannte. Damit fand eine längere Entwicklung zu einer ersten institutionellen Festigung, auf die sich auch die folgenden Kriegerregierungen bis zur Amtsabgabe des letzten Schoguns, Tokugawa Yoshinobu 慶喜 (1837–1913), im Jahr 1867 berufen sollten. Für den Hofadel bedeutete die Einrichtung einer weitgehend eigenständigen Kriegerregierung eine Zäsur, da schon bald deutlich wurde, dass sich Kamakura in vielen Angelegenheiten der höfischen Kontrolle entzog. Vom begonnenen „Zeitalter der Krieger" schrieb der geistliche Chronist Jien in seiner „Sammlung persönlicher Überlegungen" (愚管抄 „Gukanshō") um 1220 und setzte dessen Beginn auf das Jahr 1156 fest, in dem die Machtkämpfe erstmalig in Kyōto selbst militärisch eskaliert waren.[33]

30 Vgl. dazu und im Folgenden den Überblick von Andrew Goble: The Kamakura Shogunate and the Beginnings of Warrior Power. In: Karl Friday (Hg.): Japan Emerging Premodern History to 1850. Boulder 2012, S. 189–199; stellvertretend für die japanische Forschung Hongō Kazuto: Shin chūsei ōkenron. Bumon no hasha no keifu. Tōkyō 2004.

31 Die Authentizität des Erlasses wird gewöhnlich nicht in Zweifel gezogen, problematisch sind dagegen der genaue Wortlaut und dessen Autorität, da der „Azuma kagami", in dem das Dokument im Eintrag zu Jishō 4/4/27 (1180) überliefert ist, Unstimmigkeiten mit anderen Versionen aufweist. Mochihito war zudem lediglich ein Prinz (王 *ō*) ohne direkte Thronansprüche, worauf der Titel *shinō* (親王) verweist.

32 Ausführlicher hierzu vgl. Mass: Yoritomo (wie Anm. 29), S. 95–101.

33 Akamatsu Toshihide/Okami Masao (Hg.): Gukanshō. Tōkyō 1967, S. 206.

Jien stammte aus dem politisch einflussreichen Zweig der Fujiwara-Sippe und hatte durch den Einfluss seiner Verwandten eine hohe Stellung im Tendai-Klerus erlangt, von der aus er seine Familie am Hof unterstützte. Jiens Bruder, Kanezane, schilderte die Klöster in seinem Tagebucheintrag als Opfer von Gewalt, doch wusste er auch um die Vorgeschichte der Zerstörung Naras. Denn einer der Auslöser für die landesweiten Kämpfe in den 1180er-Jahren war die Aufnahme und Unterstützung von Yorimasa und Mochihito durch die Klöster gewesen. Die Aufständischen waren aus der Hauptstadt zuerst zum Tendai-Kloster Onjōji (園城寺, auch: 三井寺, Miidera) an die Ostseite des Hiei-Berges bei Kyōto geflüchtet und baten dort um Beistand gegen die Taira. Der Klerus des Onjōji suchte daraufhin seinerseits Unterstützung bei den Klöstern und Schreinen in Nara, was schließlich deren eingangs geschilderte Vernichtung provozierte. Kanezanes Kommentar weckt den Eindruck, als treffe die Klöster keine Mitschuld an der Gewalt. Doch aus den Beratungsprotokollen des Hofadels geht hervor, dass man die Verantwortung für die nachfolgende Gewalt nicht nur bei Yorimasa, sondern auch beim Klerus sah. Man war sich also in der Schuldfrage wie ebenso im Grad der Bestrafung uneinig. Kanezanes Klage ist keine prinzipielle Absage an Gewalt zu entnehmen, nicht einmal an Gewalt gegen die beteiligten Klöster. In Jiens Retrospektive im „Gukanshō“ hatte Kanezane aufgrund mangelnder Belege für die direkte Beteiligung der Klöster an der Erhebung Yorimasas gegen Vergeltungsmaßnahmen durch die Taira votiert.[34] Andernfalls, so der Umkehrschluss Jiens, hätte Kanezane wohl Repressalien gebilligt, wenngleich jener wohl kaum die dann erfolgte umfassende Zerstörung der symbolträchtigen Orte und die Tötung Hunderter Geistlicher im Sinn gehabt haben dürfte. Gewalt, so lässt sich schlussfolgern, war für den Hofadel und die hohe Geistlichkeit, zu der Jien gehörte, eine tolerierte Maßnahme zur Konfliktlösung geworden.

Nachzulesen sind die Hergänge auch in dem gegen Ende des 13. Jahrhunderts in Kamakura geschriebenen „Spiegel des Ostens“ (吾妻鏡 „Azuma kagami“), der ersten Selbstdarstellung der Kriegerregierung zu ihrer historischen Genese und Entwicklung. Dort bleibt es jedoch aufgrund des anders gesetzten Schwerpunkts wie auch der verwendeten Quellen bei knapperen Bemerkungen zu den Ereignissen in Kyōto und Nara.[35] Ergänzende Informationen zur nachträglichen Wahrnehmung findet man in den zum „Azuma kagami“ zeitgleich entstandenen musikalischen und literarischen Verarbeitungen des Kriegsgeschehens. Unter diesen neh-

[34] Ebd., S. 250; zur englischen Übersetzung vgl. Delmer M. Brown/Ishida Ichirō: The Future and the Past. A Translation and Study of the Gukanshō, an Interpretative History of Japan Written in 1219. Berkeley 1979, S. 128.

[35] Für die bloße Mitteilung im „Azuma kagami“ vgl. die übersetzte Passage in Shinoda Minoru: The Founding of the Kamakura Shogunate, 1180–1185. New York 1960, S. 202. Jien geht es um die politische Deutung; vgl. Akamatsu/Okami (Hg.): Gukanshō (wie Anm. 33), S. 249 f.

men die Anfang des 14. Jahrhunderts zur epischen „Erzählung des Taira-Clans" (平家物語 „Heike monogatari") zusammengefassten Gesänge einen literatur- wie geistesgeschichtlich herausragenden Platz ein. Im „Heike monogatari" erhält die Zerstörung Naras zusätzlich dadurch Bedeutung, dass sie narrativ zu einer der Hauptursachen für den Niedergang der Taira ausgestaltet wird.[36] Man erkennt darin unschwer das höfische Deutungsmuster, wie es Kanezane in seinem Tagebuch skizziert und wie es sein Bruder Jien danach historiografisch entfaltet hatte. Im Vergleich dieser drei historischen Darstellungen soll im Folgenden das Verständnis religiöser Gewalt näher betrachtet werden.

Zunächst fällt die Selbstverständlichkeit auf, mit der die Opposition gegen die Taira sich vom Klerus nicht nur Schutz vor Gewalt, sondern auch militärische Hilfe erhoffte. Im „Gukanshō" erwähnt Jien den früheren Vorsteher des Tendai-Klosters Enryakuji (延暦寺), Myōun 明雲 (1115–1184), der zu Goshirakawas Verteidigung mit einer Schar seiner „bösen Mönche" (悪僧 *akusō*) vom Berg in die Hauptstadt herabgestiegen war und das Anwesen des abgedankten Monarchen vor Minamoto no Yoshinaka 源義仲 (1154–1184) zu schützen versuchte.[37] Seinen eigenen Vorgänger als Vorsteher des Tendai-Hauptkloster charakterisiert Jien dabei als einen über die Maßen streitsüchtigen und gierigen Menschen, der notorisch „Übel anhäufte" (積悪 *shakuaku*) und sich kaum anders als ein „Krieger" (武者 *musha*) verhalten habe.[38]

Zur Rolle des Onjōji und der anderen Klöster in Nara in der Revolte gegen die Taira finden sich bei Jien kaum Informationen. Er erwähnt lediglich die Bereitschaft der Geistlichen, die Flüchtenden aufzunehmen und zu versorgen. Den Kampf hätten die Krieger Yorimasas begonnen, wobei Jien offenlässt, wer sich im Einzelnen an diesem beteiligt hatte.[39] Der „Azuma kagami" nennt gleichfalls nur die Verteidigungsbemühungen der Onjōji-Mönche gegen die Vergeltung der Taira, die allerdings wenig genützt hätten. Einen Tag nach der Vernichtung der Truppen des Prinzen und Yorimasas durch die Taira, brannten die Taira-Krieger am 27. Tag des fünften Monats Jishō 4 (1180) einige Gebäude des Onjōji nieder.[40]

36 Zur Zerstörung Naras vgl. Takagi Ichinosuke u. a. (Hg.): Heike monogatari. Tōkyō 1959, S. 382 f.

37 Akamatsu/Okami (Hg.): Gukanshō (wie Anm. 33), S. 258. Vgl. dazu auch Repp: Buddhism (wie Anm. 11), S. 374.

38 Akamatsu/Okami (Hg.): Gukanshō (wie Anm. 33), S. 260 f.

39 Ebd., S. 249. Die Beteiligten namentlich aufzulisten war im Unterschied zum „Heike monogatari", wie unten ausgeführt, nicht Jiens Absicht. Zu berücksichtigen sind ferner die Konkurrenz zwischen dem Onjōji und dem Enryakuji, dessen Leiter (座主 *zasu*) Jien vier Mal war.

40 Azuma kagami, Einträge vom 19.5. bis 27.5. Jishō 4; vgl. Shinoda: Founding (wie Anm. 35), S. 153 f. Laut Takagi u. a. (Hg.): Heike monogatari (wie Anm. 36), S. 328 f., zerstörten die Taira-Krieger mehrere Gebäude und kostbare Statuen, während der „Azuma kagami" nur die Verteidigungsanlagen und ein Gebäude nahe dem Kampfplatz bei Uji nennt. Jien, der Zeitzeuge war und räumlich näher

Andere Akzente setzt die fiktionalisierende Darstellung des „Heike monogatari". Diese Quelle schildert die Bereitwilligkeit der Geistlichen, Yorimasas und Mochihitos Hilfegesuch militärisch umzusetzen. In längeren Passagen führt die Erzählung die taktischen Überlegungen der Mönche in direkter Rede aus und informiert zugleich über die komplizierten Machtverhältnisse, in denen sich der Onjōji gegenüber dem Hof und anderen religiösen Zentren befand. Die Flucht des Prinzen zu ihnen hätten die Mönche als ein göttliches Zeichen zum Handeln gedeutet. Alleine hätten sie sich den Taira nur nicht hinreichend gewappnet gesehen, weshalb sie den benachbarten, jedoch aufgrund eines älteren Streits um religiöse Zuständigkeiten konkurrierenden Enryakuji sowie die Klöster und Schreine in Nara um Unterstützung baten.[41] Abschließend listet das „Heike monogatari" die kämpfenden Mönche namentlich auf, die sich mit den Truppen Yorimasas vermischt und in ihrer Entschlossenheit weder Dämonen noch Gottheiten gefürchtet hätten.[42]

Neben aufschlussreichen Einblicken in die politisch-religiösen Ordnungsvorstellungen enthält die Darstellung Hinweise auf die Wertung religiöser Gewalt. Herausgegriffen sei nur die unscheinbare Formulierung, dass die Mönche „einmütig" (一味同心 *ichimi dōshin*) zu ihrem Beschluss gekommen seien. Durch diese – auch in amtlichen Dokumenten bezeugte – Wendung reklamierte man den Beistand der übermenschlichen Mächte dafür, seine Ansprüche aktiv einzufordern, notfalls auch mit Gewalt.[43]

Zum Stereotyp der „Mönchskrieger" in Japan

Man geht zunächst gar nicht fehl in der Annahme, in den betreffenden Passagen des „Heike monogatari" ein typisches Beispiel für die in Japan damals deutlichste Form religiöser Gewalt greifen zu können. Auch an anderen Stellen scheint das „Heike monogatari" die Gewaltbereitschaft unter den Geistlichen im ausgehenden 12. Jahrhundert exemplarisch auf den Punkt zu bringen. So etwa in dem verzweifelten Kommentar Goshirakawas über seinen politischen Kontrollverlust: „Die Fluten des Kamo-Flusses, die Würfel im Sugoroko-Spiel und die Mönche vom Berg [Hiei;

an den Geschehnissen lebte, hält wiederum fest, dass die Taira nur die Wohnquartiere des Klosters zerstört hätten; vgl. Akamatsu/Okami (Hg.): Gukanshō (wie Anm. 33), S. 249.

41 Takagi u. a. (Hg.): Heike monogatari (wie Anm. 36), S. 297 f.

42 Ebd., S. 304. Solche Namenslisten entstammen der mündlichen Überlieferung unter den Kriegern, aus der die Kriegsepen hervorgingen.

43 Für Belege aus historischen Dokumenten vgl. Mikael S. Adolphson: The Teeth and Claws of the Buddha. Monastic Warriors and Sōhei in Japanese History. Honolulu 2007, S. 65 f., der jedoch nicht die religiöse Qualität solcher einmütigen Vereinigungen in Betracht zieht.

Anm. des Verfassers], das sind Dinge, die nicht nach meinen Wünschen gehen."[44] Doch was über Japan hinaus unter der Bezeichnung „Mönchskrieger" (僧兵 *sōhei*) zum Inbegriff der geistlichen Gewaltbereitschaft avancierte und in populären Darstellungen bis in die Gegenwart Resonanz findet, hält einer akribischen Quellenprüfung nicht stand.[45]

Die neuere Forschung hat einen Großteil der heute verbreiteten Vorstellungen auf frühneuzeitliche konfuzianische Kritik am buddhistischen Klerus zurückgeführt und die „Mönchskrieger" als eine teilweise Erfindung ausgewiesen.[46] Damit hat sie jedoch nicht die Existenz bewaffneter und kriegerischer Geistlicher in der japanischen Religionsgeschichte schlechthin abgestritten. Wie anhand der Textbeispiele dargelegt, agierten religiöse Institutionen durchaus gewaltsam. Die zeitgenössischen Quellen wie das „Gukanshō" oder das „Heike monogatari" bleiben allerdings bei der Kennzeichnung der fraglichen Beteiligung des ordinierten Klerus sehr vage, weshalb jeder Einzelfall genau zu prüfen bleibt und die missverständliche Bezeichnung „Mönchskrieger" eine sorgfältige Begriffsklärung erfordert.

In den oben angeführten Originaltexten finden an den betreffenden Stellen verschiedene Ausdrücke Verwendung, die häufig gar nicht explizit auf Krieger hinweisen. So steht etwa *daishu* (大衆) allgemein für „buddhistische Geistliche", *shuto* (衆徒) für die „vielen Mönche", *ichirui* (一類) je nach Darstellungskontext ähnlich unspezifisch für die „Gefährten" und *sansō* (山僧) differenzierender für die „Mönche vom Berg", also für Geistliche des Enryakuji in Unterscheidung zu den „Tempelmönchen" *jisō* (寺僧) des Klosters Onjōji.[47] Das abwertende *akusō* (悪僧, „böse Mönche") ist semantisch ebenso unscharf und findet sich gewöhnlich in diskreditierenden Beschreibungen, nicht aber als Selbstbezeichnung.[48]

[44] Takagi u. a. (Hg.): Heike monogatari (wie Anm. 36), S. 129.

[45] Unkritisch beispielsweise Stephen R. Turnbull: Japanese Warrior Monks. AD 949–1603. Oxford 2003.

[46] Speziell hierzu vgl. Kuroda Toshio: Jisha seiryoku. Mō hitotsu no chūsei shakai [= Die Macht der Tempel und Schreine. Noch eine mittelalterliche Gesellschaft]. Tōkyō 1980, S. 31; an Kuroda anschließend Adolphson: Gates (wie Anm. 22), bes. S. 69 f., S. 88 f., S. 97 f.; ders.: Teeth (wie Anm. 43), S. 146–148. Japanologische Vorarbeiten zu dem Thema von Gaston Renondeau: Histoire des moines guerriers au Japon. Paris 1957; Paul Demiéville: Le bouddhism et la guerre. Post-scriptum à l'Histoire des moines guerriers du Japon de G. Renondeau. In: Renondeau: Histoire (diese Anm.), übersetzt neu abgedruckt als ders.: Buddhism and War. In: Michael K. Jerryson/Mark Juergensmeyer (Hg.): Buddhist Warfare. Oxford 2010, S. 17–57, hier: S. 34 f.

[47] Vgl. Takagi u. a. (Hg.): Heike monogatari (wie Anm. 36), S. 315, S. 527.

[48] Beispielsweise im Zitat der Onjōji-Mönche, die zum Kampf gegen die Taira aufrufen, was aus der Erzählperspektive des „Heike monogatari" negativ zu verstehen ist; vgl. ebd., S. 303, S. 307. Dagegen eindeutig zur Bezeichnung eines Kämpfers vgl. ebd., S. 147. Deutlich als bewusste Wertung gegenüber dem neutralen *daishu* vgl. ebd. S. 384.

Zweifel besteht so besehen nicht daran, dass die Klöster ihre eigenen Krieger unterhielten und deren Gewalt über ihre religiösen Lehren rechtfertigten, sondern daran, ob die in den Quellen Genannten auch Angehörige des ordnungsgemäß ordinierten Klerus waren.[49] Denn wie die Forschung inzwischen herausgefunden hat, hatten die Bewaffneten in den Klöstern oft nur Laiengelübde abgelegt und standen somit an der Schwelle zwischen der monastischen und der weltlichen Sphäre.

In manchen Fällen geht aus dem Zusammenhang hervor, dass die in den Quellen gebrauchten Begriffe tatsächlich kampfbereite Geistliche bezeichnen. Jien etwa schreibt an einer Stelle im „Gukanshō“ über *akusō* und meint damit Myōun und dessen Anhänger.[50] Wie viele unter diesen zum ordinierten Klerus zählten, wird bei ihm allerdings nicht klar. Vermutlich bezog er sich auf bewaffnete Hilfsarbeiter und einfache Krieger aus sozial niedrigen Verhältnissen. Dafür spricht die Bezeichnung „Soldaten des Tendai-Vorstehers“ (座主ノ兵士 *zasu no heishi*) an derselben Stelle, wohingegen er für die Militärspezialisten seiner Zeit die damals gebräuchlichen Ausdrücke *bushi* (武士) oder *musha* (武者) verwendete.[51]

Vor Jiens Zeit hatte schon der Enryakuji-Vorsteher Ryōgen 良源 (912–985) Kritik an der Zunahme von Gewalt im Tendai-Klerus geübt und versucht, diese mittels neuer Regeln für das Klosterleben einzudämmen.[52] Die Forschung verortet daher auch Anfänge der Militarisierung religiöser Institutionen in Ryōgens Zeit und sieht in den politischen und ökonomischen Veränderungen des 10. Jahrhunderts eine der Hauptursachen. Prüft man die Anlässe für den Einsatz von Gewalt, dann zeigt sich, dass die Klöster und Schreine genauso wie der Hofadel und die Krieger oft um Landrechte stritten. Anstelle der ehemaligen Unterordnung der religiösen Institutionen unter die höfische Herrschaft entwickelten sich die größeren Kloster-Schrein-Komplexe ab der zweiten Hälfte des 10. Jahrhunderts zu Mitspielern in einem kompetitiven Machtgefüge.[53]

49 Kleine: Mönche (wie Anm. 24), S. 240, unterscheidet fünf Anlässe. Zur Begründung im Mahāyāna-Buddhismus vgl. ebd., S. 249–255. Adolphson: Teeth (wie Anm. 43), S. 162, versteht die Gewalt nicht als spezifisch religiös, sondern als Folge der zugenommenen Gewaltbereitschaft zur Konfliktlösung in dieser Zeit. Gegen Adolphson betont Repp: Buddhism (wie Anm. 11), S. 376 f., deren religiöse Rechtfertigung, die jener nicht hinreichend beachte.

50 Akamatsu/Okami (Hg.): Gukanshō (wie Anm. 33), S. 258.

51 Brown/Ishida: Future (wie Anm. 34), S. 136 f., folgen dagegen dem Konstrukt der „Mönchskrieger“, wenn sie *akusō* vereinfachend mit „armed priests of Mt. Hiei“ übersetzen oder aus den einfachen „Soldaten“ „Abbot Myōun's priestly soldiers“ machen.

52 Kuroda: Jisha seiryoku (wie Anm. 46), S. 28–30; Paul Groner: Ryōgen and Mount Hiei. Japanese Tendai in the Tenth Century. Honolulu 2002, S. 242–244; zu einer Übersetzung von Ryōgens Vorschriften vgl. bes. ebd., S. 358–362. Ergänzend hierzu vgl. Kleine: Mönche (wie Anm. 24), S. 238 f.; Adolphson: Gates (wie Anm. 22), S. 43 f., S. 64 f.

53 Grundlegend hierfür Kuroda: Nihon (wie Anm. 22). Für eine Zusammenfassung von Kurodas „System der Machtblöcke“ (権門体制 *kenmon taisei*) vgl. Adolphson: Gates (wie Anm. 22), S. 10–19,

Wider besseren Wissens wertete die Geschichtsforschung jedoch die Belegstellen zu den oben genannten Begriffen lange einseitig aus, indem sie die verschiedenen Bezeichnungen undifferenziert unter die Kategorie „Mönchskrieger" subsumierte.[54] Rückwirkend wurde das Stereotyp des „Mönchskriegers" dann anachronistisch auf die Quellen übertragen, was etwa bei der Lektüre des „Heike monogatari" in den verschiedenen Übersetzungen zu einer Vereinfachung der wesentlich komplexeren zeitgenössischen gesellschaftlichen Zusammenhänge beitrug.[55] Der oben erwähnte Goshirakawa geht an der zitierten Stelle aus dem „Heike monogatari" vor allem auf die häufigen Protestzüge als Beispiel für seine Probleme mit dem Klerus ein. Mit diesen Protesten verfügten der Klerus und das Schreinpersonal über ein wirkungsvolles Mittel, um Einfluss auf den Hof auszuüben. Die Unmutsbekundungen der Geistlichkeit verliefen aber nur in Ausnahmefällen gewaltvoll und folgten in der Regel der ideellen Rahmung des Zusammenhalts von buddhistischer Lehre (仏法 *buppō*) und königlicher Ordnung (王法 *ōbō*), die Kanezane in seinem Tagebucheintrag zur Zerstörung Naras erwähnt. Eindeutige Belege für monastische Gewalt oder die historische Existenz von „Mönchskriegern" im Sinne des oben skizzierten Klischees liefern die Proteste somit nicht.[56]

Abschließend sei noch ein weiteres Beispiel aus dem „Heike monogatari" genannt. In diesem geht es um das weitere Schicksal von Taira no Shigehira. Nach der Niederlage seiner Sippe gegen die Minamoto geriet er 1185 in Gefangenschaft und musste sich in Kamakura dem Urteil Yoritomos unterwerfen. Hingerichtet wurde er jedoch nicht dort, sondern am Ort seines ihm angelasteten schwersten Vergehens gegen die buddhistischen Klöster, in Nara. Der „Azuma kagami" hält dazu fest, dass es die Mönche in Nara selbst gewesen seien, die Yoritomo darum gebeten hätten.[57] Das „Heike monogatari" nimmt deren Gesuch zum Anlass, „ältere Mönche" (老僧 *rōsō*) Kritik an der ungebührlichen, den buddhistischen Geboten widersprechenden Rachgier der anderen Mönche üben zu lassen. Wichtiger als der historische Kontext ist der Erzählung an dieser Stelle die Gelegenheit, eine grundsätzliche Warnung vor den schädlichen Konsequenzen menschlicher Begierden vorzubringen: Diese würden das buddhistische Ziel des Erwachens behindern. Die Mönche hätten nicht versucht, die Hinrichtung Shigehiras abzuwenden, obwohl sie diese aus dem buddhistischen Tötungsverbot heraus doch hätten beanstanden kön-

S. 342–344; Adrian Gerber: Gemeinde und Stand. Die zentraljapanische Ortschaft Oyamazaki im Spätmittelalter. Eine Studie in transkultureller Geschichtswissenschaft. Stuttgart 2005, S. 110–115.

54 Adolphson: Teeth (wie Anm. 43), S. 57–66, S. 166.

55 Ebd., S. 117 f., S. 161 f.

56 Ausführlich zur Trennung der Proteste von religiöser Gewalt vgl. Adolphson: Gates (wie Anm. 22), Kap. 6.

57 Azuma kagami, Eintrag zum 23.6. Genreki 2 (1185); vgl. Shinoda: Founding (wie Anm. 35), S. 324.

nen. Für die terminologische Betrachtung aufschlussreich ist die Wortwahl, die nur die „älteren Mönche“ durch die Bezeichnung *rōsō* als Teil des vollordinierten Klerus ausweist. Die kritisierten Geistlichen waren demgegenüber für das „Heike monogatari“ nur rangniedere Arbeitskräfte, *dōshu* (堂衆), also solche, die häufig eine militärische Ausbildung besaßen und für ihre Gewaltbereitschaft berüchtigt waren.[58] Der „Azuma kagami“ dagegen nutzt im genannten Eintrag mit dem unspezifischen Wort *shuto* eine damals verbreitete Bezeichnung für den Klerus.

Ritualgewalt

In den bislang betrachteten Beispielen ging es um direkte Gewaltausübung im religiösen Zusammenhang. Daneben verfügten die religiösen Spezialisten in Buddhismus und Shintō aber auch über indirekte Verfahren zur rituellen Hervorrufung und Kontrolle von Gewalt. Jien berichtet im „Gukanshō“ zum Teil aus seiner eigenen Erfahrung als „Schutzgeistlicher“ (護持僧 *gojisō*) der Monarchen und als höfischer Ritualbeauftragter über die Schädigung von Gegnern oder den Transfer von Unheil auf Ersatzobjekte durch buddhistische Rituale. Meist kommt Jien darauf im Zusammenhang mit seiner Geschichtsdeutung zu sprechen. Beispielsweise legt er die Zerstörung der neunstufigen Pagode des Hosshō-Tempels (法勝寺 *hosshōji*) im Jahr 1208 als Folge einer durch ihn rituell bewirkten Übertragung negativer Energie von Gotoba auf ein materielles Ersatzobjekt aus. Auch den Zusammenbruch des zentralen Palasttores zu dem Zeitpunkt, da der neue Monarch Juntoku auf dem Weg zu seiner abschließenden Thronbesteigungszeremonie war, deutet Jien in dieser Weise positiv um. Die zugrundeliegende Vorstellung war, dass man durch die Berührung mit bestimmten Objekten oder Lebewesen wie beispielsweise Blut oder Hunden für eine Zeit unrein war und sich um Schutz vor den aus diesen hervorgehenden negativen Einflüssen zu bemühen hatte. Gängig waren Phasen der sozialen Enthaltsamkeit, aber auch esoterische Rituale, wie Jien sie im Beispiel als Schutzgeistlicher für Gotoba ausübte. Im vorliegenden Kontext ist das Motiv Jiens nicht zu übersehen, den eigenen Einsatz für den Hof hervorzuheben.[59]

Religiöse Rituale gehörten zu den gängigen Mitteln der damaligen Kriegsführung und der politischen Machtkämpfe am Hof. Gegen den Mitte des 10. Jahrhunderts im Osten Japans revoltierenden Taira no Masakado 平将門 (?–940) schickte der Hof nicht nur ein eilig zusammengestelltes Heer, sondern beauftragte auch den Tendai-Geistlichen Jōzō 浄蔵 (891–964), den Aufrührer mithilfe eines Yamāntaka-

[58] Takagi u. a. (Hg.): Heike monogatari (wie Anm. 36), S. 747. Zu der Bezeichnung vgl. Adolphson: Teeth (wie Anm. 43), S. 67–69.

[59] Akamatsu/Okami (Hg.): Gukanshō (wie Anm. 33), S. 297 f.

Rituals professionell zu verfluchen.[60] In dem rituell angerufenen Yamāntaka (大威徳明王 *daiitoku myōō*) sah man die zornige Erscheinung des ansonsten für seine Güte und sein Mitleid nicht nur in Japan sehr beliebten Buddha Amitābha (阿弥陀; japanisch: Amida), der als Gebieter über das „Reine Land" (浄土 *jōdo*) seinen Verehrern unmittelbare Erlösung verspreche. Auf diesen Aspekt ist im nächsten Unterkapitel noch zurückzukommen. Hier genügt es, festzuhalten, dass man keine Schwierigkeiten damit hatte, die zu Feinden von Buddhas Lehre erklärten Gegner mit religiösen Mitteln zu schädigen. Solche Motive durchziehen auch das „Heike monogatari" und sind bereits in der gegen Ende des 10. Jahrhunderts entstandenen Nacherzählung der Revolte von Masakado, dem „Shōmonki" (将門記), vorhanden. Beide Erzählungen stimmen darin überein, dass diejenigen, die sich gegen den Hof und seinen Monarchen aufrührerisch verhalten, am Ende die Strafe des Himmels und dessen Gottheiten ereilen wird. Dabei handelt es sich um eine Variante der aus der konfuzianischen politischen Philosophie Chinas übernommenen und an die eigenen Herrschaftsverhältnisse angepassten Vorstellung vom Himmel (*ten*; chinesisch: *tiān* 天) als eines Prinzips oder einer kosmischen Macht, der sich die Herrscher als sogenannte Himmelskinder (*tenshi*; chinesisch: *tiānzǐ* 天子) gegenüber zu verantworten hatten. Wer die Gunst des Himmels verloren hatte, musste mit seiner Absetzung rechnen. Die Abweichung gegenüber der chinesischen Vorlage bestand in Japan hauptsächlich darin, dass die Monarchen und deren Geschlecht als unersetzbar galten. Mit Strafe mussten stattdessen diejenigen rechnen, die sich gegen den Hof und seine Herrscher wandten. Das machen auch buddhistisch geprägte Texte wie das „Gukanshō" und das „Heike monogatari" deutlich.[61]

Die Texte bringen jedoch keine Kritik an der rituell bewirkten Gewalt vor, sondern nehmen Anstoß an formalen, inhaltlichen und funktionalen Aspekten der ausgeübten Rituale. Unter den Hofadeligen war zum Beispiel der Vorwurf gegen Fujiwara no Korechika 藤原伊周 (974–1010) bekannt, demzufolge dieser den Tod der Herrschergemahlin Fujiwara no Senshi 藤原詮子 (962–1002) durch unrechtmäßige Ausübung des *daigensuihō* (大元帥法) verursacht habe. Dieses besondere Ritual des Shingon-Buddhismus diente zur Vernichtung von Feinden des Hofes und durfte nur im offiziellen Auftrag der Monarchen durchgeführt werden. Das Gerücht einer unrechtmäßig abgehaltenen Zeremonie kolportierten höfische Anekdotensammlungen wie beispielsweise das „Kojidan" (古事談, um 1212) von Minamoto no Akikane 源顕兼 (1160–1215), einem Zeitgenossen Jiens.[62] Der historische Fujiwa-

60 Für die dramatische Darstellung im frühen Kriegsbericht „Shōmonki" vgl. Hayashi Rokurō (Hg.): Shōmonki. Tōkyō 1975, S. 117.

61 Für eine Auswahl an Belegstellen vgl. Akamatsu/Okami (Hg.): Gukanshō (wie Anm. 33), S. 178, S. 342, S. 349; Takagi u. a. (Hg.): Heike monogatari (wie Anm. 36), S. 90, S. 149, S. 442.

62 Kawabata Yoshiaki/Araki Hiroshi (Hg.): Kojidan. Zoku Kojidan. Tōkyō 2005, S. 182.

ra no Korechika war eines der zahlreichen Opfer seines Onkels und damals mächtigsten Mannes am Hof, Fujiwara no Michinaga. Unabhängig von der Verlässlichkeit der erhobenen Vorwürfe und späteren Ausschmückungen bezeugen Erzählungen wie die im „Kojidan" sowohl die Bedeutung des Rituals zur Schädigung von Gegnern als auch den Umstand, dass sich die Kritik nicht gegen die gewaltvolle Wirkung des religiösen Rituals, sondern gegen dessen Ziel und Auftraggeber richtete.

Akikane hat in seiner Sammlung noch eine andere kurze Anekdote eingefügt, die ein bezeichnendes Licht auf rituelle Gewalt wirft: „Als der Uji-Minister zur Linken [Fujiwara no Yorinaga] den Monarchen Konoe verfluchen wollte, da erkundigte er sich: ‚Gibt es einen alten Schrein, der keine Opfergaben vom Götteramt erhält?' So befragte er die Manifestation Buddhas im Atago-Schrein und verfluchte den Herrscher, der daraufhin verschied. Doch der Minister zur Linken wurde nur wenig später von einem Pfeil des Himmels getroffen und starb, heißt es."[63]

Fujiwara no Yorinaga 藤原頼長 (1120–1156) gehörte zu den Verlierern der 1156 in kurzen, aber heftigen Kämpfen eskalierten Machtkonkurrenz unter den Adeligen und Kriegern, die sich während Tobas 鳥羽 (1103–1156) Herrschaft verschärft hatte. Als Gewinner aus der Auseinandersetzung gingen die Kriegergeschlechter der Taira und Minamoto hervor, die ihren politischen Aufstieg dadurch beschleunigten. Zugleich schuf die neue politisch-militärische Konstellation am Hof die Rahmenbedingungen für die bis 1189 andauernden Machtkämpfe. Yorinagas Verwünschungen werden auch von Jien erwähnt. Für diese nimmt er politische Motive an. Yorinaga habe darauf spekuliert, so Jien, nach Konoes Tod den wichtigen politischen Posten des Regenten zu erhalten, was sich jedoch nicht erfüllte.[64]

Ähnlich bewertet Jien noch einen anderen Fall ritueller Gewalt, in dem der Vorsteher des Onjōji, Raigo 頼豪 (1002–1084), auf Bitten des Monarchen Shirakawas 白河 (1053–1129) hin durch Gebete die Geburt des ersehnten Thronfolgers herbeiführte, doch diesem kurz darauf auf demselben rituellen Beschwörungsweg wieder das Leben entzog. Shirakawa hatte Raigo die als Gegenleistung für die Geburt versprochenen Rechte zur Ordination für den Onjōji verweigert, weil dies letztendlich zu Konflikten mit dem Enryakuji geführt hätte. Raigo habe sich daraufhin zu Tode gehungert, um sich, so Jien, in einen Rachegeist zu verwandeln, dessen Einfluss erst die kundigen Ritualmeister der Tendai-Fraktion vom Enryakuji hätten abwenden können.[65] Ungeachtet Jiens Parteinahme für den Tendai-Buddhismus verdeutlichen solche Passagen im „Gukanshō" doch, dass die Kritik an religiöser Gewalt

[63] Ebd., S. 462.
[64] Akamatsu/Okami (Hg.): Gukanshō (wie Anm. 33), S. 215.
[65] Ebd., S. 200 f., S. 204.

meist kontextbedingt blieb und sich nicht prinzipiell gegen rituelle Gewaltausübungen richtete.

Gewaltverbote

Sowohl Jiens „Gukanshō“ als auch das „Heike monogatari“ verbinden Gewaltkritik mit einer allgemeinen Klage über den Verfall des Buddhismus in Japan. Diese Klage beruhte auf der Vorstellung, dass man sich im 13. Jahrhundert im letzten von drei, nacheinander auf den Tod des Buddhas Sākyamunis folgenden Zeitaltern befände. Viele Menschen glaubten, dass während dieser auf 10.000 Jahre angesetzten Endzeit des „verlöschenden *Dharma*“ (末法 *mappō*) die religiösen und politischen Verhältnisse einer unaufhaltsamen Verschlechterung unterworfen seien. Überschreitungen der buddhistischen Gebote und die innerreligiösen Kämpfe unter den Klöstern waren der verbreiteten Überzeugung zufolge sichtbares Zeichen dessen. Das buddhistische Geschichtsbild war schon im 7. Jahrhundert aus China überliefert worden, doch gelangte es erst ab dem 11. Jahrhundert zu größerer Bedeutung.[66] Jien beispielsweise glaubte zwar auch, im letzten Zeitalter zu leben, doch folgte er primär der am Hof gängigen politischen Deutung, wonach die Herrschaftsverhältnisse mit zeitlichem Abstand vom Altertum an Qualität einbüßten. An gravierende Einschränkungen für das spirituelle Erwachen oder an der Wirksamkeit religiöser Rituale glaubte er dagegen nicht.[67]

Wohl aber beklagte Jien wiederholt die Disharmonie, die innerhalb des Tendai-Klerus sowie zwischen den Klöstern und dem Hof vorherrschte. Beide Seiten würden nicht mehr miteinander agieren, wie sie es ihrer Bestimmung für Japan gemäß eigentlich tun sollten.[68] Jiens Kritik setzt die Vorstellung eines gegenseitigen Abhängigkeitsverhältnisses voraus, auf das sich auch Kanezane in seinem Tagebuch „Gyokuyō“ unter der Formel „Buddhas Gesetz und königlicher Ordnung“ (*buppō ōbō*) bezieht.[69] Er sah die ideale Einheit von Klerus und Hof durch die religiöse Reformbewegung Hōnens herausgefordert, weil diese mit ihren starken Zulauf findenden Lehren zur Konkurrenz für den Tendai-Buddhismus wurde. Dabei kam es auch zur Gewaltanwendung gegen die Anhänger Hōnens. In den Jahrzehn-

66 Michele Marra: The Development of Mappō Thought in Japan (I). In: JJRS 15 (1988) 1, S. 25–54.
67 Die einzige Nennung von *mappō* bei Akamatsu/Okami (Hg.): Gukanshō (wie Anm. 33), S. 340, hat dort eine politische Bedeutung.
68 Ebd., S. 250.
69 Grundlegend hierzu vgl. Kuroda Toshio: The Imperial Law and the Buddhist Law. In: JJRS 23 (1986) 3–4, S. 271–285.

ten nach Hōnen forderten andere Reformer wie Nichiren dann sogar eine gewaltsame Verbreitung ihrer neuen Lehren, was in Japan aber eine Ausnahme blieb.[70]

Aus dem Umkreis von Hōnens Lehre stammt das letzte Quellenbeispiel, mit dem das Tötungsverbot von Lebewesen – und damit die prägnanteste Form der religiösen Gewaltkritik in Japan – angesprochen sei. Das entsprechende buddhistische Gebot hatte in einer politischen Variante zuvor Eingang in die Herrschaftsvorstellungen gefunden. Seit dem späten 7. Jahrhundert gehörten zeitlich begrenzte und auf bestimmte Tierarten beschränkte „Erlasse zum Tötungsverbot von Lebewesen" (殺生禁断令 „sesshō kindan rei") zu den Mitteln der Herrschaftsdurchsetzung und Prestigesteigerung.[71] Für die Krieger stellte sich die Problematik des Tötungsverbots in noch brisanterer Weise als für den Hofadel.[72]

Zu diesem für die japanische Geistes- und Sozialgeschichte charakteristischen Problem ist ein aufschlussreicher Traktat des Hōnen-Anhängers Shinzui 信瑞 (?–1279) überliefert, in dem dieser sowohl religiöse Einwände gegen Gewalt im Allgemeinen als auch solche gegen religiöse Gewalt im Speziellen argumentativ interessant entfaltet. Shinzui hatte mit dem sonst nicht weiter bekannten Uehara Atsuhiro 上原敦広 (?–?), einem Gefolgsmann Kamakuras und Verwalter des oberen der beiden Schreine der Suwa-Gottheiten in Shinano (Nagano), intensive Glaubensgespräche geführt. Atsuhiro war an Hōnens einfachem Erlösungsweg interessiert, der auf dem unbedingten Glauben an Amidas Zuwendung durch die schlichte Anrufung von dessen Namen, dem *nenbutsu* (念仏), beruhte. Sowohl als Krieger wie auch als Vertreter der Suwa-Schreine, an denen traditionell Tieropfer üblich waren, geriet er mit dem Tötungsverbot in Konflikt.[73] 1256 fasste Shinzui die vermutlich schriftlich über die Distanz zwischen Kyōto und Shinano geführten Gespräche zur „Sammlung von Atsuhiros Fragen und Shinzuis Antworten" (広疑瑞決集 „Kōgizuiketsu shū") zusammen.[74] Nach anfänglicher Klärung der Modalitäten für die erhoffte Wiedergeburt in Amidas „Reinem Land" sowie Exkursen zu den theoreti-

[70] Stone: Atsuhara Affair (wie Anm. 24), bes. S. 161–167, S. 170, S. 178 f.

[71] Klaus Vollmer: Buddhism and the Killing of Animals in Premodern Japan. In: Michael Zimmermann (Hg.): Buddhism and Violence. Lumbini 2006, S. 195–211, hier: S. 199–202.

[72] Einen neueren Überblick bietet Karikome Hitoshi: Sesshō to ōjō no aida. Chūsei bukkyō to minshū seikatsu [= Zwischen dem Töten von Lebewesen und der Hinübergeburt. Der mittelalterliche Buddhismus und der Lebensalltag der Menschen]. Tōkyō 2015, bes. S. 171 f.

[73] Zu den Suwa-Schreinen in diesem Zusammenhang vgl. Lisa Grumbach: Sacrifice and Salvation in Medieval Japan. Hunting and Meat in Religious Practice at Suwa Jinja. Stanford 2005, S. 39–41, zur Quelle bes. ebd., S. 117–135. Für eine ausführlichere Quellenanalyse vgl. auch Daniel F. Schley: Herrschersakralität im frühmittelalterlichen Japan. Eine Untersuchung der politisch-religiösen Vorstellungswelt des 13.–14. Jahrhunderts. Berlin 2014, S. 195–211.

[74] Die Quelle ist editiert in Itō Yūkō (Hg.): Kōgizuiketsu shū, Riken myōgō shakubuku shō. Kyōto 1914, S. 1–155.

schen Grundlagen von Hōnens Lehre und deren chinesischen Vorlagen erörtern die Gesprächspartner darin ab der zehnten von insgesamt 25 Hauptfragen vertieft die Begründung des Tötungsverbots, die somit den längsten Teil der Schrift ausmacht.

Zusammengefasst läuft Shinzuis Argument für sein striktes Verbot darauf hinaus, dass die Schreingottheiten selbst nach buddhistischer Erlösung strebten und die wohlwollenden Gottheiten als alternative Erscheinungsformen einzelner Buddhas und Bodhisattvas zu verstehen seien.[75] Als buddhistische Manifestationen würden die *kami* folglich Gewalt ablehnen. Diese Kombination war als Lehre der „herabgelassenen Spuren des ursprünglichen Grundes" (本地垂跡 *honji suijaku*) bekannt, was man sich als ein dynamisches Netzwerk vielseitiger Bezüge zwischen den diversen übermenschlichen Mächten vorzustellen hat. Man errichtete Shintō Schreine innerhalb buddhistischer Anlagen und integrierte buddhistische Rituale in den Kult der japanischen Gottheiten.[76] Nach Shinzuis buddhistischem Verständnis der Gottheiten habe Atsuhiro bei Verzicht auf die Tieropfer keine göttliche Strafe zu fürchten, da selbst die Suwa-Gottheiten in Wirklichkeit unblutige Opfergaben wie Blumen, Weihrauch oder Sutren-Rezitationen der Opferung von Tieren vorziehen würden.[77] Atsuhiro ließ sich davon noch nicht überzeugen, weshalb Shinzui im Verlauf des Gesprächs weiter ausholen musste und nach Argumenten aus buddhistischen Schriften auch Beispiele der politischen Überlieferung anführte. Gestützt auf höfische Anekdotensammlungen, darunter das erwähnte „Kojidan", legt Shinzui dar, dass Atsuhiro durch seine Verwaltungstätigkeiten im Sinne Amidas und der Gottheiten handele, wenn er sich um das Wohl der Menschen in seiner Provinz kümmere. Dazu verbindet Shinzui argumentativ das buddhistische Motiv des Mitleids (慈悲 *jihi*) mit dem höfischen Herrschaftsideal der „tugendhaften Regierung" (徳政 *tokusei*).[78] Die Idee, durch eine tugendvolle Regierungsweise den Frieden im Land zu sichern und für die Zufriedenheit der Bevölkerung zu sorgen, basierte auf dem Konzept des „Himmels". Am Hof und unter den Kriegern gab es abweichende Vorstellungen davon, wie man eine tugendhafte beziehungsweise wohltätige Regierung konkret umzusetzen hatte, worauf aber im vorliegenden Beitrag nicht näher eingegangen werden kann.[79] Shinzui legte das Ideal in seinem Sinne aus und empfahl Atsuhiro, mit allen Lebewesen Mitleid zu haben und deshalb generell auf jegli-

[75] Ebd., S. 63 f., S. 88.
[76] Vgl. dazu Fabio Rambelli/Mark Teeuwen: Introduction. Combinatory Religion and the Honji Suijaku Paradigm in Pre-Modern Japan. In: dies. (Hg.): Buddhas and Kami in Japan Honji Suijaku as a Combinatory Paradigm. London/New York 2023, S. 1–53, hier: bes. S. 47.
[77] Itō (Hg.): Kōgizuiketsu shū (wie Anm. 74), S. 66 f., S. 95 f.
[78] Ebd., S. 104–128, S. 136.
[79] Vgl. dazu Schley: Herrschersakralität (wie Anm. 73), S. 179–195.

che Gewalt zu verzichten, das heißt: auch auf die unter den Kriegern übliche Todesstrafe. Wer derart Mitleid ausübte, so Shinzuis Fazit, der erfülle die buddhistischen Gebote und regiere wohltätig.[80]

Shinzuis Darlegung ist ein markantes Beispiel für eine buddhistische Gewaltkritik. Ein Erfolg seiner Überzeugungsarbeit blieb ihm letzten Endes jedoch verwehrt. An den Suwa-Schreinen setzte sich einige Jahrzehnte nach dem Gespräch beider eine Lehrmeinung durch, die gewissermaßen in Umkehrung von Shinzuis Argumentation das Töten von Tieren als einen religiös „verdienstvollen" Akt erachtete.[81]

Fazit und Ausblick

Einleitend war herausgestellt worden, inwiefern Religion im vormodernen Japan aus einer Verbindung zwischen verschiedenen lokalen und aus Indien, China sowie Korea adaptierten Traditionen bestand, die ab dem 8. Jahrhundert einen Synkretismus bildeten. Die hier betrachteten Vorfälle religiöser Gewalt lassen sich daher als intrareligiöse und nicht mehr interreligiöse Auseinandersetzungen begreifen. Aufgrund der Quellenauswahl lag der Schwerpunkt auf der Beteiligung des buddhistischen Klerus an den Konflikten des 12. und 13. Jahrhunderts. Dabei kam hauptsächlich die Perspektive der großen Kloster-Schrein-Komplexe in Nara und bei Kyōto zur Sprache, die sich unter dem Druck nachlassender staatlicher Förderung politisch, sozial und ökonomisch neu organisiert hatten und dadurch häufiger mit anderen Klöstern und dem Hofadel in Interessenkonflikte um Land und Personal geraten waren.

Im Ergebnis geht aus der Auswertung der Quellen hervor, dass die Zeitgenossen sehr unterschiedlich mit religiöser Gewalt umgingen und auch teilweise deutlich voneinander abweichende Vorstellungen besaßen. In vielen Quellen – wie etwa im „Gukanshō" – stehen Ablehnung, Billigung und Beanspruchung religiöser Gewalt nebeneinander, ohne dass die sich daraus ergebenden Widersprüche benannt wurden. In den religionsgeschichtlichen Vorbemerkungen wurde auf die breite Akzeptanz religiös gerahmter Gewalt hingewiesen, die den Quellen nach weniger aus religiösen denn aus politischen, ökonomischen und sozialen Beweggründen stattfand. Die Analyse der Quellen hat gezeigt, dass religiöse Gewalt nur selten auf prinzipielle Zurückweisung stieß. Allenfalls in bestimmten Formen und dann

80 Itō (Hg.): Kōgizuiketsu shū (wie Anm. 74), S. 31–33.

81 Inoue Takami: The Interaction between Buddhist and Shinto Traditions at Suwa Shrine. In: Rambelli/Teeuwen: Buddhas (wie Anm. 76), S. 287–312. Allgemein dazu vgl. Vollmer: Buddhism (wie Anm. 71), S. 203–207.

auch in der Regel nur hinsichtlich ihrer Ziele, Mittel, Folgen und Ausmaße fand sie Beanstandung. Anlässe zur Kritik gaben etwa der soziale Rang der Beteiligten und das Prestige der betroffenen Institutionen. Das könnte daran liegen, dass die untersuchten Texte zumeist konkrete Sachverhalte behandeln, wohingegen die theoretische und dogmatische Gewaltkritik auf eine eindeutige Positionierung abzielt. Doch selbst Shinzui erweist sich in seiner Diskussion mit Atsuhiro über die Umsetzung des buddhistischen Gewaltverbots zu Konzessionen bereit, so kommt er am Ende zu dem Kompromiss, dass Atsuhiro für eine Übergangszeit doch auf dem Markt Fleisch für die Tieropfer kaufen dürfe.[82]

Ausblickend sei noch hinzugefügt, dass die politischen Institutionen in Kyōto und Kamakura für die Wahrung des öffentlichen Friedens und die Begrenzung von Gewalt in und unter den Klöstern und Schreinen verantwortlich waren. Die enge Verbindung zwischen den etablierten buddhistischen Denominationen und dem Hof, die man als Einheit von „Buddhas Gesetz und königlicher Ordnung" beschrieb, führte dazu, dass religiöse Reformbewegungen wie Hōnens „Reiner-Land"-Buddhismus in der Anfangsphase gewaltsamen Repressalien ausgesetzt waren. Die Positionierung kleinerer Tempel zur Gewalt ist demgegenüber noch wenig erforscht. Zukünftige Untersuchungen könnten auf die Peripherien jenseits der beiden Herrschaftszentren in Kyōto und Kamakura eingehen und die abseits gelegenen Klosteranlagen und Schreine stärker in den Blick nehmen.

Gleichfalls konnte im vorliegenden Aufsatz nur am Rande auf die Gewaltaspekte der Rituale und Vorstellungen in den vormodernen japanischen Götterkulten eingegangen werden. Im Vergleich zum modernen Shintō bestehen hier noch große Forschungslücken. Vertiefende Analysen von Quellen wie Tagebüchern, Erzählungen oder religiösen Traktaten dürften noch so manche Aspekte aufdecken, die dazu beitragen werden, das zeitspezifische Verständnis von religiöser Gewalt und den Umgang damit zu erhellen.

Zuletzt sei noch angemerkt, dass unter den oben herangezogenen Zeugnissen Aussagen von Kriegern fehlen. Diese übernahmen in der zweiten Hälfte des 13. Jahrhunderts von Kamakura aus mehr Verantwortung für die landesweite Konflikteindämmung, die Verwaltung und die Rechtsprechung – während parallel dazu der Hof an politischem und mehr noch an militärischem Einfluss verlor. Berücksichtigt man neben der professionsbedingt anderen Einstellung der Krieger gegenüber Gewalt die im Hofadel verbreiteten Vorstellungen kultischer Verunreinigung durch Blut und die Furcht vor Rachegeistern, dann ist davon auszugehen, dass die Wahrnehmungen und Umgangsweisen in Bezug auf religiöse Gewalt zwischen den sozial unterschiedlichen Milieus von Hof und Kriegerregierung differier-

82 Itō (Hg.): Kōgizuiketsu shū (wie Anm. 74), S. 99 f.

ten. Zu welchen Abweichungen und Überschneidungen es tatsächlich kam und was diese im Einzelfall bedingten, bleibt eine vielversprechende Aufgabe für weitere Studien.

Abstract

In the last decades, religious studies have addressed various issues of violence in Japanese religions and convincingly argued against the image of a solely peaceful Buddhism and the seemingly harmonious interplay of religious traditions in Japan. This chapter examines the understanding and treatment of religious violence in sources from the 12th and 13th centuries. Special attention is given to criticism of violence by and against religious institutions. In a nutshell, medieval attitudes towards religious violence among religious and political elites were ambiguous in many cases and not connected to a shared concept of violence. The possibilities afforded by esoteric Buddhist rituals were used to harm opponents, just as the killing of living beings was forbidden at certain times with reference to Buddhist precepts. Criticism addressed the involvement of Buddhist temples in violent conflicts, while others from the same social and political background would find good reasons to defend their use of violence. Some would not even recognize violence in their actions at all. Many but not all of these inconsistencies can be explained by referring to the political, social and religious context.

A good way of illustrating the various reactions to religious violence is to consider the participation of Buddhist monks in the war against the rule of the Taira clan at the end of the 12th century. The devastating destruction of Buddhist Temples and Shintō Shrines in Nara by Taira warriors generated much antipathy, which is visible in the diary of the court noble Kujō Kanezane and the historiography "Gukanshō" (1220) written by his brother, the Buddhist monk Jien. Another example is taken from a dispute between Buddhism and Shintō concerning the killing of animals as offerings at Shintō deities. Shinzui, a follower of Hōnen's Pure Land Buddhism, tried to convince Uehara Atsuhiro, a warrior and administrator of the shrines of the Shintō deity of Suwa in present-day Nagano province, to abandon violent sacrifices. For this purpose, he explained the combinatory nature of the Suwa deities with Buddhism. Shinzui summarised their arguments in the "Collection of Atsuhiro's Questions and Shinzui's Answers" ("Kōgizuiketsu shū", 1256). The analysis of different sources in this chapter thus adds to mounting evidence that religious violence was not an exception in pre-modern Japan.

Rainer Josef Barzen

„Denn das Blut seiner Diener rächt er, und wendet Rache auf seine Feinde zurück"*

Liturgisches Gedenken von Verfolgungs- und Gewalterfahrung in Aschkenas im Hoch- und Spätmittelalter

Einleitung

Jüdische Geschichte der Diaspora als eine Anreihung von Gewalterfahrungen zu lesen und zu deuten hat eine eigene innerjüdische Tradition. Aus der Perspektive der Frühen Neuzeit schien es mit Blick auf den Untergang der großen jüdischen Zentren in Frankreich, auf der iberischen Halbinsel und in den deutschen Landen mehr als berechtigt, die vergangenen Jahrhunderte als „Tal der Tränen", „Emek ha-Bakha" zu bezeichnen, wie die gleichnamige chronikalische populäre jüdische Geschichte des 16. Jahrhunderts nahelegt.[1] Ein weiteres jüdisches „Volksbuch" mit ähnlicher Perspektive und gleichem Zeithorizont, „Shevet Yehuda", erfreute sich durch die Jahrhunderte unter der jüdischen Leserschaft noch stärkerer Beliebtheit. Von der hebräischen Ausgabe der Gebildeten[2] bis zur jiddischen Ausgabe des

* Zitiert aus „Av ha-Rachamim"/„Vater des Erbarmens". In: Samson Raphael Hirsch (Hg.): Sidur Tefilot Israel. Israels Gebete. Frankfurt a. M. 1895, S. 353. Vgl. auch Selig Bamberger (Hg.): Siddur Sephath Emeth. Gebetbuch der Israeliten. Frankfurt a. M./Rödelheim ^{10}1922, S. 123.
Die vorgelegte Studie ist Teil meines aktuellen Buchprojekts „Tod und Totengedenken im mittelalterlichen Aschkenas" (Habilitation, Universität Münster).

[1] Karin Almbladh (Hg.): Sefer Emeq ha-Bakha. The Vale of Tears. With the Chronicle of the Anonymous Corrector /Joseph ha-Kohen. Uppsala 1981; Max Wiener (Hg.): Joseph ha-Kohen. Emek habacha (deutsche Übersetzung). Leipzig 1858.

[2] Shlomo Ibn Verga: Sefer Shevet Yehuda (Hebräisch), Adrianopel 1554. Aktuelle deutsche Ausgabe: Sina Rauschenbach (Hg.): Schlomo Ibn Verga. Schevet Jehuda. Ein Buch über das Leiden des jüdischen Volkes im Exil. In der Übersetzung von Me'ir Wiener. Herausgegeben, eingeleitet und mit einem Nachwort zur Geschichtsdeutung Salomo Ibn Vergas versehen. (Mit einer Übersicht zu den Ausgaben) Berlin 2006; Shlomo Ibn Verga: Sefer Shevet Yehuda. Yoman teudi shel meorot hagirush mi-pi ed reiah (Ha-sifriah ha-sefaradit) (Hebräisch). Jerusalem 1992.

https://doi.org/10.1515/9783110773781-011

19. Jahrhunderts[3] und zu den modernen hebräischen, israelischen Ausgaben des 20. Jahrhunderts[4] hielten sie das Bild einer gewaltdurchtränkten vormodernen jüdischen Geschichte aufrecht. Auch in den hebräischen Neuausgaben gewaltbeschreibender Quellentexte der Vormoderne und des Mittelalters sprechen die Titel der Ausgaben eine eindeutige Sprache. So fand eine der ersten großen Sammlungen mittelalterlicher synagogaler Poesie unter dem Titel „Buch der Tränen" Verbreitung.[5] Schließlich finden unter dem Eindruck der Massenmorde der Shoah, herausgegeben in Tel Aviv im Jahre 1946, die überlieferten Texte zu den Verfolgungen der Kreuzzüge unter dem Titel „Buch der Verfolgungen" bis heute ihre israelische Leserschaft.[6]

Doch wo den Anfang einer solchen, mitunter recht unhistorischen Perspektive suchen? Richtig ist, dass die Quellenüberlieferung, besonders auch in der hebräischen synagogalen Poesie von Nordfrankreich[7] und den deutschen Landen, die Darstellung von Gewalterfahrung kennt.[8] Das außergewöhnliche Ereignis schafft die Quellen und die Texte, nicht der dominierende Alltag.

Zwei Erlebnisräume sind es, welche die Verfolgungserfahrungen des Hochmittelalters verarbeiten und transportieren helfen, um die nachfolgenden Generationen in ihrer Identität zu formen: An bestimmten Gedächtnistagen des Jahres können liturgische Dichtungen in den Ablauf des Gottesdienstes Eingang finden, die auf die zu gedenkenden Verfolgungserfahrungen Bezug nehmen. Ebenso können an diesen Tagen im liturgischen Ablauf an festgesetzter Stelle Gedächtnislisten der Ortsmärtyrer eingefügt werden, derer mit den verstorbenen Wohltätern der Gemeinde gedacht wird.

Das liturgische Gedenken kann darum als ordnende Struktur verstanden werden, die der traumatisierenden, verstörenden Verfolgungserfahrung der vorangegangenen Generationen entgegengestellt werden soll. Es ist darum notwendig, zunächst das Phänomen von Verfolgung aus innerjüdischer Sicht seit dem 11. Jahrhun-

3 Shlomo Ibn Verga: Sefer Shevet Yehuda (Jiddisch). Krakau 1591. Weitere Druckausgaben bis ins 19. Jahrhundert.

4 Shevet Yehuda le-Rabbi Shlomo Ibn Verga (Bne Issakhar Institute). Jerusalem 1992.

5 Simon Bernfeld (Hg.): Sefer ha-Dema'ot. Me'ora'ot ha-gezerot ve-haredifot ve-hashmadot ha-dema'ot. Bd. 1–3 (Hebräisch). Tel Aviv 1951.

6 Avraham Haberman (Hg.): Sefer Gezerot Ashkenaz ve-Zarfat. Divrei zikhronot mi-bnei ha-dorot she mi-tekufat ma'asei ha-zelav ve-mivhar piuteihem (Hebräisch). Jerusalem 1946.

7 Susan L. Einbinder: Beautiful Death. Jewish Poetry and Martyrdom in Medieval France. Princeton 2002; dies.: No Place of Rest. Jewish Literature, Expulsion, and the Memory of Medieval France. Philadelphia 2008.

8 Bernfeld: Sefer ha-Dema'ot (wie Anm. 5). Avraham Fraenkel/Abraham Gross/Peter S. Lehnardt (Hg.): Hebräische liturgische Poesien zu den Judenverfolgungen während des Ersten Kreuzzugs (MGH, Hebräische Texte aus dem mittelalterlichen Deutschland 3). Wiesbaden 2016.

dert zu verstehen, um ihre theologische Bewertung und liturgische Erinnerung seit dem 12. Jahrhundert einordnen zu können.

Verfolgungserfahrung als Impuls zum Totengedächtnis

Seit dem 12. Jahrhundert war das Totengedenken in den jüdischen Gemeinden der Rheinlande eng mit dem Gedächtnis an die Märtyrer der Verfolgungen verknüpft. Dabei lässt sich feststellen, wie aus der Erfahrung der Verfolgungen[9] des ersten Kreuzzuges von 1096 die Tatsache von Verfolgung für die Juden der deutschen Lande, vornehmlich an Rhein und Donau, als Anfrage und Aufruf zur Treue Gott gegenüber und damit als Stärkung der eigenen Identität als dem erwählten treuen Gottesvolk begriffen wurde. Diese Dynamik formte besonders unter den Juden in Aschkenas ein Bewusstsein, Teil eines Israel aus „Zaddikim we-Kedoshim", aus „Gerechten und Heiligen" zu sein, einer Gemeinschaft von Juden, die immer wieder Vertreter hervorbringt, die in ihrer Treue zu ihrem Gott bereit sind, dessen Namen mit ihrem Leben zu heiligen. Die Juden, besonders in den Rheinlanden, schienen durch die Verfolgungen des zweiten Kreuzzuges im Jahre 1147 einen Déjà-vu-Moment erlebt zu haben, der zu den beschriebenen Ausprägungen des Totengedenkens beitrug, in dem diese Ereignisse endgültig von der Generation der Söhne und Enkel der Verfolgung von 1096 eine theologische Stellungnahme und eine Erinnerungsform einzufordern schienen. Zwar ist Verfolgung keine Alltagswirklichkeit in Aschkenas, aber eine sich in den Generationen wiederholende lokale und regionale Erfahrung, die sich in vergleichbaren Jahresabständen fast rhythmisch zu wiederholen schien und vielleicht auch das erstarkte und wiederkehrende Bedürfnis dieser Jahrhunderte nach einer immerwährenden Erinnerung erklärt:[10] 1096 (1. Kreuzzug), 1147 (2. Kreuzzug, Rhein und Main) (51 Jahre), 1188 (Mainz, Mittelrhein) (41 Jahre), 1283 (Guter Werner, Rhein) (95 Jahre), 1298 (Rintfleisch, Main) (15 Jahre), 1338 Armleder (Rhein und Main) (40 Jahre), 1348 Pest (10 Jahre).

Die aufgeführten Verfolgungen des Hoch- und Spätmittelalters in den deutschen Landen, stellen dabei keinesfalls eine vollständige Liste dar. Es wird allerdings deutlich, dass diese für die meisten Juden des westlichen Aschkenas als präsente Erfahrung von Generation zu Generation betrachtet werden können. So

9 Jörg R. Müller: Judenverfolgungen und -vertreibungen zwischen Nordsee und Südalpen im hohen und späten Mittelalter. In: Alfred Haverkamp (Hg.): Geschichte der Juden zwischen Nordsee und Südalpen. Kommentiertes Kartenwerk. Teil 1: Kommentarband. Hannover 2002, S. 189–222 und die dazugehörigen kartografischen Darstellungen: Alfred Haverkamp (Hg.): Geschichte der Juden zwischen Nordsee und Südalpen. Kommentiertes Kartenwerk. Teil 3: Karten. Hannover 2002, alle Karten der Serie „C".

10 Zur Verfolgung im 11. bis 14. Jahrhundert, siehe vorherige Anm.

konnte es Zeiten geben, wie etwa in den Jahren zwischen 1200 und 1250, in denen Verfolgung fast nur eine Erfahrung der vergangenen Generation zu sein schien. Solche stillen Phasen wurden von Jahren abgelöst, wie etwa in der zweiten Hälfte des 13. Jahrhunderts, die von wiederkehrender regionaler Verfolgung geprägt waren. Es überrascht darum nicht, dass die ersten Versuche des Totengedenkens der Märtyrer nur 60 Jahre nach den traumatischen Ereignissen von 1096 verbunden mit nun eigenen Erfahrungen in literarischer Form ihren Ausdruck fanden. Dabei ist den Autoren noch nicht klar, welche literarische Gattung sie für die mündlich überlieferten Ereignisse wählen oder schaffen möchten.

Verfolgungserfahrungen und ihre Bewältigung

Zum Verständnis und Selbstverständnis der jüdischen Märtyrer in der aschkenasischen Rezeption seit dem 12. Jahrhundert gehört die mögliche Deutung das Martyriums, der „Heiligung des Gottesnamens" („Kiddush ha-Shem"), als „rituelle" Selbstopferung, die in den Darstellungen der hebräischen Überlieferung des 12. Jahrhunderts (erzählende und poetische Texte) den Gepflogenheiten des Jerusalemer Tempelopferdienstes nachinszeniert wird.[11] Die hebräischen Quellen des 12. Jahrhunderts präsentieren dabei die Märtyrer mehrheitlich nicht als passive Opfer, sondern als aktiv Handelnde, die, so die Autoren des 12. Jahrhunderts, in den Verfolgungen des Jahres 1096 wie auch des 12. Jahrhunderts, also dem ersten und zweiten Kreuzzug, ihren Tod selbst herbeigeführt oder diesen zumindest bejaht haben.[12] Die Autoren der sogenannten Chroniken[13] und verschiedener Piyyutim[14] verbinden dabei bewusst diese Beschreibungen mit Anspielungen auf die Bindung Isaaks[15] und vor allem mit der in den Midraschim[16] bekannten Deutung der Bin-

11 Siehe hierzu Israel Yuval: Zwei Völker in deinem Leib. Gegenseitige Wahrnehmung von Juden und Christen. Göttingen 2007, S. 154–164.

12 Eva Haverkamp (Hg.): Hebräische Berichte über die Judenverfolgungen während des Ersten Kreuzzuges (MGH, Hebräische Texte aus dem mittelalterlichen Deutschland 1). Hannover 2005, S. 257, S. 275, S. 285, S. 335, S. 347, S. 355, S. 357, S. 377–383, S. 437 und weitere Beispiele im Text.

13 Salomo Bar Simson, Elieser bar Nathan, Mainzer Anonymus; siehe dazu Haverkamp (Hg.): Hebräische Berichte (wie Anm. 12); Ephraim von Bonn: Sefer Sechira. In: Adolf Neubauer/Moritz Stern (Hg.): Hebräische Berichte über die Judenverfolgungen während der Kreuzzüge. Berlin 1892, S. 58–75 (Hebräisch), S. 187–213; Haberman: Sefer Gezerot Ashkenaz ve-Zarfat (wie Anm. 6).

14 Zu den Autoren der Piyyutim zu den Ereignissen des ersten Kreuzzuges siehe Fraenkel/Gross/Lehnardt (Hg.): Hebräische liturgische Poesien (wie Anm. 8).

15 Gen. 22,1–19.

16 Shalom Spiegel: The Last Trial. On the Legends and Lore of the Command to Abraham to Offer Isaac as a Sacrifice. Woodstock,VT 1995. Siehe auch Simha Goldin: The Ways of Jewish Martyrdom. Turnhout 2008, S. 326–337; Yuval: Zwei Völker (wie Anm. 11), S. 70, S. 168.

dung Isaaks als vollzogenes Opfer, nicht als verhindertes Opfer, zum Heil Israels. Dass diese Deutung des Midrasch durch die Jahrhunderte als Gegenentwurf zum christlichen Heilsversprechen zu bewerten ist, wurde von unterschiedlicher Seite diskutiert.[17] Simha Goldin hat gerade auf diese Interpretation im Rahmen der literarischen Auseinandersetzungen zu den Verfolgungen des späten 11. und des 12. Jahrhunderts hingewiesen. Ich selbst neige dazu, die Deutung des Midrasch der Bindung Isaaks als vollzogenes Opfer und die Instrumentalisierung dieser Deutung als zentral zu betrachten. Diese Instrumentalisierung der Deutung der „Akeda“, der Bindung Isaaks, abweichend zum biblischen Text als vollzogenes Opfer, macht es den Autoren des 12. Jahrhunderts möglich, den von christlicher Seite vertretenen Wahrheitsanspruch der verkündeten Christologie zu bekämpfen. Die hundertfach gehörte Botschaft der christlichen Umgebung mit der zentralen Geschichte des ewigen Opferlamms und Heilsbringers in der Person Christi muss mithilfe dieser Interpretation von jüdischer Seite nicht vergessen gemacht werden. Man muss sie von jüdischer Seite nicht mehr bekämpfen, sondern kann dem Argument der Geschichte folgen, aber die nach jüdischer Auffassung wahren Handelnden im Sinne des eigenen jüdischen Weltverständnisses besetzen und erklären: Der christliche Heilsbringer für die Welt wird durch Isaak ersetzt, wobei dessen Opfertod (in der Deutung des Midrasch) eine entscheidende Rolle spielt.[18] Die jüdischen Autoren des 12. Jahrhunderts betonen mit dieser Gegenüberstellung die Vollkommenheit der eigenen Glaubenstradition. Oder in anderen Worten: Ihr Christen habt uns nichts anzubieten, was wir nicht selbst schon haben. Das Opfer unseres Vaters Isaak erfüllt bereits die Notwendigkeit unserer Erlösung durch Opfer. Wir können und müssen darum euer Angebot zurückweisen.

Wie sehr dem vollzogenen Opfer der „Bindung Isaaks“ eine erlösende Rolle zugesprochen wurde, wird in der Illumination eines Machsors aus dem 13. Jahrhundert deutlich.[19] Eine Buchmalerei, die das Eingangsblatt zum Wochenfest oberhalb des Piyyut „Adon Imnani“ (ein Piyyut zum Preis des Gottesbundes) ziert, beschreibt

[17] Spiegel: Last Trial (wie Anm. 16); Shmuel Shepkaru: Jewish Martyrs in the Pagan and Christian Worlds. Cambridge 2006, S. 167–168; Goldin: Jewish Martyrdom (wie Anm. 16), S. 328 f.

[18] Goldin: Jewish Martyrdom (wie Anm. 16), S. 328, S. 330, mit Verweisen. Shlomo Spitzer (Hg.): Sefer haMinhagim leRabinu Avraham Hildik (Mifal Torat Hakhmei Ashkenaz), Mekhon Yerushalayim 2006, abgedruckt in ders. (Hg.): Sefer haMinhagim leRabinu Avraham Kloizner (Minhagei Maharak), (Mifal Torat Hakhmei Ashkenaz). Mekhon Yerushalayim 2006, S. 193–253, hier: S. 198.

[19] Eingangstafel zum Yotzer-(Morgen-) Gebet, zum Wochenfest (Shavuot), Laud Machsor, Franken um 1260. Oxford, Bodleian Library, Ms. Laud Or. 321, fol. 127v. Ich danke meiner lieben Kollegin Frau Meyrav Levy (M.A.) sehr herzlich für ihre Anregungen und Hinweise. Siehe auch: Meyrav Levy: Defense and Praise of Moses and the Eternal Blood Covenant. The Exceptional Shavuot's Illustration in the Ashkenazi Mahzor MS. Laud Or. 321 (ca. 1270) (Typoskript) (Masterarbeit, betreut durch Prof. Dr. Annette Weber), Hochschule für Jüdische Studien. Heidelberg 2018.

die Bedeutung der Märtyrer und ihrer Tat in deutlichen Bildern. Auf der Grundlage der „Bindung Isaaks" sind es nun die Märtyrer, die als zu opferndes und geopfertes Lamm auf dem Altar bereitliegen. Die Figur des Abraham trägt den Porphyrion,[20] den durch das Blut der Märtyrer rot gefärbten Mantel, das Blut, das Gott an sein gerechtes Handeln und vor allem an die Treue seines Volkes durch die Tat der Märtyrer erinnern soll. Das Blut der Märtyrer reinigt auch die weiteren Kinder Israels, die weiteren Mitglieder der jüdischen Gemeinde, was durch die Besprengung der Kinder Israels am rechten Bildrand durch das Blut der Märtyrer zum Ausdruck kommt. So haben alle Mitglieder der Gemeinde durch die Erinnerung an die Tat der Märtyrer Anteil an ihrem gottgefälligen Handeln.

Abb. 1: Akkedat Izhak, Machsor Laud, Oxford, Bodleian Library, Ms. Laud Or. 321, fol. 127v (online record: https://digital.bodleian.ox.ac.uk/objects/268d1688-4523-4aed-962a-75f24c8cbfd0); Foto: © Bodleian Libraries, University of Oxford.

Und genau hier setzt meine Überlegung ein: Wenn die Märtyrer sich und ihr Handeln in die Tradition des vollzogenen Opfers von Isaak stellen, welche Rolle nehmen sie gegenüber Gott und gegenüber dem Volk Israel (also ihren Herkunftsgemeinden) ein? Und andersherum gefragt: Wenn der Selbstdarbringung der Mär-

[20] Zur Bedeutung des Porphyrion siehe Yuval: Zwei Völker (wie Anm. 11), S. 151.

tyrer der Verfolgungen in ihrer gewählten Form als Opfer vor Gott eine vergleichbare Bedeutung zukommt wie dem vollzogenen Opfer des Isaak und damit die Märtyrer der Gemeinden in Aschkenas die Rolle von Isaak einnehmen, was können die Mitglieder von den Taten ihrer Märtyrer erwarten?

Verschiedene Midraschim gehen von der Präsenz des Isaak vor dem Thron des Allmächtigen direkt nach seiner Opferung aus.[21] Wenn dies so Isaak widerfuhr, so kann man fortfahren, können die Überlebenden der Verfolgungen von ihren Märtyrern dasselbe erwarten. Auch die Märtyrer werden sich nun direkt nach ihrer Opferung vor Gott versammeln.

Die Verbindung der Vorstellung der Gegenwart des Isaak vor Gottes Thron hin zu den Märtyrern der Gemeinden wird nun schleichend die bekannten (und nicht immer stringenten) Vorstellungen der bisherigen jüdischen Tradition zu Tod und dem Schicksal der Toten verwandeln.[22] Wenn der Märtyrer die sofortige Präsenz Gottes nach seinem Ableben erwarten kann, so wird man sich fragen, ob auch Nicht-Märtyrer als Gerechte eine Chance hätten, diese Präsenz nach ihrem Tod direkt zu erfahren. Dies stellt eine Alternative, eine „Verbesserung" zur vorherrschenden klassischen jüdischen Vorstellung des Schicksals der Toten insofern dar, als die Verstorbenen nun nicht mehr in einem Warteraum auf ihr weiteres Schicksal harren mussten[23] und mit ihrem Tod die Einflussmöglichkeiten für ihre Gemeinden, auch gegenüber dem Allmächtigen, verloren. Wenn aber zunächst die Märtyrer gleich nach ihrer (Selbst-)Opferung direkt vor dem Schöpfer präsent sind, werden sie gleichsam, wie Isaak für ganz Israel, zum erlösenden Opfer ihrer Gemeinden. Die Märtyrer als Tote ihrer Gemeinden stehen mit ihren Taten gleichsam als Vertreter derselben vor Gott. Diese „Gewissheit" verstärkt und revolutioniert, jenseits von Schmerz und Trauer, die Motivation des Totengedenkens, zunächst in der Form des Märtyrergedenkens und schließlich im allgemeinen Totengedenken. Die Märtyrer („Kedoshim", die „Heiligen") sind dabei keine aktiven Fürsprecher (wie ihre christlichen Kontrahenten). Ihre Gegenwart soll den Allmächtigen an die Taten der Märtyrer erinnern.[24] Die Erinnerung an das Blut der Märtyrer gilt es vonseiten der Gemeinden zu ihrem Wohl immer wieder vor den Thron Gottes zu bringen, damit Gott, um der Taten der Väter willen, um des Opfers der einzelnen Ge-

[21] Siehe auch ebd., S. 151.

[22] Shmuel Shepkaru: From Here to the Hereafter. The Ashkenazi Concept of the Afterlife in a Crusading Milieu. In: Stefan C. Reif/Andreas Lehnardt/Avriel Bar-Levav (Hg.): Death in Jewish Life. Berlin/Boston 2017, S. 51– 62, hier: S. 51–54; Susan Weissman: Final Judgement and the Dead in Medieval Jewish Thought. Liverpool 2020.

[23] Shepkaru: Jewish Martyrs (wie Anm. 17).

[24] Yuval: Zwei Völker (wie Anm. 11), S. 147–149. Siehe auch Haverkamp (Hg.): Hebräische Berichte (wie Anm. 12), S. 19. Siehe hierzu auch Spitzer (Hg.): Sefer haMinhagim leRabinu Avraham Hildik (wie Anm. 18), S. 198.

meindemitglieder willen, diesen Gemeinden irdische Gerechtigkeit widerfahren lasse.[25]

Diese erweiterten und modifizierten Jenseitsvorstellungen, basierend auf den Verfolgungserfahrungen von Generationen, schufen in Aschkenas eine besondere Motivation des Märtyrer- und Totengedenkens, deren verschiedene Formen und Ausdrucksweisen im Folgenden an Beispielen vornehmlich des 12. und 13. Jahrhunderts vorgestellt werden sollen.

Märtyrer- und Totengedenken: Ausdrucksformen und Literaturgenres

Die ersten Zeugnisse von schriftlichen Formen des Totengedenkens sind uns für die deutschen Lande aus dem 11. Jahrhundert überliefert. Hier wären zunächst die Texte der Stifterinschriften[26] der Wormser Synagoge zu nennen, aber auch die ältesten noch in situ erhaltenen Grabsteininschriften[27] des Wormser jüdischen Friedhofs.

Als bekanntestes Beispiel einer literarischen Suche nach Gedächtnis aus der Mitte des 12. Jahrhunderts können die sogenannten hebräischen Chroniken zum ersten Kreuzzug gelten. Die drei voneinander abhängigen Texte, als Synopse[28] herausgegeben von Eva Haverkamp-Rott, bestechen durch ihre Beschreibungen der Märtyrer und ihrer freiwilligen Selbsthingabe, auch in inszenierter Form, als Blutopfer, analog zu den Opfern im Jerusalemer Tempel.[29] Wir haben hier also Texte vor uns, deren Autoren von dem Willen beseelt sind, den Märtyrern von 1096 eine Memoria zu schaffen, die Bedeutung ihrer Taten zu betonen und diese für die Überlebenden verstehbar zu machen. Gleichzeitig bleibt der Sitz im Leben, und damit die Frage der Form des Totengedenkens, unbeantwortet. Wir wissen also nicht, ob die Texte lediglich für die private Lektüre bestimmt waren oder ihnen vielmehr eine liturgische Funktion im Rahmen des Gemeindegottesdienstes zugedacht gewe-

25 Yuval: Zwei Völker (wie Anm. 11), S. 147, S. 149.

26 Rainer Josef Barzen: Materialization of Memoria. Memory and Remembrance of Benefactors in Building Inscriptions in Medieval Ashkenaz. In: Elisheva Baumgarten u. a. (Hg.): Perception and Awareness: Artefacts and Imageries in Medieval European Jewish Cultures. Turnhout 2023, S. 77–116, hier: S. 108 f. (aus dem Jahr 1033/34).

27 Aus dem Jahre 1058/1059. Michael Brocke: Der jüdische Friedhof Worms im Mittelalter – 1059 bis 1519. Beobachtungen an einem singulären Ort. In: Pia Heberer/Ursula Reuter (Hg.): Die SchUM-Gemeinden Speyer – Worms – Mainz. Auf dem Weg zum Welterbe. Regensburg 2013, S. 111–154, hier: S. 119.

28 Haverkamp (Hg.): Hebräische Berichte (wie Anm. 12).

29 Ebd., S. 257, S. 275, S. 285, S. 335 (Analogie zur Bindung Isaaks), S. 347, S. 355, S. 357, S. 377–383 (Mar Isaak bringt sich in der Synagoge als „Sündopfer“ dar), S. 437.

sen ist. Für Letzteres könnte vielleicht die Gliederung und die Textgestaltung der verschiedenen Fassungen sprechen.[30]

Ein weiterer Text aus der zweiten Hälfte des 12. Jahrhunderts, das „Sefer Sechira“, „Buch der Erinnerung“,[31] des bekannten liturgischen Dichters Ephraim von Bonn, wird in der Forschung ebenfalls gerne als „Chronik“ bezeichnet. Ephraim fokussiert sich auf die Verfolgungen des 12. Jahrhunderts und bemüht sich um eine Integration der Verfolgungserfahrung seiner eigenen Generation. Die literarische Form des Buches weicht dabei von der Form einer Chronik insofern ab, als jeder der erzählten Episoden eine Benediktion voraus- und nachgestellt wird. Hat die bisherige Forschung vor allem den chronikartigen Charakter der beiden Traditionen hervorgehoben, so ist im Rahmen der Fragen zum Totengedenken ebenso auf die liturgische Strukturierung dieser Texte zu achten. Es ist aufgrund der Gestaltung des Textes durchaus denkbar, sich für das „Sefer Sechira“ eine Vorführungspraxis im Rahmen eines Gottesdienstes vorzustellen, wobei der genaue liturgische Moment im Gebetsablauf noch zu diskutieren wäre.

Märtyrer- und Totengedenken in Liturgie und Jahreskreis

Die liturgisch anmutende Form des „Sefer Sechira“ verweist allerdings auf den zentralen Ort des Toten- und Märtyrergedenkens, der sich gerade seit der Mitte des 12. Jahrhunderts neu etablieren und neu entfalten sollte: die synagogale Liturgie.[32]

Zunächst boten sich als Erinnerungstage die jeweiligen Jahrestage der lokalen Ereignisse an. Doch bald schon setzten sich allgemeine Gedenktage durch, die Schabbattage[33] zwischen dem „Wochenfest“ (Shavuot), also dem Gedächtnisfest des Gottesbundes (der Verleihung der Torah am Sinai), und dem Trauerfest zur Zerstörung des Tempels am Neunten Aw. Hier werden an entsprechender Stelle in der Liturgie Piyyutim, liturgische Dichtungen, eingefügt, die auf die zu erinnernden lokalen Verfolgungen Bezug nehmen. Daneben entsteht im jüdischen Jahreskreis ein allgemeiner Erinnerungsort für alle Verstorbenen am Versöhnungstag (Yom Kip-

[30] Siehe hierzu die Überlegungen und Analysen zum Text bei Goldin: Jewish Martyrdom (wie Anm. 16), S. 137–144.

[31] Neubauer/Stern (Hg.): Hebräische Berichte (wie Anm. 13), S. 58–75 (Hebräisch), S. 187–213.

[32] Zur Geschichte und Entwicklung des liturgischen Totengedenkens siehe Ismar Elbogen: Der jüdische Gottesdienst in seiner geschichtlichen Entwicklung. Frankfurt a. M. 1931, S. 201–205; Siegmund Salfeld (Hg.): Das Martyrologium des Nürnberger Memorbuches. Berlin 1898, Einleitung.

[33] So für Mainz für die Verfolgungen des ersten Kreuzzuges 1096. Shlomoh Spitzer (Hg.): The Book of Maharil. Costums by Rabbi Yaacov Mulin (Mifal Torath Chachmey Ashkenaz. Machon Yeruhalayim). Jerusalem 1989, S. 254.

pur) zum gleichen liturgischen Moment. Im östlichen Aschkenas wird zusätzlich an den Pilgerfesten Pessach und Sukkot der Toten gedacht.

Die an den Gedenktagen eingesetzten Piyyutim beschreiben das Leiden und die Opferbereitschaft Israels in diesen Gemeinden für die Zeit der Verfolgung in großen Bildern und sprachlich ausdruckstarken Monologen und Dialogen, in denen sich wechselseitig Israel an seinen Gott und der Allmächtige an sein Bundesvolk wendet.[34] Entstehen die oben beschriebenen Chroniken und die hier erwähnten Piyyutim etwa im gleichen Zeithorizont,[35] so ist sich die Forschung einig, dass die Piyyutim schon früh ihren Platz in der Liturgie im Gottesdienst fanden.

Nach der Lesung des Wochenabschnitts der Torah und des dazugehörigen Prophetenabschnitts (Haftara) wird der Gedenkmoment zunächst am Schabbat durch Rezitation des Abschnitts „Yekum Purkan"[36] („Möge die Errettung kommen") eingeleitet, dessen doppelte Form zunächst das Heil für die Gelehrten und Autoritäten der Gemeinde erbittet und schließlich in seinem zweiten Teil in seiner Bitte die übrigen Gemeindemitglieder in den Mittelpunkt stellt.[37] Beide Teile des „Yekum Purkan" schaffen einen idealen Bezugsrahmen für das Märtyrer- und Totengedenken innerhalb der Liturgie. Das 12. Jahrhundert fügt nach diesem Abschnitt zunächst einen neuen Text ein, der aus der Verfolgungserfahrung der Zeit entstanden ist: das „Av ha-Rachamim" („Vater des Erbarmens"), das thematisch und programmatisch den Erinnerungsmoment einrahmt.[38] Es ist dieses Gebet, dass schließlich zwischen dem 13. und 15. Jahrhundert das Märtyrergedenken zunächst einleiten, schließlich aber abschließen wird.

Einfügung von Märtyrerlisten in die Liturgie der Gedächtnistage

Im gleichen Zeithorizont, wohl ungefähr zur selben Zeit wie die Entstehung der erzählenden Piyyutim,[39] können wir annehmen, dass die vorhandenen Totenlisten

[34] Fraenḳel/Gross/Lehnardt (Hg.): Hebräische liturgische Poesien (wie Anm. 8).

[35] Siehe ebd., S. 2; Elisabeth Hollender: Liturgie und Geschichte. Der aschkenasische Machsor und die jüdische Mobilität im Mittelalter. Ein methodologischer Versuch. Trier 2015, S. 23 f.

[36] The Yekum Purkan. In: C. Duschinsky: Livre d'Hommage à la Memoire du Dr. Samuel Poznanski (1864–1921). Offert par les amis et les compagnons du travail scientifique. Warschau 1927, S. 182–198.

[37] Yekum Purkan. In: Philip Birnbaum: A Book of Jewish Concepts. New York 1975, S. 272.

[38] Joseph Isaack Lifshitz: „Av ha-raḥamim". On the „Father of Mercy" Prayer. In: Stefan C. Reif/Andreas Lehnardt/Avriel Bar-Levav (Hg.): Death in Jewish Life. Burial and Mourning Customs among Jews of Europe and Nearby Communities. Boston 2014, S. 141–154.

[39] Fraenḳel/Gross/Lehnardt (Hg.): Hebräische liturgische Poesien (wie Anm. 8), S. 2; Hollender: Liturgie und Geschichte (wie Anm. 35), S. 23 f.

der Märtyrer des ersten Kreuzzuges und weiterer Verfolgungen seit dem 12. Jahrhundert in den Fokus liturgischer Gedächtnispraxis geraten.

Dies gilt nicht nur für die großen Gemeinden, deren viele hunderte Opfer zählende Listen wohl zunächst eher als Blätter in das Gebetbuch eingelegt wurden. Auch an kleineren Orten können wir diese Praxis als händische Nachträge am richtigen liturgischen Ort nachweisen. So kennen wir für die Märtyrer von Boppard des Jahres 1179 und 1196 einen handschriftlichen Nachtrag einer Liste, die auf einer freien Seite in einem Machsor eingetragen wurde. Der Liste geht von gleicher Hand ein „Av ha-Rachamim“ („Vater des Erbarmens“) voraus. Der Nachtrag von gleicher Hand in seinen beiden Bestandteilen stellt also das Grundgerüst einer lokalen Gedächtnisliturgie dar. Ich gehe wegen der ausschließlichen Nennung der Märtyrer von Boppard davon aus, dass sich zur Zeit des Eintrags der Machsor in der Fürsorge und Benutzung der Gemeinde Boppard befand. Die beschriebene Märtyrerliste wird uns noch erneut, am Ende des 13. Jahrhunderts, mit weiteren Märtyrerlisten anderer Gemeinden im Nürnberger Memorbuch des Isaak von Meiningen begegnen.[40]

Ein vergleichbarer händischer Eintrag, als weiteres Beispiel in einem süddeutschen Machsor aus Franken, der sich heute in Parma befindet,[41] wurde im Abschnitt zu Yom Kippur am unteren Blattrand ergänzt: ein Yiskor-Gebet für Märtyrer.[42]

> *Gedenke, oh Herr, der Seele des R. Alexander, der lebendig aufs Rad gebunden wurde und nach seinem Tode verbrannt wurde, wegen der Einheit Gottes.*
> *Gedenke, oh Herr, der Seele seiner Mutter, Frau Rivka, Tochter des Elyakim.*
> *Gedenke, oh Herr, der Seele des R. Josef Sohn des R. Elyakim, des Getöteten.*
> *Gedenke, oh Herr, der Seele der Frau Guta.*
> *Gedenke, oh Herr, der Seele der Frau Rachel* […].
> *Gedenke, oh Herr, der Seele des R. Samuel, des Getöteten.*
> *Gedenke, oh Herr, der Seele der Frau Sarah.*

[40] Die Liste zu Boppard in einer nahezu identischen Form befindet sich ebenso im Memorbuch von Nürnberg. Siegmund Salfeld (Hg.): Das Martyrologium des Nürnberger Memorbuches. Berlin 1898, S. 19, S. 141 f. Siehe auch weiter unten im Text.

[41] Machsor Aschkenas, westlicher Ritus, Ms. Parma (Palatina Bibl.), Cod. Parma 2887, fol. 198b (13. Jahrhundert), online zugänglich unter: https://www.nli.org.il/en/discover/manuscripts/hebrew-manuscripts/itempage?docId=PNX_MANUSCRIPTS990000777230205171&vid=MANUSCRIPTS&scope=PNX_MANUSCRIPTS&SearchTxt=Parma%20%202887 (letzter Zugriff am 22.11.2023).

[42] MS Parma 2887, fol. 198b: יזכור השם נשמתו של ר. אלכסנדרי שהעבירו אופן על גופו בחיים ושרפויו במותו על ייחוד השם. יזכור השם נשמת אמו מרת רבקא בת ר. אליקים.יזכור השם נשמת ר. יוסף בר אליקים הנהרג.יזכור השם נשמת מרת גוטא. יזכור השם מרת רחל (…). יזכור השם נשמת ר. שמואל הנהרג. יזכור השם נשמת מרת שרה.יזכור השם נשמתן של כל קרוביי. יזכור השם נשמתן כל הרגים.יזכור השם נשמתו כל הרבנים של כל קהילות הרוגים ושאינן הרוגים הואיל וקיימו השם. יזכור השם עם צדיקים ונאמר אמן. Ich danke Frau Meyrav Levi (M. A.), Institut für jüdische Studien, Universität Münster, für diesen Hinweis.

Gedenke, oh Herr, der Seelen aller meiner Verwandten.
Gedenke, oh Herr, der Seelen aller Getöteten.
Gedenke, oh Herr, der Seelen aller Rabbiner aller Gemeinden,
der Getöteten und der um der Existenz Gottes nicht Getöteten.
Gedenke, oh Herr, (zusammen) *mit den Gerechten. Und wir wollen sprechen: Amen.*

Die aufgezählten Personen und ihre Taten beziehen sich auf den Ort des Machsors, der nicht genannt ist. Der Eintrag ist wohl singulär und konnte bisher nicht an anderer Stelle (wie etwa dem Nürnberger Memorbuch) nachgewiesen werden.

Listen als Teil von Gedächtnisliturgien, teils händisch nachgetragen, teils bei der Herstellung des Siddurs oder Machsor von vornherein gewollt und aufgenommen, bleiben ein Teil der aschkenasischen Handschriftentradition zu Machsorim und Siddurim bis ins 15. Jahrhundert.[43] So muss die Frage gestellt werden, wie die Anbindung an die Liturgie im Rahmen des Totengedenkens zu deuten sei. Die Gestaltung des Totengedenkens als Teil der Liturgie des Yom Kippur (Versöhnungstag) bildet dabei den Schlüssel des aschkenasischen Märtyrerverständnisses.

Der Märtyrer als sakrales Opfer: Schlüsselsymboliken im aschkenasischen Totengedenken

Mit der liturgischen Anbindung des Märtyrergedächtnisses seit dem 12. Jahrhundert an den Jahreskreis sind für die Juden in den deutschen Landen, in Aschkenas, jährlich wiederkehrende hochemotionale Momente in der Liturgie geschaffen, die die Verbindung zwischen den Gemeinden und ihren Märtyrern aufrechterhalten. Diese Verbindung schafft eine Identität, durch das Glaubenszeugnis der Vorfahren, der eigenen Familie, zu einer Gemeinschaft von Treuen und Treugebliebenen zu gehören. Die Märtyrer werden dabei als Repräsentanten der Gemeinden und ganz Israels vor dem Allmächtigen begriffen. Sie sollen den Gott ihres Bundes an ein gerechtes, Gerechtigkeit schaffendes Handeln erinnern (Yiskor/Er möge sich erinnern), weil er, der Allmächtige, es so zugesagt hat. Verstärkt wird diese Identität als eine durch das Martyrium geheiligte Gemeinschaft durch die in den hebräischen Chroniken der Kreuzzugsverfolgungen beschriebenen Selbsttötungen von Jüdinnen und Juden (bekannt als Kiddush-Shem, Heiligung des Gottesnamens). Hierbei wird die Selbsttötung, die einer Zwangsbekehrung zum Christentum zuvorkom-

[43] Vgl. beispielsweise Ms. Giessen UB 892, fol. 191r und Ms. Hamburg, Cod. hebr. 42, fol. 32–36. Ich bereite gerade eine Durchsicht aller bekannten handschriftlichen aschkenasischen Siddurim und Machsorim vor, bei der ich als Ergebnis weitere Beispiele solcher Gedächtnisliturgien erwarte.

men soll, in den hebräischen erzählenden Quellen[44] und den liturgischen Poesien, den Piyyutim,[45] als freiwilliges Selbstopfer gemäß der Schlachtung der Opfertiere im Jerusalemer Tempel beschrieben und stilisiert.

Der genannte liturgische Rahmen zusammen mit der aus der Tradition des Midrasch entwickelten neuen theologischen Vorstellung zur Rolle der Märtyrer bildet ein großes Gefäß, das die weiteren Verfolgungserfahrungen der aschkenasischen Juden des späten 13., 14. und 15. Jahrhunderts emotional und theologisch auffangen kann. Folgerichtig werden gerade die Liturgien der genannten Gedenktage mit ihren Piyyutim vor allem des 12. Jahrhunderts auch in der Zeit des 14. Jahrhunderts keiner weiteren Ergänzung bedürfen. Die Yiskor-Liturgien sind in Form und Zusammensetzung seit der Mitte des 14. Jahrhunderts weitgehend abgeschlossen.[46]

Wie ist nun diese Entwicklung zu bewerten? Das geordnete liturgische Einfügen ist nicht Ziel, sondern eine errungene endgültige Form der zunächst die Verfolgungen als nicht erwartetes, überraschendes Ereignis vorausgehen. Am Ende dieser Entwicklung steht die Umkehrung der Gewalterfahrung. Der Triumph der Treue wird gefeiert, die Treue selbst als Sieg gedeutet. Die Sinnhaftigkeit des Opfers der Vorfahren wird verkündet und ihrer Rolle vor Gott dem Allmächtigen jetzt und in Zukunft gedacht.

Märtyrergedenken und allgemeines Totengedenken

Die Integration der Verfolgungserfahrungen und das Ringen um die Sinnhaftigkeit der Opfer sollten sich auch auf die Jenseitsvorstellungen der Juden in Aschkenas seit dem 12. Jahrhundert auswirken. Die Seelen der Märtyrer wurden nicht mehr zusammen mit den übrigen jüdischen Verstorbenen in einem bis zur leiblichen Auferstehung ruhenden Zwischenstadium vermutet.[47] Nach dem sich ausbreitenden Verständnis genossen die Märtyrer direkt nach ihrem Ableben bereits die Gegenwart Gottes.[48] Die Nähe der Märtyrer zu Gott ließ sich darum, so die Hoffnung, auch für die Lebenden in ihrem Sehnen nach Gerechtigkeit nutzbar machen. Doch dabei blieb es nicht. Was zunächst als besonderes Privileg der Glaubenszeugen verstanden wurde, die einem reinen Opfer gleich ihr Leben gaben, hatte sich bald, auch in der Liturgie, auf die ganze Gemeinde als die vor Gott geheiligte Gemeinde

44 Haverkamp (Hg.): Hebräische Berichte (wie Anm. 12), S. 257, S. 275, S. 285, S. 335, S. 355, S. 357, S. 377–383, S. 437; Goldin: Jewish Martyrdom (wie Anm. 16), S. 101–103; Shepkaru: Jewish Martyrs (wie Anm. 17), S. 173 f.

45 Fraenkel/Gross/Lehnardt (Hg.): Hebräische liturgische Poesien (wie Anm. 8), S. 19, S. 27.

46 Hollender: Liturgie und Geschichte (wie Anm. 35), S. 96.

47 Shepkaru: From Here to the Hereafter (wie Anm. 22), hier: S. 51 f.

48 Ebd.; Haverkamp (Hg.): Hebräische Berichte (wie Anm. 12), S. 19, mit Verweisen.

übertragen, deren Gerechte und Wohltäter[49] in derselben Weise nach ihrem Ableben, gleich den Märtyrern der Gemeinde, auf eine Ewigkeit in der Gegenwart Gottes hoffen konnten. Das vom Gott erbetene Erinnern (dass Gott sich erinnern möge) ist in dieser Vorstellung gleichsam ein in Kontakt treten Gottes mit den heiligen Märtyrern und den Gerechten der Gemeinde. Und so will auch folgendes Gebet („Mi sheberach“), das dem Totengedenken in der Liturgie zugeordnet ist, in dieser Form verstanden werden: [50]

> *Der unsere Väter Abraham, Isaak und Israel gesegnet hat wird alle Gemeinden des Heiligen segnen, und diese ganze Gemeinde, Männer und ihre Frauen ihre Söhne und Töchter und alles was ihnen gehört. Und der[,] welcher Synagogen zum Gebet bereitet hat und die, die sich dort versammeln um zu beten, und der[,] der spendet für das Licht in der Synagoge, für den Wein der Kiddusch- und Havdala-Zeremonie*[51]*, für die Verköstigung der Bedürftigen und Almosen für die Armen gibt und jeder[,] der sich für die Belange und Bedürfnisse der Gemeinde einsetzt. Der Heilige gelobt sei er, möge es ihm vergelten, möge ihn vor aller Krankheit bewahren, Ihren ganzen Leib heilen und all Ihre Sünden vergeben. Er wird all Ihr tun Ihrer Hände mit Erfolg segnen. So spreche man Amen.*

War also zunächst der Märtyrertod ein Opfer im Sinne einer rituellen Tat verbunden mit den Opfern des zerstörten Jerusalemer Tempels, so sind nun auch die Taten der Wohltäter dem Blutopfer der Märtyrer, wenn nicht ebenbürtig, so doch vergleichbar. Zumindest ist die fromme Tat insofern (fast) gleichwertig, dass somit jedes Gemeindemitglied die Hoffnung haben darf, zusammen mit den Märtyrern in die Gegenwart Gottes zu gelangen. In dieser Gegenwart möge sich der Allmächtige dann in besonderer Weise dem Einzelnen und den Anliegen der Gemeinden und seines ganzen Volkes Israel erneut zuwenden.

Das Werden des aschkenasischen Memorbuchs

Die bis hierher beschriebenen Elemente des Totengedenkens im 12. und 13. Jahrhundert, das Märtyrergedenken, das Aufleben des Wohltätergedenkens, die Form von Listen der Märtyrer sowie die Einbindung in die Gemeindeliturgie an unterschiedlichen Tagen des Jahres ließ spätestens ab der zweiten Hälfte des 13. Jahrhun-

[49] Zum Gedenken der Wohltäter siehe auch Elisheva Baumgarten: Practicing Piety in Medieval Ashkenaz. Men, Women, and Everyday Religious Observance. Philadelphia 2014, S. 103–137.

[50] So schon im Machsor Vitry (13. Jahrhundert). Simon Hurwitz (Hg.): Machsor Vitry. 2 Bde. Berlin 1896/1897, hier: Bd. 1, S. 173, Nr. 190; Arieh Goldschmidt (Hg.): Mahzor Vitry leRabenu Simha miVitry. 3 Bde. Jerusalem 2004, hier: Bd. 1, S. 286. Deutsche Übersetzung: Bamberger (Hg.): Siddur Sephath Emeth (wie Anm. *, S. 237), S. 121; Hirsch (Hg.): Sidur Tefilot Israel (wie Anm. *, S. 237), S. 347–349.

[51] Am Ende des Schabbat.

derts eine neue Literaturgattung für das liturgische Geschehen entstehen, die für die aschkenasische gemeindliche Gedächtniskultur bis ins frühe 19. Jahrhundert prägend bleiben sollte: Das Memorbuch.[52] Doch was ist ein Memorbuch? Die für die jüdische Tradition sichtbar werdende Form eines Kodexes, in dem die Namen der Verstorbenen, Wohltäter und Märtyrer der Gemeinde ihren Eintrag finden, ist für Mitteleuropa seit dem Frühmittelalter zunächst im christlichen Kontext bekannt geworden. Das Memorbuch in der jüdischen Tradition versteht sich als Nebentext des Gebetbuches, des Siddurs beziehungsweise Machsor. Das älteste und bisher einzige bekannte mittelalterliche Memorbuch ist als Handschrift der Gemeinde Nürnberg aus dem 13. Jahrhundert erhalten.[53] Eingeleitet durch zwei bekannte Gebete des liturgischen Abschnitts zum Totengedenken präsentiert der Kodex zunächst die Listen der Wohltäter der Gemeinde Nürnberg.[54]

Neben den Wohltätern der Gemeinde Nürnberg aus den 1280er- und 1290er-Jahren[55] – mehrere hundert Frauen und Männer, die sich um die Finanzierung von gemeindlichen Belangen, wie etwa der Beleuchtung der Synagoge, der Versorgung der Fremden und Kranken im Hospital, dem Unterhalt des Friedhofs oder dem Schulunterricht der Kinder aus ärmeren Schichten verdient gemacht haben – kennt das Nürnberger Memorbuch noch einen zweiten Teil, der eine andere Kategorie von Toten präsentiert: die der Märtyrer.[56]

Bei der Anlage dieses Memorbuches durch Isaak ben Samuel von Meiningen wurden für diese Kategorie Dutzende von Orten und ihre lokalen Märtyrer im Nürnberger Memorbuch aufgenommen (Abb. 2). Es ist zu vermuten, dass eine solche Übertragung vor allem durch die Übersiedlung von jüdischen Familien in andere jüdische Gemeinden und auch bei Neugründungen jüdischer Gemeinden während des Ausbaus des aschkenasischen Siedlungsgebietes stattfand.

52 Siegmund Salfeld (Hg.): Das Martyrologium des Nürnberger Memorbuches. Berlin 1898, Einleitung; Rainer Josef Barzen: Das Nürnberger Memorbuch. Eine Einführung. In: Alfred Haverkamp/Jörg R. Müller: Corpus der Quellen zur Geschichte der Juden im spätmittelalterlichen Reich. Trier/Mainz 2011, online zugänglich unter: http://www.medieval-ashkenaz.org/NM01/einleitung.html (letzter Zugriff am 20.12.2022); Andreas Lehnardt: Das Memorbuch der Israelitischen Religionsgesellschaft zu Mainz. Wiesbaden 2018, S. 3–7.

53 Nürnberger Memorbuch. MS Mainz IR, Anon. 19, fol. 45v-47r (zurzeit in privater Hand).

54 Publiziert in deutscher Übersetzung: Moritz Stern/Siegmund Salfeld: Die israelitische Bevölkerung der deutschen Städte. Bd. 3: Nürnberg im Mittelalter. Quellen 1. und 2. Abteilung. Kiel 1894–1896, S. 95–172, S. 190–205.

55 Siehe vorherige Anm.

56 Edition des hebräischen Textes mit deutscher Übersetzung bei Salfeld (Hg.): Martyrologium (wie Anm. 52).

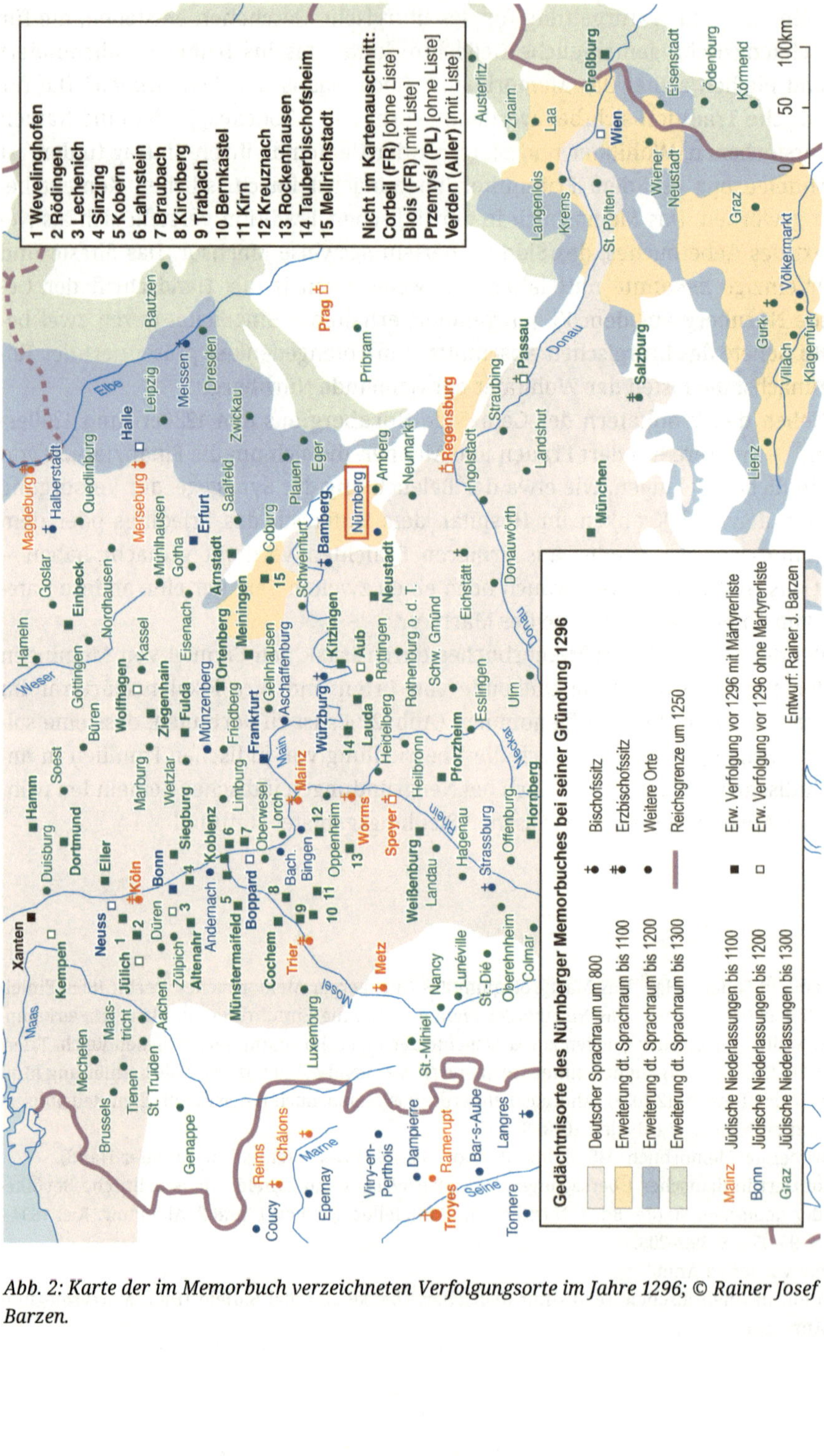

Abb. 2: Karte der im Memorbuch verzeichneten Verfolgungsorte im Jahre 1296; © Rainer Josef Barzen.

Die hier präsentierte Karte zeigt die Orte, die bei der Anlegung des Nürnberger Memorbuches im Jahre 1296 als Verfolgungsorte zusammen mit Märtyrerlisten aufgenommen wurden. Auffällig ist, dass bis dahin Nürnberg als Gemeinde keine eigenen Märtyrer besaß. Das hat einen einfachen Grund: Die noch junge jüdische Gemeinde erlebte wie die Stadt Nürnberg ihre erste Blüte im 13. Jahrhundert. So bestand die jüdische Gemeinde wie auch die christliche Bevölkerung zu überwiegenden Teilen aus neu zugezogenen Bürgern, welche die Erinnerungen und Traditionen ihrer Herkunftsorte mit sich trugen. Zwar hatte Nürnberg bis zu diesem Zeitpunkt keine eigenen, lokalen Märtyrer, aber die Aufzählung der vielen Blutzeugen der unterschiedlichen Herkunftsorte der neuen Gemeindemitglieder ließ diese zur vereinigten Gemeinschaft der Blutzeugen dieser neuen aufstrebenden Gemeinde werden. Die Märtyrer waren mit den zuziehenden jüdischen Neubürgern mobil, wurden mitgebracht (gleich einer „translatio“). Der Gemeinschaft der Märtyrer der Herkunftsorte wurde nun ein gemeinsames Gedächtnis der neuen Gemeinde Nürnberg zuteil.

Die liturgische Einbindung des Memorbuches

Doch wie können wir uns eine Gedächtnispraxis praktisch mithilfe des Memorbuches vorstellen? Wie könnte eine Aufführungspraxis aussehen? Das Memorbuch von Nürnberg beginnt auf seinen ersten Seiten recht unverhofft mit den Gebetstexten von „Av ha-Rachamim“ und „Yerkum Purkan“.[57] Die ersten Seiten bilden also ein Scharnier zum Gebetbuch. Wenn diese Gebete dort erscheinen, wird das Gebetbuch zur Seite gelegt, das Memorbuch ergriffen, „Av ha-Rachamim“, „Yerkum Purkan“ und das „Yiskor“ auf der nächsten Seite des Memorbuches gesprochen.[58] Und so lässt sich gut vorstellen wie der Kantor der Gemeinde vielleicht in folgender Form seinen Vortrag fortführte und sprach:

[57] MS Mainz IR, Anon. 19, fol. 45v–47r (zurzeit in privater Hand). Die ersten drei Handschriftenseiten (MS Mainz) sind wie folgt gestaltet: „Mi sheberach“ (3x), fol. 45r; „Av ha-Rachamim“, fol. 45v; Schluss von „Av ha-Rachamim“ und 2x „Yiskor“, fol. 46r; „Yekum Purkan“, fol. 46v; Schluss von „Yekum Purkan“; 2x Formulare für das „Yiskor“-Gedenken der Gemeindewohltäter, danach wird den Gründervätern und -müttern sowie den Gelehrten des 12. bis 13. Jahrhunderts gedacht, fol. 47r; Nekrolog I (Wohltäter) ab fol. 47v.

[58] MS Mainz IR, Anon. 19, fol. 45v. Diese Form des Übergangs findet sich auch in den Memorbüchern der Frühen Neuzeit, siehe hier als Beispiel: Deutzer Memorbuch, Bibliotheca Rosenthaliana, Amsterdam, Ms. Rosenthaliana 746, fol. 1v, fol. 2r und folgende.

Gedenke, oh Herr, der Seelen aller Heiligen Gemeinde,
Gedenke, oh Herr, der Getöteten von Speyer, der Getöteten von Worms,[59]
... der Getöteten von Köln,[60]
... der Getöteten von Mainz,[61]
... der Getöteten von Würzburg,[62]
... der Getöteten von Erfurt,[63]
... der Getöteten von Fulda,[64]
... der Getöteten von Wolfshagen,[65]
... der Getöteten von Frankfurt,[66]
[...]

...und so weiter und so fort. Man kann sich auch vorstellen, wie nun die vielen Namen nach jeder genannten Gemeinde aufgerufen werden. Allerdings wissen wir nicht mit Sicherheit, ob dies so geschah. Vielleicht konnte auch im Rahmen des Gottesdienstes die Nennung der Gemeinden genügen.

Das Nürnberger Memorbuch nach 1296

Doch schon zwei Jahre nach der Präsentation des Memorbuches im Jahre 1296 änderte eine regional ausgreifende Verfolgung in den Landschaften Frankens, die 1298 unter einem Anführer „Rintfleisch" verantwortet wurde, die Funktion des Kodexes und auch die Selbstwahrnehmung der Gemeinde Nürnbergs. Zunächst nahm Isaak ben Samuel von Meiningen, der Verfasser des Memorbuches, alle aktuellen Toten der jüdischen Gemeinschaften in Franken auf, sobald die Information aus den Orten seiner Umgebung nach Nürnberg gelangte, und er tat dies mit der gleichen Akkuratesse und Form, wie in den anderen von ihm bisher gestalteten Einträgen: Zunächst wird der Name des Ortes genannt und dann werden die ihm bekannten Ermordeten mit vollem Namen angeführt. So füllen sich einige Seiten bis am 1. August 1298 die Totschläger schließlich auch die Stadt Nürnberg erreichten. Das Nürnberger Memorbuch gedenkt nun zum ersten Mal auch eigenen Blutzeugen, ein paar Hundert an der Zahl, die in einem Eintrag in der bekannten Form aufgenommen werden. Dies wird jedoch nicht mehr von Isaak ben Samuels Hand erfol-

[59] MS Mainz IR, Anon. 19, fol. 90v; Salfeld (Hg.): Martyrologium (wie Anm. 52), S. 5/101, 102.
[60] MS Mainz IR, Anon. 19, fol. 91v; Salfeld (Hg.): Martyrologium (wie Anm. 52), S. 8/109.
[61] MS Mainz IR, Anon. 19, fol. 92v; Salfeld (Hg.): Martyrologium (wie Anm. 52), S. 10/113.
[62] MS Mainz IR, Anon. 19, fol. 94v; Salfeld (Hg.): Martyrologium (wie Anm. 52), S. 12/119.
[63] MS Mainz IR, Anon. 19, fol. 95r; Salfeld (Hg.): Martyrologium (wie Anm. 52), S. 12/120.
[64] MS Mainz IR, Anon. 19, fol. 95r; Salfeld (Hg.): Martyrologium (wie Anm. 52), S. 13/122.
[65] MS Mainz IR, Anon. 19, fol. 95r; Salfeld (Hg.): Martyrologium (wie Anm. 52), S. 13/123.
[66] MS Mainz IR, Anon. 19, fol. 95v; Salfeld (Hg.): Martyrologium (wie Anm. 52), S. 13/125.

gen, gehört er doch selbst zu den im Memorbuch aufgeführten ersten Nürnberger Märtyrern, die die Einheit Gottes bezeugen.[67] Isaak von Meiningens Memorbuch fand im Laufe der Rintfleischverfolgung 1298 durch andere Schreiber eine unmittelbare Fortsetzung. Neben den kleinen Orten der fränkischen Lande, deren wenige nun erschlagene Opfer dokumentiert werden, sind es die großen Gemeinden der Region, die mit ihren vielen Hundert Opfern im Nürnberger Memorbuch aufgenommen werden. Die individuelle Gestalt der Einträge lässt vermuten, dass sie von den Überlebenden in den jeweiligen Gemeinden zusammengestellt wurden. Diese Einträge spiegeln dabei in ihrem Aufbau bisweilen die gesellschaftlichen Hierarchien der Gemeinde wider. Der Schreiber des Nürnberger Memorbuches scheint die Vorlagen dieser Listen aus den großen fränkischen Gemeinden gewissenhaft kopiert zu haben, also die Listen der Gemeinden Würzburg, Bamberg und der uns schon bekannten Gemeinde Rothenburg ob der Tauber. Die Liste der Rothenburger Gemeinde sticht dabei gegenüber den Listen von Nürnberg, Würzburg und Bamberg in besonderer Weise hervor. Sie nimmt – für die Listen innerhalb des Memorbuches sehr ungewöhnlich – Kurzbeschreibungen der Verfolgungen der Gemeinde auf und gliedert mit ihnen die Aufzählung der Blutzeugen dieser Gemeinde.[68]

Ob ein Projekt in Form eines lokalen Memorbuches auch in Würzburg und Rothenburg verfolgt wurde, kann nicht mit Sicherheit gesagt werden. Erhalten hat sich für die mittelalterlichen Jahrhunderte nur das Memorbuch aus Nürnberg.

Veränderte Memorialformen seit dem 14. Jahrhundert

Mit Verfolgungen des „König Armleder" im Jahre 1336 und den Pestverfolgungen in der Mitte des 14. Jahrhunderts veränderten sich in der weitergeführten Handschrift des Nürnberger Memorbuches die Memorialformen. Vielleicht aus Mangel von Totenlisten wurde von den Schreibern lediglich der betroffenen Orte gedacht. Eine Ausnahme bildet die Liste zu den Toten der Pestverfolgung in Nürnberg, die wohl aufgrund der vorhandenen Totenlisten nach der alten Memorialtradition geschaffen werden konnte.[69]

Die aufgeführten Listen zeigen, wie die unterschiedlichen Schreiber mit dieser neuen Form noch experimentierten. Es scheinen die Vorbilder zu fehlen. Umso erstaunlicher ist es, dass sich in den Memorbüchern der Frühen Neuzeit die Ortslisten als akzeptierte Form im liturgischen Gedenken durchgesetzt zu haben schei-

[67] MS Mainz IR, Anon. 19, fol. 116v; Salfeld (Hg.): Martyrologium (wie Anm. 52), S. 32/170.
[68] MS Mainz IR, Anon. 19, fol. 117r; Salfeld (Hg.): Martyrologium (wie Anm. 52), S. 39.
[69] MS Mainz IR, Anon. 19, fol. 106r; Salfeld (Hg.): Martyrologium (wie Anm. 52), S. 61.

nen.[70] Doch schon Beispiele aus Siddurhandschriften des 15. Jahrhunderts zeigen, dass im Rahmen von nun mehr und mehr liturgisch einheitlich geformten Gedächtnisliturgien an den bekannten Gedenktagen des jüdischen Jahreskreises den Ortslisten der betroffenen Gemeinden die Rolle zufällt, an die hier nicht individualisierten Opfer zu erinnern und diese vor Gott zu bringen.[71] Diese Gedächtnisliturgien enthalten sämtliche Elemente einer Gedächtnisliturgie, wie sie ebenso im Nürnberger Memorbuch vorgeformt sind.[72] Dieser Ablauf scheint bereits im 13. Jahrhundert auch außerhalb von Nürnberg bekannt und anerkannt gewesen zu sein, bevor er sich bis ins 15. Jahrhundert weiter ausbreitete.[73] Das Memorbuch von Nürnberg in seinen unterschiedlichen Elementen des Toten- und Märtyrergedenkens sollte in der Frühen Neuzeit zum Vorbild und teilweise auch zur Vorlage für die vielen Memorbücher der kleinen ländlichen jüdischen Gemeinden in Franken, in der Pfalz und anderswo werden.[74]

Diese Form des gemeindlichen Totengedenkens wird in der Neuzeit noch bis ins frühe 19. Jahrhundert beibehalten, um das Gedächtnis der Altvorderen zu bewahren, der Treue der eigenen Vorfahren der aschkenasischen Gemeinden zu gedenken und diese zu feiern. Gleichzeitig nahmen diese Memorbücher der Frühen Neuzeit das Gedächtnis der zeitgenössischen Helden vornehmlich des 17. und 18. Jahrhunderts auf. Es sind mehrheitlich Wohltäter, wenige vereinzelte Märtyrer, die das Ihre zum Bestand der jüdischen Gemeinden in Aschkenas geleistet haben.

[70] Deutzer Memorbuch, MS Amsterdam, Rosenthaliana 746, fol. 70r–74r; Salfeld (Hg.): Martyrologium (wie Anm. 52), S. 81–85/278–288. Rainer Josef Barzen: Regionalorganisation jüdischer Gemeinden im Reich in der ersten Hälfte des 14. Jahrhunderts. Eine vergleichende Untersuchung auf der Grundlage der Ortslisten des Deutzer und des Nürnberger Memorbuches zur Pestverfolgung. In: Alfred Haverkamp: Geschichte der Juden von der Nordsee bis zu den Südalpen. Kommentiertes Kartenwerk. Teil 1: Kommentarband. Hannover 2002, S. 293–366.

[71] Als Beispiel: Ms. Giessen, UB 892, fol. 191r und Ms. Hamburg, Cod. hebr. 42, fol. 32–36, siehe auch Anm. 43.

[72] MS Mainz IR, Anon. 19, fol. 45r–47v. Die ersten drei Handschriftenseiten (MS Mainz) sind wie folgt gestaltet: „Mi sheberach“ (3x), fol. 45r; „Av ha-Rachamim“, fol. 45v; Schluss von „Av ha-Rachamim“ und 2x „Yiskor“, fol. 46r; „Yekum Purkan“, fol. 46v; Schluss von „Yekum Purkan“; 2x Formulare für das „Yiskor“-Gedenken der Gemeindewohltäter, danach wird bestimmten Gründervätern und -müttern sowie bestimmten Gelehrten des 12. bis 13. Jahrhunderts gedacht, fol. 47r; Nekrolog I (Wohltäter) ab fol. 47v.

[73] Der beschriebene Ablauf für Yom Kippur (wenn dieser auf einen Schabbat fällt: „Yekum Purkan“, „Maskirin neshamot“, „Av ha-Rachamim“) wird für das 13. Jahrhundert bereits im Minhagbuch von Abraham Hildik erwähnt: Spitzer (Hg.): Sefer haMinhagim leRabinu Avraham Hildik (wie Anm. 18), S. 205.

[74] Siehe bereits die Auflistung von Salfeld von 59 Memorbüchern, die keinerlei Anspruch auf Vollständigkeit erheben kann; Salfeld (Hg.): Martyrologium (wie Anm. 52), S. XXVI–XXXIX.

Die bewahrte Form des mittelalterlichen Vorbilds, wie sie uns am Beginn der Handschrift des Deutzer Memorbuchs aus dem 16. Jahrhundert – analog zum Nürnberger Memorbuch des 13. Jahrhunderts – entgegentritt, beginnt auch hier mit den liturgischen Elementen, des „Yekum Purkan", „Mi sheberach" und schließlich dem „Av ha-Rachamim" und bindet mit dieser Anrufung Gottes das Gedenken der aschkenasischen Gemeinden zurück an die Märtyrer des ersten Kreuzzugs:

> *Der in den Höhen thronende Vater des Erbarmens möge mit seinem mächtigen Erbarmen die Liebgeweihten, Geraden und Ganzen, die heiligen Gemeinden bedenken, die ihr Leben für die Heiligung des göttlichen Namens hingegeben, die geliebt und hold waren in ihrem Leben und auch durch den Tod sich nicht von ihm trennen ließen. Leichter waren sie als Adler und stärker als Löwen den Willen ihres Eigners und das Verlangen ihres Hortes zu vollbringen.*[75]

Abstract

Some high- and late-medieval Ashkenazi prayer books (Siddurim and Machzorim) record a special part of the liturgy that serves to commemorate the dead, and especially the martyrs of the Jewish community. This liturgical moment is either introduced or concluded by a prayer, developed in the 12th century, that explicitly engages with the violence the community was experiencing at the time. "Av ha-Rachamim", "Father of Mercy", which provides the titular quote of this chapter. At the same time, the 12th century also saw the creation of lists of martyrs as a form of liturgical rememberance. Though how they were actually used is not entirely clear. Since the 13th century (Memorbook of Nuremberg) and far into the Early modern period, these lists are collected in memorbooks by the local communities to record the martyrs and the local benefactors.

This chapter seeks to clarify how prayer books and memorbooks were used together as part of liturgies memorializing the martyrs and benefactors during the Jewish year. At the same time, it explores how this form of liturgical memory helped 13th century Jewish communities represent, contextualise and cope with experiences of violence.

[75] Anfang des „Av ha-Rachamim"/„Vater des Erbarmens". In: Hirsch (Hg.): Sidur Tefilot Israel (wie Anm. *, S. 237), S. 351.

Jörg Feuchter

Eine „Verfolgungsgesellschaft“ gegen Ketzer, die gar nicht existierten?

Über Robert I. Moores große These zur „Persecuting Society“, ihre Weiterungen im Katharer-Revisionismus und ihre Bedeutung für die Religiöse Gewaltgeschichte

Einleitung

Welcher Ort kommt der Unterdrückung mittelalterlicher christlicher Heterodoxien in der Geschichte der religiösen Gewalt zu? Die Erörterung dieser Frage kann mit der Feststellung einer unstrittigen Tatsache beginnen: Die Verfolgung der Häretiker ist für diese Geschichte höchst bedeutsam. Zwar wird man bei Gewalt im Mittelalter wohl ebenfalls an Angriffe gegen Nicht-Christen denken, vor allem an die Kreuzzüge ins „Heilige Land“ und an die Judenverfolgungen. Genauso tief im kollektiven Gedächtnis verankert sein dürften jedoch religiös motivierte Gewalthandlungen, die nicht gegen äußere Gegner gerichtet waren, sondern innerhalb des lateineuropäischen Christentums selbst stattfanden: Ketzerverbrennungen, militärisches Kämpfen gegen innere religiöse Feinde, besonders gegen die Albigenser im 13. Jahrhundert, und im 15. Jahrhundert nochmals gegen die Hussiten, um nur die bekanntesten Ketzerkreuzzüge zu nennen. Auch Inquisitionsprozesse gegen Ketzer kann man in gewissen Hinsichten als religiöse Gewalt betrachten, nicht nur wegen der bei ihnen verhängten Sanktionen, sondern auch wegen bestimmter Züge der Verfahren.

Dass die *Bedeutsamkeit* der orthodoxen Repression von Heterodoxie für das Großthema dieses Bandes mithin außer Zweifel steht, sagt aber noch nichts darüber aus, was eigentlich ihre *Bedeutung*[1] in diesem Rahmen ist. Allerdings gibt es bereits eine wichtige historiografische Großthese, die von durchaus starker Gewiss-

[1] Wortspiel entlehnt von Hasso Hofmann: Repräsentation. Studien zu Wort und Begriffsgeschichte von der Antike bis ins 19. Jahrhundert. Berlin ^{4}2003, S. 16.

https://doi.org/10.1515/9783110773781-012

heit über den Platz gekennzeichnet ist, der der Bekämpfung von Häresien in der abendländischen Geschichte gebührt.

Die Rede ist von der Idee einer „Herausbildung einer Verfolgungsgesellschaft" aus dem Geiste der hochmittelalterlichen Ketzerbekämpfung. Formuliert hat sie der britische Historiker Robert I. Moore in seinem 1987 veröffentlichten Buch „The Formation of a Persecuting Society. Power and Deviance in Western Europe, 950–1250".[2] Darin beschäftigte er sich mit der Repression gegen die Ketzer im 12. und 13. Jahrhundert und der gleichzeitigen Unterdrückung anderer Minderheiten, namentlich von Juden und Leprakranken, aber auch von gleichgeschlechtlichen Sex Praktizierenden und Prostituierten. Moore sah dabei in allen Fällen eine neue Verfolgungsmentalität am Werk, die sich unabhängig vom Gegenstand ausgebildet habe. Diese Interpretation erfuhr eine überaus breite Rezeption nicht nur in der Mediävistik, sondern weit darüber hinaus. Sie bezieht sich erklärtermaßen auch nicht nur auf das Mittelalter, sondern versteht die gesamte folgende europäische Geschichte bis heute als von der im Hochmittelalter entstehenden Verfolgungsgesellschaft geprägt. Auch wenn die Veröffentlichung des Buches inzwischen mehr als eine ganze Generation zurückliegt und es durchaus gewichtige Einwände gab, bleibt „The Formation of a Persecuting Society" weiterhin sehr präsent und bildet für viele Historiker einen geradezu selbstverständlichen Anknüpfungsrahmen. Mehr noch: In der Häresieforschung hat sich sogar eine ganze Denkschule etabliert, welche die These des Buches aufgegriffen und fortentwickelt hat, und dies gleich in doppelter Hinsicht. Sie vertritt nämlich zum einen die Auffassung, dass die wichtigste der im Hochmittelalter bekämpften Ketzereien, der Katharismus, überhaupt nicht existiert habe, sondern vollständig „erfunden" worden sei. Die Repression gerade dieser Häresie war aber zentral für Moore gewesen. Zum anderen erfährt im Zuge dieses „Katharer-Revisionismus" auch die Bewertung der Ketzerrepression im Rahmen der Moore'schen These noch einmal eine Steigerung, indem der gegen die Katharer und ihre Unterstützer gerichtete Albigenserkreuzzug (1209–1229) im südfranzösischen Languedoc als der erste Genozid in der Geschichte des Westens eingeordnet und zur Voraussetzung für die Entstehung des Antisemitismus und auch der eliminatorischen Feindlichkeit gegen Muslime erklärt wird.

Hier wird der Ketzerrepression offensichtlich nicht nur eine hohe Bedeutsamkeit, sondern tatsächlich auch eine eindeutige historische Bedeutung zugewiesen, noch dazu eine von höchster Relevanz für gewaltgeschichtliche Fragen. Allerdings hat Moore in der Auseinandersetzung mit seinen Kritikern betont, dass die Erklä-

2 Robert I. Moore: The Formation of a Persecuting Society. Power and Deviance in Western Europe, 950–1250. Oxford/New York 1987. 2006 erschien eine überarbeitete Neuauflage mit einem leicht veränderten Untertitel („Authority" statt „Power") und zusätzlichen Kapiteln „A Persecuting Society" (S. 144–171) und „Bibliographical Excursus: Debating the Persecuting Society" (S. 172–196).

rung von Gewalt an sich („violence as such“[3]) nicht sein eigentliches Thema war. In der Tat fallen „Gewalt“ (wenn sie, wie im Kontext dieses Bandes, vor allem als direkte, körperliche verstanden wird) und „Verfolgung“ (die viele, auch nicht direkt gewalttätige Formen annehmen kann) nicht einfach so zusammen.

Gleichwohl dürften kaum Zweifel daran bestehen, dass es sich im Rahmen eines Nachdenkens über religiöse Gewaltgeschichte lohnt, sich mit „The Formation of a Persecuting Society“ und dem sich daraus herleitenden Katharer-Revisionismus zu befassen. Nicht umsonst fordert Dorothea Weltecke, die Herausgeberin dieses Bandes, „Theorien [...] in den Blick zu nehmen und sie auf ihre eigenen Vorannahmen und Kontroversen zu sichten“.[4] Sie bezieht sich dabei zwar auf religions- und sozialwissenschaftliche Gewalttheorien. Doch muss diese Aufforderung nicht umso mehr für eine der wenigen genuin geschichtswissenschaftlichen und noch dazu von der Mediävistik ausgehenden Theoriebildungen im Feld gelten? Zumal Weltecke selbst die „Formation of a Persecuting Society“ an anderer Stelle, in ihrem ebenfalls programmatischen Aufsatz „Bemerkungen zur Geschichte der religiösen Gewalt im Mittelalter“ kurz aufgerufen (und durchaus skeptisch beurteilt) hat.[5]

Unsere folgende Auseinandersetzung mit der These von der „Persecuting Society“ und ihren Weiterungen ist so gegliedert: Zunächst wird ein Blick auf die Gewaltförmigkeit des Albigenserkreuzzugs und der inquisitorischen Verfolgung im Languedoc geworfen; anschließend ein Überblick über die These Moores, über den Katharer-Revisionismus grundsätzlich und in seinen verschiedenen Ausprägungen geboten, sowie sodann eine Reihe von Gegenstimmen zu Moore sowie zum Katharer-Revisionismus, auch aus der eigenen Forschung des Verfassers, präsentiert, woraus abschließend einige weiterführende Überlegungen abgeleitet werden.

Dass es hier nicht darum geht, die These von der „Formation of a Persecuting Society“ zu affirmieren, dürfte dem aufmerksamen Leser nicht entgangen sein. Vielmehr versteht sich das Folgende als kleiner Beitrag dazu, die eingangs aufgeworfene Frage nach dem Platz der Ketzerrepression in der religiösen Gewaltgeschichte weiter offen zu halten, die Antwort also nicht voreilig auf die von Moore und seinen Fortführern gegebene festlegen zu lassen. Zugleich verbindet sich damit die Absicht, einen ausführlichen Überblick in deutscher Sprache zur Debatte um den Katharer-Revisionismus zu geben.[6] Denn letztere wurde bisher ganz über-

3 Moore: Formation, überarbeitete Auflage (wie Anm. 2), S. 145, Fußnote 2.

4 Siehe die Einleitung zu diesem Band.

5 Dorothea Weltecke: Bemerkungen zur Geschichte der religiösen Gewalt im Mittelalter. In: HZ 305 (2017), S. 621–656, hier: S. 627 mit Fußnote 25.

6 Es gab bis 2023 nur kürzere deutschsprachige Beiträge, die das Thema berühren: Kathrin Utz Tremp: Gefallene Engel. Bemerkungen zu einem Glaubenskrieg in der Katharerforschung. In: DA 72 (2017), S. 215–224 (im Wesentlichen eine Besprechung von Antonio Sennis [Hg.]: Cathars in Ques-

wiegend in den englisch- und französischsprachigen Forschungsgemeinschaften verhandelt.

Die Gewaltförmigkeit des Albigenserkreuzzugs und der Inquisition im Languedoc

Am Anfang der Ketzerverfolgung stand nicht die Inquisition, denn sie wurde erst zu Anfang des 13. Jahrhunderts etabliert. Die ersten Ketzergruppen in Lateineuropa erscheinen jedoch bereits ab dem frühen 11. Jahrhundert in den Quellen.[7] Oft wird von populärer Empörung gegen sie berichtet, die sich gewaltförmig Bahn brach. So wurden im Jahr 1028 Ketzer um die Gräfin von Monteforte bei Turin auf dem Scheiterhaufen den Flammen übergeben, und zwar gegen den Willen des sie verhörenden Erzbischofs von Mailand. Dass der in der Forschung prägnant verwendete Ausdruck „Volkswut" mit Vorsicht zu gebrauchen ist, zeigt sich freilich schon daran, dass die Täter in den Quellen als „vornehme Laien" aus Mailand bezeichnet werden, wie auch die Ketzer selbst Adlige gewesen sein sollen. Am Befund, dass in frühen Zeiten viel von außergerichtlicher Gewalt gegen Häretiker berichtet wird, ändert das freilich nichts. Denn auch in der Folge galt: „oft schleppte die Volkswut Ketzer zum Scheiterhaufen, während Bischöfe und Synoden noch berieten".[8] Nicht anders erging es beispielsweise den ersten „Katharern" im Abendland. Sie traten am Rhein auf, genauer in Köln, im Jahr 1143. Sie wurden, so berichtet Everwin von

tion. York 2016), sowie Yannick Pouivet: Die Forschungskontroverse um die Dekonstruktion des südfranzösischen Katharismus. In: DA 75 (2019), S. 41–55 (beleuchtet v. a. die Positionen der Revisionisten und die erbitterte Diskussion in Frankreich darum). Dazu kam noch ein etwas längerer Aufsatz von Uwe Brunn: Schall und Rauch. Der Name „Katharer" und das Gespenst der ketzerischen Gegenkirche vom Mittelalter bis in die neueste Zeit. In: Catherine Maurer/Catherine Vincent (Hg.): La coexistence confessionnelle en France et en Europe germanique et orientale. Du Moyen âge à nos jours. Lyon 2015, S. 27–58 (gibt keine Darstellung der aktuellen Kontroverse, sondern beleuchtet aus revisionistischer Sicht die „Konstruktionsgeschichte" [S. 58] des Katharismus bis zur Mitte des 20. Jahrhunderts). 2023 erschien dann eine längere Darstellung in deutscher Sprache aus revisionistischer Sicht, die hier nicht mehr berücksichtigt werden konnte: Markus Krumm/Eugenio Riversi/Alessia Trivellone (Hg.): Die Erfindung der Katharer. Konstruktion einer Häresie in Mittelalter und Moderne. Mit Beiträgen von Jean-Louis Biget, Sophia Victoria Clegg, Ulf Floßdorf, Jean-Paul Rehr, Sarah Schnödewind und Rubert Vliegen. Regensburg 2023. Zur Genese der Publikation aus einer auch in Deutschland gezeigten revisionistischen Ausstellung vgl. unten, Anm. 90.

[7] Herbert Grundmann: Ketzergeschichte des Mittelalters. Göttingen 1963 (Sonderdruck aus: Kurt Dietrich Schmidt/Ernst Wolf [Hg.]: Die Kirche in ihrer Geschichte. Ein Handbuch. Bd. 2, Lieferung 6. Göttingen 1963), S. G 11. Grundmanns Überblick ist die Grundlage für den gesamten folgenden Abschnitt über die Ketzerverfolgung vor der Inquisition.

[8] Ebd., S. G 19. Vgl. auch ebd., S. G 11.

Steinfeld, dort von einer wütenden Menge auf den Scheiterhaufen geschleppt, gegen den Willen des Klerus. Auch nach der Einführung der Inquisition kam es noch zu derartigen „spontanen“ Hinrichtungen von Ketzern, aber seltener.

Es gab jedoch auch schon Ketzerprozesse, lange bevor der Ketzerinquisitionsprozess rechtlich entwickelt und praktisch eingeführt wurde.[9] So ließ sowohl Robert II., der französische König, Ketzer von einer Synode verurteilen (in Orléans 1022) wie auch Heinrich III., der deutsche König und römische Kaiser (in Goslar 1051). In beiden Ländern gab es aber auch großen Widerstand gegen solches Handeln aus geistlichen Kreisen, welche die Verurteilung allein für eine Sache der Kirche hielten und auch die physische Vernichtung nicht befürworteten (etwa Bischof Wazo von Lüttich im 11. Jahrhundert).

Wichtig ist auch festzuhalten, dass bereits ein Kreuzzug gegen Ketzer geführt worden war, bevor mit dem Beginn der 1230er-Jahre „die Inquisition“ (zur Problematik dieser Verwendung siehe unten) gegen sie eingeleitet wurde. Noch vor der systematischen rechtlichen Verfolgung in Gestalt der Inquisition kam also die militärische. Ob es sich beim Albigenserkreuzzug überhaupt um einen „Kreuzzug“ handelte, wenn er doch gar nicht ins Heilige Land führte, wurde viel diskutiert und hängt schlicht von der Definition ab. Der Begriff selbst wurde ja ohnehin erst spät entwickelt. Ernst-Dieter Hehl hat die allgemeine konzeptuelle Problematik in seinem klassischen Aufsatz „Was ist eigentlich ein Kreuzzug?“[10] dargelegt, Marco Meschini die spezifische für das Unternehmen gegen die Albigenser.[11] Wenn man aber Kriterien wie kirchliche Initiative, Ablassversprechen und Heiligung des Krieges anlegt, trägt der Kreuzzug gegen die Albigenser seinen Namen sicher nicht zu Unrecht, auch im Vergleich zu späteren, dann völlig beliebigen Ausweitungen des Begriffs. Auch wurde er bewusst nach dem Vorbild des Jerusalem-Kreuzzugs gestaltet. Eine seiner Eigenheiten war die päpstliche „Freigabe“ von Lehen in Okzitanien. Die Verfügung Innozenz’ III. aus dem Jahr 1208 setzte einen hohen Anreiz für die Beteiligung an dem Unternehmen, indem sie als Belohnung die legale Inbesitznahme

[9] Vgl. zu den Anfängen der Inquisition Peter Segl: Einrichtung und Wirkungsweise der „inquisitio haereticae pravitatis“ im mittelalterlichen Europa. Zur Einführung. In: ders. (Hg.): Die Anfänge der Inquisition im Mittelalter. Köln/Weimar/Wien 1993, S. 1–38; Winfried Trusen: Von den Anfängen des Inquisitionsprozesses zum Verfahren bei der inquisitio haeretica pravitatis. In: Segl (Hg.): Anfänge (diese Anm.), S. 39–76; Dietrich Kurze: Anfänge der Inquisition in Deutschland. In: Segl (Hg.): Anfänge (diese Anm.), S. 131–194; Peter Segl: Quoniam abundavit iniquitas. Zur Beauftragung der Dominikaner mit dem negotium inquisitionis durch Papst Gregor IX. In: RJKG 17 (1998), S. 53–65, sowie Vasil Bivolarov: Inquisitoren-Handbücher. Papsturkunden und juristische Gutachten aus dem 13. Jahrhundert mit Edition des Consilium von Guido Fulcodii. Wiesbaden 2014.

[10] Ernst-Dieter Hehl: Was ist eigentlich ein Kreuzzug? In: HZ 259 (1994), S. 297–336.

[11] Marco Meschini: Innocenz III. und der Kreuzzug als Instrument im Kampf gegen die Häresie. In: DA 61 (2005) S. 537–583.

der Ländereien in Aussicht stellte, die die einheimischen Adligen durch ihre Unterstützung der Ketzer pauschal verwirkt hätten.[12]

Was seine Brutalität angeht, so mutet dieser Krieg geradezu wie ein „Fest der Gewalt“ an. Objektive Berichte liegen selbstverständlich nicht vor, aber selbst die parteiischen sind für beide Seiten sehr aussagekräftig: Man nehme etwa nur das bekannte zeitgenössische Geschichtswerk über den Albigenserkreuzzug (1209–1229), das von dem Zisterzienser Petrus von Vaux-de-Cernay verfasst wurde, einem Augenzeugen auf der Seite der Kreuzfahrer. In dieser „Hystoria Albigensis“ wimmelt es geradezu von abgeschnittenen Körperteilen, gespaltenen Schädeln, abgerissenen Genitalien, lebendig Begrabenen und vielfachen Übertötungen.

Beginnen wir etwa mit dem folgenden Bericht über die Behandlung zweier gefangengenommener Kreuzzügler durch ihren Feind, einen gewissen Giraud de Pépieux: „Zwar tötete er die Ritter nicht, doch ließ er ihnen, was ein noch grausamerer Tod ist, die Augen herausreißen und die Ohren, die Nase sowie die Oberlippe abschneiden. Dann schickte er sie nackt zu dem Grafen [Simon von Montfort, Anführer der Kreuzzügler, JF] zurück.“[13]

Bemerkenswert ist nun, wie deutlich der Mönch auch abscheuliche Untaten der eigenen Seite schildert: „Sie [die Kreuzzügler, JF] belagerten den Ort [Bram, westlich von Carcassonne, JF] drei Tage lang und nahmen ihn ohne die Hilfe von Belagerungsmaschinen im Sturmangriff. Den Verteidigern des Ortes, mehr als 100, rissen sie die Augen heraus und schnitten ihnen die Nase ab. Einem von ihnen ließ man ein einziges Auge, damit er zur Verhöhnung unserer Feinde die übrigen nach Cabaret [Burg von Gegnern der Kreuzzügler, nördlich von Carcassonne, JF] führe.“[14]

Allerdings versucht der Chronist den berichteten Exzess gleich wieder einzuhegen, indem er ihn nicht als Selbstzweck oder gar als mörderisches Pläsir darstellt, sondern in eine übergeordnete, spiegelnde Gerechtigkeit einrahmt: „Das tat der Graf [Simon von Montfort, JF] jedoch nicht deshalb, weil er Freude daran gehabt hätte, Menschen eine solche Verstümmelung zuzufügen, sondern weil seine Gegner damit begonnen hatten und diese überaus grausamen Schinder jeden der Unsrigen, dessen sie habhaft werden konnten, grässlich verstümmelten. Es war daher nur recht, dass sie in die Grube fielen, die sie gegraben hatten, und hin und

12 Dazu ebd., S. 558.

13 Gerhard E. Sollbach (Hg.): [Pierre des Vaux-de-Cernay] Kreuzzug gegen die Albigenser. Die ‚Historia Albigensis‘ (1212–1218) erstmals aus dem Lateinischen ins Deutsche übertragen, herausgegeben und mit einem Nachwort versehen von Gerhard E. Sollbach. Darmstadt 1997, S. 62. Ich verzichte auf die Wiedergabe des lateinischen Originaltextes. Er findet sich in Petri Vallium Sarnaii Monachi Hystoria Albigensis. Hg. von Pascal Guébin und Ernest Lyon. Bd. I. Paris 1926.

14 Sollbach: Kreuzzug, S. 63.

wieder aus dem Kelch tranken, den sie sehr oft anderen darreichten. Niemals machte nämlich irgendeine Art von Grausamkeit dem edlen Grafen oder den übrigen Kreuzfahrern Vergnügen. Von allen war der Graf der friedsamste […]."[15]

Offenbar gilt diese Einschränkung, dass die Kreuzzügler Gewalt ausgeübt hätten, ohne sich daran zu ergötzen, aber nur, wenn es um die Misshandlung von Kombattanten geht. Denn ganz ohne Hemmungen beschreibt der Chronist die „ungeheure[r] Freude", die die Vernichtung der eigentlichen Ketzer (die keine Krieger waren) den Kreuzzüglern bereitet habe: „Die Burgherrin aber, die eine Schwester des Aimery [von Montrèal, ein lokaler Adliger, JF] und eine ganz schlimme Ketzerin war, warf man in einen Brunnen und der Graf [Simon von Montfort, JF] ließ sie mit Steinen bedecken. Unsere Kreuzfahrer verbrannten mit ungeheurer Freude eine gewaltige Zahl von Ketzern."[16]

Diese Zitate mögen als Beispiele für die extreme Gewaltförmigkeit des Albigenserkrieges genügen. Wenden wir uns nun der Ketzerinquisition zu: Sie entsteht ab circa 1230 als eine systematische Form der Erfassung und Aburteilung von Häretikern, wird aber erst am Ende des Mittelalters und dann vor allem in der Frühen Neuzeit zu „der Inquisition", also der „totalen", behördenartigen Institution, als die sie bis heute berüchtigt ist.[17] Folter als Zeugniserpressungsmittel war im 13. Jahrhundert nicht üblich; dass sie als Ausnahme vorkam, ist aber nicht auszuschließen. Inwiefern Inquisition unter den Gewaltbegriff zu subsumieren ist, soll hier nicht ausführlich diskutiert werden. Sie mündete im 13. Jahrhundert jedenfalls selten in

15 Ebd., S. 70.

16 Ebd., S. 130 f.

17 Ob bzw. inwiefern es „die Inquisition" als Institution, Behörde oder Amt im Mittelalter gegeben hat, ist umstritten: Ganz ablehnend Richard Kieckhefer: The Office of Inquisition and Medieval Heresy. The Transition from Personal to Institutional Jurisdiction. In: JEH 46 (1995) S. 36–61; hingegen für ein Amt bzw. eine Behörde bereits im 13. Jahrhundert plädierend Segl: Einrichtung (wie Anm. 9), S. 2–5. Die Antwort hängt wesentlich von der Definition dieser Begriffe ab. Selbst wenn man mit Kieckhefer im rechtlichen Sinne nur eine päpstliche Delegation inquisitorischer Kompetenzen bzw. des Amtes an Individuen gelten lässt, ist es jedoch unübersehbar, dass sich de facto im westlichen Languedoc ab 1234 ein transpersonaler, kontinuierlich existierender Apparat ausbildete, mit Hauptsitzen und Archiven in Toulouse und Carcassonne; vgl. Yves Dossat: Les crises de l'inquisition toulousaine au XIIIe siècle (1233–1273). Bordeaux 1959, S. 29–37. In dieser Region mag es durchaus nicht nur eine pragmatische Vereinfachung, sondern auch in der Sache gerechtfertigt sein, von „der Inquisition" zu sprechen, im Sinne der treffenden Formulierung Thomas Scharffs, dass bezüglich der mittelalterlichen Inquisition „die Realität der institutionellen Verfestigung die zeitgenössische Begriffsbildung überholt hat."; Thomas Scharff: „Auf der Suche nach der Wahrheit". Zur Befragung von verdächtigen Personen durch mittelalterliche Inquisitoren. In: Stefan Esders/Thomas Scharff (Hg.): Eid und Wahrheitssuche. Studien zu rechtlichen Befragungspraktiken in Mittelalter und früher Neuzeit. Frankfurt a. M. u. a. 1999, S. 139–162, hier: S. 140. Vgl. auch John H. Arnold: What is Medieval History? Cambridge ^{2}2021, S. 5.

Verbrennungen oder ähnlich spektakulären Gewaltakten, sondern meist in eher „milden" Sanktionen (Wallfahrten, Stigmatisierungen, Ausschlüsse aus dem sozialen Leben, zeitweilige Haft), die nicht in eine (ganz) enge Definition physischer Gewalt passen mögen. Es ist aber evident, dass die Rechtsförmigkeit einer Verfolgung an sich nicht ausschließt, dass es sich dabei um „Gewalt" in weiterem Sinne handeln kann. Inquisitorische Technologie[18] umfasst viele Formen der Gewaltanwendung, von denen die physische nur eine ist.

Kein Zweifel kann jedoch daran bestehen, dass die Region des Languedoc im Zuge der Katharerverfolgung zum großen „Versuchslabor der Inquisition"[19] wurde, zum „laboratory of repression"[20]. Hier wurden die ersten juridischen Massenverfolgungen des Mittelalters durchgeführt, vermutlich die ersten ihrer Art überhaupt in der Weltgeschichte, mit Abertausenden von Verhören, von denen viele überliefert sind. Es dauerte aber noch ein ganzes Jahrhundert, bis um 1330 die letzten Verfahren gegen Katharer durchgeführt wurden, in derselben Gegend Südfrankreichs.

Es gab durchaus auch Gegengewalt: Neben dem militärischen Widerstand gegen den Albigenserkreuzzug ist auch der gegen Inquisitoren geübte zu nennen, wie der brutale Überfall auf eine Gruppe um den Dominikaner Guillelmus Arnaldi und den Franziskaner Stephanus de Sancto Tiberio in der Nacht vom 28. auf den 29. Mai 1242 in Avignonet bei Toulouse. Begangen wurde die Tat unter anderem von Leuten, die kurz zuvor selbst von den Inquisitoren verhört worden waren. Der Gewaltakt rief in der Gegend Frohlocken hervor, sowohl über die zerschmetterten Schädel wie über die zerrissenen Inquisitionsdokumente. Wenig später wurde 1251 in Italien der Dominikaner und Ketzerverfolger Petrus von Verona von Feinden getötet,[21] was ihm eine Heiligsprechung als „Petrus Martyr" und die künstlerische Verewigung in der berühmten Darstellung „Die streitende und triumphierende Kirche" des Andrea di Bonaiuto in Santa Maria Novella in Florenz einbrachte. Auch der Sturm auf das Inquisitionsarchiv in Carcassonne am Ende des 13. Jahrhunderts

[18] James B. Given hat den Begriff der „Technology of Power" für die Inquisition des 13. Jahrhunderts eingeführt; vgl. James Given: The Inquisitors of Languedoc and the Medieval Technology of Power. In: AHR 94 (1989), S. 336–359.

[19] Gerd Schwerhoff: Die Inquisition. Ketzerverfolgung in Mittelalter und Neuzeit. München 2004, S. 26.

[20] Robert I. Moore: The Origins of European Dissent. Oxford 1985 [Erstausgabe London 1977], S. 258.

[21] Die Motivlage der Ermordung ist umstritten; vgl. Marina Benedetti: Pietro da Verona. In: Dizionario Biografico degli Italiani. Bd. 83 (2015), online zugänglich unter: https://www.treccani.it/enciclopedia/pietro-da-verona-santo_(Dizionario-Biografico (letzter Zugriff am 21.8.2023).

wäre zu nennen. Vor wenigen Jahren hat eine ganze Tagung sich dem Widerstehen („Résister“) gegen die Inquisition gewidmet.[22]

Und es existierten, was ebenfalls nicht unterschlagen werden darf, friedliche oder jedenfalls nicht gewaltförmige Auseinandersetzungen zwischen Häretikern und Rechtgläubigen. Ein beeindruckendes Beispiel liefert gerade der Languedoc vor dem Einsetzen von Albigenserkrieg und Inquisition, das heißt ganz zu Anfang des 13. Jahrhunderts.[23] Von dort gibt es zahlreiche Berichte von Religionsdisputationen zwischen zwei beziehungsweise drei Parteien (Katholiken vs. Waldenser, Katholiken vs. Katharer, Katharer vs. Waldenser, und alle gegen alle). Die Teilnahme an solchen *disputationes* scheint sogar die Hauptbeschäftigung des Dominikus von Calaruega gewesen zu sein, bevor er dann zum Verbündeten des Simon von Montfort im Albigenserkreuzzug wurde und jene Organisation von Predigern gründete, die als Dominikanerorden bekannt ist.

Bemerkenswert ist bei diesen Streitgesprächen die Gleichrangigkeit der Parteien und die offenbar ganz freie Wahlmöglichkeit zwischen den Alternativen, die sich dem Publikum hier bot. Auch dass die Disputationen „zu den Bedingungen der Laienkultur“[24] erfolgten, weil nämlich eine Bank von Laienrichtern über den Sieger entschied, ist bemerkenswert. In dieser geregelten und offenbar recht friedvollen Konfrontation in Koexistenz scheint sich geradezu das Gegenteil einer „Persecuting Society“ zu zeigen. Dennoch darf Okzitanien auch vor dem Albigenserkreuzzug nicht in ein Paradies religiöser Freiheit verklärt werden. Nicht umsonst beginnt eines der Handbücher zur okzitanischen Gesellschaft mit der Warnung: „Occitania was not Utopia.“[25]

Nach diesem Überblick zur Gewalt speziell bei der Ketzerbekämpfung im Languedoc ist es an der Zeit, sich mit der These von der „Formation of a Persecuting Society“ selbst auseinanderzusetzen.

[22] Résister à l'Inquisition (XIIIe–XVe siècles), 8–10 novembre 2018, Lyon, École normale supérieure, site Descartes, Colloque international organisé par Martine Ostorero (Université de Lausanne) et Sylvain Parent (ENS de Lyon/CIHAM). Die Publikation der Beiträge ist erschienen: Martine Ostorero/Sylvain Parent (Hg.): Contester l'Inquisition (XIIIe–XVe siècle). Rennes 2024.

[23] Vgl. Jörg Feuchter: Ketzer, Konsuln und Büßer. Die urbanen Eliten von Montauban vor dem Inquisitor Petrus Cellani (1236/1241). Tübingen 2007, S. 234–238.

[24] Jan Rüdiger: Aristokraten und Poeten. Die Grammatik einer Mentalität im tolosanischen Hochmittelalter. Berlin 2001, S. 133.

[25] Linda M. Paterson: The World of the Troubadours. Medieval Occitan Society c.1100–c.1300. Cambridge 1993, S. 344.

Robert I. Moore: „The Formation of a Persecuting Society"

Robert Ian Moore, geboren 1941, ist ein weithin bekannter und angesehener britischer Mittelalterhistoriker, der zunächst lange an der Universität Sheffield und dann bis zur Emeritierung in Newcastle lehrte. Sein Spezialgebiet sind die mittelalterlichen Häresien und ihre Repression im ausgehenden Hochmittelalter, insbesondere im 11. und 12. Jahrhundert. Dazu legte er 1975 eine einschlägige Quellenanthologie[26] in englischer Sprache vor, der 1977 eine monografische Studie über „The Origins of European Dissent" folgte.[27] In letzterer erteilte Moore vielen Gemeinplätzen über Zusammenhänge von Heterodoxie und Gesellschaft eine Absage. So lehnte er etwa die simplifizierende Verknüpfung von Offenheit für Häresie mit bestimmten Klassen oder Orten ab, zum Beispiel mit Kaufleuten, Handwerkern oder mit Städten. Das bedeutete aber nicht, dass Moore den sozialen Kontext aus dem Auge verlor.[28] Vielmehr stellte er die Bereitschaft, „Ketzer" zu werden, bei verschiedensten Menschen fest. Am größten sei sie jedoch meist bei jenen gewesen, die auf irgendeine Art und Weise zu den Verlierern der zeitgenössischen Wandlungsvorgänge gehörten.[29] Auch zur Frage, warum gerade der Languedoc so stark sowohl von Häresie wie auch von deren Repression betroffen war, vertrat Moore eine originelle Meinung: Es sei weniger die Anfälligkeit der Region für religiös dissidente Bewegungen als vielmehr ihre besondere Stellung unter päpstlichem Schutz gewesen, die sie zum Schauplatz eines innerchristlichen Kreuzzugs und der frühen inquisitorischen Verfolgung bestimmte. Das Fehlen einer starken weltlichen Herrschaft bei gleichzeitiger direkter päpstlicher Verantwortlichkeit für den Languedoc habe das neue Selbstverständnis der Kirche nach den gregorianischen Reformen geradezu provoziert: „The general reasons for mounting papal interest are clear enough. This was an obvious theatre for the exercise of the leadership of the western church whose assertion was both the premise and the principal consequence of the papal reform, itself forged in the battle against the ‚simoniaca haeresis', and it became increasingly the appropriate level of response as heresy became less a local problem [...]. The area in which papal policy evolved, long before the appearance of the Cathars, was the Languedoc."[30]

Die Stärke der Katharer und die Reaktion der Kirche hätten sich also keineswegs direkt gegenseitig bedingt. Vielmehr habe das Papsttum seine antihäretische

[26] Robert I. Moore: The Birth of Popular Heresy. London 1975.

[27] Ders.: The Origins of European Dissent. New York 1977 (zweite Auflage 1985).

[28] Ebd., S. 267 f.

[29] „They included members of every class, but at every level the beneficiaries of change are conspicuously less well represented than its victims."; ebd., S. 267.

[30] Ebd., S. 255.

Politik unabhängig davon entwickelt: „Under papal leadership the church evolved a coherent counter to the threat of popular heresy in the same decades when the Cathars, who would realize that threat most persistently and ubiquitously, appeared, settled, and organized their congregations in western Europe. The coincidence was largely accidental.“[31]

Bereits in Moores erster Monografie war also der Gedanke einer letztlich von der Stärke der konkreten häretischen Herausforderung losgelösten, eher eigengesetzlich entstandenen päpstlichen Repression präsent. Diese Auffassung hat er zwölf Jahre später in „The Formation of a Persecuting Society“,[32] seinem bis heute bekanntesten Buch, zu einer Leitthese ausgebaut: Lateineuropa habe im ausgehenden Hochmittelalter eine umfassende Ausgrenzung und Unterdrückung von Minderheiten begonnen und damit eine entscheidende Entwicklung zu einem „verfolgenden“ Gesellschaftssystem genommen. Das sei jedoch nicht reaktiv geschehen, sondern vielmehr proaktiv, indem nämlich die Minderheitengruppen zu Bedrohungen stilisiert beziehungsweise überhaupt erst konstruiert worden seien. Diese auf das 12. und frühe 13. Jahrhundert bezogene Deutung wurde, auch wenn Moore selbst es zunächst nicht explizit so darlegte, klar als Vorgeschichte der Menschheitsverbrechen des 20. Jahrhunderts verstanden. So schrieb der US-amerikanische Häresiehistoriker Robert Lerner im Jahr 2001: „Moore's account goes no farther than the ‚formation‘ of this society, but the implication is clear: the culture of persecution that came into place by about 1250 is connected seamlessly to Treblinka.“[33]

Dieser Holocaust-Bezug war schon deshalb naheliegend, weil Moore in seinem Buch 1987 nicht nur Ausgrenzungsmuster gegenüber religiösen Dissidenten, sondern auch gegen Juden (sowie gegen Leprakranke und Männer, die Sex mit Männern hatten[34]) behandelte. Dennoch war seine Thesenbildung eindeutig von jener Gruppe ausgegangen, über die er bereits zuvor gearbeitet hatte, also den Ketzern. Der innerreligiösen Gewalt der Orthodoxie gegen die Heterodoxie kommt in Moores Erzählung der abendländischen Gewaltgeschichte als „The Formation of a Persecuting Society“ also die denkbar wichtigste Rolle zu, nämlich als Beginn des extermi-

[31] Ebd., S. 261 f.
[32] Moore: Formation (wie Anm. 2).
[33] Robert Lerner: The Feast of Saint Abraham. Medieval Millenarians and the Jews. Philadelphia 2001, S. 1. Vgl. auch David Nirenberg: Communities of Violence. Persecution of Minorities in the Middle Ages. Princeton 1996, S. 4 (unter Bezug auf Moore und weitere Historiker): „exercises in psychoanalysis, attempts to understand an assumed collective unconscious of modern Europeans“.
[34] Moore verwendet hier den Begriff „homosexuals“. Zu dessen möglicher Anachronismus-Problematik vgl. (eine ganze Diskussion bündig zusammenfassend) Arnold: History (wie Anm. 17), S. 141: „Modern scholarship has much debated whether or not something like a gay identity existed in the medieval period; there is little doubt, regardless of the answer, that such an identity was not identical to modern sexual identities.“

natorischen Totalitarismus, der im 20. Jahrhundert zur Menschheitskatastrophe schlechthin führte.

Moores Buch war ein überaus großer Erfolg. Es erschien rasch (1990) auch als Paperback, wurde innerhalb weniger Jahre ins Niederländische, Spanische und Französische übersetzt[35] und machte Moore zu einem der wenigen Mediävisten, die international und auch außerhalb der Mittelalterforschung rezipiert werden. Die breite Wahrnehmung des Buches zeigt sich auch darin, dass andere Historiker die „Persecuting Society“ gleich im Titel oder zumindest in einer Kapitelüberschrift aufgriffen.[36] Viele weitere benutzten das Konzept in ihren Texten entweder affirmativ oder diskutierten es skeptisch.[37] Im Jahr 2006 erschien ein Sammelband zu Ehren Moores (er wurde damals 65 Jahre alt), der es ebenfalls im Titel trägt.[38] Im Folgejahr, zwei Dekaden nach der Erstveröffentlichung, kam eine überarbeitete Neuausgabe von Moores Buch heraus, in der er selbst die Diskussion um seine These resümierte und sich mit der Kritik auseinandersetzte.[39] Hier stellte Moore auch selbst explizit den Bezug zum 20. Jahrhundert her.

Gut dreißig Jahre nach der Erstveröffentlichung, im Jahr 2018, widmete die „American Historical Review“ dem Buch eine kritische Würdigung,[40] was ein weiteres Indiz für seine anhaltende Bedeutung ist. In der Tat ist die Deutung des Hoch-

[35] Vgl. bibliografische Angaben in John H. Arnold: AHR Reappraisal Persecution and Power in Medieval Europe: The Formation of a Persecuting Society, by R. I. Moore. In: AHR 132 (2018), S. 165–174, hier: S. 168, Fußnote 4.

[36] Beispiele: John Christian Laursen/Cary J. Nederman: Beyond the Persecuting Society. Religious Toleration before the Enlightenment. Philadelphia 1997; Marie-Luise Favreau-Lilie: „Multikulturelle Gesellschaft“ oder „persecuting society“? „Franken“ und „Einheimische“ im Königreich Jerusalem. In: Dieter R. Bauer/Klaus Herbers/Nikolas Jaspert (Hg.): Jerusalem im Hoch- und Spätmittelalter. Konflikte und Konfliktbewältigung – Vorstellungen und Vergegenwärtigungen. Frankfurt a. M. 2001, S. 55–93; Brett Eward Whalen: Joachim of Fiore, Apocalyptic Conversion, and the ‚Persecuting Society‘. In: History Compass 8 (2010) S. 682–691; in einer Kapitelüberschrift z. B. Arnold Angenendt: Geschichte der Religiosität im Mittelalter. Darmstadt 1997, Kapitel „Eine ‚persecuting society‘?“, S. 610–613.

[37] Z. B. affirmativ: „Occitania […] was the first spectacular casualty of the ‚formation of a persecuting society‘, the victim of a desire on the part of outsiders to dominate and control.“; Paterson: World (wie Anm. 25), S. 344. Kritisch z. B.: Cary J. Nederman: Worlds of Difference. European Discourses of Toleration c. 1100 – c. 1550. Philadelphia 2000, S. 11 f. Grundsätzlich zustimmend, aber mit Verweis auf Nirenbergs Kritik Lerner: Feast (wie Anm. 33), S. 1.

[38] Michael Frassetto (Hg.): Heresy and the Persecuting Society in the Middle Ages: Essays on the Work of R. I. Moore. Leiden/Boston 2006; darin Robert I. Moore: Afterthoughts on ‚The Origins of European Dissent‘, S. 291–326.

[39] Vgl. „Bibliographical Excursus: Debating the Persecuting Society“, S. 172–196, sowie das ebenfalls neu hinzugekommene Kapitel 5 „A Persecuting Society“, S. 144–171, in: Moore: Formation, überarbeitete Ausgabe (wie Anm. 2).

[40] Arnold: Persecution (wie Anm. 36).

und Spätmittelalters als Beginn einer „Formation of a Persecuting Society“ in der Forschung zur Gewaltgeschichte des Mittelalters sehr gegenwärtig. So finden sich in dem der Zeit „500–1500 AD“ gewidmeten Band einer neuen „World History of Violence“, der ansonsten mit äußerst wenigen Theorieanknüpfungen auskommt, gleich in drei Beiträgen Bezugnahmen darauf.[41]

Welche Rolle spielt diese Deutung aber nun genau für die Entstehung des Katharer-Revisionismus? Bereits deutlich geworden sein dürfte, dass Moore sich bei seiner Analyse der Repression auf Prozesse der Konstruktion von Feindbildern fokussiert und diese für weitgehend unabhängig von realen Auslösern beziehungsweise Gegenständen der Feindschaft ansieht. Allerdings findet sich in „The Formation of a Persecuting Society“ auch noch kein voller Revisionismus. Moore behauptete darin keineswegs, es habe den Katharismus überhaupt nicht gegeben. Dazu ging er erst über, nachdem es andere getan hatten (obwohl er sich dem Standpunkt zwischenzeitlich durchaus schon weiter näherte). Dennoch ist es ganz offensichtlich, dass der Revisionismus ohne Moores Vorarbeit kaum denkbar gewesen wäre. Bevor wir dies im Einzelnen nachvollziehen, soll aber noch deutlich festgehalten werden, dass Moore sich die zweite Zuspitzung seiner These, nämlich die Deutung vom Albigenserkrieg als erstem westlichen „Genozid“ und als Voraussetzung des Antisemitismus, nirgends ausdrücklich zu eigen gemacht hat.

Zunächst seien jedoch einige grundsätzliche Informationen zu den Katharern und dem Streit um sie vermittelt.

Die Katharer und der Revisionismus: Grundzüge

An den Katharern entzünden sich seit jeher Leidenschaften. Zeitgenössisch wurden sie so sehr gefürchtet, dass man mit neuen Methoden wie dem innerchristlichen Kreuzzug und der Inquisition gegen sie kämpfte. In den Auseinandersetzungen zwischen Reformatoren und Gegenreformatoren in der Frühen Neuzeit wurden sie zum historischen Zankapfel. Und heute, in den ersten Jahrzehnten des 21. Jahrhun-

[41] Teresa Shawcross: Ethnic and Religious Violence in Byzantium. In: Matthew Gordon/Richard Kaeuper/Harriet Zurndorfer (Hg.): Cambridge World History of Violence. Bd. 2: 500–1500. Cambridge 2020, S. 287–312, hier: S. 289; Sara M. Butler: Violence and Murder in Europe. In: ebd., S. 330–346, hier: S. 344; Christine Caldwell Ames: Violence against Heretics, Jews, and Muslims. In: ebd., S. 470–491, hier: S. 470. Zum Band und zum ansonsten geringen Theoriebezug vgl. Jörg Feuchter: Rezension von Gordon/Kaeuper/Zurndorfer (Hg.): Cambridge World History of Violence (diese Anm.). In: HZ 313 (2021) S. 754–756.

derts, gehören sie zu den am erregtesten diskutierten Themen der Mediävistik.[42] Die aktuelle Kontroverse wird so passioniert geführt, dass sie auffallend übereinstimmend mit martialischem Vokabular beschrieben wird: „A War among the Scholars",[43] ein „Glaubenskrieg in der Katharerforschung",[44] „new Cathar Wars".[45] Worum geht es in diesem Konflikt? Kurzgefasst um die folgende Frage: Waren „die Katharer" eine mittelalterliche Realität, nämlich eine tatsächliche religiöse Dissidenz, die von einer organisierten Gruppe getragen wurde – oder ein bloßes Hirngespinst mittelalterlicher Kirchenmänner und moderner Historiker?

Letzteres ist die Position der Revisionisten. Bevor sich diese um die Jahrtausendwende erstmals als Minderheitsmeinung etablierte, galt hingegen als anerkannte Tatsache, dass es in Mittel- und Westeuropa eine Bewegung mit folgenden Eigenschaften gab:

- mit einer Reihe von religiösen Überzeugungen, zu denen vor allem der Dualismus gehörte (der Glaube, dass die Menschen mit einer guten und einer bösen göttlichen Macht konfrontiert sind – somit eine starke Abweichung von der katholischen Vorstellung eines allmächtigen Gottes);
- mit bestimmten religiösen Praktiken, die sich darum drehten, jegliche Beteiligung an und Berührung mit geschlechtlichen Fortpflanzungsprozessen und ihren Produkten zu vermeiden (da die materielle Welt als von der bösen Macht geschaffen galt, die auch die menschlichen Seelen im fleischlichen Körper gefangen hält), woraus sich auch ein strikter Veganismus ergab;
- mit mehr oder weniger direkten Wurzeln im Balkan, bei den dualistischen Bogomilen;
- belegt vom 12. bis zum 14. Jahrhundert, mit frühen Vorkommen im Rheinland bis zu späten in den nördlichen Ausläufern der Pyrenäen, mit einer massiven, breit verwurzelten Präsenz in der Zeit dazwischen, nämlich vor allem in Südfrankreich, sowie in Norditalien, wobei die Katharer überregional miteinander in Verbindung standen;

[42] „one of the most controversial medieval disputes of recent years"; Antonia Fitzpatrick/John Sabapathy: Introduction. In: dies. (Hg.): Individuals and Institutions in Medieval Scholasticism. London 2020, S. 14. Entsprechend kommt die Kontroverse auch vor bei John Aberth: Contesting the Middle Ages. Debates That are Changing our Narrative of Medieval History. London/New York 2019, S. 124–127. Vgl. auch Erwähnung bei Arnold: History (wie Anm. 17), S. 95. Zum Streit in der Frühen Neuzeit vgl. Jörg Feuchter: Albigenser und Hugenotten. In: Günter Frank/Friedrich Niewöhner (Hg.): Reformer als Ketzer. Stuttgart/Bad Cannstatt 2004, S. 321–353.

[43] Siehe Robert I. Moore: The War On Heresy. Cambridge, MA 2012, Kapitel „Afterword: The War Among the Scholars", S. 332–336.

[44] Utz Tremp: Engel (wie Anm. 6).

[45] John H. Arnold: The Cathar Middle Ages as a Methodological and Historiographical Problem. In: Sennis (Hg.): Cathars (wie Anm. 6), S. 53–78, hier: S. 58.

- mit einem hohen Organisationsgrad, gekennzeichnet durch eine hierarchische Struktur, die an die katholische Kirche erinnerte (mit Bischöfen, Diözesen und so weiter) und geprägt durch eine Unterscheidung zwischen den wirklichen Mitgliedern (den *perfecti/perfectae*), die sich zu einem Lebensstil der Enthaltsamkeit von Fleisch, Geschlechtsverkehr und so weiter verpflichteten, und den bloßen Gläubigen (den *credentes*);
- versehen mit einem Bewusstsein vom grundlegenden Unterschied ihrer Dogmen und Praktiken zu dem, was die römische Kirche lehrte und praktizierte;
- sich selbst zumindest in manchen Regionen und Zeiten als „Katharer“ bezeichnend, also „die Reinen“, von griechisch *katharoi* (– die Frage der Selbst- und Fremdbezeichnungen ist nicht erst seit dem Aufkommen des Revisionismus eine ewige Quelle des Streites und der großen Verwirrung unter den Gelehrten wie unter den Lesern).[46]

Aus der Sicht des Revisionismus erscheint hingegen nichts von alledem zutreffend. Revisionisten weisen nicht nur einzelne oder mehrere Elemente wie den Namen,

[46] Siehe die ausführlichen Ausführungen des Verfassers (mit bibliografischen Nachweisen zu den Informationen, die er von anderen Forschern übernommen hat, insbesondere von Jean-Louis Biget über die Albigenser) in Jörg Feuchter: The Albigensian Crusade, the Dominicans, and the Antiheretical Dispositions of the Council. In: Johannes Helmrath/Gerd Melville (Hg.): The Fourth Lateran Council. Institutional Reform and Spiritual Renewal. Affalterbach 2017, S. 225–241, hier: S. 241 f. Hier nur eine Kurzfassung: Die mittelalterliche Dissidentengruppe selbst führte offensichtlich keine distinkte, Raum und Zeit übergreifende Eigenbezeichnung. Es gab zwei für sie gebräuchliche Namen, „Katharer“ und „Albigenser“, die beide aus dem Mittelalter stammen, jedoch nicht unproblematisch sind. Die Bezeichnung „Albigenser“ hat sich als (feindliche) Bezeichnung für die Ketzer aus dem Languedoc genau zu Beginn des Albigenserkreuzzuges eingebürgert, nicht vorher. Es liegt auf der Hand, dass „Albigenser“ immer Pars pro Toto stand, denn die Bewohner der Stadt und der Region Albi wurden zu keiner Zeit als das einzige Ziel des Kreuzzugs verstanden. „Albigenser“ wurde von Kirchenmännern und Historikern bis ins 19. Jahrhundert hinein bevorzugt. Im 20. Jahrhundert wurde der Begriff „Albigenser“ weitgehend durch „Katharer“ ersetzt, eine Bezeichnung mit eigener Geschichte und eigenen Problemen. Sie beruht ihrerseits auf dem Rekurs auf eine Bezeichnung für religiöse Dissidenten der Spätantike; vgl. umfassend Arno Borst: Die Katharer (MGH-Schriften 12). Stuttgart 1953, Anhang II: Die Namen der katharischen Sekte, S. 240–253. In Quellen schon des 12. Jahrhunderts wird sie als Selbstbezeichnung für dualistische Dissidenten erwähnt (ob es tatsächlich eine Selbstbezeichnung war, wird aber in Zweifel gezogen) und wird dann auch von Kirchenmännern als Bezeichnung benutzt, nicht jedoch im Languedoc, dem Ort des Albigenserkreuzzuges. Die Forscher sind sich dieses Problems seit Langem bewusst, wobei sie in der Regel vor der unreflektierten Verwendung des Begriffs für die Häretiker dieser Region warnen und Exkurse über die Geschichte und die Probleme der Bezeichnungen geben. Und da die Belege für Ähnlichkeiten in den Lehren und Praktiken und die Verbindungen zwischen dualistischen Dissidenten stark sind, halten viele Historiker, unter ihnen auch der Verfasser, die bedachte, d. h. problematisierte, Verwendung von „Katharer“ auch im Bezug auf das Languedoc aufrecht.

die Einstufung als dualistische Häresie, die Vorstellung einer Abstammung von den Bogomilen oder die Auffassung von der hohen Strukturiertheit und ausgeprägten Hierarchie und so weiter zurück. Vielmehr sehen sie jeden der aufgezählten Punkte als gegenstandlos an, denn sie gehen davon aus, dass es die in Rede stehende Personengruppe schlicht nicht gegeben hat. Der Katharismus sei von mittelalterlichen katholischen Klerikern erfunden worden und die Menschen, die als Katharer beziehungsweise Katharer-Anhänger angeklagt wurden, ohne jeden Grund verfolgt worden, will sagen: ohne einen Grund, der etwas mit ihnen zu tun hatte. In der Auffassung der Revisionisten kommt also dem Katharismus und den Katharern nicht mehr Wirklichkeit zu als der Hexerei und den Hexen. Beide Phänomene habe es nur durch die gegen sie geführten Prozesse gegeben: „Yet to ask how many of these heretics, however designated, there were before the Albigensian Crusade is rather like asking how many witches there were in Europe on the eve of the great witch craze of the sixteenth and seventeenth centuries.“[47]

Das Zitat stammt von keinem anderen als Robert I. Moore selbst. Von ihm leitet sich auch unsere Bezeichnung dieses Lagers ab, denn er hat es selbst als „the revisionist tendency with which I associate myself“[48] bezeichnet. Moore hat zwar auch andere terminologische Vorschläge unterbreitet,[49] aber der Begriff „Revisionismus“ scheint uns vorzuziehen. Denn zum einen ist er aus vielen historischen Kontroversen vertraut, in denen die gängige Sichtweise eines Themas von einer neuen Denkschule radikal in Zweifel gezogen wird. Zum anderen ist er weniger belastet als zum Beispiel „Negationismus“[50] und nicht eng mit einer bestimmten philosophi-

[47] Moore: War (wie Anm. 43), S. 261. Moore erkennt jedoch die Existenz von Häretikern im Languedoc an, aber offenbar nicht in Verbindung mit dem als „Katharer“ bezeichneten Phänomen; siehe Robert Ian Moore: The Cathar Middle Ages as an Historiographical Problem. In: David C. Mengel/Lisa Wolverton (Hg.): Christianity and Culture in the Middle Ages. Essays to Honor John Van Engen. Notre Dame 2015, S. 58–86, hier: S. 58.

[48] „the revisionist tendency with which I associate myself“; Moore: Cathar Middle Ages (wie Anm. 47), S. 58.

[49] „sceptics“ vs. „traditionalists“. Obwohl Moore deutlich macht, dass diese vorgeschlagene Terminologie „does not impute credulity to the one or Pyrrhonism to the other, or impugn the scholarship or integrity of either“ (Robert I. Moore: Principles at Stake: The Debate of April 2013 in Retrospect. In: Sennis [Hg.]: Cathars [wie Anm. 6], S. 257–273, hier: S. 258, Fußnote 2), scheinen sie aber dennoch zu eng mit den Konnotationen verbunden, die er gerade zu vermeiden versucht: Leichtgläubigkeit bzw. bloße geistige Trägheit auf der einen Seite und auf der anderen der Zweifel um des Zweifelns willen.

[50] „Negationisme“ (entspricht im Wortsinn etwa „Leugnertum“) wird in Frankreich als Kurzbezeichnung für die Holocaust-Leugnung benutzt. Die Verwendung zur Bezeichnung des Katharer-Revisionismus wurde von dessen Vertretern als üble Beleidigung empfunden. Vgl. z. B. die Einordnung als „nadir“ der „acrimony“ bei Robert I. Moore: Author's Response to Professor Peter Biller, Review of The War on Heresy: Faith and Power in Medieval Europe, (review no. 1546), online

schen Schule verbunden, anders als der Begriff „Dekonstruktivismus“[51]. Es ist klar, dass auch die Bezeichnungen „Revisionismus“ und „Anti-Revisionismus“ ein gewisses historisches Gepäck mit sich führen,[52] dass sie auch nicht die Benennungen sind, die jeder Protagonist selbst für sich bevorzugen würde, und dass sie hauptsächlich aus Gründen der Verständlichkeit verwendet werden.

Die Katharer werden nicht erst seit Kurzem erforscht, sondern die Geschichtsschreibung beschäftigt sich seit dem 16. Jahrhundert mit ihnen. Entsprechend hat auch diese Historiografie selbst eine lange und wechselvolle Geschichte voller Irrungen und Wirrungen, an die der aktuelle Streit vielfach anknüpft.[53] Der volle Revisionismus kam jedoch erst Ende des 20. Jahrhunderts auf. Vor allen anderen sind hier zwei Historiker zu nennen, Monique Zerner und Mark Gregory Pegg.

Monique Zerner: „Die Häresie erfinden?“

Während der mittleren 1990er-Jahre hielt die französische Mediävistin an ihrer Universität Nizza (Provence) mehrere Zusammenkünfte zum Thema „Inventer l'hérésie?“ („Die Häresie erfinden?“) ab, deren Beiträge 1998 gemeinsam in einem Band veröffentlicht wurden.[54] Diese Texte befassen sich mit der Zeit vor der Inquisition, zumeist gar nicht mit den Katharern, sondern mit den Waldensern und anderen Dissidenten. Die Absicht Zerners ging jedoch bereits dahin, den Katharismus infrage zu stellen. Sie gibt selbst in ihrer Bandeinführung an, dass der Anlass für die Treffen das Unbehagen einer Gruppe von Forschern daran war, dass der Katharismus in der französischen Geschichtswissenschaft als „nicht infrage zu stellende

zugänglich unter: https://reviews.history.ac.uk/review/1546 (letzter Zugriff am 5.4.2022); die Response ist auf derselben Webseite zu finden.

51 Dieser Terminus wurde benutzt von Michel Roquebert: Le „déconstructionnisme“ et les études cathares. In: Martin Aurell/Anne Brenon/Christine Dieulafait (Hg.): Les Cathares devant l'histoire. Mélanges offerts à Jean Duvernoy. Gourdon 2005, S. 105–133.

52 Sie wurden bekanntlich in vielen politischen Auseinandersetzungen verwendet, die aber doch meist schon lange zurückliegen und halb vergessen sind, insbesondere unter Marxisten um 1900 und in der Sowjetunion in den 1950er-Jahren. Auch die Revisionismus-Kontroversen unter Historikern sind selbstverständlich oft sehr politisch. Mit der Verwendung der Begriffe verbinde ich nicht die Absicht, Assoziationen mit diesen Konflikten zu wecken.

53 Der beste detaillierte Überblick über die älteren historiografischen Entwicklungen findet sich nach wie vor bei Borst: Katharer (wie Anm. 46), Teil I, S. 17–54 („Die Katharer im Spiegel von Quellen und Forschungen“). Wertvolle zusätzliche bibliografische Informationen und Kritik jetzt bei Peter Biller/Lucy J. Sackville: Introduction. In: dies. (Hg.): Inquisition and Knowledge 1200–1700. York 2022, S. 1–33, hier: S. 19–31.

54 Monique Zerner (Hg.): Inventer l'hérésie? Discours polémiques et pouvoirs avant l'inquisition. Nizza 1998.

Tatsache" galt.[55] Robert I. Moore nahm selbst an einem der Treffen teil und steuerte zu dem Sammelband einen zusammenfassenden Kommentar („postface"[56]) bei. Auf diesen wenigen Seiten trieb er seine Skepsis gegenüber dem Realitätsgehalt kirchlicher Quellen bei der Beschreibung dualistischer Häresien ein gutes Stück weiter, doch ohne sich bereits darauf festzulegen, dass die Katharer eine völlige Erfindung seien. Er bezeichnete es nur als „die viel wahrscheinlichere"[57] Option, dass „wir es nicht mit einem Phänomen zu tun haben, das der in den Texten beschriebenen Realität entspricht".[58] Es habe (wahrscheinlich) nicht einmal „eine unstrukturierte, relativ unschuldige Bewegung der Begeisterung für das apostolische Leben"[59] gegeben, die dann von der Kirche noch zu einer dualistischen Häresie aufgeblasen wurde. Dies lief noch nicht auf volle Gewissheit bei der Verwerfung der „Katharer" hinaus, war aber nicht mehr weit davon entfernt.

Sieht man von der Rahmung durch die Einführung Zerners und das Nachwort Moores ab, könnten die einzelnen Beiträge in dem Band auch einfach als eine Fortsetzung der kritischen Arbeit von Ketzerforschern gesehen werden, die schon zuvor kirchliche Streitschriften und Inquisitionsquellen einer Prüfung unterzogen hatten, wobei nicht nur Stereotypisierungen, Falschzuschreibungen und Verzerrungen erkannt, sondern bestimmte angebliche Häresien als substanzlose Konstruktionen rechtgläubiger Ketzerverfolger entlarvt worden waren. Das bekannteste Beispiel für eine solche Arbeit ist die des US-Amerikaners Robert Lerner zur (vermeintlichen) „Häresie des Freien Geistes", von der nach seiner Analyse nichts Organisiertes mehr übrigblieb.[60] Wichtige Grundlagen für diese Form der Quellenkritik hatten bereits Historiker wie der Deutsche Herbert Grundmann gelegt[61] oder auch der Italiener Carlo Ginzburg in einem Aufsatz mit dem programmatischen Titel „Der Inquisitor als Anthropologe".[62] Beide etablierten ein Prinzip, das man als

55 „notre trouble devant la façon dont le catharisme est pris comme une donnée indiscutable dans l'historiographie française"; Monique Zerner: Introduction. In: dies. (Hg.): Inventer l'hérésie? (wie Anm. 54), S. 7–13, hier: S. 7.

56 Robert Ian Moore: Postface. In: Zerner (Hg.): Inventer l'hérésie? (wie Anm. 54), S. 263–269.

57 „beaucoup plus probable"; Moore: Postface (wie Anm. 56), S. 267.

58 Ebd., S. 266.

59 „ni même à un mouvement non encadré et relativement innocent d'enthousiasme pour la vita apostolica chez des rustici"; ebd., S. 266 f.

60 Robert Lerner: The Heresy of the Free Spirit in the Later Middle Ages. Berkeley/Los Angeles/London 1972.

61 Vgl. Herbert Grundmann: Ketzerverhöre des Spätmittelalters als quellenkritisches Problem. In: DA 21 (1965), S. 519–575; ders.: Der Typus des Ketzers in mittelalterlicher Anschauung. In: Kultur- und Universalgeschichte. Walter Goetz zu seinem 60. Geburtstage dargebracht von Fachgenossen, Freunden und Schülern. Leipzig 1927, S. 91–107.

62 Carlo Ginzburg: Der Inquisitor als Anthropologe In: Rebekka Habermas/Nils Minkmar (Hg.): Das Schwein des Häuptlings. Sechs Aufsätze zur Historischen Anthropologie. Berlin 1992, S. 42–55.

Ausscheidung von Stereotypen durch Vergleich bezeichnen könnte. Der britische Historiker Peter Biller gehört zu jenen, die es immer wieder auf die Quellen zu den Katharern und Waldensern angewandt haben. Allerdings tut er dies, ohne kategorisch auszuschließen, dass hinter manchen verzerrten Beschreibungen gerade auch bezüglich der Katharer eine gewisse Realität liegen könnte – die es dann eben möglichst gut herauszufiltern gilt.

Zerner gab drei Jahre später (2001) einen weiteren Sammelband heraus, der sich auf ein einziges Dokument von 1167 konzentrierte, das für die Filiation der languedokischen Katharer von den dualistischen Bogomilen von großer Bedeutung ist.[63] In ihrem Vorwort hebt Zerner unter Bezug auf Moore hervor, dass es letztlich um die Frage gehe, ob sich die Verfolgungsgesellschaft ein „artefact" geschaffen habe oder ob es tatsächlich eine „nouvelle religion" gab, die die Gesellschaft dann erst in eine Verfolgungsdrift („dérive persécutrice") bewegte.[64] Die eingehende kritische Prüfung der Echtheit der Quelle brachte jedoch kein eindeutiges Ergebnis, da sie je nach Standpunkt anders bewertet wurde.[65] Im Jahr 2006 veröffentlichte dann ein Schüler Zerners, der aus Deutschland stammende Uwe Brunn, seine Dissertationsmonografie.[66] Sie behandelt die erzählenden kirchlichen Quellen (Chroniken, Traktate, Briefe) des 12. Jahrhunderts über die „Katharer" im Rheinland, also die frühesten Erwähnungen der Bewegung in Mittel- und Westeuropa. Dabei versucht Brunn, die Ansicht zu widerlegen, dass hinter diesen Quellen irgendeine „katharische" Realität stand. Stattdessen handele es sich lediglich um Propaganda, die sich auf spätantike Ketzerschriften über die Manichäer (eine spätantike persische dualistische und synkretistische Religion) stütze und dazu diene, zeitgenössische Konkurrenzbewegungen in der katholischen Orthodoxie zu verunglimpfen. Doch auch wenn sich die Diskussion um die Namensgebung der Katharer sehr stark an diesen frühen Begebenheiten orientiert, in denen der Begriff erstmals als Selbstbezeichnung der Gruppe genannt wird, konnte Brunns Versuch der Widerlegung dieser Zeugnisse noch nicht auf eine Gesamtwiderlegung der Existenz des Katharertums insgesamt hinauslaufen, da er Frankreich, Italien und die Zeit nach dem 12. Jahrhundert nicht behandelte.

63 Monique Zerner (Hg.): L'histoire du catharisme en discussion. Le ‚concile' de Saint-Félix (1167). Nizza 2001.

64 Zerner: Introduction. In: dies. (Hg.): L'histoire du catharisme (wie Anm. 63), S. 13–17, hier: S. 16.

65 Vgl. den Überblick bei David Zbíral: La charte de Niquinta et le rassemblement de Saint-Felix. État de la question. In: Anne Brenon (Hg.): 1209–2009, Cathares: une histoire à pacifier? Actes du colloque international tenu à Mazamet les 15, 16 et 17 mai 2009 sous la présidence de Jean-Claude Hélas. Portet-sur-Garonne 2010, S. 31–44.

66 Uwe Brunn: Des contestataires aux „cathares". Discours de réforme et propagande antihérétique dans les pays du Rhin et de la Meuse avant l'Inquisition. Paris 2006.

Mark Gregory Pegg: Genozid gegen eine Kultur des lokalen „Heiligen“

Diesen viel größeren Anspruch erhob etwa zeitgleich mit Zerner und Brunn, jedoch unabhängig von ihnen, der aus Australien stammende Mark Gregory Pegg. Sein Angriff gegen die Idee des Katharismus unterscheidet sich zunächst markant im Stil von den Vorgenannten: Pegg trägt, anders als Zerner, Brunn und Moore (jedenfalls in jenen Äußerungen, die wir bisher kennengelernt haben) nicht Zweifel an der Existenz des Katharismus vor, sondern die feste Gewissheit, dass es ihn nicht gab. Des Weiteren bestehen auch gravierende Unterschiede hinsichtlich der von Pegg verwendeten Quellengattung, der Methode und der vorgeschlagenen Interpretation. Zunächst zur Quelle: Pegg beschäftigte sich mit einer anderen Gattung als Zerner, Brunn und Moore, nämlich mit Inquisitionsprotokollen, genauer: mit einem einzelnen Protokoll. In seiner Dissertation an der amerikanischen Princeton University, 2001 unter dem Titel „The Corruption of Angels“[67] erschienen, untersuchte er die von ihm sogenannte *Great Inquisition.* Damit bezeichnete er ein Verfahren, das zwei Dominikaner mit zahlreichen Assistenten in der Mitte der 1240er-Jahre im Lauragais durchführten. Es betraf mehrere Tausend Menschen aus der Region östlich von Toulouse und hinterließ uns das längste einzelne Inquisitionsdokument (Ms. 609 der Bibliothèque Municipale Toulouse). Dabei handelt es sich, wie bei vielen solchen Texten, um ein relativ einförmiges Dokument. Es beruht auf einem Frageraster der Inquisitoren, das sich vor allem auf die Abfrage von Kontakten der Verhörten mit Ketzern richtet. Es wird die Begegnung und die Partizipation an bestimmten Handlungen erfasst, von Ritualen bis hin zu logistischen Unterstützungstaten (Beherbergung, Versorgung mit Nahrungsmitteln etc.). Die Antworten (jedenfalls in der Form, in der sie aufgeschrieben wurden) bestehen aus dürren Sätzen, in denen im Wesentlichen Orte und Zeit der erfragten Kontakte genannt werden, die Namen beteiligter Ketzer sowie von weiteren Anwesenden. Glaubensinhalte wurden hingegen kaum abgefragt und tauchen deshalb eher selten auf, nämlich dann, wenn die protokollierten Antworten das trockene Schema einmal verlassen und etwas „erzählender“ werden. Das Inquisitionsdokument war von der Forschung vor Pegg bereits viel beachtet worden.[68] Historiker hatten die Quelle beson-

[67] Mark G. Pegg: The Corruption of Angels. The Great Inquisition of 1245–1246. Princeton 2001; vgl. auch ders.: On Cathars, Albigenses, and Good Men of Languedoc. In: JMH 27 (2001), S. 181–195; sowie ders.: Albigenses in the Antipodes. An Australian and the Cathars. In: Journal of Religious History 35 (2011), S. 577–600.

[68] Es war Gegenstand einer sehr gründlichen Analyse durch Yves Dossat: Les crises de l'inquisition toulousaine au XIIIe siècle (1233–1273). Bordeaux 1959 (vgl. dazu Feuchter: Ketzer [wie Anm. 23], S. 17 f.). Neben vielen originellen und kundigen Aufsatzstudien Peter Billers (bequem greifbar in: Peter Biller: The Waldenses, 1170–1530. Between a Religious Order and a Church. York 2001) ist folgende statistische Analyse bemerkenswert: Richard Abels/Ellen Harrison (Hg.):

ders daraufhin analysiert, was sie für die Geschichte der Inquisition aussagt, sowie in eher statistischer Weise, gerade auch hinsichtlich des großen Ausmaßes, in dem in der Region der Katharismus präsent war.

Pegg versuchte dieses Dokument nun neu zu lesen. Er verwarf die Idee, die von den Inquisitoren befragten Menschen hätten etwas mit organisierter dissidenter Religion zu tun gehabt: „no matter how many times manuscript 609 is read, will a ‚Cathar Church‘ be found by modern historians […].“[69] Stattdessen präsentiert er eine alternative Interpretation: Es habe im Languedoc vielmehr „an intimate, intensely local, and deliberately unadorned way of living with the holy […]“[70] gegeben. Im Mittelpunkt dieses Lebensstils habe aber nicht „Religion“, verstanden als Glaubenssystem und aus anderen Lebensbereichen herausgehobene Praxis gestanden, sondern der in Okzitanien vorherrschende, umfassende kulturell-soziale Wert der „cortezia“ (Höflichkeit/Höfischheit). Diesen Wert hätten die „boni homines“ und „bonae feminae“ (ein in der Region weit verbreiteter Ehrentitel, der in dem Dokument öfter vorkommt) verkörpert. Diese „guten Männer“ und „guten Frauen“, die „heiligmäßig“ gelebt hätten, und ihre Verehrer seien von den Inquisitoren aber für Ketzer beziehungsweise deren „Gläubige“ erklärt worden: „The *heretici* whom the inquisitors did ask about, and whom they heard about in thousands of testimonies, were the ‚good men‘, the ‚good women‘, and their ‚believers‘.“[71]

Nach Pegg wurde die Welt der „cortezia“ von den Inquisitoren aber nicht nur missverstanden, sondern auch zerstört. Denn die Bettelordensmönche hätten mit ihren Prozessen die Mentalität der Menschen in der Region für immer verändert: „It was this mundane experience of a quiet sanctity in the Lauragais that the two friar inquisitors reshaped, transformed, and so eliminated.“[72] Die Inquisitoren hätten ihre Vorstellungen von Ketzerei in die Verhöre eingeführt und die Menschen dazu bewegt, sie für ihre eigenen zu halten. Dies erkläre auch die okkasionelle Anwesenheit von Elementen des Dualismus in den Aussagen: „Dualism played no part in the existence of the good men, good women, and their believers, until the inquisitors introduced it as a new way of framing the multiple moments of a life, as a new narrative about living in a clandestine world.“[73]

The Participation of Women in Languedocian Catharism. In: Medieval Studies 41 (1979), S. 215–251. Das Ms. 609 ist jetzt in einer digitalen Edition zugänglich: Jean-Paul Rehr (Hg.): The Registry of the Great Inquisition at Toulouse, 1245–46: Edition and Translation of Bibliothèque municipale de Toulouse MS 609, online zugänglich unter: http://medieval-inquisition.huma-num.fr (letzter Zugriff am 31.1.2024).

[69] Pegg: Corruption (wie Anm. 67), S. 130.

[70] Ebd.

[71] Pegg: Albigenses (wie Anm. 67), S. 584.

[72] Pegg: Corruption (wie Anm. 67), S. 130.

[73] Pegg: Albigenses (wie Anm. 67), S. 596.

Dasselbe gilt für Pegg auch hinsichtlich formaler Organisation, zum Beispiel wenn Erwähnungen von bischöflichen Hierarchien (mit Bischöfen und anderen Funktionären) vorkommen. Dies sieht er ebenfalls als Ergebnis inquisitorischer Induktion. Den Historikern, die von der Existenz des Katharismus ausgehen, wirft Pegg eine „intellektuelle Voreingenommenheit" („intellectualist bias") vor. Auf der Grundlage eines falschen Verständnisses der Rolle von Religion hätten sie eine organisierte katharische Gegenkirche konstruiert: „What supposedly makes a heresy or religion, and so what makes someone heretical or religious, is solely defined by doctrines, philosophies, and ideals. Scriptural consistency and theological cogency are what make heresies or religions, not poorly articulated thoughts or anomalous habits, which either get tossed aside as notional and habitual irrelevancies or (like square pegs in round holes) made to fit conventional narratives like ‚Catharism'. [...] Unfortunately, too many scholars assume that ideally gathering ideas, or thoughtfully paraphrasing thoughts, or notionally laying out notions, says everything that needs saying about heresy or religion."[74]

Pegg wendet sich ganz grundsätzlich gegen Versuche, Inquisitionsverhöre wie das von ihm analysierte auch mithilfe von Wissen zu interpretieren, das aus anderen Quellen bezogen wird, zum Beispiel aus von Klerikern verfassten Traktaten über die Ketzer. In diesen wird, anders als in den Verhören, der Glaube der Katharer ausführlich beschrieben. Nach Peggs Ansicht sind jedoch alle von mittelalterlichen katholischen Geistlichen erstellten Quellen von Natur aus unglaubwürdig und spiegeln niemals auch nur entfernt die Realität wider, wenn es um Häresie geht. Denn sie seien nicht nur feindlicher Natur, sondern so überdeterminiert von Stereotypen über altkirchliche Ketzer, dass kein Quäntchen Realität dahinterstecke. Die Argumentationsweise ist von Zerner, Brunn und Moore schon bekannt, wird bei Pegg jedoch anders als bei jenen nicht aus der Kritik an einzelnen Texten entwickelt. Vielmehr erklärt er die Nichtexistenz der Katharer schlicht für selbstevident.

Pegg bekennt sich zu konzeptionellen Anleihen bei der britischen Anthropologin Mary Douglas,[75] ohne allerdings im Einzelnen anzugeben, welche Konzepte er aus welchen ihrer Schriften ausborgt. Kernbegriff seiner Analyse ist jedenfalls eindeutig „holy/Holy", sowohl in der Verwendung als Adjektiv/Adverb wie als Substantiv. Daneben bestimmt die von Douglas in ihren Werken stark hervorgehobene grundlegende kulturelle Unterscheidung zwischen Reinheit und Unreinheit Peggs

[74] Ebd., S. 585 f.

[75] Bereits Moore hatte sich stark auf Douglas bezogen (vgl. Kapitel „Purity and Danger" in: Moore: Formation [wie Anm. 2], S. 100–123), allerdings in einem anderen Sinne, nämlich zur Erklärung, warum die Verfolgungsgesellschaft beginnt, Minderheiten auszugrenzen. Vgl. Kritik am Gebrauch dieses Modells bei Moore durch Nirenberg: Communities (wie Anm. 96), S. 242.

Sicht auf die Katharer in offenkundiger Weise. Denn er sieht in den „guten Männern/Frauen“ Menschen, die nach Reinheit und Rückzug aus der Welt strebten. Doch – das ist Pegg wichtig zu betonen – hätten diese Praktiken keine Kohärenz zwischen den einzelnen „heiligen“ Individuen hergestellt. Es habe sich keine religiöse Gruppe gebildet. Vielmehr sei das „Heilige“ potenziell allen verfügbar gewesen: „The holy was to be understood and embraced as something decidedly ordinary, as something accessible to any man or woman [...].“[76]

Anders als im Hinblick auf Douglas beruft sich Pegg nicht ausdrücklich darauf, von Moore inspiriert zu sein, auch wenn er mitunter dessen Publikationen in seinen Nachweisen aufführt. Gleichwohl ist die Überschneidung hinsichtlich der Konstruiertheit von Häresievorwürfen aus dem Geiste der Verfolgerinstitution Kirche deutlich. Das Restzugeständnis an die Möglichkeit einer realen Existenz, das Moore noch in seinem „postface“ von 1998 zum Band von Monique Zerner gemacht hatte, findet sich bei Pegg jedoch nicht mehr. Sein Revisionismus kann somit als Verabsolutierung des von Moore über gut zwei Jahrzehnte, von 1977 (Origins of European Dissent) über 1987 (Formation of a Persecuting Society) bis 1998 (Postface zu Zerners „Inventer l'hérésie“), stufenweise hinweg gesteigerten Skeptizismus gesehen werden.

Ganz ähnlich verhält es sich auch hinsichtlich der These von der „Persecuting Society“: Auch in dieser Hinsicht erweist sich Pegg als entschiedener Radikalisierer von Moores Denken. Sehr deutlich wird dies in seinem zweiten einschlägigen Buch „A Most Holy War. The Albigensian Crusade and the Battle for Christendom“ (2008). In der Überblicksdarstellung über den Albigenserkreuzzug legte Pegg dar, dass sich im 12. und 13. Jahrhundert im lateinischen Christentum eine totale Ideologie breitgemacht habe, die sich im Albigenserkrieg geradezu versinnbildlicht habe: „The crusade, far from being a Christian aberration, epitomized the sanguine beauty and bloody savagery of thirteenth-century Latin Christendom.“[77]

Diese Ideologie habe die Gottesnachfolge durch Tötung von religiösen Dissidenten propagiert. So etwas habe es in keinem anderen Monotheismus gegeben: „No other monotheistic religion has ever celebrated or promoted such a godly imitative ideal among ordinary believers. The Albigensian Crusade offered the opportunity to walk like Him for twenty years within Europe.“[78] Der Albigenserkreuzzug sei nichts weniger als der erste Genozid in der abendländischen Geschichte gewesen, und zwar ein religiös motivierter: „The Albigensian Crusade ushered genocide into the West by linking divine salvation to mass murder, by making slaughter as

[76] Pegg: Corruption (wie Anm. 67), S. 97.
[77] Mark G. Pegg: A Most Holy War. The Albigensian Crusade and the Battle for Christendom. Oxford 2008, S. 189.
[78] Ebd., S. 189.

loving an act as His sacrifice on the cross. This ethos of redemptive homicide is what separates the crusade massacres from other great killings before the thirteenth century. A crusader not only cleansed his soul by cutting the throat of a pestilential baker from Toulouse, he cleansed the very soul of Christendom."[79]

Pegg sieht den Albigenserkreuzzug mit seinem antiketzerischen Vernichtungswillen auch als Grundlegung für die spätere Eliminierung von Juden und Moslems aus der christlichen Welt.[80] Er vertritt die Auffassung, dass erst nach diesem Kreuzzug Antisemitismus (beziehungsweise Antijudaismus) und Antiislamismus möglich wurden.[81]

Wie Zerners und Brunns Revisionismus fand auch der Peggs vor allem innerhalb der Ketzerforschung Aufmerksamkeit, und zwar zumeist eher kritische.[82] Der Echoraum überschritt jedoch den engeren Kreis der mit diesem Thema Befassten kaum. Dies änderte sich im Jahr 2012 mit einem Schlag.

„The War on Heresy" (2012): Robert I. Moore schließt sich dem von ihm inspirierten Revisionismus vollumfänglich an

Denn damals schloss Moore sich Peggs radikalem Skeptizismus gegenüber der Existenz der Katharer an. Er tat dies in einem neuen Buch namens „The War on Heresy".[83] Darin postuliert er ausdrücklich eine Zäsur zwischen der alten und der neuen Geschichtsschreibung über die „Katharer"-Ketzer, die um die Jahrtausendwende eingetreten sei: „From c.1250 until c.2000 it was almost universally believed that most of the people who were accused of heresy in western Europe during the period covered by this book were preachers or followers of an organised dualist movement that had originated in the Greek-speaking world, most probably in the Balkans."[84] Doch inzwischen habe sich das völlig verändert: „[...] the traditional story

[79] Ebd., S. 188.

[80] „The moral imperative demanding the extermination of heretics through mass murder became the ethical basis for eliminating Muslims and Jews from Christendom."; ebd., S. 189.

[81] „Anti-semiticism [! JF] (rather anti-Judaism) in the Middle Ages only occurred after the Albigensian Crusade"; ebd., S. 190.

[82] Z. B. Jörg Feuchter: Rezension von M. G. Pegg, Corruption of Angels (2001). In: H-Soz-u-Kult 2002, online zugänglich unter: http://hsozkult.geschichte.hu-berlin.de/rezensionen/id=880) (letzter Zugriff am 21.8.2023); Peter Biller: Cathars and the Material World. In: Peter B. Clarke/Tony Claydon (Hg.): God's Bounty? The Churches and the Natural World. Papers Read at the 2008 Summer Meeting and the 2009 Winter Meeting of the Ecclesiastical History Society. Woodbridge 2010, S. 89–110.

[83] Moore: War (wie Anm. 43).

[84] Ebd., S. 332.

of ‚medieval heresy‘ in which ‚the Cathars‘ played a starring role is now authoritatively challenged at almost every point.“[85]

Moore gestand dabei ausdrücklich vor allem Pegg das Verdienst an dieser völligen Infragestellung zu. Er selbst trug nun weiter zur Herausforderung der „traditional story“ bei, indem er in seinem Buch eine umfassende Kritik des gesamten Korpus antiketzerischer Texte lieferte, die von Kirchenmännern des 11., 12. und 13. Jahrhunderts verfasst wurden. Er ließ sich dabei von dem Gedanken leiten, dass bisher die Quellen passend zum gewünschten Ergebnis ausgesucht und ausgedeutet worden seien: „[...] the traditional account has depended at crucial points not on the earliest or best informed sources but on texts constructed often long after the events they describe, and often with the expectation, and even the intention, of confirming the presence of an organised dualist heresy.“[86]

Moore verfolgte in seinem neuen Buch genau den gegenteiligen Ansatz desjenigen, den er hier beschrieb. Er las die Quellen neu, mit der Absicht zu zeigen, dass es in jedem Fall von berichteter dualistischer Häresie ein Motiv für die klerikalen Autoren gab, sie zu erfinden, um sie taktisch einzusetzen, das heißt um Andere (die gar keine Ketzer waren) zu diskreditieren oder anzuklagen. Moore suchte also gezielt nach Deutungsmöglichkeiten, die von den mittelalterlichen Autoren berichtete dualistische Häresie nicht als Beschreibung der Wirklichkeit zu erklären, sondern als strategisches Mittel zur Durchsetzung der Interessen der kirchlichen Autoren oder der Personen/Institutionen, für die sie schrieben. Fall für Fall lotete er solche Möglichkeiten aus und fand sie jeweils auch. Daraus zog er den Schluss, dass der Katharismus nicht existiert habe.

Aufgrund der Prominenz des Verfassers markierte „The War on Heresy“ den Durchbruch des Revisionismus in eine breitere Öffentlichkeit. Davon zeugten nicht nur viele Rezensionen in der Presse, sondern auch die Tatsache, dass bereits 2013, ein Jahr nach der Publikation des Buches, eine Konferenz am University College London organisiert wurde, auf der Revisionisten und Anti-Revisionisten ihre Positionen vortrugen. Darunter waren auch Pegg, Moore und der ebenfalls bereits genannte Peter Biller, emeritierter Professor der Universität von York, der als wichtigster Kopf der Anti-Revisionisten gelten kann. Die Zusammenkunft trug einen Titel, der erneut die Rolle von Moores Buch von 1987 für den Revisionismus überdeutlich macht: „Catharism: Balkan Heresy or Construct of a Persecuting Society?“.[87] Drei Jahre später, 2016, präsentierte ein Sammelband („Cathars in Question“)

85 Ebd., S. 333.
86 Ebd.
87 Die Tagung fand am 18. und 19.4.2013 am University College London und am Warburg Institute statt und wurde von David D’Avray und Antonio Sennis organisiert.

die stark divergierenden Londoner Positionen in schriftlicher Form.[88] Bereits im Jahr 2018 erschien eine Taschenbuchausgabe davon, was als Beleg für das große Interesse einer breiteren Öffentlichkeit gewertet werden kann. Der Band bietet gerade in der offenen Streitigkeit zwischen den versammelten Positionen die beste vertiefte Einführung.

Es liegen zwar auch mehrere Tagungsbände in französischer Sprache vor, doch sind in ihnen nicht Revisionisten und Anti-Revisionisten zugleich vertreten.[89] In Frankreich, wo das Interesse am Katharismus besonders groß ist, ist heute auch der Revisionismus besonders verbreitet.[90]

Die Kritik an der These von der „Persecuting Society“: Ein kurzer Überblick

Nachdem wir die These von der „Persecuting Society“ und den eng mit ihr verbundenen Revisionismus mit seinen wichtigsten Protagonisten vorgestellt haben, ist es nun an der Zeit, die Gegenargumente darzulegen. Denn trotz des oben beschriebenen großen Anklangs ist Moores Sicht aus „The Formation of a Persecuting Society“ keineswegs einhellig akzeptiert worden.

88 Sennis (Hg.): Cathars (wie Anm. 6).

89 Mit revisionistischer Tendenz Jean-Louis Biget u. a. (Hg.): Le ‚catharisme‘ en questions. Fanjeaux 2020. Nicht alle Autoren des Bandes beziehen eine eindeutige Position zu dem Streit, aber es ist jedenfalls keiner darunter, der sich anti-revisionistisch positioniert. Mit anti-revisionistischer Tendenz: Aurell/Brenon/Dieulafait (Hg.): Cathares (wie Anm. 51). Auch hier gilt die Einschränkung, dass nicht alle Autoren ausgesprochene Anti-Revisionisten sind, jedoch keiner sich ausdrücklich zum Revisionismus bekennt. Dass nicht mehr in gemeinsamen Foren diskutiert/publiziert wird, stellt auch Pouivet: Forschungskontroverse (wie Anm. 6), S. 52, fest.

90 2018/2019 tourte die dem Revisionismus verpflichtete Ausstellung „Les Cathares: une idée reçué?“ durch das Land, organisiert von Alessia Trivellone zusammen mit Studenten der Universität von Montpellier. Siehe dazu Luc Racaut: The ‚Cathars as Protestant‘ Myth and the Formation of Heterodox Identity in the French Wars of Religion. In: Peter Biller/Lucy J. Sackville (Hg.): Inquisition and Knowledge 1200–1700. York 2022, S. 238–254, hier: S. 238, Fußnote 2, mit Angaben zum Presse-Echo auf die Ausstellung. Die Ausstellung wurde danach auch in Deutschland gezeigt, so 2022 im Universitätsmuseum Bonn. 2023 sollte sie an der Universität Köln gezeigt werden (ob es dazu kam, ist unklar; im Internet lassen sich dazu keine Belege finden). Zu der in Bonn gezeigten Schau gab es auch eine wissenschaftliche Auftaktveranstaltung mit mehreren Vorträgen; vgl. Ulf Floßdorf: Tagungsbericht: Die Rheinlande und die „Erfindung“ der Katharer. Die Konstruktion eines religiösen Feindbildes im hochmittelalterlichen Europa. In: H-Soz-u-Kult, 22.9.2022, online zugänglich unter: www.hsozkult.de/conferencereport/id/fdkn-128755 (letzter Zugriff am 14.11.2023). Anstelle eines ursprünglich geplanten Ausstellungskataloges wurde der Band Krumm/Riversi/Trivellone (Hg.): Erfindung (wie Anm. 6) publiziert, der dem deutschen Publikum die revisionistische Sichtweise nahebringen möchte.

Zu den Kritikern gehört etwa der US-amerikanische Politikwissenschaftler Cary J. Nederman, der im Jahr 2000 die Beschreibung des mittelalterlichen Lateineuropas als eine „monolithic ‚Persecuting Society'" zu „eine[r] Art Karikatur" („something of a caricature") erklärte, also zu einer großen Vereinfachung: „[m]edieval culture was far too diverse and complex in its religious and intellectual views to be reduced to a single set of rigid doctrines." [91]

Nederman, der sich in seinem Buch speziell für die Geschichte der Toleranz im Spätmittelalter interessiert, vertrat die Ansicht, dass es für „Kritiker der Intoleranz" damals durchaus möglich gewesen sei, „forms of tolerant discourse, personal liberty and free debate" zu fordern.[92] Er behauptete nicht, dass Moore mit der Feststellung verfolgerischer Tendenzen falsch liege, meinte aber, dass er nicht das ganze Bild zeige, weil es auch gegenläufige Tendenzen gegeben habe: „[e]ven as the church spurred on persecutorial activities, its own traditions that militated against repression and violence could not be entirely forgotten."[93]

Auch der deutsche katholische Theologe Arnold Angenendt hat Moores Konzept mit einem Fragezeichen versehen, indem er in einem mit „Eine ‚persecuting society'?" überschriebenen Abschnitt seines 1997 erschienenen Überblickswerks über „Religiosität im Mittelalter" darauf hinweist, dass die Leprakranken keineswegs völlig von der gesunden Bevölkerung getrennt und derartig diskriminiert wurden, wie von Moore angenommen.[94] Angenendt argumentierte auch, dass Prostituierte zwar sozial marginalisiert, aber nicht völlig entrechtet oder ohne Platz in der Gesellschaft gelassen worden seien, und dass die christliche (theologische) Lehre nicht der Grund für die Judenverfolgungen gewesen sei.[95] Die prominenteste Kritik an Moores Erzählung wurde aber in einem Buch von 1996 geäußert: David Nirenbergs „Communities of Violence. Persecution of Minorities in the Middle Ages" behandelt Juden, Muslime und Christen im mittelalterlichen Iberien und Südfrankreich im 14. Jahrhundert und bietet faszinierende Untersuchungen darüber, wie sich ihre gegenseitigen Beziehungen in Gewalt und Spannungen, aber auch in Koexistenz ausprägten.[96] Nirenberg erörtert dort auch die gängigen Erzählungen über die mittelalterliche Unterdrückung von Minderheitengruppen. Nirenberg

91 Nederman: Worlds (wie Anm. 37), S. 6.

92 Ebd.

93 Ebd., S. 11 f. Moore hat auf diese Kritik erwidert, dass er ausdrücklich nie beansprucht habe, ein vollständiges Bild zu liefern; Moore: Formation, überarbeitete Ausgabe (wie Anm. 2), S. 190.

94 Für Kritik an Moores Darstellung der Lage der Leprösen vgl. auch Arnold: Persecution (wie Anm. 35), S. 169 f. Vgl. auch Moores eigenes Referat der geänderten Forschungslage: Moore: Formation, überarbeitete Ausgabe (wie Anm. 2), S. 180–183.

95 Arnold Angenendt: Geschichte der Religiosität im Mittelalter. Darmstadt 1997, S. 610–613.

96 David Nirenberg: Communities of Violence. Persecution of Minorities in the Middle Ages. Princeton 1996, S. 5. 2015 erschien eine neue Ausgabe mit einem neuen Vorwort.

sieht dabei jede dieser großen Erklärungen als unzureichend an. Dies betrifft Moores Formel von der „Formation of a Persecuting Society“, aber auch Norman Cohns und Carlo Ginzburgs Ideen über die Aufschichtung („accretion“) von Verschwörungsnarrativen. In seinen eingehenden Analysen findet Nirenberg nämlich keine Anhäufung antijüdischer oder antimuslimischer Ressentiments, die schließlich unweigerlich zur Ausrottung führten. Er lehnt aber ebenso das Bild einer friedlichen „convivencia“ nach dem Konzept des brasilianisch-spanischen Mediävisten Americo Castro ab, welches nur allzu leicht mit der Idealisierung eines „goldenen Zeitalters“ des sephardischen Judentums einhergeht. Vielmehr lesen wir in Nirenbergs Werk von einer angespannten, oft äußerst konfliktreichen Beziehungsgeschichte, die von alltäglichen oder rituell wiederkehrenden, aber auch mörderisch eskalierenden Episoden der Gewalt gegen Minderheiten geprägt ist, die sowohl symbolisch als auch sehr real sein können. Bei all dem bleibe jedoch eine Koexistenz bestehen, in der die Auslöschung von Minderheiten kein Prinzip sei, oder jedenfalls nicht von vornherein im Geschichtsverlauf festgelegt gewesen sei. Gewalt könne also, zumindest in manchen Fällen, sogar eine stabilisierende Funktion für die Existenz einer Gesellschaft mit religiösen Minderheiten haben,[97] was auch der nahezu oxymoronische Titel des Buches ausdrücken will. Nirenberg charakterisiert die Narrative Moores (und anderer) deshalb als sinnlos, weil sie Antworten auf eine falsche Frage seien, nämlich „When did Europe go wrong?“.[98] Für Nirenberg ist die Zeit vom Mittelalter bis zum 20. Jahrhundert eine viel zu lange Spanne, um direkte Kausalitäten zu konstruieren. Er wendet sich ausdrücklich gegen die Annahme von Kontinuitäten zwischen mittelalterlichen Pogromen und dem Holocaust, gegen die Annahme eines unaufhaltsamen Anwachsens des Hasses auf Minderheiten und plädiert für eine Betrachtung des Mittelalters aus sich heraus, nicht aus einer auf die Moderne gerichteten Teleologie: „The refutation of this widespread notion that we can best understand intolerance by stressing the fundamental continuity between collective systems of thought across historical time, or in this case across one thousand years, is an overarching goal of the present work.“[99]

Nirenberg nennt die Longue-durée-Ansätze zur Erklärung der Intoleranz „strukturalistisch“ und scheidet sie in zwei Stränge. Der eine gehe eher von geistesgeschichtlichen, diskursiven Entwicklungen aus, der andere verbinde die Verfolgungstendenz kausal mit politischen Prozessen, zum Beispiel dem Aufkommen der

[97] Ebd., S. 231:„[...] stabilizing function of that violence within society“. Die Stelle bezieht sich auf eine im Satz vorher erwähnte „everyday violence between religious groups“.

[98] Ebd., S. 3.

[99] Ebd., S. 5; vgl. auch Arnold: Persecution (wie Anm. 35), S. 170, zu Nirenbergs Kritik an Moore und für die weitere Debatte.

Zentralmonarchie. Zu letzterem Strang rechnet Nirenberg auch Moore. Dabei billigt er ihm zu, Kontingenz in seinem Modell zwar noch am Anfang zuzulassen. Doch er wirft ihm vor, sie später nicht mehr zu akzeptieren: „Exponents of this approach, such as Robert Moore, emphasize processes of historical change up to a point. They allow contingency during the gestation of intolerance, but after its birth the persecuting mentality seems to transcend particularities of time and place.“[100] In einem Vorwort zur Taschenbuchausgabe seines Buches reflektierte Nirenberg noch einmal weiter über die Bedeutung von Geschichtswerken von „great historians“, die im Mittelalter nach „Europe’s ‚Warrant for Genocide‘, its origins as a persecuting society“[101] suchten. Damit ist selbstverständlich Moore gemeint.

Nachdem bisher nur die Kritik an der These von der „Persecuting Society“ vorgestellt wurde, sollen nun einige Positionen gegen den Katharer-Revisionismus diskutiert werden.

Der Anti-Revisionismus

Es dürfte bereits deutlich geworden sein, dass auch Anti-Revisionisten wie Peter Biller nicht etwa leichtgläubig den kirchlichen Quellen folgen. Biller (Universität York), ein überaus sorgfältig analysierender Forscher zu Katharern, Waldensern und zu Inquisitionsverhören, oder sein Schüler John H. Arnold, der in Cambridge wirkt, haben ja selbst eindrucksvolle Kritiken dieser Quellen vorgelegt.[102] Allerdings sind sie der Ansicht, dass eine pauschale Verwerfung derselben wenig überzeugend ist. Sie weisen in ihren Widerlegungen des Revisionismus[103] darauf hin, dass die Texte neben vielen auf stereotypen Vorgaben beruhenden Angaben doch auch in so verschiedenartigen Details über die Katharer berichten, dass eine allgemeine „Erfindung“ dieser Gruppe kaum plausibel erscheint. Unter Berufung auf die oben erwähnten, von Grundmann und Ginzburg etablierten Methoden zeigen sie, dass es durchaus möglich ist, durch das topische Raster zu dringen und zumindest in vielen Fällen Information über tatsächliche häretische Strukturen zu erschließen. Hier ist nicht der Ort, um auf die ausführlichen Plädoyers vertieft einzugehen. Stattdessen sei es erlaubt, auf ein daran anschließendes, aber spezielleres

100 Nirenberg: Communities (wie Anm. 96), S. 5.

101 David Nirenberg: Preface to the new paperback edition. In: Nirenberg: Communities, New paperback edition 2015 (wie Anm. 96), S. X.

102 John Arnold: Inquisition and Power. Catharism and the Confessing Subject in Medieval Languedoc. Philadelphia 2001; Biller: Waldenses (wie Anm. 68).

103 Peter Biller: Review Robert I. Moore, The War on Heresy, in: Reviews in History, online zugänglich unter: http://www.history.ac.uk/reviews/1546 (letzter Zugriff am 21.8.2023); Peter Biller: Goodbye to Catharism? In: Sennis (Hg.): Cathars (wie Anm. 6), S. 274–313; Arnold: Cathar (wie Anm. 45).

Argument zu verweisen, das der Verfasser selbst vorgebracht hat: Es gibt einige Inquisitionsdokumente, in denen zwei Dissidentengruppen, nämlich Waldenser und „Häretiker", gleichermaßen vorkommen. Sie zeigen, dass sowohl die Inquisitoren wie auch die Befragten selbst beide Gruppen klar unterschieden, und zwar in einer Weise, die sich nur schwer durch Manipulationen bei den Verhören erklären lässt.[104] An der Realität der Waldenser wird in der Forschung aber nicht gezweifelt – wieso dann an der der „Häretiker", also der Katharer?

Eine weitere Kritik, die der Verfasser[105] sowie John H. Arnold jeweils speziell an Mark G. Pegg gerichtet haben, ist der Vorwurf eines Fehlgebrauchs von historisch-anthropologischen Methoden und Theorien. Dabei geht es nicht um eine grundsätzliche Kritik des Einsatzes der historischen Anthropologie in der Ketzerforschung an sich.[106] Diese ist als Komplementierung einer vormals stark theologischen oder sozialgeschichtlichen Orientierung sehr verdienstvoll. Auch hat die historische Anthropologie erst die Hinwendung zum reichen Material der Inquisitionsquellen eingeleitet. Dies geschah bereits in den 1970er-Jahren, und zwar im Wesentlichen mit Emmanuel Le Roy Laduries „Montaillou, village occitan de 1294 à 1324", Paris 1975, einem in viele Sprachen übersetzten Bestseller. In dem kleinen Pyrenäen-Weiler Montaillou hatte der Inquisitor Jacques Fournier (der spätere Papst Benedikt XII.) zu Anfang des 14. Jahrhunderts viele Menschen verhört. Das Buch Le Roy Laduries auf dieser Quellengrundlage machte das Dorf Ende des 20. Jahrhunderts zum berühmtesten der Welt. Trotz einer gewissen Naivität beim Interpretieren der Quelle – Le Roy Ladurie war erklärtermaßen auf der Suche nach „einem Bauern, der für sich selbst spricht"[107] und zeigte somit nur geringes Bewusstsein für die vielen Filter, die die Quelle über eine solche Stimme legt – hat er das Potenzial der Quellengattung wie auch eines anthropologischen Ansatzes gleichwohl eindrucksvoll erschlossen und zugleich die Abkehr von einer vorwie-

[104] Jörg Feuchter: The Heretici of Languedoc: Local Holy Men and Women or Organized Religious Group? New Evidence from Inquisitorial, Notarial and Historiographical Sources. In: Sennis (Hg.): Cathars (wie Anm. 6), S. 112–130, hier: S. 115–123.

[105] Feuchter: Rezension (wie Anm. 82).

[106] Auch John H. Arnold ist alles andere als ein Gegner der Historischen Anthropologie; vgl. seine Würdigung derselben in: Arnold: History (wie Anm. 17), S. 60–67.

[107] „Obwohl es nicht an umfangreichen Studien über bäuerliche Gemeinschaften mangelt, begegnet der Historiker in der von ihm durchgesehenen Literatur kaum einem Bauern, der für sich selbst spricht."; Emmanuel Le Roy Ladurie: Montaillou. Ein Dorf vor dem Inquisitor 1294 bis 1324. Frankfurt a. M./Berlin/Wien 1980 [Originalfassung: Montaillou, village occitan de 1294 à 1324. Paris 1975], S. 7. Vgl. auch die Einschätzung der Montaillou-Protokolle als „the nearest medieval equivalent of a tape record" auch ganz direkt artikuliert bei Alexander Murray: Time and Money. In: Miri Rubin (Hg.): The Work of Jacques Le Goff and the Challenges of Medieval History. Woodbridge 1997, S. 1–25.

gend theologie- oder sozialgeschichtlichen Auseinandersetzung mit den Katharern vollzogen.

Dies heißt aber nicht, dass jede historisch-anthropologische Lektüreweise valide sein muss. Hinsichtlich Peggs Interpretation bestehen jedenfalls erhebliche Zweifel, denn sie beruht auf ungestützter Induktion von Theorie, ist in sich inkonsistent und verkennt auch das Wesen der Gesellschaft, um die es geht. In ihrer wütenden Ablehnung des angeblichen „intellectualist bias“ der modernen Historiker geht sie insofern fehl, als sie verkennt, dass die untersuchten Menschen selbst in einer sehr „theologischen“ Welt lebten (dazu unten mehr). Zudem bezieht sich Pegg auf eine schmale und einseitige Quellenbasis, die im Wesentlichen aus einem einzelnen Inquisitionsdokument besteht.

Besonders schwer wiegt, dass Peggs analytisches Kernkonzept des „Heiligen“ in seiner Quelle überhaupt nicht vorkommt. Für die Nutzung dieses vermutlich von Mary Douglas entlehnten Begriffsbestecks gibt der Quellentext schlicht keinen Anhaltspunkt. Dass Pegg „The Holy“ zum Schlüssel für die Lektüre macht, ist lediglich eine mit leichter Hand vorgenommene Setzung. Es ist letztlich nur die Geltung von Douglas als Meisteranthropologin, die ihre Konzepte so plausibel erscheinen lässt, dass sie als Passepartout zum Verständnis von Gesellschaften eingesetzt werden. Hier zeigt sich deutlich die von Philippe Buc kritisierte Tendenz unreflektiert eingesetzter historischer Anthropologie, durch Verallgemeinerung schlicht Lücken in Quellen zu füllen.[108] Der französische Mediävist hat dazu scharfe rhetorische Fragen gestellt: „Darf der Historiker Syllogismen aufstellen, die heterogenes Material aus dem Mittelalter und der Anthropologie zusammenbringen? Ist die Berufung auf die Theorie nicht allzu oft nur eine kaschierte Form des Vulgärkomparatismus, bei dem die Anthropologie ein Kompendium außereuropäischer Praktiken liefert, mit dem dort Löcher gestopft werden können, wo es an eigenen Quellen mangelt?“[109]

Ähnlich problematisch ist auch Peggs Bezug auf „cortezia“ als regionale Mentalität, die das Verhalten der Leute erklären soll. Der Begriff spielt in der zeitgenössischen okzitanischen Troubadourlyrik durchaus eine große Rolle, nicht aber in Peggs Inquisitionsquelle, auch nicht in etwaigen Umschreibungen. Das gilt auch für

108 Philippe Buc: À propos de Communities of Violence de David Nirenberg (note critique). In: AHSS 53 (1998), S. 1243–1249, hier: S. 1243.

109 „[...] l’historien peut-il fabriquer des syllogismes agglutinant des matériaux hétérogènes, médiévaux et anthropologiques? L’appel à la théorie n’est-il pas trop souvent une forme larvée de comparatisme vulgaire, où l’anthropologie fournit un condensé de pratiques extra-européennes qui permet de boucher les trous là où les documents autochtones manquent?“; Buc: À propos (wie Anm. 108), S. 1248.

alle anderen Inquisitionsquellen aus dem Languedoc.[110] Erneut unterlässt Pegg also die Begründung für die Verwendung eines Konzeptes für das Verständnis der Inquisitionstexte. Dass er diese anthropologischen Konzepte aber derart freihändig in seine Analyse einführt, ist umso irritierender angesichts seiner vehementen Ablehnung solcher Übertragungen bei anderen Wissenschaftlern als „intellectualist bias", wenn es um theologische Kategorien geht.[111] Es drängt sich die Frage auf, ob bei Pegg nicht selbst ein erheblicher „bias" vorliegt, nämlich ein „anthropologistischer"?

Kommen wir zu einem weiteren Kritikpunkt: Der bereits erwähnte Buc zitiert in seiner scharfen Kritik des „Anthropologismus" treffend eine frühere Mahnung Marc Blochs (der eine umso glaubwürdigere warnende Stimme ist, als er bekanntlich selbst einer der frühen Pioniere der historischen Anthropologie war): „Lasst uns nicht die Antipoden komplett nach Paris oder London verlagern".[112] Bloch wollte Mediävisten damit warnen, nicht wie Missionare, die ihre „Wilden" mit den idealisierten frühen Christen verwechselten, die mittelalterlichen Menschen mit „Wilden" ineinszusetzen. Nun waren die mittelalterlichen Gesellschaften, zumindest die, mit denen wir es hier zu tun haben, also jene des 12. bis 14. Jahrhunderts, zwar sicher nicht modern. Aber sie sind auch nicht vergleichbar mit den von westlichem Denken recht wenig berührten schriftlosen, polytheistischen Gesellschaften, die von außereuropäischen Anthropologen zu Beginn und in der Mitte des 20. Jahrhunderts untersucht wurden und die einen Großteil des Hintergrunds für die historische Anthropologie liefern.

Im „katharischen" Languedoc war vielmehr das Schriftwissen sehr weit verbreitet. Es handelte sich schließlich um eine der am stärksten „skripturalisierten" Gesellschaften ihrer Zeit, die zudem bereits weitgehend zum Schriftgebrauch der Volkssprache übergegangen war, was auch eine Ermächtigung der Laien bedeutete.[113] Es gab dort viele hochmobile Fernhändler, nachweislich auch unter den vor

110 Vgl. dazu Arnold: Cathar (wie Anm. 45), S. 74, Fußnote 48: „a concept that is nowhere named in the surviving inquisition records". Der Korrektheit halber sei erwähnt, dass das Wort einmal im von Pegg analysierten Ms. 609 der Bibliothèque Municipale Toulouse vorkommt, jedoch nicht als Konzept, sondern als Eigenname einer Magd; vgl. Rehr: Registry (wie Anm. 68), online zugänglich unter: https://medieval-inquisition.huma-num.fr/documents/MS609-4060, 2018–2023 (letzter Zugriff am 28.2.2024). Auch in anderen Inquisitionsquellen begegnet (selten) der Eigenname, jedoch nicht das Konzept.

111 Vgl. dazu Arnold: Cathar (wie Anm. 45), S. 74.

112 „ne transportons pas les Antipodes tous entiers à Paris ou Londres"; Bloch: Les rois thaumaturges. Étude sur le caractère surnaturel attribué à la puissance royale particulièrement en France et en Angleterre. Paris 1983 (erstmals 1924 veröffentlicht), S. 54, zitiert nach Buc: À propos (wie Anm. 108), S. 1247.

113 Vgl. Feuchter: Ketzer (wie Anm. 23), S. 37–39.

der Inquisition Stehenden. Sie exportierten zum Beispiel Wein nach England und ihre persönliche Anwesenheit auf der Insel ist bezeugt.[114] Man hat der Region gar die Existenz eines frühen Kapitalismus schon zu Beginn des 13. Jahrhunderts attestiert. Dessen „Kapitalisten“ traten nicht nur in Gestalt der international berüchtigten „Cahorsins“ (als „Kauwersche“ auf Deutsch bekannt) auf, sondern auch in der von sogenannten Mühlenherren, die sich als Anteilseigner bei der Finanzierung kostspieliger schwimmender Flussmühlen betätigten, deren Geschäftsanteile recht frei handelbar waren.[115] Nicht zu vergessen sind auch die in der Region überaus zahlreichen Juristen.[116] Diese Milieus finden sich keinewegs nur in den größeren Städten wie Toulouse, sondern auch in den kleineren Orten im Umland. Dies wirft die Frage auf, warum sich dieselben gelehrten, international geschäftstätigen und finanziell potenten Menschen mit der Art von undifferenzierten, nicht „theoretisch“ hinterlegten bloßen Praxis von „Heiligkeit“ begnügen sollten, die Pegg evoziert.[117] Warum sollten sie nicht willens und in der Lage gewesen sein, über religiöse Fragen theologisch nachzudenken? Wir sind hier aber auch gar nicht auf rhetorische Fragen beziehungsweise Wahrscheinlichkeitsargumente angewiesen, denn die oben erwähnten Disputationen belegen ja deutlich, dass das der Fall war. Warum sollten sie dann unfähig gewesen sein, selbst eine dissidente „Religion“[118] zu organisieren? Dabei kann es gut zu Vermischungen zwischen regionaler Eigenschöpfung und fremdem Wissen gekommen sein, sei es aus der römisch-katholischen Theologie oder von fremden Häresien. Letztere mögen auch solche aus dem östlichen Mittelmeerraum gewesen sein. Vermittelt worden sein könnten sie über Italien, mit dem das Languedoc sprachlich-kulturell äußerst eng verbunden war, oder über die erwähnten wirtschaftlichen Kontakte in nördlichere Gefilde. Schließlich: Warum sollten sich diese Leute anschließend so leicht, wie Pegg es annimmt, einer Art „Gehirnwäsche“[119] durch Inquisitoren unterziehen lasen, um ihre eigenen Kategorien davon, was sie glaubten, völlig zu vergessen und stattdessen die ihnen

[114] Vgl. ebd., S. 153 f., S. 300 f.

[115] Vgl. ebd., S. 259, S. 262 f., S. 265, S. 269, S. 383–390.

[116] Vgl. ebd., S. 390–392; und jetzt umfassender zu Juristen in der Region: Jörg Feuchter: Nepos of Montauban, Assistant to Inquisition and Defender of the Accused. In: Biller/Sackville (Hg.): Inquisition (wie Anm. 90), S. 72–109.

[117] Arnold bringt dies auf den Punkt: Pegg traue den Leuten nicht zu „to have ideas“, sondern „only a local habitus.“; Arnold: Cathar (wie Anm. 45), S. 75.

[118] Zum Begriff der Religion siehe Peter Biller: Words and the Medieval Notion of „Religion“. In: JEH 36 (1985) S. 351–366, und Dorothea Weltecke: Über Religion vor der „Religion“. Konzeptionen vor der Entstehung des neuzeitlichen Begriffs. In: Thomas G. Kirsch/Rudolf Schlögl/dies. (Hg.): Religion als Prozess. Kulturwissenschaftiche Wege der Religionsforschung. Paderborn 2015, S. 13–34.

[119] Arnold: Cathar (wie Anm. 45), S. 75; Pegg’s Vorstellung umschreibend: „brain-washed by inquisitors“.

vorgeschlagenen vollständig zu übernehmen?[120] Das ist insbesondere deshalb unwahrscheinlich, weil jene Inquisitoren keineswegs die absolute Macht über die Verhörten besaßen, sondern auf Verhandlungen mit lokalen, in die Ketzerei verwickelten Laieneliten angewiesen waren – wir kommen unten auf diesen Punkt zurück.

Letztlich geht nicht nur Peggs Ansatz, sondern der vieler Revisionisten von der ansonsten in der Forschung längst aufgegebenen Annahme einer Spaltung zwischen klerikaler Kultur und Volkskultur aus. Dabei trauen die Revisionisten den Klerikern eine schier grenzenlose Konstruktionsmacht zu, den Laien jedoch nur den Status als manipulierbare Opfer. John H. Arnold hat dies auf den Begriff einer Leugnung des „homo hereticalis" durch die Revisionisten gebracht.[121]

Prüfung der „Formation of a Persecuting Society" und des Katharer-Revisionismus an einer mikrohistorischen Lokalstudie

Das Problem der Voreingenommenheit wird noch durch die Tatsache verschärft, dass sich keine der revisionistischen Studien um Quellen außerhalb des Schwerpunkts der traditionellen Häresieforschung gekümmert hat. Die reichen Archive des Languedoc enthalten jedoch, zumindest in einigen Fällen, eine Fülle von Informationen über die Personen, die in den Inquisitionsdokumenten erwähnt werden. Die Schweizer Historikerin Kathrin Utz Tremp hat für religiöse Dissidenten im 15. Jahrhundert eine Methode der Komplementierung von inquisitorischen Quellen mit solchen aus städtischen Archiven verwendet.[122] In Anlehnung daran war es dem Verfasser im Fall einer Stadt im Languedoc des 13. Jahrhunderts, in der sowohl Katharer als auch Waldenser stark vertreten waren, möglich, die meisten der in den lokalen Inquisitionsakten genannten Personen aufzuspüren. In Montauban (rund 50 Kilometer nördlich von Toulouse) konnten sie in der Stadtgesellschaft verortet werden, einschließlich ihrer Beziehung zur katholischen Religion vor und nach dem Auftreten des Inquisitors. Sogar Hinweise auf die Anziehungskraft und bewusste Entscheidungen zur Zugehörigkeit zu den beiden religiösen Dissidenzen ließen sich gewinnen.[123] Schließlich konnte auch geprüft werden, welche sozialen Auswirkungen die Sanktionierung durch die Inquisition hatte und wie sich das religiöse Leben vor Ort danach weiterentwickelte.

120 Auch hierzu ebd., S. 74 f.

121 Ebd., S. 77.

122 Kathrin Utz Tremp: Waldenser, Wiedergänger, Hexen und Rebellen. Biographien zu den Waldenserprozessen von Freiburg im Üchtland (1399 und 1430). Freiburg i. Ü. 1999.

123 Vgl. Feuchter: Ketzer (wie Anm. 23), S. 204–256; ders.: Zwei Häresien in einer Stadt. Die Anhänger von Waldensern und Katharern in Montauban im 13. Jahrhundert. In: ZKG 119 (2008) S. 297–326.

Es zeigte sich, dass in Montauban nahezu alle ratsfähigen Familien mit einem oder meist mehreren (und einige mit fast allen) Mitgliedern unter den von dem Inquisitor sanktionierten Personen vertreten waren. Die Bußpredigt, die der Inquisitor im Jahr 1241 in Montauban hielt, formte also in der Stadt nicht etwa eine neue Gemeinschaft von Büßern, sondern transformierte eine bereits bestehende soziale Gruppe innerhalb der Stadt, die urbanen Eliten, zu einer Bußgruppe.

Die Sanktionen fielen dabei noch einigermaßen glimpflich aus, denn alle Büßer hatten eine rechtliche Neuerung im Inquisitionsverfahren genutzt, eine kurze Gnadenfrist, die nach der Eröffnung des Verfahrens an einem Ort ausgerufen wurde. Wer innerhalb dieses „tempus gratiae“ aufrichtig und vollständig über eigene und fremde Häresiedelikte aussagte, der blieb von den härtesten Bußen, also der lebenslänglichen Gefängnishaft und der Besitzkonfiskation, verschont. Milde sind die Bußen in Montauban dennoch keineswegs zu nennen. Petrus Cellani erlegte den betroffenen Einwohnern der Stadt meist mehrere und große Wallfahrten auf, je nach dem individuellen Maß an Schuld. Dreißig Männer verpflichtete er sogar zur jahrelangen Teilnahme an der Verteidigung des lateinischen Kaiserreiches in Konstantinopel. Die Montalbaner Büßer leisteten jedoch höchstens einen Teil dieser Bußen in der vorgeschriebenen Form ab und fanden eine andere, gemeinsame Weise der Expiation.

Der Befund, dass es sich bei den Büßern nicht um dissoziierte Individuen, sondern in der Mehrheit um die Mitglieder eines distinkten, führenden Kollektivs innerhalb der Stadtgesellschaft handelte, bildet einen wichtigen Schlüssel für das Verständnis von Ablauf und Folgen von Cellanis Verfahren in der Stadt. Denn die Eliten in Montauban verhielten sich gegenüber „der“ Inquisition in den Jahren 1236 (Aufnahme der Aussagen) bis 1241 (Verhängung der Bußen) ebenfalls als eine geschlossene Gruppe. Dabei wählten sie aber keine spektakuläre, doch letztlich zum Scheitern führende Widerstandsstrategie wie etwa die Konsuln der großen Nachbarstadt Toulouse oder anderer urbaner Zentren des Languedoc. Vielmehr gingen sie einen anderen, weicheren Weg. Verhöre, Bußvergabe und Bußableistung sowie die Bewältigung ihrer sozialen Folgen in Montauban können nicht adäquat unter dem Gesichtspunkt juridischer Machtausübung gegenüber individuellen „Opfern“ betrachtet werden, sondern nur im Rahmen eines dynamischen Prozesses zwischen inquisitorischer und städtischer Macht. Bereits der US-Historiker James Given hat gezeigt, dass die Macht der Inquisitoren in wechselseitiger Interaktion mit der Bevölkerung konstituiert wird.[124] In Montauban kann das Geschehen jedoch sogar als eine Aushandlung („Negotation“) beschrieben werden, bei der sich die Bevölkerung zwar dazu bereit erklärte, vor der Inquisition auszusagen, jedoch mit der Gegenleistung, dass nur vergleichsweise milde Sanktionen verhängt wurden.[125]

Es zeigte sich ferner, dass die Wirkung der inquisitorischen Sanktionierung auf das soziale Gefüge der Stadt verblüffend gering blieb. Ein gesellschaftlicher Makel war auch bei höchstbelasteten Individuen und Geschlechtern nicht nachzuweisen. Selbst zu vergleichsweise hohen inquisitorischen Bußen verurteilte Männer übten weiter Ämter in und außerhalb der Stadt aus. Auch wenn die inquisitorische Repression in Montauban kaum soziale Folgen zeitigte, heißt dies aber nicht, dass sie ineffektiv war, denn nach 1241 finden sich kaum noch Belege für katharische oder waldensische Häresie in der Stadt.

Zuvor allerdings waren beide lokal sehr lebendig gewesen, und zwar in klar geschiedenen Anhängerschaften. Dabei gab es durchaus viele Menschen, die mit beiden Dissidenzen Kontakt hatten, jedoch gab es jeweils Schwellenriten der Zugehörigkeit, deren Überschreitung wechselseitig exklusiv war.[126] Die Inquisitionsquellen für Montauban enthalten zudem Angaben dazu, dass die Einwohner bewusst beide religiösen „Angebote“ prüften, etwa auf organisierten Streitgesprächen.

Bemerkenswert ist, dass in der unmittelbar auf die Inquisition folgenden Zeit, der zweiten Hälfte des 13. Jahrhunderts, die Stadt wesentlich durch die „religion civique“ (André Vauchez) der ratsfähigen Familien geprägt ist, also von einer Aneignung religiöser Praxis, etwa durch vermehrte Kontrolle über die Pfarrkirche, die Spitäler und die Stiftungen. Das Phänomen ist zwar so auch in vielen anderen abendländischen Städten zu finden. Die Besonderheit Montaubans ist aber, dass die Initiative hier von jenen städtischen Eliten ausgeht, die sich zuvor nachweislich in großer Zahl den Häresien zugewendet hatten und deren Mitglieder im Jahr 1241 so zahlreich unter den Büßern waren, dass man von einer kollektiven Sanktionierung und der Verwandlung einer politischen Elitengruppe in eine Bußgruppe sprechen kann. Eben diese häresiebelasteten Eliten, welche „die“ Kirche in Gestalt der

[124] James B. Given: Inquisition and Medieval Society. Power, Discipline and Resistance in Languedoc. Ithaca, NY/London 1997, verwendet Antonio Gramscis Konzept der „kulturellen Hegemonie“, welche auch die scheinbar machtlosen „Opfer“ innehaben können.

[125] Vgl. dazu Jörg Feuchter: Le pouvoir de l'inquisition à travers ses peines. Le cas de Montauban (1241). In: Inquisition et Pouvoir. Hg. von Gabriel Audisio. Aix-en-Provence 2003, S. 235–255, hier: S. 252–255.

[126] Vgl. dazu neben Feuchter: Ketzer (wie Anm. 23), S. 204–256, und ders.: Häresien (wie Anm. 123) auch ders.: Mit Ketzern essen. Ernährungsstrategien in einer von Katharern und Waldensern geprägten Stadtgesellschaft (Montauban, Südfrankreich, 13. Jahrhundert). In: Dorothea Weltecke (Hg.): Essen und Fasten. Interreligiöse Abgrenzung, Konkurrenz und Austauschprozesse. Köln 2017, S. 23–50.

Inquisitoren in Prozessen zur Orthodoxie zurückgezwungen hatte, legten jedoch in der Folgezeit die Hand auf die lokale Kirche und „rekatholisierten“ sich durch diese „Appropriation des Religiösen“ (Vauchez) selbst. Von einer bloß in Praxis sich erschöpfenden lokalen Heiligkeit, von der Ausformung einer lokalen „Persecuting Society“ wie auch von einer inquisitorischen Gehirnwäsche scheinen die Verhältnisse in Montauban also denkbar weit entfernt.

Ausblick

Es ist klar, dass eine einzelne Lokalstudie nicht den Anspruch erheben kann, eine alternative Antwort auf die Frage nach dem Platz der Ketzerrepression in der Geschichte der religiösen Gewalt zu geben. An anderen Orten könnte die Geschichte ja ganz anders verlaufen sein. Dennoch lässt der Fall Montauban zumindest Zweifel aufkommen an radikalen Behauptungen aus dem Feld des Revisionismus hinsichtlich der Unterwerfung der Bevölkerung unter inquisitorische Kontrolle und auch an der These von der Transformation in eine Verfolgungsgesellschaft. Sicher scheint immerhin, dass der Debatte zwischen Revisionisten und Anti-Revisionisten ein Fokus auf Quellen und konkrete Verhältnisse guttun würde.

Ob dies allerdings zu einer konstruktiven Lösung unter Annäherung der Streitparteien führt, muss dahingestellt bleiben. Ohnehin könnte es sich bei Moores „Formation of a Persecuting Society“ um eine jener Geschichtsdeutungen handeln, die sich gar nicht für eine empirische Widerlegung eignen, weil sie „zu groß“ dafür sind. Darin ähnelt sie zum Beispiel Norbert Elias’ bekannter Interpretation vom „Prozess der Zivilisation“, die ebenfalls eine bestimmte Phase in der Vormoderne untersucht (das Spätmittelalter und die beginnende Neuzeit), aber eine europäische Entwicklung von damals bis ins 20. Jahrhundert zu erklären beansprucht (und zwar eine Sonderentwicklung!). Solche Großnarrative werden in der Regel nicht durch Gegenargumente in der Sache obsolet, sondern indem sich der Grundrahmen verändert, in dem die jeweils gegenwärtige Gesellschaft sich Geschichte erzählt. Beispielhaft dafür stehen kann der Abschied von der Erklärung religiöser Dissidenz als Sozialprotest bestimmter gesellschaftlicher Formationen, die nach dem Niedergang der historisch-materialistischen Geschichtsdeutung seit den 1980er-Jahren weitgehend verschwand. Im Falle der „Formation of a Persecuting Society“ wäre zu vermuten, dass erst ein (zukünftiger) Abschied von dem tief durch die von Michel Foucault ausformulierten Ideen geprägten Gesellschafts- und Geschichtsverständnis unserer Zeit sie de-plausiblisieren wird.

Dass Moores Buch diesem Verständnis tief verpflichtet ist, dabei aber gar nicht direkt der Inspiration durch die eigene Lektüre des französischen Philosophen bedurfte, sondern dessen „offensichtlicher“ Einfluss sich vielmehr qua Zeitgeist vollzog, wie Moore in der für ihn charakteristischen Selbstreflektiertheit darlegt,[127] ist nachgerade der beste Beleg für diese Paradigmengebundenheit (und es deutet auch auf die Gebundenheit Foucaults selbst an die Strömungen seiner Zeit). Diese schränkt im Übrigen regelmäßig auch die Widerspruchsmöglichkeit der Zeitgenossen ein, muss sich diese doch notwendigerweise auf gemeinsam anerkannte Grundlagen beziehen.

Wenn wir abschließend noch einmal auf den von Dorothea Weltecke gesteckten Gesamtrahmen der Diskussion dieses Bandes zurückkommen, so scheint es, als ob uns die Auseinandersetzung mit der „Formation of a Persecuting Society" bezüglich der von ihr aufgeworfenen Punkte in zweierlei Richtungen weiterführen könnte: Da wäre zum einen die wichtige Frage nach der religiösen Differenz. Zu ihr hat Weltecke bemerkt,[128] dass sie nicht Voraussetzung für religiöse Gewalt sein müsse, sondern dass Erzählungen über religiöse Differenz es verdienten, dekonstruiert zu werden. Was die Katharer-Revisionisten (auf der Grundlage Moores) unternehmen, ist aber genau eine solche Dekonstruktion, und zwar eine denkbar totale. Hier gibt der Fall des Katharer-Revisionismus Anlass zu der Gegenfrage, ob die kritische Betrachtung von Differenz wirklich immer zwangsläufig darauf hinauslaufen muss, sie als völlige Fiktion zu entlarven?

Zum anderen: Wenn es im Falle der als „Katharer" Bekämpften eigentlich (das heißt ursprünglich) gar keine religiöse Differenz gab, handelte es sich dann überhaupt um „religiöse" Gewalt? Weltecke hat auch diese Frage bereits aufgeworfen, ebenso das Problem der emischen und etischen Sichtweise auf Gewaltmotivationen. Und in der Tat kursieren über den Albigenserkreuzzug bereits zeitgenössisch, aber auch bis heute zwei Interpretationen: eine religiöse und eine, wonach es sich um einen „nationalen" Konflikt – Frankreich beziehungsweise Nordfrankreich gegen Okzitanien – gehandelt habe.[129] Auch die oben erwähnte Einordnung des Kriegs als Genozid, die im extremen Katharer-Revisionismus vorkommt, passt ja eher in einen nationalen als in einen religiösen Kontext. Doch wäre die Erörterung dieses Problems der Stoff für einen weiteren Beitrag. Es sei nur angedeutet, dass auch hier die lokale Fallstudie Montauban das Argument nicht stärkt, denn eine Schwächung der okzitanischen Kultur ist in der Stadt nicht zu erkennen.

[127] Vgl. Moore: Formation (wie Anm. 2), überarb. Neuauflage, S. 172 f.

[128] Weltecke: Bemerkungen (wie Anm. 5), S. 651.

[129] Vgl. dazu Kay Wagner: Debellare Albigenses. Darstellung und Deutung des Albigenserkreuzzuges in der europäischen Geschichtsschreibung von 1209 bis 1328. Neuried 2000.

Abstract

Robert I. Moore's "The Formation of a Persecuting Society" (1987) is a genuinely medievalist theory that is highly relevant to the history of medieval religious violence. A historian of the repression of heretics, Moore sees a new persecuting mentality at work in the High Middle Ages and understands the entire subsequent European history up to the present day as being shaped by it. The theory has enjoyed extremely broad reception not only in medieval studies, but far beyond. In heresy research, a whole school of thought has established itself which has developed Moore's original thesis further, in two respects. On the one hand, it holds the view that the most important of the heresies fought against, Catharism, did not exist at all, but was completely invented by medieval Catholics. Moore himself has agreed to this. On the other hand, in the course of this "Cathar revisionism", the importance of the repression of heretics within the framework of Moore's thesis has been reinforced once again, in that the Albigensian Crusade (1209–1229) directed against the Cathars and their supporters in the Languedoc region of southern France has been classified as the first genocide in the history of the West and declared to be the precondition for the emergence of anti-Judaism and also of eliminatory hostility against Muslims.

The contribution presents Moore's thesis and its further developments in Cathar revisionism as well as the counter-arguments. It argues that we should keep the question of the place of heretic repression in the history of religious violence open, rather than letting the answer be prematurely fixed on the one given by Moore and his continuators.

Katharina Ulrike Mersch

Menschenmengen *extra* und *intra muros*

Die Rolle der Stadtgemeinschaften bei den Gewalttaten des Hirtenkreuzzugs und der Rintfleisch-Verfolgungen

Massenzüge, Städte und religiöse Gewalt – ein Problemaufriss

Zogen religiös motivierte Menschenmengen durch die Lande und verübten Gewalttaten, so wurde die Erinnerung an sie in den mittelalterlichen Quellen immer wieder an ihr Auftreten in den Städten und an ihr Interagieren mit den Stadtgemeinschaften gebunden.[1] Hier traf die heterogene Vielzahl vagabundierender Menschen auf eine bereits geformte Stadtgesellschaft und forderte die Unterstützung ihrer Ziele ein. Dies stellt ein bisher kaum vergleichend behandeltes Phänomen dar, auch wenn Forscher die Wirkkraft der als messianische Bewegungen gedeuteten Menschenzüge auf Städte immer wieder kurz erwähnten.[2] Wichtige Fragen sind dabei bislang jedoch zu kurz gekommen: Wie verhielten sich gewalttätige Menschenmengen zu den Stadtgesellschaften, auf die sie trafen? Wie agierten sie im städtischen Raum und wie wurde über die religiösen Vorstellungen, die mit ihnen verbunden waren, kommuniziert?

Antworten auf diese Fragen verspricht ein Vergleich zweier verschiedener Beispiele aus dem 13. Jahrhundert. So geben die Berichte über den Hirtenkreuzzug von 1251, der sich im Zusammenhang mit der Gefangennahme des französischen Königs Ludwig IX. während seines Kreuzzugs formierte, Aufschluss über das Verhältnis von gewalttätigen Menschenmengen und Städten. Auf dem Weg von Brabant, Flandern und Hennegau über Zentral- nach Südfrankreich vergrößerte sich der Zug kontinuierlich und machte Station in verschiedenen Städten, in denen es

[1] Der Aufsatz wurde im Rahmen der Kollegforschungsgruppe „Religion and Urbanity. Reciprocal Formations“ (DFG – FOR 2779) verfasst. Ich bedanke mich bei den Mitgliedern der Gruppe für wertvolle Anregungen.

[2] Ernst Werner: Messianische Bewegungen im Mittelalter. In: ZfG 10 (1962), S. 371–396, S. 598–622, hier: S. 388; Norman Cohn: Das Ringen um das Tausendjährige Reich. Revolutionärer Messianismus im Mittelalter und sein Fortleben in den modernen totalitären Bewegungen. Bern 1961, S. 88.

https://doi.org/10.1515/9783110773781-013

zu Tumulten, zu Übergriffen auf Kleriker und zu Verfolgungen von Juden kam. Sein eigentliches Ziel, das Heilige Land, erreichte er nie. Dieses Geschehen wurde bislang eher als Episode am Rande der eigentlichen Kreuzzüge behandelt.[3] Eine Einordnung, die das Verhältnis von Menschenmengen und Stadtgemeinde im Hinblick auf religiös konnotierte Gewalttaten berücksichtigen würde, steht hingegen bislang aus. Bei den sogenannten Rintfleisch-Verfolgungen, die 1298 Franken und benachbarte Gebiete erfassten und möglicherweise von einem Metzger oder einem Scharfrichter angeführt wurden, wurden insgesamt 4.000 bis 5.000 Juden in 130 bis 146 Städten und Orten ermordet.[4] Die Berichte der Chronisten zeichnen sich in beiden Fällen dadurch aus, dass eine sozial indifferente Masse mit einer räumlichen Indifferenz assoziiert wird, während soziale Distinktionsprozesse meist an denjenigen Stellen der Erzählung erwähnt werden, an denen es um den Aufenthalt der Menschenmenge in einer Stadt geht.

Die beiden Beispiele eignen sich zu einem – lose an strukturgeschichtliche Überlegungen von František Graus[5] angelehnten – Vergleich mit dem Ziel, religiöse sowie andere Motive der Gewalttaten zu ergründen. Denn der Wahrheitsanspruch der eigenen Religion und die Ablehnung der anderen Religion kann in den beiden Fällen nicht a priori als Erklärung für die Gewaltausbrüche dienen.[6] Schließlich richteten sich die Pastoureaux im Jahr 1251 im Gegensatz zu den Teilnehmern an

3 So zum Beispiel Gary Dickson: The Advent of the Pastores (1251). In: RBPhH 66 (1988), S. 249–267; Rebecca Rist: Popes and Jews, 1095–1291. Oxford/New York 2016, S. 132 f.; Jacques Le Goff: Saint Louis. Paris 1996, S. 195; Gerd Mentgen: Kreuzzugsmentalität bei antijüdischen Aktionen nach 1190. In: Alfred Haverkamp (Hg.): Juden und Christen zur Zeit der Kreuzzüge. Sigmaringen 1999, S. 287–326, hier: S. 302–304; Philippe Buc: Holy War, Martyrdom, and Terror. Christianity, Violence, and the West, ca. 70 C. E. to the Iraq War. Philadelphia 2015, S. 180–187 (auch mit Bezug auf messianische Vorstellung und die Politik Ludwigs IX.); Dickson erwähnt den Hirtenkreuzzug immerhin kurz unter einem anderen Blickwinkel: Gary Dickson: Medieval Christian Crowds and the Origins of Crowd Psychology. In: RHE 95 (2000), S. 54–75, hier: S. 66.

4 Zum Verlauf und zu den antijüdischen Stereotypen vgl. Friedrich Lotter: Die Judenverfolgung des „König Rintfleisch" in Franken um 1298. Die endgültige Wende in den christlich-jüdischen Beziehungen im Deutschen Reich des Mittelalters. In: ZHF 15 (1988), S. 385–422; Johannes Grabmayer: Rudolf von Schlettstadt und das aschkenasische Judentum um 1300. In: Aschkenas 4 (1994), S. 301–336. Zu den Opferzahlen vgl. auch Johannes Grabmayer: Zwischen Diesseits und Jenseits. Oberrheinische Chroniken als Quellen zur Kulturgeschichte des späten Mittelalters. Köln 1999, S. 264.

5 František Graus: Struktur und Geschichte. Drei Volksaufstände im mittelalterlichen Prag. Sigmaringen 1971, untersucht in strukturgeschichtlicher Perspektive ein Pogrom, einen Aufstand und eine Plünderung und bringt damit auf der Suche nach gewaltbegünstigenden Mechanismen verschiedene Kategorien, in die man kollektive Gewalt einzuordnen pflegt, zusammen.

6 Zu den Problemen solcher Erklärungsansätze vgl. Dorothea Weltecke: Bemerkungen zur Geschichte der religiösen Gewalt im Mittelalter. In: HZ 305 (2017), S. 621–656, hier: S. 626.

den Pogromen des Ersten Kreuzzugs[7] oder des zweiten Hirtenkreuzzugs von 1320[8] nicht durchgängig gegen Anhänger des jüdischen Glaubens, sondern primär gegen Kleriker.[9] Klassische Kategorien, mit denen religiöse Gewalt in der Forschungsperspektive geordnet wird, wie christlich-jüdische Unterschiede oder Häresievorwürfe, sind hier nicht durchgängig beziehungsweise nicht ad hoc gegeben. Die Zeitgenossen, auf die die Menschenmengen in den Städten trafen, mussten diese Zuordnungen erst vornehmen, ebenso wie die Autoritäten, die für die Bestrafung solcher Taten verantwortlich waren, und schließlich die Geschichtsschreiber, die aus einer geistlich-elitären Perspektive ein weiteres Mal über die Rechtgläubigkeit der Täter und den Status ihrer Opfer entschieden.[10] Letzteres gilt auch für die Rintfleisch-Verfolgungen, die zu den ersten räumlich weit ausgreifenden Judenverfolgungen nach denen des Ersten Kreuzzugs zählen.

Dorothea Weltecke lädt mit ihrem Hinweis darauf, dass der religiöse Faktor nur ein denkbarer von verschiedenen möglichen Faktoren war, die Gewalt bedingten,[11] dazu ein, bei den Akteuren anzusetzen, die durch diese Faktoren als Haupttäter, als Komplizen oder als Helfer der Opfer geleitet wurden. Diese Anregung aufgreifend wird der Untersuchung kein binäres Täter-Opfer-Modell zugrunde gelegt, ist doch neben den Tätern (den Menschenmengen) insbesondere die Figur des „konkreten Dritten" (Stadtbewohner) zu beachten, der in die Gewalttaten involviert wurde und sich dazu verhalten musste.[12] Zudem hilft ein Blick auf die an die Taten anschließenden Verfahren, die Bedeutung rechtlicher und lokaler Konstellationen zu ermessen, denen die Rolle der „passiven strukturellen Dritten" zukommt. Diese sind auf abstrakterer Ebene mit dem Geschehen verwoben.[13] Allerdings ist es notwendig, die Rolle der historiografischen Berichte über das Geschehen im Laufe der Untersuchung konsequent zu reflektieren. Während David Nirenberg aufgrund einer größeren Quellenvielfalt die Beteiligung von Stadtgemeinschaften an den Ju-

7 Vgl. zum Beispiel Robert Chazan: In the Year 1096. The First Crusade and the Jews. Philadelphia 1996.

8 Siehe hierzu David Nirenberg: Communities of Violence. Persecution of Minorities in the Middle Ages. Princeton 1996, S. 43–63.

9 Die Kombination von Klerikerfeindlichkeit und Antijudaismus findet sich auch in späterer Zeit, etwa 1336 bis 1338 bei der Armledererhebung. Vgl. Konrad von Megenberg: Planctus ecclesiae in Germaniam = Klagelied der Kirche über Deutschland. Hg. von Horst Kusch. Berlin 1956, S. 54, S. 56, Kap. 27.

10 Vgl. Weltecke: Bemerkungen (wie Anm. 6), S. 631 f., S. 635 f., S. 652.

11 Ebd., S. 637.

12 Vgl. Peter Imbusch: Die Rolle von „Dritten". Eine unterbelichtete Dimension von Gewalt. In: Philipp Batelka/Michael Weise/Stephanie Zehnle (Hg.): Zwischen Tätern und Opfern. Gewaltbeziehungen und Gewaltgemeinschaften. Göttingen 2017, S. 47–74, hier: S. 49.

13 Ebd., S. 57.

denverfolgungen des zweiten Hirtenkreuzzug 1320/21 detailreich erschließen kann[14] und zum Beispiel Studien über die „Bauernaufstände" des 14. Jahrhunderts einen guten Einblick in die ruralen Gesellschaftsschichten,[15] aus denen sich Teile auch der hier relevanten Menschenmengen rekrutiert haben dürften, vermitteln, sind der sozialen Verortung der Beteiligten für das 13. Jahrhundert engere Grenzen gesetzt. Denn abseits der erzählenden Quellen, die freilich durch die Interessen der Autoren gefärbt sind, ist die Überlieferung zu den beiden Zügen und zur Bedeutung der Städte schmal. Der Hirtenkreuzzug wird in verschiedenen französischen und normannischen Chroniken und Annalen sowie in einer Erfurter Chronik behandelt, die dem Geschehen teils ein paar Zeilen, teils einen Absatz und teils ein paar Seiten widmen.[16] Besonders bekannt ist der umfangreiche Bericht in der „Chronica majora" von Matthew Paris (circa 1200–1259).[17] Spannend ist vor allem ein als Insert in den Annalen von Burton überlieferter Brief des Guardians des Pariser Franziskanerkonvents von 1251, da hier ein Zeitgenosse, der in einer der betroffenen Städte lebte, berichtet.[18] Die Quellen des 13. Jahrhunderts stellen oft einen Zusammenhang zwischen den Hirten und der Häresie beziehungsweise abweichenden Kultpraktiken her, sodass sich im 14. Jahrhundert auch der Inquisitor Bernhard Gui (gestorben 1331) für sie interessierte.[19] Bezüglich der Rintfleisch-Verfolgungen vermittelt das Martyrologium des Nürnberger Memorbuchs einen Eindruck von

[14] Nirenberg: Communities (wie Anm. 8), S. 43–63.

[15] Vgl. zum Beispiel Justine Firnhaber-Baker: The Eponymous Jacquerie. Making Revolt Mean Some Things. In: dies./Dirk Schoenars (Hg.): The Routledge History Handbook of Medieval Revolt. London 2017, S. 55–75; Christopher C. Dyer: Everyday Life in Medieval England. London 1994, S. 192–219.

[16] Zusammengestellt von Malcolm Barber: The Crusades of the Shepherds in 1251. In: John F. Sweets (Hg.): Proceedings of the Tenth Annual Meeting of the Western Society for French History, 14–16 October 1982, Winnipeg, Manitoba, Canada. Lawrence 1984, S. 1–23; teils schon benannt von Reinhold Röhricht: Die Pastorellen (1251). In: ZKG 6 (1884), S. 290–295.

[17] Viele Forscher – zum Beispiel Gary Dickson: The Children's Crusade. Medieval History, Modern Mythistory. Basingstoke 2008, S. 148 f. – verwenden ihn als Haupt- oder sogar als einzige Quelle.

[18] Der Brief wurde von Adam Marsh an Robert Grossetest, Bischof von Lincoln, weitergeleitet; vgl. das Begleitschreiben zum Brief in: Monumenta Franciscana. Bd. 1: Epistolae, Chronicles and Memorials of Great Britain and Ireland during the Middle Ages. Hg. von John S. Brewer. London 1858, S. 109, Nr. 24, sowie in: The Letters of Adam Marsh. Bd. 1. Hg. und übers. von Clifford H. Lawrence. Oxford 2006, S. 56 f., Nr. 24.

[19] E floribus chronicorum, seu catalogo Romanorum pontificum, necnon e chronico regum Francorum, auctore Bernardo Guidonis, episcopo Lodovensi. In: RHGF 21. Hg. von Natalis de Wailly und Joseph-Daniel Guigniaut. Paris 1855, S. 690–734, S. 697. In etwas geringerem Maße gilt dies auch für Johannes von Columna (gestorben circa 1344): E Mari Historiarum Auctore Johanne de Columna, Ordinis Praedicatorum. In: RHGF 23. Hg. von Natalis de Wailly und Léopold Victor Delisle. Paris 1894, S. 106–124, hier: S. 124.

der hohen Zahl der Opfer,[20] von christlicher Seite liefern fünfzehn Chroniken beziehungsweise Annalen und eine Exemplasammlung wichtige Informationen zum Verlauf der Verfolgungen. Sie stammen aus dem oberpfälzischen, dem oberrheinischen sowie dem bayerisch-österreichischen, aber auch dem thüringischen und böhmischen Raum und wurden teils zeitnah, teils mit einigen Jahrzehnten Abstand verfasst.[21] Die Einträge in den Chroniken, Annalen und der Exemplasammlung umfassen entweder wenige Sätze oder mehrere Seiten. Die ausführlichsten Passagen finden sich ausgerechnet dort, wo die Autoren das Geschehen zur Etablierung antijüdischer Stereotype nutzten und vermeintlich angemessene Reaktionen seitens der schematisch skizzierten städtischen Gesellschaften priesen, so etwa Siegfried von Ballhausen und insbesondere der häufig mit Rudolf von Schlettstadt identifizierte Autor der Exemplasammlung „Historiae memorabiles".[22] Schon an der mittelalterlichen Rezeption der Berichte über den Hirtenkreuzzug zeigt sich, dass die geistlichen Autoren mit einem bestimmten Impetus über die Taten der Hirten berichteten und damit den Blick der Nachwelt lenkten, und dies ist freilich auch für die Chronisten anzunehmen, die über die Rintfleisch-Verfolgungen schrieben. Welche Auswirkungen dies auf die moderne Sicht auf die Züge hat, lässt sich klarer konturieren, wenn man die Stimmen des historiografischen Diskurses als Repräsentanten der Öffentlichkeit und somit als „strukturellen aktiven Dritten"[23] in die Analyse einbezieht.

Das Anliegen erfordert, die Rolle, die einerseits den Menschenmengen, andererseits den Städten in der Historiografie beigemessen wurde, zu ergründen und historisch zu kontextualisieren. Die damit verwobene Raumbeschreibung diente den Autoren nämlich als Mittel, um eine religiös eifernde Menge mit einer geschlossenen und dennoch heterogenen sozialen Gruppe zu konfrontieren, die eigene religiöse Vorstellungen vertrat. Diese konnten nicht nur von derjenigen der umherziehenden Menschenmenge abweichen, sondern auch von der der Chronisten sowie schließlich von derjenigen der Obrigkeiten.

[20] Das Martyrologium des Nürnberger Memorbuches. Hg. und übers. von Siegmund Salfeld. Berlin 1898.

[21] Aufgelistet bei Friedrich Lotter: Hostienfrevelvorwurf und Blutwunderfälschung bei den Judenverfolgungen von 1298 („Rintfleisch") und 1336–1338 („Armleder"). In: Detlef Jasper (Hg.): Fälschungen im Mittelalter. Internationaler Kongreß der MGH München, 16.–19. September 1986. Bd. 5: Fingierte Briefe, Frömmigkeit und Fälschung. Realienfälschungen. Hannover 1988, S. 533–583, hier: S. 550, Anm. 57.

[22] Sifridi presbyteri de Balnhusin historia universalis et compendium historiarum. Hg. von Oswald Holder-Egger. In: MGH SS 25. Hannover 1880, S. 679–718, hier: S. 714 f.; Rudolf von Schlettstadt: Historiae memorabiles. Hg. von Erich Kleinschmidt. Köln u. a. 1974.

[23] Imbusch: Rolle (wie Anm. 12), S. 61.

Die Akteure und ihre Wahrnehmung

Die umherziehenden Menschenmengen

Wer waren die Menschen, die sich zusammenrotteten, umherzogen und verschiedene Städte heimsuchten? Die Tendenziösität der Geschichtsschreiber gestattet zwar keine eindeutige Antwort auf diese Frage, wohl aber kann man sich ihr nähern, die Perspektive der Zeitgenossen rekonstruieren und durch den Vergleich eruieren, dass ihre Wertung von der Religionszugehörigkeit der Opfer geprägt war.

Obgleich die Berichte über den Hirtenkreuzzug nahelegen, dass die Teilnehmer nicht unbedingt sofort misstrauisch beäugt wurden, sind sie von einigen Zeitgenossen sowie in der Historiografie des 13. und 14. Jahrhunderts abwertend dargestellt worden.[24] Matthew Paris zufolge habe ein älterer Apostat aus Ungarn, ein *impostor*, der mit dem Sultan von Babylon – einem der „‚Hauptschurken' des Abendlandes"[25] – im Bunde gewesen sei, ohne päpstlichen Auftrag hier und dort zahlreiche Hirten gesammelt und behauptet, im Auftrag der Jungfrau Maria mit den von Gott ausersehenen einfachen Leuten zum Kreuzzug aufzubrechen. Bald hätte sich die Menge bewaffnet, sich sittenlos verhalten und gegen den Klerus sowie gegen Mönche – insbesondere diejenigen der Bettelorden – gewütet.[26] Der Guardian der Pariser Franziskaner spricht von einem „Häretiker oder Heiden", einem Wolf im Schafspelz, der sich unter dem Vorwand des Kreuzzugs und eines göttlichen Auftrags zum Anführer von „haufenweise" Hirten aus aller Welt erhoben habe. Der Rädelsführer habe die Sakramente verflucht, habe seine Anhänger auf seine eigene Weise gesegnet und ihnen gepredigt. Sie seien umhergestreift, um Kleriker zu ermorden, wobei sie – worauf später einzugehen sein wird – ihre Opfer in den Städten fanden.[27]

[24] Barber: Crusades (wie Anm. 16), S. 1f.

[25] František Graus: Judenfeindschaft im Mittelalter. In: Wolfgang Benz (Hg.): Vorurteil und Völkermord. Entwicklungslinien des Antisemitismus. Freiburg i. Br. 1997, S. 35–60, hier: S. 51.

[26] Matthaei Parisiensis, monachi Sancti Albani, Chronica majora. Bd. 5: 1248–1259. Hg. von Henry Richards Luard (RS 57.5). London 1880, S. 246–254, Zitat: S. 246. Zur päpstlichen Legitimation vgl. Rist: Popes (wie Anm. 3), S. 133; zur Anziehungskraft der Anführer vgl. Norman Cohn: Das neue irdische Paradies. Revolutionärer Millenarismus und mystischer Anarchismus im mittelalterlichen Europa. Reinbek bei Hamburg 1988, S. 82f. Da verschiedene voneinander unabhängige Überlieferungen von der ungarischen Herkunft des Meisters berichten, könnte er wirklich aus Ungarn stammen; vgl. Judit Csákó: Magyarországi mester a francia eretnekek élén? In: Világtörténet 5 (2015), S. 70–112. Ich danke Professor Dr. Katalin Szende dafür, dass sie mir den Inhalt des Aufsatzes erschlossen hat.

[27] Annales de Burton. In: Annales monastici. Bd. 1: Annales de Margan (A. D. 1066–1232). Annales de Theokesberia (A. D. 1066–1263). Annales de Burton (A. D. 1004–1263). Hg. von Henry Richards

Zwar berichten die „Annales S. Benigni Divionensis“ einigermaßen wertneutral von dem erfolglosen Kreuzzugsversuch,[28] doch finden sich in den meisten Quellen abschätzige Aussagen: Die Schar wird als Gemenge von Hirten und Räubern beschrieben, die sich wie Meister verhielten und vorgaben, Wunder zu wirken. Ihnen seien Einfältige und das einfache Volk zu Hunderten und Tausenden gefolgt.[29] Von einer *miserrima commotio pastorum*[30] ist genauso die Rede wie von Hirten im Gefolge eines Verführers,[31] von „falschen Hirten“[32] und von unzähligen „einfältigen“ Hirten unterschiedlicher Herkunft, die sich von Zauberern zu einem Kreuzzug hätten drängen lassen.[33] Wilhelm von Nangis (gestorben wohl 1300) erwähnt unzählige Hirten und Kinder unter Führung eines Meisters aus Ungarn.[34] Thomas Wykes (gestorben zwischen 1291 und 1293), Regularkanoniker aus Oseney, treibt die Abwertung auf die Spitze, indem er die Kreuzfahrer als *ribaldorum nume-*

Luard (RS 36.1). London 1864, S. 183–500, hier: S. 290 f., die der hier vorgenommenen Übersetzung zugrunde liegenden Textstellen: S. 290.

28 Annales S. Benigni Divionensis a. 564–1285. Hg. von Georg Waitz. In: MGH SS 5. Hannover 1844, S. 37–50, hier: S. 50.

29 E chronico Sancti Laudi Rotomagensis. In: RHGF 23 (wie Anm. 19), S. 395–397, hier: S. 395; ähnlich in Extraits de la Chronique attribuée à Baudoin d'Avesnes. In: RHGF 21 (wie Anm. 19), S. 159–181, hier: S. 169. Die Zahlenangaben, die in einer Handvoll Chroniken gemacht werden, weichen stark voneinander ab. In den Annales de Wintonia. In: Annales monastici. Bd. 2: De Wintonia et Waverleia. Hg. von Henry Richards Luard (RS 36.2). London 1865, S. 3–125, hier: S. 92, ist von 30 Hirten die Rede. Die Annales Wawerleiensis monasterii. In: ebd., S. 129–411, hier: S. 344, nennen 60.000.

30 E chronico Sanctae Catharinae de Monte Rotomagi. In: RHGF 23 (wie Anm. 19), S. 397–410, hier: S. 401.

31 Ex Iohannis de Tayster annalibus, ad a. 1251. Hg. von Felix Liebermann. In: MGH SS 28. Hannover 1888, S. 584–598, hier: S. 589; Chronicle of Bury St. Edmunds, 1212–1301. Hg. und übers. von Antonia Gransden. London 1964, S. 17; Thomas von Cantimpré: Von Bienen lernen. Teilband 2: Edition, Übersetzung und Kommentar von Julia Burkhardt. Regensburg 2020, S. 274 (Buch II, Kap. 3, § 13); Chronique anonyme des Rois de France. In: RHGF 21 (wie Anm. 19), S. 80–102, hier: S. 83; Extraits d'une chronique anonyme finissant en M.CCC.LXXX. In: ebd., S. 141 f., hier: S. 141.

32 E Chronico Normanniae ab anno 1169 ad annum 1259 sive potius 1272. In: RHGF 23 (wie Anm. 19), S. 212–222, hier: S. 214.

33 Richeri Gesta Senoniensis ecclesiae. In: MGH SS 25 (wie Anm. 22), S. 249–345, hier: S. 310. Ähnlich in: Balduini Ninovensis Chronicon. Hg. von Oswald Holder-Egger. In: ebd., S. 515–546, hier: S 544; Extrait des Chroniques de Saint-Denis. In: RHGF 21 (wie Anm. 19), S. 103–122, hier: S. 115; Chronique de l'abbaye de Saint-Pierre-le-Vif de Sens, rédigée vers la fin du XIIIe siècle, par Geoffroy de Courlon. Texte et traduction publiés pour la première fois par Gustave Julliot. Sens 1876, S. 524. Jean de Vignay (gestorben wohl nach 1340) spricht von pseudoprophetischen Anführern sowie von Dieben, Vergewaltigern und Mördern, die sich unter die Hirten gemischt hätten; Chronique de Primat traduite par Jean de Vignay. In: RHGF 23 (wie Anm. 19), S. 5–106, hier: S. 8.

34 Gesta sanctae memoriae Ludovici regis Franciae. Auctore Guillelmo de Nangiaco. In: RHGF 20. Hg. von Pierre-Claude-François Daunou und Joseph Naude. Paris 1840, S. 309–465, hier: S. 382.

rus infinitus qui se pastores nuncupabant bezeichnet.[35] Sogar in der „Chronica minorita Erphordiense", wo von Hirten unter der Führung des zisterziensischen Apostaten Jakob, aber auch von Prostituierten, Räubern, Zauberern und Übeltätern die Rede ist, findet das Geschehen einen Nachhall.[36] Auch die räumlich näher am Geschehen entstandene „Chronica universalis Mettensis" nennt diese Kategorien sowie Verbannte, Apostaten, Heiden (*pagani*) und Häretiker, die sich den leichtgläubigen Hirten angeschlossen hätten.[37]

Zwei Aspekte stechen besonders ins Auge: einerseits der wiederholte Rekurs auf das einfache Volk, andererseits der Hinweis auf Apostaten, Zauberer und andere Übeltäter. Im Hinblick auf die Beteiligung des einfachen Volkes hat Malcolm Barber gemutmaßt, dass die instabile sozioökonomische Situation in Flandern den Ausschlag für die Zusammenrottung von Menschen aus dem „ruralen Proletariat" gegeben haben könnte.[38] Dabei scheint es sich jedoch um eine Rückprojektion der Verhältnisse des ausgehenden 13. und des 14. Jahrhunderts auf das Jahr 1251 zu handeln.[39] Möglicherweise führte eher eine Idee aus dem religiösen Feld, die auch

[35] Thomas Wykes: Chronicon. In: Annales monastici. Bd. 4: De Oseneia. Chronicon Thomae Wykes. Annales Prioratus de Wigornia. Hg. von Henry Richards Luard (RS 36.4). London 1869, S. 3–352, hier: S. 100. Ähnliches ist in den Annales de Theokesberia. In: Annales monastici. Bd. 1 (wie Anm. 27), S. 43–180, hier: S. 145, zu lesen.

[36] Chronica minor auctore minorita Erphordiensi. Hg. von Oswald Holder-Egger. In: MGH SS 24. Hannover 1879, S. 172–204, hier: S. 200. Auch spätere Quellen nennen den Anführer einen abtrünnigen Zisterzienser; vgl. Flores temporum auctore fratre ordinis Minorum. Hg. von Oswald Holder-Egger. In: ebd., S. 228–250, S. 241; Die Chronik des Johann von Winterthur. Hg. von Friedrich Baethgen (MGH SS rer. Germ. N. S. 3). Berlin 1924, S. 18. Andere Geschichtsschreiber werten ihn auf andere Weise ab: So soll *Iacobus quidam ribaldus* „Wunder" gewirkt haben, indem er Lahme so lange hinter sich her schleifte, bis sie ihre Heilung vorgaben, um dem Schmerz zu entgehen; vgl. Ex continuatione chronici S. Martini abbreviati. Hg. von Oswald Holder-Egger. In: MGH SS 26. Hannover 1882, S. 476. Eine Variation dieses Themas bieten die Gesta der Bischöfe von Le Mans, Actus pontificum Cenomannis in urbe degentium. Hg. von Gustave Busson und Ambroise Ledru. Le Mans 1901, S. 500.

[37] Chronica universalis Mettensis. Hg. von Georg Waitz. In: MGH SS 24 (wie Anm. 36), S. 502–526, hier: S. 522.

[38] Barber: Crusades (wie Anm. 16), S. 16. Ähnlich André Tuilier: La révolte des Pastoureaux et la querelle entre l'université de Paris et les ordres mendiants. In: La piété populaire au Moyen Âge. Paris 1977, S. 353–367, hier: S. 354 f. Guy Fourquin: The Anatomy of Popular Rebellion in the Middle Ages. Amsterdam ^{2}1979, S. 87, interpretiert das Geschehen als Übergriff „der Armen" auf „die Reichen", allerdings bieten die Quellen darauf keine Hinweise, und es ist fraglich, inwiefern sämtliche Kleriker und Bettelmönche um die Mitte des 13. Jahrhunderts als Repräsentanten vermögender Schichten gedeutet werden können.

[39] Zu den ökonomischen Spannungen zwischen Stadt und Land Ende des 13. und Anfang des 14. Jahrhunderts vgl. Marc Boone: Social Conflicts in the Cloth Industry of Ypres (Late 13th–Early 14th Centuries). The Cockerulle Reconsidered. In: Marc Dewilde/Anton Ervynck/Alexis Wiele-

in den Chroniken erwähnt wird,[40] zur Formierung des Zuges: die Vorstellung, dass das einfache Volk von Gott in besonderem Maße auserwählt sei. Schon 1212 waren die Teilnehmer des sogenannten Kinderkreuzzugs laut Michael Menzel mit dem theologisch fundierten Anspruch aufgetreten, im Unterschied zu den offiziell organisierten Kreuzzügen „der eigentliche Träger und das Medium göttlichen Willens zu sein".[41] So hatte zum Beispiel Alain de Lille (gestorben zwischen 1202 und 1203) in einer Predigt über das Kreuz Christi überlegt, wer zur Rückeroberung desselben geeignet sei. Er schloss Adel, Klerus und Bürger aufgrund der dem jeweiligen Stand eigenen Tugenddefizite aus und kam zu dem Ergebnis: *Ubi ergo hospitabitur Christus? In solis Christi pauperibus.*[42] Sollten solche Vorstellungen die Selbstsicht der Teilnehmer auch der Hirtenkreuzzüge geprägt haben, so reagierten die Berichterstatter mit einer Umkehrung dieser Logik: die Anführer seien Glaubensabweichler gewesen und unter ihren Anhängern hätten sich Sünder befunden. Dies mag ein Mittel gewesen sein, um die durch den Zug ausgeübten Gewaltakte gegen Kleriker und Mönche zu delegitimieren oder um das spätere gewaltsame Vorgehen gegen die Kreuzfahrer zu rechtfertigen.[43]

Gerd Mentgen zufolge könnten sich auch die Teilnehmer der Rintfleisch-Verfolgungen als Kreuzfahrer verstanden haben.[44] Dies wäre eine universalere Erklärung als diejenige, die üblicherweise von der Forschung bemüht wird: Der Krieg zwischen dem im Juni 1298 abgesetzten König Adolf von Nassau und dem zum Nachfolger gewählten Albrecht von Österreich habe die Pogrome ermöglicht, da aus diesem Grund die meisten fränkischen Adligen samt ihres Gefolges nicht in Franken waren.[45] Dieser Ansatz basiert auf der Einschätzung, dass die Pogrome durch Angehörige entweder ländlicher oder städtischer Unterschichten, also zeit-

mans (Hg.): Ypres and the Medieval Cloth Industry in Flanders. Archaeological and Historical Contributions. Zellik 1998, S. 147–153.

40 Die Belege bei Barber: Crusades (wie Anm. 16), S. 7.

41 Michael Menzel: Die Kinderkreuzzüge in geistes- und sozialgeschichtlicher Sicht. In: DA 55 (1999), S. 117–156, hier: S. 146; vgl. auch Sylvia Schein: Die Kreuzzüge als volkstümlich-messianische Bewegungen. In: DA 47 (1991), S. 119–138, hier: S. 132 f.

42 Alain de Lille: Sermo de cruce Domini. In: ders.: Textes inédits. Hg. von Marie-Thérèse d'Alverny. Paris 1965, S. 279–283, Zitat: S. 283. Vgl. Menzel: Kinderkreuzzüge (wie Anm. 41), S. 147.

43 Zur Rechtfertigung von Gewalttaten und zur Stabilisierung von Machtstrukturen mit aus dem religiösen Bereich entlehnten Argumenten vgl. Weltecke: Bemerkungen (wie Anm. 6), S. 645.

44 Mentgen: Kreuzzugsmentalität (wie Anm. 3), S. 316.

45 Lotter: Judenverfolgung (wie Anm. 4), S. 393; Jörg R. Müller: „Eretz geserah" – „Land der Verfolgung". Judenpogrome im „regnum Teutonicum" in der Zeit von etwa 1280 bis 1350. In: Christoph Cluse (Hg.): Europas Juden im Mittelalter. Beiträge des internationalen Symposiums in Speyer vom 20. bis 25. Oktober 2002. Trier 2004, S. 259–273, S. 265 f.

weise herrenlose Untertanen, verübt wurden.[46] Arno Herzig und andere haben hingegen eine führende Beteiligung des Adels oder sogar König Adolfs vermutet.[47]

Die unterschiedlichen Forschungsmeinungen über die Zusammensetzung der Scharen verwundern angesichts der wenig genauen historiografischen Quellen nicht: Einige Chronisten beschreiben eine durch und durch graue Masse und bedienen sich einer Passivkonstruktion[48] oder bezeichnen die Täter einfach als „Schwaben",[49] als Christen[50] oder als einmütig handelnde und von ein und derselben Eingebung angetriebene Menge aus Bauern und gemeinem Volk, die ohne Anführer handelte und sich überall und nirgends sammelte.[51] Der Autor der „Chronica Sancti Petri Erfordensis moderna" fügt noch hinzu, dass die Menge ursprünglich durch eine Einzelperson – Rintfleisch – angestiftet worden sei, der wiederum im Interesse gewisser Bürger gehandelt habe.[52] Drei andere Autoren hingegen behaupten, dass sich die Menge Rintfleisch zum Anführer gewählt habe.[53] Umgekehrt verhält es sich mit den Jahrbüchern von Wien, die Rintfleisch als Initiator der Verfolgungen darstellen und nur für Nürnberg die Zustimmung der Bürger erwähnen.[54] Ohnehin stellen etwas mehr als die Hälfte der überlieferten Berichte Rintfleisch in den Vordergrund, der es verstanden habe, die Massen auf seine Seite zu bringen.[55] Die dem „Stift St. Florian zugeschriebenen Jahrbücher" sprechen von einem ohne Befehl handelnden Fleischverkäufer, der erst an dem einen Ort Juden mithilfe des *vulgus* für eine Hostienschändung bestrafte, um danach viele Fußsoldaten und Reiter zu

46 Lotter: Judenverfolgung (wie Anm. 4), S. 415; Grabmayer: Diesseits (wie Anm. 4), S. 264.

47 Nach Arno Herzig: Jüdische Geschichte in Deutschland. Von den Anfängen bis zur Gegenwart. Bonn 2005, S. 43 f., seien „Unter- und Mittelschichten" in Stadt und Land angeführt oder gedeckt worden durch Adlige, Hochadlige und vielleicht sogar König Adolf von Nassau.

48 Annales Frisacenses. Hg. von Ludwig Weiland. In: MGH SS 24 (wie Anm. 36), S. 65–67; Hermanni Altahensis continuatio tertia (1273–1303). Hg. von Georg Waitz. In: ebd., S. 53–57, S. 56.

49 Gesta Treverorum continuata. In: ebd., S. 368–488, hier: S. 480.

50 Sifridi presbyteri de Balnhusin historia universalis (wie Anm. 22), S. 714 f.

51 Annales Halesbrunnenses maiores (1126–1313). Hg. von Georg Waitz. In: MGH SS 24 (wie Anm. 36), S. 41–52, hier: S. 46.

52 Chronica S. Petri Erfordensis moderna a. 1072–1335. In: Monumenta Erphesfurtensia saec. XII. XIII. XIV. Hg. von Oswald Holder-Egger (MGH SS rer. Germ. 42). Hannover/Leipzig 1899, S. 117–369, hier: S. 318 f.

53 Annales Osterhovenses a. 43–1433. Hg. von Wilhelm Wattenbach. In: MGH SS 17. Hannover 1861, S. 537–558, hier: S. 552. Nahezu gleichlautend berichten dies die Continuatio Ratisbonensis a. 1287–1301. Hg. von Philipp Jaffé. In: ebd., S. 416–420, hier: S. 419, und die Continuatio Weichardi de Polhaim a. 1280–1307. Hg. von Wilhelm Wattenbach. In: MGH SS 9. Hannover 1851, S. 810–818, hier: S. 814 f. Zu den Abhängigkeiten dieser drei Schriften voneinander vgl. Michael Müller: Die Annalen und Chroniken im Herzogtum Bayern. 1250–1314. München 1983, S. 81–104.

54 Continuatio Vindobonensis a. 1267–1302, 1313–1327. Hg. von Wilhelm Wattenbach. In: MGH SS 9 (wie Anm. 53), S. 698–722, hier: S. 721.

55 Ellenhardi Chronicon. Hg. von Philipp Jaffé. In: MGH SS 17 (wie Anm. 53), S. 118–141, hier: S. 139.

sammeln, mit denen er die Bürger verschiedener anderer Orte dazu verleitete oder zwang, ihnen die Juden zum Verbrennen zu überlassen.[56] Johannes von Viktring (um 1270–1345 oder 1347) zufolge soll Rintfleisch sich bewaffnet und öffentlich ausgerufen haben, dass, wer auf Gottes Seite sei, ihm folgen müsse. So habe er eine unendlich große Menge aktivieren können.[57] Auch Peter von Zittau (1316–1339) aus dem Kloster Königsaal bei Prag berichtet, wie der fränkische *pauper* Rintfleisch durch sein Getöse das Volk habe sammeln und davon überzeugen können, an seinen Taten mitzuwirken. Er sei gleichsam der wahre Herr des Volkes gewesen.[58] Diese Aussage findet sich auch in der „Österreichischen Chronik von den 95 Herrschaften", die Rintfleisch *[d]es povels fürer* nennt.[59] Die differenziertesten Erklärungen zum Verhältnis zwischen der Menge und ihrem Anführer bieten die bezüglich der Faktizität suspekten „Historiae memorabiles". In einem Exemplum wird geschildert, dass der Metzger Juden aufgefordert habe, ihm eine geraubte Hostie zurückzugeben, und geschrien habe, als dies nichts nützte. Daraufhin seien die *pauperes* der Nachbarschaft zusammengeströmt und seien, noch bevor die Juden verurteilt werden konnten, über diese und deren Häuser hergefallen.[60] Die Bauern in den benachbarten Dörfern und schließlich alle in Franken hätten diese Taten nachgeahmt.[61] Daneben berichtet der Autor auch von den vielen *pauperes*, die Rintfleisch anderenorts, unter anderem mithilfe eines großen Kruzifixes, das dem Zug vorangetragen worden sei, um sich habe sammeln können.[62]

Es ist nicht die zeitliche und räumliche Nähe der Autoren zum Geschehen, die bedingte, ob man detaillierter über die soziale Zusammensetzung der Menge schrieb oder nicht,[63] vielmehr ist es die Erzähllinie, in der das Wirken der Men-

56 Annales canoniae S. Floriani attributi = Continuatio Florianensis a. 1273–1309. Hg. von Wilhelm Wattenbach. In: MGH SS 9 (wie Anm. 53), S. 747–753, hier: S. 751.

57 Iohannis abbatis Victoriensis liber certarum historiarum. Tomus 1: Libri I–III. Hg. von Fedor Schneider (MGH SS rer. Germ. 36.1). Hannover/Leipzig 1909, S. 345–387, hier: S. 362, lib. III, rec. B. D. A2.

58 Die Königsaaler Geschichtsquellen. Mit den Zusätzen und der Fortsetzung des Domherrn Franz von Prag. Hg. von Johann Loserth. Wien 1875, S. 137, Kap. 55.

59 Österreichische Chronik von den 95 Herrschaften. Buch IV. Hg. von Joseph Seemüller. Hannover 1909, S. 183 f.

60 Rudolf von Schlettstadt: Historiae memorabiles (wie Anm. 22), S. 50 f., cap. 6.

61 Ebd., S. 51, cap. 6, cap. 8.

62 Ebd., S. 59, cap. 12.

63 Die über die soziale Beschaffenheit der Menschenmengen schweigenden Autoren waren nah genug am Geschehen, um auch etwas über deren Zusammensetzung erfahren zu haben (die „Annales Frisacenses", die dritte Fortsetzung der Annalen Hermanns von Niederaltaich, die Fortsetzung der „Gesta Treverorum", Siegfried von Ballhausens „Historia universalis et compendium historiarum", die „Chronica S. Petri Erfordensis moderna", die „Annales Osterhovenses", die „Continuatio Ratisbonensis", die „Continuatio Weichardi de Polhaim" und das „Ellenhardi Chronicon").

schenmengen verortet ist. Das zeigt sich selbst in einigen Berichten, die nicht genauer auf die Zusammensetzung der Menge der Verfolger eingehen: Johannes von Viktring[64] und Siegfried von Ballhausen[65] implizieren, dass die gemeinsam handelnde Vielzahl unterschiedlicher Täter die Pogrome legitimiere. Werden die Taten den niederen Schichten zugeschrieben, würde man vielleicht zunächst von einer pejorativen Verwendung der diese Schichten beschreibenden Begriffe ausgehen, wie es bei den Hirtenkreuzzügen der Fall ist. Dies trifft auch auf einige Berichte über die Rintfleisch-Pogrome zu: Peter von Zittau etwa beschreibt Rintfleisch als degenerierten *pauper* und seine Anhänger – das *vulgus* – als plebejischen Haufen, der dumm handelte.[66] Die Abwertung bedarf allerdings solcher Zusätze.[67] Das zeigt sich in den „dem Stift St. Florian zugeschriebenen Jahrbüchern", deren Autor die Taten des *vulgus* gerecht findet.[68] Teils wird im Sprechen über die Aktionen der niederen Schichten sogar eine Anklage gegenüber den sozial Höherstehenden formuliert, die ihre Pflicht vernachlässigt hätten: Nach der „Österreichischen Chronik von den 95 Herrschaften" habe der *povel* sich – im Gegensatz zur Führungsschicht – gegenüber den Juden als Feinden der Christen richtig verhalten.[69] In den „Historiae memorabiles" sind es in mehreren Passagen die *pauperes* und *rustici*, die die Juden ihrer angeblich gerechten Strafe zuführen.[70]

Einige Autoren weisen die Taten also dem niederen Volk zu, um die Verfolgungen zu delegitimieren. Andere Autoren möchten so deutlich machen, dass es die graue Masse im Gegensatz zur Führungsschicht verstanden habe, Gerechtigkeit ins Werk zu setzen. Diese Autoren führen ihren Lesern ein Exemplum vor Augen, das nicht nur vom vermeintlich richtigen Umgang mit der jüdischen Bevölkerung handelt, sondern auch vom vermeintlich korrekten Verhalten des einfachen Volkes. Letzteres entspricht den oben genannten Ansprüchen, die Menzel für die Kinderkreuzzüge ausmacht, aber auch denjenigen, die manche Chronisten den Teilnehmern der Hirtenkreuzzüge zuschreiben. Bei den Berichten über die Rintfleisch-Pogrome sind es aber nicht die Teilnehmer, die diesen Anspruch formulierten, son-

64 Iohannis abbatis Victoriensis liber certarum historiarum (wie Anm. 57), S. 362, lib. III, rec. B. D. A2.

65 Sifridi presbyteri de Balnhusin historia universalis (wie Anm. 22), S. 715 f.

66 Königsaaler Geschichtsquellen (wie Anm. 58), S. 137, Kap. 55. Die Annales Halesbrunnenses maiores (wie Anm. 51), S. 46, benennen explizit führerlose Bauern und gemeines Volk (*rustici et vulgares populi*) als Täter.

67 Vgl. Hans-Werner Goetz: „Unterschichten" im Gesellschaftsbild karolingischer Geschichtsschreiber und Hagiographen. In: ders.: Vorstellungsgeschichte. Gesammelte Schriften zu Wahrnehmungen, Deutungen und Vorstellungen im Mittelalter. Bochum 2007, S. 117–134, hier: S. 131.

68 Annales canoniae S. Floriani attributi (wie Anm. 56), S. 751.

69 Österreichische Chronik (wie Anm. 59), S. 183 f.

70 Rudolf von Schlettstadt: Historiae memorabiles (wie Anm. 22), S. 50, cap. 6; S. 59, cap. 12.

dern die Chronisten, für die die Juden ebenso ein Feindbild darstellen konnten wie für die Täter.

Was die Rintfleisch-Verfolgungen angeht, werden die Motive der Täter zum Teil ausführlicher geschildert und in der religiösen Sphäre verortet.[71] So beschreiben die Chronisten, dass Gerüchte über Hostienschändungen[72] beziehungsweise Hostienschändungen, von denen die Chronisten annehmen, sie hätten tatsächlich stattgefunden,[73] den Anlass für die Verfolgungen gebildet hätten. Manchen Geschichtsschreibern erscheinen die Taten gottgewollt,[74] als gerechte Strafe[75] oder als göttliche Rache[76]. Nach den „dem Stift St. Florian zugeschriebenen Jahrbüchern" sei Rintfleisch vom Eifer des christlichen Glaubens entflammt gewesen.[77] Johannes von Viktring erwähnt den auf die Menschenmengen überspringenden *zelus fidei* Rintfleischs.[78] Und die „Jahrbücher von Friesach" führen die Ermordung der Juden insgesamt auf den Eifer beziehungsweise auf den Zorn der Christen über die Passion Christi zurück.[79]

Während die Teilnehmer der Hirtenkreuzzüge bestenfalls neutral als Hirten oder Einfältige beschrieben wurden, meistens aber als bunter Haufen verschiedener Übeltäter, hoben einige Autoren, die über die Rintfleisch-Verfolgungen schrieben, zwar auch auf den Pöbel ab. Dies war aber nicht zwingend mit einer Abwertung seiner Taten verbunden, sondern konnte auch als Mittel dienen, um das vermeintliche Versagen der Führungsschichten im Umgang mit Andersgläubigen anzuprangern. Das mag damit zusammenhängen, dass die Bewertung der Men-

71 Zu impliziten Motiven wie Geldschulden vgl. Lotter: Judenverfolgung (wie Anm. 4), S. 403, S. 407.

72 Königsaaler Geschichtsquellen (wie Anm. 58), S. 137, Kap. 55; Annales Halesbrunnenses maiores (wie Anm. 51), S. 46; Chronica S. Petri Erfordensis moderna (wie Anm. 52), S. 318 f.; Annales Osterhovenses (wie Anm. 53), S. 552; Ellenhardi Chronicon (wie Anm. 55), S. 139.

73 So die Annales canoniae S. Floriani attributi (wie Anm. 56), S. 751, und die Annales Frisacenses (wie Anm. 48), S. 66 f.

74 Ellenhardi Chronicon (wie Anm. 55), S. 139.

75 Iohannis abbatis Victoriensis liber certarum historiarum (wie Anm. 57), S. 36, lib. III, rec. B. D. A2; Sifridi presbyteri de Balnhusin historia universalis (wie Anm. 22), S. 715 f.; Rudolf von Schlettstadt: Historiae memorabiles (wie Anm. 22), S. 50, cap. 6 und S. 59, cap. 12.

76 Hermanni Altahensis Continuatio III (wie Anm. 48), S. 56.

77 Annales canoniae S. Floriani attributi (wie Anm. 56), S. 751.

78 Iohannis abbatis Victoriensis liber certarum historiarum (wie Anm. 57), S. 36, lib. III, rec. B D. A2.

79 Annales Frisacenses (wie Anm. 48), S. 66 f. Der Begriff *zelus* wurde bereits im Zusammenhang mit den Pogromen während des Ersten Kreuzzugs für die Beschreibung von Gewalttaten an Juden benutzt; vgl. Susanna A. Throop: Zeal, Anger and Vengeance. The Emotional Rhetoric of Crusading. In: dies./Paul R. Hyams (Hg.): Vengeance in the Middle Ages. Emotion, Religion and Feud. Farnham 2010, S. 177–202, hier: S. 179–182.

schenmengen und ihrer Taten offenbar davon abhing, ob diese vornehmlich Christen attackierten oder ob sie sich allein gegen Juden richteten, denen ein Angriff auf die christliche Religion unterstellt wurde. Führt man sich diesen fundamentalen Unterschied vor Augen, erscheinen die Gemeinsamkeiten der beiden Züge umso frappanter. Die beiden Bewegungen weisen Parallelen in ihrer sozialen Zusammensetzung und Stoßrichtung auf, insofern hier Führer auftraten, die sich nach Ausweis verschiedener Quellen auf einen göttlichen Auftrag und auf religiöse Motivationen beriefen, aber nicht über Deutungshoheit verfügten.[80] Dabei standen sie jedoch – wie die Führer des Hirtenkreuzzugs – in Konkurrenz zur dominanten religiösen Elite und maßten sich – wie Rintfleisch und seine Anhänger – Entscheidungen an, die den geltenden Normen zufolge von den geistlichen und weltlichen Führungsschichten zu treffen gewesen wären. Die Kommunikation mit diesen Eliten sowie mit Vertretern stabilerer Ordnungsgefüge über die zu verübenden und verübten Gewalttaten fand, was es in einem nächsten Schritt zu zeigen gilt, insbesondere in beziehungsweise im Zusammenhang mit den Städten statt.

Die „konkreten Dritten": Städte und ihre Einwohner

Zunächst fällt die besondere Bedeutung auf, die die Chronisten den Städten in ihrem Narrativ zusprechen. Die meisten Autoren, die die Hirtenkreuzzüge erwähnen, konzentrieren sich auf die Übeltaten in den Städten,[81] teils sogar nur auf die in der eigenen Stadt[82]. Andere nutzen einzelne Städte, um zu illustrieren, wie groß die Menge der Teilnehmer war. In den „Auszügen aus Chroniken von Saint-Denis" liest man etwa: *Et vindrent en la cité d'Amiens, et fu toute la ville plaine de pastouriaus.*[83] Und die „Annalen von St. Laudus in Rouen" verzeichnen zwar, dass die Hirten auch in ländlichen Gebieten Kleriker ermordet hätten, fokussieren nach dieser Er-

[80] Zu diesen Kategorien vgl. auch Weltecke: Bemerkungen (wie Anm. 6), S. 653 f.

[81] Gesta sanctae memoriae Ludovici regis Franciae (wie Anm. 34), S. 382, beschreibt Aktivitäten nahezu ausschließlich für Städte; ähnlich Guillaume Guiart: La Branche des Royaus Lingnages. In: RHGF 22. Hg. von Léopold Victor Delisle und Natalis de Wailly. Paris 1860, S. 171–300, hier: S. 191 f., und Chronicle of Bury St. Edmunds (wie Anm. 31), S. 17, S. 19. In Richeri Gesta Senonensis ecclesiae (wie Anm. 33), S. 310, liest man: *Unde tanta multitudo pastorum in unum est conglobata, ut civitates et oppida intrantes, que gratis non dabantur vi rapiebant.* Vgl. auch Chronicon Rythmicum Austriacum. Hg. von Wilhelm Wattenbach. In: MGH SS 25 (wie Anm. 22), S. 349–368, hier: S. 361; Balduini Ninovensis Chronicon (wie Anm. 33), S. 544.

[82] Ein Autor aus Limoges notiert schlicht: *Anno Domini M°. CC°. lj°, transierunt Pastorelli Lemovicas.* Brevissimum chronicon 1251–1299. In: Chroniques de Saint-Martial de Limoges. Hg. von Henri Duples-Agier. Paris 1874, S. 184 f., hier: S. 184. Eine Konzentration auf Rouen findet sich in E chronico Sanctae Catharinae de Monte Rotomagi (wie Anm. 30), S. 402.

[83] Extrait des Chroniques de Saint-Denis (wie Anm. 33), S. 115 f.

wähnung aber ebenfalls die Städte.[84] Die verschiedenen Chronisten erwähnen dabei nicht immer dieselben Städte und diese nicht immer in der gleichen Reihenfolge. Paris, Tours, Orléans und Bourges werden jedoch oft erwähnt, nur vereinzelt Amiens, Marseille, Limoges, Aigues-Mortes, Beaucaire und Shoreham.[85]

Unter den Berichten über die Rintfleisch-Verfolgungen sind es besonders die ausführlicheren, die die Städte, in die die Menge kam, erwähnen. Peter von Zittau etwa macht sowohl die Sammlung der Menschenmassen als auch die Übergriffe auf Juden an Städten fest (Rottweil, Würzburg, Rottenburg, Windesheim nördlich von Nürnberg und Nürnberg) und nennt kursorisch *plures civitates et oppida Alemanniae*.[86] Auch die Fortsetzung der Annalen von Niederaltaich nennt Würzburg, Rottenburg, Windesheim und Nürnberg, fügt diesen Orten aber noch Mergentheim, Eichstätt und Berching hinzu.[87] Die „Annales Halesbrunnenses maiores" erwähnen, dass der Zug zuerst in kleineren Orten in den Regionen Frankens gewütet und dann auch die Städte Würzburg, Nürnberg, Rottenburg und Amberg heimgesucht habe.[88] In den „Historiae memorabiles", die nicht immer einen Ort für das, worüber sie berichten, angeben, sind Aktionen Rintfleischs etwa für Möckmühl und Würzburg belegt.[89] Die dem „Stift St. Florian zugeschriebenen Jahrbücher" lassen die Aktion in Röttingen beginnen und bezeichnen Rintfleisch als einen Bürger der Stadt, der hier den Pöbel (*vulgus*) zur Judenverfolgung angestiftet habe. Wie ein Heer seien er und sein Gefolge nach Würzburg und Nürnberg *et ad alias plures civitates et oppida ubi morabantur Iudei* gezogen (hier sind die Städte als Orte religiöser Pluralität angesprochen), wo die Menge die Bürger dazu gebracht habe, ihr die Juden zum Verbrennen zu übergeben.[90] Johannes von Viktring erinnerte knapp vier Jahrzehnte nach den Verfolgungen ausschließlich an Städte.[91]

Gleichwohl die Mengen der Hirten und diejenigen im Gefolge des Rintfleischs vorwiegend durch ländliche Gebiete zogen, erwähnen die meisten Autoren lediglich ihr Auftreten in Städten. Die Texte vermitteln so auch eine der Urbanität ver-

[84] E chronico Sancti Laudi Rotomagensis (wie Anm. 29), S. 396.
[85] Zu den verschiedenen Städten, über die berichtet wird, vgl. auch Barber: Crusades (wie Anm. 16), S. 4–6.
[86] Königsaaler Geschichtsquellen (wie Anm. 58), S. 137, Kap. 55.
[87] Hermanni Altahensis Continuatio III (wie Anm. 48), S. 56.
[88] Annales Halesbrunnenses maiores (wie Anm. 51), S. 46.
[89] Rudolf von Schlettstadt: Historiae memorabiles (wie Anm. 22), S. 45, cap. 3; S. 49–51, cap. 6; S. 58, cap. 11.
[90] Annales canoniae S. Floriani attributi (wie Anm. 56), S. 751.
[91] Iohannis abbatis Victoriensis liber certarum historiarum (wie Anm. 57), S. 362, lib. III, rec. B. D. A2.

pflichtete Raumvorstellung[92] und geben bei genauerer Betrachtung Einblicke in die sozio-politischen Strukturen der Städte, in die die umherziehenden Massen eindrangen, sowie in die Anliegen und das Agieren der Parteien:

Gerade die Schilderungen des Hirtenkreuzzugs lassen dabei auf die Diversität der lokalen Situationen, in der verschiedene Gruppierungen um Rechte und Statusfragen stritten, schließen. Paris als königliche Residenzstadt, in der die Hirten auf die Königin und Regentin Blanche, aber auch auf Interessengruppen abseits des Königtums trafen, sticht in vielen Berichten hervor.[93] Wilhelm von Nangis zufolge hätten die Hirten viele Kleriker, Religiosen und Laien ermordet. Die Anführer hätten nach Art der Bischöfe Wasser geweiht und nach Gutdünken Ehen geschlossen und geschieden.[94] In den „Auszügen aus Chroniken von Saint-Denis“ wird das quasiepiskopale Agieren eines Anführers des Hirtenkreuzzugs in der Kirche Saint-Eustache lokalisiert,[95] die nur knapp einen Kilometer nördlich der Kathedrale und der königlichen Residenz lag. Der Pariser Guardian berichtet, dass sich kurz nach der Ankunft der Hirten in Paris ein Volksauflauf (*commotio populi*) gebildet habe, dessen Teilnehmer in wenigen Tagen viele Kleriker getötet oder in die Seine geworfen oder verwundet hätten. Pfarrpriestern habe man während der Messe die Kaseln gestohlen und sie verspottet. Beinahe hätten die Aufrührer sogar die auf der anderen Seite der Seine gelegene Universität ausgelöscht und dabei das Blut weiterer Kleriker vergossen.[96]

Die feindliche Haltung der Hirten gegenüber Gelehrten heben mehrere Chronisten hervor, so Thomas Wykes, der Paris im gleichen Atemzug mit Orléans nennt,[97] und Jean de Vignay beziehungsweise die Vorlage aus Saint-Denis, mit der er in seiner Chronik arbeitete.[98] Jean de Vignay konstatiert, dass die Kreuzzugsscharen in Paris mehr Gegenwehr als anderswo zu erwarten hatten, da die Stadt der „Quell der sieben freien Künste“ sei, sich hier zahlreiche weise Männer aufhielten und eine theologische Fakultät vorhanden sei,[99] ohne jedoch konkret zu sagen, worin diese Gegenwehr bestand. Auch in den Gesta der Bischöfe von Le Mans werden unter den Opfern der Hirten die Scholaren besonders hervorgehoben. Sie hätten sich hinter verschlossenen Türen in ihren Häusern versteckt, bis ihnen die Kö-

92 Vgl. Susanne Rau/Jörg Rüpke: Religion und Urbanität. Wechselseitige Formierungen als Forschungsproblem. In: HZ 310 (2020), S. 654–680, hier: S. 655.
93 Vgl. hierzu Barber: Crusades (wie Anm. 16), S. 3 f.
94 Gesta sanctae memoriae Ludovici regis Franciae (wie Anm. 34), S. 382.
95 Extrait des Chroniques de Saint-Denis (wie Anm. 33), S. 115 f.
96 Annales de Burton (wie Anm. 27), S. 291. Vom Ertränken von Klerikern in der Seine berichtet auch die Chronica universalis Mettensis (wie Anm. 37), S. 522.
97 Thomas Wykes: Chronicon (wie Anm. 35), S. 100.
98 Zur Universitätsstadt Paris vgl. Tuilier: Révolte (wie Anm. 38), S. 362 f.
99 Chronique de Primat traduite par Jean de Vignay (wie Anm. 33), S. 9.

nigsmacht zur Hilfe gekommen sei.[100] Berücksichtigt man die Geschichte der Pariser Universität, so gewinnt diese Erzählung an Glaubwürdigkeit. Schon seit den Anfängen der Universität waren die Magister und Scholaren auf den König angewiesen: Ein blutiger Konflikt zwischen den Scholaren und der Stadtgemeinde im Jahr 1200, der sich an einem Tavernenstreit entzündet hatte, hatte das Eingreifen des Königs erfordert und der Universität schließlich ihre herausgehobene Rechtsstellung und Autonomie von der Bürgerschaft beschert. 1229 ereignete sich Ähnliches.[101] Auch ohne dass es konkrete Querelen gab, könnte man vermuten, dass die Gemeinde 1251 wenig Anlass zum Schutz der Scholaren vor den auswärtigen Angreifern sah.

Vergleichbares trug sich in Orléans zu, wobei es allerdings widersprüchliche Aussagen zum Geschehen gibt. Während einige Chronisten von vielen Opfern unter den Klerikern berichten,[102] liest man anderenorts, dass alle Kleriker aus Orléans geflohen seien.[103] Matthew Paris' „Chronica majora" bietet hier Details. Gegen den Willen des Bischofs und des Klerus hätten die Bürger die Hirten bereitwillig in Orléans einziehen lassen. Wie in Paris, so fanden auch in Orléans die verschiedenen für die Stadt politisch und religiös verantwortlichen Gruppen nicht zu einer einmütigen Haltung gegenüber den Hirten. Matthew nutzt die Reaktionen einiger Kleriker und Mönche dazu, um den Klerus und den Laienstand voneinander abzugrenzen: Einige Scholaren hätten sich über das Gebot des Bischofs von Orléans, den Predigten der Hirten nicht zuzuhören, hinweggesetzt, aus Erstaunen darüber, dass ein Laie, und noch dazu ein Angehöriger des Pöbels, predigte, als sei er ein Bischof. Anlässlich einer dieser Predigten lässt Matthew einen Scholaren Einspruch erheben und den „Meister" einen Häretiker und Feind der Wahrheit nennen. Dafür habe der Scholar mit dem Leben bezahlen müssen, und dies wiederum sei der Auftakt zu einem Sturm der Hirten auf den Klerus der Stadt gewesen. Dabei seien auch Bücher geraubt und Häuser beschädigt worden, der Bischof und sein Gefolge seien beleidigt, viele Kleriker erschlagen oder ertränkt, verwundet oder ausgeraubt worden. Vor diesen Taten hätten die Bürger die Augen verschlossen, und daher seien schließlich Kleriker in Scharen aus der Stadt geflohen. Dann hätten die Hirten aus Furcht vor einer möglichen Erhebung die Stadt verlassen (*Pastores autem formidantes, ne in civitate orta seditione supervenirent et bellum consererent cum ipsis,*

100 Actus pontificum Cenomannis (wie Anm. 36), S. 501.

101 Vgl. hierzu jüngst Marcel Bubert: Kreative Gegensätze. Der Streit um den Nutzen der Philosophie an der mittelalterlichen Pariser Universität. Leiden u. a. 2019, S. 302–312 mit Hinweisen auf die ältere Literatur.

102 Annales de Burton (wie Anm. 27), S. 291; ähnlich Gesta sanctae memoriae Ludovici regis Franciae (wie Anm. 34), S. 382; Ex Iohannis de Tayster annalibus, ad a. 1251 (wie Anm. 31), S. 589.

103 Chronica universalis Mettensis (wie Anm. 37), S. 522.

recesserunt.). Matthews Worte lassen erahnen, dass es unter den Bürgern zu einem Sinneswandel gekommen sein muss. Nichtsdestotrotz habe der Bischof die Stadt mit dem Interdikt belegt, weil die Bürger die Hirten durch Billigung der Taten, durch Zustimmung und Zuarbeit unterstützt hätten. Auch die Hirten seien exkommuniziert worden.[104] Dass die Angehörigen der Rechtsschule in Orléans – die noch sehr frei organisiert waren und in über die Stadt verteilten Häusern wirkten[105] – ein Ziel der Angriffe der Hirten waren, berichten auch andere Chronisten.[106] Orléans wurde also genauso wie Paris als ein Zentrum nicht nur der religiösen, sondern auch der geschulten Elite verstanden. Die Bürgerschaft von Orléans scheint sich zunächst nicht daran gestört zu haben, dass die Scholaren und Kleriker angegriffen wurden.

Auch in Rouen steuerten die Hirten zielsicher ein Zentrum der kirchlichen Hierarchie an: Dem Pariser Guardian zufolge „zerbrachen" sie die Kirche und das Haus des Erzbischofs.[107] Den „Annalen von St. Laudus in Rouen" zufolge vertrieben sie den Erzbischof, der gerade eine Pfingstsynode abhielt, und alle zur Synode versammelten Priester aus der Kirche.[108]

Angriffe auf theologisch Versierte sind auch in anderen Städten mit Schulen zu greifen. Der Pariser Guardian berichtet, dass in Tours unter anderem die – übrigens nur etwa 300 Meter von der Kathedrale entfernt gelegene –[109] Schule der Dominikaner angegriffen worden sei. Die Bürger hätten die Dominikaner ihrer Einkünfte beraubt, die Hirten hätten die Hostie aus ihrer Kirche entfernt, dort einem Bildnis der Jungfrau Maria die Nase abgeschlagen und die Augen herausgenommen und außerdem mitgenommen, was ihnen gefiel.[110] Auch die Franziskaner hät-

104 Matthaei Parisiensis, monachi Sancti Albani, Chronica majora (wie Anm. 26), S. 249–251, Zitat: S. 250.

105 Detlef Illmer: Die Rechtsschule von Orléans und ihre deutschen Studenten im späten Mittelalter. Zugleich eine Studie zum „ius scolasticum" und zur Entstehung des französischen Bildungsprimats seit dem 12. Jahrhundert. In: Johannes Fried (Hg.): Schulen und Studium im sozialen Wandel des hohen und späten Mittelalters. Sigmaringen 1986, S. 407–438, hier: S. 419.

106 Jean de Vignay spricht insbesondere vom Kampf der Hirten mit den *clers de l'université*; Chronique de Primat traduite par Jean de Vignay (wie Anm. 33), S. 9. Ähnliches begegnet in E chronico Sancti Laudi Rotomagensis (wie Anm. 29), S. 396. In Actus pontificum Cenomannis (wie Anm. 36), S. 500 f., liest man, dass der „Meister" der Hirten eines Tages beim Überqueren einer Brücke über die Loire einen Scholaren erspäht, ihn mit dem Schwert niedergestreckt und in den Fluss geworfen habe.

107 Annales de Burton (wie Anm. 27), S. 291.

108 E chronico Sancti Laudi Rotomagensis (wie Anm. 29), S. 396.

109 Claire Mabire La Caille: Evolution des enclos conventuels mendiants a Tours (XIIIe–XVIIIe siècle). In: Recherches sur Tours 1 (1981), S. 13–72, hier: S. 17.

110 Dies erinnert an die Bilderstürme der Donatisten und ließe sich daher auch als Topos deuten. Zum Bildersturm vgl. Horst Bredekamp: Kunst als Medium sozialer Konflikte. Bilderkämpfe von

ten sie mit ihren Beleidigungen heimgesucht und deren Haus niedergebrannt.[111] Die „Chronica universalis Mettensis" behandelt den Angriff auf die Dominikaner ausführlicher: Die Hirten hätten öffentlich gegen die Wirksamkeit der Sakramente gepredigt und behauptet, dass man von der Tötung eines Klerikers absolviert werden könne. Dagegen hätten die Dominikaner angepredigt. Vier von ihnen seien deswegen schwer verletzt, ihr Chorgestühl sei zerstört und ihre Kirche geplündert worden. Elf Dominikaner seien durch die Stadt geprügelt worden, und man habe sie vor der Stadt erschlagen wollen. Aus Furcht vor dem König und der Königin hätten die Bürger Letzteres aber nicht zugelassen. Stattdessen hätten sie einige Hirten erschlagen und weitere in die Flucht geschlagen.[112] In dieser Quelle wird – anders als im Bericht des Guardians – der Eindruck erweckt, als sei ein Punkt erreicht gewesen, an dem die Bürger den Angriff auf die in der Stadt lebenden Religiosen als in ihrer Verantwortung liegend betrachtet und aus Angst vor den weltlichen Autoritäten zu unterbinden versucht hätten. Ob dies aber wirklich der Fall war, ist fraglich, denn in den Gesta der Bischöfe von Le Mans ist die Rede davon, dass die Hirten in Begleitung der Einwohner das Haus der Prediger zerstört und deren Kirche geplündert hätten.[113] Im Hinblick auf die Parteinahme der Bürger von Tours für oder gegen die seit circa dreißig Jahren dort ansässigen Bettelorden und deren Schulen[114] gibt es also widersprüchliche Angaben.

Möglicherweise fand auch ein Sinneswechsel statt, schließlich mussten die Stadtbewohner vom Beobachten der Taten bis zur Bewertung dieser Taten und ihrem Eingreifen eine Reihe von Entscheidungen treffen und sich untereinander koordinieren, was jeweils Zeit in Anspruch genommen haben dürfte, zumal von einer ursprünglich diffusen Bewertung der Gewalttaten durch die Stadtgemeinde auszugehen ist.[115] Solche Vorgänge legen verschiedene Quellen für Bourges nahe. Matthew Paris zufolge hätten hier die Bürger den Hirten freudig die Stadttore geöffnet, obwohl der Bischof es ihnen verboten habe. Der Anführer der Hirten habe angekündigt, Wunder zu wirken, woraufhin eine Menge Volk zusammengeströmt sei.

der Spätantike bis zur Hussitenrevolution. Frankfurt a. M. 1975, S. 105–107 (für den Hinweis danke ich Dr. Vera Henkelmann). Zur Bedeutung der Donatisten für den Häresiediskurs vgl. Hans-Werner Goetz: Die Wahrnehmung anderer Religionen und christlich-abendländisches Selbstverständnis im frühen und hohen Mittelalter (5.–12. Jahrhundert). Bd. 1. Berlin 2013, S. 386, S. 577, S. 588, S. 636, S. 827.

111 Annales de Burton (wie Anm. 27), S. 291 f.

112 Chronica universalis Mettensis (wie Anm. 37), S. 522.

113 Actus pontificum Cenomannis (wie Anm. 36), S. 500.

114 Mabire La Caille: Evolution (wie Anm. 109), S. 17, S. 33.

115 Vgl. Imbusch: Rolle (wie Anm. 12), S. 52 f., S. 57.

Als sich diese Verheißung jedoch als Schwindel herausstellte, habe ihm einer aus der Menge, ein Fleischer, mit einer Axt den Kopf gespalten.[116]

Anderen Quellen zufolge kam es in Bourges zu Übergriffen auf Juden: Wilhelm von Nangis erwähnt, dass die Hirten die Bücher der Juden zerstört und deren Besitzungen geplündert hätten.[117] In den „Annalen von St. Laudus in Rouen" ist von einem Überfall der Hirten auf die Synagoge, aber auch von einem Gegenangriff der Bevölkerung von Bourges auf die Hirten die Rede.[118] Jean de Vignay erläutert, dass die Juden unter dem Schutz des Königs stünden und die Bürger das an ihm begangene Unrecht hätten rächen wollen. Als die Hirten geflohen seien, hätten die Bürger diese zu Pferd auf die Felder verfolgt, wo sie den „Meister" und andere Teilnehmer töten und den Rest zerstreuen konnten.[119] Sylvia Schein sieht in den Übergriffen auf Juden ein typisches Merkmal derjenigen Kreuzzugsunternehmungen, die „volkstümlich-messianische Bewegungen" darstellten.[120] Insofern verwundert es, dass nur wenige der bislang genannten Chronisten über solche Begebenheiten für den Hirtenkreuzzug von 1251 Auskunft geben. Mit der Stadtbevölkerung abgestimmte Pogrome waren siebzig Jahre später schließlich ein Charakteristikum des zweiten Hirtenkreuzzugs.[121] Allerdings könnte auch ein Gebet von Salomo ben Josef auf den Hirtenkreuzzug bezogen werden, das die Entführung und Ermordung vieler junger Juden in einer Ortschaft namens „Benweis" beziehungsweise „Banios" (möglicherweise Baigneux-les-Juifs nördlich von Dijon) erwähnt und die Zwangstaufe von 48 Personen evoziert. Eine andere Quelle berichtet von 139 jüdischen Opfern in der Nähe von Dijon.[122] Wahrscheinlich kam es also auch 1251 häufiger zu Übergriffen auf Juden. Die christlichen Chronisten präsentierten allerdings entweder nur eine Auswahl der Geschehnisse oder hatten von weiteren Übergriffen auf jüdische Gemeinden keine Kenntnis.

Allen von den Hirten angegriffenen Gruppen ist ein besonderer Rechts- und Schutzstatus gemeinsam: Waren es in Orléans und in Paris die Scholaren, die unter dem Schutz des Königs standen, und in Tours die unter päpstlichem Schutz stehenden Angehörigen der Bettelorden, während der Klerus ohnehin einer separaten Rechtssphäre angehörte, so waren es mindestens in Bourges die dem Königsschutz unterstehenden Juden. Interessant ist, dass die Stadtgemeinde in Bourges den

116 Matthaei Parisiensis, monachi Sancti Albani, Chronica majora (wie Anm. 26), S. 251.

117 Gesta sanctae memoriae Ludovici regis Franciae (wie Anm. 34), S. 382.

118 E chronico Sancti Laudi Rotomagensis (wie Anm. 29), S. 396.

119 Chronique de Primat traduite par Jean de Vignay (wie Anm. 33), S. 10.

120 Schein: Kreuzzüge (wie Anm. 41), S. 121.

121 Vgl. hierzu Nirenberg: Communities (wie Anm. 8), S. 43–63.

122 Mentgen: Kreuzzugsmentalität (wie Anm. 3), S. 304; Abraham David: Ausschreitungen gegen französische Juden zur Zeit des Hirtenkreuzzugs 1251. In: FrRu 32 (1980) 121–124, S. 162–164.

Überfall auf die Juden zum Anlass nahm, die Hirten abzuwehren, während Bürger anderer Städte die Übergriffe auf Kleriker und Mönche offenbar duldeten. Die gemeinsame Religionszugehörigkeit scheint nicht per se Solidarität befördert zu haben, zumal wenn die Angreifer ebenfalls Christen waren. Vielmehr traten durch die Überfälle der Hirten Brüche innerhalb der städtischen Gemeinschaft ans Licht. Andere Dynamiken konnten sich ergeben, wenn ein Mitglied der Bürgerschaft Schaden nahm, wie die Ausführungen des Pariser Guardians über Bourges nahelegen. Als der Anführer der Hirten hier predigte, habe einer der Umstehenden mit Bezug auf das Alte und das Neue Testament widersprochen. Deswegen habe ihn der Anführer mit einem Schwert erschlagen, woraufhin die Mitbürger (*concives*) zu den Waffen gegriffen hätten und ein Gemetzel begonnen habe.[123]

Der Überblick über die Quellen zum Hirtenkreuzzug zeigt, dass die Chronisten mithilfe der Erwähnung von Städten den diffusen Zug der Hirten und damit auch ihre Erzählung strukturierten. Die Hirten besetzten den Berichten zufolge kurzzeitig religiös aufgeladene Räume in der Stadt (wie die Kirche Saint-Eustache in Paris), nutzten die Öffentlichkeit des städtischen Raums für Predigten und als Bühne für Angriffe auf Kleriker. Dabei scheint ihnen nach der Ankunft in einer neuen Stadt schnell deutlich geworden zu sein, wo sie potenzielle Hauptgegner, nämlich theologisch versierte und auf die Predigt spezialisierte Kleriker und Mönche an den Universitäten und den Niederlassungen der Bettelorden, fanden. Zumindest mit Blick auf die christlichen Quellen über den Hirtenkreuzzug wirkt der Übergriff auf die jüdische Gemeinde in Bourges exzeptionell. Bedenkt man jedoch die Talmudverbrennungen in Paris im Jahr 1242, so fügt sich der Umstand, dass es die Menge in Bourges auch auf die Schriften der Juden abgesehen hatte, in die Reihe antijüdischer Aktionen um die Mitte des 13. Jahrhunderts. Im Übrigen gingen sie mit einer Synagoge ähnlich um wie mit einer Kirche. Die Hirten trafen in den Städten aber nicht nur auf sakrale Gebäude, Kleriker, Scholaren und Juden, sie trafen auch auf die Königin (auffällig ist das weitgehende Fehlen königlicher Verwaltungsleute für die Städte), auf Bischöfe, die über gewisse Rechte innerhalb der Städte verfügten, sowie schließlich auf die Bürgergemeinden, deren Entscheidung offenbar den Ausschlag dafür gab, ob man die Hirten gewähren ließ oder nicht.[124] Es ist bemerkenswert, dass die führenden klerikalen Schichten schnell zu einer abwertenden Hal-

123 Die Hirten seien gefallen oder geflohen; vgl. Annales de Burton (wie Anm. 27), S. 292. Gesta sanctae memoriae Ludovici regis Franciae (wie Anm. 34), S. 382, erwähnt, dass die Bürger die Hirten sogar bis zu einem Punkt zwischen den Dörfern Morthemer und Villeneuve-sur-Cher, also gegebenenfalls über 100 Kilometer weit, verfolgt hätten.

124 Zu religiösen Praktiken und Handlungsspielräumen vor dem Hintergrund der „stadttypischen Überlappung der unterschiedlichsten Machtstrukturen, Gemeinschaften und Netzwerke“ vgl. Rau/Rüpke: Religion (wie Anm. 92), S. 657.

tung gegenüber den Hirten gelangten, während die Bürger die Hirten zunächst in die Stadt einließen, teilweise sogar mit ihnen gemeinsame Sache machten oder sie erst nach tumultartigen Übergriffen aus der Stadt trieben. Die Quellen vermitteln nicht das Bild von der Stadt als homogenem sozialen Gebilde, sondern von Städten als heterogenen Sozialräumen, in denen unterschiedliche Interessengruppen um Weisungsbefugnisse rangen.

Einige Chronisten, die die Rintfleisch-Verfolgungen behandeln, erwähnen Initiativen der Bürger, die weit über die für die Hirtenkreuzzüge dokumentierte freundliche Aufnahme der Menschenmengen in der Stadt und das spontane Mitwirken hinausgehen. Siegfried von Ballhausen stellt in seinem „Compendium historiarum" für 1299 Hostienschändungen in Röttingen als Anlass für die folgenden Taten in Franken dar. Fromme Frauen hätten den Priester und dieser wiederum den Richter und einige Bürger darüber informiert, die dann die Juden und den mit ihnen verschworenen Küster ergriffen hätten.[125] Eine ähnliche Geschichte erzählt der Autor der „Historiae memorabiles" für Möckmühl.[126] Der „Chronica S. Petri Erfordensis moderna" zufolge wären alle Juden in Alemannien ausgelöscht worden, hätten sie nicht Geld an Fürsten und Bürger gezahlt. In Würzburg und Rottenburg seien die dort lebenden Juden jedoch getötet worden und in anderen Städten sei man diesem Beispiel gefolgt. Dafür macht der Chronist Rintfleisch mit seinen Anhängern, die *per quendam favorem civium*, die Juden töteten, verantwortlich. Konkreter wird der Autor an dieser Stelle nicht,[127] es wird aber deutlich, dass er nicht nur der umherziehenden Menge, sondern auch der Stadtbevölkerung einen Anteil an den Verfolgungen zuschreibt.

Den „Historiae memorabiles" zufolge seien die Mitglieder der großen Judengemeinde von Würzburg,[128] einem Zentrum des jüdischen Lebens in Franken,[129] von Rintfleisch erschlagen worden. Zwei Exempla beschreiben darüber hinaus, wie die *maiores* der Stadt entkommene Juden verhörten, die angeblich einen Hostienfrevel gestanden und sich somit die vermeintlich gerechte Todesstrafe zugezogen hätten.

125 Sifridi presbyteri de Balnhusin historia universalis (wie Anm. 22), S. 715.

126 Ein Bauer habe von einer Hostienschändung geträumt, daraufhin seinen Pfarrpriester informiert, der seinerseits den Schultheiß alarmiert habe. Dieser habe daraufhin 76 Juden durch Rintfleisch töten lassen. Vgl. hierzu Friedrich Lotter: Das Judenbild im volkstümlichen Erzählgut dominikanischer Exempelliteratur um 1300. Die „Historiae memorabiles" des Rudolf von Schlettstadt. In: Georg Jenal (Hg.): Herrschaft, Kirche, Kultur. Beiträge zur Geschichte des Mittelalters. Festschrift für Friedrich Prinz zu seinem 65. Geburtstag. Stuttgart 1993, S. 431–445, hier: S. 439.

127 Chronica S. Petri Erfordensis moderna (wie Anm. 52), S. 318 f., Zitat: S. 319.

128 Vgl. Roland Flade: Die Würzburger Juden. Ihre Geschichte vom Mittelalter bis zur Gegenwart. Würzburg ^{2}1996, S. 9.

129 Karlheinz Müller: Die Würzburger Judengemeinde im Mittelalter. Von den Anfängen um 1100 bis zum Tod Julius Echters (1617). Würzburg 2004, S. 50 f.

Das eine Mal soll Rintfleisch zur Vollstreckung gerufen worden sein,[130] das andere Mal ist davon die Rede, dass die Stadt ihm 1120 Pfund Denare für die Entfernung der Leichen aus der Stadt gezahlt habe.[131] Der Wahrheitsgehalt dieser Episoden lässt sich auch mit Blick auf die in anderen Quellen dokumentierten Beziehungen zwischen der jüdischen Gemeinde und der Bürgerschaft Würzburgs nur schwer einschätzen. Der Bischof war Schutzherr der Juden und hatte die Bürger 1261 eigentlich darauf verpflichtet, sich nicht in diese Belange einzumischen.[132] Die Ratsherren und die Bürger von Würzburg hatten am 1. März 1288 einen Vertrag bekräftigt, den sie zuvor mit den Juden geschlossen hatten und in dem sich die beiden Parteien zu gegenseitigem Schutz und Nutzen verpflichtet hatten.[133] Doch schon seit der Mitte des 13. Jahrhunderts war es auch zu Übergriffen gekommen.[134] Ob Bischof Manegold von Neuenburg die Verfolgungen des Jahres 1298 duldete oder nicht, lässt sich Friedrich Lotter zufolge nicht eindeutig klären,[135] wohl aber, dass den Rintfleisch-Verfolgungen in Würzburg über 900 Juden, Einheimische und Fremde, zum Opfer fielen.[136] Die aktive Mitwirkung der Stadtgemeinde liegt also trotz aller Zweifel an der Glaubwürdigkeit der „Historiae memorabiles" und trotz der Verpflichtungen, die die Bürger gegenüber den Juden und dem Bischof als ihrem Schutzherrn eingegangen waren, nahe. Dafür spricht auch, dass die Hostienschändung ein universal anwendbarer Vorwurf war, der schnell zu Gewalt führen konnte.[137]

Die Initiative der Städte bei der Ermordung der Juden unterscheidet die Rintfleisch-Verfolgungen deutlich vom Hirtenkreuzzug. Vielleicht lässt sich dies dadurch erklären, dass sich die Mengen im Gefolge des Rintfleisch längere Zeit in einem relativ kleinen Gebiet aufhielten und dies den Bürgern Gelegenheit bot, über unliebsame Stadtbewohner nachzudenken und die Verfolger zu deren Beseitigung zu rufen. Vielleicht war auch die Bereitschaft, jüdische Mitbürger nicht nur spontan, sondern nach der Abschätzung des Für und Wider gewaltsam zu beseitigen,

130 Rudolf von Schlettstadt: Historiae memorabiles (wie Anm. 22), S. 58, cap. 11.

131 Ebd., S. 60 f., cap. 13. Vgl. auch Lotter: Judenbild (wie Anm. 126), S. 443.

132 Flade: Juden (wie Anm. 128), S. 18 f.; Müller: Judengemeinde (wie Anm. 129), S. 79.

133 Abgedruckt in Wilhelm Füsslein: Das Ringen um die bürgerliche Freiheit im mittelalterlichen Würzburg des 13. Jahrhunderts. Mit neuen Urkunden. In: HZ 134 (1926) 2, S. 267–318, hier: S. 283 f. Vgl. auch Lotter: Judenverfolgung (wie Anm. 4), S. 410.

134 Müller: Judengemeinde (wie Anm. 129), S. 77–79, S. 99–101.

135 Lotter: Judenverfolgung (wie Anm. 4), S. 404–406.

136 Flade: Juden (wie Anm. 128), S. 23. Vgl. auch Müller: Judengemeinde (wie Anm. 129), S. 110.

137 Miri Rubin: Imagining the Jew. The Late Medieval Eucharistic Discourse. In: Ronnie Po-Chia Hsia/Hartmut Lehmann (Hg.): In and Out of the Ghetto. Jewish-Gentile Relations in Late Medieval and Early Modern Germany. Cambridge 1995, S. 177–208, hier: bes. S. 198 f.

größer als diejenige, den Mord an Klerikern und Scholaren, deren Verletzung automatisch die Exkommunikation nach sich zog,[138] zu planen.

Jedoch willigten nicht alle in die Judenverfolgungen ein. Den „Annales Osterhovenses“ zufolge hätten die Bürger von Regensburg unter Verweis auf die Ehre ihrer Stadt nicht gewollt, dass die dort lebenden Juden ohne ein Gerichtsurteil getötet würden, um nicht voreilig dem Willen Gottes zuwiderzuhandeln.[139] Dies harmoniert mit Anna Abulafias Beobachtung, dass antijüdische Vorwürfe nicht zwangsläufig zu Gewalttaten führen mussten,[140] mit Siegfried Wittmers Befund, dass christliche und jüdische Einwohner in Regensburg bis ins 15. Jahrhundert relativ friedlich nebeneinander lebten,[141] sowie mit Andreas Angerstorfers Überlegung, dass die Christen die Juden wegen steuerlicher Vorteile und ihrer Rolle als Geldverleiher schützten.[142] Friedrich Lotter vermutet, dass die Regensburger mit dieser Aktion beabsichtigten, den mit Steuereinnahmen verbundenen Judenschutz für sich zu reklamieren.[143] Wichtig für die hier verfolgte Fragestellung ist, dass selbst dann, wenn die Opfer der Menschenmengen „Andersgläubige“ waren, die christlichen Bürger sich nicht zwangsläufig gegen die Opfer entscheiden mussten.

Dies wird auch in einer Episode in den „Historiae memorabiles“ thematisiert, die zudem die Beschreibung sozialer Distinktionsprozesse mit stadtbezogenen Raumvorstellungen verband: In Uffenheim (oder Opfingen, das lässt sich nicht eindeutig bestimmen) hätten die *maiores* der Stadt die Juden schützen wollen und vor dem Zug die Tore verschlossen, der nun davor wartete. Einer der Torwächter habe einen Stein auf das Kreuz geworfen, das der Menschenmenge vorangetragen wurde; der Korpus sei vom Kreuz getrennt worden und habe begonnen, stark zu schwitzen. Die Armen (*pauperes*) der Stadt habe das Wunder derart beeindruckt, dass sie gegen den Willen der Reichen und Großen alle Juden in der Stadt getötet hätten.[144] Die Stadtmauer beziehungsweise ihre Tore werden hier zur entscheiden-

[138] Vgl. hierzu Katharina Ulrike Mersch: Missachtung, Anerkennung und Kreativität. Exkommunizierte Laien im 13. Jahrhundert. Ostfildern 2020, S. 123 f., S. 130 f.

[139] Annales Osterhovenses (wie Anm. 53), S. 552; vgl. auch Continuatio Ratisbonensis (wie Anm. 53), S. 419; Continuatio Weichardi de Polhaim (wie Anm. 53), S. 814 f.

[140] Anna Sapir Abulafia: Integrating the Study of Christian-Jewish Relations into Medieval Urban History. In: Jörg Oberste (Hg.): Pluralität – Konkurrenz – Konflikt. Religiöse Spannungen im städtischen Raum der Vormoderne. Regensburg 2013, S. 163–173, hier: S. 170.

[141] Siegfried Wittmer: Jüdisches Leben in Regensburg. Vom frühen Mittelalter bis 1519. Regensburg 2001, S. 67.

[142] Andreas Angerstorfer: Von der Judensiedlung zum Ghetto in der mittelalterlichen Reichsstadt Regensburg (bis 1519). In: Manfred Treml/Josef Kirmeier (Hg.): Geschichte und Kultur der Juden in Bayern. Aufsätze. München 1988, S. 161–172, hier: S. 165.

[143] Lotter: Judenverfolgung (wie Anm. 4), S. 413.

[144] Rudolf von Schlettstadt: Historiae memorabiles (wie Anm. 22), S. 59, cap. 12.

den Grenze erklärt, an der über die Übernahme von äußeren Einflüssen diskutiert wird. Jedem Hörer der Geschichte wird bewusst gewesen sein, dass der Stadtherr oder der Stadtrat die Gewalt über die Schlüssel zu den Stadttoren innehatte und Organisationen der Bürgerschaft zur Wacht über die Mauer verpflichtet waren.[145] Die Stadtmauer diente im mittelalterlichen Imaginarium als Sinnbild für die Stadt schlechthin[146] und damit als die Grenze, die das „Wir" der Stadtgemeinschaft von den „anderen" außerhalb der Mauern trennte.[147] Im vorliegenden Fall wird aber die Stadtgemeinschaft sozial heterogen gedacht, was Meinungsverschiedenheiten auf religiöser Ebene bedingen konnte.[148] Und wiederum wird den Armen eher als anderen zugetraut, eine in religiöser Hinsicht vermeintlich richtige Tat zu vollbringen. Wie einige Chronisten, so macht sich der Autor der Sammlung unter anderem mit diesem Exemplum zum „stillen Komplizen", der durch die Distanzierung von den Opfern zur Rechtfertigung der Taten beiträgt.[149] Auch wenn es sich im konkreten Fall der Quellen über die Rintfleisch-Verfolgungen nicht nachweisen lässt, so ist es doch wahrscheinlich, dass diese Berichte in der Rezeptionssituation das Potenzial bargen, eine antijüdische Stimmung zu erzeugen und antijüdische Gewalttaten zu fördern.

Im Vergleich zwischen den Rintfleisch-Verfolgungen und dem Hirtenkreuzzug fällt auf, dass im Zusammenhang mit den Rintfleisch-Verfolgungen häufiger der Eindruck erweckt wird, als hätten die Bürger die Mengen nicht einfach nur in die Stadt gelassen, sondern sie zu sich gerufen und teils sogar mit dem Morden beauftragt. Dies mag dadurch zu erklären sein, dass es hier eben um Andersgläubige ging, die schon zuvor häufiger Opfer von Verfolgungen gewesen waren. Da jedoch nicht alle Städte gleich agierten, müssen auch die konkreten Beziehungskonstellationen vor Ort und lokale Mentalitäten Einfluss auf die Einstellung der Städter zu den umherziehenden Mengen gehabt haben. Es ist auf der gegebenen Quellengrundlage allerdings oft schwierig, diese detailliert zu erfassen.

145 Vgl. hierzu (mit zahlreichen Beispielen) Louis Carlen: Die Stadtmauer im Recht. In: Stadt- und Landmauern. Bd. 1: Beiträge zum Stand der Forschung. Zürich 1995, S. 15–22, hier: S. 18 f.

146 Heinrich Koller: Die mittelalterliche Stadtmauer als Grundlage städtischen Selbstbewußtseins. In: Bernhard Kirchgässner (Hg.): Stadt und Krieg. 25. Arbeitstagung in Böblingen 1986. Sigmaringen 1989, S. 9–25, hier: S. 9; Dominik Greifenberg: Die Stadtmauer als Objekt korporativer Identifikation? Zur symbolischen und soziokulturellen Bedeutung der Stadtmauer für die Kölner Kommune im Hoch- und Spätmittelalter. In: AHVN 218 (2015), S. 45–94, hier: S. 47.

147 Frank Rexroth: Grenzen der Stadt, Grenzen der Moral. Der urbane Raum im Imaginarium einer vormodernen Stadtgesellschaft. In: Peter Johanek (Hg.): Die Stadt und ihr Rand. Köln 2008, S. 147–165, hier: S. 157.

148 Vgl. Jörg Rüpke: Urban Religion. A Historical Approach to Urban Growth and Religious Change. Berlin/Boston 2020, S. 25 f.

149 Vgl. Imbusch: Rolle (wie Anm. 12), S. 69.

Die Obrigkeiten und die Sanktionierung der Gewalttaten

Sowohl Angriffe auf Juden und damit den königlichen Judenschutz als auch Gewalt gegen Geistliche, die eine gesonderte Gruppe der christlichen Gesellschaft darstellten, galten den rechtlichen Normen zufolge als deviant. (Mit den rechtlichen Normen ist die Kategorie des „passiven strukturellen Dritten" angesprochen, auf die Peter Imbusch hinweist.)[150] Autoritäten waren deshalb dazu berufen, die Angriffe zu ahnden – und auch dabei zeigt sich der wichtige Einfluss der lokalen Strukturen:

Eine Bestrafung der Teilnehmer des eigentlichen Zugs findet sich derart konkret nur im Fall des Hirtenkreuzzugs, dessen Teilnehmer nach den ersten Angriffen auf Kleriker exkommuniziert worden sein sollen (ohnehin mussten sie deswegen *ipso facto* als exkommuniziert gelten). Im Fall von Orléans traf die Strafe die Stadt, belegte der Bischof sie doch aufgrund der Beteiligung der Bürger an den Taten der Hirten mit dem Interdikt.[151] Auch in Rouen scheinen die Bürger betroffen gewesen zu sein, denn im Visitationsregister des Bischofs liest man in einem Eintrag zu den dritten Iden des Juni 1251, dass er mit seiner Synode *propter multitudinem pastorum, et commotionem populi* in seinen Palast habe ausweichen müssen. Und für den Folgetag ist vermerkt, dass der *maior* und viele Untergebene zur Synode gekommen seien und Absolution erbeten hätten.[152] Das bedeutet, dass sie zuvor exkommuniziert gewesen waren, wahrscheinlich wegen des Aufruhrs am Tag zuvor.

Für die Rintfleisch-Pogrome ist nur in den „Annales Halesbrunnenses maiores" die Bestrafung breiterer Bevölkerungsschichten, nämlich der Armen, Bauern und Bürger, erwähnt: König Albrecht habe sie schwer bestraft, sie gedemütigt und ihren Besitz genommen.[153] Die „dem Stift St. Florian zugeschriebenen Jahrbücher" sprechen von Bürgern verschiedener Städte, denen der König hohe Geldstrafen auferlegt habe, da die geschädigten Juden seine Kammerknechte gewesen seien und die Bürger sie den Verfolgern übergeben hätten.[154] In den Jahrbüchern von Wien wird besonders Nürnberg hervorgehoben. Den Bürgern sei aufgrund ihrer Zustimmung zu den Taten eine hohe Geldstrafe auferlegt worden.[155] Auch andere Quellen belegen die besondere Rolle Nürnbergs. Auf dem Nürnberger Reichstag

150 Ebd., S. 57, S. 60.

151 Matthaei Parisiensis, monachi Sancti Albani, Chronica majora (wie Anm. 26), S. 251. Vgl. Barber: Crusades (wie Anm. 16), S. 4.

152 Regestrum visitationum archiepiscopi Rothomagensis. Journal des visites pastorales d'Eude Rigaud. Archevêque de Rouen, MCCXLVIII–MCCLXIX. Hg. von Théodose Bonnin. Rouen 1847, S. 112.

153 Annales Halesbrunnenses maiores (wie Anm. 51), S. 46.

154 Annales canoniae S. Floriani attributi (wie Anm. 56), S. 751.

155 Continuatio Vindobonensis (wie Anm. 54), S. 721.

am 18. November 1298 nahm König Albrecht die dort lebenden Juden in seinen Frieden auf und explizit in Schutz und verkündete, künftige Angriffe auf Leib und Gut mit Spiegelstrafen zu ahnden.[156] Friedrich Lotter macht außerdem darauf aufmerksam, dass der Stadtrat kurz nach den Verfolgungen 19 Bürger wegen eines von ihnen angezettelten Aufruhrs (die Vergehen an den Juden werden nicht explizit genannt) verbannte. Sieben davon waren nachweislich Handwerker. Weitere acht Handwerker wurden Ende September auf Anordnung König Albrechts der Stadt verwiesen.[157] Dieses besondere Vorgehen erklärt sich wohl dadurch, dass die Nürnberger Juden dem König hohe Steuern einbrachten.[158]

An den genannten Geschehnissen manifestiert sich das Problem der Zeitgenossen, auf Massengewalt so zu reagieren, dass es auch die Hauptverursacher traf: Stellvertretend wurden städtische Kollektive abgestraft[159] oder Individuen, denen man auf Ebene der Städte eine Hauptschuld beimaß. Allerdings war dies im Zusammenhang mit den Hirten und Rintfleisch für die Beziehungsstrukturen auch wichtiger, denn Obrigkeiten waren in Zukunft nicht mit den umherziehenden Menschenmengen aus verschiedenen Orten befasst, sondern mit den Städten und deren Einwohnern. Die Taten wurden somit langfristig zum Problem der „konkreten Dritten“ (der Stadtbewohner) und der Amtsträger, die für die Figur des „passiven strukturellen Dritten“ stehen.

Abschließende Bemerkungen zu einem komplexen Beziehungsgeflecht

Das Wüten der fremden Menge erscheint aus dieser Perspektive als Episode, die innerstädtische Beziehungen und solche zwischen Städten und Obrigkeiten störte und daher einer Aufarbeitung bedurfte – ganz gleich, ob Kleriker oder Andersgläubige oder beide Gruppen angegriffen wurden. Fundamentale Unterschiede, die mit der religiösen Position der Opfer verbunden sind, ergeben sich jedoch nicht nur

156 Lotter: Judenverfolgung (wie Anm. 4), S. 420. Nürnberger Urkundenbuch. Hg. vom Stadtrat zu Nürnberg. Nürnberg 1959, S. 576–579, Nr. 964.

157 Lotter: Judenverfolgung (wie Anm. 4), S. 411 f.; Die Acht-, Verbots- und Fehdebücher Nürnbergs von 1285–1400. Mit einer Einführung in die Rechts- und Sozialgeschichte und das Kanzlei- und Urkundenwesen Nürnbergs im 13. und 14. Jahrhundert. Bearb. von Werner Schultheiß. Nürnberg 1960, S. 17 f.

158 Kuno Ulshöfer: Zur Situation der Juden im mittelalterlichen Nürnberg. In: Treml/Kirmeier (Hg.): Geschichte (wie Anm. 142), S. 147–160, hier: S. 150.

159 Zu solchen Praktiken vgl. Katharina Ulrike Mersch: Überlegungen zum Verhältnis von Schuld, Reue und Intention am Beispiel der Ermordung des Erzbischofs Burchard III. von Magdeburg. In: Jan-Hendryk de Boer/Marcel Bubert (Hg.): Absichten, Pläne, Strategien. Erkundungen eines Problems der Vormoderneforschung. Frankfurt a. M./New York 2018, S. 141–174, hier: S. 158–167.

hinsichtlich der rechtlichen Sphären, denen die Opfer zugeordnet waren, sondern besonders auch mit Blick auf die Wertung der beiden Züge durch die Chronisten. Während der überwiegende Teil der Quellen zu den Hirtenkreuzzügen durch eine Abwertung der Hirten und ihrer Übergriffe gerade auf Kleriker gekennzeichnet ist, üben zwar verschiedene Chronisten Kritik an den Teilnehmern der Rintfleisch-Pogrome, einige loben aber sogar deren Vorgehen und stellen es als vorbildlich dar.

Die mit den Mengen konfrontierten Zeitgenossen konnten eine andere Perspektive auf das Geschehen entwickeln. Dies zeigt sich, wenn erwähnt wird, dass die Bevölkerung einzelner Städte an den durch die Menge verübten Übergriffen auf Kleriker beteiligt war oder dass sie sich weigerte, die jüdischen Nachbarn den Anhängern Rintfleischs auszuliefern. Für beide Geschehnisse gibt es Hinweise darauf, dass innerhalb der Städte unterschiedliche Meinungen über die Legitimität der Übergriffe bestanden, dass in diesem Zusammenhang der besondere Rechtsstatus der angegriffenen Personengruppen relevant war und dass dem Treiben teils aus Furcht vor der Strafe durch die Obrigkeit eine Absage erteilt wurde. Diese Furcht war nicht unbegründet, wurden im Nachgang doch vornehmlich die Stadtbewohner bestraft, entweder weil sie gegen die lokale Geistlichkeit aufbegehrt hatten oder weil sie den Juden als Kammerknechten und damit finanziell dem König geschadet hatten. Das zeigt wiederum, dass nicht nur bei der Verübung der Gewalttaten, sondern auch im Umgang mit den Opfern sowie bei der Aufarbeitung des Geschehens nicht allein religiöse Motivationen griffen. Den Bürgern von Regensburg wird sogar nachgesagt, dass sie versuchten, den Willen Gottes zu berücksichtigen und gleichzeitig die Ehre der Stadt zu wahren. Religiöse Werte konnten also mit ideellen Werten verwoben werden – zumindest im Rahmen der Geschichtsschreibung.

Es ist darüber hinaus schwierig zu ermessen, welche konkreten Faktoren begünstigten, dass die Gewalttaten der umherziehenden Menschenmengen von den Städtern mitgetragen wurden, denn die Quellen bleiben bezüglich der Motivationen vage oder verschweigen sie ganz. Die den Teilnehmern der Hirtenkreuzzüge unterstellte Gelehrtenfeindlichkeit und der vermeintliche Antiklerikalismus wird zum Beispiel den Bürgern nicht im gleichen Maße zugeschrieben. Im Zusammenhang mit den Rintfleisch-Verfolgungen wird jedoch von den meisten Chronisten ein Motiv angegeben, das teils auch den Städtern unterstellt wird: die Bestrafung von vermeintlichen Hostienschändungen. Dies unterscheidet die Berichte über diese Aktionen grundlegend von denen über die Tumulte im Rahmen des Hirtenkreuzzugs, in denen höchstens angedeutet wird, dass einige Scholaren oder Mönche den Predigten des Anführers widersprachen und damit den Mördern einen konkreten Anlass gaben. Gewiss hätten die zumeist klerikalen Geschichtsschreiber die Vorwürfe der Hirten gegenüber den Geistlichen genauer referieren können, doch verzichtete man darauf und wertete die Taten der Hirten durch religiöse und moralische Diffamierungen ab. Die Ermordung jüdischer Mitmenschen konnte den Chronisten jedoch löblich erscheinen, und so verwundert es nicht, wenn sie antijüdische Stereotype vorbrachten, um die Taten sowohl der Menge als auch der Bürger zu legitimieren. Die hier behandelten mittelalterlichen Autoren stellten religiöse Begründungen von Gewalttaten durch Menschenmengen in den Vordergrund, statt zum Beispiel soziale oder wirtschaftliche Motive zu diskutieren. Die Akzeptanz oder die Ablehnung der Taten wurde von ihnen im Rahmen religiöser Vorstellungen klar begründet und möglicherweise waren auch die Teilnehmer der Züge selbst oft religiösen, etwa Kreuzzugsmentalitäten verhaftet. Die Autoren verstellen mit ihrer vereinfachenden Argumentation jedoch den Blick auf die Aushandlungsprozesse unter den Bürgern als „konkrete Dritte", die mit den gewalttätigen Menschenmengen konfrontiert waren und ihre Taten offensichtlich auf Grundlage anderer Kategorien und Werte beurteilten als die Chronisten. Sie begriffen Universitätsmitglieder nicht selten als unliebsame Fremdkörper, konnten Kleriker aufgrund ihrer rechtlichen und steuerlichen Sonderstellung befeinden und mögen jüdische Nachbarn als potenzielle wirtschaftliche Konkurrenten, aber auch als nützliche Nachbarn angesehen haben, und handelten entsprechend.

Abstract

The chapter deals with two examples of violent crowds gathering to pursue religious goals and wandering the land, a phenomenon not uncommon from the late 11th century onward: The so called Rintfleisch-pogroms that caused many deaths among the Jewish population in the cities of Swabia and Franconia in the year 1298, and the shepherds' crusade of 1251 whose participants never reached the Holy Land but attacked clerics, monks, and sometimes Jews in several cities in France. If we want to find out to what extent religious ideas and non-religious motives stimulated these violent acts, it is crucial to take a look not only at the crowd itself, but also at the cities and citizens opening their gates to the crowd, at their reactions and the subsequent communication with authorities. It is a difficult task to reconstruct their motives, since narrative sources give the best account of the events, while their authors were focused on interpreting these events with regard to religious narratives. Nevertheless, within these narratives the cities serve as a stage for negotiating the legitimacy of violence. Not everyone agreed to kill Jews, while it seems that quite a lot of citizens did not worry about injuring and killing clerics, monks and scholars when not threatened by officials. All groups have in common, however, that they were set apart from the urban legal cosmos in one way or another, a fact that needs to be given the same weight as their religious affiliations or the victims' special position in the hierarchy of the church.

David Cook

Dschihad-Literatur zur Zeit der späten Kreuzzüge

Das Ende der Romantik?

Einleitung

Die Kreuzzüge und ihr Zeitalter ziehen bis heute sowohl die Aufmerksamkeit von Historikern als auch die der breiten Öffentlichkeit auf sich. Vordergründig ging es den Europäern in dem rund 200 Jahre währenden Konflikt darum, den Byzantinern gegen die Türken zu helfen. In Wirklichkeit dienten die Kreuzzüge aber dazu, die maritime Vormachtstellung Europas im östlichen Mittelmeer zu sichern – was auch für Jahrhunderte, bis zum Aufstieg des Osmanischen Reichs, gelang. Im Verlauf des Vierten Kreuzzugs griffen Kreuzfahrer sogar das Byzantinische Reich mit seinem Zentrum Konstantinopel an und eroberten es.[1]

Wie sah die muslimische Reaktion auf die Kreuzzüge aus? Für die Muslime war es das erste Mal, dass Vertreter von Völkern, die sie für von Natur aus unterlegen hielten, große Teile ihres Kernlands in Syrien eroberten. Eroberungen hatte es zwar zuvor auch auf Sizilien und auf der Iberischen Halbinsel gegeben (und sie setzten sich fort) – aber das waren Ereignisse in Randgebieten der muslimischen Welt, die, sieht man von lokalen Chroniken ab, in den Quellen kaum Beachtung fanden. Dass die Kreuzfahrer Jerusalem einnahmen und die Herrschaft über Syrien antraten, war jedoch ein Problem, das die Muslime nicht ignorieren konnten. Es stellte sich gar die Frage, ob die muslimische Welt angesichts der neu entstandenen Kreuzfahrerstaaten weiterhin eine kulturelle Einheit bilden konnte. Darüber hinaus war die Eroberung von Jerusalem eine religiöse Herausforderung für die selbsterklärte Überlegenheit des Islams und dessen Anspruch, die anderen monotheistischen Religionen wie das Christentum und das Judentum zu ersetzen. Wenn

[1] Zu den Kreuzzügen allgemein vgl. Carole Hillenbrand: The Crusades. Islamic Perspectives. New York 2000; Nicholas Morton: The Crusader States and their Neighbours. A Military History, 1099–1187. Oxford 2020; speziell zum Vierten Kreuzzug vgl. Jonathan Philips: The Fourth Crusade and the Sack of Constantinople. Philadelphia 1999. Der vorliegende Beitrag wurde von Klaus-Dieter Schmidt, dem ein herzlicher Dank gebührt, aus dem Englischen ins Deutsche übersetzt.

https://doi.org/10.1515/9783110773781-014

die Muslime nicht in der Lage waren, ihre heiligen Stätten zu verteidigen, stand die Legitimität ihrer Religion offen infrage.

Es dauerte einige Zeit, bis sich der muslimische Widerstand gegen die Kreuzfahrer formierte. Wie verschiedene Historiker, allen voran Suleiman Ali Mourad,[2] gezeigt haben, erlebte die Idee des Dschihad im Zuge dessen einen neuen Auftrieb – sie beruhte auf Vorstellungen, die bis in die Zeit des Propheten Mohammed zurückreichten und die auch während der großen muslimischen Eroberungen im 7. und frühen 8. Jahrhundert stets präsent gewesen waren.

Der Dschihad oder Heilige Krieg stellt in etwa das islamische Äquivalent zum christlichen Konzept des gerechten Kriegs dar. Unter ihm wird eine gerechtfertigte, von Gott sanktionierte Art des Kriegs verstanden, die sich sowohl laut Koran als auch nach Ansicht muslimischer Rechtsgelehrter grundsätzlich von anderen Formen des Kriegs unterscheidet. Der Dschihad wird von einem legitimen Nachfolger des Propheten Mohammed erklärt oder durch eine Invasion in ein als muslimisch angesehenes Territorium ausgelöst.[3]

Ein großer Teil der Literatur, die sich mit dem Dschihad beschäftigt, entstand unmittelbar nach den frühen Eroberungen. Zu dieser Zeit zeigten sich das Abbasiden-Kalifat und die kleineren muslimischen Staaten nicht mehr an Kämpfen interessiert, deswegen waren es lokale religiös motivierte Krieger in Nordsyrien, auf Sizilien, in den Grenzregionen von Spanien und in Ostpersien (Sistan), die als erste Schriften über den Dschihad verfassten.

Wie stellten diese Autoren den Heiligen Krieg dar? Die in den Schriften zu findenden Kampfbeschreibungen sind in hohem Maße romantisch verklärt. Die Kämpfer werden als tapfere Männer geschildert, die sich dem Byzantinischen Reich oder anderen nichtmuslimischen Feinden heldenhaft entgegenwerfen. Die Belohnung für den Kampf im Dschihad und insbesondere für den Tod als Martyrium ist üppig und wird in allen Einzelheiten beschrieben. Ein Tenor dieser frühen Schriften lautete: Freiwillige Kämpfer erfüllen im Dschihad die Aufgabe, der das zentrale muslimische Kalifat nicht nachkommt.

Vor diesem Hintergrund verwundert es nicht, dass der bedeutendste unter den frühen Grenzkriegern, ʼAbdallāh Ibn al-Mubārak (gestorben 797), nicht davor zurückschreckte, den Abbasiden-Kalifen Hārūn al-Raschid verbal anzugreifen und

[2] Vgl. Suleiman Ali Mourad/James E. Lindsay: The Intensification and Reorientation of Sunni Jihad Ideology in the Crusader Period. Ibn ʼAsākir of Damascus (1105–1176) and his Age. Leiden 2015.
[3] Vgl. John Kelsay: Arguing the Just War in Islam. Cambridge, MA 2007.

ihn für die Abkehr vom Kampf zu rügen.[4] Auch Ibn Abī Zaminayn (gestorben 1008/09) aus Sizilien hatte für die nominellen Herrscher nichts als Verachtung übrig.[5] Bemerkenswert ist hierbei die Umkehr der religiösen Autorität: Für beide, Ibn al-Mubārak wie Ibn Abī Zaminayn, galt die offizielle religiöse Führung der Muslime – im Fall des Ersteren sogar der Kalif selbst – fast ebenso sehr als Feind, wie es die Nichtmuslime waren.

Die vor Ort praktizierte religiöse Gewalt unterschied sich deutlich von den seitens muslimischer Rechtsgelehrter niedergelegten Ideen über den Dschihad. Für Ibn al-Mubārak und seinesgleichen war entscheidend: Was erfolgreich ist, gilt *ipso facto* als legitim, und wenn der Kalif dem Kampf im Weg steht, muss er ebenfalls angegriffen werden.

In den zeitgenössischen sunnitisch-muslimischen religiösen Schriften zählte der Dschihad zu den wichtigsten Themen. Praktisch jede Textsammlung und jedes Rechtskompendium aus der Zeit vom 8. bis zum 12. Jahrhundert – und darüber hinaus – enthielt einen Abschnitt oder ein Kapitel über dieses Thema. Auch wenn romantische Vorstellungen vom Heiligen Krieg gelegentlich durchschimmerten und die meisten Autoren beziehungsweise Herausgeber (obgleich sie selbst nicht in den Kampf zogen) Ibn al-Mubārak und seinen Anhängern größten Respekt zollten, lag der Schwerpunkt der Ausführungen zumeist auf der Begrenzung und Regulierung des Dschihad. So beschäftigte sich die Rechtsliteratur etwa damit, was den Dschihad von anderen Kriegen unterscheide, auf welche Weise er begonnen werde, welche Grenzen der Kampf habe, wie die Beute verteilt werden solle und wie Gefangene zu behandeln seien. Obwohl die Techniken des Heiligen Kriegs, insbesondere der Einsatz von Reitern, mitunter in verherrlichender Weise beschrieben wurden, spielten solche nichtreligiösen, nichtrechtlichen Themen in der Dschihad-Literatur zumeist keine zentrale Rolle.

In der Praxis verschwand das Konzept des frühen islamischen Dschihad bis zum Jahr 1000 dann weitgehend. Als zum Beispiel Byzanz während seiner Hochphase im 10. und 11. Jahrhundert Druck auf die Grenzen der muslimischen Staaten in Syrien ausübte und Regionen wie Antiochia sowie das umliegende Küstengebiet zurückeroberte, griff keiner der betroffenen lokalen muslimischen Herrscher auf Motive des Dschihad zurück. Dazu ist anzumerken, dass auch die Byzantiner ihre Konflikte mit Muslimen in der Regel nicht als religiöse Kriege betrachteten und sie zudem, obwohl sie die Chance dazu hatten, im 11. Jahrhundert keinen Versuch unternahmen, den Muslimen die Herrschaft über Jerusalem streitig zu machen.

4 Vgl. ʼAbdallāh Ibn al-Mubārak: Kitāb al-jihād. Hg. von Nazih Hammad. Beirut 1971; allgemein vgl. Michael Bonner: Aristocratic Violence. Ann Arbor 1997.

5 Vgl. Ibn Abī Zaminayn: Qudwat al-ghazi. Beirut 1989.

Im vorliegenden Beitrag wird die spätere Dschihad-Literatur untersucht, insbesondere jene aus der zweiten Hälfte der Zeit der Kreuzzüge und aus dem 14. Jahrhundert, einer Phase, in der die Kreuzfahrer immer noch Zypern und andere Stützpunkte im östlichen Mittelmeerraum hielten. Dabei soll beleuchtet werden, welchen Einfluss die politischen, strategisch-organisatorischen und technologischen Entwicklungen der späten Kreuzzugsära auf die Dschihad-Literatur hatten.

Türken und Kreuzfahrer

Neue politische, strategisch-organisatorische oder technologische Entwicklungen sind häufig für eine erfolgreiche Kriegführung verantwortlich. Als Beispiel hierfür kann das Auftreten sowohl der Türken als auch der Kreuzfahrer in der muslimischen Welt gelten, das im Folgenden untersucht werden soll.

Türken tauchten in der muslimischen Welt erstmals im 9. Jahrhundert zumeist als Militärsklaven auf. Bis zum Ende des 10. Jahrhunderts hatten sie jedoch in vielen Teilen der muslimischen Welt die Macht übernommen, in der Regel als einzelne Herrscher, die sich auf die militärische Macht stützten. Mit dem Auftreten der Seldschuken im Jahr 1055 und insbesondere nach deren Sieg über die Byzantiner in der Schlacht von Manzikert im Jahr 1071 begannen die Türken, sowohl die muslimischen Gesellschaften zahlenmäßig zu dominieren, als auch sich selbst als Verteidiger des Islams zu präsentieren.

Voraussetzung für ihren Erfolg war die Nutzung von Pferden. Zwar reichte, wie im folgenden Abschnitt dargelegt wird, der militärische Einsatz von Pferden bis in die Anfangszeit des Islams zurück, doch übertraf das Geschick, mit dem die Türken Pferde im Krieg einsetzten, die Fähigkeiten anderer nahöstlicher Völker bei Weitem. Nach Ansicht von al-Sulamī (gestorben 1261), einem Verfasser apokalyptischer Schriften aus der Kreuzzugszeit, waren die Türken ein Mittel Gottes, mit dem er die Muslime sowohl auf die Probe stellen als auch bestrafen wolle: „Gott der Höchste sagt: ‚Da meine Diener meine Heiligkeit schändeten, indem sie für rechtmäßig erklärten, was ich verbot, [und] meine Befehle missachteten, gab ich sie in die Hände einer Armee aus dem Osten, Türken genannt. Sie sind meine Reiter, die Rache üben an jenen, die gegen mich aufgestanden sind. Ich habe die Gnade aus ihren Herzen genommen: Sie üben kein Erbarmen mit jenen, die weinen, und antworten nicht auf jene, die sich beklagen, wenn sie die Väter und Mütter, die Söhne und Töchter töten.'"[6]

Al-Sulamī hob besonders hervor, dass die Türken im Auftrag Gottes gehandelt hätten, weshalb die Grausamkeit, mit der sie gegen die Muslime vorgingen, ge-

[6] Al-Sulamī: Iqd al-durar fī akhbār al-mahdī al-muntazar. Zarqa 1993, Nr. 86, S. 117 f.

rechtfertigt gewesen sei. Ähnlich wie er verwies eine ganze Reihe von Autoren darauf, dass Gott zugunsten der türkischen Eroberer eingegriffen und deren Fähigkeiten in der berittenen Kriegführung genutzt habe, um die Muslime zu bestrafen.

Die Frage, ob Widerstand gegen die türkische Invasion in muslimische Territorien ein Dschihad gewesen wäre, kann aus der Sicht der Verfasser der genannten apokalyptischen Schriften verneint werden. Für sie war die Gewalt der Türken von Gott befohlen und daher gewissermaßen von erlösender Art. Beachtet werden sollte allerdings, dass auch die Türken Muslime waren. Ihr Vorgehen bildete einen performativen Akt der Gewalt im Namen Gottes gegen andere Muslime, die Gott nicht gehorcht hatten und bestraft werden mussten. Da Glaubensbrüder angegriffen wurden, wurde dieser Akt aber nicht als Dschihad angesehen.

Im Gegensatz zu den Türken waren die christlichen Kreuzfahrer keine genuinen Reiterkrieger. Als sie im östlichen Mittelmeerraum eintrafen, mussten sie feststellen, dass ihre Pferde viel kleiner waren als diejenigen der Türken und Araber; aus dieser Erkenntnis zogen sie die Lehren und begannen rasch, größere Pferde im Kampf einzusetzen. Dennoch unterschied sich ihre Kriegführung von derjenigen der Türken: Sie beruhte nicht auf Schnelligkeit und Mobilität, sondern die Kreuzfahrer waren gepanzert und damit schwerfällig. Sie bevorzugten den Nahkampf, in dem sie den Gegner in einem breiten Angriff zu überrollen versuchten. Das war eine Art der Kriegführung, die durchaus effektiv sein konnte, wenn es die Umstände erlaubten und der Feind bereit war, zurückzuweichen. Voraussetzung dafür, dass eine Kreuzfahrerattacke Erfolg hatte, war allerdings, dass der Gegner sowohl massiert aufmarschierte als auch entsprechend nah agierte und das Terrain einigermaßen eben und hart war. Darüber hinaus mussten, damit die Hitze die Pferde nicht zu schnell erschöpfte, die Temperaturen gemäßigt und die Flanken der angreifenden Reiter von Fußsoldaten gedeckt sein. War eine dieser Bedingungen nicht erfüllt, konnte ein Angriff für die Kreuzritter leicht in einer Katastrophe enden.[7]

Gegenüber den Muslimen und insbesondere den Türken hatten die Kreuzfahrer jedoch auch Vorteile auf ihrer Seite: Zum einen besaßen sie eine nahezu totale Kontrolle auf See. So übten die italienischen Stadtstaaten Venedig, Genua und Pisa die Herrschaft über das östliche Mittelmeer aus, eine Dominanz, die die Kreuzfahrer in die Lage versetzte, jederzeit Nachschub und Verstärkung zu erhalten. Zum anderen beherrschten die Kreuzfahrer den Festungsbau. Das war eine Kunst, die in der muslimischen Welt nicht sehr weit entwickelt war. Zwei Jahrhunderte lang errichteten sie überall in Syrien befestigte Stützpunkte, die sowohl als Basis für eigene Angriffe als auch als Zufluchtsorte im Falle eines gegnerischen Angriffs dien-

7 Vgl. Morton: Crusader States (wie Anm. 1), Kap. 2–4.

ten sowie darüber hinaus Hindernisse für voranrückende Feinde darstellten – und dies angesichts der erheblichen zahlenmäßigen Unterlegenheit der Kreuzfahrer. Falls sie in die Defensive gerieten, konnten ihnen solche Festungen genug Zeit verschaffen, bis Verstärkung aus Europa eintraf.

Überlegungen darüber, wie diesen beiden Vorteilen der Kreuzfahrer zu begegnen sei, finden sich in der muslimischen Dschihad-Literatur praktisch nicht. Obwohl die Schriften für gewöhnlich einen kurzen Abschnitt über den Heiligen Krieg auf See enthielten, fand sich in ihnen wenig, was Muslime anregen konnte, den Seekrieg zu führen. Auf Belagerungen, die technisch aufwendig waren und nur schwer romantisch verklärt werden konnten, ging die klassische Dschihad-Literatur sogar überhaupt nicht ein.

Die veränderte Rolle von Pferd, Pfeil und Bogen

In der Dschihad-Literatur spiegelte sich die Zeit ihrer ersten Niederschrift, das 7. und 8. Jahrhundert. Zwar wurden in den muslimischen Überlieferungen und Büchern über den Heiligen Krieg Pfeil und Bogen wie auch die Reiterei erwähnt, die Kunst der Bogenschützen (*nushshāb*) dabei aber kaum behandelt. Obwohl an den Kämpfen des Propheten Mohammed wie etwa an der Schlacht von Uḥud im Jahr 625 Bogenschützen teilgenommen hatten, scheint es keine spezielle Ausbildung und kein Training für deren massierten Einsatz gegeben zu haben. Auch dass Bogenschützen in der Lage gewesen wären, feindliche Kämpfer gezielt zu töten, wurde nicht erwähnt. Am häufigsten noch wurde der Fall beschrieben, dass ein Feind durch einen verirrten Pfeil (*sahm gharb*) starb.[8]

Der erstaunliche Mangel an Professionalität in Bezug auf den Einsatz von Bogenschützen in der frühen muslimischen Welt spiegelte sich auch im umfangreichen Rückgriff auf entsprechende nichtmuslimische Truppen – wie der Zuṭṭ und der Asāwira – durch die Umayyaden wider. Mit anderen Worten: Die Tatsache, dass die Kriegführung mit Pfeil und Bogen in der frühen Dschihad-Literatur kaum Erwähnung fand, lag darin begründet, dass diese Technik keine bedeutende Komponente für die frühen muslimischen Kämpfer bildete und den nichtmuslimischen oder anderen Gruppen überlassen blieb. Dies entsprach im Übrigen dem Vorgehen der Römer in Bezug auf Reitertruppen. Sie beschränkten sich im Wesentlichen auf Fußsoldaten und überließen die Kavallerie den Germanen sowie anderen Stämmen oder Barbarengruppen.

Im Gegensatz zu Pfeil und Bogen spielte jedoch das Pferd bei den frühen muslimischen Siegen eine bedeutende Rolle und wird in den Überlieferungen regelmä-

[8] Vgl. Al-Bukhārī: Ṣaḥīḥ. Bd. 4. Beirut 1991, Nr. 2809, S. 271 f.

ßig erwähnt. Der wohl bekannteste Ausspruch lautet: „Das Pferd, in seine Mähne gehüllt, ist das Gute bis zum Tag der Auferstehung."[9] Diese Aussage ist in unterschiedlicher Fassung in den meisten der großen Sammlungen enthalten. Sie unterstreicht, dass die frühen muslimischen Siege unter anderem auf der Geschwindigkeit der Pferde beruhten. Muslime setzten Pferde als leichte Kavallerie ein und manövrierten mit deren Schnelligkeit die Gegner aus. Die Hauptwaffen der frühen muslimischen Reiterkrieger waren Speer und Schwert.

Die Kriegstechnik der in die muslimische Welt vordringenden Türken war dagegen revolutionär: Sie bestand aus der Kombination von Reiterkriegern und dem massiven Einsatz von Pfeil und Bogen. Zum einen machte sie sich die Geschwindigkeit und Mobilität der Pferde zunutze, zum anderen entfaltete sie ihre Wirkung durch den massenhaften Einsatz von Pfeilen. Gegen aus der Ferne in großer Zahl abgeschossene Pfeile gab es kaum einen Schutz – abgesehen von einer massiven Rüstung, aber auch diese bot nicht immer ausreichend Sicherheit.

Eine solch revolutionär neue Art der Kriegführung machte eine radikale Revision des Schrifttums über den Krieg erforderlich. So hat Suleiman Ali Mourad zu Recht darauf hingewiesen, dass der Beginn der besonderen Betonung des Dschihad auf die Zeit von Imad ad-Din Zengi (gestorben 1146) oder kurz davor datiert werden könne.[10] In den folgenden einhundert Jahren, von der Zeit Saladins bis fast zur Ära der Mongolen, stand der Heilige Krieg im Mittelpunkt der militärischen Darstellungen, wobei insbesondere die romantischen und rechtlichen Aspekte beleuchtet wurden, während die Kriegstechnik nur wenig Beachtung fand. Um das Jahr 1250 herum erlebte die Literatur über den Krieg dann erneut einen deutlichen Wandel. Die bisher übliche Schilderung der romantischen und rechtlichen Aspekte des Dschihad verschwand nun fast vollständig. Fortan traten zwei Arten von Abhandlungen an die Stelle der klassischen Dschihad-Schriften: solche über die Kriegführung mit Pfeil und Bogen sowie solche über die Kriegführung zu Pferd (*furūsiyya*).

Zu den frühesten Texten, die sich speziell dem Kampf mit Pfeil und Bogen widmen, zählt „Faḍā'il al-ramy fī sabīl Allāh" („Die Vorteile, im Namen Gottes Pfeile abzuschießen") von al-Qarrāb (gestorben 1037/38).[11] Dieses Werk, das unverkennbar in der Tradition der klassischen Dschihad-Literatur steht, gibt allerdings lediglich die Gründe wieder, warum man sich auf die Kriegführung mit Pfeil und Bogen konzentrieren sollte, lässt Fragen der Technik aber außen vor. Dies änderte sich zu Beginn der Ayyubiden-Zeit. Als ein frühes Beispiel dafür kann das um 1193 geschriebene „Kitāb faḍīlat al-ramy wa-awṣāfihā" („Der Vorteil des Schießens mit

[9] Ebd., Nr. 2850, S. 283.

[10] Vgl. Mourad/Lindsay: Intensification (wie Anm. 2).

[11] Al-Qarrāb: Faḍā'il al-ramy fī sabīl Allāh. In: Majmū'at ajzā' ḥadīthiyya. 2 Bde. Beirut 2001.

Pfeilen und dessen Beschreibung“) von Marḍī Ibn ’Alī Al-Ṭarsūsī gelten.[12] Wie ältere Dschihad-Schriften enthält auch diese Abhandlung einen Abschnitt über den religiösen Verdienst beim Einsatz von Pfeil und Bogen. Dieser umfasst jedoch nur zwei Kapitel, während sich 80 Prozent der Schrift damit beschäftigen, wie man richtig schießt sowie welche Bogen und Pfeile unter welchen Bedingungen am besten geeignet sind. Ähnlich verhält es sich auch bei einem Werk von al-Baklāmishī (gestorben 1379), der einen großen Teil seiner Anleitungen zur besseren Einprägsamkeit in Versen verfasste.[13]

Analog verlief die Entwicklung in Bezug auf die Behandlung der Kriegführung mit Pferden in den Schriften. Von der Zeit al-Rammāḥs (gestorben 1294) an beschäftigten sich zahlreiche Texten damit, wie man Speerangriffe von Reitern, insbesondere von Kreuzrittern, abwehren könne.[14] Mit drei oder vier verschiedenen Abhandlungen über die Kriegführung zu Pferd wurde das Thema im 14. Jahrhundert besonders häufig in der Literatur behandelt.

Entsprechende Texte knüpften an die klassischen Überlieferungen wie die von al-Bukhārī an, der zufolge den Pferden Anerkennung für ihre Anstrengungen in der Schlacht gebühre. Zugleich unterschieden sich die Abhandlungen der Ayyubiden- und Mameluken-Zeit aber von den früheren Schriften, indem sie sich eingehender mit technischen und manchmal sogar veterinärmedizinischen Aspekten beschäftigten.

Der Gebrauch von Pfeil und Bogen sowie der Einsatz von schnellen und wendigen Pferden zusammengenommen bildeten die Siegesformel der Muslime für den Kampf mit den Kreuzfahrern. Da die Türken beides so viel besser zu nutzen verstanden als die Kreuzfahrer und ihre Pferde im Gegensatz zu denjenigen der Kreuzfahrer darüber hinaus in der Lage waren, auf unterschiedlichem Terrain zu kämpfen, verfügten die Muslime über einen kriegstechnischen Vorteil. Dieser genügte allerdings nur dazu, die Kreuzfahrer auf dem Schlachtfeld zu besiegen, noch nicht aber dazu, sie aus Festungen und Städten zu vertreiben.

Technische Aspekte des Dschihad: Die Mangonel

Belagerungen waren für die Muslime nichts völlig Neues. Aber Tunnel unter die Mauern von Städten oder Festungen zu graben, um jene zu erobern, war keine Tä-

[12] Al-Ṭarsūsī: Dhikr faḍīlat al-ramy wa-awṣāfihā. Description et éloge du tir à l’arc. Hg. von Lucien-Jean Bord und Jean-Pierre Mugg. Paris 2011.

[13] Al-Baklāmishī: Ghunyat al-ramy wa-ghayāt al-murāmī fī ’al-ramī ’an al-qaws. Amman 1998.

[14] Vgl. Ḥasan Ibn Ayyūb al-Rammāḥ: Al-Makhzūn li-arbāb al-funūn fī al-furūsiyya wa-la’b al-rumḥ wa-bunūdihā. Beirut 2016; vgl. auch ders.: The Book of Horsemanship and Ingenious War Devices. Gunpowder and Incendiary Devices. Aleppo 1998.

tigkeit, die sich in der Dschihad-Literatur leicht romantisieren ließ. Auf Mineure warteten keine Jungfrauen im Paradies. Keiner derjenigen, die durch den Einsturz eines Tunnels starben oder unter Tage erstickten, wurde jemals zum Märtyrer erklärt. Gleichwohl waren Belagerungen für die Ayyubiden, die Mameluken und später die Osmanen eine äußerst wichtige Kriegstechnik.

Es stellt sich somit die Frage, wie die mit den Belagerungen zusammenhängenden vorbereitenden Tätigkeiten im Hinblick auf den Heiligen Krieg eingeschätzt wurden. Mineure übten in den Städten für gewöhnlich selbst keine Gewalt aus; sie waren allenfalls Beobachter des Gewaltgeschehens. Ihre Arbeit, das Untergraben der Mauern, bildete nichtsdestoweniger eine notwendige Voraussetzung für die Gewaltakte, die von einmarschierenden Soldaten verübt wurden. Da die Tunnelbauer selbst nicht kämpften, wurden sie auch nicht glorifiziert, wenngleich die tatsächlich ausgeübte Gewalt ohne sie in vielen Fällen nicht möglich gewesen wäre.

Da sie für den Erfolg im Dschihad unabdingbar, aber für seine performative Gewalt irrelevant waren, ist interessant zu analysieren, welche Rolle die Mineure in den zeitgenössischen Abhandlungen spielten, auch vor dem Hintergrund des handwerklichen Charakters ihrer Tätigkeit. Von den Dschihad-Schriften in Bezug auf die Soldaten gepriesene Eigenschaften wie Leidenschaft und Begeisterung wären unter Tage wohl hinderlich gewesen und hätten der hochtechnischen Arbeit des Tunnelbaus vielleicht sogar geschadet. Angesichts dessen erklärt sich, dass es für die Tunnelbauer kein Konzept des Dschihad gab; es existiert keine Schrift, die sie preist oder ihnen künftige Seligkeit im Himmel verspricht.

Die Zeit nach der Herrschaft Imad ad-Din Zengis war indessen von stetigem militärischen Fortschritt und einem steilen Anstieg der Belagerungsfähigkeiten der Muslime gekennzeichnet. Unter Baibars al-Bunduqdārī (regierte 1260–1277) und Qalāwūn (regierte 1279–1290) wurden Belagerungen nur noch selten erfolglos abgebrochen. Selbst die besten Befestigungen hielten einer Belagerung für gewöhnlich nicht viel länger als einen Monat stand. So wurden 1266 Safed, 1268 Krak des Chevaliers, 1289 Tripolis und 1291 Akkon eingenommen.

Diese Erfolgsbilanz war mehreren Faktoren zu verdanken: Neben der Perfektionierung des Tunnelbaus war vor allem die Weiterentwicklung von mobilen Steinschleudermaschinen (Mangonel) als Artilleriewaffen entscheidend. Entsprechende Waffen sind seit der Zeit des Propheten Mohammed belegt und sollen bei der Belagerung von al-Ṭā'if im Jahr 630 eingesetzt worden sein. Bedenkt man, dass der Bau eines hölzernen Katapults in der Gegend von Mekka mit erheblichen Schwierigkeiten verbunden gewesen sein dürfte, so werden die damals eingesetzten Mangonel noch recht einfach konstruiert gewesen sein, denn selbst wenn man annimmt, dass das Holz aus dem ein gutes Stück südlich von Mekka gelegenen Gebiet um al-'Asīr kam, dürfte der Transport nach al-Ṭā'if kein leichtes Unterfangen gewesen sein.

Wie auch immer es daher um die Historizität der Mangonel zur Zeit des Propheten bestellt sein mag, es steht fest, dass entsprechende Katapulte in der Epoche der Kreuzzüge regelmäßig eingesetzt wurden. Sowohl die Kreuzfahrer als auch die Ayyubiden und Mameluken verbesserten die Konstruktion dieser Apparate fortlaufend. In der späten Phase der Kreuzzüge war es üblich, dass Emire im Laufe eines Feldzugs Personen ins Libanongebirge schickten, um Bäume für den Bau von Mangonel zu fällen. Die Stämme wurden dann zu der Festung oder Stadt transportiert, die belagert werden sollte, und vor Ort zu Steinwurfmaschinen verbaut, um die Festungsmauern anzugreifen, aber auch, um die Verteidiger in Schrecken zu versetzen. Allerdings scheinen keine Schriften über Mangonel aus der Zeit der späten Kreuzzüge erhalten zu sein; die früheste bekannte Textquelle zu dem Thema ist Ibn Arnabaghs „Al-Anīq fī al-majāniq“ von 1462/63.[15] Sie ist eine rein technische Abhandlung ohne jeden Bezug auf den Dschihad oder auf konkrete historische Ereignisse. Weitere Schriften über Mangonel wurden erst später veröffentlicht.

Während der Belagerungstunnelbau in der Dschihad-Literatur mit keinem Wort erwähnt wurde, fanden Steinschleudermaschinen als Mittel des Heiligen Kriegs mehr Beachtung. Welcher Art aber war die mit den Katapulten ausgeübte Gewalt, und wie passte sie zum Konzept des Dschihad? Der Einsatz von Mangonel warf schwierige Fragen der Moral und der Prioritäten im Krieg auf. Den klassischen Dschihad-Texten zufolge war nämlich die Führung des Heiligen Kriegs an bestimmte Regeln gebunden; beispielsweise sollte nicht gegen Frauen, Kinder und Alte vorgegangen und der Feind nicht mit Feuer bekämpft werden. Doch die aus den Wurfmaschinen auf die Stadt geschleuderten Steine oder primitiven Sprengkörper machten keinen Unterschied und trafen Kämpfer wie Nichtkämpfer gleichermaßen.

In der Literatur findet sich lediglich die Auffassung, die Notwendigkeit zu siegen überwiege beim Einsatz von Mangonel das Verbot, gegen Zivilisten vorzugehen. Aber anders als in den Schriften zum Einsatz von Pfeil und Bogen – wie etwa von al-Qarrāb – wurde der Gebrauch von Katapulten in den Texten nicht religiös gerechtfertigt. Dies ist auffällig, da sich beide Waffen in ähnlicher Art und Weise sowohl gegen Soldaten als auch gegen Unbeteiligte richten konnten. Einen erheblichen Unterschied bildeten jedoch der Ort und das Ziel ihres Einsatzes: Während Pfeile auf Kämpfer und Nichtkämpfer geschossen werden konnten, richtete sich der Einsatz von Steinschleudermaschinen ganz überwiegend gegen aus Zivilisten bestehende Menschenansammlungen in einer Stadt oder einer Festung. Somit zielten die Katapulte in erster Linie auf Unbewaffnete und nicht auf feindliche Soldaten. Diese waren, wenn sie sich am Ort des Beschusses aufhielten, zudem aufgrund

15 Ibn Arnabagh al-Zardakush: Al-Anīq fī al-majāniq. Aleppo 1985.

ihrer Rüstung und ihres Einsatzortes innerhalb der Stadt besser geschützt und wurden mithin tendenziell weniger in Mitleidenschaft gezogen.

Vielleicht ist genau darin der Grund zu sehen, weshalb in der Dschihad-Literatur keine tiefere religiöse oder moralische Rechtfertigung für den Einsatz von Mangonel zu finden ist. Hierbei hätte man zwar zur Rechtfertigung darauf verweisen können, dass schon zur Zeit des Propheten Mohammed entsprechende Waffen genutzt worden seien, in jeder anderen Hinsicht aber verletzte ihr Einsatz die Normen des Heiligen Kriegs.

Die Wende vom Romantischen zum Ethischen

Entsprechend der Dschihad-Literatur gründet der Kampf auf Ethik. Eine der bekanntesten Passagen aus frühen Texten zum Heiligen Krieg stammt aus ʼAbdallāh Ibn al-Mubāraks „Kitāb al-jihād". Sie lautet: „Gott hat mich [Mohammed] kurz vor der letzten Stunde gesandt und meinen täglichen Unterhalt unter den Schatten meines Speers gestellt. Demütigung und Erniedrigung werden denen auferlegt, die sich mir widersetzen, und wer sich einer Gruppe zuordnet, wird einer von ihnen."[16]

Romantisiert geht es in dieser Passage um den versprochenen Sieg sowie das nahende Ende der Welt, Aspekte, die zeitgenössisch die Leidenschaft der Krieger befeuert haben dürften. Zudem thematisiert die Stelle das Schicksalsgefühl der frühen muslimischen Gemeinschaft. Das ist etwas, das in späteren, aus der Kreuzzugszeit stammenden Äußerungen über den Dschihad fehlt, auch wenn diese weiterhin auf eine islamische Identität verweisen.

Dieser Wandel in der Dschihad-Beschreibung zeigt sich beispielhaft an der Veränderung dessen, was in der Kreuzzugszeit als „islamisch" angesehen wurde. In deren Anfängen (1097–1140) wurden kaum Unterschiede zwischen Kreuzfahrern und muslimischen Gegnern gemacht: Sowohl Kreuzfahrer als auch Türken galten als feindliche Besatzer, die der einheimischen Bevölkerung ihren Willen aufzwangen.

1119 wurde der Vormarsch der Kreuzfahrer in der Schlacht von Ager Sanguinis gestoppt, in der zum ersten Mal ein Kreuzfahrerheer, dasjenige von Antiochia unter Roger von Salerno, vernichtet wurde. Es war ein grandioser Sieg der Muslime unter der Führung des türkischen Emirs von Aleppo, Ilghazi. Doch dieser Sieg, der eigentlich zur vollständigen Auflösung des Fürstentums Antiochien hätte führen müssen, wurde von den Muslimen nicht ausgenutzt, und wenig später kam der lateinische König von Jerusalem Balduin II. (gestorben 1131) Antiochia zu Hilfe. Über Ilghazi und die Geschehnisse berichtete der Abenteurer und Memoirenschreiber

16 ʼAbdallāh Ibn al-Mubārak: Kitāb al-jihād (wie Anm. 4), Nr. 105, S. 89 f.

Usāma Ibn Munqidh (gestorben 1188), der mit seiner lebendigen, wenn auch teilweise übertriebenen Darstellung des Lebens in der Levante während der Zeit der ersten Kreuzzüge ein herausragendes Zeitdokument geliefert hat: „Wenn Ilghazi aber Wein trank, dann tat er es zwanzig Tage lang. So ergab er sich dem Trunk, nachdem er die Franken vernichtet und getötet hatte, und veranstaltete ein Trinkgelage, von dem er sich nicht erholte, bevor König Balduin an der Spitze seines Heeres in Antiochia eintraf."[17]

Ab den 1140er-Jahren, unter der Herrschaft Zengis, trat ein Wandel ein: Die muslimische Seite wurde deutlicher als muslimisch erkennbar. Obwohl Zengi selbst in trunkenem Zustand ermordet wurde, war er es gewesen, der damit begann, militärische Ordnung mit Aspekten der muslimischen Ethik zu verbinden – und damit die Disziplin seiner Truppen zu verbessern.

Sowohl bei den Kreuzfahrern als auch bei den Muslimen bildete Disziplinlosigkeit ohne Zweifel einen Hauptgrund für militärische Niederlagen. Beide Seiten pflegten Schlachten damit zu beginnen, dass sie ihren Gegner mit Schmähungen traktierten, ihn zu Zweikämpfen herausforderten oder ihn mit anderen Mitteln so weit provozierten, dass er die Kontrolle über sich und sein Handeln verlor. Ein ums andere Mal ging dabei der Sieg an jene Seite, die sich zurückzuhalten und die Disziplin ihrer Soldaten zu bewahren vermochte.

Auf muslimischer Seite trug der islamische Verhaltenskodex daher erheblich zur Disziplin auf dem Schlachtfeld bei: Eine Disziplinierungsmaßnahme bildete etwa die Gebetspflicht, die allen Männern vorschrieb, zu bestimmten Tageszeiten in langen Reihen zusammen zu beten. Aber auch das in der Dschihad-Literatur häufig erwähnte Verbot des Beute-Machens diente der Disziplinierung. Wie entscheidend Letzteres sein konnte, zeigt der Blick auf die Schlacht von Ḥimṣ (Homs) im Jahr 1281, bei der Qalāwūn über die Mongolen triumphierte. Während ihres Verlaufs hatten beide Seiten Siege über einen Teil des gegnerischen Heeres erzielen können, aber die Mongolen hielten sich damit auf, das Lager der Muslime zu plündern und deren Tross zu töten. Ihre Ablenkung verschaffte dem Heer Qalāwūns und den Mameluken Zeit, um die Gesamtschlacht für sich zu entscheiden.

Eine ähnliche Entwicklung hin zur Disziplinierung fand auch in Bezug auf den Alkohol statt. Zweifelsohne tranken Muslime und insbesondere die mamelukischen Türken regelmäßig Alkohol, doch veranlasste das Verlangen nach Gottes Segen offenbar eine überraschend große Zahl muslimischer Herrscher zur Durchsetzung von – wenn auch nur vorübergehender – Abstinenz. Von Baibars, der eine Reihe von Kreuzfahrerstädten und -festungen eroberte, wird berichtet, er habe vor der Eroberung der großen Templerfestung Safed verkündet: „Wer Wein herbringt oder

[17] Usāma Ibn Munqidh: Book of Contemplations. London 2007, S. 131.

betrunken angetroffen wird, wird gehängt.“[18] Da die Operation während des heiligen Monats Ramadan stattfand, ist es umso verständlicher, dass Baibars keinerlei religiöse Verstöße dulden wollte. Die Episode macht vor allem aber klar, dass aus Sicht der Mameluken die Kombination von Militär und religiös fundierter Ethik funktionierte. Welchen hohen ethischen Anspruch Baibars hatte, wird darüber hinaus daran deutlich, dass er sich, wie Ibn al-Furāt berichtet, sogar persönlich an der Belagerungsarbeit, etwa durch Ziehen der Mangonel, beteiligt haben soll.[19]

Eine solche Einstellung entsprach auch eindeutig der Haltung Qalāwūns, der schließlich Baibars' Nachfolge antrat und der dessen Werk durch die Einnahme von Tripolis vollendete und festigte. Wie wohl viele türkische Mameluken hatte Qalāwūn eine Schwäche für den Kumys (vergorene Stutenmilch), aber er sorgte dafür, dass dieser nur außerhalb von Gefechten getrunken wurde. Was ihn selbst betrifft, so gibt es keinen einzigen Bericht darüber, dass er jemals betrunken gewesen wäre. Für seine Umwelt war Qalāwūn definitiv eine Person von hoher moralischer Integrität. Sein vertrauter Sekretär und Chronist Muḥyī al-Dīn Ibn 'Abd al-Ẓāahir berichtet im Zusammenhang mit der Einnahme von Tunis, dessen lebensfrohe Einwohner für ihren Alkoholgenuss bekannt waren: „Wein war vorhanden [zum Verkauf], und so beendete er [Qalāwūn] dies, und er ordnete an, Herbergen [*funduq*], in denen Wein verkauft wurde, in Religionsschulen [*madrasa*] umzuwandeln.“[20]

Es wäre interessant zu wissen, inwieweit solche Vorgehensweisen auf Zustimmung stießen. Bei einem kursorischen Blick auf die Berichte über die Zeit von Qalāwūn und Baibars gewinnt man indessen den Eindruck, als hätten diese Anführer ihre Zeitgenossen durch ihre Siege sehr wohl für sich gewonnen.

Ein weiteres Element, das den Muslimen in dieser Zeit zugutekam, war die von den historischen Texten bezeugte Freiwilligkeit, mit der man in den Dschihad zog. Belege für Freiwillige (*mutaṭawwi'ūn*) finden sich seit der frühen Abbasiden-Zeit bis hin zu Baibars' Bereitschaft, beim Transport der Mangonel nach Safed zu helfen. Im Kampf gegen die Kreuzfahrer zogen die immer professioneller werdenden Heere der Ayyubiden und der Mameluken Nutzen aus der freiwilligen Bereitschaft von Muslimen zum Dschihad. Immer wieder liest man von frommen Männern, die, wie Baibars, etwa beim Transport von Belagerungsapparaten halfen. In vielen Schlachten verstärkten Freiwillige die Zahl der Kämpfer auf muslimischer Seite oder unterstützten sie auf andere Weise. Hinzu kam, dass sich nach dem Einfall der Mongolen insbesondere die Völker Syriens und Ägyptens mit den Mameluken

18 Ibn al-Furāt: Ayyubids, Mamlukes and Crusaders. Selections from the Tarikh al-Duwal wa'l-Muluk of Ibn al-Furat. Bd. 2. Cambridge 1971, S. 92.

19 Ebd.

20 Ibn 'Abd al-Ẓāhir: Tashrīf al-ayyām wa-l-'uṣūr fī sīrat al-malik al-Manṣūr. Kairo 1961, S. 45.

identifiziert zu haben scheinen, die sich in ihrer Wahrnehmung durch die Verteidigung des Islams eine gewisse Legitimität erworben hatten.

Schlussbetrachtung

Die aus der späten Ayyubiden- und frühen Mameluken-Zeit stammende Literatur über den Heiligen Krieg und über den Kampf zu Pferd (*furūsiyya*) vermittelt einen recht guten Eindruck davon, warum die Muslime in der Lage waren, die Kreuzfahrer zu vertreiben und die Mongolen zurückzuschlagen. In den Quellen verbindet sich das klassisch-romantische Bild des Dschihad mit Ausführungen zu den immer komplexer werdenden technischen Mitteln der mittelalterlichen Kriegführung. Jedoch weisen die Texte, so umfangreich sie auch sind, einige bemerkenswerte Lücken auf: Aus der hier behandelten Ära ist zum Beispiel keine Abhandlung über die Seekriegführung im Mittelmeerraum überliefert. Tatsächlich erlangten die Muslime nie die Vorherrschaft über die See. Von Ibn Dschubayr, der in den Jahren 1183 bis 1185 reiste, ist etwa überliefert, dass man als Muslim, selbst wenn man eine Aversion gegen Christen hegte, gezwungen war, auf deren Booten mitzufahren. Muslime brachten zwar Frachtschiffe und Piratenflotten aufs Wasser, vermochten aber nicht annähernd, die italienische Herrschaft über das östliche Mittelmeer zu brechen.

Gegen die damit einhergehende Bedrohung kannte die islamische Dschihad-Literatur nur ein Verteidigungsmittel, und zwar nicht den Aufbau einer Marine, sondern den Bau von Küstenwachtürmen, die in den Quellen manchmal *ribāṭ* genannt werden. Ähnliche Bauwerke errichteten übrigens die Italiener und Spanier zum Schutz gegen berberische Sklavenhändler im 17. und 18. Jahrhundert. Auf jeden Fall ist erstaunlich, dass die Muslime in der Kreuzfahrerzeit keine größeren Anstrengungen unternahmen, ihre Schiffskapazitäten zu erweitern. Zwar versuchte offenbar Qalāwūns Sohn al-Ashraf Khalil (gestorben 1293), der Eroberer von Akkon, während seiner kurzen Herrschaft eine Flotte aufzubauen, aber nach seiner Ermordung war von diesem Projekt keine Rede mehr. Bis zum Angriff auf Zypern im Jahr 1426, mit dem sich die Mameluken für den zypriotischen Angriff auf Alexandria im Jahr 1360 rächten, gab es keine erfolgreichen maritimen Unternehmungen der Mameluken.

Zu Land beruhte die Macht der Mameluken zu einem großen Teil aus der Verknüpfung von Militär und ethischer Verpflichtung, die auch, durch technologische Entwicklungen verstärkt, die wichtigste Voraussetzung für die osmanische Expansion darstellte. Jene Mischung aus Frömmigkeit und militärischer Professionalität kann als die Grundlage der zweiten muslimischen Expansion zwischen 1300 und 1600 angesehen werden.

Wenn man die Aussagen der späteren Dschihad-Literatur über die Kreuzfahrer untersucht, wird deutlich, wie die Theorie der Gewalt in die Praxis umgesetzt wurde. Grundlegend war die ethische Aufladung des Dschihad, der als Vollzug von Gottes Willen auf Erden begriffen wurde. Seine ethische Implikation erforderte es, dass die Muslime sich an bestimmte Regeln hielten, wenn sie gegen ihre Feinde Gewalt anwendeten. Es genügte dabei nicht, dass die Sache, um die es ging, lediglich als gerecht angesehen wurde, vielmehr mussten sich die Muslime selbst auf bestimmte Weise richtig verhalten.

Wie in Bezug auf den Genuss von Alkohol gezeigt werden konnte, brachte diese Moralität in mancher Hinsicht ein höheres Maß an Disziplin und Kriegserfolg mit sich. So waren die militärischen Fähigkeiten Baibars', der den Alkoholgenuss ablehnte, denjenigen Ilghazis überlegen, der Siege nicht ausnutzte, weil er sich nach ihnen betrank.

Darüber hinaus mussten die Muslime, um militärisch erfolgreich zu sein, aber auch technische Veränderungen in ihrer Kriegführung vornehmen. So nutzten sie beispielsweise stärker Pfeil und Bogen sowie Mangonel und perfektionierten den Bau von Belagerungstunneln, selbst wenn dies mitunter ihren Moralvorstellungen vom Heiligen Krieg widersprach. Nicht nur in der Kreuzzugsära, sondern auch danach übertrumpfte somit die Technik regelmäßig die Ethik.

Abstract

Jihad and warfare literature of the later Crusader period is rarely examined. However, this material is immediately antecedent to the development of modern warfare during the Renaissance period. The jihad and warfare materials developed during this period heralded a huge expansion of the world of Islam, both eastwards and westwards. Study of the material raises questions about whether the type of warfare called jihad is always rooted in religious theories concerning violence. Jihad during this later period is in the process of making a transition from the romantic to the technical, and also began to focus much more upon sea-warfare.

Jörn Roland Christophersen

Gewaltausbrüche und Zwangsmittel als Machtsicherungsinstrumente?

Beobachtungen aus städtischen Kontexten

Einleitung

Dieser Beitrag widmet sich der Frage, ob das von Dorothea Weltecke vorgeschlagene Analyseraster für die Untersuchung religiöser Gewalt[1] über die dort vorgeschlagenen Anwendungsfelder hinaus gleichfalls zur Bildung eines Narrativs für die Stadtgeschichtsschreibung genutzt werden kann. Das besondere Interesse richtet sich dabei auf die Funktion von Gewaltanwendung in Machtsicherungsvorgängen. Konkretes Beispiel sollen im vorliegenden Beitrag Begebenheiten aus der Geschichte Berlins[2] sein. Es ist dies eine Stadt, die aufgrund der ungünstigen Überlieferung zu den mittelalterlichen Jahrhunderten und trotz des überbordenden Interesses an der jüngeren Vergangenheit dieser Stadt bislang über einen regionalen Fokus hinaus nur selten zum Gegenstand von stadthistorischen Erwägungen über mittelalterliche Verhältnisse wurde, obwohl deren mittelalterliche Geschichte in aktuellen

[1] Dorothea Weltecke: Bemerkungen zur Geschichte der religiösen Gewalt im Mittelalter. In: HZ 305 (2017), S. 621–656. Das dort ausgearbeitete Konzept entbindet hier von der Aufstellung eines eigenen Theorieapparats, vielmehr soll per Kurzverweis gleichsam durch Welteckes Vorschlag navigiert werden. Herzlich gedankt sei der Herausgeberin dieses Sammelbandes sowie Dr. Tim Geelhaar (Bielefeld/Frankfurt a. M.), Erik Pauls und Alexander Gorbatschow (beide Frankfurt a. M.) für die engagierte Lektüre und zahlreiche, konstruktive Kürzungs- und Verbesserungsvorschläge.

[2] Die Geschichte Berlins im Mittelalter ist ohne Cölln, mit dem es wohl seit Beginn und spätestens mit dem Erscheinen als Rechtsstadt eine Doppelstadt ausbildete, nicht zu untersuchen. Das dritte, gemeinsame Rathaus gab es spätestens 1307. Siehe zu diesen Grundzügen der Stadtgeschichte Heinz Quirin: Berlin. In: Lexikon des Mittelalters. Bd. 1. Stuttgart 1999 (ND München 2002), Sp. 1965 f. Mitte des 15. Jahrhunderts separierte Kurfürst Friedrich II. die Städte im Zuge seiner Streitigkeiten mit Berlin-Cölln. Vgl. Heidelore Böcker: Die Festigung der Landesherrschaft durch die hohenzollernschen Kurfürsten und der Ausbau der Mark zum fürstlichen Territorialstaat während des 15. Jahrhunderts. In: Ingo Materna/Wolfgang Ribbe (Hg.): Brandenburgische Geschichte. Berlin 1995, S. 169–230, hier: S. 186–188.

https://doi.org/10.1515/9783110773781-015

Diskussionen der Gegenwart durchaus präsent ist. Das gilt auch für Konstellationen, die sich auf religiöse oder religiös konnotierte Begebenheiten beziehen.[3]

Der Aufsatz will mithin ermitteln, ob unter Rückgriff auf das von Dorothea Weltecke vorgestellte Instrumentarium zur Analyse religiöser Gewalt Stadtgeschichte als Gewaltgeschichte erzählt werden kann, ob also der bei Weltecke ausgebreitete Makroansatz auch Mikroelemente aus städtischen Konstellationen berühren kann, wenn man sie zu etwas Größerem zusammenführt, etwa in der im angesprochenen, grundlegenden Beitrag ja auch geforderten Diachronie.[4] Deswegen sollen anhand exemplarischer, zeitlich gestreuter Begebenheiten spezifisch städtische Gewaltereignisse in politisch-soziale Konstellationen eingeordnet werden.

Fallstudien

Beispiel 1: Die Ermordung des Nikolaus von Bernau

Die erste Fallstudie gilt dem religiösen Gehalt in einem spektakulären Ereignis in der Geschichte Berlins und ist für das als ereignisarm geltende Berliner Mittelalter als von zentraler Bedeutung erachtet worden.[5] Im Sommer 1324 wurde der Bernau-

[3] Das betrifft die aktuelle Debatte über die Wiedererrichtung des sogenannten Berliner Stadtschlosses, also der späterhin königlichen Residenz der Hohenzollern, die auf das Schloss Kurfürst Friedrichs II. (1413–1470) in Cölln an der Spree zurückgeht. Das betrifft aber auch das Vorhaben eines „House of One“ unter Einbeziehung der Grundmauern der alten Petrikirche (in Alt-Cölln). Die Grabungen hinter dem Roten Rathaus, auf der Jüdenstraße und bis hin zum alten Großen Jüdenhof, die auch eine Wohnlage der mittelalterlichen jüdischen Gemeinde zu Berlin umfassten, wurden mit großen Erwartungen verfolgt.

[4] Weltecke: Bemerkungen (wie Anm. 1), S. 652. Die Diachronie fordert naturgemäß mehrere Beispiele, die hier nicht jeweils in aller Tiefe ausgebreitet und vor allem nicht mit der Fülle des üblicherweise gebotenen Forschungsmaterials versehen werden können. Vollständigkeit ist hier weder intendiert noch notwendig. Das Ansinnen einer methodischen Grundsatzüberlegung entbindet mitunter von der Pflicht zur Schilderung aller Details und zur Aufreihung aller Literatur. Daher wird in den Anmerkungen auf die Auflistung von Literatur in der bisherigen Forschung oder auf Handbuchbeiträge verwiesen.

[5] Literatur bereits bei Gottfried Wentz/Fritz Bünger: Das Bistum Brandenburg. 2. Teil. Berlin 1941 (ND Berlin 1963), S. 518. Über einhundert Titel verzeichnet allein Dietrich Kurze: Der Propstmord zu Berlin 1324. In: JBBKG 60 (1995), S. 92–136. Ebd. auch eine Edition der Registereinträge und Ausführungen zu den Hintergründen sowie zur Forschungs- und Rezeptionsgeschichte des Falls. Zur landesgeschichtlichen Einbettung vgl. Helmut Assing: Die Landesherrschaft der Askanier, Wittelsbacher und Luxemburger (Mitte des 12. bis Anfang des 15. Jahrhunderts). In: Materna/Ribbe (Hg.): Geschichte (wie Anm. 2), S. 85–168, hier: S. 136 f. Zu den Bernauer Pröpsten siehe Peter Riedel: Mit Mitra und Statuten. Bischöfliches Handeln in der spätmittelalterlichen Diözese Brandenburg. Berlin 2018, S. 209–217. Zum Mord an Nikolaus siehe ebd., S. 210.

er Propst Nikolaus von Einwohnern Berlins im Zusammenhang mit einer öffentlichen Predigt erschlagen und verbrannt. Die Forschung hat schon vor längerer Zeit dargelegt, dass es nicht einfach eine verbrecherische Tat war, sondern diese sich vielmehr auf wohl politische Implikationen zurückführen lässt.[6] Hier sollen einerseits die politischen Aspekte um die Frage nach Anhaltspunkten für religiöse Gewalt, mithin also religiöse Konnotationen, ergänzt werden. Andererseits sollen diejenigen Elemente identifiziert werden, die das Ereignis als spezifisch städtisch erkennen lassen und deren Wirkung außerhalb der Stadt nicht zu reproduzieren ist. Die grundlegenden, aber nie in voller Breite abgeschlossenen Studien von Dietrich Kurze wurden kürzlich durch Untersuchungen von Brigide Schwarz ergänzt, die anhand römischer Quellen eine neue Perspektive auf den Fall eröffnet,[7] was wiederum zur weiteren Beschäftigung mit dem ausgebreiteten Material anregt.

Über die Tat selbst ist nur wenig bekannt, jenseits der aktuellen Fachwissenschaft gilt nicht einmal das genaue Datum der Ermordung des Propsts als sicher. Es ist jedoch schon bei Kurze seriös auf August 1324 bestimmt worden.[8] Feststeht, dass Nikolaus bereits dem letzten erwachsen gewordenen askanischen Markgrafen, Woldemar, verbunden war. Später war er im Umfeld Rudolfs I. von Sachsen-Wittenberg anzutreffen und man darf ihn wohl als dessen Vertrauten bezeichnen,[9]

[6] Lediglich beispielhaft neben bereits Genanntem siehe respektive vgl. Ralf Nickel: Die Minderbrüder in Berlin. In: Dieter Berg (Hg.): Franziskanisches Leben im Mittelalter. Studien zur Geschichte der rheinischen und sächsischen Ordensprovinzen. Werl 1994, S. 1–26, hier: S. 5; Dietrich Kurze: Nicolaus. In: Friedrich Beck/Eckart Henning/Kurt Adamy (Hg.): Brandenburgisches Biographisches Lexikon. Potsdam 2002, S. 296.

[7] Brigide Schwarz: Der Mord am Propst von Bernau 1324 und seine Nachgeschichte. In: JbGMOD 64 (2019) 1, S. 3–59. Zu Material im Nachlass Kurzes siehe ebd., S. 4.

[8] Kurze: Nicolaus (wie Anm. 6) gibt, gestützt auf seine grundlegenden Arbeiten, den 16. August 1324 an. Neue, möglicherweise mit Nikolaus von Bernau zu verknüpfende biografische Details nun bei Schwarz: Mord (wie Anm. 7), S. 15. Interessanterweise ist die buchsche Glosse zum Sachsenspiegel, die um 1325 entstand, die Anpassung des Sachsenrechts an römischrechtlich-kanonischrechtliche Zusammenhänge. Damit soll nicht behauptet werden, dass Johann von Buch – ein Hauptmann, Berater und Hofrichter für Ludwig den Brandenburger – den Berliner Vorfall zum Anlass für seine Bearbeitung des Sachsenrechts nahm, um zugunsten der Wittelsbacher auf lokales Recht zu plädieren. Aber offensichtlich wird doch, dass die Auseinandersetzungen an professionalisierten, römisch- und kanonischrechtlich orientierten Gerichten, wie sie Buch spätestens aus Bologna bekannt gewesen sein dürften, eine gewisse Virulenz auch im Rechtswesen der Mark Brandenburg erreicht hatten, die die Anhänger sächsisch-magdeburgischen Rechts vor erhebliche Herausforderungen stellte.

[9] Kurze: Nicolaus (wie Anm. 6). Auch die Übertragung der Rechte an den Juden durch Rudolf I. und an die Städte Berlin und Cölln zum 10. Mai 1323 begleitete Nikolaus als erstgenannter Zeuge (Adolph Friedrich Johann Riedel [Hg.]: CDB. Supplementband und Schluß des ganzen Werkes bis auf die Register. Berlin 1865, S. 224 f., Nr. 6; vgl. auch das Regest Jörn Roland Christophersen: Brandenburg 1, Nr. 55. In: Alfred Haverkamp/Jörg R. Müller [Hg.]: Medieval Ashkenaz. Corpus der Quel-

denn er stand ihm als Rat zur Seite, übte also eine politisch-verwalterische Funktion aus.[10] Das gilt auch für die Zeit, in der die Wittelsbacher nominell bereits Markgrafen stellten und Rudolf zu diesen in Konkurrenz stand.[11] Der Sachsen-Wittenberger war mit den Askaniern verwandtschaftlich eng verbunden und wohl diejenige Person, die vor Ort Macht ausüben konnte. Urkunden aus dieser Zeit, in denen Rudolf als Landesherr oder Vormund der Landesherrin in Erscheinung tritt, sprechen dafür.[12]

Zu Zeiten, da Papst Johannes XXII. die Belehnung eines Wittelsbachers mit der Mark missbilligte,[13] ist „in diesem religiös aufgeheizten politischen Zusammenhang [...] Nicolaus während eines Berlinaufenthalts von einer Volksmenge erschlagen und auf dem Neuen Markt verbrannt worden".[14] Sehr sicher hatte Nikolaus zuvor das Wort gegen die Wittelsbacher und zugunsten der Sachsenfürsten erhoben.[15] Ludwig den Brandenburger[16] hatte er gar mit einem auf dessen Anspruch, Mark-

len zur Geschichte der Juden im spätmittelalterlichen Reich. Trier/Mainz 2013, online zugänglich unter: http://www.medieval-ashkenaz.org/BR01/CP1-c1-01w3.html [letzter Zugriff am 30.12.2020], siehe aber auch die weitere Urkunde für einen der Petrikirchaltäre aus demselben Jahr in Riedel [Hg.]: CDB. Supplementband [diese Anm.], S. 225, Nr. 7).

10 Hartmut Kühne: Die Bernauer Marienkirche als Propstei-, Pfarr- und Bürgerkirche von ihrer Gründung bis zur Reformation. In: ders./Claudia Rückert (Hg.): Kirche in der Stadt. Die Marienkirche in Bernau und ihre Ausstattung. Berlin 2017, S. 29–46, hier: S. 31.

11 Michael Menzel: Die Wittelsbacher Hausmachterweiterungen in Brandenburg, Tirol und Holland. In: DA 61 (2005), S. 103–159, hier: bes. S. 107–127, hat die Abläufe in der Mark Brandenburg geklärt und in die europäischen Zusammenhänge eingeordnet. Zum Handeln Rudolfs siehe kurz ebd., S. 107 (mit weiterer Literatur). Derlei bei Menzel besonders gut sichtbar gemachte schwache politische Strukturen hat Weltecke: Bemerkungen (wie Anm. 1), S. 653, als solche Konstellationen identifiziert, die religiös gerahmte Gewalt förderten.

12 Vgl. zusammenfassend Assing: Landesherrschaft (wie Anm. 5), S. 134 f.; vgl. exemplarisch die Verbundhuldigung von Städten gegenüber Rudolf vom 24. August 1321 (Ferdinand Voigt [Hg.]: Urkunden-Buch zur Berlinischen Chronik. Berlin 1869, S. 38 f., Nr. 53) oder die Übertragung der Juden durch Rudolf (wie Anm. 9).

13 Kurze: Nicolaus (wie Anm. 6); Menzel: Hausmachterweiterungen (wie Anm. 11), S. 119 f.

14 Kurze: Nicolaus (wie Anm. 6).

15 Brigide Schwarz hat eine plausible, allerdings vielfach spekulierende Deutung der Abläufe vorgeschlagen: Schwarz: Mord (wie Anm. 7), S. 45 f. (dort jedoch eingeleitet mit der Frage „Was geschah wirklich?"), S. 59.

16 Insgesamt begegnen uns drei Wittelsbacher mit dem Namen Ludwig: der römisch-deutsche König Ludwig IV. der Bayer, dessen Sohn Markgraf Ludwig I. der Brandenburger (zugleich Herzog Ludwig V. von [Ober-]Bayern, auch Ludwig der Ältere) sowie des letzteren Halbbruder und ebenfalls des ersteren Sohn Markgraf Ludwig II. der Römer (zugleich Herzog Ludwig VI. von [Ober-] Bayern, auch Ludwig der Jüngere). Die beiden Markgrafen werden der Konzentrierung auf das Untersuchungsgebiet halber bei Bedarf mit ihrer jeweiligen Ordnungszahl als Markgrafen von Brandenburg angeführt.

graf zu sein, gerichteten „cum non esset“ als unrechtmäßig markiert.[17] Eberhard Zmol, Nikolaus’ Gastgeber in Berlin, hatte einen ähnlichen Werdegang und Hintergrund. Er wird aber noch bis 1335 als Propst erwähnt,[18] starb also nicht in diesem Gewaltausbruch, und verantwortete ab 1335 die Liturgie für den Stiftungsaltar in der Marienkirche zur Sühnung des Mordes.[19] An dieser Stelle sei bereits festgehalten, dass die mordenden Akteure nicht genau benannt werden.[20] Nimmt man einen politischen Hintergrund an, muss es in der Stadt eine prowittelsbachische, auch gegen Kleriker mobilisierbare Fraktion gegeben haben. Diese glaubte sich der Unterstützung Ludwigs des Brandenburgers verbrieft versichert.[21] Der prowittelsbachischen Parteiung dürfte auch nicht entgangen sein, dass Markgraf Ludwigs Vater, König Ludwig der Bayer, zuvor, ebenfalls im Sommer 1324, päpstlich exkommuniziert worden war. Einige Personen werden aber doch als dieser Missetat zugeneigt identifiziert. Nach einem päpstlichen Schreiben hatte der Magdeburger Metropolit Burchard die Betreffenden ermittelt. Zuvor hatte sich Johann von Tuchem, der Brandenburger Bischof, nicht ausreichend um die Verfolgung gekümmert („non cu-

[17] Siehe ebd., S. 45 f.

[18] Wentz/Bünger: Bistum (wie Anm. 5), S. 515. Beide Pröpste waren Hofkapläne unter den Askaniern und bereits während des sogenannten brandenburgischen Interregnums in herausgehobenen Positionen. Schwarz: Mord (wie Anm. 7), S. 28, meint, ein Zuname Eberhards sei nicht bekannt, weist aber auch darauf hin, dass er bei seiner letzten Nennung als Rektor eines Sühnealtars für Nikolaus erscheint (ebd., S. 31). Nicht etwa die Brüder des Getöteten, sondern er profitierte also von dieser Sühne, er war aber auch Geschädigter des Tumults (vgl. ebd., S. 32). Im Umkreis der späterhin askanischen Partei findet er sich zum 1. Januar 1320 bei der Übertragung der Juden an den Rat beider Städte durch Markgräfin Agnes, die Witwe Woldemars, und bei der Durchführungsbestimmung für das entsprechende Schriftstück als Zeuge mit der Bezeichnung „prepositus in Berlin, noster cappelanus“ respektive „prouest tu Berlin“, während ein gewisser Christian („Kerstien“) offenbar zeitgleich auch „unser capelan“ war (Voigt [Hg.]: Urkunden-Buch [wie Anm. 12], S. 37 f., Nr. 51 f.; vgl. auch – mit Literatur – das Regest Jörn Roland Christophersen: Brandenburg 1, Nr. 39. In: Haverkamp/Müller [Hg.]: Medieval Ashkenaz [wie Anm. 9], online zugänglich unter: http://www.medieval-ashkenaz.org/BR01/CP1-c1-01wd.html [letzter Zugriff am 30.12.2020]). Agnes jedoch überwies die Bindung der Städte zum Datum 27. Januar 1324 an die Wittelsbacher (Voigt [Hg.]: Urkunden-Buch [wie Anm. 12], S. 44, Nr. 61). Eberhard befürwortete eine durch Ludwig den Brandenburger sanktionierte Marienaltarstiftung in der Berliner Nikolaikirche vom 10. Mai 1326 (ebd., S. 45 f., Nr. 2).

[19] Voigt (Hg.): Urkunden-Buch (wie Anm. 12), S. 68, Nr. 26.

[20] Auch späterhin (hier: 20. Mai 1346) heißt es mitunter, die Kommunikation nach der aufgelösten Exkommunikation sollten diejenigen anstreben, die meinen, dass es sie betreffe: „omnes et singulos, qui sua crediderint interesse et quos tangit negotium“. Ebd., S. 91 f., Nr. 60, hier: S. 92; vgl. auch ähnlich ebd., S. 92–95, Nr. 61 f.

[21] Vgl. in diesem Sinne jedenfalls Schwarz: Mord (wie Anm. 7), S. 59 (hier als Interpretation?). Die Ermittlung belastbaren Materials über diese Verbriefungen stünde noch aus, siehe aber die spätere Anerkennung älterer Privilegien pauschal zum 2. Juni 1328 (Voigt [Hg.]: Urkunden-Buch [wie Anm. 12], S. 53 f., Nr. 11).

rante" heißt es in diesem Brief)[22] – vielleicht weil er aus gesundheitlichen Gründen schlicht nicht mehr dazu in der Lage war, denn er starb im November 1324. Unter den Ermittelten befanden sich Personen, die die Forschung wohl zu Recht als Patrizier identifiziert hat,[23] aber auch „die Ratsherren und Gemeinden".[24]

Es folgten ein noch 1324 verhängter bischöflicher Kirchenbann gegen die Stadt,[25] Sühneleistungen 1335/36[26] und erst 1345/46 die Aufhebung des Kirchenbanns,[27] bis dahin hatte man dem Brandenburger Bischof Ludwig Schenck von Neindorf[28] viel Geld gezahlt.[29] Interessant ist, dass die vor Ort ansässigen Bettelorden vom Interdikt nicht oder nur wenig betroffen waren. Das ist bemerkenswert, gelten doch gerade die Franziskaner in den 1320er-Jahren als den Wittelsbachern

22 Vgl. Schwarz: Mord (wie Anm. 7), S. 54.

23 Siehe etwa Assing: Landesherrschaft (wie Anm. 5), S. 137; vgl. auch Schwarz: Mord (wie Anm. 7), S. 18.

24 Siehe Schwarz: Mord (wie Anm. 7), S. 54.

25 Dennoch verabschiedete der Berliner Rat eine Stiftung zugunsten des St.-Mauritius-Altars aus Steuern der Tuchmacher zum 27. August 1326 noch „In nomine Sancte et Individue Trinitatis" (Riedel [Hg.]: CDB. Supplementband [wie Anm. 9], S. 226, Nr. 8), während das Statut beider Räte Berlins und Cöllns zur Kleider- und Öffentlichkeitsordnung – 1334 in deutscher Sprache erlassen und bei Riedel als „Polizei- und Kleider-Ordnung" gedruckt – eine solche Invocatio nicht aufweist (ebd., S. 227 f., Nr. 11). Hieraus einen Wandel des Unrechtsbewusstseins und die Anerkennung der Rechtmäßigkeit des Interdikts ablesen zu wollen, erscheint aber zu weit hergeholt.

26 Bereits 1335 kam es zu einem Sühnevertrag mit dem Bischof. Zunächst hatte Heinrich, Rektor zu Eberswalde und Bruder des Ermordeten, offenbar eine Sühneleistung nicht anerkannt, obwohl, so König Ludwig der Bayer, diese angemessen gewesen sei: „de emenda nolit stare contentus debita et condigna" (Voigt [Hg.]: Urkunden-Buch [wie Anm. 12], S. 59–61, Nr. 17 f., hier: S. 60, zum 16. März 1334).

27 So kommuniziert durch Bischof Ludwig zum 18. Juni 1345 (ebd., S. 87 f., Nr. 54), der meinte, einen Predigerorden in Berlin zu erreichen. Letztlich bestätigte aber der Prior des Konvents „fratrum ordinis predicatorum in Cölne prope Berlin" (ebd., S. 88, Nr. 55), waren doch in Berlin die Franziskaner ansässig, die Dominikaner hingegen in Cölln. Die päpstliche Bestätigung der Bannaufhebung mussten die Bürger in Brandenburg im Mai 1346 abholen (ebd., S. 91 f., Nr. 60).

28 Ludwig von Neindorf war päpstlicher Kandidat für das Brandenburger Bischofsamt, wurde aber erst 1327 ernannt. Das Kapitel hatte unmittelbar nach dem Tod Johanns von Tuchem am 25. November 1324 Heinrich von Barby gewählt (Gustav Abb/Gottfried Wentz: Das Bistum Brandenburg. 1. Teil. Berlin 1929 [ND Berlin 1963], S. 37–39). Bischof Ludwig verfolgte auch Ketzer in Angermünde (ebd., S. 39), er sei wittelsbachisch-kaiserlicher Parteigänger gewesen (siehe ebd., S. 39).

29 Kurze: Nicolaus (wie Anm. 6). Eine Gesandtschaft zum Papst „imme Howe thu Rome [sic!]" wurde mit einem städtischen Schreiben vom 25. März 1343 ausgestattet, das sehr deutlich den „Broken", das Verbrechen also, „vnde den Dot des Provestes von Bernawe, dy gebrand ward thu Berlin" ansprach (Voigt [Hg.]: Urkunden-Buch [wie Anm. 12], S. 80, Nr. 45) – weniger deutliche Worte hätten wohl auch das Ansinnen, mit der Kurie über die Lösung des Bannes zu verhandeln, konterkariert.

zugeneigt.[30] Ihr Einfluss wuchs gleichwohl oder vielmehr weil sie quasi zu Interdiktbrechern wurden.[31] Also waren nicht alle Regeln für die Christenheit hier gleich.[32] Ab 1347 ließen die Ratsherren von Berlin und Cölln in Bernau Messen für Nikolaus lesen[33] und übernahmen damit gewissermaßen die Verantwortung für die Tat. Brigide Schwarz schlug vor, dass die städtische Führungsgruppe tat, was sie konnte, um die „im Gefolge dieses Mordes an einem Prälaten auftauchenden Probleme auf lokaler Ebene zu lösen: durch Stiftungen von Altären, Gewinnung von Ablässen, Pilgerfahrten einerseits und massiven Druck auf die Brüder des Ermordeten, Sühnezahlungen anzunehmen, andererseits".[34] Dann erst einigte man sich mit den kirchlichen Autoritäten und die Zwangsmaßnahmen, die auf der Stadt lagen, wurden gelockert.

Ein noch heute vor der Marienkirche stehendes Steinkreuz wird auf die Sühnung des Mordes an dem Propst zurückgeführt.[35] Damit erhielt die religiöse Konnotation des Vorfalls[36] ein entsprechendes Langzeitframing: denn das Sühnekreuz ist zwar in seiner heutigen Form möglicherweise später entstanden; es ist jedenfalls nicht verbürgbar auf das ursprüngliche Kreuz zurückzuführen, das einige Meter entfernt, am Ort des Mordes, stand. Es ist allerdings Ausdruck ritualisierten, mit

30 Im Berliner Franziskanerkloster fanden einige Markgrafen auch ihre letzte Ruhe, so der Wittelsbacher Ludwig der Römer; siehe Nickel: Minderbrüder (wie Anm. 6), S. 5. Vgl. weiter Schwarz: Mord (wie Anm. 7), S. 28. Siehe ebd. auch zu einer scharfen, aber nicht quellengesättigten, in Normen verhafteten Kritik an der Auffassung, man habe in Berlin mithilfe der Minoriten die Exkommunikation umgehen können.

31 Nickel: Minderbrüder (wie Anm. 6), S. 5, S. 7.

32 Zu den Implikationen von Gruppenzuschreibungen für Ungleichheiten vgl. Weltecke: Bemerkungen (wie Anm. 1), S. 655.

33 Voigt (Hg.): Urkunden-Buch (wie Anm. 12), S. 97, Nr. 67.

34 Schwarz: Mord (wie Anm. 7), S. 59.

35 Abbildung aus den 1980er-Jahren etwa bei Assing: Landesherrschaft (wie Anm. 5), S. 137. Das Kreuz wird im Schiedsspruch weltlicher Richter (des Hofmeisters Dippolt Gusse, des Kammermeisters Altmann und des markgräflichen Hofrichters Johann Buch) in der Auseinandersetzung zwischen Stadtgemeinden und Ludwig, dem Bischof von Brandenburg, nebst weiteren Sühneleistungen schon am 1. Juli 1335 spezifiziert (Voigt [Hg.]: Urkunden-Buch [wie Anm. 12], S. 65 f., Nr. 24). Im weiteren Verlauf ist die Wortwahl weniger scharf – selbst der Bischof sprach von der Seele des „honorabilis Nicolai, […], qui in ipsa ciuitate Berlin in nouo foro misere mortis pertulit exitium planctu dignum" (ebd., S. 68, Nr. 26), aber nicht mehr von brutalen, detailreich geschilderten Missetaten.

36 Hier sei beispielsweise lediglich auf die Ermordung des päpstlichen Legaten Peter von Castelnau im Jahr 1208 hingewiesen. Durch seine Ermordung sei er einerseits zum Märtyrer geworden und andererseits habe sich damit ein Demütigungsinstrument ergeben, so Christoph Auffarth: Heilsame Gewalt? Darstellung, Begründung und Kritik der Gewalt in den Kreuzzügen. In: Manuel Braun/Cornelia Herberichs (Hg.): Gewalt im Mittelalter. Realitäten, Imaginationen. Paderborn 2005, S. 251–272, hier: S. 267 f.

Sühne- und Bußleistungen verknüpften Gedenkens, also auch einer transpersonalen, überdauernden Praxis, die durchaus geeignet gewesen sein könnte, Gemeinschaft neu zu konstituieren. Das Kreuz zeigt zugleich einen Perspektivenwechsel an, da es das Handeln der Patrizier auch Dritten gegenüber weithin sichtbar und beständig als unrechtmäßig beschrieb. Zu beobachten sind also zugleich Langzeitrahmung[37] und Kultinstallation.[38] So haften an dem Denkmal zwei der von Dorothea Weltecke vorgeschlagenen Kriterien religiöser Gewalt, wobei letzteres Merkmal schwerer als ersteres wiegen dürfte.

Ein Effekt auf die Gemengelage, nämlich die Bannung der Region und des Herrschers aus anderem Grunde, entfaltet sich erst durch die mit Rom verknüpfte Überlieferungslage, denn die Gewalttat fand durchaus Eingang in die römische Kurialüberlieferung, dort waren aber Ludwig der Bayer und sein Umfeld ohnehin nicht wohlgelitten. In einem Schreiben Papst Johannes XXII. heißt es nicht etwa, man habe in Berlin den Propst gelyncht und den Leichnam verbrannt, sondern,[39] dass die Täter „allein aus dem Grund, weil dieser [also Nikolaus; Anm. des Verfassers] rein und schlicht (*pure ac fideliter*) den Ratsherren, den Gemeinden und ihren Komplizen zuriet, nicht Ludwig, dem Erstgeborenen Ludwigs, des Herzogs von Bayern, als ihrem Markgrafen – da er dies gar nicht sei (*cum non esset*) – zu gehorchen (*parerent*) oder ihm Treueide zu leisten oder Huldigung zu tun, auf den Propst losstürzten wie von Sinnen (*furentibus animis irruerunt*) und ihn unter Gewaltanwendung (*iniuriis*) zu Boden (*cesum*) rissen. Dort rissen sie ihm mit frevler Hand gewaltsam die Haare aus [!], sie schlugen mit Stöcken auf ihn ein und verwundeten ihn tödlich. Und solange die Hitze ihrer wilden Wut andauerte, haben sie dann den genannten Propst den Flammen übergeben, gar grausam (*crudelius*) und wilden Tieren gleich, und ihn im Feuer ganz unmenschlich (*inhumanius*) verbrannt."[40]

Danach habe der Berliner Mob auch gegen andere Kirchengüter gewütet und das Eigentum Nikolaus' und seiner Brüder – die im Übrigen auch Kläger beim

37 Über Aspekte von Nachrahmungen am Beispiel der durch Karl IV. sanktionierten Pogrome gegen Juden siehe Weltecke: Bemerkungen (wie Anm. 1), S. 650.

38 Fragen nach Partizipationswünschen am neuen Kult oder nach dessen Ablehnung schließen sich an. Die Beobachtungen bei ebd., S. 640, über die Dynamiken in Kreuzzugsbewegungen sind vergleichbar.

39 Schwarz: Mord (wie Anm. 7), S. 17, hat darauf hingewiesen, dass sich in den Details der Schilderung durchaus auch die Interessen der Brüder des Nikolaus an einem bestimmten Narrativ spiegeln könnten, das gelte gerade für solche Einzelheiten, die zur Strafverschärfung führen konnten oder zur Vorbereitung eines Märtyrerkults geeignet waren (ebd., S. 18). Im Ausreißen der Haare sieht Schwarz vor allem die Entfernung einer (aber anderweitig nicht verbürgten) Tonsur des Nikolaus (ebd., S. 50).

40 Die gesamte Übersetzung der Quelle ist hier übernommen aus ebd., S. 53. Dort finden sich auch Angaben zu Überlieferungen sowie bisherigen Editionen und Regesten.

Papst waren[41] – zerstört, sich bereichert et cetera,[42] also auch habgierig gehandelt. Die Informationen allein aus brandenburgischer Überlieferung, die bis zu dem Beitrag von Schwarz vorrangig herangezogen worden war, weichen von dieser Quelle in einigen Details ab. Wurde also erst durch den Bericht für die Kurie aus einer „normalen" Mordtat ein Verbrechen der prowittelsbachischen Fraktion oder Faktionen in Berlin an einem geistlichen und zugleich politischen (aber aufgrund der Unterstützung des Papsts für den Dienstherrn des Propsts nun gerade antipäpstlichen Anfeindungen ausgesetzten) Würdenträger? Die Abweichungen zwischen den Überlieferungen sind nicht so erheblich, dass die Ereignisse im Ganzen zu bezweifeln sind. Die Differenzen lassen aber aufhorchen und lenken die Aufmerksamkeit auf diejenigen Umstände der Tat, die im Kommunikationszusammenhang von Papst und Nikolaus' Familie besonders betont werden.

Zu denken gibt die Verbrennung des Leichnams (vielleicht schon des Verletzten?). Dies war nicht allein ein Vorgang der Übertötung, sondern auch einer der Propaganda und ein Spektakel für Groß und Klein sowie Arm und Reich zum Sehen, Hören, Fühlen und Riechen – kurzum: ein Ereignis, bei dem Öffentlichkeit entstand.[43] Offenkundig ging es den Berlinern nicht darum, den Körper unauffällig verschwinden zu lassen. Vielmehr sollte die Auslöschung des Propsts vollständig und symbolträchtig geschehen. Neben vielen weiteren Effekten erfolgte eine effiziente Tilgung der Person aus dem Heilskosmos.[44] Die Verbrennung war (und ist) daher – beabsichtigt oder unbeabsichtigt – stets religiös aufgeladen und wird in der

41 Siehe ebd., S. 15.

42 Vgl. ebd., S. 54.

43 Das spektakuläre Element dieses Justizmittels war, wie Schmitz-Esser herausstellte, mit Anklängen an die Ursprünge der Verbrennung in Lynchjustiz und Volksglaube verbunden (Romedio Schmitz-Esser: Bestrafung des Leichnams zur Purifizierung der Christenheit? Der Ursprung der Verbrennungsstrafe an Häretikern und Hexen im Früh- und Hochmittelalter und sein Verhältnis zum Reliquienkult. In: FMSt 44 [2010], S. 227–263, hier: S. 231, S. 235, mit weiterer Literatur), sollte also ein öffentliches Bedürfnis befriedigen (vgl. ebd., S. 251). Zur Dauer eines solchen Verbrennungsvorgangs siehe ders.: Der Leichnam im Mittelalter. Einbalsamierung, Verbrennung und die kulturelle Konstruktion des toten Körpers. Ostfildern 2014, S. 562 f. (dort auch Hinweise auf olfaktorische und sensorische Effekte für das Publikum). Zu Gesichtspunkten der Abschreckung siehe ebd., S. 577. Selten treten ein bei Weltecke: Bemerkungen (wie Anm. 1), S. 653, zu untersuchen geforderter „Modus Operandi im blutigen Detail, dessen kommunikativer und symbolischer Überschuss, die aktuellen Akteure, die Zuschauer, die Anheizer und Bremser" so gebündelt auf, wie es hier auf Grundlage der Quellen anzunehmen ist.

44 Vgl. hierzu wegweisend das Kapitel über „Die Verbrennung und die Vernichtung körperlicher Integrität" bei Schmitz-Esser: Leichnam (wie Anm. 43), S. 554–591, sowie zu einer Geschichte der (rituell aufgeladenen) Verbrennung abermals: ders.: Bestrafung (wie Anm. 43).

Historiografie mit dem Vorgehen gegen Häretiker assoziiert.[45] In der Verbrennung Nikolaus' kann also der Versuch erblickt werden, einen vornehmlich politischen Widersacher als Häretiker zu markieren und den Übergriff auf den politischen Feind als Akt religiöser Rechtschaffenheit zu rechtfertigen. Hier erfolgte ein Zusammenlegen von politischer und religiöser Loyalität.[46]

Da die Berliner zu wenig Machtkapital gegen weltliche und geistliche Fürsten der umliegenden Territorien sowie den Papst einbringen konnten, misslang die Verschiebung der Grenzen von Akzeptanz politischer und religiöser Haltung jedoch in der Langfristperspektive. Dass die Tötung eines Klerikers auch zur Schaffung eines Märtyrers führen konnte, wäre bei einer lange vorbereiteten Tat gewiss im Vorfeld aufgefallen.[47]

Am Körper Nikolaus' kumulieren – und hier ist der päpstliche Brief drastischer als die brandenburgische Überlieferung – die Deutungskämpfe um Rechtmäßigkeit und Versuche der Delegitimation.[48] Die Szenen teilweiser Dismembration oder Avulsion können als symptomatisch für die Auflösung des Konsenses in Berlin angesehen werden. Dennoch kann die Erlangung von Macht durch die Anhänger des Kaisers durchaus angenommen werden, denn der Prozess der Aufnahme der Regierungsgeschäfte unter Rückgriff auch auf städtische Strukturen dürfte quasi unabhängig vom konkreten Datum 1323/24 nicht mit der zunächst nur mündlichen Belehnung abgeschlossen gewesen sein.[49] Oder aber, je nach Perspektive, funktio-

45 Vgl. lediglich beispielsweise die Ausführungen bei Sascha Ragg: Ketzer und Recht. Die weltliche Ketzergesetzgebung des Hochmittelalters unter dem Einfluß des römischen und kanonischen Rechts. Hannover 2006, S. 181, S. 189; Arnold Angenendt: Toleranz und Gewalt. Das Christentum zwischen Bibel und Schwert. Münster ³2007, S. 244, S. 252. Zu Exhumierung und Verbrennung der Gebeine vgl. ebd., S. 267, S. 271 f. mit einer Übersicht über Strafen und ihre relative Häufigkeit in den Unterlagen Bernard Guis (im frühen 14. Jahrhundert), hierunter auch Verbrennungen der Verurteilten vor und nach dem Tod, die mit deutlich unter 20 Prozent zwar einen signifikanten, nicht aber den größten Teil der tatsächlich verhängten Strafen ausmachten. Aus den deutschsprachigen Landen sind für die Mitte des 14. Jahrhunderts Werte um 5 Prozent zu ermitteln (siehe ebd., S. 274, unter Bezug auf grundlegende Literatur und Quellen). Zum Feuertod für Ketzer siehe erneut Schmitz-Esser: Bestrafung (wie Anm. 43); ders.: Leichnam (wie Anm. 43). Zu Zweifeln an der These von der Auslöschung von Memoria siehe ebenfalls ders.: Bestrafung (wie Anm. 43), S. 250, S. 253.

46 Als herrschaftlich-soziale Praktik stellt dies heraus: Weltecke: Bemerkungen (wie Anm. 1), S. 629. Zu nicht zu duldenden Gruppen siehe ebd., S. 635. Vgl. auch weitere Konstellationen, in denen politische und religiöse (Il)Loyalität hier von Bedeutung sind; siehe dazu auch weiter unten.

47 Ein entsprechender Fall ist bereits in Anm. 36 kurz angesprochen worden.

48 Vgl. Weltecke: Bemerkungen (wie Anm. 1), S. 636 (über den Körper als „Schauplatz sozialer Aushandlungsprozesse"), S. 629 (über Deutungskämpfe und Legitimationen).

49 Vgl. so auch Schwarz: Mord (wie Anm. 7), S. 47. Siehe hierüber aber vor allem (und dieser Titel auch bei Schwarz, jedoch mit anderen Schwerpunkten angeführt) Menzel: Hausmachterweiterungen (wie Anm. 11). Die Belehnung Ludwigs des Brandenburgers durch seinen Vater, König Ludwig

nierte fürs Erste die Machtsicherung der prowittelsbachischen Parteiung durch Gewalt auch gegen die nicht so fern stehenden Leute[50] – Nikolaus wurde an Agitationen zugunsten der Sachsen gehindert. Der Rat blieb offenkundig im Amt und die – wahrscheinlich persönlich für die Tat verantwortlichen – Patrizier bürdeten der Stadt (also der gesamten Stadtgemeinde) sogar die Bezahlung der beachtlichen Sühnesummen auf.[51] Es war also die Führungsgruppe, die danach trachtete, ihre Macht zu erhalten und sich gegenüber anderen Einflüssen – und hier kommen nur die unterhalb dieser anzusiedelnden sozialen Gruppen als Träger infrage – abzuschotten.[52]

Die Bannung auch Ludwigs des Bayern, die in diesem Zusammenhang ja tatsächlich eine Rolle spielt – sie könnte der Auslöser der Ermordung gewesen sein[53] –, ist wiederum als solche, teils bereits nachträgliche Rahmung seiner Herrschaftsambitionen und -durchsetzungen zu begreifen, die das Herrschaftsstreben des Königs als illegitim markierte. Die Herabwürdigung Ludwigs wirkte lange nach. Auf ihr beruht unter anderem das Narrativ der bayerischen Fremdherrschaft über die Mark Brandenburg.[54]

den Bayern, erfolgte in mehreren Schritten und wohlvorbereitet, konkrete Handlungen sind für 1323/24 zu verzeichnen (ebd., S. 112 f.), die mündliche Belehnung und Bestallung der pflegerischen Räte erfolgte 1323, die schriftliche Belehnung wurde wohl erst 1327 ausgefertigt und auf 1324 rückdatiert, dann 1328 kaiserlich bestätigt (ebd., S. 114; vgl. auch weiter S. 115 f.).

[50] Hier wird also das Vorgehen gegen „die beherrschten religiösen Gruppen im eigenen Herrschaftsgebiet" (Weltecke: Bemerkungen [wie Anm. 1], S. 637) geübt, gleichwohl die religiöse Differenz erst aus der Rahmung Nikolaus' als Ketzer entsteht. Über die Erhaltung von Macht als Movens siehe ebd., S. 637, S. 645.

[51] Schwarz: Mord (wie Anm. 7), S. 24, stellt heraus, im Sinne des Kirchenrechts sei die gesamte *„universitas"* der Doppelstadt schuldig gewesen. Das alleine wird aber nicht der Grund dafür gewesen sein, dass sie die Kosten entsprechend schulterte und nicht umlegte.

[52] Vgl. Weltecke: Bemerkungen (wie Anm. 1), S. 653, S. 655 (zur „Beibehaltung der bestehenden Machtverhältnisse"). Das Vorgehen lässt sich auf die einfache Formel kondensieren: Mache die von einem Vordenker vertretene Position unmöglich, noch bevor sie von einer breiteren Gruppe aufgenommen werden kann. Errichte so einen Trennblock evakuierter politischer Sphäre zu unter dir befindlichen sozialen Gruppen.

[53] Vgl. Schwarz: Mord (wie Anm. 7), S. 59.

[54] Dadurch dass die Askanier als falsch markierte slawische Kulte (und Herrschaftsformen) vermeintlich „überwanden", durften sie als indigene Herrscher gelten, gleichwohl auch sie „Fremdherrscher" waren, die ihre Legitimation aus den sogenannten Wenden- oder Slawenkreuzzügen von 1147 bezogen. Damit befanden sie sich in bester Gesellschaft mit weiteren geistlichen und weltlichen Fürsten, die maßgeblich die Überlieferung bildeten (vgl. hierüber etwa Hermann Kamp: Der Wendenkreuzzug. In: ders./Martin Kroker [Hg.]: Schwertmission. Gewalt und Christianisierung im Mittelalter. Paderborn u. a. 2013, S. 115–138, hier: S. 120 f., S. 130 f., S. 137 f. und über den regelrechten politischen Balanceakt Albrechts des Bären im Umgang mit Pribislaw-Heinrich vgl. ebd., S. 134).

Das von Dorothea Weltecke vorgeschlagene Analyseraster bezieht die nachträgliche religiöse Rahmung in die Untersuchung mit ein. Es lässt sich auch dann anwenden, wenn die Akteurskonstellationen unklar sind.

Das spezifisch Städtische mag man in der expliziten Nennung spezifisch städtischer Ordnungskonfigurationen und Vergesellschaftungsformen finden, hier vor allem des Rates, aber auch der städtischen Propstei, die die Stadtpfarrkirchen zusammenfasste und wohl den Berliner Propst Eberhard vor dem Schicksal des stadtfremden Nikolaus bewahrte. Dies also wäre eine solche Konstellation gewesen, die religiöse Gewalt gegen eine Person von außerhalb der Stadt begünstigte.[55] Weiterhin begegnen uns mit den Minoriten ebenfalls typisch städtische Akteure.

Dass sich das Blatt nach über zwanzig Jahren wohl doch zugunsten der sächsischen Faktion wendete – als der Machtzenit der Wittelsbacher in der Mark nach Ludwigs des Bayerns Tod 1347 allerdings ohnehin längst überschritten war –, mag dennoch auch daran gelegen haben, dass die neuen Kulte um Sühnekreuz und Sühnealtar eine religiös-sakrale Basis für die nächste aufstrebende Bürgergruppe schufen, die politische Handlungsspielräume in anderen Koalitionen nutzen konnte. Was zunächst Reaktion auf politischen (und gegebenenfalls pastoralen) Druck war – die Kultinstallation nämlich –, bot späterhin den Anknüpfungspunkt für Selbstvergewisserungsrituale einer an der Mordtat gar nicht mehr beteiligten Gruppe.[56]

Beispiel 2: Eine Verzeihung von 1351

Der Fall des Bernauer Propsts Nikolaus blieb nicht die einzige Auseinandersetzung im Zuge des wittelsbachisch-luxemburgischen Konflikts, vielmehr war Letzterer die bestimmende politische Konstellation für die Berliner beziehungsweise Cöllner Geschichte in zentralen Dekaden des 14. Jahrhunderts. Nicht alle Teilkonflikte zwischen Landesherren und städtischen Akteuren gingen aber mit religiöser Rahmung einher, selbst dann nicht, wenn besonderes Potenzial hierfür bestand, wenn etwa Angehörige anderer religiöser Gruppen Opfer von Gewalt wurden. Dies gilt beispielsweise für eine nicht ganz klare Konstellation, über die wir aus „Verzeihebrie-

55 Siehe die entsprechende Forderung, solche zu analysieren bei Weltecke: Bemerkungen (wie Anm. 1), S. 628.

56 Im Detail bleibt sicherlich zu erörtern – und für den Hinweis danke ich Erik Pauls –, inwieweit die Verselbstständigung des Kultes dazu beiträgt, dass sich die neu erstarkenden Bürgergruppen jeweils affirmativ-authentisch auf das Religiös-Sakrale des Kultes stärker beziehen als auf die früheren politischen Umstände seiner Entstehung. Diese Untersuchung wird erst prägnant durch eine nicht nur Jahrzehnte, sondern mehrere Generationen, gar Jahrhunderte, überspannende Übersicht über das Erscheinen der Kulte in den Quellen.

fen“ (nicht zuvörderst aufzufassen im Sinne der Verzichtsurkunden) informiert sind. Dieses landesherrliche Instrument der Wiederherstellung von Frieden und Treueverhältnissen ist für Berlin gut untersucht[57] und mag hier als Gegenprobe zur Zwangsläufigkeit der Verquickung von religiöser und politischer Rahmung bei sowohl inner- als auch suprastädtisch ausgetragenen Konflikten dienen.[58]

Über Jahre hinweg hatten die konkurrierenden Fürsten, Markgraf Ludwig I. und König Karl IV., gemeinsam mit den askanisch-sächsisch-anhaltinischen Großen, die ohnehin in angespannter Lage befindlichen politischen Kräfte innerhalb der Stadt weiter gegeneinander aufgewiegelt.[59] Eine innerlich instabile Stadtge-

[57] Siehe etwa kurz Alfred Haverkamp: „Innerstädtische Auseinandersetzungen“ und überlokale Zusammenhänge in deutschen Städten während der ersten Hälfte des 14. Jahrhunderts. In: ders.: Gemeinden, Gemeinschaften und Kommunikationsformen im hohen und späten Mittelalter. Festgabe zur Vollendung des 65. Lebensjahres. Hg. von Friedhelm Burgard/Lukas Clemens/Michael Matheus. Trier 2002, S. 147–182, hier: S. 172; Johannes Schultze: Die Mark Brandenburg. Bd. 2. Berlin [4]2011, S. 108 f. Wenngleich die im 14. Jahrhundert zunehmende Bedeutung des Ortes unbestritten ist, hängt diese Aufmerksamkeit der Geschichtswissenschaft mit der späteren Bedeutung Berlin-Cöllns als Hauptstadt der Hohenzollern zusammen (insbesondere nach dem „Berliner Unwillen“ von 1442/1448; vgl. Marcus Cante: Landesherrliche Burgen des 12. bis 14. Jahrhunderts in Brandenburg. In: Stefan Breitling/Christof Krauskopf/Franz Schopper [Hg.]: Burgenlandschaft Brandenburg. Petersberg 2013, S. 15–35, hier: S. 29 f.). Die besondere Eignung Berlins als Residenzort ist wohl maßgeblich von der Brechung und Wiedereinrichtung städtischer Autonomie durch den Fürsten begünstigt worden; grundlegend dazu vgl. Eckhard Müller-Mertens: Die Unterwerfung Berlins 1346 und die Haltung der märkischen Städte im wittelsbachisch-luxemburgischen Thronstreit. In: ZfG 8 (1960) 1, S. 78–103.

[58] Weltecke regt das Hinterfragen vermeintlicher Automatismen (Weltecke: Bemerkungen [wie Anm. 1], S. 645) sowie des Ausbleibens von Dynamiken (ebd., S. 652 f.) an. Genau genommen geht es im hier dargelegten Beispiel nicht um das Ausbleiben von Gewalt, sondern um das Ausbleiben einer in der Überlieferung erkennbaren religiösen Rahmung zur Rechtfertigung von Gewalt.

[59] Winkelmann hat zu Recht erneut hervorgehoben, dass das Wirkungsgefüge aus Behauptungswillen der Städte, Aufbegehren der Handwerker und Parteinahme Ludwigs I. für dieselben untrennbar mit der trotzigen Reaktion der patrizischen Stadtführungen (Anerkennung des Falschen Woldemar) und den für Land und Landesherrschaft verhängnisvollen Verstrickungen verbunden und regelrecht prototypisch für Vorgänge in der Mark Brandenburg (aber auch darüber hinaus) am Falle Berlins abzulesen ist. Siehe Jan Winkelmann: Die Mark Brandenburg des 14. Jahrhunderts. Markgräfliche Herrschaft zwischen räumlicher „Ferne“ und politischer „Krise“. Berlin 2011, S. 171–173. Dennoch enthalten die Versöhnungsbriefe mit Berlin-Cölln – insofern ist auch hier Müller-Mertens: Unterwerfung (wie Anm. 57), S. 99, beizupflichten – Zugeständnisse aufgrund älterer Auseinandersetzungen, die in anderen Schriftstücken dieser Art nicht enthalten sind.

meinde entstand.[60] In der Folge kamen Jakob von Rode, genannt Koppekin,[61] und die Juden zu Schaden.[62] Ob und wann genau[63] die in einem „Verzeihebrief" Ludwigs des Älteren von 1351 und seiner Erneuerung[64] Genannten tatsächlich zu Tode kamen, ist wahrscheinlich nicht zu klären. Da aber Berlin in der jüdischen Memorialüberlieferung im Zusammenhang mit den Verfolgungen in der Mitte des 14. Jahr-

[60] In der Langzeitperspektive gefährdeten derlei Verhältnisse die Autonomie der Stadtgemeinden weiter. Die Konflikte der 1340er-Jahre in Berlin, aber auch weitere vergleichbare Ereignisse in der Mark Brandenburg im zeitlichen Umfeld, führten zu einem städtischen Bündnis uckermärkischer Städte zur Intervention auf Gegenseitigkeit bei innerstädtischen Konflikten, wie Ehbrecht herausgearbeitet hat. Siehe Wilfried Ehbrecht: Hanse und spätmittelalterliche Bürgerkämpfe in Niedersachsen und Westfalen. In: ders.: Konsens und Konflikt. Skizzen und Überlegungen zur älteren Verfassungsgeschichte deutscher Städte. Hg. von Peter Johanek. Köln/Weimar/Wien 2001, S. 105–128, hier: S. 116; ders.: Eintracht und Zwietracht. Ursache, Anlaß, Verlauf und Wirkung von Stadtkonflikten. In: ebd., S. 155–180, hier: S. 162.

[61] In den Quellen: „Kopcken van Rode" zu 1351 (BLHA, Rep. 37: Hohennauen, Nr. 683, Bl. 202 f., hier: Bl. 202r [Abschrift; bereits „Kopcken" im Buchstabenstand korrigiert, ebenso „fan" zu „van"]); „Coppekin vomme Rode" zu 1352 (BLHA, Rep. 8: Berlin und Cölln, [U 13]; Adolf Friedrich Riedel [Hg.]: CDB. Bd. 2.2. Berlin 1845, S. 333 f., Nr. 956, hier: S. 334 [falsche Paginierung weist aus: S. 134] druckt zu ersterem Stück: „Kopecken von Marode". Voigt [Hg.]: Urkunden-Buch [wie Anm. 12] druckt: „koppeken vom Rôde/Koppekin von Rode" [S. 116–118, Nr. 92 zu 1351]; „Coppen vomme Rode" [ebd., S. 143 f., Nr. 132 zu 1361]). Die ganz offensichtliche Fehllesung und -schreibung „Marode" übernimmt unkritisch Schultze: Mark (wie Anm. 57), S. 109. Müller-Mertens: Unterwerfung (wie Anm. 57), S. 97, und hiernach Haverkamp: Auseinandersetzungen (wie Anm. 57), S. 172, identifizierten Jakob von Rode als Berliner Patrizier. Weiteres Urkundenmaterial macht dies wahrscheinlich: 1337 wurden eine Altarstiftung „Coppekini [...] de Rode" und seiner Brüder und das dafür gewährte Präsentationsrecht in der Nikolaikirche durch Ludwig I. bestätigt (vgl. E[rnst] Fidicin: Historisch-diplomatische Beiträge zur Geschichte der Stadt Berlin. Bd. 2. Berlin 1837, S. 33 f., Nr. 24; ders.: Historisch-diplomatische Beiträge zur Geschichte der Stadt Berlin. Bd. 3. Berlin 1837, S. 214 f., Nr. 79); 1345 kommt „Copkinum de Rode" die von demselben Fürsten genehmigte Verschreibung aus der Bernauer Propstei zugute (Hinweis hierzu in Adolph Friedrich Riedel [Hg.]: CDB. Bd. 1.12. Berlin 1857, S. 158 zu Nr. 7). Jakobs Bruder (?) Henning war 1340 Mitglied des Berliner Rates (Riedel [Hg.]: CDB. Supplementband [wie Anm. 9], S. 230, Nr. 15).

[62] Siehe ausführlicher hierzu Jörn Roland Christophersen: Krisen, Chancen und Bedrohungen. Studien zur Geschichte der Juden in der Mark Brandenburg während des späteren Mittelalters (13. bis Anfang des 16. Jahrhunderts). Wiesbaden 2021, S. 243 f.

[63] Weitere in der Urkunde angesprochene Vorfälle rühren noch aus dem Jahr 1346, so Schultze: Mark (wie Anm. 57), S. 109, betreffen die Auseinandersetzungen also noch vor der Zuspitzung des Konflikts infolge des Herrschaftsanspruchs der hinter dem Falschen Woldemar stehenden sächsisch-anhaltinischen Koalition. Zu trennen werden die Vorgänge jedoch ohnehin nicht sein.

[64] Diese Erneuerung wurde 1352 ausgestellt durch Ludwig II. den Römer und im Wortlaut in erster Linie den Gegebenheiten angepasst, die ein Jahr nach der Ausstellung der Urkunde von 1351 vorherrschten, danach wiederum 1361 durch Markgraf Otto erneuert.

hunderts angeführt ist,[65] liegt es nahe, hier einen weiteren Hinweis auf die Ermordung der Juden[66] während einer Pogromwelle und auf diejenige Jakobs[67] im zeitlichen Umfeld davon zu vermuten.

Für die Zeitgenossen dürfte klar gewesen sein, was die in den Quellen etwas verschämt als „alle Geschichten“ bezeichneten Geschehnisse gewesen waren, die nicht nur aus des Fürsten „Herzen ausgeschlossen“,[68] sondern in der Konsequenz vergessen, ja regelrecht aus der Geschichte (oder besser: dem Gedenken oder der Dokumentation) getilgt werden sollten. Man kann das Vorhaben als gelungen erachten, denn genau dieses systematische Verschweigen erschwert die Rekonstruktion und Analyse der Ereignisse.

Die Akteure gehen, sofern sie überhaupt persönlich ausgemacht wurden, in der als gesichtslos erscheinenden und Parteiungen wie Interessen unterschiedslos umspannenden Masse der Stadtgemeinde („geynen man besundern vordenken, her sie Ratman oder Schepe,[69] ut den werken oder gemeynen“) auf,[70] ohne dass eine Bestrafung oder eine Sühne für die Taten bekannt wäre. Müller-Mertens konstatierte, dass Jakob – und mit ihm vielleicht die Juden Berlins – als zu den wittels-

[65] Siehe weiterhin die Editionen und Übersetzungen mehrerer Märtyrerlisten bei Siegmund Salfeld: Das Martyrologium des Nürnberger Memorbuches. Berlin 1898, hier: S. 69, S. 85, S. 247, S. 287. Zur regionalen Einordnung vgl. Rainer Josef Barzen: Regionalorganisation jüdischer Gemeinden im Reich in der ersten Hälfte des 14. Jahrhunderts. Eine vergleichende Untersuchung auf der Grundlage der Ortslisten des Deutzer und des Nürnberger Memorbuches zur Pestverfolgung. In: Alfred Haverkamp (Hg.): Geschichte der Juden im Mittelalter von der Nordsee bis zu den Südalpen. Kommentiertes Kartenwerk. Teil 1: Kommentarband. Hannover 2002, S. 293–366, hier: bes. S. 296, S. 309, S. 364 f. Ebd., S. 307, findet sich auch eine Abbildung der Liste A des Nürnberger Memorbuches, die den Abschnitt zu Berlin und Brandenburg zeigt. Siehe auch Christophersen: Krisen (wie Anm. 62), S. 243 f.

[66] So bereits Hans Lichtenstein: Zur Wiederaufnahme der Juden in die brandenburgischen Städte nach dem Schwarzen Tode. In: ZGJD 5 (1935) 1, S. 59–63, hier: S. 60.

[67] Eugen Wolbe: Geschichte der Juden in Berlin und der Mark Brandenburg. Berlin 1937, S. 30.

[68] In der Urkunde vom 22. Juli 1351 heißt es: „all geschichte di geschien sint bi namen an Koppeken vom Rôde vnd an den Joden, die scholn vt vnsem herten besloten sin, vnd scoln si so lyf hebben, als oft it nye geschyen were.“ Voigt (Hg.): Urkunden-Buch (wie Anm. 12), S. 116–118, Nr. 92, hier: S. 117; ähnlich auch nochmals zum 4. Januar 1352, siehe ebd., S. 118–120, Nr. 94.

[69] 1351 hieß es noch: „hi sy Rathmann, Schappen [sic!, gemeint ist: „Scheppen“, so auch gedruckt in Riedel (Hg.): CDB. Bd. 2.2 (wie Anm. 61), S. 333 f., Nr. 956, hier: S. 334], *Schulte*, uth den Werken oder gemeinen“ (BLHA, Rep. 37: Hohennauen, Nr. 683, Bl. 202 f., hier: Bl. 202r, Hervorhebung durch den Verfasser; vgl. auch Anm. 61). Sofern die Schulzen nicht schlicht vergessen wurden, waren sie womöglich zwischenzeitlich über den Treuezweifel erhaben, vielleicht wollte sie Ludwig der Jüngere aber im Besonderen zur Rechenschaft ziehen.

[70] Hier zitiert nach der Bestätigung von 1352: BLHA, Rep. 8: Berlin und Cölln, (U 13).

bachischen Markgrafen (hier gerade Ludwig I.) gehörig wahrgenommen und entsprechend feindlich behandelt worden seien.[71]

Weitere Beispiele des Verzichts auf religiöse Rahmungen sind durchaus aufzufinden, wenn etwa die Untreue eines früheren Zöllners nicht religiös gerahmt wird,[72] und somit die Verknüpfung von politischer und religiöser Loyalität unterbleibt.

Beispiel 3: Aus dem „Berlinischen Stadtbuch", um 1400

Wenn es gilt, in städtischen Sphären nach religiösen Rahmungen zu suchen und zugleich zeitlich voranzuschreiten, so bietet es sich im Falle Berlins an, sich einem der für den norddeutschen Raum typischen, multifunktionalen Stadtbücher zu widmen. Selbst ohne die Struktur und das Zustandekommen der einzelnen Bestandteile des „Berlinischen Stadtbuches" im Detail darzulegen, bietet sich eine Fokussierung auf bereits bekannte Formen von Gewalthandeln an. Und so sind auch noch nach dem Fall des Nikolaus von Bernau Verbrennungen als Bestrafungshandeln in Berlin belegt. Sie werden unter den zahlreichen „Dienstleistungen", also Vollzügen von Körperstrafen, für die der städtische Büttel gesondert bezahlt wurde, aufgeführt.[73] Ein indirektes Herrschaftshandeln hatte sich die Stadtgemeinde

[71] „Die Anhänger Ludwigs wurden verfolgt und bestraft, in den Urkunden werden die Patrizier Jakob Rode und die Juden hervorgehoben." „Den markgräflichen Dienstmann Heinrich Hemerer ließ der Rat hinrichten." (Müller-Mertens: Unterwerfung [wie Anm. 57], S. 97). Bereits zuvor hatten sich die Berliner als besonders rigoros im Umgang mit Gegnern und unliebsamen Fremden erwiesen; häufig erwähnt wird in diesem Zusammenhang die Tötung des Bernauer Propsts Nikolaus; siehe hierzu oben. Ob Jakob Rode zugunsten der Juden eingeschritten war – soziales Kapital hätte er hierfür wohl gehabt (vgl. Anm. 61) – ist nicht zu ermitteln.

[72] Voigt (Hg.): Urkunden-Buch (wie Anm. 12), S. 114, Nr. 89. Auch der frühere Münzmeister Jakob Schwedt aus Königsberg in der Neumark wurde zwar der Fälschung überführt, nicht jedoch verbrannt (was bei einer religiösen Konnotation der Fall gewesen wäre). Man könnte vielmehr meinen, dass Jakob Schwedt mit dem dezidiert in städtischer Sphäre verbliebenen Verfahren und der Einigung der Stadt mit den Markgrafen Ludwig dem Römer und Ludwig dem Brandenburger (siehe Adolph Friedrich Riedel [Hg.]: CDB. Bd. 1.19. Berlin 1860, S. 221, Nr. 81) großes Glück hatte oder anders formuliert, dass in dieser Stadt für ihn ein funktionierendes soziales Schutzsystem existierte. Zu den Details des Falls siehe Christophersen: Krisen (wie Anm. 62), S. 252.

[73] Nach Ausweis des „Berlinischen Stadtbuches" erhielt der Büttel zusätzlich zu seinen regelmäßigen Einkünften auch unterschiedliche Summen als Fallpauschalen für Enthaupten (5 Schilling Pfennige), Hängen (5 Schilling), (lebendig) Begraben (5 „solidi denarii"), Stäupen (18 Pfennige), „eynen slicht tu bernnene" (6 Schilling Pfennige), „in eyner kupe tu bradene" (also in einem Fass braten) oder radebrechen (10 Schilling Pfennige) und jeweils die Kleidung der Entleibten; P[aul] Clauswitz: Berlinisches Stadtbuch. Neue Ausgabe veranstaltet bei der Feier des fünfundzwanzigjährigen Hochzeits-Jubiläums Ihrer Kaiserlichen und Königlichen Hoheiten des Kronprin-

Berlins mit der städtischen Hochgerichtsbarkeit angeeignet, die aus den Einnahmeressourcen der Landesherren herausgelöst und üblicherweise pfand- oder kaufweise an die Städte gelangt war.[74] Auf den Erwerb dieser Gerechtsame durch die Stadt gehen eine Sachsenspiegelkompilation im „Berlinischen Stadtbuch" und ebendort das Gros der Einträge im „Buch der Übertretungen" zurück. Demnach beobachten wir hier vor allem kriminelle Handlungen.

Unter den 138 im „Buch der Übertretungen" für das ausgehende 14. und das 15. Jahrhundert dokumentierten Gerichtsfällen finden sich zumindest 14 mit sicherem Ausgang in einer Verbrennung für Einzelpersonen oder Kleingruppen, eine nur scheinbare Konjunktur ist im deutlich besser dokumentierten 15. Jahrhundert festzustellen. Unter diesen Fällen[75] sind solche mit einer leicht zu identifizierenden, teils impliziten religiösen Konnotation, etwa angebliche Zauberei,[76] Kirchendiebstahl,[77] Diebstahl in der Kirche[78] oder Vortäuschung des Priesterstatus,[79] und auch eine Reihe solcher, deren religiöse Konnotation sich aus dem Häresieverständnis der Zeit erschließt, wie Falschmünzerei, Falschspiel, Fälschungen im Allgemeinen,[80] Giftmi-

zen Wilhelm und der Kronprinzessin Victoria im Auftrage der Städtischen Behörden Berlins. Berlin 1883, S. 29.

74 Vgl. etwa aber auch eine pauschale Übertragung an die Städte schon am 10. Januar 1359 noch durch Markgraf Ludwig den Römer (Voigt [Hg.]: Urkunden-Buch [wie Anm. 12], S. 138 f., Nr. 126). Erhebliche Einschränkungen hatte die Unterwerfung im Zuge des „Berliner Unwillens" mit sich gebracht, wie Knut Schulz: Der Berliner Unwille. In: 100 Schlüsselquellen zur Geschichte von Berlin, Brandenburg und Preußen, 1.11.2016, online zugänglich unter: www.hiko-berlin.de/Berliner-Unwille-1442 (letzter Zugriff am 10.12.2020), im Zuge der Kontextualisierung festhält.

75 Im Folgenden werden die Delinquentinnen und Delinquenten nur kurz mit ihren Vergehen angeführt, die Aufzählung ist hier umfangreicher als die Registerangaben bei Clauswitz: Stadtbuch (wie Anm. 73), S. 288, und qualifiziert die vermeintlichen Verbrechen auch.

76 Eine vermeintliche Zauberin wegen Giftmordes, vor 1399 (ebd., S. 203 f., Nr. 13); ein gewisser Nicolay wegen Zauberei u. a., 12. Mai 1406 (ebd., S. 208, Nr. 29); eine Pulvermischerin und Zauberin, 1423 (ebd., S. 214, Nr. 76).

77 Kirchendiebin Barbara, 2. April 1438 (ebd., S. 220, Nr. 115). Hermann Steyn stahl aus der Armenlade bei St. Nikolai und bei den Barfüßern. Er beichtete dies und wurde am 28. Februar 1448 gerädert. Bei ihm wurden 56 Groschen gefunden, davon erhielten 15 Groschen seine „confessori", also wohl die Beichtväter (?), und der Rest ging an die Barfüßer in Berlin (vgl. ebd., S. 224 f., Nr. 137).

78 Eine in der Kirche tätige Taschendiebin, 1409 (ebd., S. 210, Nr. 48).

79 Nicolaus „de Yleborch" wurde verbrannt, weil er sich für einen Priester ausgegeben hatte, 16. Oktober 1424 (ebd., S. 214, Nr. 79).

80 „Hoberch fuit crematus pro moneta falsa" (ebd., S. 209, Nr. 38); verbrannt wurden: „Tydeke Rynsberg, Tydeke van dem Ryne" und „Henryk Steyndeker" am 26. März 1427 wegen Fälschereien – sie hatten Blei und Zinn („stannum") als Silber verkauft (ebd., S. 215, Nr. 81); Cleyne Jurigen am 15. Februar 1430, weil er falschspielte (vgl. ebd., S. 215, Nr. 85), desgleichen ein gewisser „Cerstian" am 13. September 1432 (ebd., S. 216 f., Nr. 92), beide Letztgenannte mit falschen „tasseres"; Hans Tiliken von Crossen „peregrinus" am 10. Dezember 1444 wegen verschiedener, letztlich als Fälscherei verurteilter Vergehen (ebd., S. 223, Nr. 130).

scherei[81] oder das Anbahnen illegitimer Verbindungen[82]. Die angeführten Rechtsbrüche waren also für die Zeitgenossen in kaum mehr aushandelbarem Ausmaß religiöse Übertretungen.

Die Parallelen zu sachsenrechtlichen Auffassungen sind dabei deutlich – wurden doch Vergehen der oben geschilderten Art auch im Sachsenrecht als verbrennungswürdig angesehen.[83] Ragg hat herausgestellt, dass mit Eike von Repgows Sachsenspiegel „die erste Rechtsquelle im deutschen Raum vor[liegt], die den Feuertod explizit als Strafe für überführte Ketzer schriftlich festhielt".[84] Für Ehebruch, ein Verbrechen, das den Häresiebestimmungen auch des 13. und 14. Jahrhunderts unterlag,[85] kannte das Sachsenspiegelrecht, wie es aus dem „Berlinischen Stadtbuch" hervorgeht – also in der Rechtssetzung eher als in der Rechtspraxis –, jedoch auch die Enthauptung als Strafe: „und di in overhure begrepen wert, den sal man dat hovet aveslan."[86]

Es wird zu diskutieren sein, ob die Ausführungen bei Ragg und die Beobachtung des Auseinanderfallens von Rechtstext und Rechtspraxis der Vermutung widersprechen, in der allgemeinen Wahrnehmung im Umkreis des „Berlinischen Stadtbuches" habe sich womöglich das Strafmaß in einigen Aspekten bereits vom impliziten religiösen Gehalt der Delinquenz gelöst, sich also eine Gruppe von Straf-

[81] Am 28. April 1446 wurden „Glunekynne" und „Pauwel Siferdynne" wegen Giftmischerei und Beschwörungen, womit sie Hans Wegener das Augenlicht genommen haben sollen, verurteilt (ebd., S. 223 f., Nr. 132). Vgl. auch Anm. 76.

[82] Neben einem weiteren Fall (siehe oben) von „Kuppelei" – wie ebd., S. 288, meinte – betrifft dies einen gewissen „Jesman" und seine Frau. Sie wurden verbrannt, da sie ihre kleine Tochter dem Komtur von Tempelhof, südlich von Berlin, angeboten hätten (ebd., S. 201 f., Nr. 6 – wohl ausgehendes 14. Jahrhundert, vor 1399). Mitverbrannt wurde vermutlich die wohl allein nach ihrem Mann benannte mutmaßliche Kupplerin „Peter Rykynne", nicht jedoch der Komtur. Ob er in diesem Fall von Kindesmissbrauch anderweitig zur Rechenschaft gezogen wurde, ist zunächst nach meiner Lektüre unklar.

[83] Siehe hierüber so knapp wie bedeutend Ragg: Ketzer (wie Anm. 45), S. 180 f., hier: bes. S. 181 (mit weiterer Literatur) und vgl. ebd., S. 186 f. (mit Beispielen für den Eingang des Sachsenspiegelrechts in die Ketzerbestimmungen norddeutscher Stadtrechte).

[84] Ebd., S. 181.

[85] Siehe fürs Erste in aller Kürze Ludwig Hödl: Ehebruch. A. Theologie. In: Lexikon des Mittelalters. Bd. 3. Stuttgart 1999 (ND München 2002), Sp. 1649 f., hier zur systematischen Auseinandersetzung der scholastischen Theologie mit dem Ehebruch; vgl. weiter Urs Baumann: Ehe. VI. Historisch-theologisch. In: LThK. Bd. 2. Freiburg i. Br. [3]2009, Sp. 471–473, hier: Sp. 471, zur Assoziation von theologischen Gegenpositionen zur Eheauffassung des Zweiten Lateranums mit den Katharern. Zum „gravierenden Religionsverstoß" siehe Wolfgang Sellert: Ehebruch. B. Recht. V. Germanisches und deutsches Recht. In: Lexikon des Mittelalters. Bd. 3 (diese Anm.), Sp. 1655.

[86] Clauswitz: Stadtbuch (wie Anm. 73), S. 152 (Schöffenrecht, Buch III, § 26).

taten gebildet, die generell mit Verbrennung geahndet werden konnte, [87] und deren gemeinsame Wurzel im „ungelouben“[88] nicht mehr stets zu betonen war. Demnach wäre eine Tat um ihrer Schwere willen und wegen der gesellschaftlichen Erwartungen des Vollzugs der Strafe durch die Rechtsvertreter geahndet worden (Automatismus im Rechtsverfahren), nicht weil die Abkehr vom rechten Glauben keinen anderen Ausweg ließ, um das „Vergehen gegen Sakralgebote“[89] öffentlich zu büßen, zu sühnen und aus der Welt zu schaffen (Läuterungsansinnen).

Besonders sticht im „Berlinischen Stadtbuch“ eine kurze Notiz über einen religiös gerahmten Fall von vermeintlicher Kuppelei und vermeintlicher Anstiftung zum Diebstahl hervor. Letztere wurde üblicherweise wie selbst begangener Diebstahl und nicht härter gerichtet. Für das Jahr 1399 wird die „myssedat“ der in der Quelle namentlich nicht näher bezeichneten Ehefrau („wiff“) des Mathis in niederdeutscher Sprache wiedergegeben:[90] Sie soll mit schlechtem Zureden[91] dafür gesorgt haben, dass Jacob von dem Ryne mit der Gattin des ihm verwandten Claus Jorden[92] „in unechte“ verkehrt habe, dass sie gemeinschaftlich Kleidungsstücke, Geld und wertvollste Gegenstände des Claus Jorden entwendet hätten und sich Jacob und die Frau des Claus heimlich davongemacht hätten: „und lypen met eynander wech heimliken und levenden med eynander alz rechte ketter“.

Hiermit erfolgt die Markierung der unehelich Zusammenlebenden als „ketter“, also Ketzer. Fortan bekommt die Missetat so eine im Häresieverständnis der Zeit wurzelnde, naheliegende religiöse Rahmung, die das Verbrechen zugleich eindeutig in religiös-häretischer Sphäre verortet und es vehement eben nicht einer Rechtsauffassung überlässt, die den Ehebruch lediglich mit Enthauptung ahnden

[87] Gegenläufige Tendenzen sind wohl in Süddeutschland zu beobachten, wo nur Ketzerei, nicht jedoch Zauberei, auf den Scheiterhaufen führen sollte. Siehe Ragg: Ketzer (wie Anm. 45), S. 187 f.

[88] So als Schlüsselbegriff identifiziert ebd., S. 181.

[89] Solche Vergehen finden sich als todeswürdig im biblisch-theologischen Zusammenhang beschrieben etwa bei Eckart Otto/Alberto Bondolfi/Albin Eser: Todesstrafe. In: LThK. Bd. 10. Freiburg i. Br. [3]2009, Sp. 83–87, hier: Sp. 83 f. Vgl. auch die Ausführungen über Todsünde bei Jürgen Werbick: Sünde. III. Historisch-theologisch. In: LThK. Bd. 9. Freiburg i. Br. [3]2009, Sp. 1125 f., hier: Sp. 1126.

[90] Abgedruckt bei Clauswitz: Stadtbuch (wie Anm. 73), S. 204, Nr. 15. Alle weiteren Quellenzitate zum Fall sind aus dieser Edition übernommen.

[91] „Med bozer thuholtnisse und med bozen rade.“

[92] Claus wird in seiner Beziehung zu Jacob beschrieben als „dy syn eyghen wedder was“. Ein weiterer Blick in den Text offenbart „wedder“ als Varietät von „vedder“, also „Verwandter“ im Allgemeinen oder gar „Vaterbruder“/„Brudersohn“ (und nicht „Widersacher“); vgl. August Lübben/ Christoph Walther: Mittelniederdeutsches Handwörterbuch. Norden/Leipzig 1888 (ND Darmstadt 2005), S. 471 (dort auch mit Hinweis auf die weiblichen Entsprechungen).

konnte.[93] Die Todeswürdigkeit des Verbrechens beruhte in beiden Fällen ursprünglich auf dem Häresievorwurf. Die ungleich grausamere Verbrennungsstrafe (in Berlin vor allem außerhalb der Stadt vollzogen) trägt jedoch stärker dem Bedürfnis Rechnung, religiöse Verfehlungen zu ahnden als die den rechtlichen Leitlinien des Sachsenrechts mehr Beachtung schenkende, den Eingang in den Heilskosmos nicht prinzipiell ausschließende Enthauptung (in Berlin mitunter auch vor dem Rathaus durchgeführt).

Der Fortgang der Geschichte ist ebenfalls interessant: Claus habe die beiden Davongelaufenen in Wittenberg – also im Territorium der Sachsen-Wittenberger[94] – aufgespürt, gefangen genommen und vor Gericht gestellt. Die Weggelaufenen hätten dann wiederum die Frau des Mathis beschuldigt, sie habe die beiden durch böse Ratschläge und böses Zureden verkuppelt („thu hope gebracht") und dafür Geschenke („gifft und gave") von Jacob und Claus' Frau angenommen. Die Quelle enthält den Rezipientinnen und Rezipienten den Ausgang des Verfahrens für die Frau des Mathis nicht vor: „Und umme der myssedat wille so ward Mathis wiff gerycht und gebrand vor Berlin."

Unklar bleibt, ob auch das Liebespaar den Tod fand – dies ist anzunehmen, auch wenn nur sicher überliefert ist, dass beide verurteilt wurden.[95] Ihnen dürfte aber der Scheiterhaufen erspart geblieben sein, so wie es den Angehörigen erspart blieb, dass die Namen der Delinquentinnen im „Berlinischen Stadtbuch" genannt wurden. Letzteres hängt wohl nicht allein mit einem häufig angenommenen unselbstständigen Rechtsstatus der Frauen zusammen, denn an anderen Stellen werden auch Frauen namentlich genannt.

Die religiöse Rahmung des institutionalisierten Ehebruchs kriminalisiert die Handlungen der Frau des Mathis als die der Anstifterin in besonderem Maße, sodass ein deutlich drastisches Vorgehen gegen eine Person das Ansehen (und vielleicht das Leben) der anderen Personen zu retten geeignet war. In diesem als rein städtisch dokumentierten Verfahren – von geistlichen Gerichten ist in der Quelle

93 Siehe hierzu bereits oben, mit Bezug auf den Sachsenspiegeltext des „Berlinischen Stadtbuches"; siehe den Quellenabschnitt bei Clauswitz: Stadtbuch (wie Anm. 73), S. 152 (Schöffenrecht, Buch III, § 26).

94 Interessanterweise findet auch der Cöllnische Bürgermeister Berend Reiche im rund 100 Kilometer entfernten Elbestädtchen Wittenberg seine letzte Ruhe und vermutlich zuvor auch Zuflucht (vgl. Anm. 101).

95 Es heißt, Claus „lyt sy richten als sy vordined hedden", was auf eine Hinrichtung genauso wie auf eine einfache Verurteilung hinweisen kann (vgl. Lübben/Walther: Handwörterbuch [wie Anm. 92], S. 300). Ob das Ausbleiben des Zusatzes der Hinrichtungsart statt der Formel „gerycht und gebrand" (wie bei Mathis' Frau zu finden), eine ausgebliebene Hinrichtung oder eine Enthauptung indiziert, lässt sich kaum sagen. Geblieben wären als todeswürdige Vergehen schließlich immer noch der schwere Diebstahl und der Ehebruch.

nicht die Rede – wog die Verführung zur Ketzerei schwerer noch als das Verführt-Werden zum Ehebruch (ja, sogar als der Ehebruch selbst), der zugleich aus dem Bereich der persönlichen Verantwortung entrückt wurde. Die vom Ehebruch Betroffenen – Claus, seine Frau und Jacob – wurden zu Opfern böswilliger Umtriebe erklärt, die später sicherlich als Zauberei gerahmt worden wären, eine gewisse Nähe zum Zauberglauben ist jedenfalls naheliegend. Sie steht neben der beinahe inzestuösen, zumindest illegitimen, tabuisierten sexuellen Handlung.[96]

Man darf also durchaus annehmen, dass hier eine soziale Ordnung wiederhergestellt werden sollte: Eine machtvollere Gruppe, die familiär verstrickt war, und als ganze Schaden in ihrem Ansehen nehmen konnte, setzte sich durch und entzog sich (zumindest zunächst) einer religiös aufgeladenen Gewaltanwendung gegen sie. Nicht-akzeptierte Handlungen wurden in die Sphäre der „Ketzerei" ausgelagert, eine persönliche Haftung war für die – im Zweifel nur zur Hinrichtung – in die Gemeinschaft zurückgekehrten Personen nicht mehr nötig – sie wäre in der dem Verfahren inhärenten Logik auch widersinnig gewesen. Die Abwälzung der Verantwortlichkeit für die Tat auf Mathis' Frau ist daher zugleich Ausdruck und Manifestation relativer sozialer Ungleichheit,[97] hier wirkte die religiöse Rahmung als Werkzeug zur Herstellung sozialer Ungleichheit,[98] aber auch als Rechtfertigung für gewaltsames Handeln,[99] für ein regelrecht sinnbildliches Entledigen von einem Missstand, den man komplett auf eine Person projizierte und den man dann mit der Person verbrannte.[100]

96 An dieser Stelle sei an die sexuelle Gewalt von Jesman und seiner Frau gegen das kleine Mädchen erinnert (Anm. 82). Die Verbindung des Johanniters zu dem Mädchen wurde durch die Verbrennung der übrigen Beteiligten regelrecht purifiziert und entkriminalisiert und so ist über seine Verurteilung trotz vollführter Kohabitation nach allem, was für den vorliegenden Beitrag herausgefunden wurde, nichts zu hören. Der Ordensritter hätte vielleicht ebenfalls eine vermeintliche Verführungssituation nutzen können, um seinen Status zu sichern.

97 Obwohl die Ausgangsbedingungen (Status als verheiratet, verwandtschaftliche Beziehungen vorhanden) bei den drei Delinquentinnen und Delinquenten vergleichbar waren, ereilte doch eine Person offenbar das härtere Strafschicksal, das soziale Netz der Frau des Mathis trug nicht. In genau dieser Konstellation konnte mittels religiöser Rahmung eine selbst nicht an den sichtbaren Handlungen beteiligte Person zur Hauptverantwortlichen gemacht werden.

98 Die Markierung der vermeintlichen Kupplerin als Ketzereiförderin löst eine Situation von Uneindeutigkeit (vgl. hierüber Weltecke: Bemerkungen [wie Anm. 1], S. 631) auf und verunmöglicht die Position der Frau des Mathis (vgl. ebd., S. 635).

99 Zum Vergleich mit anderen Aspekten religiöser Gewalt siehe ebd., S. 652.

100 Ihr zu verbrennender Körper entspricht dem bei ebd., S. 636, angesprochenen „Körper [als] Schauplatz sozialer Aushandlungsprozesse".

Beispiel 4: Ein Berliner Ketzerprozess von 1458

Das letzte Beispiel benötigt in der hier angebotenen Deutung einen breiter dargelegten Kontext. Diese Kontextualisierung widmet sich den Spätfolgen der als „Berliner Unwille“ bezeichneten kommunalen Erhebung gegen den Landesherrn,[101] und soll grob die „Zwingung“ der Stadt als vorläufigen Endpunkt dieses Autonomie- und Steuerkonflikts umreißen: Friedrich II. (1413–1470) trennte die Räte der beiden Städte Berlin und Cölln[102] und setzte die namentlich genannten Bürgermeister und Ratsleute selbst ein.[103] Er beschränkte so die Autonomie der vormaligen Doppelstadt. Statt einer Nutzung des traditionellen Stadthofs der früheren Fürsten, des Berliner Hohen Hauses, zu dem die Berliner dem Hohenzollern den Zugang verweigert hatten, nahm Friedrich in Cölln seinen Sitz. Die „Zwingung“ umfasste damit

[101] Siehe hierzu Knut Schulz: Der Berliner Unwille (1442–48/51). Von der Bürgerstadt zur Residenzstadt. In: Rudolf Holbach/David Michael Weiss (Hg.): Vorderfflik twistringhe unde twydracht. Städtische Konflikte im späten Mittelalter. Oldenburg 2017, S. 129–146; Schulz: Unwille (wie Anm. 74). Böcker: Festigung (wie Anm. 2), S. 184–188, sieht die Konflikte bereits 1448 beigelegt (ebd., S. 187 f.). Auch im Zusammenhang mit dem „Berliner Unwillen“ gäbe es Ansatzpunkte für die Untersuchung religiöser Rahmungen, so etwa, wenn der Chronist Peter Hafftiz den Anfang der Auseinandersetzung mit dem Streit um die Mitgliedschaft Berlins in der Hanse und dem Zugang des Fürsten zum Berliner Hohen Haus sowie einem Verrat eines Berliner Bürgermeisters verknüpft, der unter dem Vorwand, „das Heilige Grab zu besuchen“, den brandenburgischen Fürsten über die Pläne der Berliner informierte (Adolph Friedrich Riedel [Hg.]: CDB. Bd. 4.1. Berlin 1862, S. 62). Die vorgetäuschte (oder sogar tatsächlich erfolgte, dann umso mehr sakrales Gewicht erzeugende) Pilgerreise könnte die entsprechenden Einrichtungen im Zisterzienserinnenkloster Heiligengrabe in der Prignitz oder in der weiteren Umgebung zum Ziel gehabt haben; siehe ebd. Dort auch im weiteren Zusammenhang über den Bürgermeister Cöllns, Berend Reiche, der enteignet und ausgewiesen wurde, im Sachsen-Wittenbergischen lebte und dort wohl um Rat und Beistand suchte, den man aber überfiel „vnd das compelle intrare mit Ihm spielen möchte“. Mit dem *compelle intrare* begegnet ein aus der augustinischen Theologie herrührendes und Gewalt rechtfertigendes Zwangsmittel, das hier nur genannt, nicht jedoch analysiert werden kann. Siehe einstweilen Max Seckler: Compelle intrare. In: LThK. Bd. 2 (wie Anm. 85), Sp. 1285 f. Siehe zum Weg des *compelle intrare* von der rhetorischen, heilsgeschichtlichen Figur zum mit dem (gewaltvollen) Vorgehen gegen Häretiker assoziierten Zwangsmittel: Hans Maier: Compelle intrare. Rechtfertigungsgründe für die Anwendung von Gewalt zum Schutz und zur Ausbreitung des Glaubens in der Theologie des abendländischen Christentums. In: Klaus Schreiner (Hg.): Heilige Kriege. Religiöse Begründungen militärischer Gewaltanwendung: Judentum, Christentum und Islam im Vergleich. München 2008, S. 55–69 (für den Hinweis danke ich Dr. Elisabeth Hüls). Es wäre in diesem Zusammenhang zu überlegen, ob man den Abtrünnigen und Verstoßenen aus der soeben geschilderten Berlin-Cöllner Episode als vom Glauben abgefallen und ausgestoßen betrachten wollte, um ihm Gewalt anzutun, denn im weiteren Verlauf der Händel wurde er nach den knappen Angaben bei Hafftiz tödlich verwundet.

[102] Zum gemeinsamen Rathaus der Doppelstadt Berlin-Cölln siehe bereits kurz Anm. 2.

[103] Riedel (Hg.): CDB. Supplementband (wie Anm. 9), S. 287–290, Nr. 88.

auch, dass die Residenzerrichtung einem Ausbau des Dominikanerklosters gleichkam.[104] Hiermit erfolgte der erste, zunächst vor allem topografisch sichtbare Schritt zur Aneignung des Dominikanerklosters durch die Hohenzollern. Friedrich intendierte insgesamt mit diesem aufwendigen Vorgehen gegen die kommunale Erhebung nicht nur eine Signalwirkung gegenüber der Hanse,[105] sondern auch eine Machtdemonstration im weiteren Umfeld, da ähnliche Konflikte um Steuern und politische wie wirtschaftliche Autonomie auch in anderen Teilen des Nordostens schwelten.[106] Engel hob aber auch hervor, dass die Bezwingung der Stadt nicht endgültig und stabil war.[107] Die Hohenzollern dürfte dieser Umstand geschmerzt haben, muss doch die Stadt für sie von hohem symbolischen Wert gewesen sein.[108] Diese Informationen über die Zustände in den Städten Berlin und Cölln sollen zunächst als Hintergrund für die vierte Fallstudie genügen.

Als letztes Beispiel soll ein weiterer, durch die Arbeiten Kurzes[109] zugänglicher Fall behandelt werden, der zu einem Perspektivenwechsel zunächst weg von innerstädtischen Akteuren und hin zu in die Stadt hineinwirkenden Kräften dient. Dabei

[104] Vgl. Schulz: Unwille (wie Anm. 74), in der Kontextualisierung auch der Hinweis auf die Niederlegung der Cöllnischen Stadtmauer. Die Nutzung des Dominikanerareals mag eine implizite Sakralisierung der Herrschaft mit sich gebracht haben. Enge Beziehungen zwischen Landesherren und Dominikanern erkannte auch Nickel: Minderbrüder (wie Anm. 6), S. 6.

[105] Vgl. Evamaria Engel: Die deutsche Stadt im Mittelalter. Düsseldorf 2005, S. 317; Ehbrecht: Eintracht (wie Anm. 60), S. 170.

[106] Vgl. Ehbrecht: Hanse (wie Anm. 60), S. 124.

[107] Engel: Stadt (wie Anm. 105), S. 317.

[108] Hier hatte schließlich Friedrichs II. Vater, der erste hohenzollernsche Markgraf Friedrich I. (1371–1440), eine medial vielfach aufgegriffene Huldigung entgegengenommen, die der Berliner Propst Johann von Waldau im Wortlaut bei Friedrichs I. Ankunft in Berlin vorgesprochen haben soll. Siehe etwa die Schilderung des Chronisten Wusterwitz (Riedel [Hg.]: CDB. Bd. 4.1 [wie Anm. 101], S. 42), der Magdeburger Schöppenchronik (ebd., S. 197) und des sogenannten Berliner Chronisten (ebd., S. 304). Besonders wird hervorgehoben, dass sich Friedrich I. erstmals auch der „Wendenfürst Baltzer", also vermutlich Balthasar zu Werle-Güstrow, eidlich verbunden – oder, wie die Chronisten meinten, „unterworfen" – habe (ebd., S. 42 f. [Wusterwitz]; S. 56 [Hafftiz]). Propst Johann von Waldau wurde später Bischof von Brandenburg (ebd., S. 44 [Wusterwitz]), danach Lebuser Bischof. Stephan Bodeker folgte ihm als Brandenburger Oberhirte nach (in diesem Zusammenhang auch in der Magdeburger Schöppenchronik festgehalten: ebd., S. 200). Für die Hohenzollern fand also die Initiation in die Mark unter Beteiligung hoher Geistlicher statt. Darüber hinaus weist Böcker: Festigung (wie Anm. 2), S. 173, darauf hin, dass es sich 1415 um eine Erbhuldigung gehandelt habe (vgl. weiter auch ebd., S. 184). Demnach ist eine gewisse Familientradition darin bereits angelegt, was unten erneut aufzugreifen sein wird.

[109] Mit einer detailreichen Quellenzusammenstellung hat Kurze die Basis für seine lebenslange Beschäftigung mit der Thematik auch anderen Forscherinnen und Forschern zugänglich gemacht: Dietrich Kurze (Hg.): Quellen zur Ketzergeschichte Brandenburgs und Pommerns. Berlin/New York 1975.

handelt es sich um den Berliner Prozess gegen den Waldenser Matthäus Hagen[110] und weitere als seine Schüler geltende Personen vom April 1458.[111] Die Angeklagten wurden mehrmals über ihre Herkunftsorte als Auswärtige markiert,[112] keiner von ihnen wurde als Bürger bezeichnet, alle galten als „puri layci".[113] Ihnen sollte die Weihung von Predigern untersagt werden.[114]

Die Berliner Inquisition – Kurze ordnete sie in andere Inquisitionsverfahren des zeitlichen Umfelds ein[115] – wurde dabei durch den Franziskaner Johannes Kannemann (gestorben 1469) als Inquisitor vorangetrieben[116] und vom Brandenburger

[110] Geboren wurde er in Selchow im Sternbergischen (heute als Żelechów Teil der Landgemeinde Łagów, Woiwodschaft Lebus), also östlich der Oder. Zur Person siehe Dietrich Kurze: Hagen, Matthäus, Schneider, Waldenser. In: Beck/Henning/Adamy (Hg.): Brandenburgisches Biographisches Lexikon (wie Anm. 6), S. 162; Bernhard Stasiewski: Hagen, Matthäus. In: NDB. Bd. 7. Berlin 1966, S. 481, online zugänglich unter: https://www.deutsche-biographie.de/pnd137448236.html (letzter Zugriff am 24.12.2020) (jeweils mit weiterer Literatur). Siehe zum hier herangezogenen Fall bereits grundlegend Dietrich Kurze: Märkische Waldenser und Böhmische Brüder. Zur brandenburgischen Ketzergeschichte und ihrer Nachwirkung im 15. und 16. Jahrhundert. In: Helmut Beumann (Hg.): Historische Forschungen für Walter Schlesinger. Bd. 2. Köln/Wien 1974, S. 456–502, hier: ab S. 471 und bes. S. 471–479.

[111] Quellen bei Kurze (Hg.): Quellen (wie Anm. 109), Nr. XXVa (Aufzeichnung des Heinrich Bawerungk), Nr. XXVI–XXVIII. Schüler des Matthäus Hagen waren nach Bawerungk: Johann Grentz aus Czellin, Georg Bomher aus Selchow und Johann Gortz aus Klein-Ziethen. Zu Normalisierungen der Namen vgl. Kurze: Waldenser (wie Anm. 110), S. 471.

[112] Kurze (Hg.): Quellen (wie Anm. 109), S. 288 f.

[113] Ebd., S. 288.

[114] Ein Laienpredigertum beanspruchten Waldenser, Taboriten und die Böhmischen Brüder. Siehe über diese letztgenannte, erst 1457 ins Leben gerufene Bewegung, die hussitische und waldensische Strömungen bündelte, fürs Erste: Josef Schwarz/Dietrich Kurze: Brüdergemeinde. In: Lexikon des Mittelalters. Bd. 2. Stuttgart 1999 (ND München 2002), Sp. 736–737, hier: bes. Sp. 736; Josef Smolik: Böhmische Brüder. In: LThK. Bd. 2 (wie Anm. 85), Sp. 553–555.

[115] Siehe Kurze: Waldenser (wie Anm. 110), S. 471. Böcker: Festigung (wie Anm. 2), S. 196, unterstrich als Novum eine „weitgehend territorialisiert" erfolgte „Ketzerverfolgung".

[116] Vgl. Kurze (Hg.): Quellen (wie Anm. 109), S. 288. Zu Kannemann siehe kurz Sophronius Clasen: Kannemann, Johannes. In: NDB. Bd. 11. Berlin 1977, S. 108, online zugänglich unter: https://www.deutsche-biographie.de/pnd102498008.html (letzter Zugriff am 24.12.2020). Kannemann predigte auch gegen die Hussiten (so Clasen) und war ein engagierter Streiter für das Wilsnacker Wunderblut. Dies verbindet Kannemann und den ungleich prominenteren Matthias Döring (gestorben 1469). Letzterer verteidigte die Wilsnack-Wallfahrt gegen die Kritik des Jan Hus und argumentierte auch gegen Johannes Capistranus. Man darf ihn als Intellektuellen und einen der einflussreichsten Franziskaner der franziskanischen Saxonia begreifen. Zu Kannemanns Wirken kurz, vor allem aber zu Dörings Arbeit, siehe etwa Petra Weigel-Schieck: Zum Reformverständnis des sächsischen Provinzialministers Matthias Döring (1427–1461). In: Dieter Berg (Hg.): Könige, Landesherren und Bettelorden. Konflikt und Kooperation in West- und Mitteleuropa bis zur Frühen Neuzeit. Werl 1998, S. 361–390, hier: S. 370, S. 376. Predigten Dörings sind auch im Wortlaut überliefert, sie wurden mit Schriften Kannemanns überliefert (über eine Münsteraner Sammlung mit Schriften Dö-

Bischof Stephan Bodeker (gestorben 1459) verantwortet.[117] Der Prozess in Berlin, über den uns das durch die Prozessverantwortlichen bestellte Protokoll des Notars Heinrich Bawerungk[118] und chronikalische Notizen unterrichten,[119] fand gewissermaßen als Endpunkt einer Reise der Waldenser durch die Neumark und die Uckermark (wo man sich offenkundig aufgrund einer gewissen Entfernung [zu den Machtzentren] auch über längere Zeit hinweg im Gewähren-Lassen devianter Religiosität üben konnte[120]) im Beisein Kurfürst Friedrichs II. und zweier „proconsules", also Bürgermeister, von Berlin statt. Die Verbrennung Matthäus Hagens erfolg-

rings und Kannemanns vgl. Eva Schlotheuber: Bildung und Bücher. Ein Beitrag zur Wissenschaftsidee der Franziskanerobservanten. In: ebd., S. 419–434, hier: S. 430).

[117] Die Inquisitionsgeschehen erreichten im Bistum Brandenburg einen hohen Stand unter dem zweifellos gelehrten Stephan Bodeker (Bischof seit 1422), der auch durch eine – freilich in politische Kontexte und Bereicherungsdiskurse einzuordnende – Verurteilung von Judenvertreibungen auffiel. Eine Häresiologie hatte er viele Jahre früher verfasst, seine Schrift gegen die Waldenser ist ebenfalls abgedruckt bei Kurze (Hg.): Quellen (wie Anm. 109), hier: S. 273–286. Zur Person und zu weiterer Literatur siehe Anette Wigger: Stephan Bodeker, Bischof v. Brandenburg. In: Beck/Henning/Adamy (Hg.): Brandenburgisches Biographisches Lexikon (wie Anm. 6), S. 381.

[118] Das von ihm angefertigte Protokoll nennt ihn einen „clericus Lubucensis diocesis, publicus imperiali auctoritate notarius" (Kurze [Hg.]: Quellen [wie Anm. 109], S. 293), er war also ein öffentlicher Notar aus der Diözese Lebus. Gleichwohl er den Kurfürsten mit Ehrenbezeichnungen versah, scheint er doch nicht direkt von ihm abhängig gewesen zu sein. Seine Amtsautorität bezog er aus deren postulierten Anerkennung auf Reichsebene. Für ihn bestand daher wohl keine Notwendigkeit, die Rolle Friedrichs II. im Prozess mutwillig zu verzerren und für Friedrich oder dessen Interessen zu schönen und so die Wahrnehmung späterer Rezipienten zu beeinflussen. In stärker bearbeiteten Schriften anderer Prozesse findet sich hingegen durchaus auch nachträglich verändertes Vokabular, das eine drastischere Rahmung vornimmt; vgl. hierzu über den Mord an Hans Weidenhofer das Material bei Georg Modestin: Ketzer in der Stadt. Der Prozess gegen die Straßburger Waldenser von 1400. Hannover 2007, S. 51–53. Notarielle Aufzeichnungen waren auch in Auseinandersetzungen mit den Räten der Städte Berlin und Cölln bewährt, wie das Schriftstück zum 19. März 1458 zeigt; vgl. Voigt (Hg.): Urkunden-Buch (wie Anm. 12), S. 431, Nr. 204. Die Beauftragung einer Verschriftlichung hat aus der Sicht der Historikerinnen und Historiker erhebliche Konsequenzen für die Überlieferungs-Chance; siehe hierüber Arnold Esch: Überlieferungs-Chance und Überlieferungs-Zufall als methodisches Problem des Historikers. In: HZ 240 (1985), S. 529–570, hier etwa: S. 548, oder, über ein anderes Protokoll, ebd., S. 550 f.; über Überlieferung im Zusammenhang mit Gerichtsverfahren: ebd., S. 537–539, S. 541.

[119] All diese sind abgedruckt bei Kurze (Hg.): Quellen (wie Anm. 109), S. 288–309. Zu den hier relevanten quellenkritischen Ausführungen siehe ebd., S. 39–41.

[120] Vgl. ders.: Waldenser (wie Anm. 110), S. 478. Auch andernorts war vermeintlichen Häretikern zunächst wenn nicht – wie in der Mark – relativ indifferent, so doch moderat begegnet worden, wie ein prominentes Straßburger Beispiel belegt; siehe Ingrid Würth: Reichsstadt und Häresie im Spätmittelalter. In: Thomas Lau/Helge Wittmann (Hg.): Reichsstadt im Religionskonflikt. 4. Tagung des Mühlhäuser Arbeitskreises für Reichsstadtgeschichte, Mühlhausen 8. bis 10. Februar 2016. Petersberg 2017, S. 77–100, hier: S. 81, S. 93. Zu den einstweilen geringfügigen sozialen Folgen der Kontakte zu Waldensern vgl. ebd., S. 83 f. Hier begegnen uns als solche „Gruppen [...], deren Exis-

te schließlich auf dem Neuen Markt vor der Marienkirche. Dies ist im Protokoll Bawerungks bereits angedeutet, aber erst durch den chronikalischen Bericht des Breslauer Domherrn Nikolaus Tempelfeld explizit belegt.[121]

Einige Details seien im Folgenden hervorgehoben. Sie betreffen die Verquickung von Waldensertum und Hussitismus ebenso wie den genau protokollierten Prozessablauf. Die Überantwortung der Delinquenten an den weltlichen Arm („brachio seculari") und der „potestati curie secularis"[122] erfolgte erst, als sich Matthäus Hagen weiter zur Lehre der „truwen Bruderen", also der Böhmischen Brüder,[123] bekannte, von seiner Praxis und von Predigten auf Deutsch erklärend berichtete[124] und bestätigte, er habe nichts zu widerrufen: „Dyt laß ich syn, als es ist".[125] Die Befragungen der Angeklagten sowie die der Zeugen dauerten mehrere Tage.[126] Matthäus Hagen gab in Verhören und im Prozess an, dass er sich für rechtgläubig halte und daher nichts zu leugnen, nichts zu widerrufen habe.[127] Seine Schüler hingegen sollen nicht im ihnen vorgeworfenen Unglauben verharrt haben wollen.[128] Ihnen wurde dadurch die Möglichkeit zur Buße und zur Rückkehr zu den „rechtmäßigen" Systemen eröffnet: im Glauben, in der Treue zum Landesherren, in der Unterwerfung unter als rechtmäßig erkannte Gerichte.

Als Zeuge war am Prozess auch ein lokaler Dominikaner beteiligt[129] – er dürfte dem Fürsten besonders nahegestanden haben. Das geistliche Gremium war bestens informiert, man erinnerte sich sogar der Prager Kompaktaten von 1433.[130] Dies wiederum eröffnete Interpretationsspielraum für die Identifizierung der „Brüder" als

tenz stillschweigend in Kauf genommen wurde", wie Weltecke: Bemerkungen (wie Anm. 1), S. 632, sie unter Geduldete subsumierte.

121 Kurze (Hg.): Quellen (wie Anm. 109), S. 306.

122 Ebd., S. 301.

123 Siehe abermals das in Anm. 114 Angeführte.

124 Kurze (Hg.): Quellen (wie Anm. 109), S. 294–296.

125 Ebd., S. 294.

126 Ebd.; vgl. auch die Tagesangaben, ebd., S. 297: 21.–26. April. Zugleich bot man Matthäus Bedenkzeit, die wohl auch für intensive geistliche Betreuung genutzt wurde, wie es im „Berlinischen Stadtbuch" idealtypisch formuliert wird. Diesem zufolge hatte ein „missededer" Anspruch auf geistlichen Beistand, wenn er getötet werden sollte. Er musste Gelegenheit haben, auf Dreierlei zu antworten, wenn er gefragt wurde „na synes dodes ungeloven. Dat ander, ofte he ketteren oder joden syn erve let, he wer den eyn jode. Dat dridde, ofte he umme openbar sunde ungebichtet stervet."; Clauswitz: Stadtbuch (wie Anm. 73), S. 170, § 5. Im Umgang mit Matthäus erscheint – gleichwohl von Normen für diese Art von Prozess bestimmt – ein solcher erster Modus Operandi, nach dem auch bei Weltecke: Bemerkungen (wie Anm. 1), S. 653, gefragt wird.

127 Kurze (Hg.): Quellen (wie Anm. 109), S. 297.

128 Ebd., S. 297 f.

129 Ebd., S. 290.

130 Ebd., S. 298.

revolutionär und somit als illoyal zum Herrscher.[131] Das zog regelrechten Bekämpfungsbedarf nach sich.

Während die Untersuchungskommission im fürstlichen Schloss zu Cölln tagte,[132] erfolgte die „Sententia“ endlich in „Berlin ante ecclesiam beate Marie virginis in novo foro“. Hierfür wurde der öffentliche Notar, von dem die meisten Informationen über den Prozess verschriftlicht wurden, hinzugerufen[133] und die Angeklagten wurden der Menge präsentiert.[134] Dazu gab es eine Prozession mit Fahnen und Kreuz,[135] ein Gebaren, das der Symbolkraft anderer, gerade in Zeiten innerstädtischer Konflikte bedeutsamen Handlungen innerhalb der Stadtmauern in nichts nachsteht und durch die Oktroyierung einen besonderen Affront dargestellt haben mag. Zu denken wäre beispielsweise an (in ihrem Kern auch sakral aufgeladene) Bannerläufe oder das innerstädtische Herumführen des Carroccio, also des für Kriegshandlungen und Identitätsstiftung gleichermaßen so bedeutenden Fahnenwagens vor allem der oberitalienischen Kommune.[136] Damit wurde nicht nur Öffentlichkeit hergestellt, vielmehr zelebrierte man geradezu die Rechtmäßigkeit,[137] Ordentlichkeit, Transparenz, aber auch den Exempelcharakter des Verfahrens.

Für eine Beantwortung der Frage nach den Hintergründen der Hinrichtung finden sich in der Überlieferung nur Anhaltspunkte, die noch dazu keine besondere Hervorhebung in den Quellen erfahren. Explizit heißt es im Protokoll des Heinrich Bawerungk, der wenngleich als Kleriker ein Feind der Häretiker, so doch hinsichtlich der übrigen Beteiligten als recht zuverlässiger Gewährsmann anzusehen ist,[138] Kurfürst Friedrich II., der Eiserne (1413–1470), habe auf die Verfolgung der

131 Vgl. Weltecke: Bemerkungen (wie Anm. 1), S. 629, S. 645.

132 Kurze: Waldenser (wie Anm. 110), S. 473.

133 Ders. (Hg.): Quellen (wie Anm. 109), S. 298.

134 Ebd.

135 Ebd. In der Choreografie der Öffentlichkeit für die Sentenz ist nach dem ersten verfahrensindizierten (vgl. Anm. 126) der zweite Modus Operandi (vgl. hierüber Weltecke: Bemerkungen [wie Anm. 1], S. 653) zu erblicken.

136 Zum Carroccio als mit der Ehre der Stadt assoziiertem Feldzeichen der gesamten Kommune (ja, sogar eher des „populus“ als der „milites“) siehe weiterhin Ernst Voltmer: Il carroccio. Turin 1994. Zu Fahnenwagen in den nordalpinen Städten siehe kurz ders.: Standart, Carroccio, Fahnenwagen. Zur Funktion der Feld- und Herrschaftszeichen mittelalterlicher Städte am Beispiel der Schlacht von Worringen 1288. In: BDLG 124 (1988), S. 187–209, hier: bes. S. 199 f.

137 Die Formgerechtheit führte Kurze: Waldenser (wie Anm. 110), S. 478, indirekt darauf zurück, dass man den Fall für politisch relevant angesehen haben möge, beim Angermünder Folgeprozess dagegen, so Kurze, scheine man verstanden zu haben, „daß es sich bei den bäuerlichen Anhängern des Matthäus Hagen weder um hartnäckige noch um politisch gefährliche Ketzer, denen wegen des zu erwartenden strengen Urteils ein formgerechtes Verfahren gemacht werden mußte, handelte“.

138 Vgl. Anm. 118.

Personen hingewirkt und sie eigens nach Berlin bringen lassen, sie seien „ad oppidum Berlin [...] adducti".[139]

Bei der Urteilsverkündung des Inquisitionskomitees schließlich legte man Wert darauf festzuhalten, dass Bischof Stephan (und mit ihm der Sonderinquisitor – „specialiter deputatus" – Johannes) dem Ruf des Fürsten gefolgt sei: „de assensu illustrissimi principis et domini nostri graciosi, domini Friderici [... etc.]", und dass man die Häretiker und Idolatrier auf Befehl des Fürsten („de eius iussu et mandato") nach Berlin vor ihn gebracht habe.[140]

Diese Aussagen lassen den arrivierten Fürsten als eigentlich dominante Größe neben einem schwächelnden Bischof erscheinen.[141] Insbesondere Ersterem war es wohl ein Anliegen gewesen, die Ketzer zu verfolgen. Gemeinsam mit der Bezugnahme auf hussitische Einflüsse als Referenz zu dem Häresiarchen Matthäus erscheint die vorgeworfene „Ketzerei" zugleich als ein potenziell die Ordnung gefährdender Akt des Ungehorsams.[142] Dass sich Friedrich bewusst über die (ohnehin nur für Böhmen und Mähren gültigen) Kompaktaten von 1433 hinwegsetzte, zeigt zugleich, dass man weit genug zurückzudenken im Stande war: Man bewegte sich im selben Zeitraum wie demjenigen des 1432 im Angesicht der Hussiteneinfälle erfolgten Zusammenschlusses Berlin-Cöllns gegen den Landesherrn.[143] Infolgedessen musste die Reaktion des Fürsten also zugleich eine Machtdemonstration auch gegen kommunale Verselbstständigung sein.

Auch diese Begebenheit ist eigentlich gut untersucht,[144] allerdings richtete sich das Interesse vor allem auf die theologischen sowie kirchengeschichtlichen Implikationen und weniger auf die wahrscheinlich initiierenden Akteure.[145] Dabei sind

[139] Kurze (Hg.): Quellen (wie Anm. 109), S. 289.

[140] Ebd., S. 299. Hier erblicken wir schließlich eine gleich doppelte Markierung mit bei Weltecke: Bemerkungen (wie Anm. 1), S. 635, identifizierten Kriterien von Nichtduldbarem.

[141] Dies fügt sich in andere Beobachtungen zu den geistlichen Macht- und Würdenträgern ein. Vgl. Böcker: Festigung (wie Anm. 2), S. 192–196, S. 260, wo eine Beschneidung der bischöflichen Macht als Ziel von Herrschaftshandeln gedeutet wird.

[142] Deutlich tritt die mehrsträngige Verwebung von religiöser und politischer Loyalität – hier weniger als Ursache, denn als Symptom – hervor; vgl. dazu Weltecke: Bemerkungen (wie Anm. 1), S. 645. Zur Gleichsetzung von Häresie und „Majestätsverbrechen" durch „Theologen und Kanonisten" vgl. Dietrich Kurze: Häresie und Minderheit im Mittelalter. In: HZ 229 (1979), S. 529–573, hier: S. 571; zur Gleichsetzung von Häresie und Hochverrat siehe Schmitz-Esser: Leichnam (wie Anm. 43), S. 549 f.

[143] Böcker: Festigung (wie Anm. 2), S. 181–183.

[144] Kurze: Hagen (wie Anm. 110). Für weitere Literatur siehe ders.: Waldenser (wie Anm. 110).

[145] So etwa in weiten Teilen bei ders.: Waldenser (wie Anm. 110). Allerdings war es Kurzes Aufmerksamkeit keinesfalls entgangen, dass Kurfürst Friedrich II. den Befehl zur inquisitorischen Verfolgung gegeben hatte; siehe ders.: Hagen (wie Anm. 110). In ders.: Waldenser (wie Anm. 110), S. 473, war Kurze von einem „landeskirchliche[n] Herrschaftswille[n]" Friedrichs ausgegangen,

Zusammenhänge mit dem angespannten Verhältnis zwischen Berliner Stadtgemeinde und Landesherrn evident. Wenn man sich im Prozessdiskurs an die Prager Übereinkunft mit den Hussiten erinnern konnte, die 25 Jahre zurücklag, so konnten sich städtische Akteure recht sicher auch an den weniger lange zurückliegenden „Berliner Unwillen" von 1440/1448 erinnern, der ein durchaus einschneidendes Ereignis für die Stadtgemeinden von Berlin und Cölln gewesen sein dürfte.[146] In der Schriftkultur der Stadt schlägt sich die „Zwingung der Stadt" ebenfalls als Zäsur nieder, wenn man berücksichtigt, dass die Verbrechen im „Berlinischen Stadtbuch" lediglich bis 1448 (und bis zum zeitweisen Verlust von Gerichtsautorität) festgehalten wurden und etwa das Bürgerbuch der Stadt Berlin erst hiernach neu angelegt wurde.[147]

In dieser Perspektive lesen sich die Deportation der Häretiker nach Berlin (und nicht etwa nach Cölln, wo die kurfürstliche Verwaltung gerade entstand) und die Einsetzung einer Kommission mithilfe der Franziskaner (vermutlich nicht jedoch der lokalen berlinischen, die stark mit der Stadtgemeinde verwoben waren), zusammengenommen als demonstrativer Akt des Landesherren, der auf dem wichtigsten öffentlichen Platz der Stadt – dem Neuen Markt vor der für die Bürgergemeinde so wichtigen Marienkirche[148] – ein Exempel an denjenigen Akteuren statuierte, die für Kommunalismus und Abweichung vom landesherrlichen Treuegefüge standen.

der den Prozess nach Berlin brachte. Das mag auch nicht verkehrt sein, eine weitere Deutung ist aber möglich.

[146] Siehe Böcker: Festigung (wie Anm. 2), S. 186–188. Nicht nur wurden die Räte der Städte und die Städte ihrerseits getrennt, der Fürst besetzte auch die Funktionen in der Stadt (siehe bereits oben; vgl. aber auch die Einschränkungen diesbezüglich bei Böcker: Festigung [wie Anm. 2], S. 188). Eine der Folgen war die Veränderung des schriftlichen Verwaltungswesens der Stadt.

[147] Das überlieferte Berliner Bürgerbuch wurde von 1453 an geführt. Siehe zur Neuanlage dieses Buches anstelle eines älteren Christophersen: Krisen (wie Anm. 62), S. 627 f. und bes. ebd., Anm. 231. Edition des Bürgerbuchs bei Peter von Gebhardt: Das älteste Berliner Bürgerbuch 1453–1700. Berlin 1927.

[148] Man könnte sagen, dass die Marienkirche Ausdruck der verfassten Stadtgemeinde war: Während die Nikolaikirche wohl auf die ältere Kaufleuteniederlassung zurückgeht, war die „Stadtrechtsverleihung und Stadterweiterung um 1237 topographisch mit der Marienkirche und dem Neumarkt [verbunden]"; Engel: Stadt (wie Anm. 105), S. 33 mit Hinweisen auf die grundlegende Forschung. Es handelte sich also um einen symbolträchtigen Ort. Für die großzügig dimensionierte Marktpfarrkirche St. Marien (als eine Keimzelle der Berliner Bürgerschaft), aber sicherlich auch den Neuen Markt, wurden hohe Aufwendungen betrieben; hier muss als Beispiel genügen, dass für Baumaßnahmen an St. Marien „in nostra civitate" 1340 der Berliner Rat 50 Mark Kredit beim Münzmeister „et concivis" Otto von Buch aufnahm (Riedel [Hg.]: CDB. Supplementband [wie Anm. 9], S. 230, Nr. 15). Späterhin war die Kirche nicht nur Zentrum städtischen Selbstverständnisses der Berliner im Allgemeinen, sondern auch Zentrum eines Gedenkkultes für den 1324 ermordeten Propst Nikolaus von Bernau (siehe oben).

Insofern tat Friedrich auch der berlinischen Bürgergemeinde, die sich ihm mal mehr, mal weniger erfolgreich entgegengestellt hatte, im symbolischen Überschuss eines Ketzerverfahrens Gewalt an und zeigte, bis wohin und mit welchen Mitteln er Ungehorsam zu verfolgen bereit war.[149] Überdies zwang er ihr die Zeugenschaft für das Verfahren und dessen Ausgang auf. In diesem Zusammenhang sei den Ausführungen über Strukturbildung bei Weltecke[150] hinzugefügt, dass auch die Zeugenschaft von Gewalt strukturbildend wirken kann, wie dieses Beispiel zeigt.

Engel hat in Bezug auf den „Berliner Unwillen" über Friedrich II. konstatiert: „Mit aufsehenerregender Signalwirkung schränkte er die Autonomie der Doppelstadt Berlin-Cölln ein, wenn er sie auch noch nicht auf Dauer brechen konnte."[151] Hieran anknüpfend lässt sich die These aufstellen, wonach erst mit der brutalen, öffentlichen Niederringung einer weltanschaulichen Bewegung in Berlin jener Vorgang zu einem Abschluss kam, dessen prominenteste Maßnahme die „Zwingung" von Berlin/Cölln nach dem „Berliner Unwillen" durch Friedrich II. gewesen war. Das passende Instrument für die angesprochene Beendigung war nun sicherlich die Sakralisierung des Prozesses. Folgt man dieser These, so hatte Friedrich in einer ihn seit Jahrzehnten begleitenden politischen Auseinandersetzung zuletzt einen Hebel gefunden,[152] der sich einer religiösen Rahmung a priori bediente. Hieran anschließend lässt sich fragen: Warum hatte Friedrich nicht bereits früher zum Mittel der Häretisierung von Gegnern gegriffen? Und: Wann erfolgte diese Rahmung?

In Bezug auf die erste Frage kann darauf verwiesen werden, dass erst belastbare Strukturen geschaffen werden mussten, bevor man sich als Herrscher dieses Instruments bedienen konnte, was Ragg in einer Studie als ein Schema identifizier-

[149] Vgl. auch Anm. 43 zu symbolischen Überschüssen sowie Anm. 46 zu Illoyalität, jeweils mit Literatur.

[150] Weltecke: Bemerkungen (wie Anm. 1), S. 636: Gewalt bildet Struktur bei von Gewalt Betroffenen aus.

[151] Engel: Stadt (wie Anm. 105), S. 317.

[152] Deren Beginn lag bei seinem Amtsantritt als alleinig regierender Fürst und der 1440 erfolgten Huldigung der Stadtgemeinde in der Franziskanerkirche (Nickel: Minderbrüder [wie Anm. 6], S. 5; Schulz: Unwille [wie Anm. 74] zur Kontextualisierung). In der Huldigung gegenüber Friedrich II. spiegelt sich wohl auch die für die Hohenzollern bedeutende Huldigung für Friedrich I. (vgl. Anm. 108). Schon seine Belehnung mit der Mark Brandenburg auf dem Konstanzer Konzil steht im Zusammenhang mit dem Vorgehen gegen Jan Hus und dessen Anhänger. Böcker: Festigung (wie Anm. 2), S. 178, benannte die Jahre 1421/31 als wichtig für die Auseinandersetzungen mit den Hussiten. Vor diesem Hintergrund ist die Auswahl der Franziskanerkirche durch Friedrich II. möglicherweise ein Affront gegen die Stadtgemeinde, die engste Beziehungen zu den Franziskanern unterhielt; siehe Nickel: Minderbrüder (wie Anm. 6), S. 5. Wohl ist diese enge Verbindung auch ein Grund (neben der Erfahrung als Defensor und Argumentator), weswegen der Inquisitor Johannes Kannemann im Prinzip ein Auswärtiger war.

te.[153] Die religiöse Rahmung des Verfahrens erfolgte dann aber relativ früh, nämlich in dem Moment, in dem sich Friedrich entschloss, gegen den Häresiarchen Matthäus Hagen, der für ihn eine politische Bedrohung bildete, mithilfe eines geistlichen Gerichts vorzugehen. Provoziert war dies möglicherweise auch durch die kurz zuvor erfolgten Zusammenschlüsse von Waldensern und Taboriten zu den Böhmischen Brüdern,[154] was schlechte Erinnerungen an das Agieren der brandenburgischen Städte während der regionalen Präsenz von Hussiten weckte.[155]

Einen Auswärtigen in Berlin verbrennen zu lassen, war für Friedrich ein relativ risikoarmes Unterfangen. Angesichts der Härte der Strafe und der Lehrbuchhaftigkeit des Verfahrens gab es wohl wenig Bestrebungen innerhalb der Stadtgemeinde, sich für den Verurteilten einzusetzen. Zugleich zeigte das Verfahren, dass Anwürfe dieser Art auch solche Personen betreffen konnten, die nur in relativ geringem Ausmaße beteiligt waren. Die Beschuldigten konnten sich dann glücklich schätzen, wenn ihnen nur entwürdigende Bußakte auferlegt wurden und sie mit dem Leben davonkamen. Dass die waldensisch-taboritische Bewegung im Ganzen zu dieser Zeit in der Mark wohl harmlos war[156] und nur ihr wichtigster Exponent in einem Schauprozess als Häretiker verbrannt wurde, mag die These stützen, dass sich hiermit auch die Gelegenheit zur demütigenden Ermahnung Berlins ergab.

Überdies stand mit der Einleitung des Verfahrens keineswegs die Tötung der Angeklagten fest.[157] So war beispielsweise der gleichfalls 1458 abgehaltene Angermünder Prozess zwar ebenfalls durch Kannemann durchgeführt worden, er habe „gleichsam Nachlese" gehalten, so Kurze.[158] Dieser ging aber, obwohl Friedrich wiederum anwesend war (nicht jedoch Stephan Bodeker),[159] für die Beschuldigten

153 Siehe Ragg: Ketzer (wie Anm. 45), S. 293.

154 Vgl. hierüber kurz das in Anm. 114 Gesagte. Ebenfalls nur kurz zuvor hatte es offenkundig heftige Auseinandersetzungen mit „latrones", also Räubern, in der Mark gegeben, wie Döring zu 1456/57 berichtete (Riedel [Hg.]: CDB. Bd. 4.1 [wie Anm. 101], S. 229 f.). Sollten diese hier rein kriminell gerahmten „Räuber" aber in Verbindung mit den Waldensern gestanden haben, wäre die Bewegung der letzteren ganz und gar nicht harmlos gewesen.

155 Vgl. abermals Böcker: Festigung (wie Anm. 2), S. 181–183.

156 Vgl. die Ausführungen in Anm. 137.

157 Vgl. wiederum Anm. 58.

158 Kurze (Hg.): Quellen (wie Anm. 109), S. 8. Dieselbe Formulierung auch bei Böcker: Festigung (wie Anm. 2), S. 196.

159 Kurze: Waldenser (wie Anm. 110), S. 478.

wahrscheinlich glimpflicher aus.[160] Jedenfalls war der Berliner Prozess als ein sehr aufsehenerregender Fall[161] in den Augen der Initiatoren gewiss gelungen.

Evaluation und Fazit

In vier sehr unterschiedlichen Berliner Beispielen haben wir die Anwendung (und Rechtfertigung) von Gewalt auf mögliche religiöse Rahmungen und Konnotationen hin oder auch den auffälligen Verzicht darauf (im „Verzeihebrief" zu 1351) zu befragen versucht. Auch gut erforschte Begebenheiten (die Fälle „Nikolaus von Bernau" und „Matthäus Hagen") sowie lange bekanntes Material (das „Berlinische Stadtbuch") wurden unter diesem Gesichtspunkt neu kontextualisiert. Dabei offenbarten sich bislang kaum beachtete, schwer aufzuspürende Interessen- und Motivationslagen der unterschiedlich sichtbaren Akteure sowie neue Deutungsmuster, wenngleich zumeist die Belastbarkeit derselben durch die schlechte Überlieferungslage erschwert wird, was zugleich als Befund festzuhalten und seinerseits auszudeuten ist.

Zwei der Beispiele (die Fälle „Nikolaus von Bernau" und „Matthäus Hagen") lagen bei dem Thema insofern nahe, als die Rezipienten von Gewalt aus Reihen des Klerus beziehungsweise einer insbesondere religiösen Bewegung stammten. Umso deutlicher erscheint als Gegenbeispiel der „Verzeihebrief" von 1351, das einen Fall von Andersgläubigen, nämlich den der Juden, einschließt. Die ausgewählten Beispiele unterscheiden sich auf den ersten Blick dadurch, dass zwei von ihnen einzelne Personen betrafen (die Fälle „Nikolaus von Bernau" und der „Ehebruch"), während bei den beiden anderen („Koppekin und die Juden",[162] Matthäus Hagen und die Waldenser) Gruppen im Mittelpunkt standen.[163]

Deutlich wird am hier erprobten Analyseinstrument, dass der akteurszentrierte Zugriff jeweils zur Einnahme sowohl einer erweiterten als auch gegebenenfalls

[160] Vgl. ders. (Hg.): Quellen (wie Anm. 109), S. 8. Im Gegensatz dazu steht der Prozess von 1336 in Angermünde mit 14 Verbrannten, der „sich mit seinem feurigen Ende tief in das kollektive Bewußtsein eingeprägt haben dürfte"; ders.: „Ketzer-Angermünde". Zur Bezeichnung der Stadt und zum Inquisitionsprozeß des Jahres 1336. In: JBLG 51 (2000), S. 30–51, hier: S. 41.

[161] So auch Stasiewski: Hagen (wie Anm. 110), S. 481; Kurze: Waldenser (wie Anm. 110), S. 479. So hatte Friedrich II. einen Fall produziert, der sich gegenüber den Massentötungen auf Geheiß seines Vaters durchaus kultiviert ausnahm. Die Schöppenchronik berichtete denn auch für das Jahr 1420 von größter Gewalt (Riedel [Hg.]: CDB. Bd. 4.1 [wie Anm. 101], S. 199 f.) und großen Schlachten, bevor es 1423 zum Friedensschluss gekommen sei (ebd., S. 202).

[162] Mit diesen muss Koppekin gar nicht viel zu tun gehabt haben, aber nun waren sie gemeinsam gerahmt und gingen im Narrativ einen Verbund ein.

[163] Dies wurde mit Blick auf Waldenser und Katharer auch problematisiert; siehe etwa Ragg: Ketzer (wie Anm. 45), S. 283 f.

einer bislang gänzlich unberücksichtigten Perspektive herausfordert.[164] Besonders signifikant wird dies im Fall des Ehebruchs aus dem „Berlinischen Stadtbuch", der auf den ersten Blick nur ein Gewaltopfer explizit macht, aus dem aber das soziale Handeln einer Gruppe abzuleiten ist. Ebenfalls besonders deutlich wird es im ungleich komplexeren Fall der Verbrennung des Matthäus Hagen. Die Heranziehung weiterer Quellen über die Beteiligten und die Einnahme einer Langzeitperspektive ermöglichten hier die thesenartige Benennung von Hintergründen („Berliner Unwille") und die Andeutung von dynastischen Handlungsmustern unter den frühen brandenburgischen Hohenzollern.

Darüber hinaus können im letztgenannten Fall durch die Analyse der zur Zeit des Prozesses auf Anordnung entstandenen Dokumentation Anhaltspunkte für deutliche Dynamiken und expandierte Reichweiten gefunden werden. Sobald es um Hussitismus ging, waren weitere Teile Europas involviert, wie an den Verbindungen des vermeintlichen Häresiarchen Matthäus Hagen nach Böhmen oder in die Neumark zu ersehen ist. Mit dieser Amplitude des Falls potenzierte sich auch die Machtdemonstration Friedrichs sowohl hinsichtlich eines sakralen Herrschaftshintergrundes als auch geografisch. Ein nächster Schritt könnte nun beinhalten, Regelmäßigkeiten im Herrschaftshandeln zu untersuchen und womöglich gar Tendenzen über längere Dauern zu ermitteln.[165]

Wortreich und auf Forschung gestützt schrieb noch Angenendt „[es] war [...] theologisch gesehen gar nicht so einfach, jemanden zum Häretiker zu erklären".[166] Dabei sollte es gar nicht als gesichert gelten, dass das theologische, intellektuell begründete Häresieverdikt auch ausschlaggebend für Gewalthandeln ist. Denn einerseits war die Begründung der Häresie theologisch relativ stabil, konnte also auch bedarfsabhängig aktiviert werden und musste nicht zwangsläufig neu verhandelt werden. Und andererseits war es offenkundig spontan möglich (wenngleich wo-

164 Akteurszentrierte Zugriffe erlauben wiederum Verschiebungen zwischen den beiden Polen, an denen Beschreibungsnarrative oszillieren: Gewaltausübende versus Gewaltleidende, Gewaltbeschreibende versus Gewaltrezipierende und Fokussierung auf Auslöser und Kontext versus Folgen und Konnex. In der Betrachtung der „Akteure von kollektiven Gewalthandlungen" (Weltecke: Bemerkungen [wie Anm. 1], S. 637) ist also das Kollektive ebenso zu definieren wie die Akteure.

165 Umgekehrt bietet sich die Frage nach auf familiäre Verbindungen oder Gemeinsamkeiten zurückzuführende Gewaltakkumulation an. Dieser Gedanke kommt bei den Namensträgern Jacob von dem Ryne (vgl. bereits oben) und mehr noch bei den mitunter bereits im Familienkreis als solche sozialisierten Waldensern (vgl. Kurze [Hg.]: Quellen [wie Anm. 109], S. 7 f.) auf. Während in der ersten Konstellation eine ähnliche soziale Herkunft zur Zuschreibung von Delinquenz geführt haben mag, ist die zweite Konstellation als religiöse Gewalt begünstigend anzunehmen. Zur Uneindeutigkeit entsprechender Gruppenzuordnungen vgl. Weltecke: Bemerkungen (wie Anm. 1), S. 633.

166 Angenendt: Toleranz (wie Anm. 45), S. 239; es folgen die jeweiligen Referenzen auf bisherige Forschung im Detail. Vgl. auch weiter ebd., S. 239 f.

möglich längerfristig intendiert), die Gegner mit Epitheta der Ketzerei zu belegen, um sie gewaltsam und final bekämpfen zu können. Dies erfolgte bei Ad-hoc-Rahmungen (wie gegen Nikolaus von Bernau) und bei A-priori-Rahmungen wie bei den ansonsten zuvor über rund ein Jahrzehnt nicht systematisch verfolgten Waldensern genauso wie in einem wohl relativ kurzen städtischen Gerichtsverfahren nach Ehebruch, der geeignet war, das Ansehen der Bürgergesellschaft Berlins zu beschädigen.

Zwei Modi des Gewalthandelns können anhand der Beispiele aus Berlin-Cölln festgemacht werden: der Modus der Stadtbewohner als Gewaltausübende und derjenige der Stadtbewohner als Zeugen – oder als partielle respektive indirekte Rezipienten – von Gewalthandeln mit religiöser Rahmung. Auffällig ist zudem, dass die politische Stadtgemeinde selbst zwar als Akteurin vorkam, durchaus aber Einzelakteure so lange verschleierte (im Fall des Nikolaus von Bernau), bis sie nicht mehr als Teil der Gemeinschaft zu akzeptieren waren (so die „Kupplerin" im Ehebruchverfahren und vielleicht auch Koppekin). Geistliche Akteure[167] erscheinen dabei – wie auch in anderen Beispielen[168] – naturgemäß als in städtische Rechtspraktiken eingebunden.

Der einzige Gewaltausbruch im Sinne unkontrollierbarer Gewalt scheint der gewesen zu sein, den Nikolaus von Bernau erlitt; Zwangssituationen und -maßnahmen erscheinen verlässlicher zu identifizieren zu sein, etwa im Vorgehen Friedrichs II. gegen die Stadt Berlin, im Interdikt nach der Ermordung des Propsts und gewiss in Maßnahmen vor oder während ordentlicher Gerichtsverfahren. Offenbleibt die Frage, ob Berlin ein gewaltoffener Raum[169] war oder wurde.[170] Berlin bie-

[167] Hier vor allem Nikolaus von Bernau, aber auch der Johanniterkomtur (siehe Anm. 82 und Anm. 96).

[168] In der Urfehde des „sacerdos" Dietrich von Einbeck wegen Gefangenschaft in der Stadt zum 4. Juni 1353 wurde auf religiöses Rahmen verzichtet (siehe Voigt [Hg.]: Urkunden-Buch [wie Anm. 12], S. 122, Nr. 98); Urfehde leistete ebenfalls ein gewisser Nickel Aritz, der einen Karmeliterbruder und Priester tätlich angegriffen hatte und damit den städtischen Frieden störte (Riedel [Hg.]: CDB. Supplementband [wie Anm. 9], S. 292 f., Nr. 91). Die Wahrung desselben galt aber als besondere Aufgabe des Rates, auch – aber nicht nur – bei den Städten im Nordosten des Alten Reichs (vgl. Engel: Stadt [wie Anm. 105], S. 78). Gewiss sind diese Beispiele nicht alleine aussagekräftig (weitere Untersuchungen stehen aus), aber sie vermitteln den Eindruck, als habe man andere Fälle religiös gerahmt, um sie eskalieren zu lassen, wenn es keine Aussicht mehr auf eine oder kein Interesse mehr an einer gütliche(n) Einigung gab.

[169] Der Begriff des gewaltoffenen Raumes folgt Georg Elwert: Gewaltmärkte. Beobachtungen zur Zweckrationalität der Gewalt. In: Trutz von Trotha (Hg.): Soziologie der Gewalt. Opladen 1997, S. 86–101, hier: S. 88; er findet sich entsprechend angepasst bei Weltecke: Bemerkungen (wie Anm. 1), S. 647 f.

[170] Dies interessiert aber für das hier erprobte Konzept; vgl. Weltecke: Bemerkungen (wie Anm. 1), S. 647 f.

tet sich aber als Untersuchungsgegenstand an, weil es über längere Zeiträume des Mittelalters eine Stadt in der Transition und in einem Spannungsgefüge war: eine sich selbstbewusst emporarbeitende Gemeinde, die in Auseinandersetzungen auf landesherrlicher Ebene aktiv agierte. Die Stadtgemeinden beziehungsweise ihre Führungsgruppen gestalteten Politik meist zum Zwecke des Machterhalts und -ausbaus mit.[171] Zugleich wurde Berlin-Cölln zunehmend auch herrschaftlich verdichtet,[172] die Bestrebungen der Stadtgemeinde wurden eingedämmt.

Bei der im vorliegenden Aufsatz vorgenommenen Auswertung der Fälle fallen weitere Gesichtspunkte auf,[173] das gilt auch in Bezug auf Überlieferungsaspekte: Denn hier wurde gerade solches Material ausgewertet, das aus Gerichtsverfahren hervorgeht, Prozessschriftgut im weiteren Sinne,[174] mit guter Überlieferungs-Chance.[175] Dieses trägt entstehungsgemäß eine Schieflage in der Schilderung, also eine Gewinnertendenz in sich.[176] Es ist demnach nicht allein erzählende Überlieferung, die lebhafte Einblicke in das religiös gerahmte Gewalthandeln bietet. Ein weiteres Problem offenbart sich am mitunter herangezogenen diplomatischen Material: Sakrale Rahmungen sind in Urkunden unbestreitbar Bestandteil des Formulars. Es lohnt sich aber dennoch, diese im Einzelfall der Prüfung zu unterziehen: Werden bestimmte, religiös definierte Gruppen im Besonderen angesprochen? Kann im näheren zeitlichen Umfeld darauf auch verzichtet werden? Gerade für Beispiele, die noch nicht auf den religiösen Gehalt gewaltsamer Handlungen hin untersucht wurden, ist es daher vielversprechend, auf die Ebene des Wortlauts zu schauen und eine traditionelle diplomatische Analyse durchzuführen. Das widerspricht zwar

171 Zu diesen Taxonomiekriterien im Zusammenhang mit Machtwahrnehmung siehe Weltecke: Bemerkungen (wie Anm. 1), S. 637, S. 653.

172 Siehe hierzu Engel: Stadt (wie Anm. 105), S. 311, unter Ausweis der entsprechenden Forschung. Mit ihr identifiziert Engel, was begünstigend für die herrschaftliche Verdichtung und die Stellung der Stadtgemeinde gleichermaßen war: Berlin war „Versammlungsort der politischen Stände“ und „[tat] sich in der ständischen Opposition gegen den Landesherrn hervor“.

173 So erfolgte für diesen Beitrag die Arbeit – unabsichtlich – entlang des Werks von Kurze. Dies hat jedoch gute Gründe. Zum einen teilt der vorliegende Aufsatz mit dessen Arbeiten einen regionalen Fokus. Zum anderen ist die Integration der Kirchen- in die Landesgeschichte, wie sie Kurze betrieb, auch der Ort, an dem die religiösen Rahmungen von Bedeutung sind und erkennbar werden. Schließlich ist Kurze wohl ein gutes Gespür für solche Konstellationen zu attestieren, die sich eindimensionalen Erklärungen entziehen. Hier kann die vorliegende Studie also gut anknüpfen.

174 Francisca Loetz: Sexualisierte Gewalt 1500–1850. Plädoyer für eine historische Gewaltforschung. Frankfurt a. M. 2012, S. 31–35, betonte die Nähe solcher Quellen zur Mündlichkeit und zur Performanz vor Gericht sowie Sprachgemeinschaft und Intimität (vgl. ebd., S. 33 f.) und den Fokus auf die Art und Weise, also den Modus des Verschriftlichens, nicht der Inhaltswiedergabe (ebd., S. 35).

175 Vgl. Esch: Überlieferungs-Chance (wie Anm. 118), S. 537–539, S. 541.

176 Esch spricht von einer Disproportionierung; siehe ebd., S. 537.

ein wenig der Vorstellung, Mikroansätze zu überwinden[177] und breitere Deutungsmuster anzubieten, aber das erprobte Vorgehen unter Rückgriff auf den Analyseapparat Welteckes trägt eben doch in den Detailuntersuchungen, ist also nicht ausschließlich zur Beschreibung größerer Zusammenhänge geeignet.

Als Eindruck verhaftet aus der Untersuchung vornehmlich religiöser Rahmungen: Nicht der religiöse Konflikt (dieser verbleibt in der Sphäre von Theorie und Gelehrsamkeit), sondern die religiöse Rahmung bringt die bessere Überlieferungs-Chance mit sich.[178] Sie erhebt das Profane, Personell-Vergängliche,[179] in die Sphäre bedeutungsvollen, symbolischen, weil sakral aufgeladenen Handelns und zugleich in die der Schriftlichkeit geistlicher Institutionen,[180] ohne dass Sphären von Politik und Religion als voneinander getrennt gedacht werden müssten.

Das Verschriftlichungsmoment kann auch durch die Zeitgenossen provoziert oder intensiviert worden sein, wie am Prozesshandeln der Brüder des Nikolaus von Bernau und am Vorgehen gegen Matthäus Hagen ersichtlich wird. In Richtung der Verschriftlichungsbedingungen und Überlieferungskonstellationen sind also künftig ebenfalls vermehrt Fragen zu stellen: Hatte jemand die Verschriftlichung durch die (religiöse) Rahmung erwirkt, wenn er oder sie damit rechnen konnte, dass dieses Material überdauerte? Wäre es dort auch möglich gewesen, auf die Rahmung zu verzichten, gleichwohl die Aufzeichnung für diesen Fall nicht gesichert war? In welchen Konstellationen lassen sich Gegenbeispiele dafür ermitteln? Wo konnte man wegen guter Überdauerungsaussichten auf das Rahmen verzichten, wo machte man sich die Lückenhaftigkeit der Dokumentation oder aber entsprechende Verschriftlichungsgewohnheiten (wie etwa bei Stadtbüchern, in der päpstlichen Kanzlei et cetera) zunutze? Interessant wäre auch zu fragen, in welchen Kontexten sich alternative Erklärungsmuster boten und bieten, oder ob andere Kategorien des Herstellens von Ungleichheit (genderspezifische Gewalt, sexualisierte Gewalt et cetera) durch dieselben Akteure genutzt wurden und welche Rahmungen damit einhergingen.[181]

Der Versuch, unter Rückgriff auf das hier erprobte Instrumentarium Stadtgeschichte als Gewaltgeschichte zu schreiben, ist durchaus möglich, es empfiehlt sich

177 Vgl. hierzu die Schilderungen bei Weltecke: Bemerkungen (wie Anm. 1), S. 622, S. 652.

178 Zu Fragen der Überlieferungsgewichtung siehe wieder und stets Esch: Überlieferungs-Chance (wie Anm. 118).

179 Das kann – wie gezeigt – unterdrückt werden.

180 Hiermit geht eine weitere Steigerung der Überlieferungs-Chance einher. Siehe Esch: Überlieferungs-Chance (wie Anm. 118), hier: S. 538, S. 540, über die verbesserte Überlieferungs-Chance in geistlichen Archiven.

181 Diese Kriterien scheinen dennoch nicht auf Grundlage von binären Entscheidungen austauschbar zu sein (wie bei Weltecke: Bemerkungen [wie Anm. 1], S. 624 f., kritisiert), vielmehr überschneiden und ergänzen sie sich auch.

jedoch wohl aufgrund der notwendigen Komplexitätsaugmentation ein längeres Format der Ausarbeitung, das vergleichende Perspektiven[182] noch besser einbindet. Insofern sind urbane Geschichten als Geschichten religiöser Gewalt im Sinne Welteckes erzählbar, auch wenn wir ganz überwiegend gerechtfertigte, zielgerichtete Gewalt erblicken und die Perspektiven der Opfer von Gewalt verborgen bleiben, wenn diese mitunter nicht mehr berichten können oder wollen, oder weil sie kein Medium beziehungsweise keinen Rezipientenkreis für ihre Schilderungen mehr finden oder nutzen können. Wenn also der Aspekt der medialen Einengung durch geistliche Institutionen[183] nicht als Manko, sondern als Teil der Rahmungsvorgänge begriffen und darüber hinaus anerkannt wird, dass es eine – auch mit aus den Quellen übernommenen Rechtfertigungstendenzen einhergehende – historiografische Gewaltfixierung gibt, eröffnen sich neue Perspektiven und zunächst verborgene Gesichtspunkte von Gewalthandeln werden aufgedeckt.

Abstract

This chapter diachronically examines episodes of violence (and coercion) in the medieval towns of Berlin and Cölln on the Spree and asks whether they reveal any religious framing. By using the heuristic concept from Dorothea Weltecke's ground-breaking article on "Bemerkungen zur Geschichte der religiösen Gewalt im Mittelalter" (2017), this article argues that hidden agendas and hitherto unknown driving forces can be identified. To achieve this, it outlines several case studies, including the well examined case of the provost of Bernau, whom members of the burgess killed during a riot in Berlin in 1324. Letters of reconciliation from the mid-14th century provide a contrast. They show that religious framing does not always happen when we expect it, as members of a different religious group (i. e., Jews in Berlin) were subjected to violent acts. A multi-purpose town book (mainly late 1390s) on executions by burning at the stake contains only one entry with an intended religious connotation that was more complex and then delivered material on alleged social constellations that led to a religious framing. Finally, a case of heresy (1458) is interpreted in a larger context: The trial of Matthäus Hagen was linked to vigorous intervention by the Margrave. It appears that burning a political (and therefore religious) opponent in the town centre of Berlin was both an assertion of the prince's power as well as an insult to the town's political community. Prince Elector Friedrich II used this ecclesiastical trial to end secular disputes with

182 Diese sind – mit anderen Beispielen – bei Weltecke vielfach angemahnt, etwa ebd., S. 646, S. 653.
183 Vgl. Esch: Überlieferungs-Chance (wie Anm. 118), S. 538, S. 540.

the town dating to the 1440s. The evaluation of the case studies finally suggests that the framing of violence as religiously relevant can also be connected to intentional documentation.

Clara Almagro Vidal

Nach dem Krieg: Grenzen religiöser Gewalt gegen Muslime in Ländern geistlicher Ritterorden auf der Iberischen Halbinsel im Mittelalter

Aus historiografischer Perspektive ist „religiöse Gewalt“ als analytischer Begriff schwer zu definieren.[1] Zwar wirkt er auf den ersten Blick klar, doch scheint er sich bei genauerem Hinsehen dann aufzulösen, wenn man seine Grenzen zu bestimmen und herauszufinden versucht, welche Kriterien erfüllt sein müssen, um etwas mit ihm bezeichnen zu können. Da Ereignisse aus der Vergangenheit häufig untrennbar mit bestimmten Diskursen überliefert sind, ist jede Zuschreibung religiöser Motive durch moderne Historiker fragwürdig.

Religiöse Gewalt im Allgemeinen zu definieren, stellt daher eine schwierige Aufgabe dar. Nähern kann man sich ihr durch die Untersuchung ihrer Ausprägungen, etwa indem man anhand kleinerer – in Umfang und Ausmaß handhabbarer – Fallstudien spezifische Gewaltereignisse und die ihnen zugrundeliegenden Ursachen analysiert. Deshalb sollen in diesem Beitrag besonders Gewaltvorfälle untersucht werden, an denen Akteure beteiligt waren – Ritterorden auf der einen, Muslime auf der anderen Seite –, die qua Religionszugehörigkeit Gegner waren. Dabei soll geklärt werden, ob es sich tatsächlich um religiöse Gewalt handelte. Der Fokus liegt insbesondere auf Fällen einseitiger Gewaltanwendung gegen Muslime, an denen Ritterorden in irgendeiner Weise beteiligt waren und die außerhalb der von diesen als „heilig“ angesehenen Gewaltanwendung auf dem Schlachtfeld stehen. In den betrachteten Fällen waren stets Muslime die Opfer von Gewalt, während die Orden bei den Gewalttaten beziehungsweise in deren Kontext unterschiedliche Rollen spielten, indem sie beispielsweise als Täter, Schlichter oder bloße Ermögli-

[1] Vgl. Dorothea Weltecke: Bemerkungen zur Geschichte der religiösen Gewalt im Mittelalter. In: HZ 305 (2017), S. 621–656. Der vorliegende Aufsatz ist im Rahmen des von der Deutschen Forschungsgemeinschaft geförderten Forschungsprojekts „Zwischen Koexistenz und Herrschaft. Muslime unter der Herrschaft der Ritterorden auf der mittelalterlichen iberischen Halbinsel“ (Projektnr. 337290382) entstanden. Er wurde von Klaus-Dieter Schmidt, dem ein ganz herzlicher Dank gebührt, aus dem Englischen ins Deutsche übersetzt.

https://doi.org/10.1515/9783110773781-016

cher fungierten. Die Untersuchung der einzelnen Fälle soll zu einem klareren Bild bezüglich der Beteiligung von Ritterorden an Taten, die als religiöse Gewalt gegen Muslime betrachtet werden können, beitragen. Zudem bringt sie Antworten auf die Frage, ob deren Ethos des Heiligen Kriegs auch außerhalb eines solchen Kontexts wirkte. Mit anderen Worten: Es gilt zu analysieren, ob Ritterorden mehr als andere Institutionen dazu neigten, in verschiedensten Situationen religiöse Gewalt gegen Muslime auszuüben.

Soweit möglich, soll in jedem Fall herausgearbeitet werden, ob Gewalttaten nach ihrem Wesen oder ihrer Motivation religiöser Art waren oder ob andere Gründe beziehungsweise Ziele im Mittelpunkt standen und der religiöse Aspekt keine oder nur eine untergeordnete Rolle spielte. Es soll also versucht werden zu unterscheiden, ob „Religion" als Motiv der jeweiligen Handlungen identifiziert werden kann oder ob diese nicht vielmehr Ausdruck eines Herrschaftsverhaltens waren, das zufällig auch einen religiösen Aspekt umfasste.

Gegenstand dieses Beitrags sind alle Arten absichtlicher Gewalt- und Zwangsausübung, die sowohl mit physischen als auch mit anderen Mitteln zum Schaden einer der beteiligten Parteien vollzogen wurden. Dazu gehören nicht nur Handlungen, die zum Tod oder zur Verletzung von Personen sowie zu materiellen Schäden führten, sondern auch bestimmte Formen institutionalisierter Zwangsausübung, die Teil des Machtungleichgewichts waren, das der Beziehung zwischen Eroberern und Eroberten beziehungsweise zwischen Feudalherren und Abhängigen eigen war.[2] Damit bildet eine erweiterte Definition von Gewalt den Ausgangspunkt für die hier vorgenommene Untersuchung der Rolle der Religion in ihr. Ein solches Begriffsverständnis hat den Vorteil, dass dadurch eine größere Bandbreite von Interaktionen zwischen Muslimen und Ritterorden adressiert wird. Durch die Analyse dieser Interaktionen soll entschlüsselt werden, was als „religiöse Gewalt" betrachtet werden kann und was nicht.

Für diesen breiteren Ansatz spricht zunächst einmal, dass die Gewaltvorfälle, die im Folgenden betrachtet werden sollen, außerhalb von Zusammenhängen geschahen, denen Gewalt inhärent war. Die ausgewählten Fälle stammen aus verschiedenen Zeiten und von verschiedenen Orten – und betreffen unterschiedliche Ritterorden. Damit wird ein breites Spektrum von Kontexten in die Analyse einbezogen und so eine Grundlage geschaffen, um die Rolle der Orden bei Gewalttaten gegen Muslime sowie die Rolle, welche die Religion dabei spielte, einschätzen zu können. Gleichwohl handelt es sich bei der vorliegenden Untersuchung nicht um

[2] Zur Festigung der sozialen Ordnung setzten Obrigkeiten üblicherweise Gewalt ein – ob nun ritueller oder anderer Art; vgl. hierzu Philip Dwyer/Joy Damousi: General Introduction. Violence in World History. In: Garrett G. Fagan u. a. (Hg.): The Cambridge World History of Violence. Bd. 1: The Prehistoric and Ancient Worlds. Cambridge 2000, S. 1–18, hier: S. 12.

eine abschließende Analyse, sondern allenfalls um einen ersten Schritt auf dem Weg hin zu einem besseren Verständnis der im Mittelpunkt stehenden Institutionen und deren Motive bei Gewalthandlungen.

Ritterorden und religiöse Gewalt

Die Verbindung zwischen Ritterorden und religiöser Gewalt ist leicht zu sehen: Zum einen waren die Orden mehr oder weniger religiöse Institutionen.[3] Die römisch-katholische Kirche billigte ihre Gewalttaten von Anfang an beziehungsweise schon bald nach ihrer Entstehung. Ihrer Gründung, ihrer Beliebtheit und ihrem Wachstum sowie ihrer Dauerhaftigkeit, die sie über die Zeiten hinweg trotz aller Widrigkeiten sowohl in der Levante als auch auf der Iberischen Halbinsel entfalteten, lagen religiöse Motive zugrunde. Jeder Ritterorden wurde vom Papst anerkannt und erhielt von ihm kirchliche Einkünfte und Vorrechte. Obwohl sich die Orden langsam säkularisierten, sahen sie sich stets als einen besonderen Teil der Kirche und widmeten sich deren Schutz sowie der Verteidigung des Christentums. Zum anderen war die Entstehung und Entwicklung der Ritterorden von Anfang an eng mit Gewaltkontexten verknüpft.[4] Gegründet wurden sie im Umfeld der Kreuzzugsbewegung. Diese kann ihrerseits als ein Musterbeispiel offiziell sanktionierter Gewalt gelten – angetrieben von religiösen Motiven waren in erster Linie Anders-

[3] In der Regel bestand eine Verbindung zwischen Ritterorden und Klöstern (vgl. John T. McNeill: Asceticism versus Militarism in the Middle Ages. In: CH 5 [1936] 1, S. 3–28, hier: S. 11). So war der Gründer des Ordens von Calatrava Abt des Zisterzienserklosters Fitero in Navarra, und der Orden wurde den Angaben der Literatur nach schließlich in das Generalkapitel des Zisterzienserordens aufgenommen (Luis Rafael Villegas Díaz: El modelo de gestión de la Orden de Calatrava. In: Cistercium 242/243 [2006], S. 119–136). Ein anderer Zisterzienser, Bernhard von Clairvaux, war einer der wichtigsten Verteidiger der Templer, deren Existenz er in seinem „Liber ad milites Templi de laude novae militiae" rechtfertigte. Trotz solcher unleugbaren Belege wird in der Forschung weiterhin heftig darüber diskutiert, welches Gewicht die religiöse Komponente bei den Ritterorden des Mittelalters besaß. Ein gutes Beispiel für eine kritische Untersuchung in Bezug auf die Iberische Halbinsel bildet Sam Zeno Conedera: Ecclesiastical Knights. The Military Orders in Castile, 1150–1330. New York 2015. Unbestreitbar ist, dass die Angehörigen von Mönchs- und Ritterorden denselben Gesellschaftsschichten entstammten und häufig dieselben Ideale hatten (vgl. Rafael de Pascual: El Císter contra los Milites y las Órdenes Militares. Análisis de las fuentes cistercieneses. In: Cistercium 238 [2005], S. 47–113, hier: S. 67 f.).

[4] Sie entwickelten sich in einem kirchlichen Kontext, in dem die Idee eines spirituell wertvollen Kampfs immer mehr Anklang fand; vgl. Luis Beltrán García-Guijarro Ramos: San Juan del Hospital de Jerusalén. Orden de la cristiandad latina, orden hispánica. Recapitulaciones historiográficas. In: Francisco Ruiz Gómez/Jesús Molero García (Hg.): La Orden de San Juan entre el Mediterráneo y La Mancha. Ciudad Real 2009, S. 21–38, hier: S. 26 f.

gläubige ihre Opfer.[5] Dass sie Krieg gegen Nichtchristen führten, verlieh den Ritterorden in der Levante und auf der Iberischen Halbinsel sowie später im Baltikum ihre Existenzberechtigung, stellte sie aber auch vor die Aufgabe, ihre Feldzüge zu finanzieren – eine Herausforderung, die ihre ökonomischen Strukturen prägte.[6]

Das selbst gewählte und allgemein anerkannte Ziel der Ritterorden war die Verteidigung des Christentums gegen dessen Feinde. In diesem Sinn stellten ihre militärischen Aktivitäten vom Glauben motivierte Gewalthandlungen dar, wurden im Übrigen auch als solche verstanden – und fallen damit unter die klassische Definition von religiöser Gewalt.[7]

Es ist zu Recht eingewandt worden, dass es unmöglich sei, die speziellen Motive jedes einzelnen Kreuzfahrers oder Ordensritters zu bestimmen. Unbestreitbar ist jedoch, dass für die Ritterorden als solche die Kreuzzüge dem Wesen nach religiös geprägt waren. Dies war ihnen stets gegenwärtig. Sie präsentierten sich selbst als Verteidiger des Christentums, wie es die christlichen Pilger zu den Heiligen Stätten verkörperten, denen Beistand und Schutz zu gewähren sie sich zur Aufgabe gemacht hatten. Darüber hinaus verstanden sie sich als Verteidiger christlicher Enklaven, wie Jerusalem, beziehungsweise – allgemeiner – von Ländern, die in der Vorstellungswelt des lateinischen Christentums zur Christenheit gehörten. Von diesem Anspruch aus war es nur noch ein kleiner Schritt zur Ausübung von Gewalt – nicht nur als Verteidiger, sondern auch als Angreifer. Am augenfälligsten war dies auf der Iberischen Halbinsel der Fall, wo Ritterorden bald zu aktiven Mitstreitern im Kampf für das übergreifende Ziel, der Ausdehnung des Christentums, wurden, das sowohl vom Papsttum als auch von den christlichen Königreichen der Region

5 Die Literatur zu diesem Thema ist umfangreich, genannt seien hier nur: Enrique Rodríguez-Picavea Matilla: The Military Orders and the War of Granada (1350–1492). In: Mediterranean Studies 19 (2010), S. 14–42, hier: S. 22; Jörg Feuchter: Europe Penetrated by Islam. The Orientalization of the Order of the Templars. In: Klaus Hock/Gesa Mackenthun (Hg.): Entangled Knowledge. Scientific Discourses and Cultural Differences. Münster 2012, S. 77–92, hier: S. 78 f. Ritterorden glaubten im Dienst Gottes, für den sie gegen Ungläubige kämpften, zu handeln; vgl. Alan Forey: Desertions and Transfers from Military Orders (Twelfth to Early Fourteenth Centuries). In: Traditio 60 (2005), S. 143–200, hier: S. 160; ders.: The Military Orders and Holy War against Christians in the Thirteenth Century. In: ders.: Military Orders and Crusades. Aldershot 1994, S. 1–24, hier: S. 1–4. Dieses ursprüngliche Ziel wurde bereits im 13. Jahrhundert auf den Kampf gegen die „Feinde“ von Kirche und Papsttum allgemein ausgeweitet.

6 Vgl. Philippe Josserand: Nourrir la guerre. L’exploitation domaniale des ordres militaires en Castille aux XIIIe et XIVe siècles. In: Monique Bourin/Stéphane Boisselier (Hg.): L’espace rural au Moyen Âge. Portugal, Espagne, France (XIIe–XIVe siècle). Mélanges en l’honneur de Robert Durand. Rennes 2002, online zugänglich unter: http://books.openedition.org/pur/19904 (letzter Zugriff am 18.11.2021).

7 Vgl. Hector Avalos: Fighting Words. The Origins of Religious Violence. Amherst/New York 2005, S. 23.

angestrebt wurde. Die Gewaltanwendung galt im iberischen Kontext als gerechtfertigt und sogar geheiligt – ein Umstand der im Übrigen auch erklärt, warum die sogenannten iberischen Orden auf den Kreuzzugsaufruf des Vierten Laterankonzils nicht reagierten.[8]

Vor dem Hintergrund des bisher Gesagten kann man leicht argumentieren, dass die von den Orden ausgeübte Gewalt als religiös zu betrachten ist. Immerhin wurde sie von der römisch-katholischen Kirche gebilligt, religiös gerechtfertigt und richtete sich auf religiöse Ziele. Es stellt sich jedoch die Frage, ob dies in allen Kontexten der Fall war und ob man nicht zu stark verallgemeinert, wenn man annimmt, dass jede Handlung von Personen, die einer religiösen Institution angehören, automatisch religiöser Art ist.

Die Interaktionen zwischen Ordensrittern und Muslimen beschränkten sich jedenfalls nicht auf Kriegshandlungen. Vielmehr begegneten sich beide auf vielfältige Weise auch jenseits von Schlachtfeldern. Ritterorden und Ordensritter „besaßen" Muslime nicht nur als Gefangengenommene (*cautivos*) oder Sklaven,[9] sondern beschäftigten sie auch als Freie,[10] machten Geschäfte[11] und schlossen Verträge mit ihnen[12] – und manchmal führten diese Kontakte sogar dazu, dass Ritter ihre Orden verließen und zum Islam konvertierten[13]. Angesichts dessen stößt man in vielen Zusammenhängen nicht nur auf Sklaven, sondern auch auf Freie, die mit Ritterorden auf eine Weise interagierten, die als Unterordnung, Kollaboration oder einer Kombination aus beidem betrachtet werden kann.

[8] Vgl. Clara Almagro Vidal: The Fourth Lateran Council and its Influence on Military Orders in Castile. In: Irven Resnick/Marie Thérèse Champagne (Hg.): Jews and Muslims under the Fourth Lateran Council. Turnhout 2018, S. 169–182.

[9] Vgl. Ana Echevarria Arsuaga: Esclavos musulmanes en los hospitales de cautivos de la orden militar de Santiago (ss. XII–XIII). In: Al-Qantara 28 (2007) 2, S. 463–486; Clara Almagro Vidal: Moros al servicio de las órdenes militares en Castilla. Algunas reflexiones. In: Actas. XIII Simposio internacional de Mudejarismo, Teruel, 4–5 septiembre de 2014. Teruel 2017, S. 191–200.

[10] Vgl. Almagro Vidal: Moros (wie Anm. 9).

[11] So wurde beispielsweise dem Santiagoorden 1239 durch eine päpstliche Bulle vergeben, dass er mit muslimischen Ländern Handel betrieben hatte, um Geld für den Freikauf christlicher Gefangener zu verdienen; vgl. Echevarria Arsuaga: Esclavos (wie Anm. 9), S. 479.

[12] Vgl. Jochen Burgtorf: Experiments in Coexistence? The Religious Military Orders and Condominia in Northern Syria (1260–1291). In: Marie-Anna Chevalier (Hg.): Ordres militaires et territorialité au Moyen Âge entre Orient et Occident. Paris 2020, S. 31–48; vgl. auch Bruno Tadeu Salles: Templários, ayúbidas, mamelucos e a necessidade de se reconsiderar seus contatos sem o equívoco da guerra total. In: Textos Semanais na pagina web Sacralidades medievais (21.1.2021), online zugänglich unter: https://sacralidadesmedievais.com/textos/f/os-dilemas-do-conv%C3%ADvio (letzter Zugriff am 11.8.2024).

[13] Vgl. Forey: Desertions (wie Anm. 5), S. 167 f.

Angesichts des Umfelds, in dem die Ritterorden gegründet wurden und sich entwickelten, wäre es verständlich, wenn die Interaktionen mit Muslimen, die unter ihrer Herrschaft lebten, zumindest angespannt und im Normalfall konfliktträchtig gewesen wären. Ob dies so war, soll im Folgenden untersucht werden.

Ordensritter als Gewalttäter gegenüber Muslimen außerhalb von Kriegen

Auch wenn es nicht viele Belege dafür gibt, sind Gewaltakte oder -androhungen von Ordensrittern gegenüber in ihren Ländern lebenden Muslimen bezeugt. Muslimische Sklaven und Gefangene bildeten vielleicht das offensichtlichste Ziel solcher Gewalt. Diese Menschen waren vorübergehend oder lebenslang ihrer Freiheit beraubt, was allein schon Zwang erforderte, der ohne ein gewisses Maß an Gewalt nicht aufrechterhalten werden konnte. Entsprechende Gewaltanwendungen gehörten zur sozialen Normalität. Sie werden in den Quellen nicht thematisiert. Gleichwohl erinnert die Erwähnung von Ketten[14] oder entlaufenen Sklaven[15] daran, dass diese Menschen nicht freiwillig bei den Ritterorden waren und höchstwahrscheinlich ihr Leben lang Gewalt und Zwang erdulden mussten.[16]

Da diese Gewalt nur indirekt belegbar ist, lässt sich nicht mit Gewissheit einschätzen, inwiefern die Religion der Sklaven für deren Behandlung ausschlaggebend war.[17] Es scheint, als hätten Ritterorden auf der Iberischen Halbinsel gegen-

14 Ein Beispiel dafür ist das Inventar des Gefangenenhospitals des Santiagoordens in Ocaña von August 1238, in dem „I. cadena de fierro para los moros con XX. Colleras, XIII pares d'esposas" („eine Eisenkette für die Mauren mit 20 Halsfesseln, 13 Paar Handfesseln") aufgeführt sind; AHN, OM, Ordner 323, Nr. 8.

15 So werden etwa im Sklaven- und Maureninventar der Kammer (*clavería*) des Konvents des Ordens von Calatrava von 1459 Sklaven erwähnt, die nach Aragonien oder an unbekannte Orte entwichen waren; vgl. Almagro Vidal: Moros (wie Anm. 9), S. 199 f.

16 Allerdings wurde diese Gewalt nicht unterschiedslos ausgeübt. Als Eigentümer achteten die Orden darauf, dass andere sich nicht an ihrem Besitz, einschließlich der Sklaven und Gefangenen, vergriffen. Beispielsweise erhielten die Templer im Dezember 1146 von Graf Ramón Berenguer IV. ein Privileg, das Ordensfremden verbot, ihnen ihre Sklaven zu nehmen, sie weiterzugeben, ihnen Zuflucht zu gewähren oder ihnen Schaden zuzufügen; vgl. Ramón Sarobe i Huesca: Collecció diplomàtica de la Casa del Temple de Gardeny (1070–1200). Barcelona 1998, Dok. 12.

17 Insofern hierzu Quellen gefunden werden sollten, wäre es interessant, diesen Punkt zu vertiefen. Dass die Johanniter auf Zypern unterschiedliche Bedingungen für die Freilassung von Sklaven stellten (vgl. Nicholas Coureas: The Manumission of Hospitaller Slaves on Fifteenth-Century Rhodes and Cyprus. In: Jochen Schenk/Mike Carr [Hg.]: The Military Orders. Bd. 6: Culture and Conflict in the Mediterranean World. London u. a. 2017, S. 106–114, hier: S. 108–110), deutet möglicherweise auf eine unterschiedliche Behandlung aufgrund der Religion hin, aber die Quellenlage für die Iberische Halbinsel reicht noch nicht aus, um eine solche Hypothese zu untermauern oder zu widerlegen.

über Kriegsteilnehmern mehr Zurückhaltung an den Tag gelegt als ihre Pendants im Baltikum.[18]

Von Ritterorden ausgeübte Gewalt betraf nicht nur unfreie, sondern auch im Land als Untertanen lebende Muslime. Im Gegensatz zur Gewalt gegen Erstgenannte scheint die gegen Letztgenannte allerdings nicht alltäglich gewesen zu sein und lässt sich – wie noch gezeigt werden soll – manchmal schwer von Kriegshandlungen im eigentlichen Sinne unterscheiden.

Ein berühmtes Beispiel für von Ritterorden ausgeübte Gewalt bildet die Ermordung der Muslime, die in der Festung von Almodóvar del Campo auf der Iberischen Meseta (in der heutigen Provinz Ciudad Real) Zuflucht gesucht hatten, durch den Orden von Calatrava unter dem Ordensmeister Martín Pérez de Siones gegen Ende des 12. Jahrhunderts. In der Chronik von Francisco Rades y Andrada wird diese Episode als Kriegshandlung im Zusammenhang mit den Grenzstreitigkeiten und den ständigen Scharmützeln jener Zeit dargestellt.[19] In der neueren Forschung geht man jedoch von einer Beteiligung der örtlichen muslimischen Bevölkerung an dem Konflikt aus.[20] Unabhängig davon, welche Interpretation man zugrunde legt, kann die Gewalttat als Vergeltungsmaßnahme infolge von Bedrohungen und Angriffen auf die territoriale Integrität des Herrschaftsgebiets des Ordens verstanden werden. Damit hatte sie trotz ihres religiösen Hintergrunds mehr mit der Durchsetzung von Herrschaftsbeziehungen als mit religiösen Unterschieden und Konflikten zu tun. So oder so gab es im Orden, wie die Chronik festhält, abweichende Stimmen, die das Vorgehen des Ordensmeisters ablehnten, wenn auch überwiegend aus wirtschaftlichen Gründen.

Ein anderes Beispiel für von Ritterorden ausgeübte Gewalt stammt aus der Zeit nach dem „Mudejar-Aufstand" von 1264 im Königreich Valencia, der zur von der Krone angeordneten Vertreibung der Muslime aus dem Land führte.[21] Obwohl in

18 Vgl. Sven Ekdahl: The Treatment of Prisoners of War during the Fighting between the Teutonic Order and Lithuania. In: Malcolm Barber u. a. (Hg.): The Military Orders. Fighting for the Faith and Caring for the Sick. London 1994, S. 263–269.

19 Vgl. Francisco Rades y Andrada: Chronica de las tres órdenes y cauallerias de Sanctiago, Calatraua y Alcantara (1572). Valencia 1997, Bl. 17v.

20 Vgl. Luis Rafael Villegas Díaz: Acerca de la permanencia de población musulmana en el Campo de Calatrava. In: Francisco Toro Ceballos/José Rodríguez Molina (Hg.): VI Estudios de Frontera. Población y poblamiento. Jaén 2007, S. 779–792, hier: S. 789; Luis Rafael Villegas Díaz/Clara Almagro Vidal: Sobre persistencia de población mudéjar en el Campo de Calatrava. Algunas noticias más. In: Francisco Toro Ceballos/José Rodríguez Molina (Hg.): Islam y cristiandad, siglos XII–XVI. Homenaje a María Jesús Viguera Molins. VII Estudios de Frontera, congreso celebrado en Alcalá la Real en noviembre de 2008. Jaén 2009, S. 37–55, hier: S. 39–44.

21 Eine Folge davon war, dass die Templer und die Johanniter eine ganze Reihe neuer „Bevölkerungsprivilege" für Gebiete herausgaben, in denen sie bisher kaum bemüht waren, die vorhandene muslimische Bevölkerung durch christliche Siedler zu ersetzen; vgl. Enric Guinot Rodríguez:

den überlieferten Quellen keine Rede davon ist, kann kein Zweifel daran bestehen, dass dabei – wie schon bei der Niederschlagung des Aufstands selbst – ein gewisses Maß an physischer Gewalt eingesetzt wurde. Wahrscheinlich waren es wiederum Ritterorden und deren Mitglieder, die Gewalt gegen Muslime ausübten. Aber auch dieses Mal taten sie dies in ihrer Rolle als Territorialherren, nicht losgelöst von einem breiteren Kontext. Obwohl die gesamte Episode eine religiöse Komponente besitzt – Muslime rebellieren gegen christliche Herren und diese üben Vergeltung –, war das Geschehen kein einfacher, im Verhältnis zwischen christlichen und muslimischen Nachbarn wurzelnder Gewaltausbruch.[22]

Als innere Auseinandersetzungen im Orden von Calatrava Gewalt nach Villarrubia de los Ojos brachten, fanden Muslime Zuflucht bei einem Adligen. Ein Augenzeuge berichtet: „In der Zeit der Kriege zwischen dem Meister von Santiago, der vor über fünfzig Jahren in die Lande dieses Ordens eindrang und in diese Stadt kam, um sie zu plündern, sah dieser Zeuge, wie Konvertiten und neue Christen, die in jener Zeit Mauren waren, ihre Besitztümer und Güter in die Häuser von Martín de Salcedo brachten und selbst in diese Häuser zogen, weil er ein bekannter Edelmann war."[23] Die Formulierung deutet darauf hin, dass die Gewalt in diesem Fall unterschiedslos ausgeübt wurde. Als weitgehend rechtlose Einwohner der Gemeinde waren Muslime für Übergriffe besonders anfällig. Gleichwohl scheint die Gewalt nicht speziell gegen sie gerichtet gewesen zu sein. Dass sie dennoch zu Opfern wurden, war wohl das Nebenprodukt eines Machtkampfs, der nichts mit ihnen zu tun hatte.

Der von Ritterorden ausgehende Zwang hatte auch Auswirkungen auf die religiösen Räume der Muslime. Diese wurden vielfach in Besitz genommen oder zerstört. Ritterorden beteiligten sich an den landesweiten Bestrebungen, die Räume, welche islamischen religiösen Praktiken gewidmet waren, zu schließen – dies be-

El feudalismo en Expansión en el Norte Valenciano. Antecedentes y desarrollo del señorío de la Orden de Montesa. Siglos XIII–XIV. Castellón 1986, S. 57–60. Dies bedeutete nicht, dass die muslimische Bevölkerung völlig verschwand, aber sie schrumpfte, und ihre Lebensbedingungen verschlechterten sich (vgl. ebd., S. 66).

[22] Zu den politischen Folgen des Aufstands vgl. Alejandro García Sanjuán: In: Coexistencia y conflictos. Minorías religiosas en la península ibérica durante la Edad Media. Granada 2015, S. 151–171 (Kap.: Causas inmediatas y alcance de la revuelta mudéjar de 1264).

[23] „En tiempo de las guerras del maestre Santiago que entró en esta horden vino a esta villa para robar la tierra avrá más de çinquenta años, este testigo vido que por su themor los conversos e christianos nuevos que agora son christianos nuevos [sic!], que a la sazón heran moros, llevaron sus bienes e haziendas a las casas del dicho Martín de Sazedo e ellos asy mismo se entraron a valer a casa del dicho Martín de Salcedo porque hera honbre fijodalgo notorio." Gerichtsverfahren zur Bestätigung des Adels von Pedro de Salcedo, Einwohner von Villarrubia de los Ojos, ARCG, Katalognr. 04869-004.

traf Moscheen, Friedhöfe und andere Versammlungsorte. So sind aus dem frühen 16. Jahrhundert Beispiele für die Umwidmung von Moscheen in Kirchen bekannt.[24] Entsprechende Fälle religiöser Gewalt ereigneten sich allerdings außerhalb des zeitlichen Untersuchungsrahmens dieses Aufsatzes und stehen im Kontext der völligen Ächtung der islamischen Religion auf der Iberischen Halbinsel.

Aber gingen Ritterorden nicht schon zu früheren Zeiten gegen religiöse Räume der Muslime vor? Bekannt sind mehrere Fälle, in denen Orden an der Vertreibung von Muslimen entscheidend beteiligt waren und sich Maßnahmen dabei auch gegen mit dem Islam verbundene Räume, wie Moscheen und Friedhöfe, richteten. So scheinen die Templer schon im 12. Jahrhundert, als sie die Region eroberten, muslimische Siedler aus Ambel in Aragonien (heutige Provinz Zaragoza) vertrieben zu haben.[25] Die dort vorhandene Moschee wurde in eine Kirche umgewandelt, den Muslimen aber erlaubt, ein neues Gotteshaus zu errichten. Hierbei wurde offenbar Zwang ausgeübt, aber es war nicht notwendigerweise ein Akt offener Gewalt. Auch die Moschee von Daimiel, einer unter der Herrschaft des Ordens von Calatrava stehenden kastilischen Stadt, wurde umgewandelt, als die Muslime im 15. Jahrhundert gezwungen wurden, in ein anderes Viertel umzuziehen.[26] Dies geschah höchstwahrscheinlich aufgrund der damals in Kastilien erlassenen Gesetze, die eine Unterbringung von Juden und Muslimen in getrennten Wohnvierteln vorschrieben.[27]

In den genannten Beispielen wurden zwar Moscheen in Kirchen umgewandelt, aber den Muslimen gestattet, neue zu errichten und weiterhin ihre religiösen Rituale zu praktizieren. Dies entspricht den Chartas und Verträgen, die Ritterorden für muslimische Siedlungen in ihren zur Krone von Aragonien gehörenden Lände-

[24] Ein Beispiel ist die Moschee von Daimiel (vgl. Clara Almagro Vidal: Espacios y tradiciones entre los moriscos del Campo de Calatrava. Continuidad, abandono y transformación. In: Luis Araus Ballesteros/Juan Antonio Prieto Sayagués [Hg.]: Las tres religiones en la Baja Edad Media peninsular. Espacios, percepciones y manifestaciones. Madrid 2018, S. 161–174, hier: S. 162 f.). 1509 wandelte der apostolische Richter und Dekan von Jaén die Moscheen von Ricote, Blanca, Ojós, Abarán und Olea in Kirchen um und übergab sie dem Santiagoorden (vgl. AHN, OM, Ordner 293, Nr. 8). Der Santiagoorden machte auch die Moschee von Ocaña zu einer Kirche (23. Mai 1530; vgl. AHN, OM, Archivo Histórico de Toledo, Akte 78161; ich danke Professor Pedro Andrés Porras Arboledas für den Hinweis auf diese Quelle) und die Johanniter verwandelten die Moschee von Ambel in eine Scheune (vgl. Christopher Gerrard: Opposing Identity. Muslims, Christians, and the Military Orders in Rural Aragon. In: Medieval Archaeology 43 [1999] 1, S. 143–160, hier: S. 153).

[25] Vgl. Gerrard: Identity (wie Anm. 24), S. 148–150.

[26] Vgl. Clara Almagro Vidal: La comunidad mudéjar de Daimiel. Algunas noticias. In: Jornadas de historia de Daimiel 3 (2015), S. 77–90, hier: S. 82 f.

[27] Vgl. Ana Echevarria Arsuaga: The Marks of the Other. The Impact of Lateran IV in the Regulations Governing Muslims in the Iberian Peninsula. In: Irven Resnick/Marie Thérèse Champagne (Hg.): Jews and Muslims under the Fourth Lateran Council. Turnhout 2018, S. 183–198, hier: S. 192 f.

reien erließen beziehungsweise mit diesen schlossen. Die Siedlungschartas, die Muslimen gewährt wurden, enthielten in der Regel eine Klausel, die es den Muslimen erlaubte, ihren Glauben zu behalten.[28] In manchen Fällen garantierten die Chartas, wie diejenige für Cervera, sogar die Sicherheit der Moscheen und der Vertreter der muslimischen Gemeinde: „Item, volumus et concedimus quod mesquida vestra sit in pose unius Alcaidi et Çabaçalani sicut in vestra lege invenitur [...] et domus et hortos predicte mezquide sint franca sine aliqua servitudine nostra."[29]

Im Fall von Xivert beinhaltete die Charta strenge Bestimmungen für den Schutz der Hauptmoschee, des Friedhofs und der dazugehörigen Bauten; diese blieben „in comanda et custodia aftachini alcadi secundum que debent fieri ad legem et çunam suam sine aliqua contrarietate".[30] In La Aldea (Tarragona) gewährten die Johanniter der Moschee sogar das Ofenrecht, also das Recht, die Einkünfte aus dem kommunalen Ofen zu beziehen.[31] Solche Vereinbarungen sind häufig zu finden, woraus man schließen kann, dass sie Ausdruck einer verbreiteten Strategie waren, die über Einzelfälle hinausging.

Auch in Kastilien beteiligten sich Ritterorden an der Umsetzung einer sozialen und räumlichen Trennung der Religionen. Die Umsiedlung von Muslimen inner-

[28] So heißt es in der Charta für die muslimischen Einwohner von Onda vom 18. März 1282, dass „etiam vobis quod estetis et sitis et permaneatis et moretis ibi ad cunam sarracenorum" (Enric Guinot Rodríguez: Cartes de poblament medievals valencianes. Valencia 1991, Dok. 210). Die Johanniter bestimmten in der Charta für die Muslime von Cervera vom 22. November 1233: „item volumus quod si sacramentum devenerit super maurum aut mauram, ut faciat eum secundum legem suam" (ebd., Dok. 7). Mit den Muslimen von Artesa vereinbarten die Johanniter am 13. März 1302: „Concedimus vobis et vestris quod stetis et sitis et permaneatis atque moretis semper ad çunam sarracenorum" (Manuel Vicente Febrer Romaguera: Cartas pueblas de las morerías valencianas y documentación complementaria. Bd. 1: 1234–1372. Saragossa 1991, Dok. 118). Im Vertrag zwischen den Johannitern und den Muslimen von La Aldea (Tarragona) vom 12. Februar 1258 heißt es ganz ähnlich, die Muslime und ihr Gesinde könnten „secundum legem sarracenorum et iudicent secundum zunam sarracenorum in causis et extra causas in omnibos que inter eos et super eos fuerit de cetero". Darüber hinaus wurde ihnen eine eigene Gerichtsbarkeit zugestanden (ebd., Dok. 15). Den Muslimen von Uzarte in Navarra wurde das Recht gewährt, nach einem erstinstanzlichen Gerichtsverfahren, das sich der Kommandeur des Ordens vorbehielt, bei ihren eigenen Behörden Berufung einzulegen und ihre eigenen Gesetze anzuwenden: „E si alguno quisieredes fazer laça o appellacion del, que la fagaders pora antel alffaque de Tudela segund uuestra açunna" (18. Februar 1312; Hartwig Derenbourg/Louis Barrau-Dihigo: Une Charte Hispano-Arabe de l'année 1312. In: RH 20 [1909] 58, S. 305–315).

[29] 22. November 1233; Guinot Rodríguez: Cartes (wie Anm. 28), Dok. 7.

[30] 28. April 1234; ebd., Dok. 10.

[31] „Item damus masquide sarracenorum de Aldeya furnum meum de dicta aldeya [...] Item volumus ut habeant mesquidam et cimiterium franchum et liberum in omnium et possint preconizare et orare secundum consuetudinem sarracenorum" (12. Februar 1258; Febrer Romaguera: Cartas [wie Anm. 28], Dok. 15).

halb ihrer Wohnorte und die Schaffung von neuen Vierteln (*barrios nuevos*) für sie sind Zeichen dafür, dass die seit dem späten 14. Jahrhundert herausgegebenen königlichen Erlasse zum Umgang mit Nichtchristen umgesetzt wurden. Die Art, wie die Trennung im Einzelfall erfolgte, wirft jedoch viele Fragen auf, die nicht alle beantwortet werden können. So lagen die neuen Viertel keineswegs immer am Stadtrand, sondern häufig gar näher am Machtzentrum des jeweiligen Ordens. In manchen Fällen, wie in der vom Ordensmeister des Santiagoordens im Jahr 1440 in Uclés durchgeführten Trennung, fand – wenn man dem Wortlaut der Verordnungen Glauben schenken will – die soziale Trennung auf Veranlassung der städtischen Behörden statt und nicht auf Initiative der Orden.[32]

Schließlich ist anzumerken, dass die physische Trennung von Muslimen und Christen im städtischen Raum sowohl Anzeichen von wachsenden Spannungen innerhalb der Gemeinde als auch Ausdruck des Interesses der Orden sein konnte, ihre Macht zu festigen und in das Leben der unter ihrer Herrschaft stehenden Muslime einzugreifen. Jedenfalls lässt sich die vollzogene Trennung nicht immer auf den Wunsch der Christen zurückführen, sich von Angehörigen anderer Religionen abzugrenzen. Beispiele wie Cervera im Königreich Valencia zeigen, dass gelegentlich auch muslimische Gemeinden von sich aus eine Trennung herbeiführten, wahrscheinlich, um Konflikte und Einmischungen in ihre eigenen Angelegenheiten zu vermeiden.[33] Eine ähnliche Bestimmung findet sich auch in der Charta für das ebenfalls in Valencia gelegene Xivert. Dort heißt es: „Ad hec promiserunt fratres facere murum de suo proprio inter castrum suum et arravallum et maurorum à porta Albitarie usque ad exitum castri et serraceni non faciant in hoc missione de sua peccunia neque açofram de personis suis."[34]

Es scheint klar, dass diese Segregationsstrategien nicht als unidirektional oder gleichförmig verstanden werden können und dass religiöse Gewalt zwar ein Faktor für die räumliche Trennung sein kann, aber nicht in jedem Fall unbedingt der einzige oder wichtigste sein muss.

[32] Vgl. Clara Almagro Vidal: Religious Minorities' Identity and Application of the Law. A First Approximation to the Lands of Military Orders in Castile. In: John Tolan/Ana Echevarria/Juan Pedro Monferrer Salas (Hg.): Law and Religious Minorities in Medieval Societies. Between Theory and Praxis. Turnhout 2016, S. 197–210, hier: S. 202–205.

[33] „[Q]uod maneatis et sitis in vestra lege et in vestra una et in vestris consuetudinibus in arrabal de Cervaria […] Item, volumus et concedimus quod in predicta raval non posint manere christianus vel iudeus inter predictos mauros illius arravalii, et etiam, si porterius fueit necese in predicta araval, volumus et concediumus quod mauris illius loci possint ibi mitere unum maurum pro porterio" (22. November 1233; Guinot Rodríguez: Cartes [wie Anm. 28], Dok. 7).

[34] 28. April 1234; ebd., Dok. 10.

Religiöser Unterschied, Gewalt gegen Muslime und Ritterorden

Bevor man untersucht, ob Gewalttaten religiöse Faktoren zugrunde lagen, muss man bedenken, dass die Ritterorden und ihre Mitglieder nicht immer die gleiche Haltung bezüglich Gewalt einnahmen.

In den meisten überlieferten Fällen von Gewalt gegen Muslime in den Herrschaftsgebieten von Ritterorden scheint diese nicht durch Mitglieder der Orden verübt worden zu sein. Bisweilen bleibt deren Rolle unklar. Diese Ungewissheit rührt zum Teil daher, dass für die meisten Gewalttaten keine direkten Belege vorhanden sind und man nur aufgrund ihrer Folgen von ihnen weiß. Deshalb lässt sich schwer feststellen, wer genau für die Gewalttaten gegen Muslime in diesen Gebieten verantwortlich war. Ein Beispiel dafür stammt aus den Landen der Krone von Aragonien, wo Ende des 14. Jahrhunderts – hauptsächlich zwischen 1389 und 1403 – im Herrschaftsgebiet der Johanniterkomturei Gardeny (in der heutigen Provinz Lérida), insbesondere in der Region Fontanet, die mit bestimmten Ländereien verbundenen Namen in den Quellen plötzlich wechseln. Die in der zweiten Hälfte des 14. und am Anfang des 15. Jahrhunderts für diese Ländereien gezahlten Pachten sind sorgfältig verzeichnet.[35] Obwohl in dem Gebiet überwiegend Christen siedelten, finden sich bis 1389 in den Quellen auch rund ein Dutzend muslimische Namen. Aus dem Jahr 1403, aus dem die nächste erhaltene Akte dieser Art stammt, sind die Namen von zehn als solche bezeichneten Konvertiten sowie von zwei Muslimen überliefert (was der Zahl der muslimischen Namen in der vorherigen Akte entspricht). Da die Quelle keine Informationen über die Hintergründe enthält, ist unklar, was genau zwischen 1389 und 1403 geschah; es lässt sich nicht einmal sagen, ob es sich bei den Genannten um ein und dieselben Personen mit verschiedenen Namen oder um unterschiedliche Personen handelt. Daher ist eine sichere Ermittlung der genauen Abläufe nicht möglich. Dennoch kann man, bis weitere Informationen gefunden werden, die vorsichtige Hypothese formulieren, dass entweder eine massive Vertreibung von Muslimen stattgefunden hatte und Christen an ihre Stelle traten oder aber – was als wahrscheinlicher angenommen werden kann –, dass Muslime massenhaft konvertierten. Letzteres erscheint deshalb einleuchtend, da weiterhin auch Personen mit muslimischen Namen als Pächter von Ländereien verzeichnet sind. Auf jeden Fall spricht ein derart umfangreicher Pächterwechsel für ein traumatisches Ereignis, das mit der anhaltenden Aggressivität gegenüber Nichtchristen und den gelegentlichen Gewaltausbrüchen, die David Nirenberg für das 14. Jahrhundert im Herrschaftsgebiet der Krone von Aragonien nachgewiesen

[35] Die ursprünglichen Akten sind zwar verloren gegangen, aber eine späte Kopie ist erhalten; ACA, Gran Priorato de la Orden de San Juan de Jerusalén en Cataluña, Ordner 227.

hat, im Zusammenhang stehen könnte.[36] Es ist plausibel, dass es sich bei den Ereignissen um Nachwirkungen der von Nirenberg für eine frühere Phase des 14. Jahrhunderts geschilderten Geschehnisse gehandelt haben könnte.

Obwohl die vorhandenen Informationen keine eindeutige Aussage darüber zulassen, was die Veränderung bewirkt hat, ist es gut möglich, dass sie auf das Handeln einer dritten Partei zurückzuführen ist – und nicht auf Bemühungen der Ritterorden, Muslime zu vertreiben oder zur Konversion zu zwingen. Diese Hypothese fußt darauf, dass die Ritterorden – wie die Forschung immer deutlicher zeigt – bis ins späte Mittelalter weder bestrebt waren, die unter ihrer Herrschaft lebenden Muslime auf der Iberischen Halbinsel zur Konversion zu bewegen, noch daran Interesse hatten, diese zu vertreiben, sofern – wie noch gezeigt werden wird – keine äußeren Gründe hierfür vorlagen.

Es überrascht daher kaum, dass in der Mehrzahl der untersuchten Fälle von angedrohter oder ausgeübter Gewalt gegen Muslime nicht Ordensritter, sondern andere christliche Nachbarn die Täter waren. Beispielsweise ist überliefert, dass Ende des 15. Jahrhunderts die Muslime von Uclés den Angehörigen der städtischen Oligarchie alljährlich Geschenke übergaben und sich im Gegenzug Schutz erhofften.[37] Unklar ist hingegen, ob das Versprechen den Schutz von Leib und Leben sowie ihres Besitzes einschloss; wenn man die Hinweise bedenkt, die auf die wachsenden Spannungen zwischen den Religionen in der Stadt hindeuten, erscheint dies aber durchaus plausibel.[38]

[36] David Nirenberg: Communities of Violence. Persecution of Minorities in the Middle Ages. Princeton 1996, S. 93–124. In Bezug auf Gewaltausbrüche in den 1320er-Jahren stellt Nirenberg fest: „Muslims suffered more than Jews from accusations of well poisoning in 1321, though here, too, the scope of the accusations was very limited."

[37] „Als Diego de Medina Maure war, hatten er und andere Mauren, die zu der Zeit in Uclés lebten, die Gewohnheit, dem Adel und Würdenträgern, die in der Stadt lebten, zu den Feiertagen Früchte und Süßigkeiten und andere Dinge zu senden, um sie als Beschützer zu gewinnen, und bei solcher Gelegenheit brachte dieser Zeuge einmal mit seinem Bruder von Diego de Medina, seinem Herrn, einige Früchte zu Arias de Viana, weil dieser ein Adliger und eine wichtige Persönlichkeit war" („Diego de Medina siendo moro el susodicho e otros moros que vivían en aquel tienpo en la dicha villa de Uclés tenían de costumbre las fiestas prinçipales de enviar a los hijosdalgo e personas valerosas que bivían en la dicha villa de Uclés frutas de rosquillas y melados e otras cosas para tenellos por valedores e ansy este testigo una vez juntamente con un hermano suyo fueron a llevar al dicho Arias de Viana difunto çierta fruta de la susodicha que enviaba el dicho Diego de Medina su amo por ser el dicho Arias de Viana hijodalgo e persona prinçipal"). Gerichtsverfahren zur Bestätigung des Adels von Arias de Viana, Einwohner von Uclés (1521–1551), ARCG, Katalognr. 05051-019.

[38] Vom Ordensmeister des Santiagoordens 1440 auf Bitten des Stadtrats von Uclés erlassene Verordnungen, die Bestimmungen zur Unterscheidung der religiösen Gruppen und über Restriktionen für Juden und Muslime enthalten, deuten in diese Richtung (vgl. Almagro Vidal: Minorities'

Bekannt sind auch Fälle, in denen sich Muslime mit der Bitte um Schutz an den König wandten, so beispielsweise im Jahr 1500 während des Aufstands im Königreich Granada, als sie Übergriffe ihrer Nachbarn fürchteten.[39] Zu diesem Zeitpunkt hatten die katholischen Könige die Administration der Ritterorden übernommen, weshalb es sinnvoll war, sich mit einem solchen Anliegen direkt an sie zu wenden.

Die Rolle der Ritterorden war durchaus ambivalent: Als Territorialherren setzten sie einerseits Gewalt und militärische Mittel ein, um ihre Interessen gegen Muslime zu verteidigen. Andererseits waren sie gezwungen, die unter ihrer Herrschaft lebenden Muslime vor Übergriffen Dritter zu schützen.[40] Ein deutliches Beispiel dafür ist, wie sich die Muslime in Grisén (heutige Provinz Zaragoza) absichtlich unter den Schutz des Johanniterordens stellten – als Gegenleistung für eine bestimmte Zahlung und die Verpflichtung der Muslime, sich dem Orden bei Kriegszügen anzuschließen.[41] Als „Gewaltregulatoren"[42] und Beschützer ihrer muslimischen Unterta-

[wie Anm. 32], S. 202–205). Außerdem scheint die physische Trennung die Zahl der sozialen Kontakte verringert zu haben. Juan López Sobrino zum Beispiel, ein muslimischer Einwohner von Uclés, sagte: „Er traf besagten Diego Moya [den Vater des Klägers; Anm. der Verfasserin], von dem es hieß, er sei Einwohner der Stadt Uclés und viele Menschen in der Stadt würden ihn kennen, zum ersten Mal, denn zu dieser Zeit sprachen dieser Zeuge und seine Verwandten kaum mit ihnen und den anderen Einwohnern der Stadt, wie sie es taten, nachdem sie von Mauren zum heiligen katholischen Glauben konvertiert waren" („començó a conosçer al dicho Diego Moya [den Vater des Klägers; Anm. der Verfasserin] que dezían que avía sydo vezino de la dicha villa de Uclés e que lo nonbravan muchas personas de la dicha villa que dezían e dizen que lo conosçieron porque en aquel tiempo este testigo e sus parientes no tenían tanta conversación con ellos e con los otros vezinos de la dicha villa como tienen e han tenido después que se convertieron de moros a nuestra santa fee católica"). 1530, Gerichtsverfahren zur Bestätigung des Adels von Gregorio Gutiérrez, Einwohner von Uclés, ARCG, Katalognr. 04943-018.

[39] So beispielsweise die Muslime von Alcántara, das dem gleichnamigen Orden gehörte (Sevilla, 31. März 1500; vgl. AGS, Registro General del Sello, Ordner 150003, Nr. 48), und von Hornachos, das dem Santiagoorden gehörte (Sevilla, 31. März 1500; vgl. ebd., Nr. 47) – beides Städte in der heutigen Region Extremadura.

[40] In der Charta für die Muslime von Cervera heißt es von den Ordensrittern, dass „recipimus vos, omnes mauros habitantes de Cervaria, et omnes heredes vestros sicut nostros homines proprios in nostra specialiter protectione securo" (22. November 1233; Guinot Rodríguez: Cartes [wie Anm. 28], Dok. 7). In den meisten Chartas für Muslime wird diese Schutzgarantie allerdings nicht explizit erwähnt, was sie von denjenigen für Christen unterscheidet. Gleichwohl implizierte ihre Untertanenstellung ihren Schutz.

[41] Der Text führt die Bedingungen ziemlich eindeutig aus: „accepimus in amparança totum aliama asarracenis de Grisenich quam hodie ibi sunt nec hic in antea ibi fuerun usque ad finem seculi, ut imparemus illos et defendamus sicut nostros homines et nostro basallos". 1211, März. Maria Luisa Ledesma Rubio: Colección diplomática de Grisén (siglos XII y XIII). In: EEMCA 10 (1975), Dok. 49.

[42] Ein Fall, in dem ein Muslim bei einem Ritterorden Gerechtigkeit suchte, war derjenige von Jafiel Abinaçino aus Xivert, der sich an der Wende zum 14. Jahrhundert in einem Konflikt mit einem Christen namens Jacme Pons aus Peñíscola an den dortigen Templerkomtur wandte

nen vor individuellen Übergriffen bewegten sich die Ritterorden somit auf einem schmalen Grat.[43]

In manchen Fällen kann die Schutzpflicht auf Verträge zurückgeführt werden, die zwischen muslimischen Gemeinden und Ritterorden dann geschlossen worden waren, als Erstere unter die Herrschaft Letzterer kamen.[44] In der Regel enthielten solche Dokumente Klauseln, wonach die Muslime im Gegenzug für eine Reihe von Pflichten unter dem Schutz der Ritterorden standen.[45] In manchen Fällen schlossen Ritterorden diese Verträge aus eigenem Antrieb, in anderen mussten sie bei der Übernahme von Ländereien in bestehende Verträge eintreten.[46] Die Abmachungen verhinderten zweifellos institutionalisierte Gewalt und sagten – unter der Bedingung, dass die Muslime die kodifizierten Auflagen erfüllten – häufig die Achtung des islamischen Rechts und der Religion der neuen Untertanen zu.[47]

Obwohl solche Verträge für nicht alle Gebiete auf der Iberischen Halbinsel nachgewiesen werden können, spricht die Handlungsweise der Ritterorden für die

(14. Mai 1300; vgl. ACA, Templarios, Nr. 83, online zugänglich unter: http://www.spaetmittelalter.uni-hamburg.de/templar-sources/TemplarSources/TS1300/TS1300.05.14.html [letzter Zugriff am 23.11.2021]).

[43] Ein Beispiel ist der Ordensmeister des Santiagoordens, der 1331 einigen muslimischen Kaufleuten zu Hilfe kam, die an der Grenze von Granada gefangen genommen worden waren, während sie für ihn und auf eigene Rechnung Handel betrieben; vgl. Clara Almagro Vidal: Overlapping Dependencies. Muslims and Military Orders in Medieval Castile. In: dies./Filomena Barros (Hg.): Forms of Unfreedom in the Medieval Mediterranean. Évora 2021, online zugänglich unter: https://books.openedition.org/cidehus/18122 (letzter Zugriff am 10.11.2022). Das Dokument findet sich in Miguel Rodríguez Llopis: Documentos de los Siglos XIV y XV. Señoríos de la Orden de Santiago. Murcia 1991, S. 6–8. Ähnliches wird über Jucef Galip aus Saragossa berichtet, dem die Templer zur Seite standen, als die Aljama Steuern von ihm verlangte, von denen er sich als Bediensteter des Ritterordens befreit glaubte; vgl. Brian Catlos: The Victors and the Vanquished. Christians and Muslims of Catalonia and Aragon, 1050–1300. Cambridge 2004, S. 333.

[44] Die meisten Beispiele stammen aus dem Herrschaftsgebiet der Krone von Aragonien, überwiegend aus dem Königreich Valencia.

[45] Vgl. Clara Almagro Vidal: Musulmanes como (re)pobladores en tierras de las órdenes militares. Primeras observaciones. In: Isabel Cristina Fernández (Hg.): VIII Encontro sobre Ordens Militares. Ordens Militares, Identidade e Mudança. Palmela 2021, S. 197–211. Gelegentlich wird das Schutzversprechen nur unter starkem Vorbehalt gegeben, wie in der zweiten Charta des Ordens von Montesa für die Muslime von Xivert aus der Mitte des 14. Jahrhunderts, in der es heißt: „E açò no muden si de la nostra gràçia e amor confien“ („und ändern Sie dies nicht, wenn Sie auf unsere Gnade und Liebe vertrauen“). Im Gegensatz dazu bot die Charta von Cervera einen umfassenderen Schutz. In ihr wird explizit versprochen: „recipimus vos, omnes mauros habitantes de Cervaria, et omnes heredes vestros sicut nostros homines proprios in nostra specialiter protectione securo que ductatus“ (22. November 1233; Guinot Rodríguez: Cartes [wie Anm. 28], Dok. 7).

[46] Vgl. Clara Almagro Vidal: Más allá de la aljama. Comunidades musulmanas bajo el dominio de la orden de Calatrava en Castilla. In: En la España Medieval 41 (2018), S. 9–22, hier: S. 10.

[47] Vgl. Anm. 28.

Annahme, dass auch dort, wo nichts schriftlich fixiert wurde – oder solche Verträge nicht überliefert sind –, entsprechende Übereinkünfte dennoch (stillschweigend) eingehalten wurden.

Interpretation der Ergebnisse – eine Schlussbetrachtung

Ritterorden entstanden im Kontext von bewaffneten Konflikten mit Muslimen und im Zusammenhang mit der Kreuzzugsbewegung sowohl im Heiligen Land als auch auf der Iberischen Halbinsel. Unabhängig davon, ob bereits bei ihrer Gründung als Aufgabe definiert oder erst später herausgebildet, war die Ausübung von Gewalt zweifellos Bestandteil ihres Ethos.[48] Hierfür spricht die breite Teilnahme von Ritterorden an kriegerischen Aktionen in der Levante und auf der Iberischen Halbinsel ebenso wie der sich bald herausbildende Diskurs zur Rechtfertigung ihrer weiteren Existenz.[49]

In Zusammenarbeit mit Königen verschiedener christlicher Länder beteiligten sich Ritterorden an Kriegshandlungen. Manchmal zogen sie aber auch gegen den Willen der Krone in den Krieg.[50] Ihre Rolle sowohl in von Rom sanktionierten als auch in eigenen Kreuzzügen ist von der Forschung ausführlich untersucht worden.[51]

Bekanntermaßen setzten Ritterorden in ihrer langen Geschichte gelegentlich religiös ausgerichtete Gewalt gegen die unter ihrer Herrschaft lebenden Muslime ein – einige Beispiele dafür sind im vorliegenden Aufsatz angeführt worden.

[48] Sam Zeno Conedera vertritt in „Ecclesiastical Knights" die Ansicht, dass das ritterliche Element stärker war als das geistliche (Conedera: Knights [wie Anm. 3]). Vgl. auch Luis Rafael Villegas Díaz: „Los monjes soldados". Organización interna de las Órdenes Militares. In: María Desamparados Martínez San Pedro/María Dolores Segura del Pino (Hg.): La iglesia en el mundo medieval y moderno. Almería 2004, S. 39–54, hier: S. 45, der Isaac de l'Étoile zitiert, einen Zisterzienserabt, der die neuen Orden 1160 in einer Predigt als „monstrum novum" bezeichnete.

[49] Vgl. Fermín Miranda García: Dilatatio christianitatis. La evolución de un concepto y su plasmación hispánica. In: Carlos de Ayala Martínez u. a. (Hg.): La Reconquista ideología y justificación de la guerra santa peninsular. Madrid 2019, S. 325–342.

[50] So unternahm Martín Yañez de Barbudo eine Expedition gegen das Königreich Granada, obwohl zu der Zeit ein Waffenstillstand in Kraft war (vgl. Feliciano Novoa Portela: El monje-soldado de Alcántara. Imagen y gesto. In: Cistercium 246/247 [2007], S. 189–217; Rodríguez-Picavea Matilla: Military Orders [wie Anm. 5]).

[51] Vgl. beispielsweise Rodríguez-Picavea Matilla: Military Orders (wie Anm. 5); Paula Pinto Costa/Leandro Ferreira: Military Orders' Role within the Portuguese Medieval War Recruitment. In: População e Sociedade 33 (Juni 2020), S. 18–29, hier: S. 19 f. Obwohl eingewandt werden kann, dass Ritterorden nicht immer eine große Zahl von Kämpfern in die Schlacht werfen konnten, waren sie als stehende Heere im Mittelalter eine seltene Erscheinung.

Gleichwohl zeigen die verfügbaren Informationen, dass sie im Mittelalter auf der Iberischen Halbinsel keine besondere Neigung an den Tag legten, gegen die in ihrem Herrschaftsgebiet lebenden Muslime religiös motivierte Gewalt anzuwenden oder zu fördern. In den seltenen Fällen, in denen Muslime unter der Herrschaft von Ritterorden Gewalt erfuhren oder mit Gewalt gedroht wurde und sie entsprechend reagierten, scheinen die Ritterorden zumeist eher als Regulatoren agiert zu haben denn als Angreifer.

Gegen diesen Befund lässt sich zwar einwenden, dass die für diesen Aufsatz ausgewerteten Dokumente zumeist von den Ritterorden selbst stammen, doch ist es durchaus möglich, dass sich in ihnen eine historische Realität widerspiegelt, in der Muslime nicht notwendigerweise Ziel von Gewalttaten waren. Gestützt wird diese Interpretation zum einen durch fehlende direkte Hinweise in den Quellen auf von den Orden begangene Gewalttaten, zum anderen durch weitere Beobachtungen der Beziehung zwischen Muslimen und Ritterorden. So lebten muslimische Gemeinden etwa häufig in der Nähe von Machtzentren wie Konventen, Ordensmeisterpalästen und Kommenden.[52] Außerdem fällt auf, dass Ritterorden gelegentlich die Interessen ihrer muslimischen Untertanen gegen Dritte verteidigten.[53]

Auch das mangelnde Bestreben der Ritterorden, die unter ihrer Herrschaft lebenden Muslime zur Taufe zu bewegen, spricht dagegen, ihr Handeln als religiöse Gewalt gegen Muslime einzustufen. Wie Alan Forey und in jüngerer Zeit Luís Filipe Oliveira gezeigt haben, bemühten sich die Ritterorden im Mittelalter in ihren Landen kaum um die Konversion von Muslimen.[54] Ebenso wenig strebten sie – von außergewöhnlichen Umständen (etwa einem Aufstand) abgesehen – deren Vertreibung an.[55] Hierbei gab es jedoch Ausnahmen[56] – und in späteren Zeiten scheint sich die Haltung der Orden geändert zu haben, wie das Vorgehen der Johanniter

[52] Im Königreich Kastilien gab es in der Nähe vieler bedeutender Machtzentren von Ritterorden ein muslimisches Viertel oder eine muslimische Gemeinde. Auch in Portugal und im Gebiet der Krone von Aragonien war dies – wenn auch seltener – der Fall.

[53] Vgl. Catlos: Victors (wie Anm. 43), S. 329–338; Almagro Vidal: Dependencies (wie Anm. 43).

[54] Vgl. Alan Forey: The Military Orders and the Conversion of Muslims in the Twelfth and Thirteenth Centuries. In: JMH 28 (2002) 1, S. 1–22; Luís Filipe Oliveira: Os tempos da cruzada, da conversão e do martírio. In: Joaquim Oliveira Caetano/Santiago Macias (Hg.): Guerreiros e Mártires. A cristandade e o Islão na formação de Portugal. Catálogo de exposição. Lissabon 2020, S. 44–53.

[55] Vgl. Almagro Vidal: Musulmanes (wie Anm. 45).

[56] Es gibt Belege dafür, dass Komture in Kastilien im 15. Jahrhundert die Konversion ihrer muslimischen Bediensteten förderten. In einem Fall kam es sogar zu einer Entführung. Laut dem Bericht des Anklägers in einem Prozess über den Adelsstand war die muslimische Urgroßmutter von Bernardo de Coronado, einem Einwohner von Garcinarro, in der Nacht vor ihrer Hochzeit mit einem Muslim von Pedro de Coronado „mithilfe des Priors von Uclés" entführt und gezwungen worden, sich taufen zu lassen und den Namen Juana Díaz anzunehmen (ARCG, Katalognr. 04521-031).

zeigt, die die Konversion ihrer muslimischen Sklaven förderten und sogar erzwangen.[57]

Darüber hinaus kann schließlich angeführt werden, dass Muslime in der Regel in wesentlich geringerem Ausmaß Opfer von Gewalt wurden als Juden. Obwohl es antimuslimische Einstellungen und Diskurse gab, die durchaus in Gewalt umschlagen konnten,[58] waren sie weniger stark ausgeprägt und beständig als der antijüdische Diskurs. Infolgedessen erfuhr auch die Gewalt gegen Muslime keine derartige Sakralisierung wie diejenige gegen jüdische Gemeinden.[59]

Es wäre verständlich, wenn man im Mittelalter Muslime als fünfte Kolonne und potenzielle Unterstützer des Feindes betrachtet hätte.[60] Für einige Regionen der Iberischen Halbinsel, wie das Königreich Valencia, ist dies tatsächlich bezeugt,[61] aber im Allgemeinen nahm, zumindest im Königreich Kastilien, das Misstrauen gegenüber Muslimen nicht unbedingt solche Formen an. Dies wird auch deutlich, wenn man Muslime und Juden als Opfer ritualisierter Gewalt miteinander vergleicht. An derlei Gewaltakten, die etwa in Gestalt von Übergriffen auf jüdische Gruppen in Kastilien zum damaligen Alltag gehörten, beteiligten sich Ritterorden regulierend. Der Ordensmeister des Santiagoordens ordnete 1440 an, dass sich Juden an Gründonnerstag und Karfreitag nicht auf der Straße blicken lassen sollten, und untersagte im Gegenzug den Christen, an diesen Tagen Steine auf die Häuser von Juden zu werfen.[62] Entsprechende Verbote, welche die Sichtbarkeit religiöser

57 Vgl. William Zammit: The Faith Triumphant. Muslim Converts to Catholicism and the Order of St John, 1530–1798. In: Nicholas Morton (Hg.): The Military Orders. Bd. 7: Piety, Pugnacity and Property. London/New York 2019, S. 160–171.

58 Vgl. Robert Ignatius Burns: Social Riots on the Christian-Muslim Frontier (Thirteenth-Century Valencia). In: AHR 66 (1961) 2, S. 378–400.

59 Zur Sakralisierung antijüdischer Gewalt vgl. Yvonne Friedman: Christian Hatred of the Other. Theological Rhetoric vs. Political Reality. In: Cordelia Heß/Jonathan Adams (Hg.): Fear and Loathing in the North. Jews and Muslims in Medieval Scandinavia and the Baltic Region. Berlin/Boston 2015, S. 187–202; Nirenberg: Communities (wie Anm. 36), S. 214–221.

60 Wilhelm von Tyrus und andere betrachteten Muslime im ersten Königreich Jerusalem als Bedrohung (vgl. Jochen G. Schenk: Nomadic Violence in the First Latin Kingdom of Jerusalem and the Military Orders. In: RMS 36 [2010], S. 39–55, hier: S. 43). Interessanterweise stellte Balduin von Edessa Beduinensiedlungen, die er verdächtigte, Unsicherheit und Gewalt zu säen, in bestimmten Gebieten unter die Herrschaft der Johanniter und der Templer (vgl. ebd., S. 50).

61 Vgl. Nirenberg: Communities (wie Anm. 36), S. 33. Laut Nirenberg findet man dieses Argument in Aragonien nicht.

62 Eine Bestimmung der 1440 vom Generalkapitel des Santiagoordens herausgegebenen Verordnungen, die sowohl die Sichtbarkeit von Juden und die Gewalt gegen sie während des Osterfestes regelt, gestattete nur dann ein gewisses Maß an straffreier Gewalt gegen die Häuser von Juden, wenn sich deren Bewohner an den Feiertagen auf der Straße zeigten (vgl. BNE, Mss/8582, fol. 173v–174r, online zugänglich unter: http://bdh.bne.es/bnesearch/detalle/bdh0000060492 [letzter Zugriff am 23.11.2021]).

Minderheiten in der christlichen Gesellschaft betrafen, gab es auch für Muslime.[63] Im Gegensatz zu den Juden wurden ihnen aber nur Geldstrafen angedroht – die Erlaubnis, bei Übertretung der Restriktionen Gewalt gegen sie anzuwenden, findet sich nicht.

Dies bedeutet überhaupt nicht, dass religiöse Unterschiede in den Beziehungen zwischen Ritterorden und unter deren Herrschaft lebenden Muslimen keine Rolle spielten. Ganz im Gegenteil: Religiöse Unterschiede und die Unterordnung der Muslime waren in diesem Verhältnis ständig gegenwärtig und prägten den Umgang beider Seiten miteinander. So wurde Muslimen aufgrund ihrer Religion eine andere Rechtsstellung zugewiesen als ihren christlichen Nachbarn, was sich – angefangen beim Umfang der Selbstregierung über den Zugang zu Ressourcen bis hin zu ihren Chancen in Wirtschaft und Gesellschaft – auf vielfältige Weise auf ihr Leben auswirkte.[64]

Diese implizite Ungleichheit, die im Verhältnis zwischen Ritterorden und Christen nicht in diesem Maß vorhanden war, bildete den Hintergrund jeglicher Interaktion zwischen den Orden und ihren muslimischen Untertanen. Sie ist jedoch für die christlichen Königreiche auf der Iberischen Halbinsel nicht außergewöhnlich. Religiöse Unterschiede waren für den Aufbau und die Aufrechterhaltung solcher

[63] Beispielsweise heißt es in einer Verordnung für die dem Santiagoorden gehörende Stadt Samora Correia in Portugal: „Die Inspektoren ordnen auch an, dass kein Jude oder Maure der besagten Stadt Çamora Correa an Sonntagen arbeiten oder handeln soll, außer in ihren Häusern und bei geschlossenen Türen. Nach dem Ende der Messe können sie ihre Türen öffnen und den ganzen Tag über ihre Fertigkeiten am Sonntag in ihren Häusern anbieten." („Mandom mais os dictus vesitadores que nenhuus judeus nem moouros que na dicta vila de Çamora Correa ovuer nom usem de sseus mesteres nem vendam ao domingo salvo dentro em suas casas e com as portas çarradas e depois de acabadas as missas poderom abrir suas portas e venderom e husarom de sseus mesteres em todo o dia do dicto do dicto [sic!] domingo dentro em suas casas"). Weiter wurde bestimmt: „Auch ordnen wir an, dass sie die Feste des Herrn und Unserer Lieben Frau einhalten. Und wann immer Prozessionen stattfinden oder ein Prior oder Priester den Leib Christi durch die Stadt trägt oder in seiner Obhut hält oder einem Kranken das heilige Sakrament bringt, sollen in diesem Fall die Mauren und Juden in ihren Häusern bleiben und nicht auf die Straße gehen, bis die Prozessionen und der Leib unseres Herrn Christus weit entfernt sind, und jeder männliche oder weibliche Maure, der sich nicht daran hält, soll für jedes solches Vergehen mit einer Geldbuße bestraft werden." („tanbem mandamos que guardem nas festas de Jhesuchristo e de nossa senhora e quando hy ovuer preçisoões ou algum priol ou cura for polla villa com o corpo do nosso senhor nas maãos scilitet na custodia ou qualez dar o samto sacramento [a] alguma pessoa enferma, em tal caso os judeus ou moouros se ençarrem dentro nas casas e nom estem nas ruas atee que as procisoões ou ho corpo de nosso senhor passe longe e qualquer judeu ou jodija, moouro ou mooura que o contrairo fizer pague por cada vez e por cada huma destas cousas"). ANTT, Mesa da Consciencia e Ordens, Ordem de Santiago e Convento de Palmela, Ordner 2, Nr. 72, Bl. 12r.

[64] Christopher Gerrard erwähnt Fälle von Machtmissbrauch durch Ritterorden, führt aber nicht aus, in welcher Weise sich dieser auswirkte; vgl. Gerrard: Identity (wie Anm. 24), S. 158.

Bindungen relevant. Sie trugen entscheidend zum Funktionieren der Beziehungen bei und bildeten eine Voraussetzung für deren Entwicklung. Aufgrund ihrer Religionszugehörigkeit mussten Muslime mit schlechteren Rechts- und Lebensbedingungen zurechtkommen. Hinzu kam, dass sie auch unter der Herrschaft von Ritterorden vom Gesamttrend zu größerer Strenge in den interreligiösen Beziehungen nicht verschont blieben und unter der sich verschärfenden Diskriminierung zu leiden hatten. Doch dies betraf sie weder in besonderem Maß noch schlimmer als ihre Glaubensbrüder, die in den Königreichen auf der Iberischen Halbinsel unter anderen Herrschaften lebten.

Für die Tatsache, dass die Ritterorden keine Ausnahme bildeten, kann es eine Reihe von Gründen geben. Eine Hypothese ist, dass bewaffnete Gewalt ohne eine starke institutionelle, legale und personelle Infrastruktur nicht lange ausgeübt werden kann. Das Hauptaugenmerk der Ritterorden lag aber nicht in erster Linie auf ihrem Herrschaftsgebiet als solchem, sondern auf dessen Grenzen sowie dem Heiligen Land. Insofern ist es verständlich, dass gewaltarme oder gewaltlose Zwangsmittel wirksamer und leichter anzuwenden waren und nach ihrer Einführung eine Dynamik schufen, die bis zum Ende des Mittelalters anhielt. Solange ihre Herrschaftsstruktur nicht bedroht war, bestand für die Ritterorden keine Notwendigkeit, über die vorhandenen Zwangsmittel hinauszugehen und Gewalt anzuwenden.

Ob die zuvor dargelegte Hypothese tatsächlich der Grund war, lässt sich zurzeit jedoch nicht beweisen. Die im vorliegenden Beitrag unternommene Untersuchung muss aus mehreren Gründen unvollständig bleiben: Zum einen fehlt es an Aussagen der Opfer, die besonders wichtig wären, um „geringfügige" oder alltägliche Gewalt zu bestimmen. Zum anderen werden in den ausgewerteten Quellen – wenn überhaupt – nur selten die Motive der Akteure klar benannt. Dennoch deuten die hier präsentierten Ergebnisse, so vorläufig sie auch sind, darauf hin, dass die Rolle und die Ziele der Ritterorden als „bewaffneter Arm der katholischen Kirche" im Licht ihres Verhaltens in der mittelalterlichen Gesellschaft neu untersucht und bewertet werden müssen.

Abstract

The development of military orders was intimately linked to contexts of violence, specifically to that of war against non-Christians and to the Crusading efforts on both ends of the Mediterranean and, later on, in the Baltic region. Religious motivations underpinned the creation of these institutions, their popularity, growth, and persistence through time both in the Levant and in the Iberian Peninsula in the face of adversity.

In order to fulfil their roles, military orders developed strategies that would allow for the expensive activities of warfare and profit from territories they were granted, mainly in areas where Christian dominion was yet to be consolidated. Among such strategies, the use of Muslims, either as a workforce in the production centres of the institutions, or as settlers on their lands, calls for special attention when seeking to define the limits and shapes of religious violence.

For this reason, the goal of this contribution is to explore the roles that these institutions, created within and for a context of violence against Islam, played in violent episodes against Muslims outside of the battlefield.

Lukas-Daniel Barwitzki

Die anwesende Abwesenheit der Religion

Zur Rezeption und Transformation „religiöser" Gewalt gegen Juden in der reformatorischen Chronistik der Eidgenossenschaft

Einleitung

Gegenstand dieser Untersuchung ist die um 1545 entstandene Chronik der „lobliche[n] Eydgnoschafft" des Zürcher Reformators und Gelehrten Johannes Stumpf, in der die gesamte Geschichte der Eidgenossenschaft teleologisch auf die Reformation und Autorengegenwart hin dargestellt wird. Dieser Aufsatz fokussiert auf einen Aspekt, der in der Forschung – sowohl zur Historiografie der schweizerischen Reformation, zum Werk Johannes Stumpfs, als auch zur Geschichte des Judentums in der Region – bisher unbearbeitet geblieben ist: auf die Rezeption der Darstellungen „religiöser" Gewalt gegen Juden auf dem Gebiet der heutigen Deutschschweiz.[1]

Die regionalgeschichtliche Fragestellung konzentriert sich auf die Rezeption und Transformation der Narrative im Kontext von fünf Erzählungen zu unterschiedlichen Pogromen. Unter „Narrativen" sind dabei die Erzählstrukturen zu verstehen, die nicht nur aus dem „faktischen Inhalt" der berichteten Geschehnisse bestehen, sondern auch aus der persönlichen Wertung des Autors und der Position der entsprechenden Episoden innerhalb der gesamten Chronik.[2] Zuerst werden im

[1] Im vorliegenden Aufsatz werden für die heutige Schweiz verwendete topografische Begriffe genutzt, um den historischen Raum der Eidgenossenschaft um 1550 eindeutig zu bezeichnen. Konstanz und Überlingen sind beziehungsweise waren weder heute noch 1550 Teil der Eidgenossenschaft, sind jedoch in den Begriffen des sozialen Raumes für Stumpf offensichtlich Teil des Thurgaus. Zur komplexen Ausgangslage und der Konstruktion sozialer, politischer und geografischer Räume bei Stumpf vgl. Erik Hasselberg: Die Eidgenössische Chronik des Johann Stumpf. Raumkonstitution in Historiographie und Kartographie am Beispiel des Zürichgaus. [Unveröffentlichte Masterarbeit] Universität Zürich 2017.

[2] Zur Unterscheidung der Begrifflichkeiten: „Chronik" steht für das Medium des Gesamtwerks von Stumpf, einschließlich aller Aspekte wie Karten, Holzschnitte und Stammtafeln. „Erzählung" meint hier ausschließlich die sprachlich-textuellen Episoden mit einem in sich abgeschlossenen Inhalt. „Narrativ" verwende ich als Begriff für die werkimmanente Sinnzuschreibung, die sich über meh-

https://doi.org/10.1515/9783110773781-017

vorliegenden Aufsatz die fünf Darstellungen der Gewaltereignisse im chronologischen Rahmen der Stumpf'schen Erzählung quellenkritisch analysiert, bevor anschließend ein Vergleich zu den identifizierbaren Vorlagen gezogen wird. Die jeweiligen Vorlagen werden zur Übersicht und zum besseren Verständnis des Transformationsprozesses in drei Kategorien unterschieden: die Zeitzeugen der Erzählung, die später entstandenen Chroniken, die diese Erzählungen aufgreifen, und schließlich die Zeitgenossen von Stumpf. Durch diese Kategorisierung ist es leichter möglich, die Transformationsprozesse innerhalb der Rezeption präzise beobachten zu können und insbesondere die Unterschiede zu den Zeitgenossen von Stumpf darzustellen.

Einen Schwerpunkt des Vergleichs zwischen den spätmittelalterlichen Quellenvorlagen und der Stumpf'schen Chronik bildet die Frage, wie viel „Religion" in der Gewalt gegen die Gruppe der Juden steckt und wie stark religiöse Motive zur Legitimation rezipiert werden.

Die Chronik als Grundlage der Untersuchung

Als zeitlich entfernter Beobachter und gleichzeitiger Vermittler der vergangenen Gewaltgeschehnisse ist Stumpf in der Lage, die ihm zur Verfügung stehenden Quellen zu kommentieren und die Geschehnisse dem impliziten Leser durch seine eigene Darstellung verändert nahezubringen. Die Eidgenossenschaft besaß um 1547/48, der Zeit, zu der Stumpfs Chronik gedruckt wurde, seit knapp einhundert Jahren keine signifikanten jüdischen Gemeinden mehr sowie keine stadtrechtlichen Bestimmungen, die Juden als Sondergruppe beschrieben, und auch keine gemeinsame christlich-jüdische Lebenswelt.[3] Für Stumpf muss die Gruppe der Juden – im Gegensatz zur „Türkengefahr" – ein Gegenstand der theologischen wie der politischen Vergangenheit gewesen sein. Auch wenn er sich nicht dazu äußert, lässt sich annehmen, dass Stumpf als studierter Theologe und Humanist sowie als aktiver Reformator der sozialen und kulturellen Gruppe der Juden eine eigenständige Religion als Unterscheidungsmerkmal zu seiner christlichen Umwelt zuschreiben konnte, obwohl er nie in Kontakt mit dem gelebten Judentum seiner Zeit kam.

rere Erzählungen ausdehnt. Als Beispiel: Die fünfzeilige Darstellung der Judenpogrome um 1095 ist eine einzelne Erzählung, die inhaltlich in das multiepisodale Narrativ religiös konnotierter Gewalt gehört und innerhalb der Chronik medial mit einem Holzschnitt kombiniert wird.

[3] Zum Begriff der „Sondergruppen", besonders in Bezug auf Juden in der spätmittelalterlichen Stadt vgl. Hans-Jörg Gilomen: Städtische Sondergruppen im Bürgerrecht. In: Rainer Christoph Schwinges (Hg.): Neubürger im späten Mittelalter. Migration und Austausch in der Städtelandschaft des alten Reiches (1250–1550). Berlin 2002, S. 125–167, hier: S. 126–128.

Es stellt sich somit die Frage, welche Themen und Motive aus älteren historiografischen Quellen zur Judenverfolgung des späten Mittelalters von Stumpf in seine Erzählung übernommen wurden. Und gleichzeitig ist zu fragen, ob er diese für den impliziten Leser des 16. Jahrhunderts unkommentiert rezipiert hat oder ob er sie in ihrem Inhalt so transformiert hat, dass sich im Gesamtnarrativ der Chronik ein dezidiert anderes Bild ergibt als in den Vorlagen. Da er selbst, im Gegensatz zu der für ihn akuten „Türkengefahr“, keinen persönlichen Bezug zum Judentum hatte, lässt sich hier die Transformation der vermeintlich religiösen Erklärungen feingliedrig beobachten.

Die Untersuchung der Quelle und ihrer Grundlagen als klassische Methode der Geschichtswissenschaft steht in diesem Aufsatz klar im Vordergrund gegenüber den theoretischen Ansätzen der Religionssoziologie und Religionswissenschaft. Die in diesem Band einer kritischen Überprüfung zu unterziehenden Kategorien „Religion“ und „Gewalt“ werden auch im vorliegenden Beitrag nicht grundlegend anders definiert als von Weltecke vorgeschlagen: Gewalt als „physische Handlung“, gerahmt von einer religiösen, kultischen oder gottheitenbezogenen Begründung.[4] Zudem hat Weltecke angeregt, die Verlaufsfiguren der Darstellung „religiöser“ Gewalt zu hinterfragen und besonders zu untersuchen, welchen Stellenwert die Brutalität innerhalb der Erzählung einnimmt.[5] Dies stellt deshalb einen der prominentesten Faktoren innerhalb der Analyse der Chronik dar. Die Rezeption der vermeintlich religiösen Motive bei der Gewaltausübung gegen die Gruppe der Juden basiert auf verschiedenen Quellen und somit auch auf verschiedenen Formen der Erzählung, deren Verwendung in Stumpfs Chronik hier eingehend betrachtet wird.

Zu den genuinen Vorzügen des historischen Zugangs gehört die methodisch fundierte Analyse von chronologischer Entwicklung. Dies gilt besonders für die Rekonstruktion der ideengeschichtlichen Prozesse – in diesem Fall der Rezeption und Transformation der potenziell „religiösen“ Aspekte in beziehungsweise zwischen verschiedenen historiografischen Überlieferungen. Ein weiterer Ansatz der Geschichtswissenschaft, der bei dieser generellen Fragestellung einen Vorteil darstellt, ist die regionale Eingrenzung. In dieser Abhandlung geht es nicht um *die* Wahrnehmung *der* Judenpogrome, sondern um die Analyse von definierten Operatoren: von Zeit, Raum und Medium als Faktoren der Überlieferung religiöser Aspekte in der Darstellung der Judenpogrome auf dem Gebiet der heutigen Deutschschweiz.

In der gesamten Chronik Stumpfs gibt es keine Schilderung von Judenverfolgungen im Gebiet der Westschweiz oder im italienischen Teil der Eidgenossen-

4 Dorothea Weltecke: Bemerkungen zur Geschichte der religiösen Gewalt im Mittelalter. In: HZ 305 (2017), S. 621–656, hier: S. 623–625.

5 Ebd., S. 625.

schaft. Daraus monokausal zu schließen, es habe dort keine Judenverfolgungen gegeben, ist ebenso falsch wie die Unterstellung, Stumpf habe diese explizit ausgelassen, um einen politischen Zweck in seiner Gegenwart zu verfolgen. Es lässt sich vielmehr vermuten, dass Stumpf keine historiografischen Vorlagen aus diesen Regionen zur Verfügung hatte und daher die dortigen Narrative nicht rezipieren konnte. Da sich die Frage nach dem genauen Grund für die Abwesenheit entsprechender Vorlagen nicht beantworten lässt, bleibt als Konsequenz nur die Einschränkung des Untersuchungsraumes auf die heutige Nordschweiz.

Um die historisch geprägten Semantiken des Autors nicht mit den geschichtswissenschaftlichen Analysekategorien zu verwechseln, wird in dieser Studie ein leicht abstrakter, aber sinntragender Überbegriff gewählt – nämlich jener der „Gruppe". Die Kategorie „Gruppe" bietet den Vorteil, von der religiös konnotierten Lesart bestimmter Semantiken wie „Juden", „Türken" und „Sarazenen" weg und dafür auf eine analytischere Interpretationsebene kommen zu können. Die von Stumpf als (oft sehr weit entferntem) Beobachter den jeweiligen Gruppen zugeschriebenen Faktoren – beispielsweise kulturelle Eigenheiten, geografische Herkunft oder auch anthropologische Eigenschaften wie physiognomische Merkmale – lassen sich selbst bei der weitesten Auslegung des Begriffs nicht als Beschreibung einer „Religion" verstehen.

Die Frage nach der Beschreibung von körperlichen und charakterlichen Eigenschaften von Gruppen trifft in diesem Kontext auf die Thematik des Antijudaismus in der Reformation. Es erscheint methodisch fragwürdig, die bekennende Zugehörigkeit Stumpfs zu einer Religion oder den „Zeitgeist" der Reformation als alles erklärenden Faktor seiner Historiografie zu identifizieren. Im Gegensatz zu den meisten „Völckern" in Europa, die Stumpf ausgiebig mit abwertenden Eigenschaften skizziert, findet sich in der gesamten Chronik kein einziger Charakterzug, mit dem die Gruppe der Juden pauschal beschrieben wird.

Ziel eines dezidiert historischen Ansatzes, wie ihn der vorliegende Beitrag verfolgt, ist es, die Intention des Autors kritisch zu erörtern und diese im komplexen geopolitischen, sozialen und persönlichen Kontext der Autorengegenwart zu verorten. Das Ergebnis eines solchen Vorgehens muss nicht notwendigerweise eine Negierung des Faktors „Religion" oder des „Zeitgeistes" sein. Dennoch verhindert es sowohl auf methodischer wie theoretischer Basis die Pauschalisierung eines „christlichen Autors", der sich „gegen Juden" positioniert. Die historische Gegenwart des Autors ist für gewöhnlich nicht minder komplex als die politische Gegenwart der Forschenden. Der Mehrwert eines genuin historischen Ansatzes besteht genau in der Möglichkeit, verschiedene Faktoren innerhalb der Darstellung „religiöser" Gewalt zu identifizieren und in die Analyse einzubeziehen.

Autor und Werk im historischen Kontext

Der Kerngegenstand der Analyse ist die 1547/48 gedruckte Chronik des Johannes Stumpf. Es handelt sich hierbei um das erste gedruckte Werk, das den Anspruch erhebt, die Geschichte der gesamten Eidgenossenschaft abzubilden. Auf Basis zahlreicher historiografischer Vorlagen, von den eidgenössischen Städtechroniken über die lateinische Zeitgeschichtsschreibung lokaler Kanoniker bis zu den antiken Gründungsgeschichten, konstruiert Stumpf eine Gesamtgeschichte des geografisch, sprachlich, kulturell und politisch heterogenen Raumes der Eidgenossenschaft in der Spätphase der Reformation. Ein Kernaspekt der politischen Wirkung, die Stumpf in seiner Chronik klar intendiert hat, ist die Konstruktion eines gemeinsamen Narrativs, um den Zusammenhalt der konfessionell divergierenden Eidgenossenschaft auf Basis einer kollektiven Gründungs- und Identitätsgeschichte zu ermöglichen.

Stumpf wurde 1500 in Bruchsal geboren, studierte in Heidelberg, Straßburg und Freiburg im Breisgau, wurde Mitglied des Johanniterordens und empfing 1522 die Priesterweihe. Bereits 1518 kam er in Heidelberg in Kontakt mit reformatorischem Gedankengut und schloss sich 1528 der Reformation um Huldrych Zwingli in Zürich an.[6] Er heiratete in erster Ehe Regula Brennwald, die Tochter des Chronisten Heinrich Brennwald, und in dritter Ehe Agnes Edlibach, die Tochter des Chronisten Gerold Edlibach. Neben der Ausübung seines Amtes als Pfarrer im Zürcher Umland bildete die Geschichtsschreibung Stumpfs Tätigkeitsschwerpunkt.[7] Auch wenn er selbst keine führende Rolle in der Zürcher Reformationsbewegung einnahm, stand er mit allen relevanten Personen in engem Austausch – besonders mit Heinrich Bullinger, dem Nachfolger Zwinglis, und mit Christoph Froschauer, in dessen Werkstatt nahezu jedes Reformationswerk gedruckt wurde.[8] Entsprechend lässt sich sagen, dass Stumpf zur „zweiten Reihe“ der Reformationsbewegung gehörte und hierbei weniger durch Predigten und Streitschriften Wirkung entfaltete, denn als Chronist, der die aktuellen Ereignisse in eine neue Wissensordnung brachte.

Aus der Korrespondenz zwischen Stumpf, Bullinger, Froschauer und anderen Gelehrten wie Vadian und Tschudi lässt sich rekonstruieren, dass verschiedene Quellengrundlagen und auch erste Entwürfe zu unterschiedlichen Schriften zwi-

6 Vgl. Attilo Bonomo: Johannes Stumpf. Der Reformator und Geschichtsschreiber. Genf 1923, hier S. 26–29; ebenso Hans Müller: Der Geschichtsschreiber Johann Stumpf. Eine Untersuchung über sein Weltbild. Zürich 1945, S. 7–11. Die Werke von Bonomo und Müller stellen bis heute die umfangreichsten Darstellungen zum Entstehungskontext der Chronik dar. Der aktuelle Forschungsstand findet sich sonst kompakt bei Hasselberg: Chronik (wie Anm. 1), S. 2 f.

7 Vgl. Bonomo: Johannes Stumpf (wie Anm. 6), hier: S. 93–96, S. 71 f.

8 Vgl. Joachim Staedtke: Anfänge und erste Blütezeit des Zürcher Buchdrucks. Zürich 1965, S. 11 f.; Paul Leemann-van Elck: Der Zürcher Drucker Christoph Froschauer. Zürich 1931, S. 16.

schen allen Beteiligten zirkulierten und ausführlich diskutiert wurden.[9] In der älteren Forschung wurde sogar vermutet, dass das flammende Vorwort der Chronik nicht von Stumpf selbst stamme, sondern von Bullinger.[10]

Mit 2.000 Exemplaren in der ersten Auflage von 1547/48, sowie mit zwei weiteren Auflagen in den Jahren 1586 und 1606, zählt das zweibändige, 1.600 Seiten umfassende Werk Stumpfs zu den meistgedruckten Büchern des 16. Jahrhunderts in der Deutschschweiz.[11] Die Medianauflage der bei Froschauer verlegten Schriften wird auf circa 1.200 geschätzt, wobei die kunstvoll verzierte Folia-Bibel von 1531 mit 3.000 Exemplaren, die von der kunsthistorischen Forschung als der Höhepunkt der reformatorischen Druckkunst in der Deutschschweiz angesehen wird, die höchste Auflage hatte.[12] Mit einem Kaufpreis von etwa 6 bis 7 Pfund oder 13 Gulden lagen die Eidgenössische Chronik von 1547/48 und die Folia-Bibel miteinander auf Augenhöhe im Hochpreissegment.[13]

Stumpfs Chronik besteht aus zwei getrennt gedruckten, gebundenen und paginierten Bänden, in denen in insgesamt dreizehn Büchern die topografisch-kulturellen Räume der Eidgenossenschaft und ihrer Nachbarn thematisiert werden.[14] Nach einigen sehr knappen Ausführungen zur Weltgeschichte im Sinne des Autors (also der Geschichte Europas) im ersten Buch folgen zwei umfangreiche Bücher über die Geschichte Deutschlands und Frankreichs, die die zehn Bücher zur Geschichte der Eidgenossenschaft umrahmen. Die ersten drei Bücher bilden also den geopolitischen Kontext „außerhalb" der Eidgenossenschaft und dienen somit als permanente Referenz für die Erzählungen „innerhalb" der Eidgenossenschaft. Durch die Querverweise zwischen den verschiedenen Wissensordnungen nach „innen/außen" und auch „innerhalb" der Bücher ist es für den impliziten Leser möglich, der

[9] Vgl. Christian Moser: Die Dignität des Ereignisses. Studien zu Heinrich Bullingers Reformationsgeschichtsschreibung. Leiden 2012, S. 308. Zum Netzwerk von Stumpf vgl. auch Müller: Geschichtsschreiber (wie Anm. 6), S. 26.

[10] Hans Georg Wirz: Ein Beitrag Bullingers zu Stumpfs „Schweizer-Chronik". In: Zwingliana 15 (1912) 2, S. 457–463, hier: S. 458, S. 463. Die über einhundert Jahre alten und auf den ersten Blick nur wenig überzeugenden Anhaltspunkte von Wirz müssten in genauerer Forschung hinterfragt werden.

[11] Vgl. Müller: Geschichtsschreiber (wie Anm. 6), S. 31; Paul Leemann-van Elck: Die Offizin Froschauer. Zürichs berühmte Druckerei im 16. Jahrhundert. Ein Beitrag zur Geschichte der Buchdruckerkunst anlässlich der Halbjahrtausendfeier ihrer Erfindung. Zürich 1940, S. 19.

[12] Vgl. Urs Bernhard Leu: Die Zürcher Buch- und Lesekultur 1520 bis 1575. In: Zwingliana 31 (2004), S. 61–90, hier: S. 79.

[13] Arthur Dürst: Die Landkarten des Johannes Stumpf. Begleittext zur Faksimileausgabe. Langnau a. A. 1975, S. 30–33, der auch mit 13 Gulden erstmals einen Kaufbetrag gefunden hat, welcher seiner Umrechnung nach etwa 1.500 Schweizer Franken (CHF) im Jahr 1975 betrug und heute auf circa 5.000 CHF zu schätzen wäre. Die ökonomischen Aspekte der reformatorischen Chronistik wurden in der Forschung bisher nicht eingehend untersucht.

[14] Vgl. Hasselberg: Chronik (wie Anm. 1), S. 28 f.

Argumentation Stumpfs „durch Zeit und Raum“ folgen zu können, was eine deutliche Weiterentwicklung gegenüber der bisherigen (Stadt-)Chronistik der Eidgenossenschaft darstellt.[15]

Innerhalb der Eidgenossenschaft wurde die Chronik sehr wohlwollend aufgenommen und entwickelte sich schnell zum Standardwerk der Geschichtsschreibung, da erstmalig auch die katholischen Städte mit der Darstellung ihrer Geschichten zufrieden waren.[16] Bereits 1554 legte Stumpf aufgrund der hohen Nachfrage mit der „Schwytzer Chronica“ eine handbuchgroße, kürzere und weniger Illustrationen umfassende Version seines Hauptwerks vor. Die in Zusammenarbeit von Stumpf, Froschauer und dem Illustrator Heinrich Vogtherr entstandenen Karten der Eidgenossenschaft wurden als „Landtaflen“ bereits 1548 und in drei weiteren zeitnah publizierten Auflagen als gesondertes Buch verkauft. Die drei Auflagen der Chronik sowie die Kurzversion und der Kartenteil, die in jeweils mehrfachen Auflagen während der nächsten knapp 50 Jahre erschienen, zeugen von der kulturhistorischen Relevanz der Quelle, welche in der Forschung bisher noch nicht eingehend betrachtet wurde.[17]

Erzählung 1: Bern 1287

Im achten Buch zur Geschichte der Stadt Bern berichtet Stumpf für das Jahr 1287: „habend etliche Juden zuo Bern ein knaeblein [...] gemartert/ deswegen vil Juden gefangen/ die schuldigen mit dem rad gericht/ die übrigen umm gelt geschaetzt/ und der statt verwiesen wurden.“[18]

Die Gewalt gegen die Gruppe der Juden wird hier als Reaktion auf die angebliche Gewalthandlung derselben an Christen beschrieben. Allerdings wird die Kollektivstrafe gegen die Gruppe nicht vollständig mittels Ausübung körperlicher Gewalt umgesetzt wie die Schätzung und der Verweis aus der Stadt zeigen. Mit der Feststellung, dass „die schuldigen mit dem rad gericht“ wurden, beschreibt Stumpf die Anwendung einer zeitgenössisch für ein solches Verbrechen als angemessen angesehenen Strafe und die Eingrenzung der Gewaltausübung auf die (zumindest als solche betrachteten) Verursacher.

[15] Vgl. ebd., S. 36 f.
[16] Vgl. Müller: Geschichtsschreiber (wie Anm. 6), S. 27.
[17] Eine umfassendere Untersuchung zu diesem Themengebiet könnte die aktuelle Forschungslage sehr bereichern.
[18] Johannes Stumpf: Gemeiner loblicher Eydgnoschafft Stetten, Landen und Völckeren Chronick wirdiger Thaaten Beschreybung. Zürich 1548, online zugänglich unter: http://dx.doi.org/10.3931/e-rara-5076 (letzter Zugriff am 10.11.2021), Buch VIII, fol. 250r.

Die Erzählung endet jedoch nicht hier, sondern führt über die Appellation der Gruppe der Juden vor dem deutschen König hin zum Kriegszug des Königs gegen die Stadt Bern. Nach zwei erfolglosen Angriffen zieht der König ab und die Erzählung endet mit einer für Bern sehr versöhnlichen Note: Der Hofzwerg des Königs prophezeit der Stadt Bern den Aufstieg zur Herrin im Land. Im Kontext dieser erneut politischen Konstellation muss die Kollektivstrafe gegen die Gruppe der Juden als ein Beispiel für eine „gerechte“ oder „gute“ Stadtherrschaft gesehen werden. Es wurden nur die Schuldigen gerichtet und die Appellation vor dem König führte letztendlich zum Aufstieg der Stadt Bern. Die narrative Funktion der Gruppe der Juden ist hier die eines „Katalysators“, da sie die politischen und sozialen Ereignisse beschleunigte, aber letzten Endes nicht selbst daran beteiligt war.

Quellengrundlage I: Chroniken

Für diese Erzählung können vier Quellen als Grundlage identifiziert werden, die Stumpf zur Verfügung standen. Keine davon ist zeitgenössisch zu den Ereignissen von 1287. Bei der ältesten handelt es sich um die Berner Stadtchronik von Konrad Justinger (entstanden um 1430), die in mehreren Varianten überliefert wurde. Die Vertreibung der Gruppe der Juden 1287 findet sich auch in der zeitgleich entstandenen (anonymen) Chronik der Stadt Bern, bei der ebenfalls Justinger als Autor vermutet wird.[19] Der Inhalt der Darstellung unterscheidet sich jedoch grundlegend von demjenigen bei Stumpf. So schreibt Justinger in der Berner Stadtchronik: „In demselben zite warent vil juden ze berne, die doch in diser weit anders nüt tund denne wie si die kristanheit geschedigen mit allen sachen, offenlich mit dem wucher; [won mancher] des wuchers [verdorben ist] und alle tag verdirbet; heimlich mit valschen ufsatzen, daz dik kuntlich worden ist. Also taten si ouch ze berne, und erzögten ir mordrye und vigentschaft so si zu der kristanheit hant, und ermurten einen jungen knaben, waz genempt Ruof [...] daz got nit wolte daz mort lassen verswigen sin, do kam daz mort us, und wart daz kint jemerlich gemartrot und ermurdet funden.“[20]

Aus der Erzählung Justingers lässt sich auf eine deutlich religiösere Konnotation der Geschehnisse schließen, als es bei Stumpf der Fall ist. Der Gruppe der Juden werden von Anfang an bösartige und christenfeindliche Motive zugeschrieben („die kristanheit geschedigen mit allen sachen“), ebenso sei es der Wille Gottes („daz got nit wolte“), dass die Gruppe der Juden dafür bestraft werde. Als Konse-

[19] Vgl. dazu Richard Feller/Edgar Bonjour: Geschichtsschreibung der Schweiz vom Spätmittelalter bis zur Neuzeit. Basel/Stuttgart 1979, S. 10 f.

[20] Gottlieb Studer: Die Berner Chronik des Conrad Justinger. Bern 1871, S. 29.

quenz für die Tat werden die Schuldigen mit dem Tod durch Rädern gerichtet oder ausgepeitscht, aber nicht, wie Stumpf es schildert, mit einer Geldstrafe belegt. Justinger schreibt: „Nu die gottes vigende und die morder wurdent gevangen, ein teil uf reder gesetzet, die andren usgeslagen.“[21] Der Rest der Erzählung bei Justinger ist inhaltsgleich: Der König belagert die Stadt erfolglos und der Hofzwerg verkündet den Aufstieg Berns.

In der (anonymen) Chronik der Stadt Bern, die ebenfalls Justinger zugeschrieben wird, findet sich die Erzählung deutlich kürzer: „Do martretend die juden ein kind ze bern [...]. Do wurden die juden gevangen und die schuldigen uf reder gesetzt, die andren geschätzet und von der stat geschlagen.“[22] Der Inhalt der restlichen Erzählung ist identisch und auch der Hofzwerg wird erwähnt. Im Vergleich zur anderen Berner Chronik aus der Feder des vermutlich selben Autors fallen die Widersprüche und unterschiedlichen Inhalte deutlich auf. Sowohl bei Stumpf als auch in der anonymen Chronik der Stadt Bern fehlen die allgemeinen religiösen Vorwürfe gegen die Gruppe der Juden. Während die Stadtchronik eine deutlich religiöse Legitimation der Gewalt liefert, findet sich in der anonymen Chronik der Stadt Bern nichts dergleichen.

Quellengrundlage II: Zeitgenossen von Stumpf

Stumpfs Schwiegervater Heinrich Brennwald, der zwischen 1508 und 1515 veröffentlichte, schreibt: „Anno domini 1287, der zit was vil Juden zü Bern, die martretend ein knebli, hiess Rüf [...]. Umb dis mort greift’ man zü den Juden, und die schuld daran hattend, wurdent uf reder gesetzt, die ubrigen um gross güt geschetzt und von der statt geschlagen.“[23] Hierbei ist zu erkennen, dass es sich fast wörtlich um die Vorlage handelt, die Stumpf verwendete, da auch der restliche Inhalt, einschließlich der Erwähnung des Hofzwergs, nahezu identisch ist. Allerdings zeigt sich in der Darstellung der Gewalt ein Unterschied zwischen Brennwald und Stumpf. Während die unschuldigen Juden bei Brennwald mit einer hohen Geldstrafe belegt und aus der Stadt geprügelt wurden („um gross güt geschetzt und von der statt geschlagen“), werden sie bei Stumpf „um gelt geschätzt/ und der statt verwiesen“. Die dezidiert unschuldigen Juden erleben keine Gewalt im Zuge der Stadtverbannung, sondern erhalten nur eine Geldstrafe unbekannter Höhe.

Im Chronicon des Aegidius Tschudi findet sich die Erzählung der Ereignisse von 1287 konsistent zu jener in der Chronik der Stadt Bern und bei Brennwald:

21 Ebd.
22 Studer: Chronik (wie Anm. 20), S. 328.
23 Rudolf Luginbühl: Heinrich Brennwalds Schweizerchronik. Basel 1908, S. 214.

„Man fieng si all die da wonetend, und fand man die schuldigen, die es bald bekanntend. Die wurdend uff reder gesetzt, und den übrigen allen so an der tat nit schuldig verbot man die statt."[24] Bemerkenswert ist hier, dass erstmal von einem Geständnis der Täter („die es bald bekanntend") gesprochen wird, was im Narrativ Tschudis die Legitimität der Verurteilung erhöhen soll. Des Weiteren fehlt jegliche Darstellung einer allgemeinen Christenfeindlichkeit oder einer religiösen Legitimation der Geschehnisse. Der prophetische Hofzwerg kommt jedoch nicht vor.[25]

In der Rezeptionskette zwischen den beiden Justinger zugeschriebenen Chroniken, der des Heinrich Brennwald, der des Aegidius Tschudi und der des Johannes Stumpf zeigt sich eine kontinuierliche Abnahme der Gewaltdarstellungen. Besonders bei Tschudi und Stumpf wird die Gewalt innerhalb der Erzählung auf den nicht näher beschriebenen Mord und die Hinrichtung der Schuldigen beschränkt und auch nicht detailliert ausgeführt. Eine religiöse Legitimation der Gewalt gegen die Gruppe der Juden, die bei Brennwald noch mit der Schilderung der gewaltsamen Stadtvertreibung existiert, findet sich in den anderen Quellen ebenfalls nicht mehr. Im Vergleich mit diesen Grundlagen fällt auf, dass die Erzählung bei Stumpf wie Tschudi ihrer religiösen Konnotation befreit und als eine Darstellung gesehen werden kann, die sich nicht gegen eine Religion richtet, sondern gegen eine sozial ausgegrenzte Sondergruppe.

Erzählung 2: Überlingen 1331

Unter klarem Bezug auf seine Quelle – die Chronik des Johannes von Winterthur – schildert Stumpf die Verbrennung der Überlinger Juden 1331 und der Konstanzer Juden 1333. Die zeitgenössische, in regionaler Nähe entstandene Chronik des Johannes von Winterthur ist die einzige Quelle, die überhaupt von den Vorfällen in Konstanz berichtet. Der zeitlich und räumlich fast parallel schreibende Heinrich von Diessenhofen, Domherr in Konstanz, berichtet weder vom Überlinger noch vom Konstanzer Vorfall, jedoch von einer generellen Gewaltwelle gegen Juden in Süddeutschland um 1336. Ähnlich wie Johannes von Winterthur für 1333 in Konstanz, kennt Heinrich von Diessenhofen die Schändung der Sakramente als Begründung der religiösen Gewalt, aber anscheinend nicht Konstanz als Ort der Geschehnisse. Da beide Chroniken von Stumpf rezipiert worden sind und die zeitliche wie geografische Nähe bei identischer Begründung aus beiden Berichten konstruiert werden

24 Bernhard Stettler: Chronicon Helveticum. Teil III. Basel 1980, S. 64.
25 Ebd., S. 72.

kann, lässt sich vermuten, dass Stumpf den weniger präzisen Bericht Diessenhofens als generelle Bestätigung des Berichts von Winterthur angesehen hat.[26]

Für Überlingen beschreibt Stumpf in Bezug auf die Chronik des Johannes von Winterthur für 1331, dass als Reaktion auf die angebliche Ermordung eines Jungen („ein kindli gemartert soeltend haben")[27] die Gruppe der Juden, einschließlich der Frauen und Kinder, in ein Haus gesperrt und verbrannt wurde. Stumpf betont hier, dass dieser Gewaltakt von einer großen Menschenmasse ausging: „empoert sich die burgerschaft [...], die einem burger/ genannt Frey/ ein kind gemartert [...] zundend die burger mit fheür an/ verbranntend darinn alt und jung an die 300. Juden [...] wurdend vom pobel entleybt."[28] Erneut spielen religiöse Aspekte keine Rolle als Motiv oder Legitimation der Gewalt. Die Gewalt ist die Reaktion einer aufgebrachten Menschenmenge auf die – von Stumpf im Konjunktiv geschilderten – Behauptung, eine städtische Sondergruppe habe ein Kind ermordet.

Quellengrundlage I: Zeitzeugen der Erzählung

Die Vorlage für diese Episode findet sich bei Johannes von Winterthur: „scelus immane in Ueberlingen a Iudeis perpetratum est".[29] Ausdrücklich ohne Rücksicht auf die rechtliche Zuständigkeit des Kaisers („perpendentes inconsulto inperatore Ludwico et advocati sui iudicio tendente") werden die Juden dessen Schilderung zufolge in einem Haus zusammengetrieben und verbrannt. Winterthur beschreibt zudem den Versuch der Juden, sich mit Gewalt gegen die Christen zu wehren, und weitere sehr blutige Details des Pogroms mit angeblich 300 Toten.[30]

Quellengrundlage II: Chroniken

Die Konstanzer Chronik (um 1390) nennt ebenfalls nur den Vorfall in Überlingen, nicht jedoch den in Konstanz: „Anno domini 1332 [...] ward der guot Ulrich von Ueberlingen gemartrot von den Juden. Er was ains sun, hies der Frig, was ain zimmerman. Es wurdent do ze Ueberlingen by 400 Juden verbrant in aim hus, es warent wib als kind."[31] Es zeigt sich auch bei dieser Vorlage, dass Stumpf die klare Täter-

[26] Johann Friedrich Boehmer: Heinricus de Diessenhofen und andere Geschichtsquellen Deutschlands im späten Mittelalter. Stuttgart 1868, S. 28 f.

[27] Stumpf: Chronik (wie Anm. 18), Buch V, fol. 53r.

[28] Ebd.

[29] Friedrich Baethgen: Die Chronik Johanns von Winterthur. Berlin 1924, S. 117.

[30] Ebd.

[31] Philipp Ruppert: Die Chroniken der Stadt Konstanz. Konstanz 1891, S. 41.

schaft der Gruppe der Juden, die die Konstanzer Chronik darstellt („gemartrot von den Juden"), nicht übernimmt, sondern als Unterstellung kennzeichnet („gemartert soeltend haben"). Erstmals taucht hier der Name „Frig" auf, den Stumpf und andere Darstellungen übernehmen.

In der Klingenberger Chronik (um 1450) findet sich ebenfalls die Erzählung über die Ermordung eines Jungen in Überlingen durch die Gruppe der Juden, allerdings enthält diese keine Wertungen, Begründungen oder andere narrative Aspekte, außer der Schuldzuweisung: „gematrot von den juden".[32] Die Anzahl der ermordeten Juden wird nicht genannt. Laut der Klingenberger Chronik handelt es sich bei dem Kindsvater Frig um einen Ledergerber, nicht um einen Zimmermann wie in der Konstanzer Chronik.

Quellengrundlage III: Zeitgenossen von Stumpf

Aegidius Tschudi schreibt um 1535 unter Bezug auf Johannes von Winterthur und auf die Klingenberger Chronik: „Anno domini 1332 am ersten tag mertz ermurtend die Juden zu Überlingen in der statt ein kind, das hiess Ulrich und was eins ledergerwers daselbs der Frij genant. Do embort sich die burgerschafft als dero zit vil Juden gen Überlingen zesamen kamend, und tribends zesamen in ein gemuret hus und verbrantends darinne jung und alt bi 150 Juden. Etlich die uss dem fhüür fielend wurdent sunst erwürgt. Die schuldigen so das mord bekennt hat man vorhin gericht."[33]

Bei Tschudi fällt auf, dass er den Beruf des Vaters aus der Klingenberger Chronik übernimmt, die Anzahl der Opfer jedoch abweichend von den Vorlagen auf 150 senkt. Er sieht, ebenso wie Stumpf, den Pöbel als Haupttäter der Gewalt gegen die Gruppe der Juden. Gleichzeitig wird die Verbrennung von „wib als kind" aus der Klingenberger Chronik transformiert zu „alt und jung", was Stumpf ebenfalls übernimmt. Ob es sich hierbei um ein stilistisches Mittel handelt, das ausdrücken soll, dass alle Teile der Gruppe betroffen waren, oder ob es eine inhaltliche Relativierung ist, da Frauen und Kinder für Tschudi als unschuldig(er) gegolten haben könnten, lässt sich nicht mit Sicherheit sagen.

Ganz ähnlich wie bei der Schilderung des Vorfalls in Bern zeigt sich hier Tschudis Wunsch nach einer rechtlichen Legitimation der Gewalt gegen die Gruppe der Juden. Als einziger Chronist schreibt er, dass man die Schuldigen schon vor dem Pogrom hingerichtet habe („Die schuldigen so das mord bekennt hat man vorhin gericht"). Auch wenn er an der Schuld der Juden keinen Zweifel zu hegen scheint,

32 Johann Anton Henne: Die Klingenberger Chronik. Gotha 1861, S. 52.

33 Bernhard Stettler: Chronicon Helveticum. Teil IV. Basel 1983, S. 157 f.

da er „ermurtend“ verwendet, ist es ihm dennoch wichtig, die legitime Verurteilung der geständigen Schuldigen und die Gewaltwelle des Pöbels strikt voneinander zu trennen.

Im Fall der Überlinger Gruppe der Juden lässt sich somit sagen, dass erst Stumpf deren Täterschaft infrage stellt und nicht einmal den Versuch unternimmt, für die an ihr verübte Gewalt eine rechtliche Legitimierung (wie Tschudi es tut) anzuführen. Hierbei zeigt sich eine einfache Konsequenz: Wenn es keine Täter aus der Gruppe der Juden gab, sondern nur die Unterstellung, dann kann es auch keine geständigen Schuldigen geben, deren Hinrichtung gerechtfertigt ist.

Erzählung 3: Konstanz um 1330

Die zeitlich wie räumlich recht nahe entstandene Erzählung über die Gewalt gegen die Konstanzer Gruppe der Juden im Jahr 1333, hat ebenfalls ihre Vorlage in der Chronik des Johannes von Winterthur. In dieser annalistischen Aufzählung werden die Ereignisse als „Judenkrieg“ und „Juden verbrennt“ glossiert, aber inhaltlich deutlich unterschiedlich gewertet. In der Erzählung zu 1333, dem „Judenkrieg“, schreibt Stumpf, dass „etliche Juden zuo Costentz hattend zuo spott der Christen/ und zuo verachtung christlicher religion/ etwas muotwillens mit dem sacrament begangen/ des wegen der selbigen Juden 9 erschlagen/ 6 ertrenckt/ und 12 verbrennt wurdend“.[34]

Die Bezeichnung als „Krieg“ und die Nennung der Toten findet sich innerhalb der Chronik sonst fast ausschließlich bei Schlachten, Belagerungen und Feldzügen. Im Gegensatz zur bisherigen Darstellung von Gewalt gegen die Gruppe der Juden findet hier semantisch wie inhaltlich eine Verlagerung hin zur Kriegssemantik der Autorengegenwart statt. Ebenso wird hier eine bisher einmalige Begründung für die Gewalt geliefert, die dezidiert religiöse Züge trägt: Die Schändung der Sakramente wird als legitimer Grund gesehen, da es sich explizit um „verachtung christlicher religion“ handelte.

Quellengrundlage I: Zeitzeugen der Erzählung

Die Darstellung bei Stumpf unterscheidet sich an mehreren Stellen von der deutlich ausführlicheren Vorlage des Johannes von Winterthur. In dessen Erzählung wird die Hostie aus der Konstanzer St. Pauls Kirche von einem Christen gestohlen und an die Juden verkauft („Iudeis illis vendidit, ut ludibrio, quo vellent, habe-

[34] Stumpf: Chronik (wie Anm. 18), Buch V, fol. 59r.

rent").[35] Während der vermeintlichen Schändung werden die als solche bezeichneten Juden erkannt und eine Menschenmenge sammelt sich: „cives Constancienses turmatim concurerunt et ulcisci Die sui iniuriam et contumeliam illatam a Iudeis conantes, plures Iudeos in insania et furore magno deprehendentes in scelere necaverunt, ipsos tanquam boves mactantes. Quorum XII extra civitatem ducti et in acverum collecti igne consumpti sunt, set VI alii in Renum precipitati sunt submersi et alias IX trucidati sunt."[36] Winterthur liefert somit eine ausführliche Gewaltdarstellung, die Stumpf nicht rezipiert. Stattdessen übernimmt er ausschließlich die Zahlen der Ermordeten.

Wie erwähnt, findet sich eine Darstellung der vermeintlichen Hostienschändung in Konstanz nur bei Johannes von Winterthur. Heinrich von Diessenhofen beschreibt nur allgemein entsprechende Vorwürfe im selben Zeitraum und weder die Konstanzer noch Klingenberger Chroniken noch Heinrich Brennwald oder Petermann Etterlin kennen einen solchen Vorfall.

Quellengrundlage II: Zeitgenossen von Stumpf

Einzig Aegidius Tschudi rezipiert Johannes von Winterthur, ähnlich wie Stumpf, fast wörtlich: „Dises jars wurdent zu Costentz der Juden 9 erschlagen, 12 verbrennt und 6 ertrenckt, von etwas tratzes wegen so si erzeigt hattend".[37]

Die Frage, warum Johannes Stumpf, abweichend von seiner bisherigen Rezeption und Transformation der Quellen zur Gewalt gegen die Gruppe der Juden, hier die Aussagen des Johannes von Winterthur ungefiltert übernimmt, kann nicht beantwortet werden. Stumpf verzichtet zwar auf die ausgiebige Darstellung der Schändung, wie sie bei Johannes von Winterthur zu finden ist, übernimmt dafür aber die Schuldhaftigkeit der Gruppe der Juden als Tatsache.

Erzählung 4: Pestpogrome

Das Judenpogrom von 1348 wird von Stumpf an drei Stellen beschrieben, einmal in Form eines generellen Überblicks sowie jeweils detaillierter für die Städte Basel und Konstanz. Für alle drei Darstellungen werden Holzschnitte von Hinrichtungen verwendet, einmal das Bild eines Galgens und zweimal das eines Scheiterhaufens. In der allgemeinen Darstellung über das Pogrom in Frankreich, Deutschland und

[35] Baethgen: Chronik (wie Anm. 29), S. 107.
[36] Ebd.
[37] Stettler: Chronicon (wie Anm. 33), S. 175.

Italien nennt Stumpf den Grund der Gewalt: „die wurdend beschuldiget wie sy die brunnen soeltind vergifft haben“. Zudem qualifiziert er die Gewalt gegen die Gruppe der Juden mit den Worten: „man handlet also unerbermklich allenthalb mit ihnen“.[38]

Der Bericht zu Basel wird direkt mit der Schilderung der Pestwelle, dem „Sterbend“, eingeleitet und die angebliche Brunnenvergiftung durch die Gruppe der Juden als Begründung dafür genannt. Stumpf betont hier, dass die „Juden wurden beschuldigt“ – und trifft keine Aussage über den Wahrheitsgehalt dieser Behauptung.[39] Anschließend schildert Stumpf die Verbrennung der Juden in einem Haus und die Schändung des jüdischen Friedhofs.[40] Sehr ähnlich ist der Bericht zu Konstanz. Auch hier findet sich ein Bezug auf die vermeintliche Schuld der Gruppe der Juden: diese „warendt verlümdet als soeltend sy die brunnen vergifftet/ und damit ein landsterbend angerichtet haben. Sie wurdend an vielen orten jaemerlich vervolget/ und befand sich doch ir unschuld.“[41]

Quellengrundlage I: Zeitzeugen der Erzählung

Der Zeitzeuge Heinrich von Diessenhofen gibt um 1370 einen ausgiebigen chronologischen Überblick über die Judenpogrome von 1348 und 1349 für das Bistum Konstanz. Er zählt minutiös die Daten der Pogrome und die Zahlen der ermordeten Juden auf sowie die Vorwürfe, die gegen die Getöteten erhoben wurden. Dabei begründet er die Verbrennung der Juden wie folgt: „cremati fuerunt omnes Iudei ex fama que habuit, eos fontes ac rivos intoxicasse, sicut postea per eorum confessionem et etiam christianorum corruptorum per Iudeos patuit, qui per Iudeos inducti fuerant ut predictum facinus perpetrarent. […] et tamen positi super rotas fatebantur se venenum sparisse et aquas intoxicasse. Et sic nullum dubium remansit eorum fraude detecta.“[42] Heinrich von Diessenhofen führt somit explizit eine religiöse Motivation für die Ausübung der Gewalt gegen die Gruppe der Juden an – diese hätte das Verderben der Christen gewollt. Für ihn sind die Anschuldigungen gegen die Juden durch die Geständnisse gerechtfertigt und die Vergiftung der Brunnen ist somit eine Tatsache, die die Ermordung legitimiert.

38 Stumpf: Chronik (wie Anm. 18), Buch II, fol. 80v.
39 Vgl. ebd., Buch XII, fol. 398r.
40 Vgl. ebd., Buch XII, fol. 398v.
41 Vgl. ebd., Buch V, fol. 59r.
42 Boehmer: Heinricus (wie Anm. 26), S. 63–71, hier: S. 69.

Quellengrundlage II: Chroniken

Konrad Justinger schreibt in der Berner Chronik (um 1430) über die Folgen der Pestwelle: „von disen sterbot die juden verlümdot wurden, daz si in alle welte gift in die wasser und in die brunnen leiten, [...] darumb alle juden bi hundert milen verbrent wurden.“[43]

Die Klingenberger Chronik (um 1450) beschreibt einen „gross mordtlich lümdt uss von den juden, dass si alle wasser, die man vergiften micht, [...], vergifft hättint. [...] Also wurdent die juden verderpt von irs grossen ungehorten mordes wegen, und nit mit unredlicher sach.“[44] Auch hier sieht der Autor eine Kollektivtäterschaft bei der Gruppe der Juden. Die Gewalt gegen diese wird durch die Beschreibung als „nit [...] unredlicher sach“ zusätzlich gerechtfertigt. Es findet sich aber nicht der Vorwurf, dass die Gruppe der Juden dezidiert aus religiösen Motiven gegen die Christen vorgegangen wäre.

Quellengrundlage III: Zeitgenossen von Stumpf

Brennwald leitet 1508/1516 seine Erzählung mit der Überschrift „Wie die Juden verbrennt, und ein kind gemartert hand“[45] ein, die darauf hinweist, dass die Gewalt gegen die Gruppe der Juden bei ihm im Vordergrund steht und nicht die der Gruppe zugeschriebenen Taten. Im Gegensatz zur von Stumpf berichteten Verleumdung geht Brennwald davon aus, dass die Juden tatsächlich die Verursacher der Pest seien: „[Juden] die bekannten, das si die brunnen vergifft und damit ein sterbent gemacht hattend, daruf si in vil stetten tutsches landes verbrennt wurdent.“[46] Somit erscheint die Gewalt in seiner Chronik auch als Kollektivstrafe legitimiert, hat aber – wie auch in der Klingenberger Chronik – keinen direkten religiösen Bezug mehr. Es ist eher zu vermuten, dass bei Brennwald wie der Klingenberger Chronik die sozialen Aspekte und Vorurteile gegen die Gruppe der Juden das Hauptmotiv sind.

Im Gegensatz dazu schreibt Aegidius Tschudi, der die Skepsis gegen die Brunnenvergiftung bereits in die Erzählzeit projiziert, in seiner um 1535 entstandenen Schilderung: „Als man si all vorhin pijniget ee man si verurteilte, verjachend iro vil mengerlei grosser schelmenstuck so si gebrucht, von vil christenkinden die si getödt, is vil christen die si vergifft, grosse diebstal, feltschung der müntz, feltschung

[43] Studer: Chronik (wie Anm. 20), S. 111.

[44] Henne: Chronik (wie Anm. 32), S. 63.

[45] Luginbühl: Brennwalds Schweizerchronik (wie Anm. 23), S. 179.

[46] Ebd.

der briefen und andre merckliche bubenstuck. Si bekanntend das si in secklinen gifft in die ursprung der brunnen ouch in die cisternen und sod-brunnen geton. [...] Es meintend ouch vil wiser lüten, die Juden werind nit schuldig mit vergifftung der wassern und hettind uss grosser martrung sölchs bekennt. [...] Man fand aber grosse buben und bößwicht under inen andrer wüssentlicher malefitzischer taten, wie oberzelt, die si one und mit der marter verjachend."[47]

Die Darstellung Tschudis enthält sowohl Elemente, die sich in der zeitgenössischen lateinischen Chronistik als auch in der späteren deutschsprachigen finden. Aus den Narrativen der Kanoniker ist der religiös legitimierende Aspekt übernommen, die Juden hätten gezielt „christenkinden [...], [...] vil christen" ermordet. Ebenso wird die mittels Folter erlangte Bestätigung des Verdachts als begründender Faktor genannt, wenngleich Tschudi die Aussagekraft der Geständnisse grundlegend hinterfragt. Die Zweifel am Wahrheitsgehalt der durch Folter erzwungenen Aussagen sind somit konstatiert, werden aber nicht generell als Gegenargument zur Gewaltlegitimation verwendet, da „[andere Taten] die sie one und mit der marter verjachend" vorlagen.

In Bezug auf die Darstellung des Pogroms von 1348 an drei verschiedenen Stellen der Stumpf'schen Chronik lässt sich somit sagen, dass Stumpf die Begründung wie Legitimation der Gewalt hinterfragt oder sogar davon ausgeht, dass die beschuldigte Gruppe der Juden unschuldig ist. Es findet sich dezidiert keine religiöse Begründung für die angewendete Gewalt, vielmehr bricht der Chronist mit dem Legitimationsnarrativ der ihm vorliegenden Quellen. Stumpf übernimmt ausschließlich „Fakten" wie Zeit, Ort und Anzahl der ermordeten Juden, transformiert aber das Narrativ deutlich weg von der vollständig religiös legitimierten Gewalt (der lateinischen Chroniken), weg von den sozialen Vorurteilen (der deutschsprachigen Chroniken) und geht auch über die Skepsis an der Legitimation durch Foltergeständnisse (bei Tschudi) hinaus.

Erzählung 5: Pogrome um 1400

Für das Pogrom von 1401 in den Städten Schaffhausen, Zürich und Winterthur zeigt sich ein ähnliches Bild. Als Reaktion auf eine neue Pestwelle wurden „an vilen orten Juden verargwöniget und beschuldigt".[48] Auch wenn sich diese drei Darstellungen an unterschiedlichen Stellen der Chronik finden, ist der Inhalt konsistent zur Schilderung des Pogroms von 1348. In Schaffhausen wurde die Gruppe der Juden „gezigen das sy die brunnen vergifftet und damit ein sterbend angericht soeltind

[47] Stettler: Chronicon (wie Anm. 33), S. 345.
[48] Stumpf: Chronik (wie Anm. 18), Buch XIII, fol. 423v.

haben“, ebenso in Zürich.[49] Im Fall von Winterthur findet sich fast wörtlich dieselbe Aussage, ergänzt um: „des armen volcks ward vil umbracht/ und (als zebesorgen) mancher umb kleine schuld“.[50]

Die Gewalt gegen die Gruppe der Juden in der Stadt Diessenhofen, ebenfalls 1401, wird in eine andere Erzählung eingebunden.[51] Unter den vielen Juden in der Stadt, „under denen einer“ den Stallknecht des Vogts bestochen haben soll, ein Kind zu töten, um ihm dessen Blut zu geben.[52] Nach der Ermordung eines Jungen durch den Stallknecht wurde dieser mit dem Rad gerichtet, „der Jud aber nach bekanntnus vile boeser thatten/ verbrennt“.[53] Es fällt auf, dass diese Sequenz nicht als Begründung der weiteren Gewalt gegen die Gruppe der Juden in Diessenhofen verwendet wird. Erst an anderer Stelle wird genannt, dass dort 1401 noch acht weitere Juden ermordet wurden.[54]

Quellengrundlage I: Chroniken

Die Erzählung in der Klingenberger Chronik (um 1450) kommt über einen bloßen Vermerk der Ereignisse nicht hinaus, weshalb für diese Stumpf zur Verfügung stehende Quelle nicht zu prüfen ist, ob er sie hier aktiv rezipierte. Ähnlich wie bei den Schilderungen zum Pogrom von 1348 findet sich in der Klingenberger Chronik auch hier nur der soziale Faktor der Kollektivschuld der Gruppe der Juden – dezidiert religiöse Begründungen fehlen.[55]

Petermann Etterlin ist bereits in der Überschrift zum entsprechenden Absatz seines 1507 entstandenen Textes deutlich wertender: „Wenn und wie ettlich unselig Juden zu Diessenhoffen/ eyn jungen knaben ermürtten/ und was da beschach uss schickung Gotz/ das der schalck so dem Juden das kynd in den tod gab/ daran ergriffen/ darumb im sin rechterlon ward ouch ander Juden in vil stetten verbrent wurdent.“[56] Etterlin erwähnt die Pogrome in Schaffhausen und Winterthur, nicht jedoch den in Zürich. Auch wenn er im darauffolgenden Absatz nur einen Juden

[49] Ebd., Buch V, fol. 78r.; vgl. ebd., Buch VI, fol. 160v.
[50] Ebd., Buch V, fol. 111r.
[51] Die Ritualmordvorwürfe in Diessenhofen wurden sehr gut erörtert in Oliver Landolt: „Wie die juden z Diessenhofen ein armen knaben ermurtend, und wie es inen gieng“. Ritualmordvorwürfe und die Judenverfolgung von 1401. In: Schaffhauser Beiträge zur Geschichte 73 (1996), S. 161–194.
[52] Stumpf: Chronik (wie Anm. 18), Buch V, fol. 74r.
[53] Ebd.
[54] Vgl. ebd., Buch XIII, fol. 423v.
[55] Henne: Chronik (wie Anm. 32), S. 63.
[56] Petermann Etterlin: Kronica von der loblichen Eydtgnoschaft Ir harkommen und sust seltzam strittenn und geschichten. Basel 1507, fol. 67v.

namens Michel nennt, so zeigt sich in der Überschrift die Unterstellung, dass mehrere („ettlich") Juden für die Ermordung des Jungen verantwortlich seien und deren darauf erfolgte Tötung dem Willen Gottes („schickung Gotz") entspreche.[57]

Quellengrundlage II: Zeitgenossen von Stumpf

Heinrich Brennwald gibt 1508/1516 den Namen des anstiftenden Juden ebenfalls mit Michel an und liefert die von Stumpf fast wörtlich übernommene Phrase „der jud bekannt och vil boeser schantlicher sachen und ward verbrennt".[58] Auch nennt er im selben Absatz die Pogrome in Schaffhausen, Zürich und Winterthur, führt jedoch eine andere Begründung an als Stumpf: „[Schaffhausen] Und fand sich, das etlich juden hatend die brunnen vergift; [...] verbrant man zu Winterthur 27 juden, wib und man, und wurden dir vil cristen, die liess man bi leben [...] [in Zürich] die juden gefangen und fand sich, das si der sachen, so si geschuldiget wurdent, unschuldig waren; wol hattend si etlich ander sachen wider [...] gehandlet; des halb si um 1500 guldi zuo buss geben und von der statt musstend."[59]

Diebold Schilling schreibt 1513 in der Überschrift seines Textabsatzes zu den Pogromen: „Wie die juden zuo Diessenhoffen ein armen knaben ermurdtend und wie es inen gieng." Ebenso kennt er den Namen des Juden, jedoch als Zan und nicht als Michel, und beschreibt die der Gruppe der Juden zugeschriebenen weiteren Schandtaten. Für die Pogrome in Winterthur, Schaffhausen und Zürich nennt er ebenfalls die Anzahl der ermordeten Juden.[60]

Aegidius Tschudi nennt um 1535 den Namen, die Anzahl der ermordeten Juden und die ursprüngliche Erzählung vom angestifteten Kindesmord durch den Juden Michel. Auch bei ihm ist der Beschuldigte geständig und wird zusammen mit dem eigentlichen Mörder hingerichtet.[61] Abweichend von den älteren Vorlagen und ähnlich wie bei Stumpf wird bei Tschudi die namenlose Masse zum Akteur der darauffolgenden Gewalt: „Also begund man die juden von dieser sach wegen gar vast ze hassen und ze durchächten allenthalb, dann bald darnach [...] verbrantend."[62]

Im Gegensatz zu seinen Vorlagen unterscheidet Stumpf sehr deutlich zwischen den Taten eines einzelnen Juden und der kollektiven Gewalt gegen die gesamte Gruppe. Während Etterlin, Brennwald und Tschudi den Namen Michel überliefern

[57] Vgl. Landolt: Juden (wie Anm. 51), S. 174, wo gezeigt wird, dass der Name Michel in einem Brief der Stadt Schaffhausen von 1401 erwähnt wird.
[58] Luginbühl: Brennwalds Schweizerchronik (wie Anm. 23), S. 492.
[59] Ebd., S. 493.
[60] Diebold Schilling: Luzerner Chronik. Luzern 1513, fol. 22r.
[61] Bernhard Stettler: Chronicon Helveticum. Teil VII. Basel 1988, S. 30.
[62] Ebd.

und Etterlin wie Schilling explizit die Gruppe der Juden (Etterlin: „ettlich unselig Juden“, Schilling: „die Juden“) in die Verantwortung und Täterschaft miteinbeziehen, schreibt Stumpf deutlich, dass einer der Juden in der Stadt („under denen einer“) der Anstifter des Verbrechens war, nennt diesen aber nicht namentlich. Auch das pauschale Urteil seines Schwiegervaters, Heinrich Brennwald, übernimmt Stumpf nicht, sondern macht aus der „Tatsache“ der Brunnenvergiftung eine der Gruppe der Juden vorgeworfene Unterstellung. Ebenso wenig gibt Stumpf die religiöse Legitimierung der Gewalt wieder, die Petermann Etterlin anführt, sondern zeigt – im Gegenteil – sein Mitleid gegenüber der Gruppe der Juden („des armen volcks ward vil umbracht“) und folgt zudem der Linie Tschudis, wonach die Gewalt gegen die Gruppe der Juden von der wütenden Masse ausgegangen sei.

Am Beispiel der Judenverfolgung um 1400 in der Nordschweiz zeigt sich somit deutlich, dass Stumpf von allen ihm vorliegenden Quellen im eigentlichen Inhalt der Erzählung (Ermordung eines Jungen und anschließende Gewalt gegen die Gruppe der Juden) nicht abweicht. Hingegen werden explizit die religiösen Motive der Legitimation negiert, und Stumpf betont, dass die Taten eines Einzelnen für die Bestrafung der Gruppe keine ausreichende Rechtfertigung seien.

Zusammenfassung der Erzählungen

Die Chronik des Johannes Stumpf rezipiert nicht nur die Darstellung der Gewalt gegen Juden aus älteren Quellen, die „Verarbeitung der Gewaltereignisse“ nimmt vielmehr eine zentrale Stelle im Narrativ ein, was sie als Quellengrundlage zur Überprüfung der Weltecke'schen Thesen qualifiziert.[63] Der Chronist Stumpf als „Beobachter“ der Gewaltereignisse ist zeitgleich auch „Vermittler“, da die Legitimation und Interpretation von Gewalt innerhalb eines Narrativs ebenso zur Kommunikation über Gewalt gehört wie die Darstellung derselben.

Der Faktor „Religion“ spielt in der Begründung der Gewalt für Stumpf kaum eine Rolle, zumal diese gegen die Gruppe der Juden bei ihm nur in einem Fall gerechtfertigt scheint. In allen anderen Fällen stellt Stumpf die Juden als Opfer von Beschuldigungen und Verleumdungen dar und formuliert sein Mitgefühl angesichts der an ihnen verübten Gewalt. Bei Verbrechen, in denen Stumpf einzelne Mitglieder der Gruppe der Juden involviert sieht, so in Bern 1287, in Konstanz 1333 und in Diessenhofen 1401, wird die Gewalt durch ein rechtsgültiges Urteil der Obrigkeit legitimiert, aber nur bei den Vorfällen von Konstanz 1333 erwähnt der Chronist in seiner Schilderung ein dezidiert religiöses Motiv als Ursache der Gewalt.

[63] Weltecke: Bemerkungen (wie Anm. 4), S. 625–628.

Transformation des Narrativs

Mitte des 16. Jahrhunderts war für Stumpf die „Türkengefahr“ ein essenzieller Bestandteil seiner Lebenswelt und innerhalb der Chronik ruft Stumpf an zahlreichen Stellen offen zum Kampf der „Christen“ gegen die „Ungläubigen“ auf. Die „religiöse“ Gewalt ist somit ein zentrales Motiv seiner Historiografie. Innerhalb der fast 1.600 Seiten umfassenden Chronik nehmen „Gewalt“ und „Religion“ im Zuge der „Türkengefahr“ einen prominenten Platz ein, sind aber nicht nur in der Autorengegenwart zu finden.

Die Legitimation der Gewalt gegen die Gruppe der Juden erfolgt an keiner Stelle der Stumpf'schen Chronik unter Rückgriff auf die spätmittelalterlichen oder zeitgenössischen Hetzschriften, die antiken Grundlagentexte des Christentums oder normative Quellen des politischen Raumes. Sie erfolgt, wie Weltecke anregt, nicht als Rechtskonstruktion, die der Gewalt vorausgeht, sondern war ausschließlich Folge der erlebten Gewalt.[64] In den für uns heute fassbaren unmittelbaren Quellen gibt es keine ausreichenden Hinweise auf eine religiöse Legitimation der Gewalt. Ob es im Umfeld der beschriebenen Ereignisse tatsächlich solche Legitimationen gab, lässt sich dementsprechend weder beweisen noch negieren, es muss folglich offenbleiben. Erst in der historiografischen Verarbeitung wie der von Johannes von Winterthur oder von Konrad Justinger wird den Gewaltereignissen eine auf religiösen Faktoren basierende Legitimation gegeben, die wir fassen können. Johannes Stumpf „entfernt“ diese religiöse Legitimation aus dem Narrativ und transformiert somit die gesamte Erzählung, sodass bei ihm die Geschehnisse auf soziale und politische Probleme zurückzuführen sind – den Pöbel, Gerüchte, Anschuldigungen und Einzeltäter. Die schuldigen Einzeltäter innerhalb der Gruppe werden in seiner Darstellung entsprechend den zeitgenössischen Grundsätzen hingerichtet. Die Verurteilung auf Basis der gelebten Rechtspraxis ist deutlich zu unterscheiden von der nachträglichen Konstruktion einer religiös motivierten Legitimation.

Die Narrative seiner Vorlagen werden von Stumpf dahingehend verändert, dass der Faktor „Religion“ in der Gewaltanwendung gegen eine Gruppe, die als religiöse Gemeinschaft beschrieben wird, bei ihm keine Rolle spielt. So entsteht die Kombination der Anwesenheit der „Religion“ als Faktor der Gruppenbeschreibung, bei gleichzeitiger Abwesenheit der „Religion“ als Legitimation der Gewaltausübung. Die Stumpf'sche Chronik belegt somit, dass die Beschreibung religiöser Differenz für Stumpf weder eine notwendige noch eine hinreichende Bedingung für religiöse Gewalt ist, was eine Kernthese von Dorothea Weltecke bestätigt.[65]

64 Vgl. ebd., S. 628 f.
65 Vgl. ebd., S. 637–639.

Im vorliegenden Beitrag konnte gezeigt werden, wie die narrative Darstellung vermeintlich religiöser Gewalt durch den reformatorischen und humanistischen Autor Johannes Stumpf transformiert wurde. Während er die grundlegenden Informationen aus den ihm vorliegenden Quellen rezipierte, veränderte er das Narrativ der Legitimation durch das Entfernen religiöser Komponenten. Eine Frage wurde bislang allerdings nicht ausführlich behandelt und kann auch nicht Gegenstand dieses Aufsatzes sein: Welche Motive hatte Stumpf, der nie in Berührung mit dem gelebten Judentum kam, diese narrative Transformation zu vollziehen und innerhalb der Eidgenossenschaft zu verbreiten? Aus der Sicht der heutigen Forschung kann diese Frage nicht eindeutig beantwortet werden, gleichwohl lässt sich aus dem Lebenslauf des Autors aber eine vorsichtige Vermutung ableiten, die an anderer Stelle noch ausführlich geprüft werden müsste: In seinem Lebensweg vom katholischen Priester und Mitglied des Johanniterordens zum Reformator und Chronisten wurde Stumpf Zeuge der sozialen wie kulturellen Spaltung der Eidgenossenschaft durch die Konflikte im Zuge der Reformation. Aufseiten Zürichs nahm er 1529 am Ersten Kappeler Krieg teil und war Zeuge der Schlacht am Kappel 1531, in der seine Freunde und reformatorischen Verbündeten Huldrych Zwingli und Konrad Schmid fielen. Ebenfalls erlebte er die blutige Verfolgung der Täuferbewegung in der Eidgenossenschaft und den Konflikt zwischen Zwinglianern und Calvinisten. Es bleibt eine Vermutung, für die es bisher keinen wissenschaftlichen Beleg gibt, aber die Erfahrung der religiös motivierten Gewalt gegen seine eigene Gruppe, und auch die Gewalt, die durch diese verübt wurde, könnten Johannes Stumpf bewogen haben, die Darstellung „religiöser" Gewalt gegen die Gruppe der Juden differenzierter zu betrachten als frühere Autoren, auf die er sich in seiner Chronik stützte, und als manche seiner Zeitgenossen.

Abstract

In the "Chronicle of the History of the Confederation", printed in 1547/48, the author Johannes Stumpf compiles various sources on the late medieval persecution of Jews in Switzerland. The paper examines which sources Stumpf uses and how he transforms the motives and strategies of legitimising "religious" violence against Jews. It is shown that Stumpf, who was influenced by the Reformation and humanism, turned away from religious motives, such as the accusation of poisoning wells and sacrificing hosts, and consistently reinterpreted the violence against Jews as a problem of social groups. In the Chronicle, in contrast to the sources he used, there are no negative stereotypes against Jews and also no group guilt for the crimes attributed to the Jews. Since it is one of the most influential chronicles of the 16th century in Switzerland, it is worth examining it specifically in order to investigate the change in the legitimation of “religious” violence on the threshold of the late Middle Ages and modern times.

Johannes Süßmann

„Religiöse Gewalt" in der Frühen Neuzeit?
Eine begriffsgeschichtliche Revision

Vorbemerkung

Um das Konzept religiöser Gewalt auf den Prüfstand zu stellen,[1] scheint die Frühe Neuzeit denkbar ungeeignet. Als „Zeitalter der Glaubenskämpfe" hat die ältere Forschung die zweite Hälfte des 16. Jahrhunderts und die erste des 17. Jahrhunderts gekennzeichnet.[2] Von „konfessionellen Religionskriegen"[3] oder „Konfessionskriegen"[4] als epochenspezifischem Kriegstyp spricht die gegenwärtige Frühneuzeitforschung. Fest ist nicht nur in der Wissenschaft, sondern auch im allgemeinen Geschichtsbewusstsein ein Epochenklischee verankert, das die obrigkeitlich orchestrierte, in Form von Kriegen geführte, gerechtfertigte „religiöse Gewalt"[5] – um diese soll es im Folgenden gehen – zu einem Schlüssel der Epoche erklärt.

Wahrscheinlich gehört diese Vorstellung schon deshalb zu den unerschütterlichen historischen Gewissheiten, weil sie gebraucht wird. Je dunkler man die religiös-konfessionelle Gewalt der ersten Hälfte der Frühen Neuzeit ausmalt, desto heller erstrahlen die vermeintlichen Lernprozesse der Entkonfessionalisierung, Aufklärung und Säkularisierung in der zweiten Hälfte. Das Säkularisierungspara-

[1] Dies ist das Anliegen von Dorothea Weltecke: Bemerkungen zur Geschichte der religiösen Gewalt im Mittelalter. In: HZ 305 (2017), S. 621–656 und das Thema der hier dokumentierten Tagung.

[2] Herausragend noch immer Ernst Walter Zeeden: Hegemonialkriege und Glaubenskämpfe 1556–1648. Frankfurt a. M./Berlin/Wien 1977 (^{2}1980).

[3] So etwa Heinz Schilling: Konfessionelle Religionskriege in politisch-militärischen Konflikten der Frühen Neuzeit. In: Klaus Schreiner (Hg.): Heilige Kriege. Religiöse Begründungen militärischer Gewaltanwendung: Judentum, Christentum und Islam im Vergleich. München 2008, S. 127–150, bes. S. 128; Franz Brendle/Anton Schindling (Hg.): Religionskriege im Alten Reich und in Alteuropa. Begriff, Wahrnehmung, Wirkmächtigkeit. Münster 2006.

[4] Luise Schorn-Schütte: Konfessionskriege und europäische Expansion. Europa 1500–1648. München 2010.

[5] Matthias Pohlig: Religiöse Gewalt? Begriffliche Überlegungen an Beispielen des konfessionellen Zeitalters. In: Saeculum 65 (2015) 1, S. 115–134. Pohlig wendet sich gegen aktuelle Bestrebungen, den Begriff der „religiösen Gewalt" für unzutreffend zu erklären und bejaht die Frage in seinem Titel.

https://doi.org/10.1515/9783110773781-018

digma verlangt nach dem Gegenpol, als dessen Überwindung es sich versteht. Seit der Aufklärung ist die Vorstellung exzessiver religiöser Gewalt im 16./17. Jahrhundert ein notwendiger Grusel des auf- (oder eher ab-)geklärten liberalen Selbstverständnisses.[6]

Wissenschaft macht aus, dass sie sich damit nicht abfindet. Die Revision eingefahrener Forschungsmeinungen gehört zu ihren Grundaufgaben. Sie hat auch bezogen auf die Frage nach der religiösen Gewalt in der Frühen Neuzeit längst begonnen. Diesen Diskussionsstand kurz vorzustellen, ist das Ziel des ersten der drei folgenden Abschnitte. Im zweiten wird – ausgehend von einem Hinweis Dorothea Welteckes – der Ausgangspunkt skizziert, von dem die Revision in diesem Beitrag begonnen werden soll. Und zwar geht es um die Hypothese, dass sowohl der Begriff der „Religion" als auch die damit bezeichnete Sache sich im Verlauf der Frühen Neuzeit mindestens dreifach grundlegend verändert haben – weshalb es falsch ist, unser heutiges Religionsverständnis auf das 16./17. Jahrhundert zurückzuprojizieren. Im dritten Abschnitt wird diese Hypothese am Sprachgebrauch einiger Quellen überprüft.

„Religionskrieg" als frühneuzeithistorischer Forschungsbegriff

In einem luziden Grundsatzartikel hat Andreas Holzem sich ausgesprochen kritisch mit der gängigen Rede vom „Religionskrieg" in der deutschsprachigen Frühneuzeithistorie auseinandergesetzt.[7] Er konstatiert zunächst, dass die Begriffsbildung etwa bei Johannes Burkhardt[8] und Heinz Schilling[9] sich dem leitenden Interesse an der Staatsbildung verdankt. Daraus ergibt sich erstens eine Perspektive von der obrigkeitlichen Politik auf die Religion, von oben nach unten also, und

6 So das Argument von William T. Cavanaugh: The Myth of Religious Violence. Secular Ideology and the Roots of Modern Conflict. Oxford 2009.

7 Andreas Holzem: Gott und Gewalt. Kriegslehren des Christentums und die Typologie des Religionskrieges. In: Dietrich Beyrau/Michael Hochgeschwender/Dieter Langewiesche (Hg.): Formen des Krieges. Von der Antike bis zur Gegenwart. Paderborn u. a. 2007, S. 371–414, hier: bes. Abschnitt 3 „Religionskriege in der Debatte um die Reformations- und Konfessionalisierungskriege" (S. 381–385). Zu den Erwiderungen auf seine Thesen vgl. die frühneuzeitbezogenen Beiträge in Andreas Holzem (Hg.): Krieg und Christentum. Religiöse Gewalttheorien in der Kriegserfahrung des Westens. Paderborn 2009.

8 Johannes Burkhardt: Religionskrieg. In: TRE. Bd. 28. Berlin 1997, S. 681–687. Vgl. ders.: Die Friedlosigkeit der Frühen Neuzeit. Grundlegung einer Theorie der Bellizität Europas. In: ZHF 24 (1997), S. 509–574.

9 Heinz Schilling: Konfessionalisierung und Staatsinteressen 1559–1660. Paderborn 2007. Programmatisch vgl. ders.: Gab es um 1600 in Europa einen Konfessionsfundamentalismus? Die Geburt des internationalen Systems in der Krise des konfessionellen Zeitalters. In: JHK (2005), S. 69–93.

zweitens, dass deren Verhältnis durchweg instrumentell konzipiert wird. Da das *ius reformandi* im 16. Jahrhundert der wichtigste Hebel gewesen sei, um Fürstenherrschaft zu erweitern und zu vertiefen, hätten die Obrigkeiten notwendigerweise davon Gebrauch gemacht, sich damit jedoch zugleich in vielfältige Konfessionskonflikte nach innen und außen verstrickt. Geführt worden seien diese als „innerdeutsche und europäische Staatenbildungs- und Nationenkonkurrenzkriege"[10] – soll heißen: nach einer politischen Ratio –, doch habe die Religion als Anlass und Rechtfertigung häufig mithineingespielt, ehe die Politik sich im 17. Jahrhundert aus dieser Verstrickung zu lösen vermochte und sich selbst säkularisiert habe.[11]

Dieser, wie Holzem sie nennt, „strukturgeschichtlichen" Perspektive stellt er mit Axel Gotthard[12] eine „erfahrungsgeschichtliche" gegenüber. Letztere nimmt für sich in Anspruch, erstens aus der Sicht der betroffenen, in das Geschehen verwickelten Zeitgenossen auf die Verhältnisse zu schauen: also von unten nach oben. Dadurch rückt zweitens das religiöse Selbstverständnis der Menschen in den Mittelpunkt. Krieg und Gewalt erscheinen nicht mehr bloß religiös veranlasst und gerechtfertigt, sondern religiös motiviert und formatiert. Religion erscheint hier nicht funktional, sondern erhält einen Eigenwert – mit der Implikation, dass ausgeübte und erlittene Gewalt eine transzendente Dimension zugesprochen bekommen, entgrenzt werden. Der Tübinger Sonderforschungsbereich „Kriegserfahrungen" hat diese kulturanthropologisch inspirierte Perspektive gewiss befördert. Doch ist sie älter und hatte unabhängig davon in den letzten Jahren in der Frühneuzeitforschung Konjunktur.[13] Seinen eigenen Ansatz rechnet Holzem dieser Perspektive ebenfalls zu, obwohl mindestens eine seiner Pointen quer dazu steht. Wenn er im Anschluss an Konrad Repgen[14] zeigt, dass bis tief ins 17. Jahrhundert hinein Kriege

[10] Holzem: Gott (wie Anm. 7), S. 383.

[11] Zu Schillings eigener Rekapitulation vgl. Schilling: Religionskriege (wie Anm. 3), S. 129–132.

[12] Axel Gotthard: Der deutsche Konfessionskrieg seit 1619. Ein Resultat gestörter politischer Kommunikation. In: HJb 122 (2002), S. 141–172. Vgl. ders.: Der Dreißigjährige Krieg. Eine Einführung. Köln 2016.

[13] Ohne Anspruch auf Vollständigkeit seien genannt Peter Burschel: Das Heilige und die Gewalt. Zur frühneuzeitlichen Deutung von Massakern. In: AKG 86 (2004) 2, S. 341–368; ders.: Sterben und Unsterblichkeit. Zur Kultur des Martyriums in der Frühen Neuzeit. München 2004; ders.: „Schöne Passionen". Zur Konfessionalisierung des Leidens in der Frühen Neuzeit. In: Kaspar von Greyerz/ Kim Siebenhüner (Hg.): Religion und Gewalt. Konflikte, Rituale, Deutungen (1500–1800). Göttingen 2006, S. 249–264; vgl. auch die anderen Aufsätze aus diesem Band sowie den Forschungsbericht von Julia A. Schmidt-Funke: Religion und Gewalt in der Frühen Neuzeit. Einführung. In: sehepunkte 8 (2008) 7/8, http://www.sehepunkte.de/2008/07/forum/religion-und-gewalt-in-der-fruehen-neuzeit-52/ (letzter Zugriff am 12.1.2022).

[14] Konrad Repgen: Was ist ein Religionskrieg? In: ZKG 97 (1986), S. 334–349 und ders.: Kriegslegitimationen in Alteuropa. Entwurf einer historischen Typologie. In: HZ 241 (1985), S. 27–49. Vgl. Anuschka Tischer: Offizielle Kriegsbegründungen in der Frühen Neuzeit. Herrscherkommunika-

zwischen christlichen Obrigkeiten nach demselben Modell gerechtfertigt wurden, das schon die mittelalterlichen Rechtsdenker dafür entwickelt hatten, dem Modell des „gerechten", soll heißen: formell wie materiell legitimen, Kriegs im Anschluss an die Lehren von Augustinus und Thomas von Aquin, dann argumentiert Holzem selbst eher diskursanalytisch-strukturgeschichtlich als erfahrungsgeschichtlich. Vor allem aber ergibt sich inhaltlich aus dieser Kontinuität, wie Kirchenhistoriker und Theologen wieder und wieder gezeigt haben,[15] dass in dieser Lehre vom legitimen Krieg unter Christen Religion keine zentrale Rolle spielen durfte, weder als Kriegsgrund, noch als Modus der Kriegsführung.[16] Soweit die Kriege zwischen christlichen Obrigkeiten im 16. und 17. Jahrhundert in diesem überkommenen Diskurs gerechtfertigt wurden, waren sie ihrer juristischen Deutung nach gerade keine Religionskriege.

Diesem Befund haben sowohl die Strukturhistoriker als auch die Erfahrungshistoriker widersprochen, erstere mit dem Argument, dass offizielle Kriegsrechtfertigungen, dem Prinzip der *dissimulatio* folgend, die eigentlichen – nämlich konfessionellen – Kriegsgründe prinzipiell verschleiert hätten,[17] letztere unter Verweis darauf, dass der obrigkeitliche Diskurs mit dem eigentlichen – nämlich religiösen –

tion in Europa zwischen Souveränität und korporativem Selbstverständnis. Münster 2012, zu „Religion/Konfession": S. 165–170.

15 Beispielsweise John Kelsay: Just War and Legal Restraints. In: Mark Juergensmeyer/Margo Kitts/Michael Jerryson (Hg.): The Oxford Handbook of Religion and Violence. Oxford 2013, S. 306–314; Ernst-Dieter Hehl: Heiliger Krieg – eine Schimäre? Überlegungen zur Kanonistik und Politik des 12. und 13. Jahrhunderts. In: Holzem (Hg.): Krieg (wie Anm. 7), S. 323–340; ders.: Kirche und Krieg im 12. Jahrhundert. Studien zu kanonischem Recht und politischer Wirklichkeit. Stuttgart 1980; Christoph A. Stumpf: Vom heiligen Krieg zum gerechten Krieg. Ein Beitrag zur alttestamentlichen und augustinischen Tradition des kanonistischen Kriegsvölkerrechts bei Gratian. In: ZRG KA 118 (2001), S. 1–30. Vgl. Friedrich Wilhelm Graf: Sakralisierung von Kriegen: Begriffs- und problemgeschichtliche Erwägungen. In: Schreiner (Hg.): Heilige Kriege (wie Anm. 3), S. 1–30, hier: S. 7–10 mit weiterer Literatur.

16 Anders verhielt es sich mit den Kriegen gegen das Osmanische Reich. Sie wurden als Kriege gegen den Islam gedeutet, ausgegeben, gerechtfertigt, obwohl das Osmanenreich bekanntlich große christliche Bevölkerungsgruppen umfasste und die Armeen und Flotten des Sultans zeitweise bis zur Hälfte aus christlichen Kriegern bestanden. Trotzdem folgte der Diskurs über diese Kriege anderen Regeln und bedarf daher eigener Untersuchungen. Vgl. z. B. Anton Schindling: Türkenkriege und „konfessionelle Bürgerkriege". Erfahrungen mit „Religionskriegen" in der Frühen Neuzeit. In: Holzem (Hg.): Krieg (wie Anm. 7), S. 596–624; Klaus Schreiner: Kriege im Namen Gottes, Jesu und Mariä. Heilige Abwehrkämpfe gegen die Türken im späten Mittelalter und in der Frühen Neuzeit. In: ders. (Hg.): Heilige Kriege (wie Anm. 3), S. 151–192.

17 So argumentiert z. B. Franz Brendle: Der Religionskrieg und seine Dissimulation: Die „Verteidigung des wahren Glaubens" im Reich des konfessionellen Zeitalters. In: Holzem (Hg.): Krieg (wie Anm. 7), S. 457–469.

Empfinden der Menschen nicht übereingestimmt habe.[18] Ohne dass diese Argumente hier diskutiert werden können, zeigt sich daran: So verschieden beide Forschungsansätze den Begriff des „Religionskriegs“ konzipieren, aus je eigenen Gründen halten beide ihn für das 16. und 17. Jahrhundert für unverzichtbar. Im Ergebnis sind sie sich näher, als die Reibereien vermuten lassen.

Dies führt zu einer ersten – wenn man so möchte – formalen Kritik an diesem Diskussionsstand. Geschichtstheoretisch betrachtet, ist nämlich die Gegenüberstellung von Struktur und Erfahrung, Politik und Alltag, obrigkeitlicher und Betroffenenperspektive, theorie- und quellengeleiteter Arbeit, Deduktion und Induktion, *macrostoria* und *microstoria* unhaltbar. Natürlich hat diese Gegenüberstellung Gründe. Sie zeigt sich in der Geschichte der Geschichtswissenschaft seit den 1980er-Jahren überall in Westeuropa und den USA. Inzwischen wird sie achselzuckend hingenommen. Dennoch handelt es sich, mit Hegel gesprochen, um eine abstrakte Negation: einen schlechten Gegensatz, der nach Vermittlung förmlich verlangt. Im Grunde wissen das die Protagonisten beider Lager selbst, wenn sie die Geltung der jeweils anderen Perspektive für deren Bereich ausdrücklich anerkennen und beide Perspektiven mehr oder weniger offen für komplementär erklären. Komplementarität aber ist das Gegenteil von Vermittlung. Komplementarität heißt, die anderen gewähren zu lassen, um sich auf die eigene Perspektive beschränken zu können. Komplementarität heißt, sich im beziehungslosen Nebeneinander einzurichten und die Zusammenschau an irgendwelche Dritte zu delegieren. Es ist eine Form der intellektuellen Bequemlichkeit, oft sogar begründet mit politischen Neigungen, als wäre das ein wissenschaftliches Argument.

Den Gegensatz in Bewegung zu bringen, bedeutet, Strukturen als heuristische Annahmen zu verstehen, deren Tauglichkeit sich erst daran erweist, wieviel sie dazu beitragen, konkrete Quellen aufzuschließen, deren verborgene Bedeutungen an den Tag zu bringen, sie in ihrer Beschaffenheit, ihrem So-Sein zu erklären. Strukturen sind Modelle – und zwar nicht nur für Geschehensverläufe, sondern auch für Bedeutungen.[19] Ihr Erkenntniswert bemisst sich daran, inwieweit sie aus den Quellen heraus überhaupt ansprechbar, überprüfbar, falsifizierbar sind. Insofern kommt Strukturgeschichte, die mehr sein will als Geschichtsphilosophie, nicht umhin, ihre Modelle auch quellenbezogen zu formulieren. Zugleich besteht ein produktiver Umgang mit dem Gegensatz darin, auch die vermeintlichen Erfah-

[18] So beispielsweise Axel Gotthard: Der Gerechte und der Notwendige Krieg. Kennzeichnet das Konfessionelle Zeitalter eine Resakralisierung des Kriegsbegriffs? In: Holzem (Hg.): Krieg (wie Anm. 7), S. 470–504.

[19] Ausführlicher dazu Johannes Süßmann: Geschichtswissenschaften und Objektive Hermeneutik. In: Roland Becker-Lenz u. a. (Hg.): Die Methodenschule der Objektiven Hermeneutik. Eine Bestandsaufnahme. Wiesbaden 2016, S. 115–140.

rungsberichte so auszulegen, dass die darin arbeitenden Strukturen sichtbar werden, und zwar nicht nur die Diskursregeln, sondern auch die sozialen und politischen Kontextstrukturen, auf die ein Zeugnis sich explizit oder implizit bezieht. Auch Erfahrungsgeschichte, die mehr sein möchte als Versenkung in den subjektiv gemeinten Sinn, die über bloße Deskription hinausgelangen will, kommt nicht umhin, Strukturhypothesen zu bilden und Strukturexplikation zu betreiben. Ob ich dafür bei einem Kriegsmanifest ansetze oder bei einem Selbstzeugnis, macht methodisch keinen Unterschied. Selbstverständlich gibt es unterschiedliche Fragestellungen, daher ist es notwendig, sich auf Ausschnitte zu beschränken. Doch bildeten Politik und Alltag keine hermetisch voneinander abgeschotteten Bereiche. An Herrschaft haben auf unterschiedliche Weise beide Seiten teil. Folglich müssen die Zusammenhänge sich auf beiden Seiten zeigen, müssen sie von beiden Seiten aus ansprechbar sein.

Bei guter Struktur- und Erfahrungsgeschichte rennt diese formale Kritik offene Türen ein. Wichtiger ist daher die materiale Kritik, die im Folgenden entfaltet werden soll.

Der dreifache Strukturwandel im frühneuzeitlichen Begriff der „Religion“

Was die bisherige Frühneuzeitforschung zum Thema „Religionskrieg“ vereint, ist die Annahme, man wisse, was Religion sei.[20] Über Religion im 16. und 17. Jahrhundert wird gesprochen, als verstünden Wort und Sache sich von selbst. Diese Überzeugung soll hier von zwei Seiten infrage gestellt werden. Der erste Ausgangspunkt ist die Debatte, die seit geraumer Zeit in den Theologien und der Religionswissenschaft über den Religionsbegriff geführt wird. In den letzten Jahrzehnten ist sie von der Beobachtung befeuert worden, dass man dem Religionsbegriff inflationsar-

[20] „Trotz der beeindruckenden Intensität, mit der deutsche Allgemeinhistoriker in den letzten zwanzig Jahren die Religionsgeschichten der Neuzeit und speziell der Moderne seit dem späten 18. Jahrhundert zu erkunden begonnen haben, lassen sich hier noch zahlreiche terrae incognitae finden, die bisher weder begangen noch gar präzise vermessen worden sind. Besonders stark gilt dies für die religiösen Begriffs-, Ideen- und Diskursgeschichten der Moderne. Auch mangelt es an problemgeschichtlicher Sensibilität dafür, daß viele der Leitbegriffe, mit denen Historiker die Religionsgeschichten der Moderne zu konstruieren suchen, in je besonderen religionsdiskursiven Kontexten geprägt wurden und insoweit nur wenig dazu taugen, zu analytisch distanzierten Kategorien oder allgemeinen Deutungsmustern hypostasiert zu werden.“; Graf: Sakralisierung (wie Anm. 15), S. 3.

tig immer weitere Bedeutungen zugeschrieben hat.[21] „Religion“ scheint zu einem Passepartout geworden zu sein, unter dem, sobald man genauer hinsieht, jede und jeder etwas anderes versteht. Nicht nur deshalb möchten manche Theologen ganz darauf verzichten.[22] In der Religionswissenschaft wird darüber gestritten, ob es in außereuropäischen Kulturen wie etwa den ostasiatischen überhaupt eine Entsprechung zu dem gibt, was seit dem 18. Jahrhundert in Westeuropa und Amerika als

[21] Einführend vgl. Günter Kehrer: Religion, Definitionen der. In: Handbuch religionswissenschaftlicher Grundbegriffe. Bd. 4. Stuttgart/Berlin/Köln 1998, S. 418–425; Christoph Auffarth/Hubert Mohr: Religion. In: dies. (Hg.): Metzler Lexikon Religion. Gegenwart – Alltag – Medien. Bd. 3. Stuttgart/Weimar 2000, S. 160–172; Peter Antes: Religion. III. Religion und Religionen. In: RGG. Bd. 7. Tübingen 2004, S. 274–279; Gregor Ahn: Religion. I. Religionsgeschichtlich. In: TRE. Bd. 28. Berlin 1997, S. 513–522. Als Reflexion dazu vgl. Oliver Krüger: „Religion“ definieren. Eine wissenssoziologische Analyse religionsbezogener Enzyklopädistik. In: ZRGG 69 (2017), S. 1–46. Wichtige Sammelbände zum Thema sind Tobias Müller/Thomas M. Schmidt (Hg.): Was ist Religion? Beiträge zur aktuellen Debatte um den Religionsbegriff. Paderborn 2013 sowie Ernst Feil (Hg.): Streitfall „Religion“. Diskussionen zur Bestimmung und Abgrenzung des Religionsbegriffs. Münster/Hamburg/London 2000. Erhellend auch Michael Bergunder: Was ist Religion? Kulturwissenschaftliche Überlegungen zum Gegenstand der Religionswissenschaft. In: ZfR 19 (2011) 1/2, S. 3–55 und Detlef Pollack: Was ist Religion? Probleme der Definition. In: ZfR 3 (1995), S. 163–190.

[22] Häufig geschieht dies unter Berufung auf Dietrich Bonhoeffer, der 1944 in seinen Briefen aus dem Gefängnis den Begriff der „Religion“ problematisierte und ein „religionslos-weltliches“ Verständnis des Christentums skizzierte; vgl. dazu Ernst Feil: Religion statt Glaube – Glaube statt Religion? Historisch-systematischer Exkurs zu Bonhoeffers Plädoyer für ein „religionsloses Christentum“. In: Christian Gremmels/Wolfgang Huber (Hg.): Religion im Erbe. Dietrich Bonhoeffer und die Zukunftsfähigkeit des Christentums. Gütersloh 2002, S. 37–53; Ernst Feil: Die Theologie Dietrich Bonhoeffers. Hermeneutik – Christologie – Weltverständnis. Münster [5]2005, S. 324–396; Peter H. A. Neumann (Hg.): Religionsloses Christentum und nicht-religiöse Interpretation bei Dietrich Bonhoeffer. Darmstadt 1990. Wie Feil zeigt, verabschiedet Bonhoeffer eigentlich ein bestimmtes Verständnis von „Religion“, nämlich die am wirkmächtigsten von Friedrich Schleiermacher formulierte, von Bonhoeffer auf die englischen Deisten zurückgeführte Begriffsbestimmung als „Anschauen des Universums“ und dadurch ausgelöste Ergriffenheit: „Sinn und Geschmack fürs Unendliche“, „Gefühl“. Diese, von Schleiermacher für allgemeinmenschlich gehaltene, aller Offenbarung vorausliegende Religiosität sah Bonhoeffer in seiner Gegenwart verkümmert, das Organ der Religion abgestorben. Aus gegenwarts- und kulturkritischen, letztlich geschichtsphilosophischen Gründen wurde der Religionsbegriff für ihn obsolet, begab Bonhoeffer sich auf die Suche nach einer Theologie ohne Religion und gelangte zurück zum Offenbarungsglauben. Es liegt nahe, dass er damit nicht nur die Theologie herausforderte, sondern auch Ernst Feils monumentale Rekonstruktion der Begriffsgeschichte veranlasst hat (vgl. Anm. 31). Eine vergleichbare Abkehr von Schleiermachers Religionsbegriff vollzogen auch Karl Barth und die Vertreter der Dialektischen Theologie: „Religion ist *Unglaube*; Religion ist eine Angelegenheit, man muß geradezu sagen: *die* Angelegenheit des *gottlosen* Menschen“, so Karl Barth: Die Lehre vom Wort Gottes. Prolegomena zur kirchlichen Dogmatik. Bd. 2. München/Zürich 1938, S. 327 (Hervorhebungen im Original).

„Religion“ bezeichnet wird.[23] Die These steht im Raum, Religion sei nicht, wie seit der Aufklärung angenommen, eine menschheitliche Universalie, sondern ein spezifisches Erzeugnis der lateinisch-christlichen Kultur – ein „Sonderweg“.[24] Der angenommene Universalismus des westeuropäisch-amerikanischen Religionsbegriffs wird von einigen außereuropäischen Autoren als begrifflicher Imperialismus zurückgewiesen.[25]

Doch nicht nur, was „Religion“ bedeutet, ist der Gegenwart zum Problem geworden, man hat auch begonnen, den Begriff zu historisieren. Das ist der zweite, begriffsgeschichtliche Ausgangspunkt der hier geübten Kritik. Denn für die Geschichte von Begriff und Sache kommt der Frühen Neuzeit eine Schlüsselrolle zu: Von einer „monumental transition“ ist in der Forschung die Rede.[26] Deren Ausgangspunkt hat Dorothea Weltecke in Beobachtungen zu den begrifflichen Alternativen des Worts *religio* im Mittelalter zusammengefasst.[27] Einerseits hebt sie darauf ab, dass der Quellenbegriff *religio* im Mittelalter in einem kategorial anderen Bezugssystem gebraucht wurde als das Wort „Religion“ in der Moderne und deshalb nicht nur in der Bedeutung, sondern schon im Ansatz und in der Denkweise davon zu unterscheiden sei. Andererseits macht sie, ihrem transkulturellen Ansatz entsprechend, auf vielfältige Ähnlichkeiten und Überschneidungen des (west-)christlichen Sprachgebrauchs im Mittelalter mit Begriffen aus der jüdischen und der muslimischen Tradition aufmerksam. Ihr zentraler Befund ist, dass *religio* im Mittelal-

[23] Hans-Michael Haußig: Der Religionsbegriff in den Religionen. Studien zum Selbst- und Religionsverständnis in Hinduismus, Buddhismus, Judentum und Islam. Berlin/Bodenheim 1999 bestreitet die Übertragbarkeit. Für ihre Zulässigkeit argumentieren Martin Riesebrodt: Religion als analytisches Konzept und seine universale Anwendbarkeit. In: Peter Schalk (Hg.): Religion in Asien? Studien zur Anwendbarkeit des Religionsbegriffs. Uppsala 2013, S. 1–14; Max Deeg/Oliver Freiberger/Christoph Kleine: Einleitung. In: dies. (Hg.): Religionsbegegnung in der asiatischen Religionsgeschichte. Kritische Reflexionen über ein etabliertes Konzept. Göttingen 2019, S. 7–14 und Karl R. Wernhart: Ethnische Religionen. Universale Elemente des Religiösen. Innsbruck/Wien 2004. Für Hinweise auf diese Debatte sei Klaus von Stosch und Dorothea Weltecke herzlich gedankt.

[24] So – allerdings ohne deswegen die Vergleichbarkeit mit außereuropäischen Kulturen auszuschließen – Hartmut Lehmann: Ein europäischer Sonderweg in Sachen Religion. In: Hans Gerhard Kippenberg/Jörg Rüpke/Kocku von Stuckrad (Hg.): Europäische Religionsgeschichte. Ein mehrfacher Pluralismus. Bd. 1. Göttingen 2009, S. 39–60.

[25] Tomoko Masuzawa: The Invention of World Religions. Or, how European Universalism was Preserved in the Language of Pluralism. Chicago/London 2005.

[26] Ebd., S. 58.

[27] Dorothea Weltecke: Über Religion vor der „Religion“. Konzeptionen vor der Entstehung des neuzeitlichen Begriffes. In: Thomas Kirsch/Rudolf Schlögl/dies. (Hg.): Religion als Prozess. Kulturwissenschaftliche Wege der Religionsforschung. Paderborn 2015, S. 13–34. Religionswissenschaftlich aufgegriffen und nochmals erläutert hat Welteckes Einsichten Ulrike Kollodzeiski: Religion (en) im Mittelalter und der Frühen Neuzeit. In: ZfR 13 (2018), online zugänglich unter: https://doi.org/10.4000/zjr.1071 (letzter Zugriff am 5.5.2022).

ter nur selten gebraucht wurde und in den Quellen eher randständig erscheint, weil seine Bedeutung spezifisch beschränkt blieb: entweder – Ciceros bekannter Herleitung von *religere* folgend[28] – auf die Pflicht, Gott die ihm gebührende Verehrung achtsam und sorgfältig zu erweisen, oder auf die Menschen, die sich – gemäß der seit Laktanz gängigen Herleitung von *religare*[29] – durch Eintritt in einen Orden an Gott „gebunden“, rechtlich auf ihn verpflichtet hatten. Dagegen wurden all die Bedeutungen, die wir heute mit dem Wort „Religion“ verbinden, wie „Lehre“, „Glauben“, „Gottesdienst“, „Glaubensgemeinschaft“ und deren institutionalisierte „Organisation“ im Mittelalter durch eigene Begriffe ausgedrückt wie *doctrina, fides, cultus, secta, lex, ecclesia.* Weltecke betont, dass diese Ausdrücke nicht streng voneinander abgegrenzt waren. Sie führt Wendungen an, in denen sie einander angenähert wurden oder ineinander überfließen konnten, worin sie einen Vorlauf für die spätere Begriffsentwicklung sieht.[30] Dennoch waren die verschiedenen Herangehensweisen keineswegs zur Übereinstimmung gebracht.

Für Frühneuzeithistoriker ergibt sich aus dieser Ausgangslage eine aufregende Pointe. Denn bereits daraus lässt sich ableiten, dass es die Frühe Neuzeit gewesen sein muss, die den Religionsbegriff in jenen Schlüssel für die Selbstdefinition des Menschen in der Moderne verwandelt hat, als der er seit dem ausgehenden 18. Jahrhundert in Europa begegnet. Mindestens drei qualitative Veränderungen lassen sich auf einem noch arg spezialistischen Forschungsstand[31] postulieren, wobei das

[28] Cicero: De natura deorum, II, 72.

[29] Laktanz: Divinae institutiones, IV, 28, 2.

[30] Zu überlegen wäre freilich, ob die Vielfalt der Begriffe nicht einer sozialhistorischen Tatsache entsprang, nämlich der Vielfalt der mittelalterlichen Geistlichkeit. Damit sind nicht nur die Unterschiede zwischen Weltgeistlichen und Ordensangehörigen gemeint, die Abgründe zwischen den Hierarchieebenen und die regionalen Besonderheiten, sondern auch die funktionale Arbeitsteilung innerhalb der lateinischen Kirche. Die Spezialisierung des geistlichen Personals führte dazu, dass Lehre, Seelsorge, Gerichtsbarkeit und Vermögensverwaltung in der Praxis von deutlich unterschiedenen Personenkreisen ausgeübt wurden, jeder korporativ verfasst und auf eigenes Vermögen gegründet, jeder bewehrt mit eigenen Herkunftsvoraussetzungen, Qualifikationen, Privilegien, jeder eifersüchtig auf Verteidigung der eigenen Zuständigkeiten sowie auf Abwehr der Konkurrenz bedacht. Es wäre reizvoll zu untersuchen, wie dieses korporative Neben- und Gegeneinander sich zu dem begrifflichen verhielt. Möglicherweise, so die naheliegende Vermutung, sorgten rivalisierende Interessen für das semantische Ineinanderfließen der Begriffe, wohingegen das Selbsterhaltungsinteresse der geistlichen Spezialisten Synthesen wirksam blockierte.

[31] Grundlegend vgl. Ernst Feil: Religio. Bd. 1: Die Geschichte eines neuzeitlichen Grundbegriffs vom Frühchristentum bis zur Reformation. Göttingen 1986; ders.: Religio. Bd. 2: Die Geschichte eines neuzeitlichen Grundbegriffs zwischen Reformation und Rationalismus (ca. 1540–1620). Göttingen 1997; ders.: Religio. Bd. 3: Die Geschichte eines neuzeitlichen Grundbegriffs im 17. und frühen 18. Jahrhundert. Göttingen 2001; ders.: Religio. Bd. 4: Die Geschichte eines neuzeitlichen Grundbegriffs im 18. und frühen 19. Jahrhundert. Göttingen 2007. Vgl. Michel Despland: La Religion en Occident. Evolution des idées et du vécu. Montreal 1979; Wilfred Cantwell Smith: The

im Folgenden skizzierte heuristische Modell davon ausgeht, dass aufgrund der Zweisprachigkeit unter den Gelehrten die lateinischen Grundbedeutungen von *religio* bis weit ins 18. Jahrhundert präsent blieben. Die Bedeutungsveränderungen des Wortes „Religion“ im Deutschen erfolgten wahrscheinlich auf der Grundlage einer Bedeutungskontinuität des lateinischen Wortes *religio*[32] – erste Stichproben zeigen, dass die verschiedenen Bedeutungen schon im 16. Jahrhundert nebeneinander und gleichzeitig vorkamen.

Die erste grundlegende Veränderung bestand aus der anfangs reformatorischen, später auf katholischer Seite übernommenen Idee, Glauben und Lehre, Gottesdienstbräuche und Kirchenordnung, Glaubensgemeinschaft und politische Gemeinde zur Übereinstimmung zu bringen. Es ist diese Forderung nach Integration oder Synthese bislang unterschiedener, von je eigenen Klerikerkreisen verwalteter, dadurch je eigener Logik folgender Dimensionen des gottbezogenen Lebens, die den Religionsbegriff in jene Sammelbezeichnung für alle darunter gezwungenen Sachverhalte verwandelt hat, als die wir ihn heute verwenden.

Parallel dazu vollzog sich eine zweite Veränderung. Sie bestand darin, das Wort *religio* im Rückgriff auf die schon bei Cicero anzutreffende Bedeutung einer „genauen Beachtung von Regeln der Gottesverehrung“[33] zur Vorstellung von „Gottesdienstbräuchen“ weiterzuentwickeln und solche rituellen Kulthandlungen überall wahrzunehmen: bei allen historischen Völkern, zu denen eifrige Polyhistoren Zeugnisse auffinden konnten, und bei allen gegenwärtigen, von denen die Reisenden berichteten – so kam das Wort *religiones* (im Plural!) auch für nicht christliche Gemeinschaften (*secta*) in Gebrauch.[34] Zunächst waren es in der Tradition mittelalterlicher Auseinandersetzungen vor allem Judentum, Islam und „Idolatrie“ (Buddhismus), die als „Religionen“ bezeichnet wurden, doch ab dem 17. Jahrhundert

Meaning and End of Religion. A New Approach to the Religious Traditions of Mankind. New York 1963 und vergleichsweise knapp Falk Wagner: Was ist Religion? Studien zu ihrem Begriff und Thema in Geschichte und Gegenwart. Gütersloh 1986. Alle vier Werke folgen theologischen Erkenntnisinteressen und berücksichtigen daher fast nur theologische Quellen. Um philosophische Texte erweitern das Korpus Ulrich Dierse u. a.: Religion. In: Joachim Ritter/Karlfried Gründer (Hg.): Historisches Wörterbuch der Philosophie. Bd. 8. Basel 1992, Sp. 632–713. Studien zum politischen Sprachgebrauch fehlen. In den „Geschichtlichen Grundbegriffen“ vermisst man einen Artikel „Religion“.

32 Das ist Ernst Feils wichtigstes Ergebnis; vgl. zum Beispiel Ernst Feil: Zur Bestimmungs- und Abgrenzungsproblematik von „Religion“. In: Ethik und Sozialwissenschaften 6 (1995) 4, S. 441–473, hier: S. 110 (wieder abgedruckt in ders. [Hg.]: Streitfall [wie Anm. 21], S. 5–35, hier: S. 5).

33 Vgl. ders: Religio. Bd. 1 (wie Anm. 31), S. 41–49; Axel H. A. Bergmann: Die „Grundbedeutung“ des lateinischen Wortes Religion. Marburg 1998.

34 Auf diese Entwicklung konzentriert sich Michael Bergunder: Religionen. In: Friedrich Jaeger (Hg.): Enzyklopädie der Neuzeit. Bd. 10. Stuttgart/Weimar 2009, Sp. 1048–1062, weshalb in seinem Artikel die anderen beiden Veränderungen unbeleuchtet bleiben.

verstand man darunter „alle“ Gottesdienste.[35] Das heißt: Man sprach – wenn auch nur in diesem spezifisch beschränkten Sinn – auch polytheistischen Völkern Religion zu.

Zur dritten grundlegenden Veränderung kam es durch die Aufklärung. Denn deren Kritik am christlichen Offenbarungsglauben verabschiedete auf der einen Seite die Exklusivität des christlichen Wahrheitsanspruchs, während auf der anderen Seite die aufklärerische Neukonzeption der Weltgeschichte als vergleichende Zivilisationsgeschichte Religion – jetzt im Singular![36] – als eine allgemeinmenschliche Kulturleistung erscheinen ließ – nicht mehr nur in dem beschränkten Sinn von „Gottesdienstbräuchen“, sondern in jenem umfassend-integrativen Sinn, den der Begriff durch seine erste grundlegende Verwandlung angenommen hatte.[37] Erst damit erschien „Religion“ als eine kulturelle Universalie, die zu allen Zeiten und bei allen Völkern anzutreffen sei – ohne dass die Aufklärer merkten, wie stark dieses verallgemeinerte Begriffsverständnis auf ihrer höchst spezifischen, christlich-westeuropäischen Prägung beruhte. Durch diese dreifache Wandlung des Religionsbe-

[35] So schon im Titel der beiden deutschen Übersetzungen von Alexander Ross: Pansebeia: Or, A View of all Religions in the World: With the Several Church-Governments, from the Creation, to these Times. Together with a Discovery of all Known Heresies, in all Ages and Places, throughout Asia, Africa, America, and Europe. London 1653, die erschienen als ders.: Der Welt unterschiedlicher/ Gottesdienst. oder Beschreibung aller Religionen und Ketzereyen in Asia, Africa, America vnd Europa, von Anbegin der Welt/ biß auf diese gegenwertige zeit. [...] Durch Christianum Sixtum Diener an dem Wort Gottes in Vnser Hoch=teutschen Spraach übergesetzt. Heidelberg [ca. 1665], sowie als ders.: Der gantzen Welt Religionen; Oder Beschreibung aller Gottes= und Götzendienste/ wie auch Ketzereyen/ in Asia, Africa, America, und Europa, von Anfang der Welt/ biß auff diese gegenwertige Zeit. [...] in die Hochdeutsche Sprache übergesetzt von Alberto Reimaro, Lubec. Durchgehents mit schönen Kupfferstücken verzieret. Amsterdam 1667.

[36] Kocku von Stuckrad: Religionsbegriff. In: Jaeger (Hg.): Enzyklopädie (wie Anm. 34), Sp. 1048–1062. Von Stuckrad konzentriert sich auf den dritten der hier geschilderten Umbrüche. Den ersten umschreibt er nur vage als Abstrahierung und Gründung des Religionsbegriffs auf den Glauben.

[37] Nicht durchgesetzt hat sich die Forderung, das „fremd=artige, für Alle, die kein Latein verstehn, bedeutungslose und zu den schädlichsten Begriffsverwirrungen Anlaß gebende Wort *Religion*, durch ein Deutsches zu ersetzen“. Joachim Heinrich Campe: Ueber die Reinigung und Bereicherung der Deutschen Sprache. Dritter Versuch welcher den von dem königl. Preuß. Gelehrtenverein zu Berlin ausgesetzten Preis erhalten hat. Braunschweig 1794, S. 283 (Hervorhebung im Original). Campes Vorschläge lauteten 1794: „1. als Wissenschaft, *Gotteslehre*; 2. als Erkenntniß, *Gotteskunde*; 3. als Gesinnung, oder Religiosität, *Gottesliebe* oder *Gottesfurcht*“ (ebd.; Hervorhebungen im Original), wenig später jedoch nur noch „Gotteslehre“ für die Theologie und „Gottweisheit“ für „die Erkenntnis und die Gesinnung“. Vgl. ders.: Wörterbuch zur Erklärung und Verdeutschung der unserer Sprache aufgedrungenen fremden Ausdrücke. Braunschweig 1813, S. 525. Neben dem aufklärerischen Versuch, Religionsstreitigkeiten kurzerhand durch Sprachreinigung zu überwinden, zeigt sich hier ein Vorstoß, hinter die Synthese des 16./17. Jahrhunderts zurückzugehen und *doctrina* und *fides* durch unterschiedliche Eindeutschungen wieder auseinanderzunehmen.

griffs stellt die Frühe Neuzeit sich auch religionsgeschichtlich als eigenständige Epoche dar.

Es kann hier nur angedeutet werden, welche neuen Impulse sich aus diesen Überlegungen für die Konfessionalisierungsforschung ergeben. Denn vermutlich bildete das Konzept des „Bekenntnisses" (*confessio*) den Hebel, um Lehre (verdichtet in kontrastiven Bekenntnisschriften), Glauben (gepflegt in der verlangten Einkehr und bekundet im öffentlichen Bekenntnisakt), Gottesdienst (festgelegt in Gottesdienstordnungen und konform gemacht durch Visitationen), Kirchenorganisation (festgeschrieben in Kirchenordnungen) und die landeskirchliche Übereinstimmung von Glaubensgemeinschaft und politischer Gemeinde (durchgesetzt mithilfe von obrigkeitlicher Gewalt) zusammenzudenken, ihre Übereinstimmung zu fordern, ihr hie und da vielleicht ansatzweise nahezukommen – wobei man die Schwierigkeiten des Unterfangens und die Zähigkeit, mit der die Sachwalter der einzelnen Dimensionen ihre Eigenständigkeit verteidigten, nicht hoch genug veranschlagen kann. Was bisher in der Forschung als „Konfessionsbildung"[38] oder „Konfessionalisierung"[39] gekennzeichnet wurde, stellt sich unter begriffsgeschichtlichen Vorzeichen als jene erste der gerade skizzierten drei grundlegenden Wandlungen des Religionsbegriffs dar.

Schon daraus ergibt sich, wie verkehrt es ist, unser heutiges, erst im 18. Jahrhundert entstandenes, seither noch mehrfach modifiziertes Religionsverständnis in die Quellen des 16. und 17. Jahrhunderts hineinzutragen. Denn damit verstellen wir uns den Blick für die grundstürzenden Veränderungen, die das Begriffsverständnis in dieser Zeit durchlief, und machen uns strukturell blind für die Neue-

38 Grundlegend hierzu vgl. Ernst Walter Zeeden: Grundlagen und Wege der Konfessionsbildung in Deutschland im Zeitalter der Glaubenskämpfe. In: HZ 185 (1958) 2, S. 249–299. Dazu vgl. Johannes Burkhardt: Das Konfessionsbildungskonzept von Ernst Walter Zeeden. Eine Erfolgsgeschichte und zwei Problemlösungen. In: Markus Gerstmeier/Anton Schindling (Hg.): Ernst Walter Zeeden (1916–2011) als Historiker der Reformation, Konfessionsbildung und „deutschen Kultur". Relektüren eines geschichtswissenschaftlichen Vordenkers. Münster 2016, S. 59–88.

39 Die Literatur ist so uferlos wie die anhaltende Debatte, deshalb seien deren Etappen durch drei Forschungsberichte zusammengefasst: Anton Schindling: Konfessionalisierung und Grenzen der Konfessionalisierbarkeit. In: ders./Walter Ziegler (Hg.): Die Territorien des Reiches im Zeitalter der Reformation und Konfessionalisierung. Bd. 7. Münster 1997, S. 9–44; Thomas Kaufmann: Einleitung. In: Kaspar von Greyerz/Manfred Jakubowski-Tiessen/ders. (Hg.): Interkonfessionalität – Transkonfessionalität – binnenkonfessionelle Pluralität. Neue Forschungen zur Konfessionalisierungsthese. Gütersloh 2003, S. 9–15; Cornel Zwierlein: „Konfessionalisierung" europäisch, global als epistemischer Prozess. Zu den Folgen der Reformation und zur Methodendiskussion. In: Christoph Strohm (Hg.): Reformation und Recht. Ein Beitrag zur Kontroverse um die Kulturwirkungen der Reformation. Tübingen 2017, S. 1–52. Zur Konfessionalisierung im Rahmen der europäischen Religionsgeschichte vgl. Heinz Schilling: Das konfessionelle Europa. In: Kippenberg/Rüpke/von Stuckrad (Hg.): Religionsgeschichte (wie Anm. 24), S. 289–338.

rungen und den Bedeutungswandel, auf die es hier ankommt. Statt das quellensprachliche Wort „Religion“ im Hinblick auf das vermeintlich Bekannte zu lesen, besteht die gewaltige, noch gar nicht begonnene Aufgabe darin, es jedes Mal als fremd anzusehen und zu fragen, was das Wort tatsächlich bedeutet und was der jeweilige Diskurs zum Bedeutungswandel beitrug. Vor allem die Frage, die Historiker typischerweise beschäftigt, nämlich wie ganz praktische Notwendigkeiten und eigensüchtige Interessen das Begriffsverständnis der Quellenautoren verwandelten, öffnet ein Untersuchungsfeld, das auch der Begriffsgeschichte neue Impulse geben wird.

Worauf es hier ankommt, sind die Konsequenzen für die Theorie der religiösen Gewalt. Mochte Luther noch so lange gehofft haben, seine neuartige Koppelung von Lehre und Glauben werde beim geduldigen Studium der Bibeltexte aus diesen selbst hervorgehen und müsse jeden Gutwilligen von allein überzeugen, angesichts der einsetzenden Verfolgung teilten andere Reformatoren diese Hoffnung keineswegs. Erst recht meinten die Vorkämpfer der reformatorischen Bewegung in der ersten Hälfte der 1520er-Jahre zur Gewalt greifen zu dürfen. Dadurch sahen auch die Obrigkeiten sich zum Eingreifen gezwungen, wenn sie aufgrund des Strebens nach dem Kirchenregiment nicht ohnehin auf eine Gelegenheit gewartet hatten. Eingreifen hieß in diesem Fall nicht nur Parteinahme für oder gegen eine Lehre, sondern Parteinahme für oder gegen den reformatorischen Anspruch auf Integration: auf die schrittweise, allmählich als Möglichkeit oder Notwendigkeit auftauchende Zusammenführung von Lehre und Glauben, Kirchenschmuck und Gottesdienstbräuchen, Kirchenordnung und Kirchenrecht. Diese Integration kam nicht aus ohne Zwang und Gewalt. Das machten bereits die ersten Stadtreformationen der 1520er-Jahre deutlich, die scheiternden Reformationen der Landgemeinden und Kirchenherrschaften und schließlich die Fürstenreformationen ab der zweiten Hälfte der 1520er-Jahre. Offenbar rief schon der Anspruch auf Integration eine Fülle von unterschiedlichen Gewalthandlungen hervor. Zumindest gilt dies für die Formen obrigkeitlicher Gewalt von den handstreichartigen Änderungen der Kirchenordnung über die Säkularisationen und Visitationen bis hin zum Bekenntniszwang und den Vertreibungen. Bei den Gewalthandlungen, die von Teilen der Bevölkerung ausgingen, verhielt es sich möglicherweise anders. Störungen des Gottesdienstes, Angriffe auf Geistliche, bewaffnete Demonstrationen, Plünderungen von Domherrenkurien und Klöstern, Zerstörungen von Urkunden und Archiven sowie Bilderstürme folgten zum Teil etablierten Gewaltmustern von Aufständen in Stadt und Land.[40] Nach der gängigen Forschungsmeinung waren sie gegen die rechtliche Exemtion und wirtschaftliche Privilegierung der Geistlichkeit gerichtet,

40 Peter Blickle: Unruhen in der ständischen Gesellschaft 1300–1800. München ^{3}2012.

entsprangen also eher sozialen Spannungen als den Veränderungen in Lehre und Glauben, auf die man sich zu ihrer Rechtfertigung berief. Doch bedarf das vor dem skizzierten begriffsgeschichtlichen Wandel noch einmal der Prüfung. Für die obrigkeitliche Gewalt jedenfalls lässt sich mit einer typisch strukturgeschichtlichen Wendung als Hypothese formulieren: Der Anspruch, die bis dahin getrennt verwalteten Dimensionen gottbezogenen Lebens zur Deckung zu bringen, produzierte die Gewalt, die von der Frühneuzeitforschung als „religiös" gekennzeichnet wird. „Religiös" war diese Gewalt in den meisten Fällen nicht in dem Sinn, dass sie aus Glaubenseifer entsprungen wäre, sondern weil die institutionalisierte, das heißt durch eigenes Personal getragene, eigene Qualifikationen erfordernde, aus eigenem Vermögen alimentierte, durch eigene Rechte abgesicherte Eigenmacht der verschiedenen Sachwalter von Lehre und Glauben, Gottesdienst und Kirchenordnung, Kirchengemeinde und politischer Gemeinde nur mit Gewalt zu zerbrechen war.

Ein erstes – konstruktives – Ergebnis dieser Überlegungen könnte also darin bestehen, die Forschungsperspektive auf das Problem der religiösen Gewalt im 16./ 17. Jahrhundert umzukehren: nicht länger „Religion" vorauszusetzen und als direkten oder indirekten Antrieb der Gewalt anzunehmen, sondern die Gewalt aus der Herstellung von „Religion" im neuen Sinne zu erklären, aus ihrer Erzeugung. Bezogen auf die „Religionskriege" im 16. und 17. Jahrhundert, wird man dann – den Begriffsvorschlag von Johannes Burkhardt abwandelnd[41] – von „Religionsbildungskriegen" zu sprechen haben.

„Religion" und Gewalt in den allgemeinhistorischen Quellen

Die folgenden Beobachtungen beruhen auf allgemeinen Eindrücken und ersten Stichproben. Flächendeckende oder repräsentative Aussagen lässt der gegenwärtige Forschungsstand nicht zu. Es geht mehr darum, zu zeigen, in welche Richtung die Forschung künftig arbeiten kann, als um fertige Ergebnisse.

Der erste, elementare Befund lautet, dass „Religion" als Wort überhaupt erst „im frühen 16. Jh." in die deutsche Sprache kam.[42] Und zwar wurde es als Fremd-

[41] Burkhardt: Friedlosigkeit (wie Anm. 8).

[42] Religion. In: Deutsches Fremdwörterbuch. Bd. 3. Bearb. von Alan Kirkness u. a. Berlin/New York 1977, S. 290–293, hier: S. 290. Wenn die Autoren die Grundbedeutung der „Gott geschuldeten Aufmerksamkeit" als „gewissenhafte Beachtung (bes. des Heiligen)" erläutern, die Bedeutung „Glauben" mit „Bekenntnis", dann verwenden sie Kategorien, die erst später in den Religionsbegriff eingegangen sind, das Heilige sogar erst im 19./20. Jahrhundert (am prominentesten durch Rudolf Otto). Das zeigt, die Bedeutung von „Religion" wird von den Autoren nicht als etwas historisch Wandelbares aufgefasst, sondern überzeitlich-allgemein und dadurch anachronistisch. Der jüngst erschienene Artikel religion. In: Ulrich Goebel/Anja Lobenstein-Reichmann/Oskar Reichmann (Hg.):

wort aus dem Lateinischen übernommen. Anders, als die Bearbeiter des Artikels im „Deutschen Fremdwörterbuch" vermuten, werden es nicht die Humanisten gewesen sein, die das Wort aus dem Lateinischen entlehnt haben. Vielmehr deutet die rasante Verbreitung in deutschsprachigen Texten aus der ersten Hälfte des 16. Jahrhunderts auf die Reformation als Ursache hin.[43] Anzunehmen ist, dass die reformatorische Integration von Glauben, Lehre, Lebensführung nach einem neuen Wort verlangte. Beides, sowohl „Lehre" als auch „Glauben", manchmal zusammengedacht, oft aber auch noch unterschieden,[44] kann „Religion" in den Quellen des 16. Jahrhunderts bedeuten.[45] Dabei durfte und sollte die eine der beiden mittelalterlichen Bedeutungen, die „Gott gebührende sorgfältige Verehrung" weiter mitschwingen, nur dass sie jetzt, durch die Verbindung von Lehre und Glauben, aus einer nachgeordneten Tugend, die sie zum Beispiel für Thomas von Aquin war,[46] zu etwas Existenziellem wurde: zu einer die Lehre grundierenden Lebenshaltung, zur geforderten Hingabe an Gott, eben zu dem, was die Reformatoren „Glauben" nannten, „Andacht" oder „Gottesfurcht". Möglicherweise war es auch die persönliche Pflicht, die in der mittelalterlichen Grundbedeutung schon immer anklang, die den Religionsbegriff erweiterungsfähig machte um jene Dimension von „(Rechts-) Verbindlichkeit", die zu dem neuen Konzept des Bekenntnisses führte.

Der zweite Befund lautet, ja, die Bedeutungsentwicklung lief in Richtung Synthese. Wie weit sie auf diesem Weg in der zweiten Hälfte des 16. Jahrhunderts gelangt war, geht etwa aus dem Artikel „Religion" in Simon Roths Fremdwörterbuch von 1571 hervor: „Dises wort wirt (als Cicero im buoch von der natur der Götter meint) vom widerlesen hergezogen/ darumb das die so Gott schuldig seind/ mit hohem fleiß vnd ernst/ alle ding/ so zu Gottes ehren gehören ermessent und vberlesent. Wir Christen aber mügen solches wort der massen brauchen/ das wir die

Frühneuhochdeutsches Wörterbuch. Bd. 10. Lieferung 2. Berlin/Boston 2021, Sp. 741–745 blendet – wie übrigens auch die in Anm. 31 genannte Grundlagenliteratur – die Problematik der lateinisch-deutschen Zweisprachigkeit aus. Es wird einfach davon ausgegangen, *religio* und „Religion" würden dasselbe bedeuten, statt zu erkennen, dass die überall erfolgende Übernahme des Fremdwortes in die europäischen Volkssprachen Spielraum für zahlreiche Neubestimmungen eröffnete.

43 So auch von Stuckrad: Religionsbegriff (wie Anm. 36).

44 So sollen z. B. „die [...] khnaben und khinder zu schuel und khor gelassen, unnd zu lernung der lateinischen buechstaben, gehallten werden damit sy in cristenlicher zucht ler und religion [...] auferzogen". Die Salzburger Landesordnung von 1526. Hg. von Franz Viktor Spechtler und Rudolf Uminsky. Göppingen 1981, Bl. 127v.

45 Religion. In: Jacob Grimm/Wilhelm Grimm: Deutsches Wörterbuch. Bd. 8. Bearb. von Moriz Heyne. Leipzig 1893, Sp. 801 f. Deutlich ergiebiger im Hinblick auf die Quellenbelege ist Religion. In: Deutsches Rechtswörterbuch. Bd. 11. Bearb. von Heino Speer. Weimar 2003–2007, Sp. 847 f.

46 So Feil: Religio. Bd. 1 (wie Anm. 31), S. 105–111 und Feil: Religio. Bd. 4 (wie Anm. 31), S. 15. Vgl. Erich Johannes Heck: Der Begriff „religio" bei Thomas von Aquin. Seine Bedeutung für unser heutiges Verständnis von Religion. Paderborn/München/Wien 1971.

gantze andacht vnd Gottes huld eins Christlichen lebens darbey verstehn/ Als den Glauben/ Gsatz/ ordnung vnnd gebreuch der sakrament. Jtem die Verbindung Gottes mit seinen Glaubigen."[47]

Man beachte jedoch, dass Roth die angestrebte Synthese als Aufforderung formuliert („mügen solches wort der massen brauchen") – folglich wird man sich davor zu hüten haben, dieses Ergebnis schon früher anzusetzen oder gar für flächendeckend zu halten. Wenn sich etwa im Augsburger Reichstagsabschied von 1555 die Stände versprechen, dass „kein stand den andern, der religion, glaubenssachen, ceremonien, kirchengepräuch, ordnungen halben [...] mit der tat gewaltiger weis oder in andere wege wider sein conscienz und willen von seiner religion dringen, derhalben beveden, uberziehen, beschädigen, durch mandat, proces oder einiger anderer gestalt beschweren, verachten, wider den andern heimlich oder öffentlich pactieren [...], sondern bei solcher seiner religion und glauben, ceremonien, kirchenbreuchen und ordnungen in seinem fürstentumb, land, gebiet und obrigkeit ruhiglich und fridlich bis zu endlicher vergleichung der religion bleiben lassen [...]",[48] dann werden in der zweimaligen Aufzählung von „religion und glauben, ceremonien, kirchenbreuchen und ordnungen" alle Dimensionen einzeln aufgeführt, von „Religion" also unterschieden, die später in diesem Begriff zusammengeführt werden sollten.

[47] Simon Roth: Ein Teutscher Dictionarius/ dz ist ein außleger schwerer/ vnbekanter Teutscher/ Griechischer/ Lateinischer/ Hebraischer/ Wälscher vnd Frantzösischer/ auch andrer Nationen wörter/ so mit der weil inn Teutsche sprach kommen seind/ vnd offt mancherley jrrung bringen: hin vnd wider auß manicherley geschrifften/ vnd gemainer Red zusamen gelesen/ außgelegt/ vnd also allen Teutschen/ sonderlich aber denen so zu Schreibereien kommen/ vnd Ampts verwaltung haben/ aber des Lateins vnerfarn seind/ zu gutem publiciert. Augsburg 1571 [unpag.]. Vgl. dazu Anette Kremer: Die Anfänge der deutschen Fremdwortlexikographie. Metalexikographische Untersuchungen zu Simon Roths „Ein Teutscher Dictionarius" (1571). Heidelberg 2013.

[48] Abschied des Reichstags – Augsburg, 1555 September 25. In: Rosemarie Aulinger/Erwein Eltz/ Ursula Machoczek (Bearb.): Der Reichstag zu Augsburg 1555. Bd. 4. Berlin/München/Boston 2009, Nr. 390, S. 3102–3158. Im Text des Reichstagsabschieds kommt das Wort „Religion" 53 Mal vor, auch in Komposita und im Plural – schon dadurch bietet er ein höchst ergiebiges Korpus für den Sprachgebrauch in der Mitte des 16. Jahrhunderts. Die 53 Belegstellen lassen sich auf acht formelhafte Wendungen reduzieren: von der „spaltigen" Religion und den Komposita „Religion spaltung" und „Religion streit" über „Vergleichung der Religion" bis zu den „Ständen beeder Religion". Vor allem diese letztgenannte Formel zeigt, dass „Religion" in dem Dokument als der kleinste gemeinsame Nenner zwischen den durch Glauben, Gottesdienstbräuchen und Gesetzen geschiedenen Ständen benutzt wird. Während für die Theologen der wahre Glauben entscheidend war, entdeckten die Juristen die förmliche Gottesverehrung als mögliche Klammer und das Wort „Religion" als neutralen Überbegriff für beide Lager. Das Beispiel zeigt, wie ein vermeintlich konservatives Festhalten an der lateinischen Grundbedeutung „Gottesverehrung" mit einem innovativen Begriffsgebrauch zusammengehen kann. Freilich wird das nur sichtbar, wenn man Problemstellung und Anliegen des Texts als Ganzem berücksichtigt.

Nun mag man argumentieren, dass der Augsburger Religionsfrieden auch von Altgläubigen verfasst wurde, die sich dem reformatorischen Anspruch auf Integration widersetzten. Doch gerade, dass die sprachliche Brücke in die mittelalterliche Ambiguität aufrechterhalten wurde, dass sie in Dokumenten mit einem reichsweiten Geltungsanspruch aufgrund der altgläubigen Position aufrechterhalten werden musste, ist der Punkt, auf den es hier ankommt. Er macht klar, dass die faktische Koexistenz von Obrigkeiten mit unterschiedlichen Einstellungen zur Bekenntnisbildung auch ein Nebeneinander unterschiedlicher Religionsbegriffe bedingte. Umgekehrt hätte dieser Blick auf den Begriffsgebrauch die Konfessionalisierungsforschung vor jahrzehntelangen Irrwegen bewahren können. Denn deutlich wird, dass die vollzogene begriffliche Synthese – und damit die zumindest gedanklich und sprachlich vollendete Bekenntnisbildung – ein Grenz- und Ausnahmefall blieb, neben dem sprachlich und erst recht faktisch eine Fülle von alten und gemischten Formen fortbestanden. Der jeweilige Begriffsgebrauch kann als Indikator für den jeweiligen Konfessionalisierungsstand genutzt werden.

Dritter Befund: Die Hochkonjunktur des Religionsbegriffs ließ „eine überreiche menge von composita“ entstehen:[49] neben den „Religionssachen“[50], der „Religionsordnung“[51] und dem „Religionsfrieden“[52] auch den „Religionskrieg“ und den „Religionshass“. Allerdings tauchen die beiden Letztgenannten erst spät auf. Die frühesten Belege im „Deutschen Rechtswörterbuch“ stammen von 1629 für den „Religionskrieg“[53] und von 1737 für den „Religionshass“[54]. Grimms „Deutsches Wörterbuch“

[49] Religion. In: Grimm/Grimm: Wörterbuch (wie Anm. 45), Sp. 801.

[50] So formuliert zum Beispiel der Rat der Stadt Donauwörth 1545 eine „erkanntnus clainen und großen rats der stat W., religionssachen belangend“; Kirchenordnung von Donauwörth 1545. In: Institut für evangelisches Kirchenrecht der Evangelischen Kirche Deutschlands (Hg.): Die evangelischen Kirchenordnungen des 16. Jahrhunderts. Bd. 12.2: Schwaben. Reichsstädte Augsburg, Dinkelsbühl, Donauwörth, Kaufbeuren, Kempten, Lindau, Memmingen, Nördlingen, Grafschaft Oettingen-Oettingen. Tübingen 1963, S. 158.

[51] „[…] das die von Regenspurg zu uns als irem erbschuzherrn ainen gesanten geschikt und sich der langsamen aufrichtung und volziehung E. L. und kais. M. publicierten religionordnung, so man das interim nennet, undertheniglich entschuldigen“; König Ferdinand an Kaiser Karl. Prag, 7.3.1549. In: August von Druffel (Bearb.): Beiträge zur Reichsgeschichte 1546–1551. München 1873, S. 205–207, hier: S. 205.

[52] Abschied (wie Anm. 48).

[53] Aus einer nicht näher bezeichneten Quelle, zitiert von Adelhard Kaspar: Ein Erneuerungsversuch der Abtei Kitzingen 1629–1643 durch Münsterschwarzach. In: WDGB 25 (1963), S. 169–183, hier: S. 178.

[54] Maria Augusta von Württemberg an den Bischof von Würzburg, Teinach, 29.6.1737, zitiert nach Paul Stark: Zur Geschichte des Herzogs Karl Alexander von Württemberg und der Streitigkeiten nach seinem Tode. In: WVLG 11 (1888), S. 1–160, hier: S. 26.

führt für beide Wörter nur Belege aus Schillers Schriften an.[55] Das hat insofern seine Richtigkeit, als der Begriff „Religionskrieg" erst im Aufklärungszeitalter zum historiografischen Interpretament avancierte, während das Wort „Religionshass" wahrscheinlich überhaupt erst im 18. Jahrhundert aufkam, möglicherweise als Eindeutschung des französischen *fanatisme*.[56] Beides ist aus der eingangs angesprochenen Neigung der Spätaufklärer zu erklären, die Geschichte des 16. und 17. Jahrhunderts in der Rückschau mithilfe des Religionsbegriffs zu deuten – eine nachträgliche Modellierung aus dem Geist aufklärerischer Religionskritik. Als „Religion" bezeichneten viele Aufklärer etwas, das sie überwinden, von dem sie sich emanzipieren wollten. Dessen vermeintliche Irrationalität und Schrecken fanden sie in der Geschichte des 16. und 17. Jahrhunderts vorgeführt. Es ist von tiefer Ironie, dass die Erfahrungsgeschichte in Deutschland und Frankreich für ihr Unterfangen, die Glaubensvorstellungen der Menschen wieder ins Recht zu setzen und als genuine Motive anzuerkennen, ausgerechnet auf den Religionsbegriff zurückgreift, der in seiner aufklärerischen Überformung diese Phänomene für irrational erklärt hatte.[57]

Aber ist nicht der Begriff „Religionskrieg" zeitgenössisch? In der aktuellen Forschung geht man davon aus, dass die deutsche Wortschöpfung als Übersetzung für die französischen *guerres de religion* aufkam, weil die frühesten bekannten Belege sowohl in Frankreich als auch in Deutschland aus den 1580er-Jahren stammen.[58] Das heißt, erst zu dem Zeitpunkt, als die französischen Konfliktparteien vonseiten Spaniens, Englands und der Niederlande Unterstützung erhielten und die innerfranzösischen Auseinandersetzungen den Charakter eines europaumspannenden Konflikts annahmen, begann man „Kriege" zu nennen, was zuvor als *troubles*

[55] „[...] ehe noch Joseph der Zweite die fürchterliche Hyder des frommen Haßes bekämpfte, pflanzte die Schaubühne Menschlichkeit und Sanftmuth in unser Herz, die abscheulichen Gemählde heidnischer Pfaffenwuth lehrten uns Religionshaß vermeiden – in diesem schrecklichen Spiegel wusch das Christenthum seine Flecken ab."; Friedrich Schiller: Was kann eine gute stehende Schaubühne eigentlich wirken? Eine Vorlesung, gehalten zu Mannheim in der öffentlichen Sizung der kurpfälzischen deutschen Gesellschaft am 26sten des Junius 1784. In: Thalia 1 (1785) 1, S. 1–27, hier: S. 21 f.

[56] Als Beispiel für dessen Verwendung vgl. Voltaire: Fanatisme. In: ders.: Dictionnaire philosophique portatif. London [i. e. Genf] 1764, S. 190–193; in deutscher Übersetzung vgl. ders.: Fanatisme – Fanatismus. In: ders.: Philosophisches Taschenwörterbuch. Hg. von Rainer Bauer. Ditzingen ^{3}2021, S. 213–216.

[57] Anders z. B. Denis Crouzet: Les Guerriers de Dieu. La violence au temps des troubles de religion (vers 1525–vers 1610). 2 Bde. Seyssel 1990, der forschungssprachlich auf den Religionsbegriff verzichtet.

[58] David El Kenz: Guerres de religion. In: Claude Gauvard/Jean-François Sirinelli (Hg.): Dictionnaire de l'historien. Paris 2015, S. 317–319. Vgl. Friedrich Beiderbeck: Religionskriege. In: Jaeger (Hg.): Enzyklopädie (wie Anm. 34), Sp. 1091–1108, und Burkhardt: Religionskrieg (wie Anm. 8).

(„Streit“, „Zwistigkeiten“, „Unruhen“) bezeichnet worden war. Wenn diese Kontextualisierung zutrifft, war das Religiöse an diesen Kriegen, dass die Bündnisse, weil sie der konfessionellen Lagerbildung in Europa folgten, scheinbar auch von dieser bestimmt waren, dass Konfessionsgegensätze nunmehr auch zwischen Regierungen zum Kriegsgrund wurden. Es handelte sich demnach um eine politische Begriffsbildung, auch in dem Sinne, wie das wenig früher entstandene Lager der *politiques*[59] auf „Religion“ schaute (was immer das Wort in Frankreich für die verschiedenen Fraktionen zu diesem Zeitpunkt bedeutet haben mochte – dies bedürfte eigener Untersuchungen): als auf einen machtpolitischen Faktor, mit dem man rechnen musste, ohne sich mit ihm zu identifizieren.

An dieser Begriffsbildung lässt sich noch einmal das Paradox verdeutlichen, in das der Begriff der „religiösen Gewalt“ führt. Während für uns die bloße Entstehung des Begriffs „Religionskriege“ als Beleg für das Phänomen erscheint, diente den Zeitgenossen diese Begriffsbildung möglicherweise genau umgekehrt der Distanzierung und Einhegung. Es macht eben einen prinzipiellen Unterschied, wer zu welchem Zeitpunkt von „Religion“ spricht: wir Heutigen aus einer Position, in der „Religion“ sich in beliebige Bestandteile auflöst und nur noch so viel Macht über uns besitzt, wie wir ihr von uns aus einräumen, oder die Menschen des 16./17. Jahrhunderts, umgeben von stark institutionalisierten, verpflichtenden Lehren, Glaubenshaltungen, Gottesdienstformen, Rechtsnormen und Vergemeinschaftungen, die von verschiedenen Seiten zu einer überwältigenden Synthese gebracht werden sollten.

Als ein zweites – destruktives – Ergebnis ergibt sich aus diesen begriffsgeschichtlichen Überlegungen, dass die Frage nach der „religiösen Gewalt“ in der Frühen Neuzeit falsch gestellt ist – nicht weil es Gewalt in den Auseinandersetzungen um Lehre, Glauben, Gottesdienstbräuche und die darauf bezogenen Rechte und Gemeinschaftsbildungen nicht gegeben hätte, sondern weil wir sie mit unserer Kategorie der „Religion“ nicht angemessen erfassen. Weder können wir die aufklärerische Brille abnehmen, die „Religion“ auf Distanz bringt und sie zu etwas prinzipiell Irrationalem erklärt, noch kommen wir mit diesem Begriff hinter die Synthese zurück, die wir unwillkürlich damit verbinden, während sie für die Menschen des 16./17. Jahrhunderts in der Zukunft lag und sich für sie als Vorgang darstellte, als Verwandlung – je nach Standpunkt als Forderung oder Bedrohung, Faszinosum oder Vergewaltigung. Statt die frühneuzeitlichen Verhältnisse analytisch aufzuschließen, produziert der Begriff der „religiösen Gewalt“ lauter Missverständnisse. Wir sollten ihn preisgeben.

59 Jean-Yves Grenier: Histoire de la pensée économique et politique de la France d’Ancien Régime. Paris 2007, S. 47–50.

Abstract

In this chapter the common parlance of "religious violence in early modern history" is put to the test, although it seems to be linked in an indissoluble way with the master narratives about this period. The first section shows that it makes no difference whether historians think of early modern history in terms of impersonal structures or of personal experience – they agree in regarding religion as a crucial cause of violence.

Against this widespread conviction the paper unfolds two arguments. The first is that the Latin word "religio", as it was used throughout the 16th and 17th century, did not mean 'religion' in our modern comprehensive understanding of the word. Instead its meaning was quite narrow and specific, referring either to the medieval sense of 'committing oneself to God by joining a religious order' (becoming a "religiosus" resp. a "religiosa") or to the ancient sense of 'scrupulously venerating God'. It did not mean 'faith', 'doctrine', 'worship', 'church law' or 'denomination', and definitely not all these things in conjunction. Only when the vernacular languages began to borrow the Latin word from the 16th century onwards was its narrow meaning broadened. As a consequence of reformation and counterreformation, the idea arose that one should make faith and doctrine and worship and church law match, although the attempt to implement this new rapport provoked much opposition and turned out to be a very violent process. From this point of view what is generally called "early modern religious violence" is violence caused not by religion, but by the ambition to establish a new idea of religion.

The second argument is that our modern understanding of religion is coined by the 18th-century critique of religion. Only the Enlightenment's claim to overcome religion (in the new sense of the word) declared it to be "irrational" or even "fanatic". Thus the Enlightenment invented religious fanatism, using it as a retrospective explanation of the violence that had gripped the last centuries. Modern parlance of "religious violence" unintentionally prolongs a very poor idea of religion – and one that should not be mistaken for an explanation.

Bénédicte Sère

In welcher Weise hat Gewalt die Kirche gemacht?

Historisierung von vier Beispielen

Um die Frage der religiösen Gewalt allgemein oder konkret der verschiedenen Formen religiöser Gewalt zu behandeln, schlägt Dorothea Weltecke vor, einen essenzialistischen Ansatz von einem historisierenden Ansatz zu unterscheiden. Große soziologische und philosophische Theorien seien oft von einem essenzialistischen Ansatz geprägt; für die geschichtswissenschaftliche Analyse sei dagegen der historisierende angemessener. Aus unserer Sicht ist diese Unterscheidung evident, und wir können hier nur zustimmen. Daher wollen wir nicht ihrem Vorschlag folgen, diesen Ansatz zu kritisieren, sondern ihn stützen, indem wir vier Beispiele der Historisierung religiöser Gewalt vorstellen – vier Fallstudien, die zugleich unsere eigene Arbeitshypothese darlegen sollen. Denn dieser Beitrag steht im Zusammenhang mit einem größeren Projekt, dem „Dictionnaire critique de l'Église", das im August 2023 im Verlag der „Presses Universitaires de France" erschienen ist. Das Ziel dieses Wörterbuches ist es einerseits zu zeigen, wie der Gegenstand „Kirche" von den Sozialwissenschaften mit sozialwissenschaftlichen Konzepten analysiert werden kann und andererseits, wie der Gegenstand „Kirche" seinerseits die sozialwissenschaftlichen Fragestellungen erweitert und bereichert. In unserem Beitrag, der an der EHESS in Paris erarbeitet wurde, geht es um die Frage, was die Gewalt mit der Kirche macht, wie die Gewalt die Kirche konstruiert und wie die Kirche im Gegenzug das Konzept der Gewalt wandelt.[1] Dabei ist zu berücksichtigen, wie der Begriff „Kirche" heute verstanden wird: Es hat sich bereits eingebürgert, die Ambiguität des Begriffes stets mitzubedenken – dazu gehören seine unterschiedlichen Bedeutungen sowie die Spannung zwischen der eher mittelalterlichen Begriffsdefinition im Singular und der neuzeitlichen, eher protestantischen Begriffsdefinition im Plural. Es ist diese Spannung, diese Ambiguität und diese Polyphonie, die wir mit allen

[1] Der Aufsatz wurde von Bénédicte Sère in Zusammenarbeit mit Antoine Roullet, Chrystel Bernat, David El Kenz und Alain Rauwel erstellt. Der vorliegende Beitrag wurde von Dorothea Weltecke in enger Zusammenarbeit mit Bénédicte Sère aus dem Französischen ins Deutsche übersetzt.

https://doi.org/10.1515/9783110773781-019

unseren Einträgen im „Dictionnaire" zu adressieren versuchen, und die hier mit dem Thema der Gewalt angesprochen werden sollen. Gewalt kann uns etwas über ein systematisches Merkmal „der Kirche" mitteilen.

Bevor die Beispiele erörtert werden sollen, sei die Arbeitshypothese formuliert, dass die Kirche hier im durkheimischen – oder neo-durkheimischen – Sinn des Begriffs als „totale Tatsache" verstanden werden soll, als Institution und als Sache des Glaubens gleichzeitig. Die Kirche ist eine Institution der Performativität des Religiösen. Um es anders zu formulieren: Die Kirche stellt die Gemeinschaft der Gläubigen dar; wo Kirche ist, produziert sie buchstäblich Gemeinschaft. Wenn sich die Gläubigen die Kirche vorstellen, denken sie die Kirche in der performativen Form ihrer Praktiken und ihrer Glaubensinhalte. Die Geschichtsschreibung hat die Kirche zwar nicht so aufgefasst, doch uns erscheint es wichtig, sie als diese totale Tatsache zu behandeln, die gleichzeitig eine politische Institution und auch eine Gemeinschaft von Gläubigen ist.

Ursprüngliche Mehrdeutigkeit von Konzepten religiöser Gewalt und spätere reduzierende Interpretationen

Als Ausgangspunkt der Überlegungen zur Gewalt in der Kirche ist die Widersprüchlichkeit im biblischen Text zu konstatieren, der sowohl im Alten als auch im Neuen Testament grundsätzlich polyphon ist. Aus vielen möglichen Beispielen nennen wir nur diese zwei, die die Widersprüchlichkeit deutlich zeigen: „Ihr sollt nicht meinen, dass ich gekommen bin, Frieden zu bringen auf die Erde. Ich bin nicht gekommen, Frieden zu bringen, sondern das Schwert (Mt 10, 34)" und „Frieden lasse ich euch, meinen Frieden gebe ich euch (Joh 14, 27)". Diese Mehrdeutigkeit ist eine Konstante, die die Komplexität des Verhältnisses des Menschen zur Gewalt unterstreicht. Dies betonen die Kommentare der Exegeten, vor allem die der Reformatoren, die erklären, dass, im Gegensatz zum durch Menschen errichteten Frieden, der nur „kaltherzig und zeremoniell ausgesprochen wird", der von Christus versprochene Frieden seinen treuen Gläubigen Glückseligkeit sichert.[2] Schreibt man über die Geschichte der Gewalt in der Kirche oder über das Verhältnis von Gewalt und Kirche, muss man die Komplexität dieser Dialektik zwischen der Verheißung des Friedens und der notwendigen Gewalt berücksichtigen, letztere mit dem Ziel ersteren zu erreichen.

Nun scheint sich das Paradigma der zwangsläufigen Gewalt, einer der beiden Pole dieser schwierigen Spannung, in unserer post-weberianisch geprägten Gegen-

[2] Jean Calvin: Commentaire de l'Évangile selon saint Jean. Genf 1553.

wart durchgesetzt zu haben.[3] Neben anderen betrachtet etwa Jan Assmann den Monotheismus nur unter der Perspektive der Gewalt, indem er die ursprüngliche Polyphonie des biblischen Textes ausblendet und so die Mehrdeutigkeit auf eine vereinheitlichende Sicht einer legitimierten Gewalt reduziert.[4] Bei Assmann beruht die „mosaische Unterscheidung" – der Unterschied zwischen „wahr" und „falsch" in einer Religion – auf einem stark betonten Wahrheitsbegriff.[5] Der biblische Monotheismus wird hier verstanden durch das, gegen das er sich wendet, und durch diejenigen, die er bekämpft (Ketzer, Heiden, falsche Lehren, Sekten, Aberglauben, Fetischismus, Idolatrie oder Magie und so fort), wobei dieser Kampf zu einer neuartigen Form des Hasses führe (Sinai im Sinn von „Hass" beziehungsweise Si-n'ah als „der Berg, von dem sich der Hass über die Völker ergoss"). Im Monotheismus gebe es keine Möglichkeit, andere Kulte und andere Götter in den Gott Israels Jahwe zu übersetzen (Assur ist nicht gleich Jahwe). Daraus ergibt sich die Vorstellung einer Inkommensurabilität, die die Wurzel der Intoleranz sei, da die kulturelle Übertragung verweigert oder sogar gefürchtet werde und man vielmehr entschlossen sei, für seinen Glauben zu sterben. Kurzgefasst definiere der Monotheismus seine Wahrheit, in dem er alles, was mit ihr nicht vereinbar sei, aus der Furcht ausschließe, sich falschen Kulten anzugleichen. Die Gewalt, die intolerant und exklusiv sei, definiere die „mosaische Unterscheidung", nicht die konkreten Ereignisse, sondern die kulturelle Semantik selbst, in der Sprache, die die Gewalt narrativ in Szene setzt, in Form von Meistererzählungen, Gründungsmythen, Symbolen, Bildern und literarischen Texten. Warum erfolgt diese narrative Inszenierung von Gewalt bei Assmann? „Meine Frage ist nicht, was historisch geschehen ist, sondern vielmehr, wie man sich daran erinnert hat", führt Assmann aus.[6] Die Rhetorik des gewaltsamen Bruchs soll vor dem Vergessen und der Rückkehr in die Vergangenheit warnen. Die Furcht vor der Angleichung verlange die Radikalität der Bekehrung und des Bruchs. Auf derselben Linie liegt Robert I. Moore, der die christliche Kirche des Mittelalters als eine „Verfolgungsgesellschaft" bezeichnet, die Exklusion brauche, um sich durchzusetzen, da „[j]ede Identitätsbildung [...] not-

[3] Max Weber: Politik als Beruf. München/Leipzig 1919, S. 4: „Der Staat ist diejenige menschliche Gemeinschaft, welche innerhalb eines bestimmten Gebietes das Monopol legitimer physischer Gewaltsamkeit für sich – mit Erfolg – beansprucht."

[4] Jan Assmann: Monotheismus und die Sprache der Gewalt. Wien 2005; ders.: Die Mosaische Unterscheidung oder Der Preis des Monotheismus. München 2003; ders.: Monotheismus und Gewalt. Eine Auseinandersetzung mit Rolf Schieders Kritik an „Moses der Ägypter". In: Rolf Schieder (Hg.): Die Gewalt des einen Gottes. Die Monotheismus-Debatte zwischen Jan Assmann, Micha Brumlik, Rolf Schieder, Peter Sloterdijk und anderen. Berlin 2014, S. 36–55.

[5] Jan Assmann: Mosaische Unterscheidung (wie Anm. 4), S. 19, Kapitel 1: „Die mosaische Unterscheidung und das Problem der Intoleranz".

[6] Assmann: Mosaische Unterscheidung (wie Anm. 4), S. 149.

wendigerweise die Konstruktion einer Andersartigkeit nach sich [zieht]".[7] Daraus folge die Ablehnung des Anderen: des Ketzers, des Heiden, des Juden, des Sarazenen, des Griechen, des Zauberers, des Leprakranken, des Sodomiten und so weiter. In der Folge entstünden die Inquisition, die Kreuzzüge mit ihren Abirrungen sowie die Pogrome und Massaker, die Stigmatisierung der Juden und ihre regelmäßige Vertreibung, die Hexenprozesse, die Prozesse gegen die Hussiten und die Zwangsbekehrungen all derer, die sich dem christlichen Proselytismus zu widersetzen versuchten, wie die von Las Casas verteidigten Ureinwohner Amerikas etc. So wird verständlich, warum Gewalt zu einem Schlüsselbegriff der Geistes- und Sozialwissenschaften werden konnte – in der Soziologie und der Politikwissenschaft als zwangsläufiges Phänomen und als Staatsmonopol, in der Anthropologie als unvermeidliche Konfrontation von Kulturen und als alle möglichen Formen von Ethnozid. Die Sozialwissenschaften haben auch die Gewaltdarstellungen aufgegriffen, wie sie in der christlichen Tradition belegt sind. So scheint in einer zunehmend besorgten Selbstbetrachtung des modernen und postmodernen Westens angesichts seiner selbst und der Banalität des Bösen die kirchliche Tradition alle möglichen Gewaltereignisse in der Geschichte zu erklären, vom Terreur der Revolution bis zum Holocaust. Von Georges Sorel[8] bis Hannah Arendt[9] hat die wissenschaftliche Moderne die Gewalt in den Mittelpunkt ihrer Aufmerksamkeit gestellt. Sie hat damit die religionswissenschaftliche Forschung angeregt und dabei die Frage nach der Gewalt in der Beschäftigung mit der Theologie als selbstverständliche Notwendigkeit betrachtet. Während man im 18. und 19. Jahrhundert keine Veranlassung fand, in theologischen Wörterbüchern oder Enzyklopädien einen Eintrag zur „Gewalt" zu bieten, ist der Begriff heute so stark theologisiert, dass das „Dictionnaire critique de théologie" seine Leser einlädt, über den Begriff sowohl aus der Perspektive der biblischen Theologie als auch aus der der Moraltheologie nachzudenken.[10]

Die Gleichsetzung des Christentums mit Gewalt, diese Reduktion der biblischen Polyphonie auf eine vermeintliche Eindeutigkeit, ist eine politische Position im Zentrum einer Denktradition, in der Religion in der Nachfolge der Aufklärung des 18. Jahrhunderts allgemein als Gewalt und Fanatismus betrachtet wird – die Position Philippe Bucs bietet hier ein extremes Beispiel in dieser langen Tradition.[11] In

[7] Robert I. Moore: The Formation of a Persecuting Society. Power and Deviance in Western Europe, 950–1250. Oxford/New York 1987; Assmann: Mosaische Unterscheidung (wie Anm. 4).

[8] Georges Sorel: Réflexions sur la violence. Paris 1908.

[9] Hannah Arendt: The Human Condition. Chicago 1958.

[10] Dictionnaire critique de théologie. Hg. von Jean-Yves Lacoste. Paris 1998, S. 1244–1247. Der Artikel ist in zwei Teile gegliedert: A. Biblische Theologie, B. Moraltheologie.

[11] Philippe Buc: Holy War, Martyrdom and Terror. Christianity, Violence, and the West. Philadelphia, PA 2015.

seinem Buch wird die christliche Theologie als Ursprung der Gewalt im Westen dargestellt.[12] Die Gewalt ist bei ihm in den Idealen des Christentums selbst verwurzelt: Buc legt eine Genealogie der Ideen von Fanatismus und Terrorismus vor, die er mit der westlichen Geschichtstheologie in Verbindung bringt. So zitiert er etwa Augustinus: *Ubi terror, ibi salus*[13] und übersieht dabei, wie sehr das frühe Christentum beide Tendenzen enthielt, wie Guy Stroumsa feststellte: die irenische und die kriegerische Tendenz, und zwar schon bei der Entstehung der ersten Texte.[14] Diese Autoren ordnen sich also in ein kulturelles System ein, das als Gegenüberstellung von vermeintlich tolerantem Polytheismus und intolerantem Monotheismus konstruiert ist. Dadurch verleugnen eigentlich Assmann, Buc und der Großteil der Geschichtsschreibung in der Mediävistik der letzten Jahrzehnte das Phänomen der Gewalt als Problem, weil sie die ursprüngliche Dialektik außer Acht lassen und stattdessen eine vereinheitlichte Darstellung des Monotheismus und damit des Christentums vorschlagen.

Gegen diese Herausstellung der Gewalt in der Gegenwart versuchen nicht zuletzt aktuelle theologische Bewegungen die Äußerungen der Monotheismen zur Gewalt im Zusammenhang mit den Widersprüchen in ihren Interpretationen genauer zu hinterfragen, nun aber mit der entgegengesetzten Tendenz, die biblische Dualität auf eine Eindeutigkeit zu reduzieren: Der gegenwärtige theologische Diskurs läuft nämlich Gefahr, die Wirklichkeit der historischen Gewalt in der Kirche zu entschärfen und in eine eigentümliche Irenik zu verkehren. So predigt etwa die Internationale Theologische Kommission in der Tradition des Zweiten Vatikanischen Konzils im Jahr 2014 Irenik und wendet sich gegen die Vorstellung in der kulturellen und politischen Diskussion, dass es einen notwendigen Zusammenhang zwischen Monotheismus und Gewalt oder auch zwischen Monotheismus und den Religionskriegen geben würde: Der christliche Glaube betrachte vielmehr in der Ausübung von Gewalt im Namen Gottes die äußerste Verfälschung von Religion.[15]

Die Bemühung, Kirche und Gewalt voneinander zu trennen, findet eine postmoderne Vollendung im Werk des amerikanischen katholischen Theologen William Cavanaugh. Sein erstes Buch „Torture and Eucharist“ aus dem Jahr 1998, das

[12] Ebd., S. 1: „This essay explores two millennia of Western Christian and post-Christian violence in the West. In ‚violence‘ are included holy war, terror and terrorism, and paradoxically, as it may seem at first, martyrdom.“

[13] Ebd., S. 178, zitiert Augustinus, Sermo 279, PL 38, 1277: „Ubi terror, ibi salus… O saevitia misericors!“; siehe auch Hieronymus, Commentarii in Esaiam, Liber 6, in Isa. 13. 17–18. In: CCSL 73, 233.

[14] Guy Stroumsa: Savoir et salut. Traditions juives et tentations dualistes dans le christianisme ancien. Paris 1992.

[15] Vgl. CTI (Internationale Theologische Kommission): Der Dreifaltige Gott, Einheit der Menschen. Der Christliche Monotheismus gegen die Gewalt. o. O. 2014, § 95 [Onlinepublikation: http://www.vatican.va/roman_curia/congregations/cfaith-/cti_documents/rc_cti_20140117_].

aus der konkreten Erfahrung mit dem Chile Pinochets entstand, ist aus zwei entgegengesetzten Intentionen im Umgang mit dem Körper entworfen.[16] Die Folter, die in Diktaturen ausgeübt wird, ist für Cavanaugh nicht etwa eine Abweichung von der eigentlichen staatlichen Praxis, sondern vielmehr eine notwendige Folge dessen, was er als das „Ziel des Staates" (eines *jeden* Staates) definiert: die absolute Kontrolle über die Körper. Gegenüber dieser rohen Gewalt stelle die Kirche einen anderen Körper auf, den einzig wahren, nämlich den, aus dem sie selbst bestehe und der der Leib Christi sei, da er durch die Eucharistie geformt und genährt werde, als Aktualisierung der erlösenden Hingabe des gefolterten Leibes Jesu, des Wortes Gottes. Die christliche Liturgie erscheint daher als ein äußerst politischer Akt, als christlicher Widerstand gegen die gewalttätigen weltlichen Herrschaftsmittel. Dieser Ansatz ist insofern außergewöhnlich, als er die politische Dimension der kirchlichen Gemeinschaft nicht einfach als gegebene Tatsache betrachtet, als zufällige und womöglich auch bedauerliche, sondern als ihr ontologisches Wesen, das sich dort manifestiere, wo die Theologie bislang kaum danach gesucht hat, nämlich in der Sakramentalität selbst. Zu behaupten, dass der Weg für die staatliche Gewalt erst dann völlig frei werde, wenn die Kirche – durch Verfolgung oder Aufgabe –, nicht mehr in der Lage sei, ihn zu behindern, bedeutet jedoch, die Gemeinschaft des Glaubens von jeder möglichen direkten Verantwortung für die Ausübung von Gewalt freizusprechen. Das ist der Ansatz, den Cavanaugh zehn Jahre später in „The myth of religious violence" (2009) systematisieren wollte, indem er einige Themen aus „Eucharistie et mondalisation" von 2001 aufgriff.[17] Hier wird gleich zu Beginn die These aufgestellt: Es gibt keine religiöse Gewalt. Es gibt nur Gewalt, die je nach historischer Konstellation entweder von staatlichen oder von religiösen Mächten ausgeübt worden sein mag, in der Praxis jedoch laut Cavanaugh meist von Staaten. Ein Beispiel soll diese Ansicht untermauern, und zwar die französischen Religionskriege, die Gegenstand einer ausgiebigen Analyse sind. Allerdings kommt man nicht umhin, die historiografischen Probleme der Analyse zu erkennen, die daraus entstehen, dass der Autor meistens aus zweiter Hand arbeitet und ganze Teile der Überlieferung außer Acht lässt. Aufgrund der von Cavanaugh vorgenommenen Verschiebung in die erste europäische Moderne ergibt sich, dass „die säkulare Theorie in Wirklichkeit eine maskierte Theologie ist, die den modernen Staat anstelle der Kirche zum Erlöser macht", gemäß einer „parodierten Soteriolo-

16 William Cavanaugh: Torture and Eucharist. Theology, Politics, and the Body of Christ. Oxford 1998.

17 Ders.: The Myth of Religious Violence. Paris 2009; ders.: Eucharistie et mondialisation. La liturgie comme acte politique. Genf 2001.

gie“,[18] eine im Grunde banale Beobachtung, die Cavanaugh jedoch dazu bringt, den öffentlichen Raum neu zu definieren, indem er eine „Politik des himmlischen Königreichs“ propagiert, deren Hauptmerkmal die Gewaltlosigkeit sei. Wenn die Körperpolitik der Moderne ein „eiserner Käfig“ sei, betrachtet der Theologe es als Aufgabe der Kirche, die Gitterstäbe zu durchbrechen, auch wenn sie dafür notfalls die verrufene Bezeichnung „Sekte“ akzeptieren müsse. So würde sich angesichts der blutigen Clownerie des Staates, der dem Schicksal der blutigen Entweihung seiner kirchlichen Matrix nicht entgehen kann, eine neue evangelische Radikalität aufbauen – bei der man sich allerdings fragen muss, ob sie über reine Rhetorik hinausgeht und vor allem, ob sie sich nicht auf eine vereinfachte Dialektik stützt und letztlich platte Apologie ist.

Wie Gewalt die Kirche macht: Vier Beispiele

Durch ideologische Einseitigkeit kommt es in den beiden erläuterten Fällen zu einer Verleugnung der biblischen Ambivalenz, von der einen wie von der anderen Seite. Um aus der Dichotomie zwischen Gewalt und Gewaltlosigkeit oder zwischen Gewalt und Irenik auszubrechen, ist es daher besser, sich zu fragen, wie die Gewalt die Kirche geformt hat. Anhand vier konkreter Beispiele soll hier erläutert werden, wie Gewalt die Kirche geformt hat, zudem soll die historische Dynamik besser dargestellt werden.

Die protestantischen Bewegungen: Kirche durch Gewalt oder gegen Gewalt gestalten?

Die Gewalt, die von der Verehrung eines einzigen Gottes ausgeht und für die der Dekalog gleichwohl mit der ausdrücklichen Wertschätzung der Nächstenliebe zugleich ein Gegengewicht zu dem darin formulierten Exklusivismus bietet („Du sollst keine anderen Götter haben neben mir“ und „Du sollst sie nicht anbeten noch ihnen dienen. Denn ich, der Herr, dein Gott, bin ein eifersüchtiger Gott“), ist nur ein Aspekt wiederkehrender Gewalt, der mit den biblischen Schriften verbunden ist und die Glaubensgrundsätze durchdringt.

Tatsächlich durchzieht die Gewalt vielmehr die biblischen Darstellungen, schon mit dem Kreuzestod, der Tötungsart Christi, den die Theologen als „Kenosis“ umdeuten, indem sie diese Selbsterniedrigung des Gottessohns als Geste der höchs-

[18] Cavanaugh: Eucharistie et mondialisation (wie Anm. 17), S. 8. Siehe auch Sylvain Brison: Un exercice d’imagination théologique: la théologie de la non-violence chez William T. Cavanaugh. In: Revue d’Éthique et de Théologie morale 200 (2018) 3, S. 47–59.

ten Liebe deuten. Das Kreuz symbolisiert gleichzeitig die gegen den Messias verübte Gewalt und die Unermesslichkeit des Opfers. Es ist im Christentum dieses schändliche Foltergerät, mit dem Gott seine Versöhnung mit den Menschen vollzieht und aus dem die Erlösung der Menschheit hervorgeht. Das fundamentale Ereignis der Gewalt des Kreuzes der Passion begründet die Kirche durch das Opfer des Sohnes, dessen Tod den Menschen von der Sünde befreit, indem es der Gemeinschaft der Gläubigen die Möglichkeit bietet, ihren Glauben unter dem Schirm der Barmherzigkeit Gottes zu leben. Das Luthertum entwickelte aus dieser extremen Gewalt, von der die erste Botschaft des Christentums ausgeht, eine neue Weise der göttlichen Erkenntnis und eine andere Art, Kirche zu bilden. In seiner *theologia crucis* vertritt der sächsische Reformator den Grundsatz, dass Gott am und durch das Kreuz durch seine Leiden erkannt werden wollte, damit der Mensch sich nicht an einer Erkenntnis orientiere, die auf die Eigenschaften der Herrschaft und die Werke der göttlichen Herrlichkeit abziele (und die nur unvollkommen zu erreichen sei). Er versteht sie dagegen *sub contraria specie*, das heißt unter ihrem Gegenteil, in der Schwäche und Erniedrigung des Kreuzes, die den Willen Gottes zeige, seine Gerechtigkeit in der Demut zu offenbaren.[19] Bei Luther beruht das Christentum ganz auf diesem Verständnis des Kreuzes („in dem gekreuzigten Christus ist die wahre Theologie und Erkenntnis Gottes“[20]). Seine Theologie des Kreuzes vertritt die Ansicht, dass das, was den Menschen rette, der Glaube an den gekreuzigten Christus sei, der durch die Schande bestätigt wurde, mit der die Gewalt der Folter die Unendlichkeit seiner Botschaft der Liebe und die Größe seiner Demut ausdrücke („*Crux sola est nostra theologia*“[21]). Im protestantischen Verständnis der Passion darf die Gewalt des Leidens des Sohnes am Kreuz nicht dazu führen, sein Leiden an sich zu glorifizieren und damit an den Abgrund der Idolatrie zu geraten, son-

[19] Martin Luther: Heidelberger Disputation, Thesen 19–24 und Kommentare, 1518. In: Martin Luther Œuvres [MLO]. Hg. von Pierre Jundt. 20 Bde. Genf 1957–2018, hier: Bd. I, S. 125 f., S. 135–138; Martin Luther: Disputatio Heidelbergae habita, 1518. In: D. Martin Luthers Werke [WA]. Kritische Gesammtausgabe. 121 T. Weimar 1883–2009, hier: Bd. 1, S. 354, S. 361–363. Piero Camporsi: La carne impassibile. Mailand 1991. Zur Theologie des Kreuzes bei Luther siehe Marc Lienhard: Christologie und Demut in der Theologia crucis von Luthers Römerbriefkommentar. In: RHPR 42 (1962), S. 304–315 (insbesondere S. 304–306 und Anm. 6, S. 305); ders.: Luther, témoin de Jésus-Christ. Paris 1973; ders.: Martin Luther. Un temps, une vie, un message. Paris/Genf 1983; Walther von Loewenich: Luther's Theology of the Cross. Belfast 1976 (1967); Pierre Bühler: Kreuz und Eschatologie. Eine Auseinandersetzung mit der politischen Theologie, im Anschluß an Luthers theologia crucis. Tübingen 1981; Alister E. McGrath: Luther Theology of the Cross. Martin Luther's Theological Breakthrough. Oxford 1994; Yongv Joo Kim: Crux sola est nostra theologia. Das Kreuz Christi als Schlüsselbegriff der Theologia crucis Luther. Frankfurt a. M./Berlin/Bern 2008.

[20] MLO (wie Anm. 19) I, S. 136; WA (wie Anm. 19) 1, S. 362.

[21] Martin Luther: Operationes in Psalmos, 1519–1521. In: WA (wie Anm. 19) 5, S. 176; MLO (wie Anm. 19) XVIII, S. 141.

dern es soll Christen dazu bringen, das Paradoxon der göttlichen Macht zu erkennen, die sich absichtlich in dem demütigsten aller Umstände, der *Conditio humana*, offenbare, ausgesetzt der Gewalt seiner Feinde und dem Leiden. In dieser Perspektive ist die Gewalt des Kreuzes ein Paradox der Liebe, das die Christen um ein Zeugnis höchster Zuneigung ihrer Gottheit versammelt, die, indem sie akzeptiert, zu ihnen zu kommen und an einem Ort der Qual zu sterben, von dem sie a priori ausgenommen war, eine unvergleichliche Botschaft der Vereinigung verkündet.

Doch sind die Art und Weise und die Rhetorik der Zugehörigkeit zu Gott und zu seiner Kirche nicht ohne Zweideutigkeit. Das biblische Motiv des Eifers drückt in dieser Hinsicht die Herausforderung (und die Schwierigkeit) für den Gläubigen aus, die Liebe zu Gott in angemessener Weise zu leben, da die Verehrung nicht gegen das Prinzip der evangelischen Botschaft verstoßen darf. Denn der Eifer ist eine der Arten, die Kirche – als Gemeinschaft – zu bilden (eine Weise, sich Gott und seiner Kirche voll hinzugeben). Weil der Eifer für Gott in Maßlosigkeit ausarten könnte und in Gewalt zu münden droht, wirft er die Frage nach einer angemessenen Liebe und der geeigneten Hingabe auf, deren Verständnis je nach dem Auf und Ab und der Kampflust der rivalisierenden Kirchen variieren konnte. Als eine der Pflichten des Gläubigen sollte der Eifer weniger in Gewalt umschlagen als vielmehr eine Hingabe im Dienst an der Gottheit in der Weise sein, dass der Gläubige, um Gottes Herrlichkeit zu preisen, dies nicht mit Mitteln tun darf, die Gott missbilligt. Wenn Gewalt entstehe, dann komme sie von der Selbstentäußerung, zu der der Eifer aufrufe. Sie besteht darin, dass sich der Gläubige der Gottheit, die er verehrt, vollständig und bedingungslos hingibt. Als gläubige Haltung, die das Risiko der Radikalität und des Missverständnisses eingeht, um ihre Verbundenheit auszudrücken, oder als platte Rhetorik, um die Treue zu Gott zu bekunden und die Zustimmung zu den erwünschten Tugenden anzuzeigen, ist der Eifer eine der Varianten der Kirche. Und es scheint in seiner Logik zu liegen, in die gewaltsame Konfrontation zu münden. Die ganze Komplexität des gläubigen Eifers (und sein Ausdruck in der Gewalt) ist in seiner theologischen Auslegung begründet, in der er als glühende Verteidigung des Glaubens verstanden wird. Als Aspekt der Sprache, die den Zusammenhalt der Gemeinde befördert, aber eben zugleich als Register des Handelns, das stets kämpferisch sein kann, stellt der Eifer seine eigene Beweis- und Überzeugungskraft infrage (insofern er sowohl ein lebhafter Eifer im Dienste der Sache Gottes als auch ein Ausdruck des Glaubens sein soll), weil er mit Unnachgiebigkeit einhergehen kann. Gleichzeitig Antrieb und Versuchung – Liebe und Gewalt, Hingabe und Feindseligkeit – ist der Eifer Teil einer Selbstverpflichtung, die Urteilsvermögen erfordert. Es ist die ihm eigene Doppeldeutigkeit, durch die der

Eifer zum Prüfstein für die richtige Gottesverehrung wird, die inmitten der Gemeinden durch seine kämpferische Ausprägung bedroht wird.[22]

Wenn auch die Geschichte der Kirchen von Massakern geprägt ist, war doch die Vernichtung des Gegners nicht der einzige Ausdruck ihres jeweiligen Wahrheitsanspruchs. Der Bezug auf Paulus, der die Christen dazu ermahnte, lieber mit dem Schwert der Zunge Christi statt mit dem eisernen Schwert zu kämpfen, war eine Alternative. Angesichts der militanten Bewegungen ihrer Anhänger gegen die römischen Priester haben die Reformatoren – Luther ebenso wie Zwingli und Calvin – mit Bezug auf 2 Thess 2 argumentiert, dass es nicht Aufgabe der Menschen sei, diejenigen unter ihnen zu beseitigen, die sich irrten oder im Irrtum verharrten, nachdem die Wahrheit verkündet worden sei. Der einzig legitime Kampf des Christen sei der Kampf mit dem Schwert des Geistes, das heißt der Kampf mit dem Schwert des Wortes, da nur die Heilige Schrift den Irrtum überwinden könne. Wenn Luther mit dem Nutzen der Androhung von Gewalt einverstanden gewesen sein mochte (damit die Schrift erfüllt werde), liege der Tod des Häretikers doch allein in der Hand Gottes (der allein über das Schicksal derer entscheidet, die hartnäckig im Irrtum verbleiben), und Gewalt (notwendigerweise in gesetzlich regulierter Form) dürfe nur ausgeübt werden, wenn die weltliche Macht sie befohlen habe. Das schließt nicht aus, dass man sich ihrer zur Verteidigung der Glaubenswahrheit bedient, aber man verhindert damit die Autonomie der Gläubigen, die in Gefahr stehen, gegen die Grundsätze des Evangeliums zu verstoßen und dadurch vom Glauben abfallen könnten. Gegen die Versuchung, Pfarrer, Mönche und Bischöfe zu ermorden, argumentierte der Wittenberger Theologe, dass der physische Tod im Vergleich zu dem Tod, den Gott durch den Mund seines Sohnes für seine Feinde bereithält, nichts ist. Unter Bezugnahme auf Dan 8 („Er wird zerschmettert werden ohne die Hilfe einer Hand") und 2 Thess 2,8 („Unser Herr Jesus Christus wird ihn töten durch den Hauch seines Mundes") versicherte Luther, dass der Papst und die Katholiken bereits durch die Heilige Schrift widerlegt seien und dass Gott allein die Strafe auferlege („Mein ist die Rache und die Vergeltung", Dtn 32,35). Aus dieser Sicht hat Gewalt keinerlei Nutzen. Im Gegenteil droht sie, den Unschuldigen mit dem Schuldigen zu treffen. Das Gerechte kann nicht mit ungerechten Mitteln erreicht werden (Dtn 16,20), und der Gläubige lernt nichts durch Zwang („Niemals sollst du das Evangelium mit solchen Mitteln in die Herzen der Menschen bringen"[23]). Die Anwendung von Gewalt würde nur die Lehre der Reformation in Verruf bringen, indem sie ihren Feinden die Gelegenheit biete, ihre Anhänger zu ver-

[22] Chrystel Bernat/Frédéric Gabriel (Hg.): Critique du zèle. Fidélités et radicalités confessionnelles (France, XVIe–XVIIIe siècle). Paris 2013.

[23] Zu diesem Punkt siehe Martin Luther: Eine treue Vermahnung an alle Christen, sich zu hüten vor Aufruhr und Empörung 1522. In: WA (wie Anm. 19) 8, S. 685.

leumden. Nur die Autorität des Fürsten sei eingesetzt, um die Missetäter zu bestrafen. Wenn dieser nicht handelt, dürfe der Christ nicht eingreifen. In einem solchen Fall solle er zunächst seine eigene Sünde erkennen (denn wenn der Gegner nicht bestraft wird, dann deshalb, weil Gott diese Züchtigung durch seine Gerechtigkeit für die Sünde des Gläubigen auferlege), dann solle er zunächst gegen eine solche fehlgeleitete Regierung beten und sich im letzten Schritt selbst zum Schwert des Wortes Christi machen und mitten unter den Heiden dem rechten Weg folgen. Angesichts der Bilderstürme und um Übergriffe und Lynchmorde zu verhindern, betonten die Reformatoren die Unverzichtbarkeit der Belehrung der Übeltäter durch die Predigt. Um die Gewalt gegen die Bilder zu entschärfen, argumentierten sie dafür, diese als sogenannte Adiaphora zu betrachten[24] und entschieden sich für eine geordnete Entfernung der Bilder mithilfe der Stadträte und eine Beschränkung der Absetzung von Priestern.[25] Textquellen und Predigt, die Trennung von Adiaphora und Unterweisung wurden so zu bedeutenden Strategien der aufstrebenden protestantischen Kirchen, um Gewalt zu verhindern, mit dem Argument, dass es „niemandem erlaubt ist, jemanden hinzurichten“ und dass „Christus nicht will, dass jemand mit Gewalt zum Glauben gezwungen wird“.[26] Dennoch prägt die Gewalt eine jede von ihnen, mal verdeckt in den Pamphleten und im Krieg der Karikaturen, den Luther an der Seite Cranachs ausfocht, mal in Müntzers mystischem Radikalismus, der zur Ausrottung der Gottlosen aufrief.

Seit dem Bauernkrieg und seinem Abflauen (1525) zeigte sich die Gewalt zum einen massiv im theologischen Antisemitismus Luthers, der, nach der judenfreundlichen Haltung seiner frühen Schriften, jetzt die Beseitigung der Juden befürwortete, zum anderen in der zunehmenden Bestrafung der Täufer, die sich aus den Reihen der klassischen Reformation entfernt hatten (1520–1530), und in der Hinrichtung des Antitrinitariers Servet (1553). Die bewaffnete Gewalt begleitete die Konfrontation in der Christenheit, die nach der Etablierung der lutherischen, zwinglianischen und schließlich der calvinistischen Richtung die Anhänger des alten Glaubens und die Anhänger der Reformation gegeneinander aufbrachte (Kappeler Krieg 1531 in der Deutschschweiz; Schmalkaldischer Krieg im Heiligen Römischen Reich zwischen den Truppen Karls V. und dem Schmalkaldischen Bund hin-

[24] Martin Luther: Acht Predigten des Dr. M. Luther, von ihm in Wittenberg während der Fastenzeit vom Sonntag Invocavit bis Sonntag Reminiscere gepredigt, 9.–16. März 1522. In: MLO (wie Anm. 19) IX, 78 ff. (dritte Predigt, 11. März 1522) und S. 83 ff. (vierte Predigt, 12 März 1522); WA (wie Anm. 19) 10.3, S. 21 ff. und S. 30 ff. (Predigten des Jahres 1522, Sermons 3 und 4).

[25] Huldrych Zwingli: Kurze christliche Unterweisung, 1523. In: Huldreich Zwinglis sämtliche Werke. Bd. 2. Berlin 1905, S. 626–663 (Eine kurze christliche Einleitung, 17. November 1523).

[26] Huldrych Zwingli: Der Hirte, 1524. In: Huldreich Zwinglis sämtliche Werke. Bd. 3. Leipzig 1914, S. 1–68 (Der Hirt, 26. März 1524).

ter dem sächsischen Kurfürsten Johann Friedrich I. und dem Landgrafen Philipp von Hessen zwischen 1546 und 1547; acht Hugenottenkriege in Frankreich von 1562 bis 1598 und die hugenottische Rebellion von 1621 bis 1629).

Mit Gewalt konfrontiert, insofern sie ihre Lehren als eine neue Orthodoxie verkündeten, nahmen die Kirchen der Reformation an der Diskussion über den Gebrauch von Zwang teil. In einem Traktat aus dem Jahr 1524 stellte der Täufer Balthasar Hubmaier, der 1528 in Wien verbrannt wurde, den Grundsatz auf, dass nur derjenige ketzerisch und seine Überzeugung verwerflich sei, der sich auf frevelhafte Weise der Heiligen Schrift widersetze, obwohl er nicht mit Feuer, Eisen oder Ertränken bestraft, sondern nur aus der Kirche ausgeschlossen werden könne. Nur die Überzeugungskraft des Wortes könne den Irrtum besiegen und das Urteil, das allein Gott zustehe, werde erst am Ende der Zeit gefällt. In dieser Theologie, die die Tötung ablehnt, ist die irdische Welt eine Zeit der Gnade, in der die Rolle der Kirche nicht die eines Richters, sondern die eines Zeugen ist, weshalb es nicht Aufgabe der Kirche sei, den Ketzer oder Ungläubigen zu beseitigen.[27] Die Täufer, die sich für ein gewaltfreies Christentum entschieden (Schleitheimer Artikel 1527), lehnten es ab, dass die Behandlung der Häresie Sache des Staates sei. Religiöse Meinungsverschiedenheiten seien vielmehr eine Angelegenheit der Gemeinschaft, die vornehmlich durch brüderliche Ermahnung geregelt werden sollte und deren äußerste Strafe darin bestehen sollte, die Missetäter auszuschließen. Der Prozess und die Hinrichtung von Michel Servet im Jahr 1553 fachte die Debatte über Zwangsmaßnahmen gegen Ketzer wieder an. Der Humanist Sébastien Castellion verteidigte mit fünf systematischen Traktaten („De Haereticis“, 1554; „Contra libellum Calvini“ und „De l'impunité des hérétiques“, 1555; „Conseil à la France desolée“, 1562; „De l'art de douter et de croire, d'ignorer et de savoir“ erschien posthum) seine Theorie der Verteidigung der Ketzer. Er argumentierte, dass es weder erlaubt sei, das Gewissen eines Menschen zu zwingen, noch einen Menschen im Namen der Lehre zu töten. Im letzten Drittel des 17. Jahrhunderts, das von den gewalttätigen Vorboten der Aufhebung des Edikts von Nantes und der Zwangskatholisierung der Hugenotten geprägt war, verteidigte der Journalist und Philosoph Pierre Bayle die Gewissensfreiheit mit den Rechten des „irrenden Gewissens“: In Anbetracht der Tatsache, dass Toleranz bei der Suche nach der Wahrheit erforderlich sei (da niemand sicher sein kann, sich nicht oder nicht mehr zu irren), wollte Bayle die Intention des Gläubigen in Rechnung stellen, der, auch wenn er sich irre, gemäß seinem Gewissen handele. Gleichzeitig betonte er, dass die Rechte des Gewissens nur Gott gehörten

[27] Neal Blough: Les révoltés de l'évangile: Balthasar Hubmaier et les origines de l'anabaptisme. Paris 2017; ders.: Concernant les hérétiques et ceux qui les brûlent: Balthasar Hubmaier à Schaffouse, 1524. In: Chrystel Bernat/Hubert Bost (Hg.): Énoncer/dénoncer l'autre. Discours et représentations du différend confessionnel à l'époque moderne. Turnhout 2012, S. 45–56.

und es niemandem sonst zustehe, darüber zu urteilen („Nouvelles lettres critiques“, 1685; „Commentaire philosophique sur ces paroles de Jésus-Christ: Contrains-les d'entrer“, 1686; „Ce que sait que la France toute catholique sous le règne de Louis Le Grand“, 1686). Während die sogenannte „radikale“ Reformation einerseits die Grenze zur extremen Gewalt überschritt, indem sie die göttliche Inspiration unmittelbar zum Ausdruck bringen wollte, und andererseits in ihrer baptistischen Ausprägung pazifistisch wurde,[28] wertschätzte die klassische Reformation (Lutheraner, Zwinglianer, Calvinisten) den Gebrauch der *disputatio* und die Möglichkeit einer begründeten Kritik, sofern sie auf der Grundlage der Heiligen Schrift vorgebracht wurde. Dieses Prinzip, verbunden mit dem Motto *sola scriptura*, wurde zu einer Signatur der ersten reformatorischen Texte, die die Theologen nicht selten mit dem Hinweis schlossen, ein jeder möge den Text gemäß der Heiligen Schrift korrigieren und verbessern.[29] Die innerprotestantische Kontroverse über die Kindertaufe wies zugleich die Grenzen dieser Methode auf, da sich Täufer und Zwinglianer auf zwei entgegengesetzte Wahrheiten beriefen, die beide aus der einen Wahrheit der Heiligen Schrift abgeleitet worden waren.[30]

Der Wahrheits- und der Reinheitsbegriff, die die christlichen Kirchen für sich beanspruchen, sind die Ursache von Formen der Exklusion. Beispiele dafür finden sich im Protestantismus in Bezug auf das Abendmahl, für das die Genfer Reformatoren Farel und Calvin 1537 die „Articles concernant l'organisation de l'Église et du culte à Genève“ ausarbeiteten. Um jede Verunreinigung durch sündige Gläubige zu

[28] Der von George Huntston Williams geprägte Ausdruck „Radical Reformation“ (vgl. ders.: Spiritual and Anabaptist Writers. Documents illustrative of the Radical Reformation. Philadelphia 1957) wurde viel diskutiert; siehe insbesondere Richard Stauffer: L'„aile gauche de la Réforme“ ou la „Réforme radicale“. Analyse et critique d'un concept à la mode. In: ders.: Interprètes de la Bible. Études sur les Réformateurs du XVIe siècle. Paris 1980, S. 31–41. Zu diesen heterodoxen Bewegungen siehe u. a. Ernst Bloch: Thomas Müntzer, théologien de la révolution. Ins Französische übersetzt von Maurice de Gandillac. Mit einem Vorwort von Thierry Labica. Paris 2012 (1921); Walter Elliger: Thomas Müntzer. Leben und Werk. Göttingen 1975; Thomas Müntzer (1490–1525). Écrits théologiques et politiques. Hg. von Joël Lefebvre. Lyon 1982; Richard Stauffer: Luther, critique de Müntzer. In: École pratique des hautes études, Section des sciences religieuses. Annuaire 91 (1982), S. 39–68; ders.: Thomas Müntzer ou la politisation de l'Apocalypse. In: Cahiers de l'Université Saint-Jean de Jérusalem 9 (1983), S. 159–180; Marianne Schaub: Müntzer contre Luther. Le droit divin contre l'absolutisme princier. Paris 1984; Gabriel Mützenberg: Thomas Müntzer ou l'illuminisme sanglant. Lausanne 1987; Neal Blough (Hg.): Jésus-Christ aux marges de la Réform. Paris 1992.
[29] Siehe Huldrych Zwingli: 67 Thesen, 1523. In: Huldreich Zwinglis sämtliche Werke. Bd. 2. Berlin 1905, S. 458–465 (Aktenstücke zur ersten Zürcher Disputation. I. Die 67 Artikel Zwinglis).
[30] Siehe Balthasar Hubmaier: Dialogue du Docteur Balthasar Hubmaier, de Friedberg, à propos du livret sur le baptême de Maître Zwingli de Zurich, au sujet du baptême des enfants. Traduction, présentation et notes de Catherine Dejeumont. Textes réformateurs inédits. Textes réunis et édités par Chr. Bernat. In: Études théologiques et religieuses 92 (2017), S. 53–133.

vermeiden, sahen sie die zeitweilige Exkommunikation für unbußfertige Personen vor, integrierten jedoch gleichzeitig das zwinglianische Modell der brüderlichen Belehrung, in dem die Strafe vor allem pädagogischer Natur sein soll. Die Vermahnung solle eher der Besserung der Missetäter als ihrer Vertreibung dienen; die Exkommunikation sei nur als letztes Mittel gegen Unbelehrbare auszusprechen, die dann vor den Rat gebracht und, wenn sie weiter hartnäckig blieben, dem Vorstand vorgeführt werden sollen (wobei auf die Kirchenstrafe eine Zivilstrafe folgen kann). Dieses Verfahren der „brüderlichen Korrektur" zielte auf Verhaltensweisen ab („Nachlässigkeit" oder „Verachtung" gegenüber der Kirche, Verunglimpfung der kirchlichen Ordnung, „offenkundige und öffentliche Laster", „Verbrechen" wie Blasphemie, Ehebruch, Fernbleiben vom Gottesdienst und so weiter). Doch zeigt sie das Bestreben, nicht inquisitorisch zu sein, weil sie im Sinn einer „Strafe aus Liebe" jedem Einzelnen die Möglichkeit lässt, seinen Platz zu finden und sich zu bessern. In der protestantischen Ordnung geht es nicht darum, in die Geheimnisse des Gewissens einzudringen, sondern vielmehr einen Skandal zu verhindern, indem Reden und Verhaltensweisen vermieden werden, die der Ehre Gottes und der reformierten Disziplin zuwiderlaufen.[31] Die kirchliche Sanktion erhebt den Anspruch, nicht in die weltliche Macht und nicht in die Hoheit des Stadtrats einzugreifen, der in letzter Instanz urteilt.

Konfessionelle Gewalt oder die Frage des Martyriums

Gewaltformen bieten einen Interpretationsansatz, um das Auseinanderbrechen der lateinischen Kirche in der Renaissance zu verstehen. Im Laufe des 16. Jahrhunderts waren Exkommunikation, gerichtliche Repression und Bürgerkrieg treibende Kräfte bei der Neuformierung der Kirchen. Diese Gewaltformen kamen bei der Errichtung der neuen Grenzen zwischen der römischen Kirche und den neuen protestantischen Kirchen voll zum Einsatz. Das Märtyrertum ist eine der Ausprägungen dieser Gewalt. Bereits Teil der Alten Kirche wird das Martyrium im 16. Jahrhundert im politischen Kontext des konfessionellen Exklusivismus und durch den Legitimitätsanspruch der rivalisierenden Kirchen aktualisiert. Es mag zunächst paradox erscheinen, das Martyrium mit religiöser Gewalt in Verbindung zu bringen, weil Märtyrer diese selbst ja nicht ausüben. Tatsächlich stirbt in der christlichen Tradition derjenige als Märtyrer, der im Namen seines Glaubens verurteilt wird und sich nicht gegen die öffentliche Ordnung mit Waffen gewehrt hat. In der protestantischen Theologie stellt dies die Alternative zum Aufstand gegen den Rat dar. Im 16. Jahrhundert wurden in Europa etwa 3.000 Häretiker legal hingerichtet, wäh-

[31] Jean Calvin: Ordonnances ecclésiastiques de l'Église de Genève. Lyon 1541.

rend in England fast 200 Katholiken starben, darunter 120 Priester.[32] Während der Bürgerkriege kam es dann zu zahlreichen Massakern. Auf beiden Seiten werden die Opfer als neue „Zeugen der Wahrheit" betrachtet. Schließlich, als die Krise des Staates ihren Höhepunkt erreichte, wurde der Tyrannenmord gegen den als gottlos geltenden Fürsten als neue Form des Märtyrertums betrachtet. Auf europäischer Ebene verschiebt sich das Märtyrertum somit vom traditionellen passiven Widerstand hin zur Rechtfertigung offener Rebellion.

Als sich neue lutherische, reformierte und täuferische Kirchen bildeten, wurden in den 1550er-Jahren Martyrologien veröffentlicht, wie zum Beispiel das 1554 von Jean Crespin in Genf herausgegebene „Livre des martyrs".[33] Diese Schriften stellen eine erste Bilanz des Bruchs mit Rom dar, der als endgültig angesehen wurde. In dieses Jahrzehnt fielen das Ende der Projekte zur Wiederherstellung der katholischen Einheit und die Konstruktion eines historischen Gedächtnisses der ersten beiden protestantischen Generationen. Die Märtyrerbücher aus dieser Zeit sind Sammlungen von Notizen, in denen die Bedingungen der Verhaftung des Gläubigen, seine Prüfungen im Gefängnis, sein Prozess und seine Folter geschildert werden. Korrespondenzen, Glaubensbekenntnisse und Prozessakten sind die Quellengrundlage. Texte und Bilder von katholischen Märtyrern tauchen erst in den 1580er-Jahren auf, im Zuge der verschärften Repressionen im Königreich England und der Missionen in Übersee, wie die „Concertatio Ecclesiae Catholicae in Angliae" von John Gibbons und John Fen, die 1583 in Trier veröffentlicht wurde.[34] Abgesehen von dem parteiischen Charakter der Martyrologien sind sich die Hagiografen darin einig, den offenen Aufstand gegen die Obrigkeit zu verwerfen. Sie verurteilen die Täuferaufstände der 1530er-Jahre. Außerdem ist es ihnen ein Anliegen zu zeigen, dass die Helden des Glaubens, die als Rebellen auf dem Scheiterhaufen verbrannt wurden, gerade keine Aufrührer waren. Konfrontiert mit der Gewalt der Verhöre, des Mobs und der Folter reagieren sie mit den biblischen Waffen der Ironie, mit der Androhung geistlicher Strafen und mit der Vergebung für ihre Bedrücker. Hagiografische Berichte zeigen den Märtyrer, wie er auf dem Zug zur Hinrichtung Heiligenbilder verspottet, Psalmen gegen die „Ungläubigen" singt und dem Henker vergibt wie Christus am Kreuz. Die Gemarterten verhindern so, dass ihre Hinrichtung von der Kirche als Mittel zur Bekehrung interpretiert werden kann.[35]

[32] Brad S. Gregory: Salvation at Stake. Christian Martyrdom in Early Modern Europe. London/Cambrigde, MA 2001.

[33] David El Kenz: Les Bûchers du roi. La culture protestante des martyrs (1523–1572). Seyssel 1997.

[34] Anne Dillon: The Construction of Martyrdom in the English Catholic Community, 1535–1603. New York ^{2}2016.

[35] David El Kenz: Les usages subversifs du martyre dans la France des troubles de religion: de la parole au geste. In: Revue des Sciences Humaines, Martyrs et martyrologes 269 (2003) 1, S. 33–51.

Die Martyrologien sind also ein Instrument zur „Disziplinierung" der Gläubigen, die mit den Gefahren der Versuchung einer politischen Revolte und dem konfessionellen Kompromiss in der religiösen Koexistenz konfrontiert sind. Sie navigieren den Widerspruch zwischen dem paulinischen Gehorsam gegenüber der weltlichen Obrigkeit und der von Petrus geforderten Unterwerfung unter Gott statt unter die Menschen.

Gemäß dem von Augustinus inspirierten Spruch „Es ist nicht die Strafe, sondern der Grund, der das Martyrium ausmacht" (vergleiche *Contra Cresconium* IV, 46), hat die Rechtgläubigkeit des Glaubensbekenntnisses Vorrang vor der Art des Sterbens.[36] Jedes Martyrologium hat seine Glaubenshelden. Diese konstituieren auf diese Weise das konfessionelle Gedächtnis, das die Hagiografen bei Bedarf auch korrigieren. Die hagiografischen Berichte von den Helden des Glaubens sollen jedoch hauptsächlich die Gläubigen erbauen. Im Gegensatz zur Heiligenverehrung bleibt die Heiligkeit in der Reformation bei der gesamten Gemeinde und ist auf Jesus Christus ausgerichtet. Trotzdem gewannen die protestantischen Martyrologien an Bedeutung und entwickelten sich in späteren Ausgaben vom leicht zu verbergenden Oktavformat zum Quartformat, das auf ein Rednerpult gelegt werden kann.[37] Von Elisabeths Regierungszeit an wurde John Foxes „Book of Martyrs", das mit einer reichen Ikonografie ausgestattet war, in jeder Pfarrkirche neben der Bibel aufgestellt.[38] Obwohl sie keine „idolatrische" Verehrung hervorrufen, etablierten sich die Martyrologien als eines der bevorzugten Medien der kollektiven Frömmigkeit. Auf katholischer Seite symbolisierten die in den Bilderstürmen der Bürgerkriege getöteten oder in England gefangen genommenen Religiosen die Sakralisierung des Klerus. Der Priester, der auserwählt wurde, Christus zu offenbaren, opfert sich für die Welt. Diese priesterliche Sendung, die durch die tridentinischen Dekrete über die Messe und das Weihesakrament hervorgehoben wird, prädestiniert ihn für ein mögliches Martyrium in den Massakern an den sogenannten *rasés*, wie die Priester wegen ihrer Tonsur genannt wurden. In den Nekrologen der Ordensgemeinschaften wurden die Märtyrer der Religionskriege ebenso verehrt wie die Ordensleute, die in der Mission ihr Leben verloren hatten. Allerdings blieb in Frankreich, dem Epizentrum der Religionskriege, die Verehrung der Märtyrer dieser Unruhen sehr zurückhaltend, trotz der Tatsache, dass überdurchschnittlich viele Kleriker unter den Opfern waren.

36 Henri Meylan: Martyr du diable. In: D'Erasme à Théodore de Bèze. Problèmes de l'Eglise et de l'Ecole chez les Réformés. Genf 1976, S. 259–275.

37 Jean-François Gilmont: Jean Crespin. Un éditeur réformé du XVIe siècle. Paris 1981, S. 179 f.

38 Lucia Bergamasco: Hagiographie et sainteté en Angleterre aux XVIe–XVIIIe siècles. In: AESC 48 (1993) 4, S. 1053–1085.

Die Verhängung des Schweigens über die Gewalttaten der Religionskriege war eine wesentliche Maßnahme zu ihrer Beendigung. Ab Mitte des 16. Jahrhunderts wurde in den Friedensverträgen in Frankreich und Deutschland das Vergessen (*Vergessenheit und Amnestia*) unter Androhung von Strafverfolgung verordnet. Sie sorgten auf diese Weise auch dafür, dass die Opfer der Unruhen mit Schweigen belegt wurden. Zudem war die Verehrung der Märtyrer bei der Rückkehr zum politischen Gehorsam für eine staatliche Hoheit als Mittel ungeeignet, die beanspruchte, die weltliche Ordnung zu sichern. Das Märtyrertum, verstanden als ein Mittel zur Kanalisierung von Gewalt, konnte schließlich auch Unzufriedenheit wachhalten. In diese Richtung weisen die Äußerungen in den hagiografischen Berichten der Protestanten im Rahmen ihrer nunmehr etablierten Kirche. Dieser Aspekt ist unübersehbar. Der Held des Glaubens konnte sich überdies der kirchlichen Institution entziehen, während sowohl die katholische als auch die protestantische Kirche ihre Kontrolle über die Gläubigen verstärkten. In England beriefen sich Puritaner auf das Martyrologium von Foxe, um vermeintliche Spuren des „Papismus" in der anglikanischen Hierarchie anzuprangern. Auf katholischer Seite diskreditierte politische Gewalt den Irenismus der christlichen Theologie des Martyriums. Im Krieg der Katholischen Liga hatten die Eiferer den Tyrannenmord an Heinrich III., später Heinrich IV., im Namen der Verteidigung der Rechtgläubigkeit des französischen Königreiches legitimiert. Sie hatten Jacques Clément, den Mörder Heinrichs III., der die Hinrichtung der Guise, der Anführer der Heiligen Liga, gerächt hatte, zum Märtyrer gemacht. Die Vertreter der absoluten Monarchie des 18. Jahrhunderts verurteilten dagegen eine radikale Frömmigkeit, die dazu führen konnte, sich gegen den politischen Souverän aufzulehnen, der allein für die öffentliche Ordnung verantwortlich sein sollte.

Fromme Gewalt oder die Gewalt gegen sich selbst für das wirksame Gebet

Auch die fromme Gewalt gegen sich selbst hat die Kirche geformt und sollte historisiert werden.[39] Denn fromme Gewalt ist nur innerhalb eines spezifischen Rahmens verständlich, der lange Zeit das westliche Christentum bestimmt hat und in dem die Idee, dass Gewalt an sich schlecht sei, absurd erschienen wäre. Vielmehr dachte man über legitimen oder sogar guten Gebrauch von Gewalt nach, wie den Krieg, das Recht auf Züchtigung oder die rechtgläubige Askese. In diesem Rahmen konnte Gewalt als produktiv verstanden werden: Sie verwandelte Seelen und Körper, sie trieb die Dynamik sowohl für die Buße als auch für die Bekehrung an, die Ordnung

39 Siehe Antoine Roullet: Corps, et pénitences, les carmélites déchausses espagnoles, 1560–1640. Madrid 2015.

schafft und die den Körper, den Raum und die Zeit bearbeitet. Selbst im Exzess beseitigte sie Zweideutigkeit und grenzte Sünde und Gnade voneinander ab, insofern der büßende Körper von der Sünde zur Gnade übergehen sollte. Die heute besonders schlecht beleumundete fromme Gewalt, die im Namen der Wirksamkeit des Gebets gegen sich selbst ausgeübt wurde, ist nicht selbsterklärend. Oft verborgen, maßvoll und gezügelt ist sie schwierig zu historisieren. Diese Form der Gewalt, verstanden als Nachfolge der ägyptischen und syrischen Wüstenväter, verbreitete sich ab dem 11. Jahrhundert mit Petrus Damien, dem ersten großen Theologen, der den Gebrauch der Selbstgeißelung systematisierte, bis zum Zweiten Vatikanischen Konzil, mit heute noch verbliebenen Praktiken. Zuerst in monastischen Kreisen geübt, dann auf die frommen Laien des 12. Jahrhunderts übergreifend und in der Folge systematisiert, passte sie sich an die sozialen Logiken der jeweiligen Gesellschaften an. Caroline W. Bynum hat eine besondere körperliche weibliche Frömmigkeit skizziert. Sie entwickelte sich insbesondere nach dem Vierten Lateranum. Ihr mystischer Charakter ist untrennbar mit der Gewalt der Kasteiungen und Bußübungen verbunden und ihre Bedeutung als weibliche Heiligkeit, auch wenn die Vorbilder oft männlich sind, lässt sich mit dem Ausschluss der Frauen vom Priestertum erklären.[40] Sie konnte auch zu einer elitären und distinktiven Praxis werden wie bei den Eliten des 18. Jahrhunderts. In der Fähigkeit und im Recht religiöse Gewalt auszuüben, gestaltet die Gewalt die soziale Struktur der *Ecclesia*.

In welcher Hinsicht konnte gegen die eigene Person ausgeübte Gewalt ein Gebet sein? Sie war Ausdruck einer physischen Beziehung zum Text, sie war eine Weise, der Tradition gerecht zu werden. Seit dem Mittelalter, zweifellos mit einem Höhepunkt zu Beginn des 17. Jahrhunderts, kreuzigten sich Fromme, nagelten sich, trugen Dornenkronen oder geißelten sich und versuchten, Christi Geißelung nachzuempfinden – dabei ist in der Frühen Neuzeit eine Inflation der Anzahl der Schläge zu vermerken. Es fand geradezu eine quantitative Berechnung der frommen Gewalt statt – mit Kieselsteinen und Stöckchen –, die die Meditation über die Passion durch die Nachahmung unterstützen sollte. Ein Text wie die „Subida al Monte Calvario“ (Guevara, 1543) beschreibt nach vielen anderen jeden einzelnen der Schmerzen Christi im Detail und verbindet ihn mit einer jeweils eigenen spirituellen Bedeutung. Das Knien auf einem oder zwei Knien, das Auspeitschen der Flanke oder der Schultern erhielten auf diese Weise unterschiedliche Bedeutungen. Diese konkrete körperliche Beziehung zur Tradition ist auch eine Arbeit mit der Zeit: Die Gewalt vergegenwärtigt das Leiden Christi, bringt zur Aktion und hat *hic et nunc* Teil an der Passion selbst und an der Erlösung.

[40] Caroline W. Bynum: Holy Feast and Holy Fast. The Religious Significance of Food to Medieval Women. Berkeley 1988. Siehe auch Jean-Pierre Albert: Le sang et le ciel, les saintes mystiques dans le monde chrétien. Paris 1997.

Dieses gewaltsame Gebet stellte ein gutes Werk dar: Man brachte es dar oder man erwarb Bußen, manchmal in Verbindung mit Ablässen. Man brachte das gewaltsame Gebet persönlich oder als Kollektiv dar – vermittelt über die Klöster – für die Toten, die Seelen im Fegefeuer oder, beim Ausbruch einer Pest, für das Königreich. Die Kirche der Gerechten war die Gemeinschaft derer, die Leiden ertrugen und die ihr Leiden für andere zu opfern verstanden. Diese Gemeinschaft in der Gewalt war so wichtig, dass in einigen Klöstern ein eigener Raum für diese Praktiken vorgesehen wurde, der oft *De profundis* genannt wurde. Lauheit war auf diesem Gebiet nicht angebracht: Die Gewalt war das Maß der Energie, die für die Bekehrung eingesetzt wurde und im übertragenen Sinn auch für den Gnadenschatz, den sie ansammelte. In ihrem Übermaß ist sie auch eine gezügelte Ekstase und eine Weise, Gott dazu zu bringen, *hic et nunc* einzugreifen. Die bloße Tatsache, dass man dauerhaft außergewöhnliche Gewalt ertrug oder sich selbst zufügte, war gewissermaßen ein Hinweis darauf, dass man innerlich von Gott unterstützt wurde. Auf dieser Ebene war es von entscheidender Bedeutung, dass diese Gewalt letztlich unbegreiflich und nicht auf Worte reduzierbar erschien, denn jede explizite Rede über die Gewalt würde sie notwendig durch die Verbalisierung auch ausmessen und kanalisieren. Die Hagiografie der Neuzeit ist voller Anspielungen auf dieses Außerweltliche der Gewalt, mit Vergleichen mit den Märtyrern und mit Ausführungen über die übernatürliche Unempfindlichkeit gegenüber Gewalt, die gewisse Asketen in der Neuzeit entwickelten. Die Gewalt und der damit verbundene Schmerz schienen den Asketen in die Hand Gottes zu geben, in eine epiphanische Erfahrung, verbunden mit der Idee, dass es ein anderer Wille sei, der ohne zu zittern die Peitsche in der Hand hielt. Die Gewalt ist einer der Punkte, an dem sich dem Auge das Übernatürliche zeigte und an das sich das Ansehen des Asketen knüpfte. Dies sollte der Geißelung übernatürliche Wirkungen verleihen, wie die, Dämonen zu vertreiben – ähnlich wie dies auch bestimmten Gesängen oder dem Weihwasser zugeschrieben wurde. Gewissermaßen als Exorzist sollte der Asket die dämonischen Horden an sich ziehen, sie festhalten und schließlich austreiben.

Diese letztgenannte Fähigkeit war gut, weil sich Gewalt als ein Akt der strafenden Gerechtigkeit darstellte, aus der Notwendigkeit und dem Willen, die Sünde auszurotten. Man sollte die Sünde hassen, wenn nötig bis hin zum Selbsthass – dieses Motiv ist allgemein bekannt. Es war dieselbe Logik, die die sogenannte vernichtende Gewalt der „Gotteskrieger" rechtfertigte. Gewalt ließ den Körper die Hässlichkeit und die Wunden der Seele tragen und machte auf diese Weise sichtbar, was womöglich bigott verborgen sein sollte und hässlich ist – die Sünde selbst (die sogenannte *violence exomologétique* im Verständnis von Michel Foucault). Das raue Büßergewand und die für die Züchtigung eingesetzten Metallrosetten bildeten das Schwert des Krieges, das man gegen das Fleisch führte, gegen die Welt, während die Häresie weiter wucherte. Die Askese der Kontemplativen ist vom bewaffneten

Kampf gegen die Häresie nicht zu trennen, die ihn mit anderen Mitteln fortsetzt, und es ist eine Gewalt, die in direkter Kontinuität in den Elementen der Andacht in den katholischen Armeen präsent ist:[41] auf den Waffen aufgepflanzte Reliquien, Erscheinungen im Heer, Reiterheilige, Banner, die den Eroberern vorausgetragen werden, das Te Deum für den Sieg, flammende Predigten gegen den Feind etc. – und zwar von den Religionskriegen bis zum Ersten Weltkrieg. Die Fortsetzung der Askese mit anderen Mitteln lässt sich auch auf sie selbst anwenden, und die Gewalt erhält so ihre Funktion für die Bekehrung zurück. Es ist die Abtötung, die verlangt sich zu geißeln oder sich in Nesseln zu wälzen – ein verbreiteter Topos in der Neuzeit –, um gegen die fleischlichen Triebe zu kämpfen und die Keuschheit zu bewahren. Sie verlangt, aus der Haut einen Panzer zu machen, damit die Pfeile der Dämonen abprallen, verlangt spezifische Übungen, Sünde für Sünde, oder für jeden einzelnen der fünf Sinne, um den Körper dem weltlichen Einfluss zu entwinden. Als erlösende und beruhigende Erfahrung, dem eigenen sündhaften Zustand entrissen worden zu sein, behütet der Schmerz vor der Verletzung, die die Sünde der Seele zugefügt hätte und lenkt sie ab. Die Abtötung sollte den Körper an einen Punkt bringen, an dem er das, was er gemäß seiner Vernunft von sich abverlangte, auch von sich aus aushalten konnte, um die Trennung von Körper und Willen zu erfahren, die der Beweis dafür ist, dass man den Körper unterworfen hat. Verdorbenes Fleisch, Würmer, eine Schüssel Eiter zu schmecken, verursacht Herzrasen und Erbrechen – das ist die Erfahrung einer Seele, die gegen ihren eigenen Körper kämpft und sich von ihm löst. Nur ein gereinigter, abgetöteter Körper, der Buße getan hat, ist in der Lage, noch zusätzliche Gewalt zum Wohl des allgemeinen Heils zu leisten. In der Logik der frommen Katholiken – und vor allem bei ihnen – war die gegen sich selbst ausgeübte Gewalt eine Form, den Schmerz – das Leiden und die Sünde anderer – auf sich zu nehmen, ihn physisch und metaphorisch zu verdauen, um ihn umzuwandeln, auszustoßen und preiszugeben, um den Körper der Kirche von der Sünde zu heilen.

Allerdings betrachteten die kirchlichen Autoritäten alle diese Praktiken durchaus mit Argwohn, wenn sie auch das Prinzip der Gewalt niemals ablehnten und so die Frommen durchaus widersprüchlichen Erwartungen aussetzten. Die frommen Traktate in der Volkssprache, die Handbücher der Ordensleute und die Anweisungen der Beichtväter betonen: Man soll weder krank noch so schwach werden, dass man die Anforderungen seines Standes nicht mehr erfüllen kann oder gar in trüge-

[41] Der Begriff „Guerrier de Dieu" (Gotteskrieger) ist zweideutig; siehe Denis Crouzet: Les guerriers de Dieu. La violence au temps des guerres de religion vers 1525 – vers 1610. Paris 1990. Auch umgekehrt gibt es die Idee, dass Askese die Fortsetzung des Krieges gegen die Ketzerei mit anderen Mitteln sei, und so können Gegenstände, die für asketische Praktiken gebraucht werden, als Waffen dargestellt werden.

rische Halluzinationen verfällt. Auch den problematischen Punkt zu erreichen, an dem die Gewalt, die man sich selbst zufügt, den Körper sogar befriedigt, ist eine ständige Befürchtung. Das ist auch bei den Protestanten so, die die Heilwertigkeit der verdienstvollen Werke ablehnen und versuchen, jedes Missverständnis in Bezug auf bußfertige Andachtspraktiken zu verhindern, hier insbesondere das Fasten. Sie bemühen sich zu verdeutlichen, dass es weniger eine körperliche Strenge als eine Demütigung des Herzens als Antwort auf die Sünde sein soll, weniger eine körperliche Leistung als eine Ernüchterung und Änderung Lebens überhaupt (Farel), eine „innere Erneuerung der Seele“ (Calvin), nach Luther eine Art, „über sein Fleisch zu wachen“ und „den übermütigen Adam“ zu zügeln, andernfalls sei die Zerknirschung nur Eitelkeit.[42] Sich nicht durch Gewalt zu zerstören, sollte die Fähigkeit beweisen, sich selbst zu kontrollieren. Blutvergießen wurde oft als Zeichen dafür angesehen, dass eine Grenze überschritten wurde, wenn diese auch schwer durchzusetzen war. Gemeinsam verrichtete Bußübungen unterlagen genauen Normen – in Bezug auf das Tempo und die Anzahl der Schläge, die Sichtbarkeit der Körper –, die auch die Züchtigkeit der Büßenden garantieren sollten. Die Anleitungen zur Gewalt organisierten hierarchische Beziehungen – zu Beichtvätern oder Vorgesetzten – und bestimmten so die rechtlichen Normen um die Verbesserung und Anerkennung der Bußleistung. Indem die Normen der Gewalt kunstfertig umspielt wurden und dies tatsächlich den „Erfindungsreichtum“ des Gebetes ausmachte, war es möglich, die Regeln gleichzeitig einzuhalten und sie zu überbieten, denn trotz allem sollte man Eifer zeigen und Gewalt als Zeichen für den unauslöschlichen Hass auf die Sünde ausüben. Die Kunst etwa, seine Narben unauffällig zu inszenieren oder sich mit dem Klang der Peitsche zu verraten, die Kunst, seine Peitsche mit Nadeln oder Glas zu bestücken, müssen als Überbietung interpretiert werden, die die Regeln der Gewalt umspielte.

Die Andacht gewann dadurch eine ausgeprägt theatralische und kathartische Dimension. Die Gewalt der Gesten, die Inbrunst, die Seufzer, das Kniebeugen sollten die Glut des Frommen schüren und beweisen (auch ihm selbst), dass er zu dem stand, was er tat. Niemand sollte ihm nachsagen, nur ein sinnentleertes repetitives Ritual auszuführen – das andere Extrem, von dem man sich abgrenzen wollte. Diese Aufforderung zur buchstäblichen Verkörperung der Frömmigkeit war im Kontext konfessioneller Kämpfe besonders ausgeprägt. Festzuhalten ist, dass bei den Protestanten, selbst wenn sie körperlichen Bußübungen nicht abgeneigt waren, der ganze Bereich der Theologie, der diese Praktiken legitimierte, verschwand. Besonders diese fromme Zucht wurde zu einem katholischen Markenzeichen. So wurde beispielsweise im Werk des Jesuiten Gretser „De disciplinis“ (1607) die gewaltsa-

[42] Guillaume Farel: Sommaire et brève déclaration. Neufchâtel 1525; Jean Calvin: Institution de la religion chrétienne. Basel 1536, III, III, 17 und III, IV, 1; Martin Luther: Von den guten Werken, 1520.

me Praktik bestätigt, in dem die äußeren Zeichen des Gebets und die Zeichen der Gewalt detailliert beschrieben wurden: *Cilicia*, härenes Gewand, Ketten, Eisenringe, Peitschen aus Leder und Seilen etc. Diese Gewaltformen eroberten zum Missfallen der bischöflichen Autorität in den Bußbrüderschaften die Straße, die in der Neuzeit und bis heute das Erbe der mittelalterlichen Flagellanten wiederaufleben ließen, und zwar in Italien, Südfrankreich und Spanien, wo sich diese Bruderschaften von 1520 bis 1580 ausbreiteten. Es handelte sich dabei übrigens um eine stark gegenderte Gewalt, da die öffentlichen Bußübungen von Frauen, deren Spuren sich beispielsweise bei den ersten Ursulinen in Mailand finden, in die Klöster zurückgedrängt wurden.

Symbolische Gewalt und kirchliche Praktiken des Zwangs

Die zwischenmenschlichen Beziehungen im kirchlichen Umfeld bildeten einen besonders fruchtbaren Boden für (körperliche) Übergriffe. Der Status des Hirten, der den Priestern des Kultes oder den Inhabern entsprechender Ämter zuerkannt wurde (wie Vorstehern oder Vorsteherinnen einer Religiosengemeinschaft), die zumindest teilweise Sakramentalisierung der Praktiken der Beichte, der Hilfe oder der Beratung, schufen eine Asymmetrie zwischen den Gesprächspartnern. Autoritätspersonen waren umso mehr in Versuchung, ihren Status auszunutzen, als sie wenig privaten Raum für die Bearbeitung ihrer eigenen Emotionen und Triebe hatten. Abgesehen von den Übergriffen zwischen sexueller Nötigung und moralischer Vereinnahmung werden immer mehr Fälle von Missbrauch in der pastoralen oder spirituellen Leitung bekannt, insbesondere in neuen Religionsgemeinschaften, deren alle persönlichen Freiheiten missachtende Regeln oft von den zuständigen Autoritäten zu nachsichtig und voreilig akzeptiert wurden. Die Opfer, vor allem wenn sie ohne Unterstützung von außen und bereits geschwächt sind, werden psychischen Verfahren unterzogen, die ihren freien Willen brechen sollen, nach Prinzipien, die in als Sekten identifizierten Gruppen bereits bekannt sind. Die erlittenen emotionalen Schäden, manchmal irreversibel und immer langer und schmerzhafter Bearbeitung bedürftig, erlauben ohne Zweifel, diese kirchlichen Praktiken der Domination als Gewalt zu bezeichnen. Wenn auch die kirchlichen Praktiken der psychologischen Manipulation durch die großen Skandale im Zusammenhang mit dem körperlichem Missbrauch noch weitgehend verdeckt sind, ist es sehr wahrscheinlich, dass sie in naher Zukunft zu einem zentralen Problem von Institutionen werden, zu deren Rufschädigung sie maßgeblich beitragen – in einer Zeit, in der individualistische Gesellschaften nicht länger bereit sind, der Idee der Heiligung durch Vernichtung zu folgen.

Gewalttätige Kirche, Gewalt der Kirche?

Am Ende dieser Historisierungen muss man feststellen, dass gerade in der Neuzeit überall Formen kirchlicher Gewalt zu beobachten sind, so als ob diese Gewaltformen für den Weg der Kirche sowohl in ihrer Tradition wie in ihrer Modernität von besonderer Bedeutung gewesen wären. Wie sind die Auswirkungen dieses zentralen Problems mit den Methoden der Geistes- und Sozialwissenschaften zu verstehen? Der Bruch der Moderne zwang der zeitgenössischen Kirche eine Neudefinition ihrer sozialen Funktion auf. Sie wurde jetzt ganz von der Gesellschaft getrennt. Dies könnte auch als Dynamik einer neuen Präsenz in der Welt gelesen werden: Eine Kirche außerhalb des Sozialen, des „Allzumenschlichen" zu gestalten, hätte dann zu mehr Radikalität, Inbrunst und Authentizität geführt, jenseits jeder Routinisierung oder Banalisierung. Mit der Trauer um den Verlust ihrer Herrschaft über die Welt hätte die Kirche das, was sie an Anspruch und Virtuosität (im Weber'schen Sinne) gewann, an Kompromissen und Assimilation aufgegeben. Gewalt wäre dann nur eine der Modalitäten dieser kirchlichen Neudefinition des prophetischen Radikalismus. Was sagt uns also die Gewalt über die Kirche der Moderne? Zunächst einmal verdeutlicht sie eine dreifache Beziehung der Kirche zu dieser Radikalität: In ihrer Beziehung zur Wahrheit konnte die Kirche eine unnachgiebige und emphatische Wahrheit verkünden; in ihrer Beziehung zum Anderen konnte die Kirche Intoleranz und Ablehnung zeigen; in ihrer Beziehung zum Glauben konnte die Kirche jede Anpassung ablehnen und sich im Eifer Gott zuwenden. In dieser Radikalität bilden sich Stufen der Intensität ab: Die Gewalt reicht von der sichtbarsten und blutigsten bis zur unsichtbarsten und symbolischsten Stufe, vom Massaker bis zur Übergriffigkeit, von den Religionskriegen bis zur toxischen psychischen Manipulation in der spirituellen Führung in ihrer ganzen Bandbreite zwischen diesen Polen. Radikalität allein macht die Kirche jedoch nicht aus, da sie zugegebenermaßen aus menschlichen und fehlbaren Wesen besteht und sich so als Ort schmerzhafter Koexistenz erfährt: einem Nebeneinander der Forderung nach Radikalität und der Erfahrung der Lauheit, dem Wunsch nach Vollkommenheit und der Erkenntnis der Unvollkommenheit, zwischen dem Ideal der Reinheit und der notwendigen Nachsicht. In der Unmöglichkeit, Vollkommenheit zu erreichen, widersteht die Kirche jedoch der Versuchung, sich als „Kirche der Reinen" zu verstehen, und bewahrt so ihren Status der Wanderschaft und Pilgerschaft hier auf Erden. Nur scheinbar paradox ist es gerade die Gewalt, die die Kirche schließlich davor bewahrt, ganz ins radikal Sektenhafte abzugleiten.

Abstract

Any reflection on violence in the Church has to grapple with the ambiguity of an essentially polyphonic biblical text, both in the Old Testament and in the New. Among many examples, let us compare Mt 10:34: "Do not think that I have come to bring peace on earth: I have not come to bring peace but the sword", and Jn 14:27: "Peace I give you, my peace I give you". There is a constant ambivalence which underlines the complexity of the human relationship to violence. Writing the history of violence in the Church or in its relationship to the Church means thinking about the complexity of this dialectic between proclaimed peace and imposed violence, the latter in order to acquire or maintain the former. Now, the paradigm of imposed violence, one of the two polarities of this delicate tension, would seem to have prevailed in contemporary thought, marked by its touch of post-Weberianism. Jan Assmann, Robert I. Moore or Philippe Buc, to name but a few, insist on the equation between monotheistic religion or even Christianity and violence, thus reducing the original ambivalence of the biblical letter. They forget to what extent primitive Christianity contained both tendencies, as Guy Stroumsa has noted: the irenic tendency and the warmongering tendency are present right from the writing of the first texts. An excess of ideology has thus led to double denial on both sides of the scriptural ambivalence. In order to escape the dichotomy between violence and non-violence or violence and irenicism, it is necessary to question the way in which violence makes the Church. Four specific examples will show how violence makes the Church and sketch out a more balanced historical dynamic: 1. Lutheranism or when the violence of the Scriptures innervates the principles of belief. 2. Denominational violence or the question of martyrdom in the sixteenth century. 3. Devotional violence or violence exercised against oneself in the name of effective prayer. 4. Symbolic violence and ecclesial practices of control.

Adam Knobler

Neuformulierung der Vergangenheit – Neuausrichtung der Gegenwart

Kreuzzugsrhetorik und -ideologie im „langen" 19. Jahrhundert

„Die Triebfeder der Kreuzzüge war ein wilder Fanatismus; und die wichtigsten Wirkungen entsprachen der Ursache. [...] Der Glaube der Katholiken ward durch neue Legenden, ihr Wandel durch neuen Aberglauben verderbt [...]. Der Lateiner thaetiger Geist nagte an der Lebenskraft ihrer Vernunft und Religion [...]. Das Leben und die Bemühungen von Millionen, die der Orient begrub, haetten zur Verbesserung ihres Vaterlandes nuetzlicher angewendet werden koennen"[1] – so schrieb der englische Historiker Edward Gibbon in seinem zwischen 1776 und 1789 erschienenen mehrbändigen Werk „Geschichte des Verfalls und Untergangs des römischen Reichs". Dass die Kreuzzüge eine Reihe tragischer, gewalttätiger Ereignisse gewesen seien, die ein dunkles Kapitel in der Geschichte des Christentums darstellten, war im 18. Jahrhundert eine weitverbreitete, wenn auch nicht von allen geteilte, Ansicht. Im „langen" 19. Jahrhundert hingegen nahmen viele Autoren und Staatsmänner eine völlig andere Haltung zu den Kreuzzügen ein. Assoziiert mit Ritterlichkeit, Männlichkeit, Rechtschaffenheit und religiösem Eifer erschienen die Kreuzzüge nun als Verkörperung der besten Eigenschaften des Christentums. Sie dienten als Vorbild und Messlatte für die Gegenwart. Der vorliegende Beitrag beschäftigt sich mit der Verwendung der Kreuzzugsrhetorik und -symbolik in verschiedenen Staaten während der über 100 Jahre langen Transformationsphase zwischen 1798 und 1918.

Ganz allgemein gesprochen, wurde die Kreuzzugsrhetorik im „langen" 19. Jahrhundert von drei unterschiedlichen Akteuren genutzt: von Staaten, die über eine bis ins Mittelalter zurückreichende Kreuzzugstradition verfügten, von Staaten, die den Kreuzzug – ohne dabei auf eigene historische Erfahrungen aus dem Mittelalter zurückgreifen zu können – als nationales Phänomen neu erfanden sowie von mus-

[1] Edward Gibbon: Geschichte des Verfalls und Untergangs des Römischen Reichs. Bd. 17. Leipzig 1806, Kap. 61, S. 87–89. Der vorliegende Beitrag wurde von Klaus-Dieter Schmidt, dem herzlicher Dank gebührt, aus dem Englischen ins Deutsche übersetzt.

https://doi.org/10.1515/9783110773781-020

limischen Gemeinwesen, welche die Kreuzzüge als Folie benutzten, um europäische koloniale und politische Aktionen in *dār al-islām* mit den mittelalterlichen Kreuzzügen in Verbindung zu bringen.

Eine Möglichkeit, sich der zeitgenössischen Mittelalter- und Kreuzzugsbegeisterung zu nähern, besteht darin, sie vor dem Hintergrund eines romantischen Nationalismus zu betrachten. Bei der Begründung der nationalen Identität entwickelte dieser eine nationale Historie und eine nationale Erinnerung. Mithilfe von romantischer Literatur, die häufig im Mittelalter spielte, wurde eine Verbindung zwischen der Gegenwart des 19. Jahrhunderts und einer romantisierten Vergangenheit hergestellt.[2]

Die Kreuzzüge passten perfekt in diese nationalistischen Diskurse. In vielen Gesellschaften wurden sie daher zu einem Schlüsselelement bei der Konstruktion der nationalen Identität. Wie auch andere Ereignisse aus dem Mittelalter dienten sie als *lieux de mémoire* (Pierre Nora).[3] Die den Kreuzzügen eigene Mischung aus Religion und Politik wurde als nationales Erbe betrachtet, wobei man außer Acht ließ, dass die Kreuzzüge mit keinem der christlichen Reiche ausschließlich verbunden waren.

Großbritannien

In Großbritannien wurden die Kreuzzüge im 19. Jahrhundert unauflöslich mit den individuellen Leistungen einzelner Soldaten in den britischen Kolonialkriegen verknüpft. Die protestantischen Briten konstruierten dabei ein mittelalterliches Erbe, das der eingangs zitierte Edward Gibbon weniger als ein Jahrhundert zuvor noch als katholische Barbarei verdammt hatte, von Grund auf neu. Dabei wurden die Kreuzzüge entkatholisiert und schrittweise in einen Kult des christlichen Militarismus überführt, der in Großbritannien zur Zeit des Krimkriegs (1853–1856) Fuß fasste.[4] Die Mittelalter- und Kreuzzugsbegeisterung bildete den Kern des britischen romantischen Nationalismus im 19. Jahrhundert: Der Vergangenheit kam die Funktion zu, das hohe Niveau der gegenwärtigen viktorianischen Moralstandards herauszustellen sowie den Nationalstolz und den imperialen Ehrgeiz zu befördern.

[2] Die Literatur über den Nationalismus ist äußerst umfangreich. Vgl. beispielsweise Benedict Anderson: Die Erfindung der Nation. Zur Karriere eines folgenreichen Konzepts. Frankfurt a. M./New York 2005; Patrick J. Geary: Europäische Völker im frühen Mittelalter. Zur Legende vom Werden der Nationen. Frankfurt a. M. 2002.

[3] Pierre Nora: Realms of Memory. Rethinking the French Past. Bd. 1. New York 1996, S. 1–20.

[4] Vgl. Olive Anderson: The Growth of Christian Militarism in Mid-Victorian Britain. In: EHR 86 (1971), S. 46–72.

Analogien zu den mittelalterlichen Kreuzzügen wurden in Großbritannien etwa im Zuge des 1857 ausgebrochenen Indischen Aufstands gegen die britische Fremdherrschaft gezogen. Dieser hatte mit einer Meuterei der Sepoys, der indischen – hinduistischen wie muslimischen – Infanteristen in der Britisch-Indischen Armee, begonnen, der bald weitere Meutereien und Aufstände in ganz Zentralindien folgten. Die Ursachen für die Revolte lagen in der Ablehnung der britischen Sozialreformen und Bodensteuern sowie im allgemeinen Misstrauen gegenüber vermeintlichen Reformen von britischer Seite. Der Aufstand, der zusammen mit den in der Folge ausgebrochenen endemischen Krankheiten unter Indern und Europäern insgesamt 840.000 Todesopfer forderte, brachte eine ganze Reihe von „Kreuzfahrern" hervor. König Balduin I. von Jerusalem und König Richard Löwenherz hätten, wie ein Zeitgenosse sogar anmerkte, „neben vielen, die wir nennen könnten, ziemlich schlecht ausgesehen".[5]

Wohl kein anderer britischer Indien-Kämpfer wurde so für seine christlichen Tugenden gepriesen wie Henry Havelock, der als religiöser Märtyrer par excellence verklärt wurde[6] und als prototypischer Vertreter des christlichen Militarismus gelten kann. Wie es sich für einen Absolventen einer Privatschule – in diesem Fall der *Charterhouse School* in Godalming (Surrey) – gehörte, waren Havelocks Briefe an Freunde und Verwandte nicht nur voller Beschreibungen militärischer Heldentaten, sondern auch mit Mahnungen und Bemerkungen zu protestantischen Tugenden gespickt. Als Befehlshaber seiner Truppen nahm Havelock, der in Indien zum baptistischen Bekenntnis übergetreten war, am 25. September 1857 Lucknow ein, wo er am 24. November an der Ruhr starb. Sein christlicher Glaube wurde in einer Vielzahl panegyrischer Biografien herausgestrichen, von denen viele von Geistlichen stammten.[7] Er sei „sowohl ein guter Soldat Jesu Christi als auch ein tapferer Kämpfer im Dienst seines Souveräns"[8] gewesen und „für die Ehre des Kreuzes und die Ehre Englands"[9] eingetreten, betonten seine Biografen.

Im Hinblick auf die Reinkarnation eines „mittelalterlichen Kreuzritters" wurde Havelock jedoch noch von General Charles Gordon, dem Helden von China und Märtyrer im Sudan, übertroffen. Das ist kaum überraschend, denn Gordons letzte Gegner waren Muslime – die Parallelen zu den Kreuzrittern und deren Gegnern

5 Edward Paxton Hood: Havelock. The Broad Sword of Honour. A Tribute of the Tongue and Pen. London 1858.

6 Havelock wurde allerdings auch kritisiert. So merkte Robert Montgomery Martin an, dass er eine „unbegreifliche" Vorliebe für den „Schrecken des Kriegs" gehabt habe; Robert Montgomery Martin: The Indian Empire. Bd. 2: The Mutiny of the Bengal Army. London 1861, S. 275–277.

7 William Owen: The Good Soldier. London 1858; William Brock: A Biographical Sketch of Sir Henry Havelock. London 1858; Hood: Havelock (wie Anm. 5).

8 Owen: Soldier (wie Anm. 7), S. 60.

9 Hood: Havelock (wie Anm. 5), S. 61.

also offensichtlich. Bereits vor seinem Tod in Khartum war Gordon öffentlich als Kreuzfahrer und als „Beispiel des wehrhaften Christentums" dargestellt worden.[10] Bücher wie Abraham Kingdons „Gordon. The Christian Hero" (1885) und George Rose Emersons „England's Hero and Christian Soldier" (1886) bezogen sich schon im Titel auf seinen Glauben und seine symbolische Bedeutung für das kollektive englische Bewusstsein.

Gordons Leben, schrieb eine Bewunderin, teile sich „ganz von selbst in drei Teile [...]. Drei verschiedene Feldoperationen sind's in dem einen Kreuzzug". In Gordon seien „die alten Symbole des ‚Heiligen Kriegs', des steten Kreuzzugs zu neuem Leben auf[gewacht], da er so recht eigentlich ein Kriegsmann und ein Christ" gewesen sei.[11] Gordon sei ein „christlicher fahrender Ritter"[12] gewesen und der Beweis dafür, „dass das Zeitalter der Ritterlichkeit nicht vorüber"[13] sei, so andere Autoren. Und kein Geringerer als Arthur Conan Doyle deutete den schließlich errungenen Sieg der Briten über die Truppen des Mahdi im Sudan als klaren Triumph des Christentums über den Islam.[14]

Gordons Tod wurde als Passionsspiel, „das nicht predigt, sondern lehrt wie Soldaten-Heilige sterben", dargestellt.[15] In einem Duktus, der an mittelalterliche Chiliasten erinnert, prophezeite ein Autor den Sturz und die Bekehrung Ägyptens, die Wiederherstellung des Hauses Israel sowie die Rückkehr der „Reste von Gottes Volk aus dem Lande Kusch". Zudem, so führte er aus, gebe es „keinen klaren, endgültigen Beweis für General Gordons Tod", Schriftbelege sprächen vielmehr für sein Überleben. Gordon sei ein moderner Josua – der Retter und Befreier Ägyptens.[16]

Gordon und Havelock verkörperten aber nicht nur das Idealbild eines Kreuzfahrers, sondern auch das, was man den britischen „Kult des heroischen Scheiterns" nennen könnte. Dieser lässt sich nach Stephanie Barczewski auf einen

[10] Edward Gilliat beispielsweise präsentierte Gordon sowohl wegen seiner Jugendarbeit in England als auch wegen seiner Schlachtensiege als einen „Helden moderner Kreuzzüge"; vgl. Edward Gilliat: Heroes of Modern Crusades. True Stories of the Undaunted Chivalry of Champions of the Down-Trodden in Many Lands. London 1909, Kap. 13.

[11] Elizabeth Rundle-Charles: Drei Märtyrer des 19. Jahrhunderts. Studien aus dem Leben eines Livingston, Gordon und Patteson. Anklam 1890, S. 77 f.

[12] Robert E. Speer: Some Great Leaders in the World Movement. New York 1911, Kap. 6.

[13] George Rose Emerson: England's Hero and Christian Soldier. London 1886, S. 230.

[14] Arthur Conan Doyle: Ein gefährlicher Ausflug. Stuttgart 1899, Kap. 10 (Neuübersetzung: ders.: Tatort Ägypten. Ein Drama in der Wüste. Schweinfurt 2008).

[15] Ella Mary Gordon: General Gordon of Khartoum. In: dies.: White Heather. London 1909, S. 207–209.

[16] John Meaburn Bright: Who is the White Pasha? A Story of Coming Victory. London 1889, S. 4, S. 23, S. 29, S. 45–47, S. 104–165.

„Strang der britischen Kultur“ zurückführen, „der im Antlitz der Katastrophe das Leiden, die Niederlage sowie den Heroismus adelt und diese über den Triumphalismus und den Ruhm des Sieges stellt“.[17] Immerhin endeten die mittelalterlichen Kreuzzüge zumeist in militärischen Katastrophen, auch wenn es denjenigen, die an ihnen teilnahmen, gelang, das in der Öffentlichkeit verbreitete Narrativ vom absoluten Ruhm und moralischen Erfolg der Kriege zu formen.[18]

Frankreich

In Frankreich entwickelte sich im 19. Jahrhundert ein anderes Bild der Kreuzzüge als in Großbritannien. Hatte während der Zeit der Restauration (1815–1830) in Frankreich noch die – in Großbritannien über das gesamte 19. Jahrhundert anzutreffende – Vorstellung von den Kreuzzügen als Domäne individueller Helden Bestand, so wandelte sich die Kreuzzugsidee während der bürgerlichen Monarchie und der ihr nachfolgenden Regime in eine die ganze Nation umfassende Metapher. Frankreich verklärte nicht einzelne Kreuzzugshelden, sondern begriff sich generell als Heimat der Kreuzfahrer – als eine auf Kreuzzug gehende Nation. Im postrevolutionären Frankreich standen die Kreuzzüge als Symbol für eine ruhmreiche Vergangenheit, die nicht von republikanischen (und später sozialistischen beziehungsweise marxistischen) Forderungen nach Klassengleichheit sowie vom gewalttätigen Antimonarchismus befleckt war.

Um Napoleons Legitimität zu diskreditieren und die großen Taten der französischen Helden der vorrevolutionären Zeit zu feiern, veröffentlichte der Mitarbeiter und spätere Chefredakteur der royalistischen Zeitung „Le Quotidienne“, Joseph François Michaud (1767–1839), in den Jahren 1812 bis 1822 sein mehrbändiges Werk „Histoire des croisades“.[19] Die französische Rechte begann also noch im Zeitalter der Revolution damit, die Kreuzzüge symbolisch im Sinne ihres eigenen politischen Anspruchs auf die Herrschaft über Frankreich zu nutzen.

Von den Royalisten wurde Ludwig der Heilige als Vorbild für die Monarchie dargestellt. So bezeichnete etwa Chateaubriand die Bourbonen-Könige als „Söhne Ludwigs des Heiligen“ und Ludwig XVIII. selbst sprach davon, dass der Einmarsch in Spanien im Jahr 1823 von „den hundert Millionen Söhnen Ludwigs des Heiligen“

[17] Stephanie Barczewski: Heroic Failure and the British. New Haven 2016, S. 4.

[18] Zum Kreuzzugskult, insbesondere zur Verherrlichung von Kreuzfahrern durch deren Familien, vgl. Nicholas L. Paul: To Follow in their Footsteps. The Crusades and Family Memory in the High Middle Ages. Ithaca 2013; Elizabeth Siberry: The New Crusaders. Aldershot 2000, Kap. 2.

[19] Joseph François Michaud: Histoire des croisades. 7 Bde. Paris 1812–1822.

unternommen worden sei.[20] Offenbar in Kenntnis von Chateaubriands Schriften verwies auch der französische Kriegsminister Aimé Marie Gaspard de Clermont-Tonnerre auf die Vergangenheit, indem er den herrschenden König Karl X. zum „Sohn von Ludwig dem Heiligen" erklärte.[21] Statt auf demokratische oder liberale Werte beriefen sich die Royalisten auf das ältere Ideal von „ein König, ein Glaube, ein Gesetz". Das waren Werte, die der herausragendste französische König des Mittelalters, der heilige Ludwig IX. am besten verkörperte. Obwohl er als Kreuzfahrer gescheitert war, war er populär, und ihm wurden überall in Frankreich Kirchen und Klöster gewidmet. Während des Zeitalters der Restauration stand Ludwig IX. im Mittelpunkt eines Heiligenkults, der im öffentlichen wie auch im privaten Leben weitverbreitet war.[22]

Mit der Revolution von 1830 und der Julimonarchie des sogenannten Bürgerkönigs Louis Philippe von Orléans begann eine tiefgreifende Umwälzung der politischen Kultur Frankreichs. Die Berufung auf die Vergangenheit, die notwendig war, um der neuen Dynastie symbolische Legitimität zu verleihen, musste in einer Weise geschehen, die nicht das jüngst abgesetzte Ancien Régime verherrlichte. Gegenstand des Stolzes sollte die französische Nation sein. Unter Leitung des Schriftstellers und Historikers Prosper Mérimée (1803–1870) wurde eine nationale Politik der Wiederherstellung historischer Denkmäler in Gang gesetzt. Die bedeutendste öffentliche Gedenkstätte, die an Frankreichs große Vergangenheit erinnern sollte, wurde mit der Umwandlung des Schlosses von Versailles in ein „dem Ruhm Frankreichs" gewidmetes Museum geschaffen.[23]

Die Heldentaten der Kreuzzüge wurden in Versailles in den „Salles des croisades", einer Abfolge von fünf Räumen mit über 150 Gemälden, gezeigt. Die Mehrzahl der dort zu sehenden Bilder entstand zwischen 1838 und 1842 – zu einer Zeit, in der Louis Philippe den „Kreuzzug" Karls X. gegen Algerien wieder aufnahm. In Frankreichs neuem Nationalmuseum wurde damit eine Brücke zwischen dem gegenwär-

20 François-René de Chateaubriand: De Buonaparte et des Bourbons. In: ders.: Grands écrits politiques. Bd. 1. Hg. von Jean-Paul Clément. Paris 1993, S. 92 f.; vgl. dazu Jean-Paul Clément: L'utilisation du mythe de Saint-Louis par Chateaubriand dans les controverses politiques de l'Empire et de la Restauration. In: RHLF 6 (1998), S. 1059–1072.

21 Aimé Marie Gaspard de Clermont-Tonnerre an Karl X., 14.10.1827, zitiert nach Paul Azan (Hg.): Le rapport du Marquis de Clermont-Tonnerre, ministere de la guerre, sur une expédition à Alger (1827). In: RA 70 (1929), S. 215.

22 Christian Amalvi: Les Héros des Français. Controverses autour de la mémoire nationale. Paris 2011, S. 229 f.

23 Claire Constans/Philippe Lamarque: Les salles des croisades, Château de Versailles. Versailles 2002; Michael Marrinan: Historical Vision and the Writing of History at Louis-Philippe's Versailles. In: Petra ten-Doesschate Chu/Gerald P. Weisberg (Hg.): The Popularization of Images. Visual Culture under the July Monarchy. Princeton 1994, S. 113–143.

tigen militärischen Handeln – in diesem Fall in Nordafrika –, der orleanschen Dynastie und der französischen Nation geschlagen, ohne dass dafür eine Verbindung zur ultraroyalistischen Politik Karls X. hergestellt werden musste. Die erneute Militäraktion im Maghreb konnte somit im Namen der neuen französischen Nation unternommen werden. Statt auf die Exzesse und Launen der Bourbonen berief man sich auf die edle Erhabenheit der mittelalterlichen Könige.

Eine direkte Parallele zwischen der Invasion in Algerien und den Kreuzzügen zog auch Joseph François Michaud, der sogar so weit ging, Erstere einen Kreuzzug zu nennen.[24] Obwohl noch unter Karl X. und Clermont-Tonnerre geplant, fand der Großangriff auf Algerien erst unter Louis Philippe statt, wobei schon Clermont-Tonnerre Karl X. versichert hatte, er führe, an mittelalterlichen rechtlichen Präzedenzfällen gemessen, einen gerechten Krieg.[25] Französische Kommentatoren betrachteten die Berber in Algerien als ehemalige Christen, die vom muslimischen Joch befreit werden müssten. Dieser Mythos bildete zumindest in den ersten beiden Jahrzehnten einen wichtigen Teil des ideologischen Rückgrats für das französische Vorgehen in Algerien.[26] Auch in der französischen Publizistik existierte eine Vorliebe für die Berber. So äußerte Amédée de Caix de Saint-Aymour, dass sich die in der Kabylei lebenden Berber im Gegensatz zu den Arabern leicht an die französische Welt anpassen würden: „Araber sind faul, weich, langsam, introvertiert und fanatisch […]. Der Berber arbeitet hart, ist aufgeschlossen, tatkräftig, überschwänglich, flink und glücklich […], er ist sparsam, ehrlich, aufmerksam und im Grunde nicht sehr religiös."[27] Einige Autoren hielten die Berber der Kabylei für Angehörige eines von den Vandalen abstammenden nordischen Volkes, die, auch wenn sie sich nicht mehr daran erinnerten, früher Christen gewesen seien.[28] Andere bezeichneten die Soldaten der Expeditionsarmee als „Söhne" Ludwigs des Heiligen und als „neue Kreuzfahrer", die mit dem „Heldentum christlicher Tugend" begabt und von Gott dazu bestimmt seien, den „unglücklichen Einwohnern" Algeriens die Segnungen des Christentums zu bringen. Eine entsprechende Deutung des Feldzugs als religiösen Krieg spiegelte sich im Frühjahr 1830 auch in der Auswahl der Lieder bei

[24] Joseph François Michaud/Jean-Joseph-François Poujoulat: Histoire des croisades. Abrégée à l'usage de la jeunesse. Tours 1853, S. 11.

[25] Azan (Hg.): Rapport (wie Anm. 21); Benjamin Claude Brower: Just War and Jihad in the French Conquest of Algeria. In: Sohail H. Hashimi (Hg.): Just Wars, Holy Wars, and Jihads. Christian, Jewish, and Muslim Encounters and Exchanges. Oxford 2012, S. 221–245.

[26] Marnia Lazreg: The Reproduction of Colonial Ideology. The Case of the Kabyle Berbers. In: ASQ 5 (1983) 4, S. 380–395.

[27] Zitiert nach Charles Robert Ageron: Les Algeriens Musulmans et la France. Bd. 1. Paris 1968, S. 276.

[28] Guillaume-Thomas Raynal: L'Histoire philosophique de l'Afrique septentrionale. Paris 1826; Ageron: Musulmans (wie Anm. 27), S. 268.

Gottesdiensten wider, in denen an den Kreuzfahrer Ludwig den Heiligen und den Kampf früherer christlicher Könige gegen die Heiden erinnert wurde.[29]

Daneben war noch ein anderer Konflikt von Kreuzzugsbildern und -ideologie getränkt: die schwelende Auseinandersetzung zwischen christlichen Maroniten und Drusen im Libanongebirge. In den Jahren 1649 und 1701, während der Regentschaft Ludwigs XIV., hatte Frankreich die Maroniten unter seinen Schutz gestellt.[30] Manche Stimmen sprachen gar von einer bis vor das 17. Jahrhundert zurückreichenden besonderen Beziehung zwischen Franzosen und Maroniten[31] und behaupteten, das ganze Handeln der Maroniten würde in ihrem französischen Erbe wurzeln; es bestehe eine direkte Verbindung zwischen ihnen und den Kreuzfahrern. Angesichts des sich im Sommer 1860 zuspitzenden Konflikts wurde in der konservativen katholischen Presse Frankreichs die Forderung nach einer militärischen Intervention zum Schutz der Christen in Syrien und im Libanon laut. Geistliche wurden nach Syrien entsandt, um maronitischen Flüchtlingen Hilfe zu leisten und ihnen Trost zu spenden. Darüber hinaus brachte die politische Rechte die Möglichkeit eines Kreuzzugs ins Spiel.[32] Kaiser Napoleon III., der ein Meister der politischen Propaganda und der Manipulation der kollektiven historischen Erinnerung war, beschwor, wie schon Karl X. und Louis Philippe vor ihm, Frankreichs große Kreuzzugsvergangenheit herauf, um das ihm sowohl vom Osmanischen Reich als auch von Russland abgesprochene Recht, die heiligen Stätten in Palästina zu schützen, zu begründen. Als im Sommer 1860 französische Soldaten in die Levante ge-

29 Charles-Auguste-Marie-Joseph Forbin-Janson: Mandement de Monseigneur l'Évêque de Nancy et de Toul qui ordonne des prieres publiques pour le success de l'expedition d'Alger, et pour attire les bénédictions de Dieu sur l'élection Générale des deputes du Royaume. Nancy 1830, S. 8 f.; vgl. auch François-Antoine Arbaud: Mandement qui ordonne des prières publiques pour le succès de la guerre d'Afrique, 30.5.1830. In: ders.: Recueil des circulaires, mandemens, etc. de Mgr. Arbaud. Hg. von Joseph Aucel. Gap 1838, S. 297–300.

30 Vgl. Adel Ismail: Documents diplomatiques et consulaires relatifs à l'histoire du Liban et des pays du Proche-Orient du XVIIe siècle à nos jours. Bd. 4: 1. partie, Les sources françaises: Consulat de France à Tripoly (1769–1815). Beirut 1976, S. 26 f.; ders.: Documents diplomatiques et consulaires relatifs à l'histoire du Liban et des pays du Proche-Orient du XVIIe siècle à nos jours. Bd. 5: 1. partie, Les sources françaises: Consulat de France à Tripoly (1817–1840) et à Beyrouth. Beirut 1976, S. 177 f.

31 1847 erklärte der Comte de Quatrebarbes vor der Abgeordnetenkammer, dass es sich dabei um eine althergebrachte Politik handele, die von jedem französischen Herrscher, angefangen bei Karl dem Großen bis hin zu Napoleon, verfolgt worden sei, unter anderen auch von Ludwig dem Heiligen, Franz I., Heinrich IV. und Ludwig XIV.; vgl. Louis de Baudicour: La France au Liban. Paris 1879, S. 54; Dominique Chevallier: La Société du Mont Liban à l'époque de la révolution industrielle en Europe. Paris 1971, S. 36 f.

32 „Napoléon III n'est pas seulement l'Empereur des Français, il est le chef de la dernière croisade […] comme à une autre époque; la France dit à son souverain: Dieu le veut! Dieu le veut!"; La question d'Orient. Un homme et une solution. Paris 1860, S. 48.

schickt wurden, gab Napoleon ihnen Worte voller Bezugnahmen auf die Kreuzzüge mit auf den Weg: „Ihr zieht nach Syrien […]. In diesem fernen Land voller großer Erinnerungen […] werdet ihr euch als die würdigen Nachfahren der Helden erweisen, die auf ruhmreiche Weise das Banner Christi in diese Länder gebracht haben."[33] Sowohl die ultramontane Presse, als deren Vertreter allen voran Louis Veuillot (1813–1883) zu nennen ist, als auch der Militärbefehlshaber des Feldzugs, General Charles-Marie-Napoléon de Beaufort d'Hautpoul, beschrieben die Intervention als „Kreuzzug" zur Unterstützung der christlichen Glaubensbrüder in der Levante. In seinen Depeschen berief sich Beaufort sogar auf den Heerführer des Ersten Kreuzzugs und Eroberer Jerusalems, Gottfried von Bouillon.[34]

Frankreichs militärische Aktionen in Südostasien hingegen waren räumlich weit entfernt von seinen „Kreuzzügen" in die islamische Welt, und doch wurden im 19. Jahrhundert auch in Bezug auf Vietnam Kreuzzugsbilder bemüht, auch wenn es sich nicht um ein islamisches Land handelte. Im Jahr 1858 hatten Frankreich und Spanien eine Streitmacht in den Fernen Osten geschickt. Diese ursprüngliche Strafexpedition gegen die Nguyen-Dynastie, auf deren Territorium Missionare verfolgt und hingerichtet worden waren, wurde von dem katholischen Historiker Louis-Eugène Louvet (1838–1900) in den 1880er-Jahren als „das Schwert der Kreuzzüge, das Schwert Karls des Großen und Ludwigs des Heiligen" bezeichnet.[35] Unter Napoleon III. vergrößerte Frankreich sein Truppenkontingent bis in die Mitte der 1860er-Jahre stetig, was dazu führte, dass ihm Gebiete in Vietnam abgetreten wurden und das Land 1883 schließlich ein französisches Protektorat wurde. Das vielleicht interessanteste „Kreuzzugsdokument" im Zusammenhang mit der französischen Intervention in Südostasien stellt der 1858 unterbreitete Vorschlag dar, gegen Vietnam und China einen vollgültigen Kreuzzug in Gang zu setzen. Er stammte von Louis Charles Girodon (1811–1865), einem französischen royalistisch gesinnten Abenteurer, den es nach Burma verschlagen hatte, in dessen Armee er in den 1840er-Jahren zum General aufstiegen war, weshalb er fortan den Namen „General d'Orgoni" trug. Orgoni bot sich an, den Angriff von Burma aus anzuführen und mithilfe von Siam ein christianisiertes Asien zu schaffen. Damit würde sich das 19. Jahrhundert ein ruhmvolles Denkmal setzen, so der General.[36]

[33] „Vous partez pour la Syrie […]. Sur cette terre lointaine, riche en grands souvenirs […] vous vous montrerez les dignes enfants de ces héros qui ont porté glorieusement dans ce pays la bannière du Christ"; zitiert nach Taxile Delord: Histoire du Second Empire. Bd. 3. Paris 1873, S. 31.

[34] Ordres generaux du 7 août au 29 septembre 1860, Nr. 1, Ordre general du 7 août 1860, Vincennes. Archives Militaires du Ministere de la Défense, G 4/1; nach Leila Tarazi Fawaz: An Occasion for War. Civil Conflict in Lebanon and Damascus in 1860. London 1994, S. 119.

[35] Louis-Eugène Louvet: La Cochinchine Religieuse. Bd. 2. Paris 1885, S. 231.

[36] Le Général d'Orgoni, sa mission en France et a Rome, et plan de campagne pour une croisade française en Indo-Chine et en Chine. Nancy 1858, S. 53–57.

Die Ausführungen haben deutlich werden lassen, dass viele Franzosen als Bewohner des Landes, in dem die mittelalterlichen Kreuzzüge ihren Ursprung hatten, im 19. Jahrhundert gern in die Fußstapfen ihrer Vorfahren getreten wären.

Spanien

Im Gegensatz zu den Briten, die stets nach vorn zu schauen schienen, und den Franzosen, die die Vergangenheit als Vorbild für die Gegenwart benutzten, blickten die Spanier im 19. Jahrhundert mit Vorliebe auf das sogenannte Goldene Zeitalter und das Mittelalter als ruhmreiche Zeiten zurück – auf Epochen, mit denen verglichen die Gegenwart schlecht abschnitt. Die Kreuzzüge oder, im spanischen Kontext, die Reconquista galten als historisches Erbe, das von spanischen Soldaten als geistigen Nachfahren der großen heiligen Krieger der Vergangenheit weitergetragen werde. Mit der Reconquista wurde eine Zeit heraufbeschworen, deren soziale und religiöse Hierarchien im Vergleich zu denen der Gegenwart als klarer geordnet wahrgenommen wurden. Zur Rechtfertigung aktueller Rassenkonflikte und Eroberungskriege bezog man sich in Spanien auf solche neuerlich erinnerten Strukturen. Dies verlieh den Auseinandersetzungen eine in der ehrwürdigen nationalen Vergangenheit wurzelnde Aura religiöser Gerechtigkeit und heiliger Kriegführung. Deutlich wird dies insbesondere im Fall der seit den 1860er-Jahren stattfindenden spanischen Intervention in Marokko. So schrieb die Zeitung „La Discusión", diese sei „von der Vorsehung bestimmt, denn seit dem Beginn der modernen Geschichte hat Gottes Finger uns den Weg nach Afrika gewiesen".[37] Und das Blatt „El Museo Universal" interpretierte den Krieg in Marokko in ganz ähnlicher Weise als Fortsetzung der Reconquista in *el-Andalus*.[38]

Laut dem französischen Schriftsteller Prosper Mérimée (1803–1870), der in Spanien lebte, als es 1859/60 versuchte, Marokko zu erobern, betrachtete sowohl die Regierung wie auch die Bevölkerung die Expedition als einen „Heiligen Krieg", der das ganze Land in einem gemeinsamen Ziel vereine.[39] Während des Kriegs zogen viele spanische Zeitungen und Schriftsteller Analogien zu den Kreuzzügen. Allerdings gab es auch Blätter, wie den „Clamor publico", die bedauerten, dass „die Zeit

[37] La Discusión, 12.11.1859, http://hemerotecadigital.bne.es/issue.vm?id=0002222247 (letzter Zugriff am 18.1.2022).

[38] Eric Calderwood: Colonial al-Andalus. Spain and the Making of Moroccan Culture. Cambridge, MA 2018, S. 38.

[39] Mérime an [den französischen Kriegsminister] Marschall Jean Vaillant, 4.11.1859, zitiert nach Prosper Mérimée: Correspondance générale. 2. Serie. Bd. 9: 1859–1860. Hg. von Maurice Paturier. Paris 1955, S. 291.

der Kreuzzüge bereits vorüber“ sei,[40] und solche, wie den „Estado“, die es ablehnten, dem Krieg einen religiösen Charakter beizumessen.[41] Die meisten Zeitungen füllten ihre Seiten jedoch mit Geschichten über die große spanische Vergangenheit, deren Wiederbelebung man nun miterlebe. Der gemäßigte „Conciliador“ bezeichnete die Soldaten der Expeditionstruppe als „Nachfahren jener erhabenen Männer, die das Banner des Kreuzes an Barbarenküsten aufpflanzten“,[42] und die „Español“ erklärte stolz: „Durch unsere Adern fließt immer noch das Blut unserer Väter [...] [, die] die Masse der Mauren, die sich weigerten, sich vor dem heiligen Kreuzzeichen zu beugen, in den Staub sinken ließen.“[43] Wieder andere Presseorgane, wie die absolutistische Zeitung „Esperanza“, erinnerten an den Geist von Saladin, der sich den Christen widersetzt habe, und an die Schlacht von Lepanto, in der die Türken auf die Knie gezwungen worden seien.[44]

Außer in journalistischen wurden auch in literarischen Kreisen in Bezug auf den spanischen Einmarsch in Marokko häufig Parallelen zu den Kreuzzügen gezogen. So bezeichnete sowohl José Maria de Ugarte, einer der Dichter, die zum offiziösen Sammelband „El Romancero de la Guerra de Africa“ beitrugen, als auch Fernán Caballero (Cecilia Francisca Josefa Böhl de Faber y Larrea, 1796–1877) die Intervention ausdrücklich als neuen Kreuzzug.[45] Insbesondere im erwähnten „Romancero“ wurden Verbindungslinien zwischen dem Krieg Spaniens in Marokko und einer Vielzahl spanischer Eroberungen und den Heiligen Kriegen der Vergangenheit gezogen. In seiner poetischen „Einladung“, die den Band eröffnete, beschwor der Marqués de Molins nicht nur die Erinnerungen an die Reconquista und die Heldentaten von Francisco Jimenez Cisneros (1436–1517) herauf, sondern stellte auch Bezüge zu Magellan, Kolumbus, Cortés und Pizarro her.[46] Andere in dem Band vertretene Autoren, wie der frühere spanische Ministerpräsident und Sekretär von Königin Isabella II., der Schriftsteller Duque de Rivas (Ángel de Saavedra y Ramírez de Baquedano, 1791–1865), der Journalist und Dramatiker Manuel Cañete (1822–1891)

[40] Clamor publico, 26.10.1859, zitiert nach Robert C. Bogard: Africanismo and Morocco, 1830–1912. [Diss.] University of Texas, Austin 1974, S. 29.

[41] Estado, 12.11.1859, zitiert nach Marie-Claude Lecuyer/Carlos Serrano: La guerre d’Afrique et ses repercussions en Espagne. Ideologies et colonialisme en Espagne, 1859–1904. Paris 1976, S. 66.

[42] Conciliador, 22.10.1859, zitiert nach Bogard: Africanismo (wie Anm. 40), S. 74.

[43] Español, 22.10.1859, zitiert nach ebd., S. 29 f.

[44] Esperanza, 25.10.1859, zitiert nach Lecuyer/Serrano: Guerre (wie Anm. 41), S. 74.

[45] Mariano Roca de Togores y Carrasco/Marqués de Molins (Hg.): El Romancero de la guerra de Africa. Madrid 1860; Fernán Caballero: Deudas pagodas. In: dies.: Obras completas. Bd. 8. Madrid 1907, S. 132.

[46] Mariano Roca de Togores y Carrasco: Romance invitatorio. In: ders./de Molins (Hg.): Romancero (wie Anm. 45), S. 9–17.

und der Dramatiker Manuel Tamayo y Baus (1829–1898), rekurrierten ebenfalls auf die Heldentaten aus den Kreuzzügen der Vergangenheit.[47]

Auch nach der Intervention in Marokko wurde in Spanien die Zeit der Reconquista als nachahmenswert beschrieben, aber erst mit dem Aufstieg von Francisco Franco sowie seiner faschistischen Armee und Gefolgschaft sollten die Kreuzzüge wieder zu einem herausragenden Thema werden.[48]

Italien

Der Krieg Italiens gegen die Osmanen und die Libyer in den Jahren 1911/12 wurde zwar vom Vatikan als Heiliger Krieg betrachtet,[49] aber erst nach dem Massaker an italienischen Truppen am 23. Oktober 1911 bei Shar al-Shatt (Sciara Sciat) erhielten die in dem Krieg gefallenen italienischen Soldaten den Ehrentitel von Kreuzzugsmärtyrern verliehen. Über das Blutbad berichteten Zeitzeugen später: „Ich sah [in Sciara Sciat] in einer Moschee siebzehn gekreuzigte Italiener, deren Körper zu blutigen Lumpen und Knochen geworden waren, deren Gesichter aber immer noch Spuren ihres höllischen Todeskampfs zeigten. Man hatte lange Stangen durch die Nacken dieser armen Männer gebohrt und ihre Arme auf sie gelegt. Dann waren sie an die Wand genagelt worden und unter unsäglichen Qualen gestorben. Es ist uns unmöglich, ein Bild dieses mitleiderregend an der blutigen Wand hängenden, grässlich verrotteten Fleischs zu malen. In einer Ecke war ein weiterer Mann gekreuzigt worden, dem man als Offizier besonders raffinierte Leiden zugedacht hatte. Seine Augen waren zugenäht worden. Alle Leichen waren verstümmelt und kastriert. Die Szenerie war unbeschreiblich; die Leichen waren aufgequollen wie formloses Aas. Aber das ist noch nicht alles! Auf dem Friedhof von Chui, der als Zufluchtsort vor den Türken diente, zu dem Soldaten von weit her sich zurückzogen, sahen wir ein weiteres Bild des Grauens. Vor einer Tür in der Nähe der italienischen Gräben hatte man fünf Soldaten bis zu den Schultern eingegraben; ihre blutverschmierten Köpfe ragten aus dem schwarzen Sand – schrecklich anzusehende Köpfe, an denen man das ganze Leid von Hunger und Durst ablesen konnte.“[50]

[47] Vgl. ebd., Gedichte 2, 10 und 22.

[48] Über die Benutzung von Kreuzzugsbildern durch Franco und seine Anhänger – deren Darstellung den Rahmen dieses Aufsatzes sprengen würde – ist viel geschrieben worden; vgl. beispielsweise Herbert Southworth: El mito de la cruzada de Franco. Paris 1963; Giuliana di Febo: Ritos de guerra y victoria en la España franquista. Valencia 2012.

[49] Daniele Menozzi: Ideologia di cristianità e pratica della „guerra giusta“. In: Mimmo Franzinelli/Riccardo Bottoni (Hg.): Chiesa e guerra. Dalla benedizione delle armi alla „Pacem in terris“. Bologna 2005, S. 91–127, hier: S. 113.

[50] Gaston Leroux, Le Matin, 23.8.1917.

Wie der Priester Cosimo de Carlo von Squinzano in Apulien reagierten vielerorts Geistliche auf diese und ähnliche Schilderungen der Geschehnisse. Die „auf heimtückische Weise Hingeschlachteten von Sciara Sciat", erklärte er, stünden in „der Nachfolge der Helden, die uns die Siege der Kreuzfahrer im Heiligen Land geschenkt haben", und in derjenigen der 800 Märtyrer von Otranto, die im Jahr 1480 von den Türken massakriert worden seien. Der zitierte Priester zögerte nicht, von einem „Heiligen Krieg" für die Stärkung des Königtums Christi und die Expansion Italiens zu sprechen: „Christus erobert, Christus triumphiert, Christus herrscht. Sein Kreuz scheint zwischen den Farben der Trikolore immer hindurch [...]. Gott ist mit uns!"[51]

Das an diesem Beispiel zum Ausdruck kommende italienische Konzept der Kreuzzugsmärtyrer ähnelte in mancherlei Hinsicht dem britischen „Kult des heroischen Scheiterns". In beiden Fällen wurde der tragische, gewaltsame Verlust auf dem Schlachtfeld in einen moralischen Sieg über die „Feinde des Christentums" umgedeutet.

Russland

Der Staat, der sich in der Neuerfindung einer Kreuzzugstradition besonders hervortat, war Russland. Bis ins späte 18. Jahrhundert hinein hatte es eine solche hier nicht gegeben. Für Russland, das in der byzantinisch-orthodoxen Tradition stand, war der Heilige Krieg ein Phänomen ohne Vorbild, ein Bezug auf ein eigenes nationales Kreuzfahrertum mittelalterlicher Provenienz nicht möglich.

Nachdem Malta 1798 an Napoleon gefallen war, übernahm Zar Paul I., Sohn und Erbe Katharinas der Großen, die Großmeisterschaft des Malteserordens.[52] Paul, der sich schon seit seinem elften Lebensjahr für die Malteser interessiert hatte, war von den königlichen Märtyrern des Westens fasziniert. Vor dem Hintergrund der Lektüre von Abbé de Vertots „Histoire des chevaliers hospitaliers" von 1726 erblickte er im aristokratischen Rittertum der Malteser eine Möglichkeit, in Russland ein Gepräge und Zeremoniell sowie einen Stolz nach westlichem Vorbild

[51] Cosimo de Carlo: In memoria degli eroi caduti sui campi della Tripolitania e della Cirenaica. Elogio funebre letto nella Chiesa di Squinzano il 12 dicembre 1911. Lecce 1911, S. 9–11, S. 15–19, S. 23.
[52] Zu Pauls Verhältnis zu den Maltesern vgl. Wladimir Sacharow: Imperator Pawel I i Orden swjatogo Ioanna Ierusalimskogo. St. Petersburg 2007; Rostislaw Krasjukow (Hg.): Imperator Pawel Perwyi I Orden Sw. Ioanna Ierusalimskogo w Rossii. Sbornik Statei. St. Petersburg 1995; Michel A. Taube: L'empereur Paul Ier de Russie, Grand Maître de l'Ordre de Malte et son „Grand Prieuré Russe" de l'Ordre de Saint-Jean-de-Jérusalem. Genf 1982; Roderick E. McGrew: Paul I and the Knights of Malta. In: Hugh Ragsdale (Hg.): Paul I. A Reassessment of his Life and Reign. Pittsburgh 1979, S. 44–75.

einzuführen, Aspekte, an denen es dem russischen Adel seiner Ansicht nach fehlte.[53] Indem Paul seine Michaelsburg in Sankt Petersburg mit einem großen Versammlungssaal für die Malteser ausstatten ließ, stellte er eine direkte Verbindung zwischen dem westlichen Kreuzfahrertum und der Erneuerung des russischen Adels her.[54] Zeitgenossen erblickten in der Faszination des Zaren für die Kreuzzüge allerdings eher ein Symptom von dessen vermeintlicher Geisteskrankheit.[55] Der Adel, für den Paul solch prächtige Bauten errichten ließ, lehnte es ohnehin ab, auf diese Weise verwestlicht zu werden, und ließ den Herrscher im Jahr 1801 ermorden. Pauls Faszination für den Malteserorden und das Mittelalter bildete bis zur Mitte des 19. Jahrhunderts ein alleinstehendes Phänomen in der russischen Geschichte.

Dies änderte sich im Zusammenhang mit dem Krimkrieg (1853–1856), der vorgeblich als Religionskrieg begann: Die im Heiligen Land ansässigen orthodoxen Christen sollten unter dem Schutz des Russischen Reichs leben. Zugleich erblickten viele in dem Feldzug eine Gelegenheit zur Verwirklichung der russischen welthistorischen Mission. Der ultrakonservative Historiker Stepan Schewyrjow (1806–1864) stellte im Jahr 1853 fest: „In ganz Russland empfindet man Sympathie für den Krieg […]. Es ist ein Kreuzzug."[56] Die russisch-orthodoxe Kirche wurde nun geradezu zum Synonym des russischen Staats und des Patriotismus. Zar Nikolaus I. klagte in einem Brief an König Friedrich Wilhelm IV. von Preußen vom 29. Juni 1854: „Da führe ich Krieg weder um weltlicher Vorteile noch um Eroberungen willen, sondern für einen ausschließlich christlichen Zweck, kämpfe allein unter dem Heiligen Kreuz und muss sehen, wie sich andere, die sich selbst Christen nennen, alle um den Halbmond versammeln, um das Christentum zu bekämpfen!"[57] Eine solche

[53] Zu Pauls früher Lektüre vgl. Roderick E. McGrew: Paul I of Russia, 1754–1801. New York 1992, S. 259.

[54] Zur Michaelsburg vgl. M. B. Aswarischtsch: Michailowski samok. St. Petersburg 2004; Ljudmila Wenjaminowna: Michailowski samok i nekotoryje aspekty religiosno-filosofskich wossroenii Pawla I. In: Otetschestwennaja Istorija 2 (2000), S. 164–170.

[55] Charles Whitworth, der britische Botschafter in Sankt Petersburg, hielt Pauls Prunkliebe für Zeitverschwendung (so äußerte er sich in einem Brief an den britischen Außenminister Grenville vom 14.12.1797, London, National Archives, FO/65/38, Nr. 64). Zu der angeblichen Geisteskrankheit Pauls I. vgl. Hugh Ragsdale: Tsar Paul and the Question of Madness. An Essay in History and Psychology. New York 1988.

[56] S. P. Schewyrjow an M. P. Pogodin, 25.12.1853, zitiert nach Schisn i trudy M. P. Pogodina. Bd. 13. St. Petersburg 1899, S. 18 f.; vgl. auch Olga Maiorova: From the Shadow of Empire. Madison 2010, S. 30.

[57] Nikolaus I. an Friedrich Wilhelm IV., 29.6.1854, zitiert nach Theodor Schiemann: Geschichte Russlands unter Kaiser Nikolaus I. Bd. 4: Kaiser Nikolaus vom Höhepunkt seiner Macht bis zum Zusammenbruch im Krimkriege 1840–1855. Berlin 1919, S. 430.

Rhetorik, die den Krimkrieg als einen mit den Kreuzzügen vergleichbaren Heiligen Krieg präsentierte, war in der russischen Gesellschaft weitverbreitet.

Die militärische Auseinandersetzung des 19. Jahrhunderts, in der das Thema der Heiligkeit am stärksten mitschwang, war aber der Russisch-Türkische Krieg von 1877/78. Der russische Kriegsminister Dmitri Miljutin forderte, der Tod von Christen durch die Hände der Osmanen auf dem Balkan, vor allem in Bulgarien, müsse für alle christlichen Länder, insbesondere Frankreich, Italien und England, ein Ruf zu den Waffen sein.[58] Damit antizipierte er die westliche Geschichte Heiliger Kriege und zog eine Parallele von diesen zu den eigenen russischen Ambitionen. Aber auch Nichtrussen stellten im Zusammenhang mit diesem Konflikt Vergleiche zu den mittelalterlichen Kreuzzügen an. So vertrat der amerikanische Armeeoffizier Francis Greene (1850–1921), der als Militärattaché in Sankt Petersburg stationiert war und in der russischen Armee am Krieg teilnahm, eine westliche Perspektive auf die russische Situation, indem er ausführte: „Ein großherzigerer oder heiligerer Kreuzzug eines starken Volks zugunsten eines schwachen ist nie unternommen worden."[59]

Die Türken bildeten für die orthodoxen Russen jedoch nicht die einzigen islamischen Feinde, vielmehr zählten zu diesen unter anderem die Tataren, Kasachen, Dagestaner, Aseris, Usbeken und Turkmenen. Auch wenn die Eroberung Zentralasiens und des islamisch geprägten Kaukasus kaum als Heiliger Krieg dargestellt wurde, war die Beschreibung der anschließenden russisch-orthodoxen Missionstätigkeit durchsetzt von Kreuzzugsmetaphern. So wurde die Wiedereröffnung der theologischen Akademie von Kasan, an der orthodoxe Geistliche auf die Mission im Osten vorbereitet werden sollten, im Jahr 1842 von deren Sekretär mit der „Morgendämmerung eines Kreuzzugs" verglichen.[60] Der Ausdruck *krestonosnoje*, den er hierbei benutzte, bezeichnete speziell einen Kreuzzug westlicher Art. Das Wort *krestonosez* für „Kreuzfahrer" wurde im Russischen erstmals im Jahr 1792 verwendet.[61] Dies unterstreicht, dass eine edle Kreuzzugsvergangenheit für ein Volk geschaffen wurde, das an den Kreuzzügen des Mittelalters nicht teilgenommen hatte. Der Fall Russlands kann damit als ein Beispiel für eine erfundene Kreuzzugstradition gelten.

58 Dmitri A. Miljutin: Wospominanija. Newtonville 1979.

59 Francis V. Greene: Sketches of Army Life in Russia. New York 1880, Kap. 1, Abschnitt 14.

60 Pjotr W. Snamenski: Istorija Kasanskoi duchownoi akademii sa perwy (doreformennoi) period eja susch, vanija (1842–1870 gody). Kasan 1891/1892, S. 21.

61 Zu ähnlichen Aussagen vgl. Slowar russkogo jasyka XVIII weka. Bd. 11. Hg. von J. S. Sorokin. Leningrad 1984.

Bulgarien

Mit Ferdinand I. (Regierungszeit 1887–1918) herrschte im Bulgarien des späten 19. und frühen 20. Jahrhunderts ein Monarch, der eine ihm genehme westliche Kreuzzugsideologie in ein Land einführen wollte, das – wie Russland – über keine mittelalterliche Kreuzzugstradition verfügte. Während des größten Teils seiner Regentschaft versuchte er, sich sowohl gegenüber seinem eigenen Volk als auch gegenüber den diplomatischen Vertretern Europas als überzeugender Führer eines neu geschaffenen Byzantinischen Reichs darzustellen.

Ferdinand, der Sohn des österreichischen Generals August von Sachsen-Coburg und Gotha und der Tochter Clémentine des französischen Königs Louis Philippe, war sich seiner Stellung zwischen westlichen und östlichen Traditionen nur zu sehr bewusst. Da er sich in der ersten Zeit seiner Regentschaft gegenüber der orthodoxen Kirche sehr ungeschickt verhielt, misstrauten bulgarische Nationalisten seiner Loyalität und seinem Glauben. Später bemühte er sich jedoch, die traditionalistischen Kräfte in der Gesellschaft, insbesondere in Kirche und Heer, zu beschwichtigen. Dabei bediente er sich geschickt einer Mischung aus religiösen und militärischen Bezügen, wobei für ihn aufgrund seiner Herkunft der Rekurs auf die Kreuzzüge nahelag.[62] Anlässlich der Hochzeitsfeier mit seiner ersten Frau, Marie Louise von Bourbon-Parma, einer direkten Nachfahrin Karls X., erklärte er im Jahr 1893 stolz: „Auch in meinen Adern fließt das Blut Ludwigs des Heiligen!“[63]

Auf dem Feld der Außenpolitik benutzte Ferdinand von Bulgarien Analogien zu den Kreuzzügen erstmals während eines Besuchs in Konstantinopel im Frühjahr 1896.[64] Als dann 1912 der Balkanbund als Bündnis christlicher Staaten gegründet wurde, eröffnete dies für ihn die Aussicht auf einen wahren Rückgewinnungskreuzzug, der darauf abzielen sollte, die muslimische Macht in Europa auszulöschen.[65] Im Oktober 1912 erklärten Bulgarien, Griechenland und Serbien

[62] Ein bemerkenswertes Beispiel ist seine Stiftung des Ordens der Heiligen Kyrill und Methodius im Jahr 1909.

[63] Zitiert nach Joachim von Königslow: Ferdinand von Bulgarien. München 1970, S. 14.

[64] Zu Ferdinands Erinnerungen an die Hagia Sophia vgl. Maurice Paleologue: The Tragic Empress. The Story of a Record of Intimate Talks with the Empress Eugenie, 1901–1919. London 1928, S. 174 f. Paul Cambon, der französische Botschafter bei der Pforte, schrieb, Ferdinand habe bloß Sinn für Pomp und Zeremoniell gehabt; vgl. Paul Cambon: Correspondance 1870–1924. Bd. 1. Paris 1940, S. 402.

[65] Nach den Worten Henry Bax-Ironsides (1859–1929), der 1911 bis 1915 britischer Gesandter in Sofia war, hatte Ferdinand „viele Jahre von der Schaffung eines Byzantinischen Reichs mit ihm als Kaiser und Konstantinopel als Hauptstadt“ geträumt, sich jetzt aber einer „Konföderation der Balkanstaaten zugewandt, der die Schaffung eines Balkanreichs mit ihm oder seinem Nachfolger an der Spitze folgen sollte“; Bax-Ironside an [den britischen Außenminister] Edward Grey,

gemeinsam dem Osmanischen Reich den Krieg. Nach den Worten Ferdinands begaben sich die drei Staaten im Namen von „Humanität und Christentum" in einen „Kampf des Kreuzes gegen den Halbmond".[66] Aus entsprechenden bulgarischen Verlautbarungen während des Balkankriegs sprachen westliche Konzepte, die an östliche Ambitionen angepasst waren. In Europa verbreitete sich das Gerücht, der bulgarische Monarch hege, von religiösen Visionen getrieben, den brennenden Wunsch, in der Hagia Sophia ein Tedeum zu hören.[67] Und der französische Gesandte in Sofia, Maurice Paléologue, beschrieb ein in Ferdinands Schloss hängendes Gemälde von Konstantinopel, auf dem der bulgarische Herrscher als in purpur-goldenen Wolken gen Byzanz reitender apokalyptischer Reiter dargestellt sei.[68] Als sich im November und Dezember 1912 bulgarische Truppen Konstantinopel näherten, kam Ferdinands Traum der Verwirklichung derart nahe, dass sein Sekretär, der französische Dichter Paul de Chevremont, die Situation im Rückblick als ein Beispiel für die Übernahme der politischen Realität durch die Fantasie beschrieb.[69] An den europäischen Höfen hingegen hielt sich die Euphorie in Grenzen. Hier waren viele der Meinung, dass Ferdinands Tatendrang, zu Ende gedacht, wahrhaft katastrophale Folgen haben würde. So befürchtete der britische König Georg V., dass in allen Reichen mit muslimischen Untertanen Aufstände ausbrechen würden, sollte das Kreuz auf der Hagia Sophia wiedererrichtet werden.[70] Ferdinand von Bulgarien selbst war sich des unmittelbar bevorstehenden Sieges so sicher, dass er den

24.2.1912, zitiert nach British Documents on the Origins of the War, 1898–1914. Bd. 9.1. Hg. von George P. Gooch. London 1933, Nr. 554.

[66] Rede Ferdinands I., zitiert nach John MacDonald: Czar Ferdinand and his People. New York 1971, S. 333 f.; vgl. auch Der Staatssekretär des [deutschen] Auswärtigen Amtes [Alfred] von Kiderlen an den Geschäftsträger in London [Richard] von Kühlmann, 20.10.1912. In: Die große Politik der europäischen Kabinette 1871–1914. Bd. 33: Der erste Balkankrieg 1912. Berlin ^{2}1927, Nr. 12287, S. 233–237, hier: S. 236.

[67] Ferdinands Wunsch nach einer Messe in der Hagia Sophia thematisiert Albert von Mensdorff-Pouilly-Dietrichstein (österreichischer Botschafter in London) in einer Depesche nach Wien vom 8.11.1912; vgl. Österreich-Ungarns Außenpolitik von der Bosnischen Krise 1908 bis zum Kriegsausbruch 1914. Bd. 4. Wien 1930, Nr. 4321. Ein ähnlicher Bericht stammt vom russischen Botschafter in Großbritannien, Alexander von Benckendorff (1849–1917), der über den deutschen Geschäftsträger in London weitergeleitet wurde; vgl. Politik (wie Anm. 66), Nr. 12318, S. 271–273.

[68] Maurice Paléologue: Au quai d'Orsay à la veille de la tourmente. Journal, 1913–14. Paris 1947, S. 171 (16.7.1913). Paléologue, damals französischer Gesandter in Sofia (1907–1912), später französischer Botschafter in Russland (1914–1917) und Generalsekretär im französischen Außenministerium (1921–1925), galt als indirekter Nachfahre des letzten byzantinischen Kaisers, Konstantinos XI. Palaiologos.

[69] Hans Roger Madol: Ferdinand von Bulgarien. Berlin 1931, S. 174.

[70] Festgehalten von Albert von Mensdorff-Pouilly-Dietrichstein; vgl. Außenpolitik (wie Anm. 67), Nr. 4321.

Hof in Sofia als vielleicht ultimativen Ausdruck einer neu erfundenen Kreuzzugstradition anwies, ihm sechs Schimmel und, folgt man den Darstellungen des russischen Gesandten, ein byzantinisches Kaisergewand zu schicken.[71] Letztendlich konnten die Osmanen Konstantinopel jedoch halten. Zusammen mit den späteren Katastrophen im Zweiten Balkankrieg und im Ersten Weltkrieg führte diese Niederlage schließlich zu Ferdinands Abdankung und zu seinem Exil in Deutschland.

Äthiopien

Obwohl Äthiopien kein europäisches Land ist, findet sich auch dort ein bemerkenswertes Beispiel für die Verwendung des Kreuzzugsmotivs.[72] Wenn man sich die Reden und Briefe des äthiopischen Kaisers Téwodros II. (Regierungszeit 1855–1868) von Mitte der 1850er-Jahre bis zu seinem Tod anschaut, ergibt sich das Bild eines Regenten, der sich als in der Tradition der Kreuzritter stehend begriff. Doch sah er sich nicht in der Rückkehr zum Mittelalter, sondern als heiliger Krieger des Christentums, der die Geschichte in der Gegenwart in Form eines im Wesentlichen gegen die Osmanen gerichteten Kreuzzugs fortführen wollte. In Schreiben an die Monarchen Europas – an Victoria von England, Napoleon III. von Frankreich und Alexander II. von Russland – erläuterte er seine Auffassungen, wobei er voraussetzte, dass sie als Christen seine Weltsicht teilten. So sprach er etwa von seiner Hoffnung auf die Eroberung des Osmanischen Reichs und auf die Niederlage des Islams. In einem Brief an Königin Victoria bezeichnete er diese als „eine christliche Monarchin, eine großartige Person, die ihre Mitchristen liebt".[73] Die Bündniskonstellation des Krimkriegs, in dem Frankreich und Großbritannien gemeinsam mit den Osmanen gegen Russland kämpften, konnte Téwodros mit seiner Weltsicht nicht in Einklang bringen.

Laut Walter Plowden, dem britischen Konsul in Äthiopien, hegte der äthiopische Kaiser sowohl regional als auch global große Pläne. So sprach er 1855 von der

[71] Anatoli Nekludoff: Diplomatic Reminiscences before and during the World War, 1911–1917. London 1920, S. 120.

[72] Wie Téwodros von den Kreuzzügen erfuhr, ist nicht genau geklärt. Möglicherweise war hierbei Mahdere Qal Tewelde Medhiin, einer seiner wichtigsten Berater von Bedeutung. Dieser hatte als einer der ersten modernen Äthiopier in Europa studiert. Auf dem von ihm besuchten College in Malta kam er möglicherweise mit den Erinnerungen an die Kreuzritter in Kontakt. Diese Verbindung ist allerdings spekulativ; vgl. Sven Rubenson (Hg.): Tewodros and his Contemporaries 1855–1868. Addis Abeba/Lund 1994, Nr. 1 und die Anmerkung dort.

[73] Téwodros an Königin Victoria, November 1857, zitiert nach ebd., Nr. 24. Fast ein Jahrzehnt später, am 29.1.1866, versuchte Téwodros noch einmal, unter Bezug auf den gemeinsamen Glauben eine Verbindung herzustellen; vgl. ebd., Nr. 162.

Eroberung Khartums, Ägyptens und schließlich Jerusalems.[74] Aufgrund seiner Abstammung von König Salomon reklamierte Téwodros ein Recht auf Jerusalem. Dem Reisenden Henry Dufton zufolge erhob er „unter Bezug auf Salomon Anspruch auf das ganze Heilige Land vom Euphrat bis zum Mittelmeer. Er glaubte, das göttliche Recht auf alle diese Länder zu haben, und dass der Gott Davids, seines Vaters, ihn darin unterstützen würde.“[75]

Festzuhalten ist, dass Téwodros keineswegs grundsätzlich antiislamisch eingestellt war. Immerhin hatte er unter den muslimischen Herrschern in Äthiopien Verbündete. Seine spezielle Feindschaft galt vielmehr den Osmanen, die für ihn nicht einfach eine theoretische Bedrohung waren, sondern eine reale Gefahr. So hielt das Osmanische Reich seit dem 17. Jahrhundert die Hafenstadt Massaua besetzt und versperrte damit Äthiopien den Zugang zum Meer. Laut Dufton lagen Téwodros Sympathien während des Krimkriegs daher aufseiten Russlands.[76]

Von Europa fühlte sich der äthiopische Kaiser zurückgewiesen. Er kommentierte dies mit den Worten: „Ich kenne die Taktik der europäischen Regierungen, wenn sie sich in den Besitz eines orientalischen Landes setzen wollen. Zuerst schicken sie Missionare, dann Konsuln, um die Missionare zu unterstützen, und dann Armeen, um die Konsuln zu unterstützen. Ich bin kein Radscha von Hindustan, der sich in dieser Weise hereinlegen lässt.“[77]

Die Idee von der (Rück-)Eroberung Jerusalems beschäftigte Téwodros immerfort. Sogar noch in den letzten Tagen vor seinem Selbstmord schrieb er über die Heilige Stadt: „Abgesehen von [der Bekämpfung] meiner äthiopischen Feinde, denke ich, dass ich nach Jerusalem marschieren und die Türken vertreiben sollte.“[78] Téwodros, der heute in Äthiopien als Vater der Nation gefeiert wird, blieb somit bis zum Ende seines Lebens Kreuzfahrer.[79]

Kreuzzüge im modernen muslimischen Denken

Muslimische Autoren behandelten im späten 19. und frühen 20. Jahrhundert die Kreuzzüge in unterschiedlicher Weise: Einige beriefen sich auf den mittelalterlichen Herrscher Saladin als kulturellen Avatar gegen Imperialismus und Zionismus,

74 Sven Rubenson: King of Kings. Tewodros of Ethiopia. Addis Abeba 1966, S. 61.
75 Henry Dufton: Narrative of a Journey through Abyssinia in 1862–3. London 1867, S. 118.
76 Ebd., S. 117.
77 Charles Tilstone Beke: The British Captives in Abyssinia. London 1865, S. 98.
78 David Appleyard/Richard Pankhurst: The Last Two Letters of Emperor Tewodros II of Ethiopia (April 11 and 12 1868). In: JRAS 119 (1987) 1, S. 23–42, hier: S. 31.
79 Vgl. Alemayehu Mogas: Yamarinna Qene Mastamdrya. Addis Abeba 1959, S. 29, zitiert nach Taye Assefa: Tewodros in Ethiopian Historical Fiction. In: JEtS 16 (1983), S. 115–128, hier: S. 122.

andere beschrieben die Kreuzzüge ohne Erwähnung Saladins als bloße Vorläufer des westlichen Imperialismus oder Zionismus. Zudem spielte in arabischen Volkslegenden, die vor allem in Tunesien verbreitet waren, der christliche Kreuzfahrer Ludwig der Heilige eine besondere Rolle.

Der erste bedeutende arabische Text über Saladin aus moderner Zeit war das Drama „al-Sultan Salah al-Din wa-mamlakat Urshalim" („Sultan Saladin und das Königreich von Jerusalem") des libanesischen Journalisten Farah Antun aus dem Jahr 1914.[80] In diesem rief der maronitisch-christliche Autor durch den muslimischen Protagonisten des Stückes alle Araber dazu auf, sich im Kampf gegen die westlich-imperialistischen Kräfte, die Kreuzfahrer, zu vereinigen. Durch den Mund einer muslimischen Figur appelliert der christliche Autor, ähnlich wie auch andere arabische Christen im Libanon, in Syrien und in Palästina, an die nichtreligiöse, panarabische Einstellung seiner Zeitgenossen. Darin sah man im Westen eine Herausforderung, der man entgegentreten müsse, sodass das Stück aufgrund seiner Radikalität durch die Briten in Palästina verboten wurde.

Ein anderer Bezug auf die Kreuzzüge findet sich beispielsweise im Werk von Sayyid Ali al-Hariri. Er war der erste Muslim, der eine Gesamtdarstellung der Kreuzzüge verfasste. Im Jahr 1899 schrieb er, die europäischen Angriffe auf das Osmanische Reich würden „eine große Ähnlichkeit mit den Taten dieser Menschen [der Kreuzfahrer] in vergangenen Zeiten" aufweisen. Sultan Abdülhamid II. habe „richtig bemerkt, dass Europa jetzt einen Kreuzzug in Form einer politischen Kampagne gegen uns unternehme".[81]

Einen der Hauptauslöser für die Analogien zu den mittelalterlichen Kreuzzügen bildete die italienische Invasion im osmanischen Libyen im Jahr 1911. So stellte der osmanische Staatsbeamte und Dichter Süleyman Nazif in einem Text mit dem Titel „Hyal degil, hakikat" („Wahrheit, nicht Fantasie") den Verlust Libyens und des Balkans als weitere Glieder in der Kette der Kreuzzüge dar, die eine panislamische Antwort erforderlich machten.[82] Und Muslime in Indien forderten ihre Regierung auf, Partei gegen Italien zu ergreifen. Mirza Kazim Hosain, der Sekretär des Londoner Ablegers der *All-India Muslim League*, schrieb an den stellvertretenden britischen Außenminister: „Da die Einnahme von Tripolis von den Italienern als Tri-

[80] Farah Antun: Al-Sultan Salah al-Din wa-mamlakat Urshalim. Beirut 1981; vgl. auch Luc-Willy Deheuvels: Le Saladin de Farah Antun du mythe littéraire arabe au mythe politique. In: Denise Aigle (Hg.): Figures mythiques de l'Orient musulman (REMMM 89–90 [2000]), S. 189–203; Emma Aubin-Boltanski: Salāh al-Dīn, un héros à l'épreuve. Mythe et pèlerinage en Palestine. In: AHSS 60 (2005) 1, S. 91–107, hier: S. 97 f.

[81] Sayyid Ali al-Hariri: Al-Akhbar al-saniyya fi'l-hurub al-salibiyya. Kairo 1899, S. 6, zitiert nach Emanuel Sivan: Modern Arab Historiography of the Crusades. Tel Aviv 1973, S. 12.

[82] Anhang zu Celal Nuri [Ileri]: Ittihad-i Islam. l slamin mazisi hali, istikbali. Istanbul 1913; Jacob M. Landau: The Politics of Pan-Islam. Ideology and Organization. Oxford 1994, S. 84.

umph des Kreuzes über den Halbmond präsentiert wird, besteht die Befürchtung, in der muslimischen Welt entstehe der Eindruck, dass es sich um einen religiösen Krieg handele, den die übrige Christenheit teilnahmslos verfolge."[83] Der indische Vizekönig, Lord Hardinge, berichtete: „Der türkisch-italienische Krieg löst bei den Mohammedanern von Indien große Unruhe aus. Aus der nordwestlichen Grenzprovinz höre ich, [...] dass der Krieg [...] das einzige Thema von Diskussionen in den Dörfern und unter den Stämmen ist, und die auf dem Basar verbreitete Version lautet, dass wir uns mit Italien verschworen haben, um ihnen zu helfen, Tripolis einzunehmen."[84]

Ähnliche Reaktionen in der muslimischen Welt riefen die Balkankriege hervor. Syed Ameer Ali, der erste Inder, der in den britischen *Privy Council* berufen wurde, berichtete für die indisch-muslimische Zeitung „The Comrade" aus England, dass der Balkankrieg zu einem Kreuzzug erklärt worden sei.[85] Und in umgekehrter Richtung vermeldete Lord Hardinge, die „Mohammedaner" würden das britische Verhalten der Tatsache zuschreiben, „dass die Balkanstaaten christlich" seien.[86] Einem Korrespondenten der „Times" fiel auf, dass Ferdinand I. von Bulgarien zu Beginn des Balkankriegs von einem „Kreuzzug" gesprochen hatte, was in der muslimischen Welt als Beleg dafür angesehen werde, „dass eine unheilige Allianz zwischen den christlichen Mächten der Welt besteht, mit dem Ziel, nicht nur die Türken aus Europa zu vertreiben, sondern ihre Existenz als unabhängige Nation zu beenden".[87]

Konflikte europäischer Mächte mit muslimischen Gegnern stellten, wie die geschilderten Fälle belegen, für Länder wie Großbritannien, die einen hohen muslimischen Bevölkerungsanteil in ihren Kolonien verzeichneten, insofern ein Problem dar, als sie das politische Fundament der Nationen erschüttern konnten.

Kreuzzugsbilder wurden des Weiteren von Muslimen in Bezug auf Ludwig den Heiligen verwendet, insbesondere in der tunesischen Folklore.[88] Von der dort verbreiteten Geschichte, wonach Ludwig IX. von Frankreich im Jahr 1270 nicht gestorben sei, sondern sich von seiner Verwundung erholt habe, aber nicht nach Frank-

[83] The Comrade, 18.11.1911, zitiert nach Shan Muhammad (Hg.): The Indian Muslims. A Documentary Record. Bd. 3. Meerut 1980, S. 118.

[84] Lord Hardinge an [Kolonialminister] Robert Crewe-Milnes, 12.10.1911, CUL, Hardinge Papers, Bd. 117, S. 261.

[85] The Comrade, 26.10.1912, zitiert nach Muhammad (Hg.): Indian Muslims (wie Anm. 83), S. 157.

[86] Lord Hardinge an [Kolonialminister] Robert Crewe-Milnes, 14.8.1913, CUL, Hardinge Papers, Bd. 119, S. 106 f.

[87] The Comrade, 8.11.1913, zitiert nach Muhammad (Hg.): Indian Muslims (wie Anm. 83), S. 317.

[88] Vgl. André Demeerseman: La Légende Tunisienne de Saint Louis. Tunis 1986; Afrodesia E. McCannon: The King's Two Lives. The Tunisian Legend of Saint Louis. In: JOFR 43 (2006) 1, S. 53–74.

reich zurückgekehrt sei, berichtete erstmals der englische Reisende Grenville Temple im Jahr 1833. In Tunesien sei der französische König dann zum Islam konvertiert und habe unter dem Namen Sidi Bou Said unter dem einfachen Volk gelebt. Sidi Bou Said war ein tunesischer Sufi-Gelehrter des 12. bis 13. Jahrhunderts, der in Tunesien verehrt wird und nach dem eine Stadt im Norden des Landes benannt ist. Zwar lassen sich seine Lebensdaten mit denen Ludwigs IX. nicht zur Deckung bringen, aber die Legende hat sich dennoch bis heute gehalten.

Die Beispiele zeigen, dass in der muslimischen und arabischen Welt im späten 19. und frühen 20. Jahrhundert auf die Kreuzzüge in unterschiedlicher Weise Bezug genommen wurde. Dabei muss allerdings festgehalten werden, dass dieses Thema noch der weiteren Erforschung bedarf. Die vorangegangenen Ausführungen bewegen sich noch an der Oberfläche eines tiefreichenden historiografischen, politischen und religiösen Phänomens.

Der Erste Weltkrieg als Wasserscheide

Mit insgesamt 22 Millionen militärischen und zivilen Todesopfern war der Erste Weltkrieg der tödlichste Krieg, den die Welt bis dahin erlebt hatte. Auf Schlachtfeldern von Belgien bis in den Nahen Osten fielen neun Millionen Soldaten. Aber der Erste Weltkrieg brachte nicht nur Millionen von Todesopfern mit sich, er markierte auch den Niedergang und letztendlich das Ende einer Lebensweise, die durch die Herrschaft traditioneller Eliten über niedere Klassen in einem hergebrachten, die europäischen Gesellschaften seit dem Mittelalter prägenden Feudalsystem gekennzeichnet war. Infolgedessen gehörten diejenigen, die ihre imperialen und militärischen Unternehmungen im 19. Jahrhundert mit Kreuzzugsbildern verbrämt und ihre eigene Geschichte bis in die Zeit Gottfrieds von Bouillon zurück imaginiert hatten, zu den historischen Verlierern. Daher verwundert es auch nicht, dass man, außer im faschistischen Spanien der 1930er-Jahre, bei der Beschreibung zeitgenössischer Konflikte immer seltener auf Kreuzzugsmetaphern zurückgriff. Im Folgenden richtet sich der Blick auf zwei Fronten des Ersten Weltkriegs: auf die Westfront und auf den Palästina-Feldzug.

An der Westfront war die als Schmähung gegen Deutschland gerichtete englische Kreuzzugsrhetorik so verbreitet wie in den britischen Kolonialkriegen zuvor. Viele der britischen Aufrufe zum Heiligen Krieg aus dem Jahr 1914 kamen nicht von Geistlichen, sondern von Laien wie dem anglo-katholischen Präsidenten der *English Church Union*, Lord Halifax (1839–1934), oder der Direktorin des *Newnham College* in Cambridge, Eleanor „Nora“ Sidgwick (1845–1936).[89]

[89] Church Times, 27.11.1914; The Church Family Newspaper, 12.2.1915.

Einer der ersten Geistlichen, der das Konzept des Heiligen Kriegs und schließlich des Kreuzzugs vertrat, war Arthur Winnington-Ingram (1858–1946), der von 1901 bis 1939 als Bischof von London amtierte. Mit seiner lautstarken, überschwänglichen Propagierung des Konflikts als Heiligen Krieg bildete er gleichwohl eine Ausnahme. Schon im September 1914 hatte er die Deutschen als Verkörperung des Antichristen, gegen den ein Heiliger Krieg geführt werden müsse, dargestellt. Seine kühnste Äußerung machte er jedoch am ersten Adventssonntag 1915: „Jeder, der Prinzipien über Bequemlichkeit und das Leben über bloßes Existieren stellt, vereint sich in einem großen Kreuzzug [...], um Deutsche zu töten [...], die Welt zu retten; um die Guten zu töten wie die Schlechten, die jungen Männer wie die alten, diejenigen, die freundlich zu unseren Verwundeten waren, ebenso wie jene Feinde, die den kanadischen Sergeanten gekreuzigt, die armenischen Massaker beaufsichtigt, die *Lusitania* versenkt und Maschinengewehre auf die Zivilisten von Aeschott und Louvain gerichtet haben – um sie alle zu töten, damit die Zivilisation der Welt nicht getötet wird.“[90]

Die Ausführungen zeigen deutlich, dass der Bischof die britische Kriegspropaganda offenbar ungeprüft rezipierte, etwa die Geschichte von dem gekreuzigten kanadischen Sergeanten, die während des Kriegs in Großbritannien weite Verbreitung fand. Ähnliches gilt für die Behauptung einer aktiven deutschen Mittäterschaft bei den Massakern an den Armeniern in der britischen Propaganda (unabhängig von der tatsächlichen deutschen Verantwortung, die hier nicht in Rede steht). Indem Winnington-Ingram die Deutschen für den Völkermord an den christlichen Armeniern verantwortlich machte, insinuierte er, dass die Deutschen eine antichristliche Kraft seien.[91]

Er rechtfertigte den Krieg als unvermeidliche Notwendigkeit, indem er sich auf die Bibel und die Kirchenväter stützte. So wurde Winnington-Ingram, um einen Gelehrten aus jüngerer Zeit zu zitieren, zu einer Art „Peter der Einsiedler des Ersten Weltkriegs“.[92] In seiner theologischen Begründung hatte sich der Bischof auf bestimmte in der Bibel dargestellte Massaker an Gottesfeinden berufen, wie das in Kapitel 15 im Ersten Buch Samuel beschriebene. Dort wird berichtet, Gott habe König Saul aufgefordert, die Amalekiter zu töten: „So [...] verschone sie nicht, sondern

90 Arthur Winnington-Ingram: The Potter and the Clay. London 1918, S. 41f. (Hervorhebung im Original).

91 Vgl. beispielsweise Melkon Krischtschian: Deutschland und die Ausrottung der Armenier in der Türkei [1930]. Hg. von Vahric Melkonyan. North Charleston 2014; Tessa Hofmann: Deutschland und die Vernichtung der Armenier im Osmanischen Sultanat. In: Meliné Pehlivanian (Hg.): Armeni syn die menschen genant... Eine Kulturbegegnung in der Staatsbibliothek zu Berlin. Berlin 2000, S. 151–171.

92 Stuart Mews: Religion and English Society in the First World War. [Diss.] University of Cambridge 1974.

töte Mann und Frau, Kinder und Säuglinge, Rinder und Schafe, Kamele und Esel." Sauls Weigerung, derart grausam vorzugehen, führte zu seiner Absetzung als König. Im Unterschied zu den Amalekitern, die generell als Sünder eingestuft wurden, gestand Winnington-Ingram manchen Deutschen zwar zu, gute Menschen zu sein, nichtsdestoweniger sollten sie aber aufgrund ihres Deutschseins getötet werden. Nach Winnington-Ingrams Vorstellung gehörten Massaker also zu Kreuzzügen dazu. Mit seinen Äußerungen zielte der Bischof darauf ab, britische Soldaten dazu zu bewegen, ihre moralischen Skrupel zu überwinden und willkürlich Deutsche zu töten.

Äußerungen wie Winnington-Ingrams Hetzpredigt stießen in Großbritannien durchaus nicht auf allgemeine Zustimmung. So bezeichnete beispielsweise der Liberale Herbert Henry Asquith, der in den ersten beiden Kriegsjahren Premierminister war, Winnington-Ingram als „überaus dummen Bischof", der „so übermäßig dumm ist, dass er beträchtlichen Schaden anrichten kann".[93]

Aber Winnington-Ingram war nicht der einzige britische Geistliche, der den Ersten Weltkrieg als Heiligen Krieg betrachtete. Sein Kollege und Freund Basil Bourchier, der Vikar von St. Jude's Hampstead, bezeichnete den Kampf in Europa als „heiligsten Krieg, der jemals geführt wurde. Die Sache ist die heiligste, die zu verteidigen Männer jemals aufgerufen waren." Einen Antagonismus zwischen nordisch-germanischer Mythologie und Christentum aufbauend, schrieb Bourchier: „Odin steht gegen Christus."[94] Seine Vision vom Ausgang des Kriegs erfasste auch die Zukunft der heiligen Städte im Osten. Der mögliche Fall von Konstantinopel, erklärte er, wäre „der größte christliche Sieg seit Jahrhunderten". Was Jerusalem betraf, hoffte er, dass „das Heilige Land erneut aus dem Würgegriff der Heiden befreit" werde.[95]

Auch die Deutschen benutzten im Ersten Weltkrieg das Konzept des Heiligen Kriegs, das bisweilen unter Einbeziehung von Elementen der nordischen Sagenwelt verwendet wurde. Der Kampf sollte *Ragnarök*, der apokalyptischen letzten Schlacht der nordischen Mythologie, gleichen; das „Weltgericht" werde dafür sorgen, dass die Welt durch die Übernahme der deutschen Kultur Erlösung fände. Da jedoch im Lauf der Jahrhunderte im Denken und in der Bildersprache der Deutschen der germanische Gott Wotan, nordisch „Odin", mit dem heiligen Michael des

93 Zitiert nach William Ralph Inge: Diary of a Dean. London 1949 (17.5.1919).
94 Siberry: Crusaders (wie Anm. 18), S. 88.
95 Basil Bourchier: „For All We Have and Are". Being Ten Addresses during the Year 1915. London 1915, S. 76 f.

Christentums verschmolzen war, konnten der germanische und christliche Glaube gleichermaßen beschworen werden.[96]

Manche britische Geistliche erklärten den Krieg zu einer eschatologischen Schlacht, in der sich das Schicksal der Welt entscheiden werde. Henry Beeching, der Dean of Norwich, beispielsweise führte in einer Schrift mit dem Titel „Armageddon“ aus, die Engländer würden „für Christus gegen den Antichrist“ kämpfen: „Unsere jungen Männer [...] müssen mit dem Geist von Kreuzfahrern antreten [...]. Es ist in der Tat Armageddon.“[97] Auffallend ist, dass keiner der erwähnten Geistlichen beschrieb, wie ein Sieg im christlichen Heiligen Krieg aussehen könnte. Und auch Laien, die von einem Heiligen Krieg sprachen, wie etwa David Lloyd George, äußerten sich nicht dazu, wie man sich die Welt nach dem Ende des „Kreuzzugs“ vorzustellen habe. Wenn, wie von Beeching und anderen Predigern der Apokalypse verkündet, das Kriegsende ein Armageddon war, dann schloss dies jede Notwendigkeit aus, irgendwelche Pläne für die Zeit danach zu haben. Die Erwartung der dann herrschenden aktiven Gegenwart Gottes und seiner Vorsehung machte jegliche anderen Vorstellungen von einer Zukunft obsolet.

Zusätzlichen Auftrieb erhielten Kreuzzugsbilder durch die Tatsache, dass während des Ersten Weltkriegs militärische Operationen gegen die muslimisch-osmanischen Türken im Heiligen Land und in dessen Umgebung stattfanden – und somit direkte Verbindungen zu den historischen Kreuzzügen hergestellt werden konnten.[98] Viele Kommentatoren und Teilnehmer des Palästina-Feldzugs betrachteten diesen – zeitgenössisch, aber auch rückblickend – gar als den „letzten Kreuzzug“ mit dem Ziel, Jerusalem für das Christentum zurückzuerobern. Während die britische Regierung sowie der Oberbefehlshaber der britischen Truppen in Ägypten, General Edmund Allenby (1861–1936), den Feldzug öffentlich mit rein säkularen Erklärungen kommentierten, war das Kriegsministerium durchaus geneigt, Kreuzzugsbilder zu benutzen, um die Unterstützung der Öffentlichkeit für den Einsatz zu gewinnen. So gab das Ministerium einem seiner Filme über den Feldzug den Titel

[96] Vgl. Stefan Goebel: The Great War and Medieval Memory. War, Remembrance and Mediavalism in Britain and Germany, 1914–1940. Cambridge 2007, S. 84 f.

[97] Henry Charles Beeching: Armageddon. A Sermon upon the War Preached in Norwich Cathedral. London 1914, S. 14.

[98] Dabei ist anzumerken, dass Analogien zu den mittelalterlichen Kreuzzügen keine Bestandteile der offiziellen, vom britischen Parlament vertretenen Ideologie waren. So wurde der Fall von Jerusalem im Jahr 1917 sowohl von Schatzkanzler Andrew Bonar Law, der im Namen der Regierung Bericht erstattete, als auch von Premierminister David Lloyd George ausschließlich mit säkularen Begriffen beschrieben; vgl. Parliamentary Debates. Commons. 5. Serie. Bd. 100 (1917), Sp. 875, Sp. 1180 f. Im Rückblick schrieb Lloyd George allerdings, mit Allenby sei das Christentum in der Lage gewesen, sich wieder in den Besitz seiner heiligen Stätten zu setzen; vgl. David Lloyd George: War Memoirs of David Lloyd George. 2 Bde. London 1933–1936, hier: Bd. 2, S. 1879.

„Die neuen Kreuzfahrer".[99] Offenbar waren die Kreuzzüge für die breite Öffentlichkeit in Großbritannien eine leicht verständliche Trope.

Der Schauspieler Vivian Gilbert, der unter Allenby gedient hatte und nach dem Krieg eine transatlantische Vortragsreise unternahm, auf der er von seinen Erlebnissen erzählte, nannte den Palästina-Feldzug wiederholt den „zehnten Kreuzzug" und setzte ihn damit in Analogie zu den mittelalterlichen Kriegen.[100] In seinem Buch schrieb er: „Der Geist der Kreuzfahrer war in allen meinen Männern lebendig. [...] Waren nicht ihre Tapferkeit genauso groß und ihr Idealismus genauso fein wie diejenigen der alten Ritter, die mit solch unerschütterlichem Glauben unter der Führung von Richard Löwenherz auszogen, das Heilige Land zu befreien?"[101] Entsprechende, in der britischen Elite verbreitete Vorstellungen kamen wohl nirgendwo stärker – und dramatischer – zum Ausdruck als bei dem Dichter Rupert Brooke (1887–1915). Dessen im Februar und März 1915 niedergeschriebene Gedanken zeugen von seinem lebenslangen Wunsch, mit einer Militärexpedition gegen Konstantinopel zu ziehen, wobei er sich selbst sogar, wenn auch etwas abschätzig, als „Kreuzfahrer" bezeichnete.[102] Dieses Selbstbild fand, für wie bedenklich er es auch gehalten haben mochte, gar Eingang in die Inschrift auf seinem Grabstein: „Hier liegt der Gottesdiener, Unterleutnant in der englischen Marine, der für die Erlösung Konstantinopels von den Türken starb."[103]

Am engsten mit dem britischen Palästina-Feldzug und der Eroberung Jerusalems verknüpft ist wohl der Name General Edmund Allenbys. Ihn selbst als Befehlshaber störte es allerdings, dass die Operation vielfach mit Kreuzzugsbildern verbunden wurde. So betonte er im Jahr 1933 in einem Vortrag in Jerusalem: „Unser Feldzug ist ‚der letzte Kreuzzug' genannt worden. Es war kein Kreuzzug. Es gibt immer noch die Vorstellung, unser Ziel sei es gewesen, Jerusalem von den Moslems zu befreien. Es war nicht so. Viele meiner Soldaten waren Moslems."[104] Diese rich-

99 John M. MacKenzie: Propaganda and Empire. The Manipulation of British Public Opinion, 1880–1960. London 1984, S. 75.

100 Vivian Gilbert: The Romance of the Last Crusade. With Allenby to Jerusalem. New York 1923, S. 171.

101 Ebd., S. 37.

102 Brooke an Violet Asquith, 19.2.1915, zitiert nach Rupert Brooke: The Letters of Rupert Brooke. Hg. von Geoffrey Keynes. London 1968, S. 662 f.; Brooke an Jacques Raverat, 8.3.1915, zitiert nach ebd., S. 668.

103 W. Denis Browne an Edward Marsh, 25.4.1915, zitiert nach ebd., S. 686. Brown und Marsh waren in Cambridge Freunde von Brooke; Marsh verfasste das Buch Edward Marsh: Rupert Brooke. A Memoir. London 1918.

104 Notizen zu einem Vortrag beim Y.M.C.A. in Jerusalem am 19.4.1933, Allenby papers, 6/VIIII/70 (jetzt: LHCMA, Allenby papers 3/5), zitiert nach Jonathan Newell: Allenby and the Palestine Campaign. In: Brian Bond (Hg.): The First World War and British Military History. Oxford 1991, S. 193.

tigstellende Äußerung stand im stärksten Gegensatz zu der überzogenen Kreuzzugsideologie, wie sie etwa in Ernest Raymonds fiktionalisierter, auf eine Leserschaft aus der Mittelschicht zugeschnittener Autobiografie anzutreffen war. In Erinnerung an Reden, die er selbst während des Gallipoli-Feldzugs gehalten hatte, legt der Autor einem altgedienten fanatischen Oberst darin folgende Worte in den Mund: „Ich sage, der Gallipoli-Feldzug ist ein neuer Kreuzzug […]. Konstantinopel ist eine heilige Stadt. Es ist die einzige antike Stadt rein christlichen Ursprungs […]. In ihrem Kampf, die Stadt den Türken zu entwinden, sind die drei großen Teile der Kirche erneut vereint […]. Die vereinigte Christenheit kämpft unter Führung der Briten, deren Fahne aus den Kreuzen von Heiligen zusammengesetzt ist, für Konstantinopel. Das den Christen gegenüberstehende Heer kämpft unter dem Halbmond des Islams […]. Kameraden, es heißt wieder: Kreuz gegen Halbmond.“[105]

Allenby, der schon an viktorianischen Kolonial- und Anti-Guerilla-Kriegen teilgenommen hatte, hob dagegen hervor, was Raymond verschwieg: Auf den Schlachtfeldern des Ersten Weltkriegs gab es keinen Platz für eine solche Romantik. Die schrittweise Mechanisierung der Kriegführung seit den napoleonischen Kriegen hatte das Schlachtgeschehen für immer verändert. Die romantischen Darstellungen von Schwert und Kanone, welche in den 1880er-Jahren die Seiten von Knabenzeitschriften wie „Boy's Own“ füllten, hatten wenig Ähnlichkeit mit den höllischen Bedingungen und dem massenhaften Töten und Sterben, wie es das Maschinengewehr, die weitreichende Artillerie und der Grabenkrieg im Ersten Weltkrieg mit sich brachten. Ein Meer, das von der Küste fünfzig Meter weit „absolut rot von Blut“ war, eine Bucht voller Leichen, die wie ein gestrandeter Fischschwarm auf dem Wasser trieben, Soldaten, die nicht aus Furcht weinten, sondern wegen des Drecks, der Läuse und der Fäkalien, unter denen sie ausharren mussten – das waren die Realitäten des Gallipoli-Feldzugs, wie Historiker auf Grundlage von Interviews mit Veteranen aus Mannschaftsdienstgraden herausgearbeitet haben. Angesichts dessen erscheint es schwer, dem Krieg eine Kreuzzugsromantik abzugewinnen. Doch erklären möglicherweise gerade diese grauenvollen Bedingungen die Notwendigkeit für die Verwendung des romantischsten aller Kriegerbilder: das des mittelalterlichen Kreuzfahrers, dessen gerechter Krieg für ein christliches Ziel eine tröstliche, universal verständliche Metapher des „Kampfs für das Gute“ war. Michael Adams hat es auf den Punkt gebracht: „Ritterlichkeit übertünchte die nackte Gewalt.“[106]

105 Ernest Raymond: Tell England. A Study in a Generation. New York 1922, S. 196 f.
106 Michael C. C. Adams: The Great Adventure. Male Desire and the Coming of World War I. Bloomington 1990, S. 71.

Schlussbetrachtungen

Warum bezog man sich noch im „langen“ 19. Jahrhundert immer wieder auf die Kreuzzüge? Was veranlasste die Menschen in einer Zeit der Modernität und der Veränderung diese weit zurückliegenden Ereignisse auf Konflikte ihrer Gegenwart zu projizieren?

Gerade der zeitliche Abstand spielte hierfür eine entscheidende Rolle. Durch die Bezugnahme auf die Kreuzzüge zogen die europäischen wie die muslimischen Eliten jeweils eine Verbindung zu „ihrer“ mythischen Vergangenheit: Sie bestärkten sich dabei in ihrem als historisch angesehenen Status als Krieger und Ehrenmänner. Zugleich wurde ihnen eine Funktion in der neu konzeptualisierten Vorstellung eines nationalisierten Staats zugewiesen.

Die Kreuzzüge fungierten auch symbolisch als Gegenpol zu als weniger ruhmreich angesehenen Symbolen wie der revolutionären Trikolore in Frankreich. Als postrevolutionäre Erinnerungsorte standen die Kreuzzüge für eine glorreiche Vergangenheit, die nicht von antimonarchischen Einstellungen befleckt war. Insbesondere in Frankreich, wo die Erinnerung an vorrevolutionäre Ereignisse das ganze 19. Jahrhundert hindurch in hohem Maße umstritten war, fungierten sie als Symbol für die Nation, das die Ordnung des Ancien Régime nicht infrage stellte.

Darüber hinaus symbolisierten die Kreuzzüge den Kampf ohne Wenn und Aber gegen das Böse und für die Idee des absolut Guten und Tugendhaften. Unter Rückgriff auf diese Vorstellung ließ sich jede Gewalt und jeder Krieg als gottgewollt legitimieren, was in Zeiten einer immer brutaleren Kriegführung häufig das einzige Rechtfertigungsmittel war, das ihren Verfechtern zur Verfügung stand. Gegen die etwa von der britischen und italienischen Propaganda unterstellte unmoralische Gewaltanwendung des Feindes stand das Konzept des Kreuzzugs für die ultimative Form edler Kriegführung.

Abstract

This chapter examines how 19th century European imperial and political forces used images and rhetoric of the medieval crusades to place their actions in historical context. Examples are drawn from across Europe, both from states which had a medieval crusading history of their own, such as Britain, France and Spain, and those which invented a crusading tradition to contextualize their own actions, notably in the Orthodox world.

Boris Barth (†)

Eine deutsche protestantische „Kriegstheologie" im Ersten Weltkrieg?

Einführung

Betrachtet man die Äußerungen protestantischer deutscher – vor allem preußischer – Theologen und Geistlicher im Ersten Weltkrieg aus heutiger Perspektive, so ist die erste Reaktion wahrscheinlich Unverständnis. Viele Schriften, Reden und Predigten sind an verbaler Radikalität und Kriegshetze, die im religiösen Gewande daherkam, kaum zu überbieten. Auch hat keine zivile Institution im Deutschen Reich bis in den Oktober 1918 hinein die deutschen Kriegsanstrengungen derart kompromiss- und rücksichtslos unterstützt wie die protestantischen Kirchen.[1]

Einführend sollen deshalb einige wenige, aber typische Beispiele gegeben werden, um einen Eindruck von Ton und Tendenz zu verschaffen. Der wichtigste Gegner, gegen den sich die nationalistischen Kriegspredigten richteten, war England. Dies gilt sogar für Theologen, die – wie Adolf von Harnack oder Adolf Deißmann – über berufliche Kontakte nach Großbritannien verfügten und das Land persönlich kannten. Harnack sah die britische Kriegserklärung als Verrat an der westlichen Zivilisation und Kultur angesichts der mongolisch-moskowitischen Gefahr an.[2] Primitive Feindbildstereotype richteten sich auch gegen die sittenlosen, rachsüchtigen Franzosen und gegen die verkommenen, „halbbarbarischen" Russen. Gott wurde dafür gepriesen, dass er dem deutschen Volk zur rechten Zeit die 42-cm-Mörser

[1] Dieser Aufsatz greift einige Thesen auf, die bereits an anderer Stelle publiziert worden sind, und entwickelt sie weiter. Vgl. Boris Barth: Dolchstoßlegenden und politische Desintegration. Das Trauma der deutschen Niederlage im Ersten Weltkrieg 1914–1933. Düsseldorf 2003, S. 150–171.

[2] Vgl. Bernhard vom Brocke: „Wissenschaft und Militarismus". Der Aufruf der 93 „An die Kulturwelt!" und der Zusammenbruch der internationalen Gelehrtenrepublik im Ersten Weltkrieg. In: William M. Calder u. a. (Hg.): Wilamowitz nach 50 Jahren. Darmstadt 1985, S. 659–719, hier: S. 709. Vgl. ferner: Jürgen von Ungern-Sternberg/Wolfgang von Ungern-Sternberg: Der Aufruf „An die Kulturwelt". Das Manifest der 93 und die Anfänge der Kriegspropaganda im Ersten Weltkrieg. Stuttgart 1996.

https://doi.org/10.1515/9783110773781-021

und die U-Boote wie Helfer und Heilande geschenkt habe.[3] Für Reinhold Seeberg, einen führenden Theologen und späteren Rektor der Berliner Universität, der aus dem Baltikum stammte, war der Krieg das große Examen der Weltgeschichte. Er lasse manche Völker im Hinblick auf die frische Natur- und Kulturkraft in die Höhe rücken und weise den anderen den ihnen angemessenen niederen Platz zu.[4] Seeberg hatte schon vor dem Krieg mehrere rechtsradikale Vereine wie den Alldeutschen Verband unterstützt und 1914 den berüchtigten Aufruf „An die Kulturwelt", auch „Manifest der 93" genannt, unterschrieben. Auch Immanuel Hirsch, immerhin ein Schüler des renommierten Kirchenhistorikers und Lutherinterpreten Karl Holl, vertrat einen theologisch nicht mehr begrenzten Nationalismus. So behauptete er, der Krieg sei ein Gottesurteil zugunsten des Tüchtigen. Es handele sich um einen heiligen Krieg, über dessen Ausgang Gott frei entscheiden, in dem jedoch nur Deutschland siegen könne.[5] Andere Prediger unterstrichen, dass Deutschland in diesem Krieg nicht unterliegen könne, weil sonst der „Sinn der Welt" zusammenbrechen werde.[6]

Typisch ist auch ein Kommentar der „Allgemeinen Evangelisch-Lutherischen Kirchenzeitung" (AELK) zum Frieden von Brest-Litowsk im März 1918. Der reiche Gott habe den Deutschen 800 Lokomotiven, 8.000 Eisenbahnwaggons, 2.600 Geschütze, 5.000 Maschinengewehre und andere wertvolle Dinge von den Russen gegeben: „So war es von Gott beschlossen, ein wahrer Gottesfriede, entgegen allem, was Menschen planten und wollten." Anhand dieser und anderer vergleichbarer Quellen ist der völlige Verlust der neutestamentarischen Orientierung des lutherischen Protestantismus gezeigt worden.[7] Hans-Ulrich Wehler spricht in diesem Zusammenhang von einer „bizarren Blasphemie".[8] Seit den Religionskriegen des 17. Jahrhunderts hatte die Geistlichkeit keine solche Begeisterung mehr an den Tag

3 Vgl. hierzu Barth: Dolchstoßlegenden (wie Anm. 1), S. 155. Zu Seeberg weiterführend vgl. immer noch: Günter Brakelmann: Protestantische Kriegstheologie im Ersten Weltkrieg. Reinhold Seeberg als Theologe des deutschen Imperialismus. Bielefeld 1974, S. 54–56.

4 Vgl. Jürgen von Ungern-Sternberg: Wie gibt man dem Sinnlosen einen Sinn? Zum Gebrauch der Begriffe „Deutsche Kultur" und „Militarismus" im Herbst 1914. In: Wolfgang J. Mommsen (Hg.): Kultur und Krieg. München 1996, S. 77–96, hier: S. 86 f.

5 Vgl. Hans-Walter Krumwiede: Evangelische Kirche und Theologie in der Weimarer Republik. Neukirchen-Vluyn 1990, S. 77.

6 Vgl. Wilhelm Pressel: Die Kriegspredigt 1914–1918 in der evangelischen Kirche Deutschlands. Göttingen 1967, S. 120.

7 Zitiert nach Gottfried Mehnert: Evangelische Kirche und Politik 1917–1919. Die politischen Strömungen im deutschen Protestantismus von der Julikrise 1917 bis zum Herbst 1919. Düsseldorf 1959, S. 64 f.

8 Vgl. Hans-Ulrich Wehler: Deutsche Gesellschaftsgeschichte. Bd. 4: Vom Beginn des Ersten Weltkriegs bis zur Gründung der beiden deutschen Staaten 1914–1949. München 2003, S. 23.

gelegt, wenn es darum ging, ihre Schäfchen aufzufordern, zum höheren Ruhme Gottes zu töten.[9]

Diese verbale Gewalttätigkeit gab es vor allem im preußisch-lutherischen Protestantismus. Zwar findet sich nicht nur im Deutschen Reich, sondern auch in Frankreich, in Italien und in Österreich-Ungarn ein massiver Chauvinismus in der katholischen Kirche, doch bestanden hier Hindernisse gegen eine vollständige Entgrenzung der verbalen Gewalt. Schon die Existenz des Vatikans und des Papstes verwiesen stets auf den universellen und übernationalen Charakter der katholischen Kirche, und die letzte Autorität des Heiligen Stuhles in Rom wurde von Katholiken nur selten bestritten. Eine solche Korrekturinstanz fehlte im Protestantismus. Allerdings konnte sich der Papst nur mit erheblicher Mühe aus den Auseinandersetzungen heraushalten, weil er mehrfach sowohl von französischen als auch von deutschen hohen Geistlichen fast ultimativ zu Stellungnahmen aufgefordert wurde. Benedikt XV. bewahrte aber stets strikte Neutralität und ermahnte alle Katholiken, sich vereint für die Wiederherstellung des Friedens einzusetzen.[10]

Die Literatur- und Forschungslage zur verbalen religiösen Gewalt im Ersten Weltkrieg ist unausgewogen. Historiker haben sich nur wenig mit diesem Thema befasst, wahrscheinlich, weil diese offene Kriegshysterie kaum noch rational erklärbar ist. Ein großer Teil der relevanten Literatur stammt von Theologen, die meistens nicht so sehr an historischen Fragestellungen interessiert waren und sind, sondern versucht haben, die jeweiligen Aussagen nach theologischen oder rein kirchengeschichtlichen Kriterien zu klassifizieren oder zu widerlegen. In dieser Forschungstradition ist deutlich geworden, dass die kriegsbegeisterten Theologen Termini wie „Offenbarung", „Geist", „Wiedergeburt", „Wort Gottes", „Schöpfung" oder „Erlösung" aus der exakten Lehrtradition hinauslösten und zu auswechselbaren Etiketten machten. Aus gutem Grund fehlten in der Kriegspredigt fast vollständig Kategorien wie die Gemeinde, die Sakramente oder die biblische Eschatologie. Der häufig benutzte Terminus der „Kriegstheologie" wurde bereits in den 1970er-Jahren von dem Theologen Günter Brakelmann zwar nicht geschaffen, aber doch wissenschaftlich popularisiert. Allerdings ist dieser Begriff kritisiert worden, weil unklar ist, was an der praktizierten offenen Hetze noch theologisch aus der Bibel herleitbar ist.[11] Zudem hat sich die Forschung weitgehend auf die führenden Personen in den Kirchen konzentriert. Regionale Studien, die ein recht vielschichti-

9 Vgl. Modris Eksteins: Tanz über Gräben. Die Geburt der Moderne und der Erste Weltkrieg. Reinbek bei Hamburg 1990, S. 355.

10 Beispiele für derartige Initiativen bei Barth: Dolchstoßlegenden (wie Anm. 1), S. 153 f.

11 Zur Kritik an diesem Begriff vgl. Erkki I. Kouri: Der deutsche Protestantismus und die soziale Frage 1870–1919. Zur Sozialpolitik im Bildungsbürgertum. Berlin 1984, S. 172, S. 179.

ges und oft widersprüchliches Bild liefern, sind selten.[12] Ferner beschäftigt sich die Literatur schwerpunktmäßig mit den lutherischen und – etwas weniger – mit den reformierten Protestanten. Ausführliche Studien zu kleinen evangelischen Strömungen und anderen religiösen Gemeinschaften existieren kaum.

Die Gründe für diese und die Reichweite dieser Äußerungen der protestantischen Theologen werden nur unzureichend erfasst, wenn sie primär aus theologischer Sicht gedeutet werden. Deshalb soll in diesem Aufsatz analysiert werden, welche Weltbilder und gesellschaftlichen Vorstellungen hinter dieser „Kriegstheologie" standen: Angesichts der Herausforderung durch den Krieg formulierten die protestantischen Theologen diese Weltbilder in jener religiösen Sprache, die sie gewohnt waren, täglich zu benutzen. Dabei wurde fast immer antithetisch mit einem militanten „Entweder-oder" argumentiert: Der eigene Standpunkt, der nur selten hergeleitet oder begründet wurde, wurde absolut gesetzt und damit jede selbstkritische Rückfrage im Ansatz verhindert. Der Krieg wurde zu einem metaphysischen Wert, der nicht mehr hinterfragt wurde und auch nicht mehr hinterfragt werden konnte.

Voraussetzungen für die Entstehung der „Kriegstheologie"

Militaristische Äußerungen gab es schon im Krieg von 1870/71, so etwa in den „Protestantischen Flugblättern", dem offiziellen Organ des Deutschen Protestantenvereins. Diese Vereinigung hatte die bedeutendsten Vertreter des liberalen Kulturprotestantismus versammelt. Der Deutsch-Französische Krieg war als existenzieller Kampf gegen den Ultramontanismus und gegen die päpstliche Reaktion gesehen worden. Allerdings war 1870/71 der Krieg noch als Strafe Gottes über eine sündige Welt interpretiert worden. Davon war 1914/15 nichts mehr zu spüren. Dies wird besonders sichtbar in den Artikeln in der „Allgemeinen Evangelisch-Lutherischen Kirchenzeitung", die das hochkonservative Organ des konfessionellen Luthertums darstellte. In diesen kam die feste Überzeugung zum Ausdruck, einen heiligen Krieg zu führen.[13]

12 Vgl. etwa Birgit Siekmann/Peter Schmidtsiefer (Hg.): Feldgraue Mentalitäten. Der Erste Weltkrieg in religiösen Perspektiven aus dem Wuppertal. Nordhausen 2011; Christian Geinitz: Der Weltkrieg als Weltgericht. Nationalisierung und Kriegstheologie der deutschen Katholiken zu Beginn des Ersten Weltkriegs am Beispiel der Erzdiözese Freiburg. In: Andreas Holzem (Hg.): Krieg und Christentum. Religiöse Gewalttheorien in der Kriegserfahrung des Westens. Paderborn 2009, S. 680–704.

13 Vgl. Clemens Vollnhals: „Mit Gott für Kaiser und Reich". Kulturhegemonie und Kriegstheologie im Protestantismus 1870–1918. In: Holzem (Hg.): Krieg (wie Anm. 12), S. 656–679, hier: S. 656, S. 658.

Die sozialmoralischen Milieus, aus denen die preußische protestantische Führungsschicht stammte, stellten weiterhin eine wichtige Voraussetzung für die jeweiligen theologischen Weltbilder dar. Zwar war seit 1850 in Preußen das Kirchenregiment von der königlichen Staatsgewalt getrennt, doch verklammerte der König in der Doppelfunktion als Landesherr und *Summus Episcopus* Kirche und Staat. Zudem sicherte sich der preußische Staat durch regelmäßige finanzielle Zuschüsse einen Einfluss auf den Protestantismus. Deshalb identifizierten sich vor allem Lutheraner vollständig mit der preußischen Monarchie. Die enge Bindung zwischen Thron und Altar wurde durch soziale und politische Faktoren vertieft, weil die Landeskirche eng an das großagrarische Milieu Ostelbiens gebunden blieb. Zahlreiche Pfarrer kamen auch aus dem wilhelminischen Bildungsbürgertum, das zwar – gemessen an der Gesamtbevölkerung des Deutschen Reiches – zahlenmäßig gering (0,8 Prozent), aber besonders anfällig für eine fast grenzenlose Kriegseuphorie war. Geschätzt wird, dass mehr als 80 Prozent der evangelischen Pastoren zum konservativ-nationalen Lager gehörten und bis zuletzt auf einem „Siegfrieden“ insistierten.[14] Der enge Kontakt zur Monarchie ist beispielsweise daran erkennbar, dass die berühmte Erklärung Wilhelms II., er kenne keine Parteien mehr, sondern nur noch Deutsche, von Adolf von Harnack entworfen worden war.[15] Entgegen der föderalen Struktur der protestantischen Kirchen trat 1914 ein ausgesprochener Reichspatriotismus auf, der in dieser Intensität neu war.

Vor dem Kriegsausbruch war in nahezu jeder kirchlichen protestantischen Richtung scharfe Kultur- und Zivilisationskritik geübt worden. Der Pluralismus und der gesellschaftliche Liberalismus, der im autoritären Kaiserreich langsame Fortschritte machte, wurden durchgehend als Werteverlust interpretiert. Bedroht wurden die etablierten Hierarchien der protestantischen Kirchen vor 1914 zudem durch selbstständige volkskirchliche Ansätze und durch das Auftreten deutschgläubiger Sekten, von denen einige antisemitische Ideen propagierten. Auch waren die Kirchen mit einer kontinuierlich wachsenden Säkularisierung im späten Kaiserreich konfrontiert. Die Zahl derjenigen Menschen, die den Kirchen fernstanden oder denen diese einfach gleichgültig waren, nahm deutlich zu. Die Bedeutung der Kirchen im Alltag ging deshalb fortwährend zurück, auch wenn bei besonderen Anlässen in Preußen gerne und häufig die Nähe von Thron und Altar symbolisch hervorgehoben wurde. 1915 wurde beispielsweise das Jubiläum der Ankunft der Hohenzollern in Brandenburg im Jahre 1415 durch die Kirchen ausgeschlachtet, und die Vorteile der Monarchie gegenüber den Fehlern der Republik wurden aus-

14 Vgl. Wehler: Gesellschaftsgeschichte (wie Anm. 8), S. 16, S. 24.

15 Vgl. Martin Greschat: Christentum und Kirchen im Ersten Weltkrieg. In: Hans Georg Ulrichs (Hg.): Der Erste Weltkrieg und die reformierte Welt. Neukirchen-Vluyn 2014, S. 15–32, hier: S. 16.

giebig gepriesen.[16] Sichtbar ist dieses Bündnis zwischen Thron und Altar besonders im Berliner Dom, der zwischen 1894 und 1905 im Stil der Neorenaissance und des Neobarocks errichtet wurde. Hier wurde diese Allianz mit brachialer Symbolik architektonisch in Stein gemeißelt und in Goldverzierungen gegossen.

Vor diesem Hintergrund stellte das sogenannte Augusterlebnis für die meisten Geistlichen einen zentralen Bezugspunkt ihres Denkens dar. Die Forschung hat schon lange gezeigt, dass diese angebliche Begeisterung bei Kriegsausbruch im August 1914 entweder gar nicht existiert hat oder dass sie regional und zeitlich stark beschränkt war. Es handelte es sich um eine sehr spezifische Mischung aus Massenhysterie und mentalen Ausnahmezuständen, gepaart mit karnevalesken Zügen.[17] Dennoch nutzte die Reichsregierung diese diffuse Stimmung propagandistisch sehr geschickt, um den Mythos eines in jeder Hinsicht geeinten deutschen Volkes zu präsentieren. Diese Interpretation der Stimmung wurde von der protestantischen Geistlichkeit sofort mit einiger Begeisterung übernommen und für die eigene Sache genutzt. Der Kirchenrechtler Wilhelm Kahl etwa glaubte an ein nationales Heilserlebnis und nannte die Auguststimmung ein „neues Pfingsten“, und der Theologe Gustav Roethe sah im Krieg einen deutschen „Verjüngungsborn für die alternde Kultur ganz Europas“.[18] Selbst der stark sozialreformerisch orientierte Berliner Pfarrer Friedrich Siegmund-Schultze war begeistert, dass im August 1914 plötzlich der Traum eines einigen Volkes entstanden sei.[19] Je länger der Krieg dauerte, desto mehr diente der Mythos beziehungsweise das Narrativ des „Augusterlebnisses“ in der protestantischen Kirche dazu, der eigenen nationalistischen Position zusätzliche Legitimation zu verschaffen. Konsequenterweise konnte damit auch jede noch so leise Kritik an der offiziellen Linie religiös als Abwendung von Gottes Willen diffamiert werden.

Bei einer präzisen Analyse der Quellen ist nicht klar, inwieweit diese permanenten Rekurse auf das „Augusterlebnis“ auf realen Erfahrungen basierten, ob sie pure Propaganda waren, oder ob auch Elemente von Selbstsuggestion vorhanden waren. Letzteres ist aber wahrscheinlich. Die Perzeption des „Augusterlebnisses“ konnte nahtlos in ein schon länger bestehendes Narrativ eingefügt werden, in dem der preußische Staat der Hohenzollern als Teil einer nationalen Heilsgeschichte gedeutet wurde. Damit wurde der Weltkrieg zugleich zu einem Ereignis, das die preu-

16 Vgl. Arlie J. Hoover: God, Germany, and Britain in the Great War. A Study in Clerical Nationalism. New York 1989, S. 79.

17 Vgl. hierzu vor allem Jeffrey Verhey: Der „Geist von 1914“ und die Erfindung der Volksgemeinschaft. Hamburg 2000.

18 Zitiert nach Wehler: Gesellschaftsgeschichte (wie Anm. 8), S. 16.

19 Vgl. Karlheinz Lipp: Berliner Friedenspfarrer und der Erste Weltkrieg. Freiburg i. Br. 2013, S. 143 f.

ßisch-deutsche Geschichte vollenden werde. Pfarrer Gottlieb Traub schwärmte noch später von dem ungeheuren seelischen Ruck, der im August 1914 durch das deutsche Volk gegangen sei. Wer dies nicht miterlebt habe, könne auch nicht darüber urteilen.[20] Traub stammte ursprünglich aus dem kirchenpolitisch liberalen Lager, war aber 1913 wegen erheblicher theologischer Differenzen aus dem Dienst entlassen worden. Im Krieg entfaltete er eine rege publizistische Tätigkeit, deren Wirkung kaum zu überschätzen ist. Er wurde auch politisch führend in der 1917 gegründeten extremnationalistischen und protofaschistischen Deutschen Vaterlandspartei aktiv, die sich als Sammlungsbewegung der gesamten deutschen Rechten verstand. Nach dem Krieg sympathisierte Traub weiterhin mit der militanten Rechten und war während des Kapp-Lüttwitz-Putschs 1920 als Kultusminister im Gespräch.[21]

Zur positiven Wahrnehmung des Kriegsausbruches durch die protestantischen Theologen trug bei, dass sich im August 1914 die zuvor oft gähnend leeren Kirchen plötzlich wieder füllten. Kaiser Wilhelm II. hatte für den 2. und den 5. August zwei zusätzliche Buß- und Bettage angeordnet.[22] Allerdings dürfte die vorwiegende zeitgenössische Interpretation, dass die hohe Zahl von Kirchenbesuchern ein Zeichen der Renaissance konservativer christlicher Werte sei, auf einer selektiven Deutung beruht haben. Wahrscheinlich suchten die Menschen vor allem Trost und Orientierung. Auch boten die Kirchen einen Raum für eine starke, würdige und ernste Emotionalität.[23] Hinzu kam sicherlich die Sorge um Angehörige, die in der Armee an der Front standen. Schon kurz nach Kriegsausbruch wurden Tausende von Kriegspredigten publiziert.[24] Diese scheinen vom Publikum rege rezipiert worden zu sein.

Vor allem Martin Luther bot sich in mehrfacher Hinsicht als Bezugsfigur des nationalen Protestantismus an. Es war recht einfach, Luther auf diese Weise zu gebrauchen, weil sein Schrifttum umfangreich und nicht immer eindeutig war. Zu-

20 Vgl. BArch Koblenz, N 1059, Bd. 5, S. 94.

21 Zu Traub vgl. Kurt Meier: Evangelische Kirche und Erster Weltkrieg. In: Wolfgang Michalka (Hg.): Der Erste Weltkrieg. München 1997, S. 691–724, hier: S. 705; zu seinen Aktivitäten im Krieg vgl. auch Heinz Hagenlücke: Deutsche Vaterlandspartei. Die nationale Rechte am Ende des Kaiserreiches. Düsseldorf 1997, S. 308–310.

22 Vgl. Klaus Vondung: Deutsche Apokalypse 1914. In: ders. (Hg.): Das wilhelminische Bildungsbürgertum. Göttingen 1976, S. 153–171, hier: S. 163.

23 Vgl. Verhey: Geist (wie Anm. 17), S. 158; Ludwig Scholz: Seelenleben der Soldaten an der Front. Hinterlassene Aufzeichnungen des im Kriege gefallenen Nervenarztes. Mit einem Vorwort von Martin Rade. Tübingen 1920, S. 171; eine ähnliche Deutung auch bei Hoover: God (wie Anm. 16), S. 5 f.

24 Vgl. Günter Brakelmann: Deutscher Protestantismus in den Kriegen 1870/71 und 1914–1918. Sechs Einblicke. Kamen 2014, S. 95.

dem konnte eine derartige Vorgehensweise auf eine lange Tradition zurückgreifen.[25] Außerdem hatte sich Luther in zwei Schriften positiv über die Berechtigung von Kriegen geäußert. Eventuelle Widersprüche zur Botschaft des Neuen Testaments konnten mit dem Hinweis auf Luthers Zwei-Reiche-Lehre oder auf die gängige Interpretation von Kapitel 13 des Römerbriefs entkräftet werden.[26] Andere Reformatoren wie Johannes Calvin oder Huldrych Zwingli wurden kaum erwähnt, weil sie sich für eine trutzig kompromisslose Position nur sehr viel schwerer hätten nutzen lassen.

Die Kriegspredigten wurden ferner dominiert durch alttestamentarische Texte, weil sich das streitbare Gottesbild der geschichtlichen und prophetischen Bücher leicht instrumentalisieren ließ. Außerdem wurden einige Topoi des Alten Testaments bruchlos auf die Deutschen übertragen. Hierzu gehörte die Vorstellung vom auserwählten Volk oder das Duell zwischen David und Goliath. Vereinzelt wurde angenommen, dass Gott angesichts der besonderen deutschen Qualitäten gar nicht anders gekonnt habe, als das deutsche Volk auszuerwählen. Auch die anfänglichen Siege wurden dahingehend interpretiert, dass Gott Partei für die Deutschen ergriffen habe.[27] Der persönliche und liebende Gott des Neuen Testaments stand hingegen der „Kriegstheologie“ im Wege.

Der biblische Erwählungsgedanke wurde seit 1914 auf das deutsche Volk übertragen, und der Protestantismus formulierte die Idee einer besonderen deutschen Sendung. Diese Vorstellung wurde aber fast überhaupt nicht aus theologischen Argumentationen hergeleitet. Dahinter standen vielmehr romantische, zum Teil rassistische Volkstumsvorstellungen, sozialdarwinistische Ideen und nicht nur Vorstellungen vom auserwählten Volk, sondern auch vom auserwählten Machtstaat. Argumentativ wurde oft zurückgegriffen auf das Geschichtsbild des späten Kaiserreichs, das beeinflusst worden war von Herder, Fichte, Arndt, zum Teil von Hegel, den Romantikern, aber auch von offenen Rassisten und Antisemiten wie Houston Stewart Chamberlain oder Heinrich von Treitschke. Die Gleichsetzung von Welt- und Heilsgeschichte war bereits im Geschichtsverständnis der Romantik angelegt gewesen.[28]

Bereits um die Jahrhundertwende hatten sich in ganz Westeuropa sozialdarwinistische Vorstellungen weitgehend durchgesetzt, die – in einer Fehlinterpretation von Charles Darwin – auf ganze Völker übertragen wurden. Häufig ist betont worden, dass der Darwinismus ein neutrales Element gewesen sei, das von ganz unter-

25 Vgl. ders.: Lutherfeiern im Epochenjahr 1917. Bielefeld 2017, S. 7; Dietz Bering: Luther im Fronteinsatz. Propagandastrategien im Ersten Weltkrieg. Göttingen 2018, S. 24.

26 Vgl. Bering: Luther (wie Anm. 25), S. 110, S. 114 f.; Lipp: Friedenspfarrer (wie Anm. 19), S. 7.

27 Vgl. die durchgehende Interpretation bei Pressel: Kriegspredigt (wie Anm. 6).

28 Vgl. Barth: Dolchstoßlegenden (wie Anm. 1), S. 150 f. mit weiterführender Literatur.

schiedlichen Ideologien genutzt werden konnte. Beispielsweise wurde er in den USA gebraucht, um scharfe geschäftliche Konkurrenz mit der Überlebensphilosophie zu rechtfertigen.[29] Weitgehend unbekannt ist bisher, warum und auf welche Weise derartige Topoi vom Aufstieg und Fall von Völkern und Imperien einen fast selbstverständlichen Eingang in das Denken des preußischen Protestantismus fanden. Diese Entwicklung ist auch deshalb so bemerkenswert, weil Darwin und seine Evolutionstheorie in allen Kirchen immer noch kritisch gesehen beziehungsweise kaum rezipiert wurden. Die sozialdarwinistisch inspirierte Idee, dass Völker Entitäten darstellten, die von Aufstieg und Fall betroffen seien, war dem protestantischen Denken noch wenige Jahrzehnte zuvor recht fremd gewesen, auch wenn man sich ganz selbstverständlich mit der Monarchie beziehungsweise dem Königshaus identifiziert hatte. Bestimmend für die Entstehung dieser eigenständigen Form des kirchlichen Sozialdarwinismus war der Hypernationalismus des späten Kaiserreichs – die positive Sicht auf den Imperialismus und das fast grenzenlose Überlegenheitsgefühl gegenüber den Kriegsgegnern.

Die Zäsur des Jahres 1917

Seit Anfang 1917 radikalisierte sich ein großer Teil der Geistlichkeit noch weiter, wofür sowohl innere als auch äußere Einflüsse verantwortlich waren. 1917 wurde das 400-jährige Jubiläum der Reformation begangen und der Reformator Martin Luther wurde hochgradig eklektizistisch interpretiert. Bereits Roger Chickering nimmt an, dass der Patriotismus im Lutherjahr mit nur wenigen Ausnahmen zu einer Orgie protestantischer Selbstbeglückwünschung kulminiert sei.[30] Angeordnet wurde, dass Jubelfeiern in allen Gemeinden stattzufinden hätten.[31] Die Darstellungen Seebergs, die erhebliche Wirkung entfalteten, interessierten sich überhaupt nicht mehr für die historische oder theologische Person des Reformators, sondern nur für die Brauchbarkeit Luthers für die eigene Sache.[32] So hieß es in einer Proklamation des Evangelischen Bundes, dass der „Landsknecht Gottes“ sein „hier stehe ich“ in die Waagschale des Kriegs geworfen habe, und die Feinde die Wucht seiner Trutzverse an allen Fronten gespürt hätten.[33] Auch Ernst Hermann von Dryander,

[29] Diese Bemerkung findet sich schon bei Richard Hofstadter: Social Darwinism in American Thought. Boston [2]1955.

[30] Vgl. Roger Chickering: Imperial Germany and the Great War. 1914–1918. Cambridge 1998, S. 127.

[31] Vgl. Brakelmann: Lutherfeiern (wie Anm. 25), S. 59.

[32] Vgl. ders.: Kriegstheologie (wie Anm. 3), S. 60 f., S. 64.

[33] Vgl. Walter Fleischmann-Bisten/Heiner Grote: Protestanten auf dem Wege. Geschichte des Evangelischen Bundes. Göttingen 1986, S. 61 f.

der kaiserliche Oberhof- und Domprediger, sah Luther 1917 als den Propheten des deutschen Volkes an.[34]

Zunächst in Preußen, dann aber auch in den meisten anderen deutschen Staaten, wurde staatlicherseits versucht, durch die Vermittlung der „Deutschen Kriegswochenschau“ systematischer als zuvor die Geistlichen aller Konfessionen als Multiplikatoren für die Kriegspropaganda einzusetzen. In der neu gegründeten Jugendwehr trugen Pfarrer zur „ideellen“ Seite der Wehrerziehung bei. Sie hatten schon seit 1914 zunehmend Aufgaben übernommen, für die eigentlich lokale Behörden zuständig gewesen wären. Sie überbrachten Trauerbotschaften und kümmerten sich um die Fürsorge von Kindern, deren Väter gefallen waren. Darüber hinaus betrieben sie eine intensive seelsorgerische Betreuung der Familien von Vermissten, Verwundeten oder Gefallenen. Pfarrer warben für die Zeichnung von Kriegsanleihen, die direkt in vielen Kirchen verkauft wurden. Pastoren verbreiteten patriotische Schriften in der Truppe und versuchten, auf das moralische Verhalten von Frauen und Jugendlichen einzuwirken.[35]

Die Deutungen des Krieges wurden düsterer. Angesichts der schwierigen Lage des „Vaterlandes“ forderten die Prediger Hingebung und Opferbereitschaft. Häufiger als zuvor griffen sie auf die Passion Jesu zurück.[36] Typisch für diese weitere Radikalisierung ist ein Artikel mit dem Titel „Was will Gott?“ von Wilhelm Philipps in der „Reformation“ vom 27. Januar 1918. Philipps war Leiter der Berliner Stadtmission und spielte eine führende Rolle in der Christsozialen Partei von Adolf Stoecker; er war damit einer der wichtigsten preußischen Theologen und Publizisten. In dem Beitrag schrieb Philipps, Deutschland sei als der Vollstrecker des göttlichen Willens berufen, das Strafgericht an den anderen Völkern zu vollziehen: an Belgien wegen seiner sprichwörtlichen Liederlichkeit und seiner Kongogräuel, an Frankreich wegen seiner Gott- und Sittenlosigkeit, an Serbien als Räuber- und Banditenstaat, an Russland wegen seiner Korruption und an England, weil es unter dem heuchlerischen Deckmantel des Christentums Weltpolitik im Dienst des Mammons getrieben habe. Deutschland habe zunächst seine gottgewollte Aufgabe nicht erkannt und habe England schonen wollen, statt alle Waffen, das heißt Zeppeline, U-Boote und Giftgas einzusetzen. Inzwischen habe Gott aber seinen Willen durchgesetzt.[37]

Die immerhin mögliche These, dass es sich bei den Pfarrern und Predigern, die sich so oder ähnlich äußerten, eher um „Schreibtischtäter“ gehandelt habe, denen

34 Vgl. Pressel: Kriegspredigt (wie Anm. 6), S. 93 f.

35 Vgl. Barth: Dolchstoßlegenden (wie Anm. 1), S. 157 f.; Brakelmann: Lutherfeiern (wie Anm. 25), S. 21.

36 Vgl. Brakelmann: Lutherfeiern (wie Anm. 25), S. 19.

37 Der Text bei ders.: Protestantismus (wie Anm. 24), S. 317–323.

das Grauen der Materialschlachten unbekannt war, trifft nicht zu. Die meisten waren über die Verhältnisse an der Front gut informiert, weil sie beispielsweise in engem Austausch mit Feldpredigern standen, die wiederum täglichen Kontakt mit Frontsoldaten hatten. Pfarrer Gottfried Traub, einer der radikalsten Kriegshetzer, war nahe der Sprachlosigkeit, nachdem er das Schlachtfeld von Arras gesehen hatte. Dies beeinflusste seine Durchhalteparolen jedoch nicht – im Gegenteil: „Gott strafe England!“. Traub machte ausschließlich Großbritannien für die Grausamkeiten der Materialschlachten an der Westfront verantwortlich und war weiterhin fest davon überzeugt, dass Gott auf der Seite der Deutschen stünde. Recht eklektizistisch beschwor er Bismarck, Blücher, die Königin Luise, den alten Fritz, den heiligen Bernhard der Kreuzzüge und Luther für den Erfolg der U-Boote.[38]

Selbst ein eher gemäßigter Theologe wie Adolf von Harnack warf dem amerikanischen Präsidenten Woodrow Wilson Anmaßung und Heuchelei vor.[39] Otto Baumgarten, ebenfalls kein Radikaler, wies darauf hin, dass eine protestantische Ethik sich sehr gut mit der Real- und Machtpolitik eines Bismarck oder eines Friedrich des Großen vertrage. Allerdings wandte er sich gegen unbegrenzte Annexionen mit der Begründung, die bisherigen Erfahrungen mit „Fremdstämmigen“ seien eher negativ. Bezeichnend ist auch hier, dass der preußische König Friedrich II., immerhin ein bekennender Atheist, als Autorität für den Protestantismus herangezogen wurde.

Scharf polarisierend wirkten die Friedensresolution des Reichstags während der Julikrise 1917 und die päpstliche Friedensnote. Im Juli 1917 eskalierte die innenpolitische Krise im Deutschen Reich. Nachdem Matthias Erzberger (Zentrum) der Marine vorgeworfen hatte, mit gefälschten Versenkungszahlen der U-Boote operiert zu haben, formierte sich im Reichstag eine neue Mehrheit, bestehend aus der katholischen Zentrumspartei, den Linksliberalen und den Sozialdemokraten – der Kern der späteren republikanischen Weimarer Koalition. Reichskanzler Bethmann Hollweg, der ohnehin unter dem starken Druck der Dritten Obersten Heeresleitung stand, war nicht mehr zu halten und trat zurück. Gegen den Willen der neuen Regierung formulierte die neu formierte Koalition daraufhin eine Friedensinitiative, die allerdings sofort von der Reichsregierung sabotiert wurde, und die deshalb wirkungslos blieb. Kurz darauf, am 1. August ergriff Papst Benedikt XV. seinerseits die Initiative und bot an, bei einer Friedenskonferenz als neutraler Vermittler zu agieren. Auch dieser Vorschlag verpuffte, weil in allen Staaten, die am Krieg teilnahmen, das gegenseitige Misstrauen zu groß war. Beide Friedensinitiativen stießen im preußisch-deutschen Protestantismus auf offene Empörung und Ablehnung –

38 Vgl. hierzu Karl Hammer: Deutsche Kriegstheologie (1870–1918). München 1971, S. 245–248.

39 Vgl. Adolf von Harnack: Wilsons Botschaft und die deutsche Freiheit. In: ders. u. a.: Die deutsche Freiheit. Fünf Vorträge. Gotha 1917, S. 1–13, hier: S. 3.

und häufig wurde der Vorwurf des Internationalismus erhoben. Hierbei spielten auch antikatholische Ressentiments eine Rolle. Der Papst wurde verdächtigt, dass er wie im Mittelalter abermals versuchen würde, Schiedsrichter über eine gespaltene Welt zu werden.

Typisch ist eine Kriegspredigt vom 3. Oktober 1917 von Gerhard Tolzien, der später mecklenburgischer Landesbischof wurde. Darin hieß es: „Wir haben Volksvertreter, die ihre alten Parteiziele obenanstellen, wo Hannibal vor den Toren steht [...]. Friedensverdränger, Friedensaufdränger, Verzichtversicherer [...] und es ballt sich die Gefahr, dass wir wohl trotzen, aber die Feinde uns ‚übertrotzen', dass wir die Schlachten und sie den Krieg gewinnen."[40] Hier findet sich bereits in reiner Form eine protestantische Version der späteren Dolchstoßlegende.

Der Reichstag wurde in protestantischen Zeitdokumenten ausschließlich in negativer Weise erwähnt. Jede innenpolitische Reform wurde, selbst wenn sie vom Kaiser selbst befürwortet wurde, strikt abgelehnt. Die Quellen sind voller Untergangsszenarien, die sich auf den wachsenden Einfluss von Reichstag und Parteien beziehen.[41] Infolge der Friedensresolution des Reichstags kristallisierte sich im preußischen Protestantismus langsam eine Gruppe heraus, die zuvor keine große Rolle gespielt hatte. Die unverhohlene Kriegshetze stieß nun auch auf vorsichtige und meist zurückhaltende Kritik. Sehr kleine Gruppen von Geistlichen mahnten an, einige Glaubenssätze des Neuen Testaments nicht völlig zu verwerfen. Adolf Deißmann, Professor für Theologie in Berlin und 1914 noch einer der bedingungslosesten Scharfmacher, stellte seit 1917 in den „Evangelischen Wochenbriefen" vorsichtig die Frage nach der Ökumene von morgen und nach der Versöhnung mit den Christen in den Feindstaaten. Eine kleine Gruppe von 17 Pfarrern aus der Hannoverschen Landeskirche hob hervor, dass die Pfarrer Boten des Friedens und keine chauvinistischen „Kriegstheologen" sein sollten. Angesichts der Machtverhältnisse in den kirchlichen Hierarchien hatten derartige Äußerungen aber nur sehr geringe Chancen, die Masse der Gläubigen zu erreichen. Offen pazifistische Vorstellungen waren nur in den kleinen und weitgehend einflusslosen protestantischen Freikirchen möglich, die sich aber kaum Gehör verschaffen konnten. Karl Barth, bezeichnenderweise ein Schweizer Theologe, griff allerdings chauvinistische Äußerungen besonders des Theologen und Publizisten Martin Rade scharf an. Alles was Rade sage, gehe von der stillschweigenden oder ausdrücklichen Voraussetzung aus, dass Deutschland in diesem Krieg recht habe. Vom Standpunkt des Glaubens und der Bildung dürfe es jedoch nur Schweigen geben.[42]

40 Zitiert nach Pressel: Kriegspredigt (wie Anm. 6), S. 297.
41 Vgl. Brakelmann: Lutherfeiern (wie Anm. 25), S. 22–25.
42 Vgl. Mehnert: Kirche (wie Anm. 7), S. 31 f.

Die wenigen kritischen Stimmen kamen aus dem Lager des politisch-sozialliberalen und kirchenliberalen Protestantismus. Auch wenn die Zahl der Personen recht gering war, handelte es sich doch um einflussreiche und intellektuell bedeutende Theologen, bei denen sich ein Sinneswandel abzeichnete. Martin Rade redigierte „Die christliche Welt", Otto Baumgarten gab die „Evangelische Freiheit" heraus, hinzu kamen zum Beispiel Adolf von Harnack, Rudolf Otto oder Ernst Troeltsch.[43] Rade hatte 1914 zwar den Krieg rückhaltlos befürwortet, gleichzeitig aber auch den Kriegsausbruch immerhin als den „Bankrott der Christenheit" bezeichnet.[44] Diese Theologen argumentierten nicht mit einem angeblichen göttlichen Geschichtswillen, sondern analysierten die politische Gesamtlage auf rationaler Basis.[45] Harnacks Versuch 1917, bei einem Treffen mit den Radikalen einen Minimalkonsens zu finden, scheiterte aber vollständig, weil deren Position konsequent antidemokratisch und antisozialistisch blieb und jeder Verständigungsfrieden scharf abgelehnt wurde.[46] Wenige Versuche von Geistlichen, sich in kleinen pazifistischen Vereinen zu organisieren, stießen auch auf den massiven Widerstand der Behörden, die mit Verboten und Schikanen reagierten.[47]

Eine Ausnahme und einen gewissen Gegenpol zu den Lutheranern stellten die kleinen und regional begrenzten reformierten Kirchen dar. Zwar gab es auch hier sehr negative antifranzösische und antirussische Stereotype, insgesamt vermieden sie aber offenen Chauvinismus. Sie betonten stets ihre nationale Gesinnung und ihre Kaisertreue, doch war ihre Perspektive weniger polemisch. Sie warben für Verständnis für die englische Seite, wahrscheinlich weil sie vor dem Krieg über sehr enge Bindungen nach Großbritannien verfügt hatten. Ihr reformatorischer Bezugspunkt war nicht so sehr Luther, sondern vor allem Zwingli, der sich internationaler interpretieren ließ. Die völkischen Tendenzen lehnten sie scharf ab.[48]

Ohne sich grundsätzlich von den Äußerungen aus dem August 1914 zu distanzieren, fanden sich bei einigen dieser Geistlichen ab dem Sommer 1917 moderate beziehungsweise zurückhaltende Töne. Der berüchtigte Aufruf „An die Kulturwelt" vom Oktober 1914 war auch von 13 Theologen unterzeichnet worden, die sich nun meistens auf der Seite der Gemäßigten fanden. Zu ihnen gehörten unter anderem Wilhelm Herrmann (Marburg), Adolf Schlatter (Tübingen), Adolf Deißmann (Ber-

[43] Vgl. Brakelmann: Lutherfeiern (wie Anm. 25), S. 37.

[44] Vgl. Hans-Georg Ulrichs: „Gott hat gegen unsere vermeintlich gerechte Sache entschieden". Die Reformierten in Deutschland während des Ersten Weltkrieges. In: ders. (Hg.): Erste Weltkrieg (wie Anm. 15), S. 99–135, hier: S. 99.

[45] Vgl. Brakelmann: Lutherfeiern (wie Anm. 25), S. 41.

[46] Vgl. ebd., S. 39.

[47] Vgl. Lipp: Friedenspfarrer (wie Anm. 19), S. 162.

[48] Vgl. Ulrichs: Gott (wie Anm. 44), vor allem S. 119 f., S. 134.

lin), Adolf von Harnack (Berlin) und der liberale Politiker und Theologe Friedrich Naumann.[49] Rade hoffte weiter auf einen deutschen Sieg, mahnte aber zumindest eine wachsende Friedensgesinnung an. Ohne einen Tropfen pazifistischen Öls sei gar kein Friede möglich, wer aber wolle, dass niemals Frieden werde?[50] Auch Baumgarten erwies sich als begrenzt lernfähig. Er hielt 1917 eine Niederlage für möglich, und in seinen Vorlesungen sah er die Wirkungen des Kriegs auf Religion und Sittlichkeit eindeutig negativ.[51] Diese und andere Äußerungen stießen in der Zeitschrift „Reformation" auf Widerspruch, und 160 militaristische Berliner Pfarrer sahen als einzige Alternative „Sieg" oder „Untergang".[52]

Ein gegenläufiger Trend griff hingegen völkische und rassistische Vorstellungen auf, die bereits vor 1914 bestanden hatten, nun aber mit wachsender verbaler Radikalität weit offener als zuvor formuliert werden konnten. Ein besonders krasses Beispiel stellte die deutschchristliche völkische Gruppe um den Flensburger Hauptpastor Friedrich Andersen dar. Hier wurde das Alte Testament verworfen, wie auch alle jüdischen, griechischen und römischen Quellen, die dem deutschen Geist fremd seien. Die Irrlehre von der Erwählung Israels sei abzulehnen und durch den deutschen Idealismus zu ersetzen. Zu den germanischen Überlieferungen sei zurückzukehren und der Schutz der Rasse müsse gewährleistet werden.[53] Nach 1918 machte Andersen eine jüdische Weltverschwörung für die Niederlage verantwortlich und schloss sich konsequenterweise schon 1925 den Nationalsozialisten an.

Auch über die mystizistischen Schriften von Paul de Lagarde und über die Tradition des Hofpredigers Adolf Stoecker gelangten rassische und antisemitische Glaubenssätze zunehmend in das protestantische Denken hinein. Die entsprechenden Argumente sind meistens derart verworren, dass sie sich jeder Rationalisierung oder historischen Analyse entziehen, denn es ist praktisch unmöglich, das Judentum aus dem Neuen Testament hinauszudefinieren. Meistens handelte es sich um willkürliche oder unbewiesene Behauptungen, die rassistische und sozialdarwinistische Themen unsystematisch aufgriffen. Oft folgten diese Thesen der inneren Logik, die für Verschwörungstheorien typisch ist: Einige, meist aus dem Zusam-

[49] Vgl. Meier: Kirche (wie Anm. 21), S. 692–694.

[50] Vgl. Brakelmann: Protestantismus (wie Anm. 24), S. 144.

[51] Vgl. Pressel: Kriegspredigt (wie Anm. 6), S. 196 f.; ferner: Otto Baumgarten: Christentum und Weltkrieg. Tübingen 1918.

[52] Vgl. Mehnert: Kirche (wie Anm. 7), S. 53 f.; Lipp: Friedenspfarrer (wie Anm. 19), S. 191 f.

[53] Aus der reichhaltigen Literatur hierzu vgl. Rita R. Thalmann: Die Schwäche des Kulturprotestantismus bei der Bekämpfung des Antisemitismus. In: Kurt Nowak/Gérard Raulet (Hg.): Protestantismus und Antisemitismus in der Weimarer Republik. Frankfurt a. M. 1994, S. 147–165, hier: S. 159 f.; weiterführend vgl. Kurt Meier: Der „Bund für deutsche Kirche" und seine völkisch-antijudaistische Theologie. In: ebd., S. 177–198.

menhang gerissene Fakten wurden willkürlich neu miteinander verbunden und derart ideologisiert, dass eine rationale argumentative Auseinandersetzung damit nicht mehr möglich war. Diese Thesen wurden dann aber mit großer Überzeugungskraft als feststehende Tatsachen unter das Publikum gebracht. Entscheidend ist hier, dass es tatsächlich gelang, mit derartigen Argumenten so etwas wie eine Gefolgschaft von Gläubigen zu rekrutieren. Allerdings ist unklar, warum trotz einiger interner Kritik die Landeskirchen derartige Verirrungen, die diametral der biblischen Überlieferung widersprachen, duldeten. In unnachahmlich ironischer Weise hat der Charlottenburger Pfarrer Karl Aner diese völkisch-rassistische Gruppierung mit dem Argument karikiert, dass doch eigentlich der aus dem Judentum stammende Grundsatz „Auge um Auge, Zahn und Zahn" deren Denkart mehr entsprechen müsste, als die Botschaft der Bergpredigt im Neuen Testament.[54]

Erich Seeberg, der Sohn Reinhold Seebergs, wurde später ebenfalls Professor für Theologie und verfasste 1936 eine Neuausgabe der christlichen Ethik seines Vaters. Im Vorwort schrieb er, dass in diesem Buch der Versuch gewagt worden sei, die christliche Sozialethik auf einer nationalsozialistisch geformten Grundlage der Schöpfungsordnung sich entwickeln zu lassen, die im Gegensatz zur demokratisch oder liberalistisch gestalteten Lebensordnung stehe. Diese Nähe zum Nationalsozialismus wird von Günter Brakelmann treffend und lakonisch kommentiert: Der Sohn habe den Vater in seiner Wirkungsgeschichte richtig interpretiert.[55]

Gegen Ende des Kriegs scheint sowohl die protestantische als auch die katholische Geistlichkeit – angesichts der rapiden Erosion von Legitimität der zivilen und militärischen Instanzen im Deutschen Reich – die einzige Institution gewesen zu sein, die noch ansatzweise in der Lage war, zwischen Staat und Bevölkerung zu vermitteln. Unklar ist allerdings bis heute, ob und bis zu welchem Punkt die jeweiligen Gemeinden bereit waren, der Radikalisierung ihrer Pfarrer zu folgen. Die Rezeptionsebene ist nur wenig erforscht. Allerdings folgte unmittelbar auf das Kriegsende eine große Austrittswelle aus den protestantischen Kirchen. Die Motive mögen häufig individueller Natur gewesen sein, aber in zahlreichen Quellen wird betont, dass zumindest ein Teil der evangelischen Christen nicht mehr bereit war, die nationalprotestantischen Tiraden ihrer Kirchenführer zu akzeptieren.

Dies lässt sich auch für viele Frontsoldaten in der zweiten Hälfte des Kriegs zeigen. In Bezug auf sie existieren viele Quellen, die allerdings verstreut und deshalb nur schwer systematisch auswertbar sind. Klar wird aber, dass Feldprediger immer weniger Gehör fanden und Feldgottesdienste meist nur noch gezwungenermaßen besucht wurden. Das nationale Pathos wirkte abschreckend. Vor und in großen Schlachten war eine Zunahme von religiösen Bedürfnissen zu erkennen, aber auch

54 Vgl. Lipp: Friedenspfarrer (wie Anm. 19), S. 179 f.
55 Vgl. Brakelmann: Kriegstheologie (wie Anm. 3), S. 133.

das Aufkommen von Wunderglauben, sichtbar in vielen Amuletten.[56] Die Prediger gingen in der Regel nicht auf die konkreten Probleme der Soldaten ein, sondern versuchten stattdessen kontinuierlich die Einheit des Volkes zu propagieren.[57] Allerdings ist die Rolle der Feldgeistlichen bisher kaum systematisch erforscht worden. Das sehr umfangreiche Tagebuch des Pastors Wilhelm Stählin zeigt, dass auch er aus dem nationalprotestantischen Bildungsbürgertum stammte und einen deutschen Sendungsanspruch unterstützte. Es macht aber auch deutlich, dass Stählin begrenzt lernfähig war und erkannte, dass es immer schwerer wurde, die Soldaten zu erreichen.[58] Ein Arzt vermerkte lakonisch: Wer vor dem Krieg kein Christ gewesen sei, der sei auch an der Front keiner geworden.[59] Schon Anfang 1917 stießen die Durchhaltepredigten bei vielen Soldaten kaum noch auf Resonanz.[60] Traub wurde offen als „Quatschkopf" oder mit sehr viel drastischeren Worten beschimpft. Gerade in den letzten Kriegstagen erhielt er aber auch häufig Briefe von Frauen, die ihn aufforderten, seiner Linie treu zu bleiben.[61]

Im Kern war die sogenannten Kriegstheologie nihilistisch. Verbände wie die „Positive Union", christlich-soziale Gruppen oder die AELK forderten weitgehende Annexionen, weil dies Gottes Wille sei und die Feinde schwer bestraft werden müssten. Noch im Sommer 1918 mischte der Pfarrer Bruno Doering, der im Berliner Dom predigte, apokalyptische Beschwörungen mit einer extremistischen Geschichtsdeutung. Nihilistische Konsequenzen folgten auch aus einer Meditation Paul Le Seurs, der stark von Stoecker geprägt worden war, vom Oktober 1918. Das Ammenmärchen vom „Lieben Gott" sei durch Krieg, Weltgeschichte, Bibel und Kreuz Jesu widerlegt worden. Durch das Reden von der Liebe Gottes habe in die Frömmigkeit kein Mark und kein Stahl hereinkommen können. In einer glänzenden Analyse der „Theologie" Seebergs kommt Günter Brakelmann zu dem Ergebnis, dass kein einziger Satz mehr argumentativ, sondern nur noch Rhetorik und Phrase gewesen sei. Andere Nationen seien mithilfe ethnopsychologischer Wertungstafeln zu Völkern minderen Rangs stilisiert worden, und Seebergs Skizzen über die Eigenschaften der Russen hätten den Topos vom „Untermenschentum" der Slawen bei vielen Deutschen stabilisiert. Die Konsequenz habe in einem theologischen, ethischen und politischen Nihilismus bestanden.[62] Bei Seebergs Gottesvor-

56 Vgl. Meier: Kirche (wie Anm. 21), S. 718 f.

57 Vgl. Brakelmann: Protestantismus (wie Anm. 24), S. 154.

58 Vgl. Helmut Baier (Hg.): Als evangelischer Feldgeistlicher im Ersten Weltkrieg. Wilhelm Stählins Tagebücher 1914–1917. Stuttgart 2016, S. 18.

59 Vgl. Scholz: Seelenleben (wie Anm. 23), S. 169.

60 Vgl. Hammer: Kriegstheologie (wie Anm. 38), S. 340.

61 Vgl. Barth: Dolchstoßlegenden (wie Anm. 1), S. 166 f.

62 Vgl. Brakelmann: Kriegstheologie (wie Anm. 3), S. 134 f., S. 137 f.

stellung handelte es sich um „eine Projektion imperialistischer und nationalistischer Gesinnung". Der Volkswille, so wie Seeberg ihn verstand, dominierte das politische Handeln mit totalem Anspruch. Frieden und Sieg wurden gleichgesetzt. Damit bedeutete Sieg die Vernichtung des Feindes, der als zukünftiger Partner nicht mehr vorstellbar war.[63] Der Gott, den diese „Kriegstheologen" verkündigten, stellte ein Produkt ihrer nationalen Sehnsüchte dar, und man konnte mit ihm beliebig nach dem eigenen politischen Interesse hantieren.[64]

Nur eine kleine und heterogene Gruppe von meist liberalen protestantischen Geistlichen war nach der Revolution 1918/19 bereit, sich – wenn auch eher widerwillig – mit den neuen Verhältnissen zu arrangieren. Hierzu gehörte beispielsweise Otto Baumgarten, der sich mehrfach gegen die „unbedachte Gefühlspolitik" aussprach und dazu aufforderte, die Niederlage anzuerkennen. Auch warnte er davor, die Phrase vom „Untergang in Ehren" nachzusprechen. Baumgarten war einer der wenigen Prediger seiner Generation, der in der Lage war, umzulernen und im Moment des Zusammenbruchs theologisch und seelsorgerisch verantwortlich zu argumentieren. Baumgarten, Martin Rade oder auch Alfred Fischer, der Herausgeber des nationalen „Protestantenblatts", sahen trotz ihrer Niedergeschlagenheit Chancen für einen Neubeginn gemeinsam mit der Sozialdemokratie und der katholischen Zentrumspartei. Auch wurde versucht, die neuen parlamentarischen Entwicklungen nicht einfach auf die Ideen Wilsons zurückzuführen, die im Deutschen Reich weitgehend verachtet wurden, sondern in eigene deutsche Traditionen wie Immanuel Kants Schriften einzuordnen.[65]

Die überwiegende Mehrheit nicht nur der protestantischen Kirchenführer trug aber 1918/19 in erheblichem Maße dazu bei, eine spezifische Version der Dolchstoßlegende zu verbreiten. Kardinal Michael von Faulhaber, Erzbischof von München, sprach von „Meineid und Hochverrat".[66] Die Mehrheit der protestantischen Theologen hatte sich noch im Sommer 1918 eine Niederlage schlichtweg nicht vorstellen können. Sie war vor dem Hintergrund des christlich verklärten „Augusterlebnisses" konsequenterweise nur als globale spirituelle Katastrophe erfahrbar, durch die die Weltgeschichte ihren Sinn verlor. Zu keinem Zeitpunkt und auf keine Weise hatten die Kirchenleitungen eine Niederlage auch nur vage in Betracht gezogen, auch wenn die schlechte militärische Lage an der Westfront gut bekannt war. Somit wurden die protestantischen Geistlichen im Herbst 1918 mit einem Vorgang konfrontiert, den sie zuvor mental vollständig aus ihrem Weltbild ausgeschlossen hatten. Revolution und Niederlage waren deshalb nur erklärbar durch Verrat,

63 Vgl. ebd., S. 51, S. 85, S. 101; das Zitat bei Kouri: Protestantismus (wie Anm. 11), S. 177 f.

64 Vgl. Brakelmann: Protestantismus (wie Anm. 24), S. 145.

65 Vgl. Pressel: Kriegspredigt (wie Anm. 6), S. 199 f.

66 Zitiert nach Wehler: Gesellschaftsgeschichte (wie Anm. 8), S. 26.

durch das elementare Versagen des deutschen Volkes, das die Botschaft Gottes nicht verstanden habe, oder durch die Aktivitäten satanischer Mächte. Wer diese Mächte genau waren, war im Moment des Zusammenbruchs noch offen. Aber es standen genug passende Kandidaten zur Verfügung, die in den kommenden Jahren auch dementsprechend benannt wurden: die Katholiken, Freimaurer, Sozialisten, Kommunisten, Liberalen und die Juden. Nach 1918 setzten sich rein rassenantisemitische Interpretationen der Niederlage in der protestantischen Geistlichkeit jedoch nur in Ausnahmefällen durch – es blieb eher der Rekurs auf traditionelle Formen von religiöser Judenfeindschaft. Auch wenn allgemeine verbale Angriffe gegen die Juden häufig stattfanden, blieb das Dilemma, dass Jesus unzweifelhaft aus dem jüdischen Volk stammte und dass das Alte Testament untrennbarer Bestandteil der Vorgeschichte des Christentums war.

Zusammenfassung und Ausblick

Abschließend sollen die hier behandelten Fälle von teilweise extremer verbaler Radikalität in den größeren Kontext von religiöser Gewalt eingeordnet werden. Das Christentum basiert, wie auch der Islam und andere große religiöse Gemeinschaften, im Wesentlichen auf einer Gründungsschrift sowie aus langlebigen Traditionen, die sich nicht direkt aus dieser ableiten lassen. Die Bibel ist weit interpretierbar, und vor allem mit dem Alten Testament lassen sich mühelos gewalttätige Akte rechtfertigen. Religiöser Fanatismus ist zudem grundsätzlich in jeder großen monotheistischen Religion möglich und vorhanden, weil zwar ein Toleranzgedanke existiert, aber gleichzeitig von den Gläubigen auch angenommen wird, im Besitz einer absoluten Wahrheit zu sein, die mit einem erheblichen Sendungsbewusstsein verkündet wird. Davon ausgehend wurde die Welt bipolar in „gut“ oder „böse“, „richtig“ oder „falsch“ klassifiziert, ohne auf Zwischentöne Rücksicht zu nehmen. Hinzu kamen in spezifisch christlicher Tradition Begriffspaare wie „Licht“ und „Finsternis“, „Wahrheit“ und „Lüge“ oder „auserwählt“ und „verworfen“. Diese Überzeugungen bildeten seit 1914 in Deutschland die Basis für die sogenannte Kriegstheologie.

Die meisten preußisch-deutschen „Kriegstheologen“ standen in verschiedenen Traditionen, die die Propagierung von verbaler Gewalt direkt begünstigten. Sie stammten teilweise aus dem preußischen Militäradel, teilweise auch aus den universitären bildungsbürgerlichen Eliten und waren daran gewohnt, gegenüber ihren Gemeinden oder gegenüber dem Volk weitreichende Interpretationen des Weltgeschehens zu entwickeln. Diese wurden nur selten theologisch hergeleitet, sondern kamen eher aus dem Arsenal der wilhelminischen Weltbilder. Zugleich agierten die Geistlichen 1914 zunächst aus einer defensiven Position heraus, weil die protestantischen Kirchen im Kaiserreich einer rapiden und kontinuierlichen Säkularisierung ausgesetzt waren und ihre Bedeutung stetig sank. Die Politisierung des preußischen Protestantismus war hoch: Vor 1914 standen die Geistlichen vollständig hinter der Monarchie und das oft zitierte Bündnis von Thron und Altar war keine leere Phrase. Auch wenn gelegentliche Kritik an Kaiser Wilhelm II. existierte, stand er in seiner Funktion als preußischer König zugleich als oberster Bischof den preußischen protestantischen Kirchen vor. Diese Sonderrolle wurde von den meisten Geistlichen vollständig akzeptiert. Pazifistische Tendenzen existierten nur in ganz wenigen Ausnahmefällen.

Von der deutschen „Kriegstheologie“ zum Aufstieg des Nationalsozialismus gibt es keine direkte Kontinuität. Die Vulgarität der nationalsozialistischen Bewegung und besonders der SA schreckte viele Geistliche und gerade Theologen, die aus den preußischen Oberschichten stammten, zunächst ab. Die teilweise offen zur Schau gestellte Gegnerschaft der Nationalsozialisten zu den Kirchen verhinderte oft eine Solidarisierung. Selbst Traub lehnte den Nationalsozialismus wegen dessen antichristlichen Tendenzen offen ab. Auch waren die Person Adolf Hitlers und sein rhetorischer Fanatismus kaum dazu geeignet, monarchische Sympathien, die häufig noch bestanden, zu wecken und an das Bündnis von Thron und Altar anzuknüpfen. Für die meisten Protestanten stellten die nationalsozialistischen Deutschen Christen keine wirkliche Alternative dar. Institutionell wurde der Protestantismus dann auch durch zahlreiche direkte und indirekte Eingriffe des Regimes bedroht. Deshalb formierte sich in Barmen 1934 die Bekennende Kirche, die sich als Opposition gegen das Regime verstand.[67]

Es bestanden aber einige indirekte Verbindungen zwischen der „Kriegstheologie“ und dem Aufstieg des Nationalsozialismus. Die verbale hypernationalistische Gewalttätigkeit im Ersten Weltkrieg hat sicherlich dazu beigetragen, viele protestantische Deutsche für radikalere Vorstellungen als zuvor empfänglicher zu machen. Die fatale Wirkung der Dolchstoßlegende, an der gerade auch von vielen Geistlichen bereits vor dem Ende des Kriegs eifrig gearbeitet worden war, ist für die junge und instabile Weimarer Demokratie ebenfalls gut bekannt. Hieraus folgte meistens eine klare und eindeutige Ablehnung der Republik und weiterhin die Suche nach autoritären Modellen. Da diese oft fehlten, herrschten Ratlosigkeit und Orientierungslosigkeit; die Sozialdemokratie, beziehungsweise der atheistische Sozialismus, oder die katholische Kirche mit der Zentrumspartei schienen nur in Ausnahmefällen als politische Bündnispartner akzeptabel zu sein. Schließlich gab es auch direkte Kontinuitäten aus den Reihen der ab 1917 radikalisierten Flügel: Rein-

[67] Zur Bekennenden Kirche vgl. immer noch: Klaus Scholder: Das Jahr der Ernüchterung 1934. Berlin 1985; Gerhard Besier: Die Kirchen und das Dritte Reich. Bd. 3: Spaltungen und Abwehrkämpfe 1934–1937. Berlin 2001.

hold Seeberg beispielsweise hatte konsequent die Weimarer Demokratie bekämpft und begrüßte 1933 die „nationale Revolution“. Er unterstützte die Pläne zur Schaffung eines deutschen Christentums, und anlässlich seines Todes 1935 kondolierte der „Führer“ der Familie.[68]

Abstract

The chapter discusses the position of German professors of theology and high protestant clerics during World War I. From the very beginning in articles, speeches and sermons radical nationalistic topoi and terms were used, which showed nearly hysterical world-views and positive perceptions of the war.

Since August 1914 the clerical interpretations of the political and military events were both hyper-nationalistic and extreme. The German theologians used bipolar arguments: The war was seen as a conflict between good and evil, between right and wrong or between divine and devilish powers. Especially the Old Testament served to justify violence, and the picture of David against Goliath (Germany and England) was often used. These authors never had any doubts that God was on the side of the central powers. Whereas research literature widely uses the term “war theology” for this phenomenon, however, it is doubtful whether this outbreak of hyper nationalist hysteria should still be classified in terms of Christian theology today.

Most German protestant clerics had family roots in the higher Prussian aristocracy and fully identified with the monarchic system. In personal union the emperor Wilhelm II. served both as the king and as the supreme bishop of protestant Prussia. This famous alliance of throne and altar (“Thron und Altar”) was much more than propaganda and was even strengthened during the war.

Against this background the German defeat in 1918 was interpreted as a global catastrophe caused by betrayal; world history had lost its meaning. Many of the professors could only explain this outcome by using theories of conspiracy, with the “stab-in-the-back” myth becoming the most prominent explanation. Even if there was no direct continuity to the rise of national socialism, most of these clerics openly opposed the Weimar Republic and the democratic system.

68 Vgl. Brakelmann: Protestantismus (wie Anm. 24), S. 186.

Kurzbiografien der Autorinnen und Autoren

Clara Almagro Vidal, PhD ist aktuell Forscherin am Departamento de Historia Medieval y Ciencias y Técnicas Historiográficas UNED (Spanien). Vorher war sie am Historischen Seminar der Goethe-Universität Frankfurt a. M. als PI des DFG-Projektes „Zwischen Koexistenz und Herrschaft. Muslime unter der Herrschaft der Ritterorden auf der mittelalterlichen iberischen Halbinsel“. Davor hat sie unter anderem zu mittelalterlichen Landschaften im Campo de Calatrava gearbeitet.
E-Mail: calmagro@geo.uned.es

Professor Dr. Boris Barth war Professor für Neuere Geschichte und Zeitgeschichte am Institut für Internationale Studien an der Karls-Universität Prag. Er ist am 4. September im Jahr 2023 zu früh verstorben. Seine Forschungsschwerpunkte waren: Geschichte der Demokratie, Genozid, Rassismus und ethnische Säuberungen, Verschwörungstheorien, Imperialismus und Kolonialismus seit dem späten 18. Jahrhundert sowie Zivilisierungsmissionen. Er hatte maßgeblichen Einfluss auf dieses Projekt und hat seinen Beitrag noch selbst fertiggestellt.

Lukas-Daniel Barwitzki, M.A war nach seinem Studium in Konstanz und Zürich von 2017–2020 wissenschaftlicher Mitarbeiter in Zürich. Seit 2020 ist er in führender Position in der freien Wirtschaft tätig und promoviert berufsbegleitend bei Dorothea Weltecke. Seine Forschungsschwerpunkte liegen im Bereich der Kulturgeschichte des Spätmittelalters, der Regionalgeschichte des westlichen Bodenseeraums, des christlich-jüdischen Zusammenlebens und der Historiografiegeschichte.
E-Mail: lukasbarwitzki@gmx.net

Dr. Rainer Josef Barzen ist Vertretungsprofessor am Institut für Jüdische Studien der Heinrich-Heine-Universität Düsseldorf. Nach dem Studium der Geschichte und Judaistik in Berlin, Jerusalem und Trier promovierte er zu den Rechtssatzungen der jüdischen Gemeinden Mainz, Worms und Speyer (Taqqanot Shum). Er war Postdoc an der Hebrew University und der Ben Gurion-University (Israel), der Universität Münster und Gastprofessor an der University of Notre Dame (USA). Seine Forschungsschwerpunkte liegen in der jüdischen Sozial- und Kulturgeschichte.
E-Mail: Rainer.Barzen@hhu.de

https://doi.org/10.1515/9783110773781-022

Dr. Jörn R. Christophersen lehrt und forscht als wissenschaftlicher Assistent von Dorothea Weltecke zunächst am Historischen Seminar der Goethe-Universität Frankfurt a. M., seit 2021 an der Humboldt-Universität zu Berlin. Er wurde in Trier zur Geschichte der Juden im Osten des alten Reiches im späteren Mittelalter promoviert und war dort als Referent des Arye Maimon-Instituts sowie am Seminar für Judaistik der Universität Frankfurt in einem Projekt der Mainzer Akademie der Wissenschaften tätig. Sein Habilitationsvorhaben beschäftigt sich mit Gewalt und Lügenerzählungen in Konflikten mit religiöser Komponente.
E-Mail: joern.christophersen@hu-berlin.de

Prof. David Cook, PhD ist an der Rice Universität in Houston (Texas) Professor of Religion und spezialisiert auf den Islam. Nach seinem Studium an der Hebrew University in Jerusalem, erwarb er den PhD an der University of Chicago. Seine Forschungsschwerpunkte umfassen die Entwicklung und Geschichte des frühen Islam, muslimische apokalyptische Literatur und Bewegungen (in klassischer Zeit und heute), den radikalen Islam, die historische Astronomie und die judeo-arabische Literatur. E-Mail: dbcook@rice.edu

Dr. Jörg Feuchter ist als Arbeitsstellenleiter „Regesta Imperii – Regesten Kaiser Friedrichs III." an der Berlin-Brandenburgischen Akademie der Wissenschaften tätig. Er promovierte 2006 an Humboldt-Universität zu Berlin. Die Schwerpunkte seiner Forschungen liegen auf religiösen Dissidenzen und Inquisition, besonders im Languedoc; der Judenpolitik Friedrichs III.; der politischen Kommunikation auf Repräsentativversammlungen; naturwissenschaftsgestützten Zugängen zur Geschichte und der Landesgeschichte Berlin-Brandenburgs. E-Mail: feuchter@bbaw.de

Dr. Daniel Föller ist Historiker und arbeitet derzeit an einem Habilitationsprojekt zur Kriegerkultur im karolingischen Europa. 2012 wurde er in Frankfurt a. M. mit einer Dissertation zum Denkstil im wikingerzeitlichen Skandinavien promoviert. Er forschte und lehrte bislang an den Universitäten Basel, Bielefeld, Bochum, Darmstadt, Frankfurt und Mainz sowie am Deutschen Historischen Institut Paris und dem MPI für europäische Rechtsgeschichte. Er hat zudem an der zweiten Abteilung der Prosopographie der mittelbyzantinischen Zeit (Berlin-Brandenburgische Akademie der Wissenschaften, publiziert 2009–2013) mitgearbeitet.
E-Mail: dnfoeller@gmail.com

Prof. Dr. Dr. Luise Marion Frenkel lehrt und forscht an der Faculdade de Filosofia, Letras e Ciências Humanas (FFLCH) der Universität von São Paulo. Sie studierte Mathematik, altgriechische Philologie sowie Religionswissenschaft in São Paulo und Cambridge (UK). Sie war Gastwissenschaftlerin an DFG-Forschungsprojekten an der Universität Erfurt, der Eberhard-Karls-Universität in Tübingen und an der Goethe-Universität in Frankfurt a. M. sowie an der British School in Rom, der Fondation Hardt in Vandoeuvres und dem ITSEE an der Universität von Birmingham (UK). In Cambridge ist sie wiederholt als Gastforscherin am St Edmund's College tätig. Ihre Forschungsschwerpunkte liegen in der spätantiken Geschichte und Kultur und der Historiographie des Altertums. E-Mail: lmfrenkel@cantab.net

Prof. Dr. Nikolas Jaspert promovierte 1995 am Friedrich-Meinecke-Institut der Freien Universität Berlin. Nach Assistenz und Ratstellen in Berlin und Erlangen-Nürnberg war er von 2005 bis 2013 Professor für die Geschichte des Mittelalters an der Ruhr-Universität Bochum. Seit Oktober 2013 lehrt und forscht er als Professor für Mittelalterliche Geschichte an der Universität Heidelberg. Interessen- und Forschungsschwerpunkte: Mediterrane, insbesondere iberische Geschichte des Mittelalters; transkulturelle Verflechtungen, Ordensgeschichte; Geschichte religiöser Gewalt; deutsch-spanische Beziehungen.
E-Mail: nikolas.jaspert@zegk.uni-heidelberg.de

Prof. Dr. Kurt Villads Jensen, PhD hat 1992 an der Universität Kopenhagen den PhD in Geschichte mit einer Arbeit zu Christlichen Studien zum Islam im 12. und 13. Jahrhundert erworben, darüber hinaus im Jahr 2011 den Titel des Dr. phil. an der University of Southern Denmark mit einer vergleichenden Studie zu Dänemark und Portugal als Kreuzfahrerstaaten, 1000–1250. Seit 2014 arbeitet er als Professor in Medieval History und als Direktor des Centre for Medieval Studies an der Universität Stockholm. Er forscht insbesondere zu (iberischen und baltischen) Kreuzzügen, zu religiösen und kulturellen Begegnungen, zu Militär- und Kirchengeschichte. E-Mail: Kurt.villads.jensen@historia.su.se

Prof. Dr. Hermann Kamp lehrt als Professor Mittelalterliche Geschichte an der Universität Paderborn. Seine Arbeitsschwerpunkte sind die Konfliktführung und Friedensstiftung, die mittelalterliche Eroberungspolitik und die spätmittelalterliche Geschichte Burgunds. E-Mail: hermann.kamp@uni-paderborn.de

Apl. Prof. Adam Knobler, PhD ist als Professor für Religionsgeschichte an der Ruhr-Universität Bochum beschäftigt. Von 1998 bis 2013 war er Associate Professor of History am The College of New Jersey; davor war er von 1992 bis 1998 Assistant Professor of History bei TCNJ und 1991/1992 Adjunct Instructor in History an der Pennsylvania State University. Er ist auf die Kreuzzüge und die frühmoderne europäische imperiale Expansion mit einem besonderen Fokus auf das Konzept des „Heiligen Krieges“ und die verschiedenen Beziehungen zwischen Juden, Christen und Muslimen in diesem Zusammenhang spezialisiert. Er interessiert sich zudem für die Verwendung der Mythologie in der Geschichte und der vergleichenden Weltgeschichte in der frühen Neuzeit. E-Mail: adam.knobler@rub.de

Professor Dr. Hartmut Leppin promovierte nach seinem Studium in Marburg, Heidelberg, Pavia und Rom im Jahr 1990 in Marburg und habilitierte sich 1995 an der FU Berlin. Nach Stationen in Greifswald, Nottingham und Göttingen ist er seit 2001 Professor für Alte Geschichte in Frankfurt am Main. Er ist Träger des Leibniz- und des Erwin-Stein-Preises und aktuell der Vorsitzende des Kuratoriums des Historischen Kollegs. Seine Forschungsschwerpunkte liegen auf der Geschichte des Antiken Christentums, der griechischen Ideengeschichte und der antiken Historiographie. E-Mail: h.leppin@em.uni-frankfurt.de

Prof. Dr. Katharina Ulrike Mersch wurde 2010 mit einer Arbeit über visuelle Kommunikation in Frauenkonventen in Göttingen promoviert. Ihre ebenda angenommene Habilitationsschrift befasst sich mit exkommunizierten Laien. 2018–2020 vertrat sie Mittelalterprofessuren in Frankfurt a. M., 2020/2021 forschte sie in Erfurt in der Kollegforschergruppe „Religion and urbanity" zum Umgang von Städten mit Menschenmengen. 2021 bis 2023 wirkte sie als akademische Oberrätin an der Ruhr-Universität Bochum und vertrat im Sommersemester 2022 und im Wintersemester 2023/2024 Professuren an den Universitäten in Göttingen und Bochum.
E-Mail: Katharina.Mersch@ruhr-uni-bochum.de

Junior-Prof. Dr. Daniel Schley studierte bis 2007 in Hamburg Mittelaltergeschichte, Philosophie und Japanologie und promovierte 2013 in München mit einer Studie zur „Herrschersakralität im frühmittelalterlichen Japan". Er verbrachte längere Forschungsaufenthalte in Japan, darunter an der Tokyo Universität (2008–2012), der Kyoto Universität (2019) und am International Research Center for Japanese Studies (Nichibunken) (2023–2024) in Kyoto. Von 2017 bis 2024 war er Juniorprofessor in der Abteilung für Japanologie und Koreanistik am Institut für Orient- und Asienwissenschaften der Universität Bonn. Dort war er Co-Leiter des japanologischen Teilprojekts im 2021 beendeten Sonderforschungsbereich 1167 zu „Macht und Herrschaft". Seine Interessen liegen in der japanischen Geistesgeschichte mit einem Schwerpunkt auf den politisch-religiösen Vorstellungen und dem Geschichtsdenken. E-Mail: dschley@uni-bonn.de

Prof. Dr. Sabine Schmolinsky promovierte an der Ludwig-Maximilians-Universität München und habilitierte sich an der Helmut-Schmidt-Universität/Universität der Bundeswehr Hamburg. Seit 2009 lehrt und forscht sie als Professorin für Mittelalterliche Geschichte an der Universität Erfurt. Mit dem Projekt „Martyrium und

Freiwilligkeit im europäischen Hoch- und Spätmittelalter“ ist sie Mitglied der DFG-Forschungsgruppe „Freiwilligkeit“ (FOR 2983).
E-Mail: sabine.schmolinsky@uni-erfurt.de

Prof. Dr. Bénédicte Sère ist Maître de conférences HDR in mittelalterlicher Geschichte an der University of Paris Nanterre und assoziiertes Mitglied der EHESS, CéSor (*Centre d'études en sciences du religieux*) sowie Mitglied des Institut Universitaire de France und Visiting Professor an der Columbia University. Ihre Spezialgebiete sind die Geschichte der Scholastik und der scholastischen Texte, insbesondere die okzidentale Rezeption der Aristoteles-Kommentare, die Kulturgeschichte der Wissensproduktion, die Anthropologie der Emotionen, Ekklesiologie, die Politik- und Kulturgeschichte der Kirche, das große Schisma sowie die Sozialwissenschaften der Religionen. E-Mail: benedicte.sere@icloud.com

Prof. Dr. Johannes Süßmann ist seit 2009 Professor an der Universität Paderborn für Geschichte der Frühen Neuzeit. Zu seinen Forschungsschwerpunkten gehören Bauten und Stadtanlagen als Formen politischen Handelns, Religionspluralität und die frühneuzeitliche (Vor-)Geschichte der Zivilreligion, die politische Begriffs- und Ideengeschichte mit einem Schwerpunkt auf der Antikenrezeption. Zurzeit arbeitet er über frühneuzeitliche Bibliotheken des Hellwegraums, über die historischen Bezeichnungen der heutigen BeNeLux-Region und an einem Buchprojekt mit dem Arbeitstitel „Raumregime. Wie frühneuzeitliche Bauten Geschichte machten“.
E-Mail: johannes.suessmann@uni-paderborn.de

Prof. Dr. Kai Trampedach ist seit 2007 Professor für Alte Geschichte an der Universität Heidelberg. Seine Forschungsschwerpunkte sind das Verhältnis von Religion/Philosophie und Politik in Theorie und Praxis, das Orakel von Delphi, die athenische Demokratie, Alexander der Große, die Geschichte des Judentums in hellenistischer und römischer Zeit sowie politische Rituale und die griechische Hagiographie in der Spätantike. Er ist Autor des Buches „Politische Mantik. Die Kommunikation über Götterzeichen und Orakel im klassischen Griechenland“, erschienen 2015 in Heidelberg. E-Mail: Kai.Trampedach@zaw.uni-heidelberg.de

Prof. Dr. Dorothea Weltecke wurde 2007 Professorin für die Geschichte der Religionen an der Universität Konstanz, von 2017–2021 war sie Lehrstuhlinhaberin für Mittelalterliche Geschichte an der Goethe-Universität Frankfurt a. M. und seit 2021 hat sie die Professur für Europäische Geschichte des Mittelalters an der Humboldt-Universität zu Berlin inne. Zu ihren Forschungsschwerpunkten gehören die Geschichte der Kirchen, der religiösen Devianz und der Religionen. Sie interessiert sich für die Geschichte des Zusammenlebens und die Konflikte zwischen Juden, Christen und Muslimen. E-Mail: dorothea.weltecke@hu-berlin.de

Schriften des Historischen Kollegs
Kolloquien, Band 113

2025. XIV, 303 S., 3 Abb.
ISBN 978-3-11-113279-2

HISTORISCHES KOLLEG

Global Europe Underground

Transnationale Netzwerke und globale Perspektiven europäischer Alternativmilieus 1965–1985

Herausgegeben von Detlef Siegfried

Das Buch fragt danach, wie transnationale Wahrnehmungen und Praktiken zur Konstruktion einer linksalternativen Subjektivität beitrugen. Inwieweit wurden in den alternativen Milieus nationale Sozialisationsfaktoren reflektiert, konnten nationale Identität und post-nationales Selbstverständnis koexistieren?
Im Mittelpunkt stehen europäische Alternativmilieus, wobei Europa als ein heterogener, in globale Bezüge eingebetteter politisch-kultureller Handlungsraum betrachtet wird. Der auf der Ebene von Nationalstaaten und Europäischer Union konstituierte Zusammenhang wurde gleichsam gekontert durch linke Konzepte der Identifikation und Solidarität mit Ideen und revolutionären Bewegungen im globalen Süden. Daher herrschte in den betreffenden Milieus das Selbstverständnis einer „Gegenkultur“, eines „Underground“. Die Gegenbewegung gegen kapitalistische Wirtschaftsordnung, bürgerlichen Staat und „technokratisch“ organisierte Gesellschaft vereinte die unterschiedlichsten Strömungen von der radikalen Linken bis hin zu Drogen- und Selbstverwirklichungs-Subkulturen.
Erstmals beleuchtet dieses Buch systematisch transnationale Verbindungen und ihre Bedeutung in europäischen Alternativmilieus der 1960er- bis 1980er-Jahre.

Schriften des Historischen Kollegs
Kolloquien

HISTORISCHES
KOLLEG

Band 113
Global Europe Underground. Transnationale Netzwerke und globale Perspektiven 1965–1985
Herausgegeben von Detlef Siegfried
2025. XIV, 303 S. ISBN 978-3-11-113279-2

Band 111
Regentinnen und andere Stellvertreterfiguren. Vom 10. bis zum 15. Jahrhundert
Herausgegeben von Gabriela Signori und Claudia Zey
2023. XI, 210 S. ISBN 978-3-11-099216-8

Band 110
Lost Cities. Vom Leben mit verlassenen Städten in den Kulturen der Welt
Herausgegeben von Martin Zimmermann
2023. X, 308 S. ISBN 978-3-11-099456-8

Band 109
Religiöse Gewalt in historischer Dimension
Herausgegeben von Dorothea Weltecke
2025. XVI, 526 S. ISBN 978-3-11-077349-1

Band 108
Narrative und Darstellungsweisen der Globalgeschichte
Herausgegeben von Gabriele Lingelbach
2022. XI, 219 S. ISBN 978-3-11-074268-8

Band 107
Körper-Bilder in der Frühen Neuzeit. Kunst-, medizin- und mediengeschichtliche Perspektiven
Herausgegeben von Michael Stolberg
2021. VIII, 354 S. ISBN 978-3-11-073479-9

DE GRUYTER
OLDENBOURG